功能蛋白质研究

(第二版)

何庆瑜　孙雪松　刘婉婷　等　编著

本书由暨南大学生命科学技术学院生物与医药专业学位研究生
教材建设项目资助

科学出版社
北　京

内 容 简 介

功能蛋白质研究是指以蛋白质在生命与健康中的生物学功能为导向和核心内容的科学研究。随着组学概念和各种新技术的引入，功能蛋白质研究也从传统的针对单一蛋白质的表征发展到全景式系统化的诠释。本书是《功能蛋白质研究》的第二版，在前一版的基础上，针对近年来蛋白质研究技术的发展和研究重点，对相关内容进行了更新和补充。全书分为12章，第一至四章主要介绍功能蛋白质研究范式、蛋白质组、蛋白质的生成及质量控制，第五章和第六章介绍蛋白质的定位研究及功能调节，第七章和第八章介绍蛋白质相互作用研究及其与核酸的相互作用，第九至十一章介绍蛋白质结构和功能的研究方法，第十二章作为全书最终章以实例的方式介绍功能蛋白质研究技术在生物医药研究中的应用。

本书可作为高等院校及科研院所相关专业研究生和高年级本科生的参考书，也可供一线科研工作者及硕博研究生参考阅读。

图书在版编目（CIP）数据

功能蛋白质研究 / 何庆瑜等编著. -- 2版. -- 北京：科学出版社，2025.6. -- ISBN 978-7-03-079987-6

Ⅰ.Q51

中国国家版本馆CIP数据核字第202477737G号

责任编辑：罗 静 刘 晶 / 责任校对：杨 赛
责任印制：赵 博 / 封面设计：无极书装

科 学 出 版 社 出版
北京东黄城根北街 16 号
邮政编码：100717
http://www.sciencep.com

三河市春园印刷有限公司印刷
科学出版社发行 各地新华书店经销

*

2025 年 6 月第 一 版　　开本：787×1092　1/16
2025 年 10 月第二次印刷　印张：46 1/4
字数：1 097 000
定价：368.00 元
（如有印装质量问题，我社负责调换）

前　　言

蛋白质，作为生命活动的核心执行者，以其千变万化的结构与功能，构建起生命现象错综复杂的分子蓝图。从细胞内的微观代谢反应，到生物体宏观的生长发育、免疫防御，蛋白质承担着催化生化反应、物质运输、信号转导、维持细胞结构稳定等诸多关键使命，其结构与功能的精妙协同，是生命复杂性、适应性与特异性的根源所在。故而，功能蛋白质研究在生命科学领域占据着无可替代的核心地位，旨在精准阐释蛋白质的结构与功能，深度剖析其功能与各类疾病发生发展的内在联系，提供从单分子行为到系统生物学整合的范式转换。

当今，多学科深度交融为功能蛋白质研究注入源源不断的活力。高分辨率质谱助力蛋白质组学发展，实现大规模、高精度蛋白质定性定量分析，提供的海量数据为挖掘潜在功能关联提供可能；冷冻电镜技术凭借原子级分辨率，让蛋白质在近生理状态下的三维构象纤毫毕现；基因编辑系统如同分子剪刀，精准裁剪、改写基因序列，助力构建蛋白质功能缺失或获得的细胞、动物模型；生物信息学不断开发新算法和模型，对蛋白质序列、结构、功能数据深度挖掘和预测，为实验设计提供理论指引。这些前沿技术协同发力，极大拓展了我们对蛋白质功能调控精细机制的认知。

《功能蛋白质研究》自 2012 年首版面世，受到广大读者的好评，由于该领域发展迅猛，我们对该书进行更新再版。本次再版怀纳第一版精华并汇聚最新的功能蛋白质研究领域动态，系统梳理了关键技术原理、前沿进展，深度剖析现存挑战，大胆展望未来发展方向。从功能蛋白质研究的历史脉络与范式演变，到核糖体介导的蛋白质动态合成机制、分子伴侣系统及内质网、线粒体等细胞器主导的质量控制体系、亚细胞器动态定位、翻译后修饰对蛋白质功能调节等视角，系统阐释蛋白质时空特异性功能的实现路径。在分子互作层面，不仅深入解析蛋白质构象变化驱动的功能调节网络，还着重阐明蛋白质机器与核酸元件在染色质重塑、转录调控及 RNA 代谢中的机制。结合 CRISPR-Cas9 等基因编辑技术的创新应用，实现对蛋白质功能的精准操控与验证。此外，通过整合深度学习的功能预测算法、多组学联用的翻译后修饰鉴定平台，以及冷冻电镜与 X 射线晶体学互补的蛋白质结构研究体系，全面多维立体地展示了蛋白质功能解析相关的重要进展。本书选择肿瘤靶向治疗、抗体药物研发等生物医药领域关键场景，系统揭示功能蛋白质在新药靶点筛选、疾病机制研究中的转化路径，拟构建完整的蛋白质生命周期图谱，为精准医学的发展提供理论支撑。本书在形式上力求图文并茂，令读者在便于理解的同时轻松愉悦地掌握内容的精髓；在每一章的结尾都附有本章相关的参考文献，便于读者查阅相关原文内容。本书既可作为研究生相关课程的教材或参考书，亦可作为生物医学研究工作者全面了解和掌握功能蛋白质研究的参考资料和基础理论读物。

本书由功能蛋白质研究领域的核心教学科研团队倾力编撰，第二版各章节修订主创人员如下：孙雪松（第一、十一章）、张弓（第二章）、赵晶（第三章）、周倩（第四、九、十二章）、高学娟（第五章）、汪洋（第六章）、刘朗夏（第七章）、陈良（第八章）、刘婉婷（第十章）、宣佳佳（第十章）、葛瑞光（第十一章）、张志毅（第十二章）、张静（第十二章）。首版所有作者的奠基之功，是本次修订得以顺利完成的重要基石，在此衷心感谢。鉴于功能蛋白质研究领域日新月异，加之编者学术视野所限，书中难免存在疏漏与不足之处，恳请学界同仁与广大读者不吝赐教。若本书能为您的学术探索与科研实践提供绵薄助力，编者团队将深感荣幸。

本书的编撰工作承蒙暨南大学肿瘤分子生物学教育部重点实验室鼎力支持，并获暨南大学生命科学技术学院生物与医药专业学位研究生教材建设项目专项资助，谨此致以最诚挚的谢忱！

编著者
2025 年 5 月于广东广州

目　　录

第一章　绪论 1
　第一节　功能蛋白质研究的历史回顾 1
　第二节　功能蛋白质研究的主要内容及方法 7
　第三节　功能蛋白质研究的挑战和展望 12
　参考文献 13

第二章　蛋白质组：蛋白质的检测 15
　第一节　蛋白质组学的技术类别 15
　第二节　基于质谱的蛋白质鉴定 23
　第三节　基于质谱的蛋白质组定量 32
　第四节　人类蛋白质组计划 46
　第五节　蛋白质生物标志物 61
　参考文献 67

第三章　蛋白质的生成 77
　第一节　翻译过程中各组分的组学测定 77
　第二节　蛋白质的翻译中折叠 98
　第三节　翻译调控与细胞功能 111
　第四节　新蛋白的发现与功能 126
　第五节　翻译异常与解救机制 133
　参考文献 145

第四章　蛋白质的质量控制 157
　第一节　分子伴侣系统 159
　第二节　蛋白质质量控制——内质网 165
　第三节　蛋白质质量控制——线粒体 173
　第四节　泛素与蛋白酶体 177
　第五节　自噬-溶酶体途径相关的蛋白质降解 185
　第六节　蛋白质质量控制相关疾病及分子机制 187
　第七节　靶向蛋白质质量控制的最新疗法 190
　参考文献 193

第五章　细胞内蛋白质的定位研究 198
　第一节　细胞内蛋白质的分选信号 198
　第二节　内质网定位信号和蛋白质运输 211
　第三节　高尔基体定位蛋白的分选和逆向运输 220

第四节　溶酶体相关的定位与功能 229
　　第五节　细胞外的蛋白质分选和运输 240
　　第六节　蛋白质定位的研究方法 248
　　参考文献 259

第六章　蛋白质的功能调节 278
　　第一节　pH 和水环境对蛋白质功能的调节 278
　　第二节　温度对蛋白质功能的调节 283
　　第三节　蛋白质的翻译后修饰 289
　　第四节　磷酸化修饰对蛋白质功能的调节 291
　　第五节　酰化修饰对蛋白质功能的调节 305
　　第六节　糖基化修饰对蛋白质功能的调节 308
　　第七节　泛素化修饰对蛋白质功能的调节 317
　　第八节　类泛素相关修饰物对蛋白质功能的调节 322
　　第九节　小泛素相关修饰物对蛋白质功能的调节 329
　　第十节　蛋白质前体激活 334
　　参考文献 339

第七章　蛋白质相互作用研究 343
　　第一节　蛋白质相互作用的结构学基础 343
　　第二节　酵母双杂交技术 353
　　第三节　免疫共沉淀技术 361
　　第四节　GST 融合蛋白沉降技术 365
　　第五节　串联亲和纯化 371
　　第六节　荧光共振能量转移技术 379
　　第七节　交联技术 387
　　第八节　预测蛋白质相互作用的生物信息学方法 397
　　第九节　蛋白质相互作用功能意义的研究策略 410
　　参考文献 411

第八章　蛋白质与核酸的互作 420
　　第一节　核酸结合蛋白的功能与分类 420
　　第二节　DNA 结合蛋白的结构 422
　　第三节　RNA 识别的一般方式 427
　　第四节　序列特异性结合 430
　　第五节　蛋白质与核酸相互作用的研究技术 431
　　参考文献 443

第九章　基因编辑技术及其在功能蛋白质研究中的应用 446
　　第一节　基因编辑技术概述及开发现状 446

第二节	锌指核酸酶	450
第三节	转录激活因子样效应物核酸酶	455
第四节	成簇规律间隔短回文重复序列及其相关核酸酶	458
第五节	碱基编辑	470
第六节	基因编辑技术面临的挑战及发展	477
参考文献		485

第十章 蛋白质功能的生物信息学分析 … 497
第一节	蛋白质功能预测	498
第二节	蛋白质功能注释	523
第三节	蛋白质翻译后修饰的鉴定	541
参考文献		573

第十一章 蛋白质结构的研究方法 … 585
第一节	核磁共振谱	585
第二节	X射线晶体衍射	607
第三节	X射线吸收光谱	617
第四节	电子顺磁共振谱	623
第五节	冷冻电子显微镜	629
第六节	圆二色光谱	637
第七节	AlphaFold预测蛋白结构	647
第八节	分子对接和动力学模拟	664
参考文献		679

第十二章 功能蛋白质研究技术在生物医药研究中的应用实例 … 691
第一节	全基因组规模筛选鉴定肺癌抑癌蛋白质	691
第二节	基于新型邻近标记技术的卵巢癌突变TP53蛋白质相互作用组学研究	703
第三节	基于蛋白质组学的抗肿瘤药物靶标发现	720
参考文献		727

第一章 绪 论

在生命与健康研究领域，蛋白质（protein）作为多学科交叉研究的核心，已确定其不可替代的学术地位。蛋白质之所以能够成为交叉领域的关键节点，是因为它不仅是生命的承载者，还是最复杂的化学物质之一。早期的观点认为，蛋白质是食物链中能量传递的载体，而现代科学则揭示，每种蛋白质都发挥着特定且不可替代的生物学功能。功能蛋白质研究，正是以蛋白质在生命与健康中的生物学功能为导向，探索其在生物体内的作用。

蛋白质是生物体的基本组成成分之一，占细胞干重的 50%～70%，是细胞内丰度最高的高分子物质。蛋白质由荷兰科学家格里特（Gerritt）于 1838 年发现的，他观察到，生命体一旦失去蛋白质就无法存活，几乎所有组织和器官都含有大量的蛋白质。随着近代生物化学与分子生物学的发展，我们逐渐认识到蛋白质在众多的大分子中具有独特性，它们不仅结构和功能高度多样，还能对环境做出自发响应，是复杂而神奇的生命大分子（Reynolds and Tanford，2001）。蛋白质是生命活动的直接执行者，参与了生长、遗传、发育、代谢、繁殖、应激、信号转导、思维与记忆等多种生物过程，这些过程均由特定的蛋白质群体完成。深入研究蛋白质的复杂结构、功能、相互作用及其动态变化，将帮助我们全面揭示生命现象的本质。尽管蛋白质研究已有重要进展，但仍有许多科学问题待解，如特定蛋白质在生物体内的具体功能、其分子机制、功能调节机制，以及蛋白质的结构基础等。此外，功能各异的蛋白质分子是如何在进化中产生的，也是功能蛋白质研究的核心内容。

第一节 功能蛋白质研究的历史回顾

蛋白质主要由氨基酸组成，因氨基酸的不同排列组合，形成了多种类型的蛋白质，人体中估计有超过 10 万种的蛋白质。自蛋白质被发现以来，这种生物大分子逐渐被人们深入研究，相关的知识不断被完善。随着人们对蛋白质认识的深入，其在生命活动中的重要性愈加凸显，蛋白质功能和结构的研究也因此日益受到关注。许多科学家在这一领域取得了卓越成就，为功能蛋白质研究奠定了基础。表 1-1 列出了自 1900 年以来诺贝尔化学、物理学、生理学或医学奖的相关成果对蛋白质结构与功能研究领域的贡献从获奖情况可以看出，蛋白质研究的认识过程随着研究技术的发展逐渐深入，反映了功能蛋白质研究在过去百年间始终是一个重要的科研热点。

表 1-1　1900～2020 年诺贝尔化学、物理学、生理学或医学奖的相关成果对蛋白质结构和功能研究的贡献

年份	获奖内容
1901	发现 X 射线

续表

年份	获奖内容
1902	在糖类和嘌呤合成中的工作
1907	生物化学研究中的工作和发现无细胞发酵
1910	通过对细胞核内蛋白质的研究，为了解细胞化学做出的贡献
1914	发现晶体中的 X 射线衍射现象
1915	用 X 射线对晶体结构的研究
1923	发现胰岛素
1929	对糖类的发酵及发酵酶的研究
1931	发现呼吸酶的性质及作用方式
1946	发现酶可以结晶
1948	对电泳现象和吸附分析的研究，特别是对于血清蛋白复杂性质的研究
1952	发明分配色谱法
1953	发现柠檬酸循环
1953	发现辅酶 A 及其对中间代谢的重要性
1955	发现氧化酶的性质及作用方式
1957	在核苷酸和核苷酸辅酶研究方面的工作
1958	对蛋白质结构组成的研究，特别是对胰岛素的研究
1959	发现核糖核酸和脱氧核糖核酸的生物合成机制
1960	发展了使用 ^{14}C 同位素进行代测定的方法，被广泛用于考古学、地质学、地球物理学及其他学科
1962	发现核酸的分子结构及其对生物中信息传递的重要性
1964	利用 X 射线技术解析了一些重要生化物质的结构
1965	在酶和病毒合成的遗传控制中的新发现
1968	破解遗传密码并阐释其在蛋白质合成中的作用
1978	发现限制性内切核酸酶及其在分子遗传学方面的应用
1980	对核酸的生物化学研究，特别是对重组 DNA 的研究
1980	确定核酸中 DNA 碱基序列的方法
1981	对开发高分辨率电子光谱仪的贡献
1981	对开发激光光谱仪的贡献
1982	发展了晶体电子显微术，并研究了具有重要生物学意义的核酸-蛋白质复合物结构
1986	开展了电子光学的基础工作并设计了第一台电子显微镜
1986	研制扫描隧道显微镜
1986	发现生长因子
1988	对光合反应中心三维结构的测定
1989	发现了 RNA 的催化性质
1991	对开发高分辨率核磁共振（NMR）谱学方法的贡献
1991	发现细胞中单离子通道的功能
1992	发现可逆的蛋白质磷酸化作用是一种生物调节机制
1993	发展了以 DNA 为基础的化学研究方法，开发了聚合酶链反应（PCR）
1994	发现 G 蛋白及其在细胞中的信号转导作用
1997	发现朊病毒传染的一种新的生物学原理
1997	阐明了三磷酸腺苷（ATP）合成中的酶催化机理并发现了离子转运酶 Na^+/K^+-ATPase

续表

年份	获奖内容
1999	发现蛋白质具有内在信号以控制其在细胞内的传递和定位
2001	发现细胞周期的关键调节因子
2002	发现器官发育和细胞程序性死亡的遗传调控机理
2002	发展了对生物大分子进行鉴定和结构分析的方法，建立了软解析电离法对生物大分子进行质谱分析
2002	发展了对生物大分子进行鉴定和结构分析的方法，建立了利用核磁共振谱学来解析溶液中生物大分子三维结构的方法
2003	对细胞膜中离子通道的研究，发现了水通道
2004	发现了泛素介导的蛋白质降解
2006	对真核转录的分子基础的研究
2006	发现 RNA 干扰——双链 RNA 引发的沉默现象
2008	发现和改造了绿色荧光蛋白（GFP）
2009	发现端粒和端粒酶如何保护染色体
2009	对核糖体结构和功能方面的研究
2012	对 G 蛋白偶联受体的研究
2012	发现成熟细胞可被重写成多功能细胞，发展了细胞核重编程技术
2013	发现细胞囊泡运输与调节机制
2014	超分辨率荧光显微技术领域取得的成就
2015	DNA 修复的细胞机制研究
2016	发现细胞自噬的机制
2017	开发冷冻电子显微镜用于溶液中生物分子的高分辨率结构测定
2018	酶的定向演化，以及用于多肽和抗体的噬菌体展示技术
2019	发现细胞如何感知和适应氧气供应
2020	开发了一种基因组编辑方法——CRISPR/Cas9 "基因剪刀"

一、早期蛋白质研究（19 世纪至 1940 年代）

蛋白质作为生物体内的重要分子之一，其结构和功能的研究起步较早。1838 年，荷兰化学家米德尔（Mulder）认为蛋白质的基本成分是 C、H、O 和 N 元素，并发现所有蛋白质几乎都存在类似的化学式。瑞典化学家约恩斯·贝尔塞柳斯（Jöns Berzelius），最终以希腊词语"proteios"[意为"首要的（primary）"]命名了"蛋白质（protein）"一词，并随后鉴定出蛋白质的降解产物之一——亮氨酸。后来研究人员发现，蛋白质是由 20 多种氨基酸通过脱水缩合形成多肽链，并进一步折叠成具有一定空间结构的物质。

1873 年，海因里希·奥托·威兰（Heinrich Otto Wieland）和约瑟夫·哈伯曼（Josef Habermann）分析了蛋白质的组成和结构，发现蛋白质是由被称为氨基酸的更小单位组成的，他们用强酸或强碱水解酪蛋白，得到了谷氨酸、天冬氨酸、亮氨酸、酪氨酸和氨等。1883 年，丹麦化学家凯耶达尔（Kjedahl）发明了凯氏定氮法，能准确测定含氮量，进而得到蛋白质的含量。1902 年，德国化学家埃米尔·费歇尔（Emil Fischer）准确测定了氨基酸的化学结构和肽键的性质。随后，科学家进一步发现，蛋白质不仅是细胞结构的重要组成部分，也是细胞内进行生物化学反应的关键物质。20 世纪初，随着生物化学技术的不断进步，蛋白质的研究逐步展开。1910年代，阿尔布雷希特·科塞尔（Albrecht Kossel）提出了"蛋白质是生命的主要组成物质"的理论，为蛋白质作为生命活动的核心角色提供了理论基础。尽管那个时期的技术无法揭示蛋白质的复杂性，但已有的化学实验方法为后来的研究奠定了基础。

1921年，加拿大科学家弗雷德里克·班廷（Frederick Banting）发现了胰岛素（一种蛋白质），能够稳定治疗糖尿病，1923年获得诺贝尔奖。1926年，詹姆斯·萨姆纳（James Sumner）从刀豆中提纯了脲酶，通过结晶和活性测定揭示了具有生物催化功能的酶分子的化学本质是蛋白质，这是一次对蛋白质功能认识的飞跃。

二、蛋白质功能的初步揭示（1940年代至1957年代）

1940年代至1960年代，随着生物化学和分子生物学的兴起，科学家们逐渐认识到蛋白质不仅是细胞的重要构成部分，还具备了复杂的生物学功能。在这一时期，科学家证明蛋白质是生命活动的催化剂。酶促反应的发现证明了蛋白质在代谢和免疫等重要生命活动中的关键作用。多位科学家共同提出酶如何降低化学反应的活化能，并且通过酶的作用，使得细胞内反应能够在常温和常压下进行，从而使生命活动得以高效进行。酶催化反应的发现奠定了蛋白质在代谢中的核心作用，这一理论推动了整个生物化学领域的研究。

同时，科学家也开始研究蛋白质在免疫系统中的作用。20世纪40年代，科学家发现，抗体的化学本质就是蛋白质，它们能够识别并中和外来病原体（如细菌和病毒）。免疫球蛋白的发现和结构解析表明，蛋白质不仅可以直接与病原体结合，还能通过复杂的免疫反应机制保护机体免受感染。蛋白质在免疫系统中的作用为后来的疫苗研发、免疫治疗等生物医学应用提供了基础。

1953年，沃森（Watson）和克里克（Crick）提出DNA双螺旋结构的模型后，分子生物学迎来了革命性的突破。科学家逐渐认识到，蛋白质在基因表达的调控中发挥着至关重要的作用，并开始深入研究蛋白质如何从基因信息中"解码"功能。研究表明，蛋白质不仅仅是DNA信息的产物，它们还通过复杂的网络机制调节基因的功能，实现生命体内各种生理过程的协调。

蛋白质不仅仅是参与酶催化或免疫反应的一种结构物质，它们在细胞内的作用是多种多样的，并且在许多重要的生物学过程中都扮演着不可或缺的角色。例如，某些蛋白质具有结构功能，如细胞骨架蛋白；有些蛋白质则参与细胞间的信号传递，调节细胞的生长和分裂过程。1955年，科学家通过对肌动蛋白和肌球蛋白的研究，进一步揭示了蛋白质在细胞运动和肌肉收缩过程中的关键作用。蛋白质在细胞周期的调控中也起到至关重要的作用，它们通过调节细胞分裂和增殖过程确保生物体的正常发育。蛋白质的突变或表达异常往往与癌症、遗传病等疾病密切相关，因此研究蛋白质功能对于理解疾病机制具有重要意义。

三、分子生物学革命（1958年代至1980年代）

1958年代至1980年代，随着分子生物学和基因组学的飞速发展，科学家们逐步揭示了基因、RNA 和蛋白质之间的关系，为理解生命活动的分子机制提供了全新的视角。在这一时期，蛋白质的结构、功能及其与基因之间的相互作用得到了深刻的阐明，标志着蛋白质功能研究进入了一个新的阶段。

1958 年，法国科学家弗朗西斯·克里克（Francis Crick）提出了遗传学的中心法则（central dogma）。这一法则阐明了遗传信息的流动方式：DNA 转录生成 RNA，RNA 翻译生成蛋白质。这一发现为分子生物学奠定了理论基础，揭示了基因表达的基本过程，表明蛋白质不仅仅是细胞内的结构分子，它们在基因信息的传递中扮演了关键角色。遗传学中心法则的提出极大地推动了后续对蛋白质功能和调控机制的深入研究。随后，科学家揭示了 RNA 转录过程的基本原理：DNA 的特定序列通过 RNA 聚合酶转录为信使 RNA（mRNA）。随后，mRNA 经过一系列的处理，如剪接和加帽等，进入细胞质并参与蛋白质的合成。与此同时，科学家还深入探讨了 RNA 翻译成蛋白质的机制：mRNA 通过核糖体的"翻译"过程，指导氨基酸按特定顺序连接形成蛋白质。

这一时期的一个重要突破是揭示了转录因子的重要作用。1967 年，马克·塔塔姆（Mark Ptashne）分离出首个转录因子（λ噬菌体的阻遏蛋白）；1979 年，罗伯特·罗德（Robert Tjian）等发现真核生物转录因子 SP1。1980 年代，转录因子 DNA 结合结构域（如锌指、亮氨酸拉链）被解析。转录因子能够与 DNA 特定区域结合，调控基因的转录，从而影响特定蛋白质的合成。这一发现使得科学家认识到蛋白质的功能不仅与其自身的结构有关，还与基因表达的调控过程密切相关。

在此阶段，另一个重要进展是蛋白质三维结构的解析。随着 X 射线晶体学和电子显微技术的进步，科学家逐渐揭示了许多蛋白质的三维结构，为蛋白质功能研究提供了新的视角。1959 年，科学家成功解析了胰岛素的三维结构，成为蛋白质结构解析领域的一个里程碑。

随后，蛋白质结构解析的技术进一步完善，蛋白质结构-功能关系逐渐被揭示。例如，1962 年，科学家们成功解析了血红蛋白的结构，发现血红蛋白由四个亚基组成，这一结构使其能够高效地与氧气结合。通过对蛋白质结构的解析，科学家们开始认识到蛋白质的功能往往与其空间结构紧密相关，即蛋白质的折叠方式、空间构象等都直接影响其生物学功能。

1960 年代末，基因克隆技术的诞生为蛋白质研究带来了革命性的影响。科学家能够通过重组 DNA 技术合成具有特定功能的蛋白质。例如，1973 年保罗·伯格和赫尔曼·摩尔等人首次实现了基因重组技术的成功，将来自不同来源的 DNA 片段连接在一起，创造了第一个重组 DNA 分子。这一技术的出现，为后来的蛋白质工程、基因治疗等领域的发展奠定了基础。此外，1975 年乔治·斯诺尔和卡尔·杰姆等科学家发明了单克隆抗体技术，通过克隆单一的免疫球蛋白，获得大量的、具有特定抗原特异性的抗体。这项技术不仅推动了免疫学的发展，也为疾病的早期诊断和靶向治疗提供了新的手段。

在 1960 年代至 1980 年代，科学家们对基因表达调控机制的理解取得了重大突破。特定蛋白质能够通过调控 DNA 的转录过程来决定某些基因是否被激活，从而影响细胞功能。例如，1960 年代，科学家发现了操控基因表达的启动子（promotor）和增强子（enhancer）序列，它们通过与特定的转录因子相结合，调控基因的活性。这些发现使得我们认识到，基因表达不仅是一个简单的转录过程，而是一个受到复杂调控的多步骤过程。

随着分子生物学的发展，科学家逐渐认识到，蛋白质功能和基因表达的调控不仅对基础生物学研究具有重要意义，还在医学领域具有广泛应用。1970年代，随着基因突变、癌基因等概念的提出，蛋白质在疾病，特别是在癌症发生过程中的角色受到了越来越多的关注。癌基因编码的蛋白质（如RAS蛋白）能够通过异常的信号转导途径促进细胞的无限增殖，从而引发肿瘤的形成。

四、蛋白质组学的崛起（1990年代至今）

1990年代，随着分析化学技术的快速发展，蛋白质组学作为一个新的学科应运而生。蛋白质组学的核心是通过系统性地研究细胞、组织或整个生物体在特定条件下表达的所有蛋白质及其相互关系。蛋白质组学的蓬勃发展离不开分离和检测技术的突破，尤其是在质谱（mass spectrometry，MS）和液相色谱（liquid chromatography，LC）领域的进展。质谱技术可以精确测定蛋白质的质量和结构，帮助研究人员鉴定复杂样本中的蛋白质。液相色谱则能够通过分离技术对复杂的蛋白质样本进行处理，从而更好地分析不同条件下的蛋白质表达变化。随着技术的不断进步，蛋白质组学在生物医学领域的应用逐渐深入。研究人员开始使用蛋白质组学技术，研究癌症、神经退行性疾病、免疫系统疾病等各种疾病的机制。例如，在癌症研究中，科学家通过蛋白质组学分析肿瘤组织中的蛋白质差异，识别潜在的生物标志物和药物靶点，进而开发新的诊断方法和治疗策略。

另外，蛋白质组学还在药物发现和个性化医学中发挥了重要作用。通过分析个体的蛋白质组特征，科学家能够识别与疾病相关的特异性蛋白质，为个体化的治疗提供依据。

五、功能蛋白质组学的深入发展（21世纪初至今）

功能蛋白质组学是蛋白质组学的一个重要分支，主要研究在特定生理、病理状态下，细胞内蛋白质群体的变化及其在生命过程中所扮演的具体角色。功能蛋白质组学不仅关注蛋白质的表达，还研究其功能、相互作用、翻译后修饰等，旨在揭示蛋白质在细胞内的动态变化及其复杂的调控网络。定量蛋白质组学技术的发展为功能蛋白质组学的发展提供了技术支撑，如2002年马蒂亚斯·曼（Matthias Mann）建立的细胞培养条件下的稳定同位素标记技术（SILAC）、2023年Thermo Fisher公司研发出串联质谱标签（tandem mass tag，TMT）技术、2004年AB SCIEX公司研发出体外标记等重同位素标签相对和绝对定量技术（isobaric tag for relative and absolute quantitation，iTRAQ），2015年提出的数据非依赖采集（data-independent acquisition，DIA）定量分析技术是最值得关注的技术之一。

功能蛋白质组学的研究突破了传统的单一蛋白质分析，通过大规模分析不同条件下蛋白质的翻译后修饰、亚细胞定位、与其他蛋白质的相互作用等，探讨其在生理和病理状态下的功能。其中，蛋白质的翻译后修饰（如磷酸化、乙酰化、泛素化、琥珀酰化、巴豆酰化等）在细胞信号转导、基因表达调控、细胞周期等多个方面发挥着至关重要的作用。功能蛋白质组学的研究能够揭示蛋白质如何通过这些翻译后修饰调控细胞内的动态过程，并通过相互作用网络影响细胞的整体功能。

功能蛋白质组学的一个重要方向是研究蛋白质之间的相互作用。细胞内的许多功能是由蛋白质之间的相互作用来协调的，研究这些相互作用有助于我们了解细胞如何进行复杂的生物学过程，如信号转导、代谢调控、细胞周期控制等。蛋白质-蛋白质相互作用网络是功能蛋白质组学中的一个核心概念。通过研究细胞内蛋白质之间的交互，研究人员能够构建出细胞内各种功能的网络图谱，揭示哪些关键蛋白质在某一特定生理或病理过程中起着核心作用。近年来，结合高通量筛选技术，蛋白质-蛋白质相互作用的研究取得了显著进展，使我们能够对蛋白质之间的复杂交互关系有了更全面的理解。

传统的蛋白质组学研究通常在组织或细胞群体水平进行，但随着单细胞分析技术的突破，科学家能够在单个细胞中分析蛋白质的表达和功能。这使得我们能够更精细地研究细胞在不同状态下的功能变化，例如，在肿瘤微环境中肿瘤细胞如何与周围细胞进行相互作用，以及免疫细胞如何应对外来病原体的挑战。单细胞蛋白质组学的进展为我们提供了更加精确的工具，能够揭示细胞内在的异质性，为疾病机制研究、癌症免疫治疗等领域带来了新的研究机会。

功能蛋白质组学不仅在基础研究中具有重要意义，而且在临床应用中也发挥着越来越重要的作用。通过对患者样本中蛋白质表达和修饰的分析，研究人员可以识别与疾病发生发展相关的标志物，并将其应用于疾病的早期诊断、疗效预测，以及个性化治疗。例如，在癌症的早期诊断中，通过蛋白质组学分析肿瘤标志物的变化，能够实现更早期的检测和干预。2020年国家蛋白质科学中心（北京）贺福初院士团队等建立了肺腺癌分型，并绘制了大规模临床肺腺癌蛋白质组草图，对肺腺癌的临床诊断和治疗具有潜在的价值。此外，蛋白质基因组学、宏蛋白组学、微量（单细胞）蛋白质组学、福尔马林固定的石蜡包埋样本蛋白质组学和 4D 蛋白质组学等研究的相继发展，将会助力功能蛋白组学的发展。

第二节　功能蛋白质研究的主要内容及方法

一、蛋白质的生成与质量控制

蛋白质的生成与质量控制是细胞内生物学过程中的核心内容之一，涉及从基因转录到蛋白质合成，再到蛋白质的折叠、修饰、运输和降解等多个环节。蛋白质的质量控制确保了细胞内蛋白质的正确功能与稳定性，以防止错误折叠或过度表达的蛋白质积聚，进而避免其可能带来的毒性或细胞功能损害。

蛋白质的翻译过程包括从细胞核中的 DNA 转录为 mRNA，以及在核糖体上将 mRNA 翻译成蛋白质（Harel and Jbara，2023）。蛋白质合成是许多生理过程的基础，包括学习和记忆的形成、T 细胞活化以及炎症反应等。在细胞中，除了 mRNA 能翻译成蛋白质外，非编码 RNA（ncRNA）也占据大部分基因组。随着核糖体分析（Ribo-seq）、全长翻译

RNA 分析（RNC-seq）和质谱技术的发展，越来越多的 ncRNA 被发现能够翻译并产生功能性肽。此外，研究发现内源性长链非编码 RNA（lncRNA）和环状 RNA（circRNA）编码的新型蛋白质，表明 ncRNA 的翻译与人体生理和疾病密切相关。因此，深入研究 ncRNA 的编码能力对于基础生物学和医学研究至关重要（van Bergen et al.，2022）。

蛋白质质量控制是细胞识别并清除异常蛋白质的机制，通过选择性降解错误折叠或错误合成的蛋白质，同时保留和利用正常功能蛋白质的过程。（Chiti and Dobson，2017）。基因突变和环境因素，尤其是压力和病理状态，可能损害细胞内蛋白质和细胞器的完整性，若不加以控制，可能对细胞功能和存活造成严重影响。因此，细胞进化出质量控制机制，使得错误折叠蛋白质最小化。蛋白质质量控制利用分子伴侣和靶蛋白降解的协作进行，主要通过泛素-蛋白酶体系统或自噬完成。未及时去除的错误折叠蛋白质可能形成聚集体，这些聚集体需要通过巨自噬清除。巨自噬通过选择性隔离缺陷细胞器（如线粒体），并将其靶向溶酶体降解，起到细胞内质量控制作用。在具有多种病因的衰竭心脏中观察到蛋白质质量控制不足，并且其致病作用已被实验证明。此外，蛋白质质量控制的底物蛋白可能经历多种翻译后修饰，这些修饰能够促进或阻碍错误折叠蛋白的去除（Wang et al.，2013）。

三、蛋白质的定位与翻译后修饰

蛋白质的定位与翻译后修饰（post-translational modification，PTM）是细胞内蛋白质功能调控的重要机制。蛋白质的定位决定了其在细胞内执行特定功能的能力，而翻译后修饰则通过化学修饰改变蛋白质的结构、稳定性、活性、相互作用，以及亚细胞定位。这两者相互作用，共同决定了蛋白质在细胞内的生物学功能。

蛋白质的功能与其在亚细胞内的定位密切相关，只有在有序分布和动态平衡的蛋白质环境下，生命个体才能实现精细的生物学功能。蛋白质处于不同的亚细胞结构，其所行使的功能也不同，而当蛋白质定位发生错误时，其功能可能丧失，从而对细胞乃至整个机体产生影响（Do and Choi，2008）。为观察蛋白质在细胞内的定位，可以借助激光扫描共焦显微镜（laser scanning con-focal microscope，LSCM）技术和免疫电镜（immunoelectronic microscopy，IEM）技术。LSCM 技术功能强大，可以进行荧光定量测量、共焦图像分析、三维图像重建、活细胞动力学参数检测以及细胞间信息研究等。通过 LSCM 技术，我们可以对所观察的蛋白质进行定量、定性和定位检测（Amos and White，2003）。通常，LSCM 技术一般需要借助于融合报告基因定位，即把目的蛋白基因与易于检测的报告基因进行融合，构建融合基因表达载体，然后借助报告基因表达产物的特征来定位目的蛋白。绿色荧光蛋白（GFP）是最常用的报告基因（Cubitt et al.，1995）。IEM 技术是利用抗原与抗体特异性结合的原理，在超微结构水平上定位、定性及半定量抗原的技术方法。该技术将免疫细胞化学方法和电镜技术联用，最大的优点在于能够对活体状态下的目的蛋白进行体内定位，是最直接、最准确的定位方法。IEM 技术主要经历了铁蛋白标记技术、酶标记技术及胶体金标记技术三个主要发展阶段（Koster and Klumperman，2003）。其中，胶体金标记免疫电镜具有较高的特异性和灵敏度且方便检测，因而成为目前应用最为广泛的免疫电镜手段。目前，生物信息学与其他蛋白质定位的研究方法相互补充、相互验证，进而为更好地理解蛋白质的功能和生物学意义做出贡献。

PTM 是指在蛋白质合成后，通过酶促反应在其氨基酸链上添加或去除化学基团，从而调节蛋白质的结构、功能、稳定性及相互作用。目前已经鉴定了 600 多种 PTM，包括蛋白质磷酸化、甲基化、乙酰化、SUMO 化、泛素化、糖基化、棕榈酰化、谷硫酰化、S-亚硝基化和 ADP 核糖基化。翻译后修饰在细胞内发挥着至关重要的作用，它们不仅影响蛋白质的活性和稳定性、蛋白质的半衰期和细胞定位，还能调控蛋白质之间的相互作用网络，从而在细胞信号转导、基因表达调控、细胞周期控制等多个生物学过程中发挥重要作用。PTM 使细胞能够通过对蛋白质功能的直接和动态控制，对内部和外部信号做出迅速反应。异常 PTM 与多种人类疾病有关，包括代谢紊乱和心血管疾病（Wu et al., 2023）。PTM 的研究对于理解蛋白质功能的调控机制至关重要，近年来，随着质谱分析技术的进步，研究者借助这一技术能够高通量地识别和定量不同类型的修饰，从而揭示出更多与疾病相关的翻译后修饰模式。例如，癌症细胞中常见的磷酸化和糖基化的改变，已成为潜在的生物标志物和治疗靶点。因此，深入研究翻译后修饰的调控机制，有助于阐明细胞生物学过程的复杂性，并为疾病的早期诊断和靶向治疗提供新的策略。

迄今为止，蛋白质的定位与 PTM 之间的关系尤为复杂。在一些情况下，翻译后修饰直接调控蛋白质的亚细胞定位，例如，某些蛋白质的核定位信号（NLS）通过磷酸化或乙酰化被暴露或隐藏，进而控制其在细胞核中的定位。此外，亚细胞定位也能影响翻译后修饰的发生与执行，某些修饰可能特定地发生在细胞的特定区域，如线粒体或内质网。因此，蛋白质的定位与 PTM 的研究，正逐渐成为理解细胞内复杂生物学过程的重要方向。

四、蛋白质-蛋白质、蛋白质-核酸的相互作用研究

生命活动的本质建立在分子间精密的相互作用之上，其中蛋白质-蛋白质相互作用（protein-protein interaction，PPI）与蛋白质-核酸相互作用（protein-nucleic acid interaction，PNI）构成了细胞功能调控的两大核心支柱。前者如同细胞内的"协作网络"，驱动信号传递、代谢调控与复合体组装；后者则如同"信息解码器"，直接参与遗传指令的读取、传递与表观修饰。这两大研究方向不仅深化了人类对生命基本规律的理解，更在疾病机制解析与生物技术创新中展现出深远价值。

PPI 聚焦于揭示蛋白质如何通过物理结合形成动态复合体，进而调控细胞行为。例如，在癌症中，RAS 蛋白与下游效应分子的异常互作可激活促增殖信号通路，而抑癌蛋白 p53 与其负调控因子 MDM2 的结合失衡则可能导致基因组失稳。PPI 的研究有助于发现新的蛋白质和蛋白质的新功能、筛选药物作用位点、研究药物对蛋白质间相互作用的影响、建立基因组蛋白连锁图等。精准解读蛋白质的相互作用原理及功能，需要高效的 PPI 技术。常用的 PPI 技术主要包括酵母双杂交系统、噬菌体展示、谷胱甘肽巯基转移酶融合蛋白沉降（GST pull-down）、免疫共沉淀（CoIP）、邻近标记等多种技术。近年一些结构生物学和人工智能的技术也用于 PPI 的研究，例如，冷冻电镜与 X 射线晶体学从

原子层面解析复合体结构；阿尔法折叠（AlphaFold）预测蛋白质复合物的三维结构，为药物设计提供全新视角。如针对 PD-1/PD-L1 免疫检查点互作界面的抑制剂，已成功应用于多种癌症的临床治疗，凸显了靶向 PPI 的治疗潜力。

蛋白质-核酸相互作用是细胞内重要的生物过程，涉及蛋白质与 DNA 或者 RNA 之间的相互作用，这些相互作用对基因表达调控、细胞信号转导、DNA 修复、复制和转录等生命活动起着至关重要的作用。蛋白质通过与核酸的结合，形成稳定的复合物，进而执行各自的功能，确保细胞的正常运作和基因组的稳定性。例如，转录因子通过与基因启动子区域的 DNA 结合，调控特定基因的转录活性。此外，DNA 修复蛋白，如 p53 和 Rad51 等，通过与损伤的 DNA 区域结合，启动修复过程，确保基因组的完整性。在 RNA 剪接、RNA 稳定性调控及翻译过程中，RNA 结合蛋白（RBP）通过与 mRNA 的结合，调控其剪接、稳定性和翻译效率。蛋白质、DNA、RNA 之间的相互作用关系及调控关系是后基因组时代重要的研究领域，在表观遗传学等不同研究方向上也具有重要意义。

蛋白质-核酸相互作用的研究依赖于多种技术手段，以便深入了解蛋白质与 DNA 或 RNA 之间的结合方式及其功能。常用的技术包括：凝胶阻滞试验（gel retardation assay）又称 DNA 迁移率变动试验（DNA mobility shift assay）或条带阻滞试验（band retardation assay）、酵母单杂交（Y1H）染色质免疫共沉淀技术（ChIP）、RNA 免疫共沉淀（RIP）、表面等离子共振（SPR）。ChIP 和 RIP 类似，是广泛应用于基因组范围内分析蛋白质与 DNA/RNA 结合位点的高通量技术，能揭示转录因子和修复蛋白质的作用机制，但其灵敏度依赖于抗体的特异性，并且无法提供相互作用的动态信息。SPR 提供实时监测蛋白质与核酸结合的亲和力和动力学信息，能够无标记地分析蛋白质-核酸相互作用的亲和力和速率，但其通常应用于小规模的体系。FRET 能够在单分子水平上实时监测蛋白质与核酸的相互作用，获取高空间分辨率数据。但这项技术存在对荧光标记物依赖的问题，且实验环境要求较高。上述这些技术各有优缺点，适用于不同的研究需求。通常结合使用可以为蛋白质-核酸相互作用的动态过程和具体机制提供全面的理解。

五、基因编辑技术在功能蛋白质中的应用

基因编辑是以改变目的基因序列为目标，实现定点突变、插入或敲除的技术。基因编辑技术在功能蛋白质中的应用为研究和开发新的治疗方法提供了强大的工具。通过精准的基因编辑，研究人员能够在特定的基因位置进行插入、删除或替换，从而精确控制目标蛋白质的结构和功能。从 20 世纪末人们就开始对基因编辑技术进行探索，但直到 2013 年 CRISPR/Cas9 技术成功用于哺乳动物细胞，才极大地推动了基因编辑技术的发展热潮。目前基因编辑技术主要包括人工介导的锌指核酸酶（zinc finger nuclease，ZFN）技术、转录激活因子样效应物核酸酶（transcription activator-like effector nuclease，TALEN）技术、成簇规律间隔短回文重复相关蛋白技术（CRISPR/Cas9）和单碱基编辑（base editor，BE）技术等（任云晓等，2019）。CRISPR 是"成簇的规律间隔短回文重复序列"（clustered regulatory interspaced short palindromic repeat）的缩写，原核生物（细菌和古生菌）利用它来防止噬菌体病毒的感染。其核心原理是使原核生物能够识别与噬菌体或其他入侵者

相匹配的基因序列，并利用专门的酶将这些序列作为破坏目标，这些专门的酶称为CRISPR 相关蛋白（CRISPR associated protein，Cas）。CRISPR/Cas9 技术包含两种重要的组分，一种是行使 DNA 双链切割功能的 Cas9 蛋白，另一种则是具有导向功能的 gRNA。基因编辑技术掀起的研究热潮，一方面是由于基因编辑技术自身不断发展，更为精准、高效、低成本的基因编辑技术不断地被开发出来；另一方面，基因编辑技术作为一项重要的工具，在基因筛查、动物和细胞模型构建等基础研究中发挥着重要作用，为特定蛋白质的功能研究提供了重要的技术手段，也为许多疾病的基因治疗提供了新的思路。

六、生物信息学分析在功能蛋白质中的应用

生物信息学是一门随着人类基因组计划（human genome project，HGP）启动而兴起的交叉学科，它综合运用生物学、医学、药学、统计学、计算机科学等多种学科的工具和方法，挖掘和阐释生物数据所包含的生物学意义。伴随着 HGP 的完成，生命科学研究进入了后基因组时代。随着基因组研究的进一步拓展，相比于基因组时代，后基因组时代会产生大量的蛋白质序列、结构、功能及互作的数据，这使得蛋白质组数据更加庞大且复杂。现阶段蛋白质组学研究的内容不但包括对蛋白质的识别和定量化，还包括它们在细胞内外的定位、修饰、相互作用网络、活性和功能，以及蛋白质高级结构解析。如果只使用传统的手段，则无法快速、有效地解决蛋白质分析过程中的各种问题。蛋白质组学研究技术的不断革新和数据的不断积累，使得生物信息学工具也在日益完善，更多的研究人员借助生物信息学技术全方位地处理海量蛋白质组数据（获取、整理、注释）。蛋白质组学中生物信息学分析的方向包括：蛋白质分布、蛋白质结构、蛋白质的丰度变化、蛋白质功能、蛋白质修饰、蛋白质相互作用，以及蛋白质与疾病的关联性等，如 GO 功能注释及富集分析、PTM 的蛋白质组学分析（PTM 预测分析、保守序列分析、PTM 串扰分析）（Schmidt et al.，2014）。

七、蛋白质的结构研究

功能蛋白质的结构研究对于理解其生物学功能、机制及其在细胞中的作用具有重要意义。每一种蛋白质都有其特定的一级结构和高级结构，这些特定的结构是蛋白质行使其功能的物质基础。蛋白质的三维结构决定了其特定的功能。不同的蛋白质具有独特的结构特征，结构中的特定区域如活性位点、结合口袋、折叠模式等直接影响蛋白质的功能。例如，酶的催化活性与其活性位点的结构密切相关，而抗体的特异性则与其结合位点的结构相关。通过研究蛋白质的结构，科学家可以揭示其如何与其他分子（如底物、配体、抑制剂等）结合，从而深入理解其在细胞过程中的作用。而环境因素（如温度、水溶液、pH、配体等）可以造成蛋白质的空间三维结构改变。其次，功能蛋白质的结构研究有助于药物设计和疾病治疗。许多疾病，尤其是遗传性疾病、癌症和感染性疾病，都与蛋白质结构异常密切相关。通过了解疾病相关蛋白质的结构变化，研究人员可以识别新的药物靶点，设计具有针对性的药物。例如，许多抗病毒药物、癌症治疗药物的开

发，都是基于对目标蛋白质三维结构的深入理解。在药物设计中，计算机辅助药物设计（computer-aided drug design，CADD）可以通过模拟蛋白质与药物分子相互作用的结构，预测潜在的药物分子。

针对的蛋白质结构研究，主要的技术手段有核磁共振（nuclear magnetic resonance，NMR）、X 射线晶体学（X-ray crystallography）和冷冻电子显微镜（cryo-electron microscope，cryo-EM）。核磁共振主要针对溶液中分子质量很小（约 20kDa）的样品类型，最近几年已使用不多。近年来，又出现了一些新技术，例如，微晶电子衍射（MicroED）是一种利用冷冻电镜解析微小晶体结构的技术，由于电子束与物质的作用远强于 X 射线，可以解析 X 射线晶体学难以处理的纳米晶体结构。特别是对于以往难以培养单晶的蛋白样品以及分子量较大的蛋白复合物来说，cryo-EM 为结构生物学家提供了一个前景广阔的新工具，弥补现有技术的不足。上述这些方法往往依赖大量昂贵的设备，并且花费时间较长，对样品的制备具有较高的要求。近年来，人工智能和深度学习在蛋白质的结构研究中发挥了重要的作用，如 AlphaFold 预测蛋白结构。

功能蛋白质的结构研究在基础科学和应用研究中具有重要意义，它不仅帮助我们揭示蛋白质的生物学功能和机制，还为疾病治疗、药物设计、工业应用和合成生物学等领域提供了关键技术支持。

第三节 功能蛋白质研究的挑战和展望

功能蛋白质研究是生命科学中的一个重要领域，它涉及蛋白质的结构、功能、相互作用及其在细胞和生物体内的作用。尽管近年来在这一领域取得了显著的进展，但仍然面临着许多挑战。与此同时，随着新技术的不断发展，功能蛋白质研究也呈现出广阔的前景。

功能蛋白质研究所面临的挑战主要包括四个方面：①蛋白质结构解析的复杂性。蛋白质是由数百甚至上千个氨基酸残基组成的大分子，其结构复杂且多样。尽管 X 射线晶体学、NMR 和 cryo-EM 等技术在蛋白质结构研究中取得了巨大的进展，但对于大分子蛋白质及其动态变化的研究依然具有挑战。尤其是在生理条件下，蛋白质的动态折叠、构象变化及其与配体、其他蛋白质的相互作用往往难以通过传统方法捕捉和解析。②蛋白质-蛋白质和蛋白质-核酸相互作用的复杂性。蛋白质功能往往依赖于这些分子的相互作用，揭示这些复杂的相互作用机制仍然是一项巨大的挑战，尤其是当这些相互作用在时间和空间上具有高度的动态性和可调节性时。传统的实验方法往往难以捕捉到这些复杂的、瞬时的相互作用。③蛋白质折叠和功能失调的机制。蛋白质折叠是其功能的重要基础，然而在一些疾病中，如阿尔茨海默病、帕金森病等，蛋白质折叠错误导致的功能失调是病理的根源。研究蛋白质折叠的机制，以及如何有效地预防或修复蛋白质折叠错误，依然是当前生物学研究中的一个重要挑战。④实验技术的局限性。尽管当前已经有多种技术用于蛋白质功能研究，但这些方法往往有其局限性。例如，冷冻电镜虽然能够处理大分子结构，但其解析分辨率仍然受到一些限制。高通量筛选技术在准确性和特异性方面的不足也是影响蛋白质功能研究的一个瓶颈。

为克服上述困难，未来功能蛋白质研究可能将更多地依赖于多学科技术的结合。例如，结合NMR、冷冻电镜、质谱、单分子成像等技术，可以从不同层面、不同尺度上深入解析蛋白质的结构与功能。这种跨领域的整合将为蛋白质的动态研究、相互作用网络的解析提供新的思路。今后将继续挖掘人工智能（AI）和机器学习在蛋白质结构预测与功能研究中的巨大潜力，通过对大量蛋白质序列和结构数据的学习，AI可以预测蛋白质的折叠方式、相互作用位点，以及潜在的功能区域。此外，计算模拟和分子动力学的应用将帮助研究人员更好地理解蛋白质在生理和病理状态下的动态变化。值得关注的是单细胞技术的发展使我们能够在单个细胞水平上研究蛋白质的表达和功能。这将为我们提供有关蛋白质在不同细胞类型中的作用和调控的宝贵信息。此外，高通量筛选技术将继续发挥重要作用，尤其是在药物发现和蛋白质工程方面。通过高通量筛选，我们可以快速识别潜在的药物靶点、发现新的功能蛋白质，并优化已有的蛋白质功能。未来，研究将进一步集中在蛋白质功能调控和修复策略的开发上，尤其是在针对疾病相关蛋白质的治疗方面。例如，通过基因编辑技术，如CRISPR/Cas9，研究人员可以调控或修复特定蛋白质的功能，从而为遗传性疾病提供新的治疗思路。此外，针对蛋白质折叠病的研究将可能带来新的治疗方法，如错误折叠蛋白的靶向清除、分子伴侣治疗法等。

在未来，随着跨学科合作的深化，技术手段的进步以及对生命科学基础问题的不断探索，功能蛋白质研究将为我们提供更加丰富的生物学信息，推动基础研究、临床治疗和生物技术应用的进步。功能蛋白质研究将为在细胞和分子水平上探讨人类重大疾病的机制、诊断和防治及新药开发提供重要的理论基础。可以预见，未来的蛋白质研究将是生命科学发展的重要驱动力，带来一系列创新的科学发现和技术突破。

参 考 文 献

Amos W B, White J G. 2003. How the confocal laser scanning microscope entered biological research. Biology of the Cell, 95(6): 335-342.

Chiti F, Dobson C M. 2017. Protein misfolding, amyloid formation, and human disease: a summary of progress over the last decade. Annual Review of Biochemistry, 86: 27-68.

Collins M O, Choudhary J S. 2008. Mapping multiprotein complexes by affinity purification and mass spectrometry. Current Opinion in Biotechnology, 19(4): 324-330.

Cubitt A B, Heim R, Adams S R, et al. 1995. Understanding, improving and using green fluorescent proteins. Trends in Biochemical Sciences, 20(11): 448-455.

Do J H, Choi D K. 2008. Clustering approaches to identifying gene expression patterns from DNA microarray data. Molecules and Cells, 25(2): 279-288.

Graves P R, Haystead T A J. 2002. Molecular biologist's guide to proteomics. Microbiology and Molecular Biology Reviews, 66(1): 39-63.

Harel O, Jbara M, 2023. Chemical synthesis of bioactive proteins. Angewandte Chemie (International Ed), 62(13): e202217716.

Koster A J, Klumperman J. 2003. Electron microscopy in cell biology: integrating structure and function. Nature Reviews Molecular Cell Biology, Suppl: SS6-S10.

Reynolds J, Tanford C. 2001. The man with faith in the unseeable. Nature, 409(6816): 18.

Schmidt A, Forne I, Imhof A. 2014. Bioinformatic analysis of proteomics data. BMC Systems Biology, 8(Suppl 2): S3.

Simpson L W, Good T A, Leach J B. 2020. Protein folding and assembly in confined environments: Implications for protein aggregation in hydrogels and tissues. Biotechnology Advances, 42: 107573.

van Bergen W, Heck A J R, Baggelaar M P. 2022. Recent advancements in mass spectrometry–based tools to investigate newly synthesized proteins. Current Opinion in Chemical Biology, 66: 102074.

Wang X J, Scott Pattison J, Su H B. 2013. Posttranslational modification and quality control. Circulation Research, 112(2): 367-381.

Wu X M, Xu M Y, Geng M Y, et al. 2023. Targeting protein modifications in metabolic diseases: molecular mechanisms and targeted therapies. Signal Transduction and Targeted Therapy, 8(1): 220.

第二章 蛋白质组：蛋白质的检测

要想研究功能蛋白质，首先需要检测到蛋白质。检测单一纯化蛋白质的方法在任何一本生物化学教材上都已有过详细阐述，这里不再赘述。随着生物科学发展到组学时代，在许多研究中都需要对复杂样品中的所有蛋白质进行全面的鉴定和定量，因此催生出了蛋白质组学（proteomics）这一学科领域。

与已经高度发展和成熟的核酸测序相比，蛋白质组学研究面临的挑战更大，目前还远远谈不上成熟。核酸主要是检测其碱基序列，基本的碱基只有4～5种，常见的碱基修饰也只有有限的几种，理化性质较为一致。而蛋白质比核酸更为复杂，除了有氨基酸的一级序列以外，目前已知的蛋白质翻译后修饰就有470多种。蛋白质的理化性质差别巨大，目前尚不存在任何一种技术方案能无差别地对所有类型蛋白质进行统一分析。同时，核酸能够进行PCR扩增，往往能做到单分子检测，而蛋白质无法进行扩增，目前常见的蛋白质检测方法的原理决定了难以做到单分子灵敏检测，故而在检测灵敏度和可靠性上，蛋白质检测远逊于核酸测序。

第一节 蛋白质组学的技术类别

一、二维电泳和三维电泳

最早出现的蛋白质组学分析方式是二维电泳（2-dimensional electrophoresis，2DE），早期也称为"protein mapping"。经过了一系列的早期探索，人们基本确立了用两个维度对蛋白质复杂样品进行较高分辨率分离的基本形式：第一维是等电点聚焦（isoelectric focusing，IEF），依据蛋白质的等电点进行分离；第二维是普通的SDS-PAGE，依据分子质量大小对蛋白质进行分离。这样在最终的胶上，每个蛋白质理论上会呈现为一个点，可以在一块胶上分离数千个蛋白质。如果想知道某个点具体是什么蛋白质，可以将其挖出来，再使用质谱对其进行详细解析。

1969年，英国科学家Dale和Latner发表了人血清的2DE检测方法（Dale and Latner，1969），可将IgA和IgG分开。1970年，这些科学家又发表了脑脊液蛋白质的2DE检测方法（Fossard et al.，1970），观察到了不同样品中IgG组成的变化。虽然这些最早的先驱研究受限于技术分辨率，往往只能分辨十几个蛋白质点，但打开了复杂蛋白质分离的大门。1974年，美国科罗拉多大学的O'Farrell首次发表了大肠杆菌可溶性蛋白质组的2DE结果（O'Farrell，1975）。他使用^{14}C蛋白质放射性标记和放射自显影技术，提高了检测灵敏度，在一块约13cm×16cm的胶上成功分离了1100个蛋白质点（图2-1）。事实上，这一早期结果的灵敏度与当下最先进的蛋白质组质谱技术已然相差不远。由于样品前处理的方法只保留了可溶性蛋白，2020～2023年最先进的蛋白质组质谱对大肠杆菌的可溶性蛋白在一次实验中通常也只能鉴定到 1300~1600 个蛋白质,甚至有时还不到这个数量。1975 年,德国柏林自由大学的 Klose 对小鼠肝脏、胚胎、血清等组织的蛋白质组进行了 2DE,分离得到了 275 个清晰的点(Klose,1975)。他在论文中探讨了使用此种方法检测突变体蛋白质的理论可能性,但受限于实验分辨率而未能直接实现。直到今天,绝大多数优良的 2DE 在单一胶上能识别的蛋白质点数量通常在数百个。

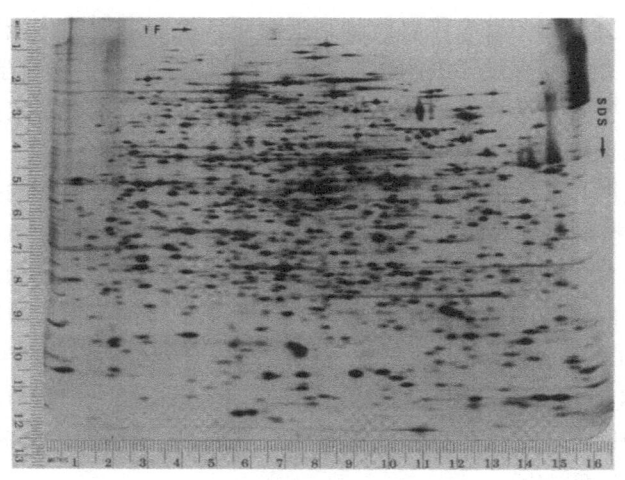

图 2-1　O'Farrell 于 1974 年完成的大肠杆菌可溶性蛋白 2DE
横向为等电点聚焦,纵向为 SDS-PAGE

由于操作简便、成本低廉、易于培训,标准的 2DE 在世界各国实验室中已基本成为学生常规实验科目。一个经过简单培训的本科生可以每天进行数十块 2DE 实验,这为分析大量样本提供了可能。虽然 2DE 被广泛应用于各种科学研究中,但有一些因素严重制约着其分辨力的提高。2DE 技术就是在不断解决这些挑战的过程中持续改进与推陈出新。

(1) 灵敏度较低。由于蛋白质丰度跨度可达 8 个数量级以上,使用普通的考马斯亮蓝染色甚至银染,中低丰度的蛋白质常常难以染色清楚;如果增加上样量,样品中的高丰度蛋白又会形成巨大的团块,遮掩其他的蛋白质。要解决这一问题,一方面可以使用放射自显影或荧光染色的方式提高灵敏度(Steinberg et al.,1996),另一方面对样品中已知存在的高丰度蛋白进行去除(典型的如血清中的白蛋白、免疫球蛋白等),从而有效提高蛋白质组的分辨力。目前已有多种高丰度蛋白去除试剂盒在市面上销售。

(2) 电泳中不可避免地会出现蛋白质的扩散,因此当蛋白质非常复杂的时候,许多蛋白质点会拥挤在一起导致难以清晰分辨。解决这一问题通常可以从以下几个方面着手:使用较大尺寸的胶(但操作起来较为麻烦);在等电点聚焦中使用窄范围 pI 的设定(宽域 pI 为 3~10,窄范围 pI 为 4~7 甚至 5~7);使用亲和层析等方法进行蛋白质组分的预分离,然后再对组分进行 2DE。使用这些方法可以减少单位面积胶上所承载的蛋白质数量,因而可以显著提高分辨力,甚至能区分同一基因的不同剪切变体(Westbrook et al.,2001;Lee and Lee,2004)。

(3) 扫描图像中,由于感光元件的光电特性所导致的量化离散、噪点等问题会降低可用信噪比，因此在图像分析时需要进行区域背景校正、动态范围校正、几何畸变矫正、小波变换、卷积滤波等许多步变换。经过这些数字图像处理技术，可以将信噪比提高15～20dB，对蛋白质点的识别率可提高十几个百分点（Goez et al.，2018）。

（4）多数研究需要对比两个或多个样品间的差异，而两块胶所跑的条件不可能完全相同，因而直接叠合以比较差异点的做法往往行不通。解决这一问题主要有两种思路：图像配准和二维差异电泳（2-dimensional difference gel electrophoresis，2D-DIGE）。图像配准是利用算法，对两个图像中的主要特征点进行比对和锚定，并建立空间坐标系的扭曲变换，从而实现两个2DE图像之间的精确配准，进而比较差异点。常见的数学工具包括卷积变换、2D空间仿射变换、双线性变换等（Kaczmarek et al.，2003；Shi et al.，2007；Dowsey et al.，2008）。但这些配准算法对扭曲较为厉害的胶而言容易出现较大偏差，对点十分密集的2DE也容易"失之毫厘，差之千里"。2D-DIGE技术则是将多个样品标记（通常是不同颜色的荧光标记）混合，然后在同一块胶上跑，彻底消除了多块胶之间的跑胶条件差异，可以直观地看出差异的蛋白点来（Arentz et al.，2015；Meleady，2018）。由于需要荧光标记试剂和相应的荧光成像设备，因此该方法成本较高。

（5）不可溶蛋白质的问题。由于细胞内大多数蛋白质的可溶性较差，甚至根本不可溶（如大量膜蛋白），采用普通的蛋白质提取方法会造成沉淀而提取不到，即便强行上样也无法进入等电点聚焦的胶条，因而难以使用2DE进行分析。解决这一问题需要尽量使得蛋白质可溶化（solubilize），常见的方法是加入去垢剂，如SDS。对于膜蛋白，可加入较温和的非离子去垢剂如NP-40、Triton X-100和十二烷基麦芽糖苷（dodecyl maltoside），以及两性离子去垢剂如CHAPS、磺胺类（SB 3-10、ASB 14等），有时还可以辅以变性剂如尿素、硫脲等（Molloy，2000；Santoni et al.，2000）。用这些方法，甚至可以对去垢剂不溶性的（detergent-insoluble）异常折叠蛋白进行分析（Fedyunin et al.，2012）。

除了标准的2DE以外，二维电泳的第一维也可以不用等电点聚焦的方式进行分离，而换用其他的理化性质进行分离。例如，较为常见的一种是Blue-Native- SDS-PAGE（2D BN/SDS-PAGE）（Camacho-Carvajal et al.，2004；Schamel，2008），它的第一维分离采用了Blue Native非变性胶。在Blue Native非变性胶里，蛋白质复合体不会解离，按照大致的直径大小进行分离。第二维是普通的变性状态的SDS-PAGE，此时将蛋白质复合体中的各蛋白质分离开来，并按照分子质量进行分离。这种方法对批量分析样品中的多种蛋白质复合体有着很好的效果——竖着的一串蛋白质理论上来源于同一个复合体。类似的技术还有Clear-Native-SDS- PAGE，其第一维也是利用非变性的Clear Native胶进行分离。

为了分析蛋白质的二硫键状况，人们还发展出了一种对角线电泳（diagonal gel electrophoresis）的方法，其两个维度分别是非还原性氛围和还原性氛围（Samelson，2001）。有一些蛋白质不存在二硫键，因而在非还原性氛围和还原性氛围下，其构象改变不大，迁移率也类似，这些蛋白质在二维胶上存在于对角线上，"对角线电泳"因而得名。某些蛋白质有二硫键，在非还原性氛围下，二硫键生成，而在还原性氛围下，二硫键被还原打断，因而其蛋白质迁移率会出现显著不同。如果是蛋白质内部的二硫键，当二硫键被还原打断时，蛋白质构象会变得更舒展，迁移率变低；如果是蛋白质链间的二硫键被打断还原，则两条链会分离开，胶上呈现出两个迁移率更高的点。总之，有二硫键的蛋白质将会偏离对角线，一眼便可以认出。如果这些蛋白质发生了某些变化，对比两张对角线电泳胶就可以很容易发现差异。

以上各种 2DE 的原理如图 2-2 所示。

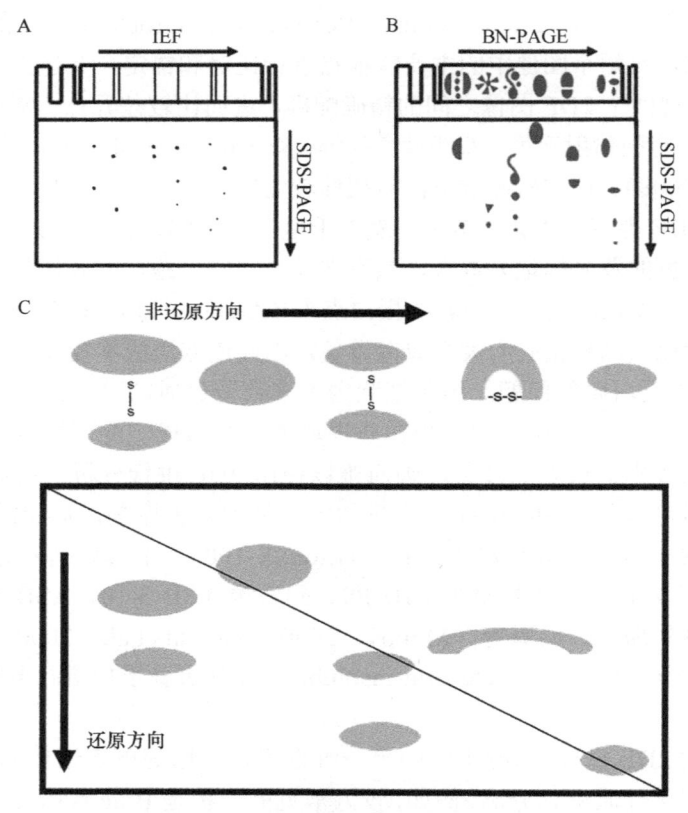

图 2-2　各种 2DE 的原理示意图（Oliveira et al., 2014）
A. 标准的 2DE；B. 2D BN/SDS-PAGE；C.对角线电泳

通常一块 2DE 胶上最多能分出 1000 多个蛋白质点，这对于细菌可溶性蛋白质组来说或许已经不错，但面对人类蛋白质组的数万种蛋白质仍然显得不够用。既然 2DE 是利用两个维度的分离大大增强分离效果以鉴定更多的蛋白质，那么能否利用三个维度来对蛋白质进行更细致的分离，进一步减小单位面积上的蛋白质数量，以大幅度提高蛋白质分离鉴定效果？理论上当然可以，这便有了"三维电泳"（3-dimensional gel electrophoresis，3DE）。例如，第一维是等电点聚焦，第二维是非变性 PAGE，第三维是 SDS-PAGE。这将继续极大地提升蛋白质的分离能力。目前的方法主要有两种：①制作一个三维立方块胶作为第三维，跑完胶之后切成片逐一进行染色分析（Stegemann et al., 2005）；②将第一维和第二维的 2DE 切成很多窄条，将窄条放到第三维胶上，做许多块第二维和第三维的 2DE，组合起来便形成了 3DE（Manabe and Jin, 2010）。这种操作非常麻烦，但确实有效地提高了蛋白质的分辨能力。2010 年，Takashi Manabe 和 Ya Jin 用 3DE 解析了大肠杆菌的可溶性蛋白质组，获得了比 2DE 显著提高的分辨力（Manabe and Jin，2010）。但由于这种方法过于烦琐，质谱技术又已经开始得到长足的发展，因而这种方法并未流行开来。不过，对 2DE 上的一些局部点进行第三维的分析就比较实用了，尤其是对高等真核生物的特定蛋白质的研究。例如，Colignon 等（2013）对 2DE 的局部点在 NuPage Bis-Tris glycine 胶上进行了第三维的分离，原本在 2DE 上呈现为一个点，进一步分离后得到了 2～3 个清晰的蛋白质点（图 2-3）。

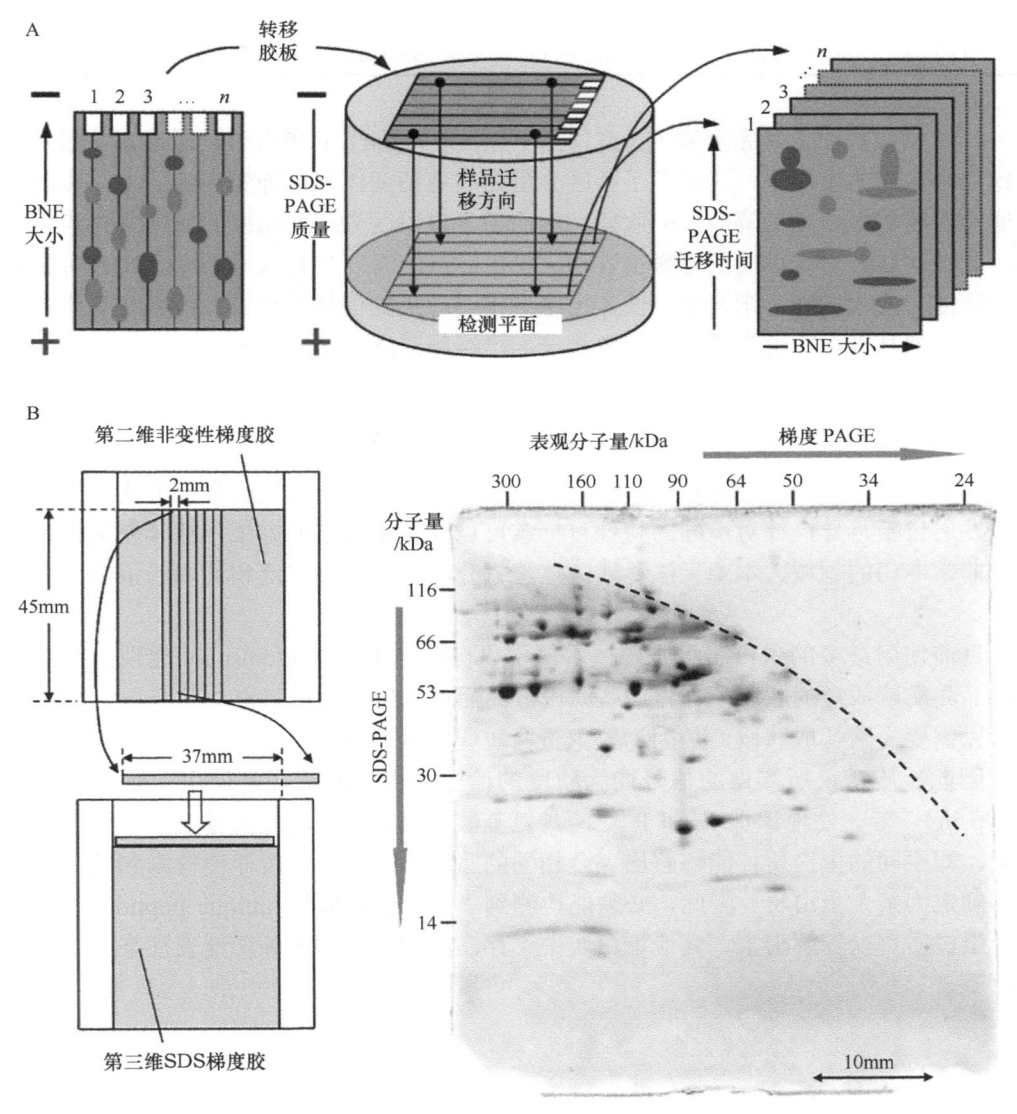

图 2-3　3DE 的两种基本形式

A. 立方胶块进行第三维电泳，再将胶块切成若干薄片进行染色分析（Stegemann et al.，2005）；B. 将二维电泳切成胶条，逐一进行第三维电泳（Manabe and Jin，2010）

在长年累月的研究中，研究者累积了大量的 2DE 胶图和数据，也有一些 2DE 的公共数据库收集整理高质量的 2DE 数据。不过由于最近十几年质谱技术异军突起，这些

2DE 数据库渐渐被人遗忘。由于绝大多数数据库由科研团队建立和运营，缺乏稳定的资金和技术支持，因而大多数 2DE 数据库已无法访问。表 2-1 列出了一些目前尚能运作的数据库。

表 2-1 2DE 公共数据库

2DE 数据库	网址
SWISS-2DPAGE	https://world-2dpage.expasy.org/swiss-2dpage
HEART-2DPAGE	http://www.chemie.fu-berlin.de/user/pleiss/
Proteome 2D-PAGE Database	https://protein.mpiib-berlin.mpg.de/cgi-bin/pdbs/2d-page/extern/index.cgi

2DE 的优势在于其完全属于"自顶向下"（top-down）的蛋白质分析模式，因为在胶上跑的是完整的蛋白质，这赋予了其区分蛋白质剪切变体和修饰变体的能力。质谱分析时通常需要将蛋白质酶解成短的肽段，因而经常难以区分高度相似的剪切变体和修饰变体。此外，2DE 对蛋白质的定量很容易，染色后点的深度与其量呈正比。2DE 实验大多比较简便、成本低廉，学习难度低，出结果快，对生物信息学和算力几乎没有要求，因而至今仍然是蛋白质组学的主流技术之一，已得到广泛的应用。

二、蛋白质质谱

质谱（mass spectrometry，MS）是目前分辨力最高的蛋白质组分析方式。由于质谱技术发展日新月异，针对不同的特殊目标常可以开发出特定的方法，故其分支极多，是一个非常专门的领域，本章无法尽述。这里只介绍应用较为广泛和通用的蛋白质组质谱技术。

目前使用最多的蛋白质组质谱技术属于"自底向上"（bottom-up）类别，即将蛋白质样品先酶解成短的肽段，再将这些肽段分离后送入质谱仪进行电离和分析（图 2-4）。之所以需要先酶解成肽段，是因为整个蛋白质通常难以电离，不容易在质谱仪中进行分离。因此，质谱仪所测得的信号均为肽段的信号。由于酶解通常使用的酶是胰蛋白酶（trypsin），专一性地识别 K 和 R 这两种氨基酸并进行切割，这就存在一个比较普遍的问题，即不同的蛋白质可能酶解出完全相同的肽段，这样的肽段即便检测到了，也无法将其确定为某个蛋白质。因此，必须能检测到"唯一性肽段"（unique peptide），即只有这个蛋白质可以酶解出来、其他蛋白质中不存在的肽段，才能确切地表征某一个特定的蛋白质。

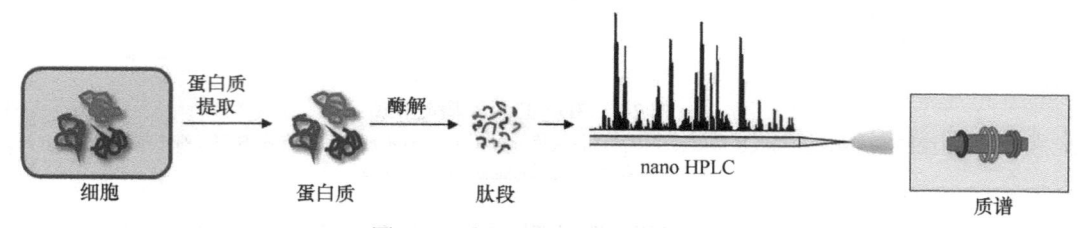

图 2-4 蛋白质组质谱的基本流程

一个复杂样品中含有数万种蛋白质，经过酶解后可产生数十万乃至数百万种肽段。如此多的肽段对质谱仪造成了极大的负担，因此通常需使用前置分离方法（目前常用 HPLC）进行分离，降低同一时间进入质谱仪的肽段复杂度，以利于获得清晰良好的信号（图 2-5）。由于质谱仪的分辨率越来越高，分离程度也越来越高，单次实验中所能捕捉到的肽段离子就越来越多。

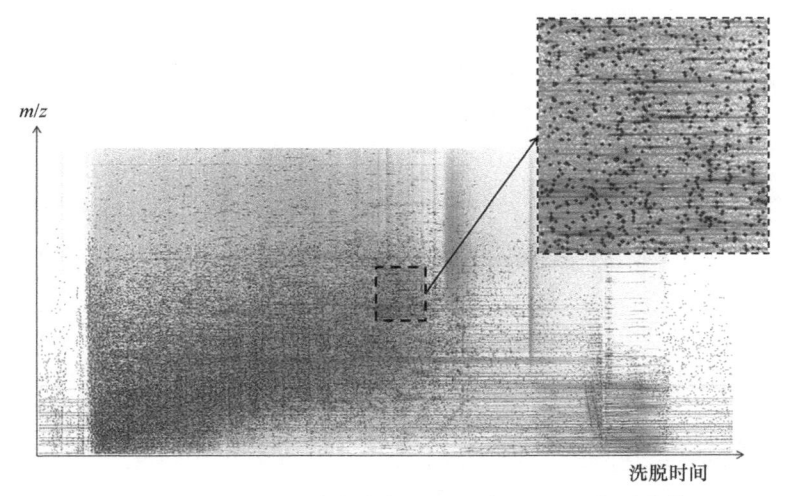

图 2-5　蛋白质组质谱实验中一级质谱（MS1）信号总览
横轴是洗脱时间，纵轴是肽段离子的质荷比（m/z）。每个点表示一种肽段

每个肽段通常有 6~40 个氨基酸，目前我们已经知道了每个肽段在 HPLC 上的洗脱时间和质荷比，但我们并不知道这个肽段究竟是什么，因此还需要在质谱仪内部用更高的能量将这个肽段进一步打碎，进行质谱测量。由于需要第二次质谱，因此又称"串联质谱"（tandem MS 或 MS/MS）。碎裂时，最常见的碎裂模式是在肽键的 C═O/N─H 中间断开，形成两个离子，N 端一侧称为 b 离子，C 端一侧称为 y 离子（图 2-6A）。由于一种肽段可以随机在任何一个肽键处断裂，因此二级质谱（MS2）上会出现一系列的 b/y 离子（图 2-6B），它们的质量将成为鉴定肽段序列和修饰的重要依据。

当前的先进质谱仪可以在一次实验中产生几十万到几百万张二级质谱图，数据量高达几十到几百 GB。每张谱图均需进行运算才能鉴定出其序列和修饰。这需要大量的算力和对信息学的了解，对于许多生物背景的研究者来说学习难度很大，且需要投资购买昂贵的服务器。由于目前高分辨率质谱仪的购买和维护十分昂贵，因此，普通实验室一般不会配备质谱仪及分析设备，而是通过高校的测试中心或者市场上的科研服务公司提供来样检测服务，客户送样品即可等待分析报告。但由于各服务单位人员素质、机器状态等良莠不齐，这种"开盲盒"式的送样检测有时也未必能得到可靠的结果。但质谱是目前分辨能力最强、通量最高的蛋白质组检测方式，且随着仪器的进步，其仍有较大提升空间，因此是非常有前景的技术。

关于蛋白质组质谱的详细内容，将在本章第二节中详细阐述。

图 2-6 二级质谱

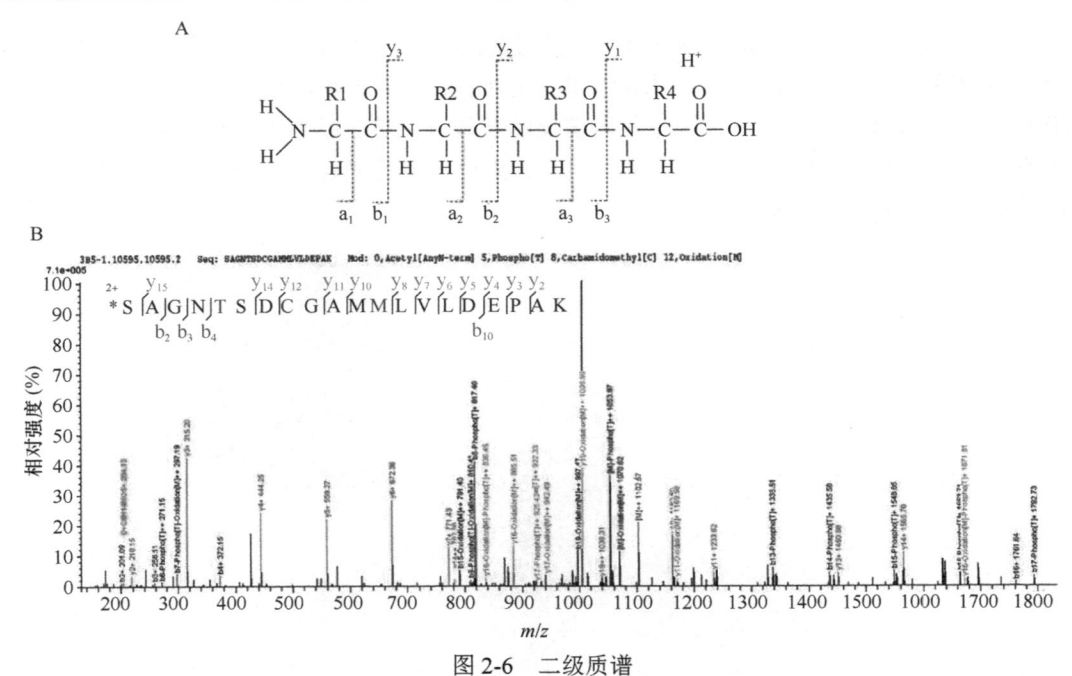

A. 肽段的碎裂模式，在高能轰击下，肽段主要碎裂成为 b/y 离子；B. 一个真实的二级质谱，肽段序列和所有识别出的 b/y 离子均已标出

三、抗体阵列

我们知道，抗体对蛋白质具有特异性识别的功能，这使得蛋白质的免疫检测方法（如 ELISA、Western blotting 等）能特异性地分析某一蛋白质。仿照基因芯片的方式，将许多种抗体固定在一个芯片上，即可一次性对样品中的多种蛋白质进行检测，这种方法被称为抗体阵列（antibody array）或者抗体芯片（antibody chip）。

很显然，由于抗体的专一识别特性，你想检测多少种蛋白质，就需要制作多少种相应的抗体，还要将其准确无误地固定于芯片表面的特定区域。目前，许多大型的抗体公司（如 Santa Cruz、ProteinTech、义翘神州等）均有各自针对人基因组所有已知蛋白质的抗体库，因此理论上可以制作出覆盖所有人类已知蛋白质的抗体芯片。但其他物种就没有这么幸运，由于市场需求量较小，抗体公司通常不会系统性地制作针对其所有蛋白质的抗体库，也就无法制作出覆盖这些物种的抗体阵列。有的公司也生产一些覆盖范围较小的抗体阵列，如人生长因子的抗体阵列等，对于只研究这些蛋白质的研究工作比较有利。

使用抗体阵列的效率非常高。样品加到阵列表面进行吸附、洗脱、荧光染色，然后放入成像设备中进行荧光成像，分析光点的亮度，即可得知样品中这一蛋白质的含量。从得到结果的速度来说，使用抗体阵列远远快于使用 2DE 和质谱；但抗体阵列的缺点是成本高，且除人以外的其他物种覆盖较少。

四、不同蛋白质组检测方法比较

没有任何一种方法能够适用于所有蛋白质组鉴定场景,研究者需要清楚各种方法的优缺点,根据自己研究的具体内容来选择最合适的检测方法(表 2-2)。

表 2-2 三类蛋白质组检测方法优缺点的比较

	2DE	质谱	抗体阵列
技术难度	低	高	低
鉴定量(以人细胞为例)/个	约 3 000	4 000~12 000(取决于质谱仪性能和总分析时间等因素)	>12 000
用于其他物种	可以	可以	不可以,需定制
数据量	低	非常高	低
算法与计算资源需求	低	高	无
蛋白质序列分析	不行	可以	不行
检测翻译后修饰	一般不行	可以	一般不行,需定制
成本	低	较高	高

第二节 基于质谱的蛋白质鉴定

一、质谱仪的物理原理

质谱(mass spectrometry)的基本原理是:在匀强磁场中,运动的带电粒子受洛伦兹力而作匀速圆周运动。设带电粒子的质量为 m,电荷为 q,速度为 v,匀强磁场场强为 B,则其圆周运动半径为

$$r = \frac{mv}{qB} \qquad (2\text{-}1)$$

在质谱分析中,最基本的仪器结构如图 2-7 所示。待分析的分子经过离子源离子化后,经由加速电场加速。设加速电压为 U,则带电粒子加速完毕后的末速度为

$$v = \sqrt{\frac{2qU}{m}} \qquad (2\text{-}2)$$

接下来,带电粒子进入速度选择器。最简单的速度选择器是一个匀强磁场和电场共同存在的空间,带电粒子同时受到洛伦兹力和电场力的作用。当电场力与洛伦兹力相等时,该带电粒子就能直线运动到速度选择器的终点。

$$Eq = qvB \qquad (2\text{-}3)$$

即 $v = \dfrac{E}{B}$,与电荷与质量无关。因此,调节 E 或 B 即可选择相应速度的粒子。

接下来,速度为 v 的带电粒子进入了匀强磁场 B_0,其偏转半径为

$$r = \frac{mv}{qB_0} \qquad (2\text{-}4)$$

将式(2-2)代入得

$$r = \frac{1}{B_0}\sqrt{\frac{2mU}{q}} \qquad (2\text{-}5)$$

图 2-7 质谱仪的基本原理模型

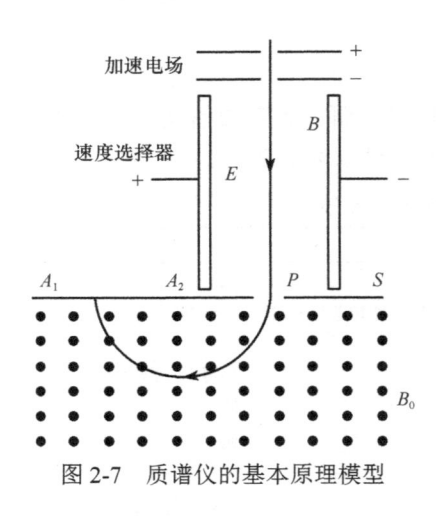

在 $A_1 \sim A_2$ 处设置检测器，即可检测到带电粒子。最早的检测器就是胶片，带电粒子轰击后胶片感光，冲洗后就得到了图像。

随着质谱技术的发展和检测器的电子化，设备的形态也在发生着变化。例如，速度选择器发展出了圆周电场、四极杆（quadrupole）、离子阱（ion trap）、轨道阱（orbitrap）等形式，质量选择分辨率不断提高。这些质量选择器的物理原理大多十分复杂，在此不作深入介绍，但其基本功能仍然是选择特定速度的带电粒子通过选择器。由于电子检测器的长足发展，目前已不再需要图 2-7 中的匀强磁场 B_0 来将速度转化为空间尺度，直接将检测器放在质量选择器的出口 P 处即可。

还是回到最原始的 E/B 速度选择器。考虑到复杂样品中有许多不同质量的肽段，经加速电场加速后具有不同的速度，在速度选择器中，只有 $v = \dfrac{E}{B}$ 的带电粒子能穿过速度选择器到达出口，而其他的粒子则会被偏转掉。同一时刻，只能选择一种速度的粒子出来，这对检材的使用十分浪费，但这是目前质谱仪原理所导致的必然结果。因此，蛋白质组质谱很难做到非常高的灵敏度。如果样品中某种分子只有一个，当它进入速度选择器时，如果 E/B 没有正好调到能使它达到出口的数值，你就永远无法检测到它。但为了保证质量检测精度，这是不得已的牺牲。所以当前单细胞测序可以测半个细胞的转录组，但单细胞蛋白质组学的精度依然不高，而且误差极大。

从上述各式可以看出，质谱各阶段所测量的不是直接的质量，而是质荷比 m/q，在质谱领域因为历史原因常写为 m/z。通过电场和磁场的方式是无法直接知道电荷数的，要测定电荷数，可以通过同位素峰之间的间距来得知。由于自然界中广泛存在着稳定同位素，如 ^{13}C、^{15}N 等，也会广泛掺入蛋白质中，所以质谱分析中同一种肽段会出现一系列的同位素峰，彼此之间相对分子质量相差 1（图 2-8）。如果其 m/z 值相差为 0.5，则其电荷为 2；如果 m/z 值相差为 0.333，则电荷为 3。在蛋白质质谱分析中，常有 4～7 价离子出现，因此，质谱对分辨率的要求很高。如果要清晰地分辨出同位素峰并测定电荷，按奈奎斯特定理，分辨率应达到 0.1 或更高。按一般的质谱分析范围，m/z 范围要达到 3000 以上，则分辨率要达到 30ppm① 或更佳，这对仪器的各部分性能要求非常高。例如，质谱仪中各种电场和磁场的产生都需要使用

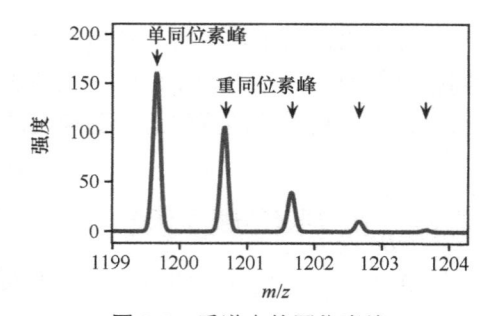

图 2-8 质谱中的同位素峰
图中所示的相邻同位素峰之间 m/z 为 1，因此电荷数为+1

---

① 1ppm=10^{-6}。

高压电，而电压的些微波动就会导致 m/z 测定出现误差。在几千上万伏的电压上要求几十 ppm 的电压纹波精度是极难的，普通的稳压电路方案只能保证到千分之一左右的电压精度，而这也成为目前国产质谱仪的主要技术劣势之一。不过，随着科研项目的攻关和企业的不断研发，这些问题将得到逐步解决。

二、基于二级质谱图的质谱谱图解析基本策略

用于蛋白质组分析的质谱一般是串联质谱。如上一章所述，一级质谱是分析肽段的质量，然后对肽段进行碎裂，碎片离子再用质谱分析一次，称为二级质谱图。二级质谱图中包含肽段碎裂出的多个 b/y 碎片离子的质荷比（m/z）信息，根据这些信息可以识别出肽段的序列，从而鉴定这是什么肽段。所有质谱分析都需要基于这个信息。

基本的解析方案有三大类：从头测序（de novo sequencing）、谱图库搜索（spectral library search）、搜库（database search）。

（一）从头测序

肽段从头测序是直接从质谱的谱峰信息推断肽段序列的方法，它不依赖任何参考库，因此是唯一可用于完全无基因组序列参考的非模式物种的方法。从二级质谱的原理可知，相邻的 b 离子或 y 离子之间的质量差即为一个氨基酸的质量。20 种氨基酸有 19 种质量（其中 L 和 I 是同分异构体，质量相同，二级质谱上无法区分），因此知道了质量差即可推断出是什么氨基酸。图 2-9 展示了一个肽段的从头测序例子，在 $m/z>600$ 的范围内，通常谱峰比较清晰、混杂信号较少，这部分的 y6~y13 离子齐备，谱峰之间的距离可以很清晰地推断出 TIMAAFT 这一段序列。容易看出，要想推断出准确的序列，b 离子或 y 离子必须相当全。如果中间缺失了一两个离子峰，就很难准确推断了。

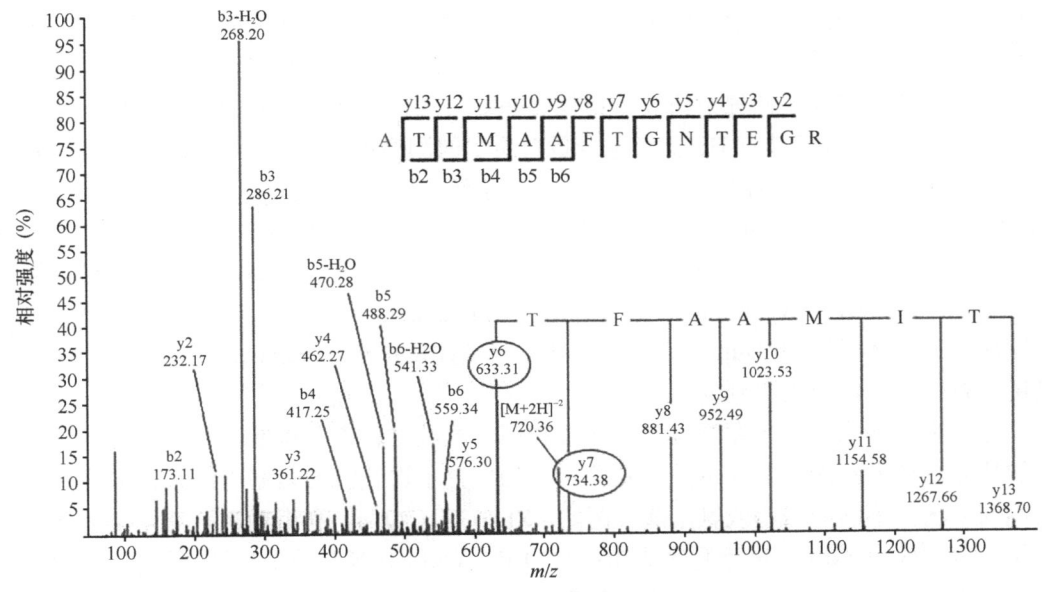

图 2-9 肽段从头测序的例子

事实上，从头测序可谓是最古老的质谱谱图解析方法。在2000年左右，当时的质谱谱图解析大量依赖手工解谱，研究人员拿着一把尺子在谱图上量来量去。

肽段从头测序的氨基酸正确率很低，目前的技术仅能达到 9%～75%（Muth and Renard，2018），因此直接用从头测序的方法来鉴定肽段，可靠性不高。由于 $m/z<600$ 的部分杂讯较多，且经常存在高价态离子的谱峰，因此肽段端点的序列常常难以被鉴定出来；即便强行鉴定也不准确，可用性很低。氨基酸的修饰也会影响从头测序的结果，因为修饰会导致 b/y 离子大规模的质量偏移，往往导致错误的拼接。例如，肽段拼接算法往往难以区分半胱氨酸烷基化的离子碎片（57Da）与甲硫氨酸氧化修饰和肽段 N 端乙酰化修饰同时存在的离子碎片（57Da），这是两种质量非常接近的离子碎片。不过，蛋白质中许多小片段的序列十分有特点，在整个蛋白质组中都是唯一的存在。在信号质量较好、信噪比较高处推断局部序列，这种局部的片段称为多肽序列标签（peptide sequence tag，PST）（Mann and Wilm，1994），再根据肽段的 PST 辅助数据库搜索算法，进一步确认肽段的具体序列信息，从而大大提高了从头测序方法的可用度，只是这样仍需蛋白质参考库，无法真正做到无参拼接。

目前的肽段从头测序软件有 PEAKS（Zhang et al.，2012）、PepNovo（Frank and Pevzner，2005）、pNovo+（Chi et al.，2013）和 Novor（Ma，2015）等，大部分是商业软件，十分昂贵；而免费软件对使用者的专业能力要求较高。

理论上，利用软件可以对蛋白质组质谱数据进行大规模的从头测序，得到数十万条肽段序列，再将其拼接组装成蛋白质组的序列，类似基因组的鸟枪法测序组装。然而实践中这种方法却行不通。由于每条肽段序列鉴定错误率很高，因此很难进行肽段间的拼接。2022 年，张弓课题组借鉴了基因组多库拼接的策略，对单一纯化的蛋白质，可以通过提高通量、采用多种非特异性酶解、分步拼接校正等方式，可以稳定地达到对亲水性蛋白质近乎完美的拼接效果，序列覆盖度和正确率均可达到 99%～100%，且可以容忍相当程度的其他蛋白质的干扰（Mai et al.，2022）。然而对复杂的蛋白质组样品和含有多个跨膜区疏水多肽的难溶蛋白质，目前质谱技术的通量和覆盖度仍不足。例如，军事科学院军事医学研究院徐平研究组研发了镜像酶酶解方式提高肽段 b/y 离子的完整率，对肽段测序有一定帮助，但其对 HeLa 细胞全蛋白质组的测序仅能鉴定到 14 201 个肽段（Yang et al.，2019），比普通质谱鉴定肽段少数个数量级，无法胜任蛋白质组级的测序组装。top-down（含 middle-down）质谱技术可以在一定程度上弥补酶切短肽的问题，被视为蛋白质从头测序的一种有希望的方法（Vyatkina，2017），但通量不高，目前用于单个蛋白质（Liu et al.，2014；Vyatkina et al.，2016；Deighan et al.，2021）、特定分子区段的多态性测序（如抗体轻链）（Dupré et al.，2021）、无酶切的短肽（Lebedev et al.，2022），尚未用于普通的蛋白质组级别的测序。

近年来，纳米孔测序发展迅猛，在核酸测序领域已达商用程度，具有单分子、长读长的特点。纳米孔测序的基本原理是测定生物大分子过孔时的阻塞电流，根据阻塞电流的不同来区分不同的碱基或氨基酸。例如，Zhao 等（2014）利用纳米孔对 4 个氨基酸的短肽（GGGG、GGLL）进行测序成功；2019 年，Ouldali 等利用纳米孔分辨了 20 种氨基酸中的 13 种。随后，Brinkerhoff 等（2021）利用纳米孔连续读取了蛋白质过孔的阻塞电流,并在87%的准确度上分辨了D、W、G三种氨基酸的单氨基酸替换(Brinkerhoff et al.,2021)。然而所有这些研究均未实现蛋白质序列的直接读取。相比于核酸测序只需分辨4种碱基,天然氨基酸(不算修饰)就有20种,单靠阻塞电流难以完全区分,Brinkerhoff等人也认为"将这一方法转化为蛋白质从头测序有着巨大的挑战"。因此,目前纳米孔蛋白质测序仅能够用于一些短肽和序列简单的肽链,无法实现实用化的蛋白质序列的从头读取。

(二)谱图比对/谱图库搜索

用一个合成肽段进行质谱分析,将其谱图与实验谱图相比对,如果主要的峰位置一致,则可以认为实验谱图的肽段与合成肽段的序列完全相同。图2-10列举了两个典型例子。

如果我们有一个所有肽段的谱图库,那就可以将一张实验谱图与谱图库中的每个谱图进行逐一比对,选取其中匹配度最高的,即可鉴定这张实验谱图。这种方案称为"谱图库搜索"(spectral library search)。相较于序列数据库搜索中使用的理论谱图,标准谱图可能与待测谱图的匹配优度更高,使得谱图库搜索在谱图鉴定上比序列数据库搜索有着更高的灵敏度,尤其是对质量较差的谱图或高母离子电荷的谱图(Lam and Aebersold,2010;Zhang et al.,2011)。含有修饰的肽段的谱峰形状和不含修饰的同序列肽段有着较高的相似性(Hu et al.,2011),所以采用开放式搜索的方式可以使谱图库搜索同样应用于含修饰肽段的搜索。

谱图库是谱图库搜索的根基(Frewen et al.,2006;Shao and Lam,2017),前人付出了大量的努力来构建和完善肽段质谱谱图库,其中应用最广泛、被誉为谱图库的"金标准"的是NIST(National Institute of Standards and Technology)中的msp格式谱图库(Griss,2016)。NIST提供了与标准谱图库对应的诱饵谱图库(Zhang et al.,2018),使得谱图库搜索也能像数据库搜索一样使用目标-诱饵库策略(target-decoy approach,TDA)(Elias and Gygi,2007)对搜索结果进行质量控制。过去缺乏这样的诱饵谱图库,导致谱图库搜索策略难以合理质控,也难以和采取了TDA的数据库搜索策略的结果进行合并。

TDA是一种评估错误发现率(false discovery rate,FDR)的方法,其前提假设错误匹配是随机的,且在目标库、通过反向序列和随机打乱等方法生成的诱饵库中出现的概率是相同的,但这个假设并不是在任何时候都能完美符合,评估得到的FDR可能有不同程度的偏差,因此,如有条件,应该进行独立于TDA的质控(Danilova et al.,2019)。

目前已有一些谱图库搜索的算法,如Morpheus(Wenger and Coon,2013)、COSS(Shiferaw et al.,2020)等。现有算法描述谱图之间相似性的特征数量通常比较少,这些特征需要被整合成一个最终的得分来评价谱图的比对情况,不同的算法采取的方式各不相同,都缺乏公认的理论依据。基于概率模型设计的算法通常都开发于低精度质谱时代,以区间(bin)为单位进行匹配,步长的选取依据的是当时的质谱精度,而随着质谱精度的提高,这种原始假设变得越来越不正确(Chalkley and Clauser,2012)。如果坚持使用1Da的bin宽度,则高精度质谱的优势会被埋没;如果不使用1Da,则概率模型得推翻重来。由于搜库方法的快速进步,目前谱图库搜索在蛋白质组学实践中的应用已经较少,但谱图库搜索在谱图质量较低、信噪比较低的情况下仍有不可取代的作用。

图 2-10 合成肽段谱图比对

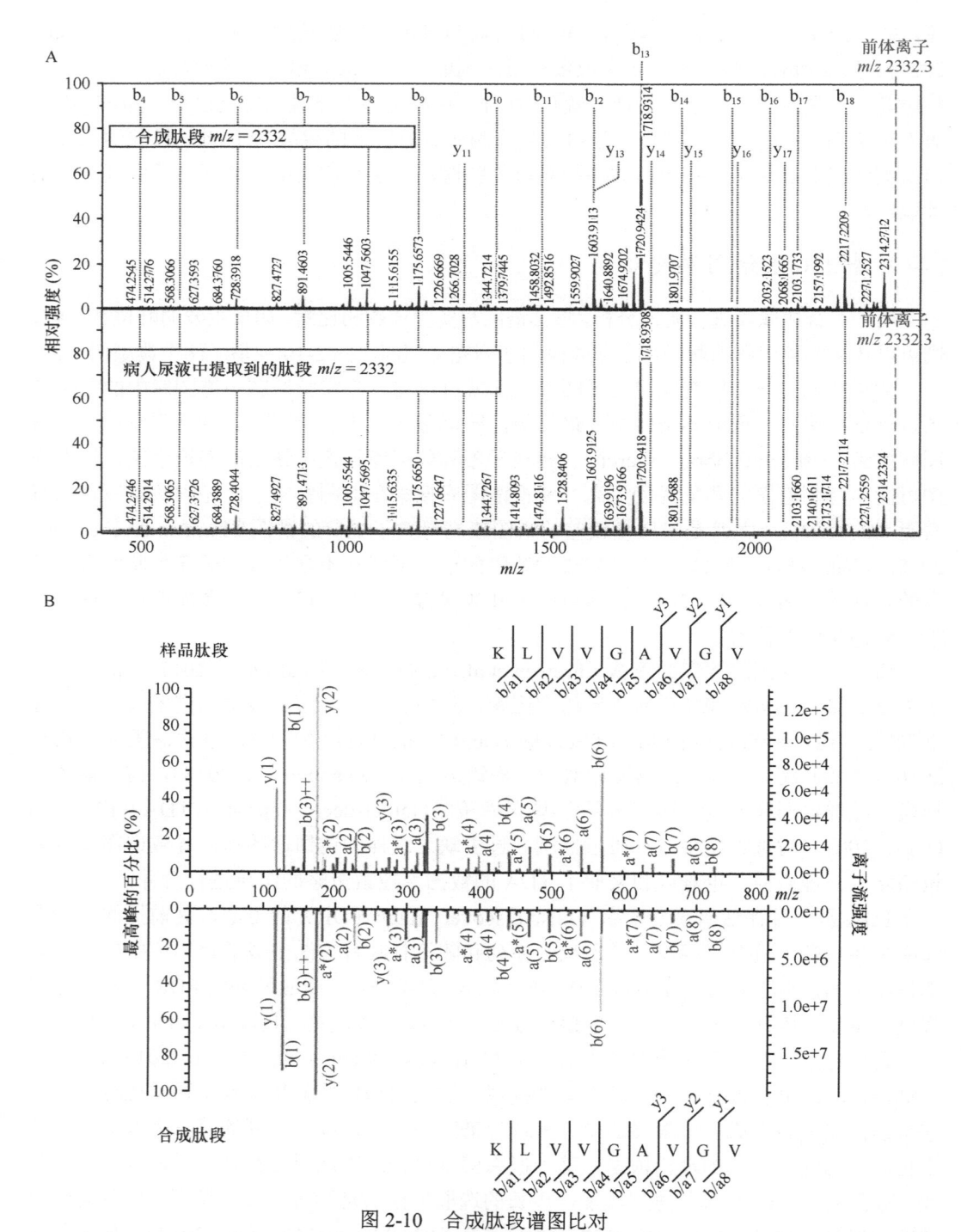

A. 前列腺癌患者尿液中 PSA 的一个肽段 YTKVVHYRKWIKDTIVANP（红色谱图）与合成的该肽段质谱谱图（蓝色谱图）相比对（Nakayama et al.，2014）；B. KRAS$_{2-35}$ G12V 的一个肽段 KLVVGAVGV，实验谱图（上）与合成肽段谱图（下）的对比（Mishto et al.，2021）

（三）搜库

搜库策略，又称数据库搜索，是指先建立一个蛋白质序列参考库，使用理论酶解的方法预测其能生成的所有肽段种类，然后计算生成其理论谱图（所有可能的 b/y 离子），再将其与实验谱图相比对，匹配优度高者即为鉴定结果。

在众多现有的搜库引擎中，使用最广泛的是商业工具 Mascot（Perkins et al.，1999）；还有许多免费搜库引擎，如 Andromeda（Cox and Mann，2008）（用于 MaxQuant）、OMSSA（Geer et al.，2004）、X!Tandem（Craig and Beavis，2003；Craig and Beavis，2004）、pFind（Fu et al.，2004；Li et al.，2005；Wang et al.，2007）、InsPecT（Tanner et al.，2005）、ProVerB（Xiao et al.，2013a）、Dispec（Xiao et al.，2013b）、MassWiz（Yadav et al.，2011）等。

搜库策略下，质控通常采用 TDA 来计算 FDR。由于采用理论库，因此其诱饵库很容易生成，通常使用反库的方法。诱饵库也是理论库，容易计算生成其理论谱图，因此 TDA 法成为搜库策略下优选的质控策略。目前业界通行的标准是：FDR＜1%为可以接受。因此，搜库法现在已成为蛋白质组学的主流方法。

在基础的搜库策略之上，面对多种复杂的实际情况，有一些进阶的策略可以使用。

1. 如何获得准确的参考库

既然是搜库，就需要一个准确的参考库，这对于那些基因组尚未测定或注释不佳的非模式物种是一个非常不友好的情况。没有准确的参考库，只能依赖算法的容错，这就使得鉴定效果大幅度下降。为了解决这个问题，通常的思路有两条。

（1）通过将近缘物种的参考基因组进行修正，从而使蛋白质参考库更加贴近待测样品。这种思路常用于微生物，因为微生物虽然已有很多种属的标准菌株被测定了较完善的参考基因组，但在自然界中，真实菌株与标准菌株之间常常有高达 20%的突变，以至于原有的蛋白质组参考序列（通常来源于基因组注释的虚拟翻译）失效。通过基因组测序和高精度、高容错性算法的基因组校正，可以很好地修正基因组序列，产生正确的蛋白质参考序列，大幅度提高质谱鉴定的效果。我们在短小芽孢杆菌（*Bacillus pumilus*）临床菌株上展示了这一策略的威力（Wu et al.，2014）。

（2）对翻译组进行测序和拼接，预测 ORF，并将其虚拟翻译为蛋白质参考库，这对于基因组庞大且有大量非编码 RNA 的物种十分有用。基因组很大的物种，通常其转录组却很小，能翻译的基因就更少了。例如，人的基因组高达 3Gb，但能转录的区段只占基因组的 8%~10%，能翻译的基因只占 2%。因此，将翻译组从头测序和拼接，可以极大地缩减实验的规模与复杂度，为蛋白质组提供一个很好的参考库。我们对东海原甲藻（*Prorocentrum donghaiense*）采用了这一策略（Cao et al.，2021）。东海原甲藻是中国近海赤潮的主要优势藻种之一，其每年暴发造成的经济损失高达数十亿元。东海原甲藻的基因组高达 2.6Gb，使得完整测序和注释基因组极端昂贵；而且东海原甲藻是间核生物，兼具原核生物和真核生物的特点，一般的研究方法不太容易奏效。我们直接测定翻译中的 mRNA 并进行拼接，用较低的测序通量拼接出正在翻译的 mRNA 序列，进行功能注释；拼接出的叠连群（contig）有大量的错误，因此使用高容错、高准确性的FANSe算法进行比对和定量，准确找到了差异基因并得到了蛋白质组学及功能实验的证实，找到了翻译正反馈循环这一赤潮暴发的核心因素，使用极低成本的方法打破这一正反馈循环即可有效治理赤潮。这是一种方便、高效的非模式物种功能研究新策略。

2. 如何整合多引擎搜库的结果

为了最大限度地提高蛋白质质谱搜库的鉴定效率，已经有研究者提出，对多个蛋白质质谱搜库引擎的结果进行整合或补充鉴定。有些蛋白质组研究人员尝试将多个蛋白质质谱搜库引擎产生的鉴定结果取并集或交集（Al-Shahib et al.，2010；Müller et al.，2010；Danielsen et al.，2011；Hoehenwarter et al.，2013），试图使肽段和蛋白质鉴定的数量或置信度最大化。然而，同时使用多种蛋白质质谱搜库引擎并加以整合带来了额外的技术和计算挑战，包括不同蛋白质质谱搜库引擎评分的异质性、错误发现的扩大，以及与不同数据格式相关的信息学挑战。一些结果整合工具已经被开发用于解决这些困难，如iProphet（Keller et al.，2002；Shteynberg et al.，2011）和Scaffold（Nesvizhskii et al.，2003；Searle et al.，2008；Searle，2010）。然而，这些软件并不一定会增加每个蛋白质的肽段数量及蛋白质序列全长覆盖度（Audain et al.，2017）。由于缺乏独立、可靠和高灵敏度的标准，如何在最小化假阳性的前提下有效地整合多种蛋白质质谱搜库引擎的结果仍然是一个麻烦的问题（Tharakan et al.，2010）。这其中的关键原因之一是所有的搜库算法都会产生一定的错误发现率（FDR），且由于长期以来受到蛋白质组学技术的精度局限，某一细胞内总共有多少种蛋白质一直就没有标准答案，从而难以准确评价各种方法所带来的FDR，只能粗略评估，这样一来就存在着很大的不确定性。在没有标准答案的情况下，贸然合并多种算法的结果将导致假阳性率的迅速累积，使得最终结果变得很不可靠。

由于翻译组测序具有远高于蛋白质质谱的灵敏度和准确性，可以基本穷尽细胞中正在合成的蛋白质，因此其被作为人类蛋白质组计划的核心支柱之一（详见本章第四节"人类蛋白质组计划"部分），可以用作基准来评价与整合各算法的蛋白质鉴定结果。张弓课题组的分析显示，目前7种主流搜库算法对同一数据集的搜库结果各不相同，只有一半的蛋白质可被所有算法鉴定到；与翻译组"标准答案"相比，其假阳性率均高达4%～5%，远超过其自身预估的1%。因此，若取各算法的并集，将导致假阳性率的进一步累积上升；若取各算法结果的交集，将大幅度降低鉴定的蛋白质数量。研究者注意到，那些仅被一个算法所鉴定到的蛋白质，其鉴定质量普遍较低，因此提出一种简便得出奇的整合策略：若有两个或更多个算法鉴定到同一个蛋白质，则认为此蛋白质鉴定是可靠的。再次采用翻译组"标准答案"进行评价，发现此方法不但显著提高了蛋白质鉴定数量，也同时显著降低了假阳性率，提高了鉴定的可靠性。这一成绩大大优于传统的图谱或肽段水平的整合策略Scaffold和iProphet。这个"N取2"的简便方法可以被应用于任何场合，发挥这种新策略的优势根本不需要任何额外的实验，只需要计算机多计算一会儿，几乎是零成本的（Zhao et al.，2017）。因此，这项成果将造福所有需要用到蛋白质组学的研究者，轻松实现"又要马儿跑，又要马儿不吃草"。

3. 如何鉴定修饰

蛋白质的翻译后修饰是普遍现象，一个修饰基团会使得二级质谱上的大量 b/y 离子发生质量偏移，也因此会与理论谱图相去甚远。单氨基酸突变（single amino acid variations，SAV）可看成是特殊的修饰，也会使得 b/y 离子发生质量偏移。所以，实际谱图解析时，仅有 25%的图谱能被该方法识别。被丢弃的谱图中除了质量低的肽段以外，其余就是含有修饰和 SAV 的肽段。

最初的鉴定修饰的方法是窄窗口搜索（narrow window search），将一个肽段中所有可能产生的修饰进行排列组合，生成多个理论谱图。这就将一个不确定的问题转化为若干个确定的问题。然而实际操作中，必须指定要搜索的某种特定修饰，如磷酸化修饰。这是因为一个肽段能形成的含修饰的可能状态有很多种排列组合。例如，一个简单的肽段 SGVTDAYEQ，假设仅考虑主要发生在 S、T、Y 三种残基上的经典磷酸化修饰，则该肽段共可以排列出 8 种不同的磷酸化修饰状态；若再考虑较为罕见但同样曾发现过的发生在 D、E 上的磷酸化修饰情况，则该肽段共可以排列出 32 种不同的磷酸化修饰状态；若考虑到 S 在蛋白质中的出现频率颇高，稍长一点的肽段出现好几个 S 是常事，那么排列组合的数量就更是可观；假设还要考虑其他的修饰，搜索空间就更是呈指数级暴涨。现在已知的修饰有 470 多种。除了极端消耗计算资源外，更大的问题在于库容越大，FDR 阈值就越高，实际的鉴定能力反而是下降的。

为了解决库容暴涨的问题，人们开发了"开放式搜索"（open search）策略（Chick et al.，2015）。该策略先用较大的容差（500Da）将母离子放进来，然后再将其与所有可能在这个范围内的肽段进行比对，比对时考虑任意可能的质量偏移。鉴定到质量偏移后，再将这个偏移量与 470 种修饰的列表进行对比，就知道是哪种修饰了。开放式搜索在母离子质量高容差设定下鉴定常规方法难以发现的修饰和 SAV 事件，图谱利用率能达到 50%以上，超过一般搜库方法的两倍有余。

不过，没有一个准确的 FDR 评价体系对开放式搜索进行有效评估，则会导致不知道开放式搜索出来的结果是否可信。由于开放式搜索中的修饰和 SAV 事件是不可预知的，因此导致传统的 FDR 评估方法失效。

张弓课题组利用其在翻译组方面的绝对优势一举解决了这个困扰学界多年的问题（Li et al.，2018）。使用稳态细胞翻译组数据作为"标准答案"来评价开放式搜索蛋白质鉴定结果，质谱搜库结果中没有翻译证据的蛋白质被认为是假阳性蛋白，属于"可疑鉴定"（suspicious identification，SI），而利用 SI 和有翻译证据的蛋白质（translation-supported identification，TI）则可计算可疑鉴定率（suspicious discovery rate，SDR），以此来反映蛋白质的潜在错误鉴定率。研究发现，开放式搜索结果的 SDR 可达限制性搜索的两倍甚至更多，强调开放式搜索若不进行有效质量控制，则难以保证鉴定结果的可靠性，将肽段 FDR 严格控制在 0.001 以下即可把 SDR 控制在与限制性搜索的相同水平。对比开放式搜索不同参数设置下的结果，发现 FDR 控制是开放式搜索质控最重要的影响因素，而质量容差值、可变修饰、酶切方式和色谱分离条件并不是影响 SDR 的主要因素。

有了质控标准，开放式搜索的结果可靠性就有了保证，就可以在蛋白质修饰和 SAV 检测中展现独特优势。测试结果表明，开放式搜索即便在未预设修饰类型下，亦可在磷酸化质谱数据中鉴定大量磷酸化修饰肽段和蛋白质。不仅如此，使用开放式搜索策略分析两株肝癌细胞质谱数据，鉴定到 27 个 COSMIC 未收录的 SAV，其中的 2 个 SAV 被认为可能会引起与癌症相关的蛋白质结构和功能改变。这些结果均预示着开放式搜索在鉴定未知修饰和 SAV 方面的巨大潜力。

第三节 基于质谱的蛋白质组定量

对蛋白质组中的蛋白质进行定量，采用 2DE 技术不存在阻碍，染色后蛋白质点的颜色深度即可表征其含量。然而在质谱时代，对蛋白质组进行定量分析就更为容易。人们开发了许多的方法，大致可分为两大类：一类是无标记定量（lable-free quantification），如 emPAI、iBAQ 等；另一类是标记定量，如 SILAC、iTRAQ、TMT、^{18}O 等。无标记定量不需要对样品做任何标记处理，但每个样品需要独立进行质谱分析，当样品数量多的时候会很占质谱机时；标记定量需要对样品进行标记，标记的效率会严重影响蛋白质鉴定和定量的效果，且标记试剂十分昂贵，但可以将多个样品合在一起进行质谱分析，不仅节省机时，同时相对定量比较准确。从数据采集方式来看，质谱分为数据依赖型采集（data-dependent acquisition，DDA）和数据非依赖型采集（data-independent acquisition，DIA）。DDA 的优点是鉴定蛋白质的数量较多，DIA 的优点则是定量重现性通常较高。具体实践过程中选用何种方法，需要综合考虑质谱资源、计算资源、样品特性、鉴定数量、精度要求等。

一、一级质谱定量

基于质谱的蛋白质定量，最容易想到的方法就是根据一级质谱图的母离子进行定量。实际上，此类定量算法非常简单。早期的方法极其简单，例如，谱图计数法（spectral count）就是简单地统计在每百万张谱图中有多少张鉴定到这个蛋白质的谱图，与 RNA 测序定量的 rpM 方法非常类似。不过由于质谱仪的通量比测序仪低了几个数量级，因此这种方法的离散误差较大。后来人们想到一级质谱的强度信息可以利用，于是发展出了 Top3 方案，即将每个蛋白质强度最高的三个肽段的一级质谱峰面积进行平均，这很好地解决了不同蛋白质长度不同、肽段总数量不同的问题。但随之而来的问题是，强度最高的三个肽段本身性质也会不同，是否足以代表这个蛋白质的性质？

目前用得较多的定量方法是 iBAQ（intensity based absolute quantification）和 LFQ（lable-free quantification）。iBAQ 的基本定义就是：

$$\text{iBAQ} = \frac{\sum \text{intensity}}{\text{Number of theoretical peptides}}$$

因此，iBAQ 可以做到绝对定量，而 LFQ 则是相对定量，将一级质谱信号进行归一化，并排除掉一些信号异常的离群点，这样会更加稳健。

虽然绝对定量很难做到准确，但一个好的方法至少要能保证技术重复的一致性。图 2-11 显示了四种定量方法对同一样品各测两次的重现性，可见 LFQ 重现性最好，iBAQ 也不错，而早期的两种方法较差。

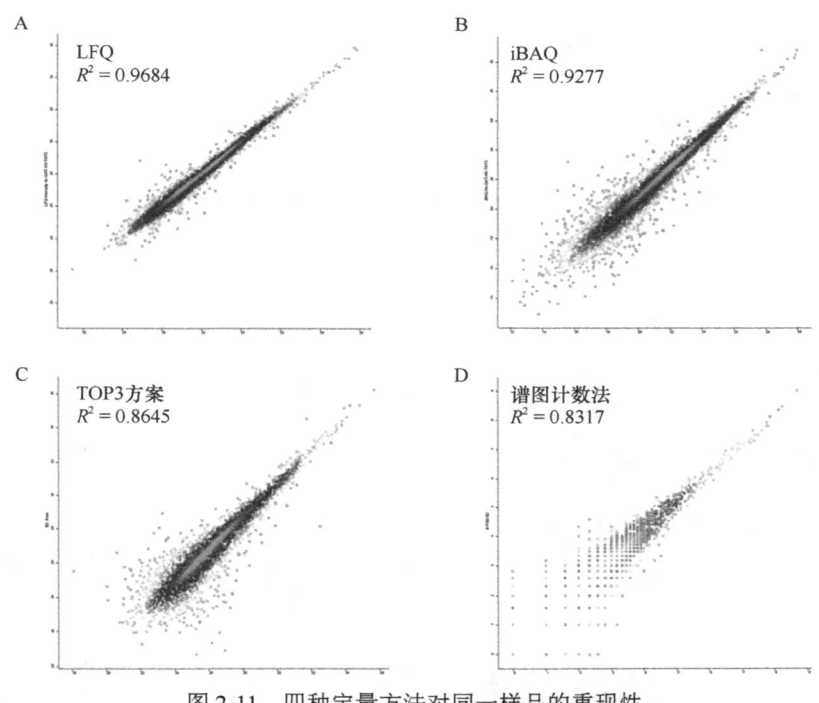

图 2-11　四种定量方法对同一样品的重现性

图上标明了拟合优度。图源自洛克菲勒大学蛋白质组资源中心

二、从反应监测到 DIA

有时我们并不需要对整个蛋白质组进行全面的鉴定，而只关心其中一些甚至一个蛋白质。此时反应监测（reaction monitoring）就派上用场了。这里简要介绍一下选择反应监测（selected reaction monitoring，SRM）、多重反应监测（multiple reaction monitoring，MRM）、平行反应监测（parallel reaction monitoring，PRM）。

我们先来复习一下串联质谱的原理。串联质谱由两级质谱组成，每一级质谱都有一个质量选择器。一级质谱选出要进一步分析的母离子后，进入碎裂腔室，以 CID 或 ETD 方式进行进一步碎裂，产生 b/y 离子，然后在二级质谱里面进行分析。二级质谱同样也可以选择某一特定速度（即 m/z）的离子进入检测器，或者也可以通过扫描方式分析所有质量的离子。

考虑一个应用场景：我只想检测某一个蛋白质，或者更具体的，我只想检测某个肽段，那么我可以将一级质谱的速度选择器设定为只选择出这个肽段的母离子。这个母离子碎裂后产生一系列的 b/y 离子，我只选择对其中某个子离子进行分析，那么就可以将二级质谱的速度选择器专门设定在这个值上，只有目标的子离子能通过速度选择器而进入检测器（图 2-12A）。那么二级质谱图上就只有一个峰，即一个 m/z 值，对应一个强度数值。这种方法被称为选择反应监测（SRM），因为一级质谱和二级质谱都是选择某个特定的 m/z 值的离子通过。

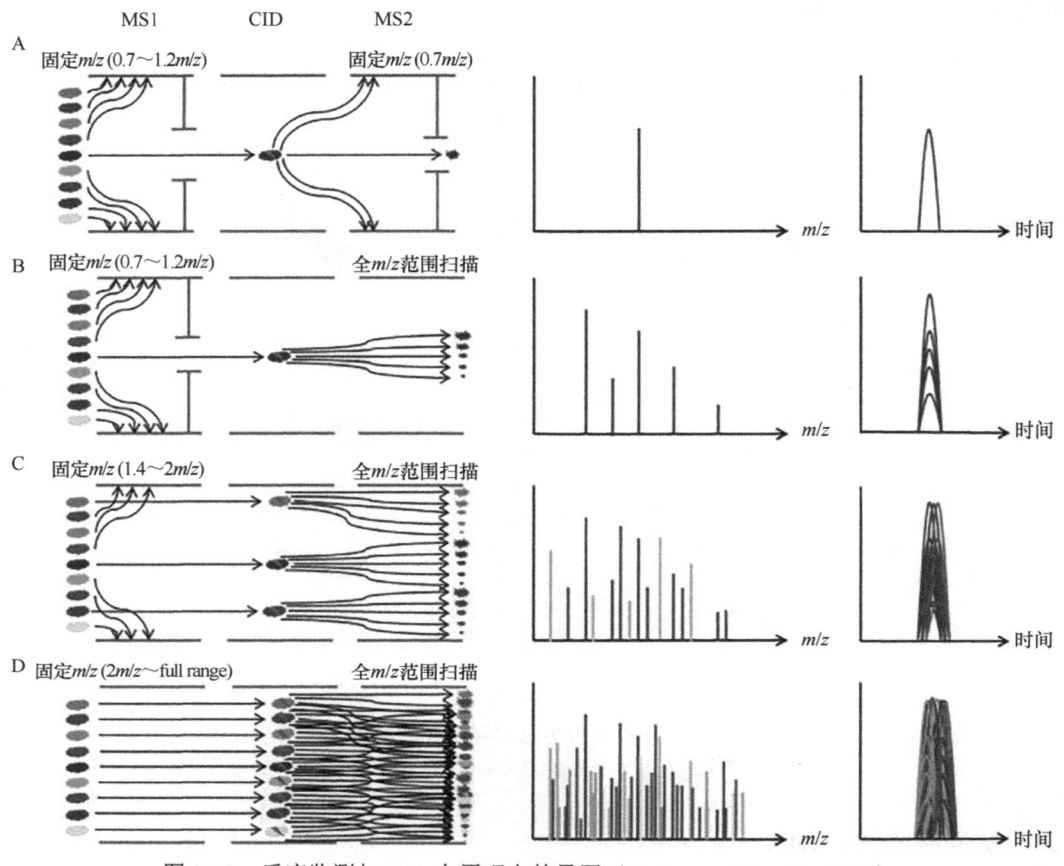

图 2-12　反应监测与 DIA 在原理上的异同（Vidova and Spacil，2017）
A. SRM；B. MRM；C. PRM；D. DIA

这个方法的灵敏度非常高，因为速度选择器不用扫描，全部固定在那里"守株待兔"，只要有一个待测离子过来，就一定能检测到信号。实际操作中能达到 10amol 甚至更低的检出限。由于只检测一个离子，那么这个离子的强度与样品中这个蛋白质/肽段的量呈正比，因而可以做到精确定量。

现在我们再扩展一下，一级质谱仍然只选择某一个 m/z 出来，二级质谱进行全扫描，检测这个母离子的所有子离子（图 2-12B）。这样的二级质谱图上就会有多个 m/z 的峰。如果横轴为洗脱时间、纵轴为离子强度，则可以看到多个二级质谱峰会出现在同一个洗脱时间上，这就是多重反应监测（MRM），也称为产物离子扫描（product ion scan）。与 SRM 相比，MRM 的灵敏度更低一些，通常检测限为 1fmol 或略低一点。这是因为 MRM 的二级质谱需要进行扫描，如果某个离子飞过来，正好没有被选择到，那这个离子就被浪费掉了，因而会损失灵敏度。但 MRM 的优势是，所有的子离子都有机会被检测到。在质谱中，不是所有的 b/y 离子都能被鉴定到，尤其是低丰度的肽段，如果 SRM "守株待兔"的那个离子正好很难被检测到,就什么信号都得不到,导致实验失败;而使用 MRM 则可以做到"东边不亮西边亮",即使这个离子检测不到,也可以检测到其他的离子,从而更有可能鉴定到这个肽段。

随着质谱仪的扫描速度越来越快,一次只检测一个蛋白质太浪费了,于是人们进一步发展出了平行反应监测(PRM),即在一级质谱上多选择几个到几十个肽段母离子进来,碎裂后进入二级质谱做全扫描(图 2-12C)。于是我们得到了一张混杂有多个母离子生成的 b/y 离子信息谱图。如果以洗脱时间为横轴,则多个母离子通常在不同的洗脱时间被洗脱出来,而一个母离子产生的多个 b/y 离子会出现在同一个洗脱时间。这样就能充分利用质谱仪高通量的特性,节省实验时间。

MRM/PRM 技术还有一种实施方式,即加入你要检测目标肽段的标准肽段一起检测。标准肽段是人工合成的肽段,但需要用重同位素进行标记,这样它和目标肽段将同时洗脱出来。采用合适的设定,可以将目标肽段和标准肽段都被选择并被分析出来。如果所得的 b/y 离子强度顺序也是一致的,就可以认为在样品中检测到了与标准肽段一样的肽段。这是业内公认的检测新蛋白质的"金标准"(Lu et al., 2019)。图 2-13 是三个用重标标准肽段验证样品中特定肽段的例子。

如果一级质谱也将所有的母离子放进来,二级质谱也进行全扫描,这就成为了数据非依赖型采集(DIA)(图 2-12D),它与数据依赖型采集(DDA)相对。DIA 产生的谱图是混杂谱图,在一定 LC 窗口范围内的所有母离子都将被碎裂而采集下来,而非 DDA 模式下只选择最高的几个峰进行碎裂。这就使得 DIA 采集的信息十分全面,有利于定量测定。因此,在一般的实验条件下,DIA 质谱的定量重现性要好于 DDA。此外,DIA 常常能做到很高的鉴定重现性。张弓课题组于 2019 年在大肠杆菌全蛋白质组上实现了两次 DIA 鉴定 99.8%的重现性(图 2-14A),其定量重现性可稳定地达到 Pearson $r = 0.98$ 左右甚至更高(图 2-14B~C),比 DDA iBAQ 定量的 $r = 0.93 \sim 0.94$ 略高(图 2-14D~E)(Zhao et al., 2019)。

但 DIA 也有其劣势,最大劣势就是鉴定本身。由于是混杂谱图,同一张谱图里面包含了若干条肽段的信息,因此用传统的搜库算法肯定是无法匹配的,对算法的要求非常高。此外,DIA 通常无法分组分,所有蛋白质同时进样,这样鉴定量就会比较少了。DDA 通过分 6~30 个组分的方式,可以在人细胞系全蛋白质组样品中鉴定到 10 000 个以上的蛋白质,但 DIA 通常只能鉴定 4000~5000 个蛋白质(均使用 Thermo Orbitrap Lumos 质谱仪)。

三、同位素标记定量

无标记定量虽然不需要对样品做任何处理,但两个样品需要打两次质谱,且两次质谱的条件不可能完全一致,因而会出现定量不准确的问题。如果能在一次质谱实验中同时测定两个样品,并能将其区分开来,就可以完全消除批次差异,从而达到精准定量的目的。因此,标记定量就成为准确定量的有用手段,其中较早投入应用的是细胞培养氨基酸稳定同位素标记技术(stable isotope labeling by amino acid in cell culture,SILAC)。

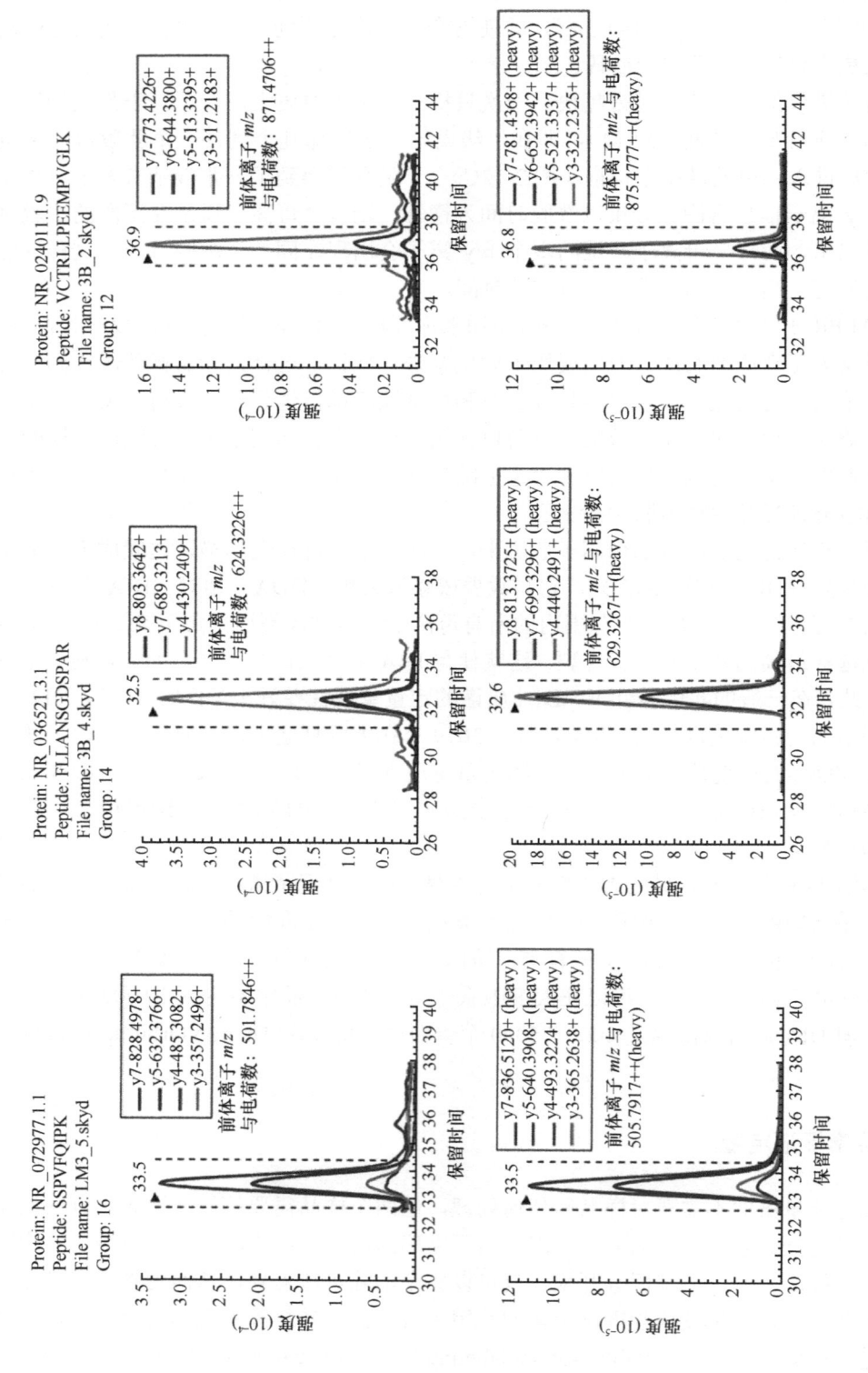

图2-13 用重标标准肽段来验证由lncRNA编码的"新蛋白"（Lu et al., 2019）
上图为样品中的谱图；下图为掺入样品的重标标准肽段的谱图

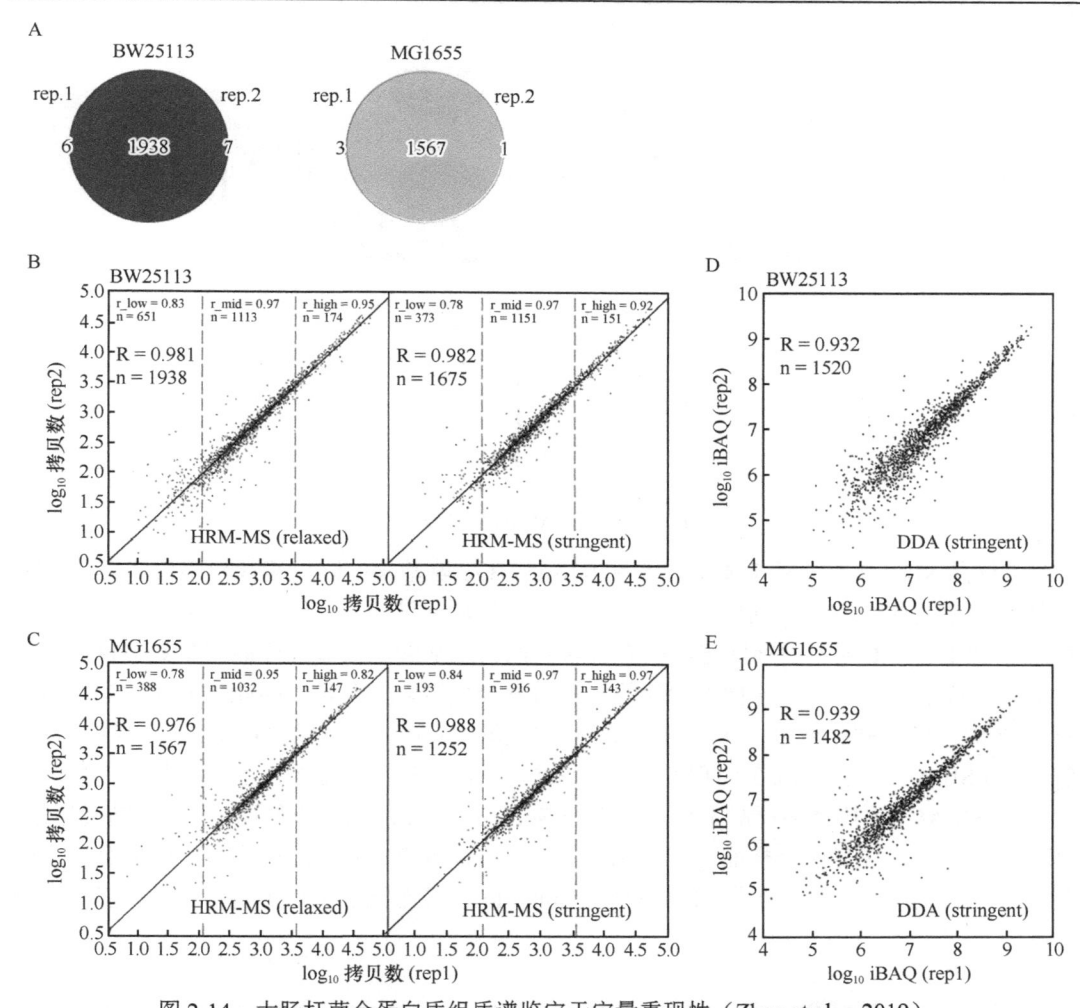

图 2-14 大肠杆菌全蛋白质组质谱鉴定于定量重现性（Zhao et al.，2019）

A. 大肠杆菌 BW25113 和 MG1655 的两次 DIA 质谱鉴定蛋白的韦恩图；B，C. BW25113 和 MG1655 的 DIA 定量重现性，分别用较宽松的（relaxed）搜库条件和较严谨的（stringent）搜库条件进行搜库。HRM-MS 是 DIA 质谱的一种；D，E. DDA iBAQ 定量重现性

SILAC 的基本原理是：将两个样品分别在轻同位素氨基酸（^{14}N）和重同位素氨基酸（^{15}N）培养基中培养，则两个样品中细胞合成的蛋白质分别带有 ^{14}N 和 ^{15}N 的氨基酸残基，同一个蛋白质的质量会有所不同。通常使用的标记氨基酸是 K 和 R，因为酶解时使用 Trypsin，会在 K 和 R 处切断肽链，因此可以保证产生的每个肽段都带有一个 K 或 R，这样就能使每个肽段在两个样品中都有质量偏移，便于区分。当质谱中检测到同一个肽段的轻、重两个版本时，即可通过其峰强度来表征其在两个样品中的相对量（图 2-15）。当然，这需要算法做相应的设计，以识别这种质量偏移。同时，标记效率也很重要，要达到 95% 甚至 98% 以上，如果重标样品中的标记效率较低，一部分蛋白质未被标记，则在质谱上就无法与轻标样品区分，从而造成定量失准。

为了用 SILAC 的方法处理更多的样品，人们在此基础上衍生出了许多实施方式。例

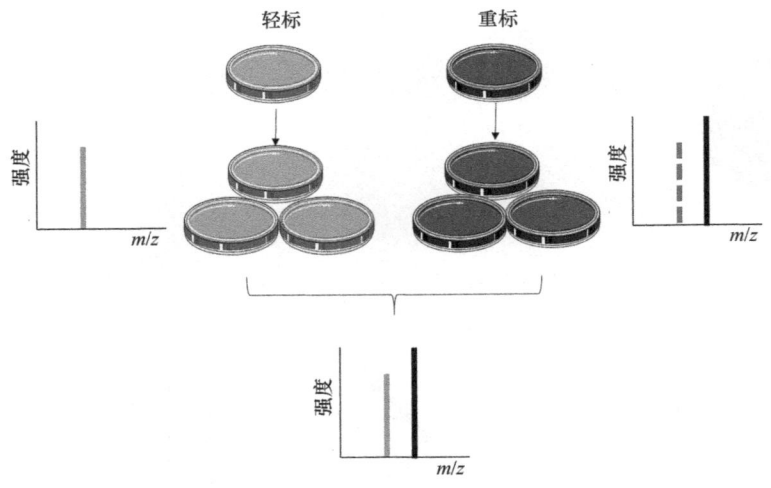

图 2-15　SILAC 的基本原理

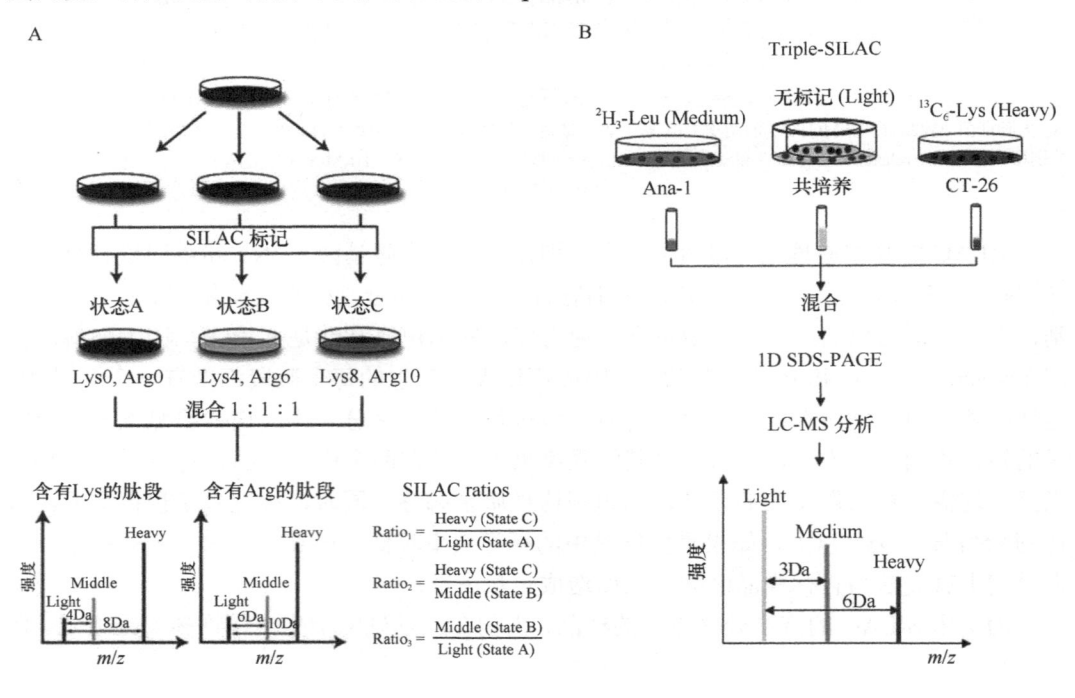

如，三样品 SILAC 有两种基本形式（图 2-16A～B）。氨基酸的同位素标记不仅能使用 ^{15}N，还能将其他的原子改用重同位素，如 ^{2}H、^{13}C 等都是常见的稳定同位素，因此可以使用不同质量的 K 和 R 版本进行标记，或者引入其他的氨基酸，实现三样品甚至更多样品的标记。不过样品数量多了，各种肽段间的质量偏差会变得非常复杂，因此目前实用的还是三样品方案。如果样品更多，无法在一次质谱实验中区分，还可以采用另一种办法，称为 Spike-in SILAC（图 2-16C），即用一个样品进行重标，然后将这个样品依次与其他样品混合进行 SILAC，这样其他样品都可以获得与 Spike-in 样品的精确定量比值，实现精确标定，从而可以计算出任意两个样品之间的相对定量值。但 Spike-in 样品应具备其他样品所有的蛋白质，否则就会出现某个蛋白质因没有 Spike-in 信号而无法进行定量标定的问题。

C Spike-in SILAC

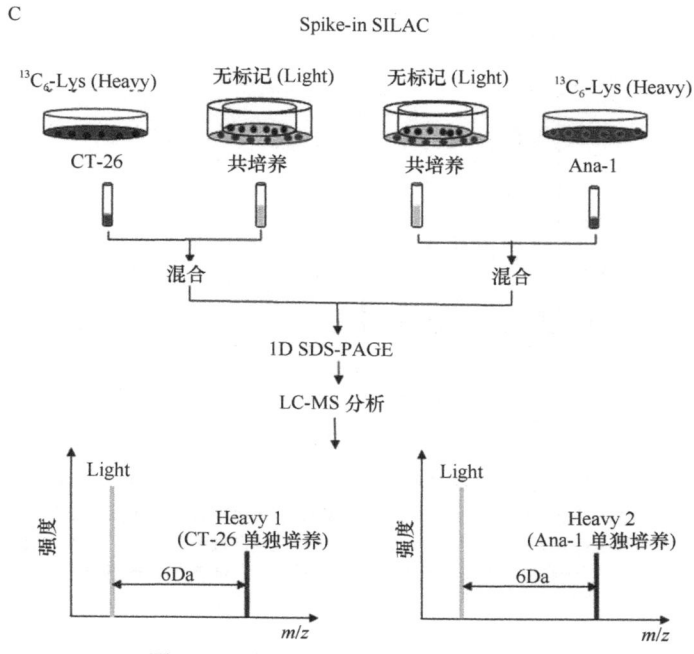

图 2-16 多样品 SILAC 的几种基本形式

A. 利用多种不同重链的 K 和 R 实现三样品 SILAC；B. 使用 $^2H_3$-Leu 和 $^{13}C_6$-Lys 进行三样品 SILAC；C. 使用重标样品作为 Spike-in，可实现多样品之间的一致性标定；Heavy：重标；Medium：中标；Light：轻标

SILAC 技术只能用于高等真核生物的细胞培养，而不能用于原核生物。其原因在于，高等真核生物细胞一般不能将各种氨基酸进行转化，因此将其重标 K，它就会将重标 K 合成到蛋白质上，这个重标的同位素不会转化到其他氨基酸上。而细菌由于需要适应各种恶劣的环境，因此普遍具备完善而强大的氨基酸合成能力，不仅能够利用无机物合成氨基酸，而且能使氨基酸之间互相转换，因此重标同位素没多久就会遍布到几乎所有种类的氨基酸上（图 2-17），两个肽段之间的质量差就不再容易确定，这就使得传统的 SILAC 方法无法应用。

针对这个问题，有两种基本解决思路。

（1）除需要重标的氨基酸外（一般是 K 和 R），加入高浓度的其他氨基酸（轻同位素），由于细菌的代谢系统优先从环境中摄取氨基酸，只要环境中有这种氨基酸就不会自己去合成，因此给予其丰富的其他氨基酸，便不会发生氨基酸的转换，从而可使重标氨基酸原样合成进去而不会被转化为其他氨基酸。孙雪松课题组使用这种策略，在细菌中获得了超过 98% 的标记效率，可以使用常规的 SILAC 分析方法（Han et al.，2019）。

（2）使用 ^{15}N 无机培养基将细胞内所有的 ^{15}N 全部标记上，简单直接地解决标记效率问题；然后改进算法，使得算法能处理极为复杂的肽段质量偏移。张弓课题组用这种方式追踪了大肠杆菌蛋白质合成的时序，从而获得了各种蛋白质合成的速率和半衰期（Zhong et al.，2015）。

同位素标记虽然有定量精确的优点，然而也有一系列缺点：①价格昂贵；②培养环境受限，培养条件只能是富营养环境；③很难在动物体内进行标记，因为很难给动物准备只含重标 K、R 的食物，标记效率也很难达到 98%。

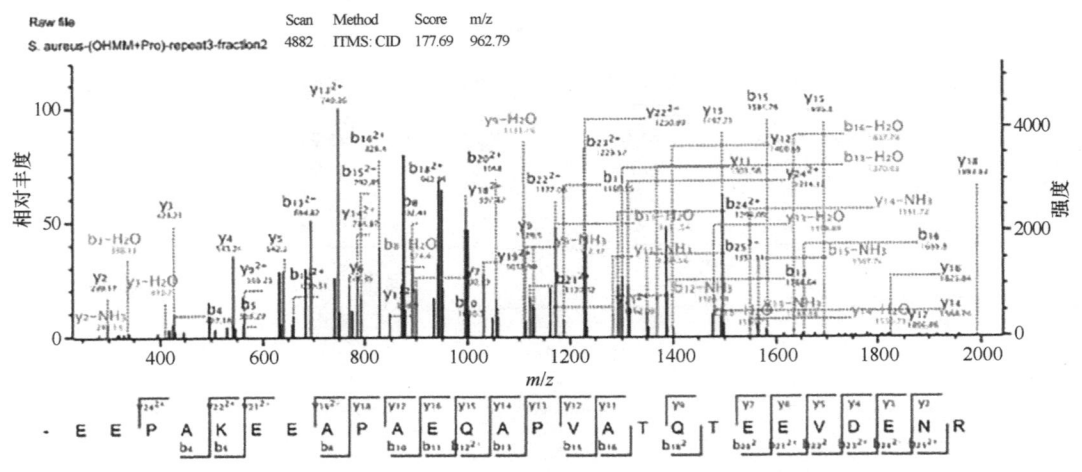

图 2-17 金黄色葡萄球菌中的一个肽段（Han et al., 2019）

肽段为 EEPAKEEAPAEQAPVATQTEEVDENR，培养时加入了 Arg10（+10Da 重标的 Arg），但在这个肽段中发现 Pro 也出现了 +6Da 的质量偏移，表明细菌将 Arg10 转化为了 Pro6。这张二级谱图搜库时考虑了 Pro6 的质量偏移，得到了很好的谱峰匹配结果。如果不考虑 Pro6 的质量偏移，则该谱图无法匹配

四、肽段标记定量

SILAC 是在蛋白质合成阶段就要加入标记，有诸多的限制。那么，是否能够在蛋白质合成完之后再加标记呢？当然是可以的。这样就可以对任何蛋白质样品进行标记，而不用更改蛋白质产生的实验条件了。标记方法是在蛋白质酶解成肽段之后，对每个样品的肽段进行"等重标记"（isobaric labeling），即把每个样品加上的标记基团分成两部分，总质量一样，但每个样品的两部分质量有所差异。目前较为常用的肽段标记定量方法是 iTRAQ（isobaric tag for relative absolute quantitation）和 TMT（tandem mass tag）。这两种技术的原理非常类似。

以 iTRAQ 为例（图 2-18），比较经典的 iTRAQ 试剂是 8 标试剂，其标记基团的总质量均为 305Da，分成报告基团和平衡基团两部分。样品 1 的报告基团为 113Da（AB SCIEX 称其为 113 reagent），相应的平衡基团质量为 192Da，这样使总质量为 305Da。样品 2 的报告基团为 114Da（114 reagent），相应的平衡基团质量为 191Da，这样使总质量也为 305Da；依此类推。样品 3~8 的报告基团和平衡基团的质量分别为 115Da-190Da、116Da-189Da、117Da-188Da、118Da-187Da、119Da-186Da、121Da-184Da。将 8 个样品分别用这些试剂标记好，混合起来打质谱，相同的肽段在一级质谱上呈现为一个谱峰，其质量为原本肽段的质量（+305Da）。将这个一级质谱进行碎裂进行二级质谱分析，在碎裂过程中，标记基团与肽段分开，报告基团和平衡基团也碎裂开来，肽段本身当然也会碎裂成一系列的 b/y 离子。因此在二级质谱图上，200Da 以上质量的部分为这个肽段的正常谱图，用一般的软件可以对其鉴定，这部分是 8 个样品中相同肽段共同产生的谱图，只作鉴定用，而无法区分出 8 个样品来。定量的部分由报告基团的谱峰强度来确定。各标记碎裂后出现在质量 113Da、114Da、115Da、116Da、117Da、118Da、119Da、121Da 处，所以这几个峰的强度就代表了 8 个样品中各有多少这个肽段，其比值为各样品中这

个肽段的相对量。在经过标准样品标定后，还可以做绝对定量，所以 iTRAQ 中 R 代表 relative、A 代表 absolute。

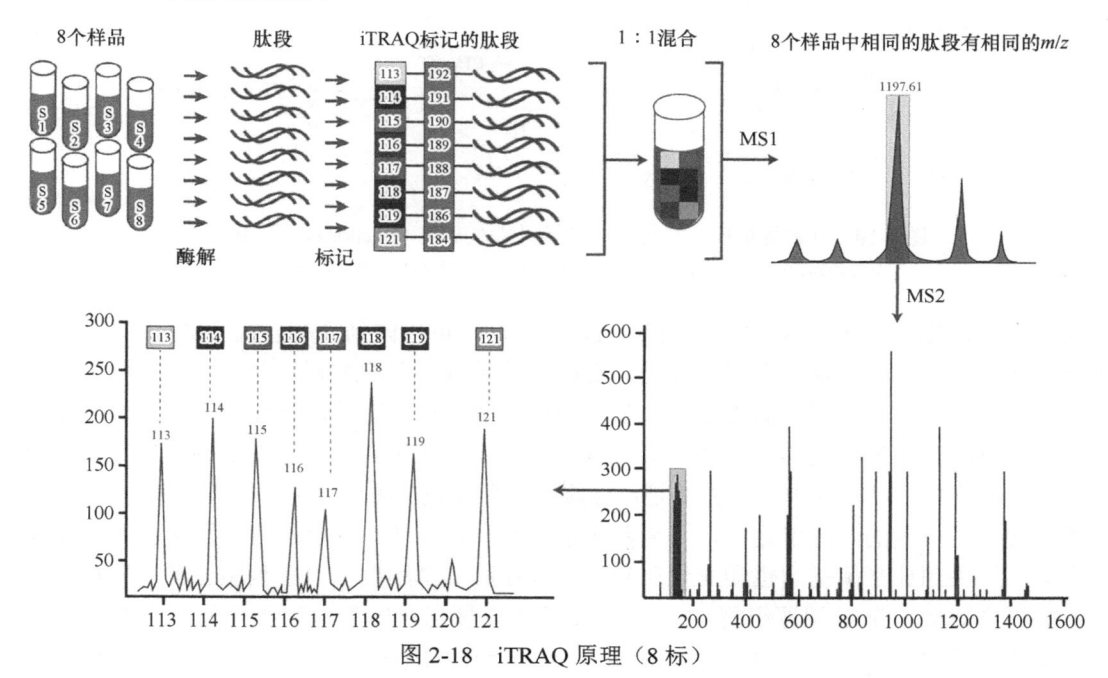

图 2-18　iTRAQ 原理（8 标）

从化学结构来看，iTRAQ 和 TMT 的结构都分为报告基团、平衡基团、反应基团三部分，其中反应基团用于和肽进行反应从而共价结合。改变报告基团和平衡基团的设计，可以创造出更多的标记方案，如 DiART（deuterium isobaric amine reactive tag）。这些设计一般围绕着碎裂方式、碎裂效率、离子化效率等进行改进（图 2-19）。此外，为了规避其他公司的专利或为了申请专利更容易，商品化的时候往往会和原始研发时的化学结构有所区别。

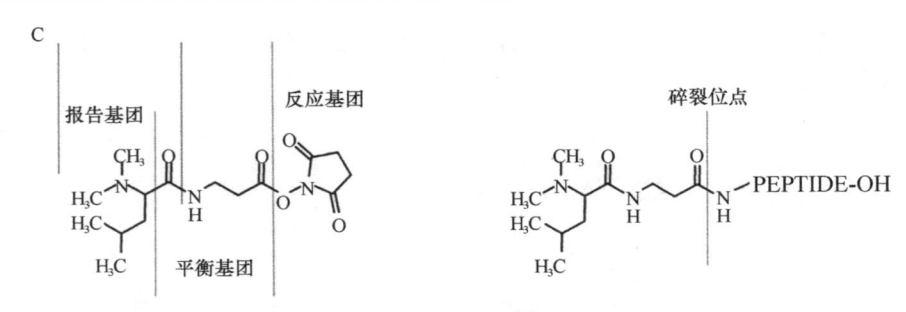

图2-19 几种等重标记方案的标记基团基本设计（Bachor et al., 2019）
左边是标记试剂，右边是标记后的肽段结构。A. iTRAQ；B. TMT；C. DiART

目前，按照上述原理制成的商品化 iTRAQ 试剂可以做到 8 标，而 TMT 可以做到 6 标。无法任意增加数量的主要原因是，要增加数量就需要增加标记基团质量的种类，而基团一旦改动较大，不但会难以合成某些结构，而且可能影响离子化效率，从而使得强度无法反映其含量，这样就无法准确定量了。因此，如果要进一步增加混样的数量，就需要采取别的办法。其中一个方法是：目前的等重标记，两部分（报告基团和平衡基团）的总质量是一定的，也就是说，平衡基团不是独立存在的，只有报告基团可以独立变化质量；如果想让平衡基团也能变化质量，可以在第二个维度上以排列组合的形式成倍地增加混样数量。Gygi 课题组将 TMT 试剂的平衡基团做了改变，制造出了"中 TMT"和"重 TMT"版本（图2-20B），由于其化学结构特殊，因此三种版本的 TMT 在色谱上的洗脱时间不同（图2-20A）。三个版本的 TMT 分别进行 6 重标记，总共可以标记 18 个样品，并在一次质谱实验中全部检测到。同一个肽段在色谱上的三个时间被洗脱出来，每个洗脱峰里包含了 6 个样品，通过二级质谱图上碎裂出来的报告基团的峰强度，就可以对每个样品中该肽段的量进行解析。如果在细胞培养的时候就采用 SILAC 三样品标记技术（图2-16），就可以排列组合出 6×3×3=54 重标记，即 54 个样品可以在一次质谱实验中进行蛋白质组定量（Everley et al., 2013）。当然，由于这会造成更多的母离子质量偏移，从而大幅度增加单位时间内洗脱肽段的数量而造成质谱负荷增加、鉴定数量下降，对算法要求也很高（需要自己开发分析算法）；但如果对鉴定蛋白数量要求并不高，这种方法可以轻易地在一次质谱实验中检测大量样品，相对定量会比多次实验准确得多。

虽然从理论上讲，蛋白质的量与报告基团的量成正比，但在质谱检测中，有时会有一些干扰的离子碎片正好与报告基团的 m/z 值相同或极为相近，这就会误导定量，称为 distorted ratio。为了解决这个问题，可以将报告基团的二级质谱谱峰再次进行三级质谱分析（MS3），以真正区分报告基团和干扰基团，这样就能测出真正的相对定量值（McAlister et al., 2014）。不过这种方法对仪器要求比较高，不是所有质谱仪都能进行三级质谱分析的。

五、蛋白质组标准品

不同的实验室测定同一个样品常常得到大相径庭的结果，这在蛋白质组工作中尤为常见。人类蛋白质组组织（Human Proteome Organization，HUPO）曾将 20 个纯化的

图 2-20　18 重 TMT 标记技术

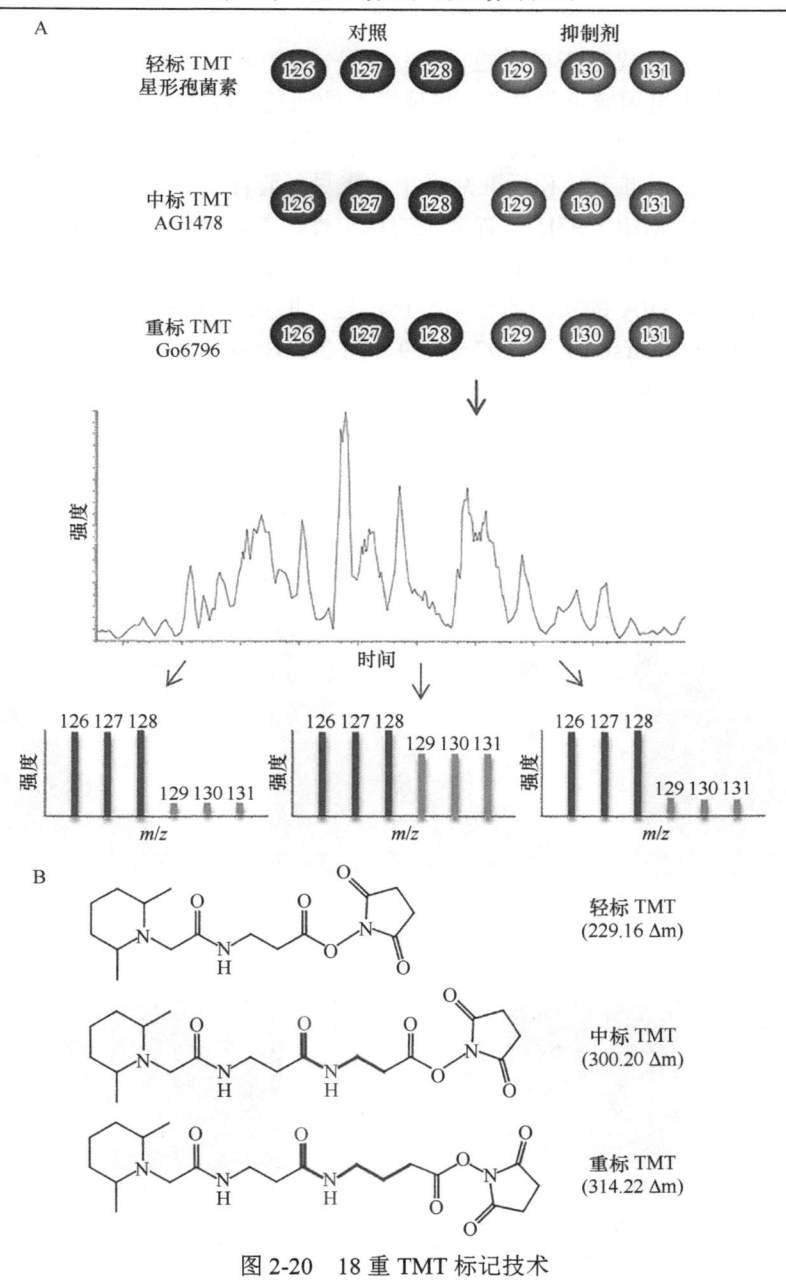

蛋白质制成混合物分发给全世界 27 个实验室，但只有 7 个实验室鉴定到了全部的 20 种蛋白质，只有 1 个实验室报告了全部分子质量大于 1250Da 的肽段（Bell et al., 2009）。另一个研究发现，即使在最优化的条件和标准操作流程下，样品中位数在不同实验室测出来的数值可相差 25%（Tabb et al., 2010）。如此差的重现性显然不可接受。提高重现性的重要工具是标准品，只要各实验室都测定了这个标准品，将自己的流程和仪器校准，就可以使各家测定数值趋于一致。但蛋白质组的标准品一直缺乏，只有 18~48 个纯化蛋白质混合物可以作为"标准品"（Ramus et al., 2016；Gotti et al., 2021），且

由于复杂度过低，无法代表蛋白质组。

为了解决蛋白质组领域可靠性差、重现性差的问题，科技部于2018年启动了国家重点研发计划项目"医学生命组学数据质量控制关键技术研发与应用示范"，研发了所有组学层次的标准样品、标准方法和标准数据集。张弓、陈洋、卢少华课题组发现了来源于中国人的肝癌细胞系MHCC97H具有极强的稳定性，其转录组、翻译组、蛋白质组在连续继代培养9代后仍然保持几乎不变，非常适合作为蛋白质组学标准品长期生产；课题组也研发了DDA和DIA的实验流程与分析流程，取得了很高的相关系数，且DDA和DIA的重现性相似（Pearson r = 0.97～0.99，图2-21B～C），打破了传统上认为DIA重现性显著好于DDA的观念，说明良好的质谱流程可以使两种方案均达到很好的稳健性。而且技术重复（即同一个样品做三次质谱）的误差已经几乎覆盖了代次之间的生物学重复误差（图2-21D～E），说明仪器误差远大于代次之间的生物学误差，MHCC97H的蛋白质组确实十分稳定，适合作为标准品（Lu et al.，2023）。

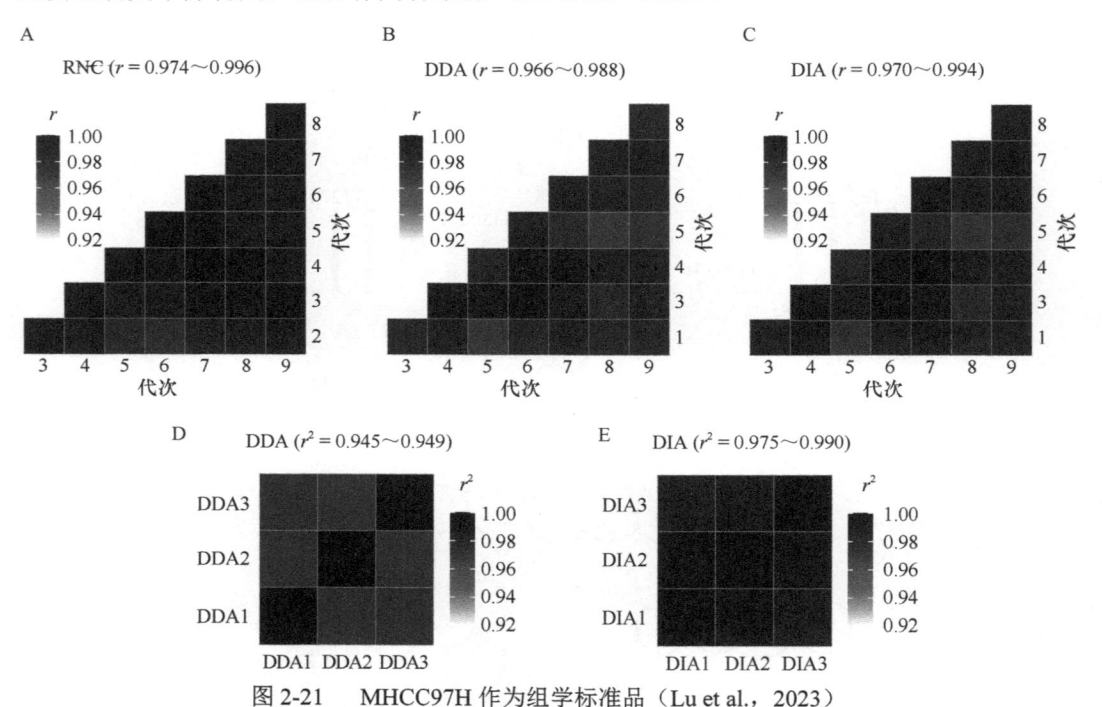

图2-21 MHCC97H作为组学标准品（Lu et al.，2023）
A. 2～9代细胞之间的翻译组相关性；B. 2～9代细胞之间的蛋白质组相关性，DDA iBAQ定量；C. 同图B，DIA定量；D. 三次技术重复，DDA定量；E. 三次技术重复，DIA定量

张弓课题组与华南理工大学、北京师范大学、中国科学院大连化学物理研究所合作，将标准品在4个实验室中用标准流程进行分析（图2-22A）。虽然4个实验室的硬件配置各不相同（图2-22B），但鉴定到的蛋白质数量类似（除华南理工大学因为质谱仪型号太早，导致通量较低，所以鉴定数目较少）（图2-22C～D），等电点分布无统计显著差异（图2-22E）。值得注意的是，在标准流程下，实验室间的DDA定量一致性非常高，r=0.962～0.974，与同实验室的技术重复几乎一致，而DIA则差别较大（图2-22F）。

这说明DDA在不同实验室、不同仪器平台之下的稳健性要远好于DIA，再次证明了标准实验流程完全可以在实践中落地推广实施。

A

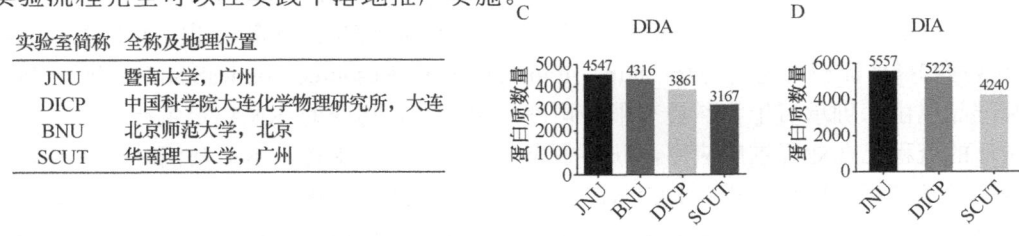

实验室简称	全称及地理位置
JNU	暨南大学，广州
DICP	中国科学院大连化学物理研究所，大连
BNU	北京师范大学，北京
SCUT	华南理工大学，广州

B

实验室	质谱仪	液相色谱	捕集柱	分析柱
JNU	Orbitrap Fusion Lumos	EASY-nLC 1200	C18, 150μm×20mm, 1.9μm	C18, 150μm×300mm, 1.9μm
DICP	Orbitrap Fusion Lumos	EASY-nLC 1200	C18, 150μm×20mm, 5.0μm	C18, 150μm×150mm, 1.9μm
BNU	Orbitrap Fusion Lumos	EASY-nLC 1200	C18, 150μm×20mm, 5.0μm	C18, 75μm×250mm, 2.0μm
SCUT	Q Exactive plus	EASY-nLC 1000	C18, 100μm×20mm, 5.0μm	C18, 75μm×250mm, 2.0μm

K-S检验（p值）

	JNU	DICP	BNU	SCUT
JNU	—	0.991	0.909	0.978
DICP	0.991	—	1.000	0.781
BNU	0.909	1.000	—	0.442
SCUT	0.978	0.781	0.442	—

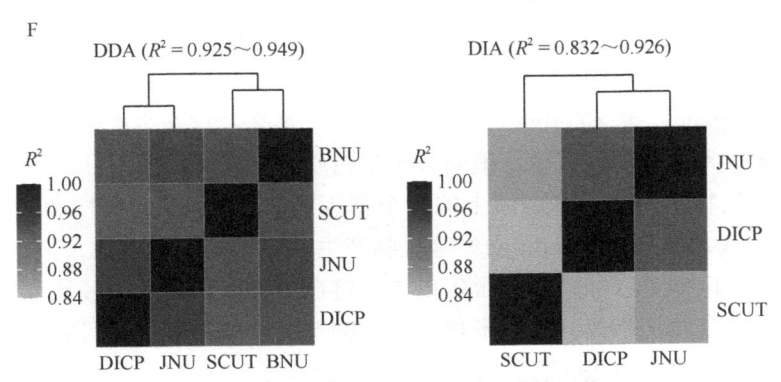

图2-22　跨实验室的质谱定量一致性评价

A. 4个实验室；B. 各实验室的质谱仪器、LC仪器和分离柱型号；C、D. 各实验室鉴定到的蛋白质数量，DDA和DIA；E. 鉴定到的蛋白质的等电点分布；F. 各实验室的蛋白质组定量相关性，DDA和DIA

同时，这项研究也确立了MHCC97H可以作为稳定的转录组标准品，并研发了几乎可以无视 RNA 降解的统一 RNA 测序流程，可实现跨实验室、跨平台、极为稳健的转录组定量测序。

这项研究首次建立了复杂转录组和蛋白质组的标准物质、标准流程、标准数据集，所有数据和操作流程均免费公开：https://translatome.net/Resources/ omicsStandard/index.html。标准品已由深圳承启生物科技有限公司商品化生产。相应的 RNA 定量测序与蛋白质组质谱的流程已在业界推广应用，获得多家单位的应用与支持，本书截稿时，《RNA 定量测序技术规程》团体标准（T/CI 121—2023）已正式发布施行，蛋白质组检测的团体标准已经起草完毕，即将正式发布。该标准的发布，有望解决"精准医学不精准"的世界性难题。

第四节 人类蛋白质组计划

一、从人类基因组计划到人类蛋白质组计划

毫无疑问，现代生物学的一个奠基性的国际合作计划是人类基因组计划（Human Genome Project，HGP）。自从 DNA 被确定为主要的遗传物质，以及中心法则（central dogma）被确立以来，研究人员认为人的基因组包含了生老病死的全部信息，搞清这些基因的序列就可以解释全部的生命和疾病现象。在 20 世纪 80~90 年代，由于人的基因组庞大，对研究人员的测序能力提出了很大的挑战，因此由美国、英国、法国、德国、日本和中国的科学家分工合作，将人类基因组全部测序出来，作为生命研究的基石。人类基因组计划于 1990 年正式启动，共投资 30 亿美元；2001 年发表了人基因组草图；2003 年，第一个人基因组的完成图发布。

随着人类基因组的测序完成，相应的基因组注释工作却出乎很多人的意料，原本的"一个基因对应一个蛋白质"的想法遭受了前所未有的挑战。2003 年人类基因组刚测序完成的时候，根据已知蛋白质的数量，人们通过算法预测，预估人基因组内共有 12.2 万个编码基因；随着时间推移、算法模型的更新，算法预测的编码基因数快速下降至 1.9 万个（Khatri et al.，2012；Ezkurdia et al.，2014a）（图 2-23）。事实上，直到今天，注释成为蛋白质编码基因的基因数一直维持在 2 万个左右，数量增长的是非编码的 lncRNA、假基因（pseudogene）等（Zerbino et al.，2020）。那么，这么少的编码基因如何编码这么多种蛋白质？人类基因组究竟能编码多少蛋白质？

根据分子生物学知识，基因组上的一个基因可以通过可变剪切、可变的转录起始/终止位点、RNA 编辑（RNA editing）等机制产生多种不同的 mRNA，同一个 mRNA 上可以有不同的可读框进行翻译，一个蛋白质肽链在翻译完毕后可能经历翻译后加工（如信号肽切割、内含肽切割等）形成多种蛋白质的一级序列，然后还可以经由不同的翻译后修饰（post-translational modification，PTM），形成多种蛋白质形体（proteoform）。因此，基因组上约 2 万个编码基因可以生成逾百万种蛋白质，也就是说，从基因组到蛋白质组存在复杂化的过程（Trivedi and Hemantaranjan，2015）（图 2-24）。此外，基因组上绝大多数基因都是单拷贝的，并没有量的差异。而蛋白质则有表达量的高低，其跨度可

达 8 个数量级，远高于转录组中 6 个数量级的跨度（Chang et al., 2014），并且各蛋白质的量和状态在不同时间点和不同环境下都是动态变化的，形成了蛋白质世界的万千风光。因此，搞清楚了基因组序列，不等于搞清楚了蛋白质的状况，而蛋白质才是几乎所有生物学功能的直接执行者。

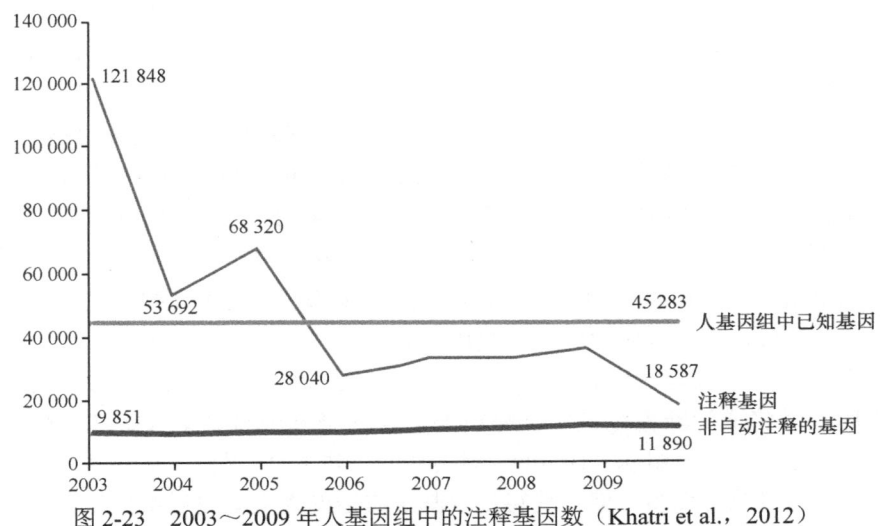

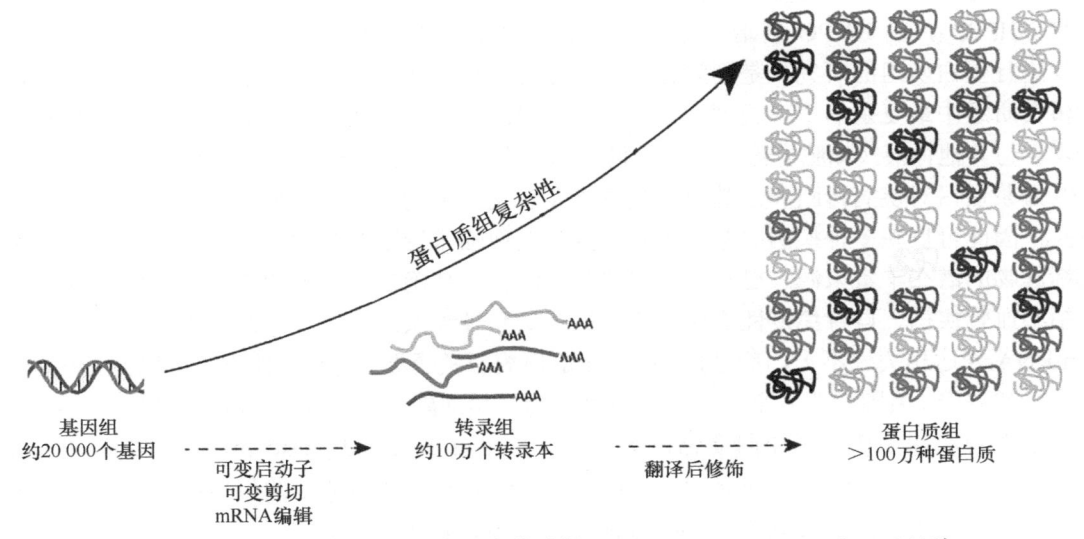

图 2-23　2003~2009 年人基因组中的注释基因数（Khatri et al., 2012）

图 2-24　从基因到蛋白质存在复杂化的过程（Trivedi and Hemantaranjan, 2015）

早在 1996 年，离 Celera 公司成立还有两年，当时距离人类基因组测序完成还遥遥无期，澳大利亚麦考瑞大学的 Marc R. Wilkins 等人就撰文《为什么基因组表达的所有蛋白质应该被鉴定，以及如何做到》，指出直接研究人类蛋白质组才是理解人类各种生理和病理过程的关键，基因组不行（Wilkins et al., 1996）。1998 年，中国科学院邹承鲁院士在《生物化学与生物物理学报》上发表文章，指出基因组时代之后必将迎来蛋白质组时代（the era of the proteomics），深入解析蛋白质在生命活动中的功能；蛋白质组学研究不仅是 21 世纪生命科学的主要任务,也对医药、农业和工业生产具有极其深远的意义(Wang and Tsou, 1998)。这些极具前瞻性的思想打破了当时社会上普遍对基因组抱有的不切实际的幻想。

在 20 世纪 90 年代,蛋白质组学科学家们手里能用的工具并不多,那个年代质谱技术还很初级,适合蛋白质样品电离的电喷雾技术(如 ESI)还没被发明出来,能用的只有 MALDI(基质辅助激光解吸电离),其分析单个蛋白质还行,分析蛋白质组就很困难。于是大家就想着用 2DE 先把蛋白质给分离开,然后将每个蛋白质点挖下来进行 MALDI 质谱分析去鉴定每个点是什么蛋白质。1998 年左右,一些研究沿着这条思路做成功了,其中就包括 1996 年首先指出基因组不行的 Marc R. Wilkins。由于蛋白质序列不同,理论上只需要通过 MALDI-MS 测定蛋白质的 N 端和 C 端的 4~5 个氨基酸,就可以鉴定 3000~4000 个蛋白质(Wilkins et al., 1998)。Scheler 等(1998)从人心脏样本中鉴定了 250 个蛋白质,如果结合胰蛋白酶、Asp-N 和 Glu-C 蛋白酶酶切,则可获得这些蛋白质 90%的序列。在那个年代,这个成绩已经非常亮眼了。

2001 年 2 月,人类基因组计划公布草图,*Science* 和 *Nature* 杂志均发表评论文章,认为蛋白质组学将成为新世纪最大战略资源——人类基因研究争夺战的战略制高点之一。同月,人类蛋白质组组织(HUPO)宣告成立。进入 21 世纪,质谱技术的发展使得蛋白质组全谱质谱测定变得可能,使得主要基于质谱的人类蛋白质组计划被提上日程。

2002 年,美国、德国、法国、澳大利亚、瑞典等 13 国启动了人类血浆蛋白质组计划(HPPP),由 HUPO 创始人之一的 Gilbert Omenn 博士牵头。选择血浆作为第一个组织进行蛋白质组的研究,是因为血浆蛋白无可替代的研究价值。①血浆蛋白质组是人类蛋白质组中最复杂的一个类别,囊括了不同组织的亚蛋白质组。②血浆是主要的临床样本。与其他体液(如脑脊液、胃液、胆汁和滑膜液)相比,血浆也更容易获得及标准化。③血浆蛋白对疾病诊断和疗效监测具有重要意义。因为血浆蛋白会随着血液循环流经全身,因此可反映多种疾病问题。血浆亦成为发现临床诊断监测和判断药物反应蛋白生物标志物的潜在丰富来源。已有一些血浆及血清蛋白被确定为疾病的潜在生物标志物,包括心血管疾病、自身免疫性疾病、感染性疾病和神经系统疾病。④血浆蛋白与其相应的 mRNA 表达相关性不大,因此蛋白质水平的研究至关重要,没有其他方法可以间接推断。

2002 年,美国西北太平洋国家实验室生物科学部副主任 Joshua Adkins 利用在线反相微毛细管液相色谱与离子阱质谱联用技术(on-line reversed-phase microcapillary liquid chromatography coupled with ion trap mass spectrometry)对血清中的蛋白质进行分析,并成功鉴定出 490 种血浆蛋白质(Adkins et al., 2002)。

随着质谱技术的进步与广泛应用,血浆蛋白组相关数据迅速涌现,但数据之间的可比性存在着较大问题。2003 年,HPPP 获得一批来自世界主要人种的样本,即白种美国人(Caucasian-American)、非裔美国人(African-American)和亚裔美国人(Asian-American),并将它们制备成混合血浆和血清。与 HPPP 合作的 35 个实验室都得到了这批样本,但他们所应用技术平台和数据提取、分析方法各不相同,这导致数据结果间出现了很大差异。项目报告指出,该研究共检测出 9504 个不重复蛋白,每个实验室都能检测到这 9504 个蛋白质中的至少 1 个肽段。其中的 3020 个蛋白质能被检测出至少两个肽段，而能被检测出 3 个肽段的蛋白质数量为 1500。由于数据间的可比性较差，研究人员于 2006 年对这份报告进行再分析，认为仅有 889 个蛋白质拥有高可靠性证据，可证实其存在。假阳性和质控标准问题开始被认真对待。随着 Target-Decoy 质控体系的确立，业内逐渐使用标准化的质控方式，一般要求 FDR＜1%，大大提高了结果的可信度。

随着质谱技术的快速发展，尤其是高精度质谱仪的进步，越来越多的血浆蛋白质被鉴定出来。2011 年，Terry Farrah 研究团队识别了 1929 个高可靠性蛋白质；至 2013 年，共有 3553 个不重复蛋白质被成功鉴定。人类血浆肽段图谱的最新数据（Human Plasma Peptide Atlas 2021-07）显示，研究人员从 240 个基于质谱分析的实验中鉴定出 4395 个标准蛋白质。2021 年，Eric Deutsch 等科学家就人类血浆蛋白质组的进展及应用领域发表文章指出，血浆蛋白质组学的研究与相关应用必然在精准医疗方面发挥越来越大的作用（Deutsch et al.，2021）。

2003 年 10 月，人类肝脏蛋白质组计划全面启动实施，是中国科学家倡导和领衔的第一个国际大型合作计划。2004 年，科技部在"功能基因组与生物芯片"重大专项中启动了与人类肝脏蛋白质组计划相关的四项课题，这几项课题得到了"863"计划、"973"项目、重大国际合作项目等多项基金的联合资助，中国提出的建立肝脏蛋白质组"两谱、两图、三库"的战略目标，即表达谱、修饰谱、连锁图、定位图、样本库、数据库和抗体库。

经由 HPPP 和 HLPP 两大前导项目的探索，以及质谱技术的快速发展，深度鉴定蛋白质组已成为现实的目标。因此，国际上于 2012 年终于正式启动了人类蛋白质组计划（HPP）。韩国延世大学 Young-Ki Paik 教授在其中起到了关键的推动作用，在多次 HUPO 大会上提出了 HPP 的战略框架（2008 年 8 月阿姆斯特丹；2009 年 9 月多伦多；2010 年 9 月悉尼）。

HPP 要解决的根本科学问题其实非常简单：人基因组到底可以产生多少种蛋白质？这些蛋白质的功能是什么？这两个大问题就对应着 HPP 的两个部分：C-HPP（Chromosome-centric HPP）和 B/D-HPP（Biology/Disease-centric HPP）。C-HPP 力图鉴定所有人基因组编码的蛋白质，包括其剪切变体形式和翻译后修饰（Paik et al.，2012）。B/D-HPP 则要搞清每一个蛋白质的功能，一个蛋白质最少得有一个功能。显然，C-HPP 是 HPP 的基础，只有先鉴定了蛋白质，才谈得上研究功能。

之所以称之为 Chromosome-centric，是因为需要将目前人基因组上已预测出的 20 389 个编码基因的蛋白质产物全部鉴定出来。目前数据库里面的"编码基因"注释，是算法的预测，并不是所有的蛋白质都被鉴定出来。既然如此，那么就可以仿效人类基因组计划，各国团队按染色体来分工，以早日完成任务。这次，中国共承担了 4 条染色体的解析工作，分别是 1、4、8、20 号染色体，是任务最多的国家。每条染色体的研究由一名学者牵头，组织相应团队进行研究，定期提交报告。当前（2024 年 10 月）的各染色体团队名单如表 2-3。2023 年 11 月 10 日起，暨南大学张弓教授被推选为 C-HPP 共同主席（Co-Chair）；2024 年 10 月，又被推选为 C-HPP 主席（chair）。中国科学家第一次成为国际人类蛋白质组计划的领导者。

表 2-3　C-HPP 各染色体团队名单（2024.10）

染色体	领导者	国家（地区）
1	徐平（军事医学科学院）	中国大陆
2	Allan Stensballe	丹麦
3	Takeshi Kawamura	日本
4	陈玉如（台湾大学）	中国台湾
5	Peter Horvatovitch	荷兰
6	Rob Moritz	美国/加拿大
7	Edouard Nice	澳大利亚
8	张弓（暨南大学）	中国大陆
9	Je-Yoel Cho	韩国
10	Josh Labaer	美国
11	Heeyoun Hwang	韩国
12	Ravi Siredeshmukh	印度
13	Min-Sik Kim	韩国
14	Charles Pineau	法国
15	Gilberto Domont	巴西
16	Fernando Corrales	西班牙
17	Gilbert S. Omenn	美国
18	Elena Ponomarenko	俄罗斯
19	Sergio Encarnación-Guevara	墨西哥
20	何庆瑜（暨南大学）/刘斯奇（中国科学院北京基因组研究所）	中国大陆
21	Frank Schmidt	卡塔尔
22	Oded Kleifeld	以色列
X	Yasushi Ishihama	日本
Y	Ghasem Hosseini Salekdeh	伊朗
线粒体	Andrea Urbani	意大利

C-HPP 将蛋白质证据分为 5 个级别，称为 PE1～5（PE = protein evidence）：

PE1：有明确蛋白质证据。

PE2：有转录证据。

PE3：由同源性推断出来的（常见的如假基因）。

PE4：算法预测出来的。

PE5：不确定的/模棱两可的。

按照这个分类标准，只有 PE1 是已经有蛋白质证据的。PE2～4 被称为"漏检蛋白"（missing protein），它们"应该是"能编码的，但尚未在蛋白质层面找到确实的证据。C-HPP 的主要任务之一就是寻找这些"漏检蛋白"的蛋白质证据。PE5 在很多时候并不算作是编码基因。

经过 C-HPP 各团队连年奋战，漏检蛋白占比从 2011 年的大约 30% 下降到了 2020 年的 10% 左右（图 2-25）。不过，随着研究的进行，目前越来越难发现新的漏检蛋白。

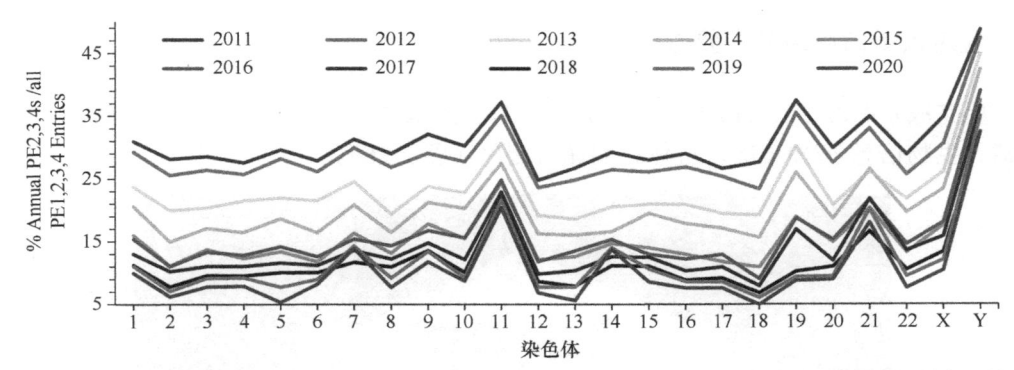

图 2-25　各染色体上的"漏检蛋白"数量随年份的变化（Adhikar et al., 2020）（彩图另扫封底二维码）

根据 HPP 最新官方数据库 HPP Portal 在 2024 年 10 月发布的版本，各染色体上各类蛋白质的数量如表 2-4 所示。

表 2-4　蛋白质证据级别（分染色体）

Chr	PE1	PE2	PE3	PE4	PE5	Total
1	1 860	113	19	10	8	2 010
2	1 181	33	2	0	3	1 219
3	998	35	5	2	0	1 040
4	705	25	9	2	3	744
5	831	29	1	1	2	864
6	952	42	4	6	7	1 011
7	823	49	3	8	12	895
8	629	27	7	3	17	683
9	700	44	2	4	4	754
10	684	25	1	1	2	713
11	1 062	146	61	1	10	1 280
12	956	32	9	2	0	999
13	303	7	1	3	2	316
14	551	28	12	1	1	593
15	530	33	3	2	3	571
16	777	36	2	3	2	820
17	1 076	53	3	3	2	1 137
18	254	4	0	0	1	259
19	1 309	67	8	2	5	1 391
20	503	18	1	0	1	523
21	196	13	4	2	0	215
22	403	17	3	1	4	428
MT	13	0	0	0	0	13
X	784	47	7	5	3	846
Y	58	5	0	0	0	63
All	18 138	928	167	62	92	19 387

二、鉴定人蛋白质组的主要方法

要完成 C-HPP 的目标，即鉴定所有编码基因的蛋白质产物，C-HPP 主要有四大支柱：质谱、生物信息学/知识库、抗体、翻译组测序（图 2-26）。

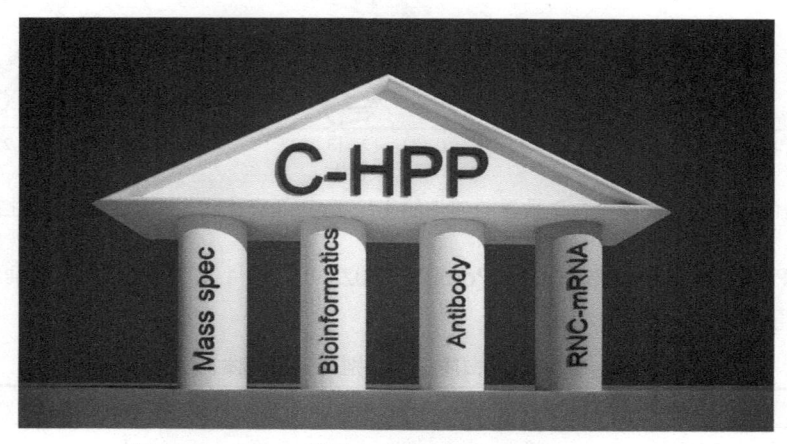

图 2-26　C-HPP 的四大支柱（Zhong et al.，2013）

（一）质谱及其质控标准

这里的质谱，大多时候指的是"自底向上"（bottom-up）的质谱策略。上文提到过，HPPP 项目中曾出现过多个实验室检测同一样本的数据重复性很差的问题，尤其是假阳性率很高，鉴定出的 9504 个血浆蛋白质，仅有 889 个蛋白质被认定为确切的鉴定。因此迫切需要严格的质控。除了业界常用的 FDR＜1%以外，还需满足更严格的标准，才能被 HUPO 接受为"严谨的鉴定"。这一系列的标准被称为人类蛋白质组计划质谱数据解读准则（Human Proteome Project Mass Spectrometry Data Interpretation Guidelines），每隔几年会修订一次，目前最新的版本为 2019 年发布的 3.0 版（Deutsch et al.，2019）。其中比较重要的 FDR 质控标准有：

- 需详细描述三个层次（PSM、肽段、蛋白质）上的 FDR 计算方法；
- 需报告三个层次上的具体 FDR 数值，并保证蛋白质 FDR＜1%；
- 如果综合多个数据集，必须计算总数据集的 FDR 并以此为准，它会高于每个数据集的 FDR。

如果要报告发现一个新的蛋白质（以前未曾找到过蛋白质水平证据的蛋白质），需要以下的证据。

（1）如果使用 DDA 质谱，需要展示高质量准确度、高信噪比、清楚标注碎片离子的谱图。

（2）使用高质量准确度、高信噪比、清楚标注碎片离子的合成肽段谱图，与实验谱图能很好地对应上。

（3）如果使用 SRM 进行验证，需要使用重标同位素标记的合成肽段与样品中相应肽段共洗脱的证据，并且合成肽段与样品肽段的离子强度顺序需要一致。

（4）考虑突变导致的单氨基酸突变（SAAV），它可能不是一个新蛋白的肽段。

（5）需要两个或多个唯一性肽段（unique peptide），其只能对应到这个蛋白质，并且这些肽段不能是嵌套的。每个肽段长度必须大于或等于 9 个氨基酸；如果两个肽段有重叠，总共覆盖的长度需大于或等于 18 个氨基酸。如果不能满足这些条件，必须要证明这个蛋白质无法酶解产生两个唯一性肽段。

这些标准看起来非常严苛。在人类蛋白质组计划之外的蛋白质组学研究领域，鉴定标准通常较为宽松。例如，长度仅为 6~7 个氨基酸的短肽段即可被采信，甚至仅凭一个唯一性肽段也可进行鉴定，且通常不考虑单氨基酸变异（SAAV）的可能性。这种宽松的标准虽然能够提高蛋白质鉴定数量，使研究数据更加丰富，但也可能影响鉴定结果的可靠性。

2015 年，暨南大学何庆瑜、张弓、王通教授团队发现，在人类蛋白质组计划所规定的 FDR＜1%标准下，Mascot 和 MaxQuant 鉴定出的"漏检蛋白"中竟然分别有 45%和 81%无法通过人工谱图质量检查。这些低质量的谱图匹配都存在着明显的主峰不匹配、鉴定峰不连续、信噪比低等问题，仅仅由于算法的局限性才成为"漏网之鱼"。低得惊人的真实鉴定率促使研究者们更加仔细地对谱图进行检查，结果发现了一个本应属于 Alpha-NAC muscle-specific form 蛋白质的肽段，由于同时具备了一个单氨基酸替换和一个化学修饰，被搜库算法错误地鉴定为 Alpha-NAC pseudogene 1 蛋白质。研究者通过人工检视、Smith-Waterman 算法对所有肽段进行容错匹配、pLabel 算法分析等，才纠正了这一"张冠李戴"的鉴定。基于这些发现，为了力保鉴定质量，研究者对所有的谱图鉴定一律采用了上述人工加计算的方法进行检查，排除低质量谱图匹配、单氨基酸替换、化学修饰等因素导致的不可靠鉴定，最终得到了 32 个符合如此严格标准的"漏检蛋白"。该研究指出，现有搜库算法由于其局限性会得到许多假阳性的鉴定结果，需要进行更严格的质控。不加分别地合并多种算法的鉴定结果将极为危险，最终会导致虚假的高鉴定量（Yang et al.，2015）。这篇研究就是上述第（1）（3）条要求的来源。

2014 年，Akhilesh Pandey 团队在 *Nature* 上抢先发表了人类蛋白质组草图的文章"A draft map of the human proteome"（Kim et al.，2014），这篇文章中使用质谱技术测定了 17 个成人组织、7 个胚胎组织，以及 6 种造血细胞类型的全蛋白质组，宣称发现了 17 294 个编码基因的蛋白质产物，占已知编码基因的 84%。这一成果比 C-HPP 多国科学家团队多年的努力还要多得多，并且 Pandey 团队并未参与 HUPO，也未参与 C-HPP，因而举世哗然。然而人们很快发现，Pandey 的这篇研究采用了早已过时的、极其宽松的质控条件，因而得到了许多虚假的鉴定结果。仅仅 3 个月后，Ezkurdia 等发表了一篇文章，他们发现 Pandey 的研究里面没有用到鼻组织，但鉴定到了 108 个嗅觉受体蛋白。众所周知，嗅觉受体蛋白是一类专用于嗅觉的蛋白质，这一家族蛋白质有上百个，除极个别在其他组织器官内有功能以外，绝大多数嗅觉受体蛋白只会在嗅觉感受细胞内表达，在其他组织中连 mRNA 都没有。此外，Pandey 所鉴定到的嗅觉受体蛋白中，有 40 个没有唯一性肽段作为证据，其余 68 个的谱图质量都很差，因此无一能作为鉴定此蛋白质的证据（Ezkurdia et al.，2014b）。该文章的结论是：这个人类蛋白质组草图应该被搁置起来，直到它们被仔细分析。按照 HPP Data Interpretation Guideline 的准则（当时还是初版，远没有 2019 年的 3.0 版本那么严格）进行重新分析，Pandey 只鉴定到了大约 13 000 个蛋白，这个成绩只相当于 C-HPP 启动前（2011 年）的水平。

在各染色体团队的通力合作之下，HUPO 于 2020 年发布了"高度严谨的人类蛋白质组"，严格按照 *HPP Data Interpretation Guideline* 3.0 版的严苛要求，报道了 17 874 个蛋白质的证据（按基因算），覆盖了超过 90%的已知人类编码基因（Adhikari et al., 2020）。在 2023 年 4 月 18 日发布的人类蛋白质组版本中，已鉴定出 18 397 个蛋白质。

（二）生物信息学/知识库

一方面，对质谱谱图进行解谱需要用到生物信息学工具。另一方面，人们在经年累月的研究中已积攒了大量的质谱数据，无论是不是在 HUPO 和 HPP 框架下的。也许这些数据以往并没有按照 HPP Guideline 的严苛要求进行质控，但大家已经上传了很多的原始数据到公共数据库中，如 ProteomXchange、iProX、Massive 等，可以下载进行重新分析。算法的改进可以提高蛋白质鉴定的效果。例如，暨南大学魏千洲等人使用国产软件 pFind 重新搜索了超过 50TB 的已有人蛋白质组质谱数据，鉴定了 11 个 PE2 蛋白和 16 个 PE5 蛋白（Wei et al., 2024）。

知识库还包含了蛋白质的许多其他信息，包括蛋白质在各组织或各条件下的表达量、亚细胞定位、已知的翻译后修饰状况、已知的结构信息（如果有）、已知的功能（如果有）等，这些组成了人类蛋白质的百科全书。虽然其中还有一些信息是不全的，但可以帮助人们推测一些信息，如推断功能等。转录和翻译的信息（mRNA-seq 或 RNC-seq）可以为我们去哪种组织中去寻找这种蛋白质提供有用线索。

（三）抗体

针对每种人类蛋白质进行抗体检测，最初是由 Human Protein Atlas 计划（HPA）于 2003 年提出来，用以分析蛋白质的时空分布（Thul et al., 2017；Singh, 2021）。目前，抗体大约能检测 87%的人蛋白质组，这其中最大的用途是做原位成像，检测蛋白质在细胞中的定位。HPA 也检测抗体的特异性，目前已验证了超过 1 万个抗体的特异性（Bjorling and Uhlen, 2008）。

抗体在 C-HPP 中的主要应用是应对那些理化性质特殊、质谱实在无法检测的蛋白质。此外，抗体还可以对质谱发现的蛋白质进行验证。由于抗体和质谱是完全不同的检测原理，因此可以互相作为验证。不过，抗体普遍存在"低染"问题（low-staining），即某些抗体会造成较高的背景，即便是样品中严格不含此种蛋白质，也会有一点信号，有时会出现误判（Paik et al., 2012）。另外，抗体的特异性也经常不是 100%，可能会和其他蛋白质发生微弱的交叉反应，产生假阳性信号。采用已用金标准验证过的抗体可以最大限度地减少这些问题，但由于抗体反应的原理，注定无法完全根除。

抗体在 B/D-HPP 中的应用就很广泛了。因为 B/D-HPP 研究的是蛋白质的功能，因此研究中势必会频繁用到抗体进行检测，有时还会用抗体阵列（芯片）进行检测。

（四）翻译组测序

狭义的翻译组测序（RNC-seq）是指使用大规模测序技术（next-generation sequencing）测定正在翻译的 mRNA（RNC-mRNA），其具体做法将在下一章中详细阐述。翻译组测序并不直接测定蛋白质，因此不能算作直接的蛋白质证据，但它可以极大地辅助蛋白质组质谱的鉴定。其理论基础是：在稳态细胞或组织里，RNC-mRNA 和蛋白质具有一一对应的关系。蛋白质都有半衰期，如果某一蛋白质已长时间不合成了，那么它过一段时间后就会逐渐降解完毕。RNC-seq 对 C-HPP 的作用具体表现在以下几个方面（Zhong et al.，2013；Lu et al.，2019；Wu et al.，2022）。

（1）极高的序列覆盖度，有利于突变的检出。由于 RNC-seq 是用高通量测序来测定正在翻译的 mRNA，本质上还是测序，没有蛋白质理化性质的问题。通过提高测序通量，可以完整覆盖 CDS 区段，为检测突变提供方便。

（2）可作为多个质谱鉴定数据集合并的参照。对同一样本进行多次质谱实验（有可能来自多个实验室），如果直接将结果合并（取并集），从数学上可以证明其 FDR 会比单个数据集更高，从而容易突破 FDR＜1%的业内公认阈值，增加不可靠的鉴定。由于 RNC-seq 的灵敏度很高，可以测到 0.01 copy/cell 以下的涨落表达的基因，因此可以认为能完整地测到所有 RNC-mRNA。而 RNC-seq 和质谱有着完全不同的原理和技术路线，因此翻译组测序的结果为蛋白质提供了一个精确的参照，可基于此进行数据整合归并。当质谱鉴定满足 *HPP Data Interpretation Guideline* 的严格要求，并且还有翻译组作为独立信息源作为印证（它有翻译，所以检测到这个蛋白质是正常的），那就应该证据足够充分了，此时对多个数据集进行合并就不再有 FDR 增高的问题。而在稳态下，质谱有鉴定到的蛋白质但检测不到翻译的，称为"可疑鉴定"（suspicious identification），一般情况下可以被认定为假阳性（Zhao et al.，2017）。

（3）建立最小化蛋白质参考库，提高质谱鉴定的灵敏度和准确性。质谱搜库的 Target-Decoy 质控原理决定了参考库越大，FDR 阈值就得越高，鉴定的蛋白质数量就会显著减少，那些低丰度的、谱图质量稍差的蛋白质就更难被鉴定到了。在相同的 FDR＜1%要求下的绝对假阳性数量也会更高，这意味着最终结果更不可靠。因此，最理想的参考库是"最小化库"（minimal database），即在样品里的蛋白质被收录进参考库，不在样品里的蛋白质被排除在参考库之外。那怎样在不使用蛋白质组方法的前提下，就知道样品里有哪些蛋白质呢？在稳态细胞内，翻译组测序正好可以做这个事情，一一对应。如果用转录组，众所周知细胞内一般会有 5%～25%的 mRNA 不进入翻译，因而使用转录组并不能达到最小化库的目的。在鉴定新蛋白（new proteins），又称"暗蛋白质组"（dark/hidden proteome，那些由以往被认为是非编码 RNA 编码的蛋白质，非小肽）时，以往只能使用转录组三框翻译甚至基因组六框翻译的方法构建蛋白质参考库，会引入巨量的、不可能存在的虚拟蛋白质序列，进而严重降低鉴定的蛋白质数量，有研究表明可以降低一半（Khatun et al.，2013）。而采用最小化库，则可以做到高效鉴定（Lu et al.，2019）。详见下一章中"新蛋白"相关章节。

（4）三代全长 RNC-seq 可精确解析剪切变体，解决"自底向上"质谱不易分析剪切变体的问题。由于 RNC-seq 可分离出完整的正在翻译中的 mRNA 链，使用三代测序技术（如 Nanopore 或 PacBio）可以将 mRNA 从头到尾测通，这可以让所有剪切变体无所遁形。在肝癌细胞系 MHCC97H 中，利用三代全长 RNC-seq 发现了 4525 种数据库中尚未收录的新的剪切变体，其可以产生与经典剪切版本不同的蛋白质，并构建最小化库，从质谱数据中确证了其中的 50 个蛋白质（Wu et al.，2022）。这是靠其他方法很难做到的。

  翻译组测序在 C-HPP 中的应用最早由暨南大学张弓、王通研究组提出，在 2013 年 9 月重庆召开的 CNHUPO 第八届中国蛋白质组学大会上，由时任 HUPO 主席 Omenn 博士向世界郑重推荐（图 2-27）。

图 2-27　2013 年 9 月重庆 CNHUPO 第八届中国蛋白质组学大会上，HUPO 主席 Gilbert Omenn 博士向世界郑重推荐翻译组测序技术作为人类蛋白质组计划的第四支柱

三、HPP 官方数据库

  虽然目前生物学界已经有了众多的蛋白质数据库，包括美国 NCBI、欧洲 Ensembl、瑞士 SWISS-PROT 等，但这些数据库存在的一些问题也困扰着使用者。各数据库之间差别经常很大，有许多蛋白质在一个数据库中被收录，而在另一个数据库中没有。不同的数据库对同一个蛋白质的信息也可能会有差异，例如，由于收录了不同供体来源的蛋白质序列信息，序列都不一致。有的蛋白质在不同的数据库中的名称完全不同。这些都给研究者带来了很大的困扰。在要求严谨的 HPP 项目中，HUPO 迫切需要一个足够严谨的、统一的人类蛋白质组数据库。

  2012～2023 年，HPP 官方数据库是 neXtProt（nextprot.org，nextprot.cn），由瑞士生物信息学研究院（Swiss Institute of Bioinformatics）建立和维护。早期的数据来源于瑞士已有的蛋白质数据库 UniProt/Swiss-Prot，因此 neXtProt 对蛋白质的访问号（Accession Number）与 UniProt 数据库中是共通的。不过，neXtProt 对人类蛋白质的收录十分严格，

只有具备严谨蛋白质鉴定证据的蛋白质，才会被标注为 PE1 蛋白。除此之外，neXtProt 还对每个蛋白质收集了以下的信息：
- 高质量的蛋白质组学实验数据；
- siRNA 实验数据；
- 蛋白质 3D 结构的实验数据；
- 通路数据；
- 人群中的各种变异体信息；
- 蛋白质-蛋白质相互作用、蛋白质-药物相互作用数据；
- 一站式搜索结果提供全面且易用的信息组织形式；
- 提供一系列软件工具，例如序列分析、文本挖掘等，以方便学术和企业用户。

neXtProt 在 2023 年 4 月 18 日发布的版本中，包含了 20 389 个 Protein entries、42 382 个剪切变体、193 432 个翻译后修饰、3 754 276 个质谱鉴定到的自然状况下的肽段、9 762 687 个变异体（含疾病中的变异体）、450 094 个蛋白质相互作用关系。与其他多数数据库仅仅收录信息条目不同，neXtProt 的每条相关信息都有具体文献或数据源的证据支持，仅相关联的文献记录就超过 40 万条，可靠性十分突出。

随着中国科学界对蛋白质组高质量资源的需求与日俱增，洲际访问 neXtProt 数据库常常遇到速度缓慢和卡死状况。为此，经由 HUPO 和 SIB 授权，深圳承启生物科技有限公司从 2021 年末起承建 neXtProt 数据库的亚洲分站（nextprot.cn）。但由于中国和欧洲的网络环境差异巨大，承启生物做了许多调整与更改，复刻了主站的全部内容与结构，方便用户的使用习惯。同时，两个数据库的内容也会定期同步。2023 年 7 月，亚洲分站的建设完成，提供全功能的公共服务。这标志着中国拥有全部的人类蛋白质组公共数据，大大提升中国和亚洲国家利用这些高质量蛋白质数据的便捷程度，对人类蛋白质的研究、疾病机制研究和药物开发起到显著的推动作用。至 2023 年 10 月，nextprot.cn 日访问量已高达 24 000 次，并呈现稳步上升之势。

由于全球经济下行，政府对基础研究的资助减少，SIB 的 neXtProt 团队从 2021 年开始便饱受经费之苦。经过两年的多方努力，SIB 的 neXtProt 团队始终无法获得政府资助，再也无力负担服务器的升级和数据库的技术维护，于 2023 年 9 月 11 日发布了最后一版数据更新后，宣布停更，团队解散，瑞士主站服务器也将在资费到期后自动关闭。原本作为为主站分流用的 nextprot.cn，竟成了 HPP 权威核心数据的最后避风港。

众所周知，人类对基因组和蛋白质组的认识每天都在更新，如果一个数据库停止更新，那么至多一两年，其信息就将过时。因此，重新建立 HPP 官方数据库的任务显得尤为紧迫。作为目前唯一掌握 neXtProt 完整架构和数据的承启生物，其 IT 团队经过分析后认为，neXtProt 由于经过十余年的不断增补，其结构异常复杂，很难进行简单升级。与此同时，neXtProt 的一些局限性也一直受到蛋白质组学科学家的诟病，例如，其蛋白质条目以 Uniprot 数据库为基础，而 Uniprot 数据库仅包含蛋白质条目，与基因和转录本之间有许多对应不上，在与基因组和转录组数据进行多组学联合分析时经常出现混淆与冲突，其对蛋白质功能的注释也存在一些争议。因此，2023 年底至 2024 年初，HPP 经过讨论，确定了未来的官方数据库将改用 GENCODE 作为基础条目的基准，同时包含了对应的基因、转录本、蛋白质三个层次的对应。基准变了，neXtProt 原有的架构也就无法继续进行修补，只能从零再造。美国 Eric Deutsch 等研究团队经过粗略评估，从零开始重建官方数据库将至少需要 1～2 年的时间。原 neXtProt 团队负责人也认为，光是要吃透 neXtProt 的所有技术细节就需要至少一年时间，花费超过 120 万元人民币。

暨南大学张弓教授团队和承启生物的 IT 团队经过评估，认为这一工作可以在半年内快速完成，并迅速组织人员，自筹资金，完成了基础数据的收集，这让 HUPO 非常震撼。于是，2024 年 4 月在西班牙马德里举办的 HUPO 会议上，正式确定由承启生物和暨南大学开始建设新的 HPP 官方数据库，定名为 HPP Portal（hppportal.net）以取代 neXtProt。2024 年 10 月在德国德累斯顿召开的 HUPO2024 大会上，HPP Portal 正式发布，向全世界提供服务。这是历史上，国际生物学基础数据库首次在中国建立，标志着中国在生物学基础领域和蛋白质组学领域的科技水平已居于世界前列，并受到国际权威学界的一致认可与信任。

承启生物是 HUPO（人类蛋白质组组织）的长期合作伙伴，在人类蛋白质组计划中有很大的投入。承启生物以高精度的大规模测序比对算法 FANSe 系列和翻译组测序技术（含 RNC-seq，Ribo-seq）享誉业界，并为人类蛋白质组计划免费提供翻译组测序服务。

四、人类基因组上编码基因注释的假阳性与假阴性

我们都知道统计学上有 Type I error（假阳性）和 Type II error（假阴性）。既然人基因组上的编码基因注释是由算法完成的，其基于的也是统计规律，那么也无法避免假阳性和假阴性的出现，而且很可能并不在少数。在确定一个基因是不是编码的语境中，"假阳性"意味着一个基因原本不能编码蛋白，但却被错误地认为是编码基因；"假阴性"反之，意味着一个基因原本可以编码蛋白，但却被错误地认为是非编码基因。

漏检蛋白（missing protein）是指那些被预测为编码基因翻译的蛋白质产物、但从未被检测到其蛋白质证据的蛋白质。漏检蛋白的搜寻工作经过多国染色体团队的科学家们的不懈奋战，从最初每年能发现上千个证据，到 2022 年一年只找到了 50 个。在这个过程中，各团队想尽办法去寻找漏检蛋白。

一方面，人们把能找到的细胞系和组织在不同的条件下进行质谱分析，因为不同的组织器官、不同条件下表达的蛋白质都不同，这样可以尽可能找全所有表达的蛋白质：

● 蛋白质表达非常有特点的生殖器官、生殖细胞、单倍型/非整倍性细胞系、胚胎组织、嗅觉细胞、多能性干细胞等（Jumeau et al., 2015；Zhang et al., 2015；Hwang et al., 2018；Lee et al., 2018；Weldemariam et al., 2018；Alikhani et al., 2020；Bu et al., 2021；Girard et al., 2023；Méar et al., 2023）；

● 发育过程中的蛋白质组变化（Meyfour et al., 2017）；

● 表观遗传人工干预去强制开放一些基因的表达（Yang et al., 2015）。

另一方面，人们在技术层面做出创新：

● 使用翻译组测序建立最小化库，增加蛋白质搜库鉴定的灵敏度（Chang et al., 2014；Zhong et al., 2013；Xu et al., 2015）；

- 使用多种酶、镜像酶酶切、低分子质量富集等方法尽可能提高肽段的质谱可检测性（Wang et al.，2017；He et al.，2018；Lin et al.，2019）；
- 开发新的实验方法，以增强膜蛋白的检测效果（Kitata et al.，2015；Fang et al.，2016；Vit et al.，2016；Zhao et al.，2016）；
- 改进分离技术以增强蛋白质质谱的检测效果（Vavilov et al.，2020）；
- 在去垢剂不溶性（detergent insoluble）组分中（通常意味着折叠错误的蛋白质）鉴定漏检蛋白（Chen et al.，2015）；
- 专门鉴定 N 端的一小段序列，解决某些无法酶切的蛋白质（Eckhard et al.，2015）；
- 采用更新的算法和数据分析流程来对数据进行更深度地挖掘（Weisser et al.，2016；Wu et al.，2020）；
- 对翻译后修饰进行富集，使蛋白质更少、更集中，以便于发现漏检蛋白（Peng et al.，2017）；
- 根据基因组变异信息去改进参考库，使参考库更符合实际样品（Wang et al.，2013）；

对现有的质谱数据库进行大规模的扫描鉴定，尤其是利用那些并不在 HPP 框架内产生的质谱数据进行再次分析，以挖掘其他研究人员曾经在质谱上打出来过，但却没有分析出来或没有严格质控过的漏检蛋白肽段（Garin-Muga et al.，2016；Elguoshy et al.，2017；Poverennaya et al.，2020）。

即便如此，至 2023 年仍有 1800 余个注释编码基因的蛋白质产物未被鉴定到。这些是不是编码基因中的假阳性？也许不能完全下这个定论，因为实验永远无法穷尽所有的条件。

假阴性同样存在，这就是所谓的"新蛋白"或"暗蛋白质组"。最初在 RNC-seq 技术发明时，暨南大学张弓、王通、何庆瑜课题组就观察到人肺癌细胞内超过 1300 个原本被注释为 lncRNA 的基因能被翻译（Wang et al.，2013），尔后在 RNC-seq 的数据中相继发现了数千个 lncRNA 和 circRNA 能被翻译成至少 50 个氨基酸的蛋白质，有数百个新蛋白被质谱和抗体所鉴定到（Zhang et al.，2018；Lu et al.，2019）。这些新蛋白是稳定存在的，并有生理或病理功能，这打开了一个前所未有的宝库，同时也意味着人基因组必须被系统性地重新注释。

有意思的是，这些新蛋白的翻译量通常不足 1 copy/cell，说明其为涨落表达，即有的细胞中表达，有的细胞中不表达。这将造成同样组织的细胞一定的异质性，是进化上的一种低成本试错（Lu et al.，2020）。

五、人类蛋白质组的功能注释

随着 C-HPP 的蛋白质鉴定任务逐渐接近尾声，对蛋白质功能的研究逐渐被重视起来。虽然科学界针对人蛋白质的功能研究已进行了上百年，但仍然有一些蛋白质的功能并未被人们认识，尤其是在生理病理过程中的作用仍然不清楚。因此，HPP 中分为两个不同思路来解决这些问题：C-HPP 中以 neXt-CP50 挑战为代表，已知蛋白质，要寻找其功能；B/D-HPP 是已知生理/病理模型，去寻找起关键功能作用的蛋白质。

目前仍有许多人基因组上编码的蛋白质，人们仍然不知道其功能，所以至少需要明确每个蛋白质的一个功能。CP 意为 characterization of proteins。neXt-CP50 挑战于 2018 年提出，旨在三年内鉴定 50 个未知功能的已知蛋白（称为 uPE1），以检验人们探寻蛋白质功能的能力（Paik et al., 2018）。目前还有约 1200 个 uPE1 蛋白等待鉴定功能。uPE1 蛋白早就被鉴定过，但人们一直完全不知道它们的功能，这是因为它们可能在常见的生理病理模型中并没有差异表达，或者其理化性质导致其较难被鉴定到，或者只存在于一些特殊的组织器官中。由于毫无线索，甚至在什么生物学模型中可能发现这些蛋白质的功能，都无从下手。

人们开发过许多蛋白质功能预测算法，这能提供一些提示信息。然而，基于序列比对以及理化性质等特征的算法，其效果并不好。2024 年，暨南大学张弓研究组开发了 AlphaFun 算法，利用 AI 生成的蛋白质概略结构（如 AlphaFold2 等深度学习结构预测算法的结果），与已知结构蛋白质结构域数据库进行结构比对，成功地预测了超过 99% 的人蛋白质组的功能，且准确率高于以往所有的预测算法（Pan et al., 2024）。这给了 uPE1 蛋白质一个很好的功能提示，有助于选择合适的生物学模型来研究 uPE1 的功能。

而 B/D-HPP 则是以生理模型或病理模型为出发点，探寻其关键蛋白质与通路。通常，研究者会对健康和患病的人的相应样品进行蛋白质组全谱扫描，并比较其差异，再通过一些手段确定与之高度相关的蛋白质。与机制研究不同的是，B/D-HPP 首要关注的是相关性，即一个蛋白质与这个疾病相关就应该尽可能被筛出来，希望得到一个比较全的集合，因为任何一种疾病尤其是复杂疾病，贡献功能的蛋白质一定有很多个，通过多条通路形成网络起作用。如果还是像以前那样，找到一两个蛋白质或者通路，难免挂一漏万，这就是为什么每年都有大量的文章宣称找到了癌症的靶点并开发了药物，但抑制了这个靶点蛋白仍然无法治好患者，靶向药也终将失效。因此，必须采用系统的观点，先求全，这样研究具体功能通路和网络的时候就能少失误一些了。

目前已经完成的一些疾病以及与之相关的蛋白质数量，如表 2-5 所示。

表 2-5　B/D-HPP 中与疾病相关的蛋白质数量

疾病	研究团队	相关蛋白数量
升主动脉瘤	Sarah Parker	109
糖尿病	Jean-Charles Sanchez	1379
卵巢癌	Ruth Huettenhain	1172
大肠癌生物标志物	Juan Pablo Albar	161
直肠癌生物标志物	Ed Nice, Kui Wang, Susan Fanayan, William Hancock	383
冠状动脉和主动脉粥样硬化	Herrington David 等	1925

具体列表可到 https://db.systemsbiology.net/sbeams/cgi/PeptideAtlas/proteinListSelector 下载

目前（2023 年），参与 B/D-HPP 的主要是美国、瑞士、澳大利亚、德国的团队，在大脑、癌症、心血管系统、糖尿病、极端环境、眼、食物营养、糖蛋白质组、感染性疾病、肾/尿、肝、小儿、血浆、蛋白质聚集体、风湿病等领域展开功能蛋白质组的研究。

第五节 蛋白质生物标志物

一、生物标志物的定义

生物标志物（biomarker）是指能被客观测量和评价，反映生理或病理过程，以及对暴露或治疗干预措施产生生物学效应的指标。

一般来说，生物标志物主要有七大用途类型，见表 2-6。

表 2-6 生物标志物的主要用途类型

用途类型	作用	临床使用的例子
诊断（diagnostic）	检测疾病状态，识别疾病亚型	HCG 诊断妊娠
监测（monitoring）	监测疾病状态变化	PSA 监测前列腺癌
安全（safety）	避免或降低患者发生严重安全性风险	心肌酶反映心肌损伤
易感（susceptibility）	表征目前没有明显临床疾病的个体患上某种疾病可能性	BRCA1/2 的"犹太型突变"易感乳腺癌和卵巢癌
预测（predictive）	预测患者对治疗或干预的疗效应答	21 基因方案预测乳腺癌患者应接受哪种治疗方案
药效（response）	反映患者接受治疗后产生的生物学应答，以指导剂量选择或替代终点	HbA1c 用于表征降糖治疗的响应
预后（prognostic）	反映疾病预后特征，提示疾病复发或进展风险	AFP 升高提示肝细胞癌患者预后不佳

相比于传统医学以症状为主要判别依据，使用生物标志物更加客观准确，不以人的主观意志或经验为依据，使检测能够容易地普及开来，降低了医生的培养要求。好的生物标志物可以早在有明显临床症状之前就准确做出诊断，例如，HCG 诊断妊娠，使用便利店就能买到的早孕试纸可以在怀孕 5~7 天检出。

各种生物大分子和小分子都可以作为生物标志物，包括 DNA、RNA、糖类、脂类、代谢小分子等。理论上，并不要求这个分子与相应的检验目标有什么机制上的联系，只要相关性足够好就行。此外，还要求生物标志物的特异性较好，例如，用于诊断的生物标志物，应能有效区分通过症状较难区分的几种疾病，如通过 4 个外周血血清 exosome miRNA，可以近乎完美地区分小儿川崎病和多种病毒感染（早期均为发烧），这样可以避免小儿川崎病被误诊而导致动脉瘤等可能致命的后果（Jia et al., 2017）。

为了方便实践检测、降低采样成本，生物标志物最好是从容易获得的体液中选择，如尿液、唾液、精液等完全不需要专业采样技术就可以较大量获得的体液，配合胶体金试纸等检测技术，可以做到在家中方便地检测（如早孕试纸、新冠抗原检测试剂盒等）。但这些体液相比于血液，所含蛋白质种类并不齐全，而且由于腺体的过滤作用，实际上大部分血浆中的蛋白质能进入的较少（尤其是尿液，蛋白质很多的话就是蛋白尿了，表明肾小球受到损伤），因而对蛋白质检测手段的灵敏度要求比较高。血液（血浆/血清）是退而求其次但比较稳妥的检材，需要会采血，这就不是普通人能在家里能做的了，但胜在蛋白质种类多、可比较直接地反映病理变化。对某些特殊的应用，需要用到脑脊液、肺泡灌洗液等检材，取样就比较麻烦了，但由于血脑屏障、上皮细胞层等障碍的存在，某些生物标志物只存在于这些较难取到的检材中,例如,阿尔茨海默症的病因标志物 Aβ 就只存在于脑脊液中,很难在外周血中检出,导致其虽然灵敏度高、特异性好,但极难推广。

二、蛋白质生物标志物的优缺点和应用局限

(一)蛋白质标志物的优缺点

蛋白质作为生物标志物,在应用上的几项指标上通常是比较均衡的:灵敏度、区分度、成本、检测速度、通量(表 2-7)。

表 2-7 几种生物标志物的指标特性

标志物类型	灵敏度	区分度	成本	检测速度	通量
核酸	极高	很好	较高	慢	低到极高
蛋白质	中到高	好	中到低	快	低到中
小分子代谢物	中到高	差	中	快	中

1. 灵敏度

核酸检测的灵敏度可以做到非常高,因为核酸检测通常是以 PCR 为基础的扩增式检测。如果是 RNA 的检测,需要先做反转录,目前基于 MMLV 的反转录酶可以做到反转录效率 75%以上。在 PCR 检测阶段,目前主流的 qPCR 仪器在正确操作和 Ct=40 时基本可以做到单分子检测(如新冠核酸检测)。蛋白质标志物的检测,目前主流的方法还是抗体法,难以做到单分子检测。近年来有一些技术探索,如抗体偶联核酸序列,待抗体结合后使用核酸 PCR 的方式进行信号扩增,或者使用抗体与拉曼光谱结合的方法,可以做到几个分子蛋白质的超高灵敏度检测。但此法一来成本高,二来只要是基于抗体识别,就一定会有抗体低染问题和抗体非特异性问题,有信号也不一定意味着真的有目标蛋白。

此外,抗体有多抗和单抗之分。通常来说,多抗比较便宜,制作周期短,单抗比较贵,制作周期长;多抗的信号强,而单抗的特异性好。具体使用哪种,要根据实际应用需求来平衡考虑。

通常,用蛋白质标志物检验的临床目标都比较明显,因此选用的多数为中高丰度表达的蛋白质,这样灵敏度就不是问题了。

2. 区分度

这里的区分度主要指,假设检出了该标志物,是否意味着唯一的临床意义,即能够表明患者就是得了这种病而不是其他的病。

在这一点上,核酸由于极高的信息维度(可测全基因组、全转录组的信息),且容易进行定量测定,区分度可以做到极致。一个标志物不够就两个、三个、四个,实在不行了就上高通量测序,总有一款适合你。尤其是在病因情况不是很清楚的时候,核酸检测成为金标准,例如,2019 年 12 月新冠疫情刚在武汉暴发时,人们对新冠病毒的特性几乎一无所知,由于新冠病毒与 SARS-CoV 病毒的同源性很高,且其变异情况不明,最早的诊断标准要求必须有高通量测序的结果才能确诊,因为可以测定病毒的全

基因组序列，有丰富的信息足以进行判断。直到人们对病毒了解比较清晰，才可以通过 2 个较为保守的基因片段进行 RT-PCR 的检测。但为了确保准确性，即便到全面放开疫情管控的时候，仍然要求必须这两个点位都为阳性才能最终确诊。单基因检测能降低一半的成本，这对不发达的国家和地区来说有很大的吸引力，但单基因阳性是否能确诊，国际上早有一些尝试，结论是区分度不及 2 个基因片段。对川崎病这一病因至今不明的疾病，临床上早期症状是发烧，常与呼吸道病毒疾病相混淆，可以通过 4 种血清 exosome miRNA 的定量数值作为标志物进行很好的区分，而任何单一指标的区分度都不够好（Jia et al.，2017）。

蛋白质标志物方面，由于高通量的蛋白质组质谱和大规模抗体阵列成本高，因而此前在实际应用中基本见不到，实际检验中使用的都是单一蛋白质的抗体检测，因此检测的信息维度低，与核酸检验的维度不可相提并论。而且蛋白质检测时，比较方便使用的胶体金法动态范围极低，只能做"有或无"式的检测，若要精确定量，需要使用 ELISA 和化学发光等方法，成本较高，操作也较为麻烦，无法像 qPCR 那样直接进行定量，且动态范围可高达 7～8 个数量级甚至更高。这些因素使得蛋白质标志物在区分度方面不如核酸检测。蛋白质标志物通常是对疾病比较了解的情况下选用的，选择的标志物通常与疾病的发病机制或者特异性响应相关，以缩小范围、提高区分度。随着质谱仪性能的提升，单样本处理的成本在逐渐降低，目前市场上已出现使用质谱仪进行蛋白质组测定的检验项目，利用高通量、高维度的优势，较好地解决机制未知疾病的特异性检验问题。2023 年，由深圳英气科技有限公司研发和推向市场的高原反应易感性检测服务，可能是第一种实际商用化的高通量蛋白质组标志物检验项目。该检验项目使用 Astral 质谱仪测定被试者的尿蛋白质组，通过多个蛋白质的定量分析，评估被试者初到高海拔地区发生高原反应的程度，从而为高原行程的合理规划、相应的药物和饮食准备等提供科学依据，避免高反导致的生命危险和行动失败。由于蛋白质组质谱的通量高，数据维度足够高，因此区分度很高，不受饮食、体能训练和高原经历的干扰，能很好地检测被试者高反易感性的内生禀赋。该服务推向市场以来，在青少年高海拔登山运动领域取得了令人瞩目的成果，帮助了多名 9～11 岁儿童登顶海拔 5000m 以上雪山。2023 年 7 月 18 日，广州 9 岁女孩张妙依成功登顶玉珠峰（海拔 6178m），在当时打破了玉珠峰登顶最小年龄世界纪录。

小分子代谢物作为生物标志物时区分度就很低了。因为小分子代谢物种类有限，且多种代谢途径均可以产生相同的标志物，因此检测出了某种标志物，也很难唯一性地确定是某种疾病，因而虽然检测方法上简单，但在实际检验应用中却并不普遍。

3. 成本

这里说的成本，不仅仅是做一次检测的耗材成本（耗材成本大多不高），同时也包含了合规性成本。因为任何一项检验技术要能合法进行，都必须遵循一系列规范。这其中比较大的部分是报证成本和环境建设成本。

报证成本是指为了获得药监局的许可证而需要做的前期临床试验、评审等成本。在中国，核酸检测试剂属于医疗器械三类证，需要至少三个地区的多中心超过 1000 例临床试验结果；而蛋白质检测试剂属于二类证，不需要多中心试验，例数也少得多，评审流程简便。综合下来，三类证比二类证的报证成本高一个数量级以上，时间也要长得多。

环境建设成本是指为了检验结果的可靠，必须建设相应的实验室环境所付出的成本。核酸检测绝大多数为 PCR 或高通量测序，由于极微量的污染即会严重影响结果，按国家规定必须建设符合资质的 PCR 实验室，获得相应证照。同时，还需要有临床检验的相应资质，这就需要人员具备相应的专业技术培训、获得相应资格认证，方可开展工作，为此付出的成本至少在百万元以上。而蛋白质检测对环境和操作人员的资质几乎无要求。现在不少的蛋白质检测试剂盒使用胶体金试纸的形式，在家里即可使用。有些环境难以进行 PCR，例如，高原地区水的沸点只有 80 多度，无法完成 PCR 的变性步骤。此时要么采用高压舱的方式进行 PCR，要么需要将样品送至低海拔地区的实验室进行检验，成本上都十分昂贵。相比之下，蛋白质检测在常温条件下即可完成，不受海拔影响，因此在现场检测应用中具有显著优势，已成为主流检测方法。

小分子代谢物的检测经常需要用到 LC-MS 或 GC-MS，仪器使用环境要求高，需要建设较高规格的实验室，电源、水源、三废处理的要求也较高。

4. 检测速度

以 PCR 为核心的核酸检测需要几十个热循环，加上样本前处理等步骤，通常需要 1h 以上出结果。如果需要进行高通量测序，目前最快也需要十几个小时，一般需要多天。而蛋白质检测则快得多了，胶体金试纸几秒到几十秒就可以出结果，基于 ELISA 的定量检测也不过十几分钟。

5. 通量

很显然核酸检测能同时检测的样本数量最多。由于可以使用高密度的 qPCR 仪器，一板上可以同时进行 96 个、384 个，甚至 1536 个反应，且有许多厂家生产自动移液工作站，机器人可以不眠不休地进行自动化移液操作。在新冠的核酸检测中，一个略具规模的核酸检测公司一天可以检测上百万个样本。而蛋白质检测不容易做到如此大得规模，也往往没有必要，因为其操作方法简便，很多在家里就能自己操作，因而基本没有大规模集中检测的需求。

（二）蛋白质标志物的发现

蛋白质标志物的发现，通常有两种基本途径：①通过对疾病的认知，了解到某蛋白是该病理过程的主要机制参与者，或者该病理过程必然导致其大量表达或大量释放；②通过蛋白质组学技术，直接比较实验组与对照组，从中发现差异较大的蛋白质，经验证后作为蛋白质标志物。

目前广泛应用于临床的蛋白质标志物多属于第一种途径发现的。例如，甲胎蛋白（alpha-fetoprotein，AFP），原本人们知晓其为胚胎发育过程中一过性高表达的蛋白，正常状况下出生后血清 AFP 的水平即下降到非常低的程度（Bergstrand and Czar，1956）。Abelev 等（1963）发现在移植肝癌的小鼠体内竟然在表达胚胎中才有的 AFP，引发了人们对 AFP 与肝癌之间关系的联想。很快，苏联科学家 Tatarinov 等（1965）在肝癌患者的血清中同样检测到了较高水平的 AFP。通过实验验证，发现 AFP 仅会在人和大鼠的肝脏中表达，但不会在脑、肺、肾、小肠、骨骼肌、皮肤、胎盘等处表达（Gitlin and Boesman，1967），因此推测较高的血清 AFP 水平意味着肝细胞的大量破坏，这与血清转氨酶升高提示肝损伤的原理类似。由于历史原因，对 AFP 的研究比较多地集中在肝癌上，因此很快得出了结论：肝癌患者的血清中 AFP 显著升高（Gambarin-Gelwan et al.，2000；Trevisani et al.，2001）。因此，AFP 常常就被作为肝癌的诊断标志物。同理，磷酸肌酸激酶同工酶用于表征心肌损伤也是因为其只在心肌细胞中表达，一旦大量释放到血清中，就表明心肌细胞大量破裂，在心肌炎、心衰等心脏疾病诊断上有作用。由于标志物与病理过程之间的因果关系明确，因此这类型的标志物通常稳健性较好，也比较容易通过临床试验和审评而获批正式临床使用。

第二种途径，即蛋白质组学方式直接筛选，是近年来用得比较多的方法。随着质谱技术的快速发展，蛋白质组学的成本比以往大为降低，因此很多研究都能负担得起几十人至几百人的队列。从蛋白质组中筛选得到差异较大的蛋白质，然后使用抗体方法进一步扩大验证，如果验证效果不错，那么就可以申报了。每年都有几百篇论文宣称发现了某种疾病的蛋白质标志物。

2009 年，预测卵巢癌恶性程度的生物标志物集合 OVA1 通过 FDA 认证，成为首个通过 FDA 认证的、由蛋白质组方法发现的生物标志物。OVA1 集合包含 5 种蛋白：CA125，prealbumin，apolipoprotein A1，β2-microglobulin 和 transferrin。除 CA125 外，其余 4 种蛋白均由 SELDI-TOF-MS 方法在 2004 年所发现（Zhang et al.，2004）。2011 年，同样是预测卵巢癌恶性程度的标志物集合 ROMA（CA125 和 Human epididymis protein 4 两种蛋白质）通过 FDA 认证（Füzéry et al.，2013）。至 2021 年为止，也只有这两个由蛋白质组学方法筛选出的生物标志物通过了 FDA 认证。

蛋白质标志物之所以很难通过 FDA 审评，有以下几个主要原因。

（1）样本量不足。由于蛋白质组学方法一次能测定几千个蛋白质的丰度，因此数据维度很高，而样本量经常只有几十到上百人，很容易陷入"n 小 p 大"（small-n-large-p）的问题中而导致统计效力不足，尤其是大家常用的一些统计学方法（Hernández et al.，2014）。

（2）样本选择偏倚。通常使用蛋白质组学方式来筛选生物标志物的研究以医院为主导，而医院基本只能"守株待兔"等着患者上门来，且患者的地域分布一般比较集中（意味着患者的遗传背景有偏倚、环境因素影响有偏倚），这就使得患者样本不可避免地带有偏倚。在样本量不足的情况下，偏倚问题变得更加严重，因此一个研究中所筛选出的标志物往往不能在其他医院的患者群体上验证。

（3）质谱本身质量不足、标准化程度低，导致数据离散、一致性不足或者偏倚（Podwojski et al.，2010；Lu et al.，2023）。

（4）单纯使用蛋白质组学技术，筛选得到的差异蛋白与疾病本身一般没有直接关系，只是统计上有相关而已，有可能是随动因素，那么其他因素同样可能影响这些随动因素。在标志物数量少（即维度低）的时候，区分度自然不会好。

(三) 蛋白质标志物的应用困境

虽然蛋白质标志物越来越多地被应用于临床实践中,但即便是有FDA批准的蛋白质标志物,也往往在应用中出现许多困境。我们在使用蛋白质标志物以及解读结果时,一定要慎之又慎。

1. 区分度真有那么高吗?

实际上,如果仔细查阅文献,就可以发现,几乎所有目前的蛋白质标志物,其区分度都远远不如想象中好。

例如,民间已经形成根深蒂固的印象,认为AFP升高就是肝癌的信号,甚至不少医生都这么认为。然而AFP在多种癌症患者的血清中都可以检出显著升高,包括但不限于胃癌、肺癌、胰腺癌、睾丸癌、非精原细胞瘤等,因而AFP升高不能作为诊断肝癌的依据(Debruyne and Delanghe, 2008)。同时,血清AFP水平与肝癌几乎所有的临床特性无关,如肿瘤大小、分期、预后等(Dasgupta and Wahed, 2013)。AFP升高同样也与其他的肝脏病变有关,如急性或慢性的病毒性肝炎、肝硬化等;孕妇血清里同样可以出现AFP升高(Debruyne and Delanghe, 2008);甚至一段时间连续熬夜也可以出现AFP升高的情况,本身并没有任何明显病变。因此,临床上检测出AFP升高,本身意义并不是很大,需要结合很多其他的临床指征综合判断才行,现在AFP多被用于作为肝癌的辅助指标,即其他指征比较明确是肝癌了,AFP用于加强这个判断而已,本身测或者不测区别并不大。同样的情况也出现在CA125、CEA等"癌症生物标记物"上。近年来第三方体检机构兴起,很多体检套餐里面加入了这些"癌症生物标记物"的检验,脱离了其他的专科检验,实际上意义并不大,只是噱头而已;如果出现阳性结果,反而会给人带来不必要的心理负担。

磷酸肌酸激酶常用于判定骨骼肌损伤,磷酸肌酸激酶同工酶常用于判定心肌损伤,然而这两个临床上已经用了几十年的生物标志物也存在比较严重的易受干扰问题。笔者的一次体检中,磷酸肌酸激酶超标100多倍,磷酸肌酸激酶同工酶超标6倍多,这是因为体检前两天我健身了,做了高强度的力量训练,致使骨骼肌和心肌都有损伤。力量训练增肌本来就是肌肉的损伤和超量恢复,因此体检结果是这样就毫不意外,但这并不能表示我有临床疾病。

所以蛋白质标志物的区分度不一定很高,需要结合其他因素综合判定。已发表的临床研究通常入组标准都很严格,相当于前置条件很多;临床试验中,也是如此,在真实的临床检验环境下,情况没有那么理想化,因此不应盲目地套用文章中的结论。

2. 即使早期诊断出来,也没有足够的临床获益,甚至过度诊疗

使用前列腺特异性抗原(prostate-specific antigen, PSA)进行前列腺癌的早期筛查,可能是医学史上最具争议的过度诊疗案例之一。1994年,美国FDA批准PSA用于前列腺癌筛查,此后美国每年约有3000万男性接受PSA检查,仅政府为此支付的费用就高达30亿美元。广泛的PSA筛查使前列腺癌的诊断率提高了2至4倍,其中大多数新发现的病例为早期癌症,且患者通常无明显症状,这在一定程度上展现了蛋白质标志物在早期筛查和诊断中的潜力。然而，诊断后超过一半的患者接受了前列腺切除手术或高强度放疗（Hoffman，2011）。2018年的一项荟萃分析对5项大型随机对照试验（共涉及72万人）的数据进行了总结，结果显示，与无筛查组相比，PSA筛查并未显著降低全因死亡率，表明其筛查效果有限（Ilic et al.，2018）。此外，一项对731名患者长达20年的跟踪研究发现，通过PSA早期发现前列腺癌并进行手术切除的患者，与未接受手术的患者相比，在生存期上并未表现出统计学上的显著差异。这表明，早期发现前列腺癌并进行干预，未必能够延长患者的生存时间（Wilt et al.，2017）。

这些事实说明，通过蛋白质生物标志物进行了早诊，早期发现了很多前列腺癌，但其实这些前列腺癌查不查得出来根本无关紧要。查出来之后，造成了很多无效的治疗，最终的结果并不会比啥都不治疗更好。而患者和社会付出了巨大的医疗成本，使患者经受不必要的、经常会有害健康的治疗，最终却没有任何获益。这就是典型的过度诊疗。

2012年，美国预防服务工作组（USPSTF）明确表示反对任何年龄段的PSA筛查（Moyer，2012）。PSA的发现者Robert Ablin教授表示：PSA筛查是个极大的错误，"我做梦也没有想到，40年前自己的发现引起了这样一场利益驱动的、严重的公众健康灾难"（Ablin，2010）。2014年12月，在墨尔本世界癌症大会上，国际癌症专家发布了针对前列腺癌检测的最新指导原则草案，拟限制前列腺特异抗原（PSA）检测，以防止前列腺癌过度诊断和过度医疗。2018年5月，USPSTF建议仅对55～69岁男性进行个体化的PSA筛查。

其他也有不少癌症与此类似，普遍筛查虽然能早筛出很多患者，但最终获益并不明显。例如，韩国通过向国民提供免费的甲状腺癌筛查，从1993年到2011年，甲状腺癌的发病率增加了14倍（准确来说是被发现的人数增加了14倍），相关的医疗费用激增，而总死亡率（即人群中死于甲状腺癌的比例）却几乎不变（Ahn et al.，2014）。在乳腺癌方面，7个随机对照试验共60万人的结果显示，对39～74岁女性连续进行乳腺癌筛查10年，仅能增加1/2000的概率做到早发现且通过及时干预挽救生命（Gøtzsche and Jørgensen，2013）。

之所以会造成这样的现象，一方面是蛋白质标志物的区分度低，很多其他因素都会影响单一的蛋白质标志物，而并不一定是这个疾病。另一方面，尽管这些疾病的发病率很高，但极少进展为具有临床意义的疾病状态。从车祸死亡者的尸检研究中发现，许多老年男性（尤其是高龄男性）的前列腺中存在微小癌灶，而部分中年女性也可能存在乳腺癌的早期病变。然而，这些病变中的绝大多数并不会进展为具有临床意义的癌症，甚至患者可能终身不会意识到其存在。从循证医学的角度来看，这些癌前病变或微小癌灶可能不需要立即干预，因为它们不一定进展为疾病。此外，对于某些早期发现的癌症（如低风险前列腺癌和乳腺癌），过度治疗可能不会显著改善患者的生存期或生活质量，因此需要根据个体情况制定合理的诊疗方案。

参 考 文 献

Abelev G I, Perova S D, Khramkova N I, et al. 1963. Production of embryonal alpha-globulin by transplantable mouse hepatomas. Transplantation, 1: 174-180.

Ablin R J. 2010-3-9. The great prostate mistake. The New York Times.

Adhikari S, Nice E C, Deutsch E W, et al 2020. A high-stringency blueprint of the human proteome. Nature Communications, 11: 5301 .

Adkins J N, Varnum S M, Auberry K J, et al. 2002. Toward a human blood serum proteome. Molecular & Cellular Proteomics, 1(12): 947-955.

Ahn H S, Kim H J, Welch H G. 2014. Korea's thyroid-cancer "epidemic"—screening and overdiagnosis. New England Journal of Medicine, 371(19): 1765-1767.

Alikhani M, Karamzadeh R, Rahimi P, et al. 2020. Human proteome project and human pluripotent stem cells: odd bedfellows or a perfect match? Journal of Proteome Research, 19(12): 4747-4753.

Al-Shahib A, Misra R, Ahmod N, et al. 2010. Coherent pipeline for biomarker discovery using mass spectrometry and bioinformatics. BMC Bioinformatics, 11: 437.

Arentz G, Weiland F, Oehler M K. 2015. State of the art of 2D DIGE. Proteomics Clinical Applications, 9(3/4): 277-288.

Audain E, Uszkoreit J, Sachsenberg T, et al. 2017. In-depth analysis of protein inference algorithms using multiple search engines and well-defined metrics. Journal of Proteomics, 150: 170-182.

Bachor R, Waliczek M, Stefanowicz P, et al. 2019. Trends in the design of new isobaric labeling reagents for quantitative proteomics. Molecules, 24(4): 701.

Bell A W, Deutsch E W, Au C E, et al. 2009. A HUPO test sample study reveals common problems in mass spectrometry-based proteomics. Nature Methods, 6(6): 423-430.

Bergstrand C G, Czar B. 1956. Demonstration of a new protein fraction in serum from the human fetus. Scandinavian Journal of Clinical and Laboratory Investigation, 8(2): 174.

Björling E, Uhlén M. 2008. Antibodypedia, a portal for sharing antibody and antigen validation data. Molecular & Cellular Proteomics: MCP, 7(10): 2028-2037.

Brinkerhoff H, Kang A S W, Liu J Q, et al. 2021. Multiple rereads of single proteins at single-amino acid resolution using nanopores. Science, 374(6574): 1509-1513.

Bu F Y, Cheng Q Q, Zhang Y X, et al. 2021. Discovery of missing proteins from an aneuploidy cell line using a proteogenomic approach. Journal of Proteome Research, 20(12): 5329-5339.

Camacho-Carvajal M M, Wollscheid B, Aebersold R, et al. 2004. Two-dimensional Blue native/SDS gel electrophoresis of multi-protein complexes from whole cellular lysates: a proteomics approach. Molecular & Cellular Proteomics: MCP, 3(2): 176-182.

Cao X, Guo Z, Wang H L, et al. 2021. Autoactivation of translation causes the bloom of *Prorocentrum donghaiense* in harmful algal blooms. Journal of Proteome Research, 20(6): 3179-3187.

Chalkley R J, Clauser K R. 2012. Modification site localization scoring: strategies and performance. Molecular & Cellular Proteomics: MCP, 11(5): 3-14.

Chang C, Li L W, Zhang C P, et al. 2014. Systematic analyses of the transcriptome, translatome, and proteome provide a global view and potential strategy for the C-HPP. Journal of Proteome Research, 13(1): 38-49.

Chen Y, Li Y X, Zhong J Y, et al. 2015. Identification of missing proteins defined by chromosome-centric proteome project in the cytoplasmic detergent-insoluble proteins. Journal of Proteome Research, 14(9): 3693-3709.

Chi H, Chen H F, He K, et al. 2013. pNovo+: *de novo* peptide sequencing using complementary HCD and

ETD tandem mass spectra. Journal of Proteome Research, 12(2): 615-625.

Chick J M, Kolippakkam D, Nusinow D P, et al. 2015. A mass-tolerant database search identifies a large proportion of unassigned spectra in shotgun proteomics as modified peptides. Nature Biotechnology, 33(7): 743-749.

Colignon B, Raes M, Dieu M, et al. 2013. Evaluation of three-dimensional gel electrophoresis to improve quantitative profiling of complex proteomes. Proteomics, 13(14): 2077-2082.

Cox J, Mann M. 2008. MaxQuant enables high peptide identification rates, individualized p.p. b.- range mass accuracies and proteome-wide protein quantification. Nature Biotechnology, 26(12): 1367-1372.

Craig R, Beavis R C. 2003. A method for reducing the time required to match protein sequences with tandem mass spectra. Rapid Communications in Mass Spectrometry: RCM, 17(20): 2310-2316.

Craig R, Beavis R C. 2004. TANDEM: matching proteins with tandem mass spectra. Bioinformatics, 20(9): 1466-1467.

Dale G, Latner A L. 1969. Isoelectric focusing of serum proteins in acrylamide gels followed by electrophoresis. Clinica Chimica Acta; International Journal of Clinical Chemistry, 24(1): 61-68.

Danielsen J M R, Sylvestersen K B, Bekker-Jensen S, et al. 2011. Mass spectrometric analysis of lysine ubiquitylation reveals promiscuity at site level. Molecular & Cellular Proteomics: MCP, 10(3): M110. 003590.

Danilova Y, Voronkova A, Sulimov P, et al. 2019. Bias in false discovery rate estimation in mass-spectrometry-based peptide identification. Journal of Proteome Research, 18(5): 2354-2358.

Dasgupta A, Wahed A. 2014. Clinical Chemistry, Immunology And Laboratory Quality Control: A Comprehensive Review For Board Preparation, Certification And Clinical Practice. Amsterdam: Elsevier.

Debruyne E N, Delanghe J R. 2008. Diagnosing and monitoring hepatocellular carcinoma with alpha-fetoprotein: New aspects and applications. Clinica Chimica Acta; International Journal of Clinical Chemistry, 395(1/2): 19-26.

Deighan W I, Winton V J, Melani R D, et al. 2021. Development of novel methods for non-canonical myeloma protein analysis with an innovative adaptation of immunofixation electrophoresis, native top-down mass spectrometry, and middle-down *de novo* sequencing. Clinical Chemistry and Laboratory Medicine, 59(4): 653-661.

Deutsch E W, Lane L, Overall C M, et al. 2019. Human proteome project mass spectrometry data interpretation guidelines 3. 0. Journal of Proteome Research, 18(12): 4108-4116.

Deutsch E W, Omenn G S, Sun Z, et al. 2021. Advances and utility of the human plasma proteome. Journal of Proteome Research, 20(12): 5241-5263.

Dowsey A W, Dunn M J, Yang G Z. 2008. Automated image alignment for 2D gel electrophoresis in a high-throughput proteomics pipeline. Bioinformatics, 24(7): 950-957.

Dupré M, Duchateau M, Sternke-Hoffmann R, et al. 2021. *De novo* sequencing of antibody light chain proteoforms from patients with multiple myeloma. Analytical Chemistry, 93(30): 10627-10634.

Eckhard U, Marino G, Abbey S R, et al. 2015. The human dental pulp proteome and N-terminome: levering the unexplored potential of semitryptic peptides enriched by TAILS to identify missing proteins in the human proteome project in underexplored tissues. Journal of Proteome Research, 14(9): 3568-3582.

Elguoshy A, Hirao Y, Xu B, et al. 2017. Identification and validation of human missing proteins and peptides in public proteome databases: data mining strategy. Journal of Proteome Research, 16(12): 4403-4414.

Elias J E, Gygi S P. 2007. Target-decoy search strategy for increased confidence in large-scale protein identifications by mass spectrometry. Nature Methods, 4(3): 207-214.

Everley R A, Kunz R C, McAllister F E, et al. 2013. Increasing throughput in targeted proteomics assays: 54-plex quantitation in a single mass spectrometry run. Analytical Chemistry, 85(11): 5340-5346.

Ezkurdia I, Juan D, Rodriguez J M, et al. 2014a. Multiple evidence strands suggest that there may be as few as 19, 000 human protein-coding genes. Human Molecular Genetics, 23(22): 5866-5878.

Ezkurdia I, Vázquez J, Valencia A, et al. 2014b. Analyzing the first drafts of the human proteome. Journal of Proteome Research, 13(8): 3854-3855.

Fang F, Zhao Q, Li X, et al. 2016. Dissolving capability difference based sequential extraction: a versatile tool for in-depth membrane proteome analysis. Analytica Chimica Acta, 945: 39-46.

Fedyunin I, Lehnhardt L, Böhmer N, et al. 2012. tRNA concentration fine tunes protein solubility. FEBS Letters, 586(19): 3336-3340.

Fossard C, Dale G, Latner A L. 1970. Separation of the proteins of cerebrospinal fluid using gel electrofocusing followed by electrophoresis. Journal of Clinical Pathology, 23(7): 586-589.

Frank A, Pevzner P. 2005. PepNovo: *de novo* peptide sequencing via probabilistic network modeling. Analytical Chemistry, 77(4): 964-973.

Frewen B E, Merrihew G E, Wu C C, et al. 2006. Analysis of peptide MS/MS spectra from large-scale proteomics experiments using spectrum libraries. Analytical Chemistry, 78(16): 5678-5684.

Fu Y, Yang Q, Sun R X, et al. 2004. Exploiting the kernel trick to correlate fragment ions for peptide identification via tandem mass spectrometry. Bioinformatics, 20(12): 1948-1954.

Füzéry A K, Levin J, Chan M M, et al. 2013. Translation of proteomic biomarkers into FDA approved cancer diagnostics: issues and challenges. Clinical Proteomics, 10(1): 13.

Gambarin-Gelwan M, Wolf D C, Shapiro R, et al. 2000. Sensitivity of commonly available screening tests in detecting hepatocellular carcinoma in cirrhotic patients undergoing liver transplantation. American Journal of Gastroenterology, 95(6): 1535-1538.

Garin-Muga A, Odriozola L, del Val A M. 2016. Detection of missing proteins using the pride database as a source of mass spectrometry evidence. Journal of Proteome Research, 15(11): 4101-4115.

Geer L Y, Markey S P, Kowalak J A, et al. 2004. Open mass spectrometry search algorithm. Journal of Proteome Research, 3(5): 958-964.

Girard O, Lavigne R, Chevolleau S, et al. 2023. Naive pluripotent and trophoblastic stem cell lines as a model for detecting missing proteins in the context of the chromosome-centric human proteome project. Journal of Proteome Research, 22(4): 1148-1158.

Gitlin D, Boesman M. 1967. Sites of serum alpha-fetoprotein synthesis in the human and in the rat. The Journal of Clinical Investigation, 46(6): 1010-1016.

Goez M M, Torres-Madroñero M C, Röthlisberger S, et al. 2018. Preprocessing of 2-dimensional gel electrophoresis images applied to proteomic analysis: A review. Genomics, Proteomics & Bioinformatics, 16(1): 63-72.

Gotti C, Roux-Dalvai F, Joly-Beauparlant C, et al, 2021. Extensive and accurate benchmarking of DIA acquisition methods and software tools using a complex proteomic standard. Journal of Proteome Research, 20(10): 4801-4814.

Gotti C, Roux-Dalvai F, Joly-Beauparlant C, et al. 2022. DIA proteomics data from a UPS_1-spiked *E. coli* protein mixture processed with six software tools. Data in Brief, 41: 107829.

Gøtzsche P C, Jørgensen K J. 2013. Screening for breast cancer with mammography. Cochrane Database of Systematic Reviews, 04 June.

Griss J. 2016. Spectral library searching in proteomics. Proteomics, 16(5): 729-740.

Han J L, Yi S H, Zhao X L, et al. 2019. Improved SILAC method for double labeling of bacterial proteome. Journal of Proteomics, 194: 89-98.

He C T, Sun J S, Shi J H, et al. 2018. Digging for missing proteins using low-molecular-weight protein enrichment and a mirror protease strategy. Journal of Proteome Research, 17(12): 4178-4185.

Hernández B, Parnell A, Pennington S R. 2014. Why have so few proteomic biomarkers survived validation?(Sample size and independent validation considerations). Proteomics, 14(13/14): 1587-1592.

Hoehenwarter W, Thomas M, Nukarinen E, et al. 2013. Identification of novel *in vivo* MAP kinase substrates in *Arabidopsis thaliana* through use of tandem metal oxide affinity chromatography. Molecular & Cellular Proteomics: MCP, 12(2): 369-380.

Hoffman R M. 2011. Screening for prostate cancer. New England Journal of Medicine, 365(21): 2013-2019.

Hu Y W, Li Y Z, Lam H. 2011. A semi-empirical approach for predicting unobserved peptide MS/MS spectra from spectral libraries. Proteomics, 11(24): 4702-4711.

Hwang H, Jeong J E, Lee H K, et al. 2018. Identification of missing proteins in human olfactory epithelial tissue by liquid chromatography-tandem mass spectrometry. Journal of Proteome Research, 17(12): 4320-4324.

Ilic D, Djulbegovic M, Jung J H, et al. 2018. Prostate cancer screening with prostate-specific antigen(PSA)test: a systematic review and meta-analysis. BMJ, 362: k3519.

Jia H L, Liu C W, Zhang L, et al. 2017. Sets of serum exosomal microRNAs as candidate diagnostic biomarkers for Kawasaki disease. Scientific Reports, 7: 44706.

Jumeau F, Com E, Lane L, et al. 2015. Human spermatozoa as a model for detecting missing proteins in the context of the chromosome-centric human proteome project. Journal of Proteome Research, 14(9): 3606-3620.

Kaczmarek K, Walczak B, de Jong S, et al. 2003. Matching 2D gel electrophoresis images. Journal of Chemical Information and Computer Sciences, 43(3): 978-986.

Keller A, Nesvizhskii A I, Kolker E, et al. 2002. Empirical statistical model to estimate the accuracy of peptide identifications made by MS/MS and database search. Analytical Chemistry, 74(20): 5383-5392.

Khatri P, Sirota M, Butte A J. 2012. Ten years of pathway analysis: current approaches and outstanding challenges. PLoS Computational Biology, 8(2): e1002375.

Khatun J, Yu Y B, Wrobel J A, et al. 2013. Whole human genome proteogenomic mapping for ENCODE cell line data: Identifying protein-coding regions. BMC Genomics, 14: 141.

Kim M S, Pinto S M, Getnet D, et al. 2014. A draft map of the human proteome. Nature, 509(7502): 575-581.

Kitata R B, Dimayacyac-Esleta B R T, Choong W K, et al. 2015. Mining missing membrane proteins by high-pH reverse-phase StageTip fractionation and multiple reaction monitoring mass spectrometry. Journal of Proteome Research, 14(9): 3658-3669.

Klose J. 1975. Protein mapping by combined isoelectric focusing and electrophoresis of mouse tissues. Humangenetik, 26(3): 231-243.

Lam H, Aebersold R. 2010. Using spectral libraries for peptide identification from tandem mass spectrometry(MS/MS)data. Current Protocols in Protein Science, Chapter 25: 25.5.1-25.525.5.9.

Lebedev A T, Vasileva I D, Samgina T Y. 2022. FT-MS in the *de novo* top-down sequencing of natural nontryptic peptides. Mass Spectrometry Reviews, 41(2): 284-313.

Lee S E, Song J, Bösl K, et al. 2018. Proteogenomic analysis to identify missing proteins from haploid cell lines. Proteomics, 18(8): e1700386.

Lee W C, Lee K H. 2004. Applications of affinity chromatography in proteomics. Analytical Biochemistry, 324(1): 1-10.

Li D H, Lu S H, Liu W T, et al. 2018. Optimal settings of mass spectrometry open search strategy for higher confidence. Journal of Proteome Research, 17(11): 3719-3729.

Li D Q, Fu Y, Sun R X, et al. 2005. pFind: a novel database-searching software system for automated peptide and protein identification via tandem mass spectrometry. Bioinformatics, 21(13): 3049-3050.

Lin Z L, Zhang Y L, Pan H Z, et al. 2019. Alternative strategy to explore missing proteins with low molecular weight. Journal of Proteome Research, 18(12): 4180-4188.

Liu X W, Dekker L J M, Wu S, et al. 2014. *De novo* protein sequencing by combining top-down and bottom-up tandem mass spectra. Journal of Proteome Research, 13(7): 3241-3248.

Lu S H, Lu H, Zheng T K, et al. 2023. A multi-omics dataset of human transcriptome and proteome stable reference. Scientific Data, 10(1): 455.

Lu S H, Wang T, Zhang G, et al. 2020. Understanding the proteome encoded by "non-coding RNAs": new insights into human genome. Science China Life Sciences, 63(7): 986-995.

Lu S H, Zhang J, Lian X L, et al. 2019. A hidden human proteome encoded by 'non-coding' genes. Nucleic Acids Research, 47(15): 8111-8125.

Ma B. 2015. Novor: real-time peptide *de novo* sequencing software. Journal of the American Society for Mass Spectrometry, 26(11): 1885-1894.

Mai Z B, Zhou Z H, He Q Y, et al. 2022. Highly robust *de novo* full-length protein sequencing. Analytical Chemistry, 94(8): 3467-3475.

Manabe T, Jin Y. 2010. Analysis of *E. coli* soluble proteins by non-denaturing micro 2-DE/3-DE and MALDI-MS-PMF. Electrophoresis, 31(16): 2740-2748.

Mann M, Wilm M. 1994. Error-tolerant identification of peptides in sequence databases by peptide sequence tags. Analytical Chemistry, 66(24): 4390-4399.

McAlister G C, Nusinow D P, Jedrychowski M P, et al. 2014. MultiNotch MS3 enables accurate, sensitive, and multiplexed detection of differential expression across cancer cell line proteomes. Analytical Chemistry, 86(14): 7150-7158.

Méar L, Sutantiwanichkul T, Östman J, et al. 2023. Spatial proteomics for further exploration of missing proteins: A case study of the ovary. Journal of Proteome Research, 22(4): 1071-1079.

Meleady P. 2018. Two-dimensional gel electrophoresis and 2D-DIGE. Methods Mol Biol, 1664: 3-14.

Meyfour A, Pooyan P, Pahlavan S, et al. 2017. Chromosome-centric human proteome project allies with developmental biology: a case study of the role of Y chromosome genes in organ development. Journal of Proteome Research, 16(12): 4259-4272.

Mishto M, Rodriguez-Hernandez G, Neefjes J, et al. 2021. Response: commentary: An *in silico-in vitro* pipeline identifying an HLA-A*02: 01+ KRAS G12V+ spliced epitope candidate for a broad tumor-immune response in cancer patients. Frontiers in Immunology, 12: 679836.

Molloy M P. 2000. Two-dimensional electrophoresis of membrane proteins using immobilized pH gradients. Analytical Biochemistry, 280(1): 1-10.

Moyer V A. 2012. Screening for prostate cancer: U. S. preventive services task force recommendation statement. Annals of Internal Medicine, 157(2): 120-134.

Müller S A, Kohajda T, Findeiß S, et al. 2010. Optimization of parameters for coverage of low molecular weight proteins. Analytical and Bioanalytical Chemistry, 398(7): 2867-2881.

Muth T, Renard B Y. 2018. Evaluating *de novo* sequencing in proteomics: already an accurate alternative to database-driven peptide identification? Briefings in Bioinformatics, 19(5): 954-970.

Nakayama K, Inoue T, Sekiya S, et al. 2014. The C-terminal fragment of prostate-specific antigen, a 2331 Da peptide, as a new urinary pathognomonic biomarker candidate for diagnosing prostate cancer. PLoS One, 9(9): e107234.

Nesvizhskii A I, Keller A, Kolker E, et al. 2003. A statistical model for identifying proteins by tandem mass spectrometry. Analytical Chemistry, 75(17): 4646-4658.

O'Farrell P H. 1975. High resolution two-dimensional electrophoresis of proteins. The Journal of Biological Chemistry, 250(10): 4007-4021.

Oliveira B M, Coorssen J R, Martins-de-Souza D. 2014. 2DE: the phoenix of proteomics. Journal of Proteomics, 104: 140-150.

Paik Y K, Jeong S K, Omenn G S, et al. 2012. The chromosome-centric human proteome project for cataloging proteins encoded in the genome. Nature Biotechnology, 30(3): 221-223.

Paik Y K, Lane L, Kawamura T, et al. 2018. Launching the C-HPP neXt-CP50 pilot project for functional characterization of identified proteins with no known function. Journal of Proteome Research, 17(12): 4042-4050.

Pan H X, Wu Z Q, Liu W T, et al. 2024. AlphaFun: Structural-alignment-based proteome annotation reveals why the functionally unknown Proteins(uPE1)are so understudied. J Proteome Res, 23(5): 1593-1602.

Peng X H, Xu F, Liu S, et al. 2017. Identification of missing proteins in the phosphoproteome of kidney cancer. Journal of Proteome Research, 16(12): 4364-4373.

Perkins D N, Pappin D J, Creasy D M, et al. 1999. Probability-based protein identification by searching sequence databases using mass spectrometry data. Electrophoresis, 20(18): 3551-3567.

Podwojski K, Eisenacher M, Kohl M, et al. 2010. Peek a peak: a glance at statistics for quantitative label-free proteomics. Expert Review of Proteomics, 7(2): 249-261.

Poverennaya E, Kiseleva O, Ilgisonis E, et al. 2020. Is it possible to find needles in a haystack? meta-analysis of 1000+ MS/MS files provided by the Russian proteomic consortium for mining missing proteins. Proteomes, 8(2): 12.

Ramus C, Hovasse A, Marcellin M, et al. 2015. Spiked proteomic standard dataset for testing label-free quantitative software and statistical methods. Data in Brief, 6: 286-294.

Ramus C, Hovasse A, Marcellin M, et al. 2016. Benchmarking quantitative label-free LC-MS data processing workflows using a complex spiked proteomic standard dataset. Journal of Proteomics, 132: 51-62.

Samelson L E. 2001. Diagonal gel electrophoresis. Current Protocols in Immunology, Chapter 8: Unit8. 6. doi: 10. 1002/0471142735. im0806s02.

Santoni V, Molloy M, Rabilloud T. 2000. Membrane proteins and proteomics: un amour impossible? Electrophoresis, 21(6): 1054-1070.

Schamel W W. 2008. Two-dimensional blue native polyacrylamide gel electrophoresis. Current Protocols in Cell Biology, Chapter 6: Unit6. 10. doi: 10. 1002/0471143030. cb0610s38.

Scheler C, Lamer S, Pan Z, et al. 1998. Peptide mass fingerprint sequence coverage from differently stained proteins on two-dimensional electrophoresis patterns by matrix assisted laser desorption/ionization-mass spectrometry(MALDI-MS). Electrophoresis, 19(6): 918-927.

Searle B C, Turner M, Nesvizhskii A I. 2008. Improving sensitivity by probabilistically combining results from multiple MS/MS search methodologies. Journal of Proteome Research, 7(1): 245-253.

Searle B C. 2010. Scaffold: a bioinformatic tool for validating MS/MS-based proteomic studies. Proteomics, 10(6): 1265-1269.

Shao W G, Lam H. 2017. Tandem mass spectral libraries of peptides and their roles in proteomics research. Mass Spectrometry Reviews, 36(5): 634-648.

Shi G H, Jiang T Z, Zhu W L, et al. 2007. Alignment of two-dimensional electrophoresis gels. Biochemical and Biophysical Research Communications, 357(2): 427-432.

Shiferaw G A, Vandermarliere E, Hulstaert N, et al. 2020. COSS: a fast and user-friendly tool for spectral library searching. Journal of Proteome Research, 19(7): 2786-2793.

Shteynberg D, Deutsch E W, Lam H, et al. 2011. iProphet: multi-level integrative analysis of shotgun proteomic data improves peptide and protein identification rates and error estimates. Molecular & Cellular Proteomics, 10(12): M111. 007690.

Singh A. 2021. Subcellular proteome map of human cells. Nature Methods, 18(7): 713.

Stegemann J, Ventzki R, Schrödel A, et al. 2005. Comparative analysis of protein aggregates by blue native electrophoresis and subsequent sodium dodecyl sulfate-polyacrylamide gel electrophoresis in a three-dimensional geometry gel. Proteomics, 5(8): 2002-2009.

Steinberg T H, Jones L J, Haugland R P, et al. 1996. SYPRO orange and SYPRO red protein gel stains: one-step fluorescent staining of denaturing gels for detection of nanogram levels of protein. Analytical Biochemistry, 239(2): 223-237.

Tabb D L, Vega-Montoto L, Rudnick P A, et al. 2010. Repeatability and reproducibility in proteomic identifications by liquid chromatography-tandem mass spectrometry. Journal of Proteome Research, 9(2): 761-776.

Tanner S, Shu H J, Frank A, et al. 2005. InsPecT: identification of posttranslationally modified peptides from tandem mass spectra. Analytical Chemistry, 77(14): 4626-4639.

Tatarinov I S. 1965. Content of the embryo-specific alpha-globulin in the serum of the fetus, newborn infant and adult man with primary liver cancer. Voprosy Meditsinskoi Khimii, 11(2): 20-24.

Tharakan R, Edwards N, Graham D R M. 2010. Data maximization by multipass analysis of protein mass spectra. Proteomics, 10(6): 1160-1171.

Thul P J, Åkesson L, Wiking M, et al. 2017. A subcellular map of the human proteome. Science, 356(6340): eaal3321.

Trevisani F, D'Intino P E, Morselli-Labate A M, et al. 2001. Serum alpha-fetoprotein for diagnosis of hepatocellular carcinoma in patients with chronic liver disease: influence of HBsAg and anti-HCV status. Journal of Hepatology, 34(4): 570.

Trivedi A, Hemantaranjan A. 2015. Significance of post-translational modifications for proteomic research. Advances in Plant Physiology, 16: 271-288.

Vavilov N E, Zgoda V G, Tikhonova O V, et al. 2020. Proteomic analysis of chr 18 proteins using 2D fractionation. Journal of Proteome Research, 19(12): 4901-4906.

Vidova V, Spacil Z. 2017. A review on mass spectrometry-based quantitative proteomics: Targeted and data independent acquisition. Analytica Chimica Acta, 964: 7-23.

Vit O, Man P, Kadek A, et al. 2016. Large-scale identification of membrane proteins based on analysis of trypsin-protected transmembrane segments. Journal of Proteomics, 149: 15-22.

Vyatkina K, Wu S, Dekker L J M, et al. 2016. Top-down analysis of protein samples by *de novo* sequencing techniques. Bioinformatics, 32(18): 2753-2759.

Vyatkina K. 2017. De novo sequencing of top-down tandem mass spectra: a next step towards retrieving a complete protein sequence. Proteomes, 5(1): 6.

Wang C C, Tsou C L. 1998. Post-genome study: proteomics. Sheng Wu Hua Xue Yu Sheng Wu Wu Li Xue Bao Acta Biochimica et Biophysica Sinica, 30(6): 533-539.

Wang L H, Li D Q, Fu Y, et al. 2007. pFind 2.0: a software package for peptide and protein identification via tandem mass spectrometry. Rapid Communications in Mass Spectrometry: RCM, 21(18): 2985-2991.

Wang Q H, Wen B, Wang T, et al. 2014. Omics evidence: single nucleotide variants transmissions on chromosome 20 in liver cancer cell lines. Journal of Proteome Research, 13(1): 200-211.

Wang T, Cui Y Z, Jin J J, et al. 2013. Translating mRNAs strongly correlate to proteins in a multivariate manner and their translation ratios are phenotype specific. Nucleic Acids Research, 41(9): 4743-4754.

Wang Y H, Chen Y, Zhang Y, et al. 2017. Multi-protease strategy identifies three PE2 missing proteins in human testis tissue. Journal of Proteome Research, 16(12): 4352-4363.

Wei Q, Li J, He Q Y, et al. 2024. Identifying PE2 and PE5 proteins from existing mass spectrometry data using pFind. Journal of Proteome Research, 23(7): 2323-2331.

Weisser H, Wright J C, Mudge J M, et al. 2016. Flexible data analysis pipeline for high-confidence proteogenomics. Journal of Proteome Research, 15(12): 4686-4695.

Weldemariam M M, Han C L, Shekari F, et al. 2018. Subcellular proteome landscape of human embryonic stem cells revealed missing membrane proteins. Journal of Proteome Research, 17(12): 4138-4151.

Wenger C D, Coon J J. 2013. A proteomics search algorithm specifically designed for high-resolution tandem mass spectra. Journal of Proteome Research, 12(3): 1377-1386.

Westbrook J A, Yan J X, Wait R, et al. 2001. Zooming-in on the proteome: very narrow-range immobilised pH gradients reveal more protein species and isoforms. Electrophoresis, 22(14): 2865-2871.

Wilkins M R, Gasteiger E, Tonella L, et al. 1998. Protein identification with N and C-terminal sequence tags in proteome projects. Journal of Molecular Biology, 278(3): 599-608.

Wilkins M R, Sanchez J C, Gooley A A, et al. 1996. Progress with proteome projects: why all proteins expressed by a genome should be identified and how to do it. Biotechnology & Genetic Engineering Reviews, 13: 19-50.

Wilt T J, Jones K M, Barry M J, et al. 2017. Follow-up of prostatectomy versus observation for early prostate cancer. The New England Journal of Medicine, 377(2): 132-142.

Wu C, Lu X L, Lu S H, et al. 2022. Efficient detection of the alternative spliced human proteome using translatome sequencing. Frontiers in Molecular Biosciences, 9: 895746.

Wu S J, Sun J S, Wang X, et al. 2020. Open-pFind verified four missing proteins from multi-tissues. Journal of Proteome Research, 19(12): 4808-4814.

Wu X H, Xu L N, Gu W, et al. 2014. Iterative genome correction largely improves proteomic analysis of nonmodel organisms. Journal of Proteome Research, 13(6): 2724-2734.

Xiao C L, Chen X Z, Du Y L, et al. 2013a. Binomial probability distribution model-based protein identification algorithm for tandem mass spectrometry utilizing peak intensity information. Journal of Proteome Research, 12(1): 328-335.

Xiao C L, Chen X Z, Du Y L, et al. 2013b. Dispec: a novel peptide scoring algorithm based on peptide matching discriminability. PLoS One, 8(5): e62724.

Xu S H, Zhou R, Ren Z, et al. 2015. Appraisal of the missing proteins based on the mRNAs bound to ribosomes. Journal of Proteome Research, 14(12): 4976-4984.

Yadav A K, Kumar D, Dash D. 2011. MassWiz: a novel scoring algorithm with target-decoy based analysis pipeline for tandem mass spectrometry. Journal of Proteome Research, 10(5): 2154-2160.

Yang H, Li Y C, Zhao M Z, et al. 2019. Precision *de novo* peptide sequencing using mirror proteases of Ac-LysargiNase and trypsin for large-scale proteomics. Molecular & Cellular Proteomics: MCP, 18(4): 773-785.

Yang L J, Lian X L, Zhang W L, et al. 2015. Finding missing proteins from the epigenetically manipulated human cell with stringent quality criteria. Journal of Proteome Research, 14(9): 3645-3657.

Zerbino D R, Frankish A, Flicek P. 2020. Progress, challenges, and surprises in annotating the human genome. Annual Review of Genomics and Human Genetics, 21: 55-79.

Zhang J, Xin L, Shan B Z, et al. 2012. PEAKS DB: *de novo* sequencing assisted database search for sensitive and accurate peptide identification. Molecular & Cellular Proteomics: MCP, 11(4): M111. 010587.

Zhang M L, Zhao K, Xu X P, et al. 2018. A peptide encoded by circular form of LINC-PINT suppresses oncogenic transcriptional elongation in glioblastoma. Nature Communications, 9: 4475.

Zhang X, Li Y Z, Shao W G, et al. 2011. Understanding the improved sensitivity of spectral library searching over sequence database searching in proteomics data analysis. Proteomics, 11(6): 1075-1085.

Zhang Y, Li Q D, Wu F L, et al. 2015. Tissue-based proteogenomics reveals that human testis endows plentiful missing proteins. Journal of Proteome Research, 14(9): 3583-3594.

Zhang Z, Bast R C Jr, Yu Y H, et al. 2004. Three biomarkers identified from serum proteomic analysis for the detection of early stage ovarian cancer. Cancer Research, 64(16): 5882-5890.

Zhang Z, Burke M, Mirokhin Y A, et al. 2018. Reverse and random decoy methods for false discovery rate estimation in high mass accuracy peptide spectral library searches. Journal of Proteome Research, 17(2): 846-857.

Zhao J, Zhang H, Qin B, et al. 2019. Multifaceted stoichiometry control of bacterial operons revealed by deep proteome quantification. Frontiers in Genetics, 10: 473.

Zhao M Z, Wei W, Cheng L, et al. 2016. Searching missing proteins based on the optimization of membrane protein enrichment and digestion process. Journal of Proteome Research, 15(11): 4020-4029.

Zhao P P, Zhong J Y, Liu W T, et al. 2017. Protein-level integration strategy of multiengine MS spectra search results for higher confidence and sequence coverage. Journal of Proteome Research, 16(12): 4446-4454.

Zhao Y N, Ashcroft B, Zhang P M, et al. 2014. Single-molecule spectroscopy of amino acids and peptides by recognition tunnelling. Nature Nanotechnology, 9(6): 466-473.

Zhong J Y, Cui Y Z, Guo J H, et al. 2013. Resolving chromosome-centric human proteome with translating mRNA analysis: a strategic demonstration. Journal of Proteome Research, 13(1): 50-59.

Zhong J Y, Xiao C L, Gu W, et al. 2015. Transfer RNAs mediate the rapid adaptation of *Escherichia coli* to oxidative stress. PLoS Genetics, 11(6): e1005302.

第三章　蛋白质的生成

蛋白质生成是生物学中一个复杂而精密的过程，学习和深入了解蛋白质生成的过程有助于揭示细胞调控机制的奥秘，对我们理解生命的本质和功能机制具有重要意义，同时也有助于我们探索疾病的发生机制和开发相应的治疗方法。

本章的中心问题是信使 RNA 蕴藏的遗传信息如何被解读。信使 RNA 通过翻译生成的多肽链，可以经过折叠、修饰和定位等过程生成具有功能的成熟蛋白质，这一复杂而精密的过程被称为蛋白质生成（protein biogenesis）。蛋白质是构成细胞的基本组成部分，也是细胞功能的执行者，在生物体内起着多种重要的作用，涵盖酶的催化活性、结构和运输的功能、免疫系统的识别和响应等多个领域。细胞通过生成不同种类和功能的蛋白质调控细胞内外的各种生物学过程，从而维持机体正常的生命活动。

在生物信息流传递的复杂网络中，由 RNA 生成蛋白质比由基因组到 RNA 更为复杂。任一蛋白质的生成均涉及核质之间的密切协作，以及上百种蛋白质和不同种类 RNA 的配合，且每一个环节均会受到不同程度的翻译调控。翻译调控作为细胞活动的关键调控机制，对于维持生物体蛋白质组成、控制细胞增殖及生长和发育等至关重要。翻译调控从多个层面影响 mRNA 的翻译效率，在调节许多响应内源性或外源性信号（如营养供应、激素或压力）的基因表达方面也起着重要的作用，为细胞应对不同环境提供了精密的调节机制。

蛋白质生成是非常耗能的过程，占到细胞能量消耗的大部分。在快速生长或生物合成活性强的细胞中，蛋白质生成消耗的能量甚至高达 80%，因此，蛋白质的生成与细胞代谢也密切相关。

在本章中，我们将探讨蛋白质翻译系统关键组成部分的测定与研究方法、翻译调控与细胞功能、蛋白质的折叠和成熟过程等多个方面。对这些关键过程的深入剖析，均有助于我们更好地理解蛋白质生成的本质，为生物学和医学的发展贡献力量。

第一节　翻译过程中各组分的组学测定

蛋白质的生成涉及由细胞内多种组分形成的精密且庞大的蛋白质合成系统，生成的蛋白质在生命过程中执行各种生物功能。随着当前组学技术的进步，研究发现翻译调控在生物体所有调控过程中占比超过 50%，大于所有其他调控方式的总和（Schwanhausser et al., 2011）（图 3-1）。因此，研究翻译机器如何运行具有重要意义。

从 DNA 到蛋白质需经过 mRNA 生成调控、mRNA 降解调控、蛋白质合成调控（即翻译调控）、蛋白质降解调控这四大调控过程。根据各种组学数据推导出的理论模型预测，翻译调控占到了总调控幅度的 54% 左右。在小鼠 NIH3T3 细胞系中的实测数据比例与理论模型几乎完全一致。

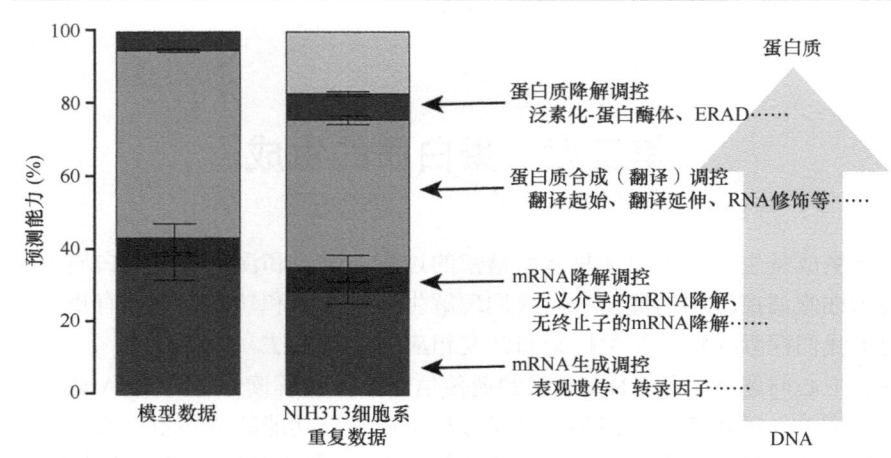

图 3-1 从 DNA 到蛋白质需经过的调控过程（修改自 Schwanhausser et al., 2011）

广义的翻译组（translatome）是指直接参与蛋白质翻译过程的所有元件，包括核糖体、正在翻译的 mRNA（translating mRNA 或 ribosome nascent chain complex-bound mRNA，RNC-mRNA）、tRNA、调控性 RNA（如 miRNA 等）、新生肽链（nascent-polypeptide chain）、其他各种翻译因子等（赵晶和张弓，2017）。类似于全基因组的"基因组学"，所有转录本的"转录组学"、所有蛋白质的"蛋白质组学"和"翻译组学"都是针对所有翻译元件的研究。

由于蛋白质翻译机制精密复杂且对环境和生理的变化具有快速响应的特性，因而需要精密的实验设计方可实现测定。近年来随着翻译组研究技术的不断深入，几乎所有参与蛋白质翻译的组分均已实现高通量鉴定，并应用于各项蛋白质翻译相关研究中（图 3-2），展示了翻译调控在诸多方面的重要作用，为深入研究蛋白质生成和翻译调控奠定了坚实的基础。翻译组学在蛋白质组学、癌症研究、细菌应激反应、生物节律性等方面都作出巨大的贡献。

本节从以下几个方面对测定蛋白质生成系统组分的工具进行简要归纳。

一、RNC-seq:对正在翻译的全长 mRNA 进行测定

mRNA 在蛋白质生成过程中是遗传信息的传递者，通过 mRNA 的合成及多肽链翻译启动、延伸和终止等过程，将基因组携带的基因信息翻译为功能完整的蛋白质。

mRNA 的合成过程称为转录（transcription），由 DNA 转录形成 mRNA 是生物体内蛋白质生成的第一步。在细胞核内，这个过程是由 RNA 聚合酶（RNA polymerase）根据基因的 DNA 序列转录生成与之互补的 mRNA 链，经加工成熟后通过核孔进入到细胞质内。

mRNA 上的蛋白质编码区域由连续的密码子构成，称为可读框（open-reading frame，ORF）。蛋白质翻译始于 ORF 中的起始密码子（通常为 AUG），每三个碱基为一组密码子，每个密码子对应着一个氨基酸，核糖体结合到 mRNA 上，按照密码子逐个翻译，产生特定氨基酸顺序的新生肽链，直到终止密码子结束。一条完整的多肽链合成后，会从核糖体上脱离，进入蛋白质成熟步骤。

全长翻译中mRNA测序 (RNC-seq)
- 定量化中心法则 (Wang et al., 2013)
- 全局翻译起始效率测定 (Wang et al., 2013)
- 翻译起始的系统生物学模型 (Guo et al., 2015)
- 人类蛋白质组计划核心支柱之一 (Zhong et al., 2014)
- 证实lncRNA和circRNA可以编码蛋白质,重新注释人类基因组 (Lu et al.,2019; Zhang et al., 2018)

tRNA组定量测序 (tRNA-seq)
- tRNA上游序列决定tRNA调控 (Zhang et al., 2011)
- tRNA测序技术tRNA-seq (Zhong et al., 2015)
- 翻译延伸的系统生物学模型 (Zhang et al., 2010)

mRNA
mRNA是蛋白质合成的模板

miRNA
miRNA可选择性调控特定基因的翻译效率

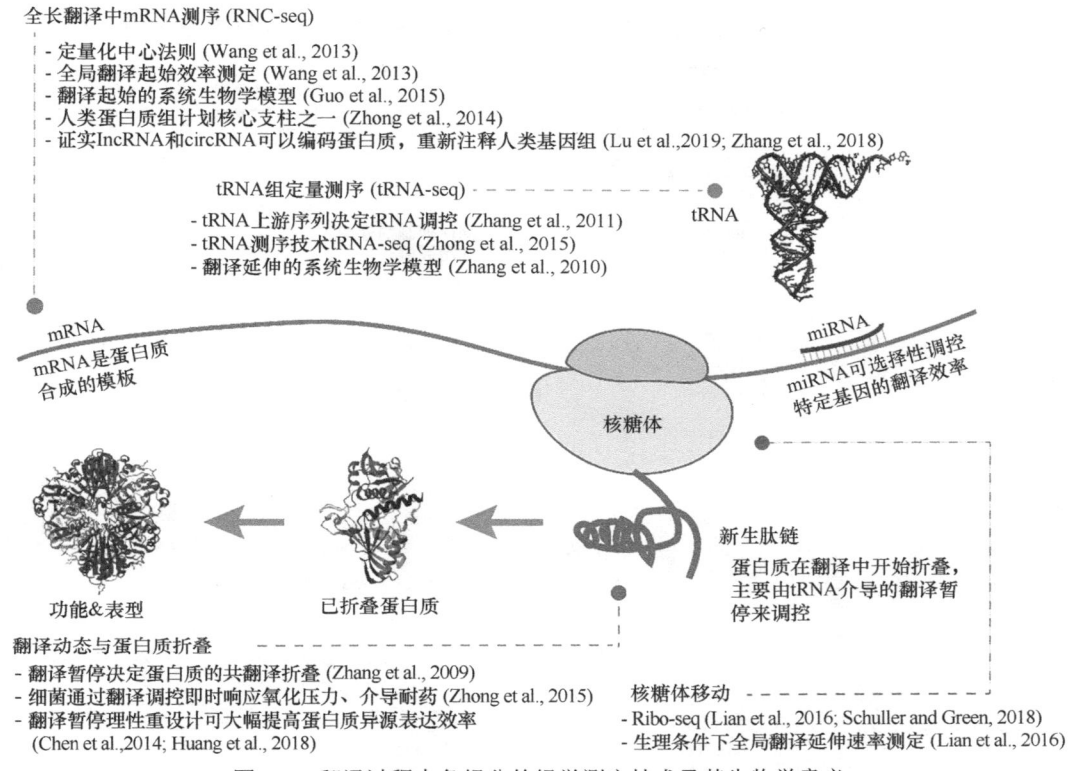

核糖体

功能&表型   已折叠蛋白质

新生肽链
蛋白质在翻译中开始折叠,主要由tRNA介导的翻译暂停来调控

翻译动态与蛋白质折叠
- 翻译暂停决定蛋白质的共翻译折叠 (Zhang et al., 2009)
- 细菌通过翻译调控即时响应氧化压力、介导耐药 (Zhong et al., 2015)
- 翻译暂停理性重设计可大幅提高蛋白质异源表达效率 (Chen et al.,2014; Huang et al., 2018)

核糖体移动
- Ribo-seq (Lian et al., 2016; Schuller and Green, 2018)
- 生理条件下全局翻译延伸速率测定 (Lian et al., 2016)

图 3-2　翻译过程中各组分的组学测定技术及其生物学意义

　　细胞中的部分 mRNA 不进入核糖体参与蛋白质翻译。转录组测序不能区分细胞内哪些 RNA 可以结合核糖体翻译,因而不能准确表征蛋白质的合成。例如,细菌的多顺反子转录本可利用同一条 mRNA 上的不同 ORF,翻译出不同比例的蛋白质,而这些差异无法在转录组水平检测。此外,在叶绿体中也可以观察到这种翻译驱动的非等比蛋白合成,光系统组分在叶绿体中按严格的摩尔比例合成,同样,这种现象在转录组水平也无法检测到(Chotewutmontri and Barkan,2016)。

　　由于细胞中的 mRNA 存在着翻译调控,因此 mRNA 的表达水平往往并不能直接反映其所表达蛋白质的水平。蛋白质生成一定要通过核糖体与 mRNA 结合,活跃翻译的 mRNA 通常结合着一个或多个核糖体,因此专一性地分离与检测正在翻译的 mRNA,即核糖体-新生肽链复合物中的 mRNA (RNC-mRNA),可以更精确地表征蛋白质合成的种类,并估算蛋白质的表达量。需注意 RNC-mRNA 复合体极为脆弱,在处理过程中容易造成核糖体解离或 mRNA 断裂,如处理不当则得不到全长 RNC-mRNA,造成 RNC-mRNA 定量失准。常用的蔗糖密度梯度离心方法选取其中多聚核糖体组分的方案,会面临高糖浓度干扰 RNA 提取和测序建库实验的问题。

　　2013 年,暨南大学张弓课题组建立 RNC-seq(ribosome nascent chain complex sequencing)策略(Wang et al., 2013),使用约30%的单一浓度蔗糖溶液,通过低温超速离心沉淀与核糖体结合正在翻译的 RNC-mRNA,回收沉淀并抽提 RNA,解决了高浓度蔗糖溶液干扰的问题,然后利用高通量测序等技术对获得的 RNC-mRNA 进行分析,得到特定翻译状态下所有正在翻译的全长 mRNA，进而得出 mRNA 的丰度与类型（图 3-3）。

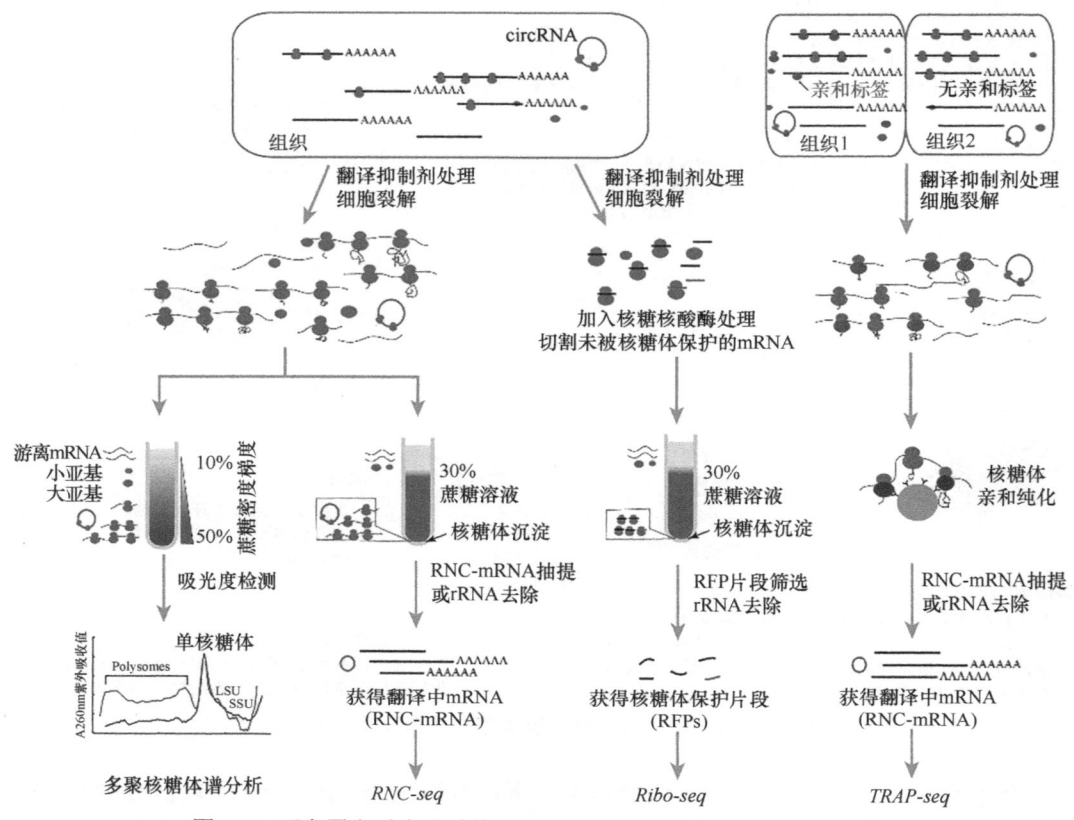

图 3-3　研究蛋白质生成系统组分的几种方法（Zhao et al., 2019a）

相比基于核糖体保护短片段测序的方案，RNC-seq 简单易行、成本低廉、可获得完整的 mRNA 全长序列，在蛋白质领域应用具有特殊的优势：

（1）沉淀所得的核糖体-新生肽链复合物具有活性，在给予合适的缓冲液时可继续完成翻译，可兼容后续多种研究方案（Zhang et al., 2009）；

（2）可以通过常规 polyA 富集等手段富集任意长度的完整 mRNA，易于排除无关的小片段 RNA 及非 mRNA 组分污染；

（3）通过全长 mRNA 的检测，更易于检测到跨内含子的剪接点，适合用于发现新的剪接变体和新基因。吴春等人利用 Nanopore 纳米孔测序法，通过三代全长 RNC 测序在人类细胞中发现了数千个可能编码新蛋白剪接变体的转录本（Wu et al., 2022）。

RNC-seq 方法对实验室环境和操作要求相当苛刻。由于 RNC 是在纤细的 mRNA 长链上挂着多个巨大的核糖体，因而正在翻译的 mRNA 极其脆弱，非常容易被机械力扯断，在实验过程中需注意轻柔操作。此外，mRNA 容易被环境中无处不在的 RNase 降解。例如，在长时间的蔗糖密度离心过程中，既无法加入 RNase 抑制剂来抑制 RNase（体积太大、成本太高），又无法进行灭菌以消除 RNase，使得 RNA 几乎全程处于"裸奔"状态，此时少量 RNase 即可导致 RNC-seq 失败。

二、Ribo-seq:对核糖体所在 mRNA 位置的测定

mRNA 在核糖体上移动和翻译时,被单个核糖体或亚基包围在内部的区域通常为20～35 个碱基,可抵御一定程度的核酸酶降解,称为核糖体保护片段(ribosome protected RNA fragment,RPF)或核糖体足迹(ribosome footprint,RFP)。RFP 主要分布于 mRNA 的 5′非翻译区(untranslated region,UTR)和编码序列(coding sequence,CDS)中,可以反映核糖体在翻译时所处的瞬时位置。每个 RFP 均可代表一个核糖体在 mRNA 上的位置,可用来定位核糖体正在翻译的转录本、正在生成的蛋白质,以及以单碱基分辨率揭示细胞裂解时 RFP 在 mRNA 中的精确位置。

2009 年 Weissman 课题组首次发表核糖体印迹测序(ribosome profiling sequencing,Ribo-seq),也被称为 ribosome profiling,是用来检测和定量正在翻译的 mRNA 的经典翻译组技术。Ribo-seq 首先利用翻译抑制剂处理细胞或组织,将结合 mRNA 的核糖体固定在正在翻译的位置,然后裂解细胞或组织,并用核糖核酸酶(RNase)处理,在保持核糖体结构的情况下降解暴露在核糖体外、不受核糖体保护的 mRNA 片段,而后分离并通过高通量测序分析 RFP,以揭示核糖体在 mRNA 上的位置和密度。

相对于 RNC-seq 的全长转录本检测,Ribo-seq 检测到的 RFP 长度仅为 30 nt 左右(不同物种略有差别)。但由于 RFP 具有精确的核糖体位置信息,因而可以用来确定 mRNA 的 ORF 区域、转录本上核糖体的分布、起始密码子位置、翻译暂停位点以及上游 ORF (upstream ORF,uORF)等信息。Ribo-seq 的弊端在于实验步骤烦琐、测序成本高等,并且影响 Ribo-seq 结果的因素众多,包括酶切条件、翻译抑制剂选择、进入翻译的 mRNA 量、翻译效率和翻译延伸速率等。

Ribo-seq 主要分布于有核糖体结合的 CDS 区域,因此难以得到与翻译调控高度相关的非翻译区段 UTR 的信息。若在 mRNA 上产生核糖体卡顿,该 mRNA 上的 RFP 数量增多,分布区域也将会非常集中,因此 RFP 的数量并不能直接反映翻译的活跃程度。

基于 Ribo-seq 原理衍生的分支技术较多,本节简要列举部分。

(1) TCP-seq (translation complex profile sequencing):对酵母细胞,先利用甲醛交联,再进行 RNase 消化,然后用蔗糖梯度超速离心法分离完整核糖体和小亚基(small subunit,SSU),再对属于完整核糖体和 SSU 的 RFP 片段进行测序,分别获得在翻译起始、延伸和终止阶段的核糖体及小亚基的足迹分布(Archer et al.,2016)。这种方法可以观察 SSU 在 mRNA 沿 5′UTR 移动的状态,实现了在各个翻译阶段捕获核糖体-mRNA 复合体,有助于深入了解不同的翻译状态。

(2) Disome-seq(disome sequencing):是用来研究"核糖体碰撞"(Ribosome collision)的技术(Zhao et al.,2021)。核糖体碰撞一般由翻译暂停导致,指在蛋白质翻译过程中,位于 mRNA 上游延伸的核糖体与下游暂停或延伸缓慢的核糖体发生"碰撞",形成串联双核糖体的现象。组成串联双核糖体的两个核糖体小亚基之间紧密接触,形成约 60nt 的核糖体保护片段 RFP。核糖体碰撞发生在翻译高度活跃的基因区域及翻译停滞区域,尤其是在细胞内的一些特殊条件下,如细胞应激状态。研究核糖体碰撞可以帮助我们更好地理解蛋白质合成的调控机制和细胞内的基因表达网络。

（3）nRibo-seq（nascent Ribo-seq）：是一种同时检测新生 RNA 以及翻译的技术，可用来监测 RNA 从转录到开始翻译之间的时间差（Schott et al.，2021）。利用 nRibo-seq 技术发现在不同的细胞中蛋白质翻译的滞后性存在差异，例如，在小鼠巨噬细胞中转录和翻译的滞后时间为 20～22min，而小鼠胚胎干细胞中转录和翻译的时间差为 35～38min。

（4）TRAP-seq（translating ribosome affinity purification sequencing）：由 Gerber 课题组 2002 年报道的核糖体亲和纯化技术，利用亲和标签（His、GFP 等）来捕获标记的核糖体，从而分离正在翻译的 mRNA（Inada et al.，2002）。通过组合不同的组织特异性表达启动子，TRAP-seq 可用于特异性富集样本中难分离组织的 RNC-mRNA，或分离复杂组织中特定类型细胞 RNC-mRNA 的特殊优势。例如，将亲和标签 GFP 融合核糖体大亚基蛋白 rpl-1（*eGFP::rpl-1*），通过构建带有不同组织特异性启动子的载体，可以让融合蛋白在不同组织中特异性表达；然后将带有不同启动子的融合蛋白质粒转化线虫（*C. elegans*）后，即可利用抗 GFP 抗体将带有 GFP 标签的核糖体从其他类型的核糖体中分离出来（Xicotencatl et al.，2017）。TRAP-seq 需要事先构建表达含标签的核糖体蛋白的细胞系稳转株或转基因动植物，流程多、耗时长，不适用于尚未建立转化体系的物种（Heiman et al.，2014）。选用该技术时需注意，对核糖体蛋白进行修饰会改变核糖体的结构和性质，因此应用 TRAP-seq 不能准确反映正常生理状况下的翻译状况。

（5）RiboLace（active Ribo-seq）：是一种无需依赖抗体或表达亲和标签即可实现活跃翻译核糖体富集和研究的技术（Clamer et al.，2018）。该技术利用嘌呤霉素能作为氨酰-tRNA 类似物的性质，将生物素标记的嘌呤霉素加入正在翻译的核糖体中，实现对正在翻译的核糖体标记，通过富集含嘌呤霉素的核糖体来完成翻译活跃核糖体的特异性分离。

（6）scRibo-seq（single cell Ribosome profiling sequencing）：单细胞 Ribo-seq 技术。与 Ribo-seq 相比，scRibo-seq 先对样品进行单细胞分选，然后对单细胞进行裂解，释放 RNC-mRNA 复合体。经过微球菌核酸酶（micrococcal nuclease，MNase）酶切后获得核糖体保护的 RFP，然后进行文库构建，同时引入单分子标签（unique molecular indentifier，UMI），从而实现对不同单细胞来源 RNA 的特异标记，获得单细胞水平的 RFP 信息（VanInsberghe et al.，2021）。

三、RNC-seq 和 Ribo-seq 的对比

作为测定正在翻译 mRNA 的两大技术流派，RNC-seq 和 Ribo-seq 数据反映的信息并不相同。两者并不是互相取代的关系，而是相互补充，可以联合使用（见本章第三节）。表 3-1 列出了这两种翻译组测序技术的主要特性。

表 3-1 RNC-seq 和 Ribo-seq 的主要特性比较

	RNC-seq	Ribo-seq
RNC-mRNA 的回收	全长	仅核糖体覆盖片段
测序通量要求	低	高
reads 长度	任意	17～35nt

续表

	RNC-seq	Ribo-seq
检测序列变异	容易	较难
获取 UTR、翻译调控区信息	可以	不能
获取核糖体位置、密度、可读框位置、翻译暂停区域、uORF、起始密码子检测	不能	可能
生理条件	可以	可能
操作简便性	简便	复杂
样品量要求	少量	大量
杂质污染	不容易	容易
主要技术挑战	全长 RNA 降解，分离过程中的断裂等	酶切条件重复性，连接偏好 rRNA 去除等
假阳性	低	高
成本	低	高

实际使用中，需要根据研究目的来选择合适的技术。翻译组测序的目的大部分都是为了表征蛋白质，即反映正在生成的蛋白质的种类和丰度。对此类应用，首选技术为 RNC-seq。如需对翻译进行精细分析，例如，研究 upstream ORF（uORF）（图 3-4A）、可读框（图 3-4B）、翻译暂停区域、原核生物多顺反子等同一条 mRNA 上不同区段所蕴含的不同翻译信息，则使用 Ribo-seq 更为合适。

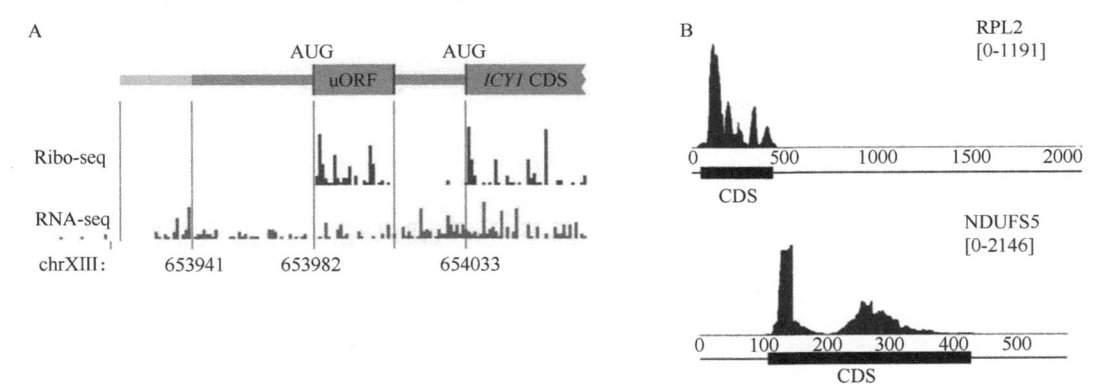

图 3-4 用 Ribo-seq 检测 mRNA 上精细的翻译事件

A. 酵母 *ICY1* 基因 mRNA 主 ORF 上游存在一个 uORF，也可被翻译（Ingolia et al., 2009）；B. 人肺癌细胞中的两个基因 *RPL2* 和 *NDUFS5* 的 RFP 分布，下面细线为整条 mRNA，粗黑线标明了 CDS 区域（Lian et al., 2016）

尽管 Ribo-seq 可以分析得到更精细的结果，但在选择实验方案时有些地方需要特别注意。

1. RNC-seq 鉴定效率远超 Ribo-seq

RNC-seq 和 mRNA-seq 类似，对 mRNA 的鉴定效率很高，理论上 2M reads 即可定量检测典型人细胞系中单拷贝基因（Chang et al., 2014），测序通量要求极低，并且可通过 qRT-PCR 进行验证（Hsu et al., 2018）。而在同等鉴定能力下，Ribo-seq 所需的测序通量则高很多，主要原因如下。

（1）Ribo-seq 流程中去除 rRNA 的效率往往不高，数据集中经常含有一半以上甚至 90%以上的 rRNA reads，这部分是完全冗余的，严重挤占了 mRNA reads 的通量（Wu et al., 2022）。

（2）大量非编码的小 RNA（如 snoRNA、miRNA 等）同样会进入数据集，挤占通量（图 3-5B）（Lu et al., 2020；Wu et al., 2022）。

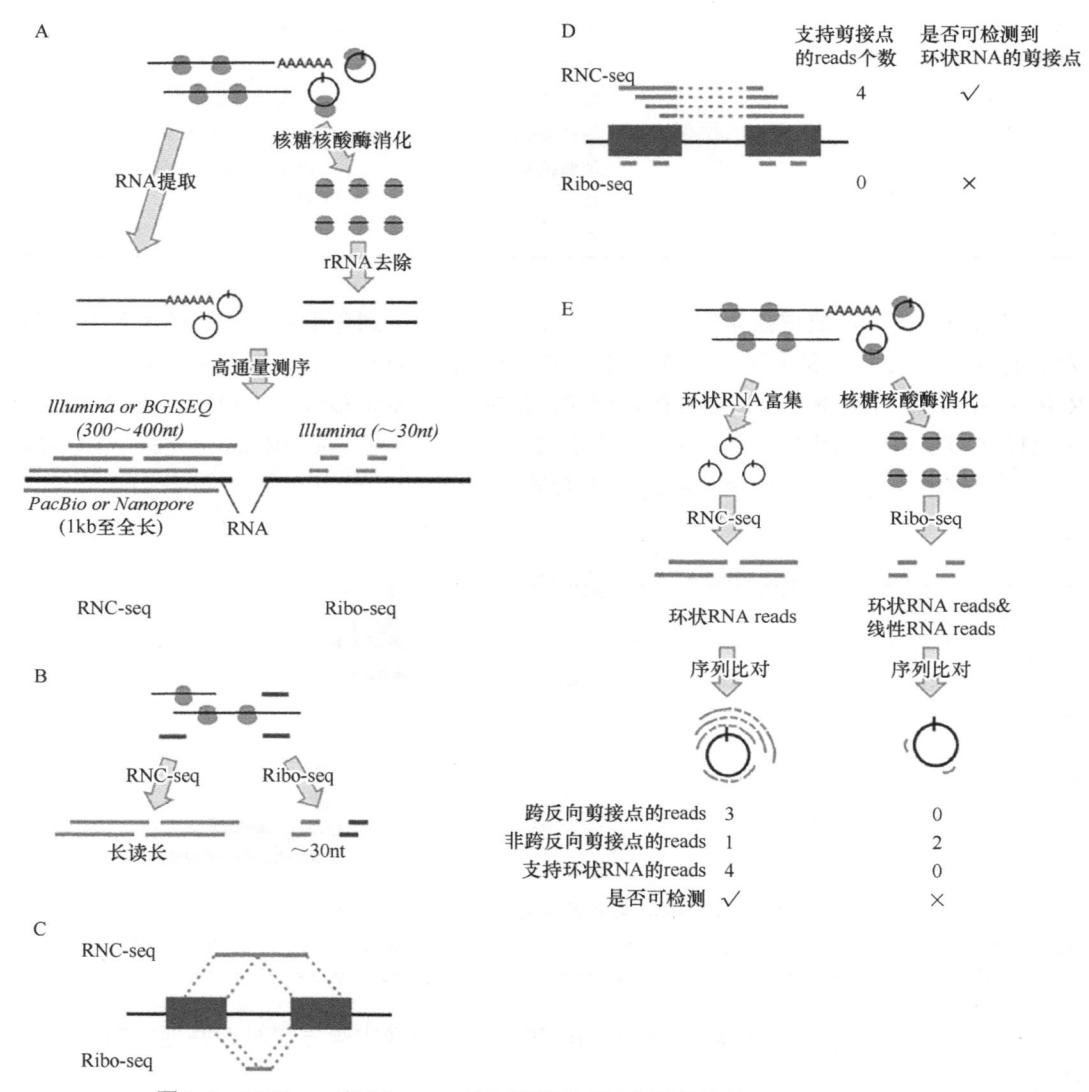

图 3-5 RNC-seq 和 Ribo-seq 在检测剪接变体方面的比较（Lu et al., 2020）
A. RNC-seq 和 Ribo-seq 的工作流程。B. 长读长的 RNC-seq 可以避免小 RNA 片段污染。C，D. Ribo-seq 和 RNC-seq 在剪接位点检测方面的区别。E. Ribo-seq 和 RNC-seq 在检测翻译的 circRNA 方面的区别

（3）Ribo-seq 建库属于小 RNA 建库，偏好性高（Bartholomaus et al., 2016），某些特殊序列特别容易被测到，因此，为了能测到更多的基因，必须大幅度提高通量。

综上所述，由于 Ribo-seq 的鉴定效率较低，需要很高的测序通量才能鉴定较多的翻译中 mRNA。例如，在 MHCC97H 细胞内，RNC-seq 用 10M reads 通量可以鉴定到 13 437 个基因；而提高通量到 127M reads，Ribo-seq 也仅能鉴定到 13 065 个基因。

2. Ribo-seq 难以检测剪接变体和环状 RNA

通过高通量测序法来检测剪接变体，主要依靠跨剪接点的 reads。RNC-seq 由于其长读长的优势，有较高的概率跨剪接点，甚至可以使用三代测序完整测定一整条 mRNA 的序列，从而获取剪接点之间所有的排列组合信息（图 3-5C）；而 Ribo-seq 读长短，reads 刚好跨剪接点的概率低，转录本丰度稍低或者测序通量不够高时，较难找到正好跨剪接点的 reads（图 3-5D），更无法通过三代测序测定全长。

在对翻译中的 circRNA 进行分析时，RNC-seq 可以通过外切核酸酶处理的方式切掉所有线性 RNA 来富集 circRNA，使得测序所得的 reads 均为 circRNA，长 reads 也更容易覆盖环状 RNA 所特有的反向剪接点（back-splicing site）。而 Ribo-seq 由于需要将 mRNA 切碎得到短的 RFP，因此无法区分线性 RNA 和环状 RNA，导致分析 circRNA 数据时会混杂大量来源于线性 RNA 的数据，因此，不得不大幅度提高测序通量。Ribo-seq 只能通过查找跨反向剪接点的 RFP，而短序列的特性使其跨反向剪接点的概率很低（图 3-5E）。

3. Ribo-seq 的重现性不高

2017 年的一篇研究表明（Gerashchenko and Gladyshev，2017），1kb 的 mRNA 上至少有 2000 个 RFP 才能得到"可重复"的 RFP 覆盖。而人细胞内 mRNA 平均表达量约为 10rpkM 左右，据此计算，每个比对到 mRNA 上的 reads 须达到 200M reads。假设总 reads 中大约 20% 能比对到 mRNA 上（实际一般为 5%～30%），则总测序通量必须达到 1000M reads，才能保证平均表达水平的 mRNA 上有"可重复"的覆盖度结果。而高的测序通量带来的结果是成本飙升，截至 2025 年 5 月，尚未有已发表的 Ribo-seq 研究达到如此高的通量。同时，不同的核酸酶处理所得到的 RFP，其特性显著不同（长度分布不同、在 mRNA 上的分布不同），核酸酶选择不同会导致三碱基周期不明显。此外，即便用相同的实验材料在不同实验室做相同的操作，其重现性也很难达到理想状态。

4. Ribo-seq 的假阳性率较 RNC-seq 高

Ribo-seq 文库构建复杂、实验流程烦琐，在实验不熟悉或数据质控不严谨的情况下容易得到很高的假阳性率，且无法与正确的 RFP 进行区分，许多核糖体实际并未翻译的 mRNA 短片段也会被 Ribo-seq 检测到。这是由于细胞内充斥着大量 RNA 碎片和小 RNA，如果片段长度正好在 RFP 的范围内，则容易黏附核糖体导致被共分离下来，从而进入检测。

常见的小 RNA 有 snoRNA、piRNA、miRNA 等，通常可以利用参考序列库比对的方法予以去除，而 RNA 降解过程中产生的碎片则经常无法与真正的 RFP 相区分，因为它们是同样来自 mRNA 的片段。因此，我们可看到在部分 Ribo-seq 数据集中，一些已被证实不可被翻译为蛋白质的 RNA 也可检测到大量所谓的"RFP"，甚至包含许多内含子上的"RFP"（图3-6）。这些"RFP"是来自mRNA降解的碎片，由于大小适合，被作为RFP进行了建库测序，这也说明了Ribo-seq会存在假阳性。

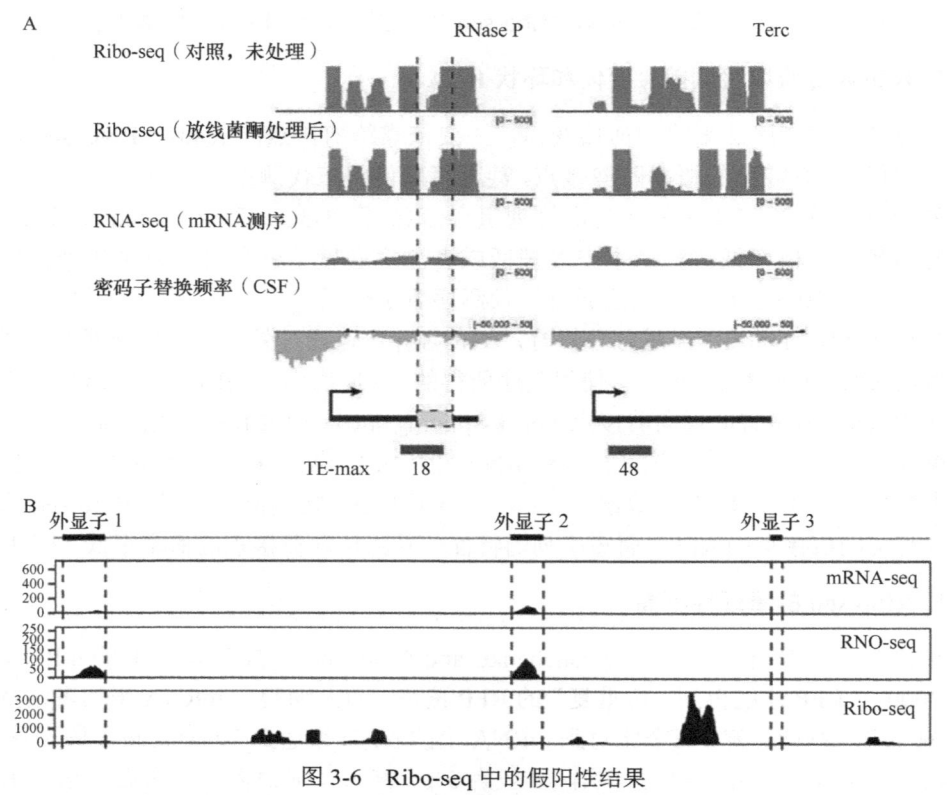

图3-6 Ribo-seq中的假阳性结果

A. 一些已证实不可被翻译的RNA，在Ribo-seq中也检测到了RFP reads，而且丰度还不低（修改自Guttman et al.，2013）；B. 大鼠细胞系的测序，某基因的reads分布图。mRNA-seq和RNC-seq的reads均分布于外显子上，Ribo-seq的reads则主要分布于内含子区段内，与实际翻译情况不符

RNC-seq则不易出现这些情况。由于RNC-seq筛选的都是较长的mRNA，因此在建库时不会纳入小片段RNA，从而得到可靠的、正在翻译的mRNA信息。

5. 并非所有ORF都能清晰地从RFP上看出来

一些基因的ORF可以从RFP的分布图上明显看出（图3-4）：ORF（可能有多个）上面有核糖体经过，因此有RFP reads的分布；而ORF以外的区段没有核糖体的分布。然而实际情况并非总是如此。一些基因（尤其是表达丰度较低的基因）全长都可以检测到有RFP reads，但ORF只占其中很小一段。造成这种情况的原因除了上面所说的假阳性以外，还可能与核糖体在翻译过程中的移动、基因的注释情况是否精准、是否存在其他剪接变体等因素有关（图3-7）。

6. 处理Ribo-seq的算法设置对结果的影响

Ribo-seq数据集一般较大，需将这些RFP比对到参考基因组或参考转录组序列上。此时算法的选择非常重要。对Burrows-Wheeler transform类的算法（常见的如Bowtie、

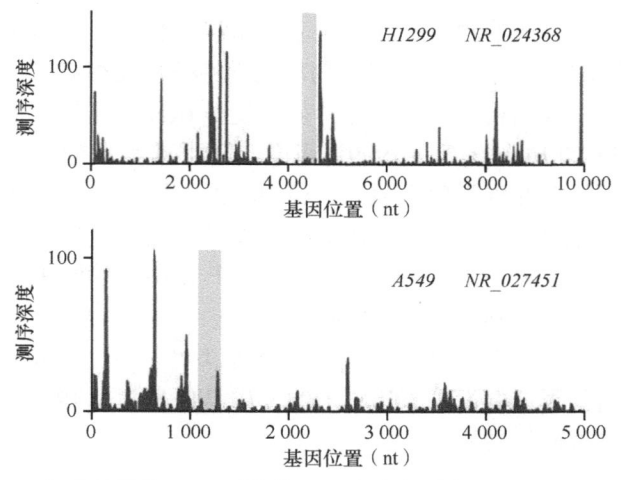

图 3-7　部分基因的 ORF 无法从 RFP 分布上看出（Lu et al.，2020）
红色为 RFP reads 的分布，灰色部分标示了该基因的 ORF

BWA、HISAT 等），参数设置不同，比对结果差异巨大（图 3-8）。而使用 FANSe 系列算法可避免该问题。由于 FANSe 算法稳健性很高，在不同的参数设置下结果几乎不变（Liu et al.，2018；Zhang et al.，2021），大大提高了算法的易用性和 Ribo-seq 的分析可靠度。

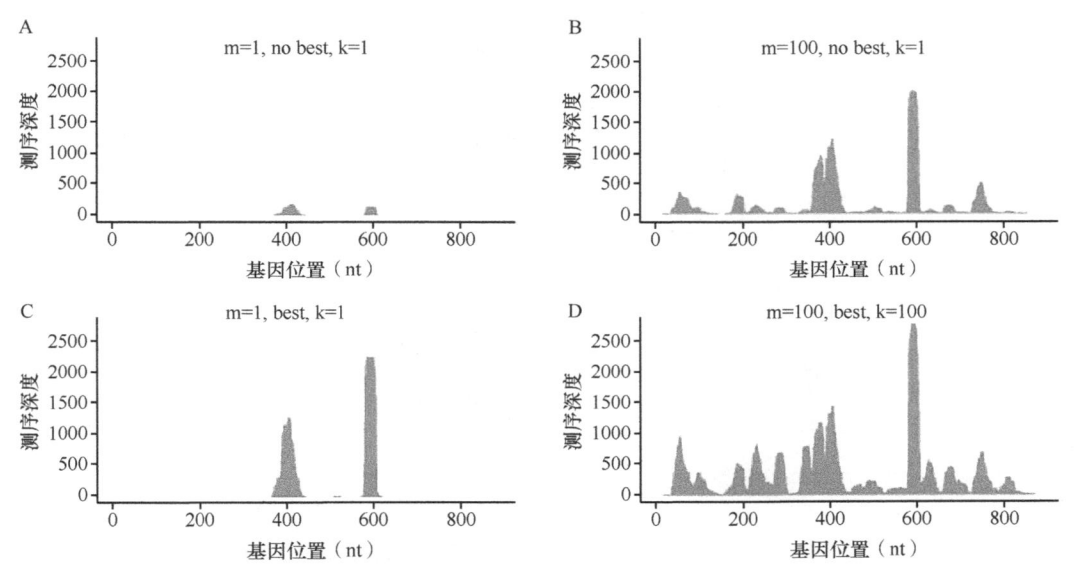

图 3-8　不同参数 Bowtie 算法的比对结果（修改自 Bartholomaus et al.，2016）
由于设置参数不同，将同一数据集比对到参考基因组上，产生差异明显的比对结果。m=1 为存在多定位 read 时保留最匹配的一个；k=1 为仅保留一个输出结果；best 为使用最优排序，no best 为不使用最优排序

四、对全局 tRNA 组的测定

转运 RNA（transfer RNA，tRNA）占细胞内总 RNA 量的 10% 左右，在翻译过程中负责识别 mRNA 上的密码子并转运相应的氨基酸到指定位置协助蛋白质的生成，是 mRNA 与蛋白质之间的桥梁，也是蛋白质生成过程中非常重要的一个组分。细胞内 tRNA

的种类和丰度对蛋白质合成的种类及翻译速率有非常大的影响（Chen et al.，2014；Zhong et al.，2015）。由于 tRNA 具有种类繁多、物理化学特征极其相似、序列高度保守、碱基修饰比例高、二级和三级结构极为稳定等特征，使得 tRNA 的鉴定相当困难。

  Dong 等（1996）和 Kanaya 等（1999）通过半变性-全变性的二维电泳（2-DE）分离并定量了大肠杆菌和枯草芽孢杆菌中的几十种 tRNA（图 3-9），这种技术主要利用了不同 tRNA 的二级结构强度不同的特点，因此在半变性和全变性条件下的构象不同，类似于对角线电泳（见第二章第一节）。色谱技术也被用于 tRNA 种类识别，Kanduc 等（1997）利用 HPLC 将 269 只大鼠的 tRNA 分离成 62 个峰，但由于 tRNA 序列具有极高的同源性，导致色谱分辨率有限，仅能鉴定到 31～70 种 tRNA 类型。不过，由于二维电泳和色谱法是通过染色、放射自显影或峰面积来确定 tRNA 定量信息，与 tRNA 的序列无关，因此偏好性较低，定量性准确性较好。

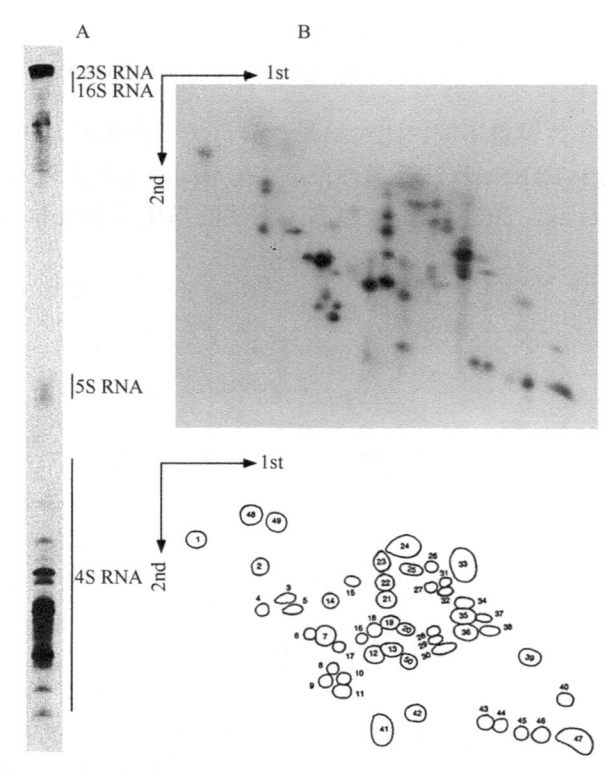

图 3-9 大肠杆菌的 tRNA 二维凝胶电泳（Dong et al.，1996）
A. 第一维为全变性条件（7mol/L 尿素）；B. 第二维为半变性条件（4mol/L 尿素）。大肠杆菌的核酸由 ^{32}P 放射性标记，胶图为放射自显影。二维胶上的每个点代表的 tRNA 种类由合成的 Northern blotting 探针确定

  高度修饰的碱基以及高度保守的序列使得 tRNA 具有极强的结构稳定性，易导致逆转录效率低、reads 错误率高且不易测通等问题，因而难以被成功鉴定，使得 tRNA 的全局检测和定量研究进展缓慢。很长一段时间，人们缺乏专门针对 tRNA 研发的测序技术，测定到的 tRNA 序列通常是其他测序，例如，RNA 测序中的副产物。

  由于 tRNA 长度一般为 73～95nt，处于典型的小 RNA（长度通常<50nt）和长链 RNA

（长度通常＞200nt）之间。2014 年，德国波茨坦大学 Puri 等（2014）对乳酸链球菌（*Lactococcus lactis*）的 tRNA 组进行了测序，方法是先富集较小分子的 RNA，再按小 RNA 的方式测序，鉴定了 40 种 tRNA，并通过质谱测定了其上的 20 种修饰。但这种方法的偏好性非常大，作者明确指出这种测序方法不能定量，只能定性。

暨南大学 Zhong 等（2015）针对大肠杆菌 tRNA 组，采用高温破坏 tRNA 的稳定结构，利用含有特异针对成熟 tRNA 的 CCA 尾引物进行逆转录，并进行二代测序，首次实现了 tRNA 组的特异性定量测序技术（又称 tRNA-seq）。使用 CCA 尾进行统一的逆转录，克服了小 RNA 测序中连接式逆转录的末端偏好性问题，大大降低了偏好性，因而可以进行一定程度的定量。

tRNA 测序存在的主要问题是序列中包含的大量碱基修饰，会导致测序过程的反转录（RT）步骤中出现停滞、错误掺入、跳过等现象。为了提高 tRNA 反转录的效率，Cozen 等（2015）开发了基于去甲基化酶 AlkB 处理 tRNA 组降低修饰碱基含量的方法，也实现了 tRNA 组的测序与定量，此后陆续出现多种 tRNA 测序方案（表 3-2）。由于高通量测序可以得到碱基分辨率的数据，分辨力远高于电泳法和色谱法，因此理论上可以区分任何 tRNA。不过，虽然方法的演进在定量方面已有长足的进步，但建库过程中的小 RNA 纯化、RT 完整性、接头连接偏好性、PCR 扩增偏差等仍不可避免，因此，与传统的电泳法和色谱法相比，绝对定量准确度仍有差距，需要进一步优化以克服以上问题。

表 3-2 tRNA 测序技术清单（修改自 Wiener and Schwartz，2021）

方法名称	建库策略	修饰鉴定	全长测序	Isodecoders 分辨率	参考文献
tRNA-seq	RNA 片段化	无	否	否	Pang et al.，2014
hydro-tRNA-seq	RNA 片段化	无	否	否	Gogakos et al.，2017
ARM-seq	去甲基化	甲基	否	否	Cozen et al.，2015
DM-tRNA-seq	去甲基化+链置换反应	无	否	否	Zheng et al.，2015
TGIRT-seq	链置换反应	部分	否	否	Qin et al.，2016
QuantM-tRNAseq	去甲基化	无	否	是	Pinkard et al.，2020
mim-tRNA-seq	经过优化的链置换反应	通过错配	是	是	Behrens et al.，2021
tRNA-seq	通过 CCA 尾逆转录	无	否	否	Zhong et al.，2015
ONT-tRNA-seq	Nanopore 直接测序	是	是	是	Thomas et al.，2021
YAMAT-seq	Y 型 tRNA 特异性双链接头	否	是	是	Shigematsu et al.，2017
LOTTE-seq	环状 tRNA 特异性双链接头	是	是	是	Erber et al.，2020

由于需要通过逆转录和扩增步骤构建测序文库，传统二代测序方法在准确量化 tRNA 丰度和解读修饰模式方面存在一定局限性，基于三代纳米孔的 tRNA 测序（Thomas et al.，2021）能够通过单分子测序直接测定 tRNA 序列，为该领域带来了变革。

tRNA 上众多的碱基修饰会导致大量的错配，经常造成逆转录酶掉落而生成截短型 cDNA，对算法的容错性提出了很高的要求。由于 tRNA 的长度不长、种类不多，因此可以使用计算量很大的 Smith-Waterman 类动态规划算法进行比对，从而得到数学最优解（Puri et al.，2014）。容错率高的快速比对算法如 FANSe 系列算法等，也可用于对 tRNA

组测序数据的分析（Zhong et al., 2015）。通过对错配和截短位置进行分析，可以得到 tRNA 特定位置碱基的修饰状况。三代测序甚至可以通过过孔电流的时间变化来推测其修饰。

然而，想要精确鉴定 tRNA 的修饰种类，目前可靠的方法是质谱法。

五、对新生肽链的测定

新生肽链（nascent peptide）是蛋白质翻译过程中所合成的多肽链，此时蛋白质尚未合成完毕，仍然挂在核糖体上。新生肽链的特性和行为揭示了细胞内蛋白质的合成动态和功能，为理解细胞的生理过程提供了重要线索。在研究蛋白质合成和细胞功能时，通过精确测定新生肽链的特征，可以更好地理解蛋白质的折叠、结构和功能，以及细胞在不同条件下的响应和适应性，对生命活动的深入理解具有重要意义。

（一）新生肽链的种类研究

研究样本中新生肽链类型的常用技术有 pSILAC、BONCAT/QuaNCAT 和 PUNCH-P 等（图 3-10B），下面对这些技术进行简要介绍。

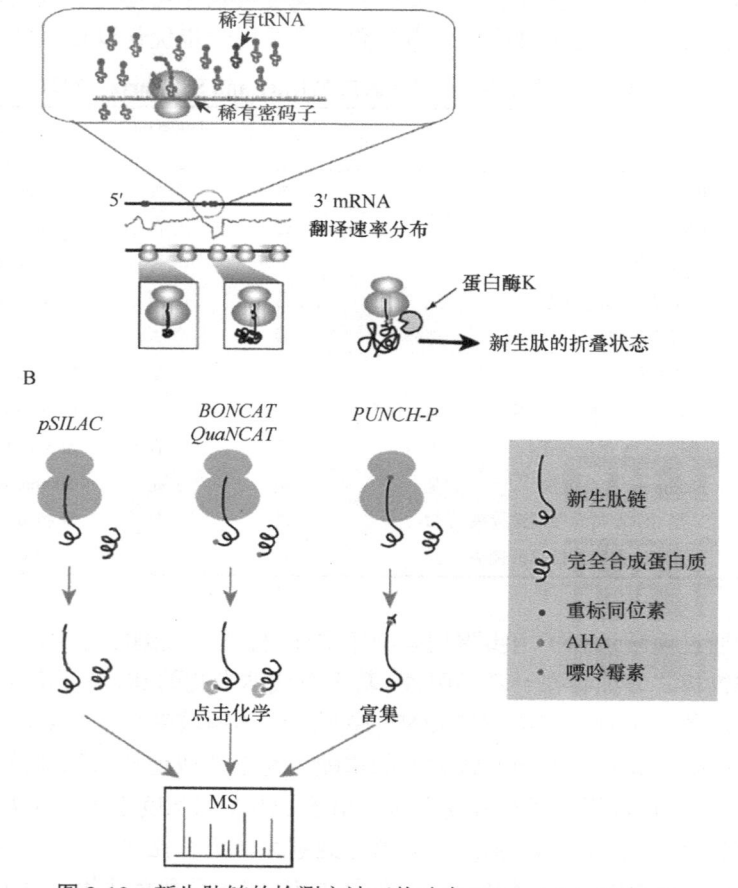

图 3-10 新生肽链的检测方法（修改自 Zhao et al., 2019a）

1. 脉冲稳定同位素标记技术（pSILAC）

经典的细胞培养氨基酸稳定同位素标记技术（SILAC）将稳定同位素添加到细胞培养基中标记新合成的蛋白质，与未标记的蛋白质混合，通过质谱技术，可以比较轻重链的肽比例，提供准确的定量信息（Chen et al.，2015）。SILAC 技术测量的是新合成蛋白质的积累量而不是正在合成的新生肽（Doherty et al.，2009），因此为了更好地研究新生肽链，发展出针对新生肽链的脉冲稳定同位素标记技术（pulsed-SILAC，pSILAC）（Hünten et al.，2015），该技术使用稳定同位素对细胞培养物进行脉冲孵育，在脉冲时间足够短的状态下，重同位素标记的肽链可代表新生肽链。准确的 SILAC 定量需要被标记和未标记肽的丰度相等。而 pSILAC 需要延长脉冲时间（>10h）才能获得足够的标记效率，远远长于正常蛋白质合成多肽链所需的翻译时间（几分钟），因此，准确来说，该方案测定的是一段时间内新合成的蛋白质，而非严格意义上的新生肽链。如果需要测定严格意义上的新生肽链，则需先分离 RNC。

2. 生物正交非天然氨基酸标记（BONCAT/QuaNCAT）

生物正交非天然氨基酸标记（bio-orthogonal/quantitative non-canonical amino acid tagging，BONCAT/QuaNCAT）使用叠氮高丙氨酸（azidohomoalanine，AHA）对新生肽进行脉冲标记（pulse-label），然后分离标记蛋白质进行质谱分析（Dieterich et al.，2007；Howden et al.，2013）。AHA 是甲硫氨酸的类似物（图 3-11），具有叠氮基团，可以被核糖体合成到蛋白质上，然后通过点击化学（click chemistry）与含炔基的分子共价结合。

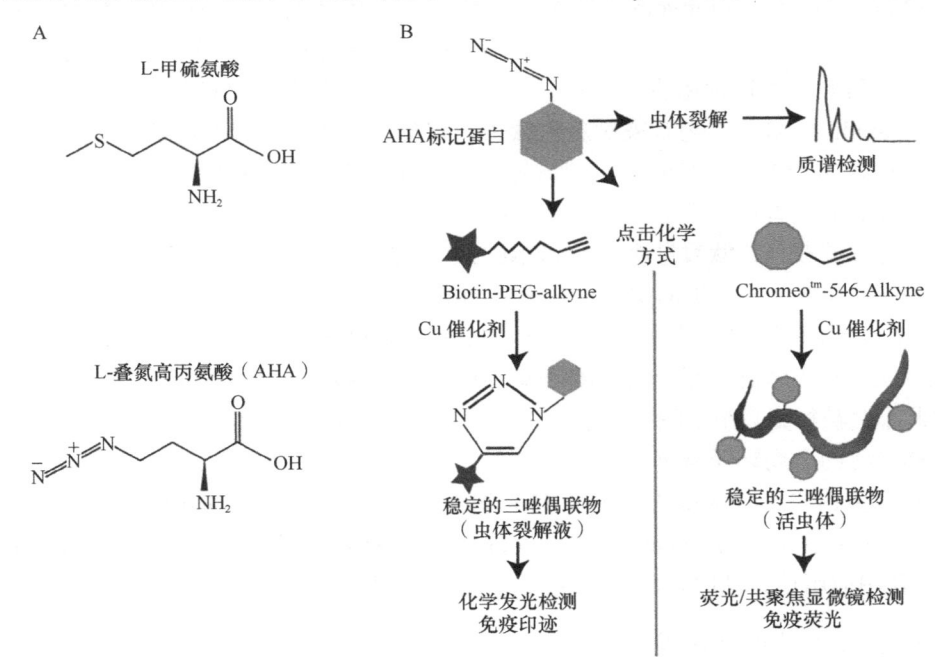

图 3-11　BONCAT 新生肽链标记（Ullrich et al.，2014）

A. L-甲硫氨酸（左）与 L-AHA（右）的结构对比；B. 将 BONCAT 法用于线虫（C. elegans）的新生蛋白质标记（裂解液蛋白质组分析和活体荧光显微成像分析）的技术路线

这种方式可以用炔基带上任何基团来对新生成的肽链进行特异性标记，而且可以用于细胞内的标记，甚至对活体动物标记。常见的标记方式有荧光基团、His-tag 等标签、生物素、微珠、Chromeo-546 等。其中，荧光标记常用于细胞内新生肽链的观察；His-tag 等标签用于无细胞翻译系统，可使所有新生肽链带上标签，以便于用 Western blotting 等方法进行检测分析；生物素常用于细胞内的标记，然后将细胞裂解后提取总蛋白，用链霉亲和素磁珠富集所有的被标记蛋白质；炔基基团可以直接带上微珠（磁珠或琼脂糖微珠等），通过点击化学反应将被标记蛋白结合在微珠上富集；Chromeo-546 一般用于活体动物标记（Liang et al., 2014）。

BONCAT 方案直接用氨基酸类似物取代，而非点击化学方式的共价结合，因此标记效率非常高。这种方法的缺点是需要消耗细胞内源甲硫氨酸并需要额外添加 AHA，可能对细胞造成应激反应，从而对细胞的翻译动力学和生物过程产生干扰（Kramer et al., 2009b）；一些小蛋白质不含有甲硫氨酸——当新生肽的 N 端伸出核糖体通道时，起始甲硫氨酸可能会被切掉，此现象被称为"N 端原则"（N-end rule），因此也无法被 AHA 标记；此外，与 pSILAC 类似，AHA 需要数小时的脉冲时间，因此带有标记的产物也无法准确代表新生肽（Zhang et al., 2014）。

3. 新生肽蛋白质组技术 PUNCH-P

为了提高新生肽的鉴定能力，Aviner 等（2013）开发了嘌呤霉素标记新生肽链蛋白质组技术（puromycin-associated nascent chain proteomics，PUNCH-P）。该方法基于生物素-嘌呤霉素（biotin-puromycin）的特性，嘌呤霉素-生物素可被核糖体催化结合到新生肽链的 C 端导致翻译终止，新生肽在 C 端被截断并从核糖体上释放。此时新生肽链的 C 端就是嘌呤霉素，可以使用生物素化的嘌呤霉素来标记新生肽的 C 端，然后用链霉亲和素（streptavidin）结合生物素来对新生肽进行富集，或者使用嘌呤霉素抗体进行富集。在该方法中，常用的翻译抑制剂环己酰亚胺（放线菌酮）会干扰嘌呤霉素的插入，因此可使用 Emetine 代替环己酰亚胺抑制翻译的延伸。

被标记和捕获新生肽数量决定了 PUNCH-P 成功与否。因此，为了实现较高的蛋白质组学覆盖率，需要准备大量的实验材料来从细胞提取物中回收所需的核糖体，一个反应至少需要 12 OD$_{254}$ 单位的核糖体。与前两种方法相比，PUNCH-P 富集得到的是核糖体上正在活跃合成的新生肽链，而卡顿的核糖体（stalling ribosome）不能将嘌呤霉素掺入新生肽链，因此不会被标记。由于嘌呤霉素被整合到新生肽非常迅速，因此可以相对准确地捕获到处理样本时的全局翻译情况。

与其他蛋白质组技术相比，PUNCH-P 的缺点仍然是灵敏度和重现性较低。有研究提到 PUNCH-P 新生肽和 Ribo-seq 获得的 RFP 的丰度相关性偏低（$R<0.38$）（Zur et al., 2016），表明应用该方法时，仍要考虑实验的偏差问题。

（二）新生肽链的结构研究

翻译延伸速率有一定的随机性，尽管可以纯化出具有相同新生肽序列的 RNC，但各新生肽链的结构也会存在一定的不同，因此对于细胞 RNC 中新生肽链的精细结构的解析比较困难。由于核糖体体积巨大，难以通过结晶衍射的方法获得高分辨率的新生肽链结构；而新生肽链构象的多样性也使得冷冻电镜（cryo-electron microscopy，cryo-EM）无法达到足够的分辨率，所以目前基本无法解析出原子级分辨率的新生肽链结构。以下均为通过获得部分结构信息，从而推断出整体结构的方法。

1. 限制性酶解偶联质谱（LiP-MS）

对蛋白质组级别的蛋白质构象变化研究，可以用限制性酶解偶联质谱（limited proteolysis coupled with mass spectrometry，LiP-MS）方法进行检测（Feng et al.，2014）。这种方法利用不同构象的蛋白质在有限酶解时被切割程度的不同，用质谱技术检测被切割和未被切割肽段的比例变化，从而反映蛋白质的构象变化。但这需要相当大量的蛋白质样品，通过提高通量的方式获取大量相关肽段进行统计才可得出。而新生肽链能得到的量非常少，还存在着核糖体这个大分子机器，干扰很大。现阶段，蛋白质质谱技术的精度仍然远远落后于测序技术，达不到解析如此少量新生肽链肽段的能力，因此尚无全局性检测新生肽链构象的可靠方法，而只能对单一蛋白质新生肽链构象进行研究。

由于翻译是一个动态过程，为了能分析新生肽链在核糖体上的构象，需要大量静止于同一位置的材料，即需要将核糖体卡在 mRNA 的同一位置上才可以实现。在原核生物中，可以在需要卡住的地方放置 SecM stalling sequence 序列（FXXXXWIXXXXGIRAGP），核糖体翻译出这段序列后，会因此段肽链与核糖体通道的相互作用而卡住相当长的时间（Nakatogawa and Ito，2002）。此时，通过降温、裂解细胞、进行蔗糖密度梯度离心，即可提取相应的核糖体。在目标蛋白 N 端加入 His-tag，即可使用 Ni-NTA 等方法纯化待研究的 RNC 进一步分析（图 3-12）。如果在无细胞翻译体系中进行研究，可以采用 ^{35}S-Met 放射性标记新生肽链，可不加 N 端的 His-tag。在真核生物中，并不存在 SecM stalling sequence 这样能够卡住核糖体的特异性序列，因此无法使用这种方案，较为简便的方案是构建断头 mRNA。

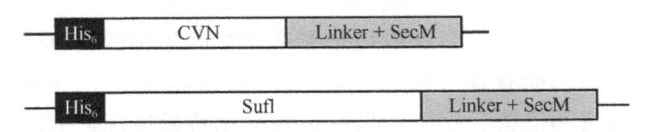

图 3-12　原核生物中研究新生肽链构象的通用设计（Chen et al.，2014）

在目标蛋白 N 端加上 His-tag，在 C 端加上一个约 25 个氨基酸的 Linker，多为（GSSG）n 等无规则卷曲序列，目的是使目标蛋白的肽链完全从核糖体通道内出来，再加上 SecM stalling sequence

2. 有限酶切法

较为通用简便的方法是有限酶切法（limited proteolytic cleavage），即将体外表达的单一蛋白质来源的核糖体-新生肽链复合物（RNC）分离，然后使用蛋白酶 K（proteinase K）等特异性较低的蛋白酶，在低浓度或低温下处理，使蛋白质中构象较为松散的区段被切碎，折叠稳定的区段因难以被酶切而得以保留完整片段（原理见图 3-10A）。再通过 Western blotting 或放射自显影的方法，即可观察到该蛋白质是否在核糖体上形成稳定结构：如果条带消失即折叠松散，如果条带尚存就是折叠紧密（图 3-13）。

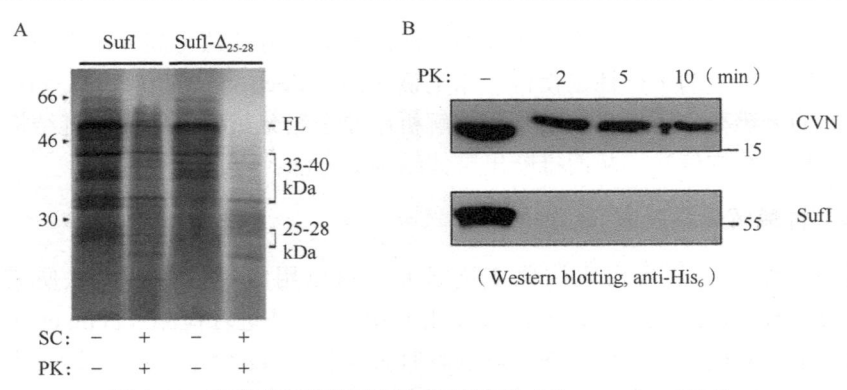

图 3-13 有限酶切法检测新生肽链结构（Chen et al., 2014）

A. 在无细胞翻译体系中翻译两个蛋白质 SufI 和 SufI-Δ25-28。SufI-Δ25-28 为 SufI 的同义突变体，在 25～28kDa 处的翻译暂停被消除。对比 PK（proteinase K）处理前后的全长（FL）条带，可见 SufI 野生型折叠紧密，而 SufI-Δ25-28 的折叠不佳（Zhang et al., 2009）。B. 在大肠杆菌内表达蓝藻抗病毒蛋白（cyanovirin-N，CVN）和 SufI，N 端都加了 His-tag。裂解细菌提取 RNC 后，进行 PK 的有限酶解，然后用 Western blotting 检测。从图中看到，在这样的 PK 酶解强度之下，折叠良好的 SufI 已被彻底降解，而 CVN 条带依然存在，证明在细菌内 CVN 的折叠结构强度明显高于 SufI

3. 核磁共振技术

核磁共振技术（nuclear magnetic resonance，NMR）是一种适用于解析新生肽链结构的方法，可用以测定生物大分子在溶液中的动态构象（Hsu et al., 2007）。由于核糖体体积较大，在核糖体中进行 NMR 分析仍存在着一定的挑战。传统的 NMR 分析方法对 40kDa 以上蛋白质的精确结构解析需要先去掉核糖体的信号。一种解决思路是，只关心新生肽链的结构，将新生肽链进行同位素标记，避开核糖体的信号。用 ^{1}H 和 ^{15}N 进行标记，可得到质量相对较好的信号谱，并能够在条件改变时看到信号峰的偏移，反映了新生肽链在不同条件下的构象不同（图 3-14A）。对于稍大的蛋白质，信号容易出现混叠，难以准确区分每一个信号峰，也就无法很好地重构出其空间结构。有些蛋白质在核糖体上的构象十分不确定，信号可能糊成一团，更是无法解析结构（图 3-14B）。

为了解决这个问题，必须放弃解析每个氨基酸空间坐标的目标，只特异性地标记某一种氨基酸，这样虽然只能看到一种氨基酸的信号，但信号会清晰很多，可以此精确解析该种氨基酸残基的空间位置。用于大蛋白质的常见特异性标记方法有 ^{13}C-异亮氨酸标记（Gardner and Kay，1997）和 ^{13}C-ILV 标记（标记异亮氨酸、亮氨酸、缬氨酸）（Hajduk et al., 2000）。为了尽可能避免大量 ^{1}H 原子的信号，细胞要培养在重水中，碳源也需要使用 D$_7$-葡萄糖（glucose-D$_7$，葡萄糖中所有氢原子均为氘），这样整个细胞内几乎所有的氢原子将全部是氘，也就不会出现在 ^{1}H 信号中。在培养基中加入 α-酮丁酸（α-ketobutyrate），注意其上的碳原子为 ^{13}C 稳定同位素，末端甲基的氢原子为 ^{1}H。这个末端的甲基可经由几步反应，被转移到异亮氨酸的残基末端，于是异亮氨酸可以特异性地得到 ^{13}C 和 ^{1}H（图 3-14C），因此在 ^{1}H-^{13}C 谱上会得到相当干净的信号（图 3-14D）。如果还需要标记缬氨酸和亮氨酸，则需要加入 α-酮异戊酸（α-ketoisovalerate），其末端的两个甲基将被转移到缬氨酸和亮氨酸的残基末端。使用这样的方法，Deckert 等（2016）利用 NMR 成功地研究了 α-突触核蛋白（α-synuclein）的新生肽链结构。

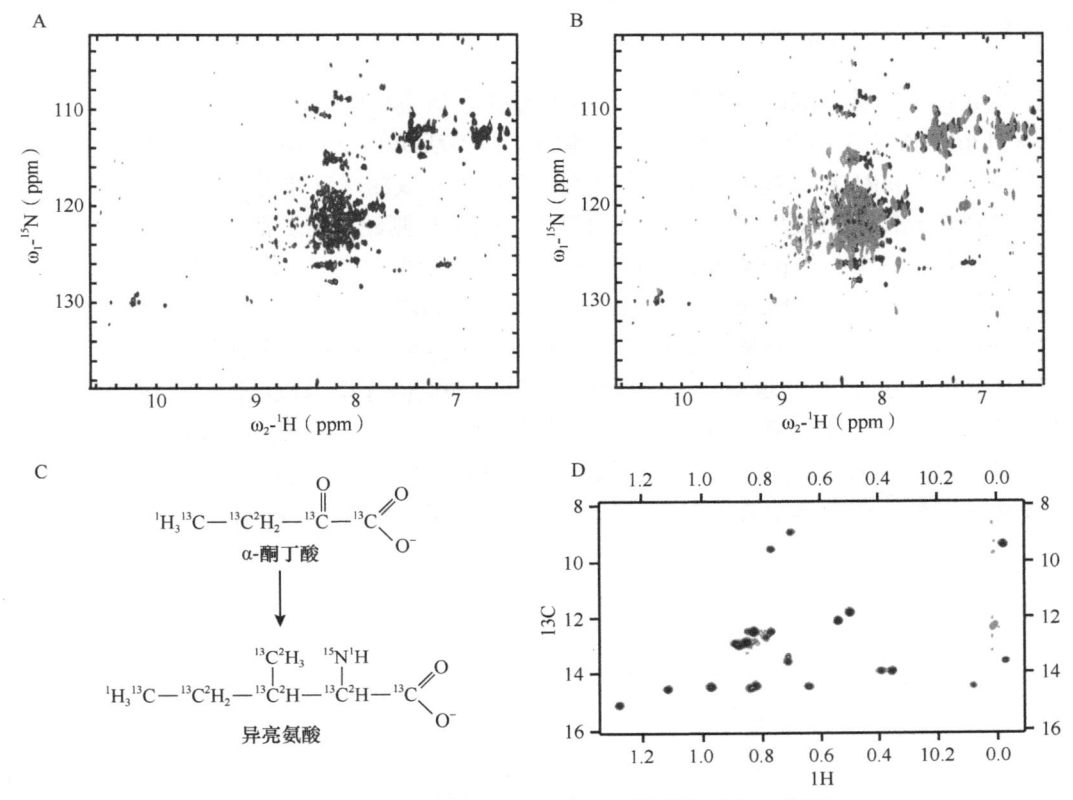

图 3-14 NMR 解析新生肽链结构（彩图另扫封底二维码）

A. 大肠杆菌 SufI 蛋白的 RNC，用 ^{15}N-NH$_4$Cl 标记。黄色信号为在 Tico buffer（pH7.5）中，蓝色信号为在 Tico buffer（pH6.5）、150mmol/L 咪唑中。B. SufI 蛋白的截短版（前 229 aa，不算信号肽）RNC，用 ^{15}N-NH$_4$Cl 标记，获得的信号十分杂乱，糊成一团。C. 利用 ^{13}C 进行异亮氨酸特异性标记的方法。D. 用异亮氨酸特异性标记的方法获得的 SufI ^{1}H-^{13}C NMR 谱，上面 21 个清晰的峰对应着 SufI 蛋白中 21 个异亮氨酸残基

需注意，由于 NMR 需要相当大量的蛋白质才能获得足够的信号，而 RNC 分子因质量巨大（因为有核糖体），往往需要大量纯化 RNC（需达克级）作为分析材料，需要大量培养细菌甚至通过高密度发酵才能达到，因此这种方法在真核生物中难以实现。同时，该方法对重水、D$_7$-葡萄糖、α-酮丁酸等同位素标记试剂消耗量很大，实验的成本非常高；各种生化反应在重水中的反应速率与普通水中存在较大的不同，因此细菌生长速率也极为缓慢，稍有不慎就会导致实验失败。

六、翻译全局动态分析

翻译是高度动态的过程，其调控响应的时间尺度可在分钟级。虽然对单一 mRNA 的翻译可以采用光镊等方式进行精细的研究（Wen et al.，2008），但无法应对翻译的全局动态；而组学手段能看到的只是某个时间点的"快照"。即便如此，通过巧妙运用各种技术，我们仍然可以得到翻译过程的全局动态信息。

（一）多聚核糖体分析

从整体角度看，细胞内多聚核糖体的数量通常与蛋白质翻译的活跃程度相关。活跃翻译的 mRNA 通常结合多个核糖体进行翻译，而不活跃的 mRNA 结合的核糖体则较少。某些情况下，mRNA 上核糖体的过度"堆积"可能导致翻译延伸受阻和翻译速率下降，但核糖体在 mRNA 上的密度仍然是最直观的、用于检测翻译是否活跃的指标。

多聚核糖体分析（polysome profiling）是一种翻译组学经典技术，用来检测和评估细胞翻译的活跃程度（Jin and Xiao，2018）。该方法利用核糖体沉降系数较大的特性，通过密度梯度离心的方法分离多聚核糖体。由于核糖体是细胞中密度最高的生物大分子，mRNA 上结合的核糖体越多，在密度梯度离心时的沉降速率越快，因此，游离的 RNA 由于其密度低可悬浮在蔗糖梯度的顶部，而结合不同数量核糖体的 mRNA 在超速离心后被分离开来。完成离心后，可以通过检测溶液中的核酸含量（通常使用紫外吸收法）来可视化不同数量核糖体结合的组分，从而直观地观察细胞内翻译的状态（图 3-15）。

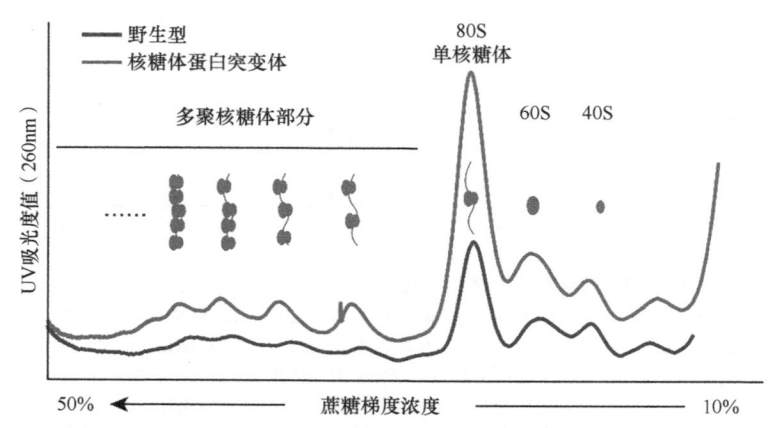

图 3-15　利用多聚核糖体分析技术分析水稻叶片的多聚核糖体
不同的峰代表结合不同数目核糖体的 mRNA 或大小亚基

当存在环境胁迫时，蛋白质翻译的全局状态通常会发生明显变化，例如，在高渗压下，单核糖体部分增加明显（Zhang et al.，2010；Zhong et al.，2015）；而在氧化压力下，多聚核糖体数量呈明显上升趋势（Zhong et al.，2015）。

需注意的是，核糖体密度与翻译活性之间的相关性并不总是一致。只结合了单个核糖体的 mRNA 也可能翻译非常活跃；但如果核糖体在 mRNA 某个区域上发生翻译暂停，核糖体将在该 mRNA 上聚集，导致蛋白质的翻译活性降低。例如，在翻译非常活跃的 HEK293 细胞和处于富营养培养基上对数生长的大肠杆菌中，其单核糖体组分都占绝对主导地位；将单核糖体组分分离并放入无细胞翻译系统中，其核糖体可以继续翻译过程，直至生成完整蛋白质（Zhang et al.，2009）。

（二）翻译起始速率的组学测定

在真核生物翻译起始中，翻译起始因子与 mRNA 的 5′帽子结构和 3′polyA 相互作用使之环化，募集核糖体小亚基到 mRNA 上，在 5′帽子结构附近形成翻译起始复合体；之后核糖体小亚基沿着 mRNA 扫描识别起始密码子。当核糖体小亚基识别到起始密码子之后，招募核糖体大亚基与小亚基结合，形成完整的核糖体，启动蛋白质翻译。

真核生物的翻译起始是蛋白质合成的主要限速步骤；为了研究翻译起始调控，我们首先需要得到每个基因的翻译起始效率。通过平行对同一组样品的 mRNA 和 RNC-mRNA 进行高通量测序，计算得到每个基因（g）的翻译比率（translation ratio，TR）。TR 值反映了有多少 mRNA 进入翻译，可近似地表征基因的翻译起始效率。

$$TR_g = \frac{RNC - mRNA_g(rpkM)}{mRNA_g(rpkM)}$$

其中，TR 是翻译比率；RNC-mRNA（rpkM）是该基因在翻译组的表达量；mRNA（rpkM）是该基因在转录组中的表达量。

Wang 等（2013）发现肺癌 A549 细胞和 H1299 细胞相对于正常细胞 HBE 的 TR 总体上调，而 TR 上调 4 倍以上的基因与癌细胞表型呈显著相关；同时还发现长度短的基因具有更高的 TR。这表明 TR 确实能够反映出癌细胞翻译活化的情况，而且能够很好地反映细胞表型。

在原核生物中，由于转录和翻译同时进行，翻译起始非常活跃，因此翻译延伸往往成了限速步骤。此外，原核生物基因以多顺反子形式存在，因此尚无有效方法直接测定每个基因的翻译起始效率。

（三）翻译延伸速率的组学测定

翻译延伸是核糖体按照 mRNA 读码框内密码子的排列组合将氨酰-tRNA 中的氨基酸次序连接形成肽链的过程。翻译延伸的调控影响蛋白质合成的质量（见本章第二节），因此，如何准确测定翻译延伸速率是翻译调控领域的核心问题之一。测定单个基因的翻译延伸速率有多种方法，但全局性研究所有基因的翻译延伸速率则长久以来难于实现。

数十年来，研究者们提出了许多指标来表征蛋白质的翻译延伸速率，包括密码子偏好系数（codon bias index，CBI）、密码子适配系数（codon adaptation index，CAI）、密码子有效数目（effective number of codon，ENC）、tRNA 适配系数（tRNA adaptation index，tAI）等，这些指标都是利用基因组信息进行计算所得（Dos et al.，2004；Hall and Bennetzen，1982；Sharp and Cowe，1991；Wright，1990）。

Ingolia 等（2011）尝试采用三尖杉酯碱（harringtonine）来抑制翻译起始，随后采用 Ribo-seq 追踪核糖体在 mRNA 上的分布随时间的变化，通过计算得出鼠胚胎干细胞中的平均翻译延伸速率大约为 5.6 个密码子/s。然而，由于实验误差的影响，该方法仅适用于对大量基因的平均翻译延伸速率进行测定，无法实现对单个基因水平的精确测量。

真正的突破来自暨南大学张弓课题组。Lian 等（2016）发现 tRNA 浓度介导的密码子选择是调控翻译延伸速率的决定性因素，并鉴定出了翻译延伸缓慢基因偏好的密码子，它们也呈现出很强的细胞特异性。tRNA 的丰度与前述指标（CAI、ENC、tAI 等）相关性不高，并且在不同的组织与细胞中差异显著，统一的基因组信息无法适用于不同组织，因此上述用于预测基因翻译延伸速率的指标有较大局限性。

为了测定生理条件下人细胞全基因范围单基因水平的相对翻译延伸速率，对同一细胞系同时进行了 mRNA-seq、RNC-seq 和 Ribo-seq，根据 RNC-mRNA 的核糖体密度与翻译起始和翻译延伸的关系，计算出延伸速率常数（elongation velocity index，EVI）来表征生理状态下人正常细胞和癌细胞的全基因范围内单基因水平的翻译延伸速率。

$$\text{EVI} = \frac{\text{TR} \times C}{F}$$

其中，TR 是翻译比率；C 是核糖体 mRNA 丰度；F 是 RFP 丰度。

第二节　蛋白质的翻译中折叠

一、诺奖理论"安芬森原则"有错？

蛋白质折叠是一个重要的生物过程，它将核糖体合成的线性多肽链折叠成功能性三维结构。当多肽链在核糖体的多肽通道中被合成，即开始在一个错综复杂的微环境中完成从无序到有序、从线性到立体的构象，最终形成生物活性的蛋白质。无论是携带氧分子的血红蛋白还是大名鼎鼎的 p53 蛋白，其功能都依赖于其自身的三维结构，这在分子层面上展现了蛋白质结构与其功能之间密切的关联。折叠构象直接影响蛋白质的生物活性，甚至决定蛋白质在细胞内的定位。一旦蛋白质的折叠过程失控，可能会导致严重的后果，如因蛋白质错误折叠导致的蛋白质聚集和蛋白质性疾病——阿尔茨海默病和帕金森病等（Taylor et al.，2002）。

蛋白质如何折叠的问题一直困扰着科学家，已成为生化领域最基础的问题之一。Anfinsen 等（1973）使用 RNase 蛋白质为材料，将其变性后恢复到正常条件，发现其结构恢复了原始构象，功能也恢复了，因此得出结论，即"蛋白质的天然构象完全由其氨基酸序列在一定环境中唯一决定"。这一结论被称为"安芬森原则"（Anfinsen's dogma），获得了 1972 年诺贝尔化学奖，并被写进了每一本生化教科书中。这一理论一直被奉为圭臬。在蛋白质工程中，人们将异源蛋白质克隆进细菌或酵母等体系中进行表达以生产出具备活性的蛋白质，如胰岛素，造福全人类。蛋白质结构深度学习预测算法如 AlphaFold 和 RoseTTAFold 等也是基于安芬森原则，它们在预测蛋白质的三维结构方面取得了突破（Fudge，2023；Jumper et al.，2021），到 2022 年已预测了超过 100 万个物种体内 2 亿个蛋白质三维结构，几乎将所有人类知道的蛋白质结构都进行了预测，且准确率相当高，这将深刻影响科学界对生物大分子的理解和应用。甚至有研究者预言，结构生物学家在 AI 结构预测面前可以下岗了。

由于密码子存在简并性，不同核酸序列可以编码完全相同的氨基酸序列，这种密码子改变而氨基酸不改变的突变称为同义突变（synonymous mutation）或沉默突变（silent mutation）。按照安芬森原则，这些沉默突变既然不改变蛋白质的氨基酸序列，也就不会影响蛋白质的折叠。

但是，一些研究发现沉默突变会影响表型。脊髓灰质炎病毒衣壳蛋白的沉默突变大大降低了病毒的侵染性（Coleman et al.，2008）。*MDR1* 基因的一个沉默突变改变了其底物特异性（Kimchi-Sarfaty et al.，2007）。迄今为止，已从囊性纤维变性（cystic fibrosis）患者体内发现了 70 个 *CFTR* 基因的沉默突变，他们的 CFTR 蛋白质氨基酸序列完全正确且一致，却有着错误的功能，显然是折叠构象错误导致。这些都是环境一致但沉默突变改变了折叠构象，这在安芬森原则的理论框架下很难解释。但由于安芬森原则获得过诺奖，没有人敢提出质疑。

另一个长久以来的悖论是 1968 年提出的利文索尔佯谬（Levinthal's paradox）（Levinthal，1968）：如果蛋白质的折叠单纯靠肽链不断尝试各种可能的构象，那么蛋白质折叠的时间将远远长于宇宙的年龄。实际上折叠迅速的蛋白质折叠时间甚至不到 1s，慢的也不过分钟级别。因此，必然有某种未知的原理大大加速了蛋白质的折叠，并保证蛋白质折叠的可靠性，至少是在正常条件下。为了解决这个悖论，Zwanzig 等（1992）提出了一种称之为 "energy bias" 的理论可能性，即蛋白质的折叠并非随机尝试各种可能的构象，而是当蛋白质尝试不正确的构象时，会有能量惩罚，迫使蛋白质结构趋向能量更低的构象；能量惩罚越大，则达到稳定折叠的时间越短，甚至可能达到秒级。这一理论后来发展成蛋白质折叠的"能量地形理论"（energy landscape），即蛋白质折叠需要经过一系列的能量极小构象实现，翻越能垒可能形成另一构象（Onuchic et al.，1997）。但由于实验技术的限制，目前除很小的蛋白质外（Banushkina and Krivov，2015；Krivov，2011），难以测定大多数蛋白质的中间折叠构象。而且，能量地形理论目前仍然没有明确蛋白质的折叠能量极小值的中间体是以何种方式组织的，因此尚不能解释沉默突变何以改变折叠的路径——因为蛋白质序列是完全一样的。

二、颠覆诺奖理论：翻译延伸速率决定折叠

（一）tRNA 浓度介导的翻译暂停

核糖体在合成蛋白质时，会选择适合的 tRNA 与 mRNA 上的密码子配对，除甲硫氨酸（Met）和色氨酸（Trp）外，其余氨基酸均可由多个密码子编码，即密码子的简并性。编码同一氨基酸的同义密码子所对应的 tRNA，其浓度可存在 10 倍以上的巨大差异，表明在同义密码子 tRNA 的使用上具有偏好性。具体来说，与某个密码子配对的 tRNA 如果在细胞中丰度较低，那么合成蛋白质过程中遇到该密码子时核糖体翻译速率就会变慢；相反，如果对应 tRNA 丰度较高，经过该密码子时翻译速率就会较快。因此，沉默突变可以改变延伸速率，翻译延伸速率沿 mRNA 是非匀速的。

tRNA 的丰度与密码子频率（codon usage）并非呈线性关系，且相关性并不显著。例如，大肠杆菌对数期的 tRNA 组浓度（折算到每个密码子的等效浓度）与密码子频率的相关性 $R^2 \approx 0.5$，仅表示有一定的相关性（Czech et al.，2010）。而 tRNA 组是会变化的，不同的生长条件下 tRNA 组不同，多细胞高等生物不同组织内的 tRNA 组也不同。因此，用任何基于基因组信息的数值（如密码子频率、CAI、tAI 等）代替 tRNA 浓度来预测翻译延伸速率都需要仔细考量。由于 RNA 二级结构总体上并不影响翻译延伸速率（Lian et al.，2016），因此 tRNA 浓度就是翻译延伸速率的主要决定因素，可以用 tRNA 浓度的倒数来计

算一段序列的翻译延伸速率，并得到实验的验证（Zhang et al.，2009）。任意基因的翻译延伸速率曲线可尝试用在线工具 RiboTempo 来计算（https://translatome.net/RiboTempo/）。

那些对应很低浓度 tRNA 的密码子翻译总体缓慢。单个缓慢翻译的密码子并不能对翻译速率造成决定性的影响，缓慢翻译的密码子倾向于成簇分布，即在较短的距离内分布有多个不一定相邻的缓慢翻译密码子，这可有效地减缓核糖体在这个区段的翻译速率（图 3-16），这些区域被称为"翻译暂停位点"（translational pausing region 或 slow-translating region）。在这些位点，核糖体移动速度减缓。

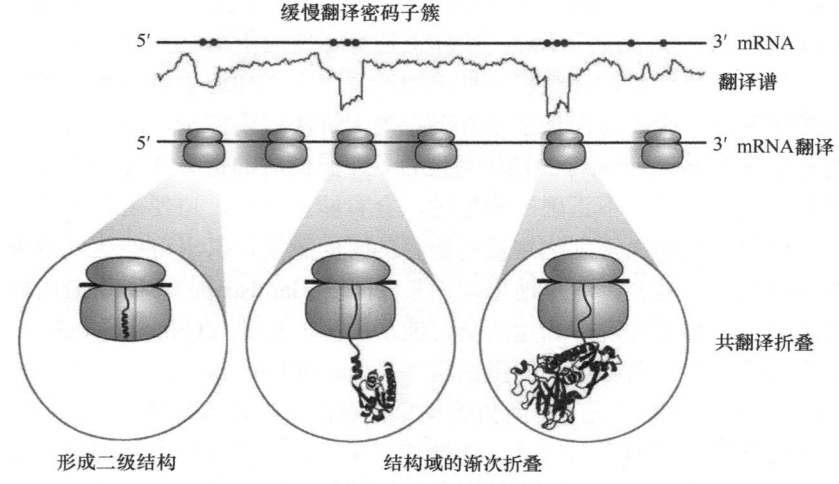

图 3-16　翻译暂停协调新肽链的翻译中折叠（Zhang and Ignatova，2011）

与稀有 tRNA（mRNA 上的圆点）配对的密码子簇在翻译谱计算中被识别为翻译暂停位点，导致了核糖体在 mRNA 上的非匀速运动。在这些局部的翻译暂停位点处，新生肽链的延伸速度会减缓。在多结构蛋白中，效应较强的翻译暂停位点可以使单个结构域的折叠更好，而效应弱一些的翻译暂停位点则能够为前方肽段高级结构的折叠提供一定时间窗口

（二）翻译暂停决定蛋白质翻译中折叠

Zhang 和 Ignatova（2009）发现，翻译暂停位点通常出现在蛋白质结构域下游 20～70 个氨基酸处，而且在整个蛋白质组普遍存在，不同结构、大小的蛋白质，几乎都遵从同样的规律（图 3-17）。相邻两个翻译暂停区段之间的距离平均为 125aa，大致相当于一个蛋白质折叠的结构域大小。

小蛋白质折叠很快且稳健。小蛋白质可能只有一个结构域，因此大部分小蛋白质没有翻译暂停，以利于蛋白质快速合成和折叠，尤其是高丰度蛋白（如核糖体蛋白等）。而大的蛋白质有多个结构域，因此中间需要翻译暂停辅助结构域折叠。此外，有 18.6% 的大肠杆菌蛋白质在 C 端具有翻译暂停现象，这些蛋白质涵盖各种结构类型（图 3-18）（Chen et al.，2014）。

既然翻译暂停具有普遍性，缓慢翻译密码子也并非随机分布，那么翻译暂停与结构域的折叠之间必然存在机制上的联系。20～70aa 这个长度很有意思，我们知道核糖体肽基转移酶中心（peptidyl transferase center，PTC）到核糖体表面有一个通道，新生肽链从这里逐渐离开核糖体。该通道内部可以容纳一定长度的新生肽链，最短约为 20aa

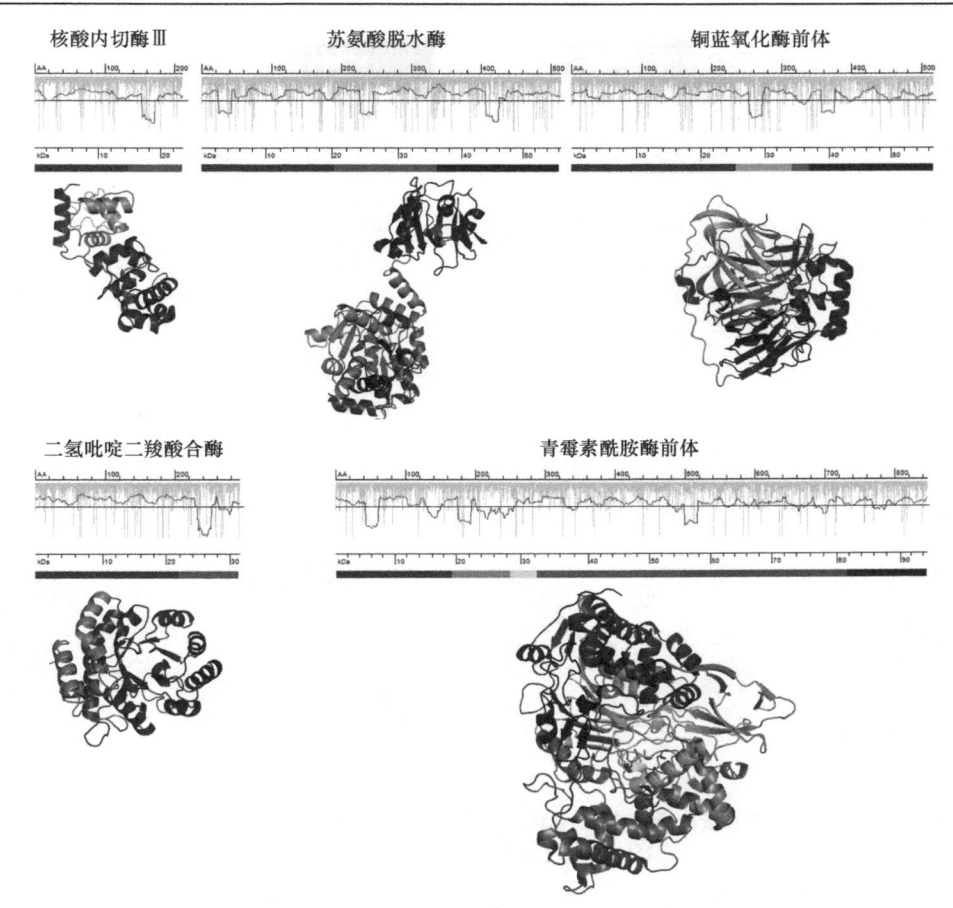

图3-17 大肠杆菌中几种蛋白质的翻译速率曲线及其结构域状态（Zhang and Ignatova，2009）（彩图另扫封底二维码）

翻译速率曲线用红色折线表示，结构域状态用折线图下方颜色条标出，对应晶体结构上也用颜色标出。红色折线越低，翻译延伸速率越慢，低于蓝色横线则认为是一个翻译暂停位点

（完全伸展），最多约为72aa（完全折叠成紧密的α螺旋），实际情况基本介于两个长度之间。因此，20~70aa 刚好是新生肽链在核糖体通道内的长度，当核糖体在翻译暂停位点上慢下来时，前一个结构域正好完全被顶出了核糖体通道，可以自由折叠（图3-19）。该现象提示，翻译暂停是为了让蛋白质在翻译过程中实现每个结构域的独立折叠，大大简化了较大蛋白质的折叠过程。这也是沉默突变改变蛋白质构象的唯一合理解释——沉默突变虽然没有改变氨基酸，但由于改变了密码子，使得新密码子对应了另一个不同浓度的同义tRNA，从而改变了蛋白质的翻译暂停模式。

如果沉默突变导致翻译暂停位点的缓慢翻译密码子被替换为同氨基酸的快速翻译密码子，则能够消除翻译暂停，使两个结构域都快速被翻译出来。但此时就可能造成两个结构域的肽链之间发生长程相互作用而产生结构域的错误折叠，蛋白质无法形成正确构象而失去活性，细胞定位也随之发生错误。我们要理解的一点是，不论哪种氨基酸造成翻译暂停都不重要，重要的是多肽链要在正确的地方暂停。因此换用其他缓慢翻译密码

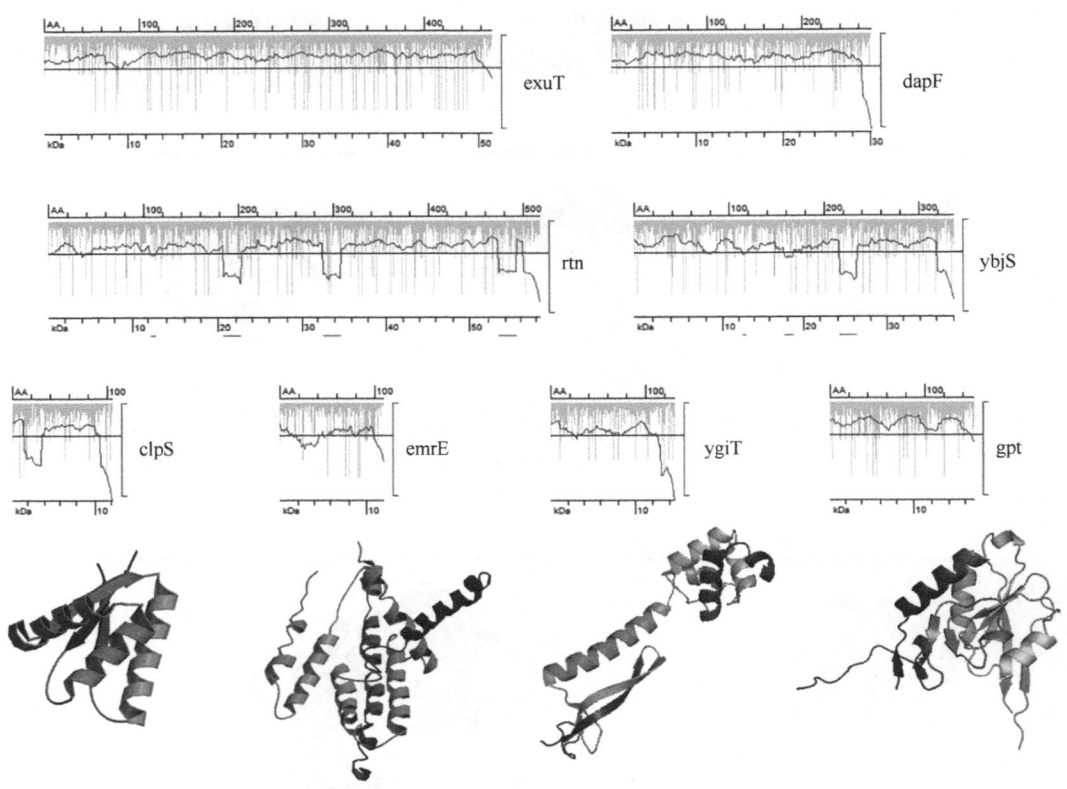

图 3-18　大肠杆菌的许多蛋白质存在 C 端翻译暂停（Chen et al.，2014）（彩图另扫封底二维码）
包括较大的蛋白质和较小的单结构域蛋白质

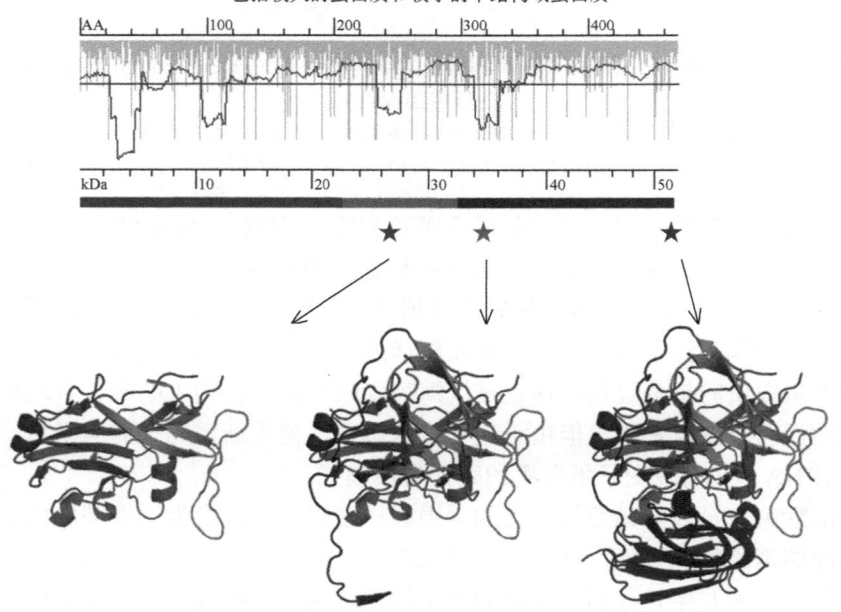

图 3-19　大肠杆菌 SufI 的翻译速率曲线及其三个结构域之间的对应关系（Zhang et al.，2009）（彩图另扫封底二维码）
26kDa 和 35kDa 左右的两个翻译暂停都位于结构域分隔处下游 20～40aa

子来制造这个翻译暂停,一样可以保证蛋白质的正确折叠(图 3-20)(Zhang et al., 2009),该结论在无细胞翻译体系和细胞内都成立。需要注意的是,所有这些均可在不改变蛋白质本身所处的翻译环境下即可实现。

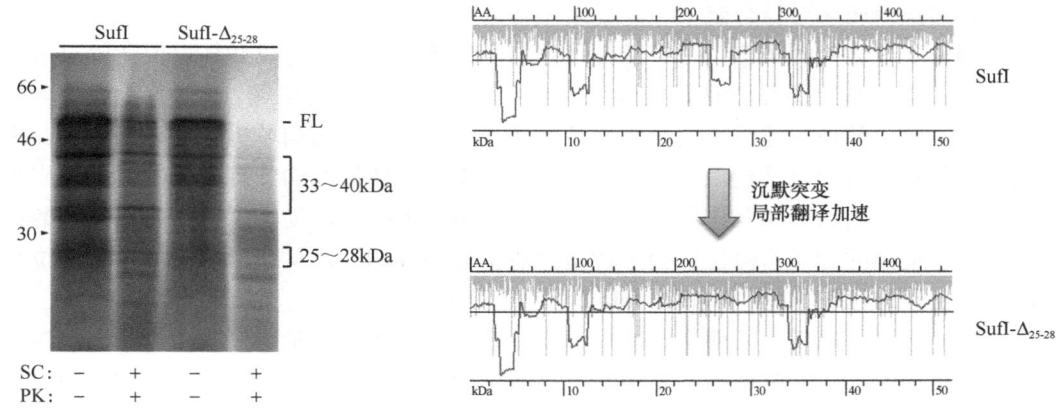

图 3-20　沉默突变导致 SulfⅠ的新生肽链不能正确折叠 (Zhang et al., 2009)
通过沉默突变消除 SufⅠ的 25～28kDa 翻译暂停位点,则新生肽链不能正确折叠

在多结构域蛋白质中,这种由密码子选择调节的翻译速率对于蛋白质的正确折叠更为关键。如果将翻译暂停位点中原本翻译缓慢的密码子替换为翻译速率较快的同义密码子,可能会对多结构域蛋白质的折叠造成不利影响。此外,核糖体的减速还可能促进核糖体通道出口的多肽链与其他有助于共翻译修饰或折叠的辅助因子相互作用(Kramer et al., 2009a),如肽脱甲酰基酶、甲硫氨酸氨基肽酶、分子伴侣蛋白等,有助于蛋白质的定位和插入跨膜结构。

减少翻译暂停的策略除了对基因序列进行沉默突变以外,另一种方式是提高低丰度 tRNA 的浓度。在大肠杆菌中过表达三种低丰度 tRNA(*argU*、*ileX*、*leuW*),细菌中因折叠错误而形成聚集体的蛋白质显著增多,生长速率也显著变慢(图 3-21)。根据计算,蛋白质组中至少 18%的蛋白质因为过表达上述三种低丰度 tRNA 而使得翻译暂停消失(Fedyunin et al., 2012)。

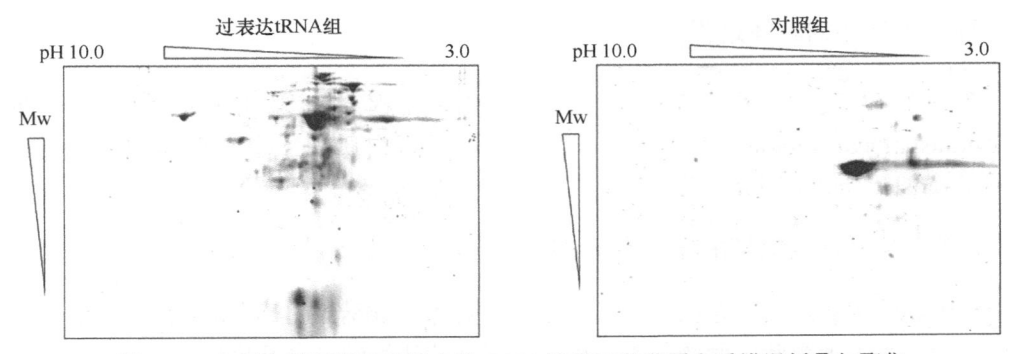

图 3-21　上调大肠杆菌三种低丰度 tRNA 浓度可引发蛋白质错误折叠与聚集
(Fedyunin et al., 2012)

那么，如果将这些策略反过来使用，是否能实现翻译暂停呢？答案是肯定的。一种方法是通过人工进行突变完成；另外还有一个简单方法即降温，通过降低温度使翻译延伸速率大幅度下降，而折叠速率受影响较小。因此，降温后，原本失去翻译暂停位点而不能折叠的蛋白质又可以折叠了，并且温度越低，折叠效果越好（Zhang et al., 2009）。以往在细菌中表达外源蛋白，37℃条件下表达不出来或者会进入包涵体，但在降温条件下（如28℃）却能更好地表达，实际上就是应用了翻译暂停的原理。

综上所述，翻译暂停位点的存在可使翻译速率与蛋白质结构域折叠速率相协调。大型蛋白质每翻译出一个结构域的多肽链，暂停一下可以使该结构域有充分的时间独立折叠，减少不必要的长程相互作用，使大型蛋白质更好地折叠，提高了整个蛋白质的翻译准确性。不适当的翻译暂停位点会干扰蛋白质折叠的准确性，从而影响其构象、定位和功能，这一理论也被称为"stop-to-fold"。

至此，已经可以切实证明，诺奖理论安芬森原则的"唯一确定"确实错了。蛋白质折叠的信息不但存在于氨基酸序列中，也存在于DNA中，这是广泛存在的现象。

（三）翻译暂停可作为进化选择力

不同物种中功能高度类似的蛋白质，在结构上一般高度保守，但核酸序列相似度却往往不高。例如，大肠杆菌和枯草芽孢杆菌中的DnaJ是一种分子伴侣，该蛋白质的功能与结构在所有物种中都高度保守，氨基酸序列的同源性高达81%，完全相同的氨基酸占56%，而DNA水平上仅有20%的密码子完全相同。长久以来，人们只是从经验上知道蛋白质的保守性高于核酸序列，却并不知道为什么不同的物种会选择完全不同的密码子来编码相同的氨基酸。

翻译暂停理论给出了很好的回答：与结构同样保守的是翻译暂停位点。例如，大肠杆菌和枯草芽孢杆菌DnaJ的翻译延伸速率曲线在19kDa附近有一个翻译暂停，这个位点隔开了N端的J-结构域（J-domain）和C端的富半胱氨酸结构域（cysteine-rich domain）（图3-22）（Zhang and Ignatova, 2009）。由于两种细菌的tRNA组大不相同，因此，在进化上两种细菌使用非常不同的密码子来编码，这是为了确保它们的翻译暂停位点都能与结构相匹配。

三、翻译中折叠的具体过程

翻译暂停介导的蛋白质折叠发生于翻译过程中，因此被称为翻译中折叠（co-translational folding），以区别于翻译完成后蛋白质独立于核糖体的翻译后折叠（post-translational folding）。

（一）多肽链在核糖体隧道内即开始折叠

在核糖体大亚基内，存在一个多肽合成的隧道（ribosomal exit tunnel）。在蛋白质合成过程中，绝大多数新生肽链并不是以完全展开的线性结构离开核糖体的多肽隧道，而是在核糖体隧道内部就已经开始折叠，新生肽链会在其中进行局部相互作用，形成二级结构（Kramer et al., 2009a）（图3-23）。这不是一个均匀的过程，新生肽链的不同部分

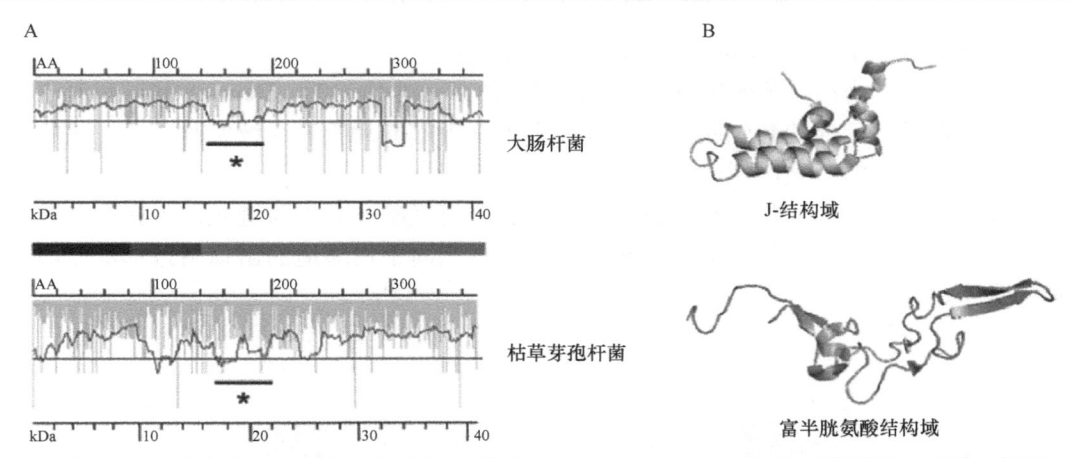

图 3-22 大肠杆菌和枯草芽孢杆菌的 DnaJ（Zhang and Ignatova，2009）（彩图另扫封底二维码）

A. 在两种细菌内 DnaJ 的翻译延伸速率曲线。中间的粗横条表示不同结构域，黑色为 J-结构域，红色为柔性连接肽（flexible linker），绿色为富半胱氨酸结构域。B. J-结构域和富半胱氨酸结构域的晶体结构（大肠杆菌 DnaJ）

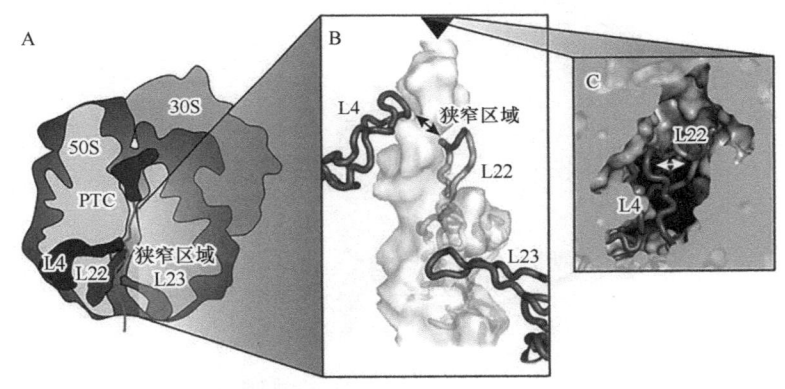

图 3-23 新生肽链在通过核糖体出口隧道时开始形成高级结构（Kramer et al.，2009a）（彩图另扫封底二维码）

A. 核糖体（灰色）隧道剖面示意图，显示新生链（橙色）从肽基转移酶中心（PTC）到出口的路径。与新生链相互作用的核糖体蛋白采用颜色编码（L4，蓝色；L22，洋红色；L23，绿色）。B. 核糖体隧道的外表面示意图（半透明灰色为隧道表面）。核糖体蛋白 L4 和 L22 形成的收缩区域是隧道最窄的部分（箭头处），对于 SecM 停滞很重要的蛋白质 L22 残基以洋红色突出显示，位于隧道出口处的核糖体蛋白 L23 显示为绿色。C. 从 PTC 位置观察出口隧道内部的构象

可能会以不同的速度进行折叠和构象形成。蛋白质的翻译中折叠受到核糖体通道内新生肽段产出速度的限制，这对已位于核糖体表面的新生肽的结构调整有一定作用。此过程中，对翻译速度的调控表现为新生肽链的不同部分会逐步折叠，同时提供一定的延迟，以微调翻译中折叠的整体过程。这种微调确保了新生肽链的正确折叠以形成生物学上所需的构象。

核糖体隧道长 80~100Å、宽 10~20Å，它不仅可作为新生肽链的容器，还在诱导和稳定新生肽链的高级结构上发挥积极作用。隧道中前 80Å 的宽度可容纳小体积的 α 螺旋构象，理论分析证实该隧道可以起到稳定 α 螺旋结构的作用（Guy et al.，2005）。膜蛋白的跨膜段在肽基转移酶中心附近紧缩形成 α 螺旋，并且这种结构在新生肽链通过核糖体隧道时一直保持稳定（Guy et al.，2005）；与之相反，分泌蛋白的新生肽链是以展开的相

对松散构象穿过隧道的（Woolhead et al.，2004）。

从结构和生物物理角度来看，核糖体隧道内部是非均匀的。Deutsch和同事基于热力学分析以及在延伸的新生肽链不同区域引入聚丙氨酸片段的系统实验证明，核糖体隧道内部有不同的折叠区域，这些区域能够以不同方式折叠肽链的二级结构：具有高螺旋倾向的、连续的、带有小侧链氨基酸（如聚丙氨酸）的多肽链倾向于在肽基转移酶中心附近形成；而对于其他一些螺旋序列，更倾向于在隧道的出口附近形成二级结构（图3-24A）。

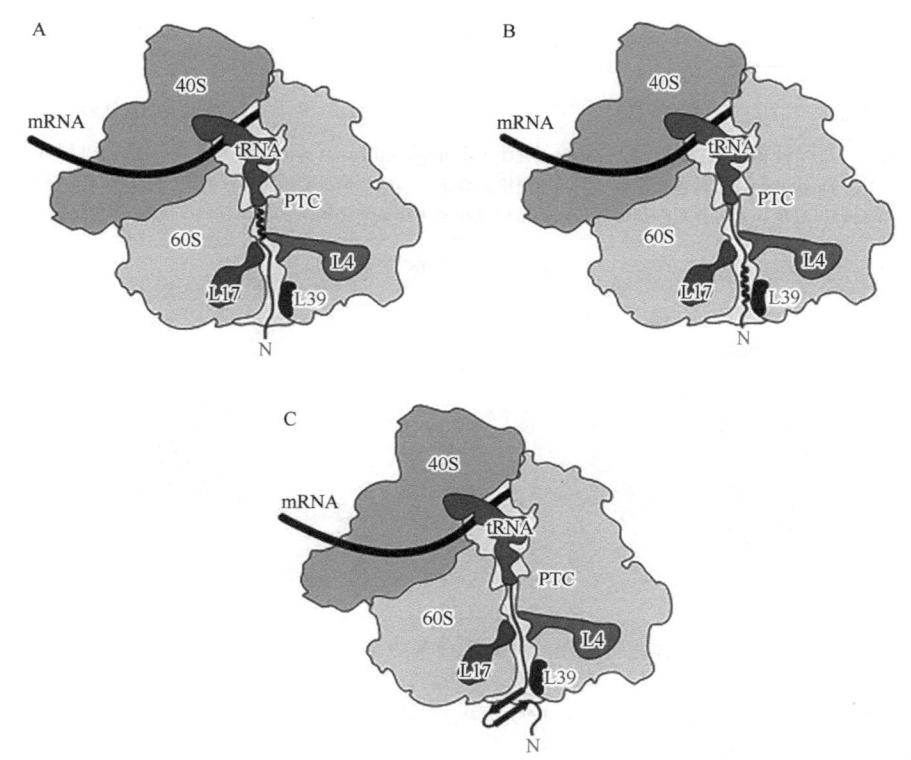

图3-24 核糖体通道中独特的折叠区稳定了新生肽的紧凑结构（Zhang and Ignatova，2011）（彩图另扫封底二维码）

A. 一些具有小脂肪族侧链的跨膜片段和序列在肽基转移酶中心（PTC）附近紧密结合。B. 一些疏水性较低但α螺旋倾向较强的新生肽链片段在隧道下部采用α螺旋。C. 可以在隧道前庭建立相互作用，可容纳简约的三级结构。与新生肽链相互作用的核糖体蛋白采用颜色编码（L4为橙色，L17为绿色，L39为蓝色）。PTC位点被tRNA（深灰色）占据

通过单颗粒冷冻电镜三维重构解析翻译卡顿核糖体的结构，也揭示了新生肽链在隧道的独特构象。可观察到新生肽链在隧道的上部主要是延伸的构象，而在隧道下部倾向于紧缩成α螺旋（图3-24B）（Bhushan et al.，2010）。新生肽链自身折叠能力可以解释观察到的新生肽链的独特现象：具有强螺旋倾向的疏水序列可能在隧道内就自发折叠为稳固的螺旋结构，而具有较弱螺旋倾向的亲水新生肽，只有在隧道出口附近才会变得结构致密。

核糖体隧道末端存在一个直径约20Å的"前庭"区域（vestibule），可为新生肽链提

供更多的活动空间，能够容纳小型三级结构（β折叠）形成（图3-24C）（Kosolapov and Deutsch，2009）。此外，新生肽在核糖体出口区域通过分子伴侣的协助，可以获得额外的折叠空间（Kramer et al.，2009a）。

总之，新生肽链的自身特性、核糖体隧道内部的电荷分布和远端折叠区域都可以影响蛋白质的折叠方式。这些因素共同作用，确保新合成的蛋白质在翻译的同时逐渐折叠成其特定的三维结构，最终实现其生物功能。

（二）核糖体上结构域的翻译中折叠

在翻译中折叠的过程中，核糖体隧道出口的作用主要用来稳定新生肽链中的二级结构。以往认为，要形成复杂的三维蛋白质结构，新生肽链必须等到完全从核糖体中释放出来后才能有效地折叠。然而，通过荧光数据的研究发现，对于脱辅基肌红蛋白（apomyoglobin）新生肽链而言，随着链的长度增加，整体蛋白质的螺旋结构会减少（Ellis et al.，2008）。这是因为核糖体上形成的紧凑结构可以稳定新生肽链，限制了其构象的多样性。这种稳定性使新生肽链能够在细胞内局限而拥挤的空间中更有效地折叠成蛋白质的天然结构（Evans et al.，2008）。

层级式凝聚（hierarchical condensation）通常被认为是最可能的翻译中折叠机制。可区分新生肽紧凑和松散构象的蛋白酶抗性试验表明，无论是真核生物还是细菌的大型多结构域蛋白质，都可以在核糖体上观察到结构域层级式凝聚和共折叠，以及结构域逐步形成的状态（Kleizen et al.，2005；Zhang et al.，2009）。但是对于结构域部分的瞬时中间状态或低密度状态，这些试验通常难以观察。

通过改进样品制备方法和提高核磁共振（NMR）实验的灵敏度（Cabrita et al., 2009；Hsu et al., 2007），研究人员对盘基网柄菌（*Dictyostelium discoideum*）的凝胶因子蛋白ddFLN的新生肽进行研究时，发现当ddFLN的一段包含Ig结构域的新生肽从核糖体隧道出口完全生成后，整个Ig结构域就会形成类似天然结构构象（native-like conformation），Ig结构域的某些部分会形成短暂的、具有天然结构特征的折叠中间态；研究还观察到Ig结构域的一组共定位残基在新生肽链释放时消失，表明折叠区域可能与核糖体存在某种瞬时相互作用。这些结果表明核糖体主动参与了蛋白质的翻译中折叠，而不是仅作为一个行使翻译的被动角色。

在另外一种情况中，结构域的折叠需要新生肽一级结构内两端的残基之间相互配对，或者将N端和C端的二级结构元件作为初始折叠步骤的一部分先行对接，因此这些结构域或蛋白质必须等到多肽链C端需要配对的残基出现在隧道口之后才开始折叠（Krishna and Englander，2005）。有研究观察到在没有出现中间折叠状态的情况下，SH3蛋白的结构域会等到整个多肽链从核糖体中释放出来才开始折叠。这个例子中的SH3结构域在核糖体上的折叠方式类似于体外复性实验所观察到的情况（Eichmann et al., 2010）。

翻译中折叠的计算模型验证了实验中观察到的折叠状况的多样性：部分新生肽链会先坍缩成具有天然结构的中间体，而另外一些新生肽链可以在全长序列完全被释放之前基本上保持非结构化的状态（Lu and Liang，2008；Wang and Klimov，2010）。

新生肽链在核糖体上的翻译中折叠对蛋白质最终的构象折叠产生了一定限制，从而产生与蛋白质体外复性不同的构象，核糖体可通过空间排斥和静电效应影响未折叠肽段的整体结构（Streit et al.，2024）。然而并不是所有蛋白质在合成过程中都会出现这种共翻译中间构象。一些小蛋白或结构域可能会以类似体外复性的方式进行翻译中折叠，在新生肽链排出时已经折叠并形成类似天然构象的状态，这显著提高了正确折叠的效率。

具有多结构域的蛋白质占真核基因组中所有蛋白质的 70% 以上，因此，层级式共翻译结构形成（hierarchical co-translational structuring）对于具有多结构域的大型蛋白质特别重要。在这些蛋白质的 mRNA 序列中，分散分布的翻译暂停位点可以在新生肽链折叠时起到重要作用，使各个结构域得以逐个形成而不产生混乱。甚至还有部分多结构域蛋白可以在多肽链的翻译后期即折叠时获得其天然结构，例如低密度脂蛋白受体的新生肽链先通过形成非天然二硫键来稳定形成折叠的中间体，然后非天然二硫键发生异构化形成天然半胱氨酸桥，使蛋白质形成活性结构（Jansens et al.，2002）。

最后，结构域之间的相互作用也可能影响到翻译中折叠动力学和共翻译中间体的结构。新生肽在核糖体上形成的任何构象，都会使逐渐伸长的新生肽链趋于稳定，并保护其免受细胞空间内的蛋白酶水解。

四、翻译暂停理性重设计用于异源蛋白质表达

生化工程将外源蛋白质克隆到细菌、酵母等工业表达体系中进行大量发酵表达，获得特定种类的蛋白质，这种方式摆脱了天然生物体系。通过几千吨的大型发酵罐进行蛋白质表达，成本可以做到极其低廉，从而使许多蛋白质，如胰岛素、蛋白酶等满足人类的日常使用。全世界工业重组蛋白的市场规模在 2021 年达 124 亿美元，预计 2025 年将增长至 208 亿美元；其中，中国约占 1/5，且年复合增长率达 17.72%，增速高于全球平均水平（Frost & Sullivan 数据）；如果包含药用蛋白（含病毒体系等），市场预计可达 2000 亿美元。目前新获批的药物中，60%以上为蛋白类药物，且有持续上升的趋势。近年来，合成生物学得到了长足的发展，许多原来需要用化工方法进行合成的大宗化学品，现在可以将合成酶系转入工业表达体系，利用生物法进行生产，节能环保。从一些珍稀药用动植物体内提取的药物，部分可以通过合成生物学方式用工业表达体系生产，减少了对这些动植物的采集破坏，对恢复生态和维护生物多样性有着重要的意义。

然而，绝大多数外源蛋白质克隆到工业表达体系中并不能高效表达，常见的问题有表达量低和形成包涵体。工业应用通常使用成熟的质粒，即不存在转录水平低和翻译起始效率低的问题，那么本质的问题一般都是蛋白质无法高效折叠。未折叠的蛋白质，如果细胞降解能力足够，会将其降解，表现为重组蛋白表达量低；如果细胞降解能力不足，则会使其进入包涵体，以尽可能降低对细胞正常生理过程的损害；如果连形成包涵体的能力都不足，大量未折叠蛋白则会给细胞造成巨大的压力，导致细胞生长缓慢甚至死亡。

为了解决以上问题，提高有功能的重组蛋白产量，人们发明了许多优化方法，但它

们的缺点也同样明显（表 3-3）。

表 3-3 常见的外源蛋白可溶性优化方法及其缺点

方法	缺点
包涵体复性	蛋白质损失大；许多蛋白质仍然无法恢复天然构象，无活性
质粒载体改造，如分子伴侣共表达、密码子优化	绝大部分蛋白质折叠不依赖分子伴侣（Kerner et al., 2005）。密码子优化破坏了翻译暂停，反而造成蛋白质折叠错误，形成包涵体
宿主菌改造，如氧化还原酶系突变、tRNA 强化	氧化还原酶系突变仅适用于依赖氧化性氛围折叠的蛋白质。tRNA 强化破坏了翻译暂停，造成蛋白质折叠错误，使细菌生长受阻
发酵条件优化	通用性差

由翻译暂停理论可知，外源基因的来源细胞和表达细胞 tRNA 组通常存在较大差异，因此翻译暂停状况迥异。已知不合适的翻译暂停会导致蛋白质错误折叠，那么使用翻译暂停序列理性重设计方法优化翻译暂停，可使蛋白质有足够的时间进行以结构域为单位的翻译中折叠，从而形成结构正确的具备生物活性的蛋白质，尽可能避免形成包涵体，增强蛋白质可溶性表达。这种优化策略独特的优势在于：不改变蛋白质氨基酸序列（意味着无需重新进行临床试验和报批）；不改变诱导表达条件（意味着可以无需改动现有生产线）；与传统优化方法兼容，可以联合使用。

同样，翻译暂停理性重设计有两种基本思路：①将目标蛋白的编码基因进行沉默突变，在适当的地方做出翻译暂停；②对表达体系进行改造，使核糖体移动速率整体变慢，即相当于增加翻译暂停。工业表达场景下往往需要较高的产量，而降温会严重影响生化反应的速率，使细菌或细胞生长速度显著变慢，致使总产量上不去，所以也不建议轻易采用降温的方法。

（一）用沉默突变制造翻译暂停

对照目标蛋白的结构，可以在结构域分隔处下游 20~40aa 设计一个翻译暂停；对很小的蛋白质，可在末尾处增加一个翻译暂停。例如，蓝藻抗病毒蛋白（cyanovirin-N，CVN）是从蓝藻体内发现的一种广谱强效抗病毒蛋白，可有效对抗 HIV、流感、埃博拉、疱疹等多种病毒，且能基本无视这些病毒的变异，因此在发现后被迅速作为极有前景的抗病毒药物进行研究。然而，CVN 的工业化大规模生产一直困难重重，自 1996 年以来，人们尝试了几乎所有能想得出来的工业表达系统，均不能高效表达，原因就是无法正确折叠，致使可溶性产量极低，没有经济价值。

2014 年，暨南大学张弓、熊盛课题组首次应用翻译暂停理性重设计方法，用最常见的大肠杆菌表达体系，在 CVN 末端设计了翻译暂停，一举将其可溶性表达量提高 2400 倍，抗病毒比活性甚至高于天然蛋白，其折叠效率远远高于天然蛋白（Chen et al., 2014）（图 3-25）。

不过，并非所有蛋白质都能通过该方法优化成功。对一些分子质量很小而且折叠本身就非常快、非常稳健的蛋白质，优化的效果有限。通过分子动力模拟可见稳态下结构振动幅度较小的蛋白质较难优化。尽管单位菌量的目标蛋白的可溶性产量并没有提升，

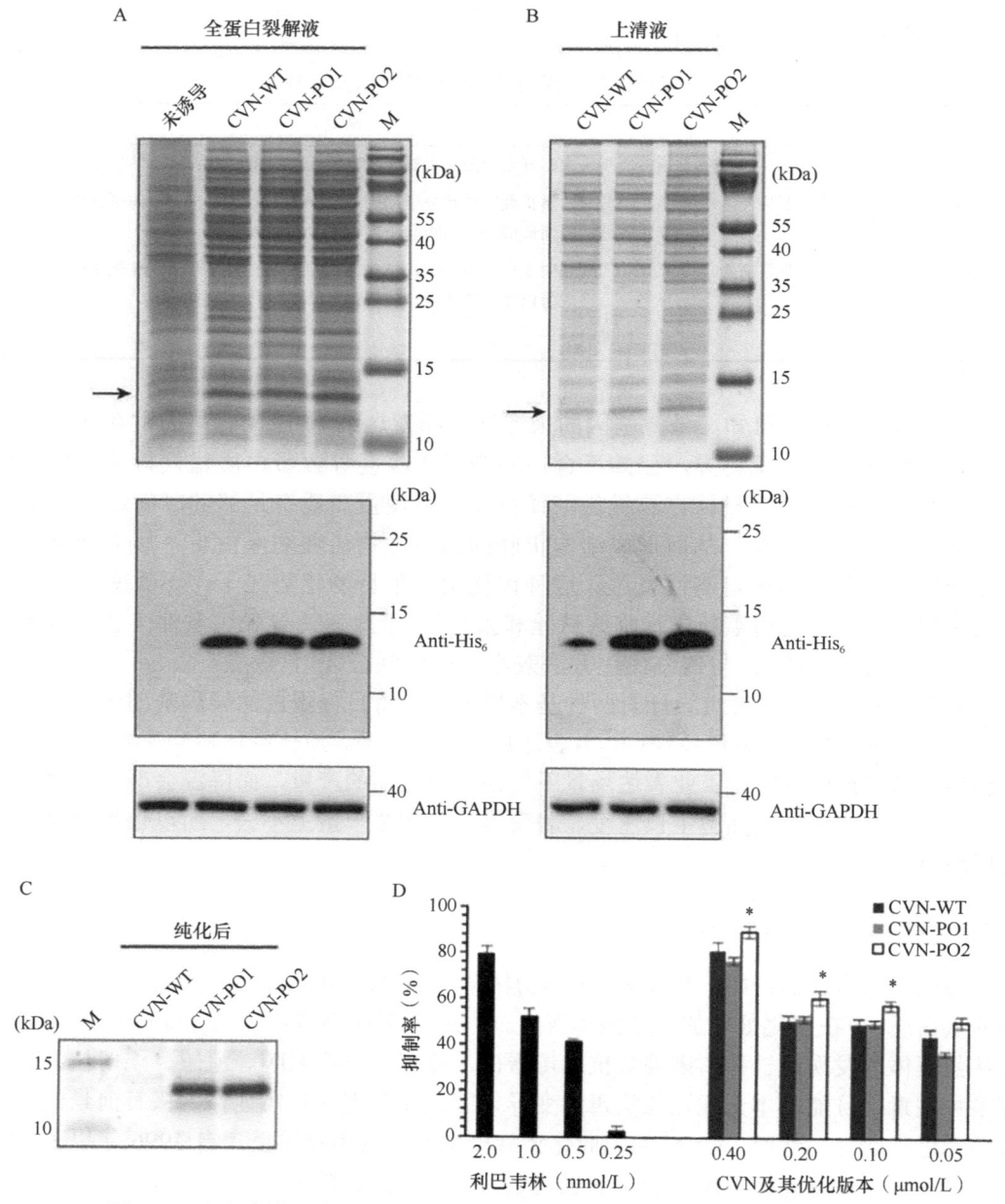

图 3-25 翻译暂停理性重设计法优化 CVN 的可溶性表达（Chen et al., 2014）

CVN-WT 为野生型 CVN 序列，CVN-PO1 和 CVN-PO2 是两个翻译暂停优化的版本，均不改变氨基酸序列，只添加了不同强度的末端翻译暂停。A. 在全细胞裂解液中，可观察到野生型和优化版本具有相似的 CVN 总产量。B. 在诱导后的可溶性上清中，CVN-WT 只有很弱的条带，而 CVN-PO1 和 CVN-PO2 的条带很强。C. 经过 His-tag 纯化、跑胶、考马斯亮蓝染色，CVN-WT 已几乎看不到条带了，而 CVN-PO1 和 CVN-PO2 条带非常清晰。D. CVN 抗甲型流感病毒 H3N2 活性测试。在 0.4μmol/L 浓度下，CVN-PO2 的比活性显著高于 CVN-WT，也高于 2.0mmol/L 的利巴韦林（阳性药物对照）

但细菌可以生长到更高的密度，说明翻译暂停优化仍然改善了外源蛋白的构象，使其对细菌菌体的伤害更小。因此，相同体积的培养液中，优化后的版本所能得到的目标蛋白质包涵体的量更多（Huang et al., 2018）。

（二）改造核糖体使翻译整体减慢

核糖体是一个庞大且复杂的生物大分子。原核生物的核糖体由 3 种 rRNA 和 55 种左右的核糖体蛋白构成；真核生物的核糖体通常由 4 种 rRNA 和 80 种左右的核糖体蛋白构成。部分核糖体蛋白对核糖体的功能至关重要，也有不少核糖体蛋白并不是核糖体完成功能所必需的，被称为"非必需核糖体蛋白"（non-essential ribosomal protein），若将其敲除，细胞也能存活，但核糖体的某些性能会受到影响，其中最常见的影响就是翻译延伸速率变慢。

例如，在毕赤酵母（*Pichia pastoris*）这一常见的工业表达体系中，逐一敲除非必需核糖体蛋白，同时表达目标蛋白植酸酶（phytase）。敲除非必需核糖体蛋白后，单位菌量下植酸酶的活性基本都高于野生型菌株，有些高出 10 倍，说明这些敲除株的核糖体翻译时行进速度较慢，相当于处处是翻译暂停，新生肽链有足够的时间折叠成正确的构象（图 3-26）（Liao et al., 2019）。

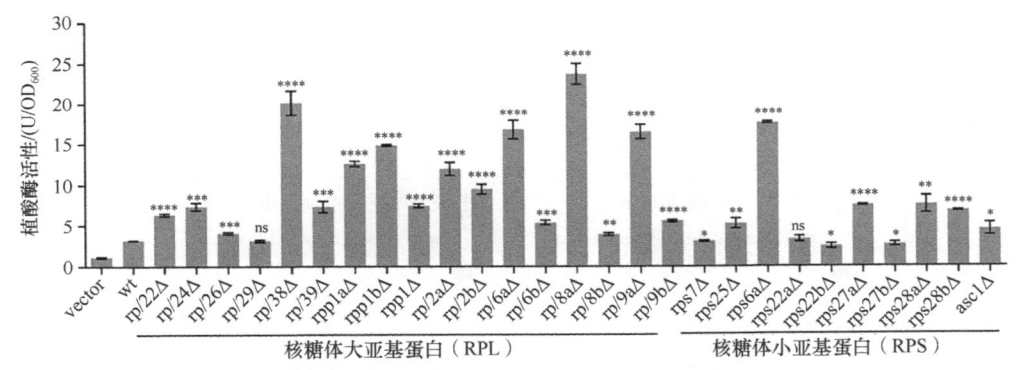

图 3-26 毕赤酵母中表达植酸酶（Phy）的活性对比（Liao et al., 2019）
WT 为野生型菌株，rpl**Δ 和 rps**Δ 为非必需核糖体蛋白敲除株

除此之外，对 rRNA 进行突变也可以实现翻译降速。Ruusala 等（1984）发现 rRNA 的碱基突变可导致翻译保真度增加，称为"超精确核糖体"（hyper-accurate ribosome），但核糖体翻译延伸速率变慢，因此会抑制细菌生长；随后还发现了"易出错核糖体"（error-prone ribosome），其原理也是 rRNA 的变异（von Ahsen，1998）。使用"超精确核糖体"，可以通用性地创造翻译暂停状态，增强折叠效率。

第三节 翻译调控与细胞功能

作为连接转录本和蛋白质的纽带，蛋白质翻译是生物信息组学层次传递的中心环节。

从调控翻译速率影响蛋白质折叠状态和功能，到精确控制翻译起始效率调节蛋白质产量和表型特征，这些调控机制相互协同，构筑起一个错综复杂的调控网络，为细胞的正常运行提供精准的蛋白质组调控。

翻译调控广泛参与蛋白质组决定、维持内稳态，以及调控细胞增殖、生长和发育等，同时也是在细胞内调控蛋白质丰度和功能的关键步骤，包括 mRNA 的翻译起始调控、翻译延伸调控、翻译终止调控、mRNA 稳定性调控、核糖体解救、RNA 结构调控、翻译暂停等，深入了解翻译调控的分子基础和调控机制对于我们的科学研究至关重要。

除了调控细胞内部的生化过程，翻译调控的作用还涉及更广阔的生物学层面。研究表明，翻译动态与细胞的适应性和抗逆性密切相关，在应对环境变化、病毒感染及其他外界压力时，细胞往往会首先通过调整翻译机制来实现对环境的抵抗和适应。另外，翻译异常与肿瘤的发生和发展也紧密相关，影响着生物体的健康和病理状态；翻译还被证实与生物的病毒感染等生物过程密切相关。这些研究均有助于我们深入理解生命的运行机制。

一、翻译的二维调控模式

对同一样本进行 mRNA-seq、RNC-seq 和 Ribo-seq，可以同时获得生理条件下每个基因的延伸速率常数（EVI）及翻译比率（TR）。代表翻译起始效率的 TR 与 EVI 有一定的相关性，可共同组成蛋白质翻译的二维翻译控制模式（图 3-27）：第一维是与细胞表型高度相关的翻译效率，第二维是与蛋白质质量调控相关的翻译延伸速率常数。

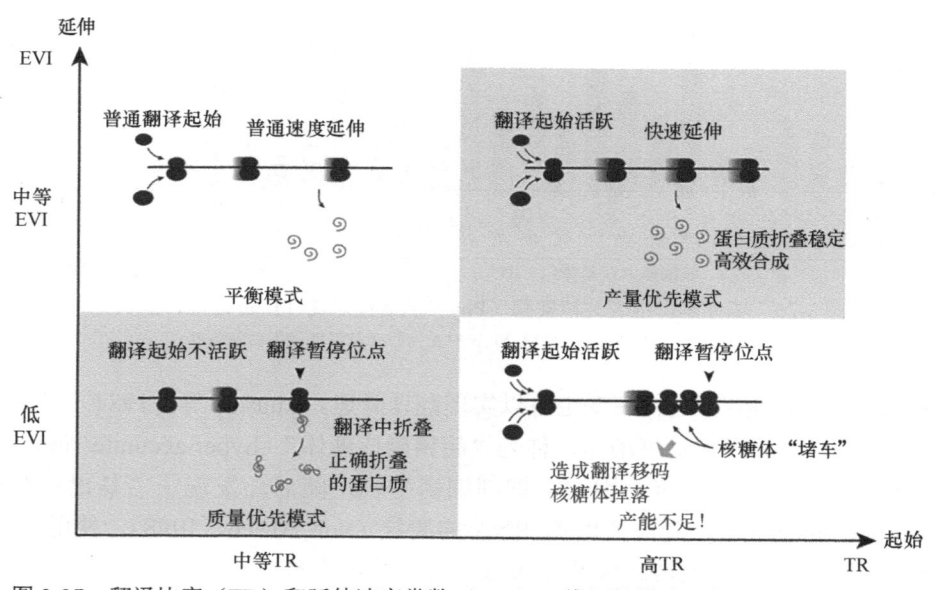

图 3-27　翻译比率（TR）和延伸速率常数（EVI）二维调控模式（赵晶和张弓，2017）

按照 TR 和 EVI 不同的组合方式，可划分为 4 种主要调控类型。

（1）细胞内大多数基因一般处于"平衡模式"，具有适度的 TR 和适度的 EVI，蛋白质平稳合成，有足够的时间通过共翻译折叠形成活性蛋白质。

（2）少数基因由于折叠很稳定，快速延伸不会影响其功能，因此无需翻译暂停，所以可以采用"产量优先模式"，翻译起始活跃，延伸速率快，可以大大提高其产量。

（3）另外一小部分基因的合成采用"质量优先模式"，具有适度的 TR 和较低的 EVI。这类基因往往编码多结构域蛋白，其 mRNA 上存在较多的翻译暂停位点，减慢延伸速率可以提高蛋白质翻译折叠质量，确保其蛋白质最终保持活性。

（4）一般不存在翻译起始效率高但延伸速率慢的基因，这种情况会导致翻译起始不停发生但延伸缓慢的现象，造成核糖体在 mRNA 上"堵车"（ribosome collision），形成核糖体卡顿（ribosome stalling）、核糖体移码甚至核糖体掉落等翻译异常，影响整个蛋白质的生产进程，最终导致蛋白质的"产能不足"。

二、翻译调控的类型

mRNA 进入翻译后，蛋白质合成步骤由翻译系统完成，主要由核糖体、tRNA 和翻译相关蛋白（包括起始因子、延伸因子和终止因子等）组成。对于每一个 mRNA 的翻译，这些组分都是不可或缺的。翻译调控因子涉及一些蛋白质分子（如 RNA 结合蛋白和激酶）、代谢物小分子（如各种离子、ATP）和 RNA 分子（如 small RNA）。当细胞接收发育或环境信号时，所有这些调节因子通过调节不同部件的组成和活性来进行翻译调控，改变 mRNA 的翻译效率、寿命、结构等，最终决定蛋白质组或特定蛋白质的产量。

翻译调控可以发生在翻译系统的多个层面，本节将分别阐述。

（一）mRNA 层面的翻译调控

1. RNA 修饰对翻译的调控

RNA 修饰是指 RNA 分子在合成后发生的化学成分的改变。现已发现的 RNA 修饰类型超过 170 种，常见的如 N^6-甲基腺苷（N^6-methyladenosine，m^6A）、N^1-甲基腺苷（N^1-methyladenosine，m^1A）、N^5-甲基胞苷（N^5-methylcytidine，m^5C）和 N^7-甲基鸟苷（N^7-methylguanosine，m^7G）等（Davalos et al.，2018）。这些 RNA 修饰可以改变 RNA 分子的电荷、二级结构及 RNA-蛋白质的相互作用，参与调控 RNA 代谢的几乎所有过程，包括 RNA 的加工、运输、翻译和降解等，进而影响基因的表达，在生理和病理过程中发挥复杂多样的重要功能。

m^6A 是真核细胞中含量最丰富的 mRNA 修饰，也是最受关注的 RNA 修饰之一。下面将以 m^6A 修饰为例，介绍 RNA 修饰对翻译过程的调控。m^6A 是 RNA 的腺嘌呤（A）第 6 号氮原子上的单甲基化修饰，可以发生在 mRNA 的任何区域，主要分布在编码区以及 3′-非翻译区（3′-untranslated region，3′-UTR），并显著富集在终止密码子处。

m^6A 修饰是动态可逆的，由 m^6A 甲基转移酶复合体（主要由 METTL3、METTL14、WTAP 组成）或 METTL16 催化发生，并由 m^6A 去甲基化酶（erasers，主要包括 FTO 和 ALKBH5）去除（Tang et al.，2021）。受 m^6A 影响的转录本通过招募 m^6A 识别蛋白（reader，如 YTH 家族蛋白和 IGF2BPs）调控 RNA 的命运和功能，如影响 mRNA 的可变剪接、出核运输、稳定性、翻译效率和降解，以及 miRNA 的成熟等（图 3-28）。

m^6A 修饰可通过多种机制调控 mRNA 的翻译，包括帽子-非依赖翻译起始、YTHDF1-eIF3 途径和 IGF2BPs 介导的翻译（Yang et al.，2018），具体如下。

（1）当 m^6A 位于 mRNA 的 5′ UTR 时，可以通过招募 YTHDF2 调控帽子-非依赖的翻译起始，即在热休克应激细胞中，YTHDF2 表达增加并易位到细胞核中，保护应激诱导转录本的 5′ UTR 中的 m⁶A 不被 FTO 去甲基化。此时，5′ UTR 中高丰度的 m⁶A 直接结合 eIF3（eukaryotic initiation factor 3，真核起始因子 3），在没有帽结合因子 eIF4E 的情况下招募 43S 复合体启动翻译（Meyer et al.，2015；Zhou et al.，2015）。

（2）当 m⁶A 位于 mRNA 的 3′ UTR 时，可通过 YTHDF1-eIF3 途径提高靶标 mRNA 的翻译效率，即 YTHDF1 率先结合 mRNA 3′ UTR 上的 m⁶A 修饰，在帽结合因子 eIF4G 介导形成环状结构后，通过与真核起始因子 3（eIF3）互作促进 mRNA 的翻译起始（Wang et al.，2015）。YTHDF3 可通过微调 YTHDF1 对 RNA 的可及性，促进 YTHDF1 的作用（Shi et al.，2017）。

（3）当 m⁶A 位于 mRNA 的编码序列中时，带有 m⁶A 的密码子具有较慢的翻译延伸动力学特征，影响了 tRNA 解码密码子选择以及肽键形成前解码过程中的动力学校对步骤的速度，从而降低 mRNA 的翻译速率（Choi et al.，2016）。需注意 m⁶A 并不影响易位速率。此外，与未修饰的 A 相比，修饰过的 m⁶A 与 U 的碱基配对不太稳定，可能影响 mRNA 的稳定性。

（4）IGF2BPs（包括 IGF2BP1、IGF2BP2、IGF2BP3）可结合 3′ UTR 的 m⁶A 介导 mRNA 翻译，即 IGF2BPs 通过抑制 mRNA 降解或增强 mRNA 在应激状态下的储存来调节 mRNA 稳定性，从而促进 mRNA 输出到细胞质后的翻译（Huang et al.，2018）。

（5）METTL3 可以促进翻译起始复合物招募 eIF3，从而以不依赖其 m⁶A 催化活性和 m⁶A 识别蛋白的方式增强 mRNA 翻译（Lin et al.，2016）。但有研究结合 PAR-CLIP 和 MeRIP-seq 发现，METTL3 仅结合了 22%的甲基化 GGAC 位点，这或许说明 METTL3 可能选择性地结合和调控特定 mRNA 子集的翻译（Liu et al.，2014）。

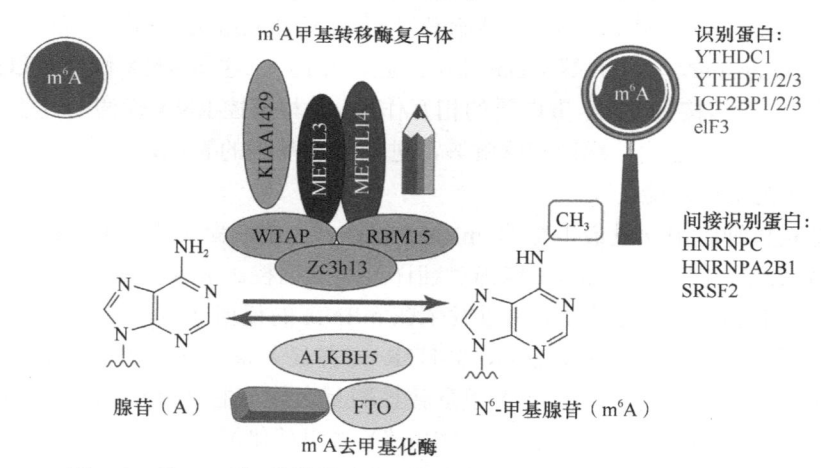

图 3-28　RNA m⁶A 修饰的动态甲基化过程（Davalos et al.，2018）

2. 不依赖 5′帽子的翻译起始

经典翻译起始依赖于 5′端的帽子结构（图 3-29A、B），通常真核生物翻译只能从 mRNA 的 5′端开始。而内部核糖体进入位点（internal ribosome entry site，IRES）是一段长数百碱基对（base pair）的核酸序列，它能够使蛋白质翻译起始不依赖于 5′帽子结构，直接从 mRNA 内部促进翻译起始（图 3-29E、G）。

IRES 序列能折叠成特殊的结构介导 40S 核糖体与 mRNA 结合，启动蛋白质翻译。一些癌细胞在帽依赖性翻译受抑制的条件下能够利用 IRES 增加癌基因的表达。例如，MYC 转录本 5'UTR 内的 IRES，在多发性骨髓瘤患者来源的细胞中，在 IRES 中出现的一个突变导致 c-MYC 表达增加（Stoneley et al.，2000），在结直肠癌模型中该 IRES 也是 c-MYC 诱导所必需的（Schmidt et al.，2019）。现已有针对 c-MYC 中 IRES 的小分子抑制剂，作为治疗癌症的药物（Didiot et al.，2013；Vaklavas et al.，2015）。

一些植物病毒具有不依赖帽子结构的翻译起始方式，使用类似于简化版的 IRES 机制，通过 CITE（cap-independent translational enhancer）来招募核糖体结合起始翻译，根据所在位置不同，分别叫做 5'-CITE 或者 3'-CITE（图 3-29F）。一些 5'-CITE 具有和 18S 核糖体互补的序列，可以与核糖体结合；还存在一些同时拥有 5'CITE 和 3'-CITE 的转录本，可使 mRNA 以两者相互作用的方式，组成类似于真核 mRNA 在翻译时形成的首尾相连的环状结构。

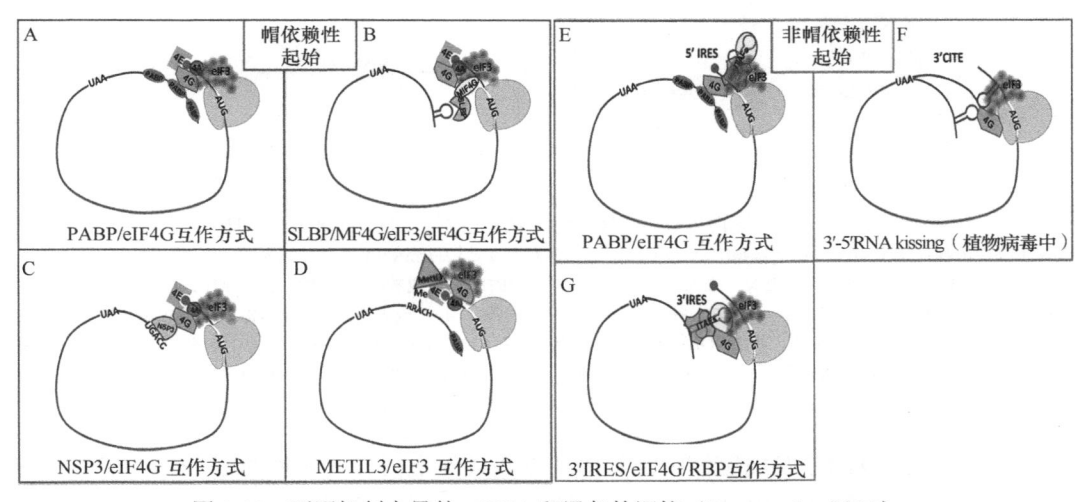

图 3-29　不同机制介导的 mRNA 翻译起始调控（Prats et al.，2020）

图中表示 mRNA 起始翻译的几种机制，其中翻译起始相关的蛋白质参与了 3'→5'相互作用，包括 5'帽依赖性（A～D）和非帽依赖性（E～G）翻译

3. 通过 uORF 调控下游基因翻译

45%～50%的哺乳动物基因的 mRNA（酵母中约 13%）具有至少一个上游可读框（upstream ORF，uORF）（通常短于 30 个密码子），这些 uORF 位于主要的蛋白质编码 ORF（main-ORF）的上游，通常可以提高主 ORF 的翻译效率。也有部分 uORF 会减少下游 ORF 的翻译，影响翻译的几种状况如图 3-30 所示。当负责翻译起始的小亚基三元复合物减少时，uORF 可被跳过不翻译，相当于增加了起始主要编码基因翻译的 40S 小亚基的数量，促进主编码基因的翻译（Orr et al.，2020）。

研究表明，uORF 突变与肿瘤发生相关。例如，两种细胞周期蛋白依赖性激酶抑制剂（CDKN2A 和 CDKN1B）uORF 内的点突变可以抑制它们的表达，加速细胞周期进程并导致家族遗传性癌症（Liu et al.，1999；Occhi et al.，2013）。uORF 突变也可以增加蛋

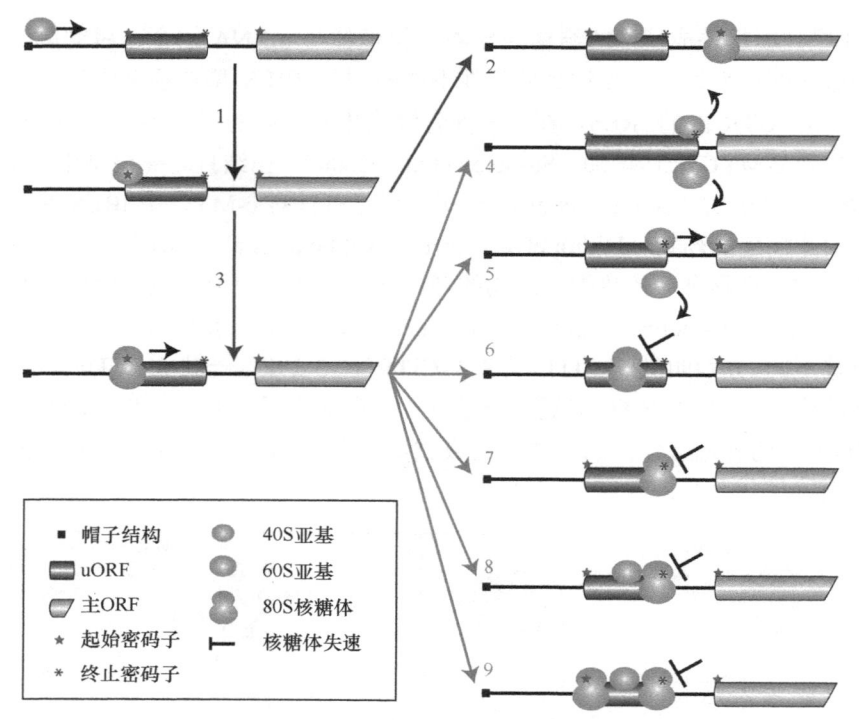

图 3-30　真核生物中的 uORF 介导的翻译调控（Dever et al.，2020）

真核生物中的翻译始于 40S 小亚基与 mRNA 的 5′帽子结合，继而开始扫描 mRNA 寻找起始密码子（1）。扫描的核糖体可能会跳过 uORF 的起始密码子而不启动（泄漏扫描）然后翻译 mORF（2），或者翻译 uORF（3）。uORF 翻译存在多种可能，包括在翻译长 uORF 后，核糖体从 mRNA 上解离（抑制 mORF 翻译）（4），或者在翻译短 uORF 后，小核糖体亚基继续扫描在 mORF 上重新启动翻译（5）。如果 uORF 所编码的肽链序列在伸长（6）或终止（7）过程中使核糖体暂停，短 uORF 可以像长 uORF 一样抑制 mORF 的翻译。延伸和终止暂停事件都可以阻止后续的核糖体到 mORF 的泄漏扫描（8），促进在 uORF 起始密码子处启动（9），从而形成增强 uORF 翻译并抑制 mORF 翻译的正反馈环路

白质表达，高通量测序发现癌症中经常出现导致致癌蛋白表达增加的 uORF 功能丧失突变（Schulz et al.，2018；Wethmar et al.，2016）。细胞在应激环境下，eIF5B 的表达量增加，抑制了 PD-L1（也称为 CD274）上游 uORF 的表达，但是促进了 PD-L1 的翻译（Suresh et al.，2020）。*ERCC5* 基因中的一个碱基突变产生了一个新 uORF，该 uORF 会在不改变 *ERCC5* 的 RNA 表达水平下，增加 ERCC5 蛋白的表达（Somers et al.，2015）。

4. poly（A）加尾信号调控 mRNA 的稳定性

poly（A）加尾信号（polyA signal，PAS）在 mRNA 的稳定性调控中起关键作用。几乎所有真核生物的 mRNA 都会经历可变剪接，并通过多蛋白机制进行多聚腺苷酸化（poly-adenylation），形成 poly（A）尾。poly（A）信号通常由切割和聚腺苷酸化特异性因子（cleavage and polyadenylation specificity factor，CPSF）识别，该序列位于 poly（A）位点（切割位点）上游约 15～30 个核苷酸处。典型的 poly（A）信号是 AAUAAA 序列，该序列在哺乳动物中高度丰富和保守（Erson-Bensan，2016；Rodriguez-Molina and Turtola，2023）。

人类大约 70%的基因具有两个以上 poly（A）加尾信号（Derti et al.，2012），意味

着 mRNA 有可能在多个 poly(A) 加尾信号位点加尾，称为可变多聚腺苷酸化（alternative poly-adenylation，APA）。APA 以组织特异性和发育阶段特异性的方式受到严格调控。此外，某些情况下，增殖和激活信号会诱导基因组级别的 APA 事件，例如，在 T 淋巴细胞激活过程中可以看到广泛的 APA，观察到全局 3′ UTR 的缩短（Sandberg et al.，2008）；相反，在小鼠胚胎发育过程中检测到了全局性的 3′ UTR 延长（Ji and Tian，2009）。

如果一个基因的 3′ UTR 上存在多个 poly(A) 加尾信号（图 3-31），那么生成的 mRNA 将在 3′ UTR 长度上有所不同。相对较长 3′ UTR 的版本来说，较短 3′ UTR 的亚型往往会缺乏 microRNA 和 RNA 结合蛋白结合的元件，因此，3′ UTR 缩短可以使转录本避免 microRNA 的抑制调控，因此该现象通常与靶蛋白的丰度增加呈负相关。例如，在淋巴瘤中 *CCND1*（细胞周期蛋白 D1）的 3′ UTR 缩短阻止了 microRNA 介导的抑制作用，导致 CCND1 蛋白水平增加（Rosenwald et al.，2003）。同样，与较长的 3′ UTR 亚型相比，*IGF2BP1* 转录本的 3′ UTR 缩短导致了显著的致癌性转化（Mayr and Bartel，2009）。

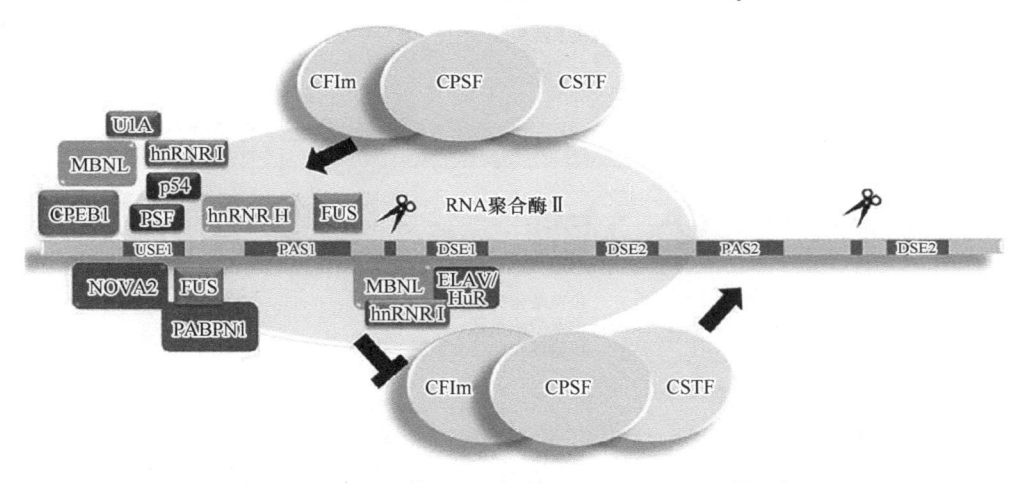

图 3-31 mRNA 的 polyA 调控（Erson-Bensan，2016）

影响多聚腺苷酸化的 RNA 结合蛋白（RBP）。RBP 增强或阻止核心聚腺苷酸化复合物（CPSF、CTSF 和 CFIm）招募到各自的结合位点。图中有两个 poly(A) 信号（PAS）：近端 PAS1 和远端 PAS2。序列富含 U/UGUA 上游元件和 DSE、U-/GU 等下游元件。剪刀图像为切割位点，即 poly(A) 位点

poly(A) 的长度也影响着 mRNA 的稳定性。poly(A) 尾的长度是由聚腺苷酸化和脱腺苷酸化共同调节，影响着真核生物 mRNA 的合成、稳定性和翻译效率等生化过程。

5. mRNA 二级结构介导的翻译调控

由于 mRNA 分子是单链核酸，不是互补双链，其本身的物理性质决定了 mRNA 能够折叠成复杂的空间结构。mRNA 高级结构在基因表达过程中起着重要的调控作用。在一些情况下，mRNA 二级结构可能会影响翻译过程。在翻译起始区域，最著名的二级结构调控基因表达的例子当属细菌中的色氨酸操纵子（tryptophan operon）的弱化作用（attenuation）。色氨酸操纵子有 4 段序列可以形成互补发夹结构，其中第①段编码一个前导肽，上面有多个色氨酸密码子；后续的 trpE、trpD、trpC、trpB、trpA 编码色氨酸合成所需的酶（图 3-32A）。在原核生物中，转录和翻译是偶联的，即转录尚未完毕时，翻

译就已经在新生 mRNA 上开始了。当色氨酸浓度低时，前导肽合成速度慢，②③形成发夹结构，④处于自由状态，RNA 聚合酶得以继续转录后续基因，以促进色氨酸的合成（图 3-32B）；当色氨酸浓度高时，前导肽合成速度快，核糖体顺利通过两个色氨酸密码子并占据 2 区部分位置，使②-③发夹不能配对，而③-④配对形成弱化发夹结构，使 RNA 聚合酶脱落，阻止后续基因的转录（图 3-32C）。因为此时环境中有足够多的色氨酸，无需自身合成，因此关闭相关蛋白质的表达，可以为细菌节省能量。

图 3-32 色氨酸操纵子

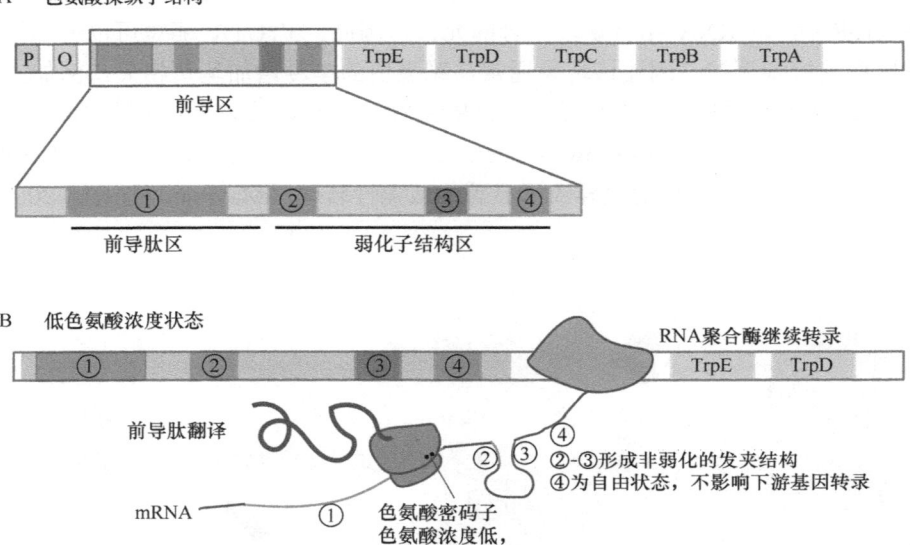

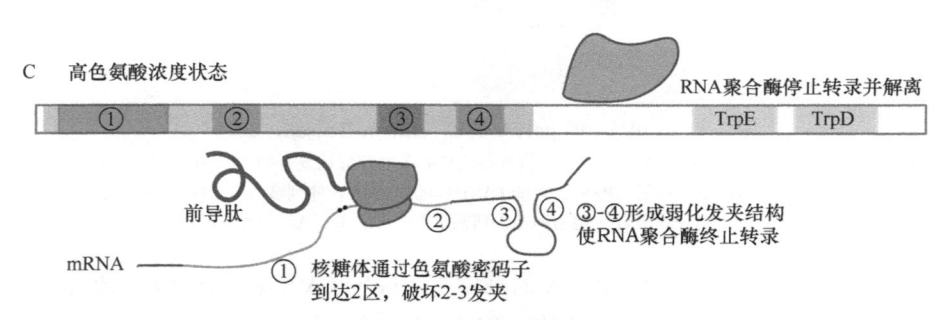

A. 色氨酸操纵子的结构。①~④为 4 段可以互补的序列，①编码一段前导肽。B. 在色氨酸浓度低时，前导肽合成速度慢，②③形成发夹结构，后续基因被转录。C. 在色氨酸浓度高时，前导肽合成速度快，③④形成发夹结构，阻止后续基因转录

T-Box 核糖开关（T-box riboswitch），是 20 世纪 90 年代发现的一类通过 tRNA 感知细胞内氨基酸水平，并调控后续基因表达的调控机制。不同于经典的色氨酸操纵子，其核心机制在于 tRNA 介导下 mRNA 前导序列的二级结构动态变化。例如，在乳酸乳球菌（*Lactococcus lactis*）中，色氨酸 mRNA 前导转录本的二级结构可与同源 Trp-tRNA 相互作用调控下游基因的表达（van de Guchte et al., 1998）。当色氨酸缺乏时，装载色氨酸的 Trp-tRNA 比例低，未装载氨基酸的 Trp-tRNA 通过两步互作结合前导序列——tRNA 反

密码子环与前导序列中的色氨酸密码子识别环配对，同时 tRNA 未装载氨基酸的受体臂（acceptor arm）则与高度保守的 T-Box 中 4 个碱基互补结合，迫使前导转录本形成抗终止构象开放后续基因的转录翻译（图 3-33），促进色氨酸的合成（van de Guchte et al.，1998）。而当色氨酸充足时，装载色氨酸的 Trp-tRNA 比例较高，tRNA 受体臂由于氨基酸占据产生空间位阻，无法与 T-Box 结合形成抗终止构象，前导序列转而形成转录终止发夹结构，抑制了后续色氨酸 mRNA 的转录。该系统的调控强度主要取决于未携带氨基酸的 tRNA 比例，而非 tRNA 的绝对浓度，通过利用 tRNA 的氨基酸装载状态作为信号，实现对基因表达的精准反馈控制，兼具高效性与系统稳健性。

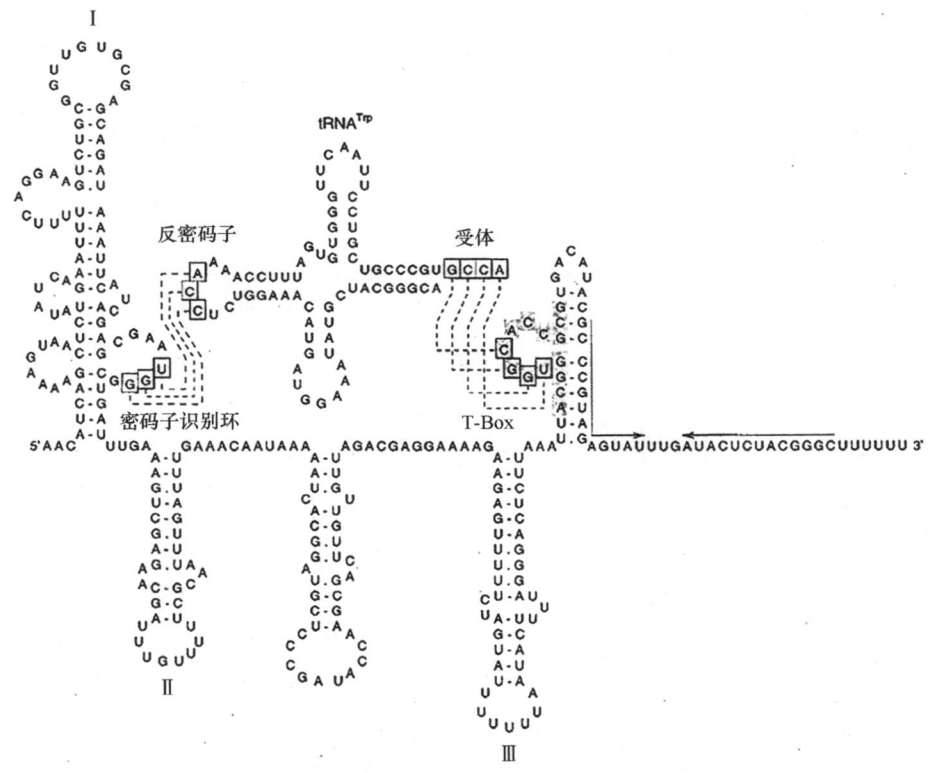

图 3-33　空载 Trp-tRNA 稳定色氨酸操纵子调控区的二级结构（van de Guchte et al.，1998）

由于翻译延伸过程以 GTP 供能，其能量通常远高于 RNA 二级结构中的氢键，故核糖体移动过程中通常都能无视二级结构而将其打开。在上述色氨酸操纵子的案例中，低色氨酸浓度时，①的前导肽翻译缓慢，因此可以强行打开①②所构成的发夹结构。此时②和③相邻，便形成了发夹结构，将④释放出来，使后面的 RNA 聚合酶有空间结合 DNA 从而继续转录。核糖体这种"无视一切障碍继续前进"的特性使得学界一直对 mRNA 二级结构是否会影响翻译延伸速率存在争议，几十年来有人认为会影响（Tu et al.，1992；Tuller et al.，2011），也有人认为不会影响（Gingold and Pilpel，2011；Ledoux and Uhlenbeck，2008；Wen et al.，2008），双方都拿出了实验证据。2016 年，连新磊等发明了翻译延伸速率的全局测定方法，证明从总体来看二级结构不影响翻译延伸速率（Lian et al.，2016）。

5′UTR 区域的 mRNA 二级结构可以影响翻译起始。mRNA 中部分富含鸟嘌呤的序列会形成鸟嘌呤四链结构（RNA G-quadruplex, rG4），典型的 rG4 为四组三联鸟嘌呤与三个长度不超过 7nt 的环（G3N1-7）（图 3-34A）。mRNA 中存在着数千个 rG4 形成位点。这些 rG4 序列在 mRNA 的 5′和 3′非翻译区（UTR）中普遍存在，表明 rG4 在 mRNA 成熟、转运和翻译等过程中具有潜在的调节作用。目前，rG4 被证明在转录后调控过程中发挥重要作用，包括抑制翻译过程、减弱 RNA 降解、影响 miRNA 的结合以及 RNA 的可变剪接等（Lyu et al., 2021）。位于 mRNA 5′UTR 的 rG4 链体能够以非帽依赖的形式启动翻译，也有 rG4 可以阻止核糖体扫描并将 mRNA 重新定位到 P 小体（P-body），形成一个不依赖于核糖体的 mRNA 降解机制（Jia et al., 2020）；位于 3′UTR 的 rG4 具有较长的半衰期，3′-UTR 的 rG4 在应激下的折叠有助于增加相应 mRNA 的化学稳定性（Kharel et al., 2023）。还有研究发现，mRNA 的 5′UTR 中富含的 poly（A）序列也能够促进不依赖帽子结构的翻译，但是在翻译受到抑制的情况下会降低 mRNA 的稳定性（Jia et al., 2020）。

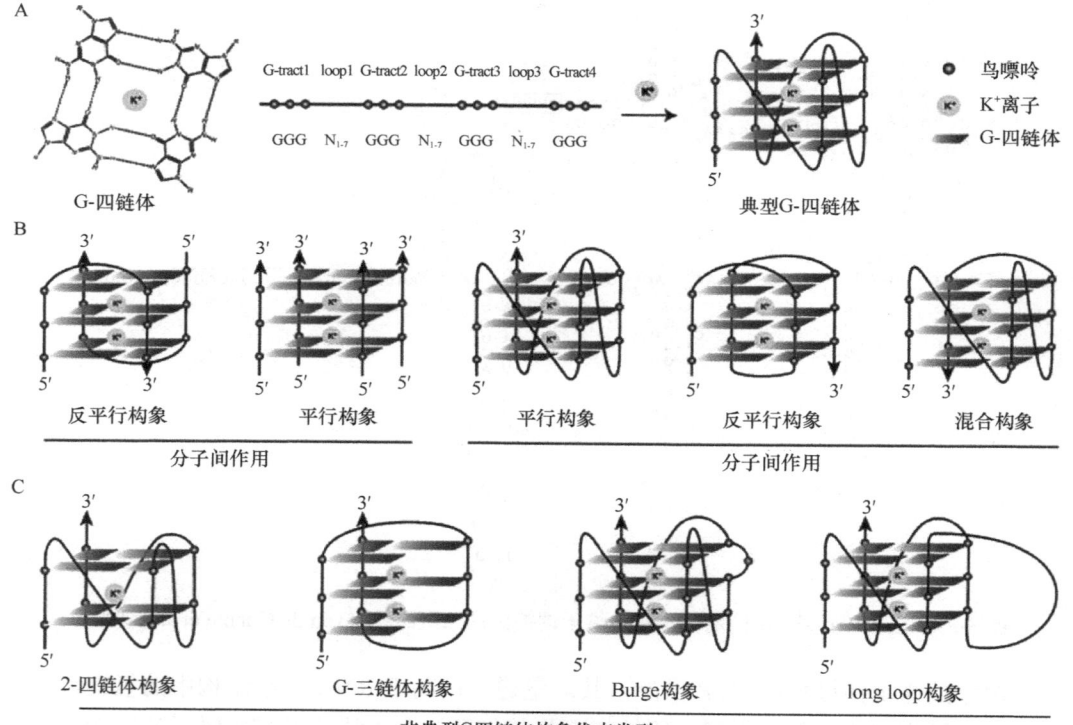

图 3-34 mRNA 结构相关 G-四链体结构图示（Lyu et al., 2021）
A. G-四链体结构以及带有 G3N1-7 序列的典型 G-四链体，其中，钾离子（K⁺）可以起到稳定 G-四链体的作用。B. G-四链体的代表性拓扑结构，包括分子内和分子间的 G-四链体的不同结构类型。C. 非典型 G-四链体的代表类型

此外，在翻译起始密码子 AUG 附近，mRNA 的二级结构也能影响翻译起始效率。AUG 附近二级结构能量越强，解链难度越大。由于翻译起始过程并不如核糖体移动那样以 GTP 进行强劲的供能，因此二级结构能量越强，翻译起始效率越低（Bentele et al., 2013）；若 AUG 附近二级结构较弱，通常可认为翻译较活跃。在线粒体双顺反子基因

ATP8/6 转录本中，*ATP6* 与 *ATP8* 基因区域重叠，其中 *ATP6* 的翻译依赖于 *ATP8* 的翻译状况，其中 *ATP6* 的可读框翻译起点 AUG 位于一个茎环结构内（茎环结构位于 *ATP8* 读码框内部）；当 *ATP8/6* 转录本没有形成茎环时，核糖体直接翻译完整的 ATP8 蛋白；而当茎环存在时，核糖体在茎环结构暂停，生成截断的 ATP8 肽段并发生移码，然后通过重新启动翻译对 ATP6 蛋白进行翻译（Moran et al.，2024）。

（二）核糖体层面的翻译调控

1. 通过终止密码子通读模式调控蛋白质翻译

终止密码子通读（stop codon readthrough，SCR），又叫翻译通读、翻译连读（translational readthrough），即核糖体将终止密码子识别为有义密码子，并在同一读码框中继续翻译，产生一个具有扩展肽段的蛋白质。多年来，SCR 已在许多动植物、酵母、果蝇、病毒中被观察到（Dunn et al.，2013），部分人类基因也被发现有 SCR 现象（Palma and Lejeune，2021）。

SCR 是部分病毒完成繁殖周期的必要机制。一般情况下，自然通读率小于 0.1%，在极少数情况下，正常的翻译终止被抑制时会导致翻译通读率高于 10%（Arribere et al.，2016）。是否发生翻译通读，可以通过 Ribo-seq 检查终止密码子后的核糖体保护片段 RFP 分布来检测（Dunn et al.，2013）。

与标准亚型相比，SCR 会从同一个 mRNA 中产生更长的蛋白质亚型。具有延长肽段的蛋白质可能具有不同的细胞定位、稳定性等，从而影响多种细胞功能，如碳代谢、氧化还原稳态、血管生成、线粒体膜电位和基因表达等。

2. 细菌中的新型翻译调控模式"70S-扫描起始"

传统翻译理论认为，细菌多顺反子上第一个基因的蛋白质合成终止后，必然会进入由核糖体回收因子（ribosome recycling factor，RRF）、EF-G 和 IF3 等蛋白质因子介导的核糖体回收步骤，即核糖体首先被裂解为亚基，然后识别下一个翻译起始位点再重新募集组装核糖体起始翻译。近年来研究发现，细菌在翻译多顺反子下游蛋白时，通常采取"70S-扫描起始"（70S-scanning initiation）直接起始的模式，而不是经典的 30S 结合的起始模式（图 3-35）。该理论证实：70S 核糖体在多顺反子 mRNA 中上一个蛋白质翻译终止之后不解离，而是沿着 mRNA 扫描到同一 mRNA 下一个顺反子的起始位点，直接开始下一个基因的翻译（Yamamoto et al.，2016）。基于此种新的翻译起始理论，传统翻译四步骤中的"回收"步骤被证实并不是蛋白质翻译的必需步骤，且 RRF 真正的功能不仅仅是裂解回收核糖体，还可以解救处于停滞状态的核糖体（Qin et al.，2016）。

（三）非编码 RNA 层面

1. tRNA 浓度和密码子调控翻译速率

遗传密码不仅定义了蛋白质的氨基酸序列，也包含影响翻译速率的信息。密码子介导的调节机制和功能都有待深入研究。密码子的识别主要依靠 tRNA，通过反密码子识

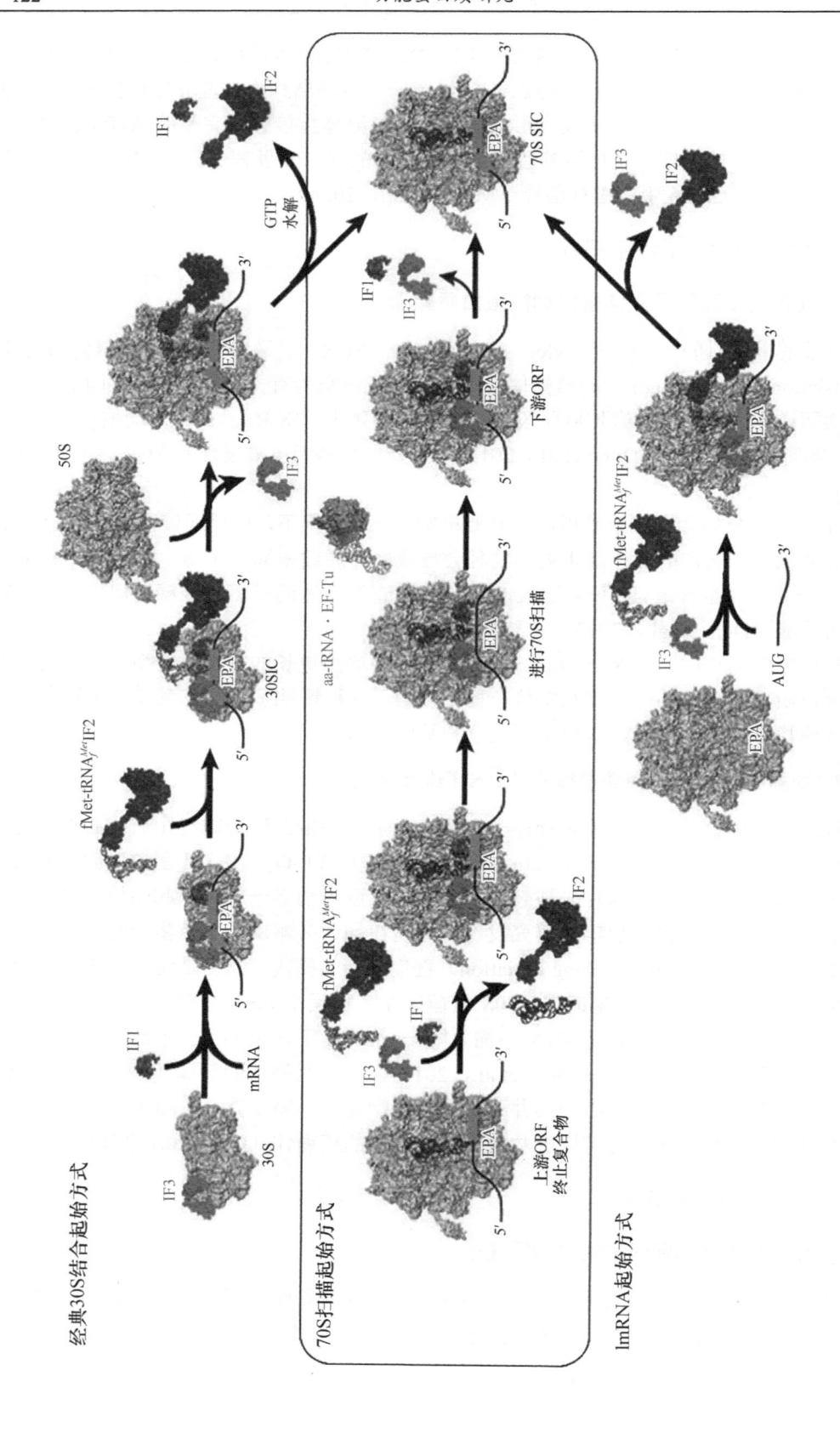

图3-35 细菌中蛋白质翻译的"70S-扫描起始"模式（彩图另扫封底二维码）

别进入核糖体 A 位点。由于细胞内携带不同反密码子的 tRNA 浓度存在差异，因此 mRNA 上不同的密码子会导致核糖体以不同的速率翻译产生多肽链（Zhang et al., 2010；2009）。

一般认为，由于同源 tRNA 的丰度不同，同义密码子的翻译速率存在差异。当核糖体翻译遇到稀有密码子时，对应 tRNA 浓度低，则翻译效率下降。稀有密码子也可能导致 mRNA 衰减。例如，大肠杆菌中密码子 GAA 的翻译速率为 21.6 个密码子/秒，而另一个密码子 GAG 的翻译速率仅为 6.4 个密码子/秒（Song et al., 2021；Sørensen et al., 1993）。tRNA 浓度是影响翻译延伸的重要因素，因此可以通过调控 tRNA 的丰度来影响翻译效率。

tRNA 失调与肿瘤进展有关。研究发现，与正常细胞相比，当乳腺癌细胞核编码的 tRNA 表达量提高 3 倍时，相应线粒体编码的 tRNA 表达则增加了 5 倍，以促进调控肿瘤基因的翻译（Pavon-Eternod et al., 2009）。其中，tRNA^{GluUUC} 和 tRNA^{ArgCCG} 表达上调，并通过增加具有其同源密码子的转录本上核糖体的占有率来促进癌细胞转移。进一步研究还发现，细胞的增殖和分化两种性状可能分别利用了不同种类的 tRNA 池以促进相应的功能。因此，如果肿瘤细胞利用这一机制，选择性地提高 tRNA 的水平，很可能会促进癌症相关转录本的翻译。

此外，tRNA 丰度以及密码子的不平衡组合还会导致核糖体在翻译过程中产生移码等非规范事件，即"+1 frameshift"或"-1 frameshift"（Hong et al., 2018）。翻译过程中存在的"核糖体旁路途径"，也是基于 tRNA 失调或密码子不平衡导致的翻译暂停的结果。偶尔发生但可被预测的"错读"可算是正常翻译过程的一部分，被称为编程性移码（programmed frameshift）。

2. microRNA 通过抑制转录本调控翻译

microRNA（miRNA）是内源性、长约 22 个核苷酸的小非编码 RNA，可以通过互补碱基配对结合 mRNA 的 3′ UTR 或 5′ UTR 或编码区，调节靶标 mRNA 的降解或翻译。

在翻译调控方面，研究证明 microRNA *CXCR4* 可以通过抑制真核生物翻译起始因子 eIF4e 和 poly（A）来调控帽依赖型的翻译起始（Liu et al., 2019）。*microRNA-10b*（*miR-10b*）在转移性乳腺癌中高表达，通过 3′ UTR 配对来抑制 *HOXD10* 翻译，从而促进细胞的迁移和侵袭。Bazzini 等（2012）使用全基因组核糖体足迹（Ribo-seq）和 RNA 测序（RNA-seq）证明，发育的斑马鱼胚胎中，miR-430 通过抑制目标 mRNA 的翻译起始，调控 mRNA 的脱腺苷化和降解。

3. lncRNA 通过多种方式进行翻译调控

长链非编码 RNA（lncRNA）是大于 200 个核苷酸的非编码 RNA 序列。研究表明，lncRNA 在调节肿瘤细胞染色质、转录、mRNA 稳定性、蛋白质翻译及翻译调控中发挥重要作用。

举例来说，lncRNA-MALAT1 通过激活 mTOR-4EBP1 信号轴和 SRSF1，增加了 TCF7L2 的翻译，并促进了肝癌的有氧糖酵解（Malakar et al., 2019）。另外，lncNB1 在 MYCN 扩增的神经母细胞瘤中过表达，促进了神经母细胞瘤细胞的增殖和存活（Liu et al., 2019）。LncNB1 促进了 DEPDC1B 的转录和 E2F1 mRNA 的翻译，导致 N-MYC 的磷酸化和稳定的蛋白质表达。而与胃癌转移密切相关的长链非编码 RNA（gastric cancer metastasis associated long noncoding RNA，*GMAN*）通过与反义 RNA（*GMAN-AS*）结合，促进了酪氨酸激酶 A1 的翻译，增强了胃癌细胞的侵袭能力。

此外，lncRNA 还可以作为"海绵"，通过吸附或降解 miRNA 来调控翻译。例如，在结直肠癌细胞中高表达的 LINC00460 可作为 ceRNA 拮抗 miR-149-5p，抑制 cullin 4A（CUL4A）的翻译，影响细胞生长和凋亡（Lian et al., 2018）。

lncRNA 还可以与 RNA 结合，或者与 RNA 结合蛋白互作来调控翻译，例如，在肿瘤细胞中高表达的 lncRNA 7SL，通过与 P53 mRNA 的 3′ UTR 结合，降低抑癌蛋白 P53 的翻译速率（Liu et al., 2019）。

4. circRNA 通过多种方式进行翻译调控

circRNA 是环状 RNA，是由前体 mRNA 的反向剪接形成的共价闭合环。环状 RNA 在真核细胞中具有表达特异性，序列高度保守。

部分 circRNA 可以通过非帽依赖的方式（IRES、MIRES 等）招募核糖体结合并进行蛋白质翻译（图 3-36）。此外，circRNA 可与转录因子结合调控基因的转录，与细胞内某些蛋白质分子特异性结合，作为脚手架（scaffold）与 RNA 或 DNA 结合，为 RNA 结合蛋白（RBP）、RNA、DNA 之间互作提供平台。因此，circRNA 还可以调节宿主基因表达。

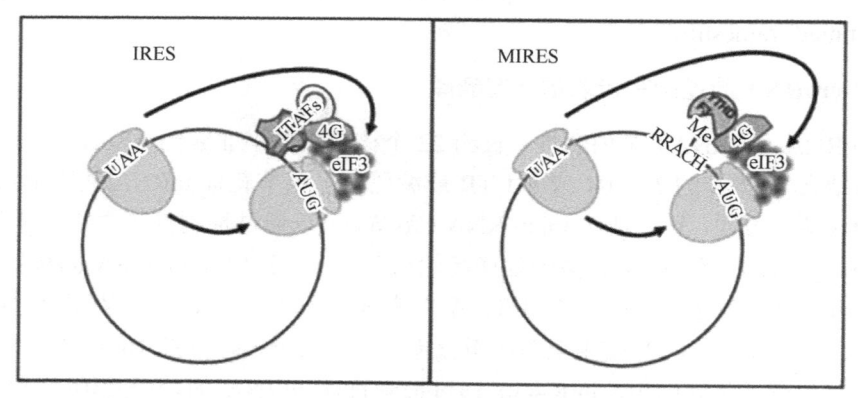

图 3-36　circRNA 独特的翻译起始方式（Prats et al., 2020）

值得注意的是，circRNA 还具有持续表达并且对核酸酶不敏感的特性，如果 circRNA 有许多 miRNA 结合位点，还可以通过吸附 miRNA 来消除 miRNA 对靶基因的抑制作用，从而增强靶基因表达。

（四）蛋白质层面的翻译调控

RNA 结合蛋白（RNA-binding protein，RBP）是一类在细胞中起关键作用的蛋白质，它们与 mRNA 分子相互作用，调控 mRNA 的生物学功能。RBP 可以与 mRNA 的不同部分结合，包括编码区、非编码区以及 5′端和 3′端未翻译区域，从而影响 RNA 的稳定性、剪切、定位、转运、转录和翻译等多种生物学过程。

例如，多聚腺苷酸结合蛋白[poly（A）tail-binding protein，PABP]是具有多种功能的 RNA 结合蛋白，可调节 mRNA 翻译和稳定性等多个方面（Gray et al.，2015），也会影响翻译终止效率（图 3-37）。

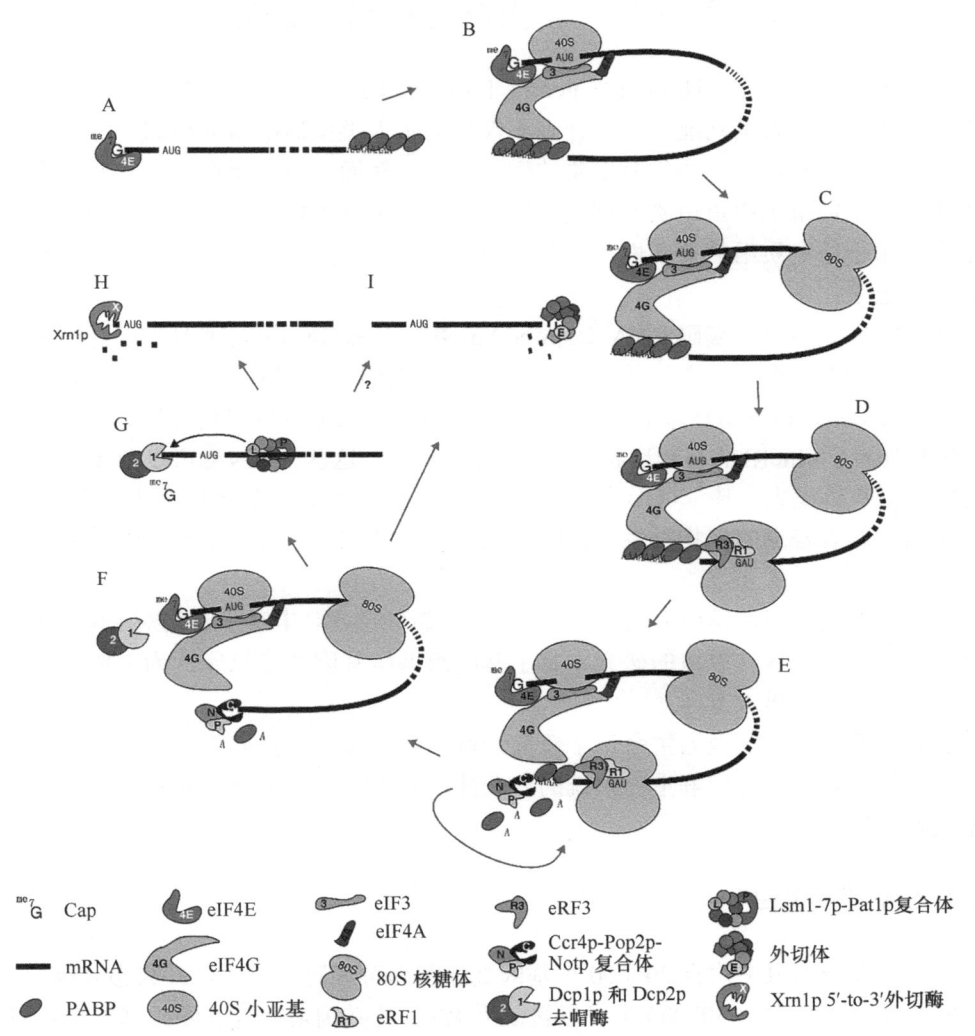

图 3-37　PABP 在 mRNA 生命周期的不同阶段发挥着不同的作用（Mangus et al.，2003）（彩图另扫封底二维码）

A. PABP 可以与 mRNA 的 poly（A）尾结合。B. PABP 与延伸起始因子 eIF4G 相互作用，促进 mRNA 首尾相连形成环状，从而促进翻译起始并阻止脱帽反应（C）。D. PABP 与终止因子 eRF3 的相互作用。E. Ccr4p-Pop2p-Notp 去腺苷酶复合物引起的 poly（A）缩短。F. poly（A）尾和 PABP 的丢失，促进 mRNP 蛋白的解离（G），Lsm1-7p-Pat1p 复合物的结合、脱帽蛋白 Dcp1p 和 Dcp2p 的脱帽，以及随后核酸外切酶 Xrn1p 对 mRNA 进行 5′→3′降解（H），或经由外切体对 mRNA 进行 3′→5′降解（I）

RBP 可重塑特定 mRNA 的结构，改变其与核糖体等的结合能力，从而进行翻译调控。例如，RNA 结合蛋白 SYNCRIP 促进 *HOXA9* 的翻译并控制髓性白血病干细胞的程序（Liu et al., 2019）。CELF1（CUGBP Elav-like family 1）通过抑制 MYC 蛋白的翻译来减少小肠上皮细胞的更新和增殖（Liu et al., 2015）。RNA 结合蛋白通过影响目标基因的翻译，参与了肿瘤干性、转移、增殖和免疫等过程。

第四节　新蛋白的发现与功能

人类蛋白质组计划（Human Proteome Project, HPP）旨在鉴定和定量人体细胞中的所有蛋白质，并探索其功能。这一计划不仅可揭示人类蛋白质组的组成、分布和调控规律，还有助于探索蛋白质与生命现象的密切联系。然而，由于蛋白质在时间和空间上的表达变化，不同组织中蛋白质的种类和数量差异、生理条件的变化均会影响蛋白质的表达水平。由于蛋白质组的复杂性，以及受限于目前鉴定技术的精度，许多蛋白质至今尚未被鉴定出来。

研究发现大量的非编码 RNA（non-coding RNA，ncRNA）可能具有翻译能力，但由于技术和理论上的限制，它们曾被严重低估。随着核糖体分析（Ribo-seq）、全长翻译组分析（RNC-seq）和质谱技术的发展，越来越多的 ncRNA 被发现具有翻译潜力，包括长链非编码 RNA（lncRNA）和环状 RNA（circRNA）。这些 ncRNA 可以翻译并产生具有功能的肽，数量庞大，甚至可形成一类新的蛋白质组，称为"隐藏蛋白质组"。这些新发现的蛋白质具有普遍的生物学意义，证明了 ncRNA 的翻译与人类生理和疾病之间存在密切联系。

新蛋白的研究将非编码 RNA 的研究提升到新的层次，丰富了我们对 RNA 和蛋白质组复杂性的理解。这一领域的研究丰富了基因组编码基因的信息库，为重新解读人类基因组提供了重要的思考方向。

总之，新蛋白的发现为生命科学研究开辟了新的领域。我们需要继续深入探索这些分子的奥秘，以更好地理解生物系统的复杂性，并为医学、生物技术和药物研发等领域带来创新和突破。

一、什么是"新蛋白"

目前人类基因组中约有 20 000 个基因被注释为可编码蛋白质，却只占基因组约 2% 的区域，其他还有大约 30 000 个可以转录为 RNA 的基因被称为非编码基因。在以往的认知中，非编码基因被视为不具备编码蛋白质的能力，但事实上它们是基因组中的重要组成部分，行使重要功能。

非编码 RNA 最初被视为转录噪声或基因组中的"垃圾"，但是不断有研究证明其在调控各种生命过程中扮演着至关重要的角色，包括细胞分裂、细胞增殖、细胞分化、细胞周期、细胞凋亡及新陈代谢等（Karakas and Ozpolat, 2021）。研究表明，部分 ncRNA 具有小的可读框（small open reading frame，sORF/smORF），并能够与核糖体结合，意味着它们可能拥有蛋白质编码的潜力（Zhang et al., 2018b）。研究证明，部分 ncRNA 可以编码多肽（Yeasmin et al., 2018），大多数多肽长度大于 10 个氨基酸、小于 50 个氨基酸（Slavoff et al., 2012），对细胞活动具有多种调节功能（Plaza et al., 2017; Rathore et al., 2018）。

传统上，多肽被定义为 2～50 个氨基酸长度的多肽链，而长度超过 50 个氨基酸的多肽链被称为蛋白质。有人提出了一个介于两者中间的概念，将小于 50 个氨基酸的多肽链称为"微蛋白"（microprotein）（Plaza et al., 2017）。近年来，研究揭示部分 ncRNA 能够编码少于 100 个氨基酸的蛋白质，并可参与多种生物过程的调控（Lu et al., 2019）。这些发现不断挑战着过去对 ncRNA 功能的传统看法。

这部分 mRNA 被注释为非编码基因，但它们实际上可以编码蛋白质（encoded-ncRNA）且具有生物学功能。这一部分基因编码的蛋白质是人类从未发现过的，因此被称为"新蛋白"（new protein 或 novel protein，由注释错误的"非编码 RNA"编码）。

目前，质谱分析是蛋白质组研究的主要技术手段。然而，质谱技术本身的局限以及蛋白质的物理化学特性均会影响蛋白质的可检测性。尽管人类蛋白质组图谱已建立多年，但仍然有许多蛋白质尚未被鉴定，其中包括"漏检蛋白"（missing protein，由被注释为编码基因编码，但在蛋白质水平上尚未检测到），以及我们所提到的"新蛋白"（图 3-38），以上信息可以在 https://hppportal.net/ 查询。

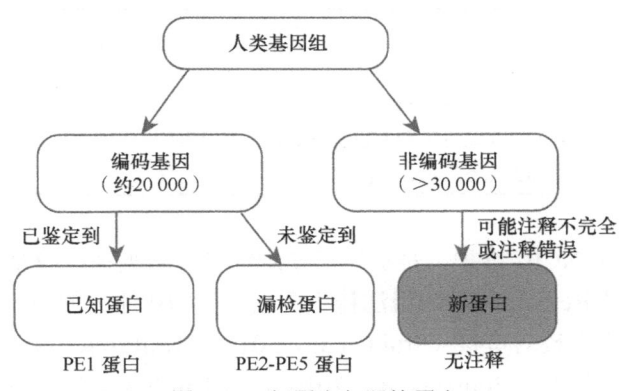

图 3-38 新蛋白与漏检蛋白

新蛋白的发现揭示了传统的基因组注释存在疏漏和误判的事实，提示我们基因组中还有更多尚未被探测到的未知蛋白质存在。这些未被发现和新发现的蛋白质，很可能承担与人类生理和疾病密切相关的重要功能。因此，对这些蛋白质的深入研究不仅有助于拓展我们对基因组的理解，还能为未来的生物医学研究提供新的突破方向。

二、新蛋白发现的难点与技术手段

（一）新蛋白发现的难点

新蛋白的发现是具有挑战性的任务，这一难题涉及研究策略和检测技术的限制。传统的蛋白质鉴定手段包括质谱分析、抗体验证和生物信息学。由于新蛋白源于注释错误的 ncRNA、缺乏典型的 ORF 等，直接使用这些方法难以成功捕获和识别。新蛋白的理化特性、非经典的基因结构、较短的编码区长度及其在物种进化中的不保守性等，导致基于物种进化保守性特征归类的算法错误地把这些基因归类为非编码基因，这也是新蛋白难以被常规手段识别鉴定的重要原因。

基因组蕴含着大量基因信息，而现有的蛋白质组学方法（如质谱技术）还没有足够的敏感度能直接识别蛋白质序列，也无法像核酸测序技术一样直接读取正确的氨基酸序列，必须借助基于基因注释的蛋白质数据库进行匹配。

广泛使用的基因组注释预测策略主要是利用多种数学模型和算法来预测及实现的。迄今为止，常用的人类基因组注释数据库均基于算法分类（表3-4）。为了将基因分类注释为"编码mRNA"或"ncRNA"，这些算法使用典型的ncRNA和经人工审核过的确定蛋白质编码mRNA作为训练集对预测模型进行训练，然后根据算法模型对未知mRNA进行分类。

然而，对于庞大而复杂的人类基因组，任何注释算法都可能产生假阳性和假阴性。如果输入的训练集存在以下两种类型的数据，可能会误导训练模型，从而得到存在缺陷的数据集：

（1）经过"人工审核"的训练集实际上不完全正确，包含有错误信息；
（2）一些蛋白质编码RNA可能具有与典型ncRNA相似的特性。

表3-4　常用基于算法建模和分类的人类基因组注释数据库（Lu et al., 2020）

数据库名称	网址	所用预测算法
RefSeq	https://www.ncbi.nlm.nih.gov/genome/?term=human	Splign
UniProtKB/Swiss-Pro	https://www.uniprot.org	序列相似性
Ensembl	http://www.ensembl.org/info/data/ftp/index.html	Havana（VEGA）
NONCODE	http://www.noncode.org	BLAST，CNCI

RefSeq数据库由NCBI维护，是被广泛使用的参考数据集，收录了非常全面的多物种基因组信息。但是RefSeq的基因组注释主要采用NCBI通用的注释流程，并不是所有的基因注释均经过人工校对审核（Pruitt et al., 2012）。UniProtKB/Swiss-Prot收录的蛋白质组注释均经过人工校对（Boutet et al., 2016），但UniProt作为以蛋白质组数据为中心的数据库，并没有收录"非编码基因"编码的蛋白质在内。

新蛋白的编码基因之所以容易被误分类为非编码基因，还因为这些新蛋白编码基因具有与传统的非编码基因相似的特征（表3-5），会误导蛋白质编码潜力预测的算法。例如，传统的蛋白编码基因（此处选取PE1水平）通常为多外显子结构，而非编码基因往往外显子很少或只有单外显子，产生的新蛋白的分子质量通常很小、ORF覆盖率可能非常低，氨基酸组成也与传统蛋白质显著不同等（Lu et al., 2020）。这些新蛋白所有的这些特征都与传统的非编码RNA相似因此被忽视。

表3-5　新蛋白编码基因与PE1蛋白编码基因、非编码基因特征比较（Lu et al., 2020）

典型特征	基因类别		
	PE1蛋白编码基因	新蛋白编码基因	非编码基因
RNA长度	长	短	短
ORF长度	长	短	/

续表

典型特征	基因类别		
	PE1 蛋白编码基因	新蛋白编码基因	非编码基因
外显子数目	多	少	少
ORF 的外显子数目	多个外显子	主要是单外显子	/
细胞内表达水平	高	低	低
等电点（蛋白质）	低	高	/
氨基酸组成	正常	带正电荷，负电荷更少	/
稳定性（蛋白质）	更稳定	不稳定	/
进化保守性	保守	不保守	不保守

此外，还有多种因素导致新蛋白难以被常规技术所鉴定。例如，部分新蛋白的转录水平、翻译水平和蛋白质水平丰度低；或者新蛋白通常较短，当被胰蛋白酶消化时产生的能被质谱仪检测的合适的特异肽段偏少，这也会增加质谱鉴定的检测难度，降低新蛋白在质谱实验中被唯一识别的可能性。此外，这些新蛋白往往含有更多带正电荷的氨基酸，提高了它们的 pI，在质谱仪器中也更难被电离。

（二）新蛋白发现的技术手段

为新蛋白找到可靠的实验证据并不容易，目前用于新蛋白发现的工具有生物信息学分析、质谱技术、抗体技术、翻译组技术等。每种方法都有其优点和缺点，因此需要多方面的技术手段共同使用来实现对新蛋白的鉴定。

1. 质谱技术

质谱技术虽然广泛应用于蛋白质研究，但由于蛋白质无法扩增，因此在检测低丰度蛋白方面不够敏感；而且质谱技术依赖精确的蛋白质数据库进行搜库，难以应对参考库中无蛋白质序列且往往丰度低的新蛋白。尽管一些研究者尝试使用三框翻译或六框翻译对新蛋白进行序列预测，然后进行蛋白质组分析，但这增大了蛋白质参考库的库容，同时由于加入大量假阳性蛋白质序列而不可避免地增加了错误发现率（false discovery rate，FDR），还导致对已知蛋白质的鉴定数量下降了一半以上（Khatun et al.，2013），严重降低了检测灵敏度。因而，采用翻译组技术构建最小化参考库，尽可能减小库容，成为新蛋白发现的重要手段（见第二章第四节"人类蛋白质组计划"）。

由于新蛋白通常很小，在质谱分析时可能需要专门富集小分子蛋白质才能尽可能提高新蛋白肽段所占的比例。新蛋白中用于抗体识别的特异性表位有限，开发特异性抗体存在困难，因此，C-HPP（Chromosome-centric Human Proteome Project）建议采用数据独立采集模式（DIA）的质谱证据，作为新蛋白的实验证据。此外，还可以采用基于平行反应监测（PRM）和多重反应监测（MRM、SRM）的方法为新蛋白提供实验证据。

2. 翻译组技术

近年来，RNC-seq 和 Ribo-seq 等翻译组技术成为间接发现新蛋白的有用工具（图

3-5A、B）。

  Ribo-seq 技术检测的是核糖体保护的 RFP 片段，每个 RFP 包含一个核糖体所覆盖的区域和位置信息。将 RFP 读数映射到参考基因组或转录组序列，将揭示单个核糖体在翻译时所处的瞬时位置。理论上，每个 RFP 读数代表一个正在合成的蛋白质，为 ncRNA 是否翻译提供了一个参考。然而，RFP 长度仅为 30nt 左右，短读长对于序列拼接和可变剪切变体的检测来说需要克服算法上的困难。因为读长较短，Ribo-seq 对于研究 circRNA 是否翻译新蛋白存在局限，RFP 片段难以覆盖到 circRNA 的反向剪切点，只能通过提高成本、增加测序深度才能完成反向剪切点的覆盖和拼接。

  RNC-seq 可对与核糖体结合的全长 mRNA 进行测序，排除非翻译 mRNA 的影响，不仅具有更长的读长，且能够避免其他小片段 RNA 带来的假阳性，更易于进行序列拼接和可变剪切变体的检测。所得的完整 mRNA 可以使用任何测序技术进行测序，测序文库中的插入片段可为任意大小（图 3-5C、D）。利用单分子长片段测序技术如 PacBio 或 Nanopore 平台，可以直接测序全长 mRNA（Wu et al.，2022）。对于 circRNA，RNC-seq 的双端测序优势使其更适合检测反向剪切位点。另外，在蛋白质的可变剪切变体检测方面，RNC-seq 更长的读长可以提供更多信息，检测更为可靠，更易于区分高度同源的剪切变体（图 3-5E）。

3. 抗体技术

  质谱技术在新蛋白质检测中具有一定的局限性，但可以通过其他技术手段，如抗体验证来克服这些局限。抗体技术在蛋白质特异性检测方面具有优势，适于确证性研究，也适于作为确认新蛋白存在以及进行功能研究的标准方法（D'Lima et al.，2017；Huang et al.，2017；Matsumoto et al.，2017；Zhang et al.，2017）。大规模的新蛋白发现和验证也证明了抗体的有效性，成功验证了一些无法通过质谱方法检测到的新蛋白（Lu et al.，2019）。

  虽然 RNC-seq 不能标识 ORF 的位置，但它能够识别正在翻译的"ncRNA"，这与新蛋白的发现需求相匹配。使用 RNC-seq 数据构建的最小化蛋白质参考数据库，其中包括了所有"正在翻译的蛋白质"，虽然对于样品中已经存在的蛋白质囊括不一定完全，但一定不包括样本中不存在的蛋白质，也不包括已经合成但是 mRNA 已经降解的蛋白质信息。这种"最小数据库"策略可以解决蛋白质搜库时数据库容量过大的问题，提高蛋白质鉴定的灵敏度和置信度。有研究通过 RNC-seq 技术，从 9 株细胞系中检测到约 4700 种能够被稳定检测到的 lncRNA，部分可以编码大于 50 个氨基酸的蛋白质，并最终提供了 314 个新蛋白的肽段证据（Lu et al.，2019）。在 C-HPP（Chromosome-centric Human Proteome Project）指南中，RNC-seq 被列为发现新蛋白的四大核心支柱之一（详见第二章）。

  以上技术手段在新蛋白的发现中扮演着重要的角色，还有一些其他技术没有一一列出。确定和验证新蛋白的存在需要多种技术手段的协同应用，发挥不同技术的优势，确保结果的可靠性，更好地捕获和识别这些难以检测的新蛋白。这些技术有助于推动新蛋白领域的研究，并更好地理解这些蛋白质的功能和生物学意义。

三、新蛋白的功能

长期以来，ncRNA 经常被报道与癌症的发生发展、心血管疾病、神经退行性疾病及其他的疾病相关，对它们的功能研究主要停留在转录水平。可编码蛋白质的 ncRNA（encoded-ncRNA）的发现，将 ncRNA 的功能研究推进到新的高度（Lu et al., 2020）。

由于新蛋白的发现和研究存在技术困难，因此对人类新蛋白的功能研究相对较少。蛋白质需要在特定的亚细胞定位才能正确发挥功能，研究发现新蛋白具有不同的亚细胞定位，广泛分布于线粒体、高尔基体、内质网、细胞核和核仁及细胞质中（Lu et al., 2019）。尽管新蛋白表达水平较低，但一些新蛋白仍然表现出较为明显的功能性。例如，LNC00116 是一个高度保守的蛋白质，支持线粒体超复合物和呼吸效率；CASIMO1 在激素受体阳性的乳腺肿瘤中过表达，可以促进细胞运动和增殖；UBAP1-AST6 可促进癌细胞克隆形成和增殖；LINC-PINT、circ-SHPRH、HOXB-AS3、KRASIM 和 ESRG 可能与抗肿瘤功能相关联（表 3-6）。目前已确认功能的、非原有基因新剪切变体类型的新蛋白大多属于抑癌基因。

表 3-6 部分已发表新蛋白的功能（Lu et al., 2020）

蛋白质名称	蛋白质长度/aa	蛋白质功能	文献出处
线性 lncRNA			
ESRG	105	一种颅内生殖细胞瘤和胚胎癌的生物标志物	Wanggou et al., 2012
LINC00961	90	调节 mTORC1 和肌肉再生	Matsumoto et al., 2017
NOBODY	68	参与 mRNA 加工和 P 小体的调控	D'Lima et al., 2017
Minion	84	控制细胞的融合和肌肉的形成	Zhang et al., 2017
HOXB-AS3	53	抑制结肠癌生长	Huang et al., 2017
LINC00116	56	增强脂肪酸 β-氧化	Makarewich et al., 2018
CASIMO1	83	调控细胞增殖，与角鲨烯环氧化酶相互作用，调节脂滴形成	Polycarpou-Schwarz et al., 2018
UBAPI-AST6	117	促进细胞增殖和克隆形成	Lu et al., 2019
NCBP2-AS2	99	抑制肝细胞癌细胞中的致癌信号转导	Xu et al., 2020
circRNA			
circ-ZNF609	251	肌细胞生成相关功能	Legnini et al., 2017
circ-SHPRH	146	抑制胶质瘤的发生	Zhang et al., 2018a
LINC-PINT	87	抑制胶质母细胞瘤中的致癌转录延伸	Zhang et al., 2018b

编码蛋白质的"ncRNA"可通过两种方式参与生命活动：作为 RNA 本身发挥功能；或者被翻译成蛋白质发挥功能。区分这两种类型的常用方法是突变其起始密码子（主要是 ATG）以去掉 ncRNA 的翻译能力。如果突变体因此失去功能，那么该"ncRNA"就是通过其编码的蛋白质发挥功能。

新蛋白的出现可能对应着某些新功能的产生，揭示了进化过程中细胞调控和生物多样性更为复杂的层面。对新蛋白的进一步研究还可能有助于回答一些长期存在的问题，如一些不易解释的基因表达调控现象，这些新蛋白可能会填补我们过去在蛋白质编码基因方面的知识盲区，为我们提供更全面的理解。

我们对于新蛋白的了解还很浅薄，它们的功能可能远比我们想象的更为广泛，需要通过研究它们的结构、相互作用以及在不同生物过程中的表达变化，逐步揭示出它们的生物学功能和调控机制。由于这些新蛋白可能在细胞信号传递、代谢途径调控及疾病发生发展等方面扮演着重要的角色，新蛋白的发现为基础和临床研究开辟了一个隐藏的功能分子宝库。随着我们对这些新蛋白的了解不断加深，它们可能成为药物研发领域的潜在靶标，不断为疾病治疗提供新的可能。

四、新蛋白的进化意义

很多新蛋白的基因遗传背景来源不明确，人类研究中仅有约55%的新蛋白可以通过同源比对确定其物种起源，还有约45%的新蛋白无法找到同源基因（Lu et al.，2019），不能确定其祖先来源。通过物种进化保守性分析发现，大部分人类新蛋白基因的进化并不保守，有超过一半的基因仅在灵长类动物中出现，甚至部分基因在小鼠中都不存在，这些证据表明编码这些新蛋白的基因在进化中非常年轻，这些年轻基因可能与灵长类动物的特化表型存在关联，更倾向于选择抑癌、凋亡、生精（spermatogenesis）等功能（Broeils et al.，2023）。

比较基因组学和分子进化生物学研究揭示，在物种进化的进程中，许多基因不是祖先直接遗留下来的，基因也会经历从无基因到原基因（proto-gene）再到编码基因这样连续的过程（Carvunis et al.，2012）。原基因的可读框一般较短但可以被翻译，在进化过程中逐步加长至正常长度。已知原基因通常有较低的表达丰度、携带更多的正电氨基酸和更少的负电氨基酸，这些特征均与我们发现的新蛋白高度吻合，提示我们发现的新蛋白很可能就是基因发育过程中的中间状态（原基因）。

绝大部分新蛋白的表达量都很低，其正在翻译中的mRNA也许不到1个拷贝/细胞。一般来说，一个典型人细胞内单拷贝mRNA在测序中的定量值是2.27rpkM，而超过80%已有翻译组证据的新蛋白基因在翻译水平上不到一个拷贝。也就是说，即使在一起培养的同种细胞中，有的细胞内部能生成这种新蛋白，有的细胞则不能生成，我们称之为基因的"涨落表达"。如果细胞数目足够多，那么即便是不到0.01rpkM（大概200多个细胞中仅有1个细胞表达1个分子）的超低表达基因，其"涨落表达"的蛋白质产物也可能被质谱检测到，并可以通过 *HPP Data Interpretation Guideline* 的严格质控标准（Chang et al.，2014），说明蛋白质的"涨落表达"也是真实存在的表达。如果个别基因的涨落表达可以用概率解释，那么数千个基因的涨落表达就一定意味着这个事件在进化历程中有重要意义。

我们认为，"涨落表达"是生物在进化过程中的低成本试错，其主要发生以下两种过程（图3-39）（Lu et al.，2020）。

（1）极低表达量涨落表达的新蛋白，若是对生存有利，在进化过程中其表达量会逐渐升高、ORF加长，逐步变成一个正规的编码基因，可能在同一种类的细胞中都有表达；若是对生存不利，由于它的表达量极低，也易于通过各种方式将其表达压制。

（2）涨落表达的新蛋白，会在同种细胞中造就大量的异质性。由于数千个新蛋白可以在同一种细胞内涨落表达，排列组合出来的种类非常惊人。高度多样化的蛋白质组在

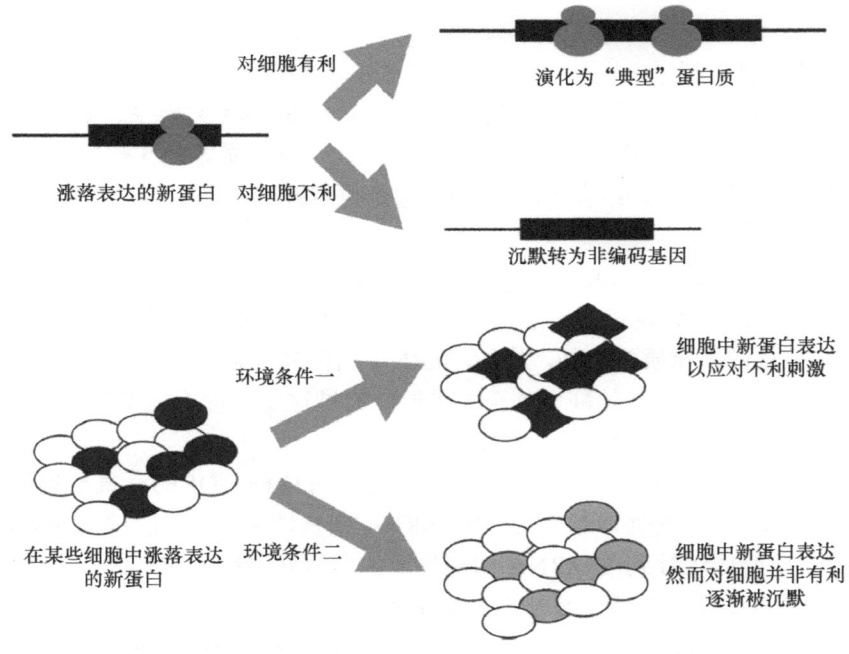

图 3-39　涨落表达的新蛋白的进化意义（Lu et al., 2020）

面对各种不可预知的环境变化时，可能有些细胞应对得较好，这类型的细胞就被选择出来，进而发展成为专门对某种环境刺激有良好响应的细胞，甚至逐渐演变为一种特化的细胞；而在另一些环境下，这个新蛋白并不那么有利，那么很低水平的表达也可以很容易地沉默掉，从而在这种环境下也能生存下来。

总而言之，这种以多样性来适应环境、不成功也能很轻易撤回的策略，是在高等生物体内以细胞为基本单位的高频率、低成本试错。相比于传统的以过度竞争、个体死亡为代价的进化模型，在生物体内以细胞级别来进行试错，成本显然要低得多（无需以个体死亡为代价），群体对环境的消耗低得多（体内轻易可以动员数亿细胞进行试错，传统进化需要通过大量的个体数量进行筛选，对环境压力太大），试错速度却高得多（翻译调控可分钟级起效，传统进化以一代为时间单位），有助于生物体快速适应新的环境。

第五节　翻译异常与解救机制

一、环境变化导致的翻译动态异常

在蛋白质合成翻译过程中，细胞内部的质量控制及外部环境的变化都可能影响到蛋白质合成的速率和产量，导致核糖体在 mRNA 上翻译异常。例如，原核生物更容易受到环境变化影响，在高温或低温、营养缺乏、乙醇处理、酸处理或抗生素处理等胁迫条件下，会出现核糖体卡顿（ribosome stalling）或称核糖体滞留的情况，从而影响正常的蛋白质翻译过程；当细胞暴露于病毒感染、氧化应激或其他细胞损伤等应激条件下，会导致翻译异常；当癌细胞遭遇应激环境压力时，也会产生翻译异常（Fabbri et al., 2021）。

mRNA 翻译为蛋白质的核心机制非常保守，但真核和原核细胞采用不同的策略来调控翻译并实施质量控制。

原核生物中，细胞没有分隔转录和翻译，蛋白质与 mRNA 共转录、共翻译，且 mRNA 没有类似真核生物的 5′加帽等一系列质控步骤，因此一旦转录本的 5′端从 RNA 聚合酶处脱离，核糖体就开始识别并结合 mRNA 中的起始位点开始翻译起始，独立于任何质量控制步骤。

而在真核生物中，由于 mRNA 需要先在细胞核中加工成熟后再输出到细胞质进行翻译，这种分离的翻译起始模式保证了真核生物的 mRNA 在核糖体开始翻译前就经历了保障 mRNA 完整性的多重质量控制。此外，mRNA 加帽和聚腺苷酸化（及可变剪接等）对于从细胞核输出和有效地起始翻译都至关重要。通过这些质量控制步骤，真核生物的翻译机制可以优选完整的 mRNA 进行翻译。

当翻译起始阶段完成，核糖体开始移动并通过可读框（ORF），直至遇到终止密码子完成翻译。原核生物的翻译起始与下游 mRNA 完整性无关，无法预知 mRNA 下游是否完整，因此核糖体运行到由 mRNA 切割生成的截短转录物的末端时，常常陷入卡顿。真核生物的 mRNA 具备完整 5′帽结构和多聚腺苷酸尾，而且需要通过 mRNA 头尾相接的环化来促进翻译起始，这些机制很大程度上解决了这一问题。然而某些情况下，真核生物也有可能产生问题的 mRNA 模板，从而导致蛋白质产物不完整；异常的翻译产物可能具有细胞毒性，截短的 mRNA 也不具备再次翻译的价值，同时核糖体也会产生卡顿，需要通过翻译调控降解无用的 mRNA，解救核糖体后继续供翻译使用，降低细胞能量开销。

二、翻译异常 mRNA 的质量控制

部分 mRNA 缺陷只有在翻译过程中才能得以体现。对翻译异常 mRNA 的识别和降解是细胞内的一种重要机制，对翻译错误或损坏的 mRNA 及多肽产物进行降解，并回收核糖体以保障翻译功能持续运转，保持细胞内基因表达的准确性和稳定性。细胞有多种保证正常 mRNA 存续和翻译的质量控制机制，例如，真核细胞中一些常见的方式包括无义介导的 mRNA 降解（nonsense-mediated mRNA decay，NMD）、无终止子的 mRNA 降解（non-stop decay，NSD）和核糖体停滞导致的 mRNA 降解（no-go decay，NGD）。本质上说，异常 mRNA 的降解属于 mRNA 质量控制的范畴，有相当一部分 mRNA 会通过这些途径降解。

（一）无义介导的 mRNA 降解

无义介导的 mRNA 降解（NMD）是真核细胞中广泛存在且保守的 mRNA 质量控制机制（Shoemaker and Green，2012）。它能够选择性地降解携带提前终止密码子（premature translation termination codon，PTC）的 mRNA。所有真核生物都存在 NMD 通路，该通路的核心蛋白复合物包括 UPF1、UPF2 和 UPF3，这些蛋白复合物在不同物种中高度保守。

在真核细胞中，具有 PTC 的异常转录产物通常带有外显子拼接复合体（exon junction complex，EJC），位于每个外显子连接处的上游约 20～24 个核苷酸位置（Le Hir et al.，2000）。EJC 可以与 PTC 下游的 mRNA 结合激活 mRNA 质量控制。NMD 的底物识别机制是多样的，但所有这些识别通路都需要 UPF1 蛋白的参与（图 3-40B）。

在正常翻译情况下，终止密码子由肽释放因子（peptide-release factor）eRF1 和 eRF3 识别（图 3-40A）。当翻译终止发生在 PTC 位点时，核糖体停滞在 PTC 终止密码子位置，UPF1 和 SMG1 激酶与释放因子结合，在停滞的核糖体上形成 SURF 复合物，UPF1 与 UPF2、UPF3 相互作用，并与终止位点下游外显子连接处的 EJC 结合，在 SURF 和 EJC 之间形成桥接结构（Kashima et al.，2006）。然后，SMG1 使 UPF1 磷酸化，导致翻译释放因子 eRF1 和 eRF3 与复合物分离，最后启动 mRNA 的降解。

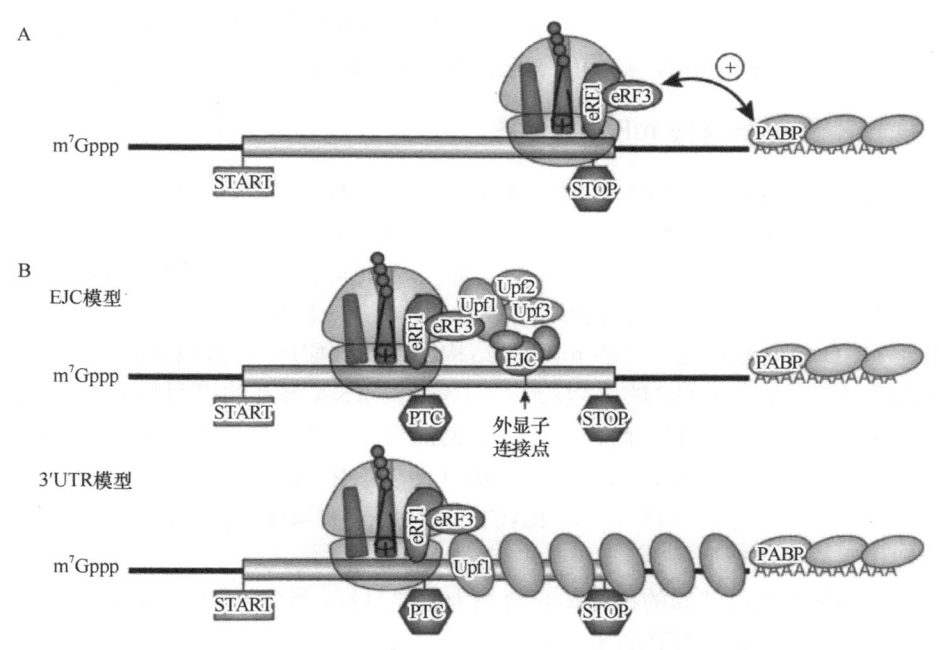

图 3-40　NMD 机制示意图（Shoemaker and Green，2012）
A. 蛋白质翻译正常终止。核糖体进行完整的 ORF 翻译到达终止密码子，然后真核释放因子 eRF1 和 eRF3 识别终止密码子。终止密码子与 poly（A）尾巴接近，促进 eRF3 和 PABP 之间的相互作用，促进多肽链释放。B. EJC 介导的降解。在真核生物的 EJC 模型中，由于在 EJC 上游遇到终止密码子 PTC，PTC 的存在使 eRF3 和 PABP 距离较远，不能相互作用，终止因子与 EJC 之间由 Upf1、Upf2 和 Upf3 连接。在 3′ UTR 模型中，PTC 使得 mRNA 实际的 3′ UTR 变长，为 Upf1 提供了更大的结合区域，该机制也会导致 NMD 而不是经典的翻译终止

（二）无终止子的 mRNA 降解

无终止子的 mRNA 降解（NSD）机制用于降解可读框内缺失了终止密码子的 mRNA（van Hoof et al.，2002）。不携带终止密码子的 mRNA 有两种类型：第一类为断裂的 mRNA，其中核糖体直接运行到模板的末端（图 3-41A）；第二类为没有终止密码子但具有 poly（A）尾巴的 mRNA，翻译终止失败导致核糖体翻译进行到 poly（A）尾，到达 mRNA 的 3′端并在接近模板 mRNA 的末端停滞（图 3-41C）。通过 NSD 降解机制能够有

效地阻止该类异常蛋白质的产生，并促进核糖体的释放和回收。

目前，已经发现存在两种功能相关的 NSD 降解途径，存在于酿酒酵母和哺乳动物细胞中，该途径需要外切体（exosome）、SKI 复合物及接头蛋白 Ski7 的参与（Anderson and Parker, 1998）。当核糖体停滞在转录本 3′端时，Ski7 的 C 端可与核糖体的空载 A 位结合，从而解救释放核糖体。接着，Ski7 招募外切体和 SKI 复合物，对转录物进行 3′→5′方向的脱腺苷酸化降解，迅速清除异常的 mRNA（van Hoof et al., 2002）。当缺少 Ski7 时，酿酒酵母会通过第二种途径进行 NSD 降解（Atkinson et al., 2008）。该途径通过作用于正在翻译的核糖体，去除与多聚腺苷酸结合的 PABP，增加转录本被脱帽的概率，从而降低翻译效率，然后介导 mRNA 从 5′→3′方向进行降解。

这种对于无终止子 mRNA 的降解机制不仅能够有效地阻止缺乏终止密码子的异常 mRNA 翻译和异常蛋白质产生，还可以释放核糖体并迅速清除异常转录本。这一机制在细胞中起着重要的调控作用，能确保细胞内基因表达的准确性和稳定性。

（三）核糖体停滞导致的 mRNA 降解

核糖体停滞导致的 mRNA 降解（NGD）也是一种重要的 mRNA 质量控制机制。在 NGD 降解识别中，首先检测 mRNA 上是否存在停滞核糖体，随后核酸内切酶介入，对停滞核糖体附近的 mRNA 进行切割。这一切割步骤导致停滞核糖体与相应的短 mRNA 片段被释放出来，而后者会迅速被外切体、Xrn1 等降解酶降解（图 3-41B）。

基于 NGD 的研究发现，一些 mRNA 结构特定的核酸序列可以利用这一降解途径，如稳定的茎环结构、富含 GC 的序列，或者包含受损 RNA 碱基的序列（Doma and Parker, 2006; Gandhi et al., 2008）。此外，一些罕见密码子串或特定的肽也可能会导致核糖体停滞，触发 NGD 反应（Kuroha et al., 2010）（图 3-41B、C）。在肽段介导的停滞中，停滞现象可能依赖于保守的核糖体蛋白 RACK1 参与（图 3-41B）。然而，RACK1 在 NGD 中的确切作用尚未完全明确。

总之，NGD 机制以停滞的核糖体复合物为主要目标，会引导核酸内切酶降解 mRNA，以确保细胞内基因表达的精确性和稳定性。

三、对核糖体翻译卡顿的解救

核糖体卡顿是指核糖体在蛋白质翻译过程中出现延迟或停止的现象，由此导致蛋白质的合成速率降低或完全停止。这种现象可能由多种因素引起，包括细胞内环境的变化、外界的应激刺激、蛋白质质量控制机制的触发等。

这种异常翻译的后果是多方面的，由此可能导致蛋白质合成的降低或停止，从而影响细胞的正常功能和稳态。一旦发生异常翻译，细胞会启动一系列机制来应对这种情况，以确保细胞功能的维持和适应性的发挥。解救核糖体的翻译卡顿对维持细胞功能和适应性非常重要。在真核生物和原核生物中，由于翻译机制和质控体系的不同，采用了不同的策略来解决翻译卡顿问题。

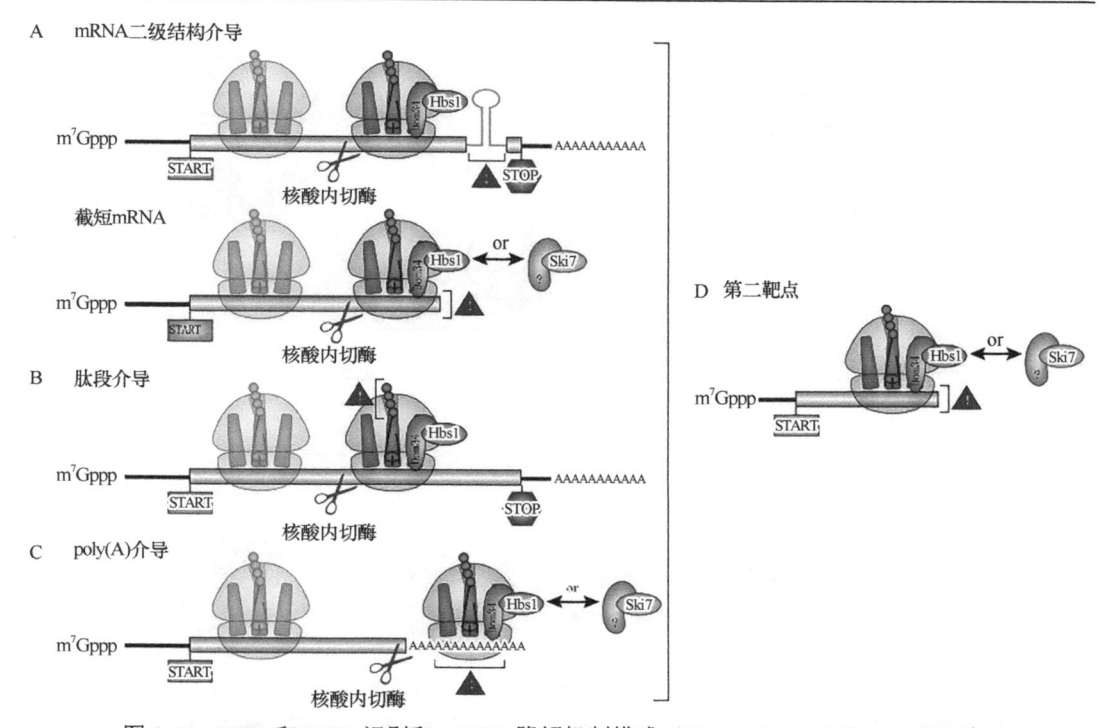

图 3-41 NSD 和 NGD 识别和 mRNA 降解机制模式（Shoemaker and Green，2012）

A. mRNA 二级结构介导的降解：抑制性的 mRNA 二级结构导致核糖体卡顿发生在 mRNA 中部（上图），而截断的 mRNA 导致核糖体卡顿在转录本末端（下图），是 NSD 机制的底物。B.肽段介导的降解：抑制性肽序列导致停滞核糖体通常是 NGD 机制降解的底物。C. poly（A）介导的降解：最初认为 poly（A）被翻译的情况类似截断 mRNA 并调用 NSD 机制，在到达 mRNA 末端之前诱导核糖体停滞。在 A~C 三种情况中，核酸内切酶的切division位于卡顿核糖体的上游，可能受 Dom34 和 Hbs1 的影响。mRNA 切开后，尾随核糖体（以较浅的阴影显示）延长到切割点，如图 D 所示，被 Dom34-Hbs1（或 Ski7）再次识别并利用 NSD 机制降解 mRNA

（一）真核生物对翻译卡顿的解救

尽管上一节描述的真核生物中几种异常 mRNA 降解机制各自存在差异，但所有三种机制（NMD、NSD 和 NGD）的相同点是细胞中都产生了翻译停滞的核糖体复合物，细胞需要迅速清除停滞的核糖体，并将它们重新投入蛋白质生产（图 3-42）。

1. 回收功能正常的核糖体

核糖体是大型细胞机器，替换成本很高，合成也会耗费大量能量。因此，只要核糖体没有损坏，回收并循环使用对细胞来说更为经济。因此会通过上述异常 mRNA 降解机制清除无效的 mRNA 和翻译不完全的蛋白质后进行核糖体解救（回收），使解离的核糖体亚基重新投入蛋白质生产。

在 NGD 和 NSD 机制中，Dom34 和 Hbs1 以不依赖密码子的方式结合到核糖体的 A 位点并解离核糖体复合物，类似翻译终止因子 eRF1 和 eRF3 的作用（Shoemaker et al.，2010）。结构数据表明，Rli1 可促使 Dom34（或者 eRF1）通过在核糖体大小亚基的交界处作用，破坏亚基间的结合并导致大小亚基解离，重新投入蛋白质翻译（Becker et al.，2012）。遗传学研究表明 Dom34、Hbs1 及 Rli1 在 NSD 和 NGD 过程中都是亚基解离所必

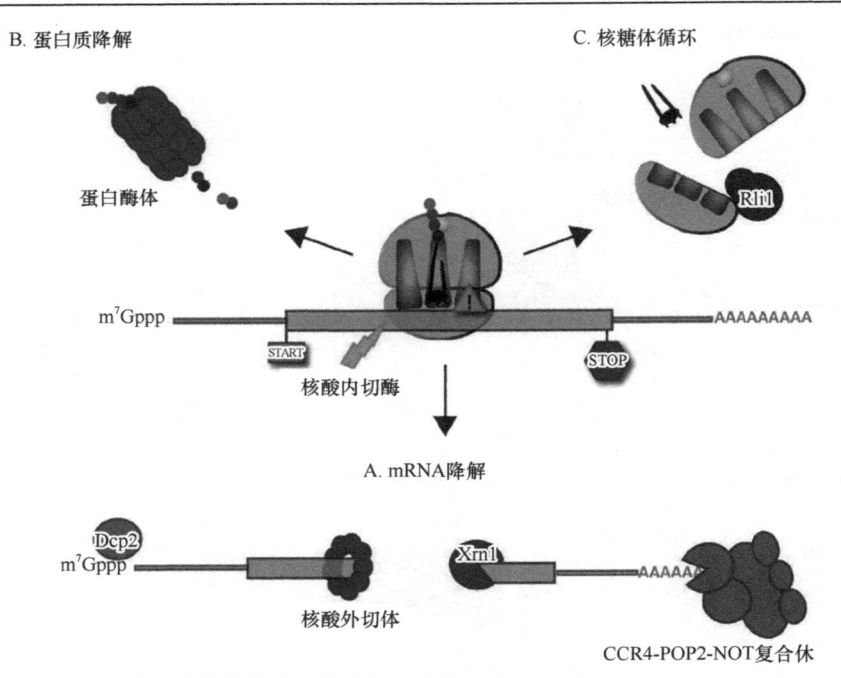

图 3-42　真核生物核糖体回收途径示意图（Shoemaker and Green，2012）
识别出 NMD、NGD 或 NSD 类型的核糖体后可通过三个途径进行核糖体解救：A. 异常 mRNA 降解；B. 异常蛋白质降解；C. 卡顿核糖体回收。Dom34 和 Hbs1 利用 Rli1 来实现 NGD 和 NSD 期间的核糖体回收。NMD 核糖体复合物的回收利用机制不太明确，有可能涉及 Upf1 蛋白

需的，其中，Rli1 是一个细胞必需基因，在体内可能有其他作用。

NMD 机制的核糖体回收机制尚未阐明，ATP 酶 Upf1 在解离回收核糖体中可能起到重要作用，也有可能与 NGD 和 NSD 一样使用 Rli1、Dom34 和 Hbs1 来完成核糖体解救（Amrani et al.，2004；Ghosh et al.，2010）。

2. 降解丧失功能的核糖体

当核糖体损坏时，真核生物可以识别并降解有翻译缺陷的核糖体，被称为非功能性的核糖体降解（non-functional rRNA decay，NRD）（Cole et al.，2009）。当含有有害突变的小亚基出现在核糖体解码中心时，会触发 NRD，降解异常的 18S rRNA；当肽基转移酶中心具有有害突变时，同样会触发 25S rRNA 的 NRD 降解（LaRiviere et al.，2006）。Dom34 是与 NGD 和 NSD 密切相关的核糖体亚基解聚蛋白，对于有缺陷的小核糖体亚基的快速周转非常重要（18S NRD）。25S NRD 不需要 Dom34，但是与核糖体的泛素化有关。由于 18S NRD 机制的核糖体解离途径依赖于 Dom34，NRD 的降解机制可能与 NGD 相似。虽然 Dom34 不太可能专门对核糖体进行降解，但被 Dom34 反复解离的核糖体亚基不停地暴露于 RNA 的降解环境中，同样也可以达到加速核糖体 RNA 降解的目的。

（二）原核生物对翻译卡顿的解救

在细菌中，经典的解救截短 mRNA 上核糖体卡顿的过程，是由转移信使 RNA

（tmRNA）及其辅助蛋白 SmpB 完成的（Neubauer et al.，2012）。tmRNA 具备 tRNA 和信使 RNA 的双重特性。这一机制在细菌中广泛存在且保守，甚至在一些线粒体和叶绿体中也存在。

tmRNA 的长度约为 360 个核苷酸，其结构为一个由氨基酸接受臂、T 臂和 D 环组成的保守类 tRNA 结构域，详细晶体结构见参考文献（Guyomar et al.，2021）。接受臂中含有一个 GU 碱基对，可被丙氨酰-tRNA 合成酶识别。在 tmRNA 3'端存在高度保守的 CCA 序列，并携带一个丙氨酸。

与 tRNA 不同，tmRNA 没有反密码子环，但具有一个内含小可读框的 mRNA 结构域，这一可读框编码的肽段随物种而异，一般由 8~35 个氨基酸组成。可读框的第一个密码子通常高度保守，多为 GCA。因为 tmRNA 的主要功能是提供终止密码子，因此一般认为 GCA 的变异不会影响 tmRNA 的功能。

在 tmRNA-SmpB 介导的核糖体解救机制中（图 3-43），合成的蛋白质源自于 mRNA 和 tmRNA 两个模板，这一过程被称为反式翻译。反式翻译主要发生在截断 mRNA 末端、稀有密码子，以及一些自然终止位点导致核糖体卡顿的情况。卡顿核糖体的释放及随后蛋白质的标记降解，都是反式翻译的结果。

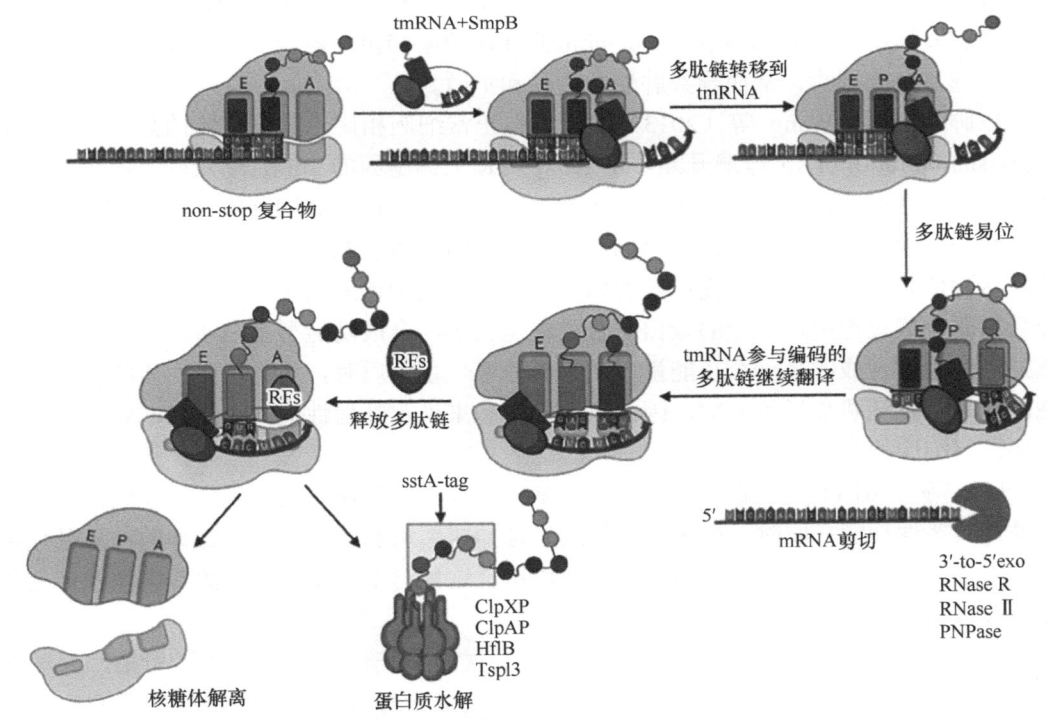

图 3-43　tmRNA-SmpB 途径进行核糖体解救的机制（Zarechenskaia et al.，2021）
tmRNA-SmpB 复合物可识别卡顿的核糖体并结合在空载的核糖体 A 位上，使多肽链转移到 Ala-tmRNA，同时进行脱氨酰化 tRNA 从 P 位到 E 位的易位，以及多肽-tmRNA-SmpB 从 A 位移位到 P 位。反式翻译持续进行直到识别 tmRNA 的终止密码子，然后被终止因子 RF1 或 RF2 识别而停止翻译，同时释放带有 tmRNA 编码肽段的多肽。该多肽可被多种蛋白酶识别，包括 ClpXP、ClpAP、HflB 和 Tsp13，从而快速降解

在核糖体回收过程中，tmRNA 首先在丙氨酰-tRNA 合成酶的作用下装载丙氨酸，随

后与SmpB形成四聚体（SmpB·tmRNA·EF-Tu-GTP），并结合到卡顿核糖体的A位，此时tmRNA的tRNA结构域位于转肽酶中心，SmpB占据tRNA的反密码子位置。通过GTP的水解，EF-Tu-GDP被释放，卡顿核糖体脱离mRNA模板并结合到tmRNA上开始以tmRNA为模板进行翻译。核糖体延伸至tmRNA可读框末端的终止密码子后从tmRNA上解离，再准备进入新的翻译循环（Zarechenskaia et al., 2021）。

新合成的蛋白质中，以tmRNA为模板翻译的C端肽段被称为"降解标签"，这些标签可以被蛋白酶高效地识别，促使蛋白质迅速被识别和降解。与tmRNA途径相关的蛋白质包括SmpB、RNase R及PNPase等。SmpB对tmRNA的活性具有重要的作用。

tmRNA介导的核糖体解救是细菌解决翻译卡顿的主要机制。除此之外，当tmRNA途径失活时，细菌还可以利用ArfA（YhdL）和YaeJ（ArfB）等其他基因介导的核糖体解救途径（Zarechenskaia et al., 2021）。

四、癌细胞中的翻译动态异常及补偿机制

癌症是全球最主要的死亡原因之一。癌细胞基因组的不稳定性导致各种突变和耐药性，因此，任何针对基因组变异的治疗方法都不会长久。癌细胞中的翻译动态异常是癌症发生和发展的重要驱动因素之一，异常的翻译速率和蛋白质合成使得癌细胞能够快速增殖及逃避细胞凋亡，从而导致肿瘤的生长和扩散。

以肺癌为例，Wang等（2013）发现，与正常细胞相比，肺癌细胞的翻译起始效率（translation ratio, TR）普遍升高，前123个TR上调基因的功能几乎反映了所有的癌症特征，表明优先翻译的基因决定了细胞的功能和表型。在肺癌细胞中，较短的基因（对应于较小的蛋白质）比较长的基因翻译更活跃。Guo等（2015）提出了一个数学模型来解释这种依赖长度的翻译优先：随着癌细胞中翻译延伸速度的增加，折叠错误率增加，在蛋白质合成过程中，较短的蛋白质合成误差较小，合成功能型蛋白质的效率更高。因此，当细胞要合成的是一个功能蛋白质组而非单一蛋白质时，优先小蛋白质的长度依赖性翻译是能量耗费最低的方案。因而对于癌细胞来说，补偿性提高小蛋白的翻译效率可以促进癌细胞的生存。

Lian等（2016）发现在癌细胞中，癌基因的翻译延伸速率显著降低，以确保正确的折叠及其恶性功能；同时，抑癌基因的翻译延伸速率增加，加快翻译延伸的结果是使抑癌基因难以正确折叠，从而难以发挥抑癌作用。这种对不同功能基因的双向调控，使得癌细胞可以维持其恶性表型。

综上所述，癌症在翻译层面上发生了多层次的系统性变化，且环环相扣，并非某一个或几个通路发生变化、少数几个基因发生突变所导致。因此，传统的靶向治疗不可能解决癌症问题，所有靶向治疗最终都会失效。此外，靶向治疗治疗费用高昂，加重了患者个人和社会的负担。只有对整个翻译组进行全面的系统干预，才有可能对癌症进行有效治疗，虽不能彻底治愈癌症，至少也能减弱癌细胞的恶性表型，将癌症转化为慢性病，终生带瘤生存，有望终结癌症作为"不治之症"的历史。

五、细菌耐药的通用翻译应对机制

抗生素是人们对抗细菌感染的有力武器,然而近年来愈演愈烈的耐药菌使得抗生素逐渐失去作用,已成为人类健康的一大威胁。耐药菌感染常使医生束手无策,尤其是近年来层出不穷的多重耐药菌、泛耐药菌甚至超级耐药菌,使得万古霉素、碳青霉烯类抗生素等"王牌武器"丧失威力。新抗生素开发的难度越来越大,数据显示,FDA 批准的抗生素数量呈现逐年直线下降的趋势(Shlaes et al.,2013)(图 3-44A)。然而,近 20 年的实践表明,当一种全新的抗生素投入使用后,当年或次年即可在临床上发现其耐药菌产生(Centers for Disease Control and Prevention,2013)(图 3-44B)。这种情况把人类逼到几乎无药可用的地步。因此,世界卫生组织(WHO)将 2011 年世界健康日主题定为"对抗细菌耐药:今天不行动,明天无药用"(Combat drug resistance: No action today, no cure tomorrow),更有学者不断撰文强调"耐药菌危机"已经到来(Neu,1992;Rossolini et al.,2014;Ventola,2015a,b)。因此,只有深入研究细菌耐药的机制,才有希望破解"耐药菌危机"。

目前人们熟知的细菌耐药分子机制包括(Blair et al.,2015):①降低膜通透性或增加药物外排,将细胞内抗生素浓度始终控制在致死浓度以下;②抗生素作用靶点突变或被修饰,使抗生素无法结合;③通过酶促反应修饰或降解抗生素,使抗生素失效。

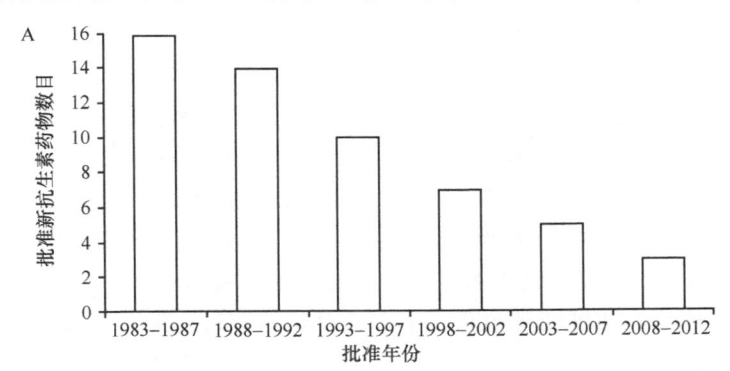

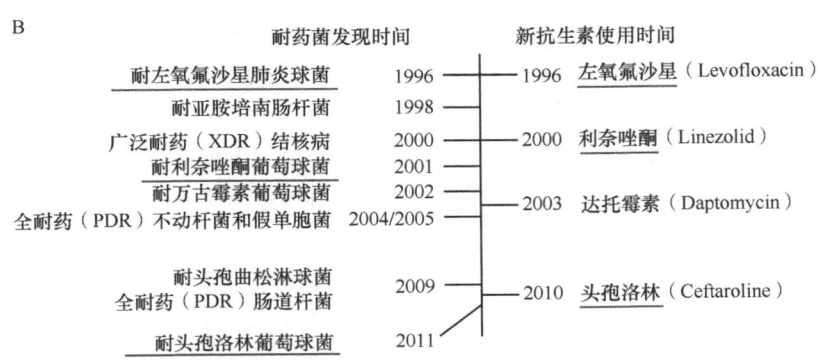

图 3-44 A. FDA 批准的新抗生素药物数目(1983—2012)(Shlaes et al.,2013);B. 近 20 年来新抗生素的使用和耐药菌出现的时间表(Centers for Disease Control and Prevention,2013)

下画线标出了新抗生素投入使用的时间及其对应的耐药菌被发现的时间

一般而言，这些耐药分子机制能特异性抵抗一种或几种抗生素，然而我们却看到了越来越多的泛耐药、全耐药甚至超级耐药细菌，甚至出现了针对自然界中从来没有出现过的、全新人工合成的新抗生素的耐药细菌。

耐药机制往往需要较长的时间自发产生，如果一开始没能承受抗生素的破坏作用，细菌就根本没有机会发展出特异性的抵抗机制（如基因突变）。而且，编码基因和蛋白质的突变并不一定是耐药所必需的，有研究发现，将耐药基因敲除之后，细菌仍然能耐药（Iwata et al., 2003）。这说明除了耐药基因之外，细菌必然存在着另一套调控系统"以不变应万变"，以一种相对通用的方式应对不同种类的抗生素，从而存活下去。阐明这种细菌在抗生素作用初期产生的普遍抵抗机制，有利于理解细菌耐药性产生的根源，从而有针对性地进行干预，抑制甚至逆转细菌的耐药性。

细菌被许多种类抗生素攻击后死亡的直接原因都是由于细胞内累积了大量的氧化自由基（ROS），造成无可挽回的损害（Foti et al., 2012），因而细菌耐药的第一关便是对抗氧化自由基；如果能有效对抗氧化自由基，那么细菌就可以普遍抵抗多种抗生素。抗生素导致的氧化自由基在加药后立即产生（Dwyer et al., 2007；Goswami et al., 2006），但专门抵抗氧化自由基的转录调控系统SoxRS和OxyR等至少需要20～30 min才能起效（Davies, 1999）。显然，在此之前，细菌必须有一种更快响应氧化应激的机制才能存活，那就只能是翻译调控了。

钟嘉泳等人通过蛋白质质谱技术和tRNA组全定量测序技术，发现在加入氧化剂时，大肠杆菌内蛋白质的合成立即减慢到几乎测不出的程度，这种响应在一两分钟内就已经发生（Zhong et al., 2015）。进一步的分析表明，氧化应激并没有造成细胞内大面积的蛋白质氧化损伤，翻译起始速率丝毫不受影响，而翻译延伸速率则严重减慢。在排除了各种可能因素之后，tRNA水平的突然下降是唯一的可能性。几乎所有的tRNA在氧化应激开始时都立即出现了严重的下调。不同于真核生物的几种途径，细菌经由酶促反应快速降解tRNA，并且这种降解是不可逆的。90 min后，SoxRS、OxyR等专业应对氧化应激的系统起效，tRNA浓度回升至正常水平甚至略有超过，细菌又能正常生长。而通过引入PRIL质粒过表达argU、ileY和leuW三种tRNA则可以加速翻译，在氧化应激的条件下使细菌更快地生长，保护大肠杆菌对抗更高浓度的过氧化氢，从而更加耐受环丙沙星引起的ROS，甚至在较高的环丙沙星浓度下生长速率更快（图3-45）（Zhong et al., 2015）。上调tRNA对细菌而言是一柄"双刃剑"：在正常状况下，过高的tRNA水平会减少翻译暂停，造成蛋白质折叠失败，进而导致细菌生长受阻，因此正常状况下tRNA水平受到严格调控，不可过高；而在氧化压力下，较高的tRNA水平则能帮助细菌抵抗压力、渡过难关。

那么，在抗生素引起的ROS攻击之下，细菌究竟发生了哪些变化？耐药的具体分子机制如何？该问题由方慧颖等人于2021年给出了答案（Fang et al., 2021）。

在低浓度环丙沙星作用下继代驯化了45世代的大肠杆菌BW25113菌株，逐代进行基因组测序，发现直到22代才出现能对抗环丙沙星的基因突变。8～21代，转录组出现变化，主要耐药因素为外排泵相关基因表达量上调；而7代之前，转录组都没有大的变化，转录调控和基因组突变均不能解释其耐药性增长，只可能是翻译调控。确实，在继

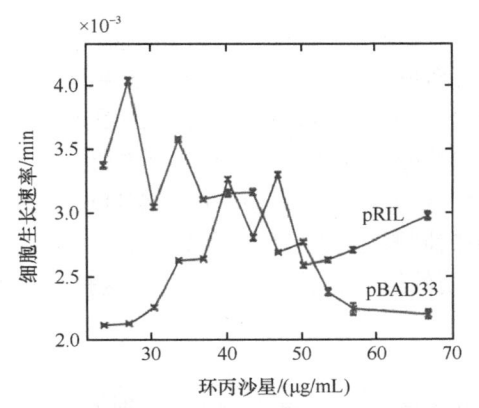

图 3-45 过表达三种 tRNA 后细胞生长速率与环丙沙星浓度的相关性

过表达三种 tRNA 后，环丙沙星浓度越高，细菌生长越快；对照组（pBAD33）中，环丙沙星浓度越高，细菌生长越慢

代驯化的过程中，早期代次的 tRNA 量显著上升，一直到后期都是如此（图 3-46A～B），这与之前的研究结论吻合，tRNA 上调可以帮助细菌更好地抵抗 ROS，从而耐药。

更有意思的是，人工过表达 tRNA 有助于耐药，在细菌中分别转入两种质粒，一种过表达 tRNA（pRIL），另一种为对照（pBAD33），然后让它们进行竞争，结果发现，在有环丙沙星压力时，过表达 tRNA 的细菌逐渐占上风（图 3-46C）；没有环丙沙星压力时，过表达 tRNA 的细菌则逐渐落败（图 3-46D），因为 tRNA 太多，翻译暂停较少，蛋白质折叠不佳。

那么，究竟这些 tRNA 在抗生素压力下是怎样上调的？

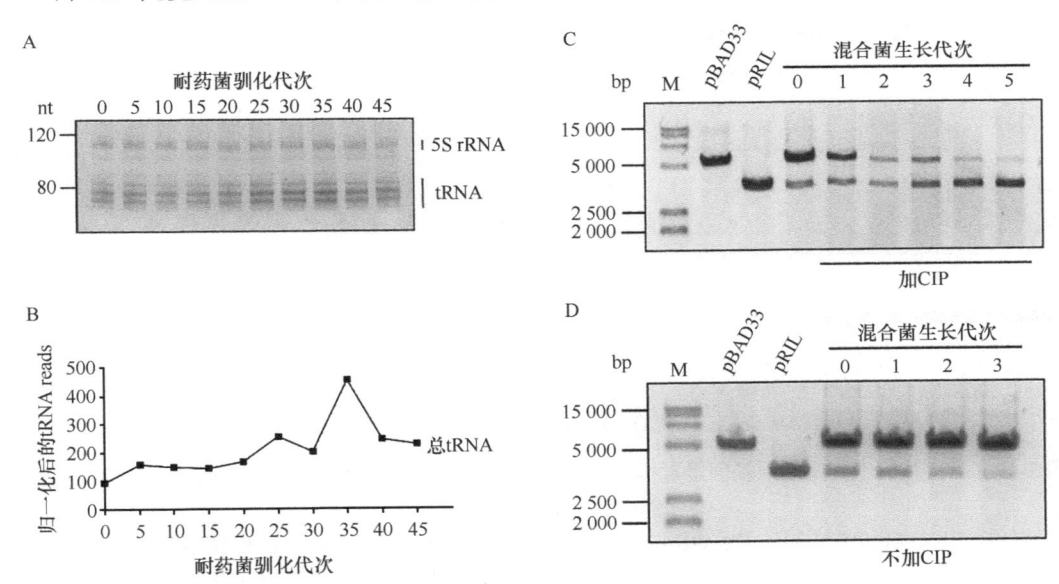

图 3-46 耐药驯化中细菌的 tRNA 上升（Fang et al., 2021）

A、B. 聚丙烯酰胺凝胶电泳和 tRNA-seq 分析结果都表明 tRNA 在耐药驯化过程中上调。C、D. 竞争性试验，pRIL 是过表达三种 tRNA 的质粒，pBAD33 为对照。将其分别转入大肠杆菌，再将两种菌混合在一起共同培养进行竞争性试验。C. 加环丙沙星；D. 不加环丙沙星

通过三代基因组测序，发现前 7 代细菌的基因组发生了广泛的重排，这比较容易理解，因为 ROS 本来就容易造成 DNA 的双链断裂。重要的是，重排点的分布并不随机，而是富集于 tRNA 基因附近（图 3-47A、B）。这些基因组重排点可以被其他手段验证（图 3-47C）。tRNA 基因附近的基因重排使得 tRNA 的表达调控受到了影响，多种 tRNA 受到影响上调，并且这种上调可以导致更加耐药（图 3-47D）。该结果证明在 DNA 水平上，以一定概率和偏好性发生的同源重组修复，可以通过上调 tRNA 导致了细菌早期耐药。实验证实敲除重组修复系统的酶可以显著抑制细菌的这种自发耐药产生，从而验证了这一理论。

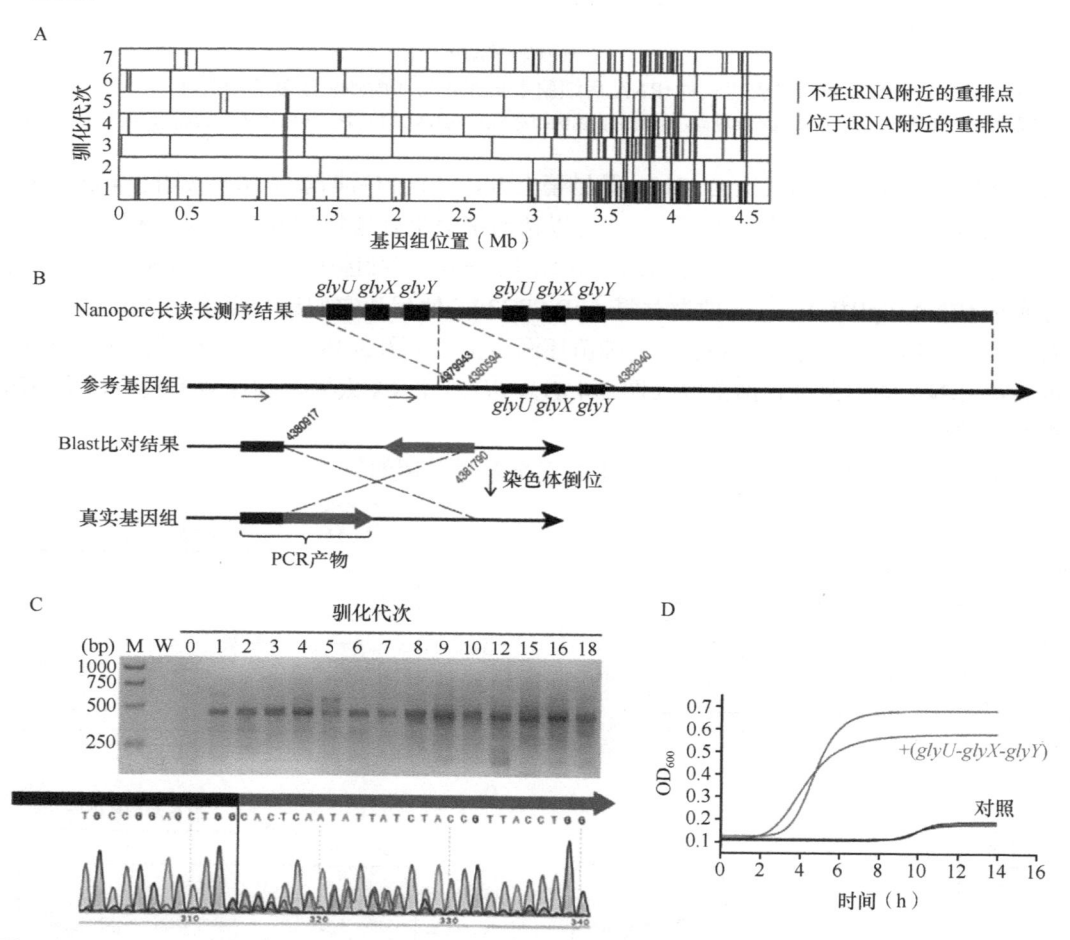

图 3-47　三代基因组测序发现基因组重排点在 tRNA 基因附近富集（Fang et al.，2021）（彩图另扫封底二维码）

A. 驯化 1～7 代的基因组重排点，红色为 tRNA 基因附近的重排点，黑色则为不在 tRNA 基因附近的重排点。B. 一个例子，一个 tRNA 基因簇（glyU-glyX-glyY）被重复了两次，并确定了重排点。C. 从驯化 1 代开始，该重排点就显著存在（凝胶电泳为该重排点特异性引物 PCR 的结果）；利用一代测序证实了这一重排点。D. 过表达 glyU-glyX-glyY tRNA 基因簇，可使细菌在环丙沙星中快速生长，生长速率大大快于对照组

细菌自发耐药的理论模型可归纳如下（图 3-48）。

（1）耐药早期，抗生素引起的 ROS 造成了 DNA 双链断裂，重组修复系统进行修复。

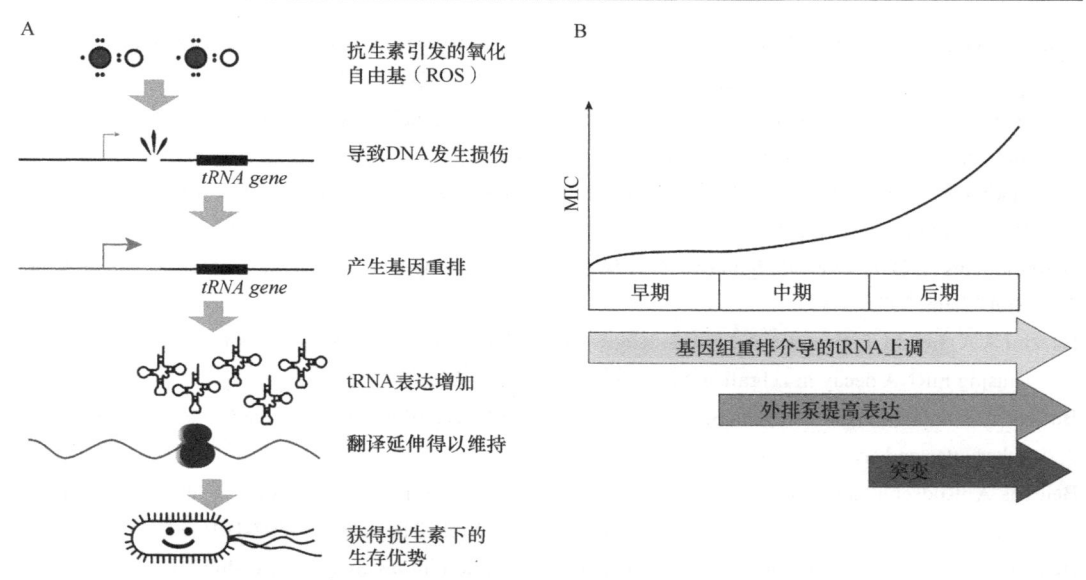

图 3-48　细菌多层次自发耐药产生的理论模型（Fang et al.，2021）

（2）重排点富集于 tRNA 基因附近，影响 tRNA 的表达，部分或全部的 tRNA 表达量上调。

（3）更多的 tRNA 维持了蛋白质的合成，通过翻译调控使细菌能及时修补受损的零件，从而抵抗住早期的抗生素攻击，为其他耐药机制争取时间。

（4）中期，转录调控导致外排泵相关基因表达量上调。

（5）后期，特异性耐药的突变出现，细菌获得耐药性。

这种分层次（早期翻译调控、中期转录调控、后期基因突变）的耐药机制，为细菌构建了一种短期与长期兼顾、通用和专用平衡的抗生素防御系统，使得其能够应对几乎任何抗生素的攻击而逐步发展出稳定的耐药性。这使人们对细菌耐药有了全新的理解，从而可以针对性地设计出抑制细菌耐药的治疗方案，改变几乎"无药可用"的被动局面，让人类在与细菌的战争中再一次占据主动地位。

参 考 文 献

赵晶, 张弓. 2017. 翻译组学:方法及应用. 生命的化学, 37(1): 70-79.

Amrani N, Ganesan R, Kervestin S, et al. 2004. A 3′-UTR promotes aberrant termination and triggers nonsense-mediated mRNA decay. Nature 432: 112-118.

Anderson J S, Parker R P. 1998. The 3′ to 5′ degradation of yeast mRNAs is a general mechanism for mRNA turnover that requires the SKI2 DEVH box protein and 3′ to 5′ exonucleases of the exosome complex. EMBO J 17: 1497-1506.

Anfinsen C B. 1973. Principles that govern the folding of protein chains. Science , 181: 223-230.

Archer S K, Shirokikh N E, Beilharz T H, et al. 2016. Dynamics of ribosome scanning and recycling revealed by translation complex profiling. Nature, 535: 570-574.

Arribere J A, Cenik E S, Jain N, et al. 2016. Translation readthrough mitigation. Nature, 534: 719-723.

Atkinson G C, Baldauf S L, Hauryliuk V. 2008. Evolution of nonstop, no-go and nonsense-mediated mRNA decay and their termination factor-derived components. BMC Evol Biol, 8:290.

Aviner R, Geiger T, Elroy-Stein O. 2013. PUNCH-P for global translatome profiling: Methodology, insights and comparison to other techniques. Translation, 1(2): e27516.

Banushkina P V, Krivov S V. 2015. High-resolution free energy landscape analysis of protein folding. Biochem Soc Trans, 43(2): 157-161.

Bartholomaus A, Del Campo C, Ignatova Z. 2016. Mapping the non-standardized biases of ribosome profiling. Biol Chem, 397: 23-35.

Bazzini A A, Lee M T, Giraldez A J. 2012. Ribosome profiling shows that miR-430 reduces translation before causing mRNA decay in zebrafish. Science, 3366078: 233-237.

Becker T, Franckenberg S, Wickles S, et al. 2012. Structural basis of highly conserved ribosome recycling in eukaryotes and archaea. Nature, 482: 501-U221.

Behrens A, Rodschinka G, Nedialkova D D. 2021. High-resolution quantitative profiling of tRNA abundance and modification status in eukaryotes by mim-tRNAseq. Mol Cell, 81(8): 1802-1815.e07.

Bentele K, Saffert P, Rauscher R, et al. 2013. Efficient translation initiation dictates codon usage at gene start. Mol Syst Biol, 9: 675.

Bhushan S, Gartmann M, Halic M, et al. 2010. Alpha-helical nascent polypeptide chains visualized within distinct regions of the ribosomal exit tunnel. Nat Struct Mol Biol, 17(3): 313-317.

Blair J M A, Webber M A, Baylay A J, et al. 2015. Molecular mechanisms of antibiotic resistance. Nat Rev Microbiol, 13(1): 42-51.

Boutet E, Lieberherr D, Tognolli M, et al. 2016. UniProtKB/Swiss-Prot, the manually annotated section of the uniProt knowledgeBase: How to use the entry view. Methods Mol Biol, 1374: 23-54.

Broeils L A, Ruiz-Orera J, Snel B, et al. 2023. Evolution and implications of *de novo* genes in humans. Nat Ecol Evol, 7(6): 804-815.

Cabrita L D, Hsu S T, Launay H, et al. 2009. Probing ribosome-nascent chain complexes produced *in vivo* by NMR spectroscopy. Proc Natl Acad Sci USA, 106(52): 22239-22244.

Carvunis A R, Rolland T, Wapinski I, et al. 2012. Proto-genes and gene birth. Nature, 487: 370-374.

Centers for Disease Control and Prevention(CDC), US Department of Health, Human Services, et al. 2013. Antibiotic resistance threats in the United States, 2013. Stephen B. Thacker CDC Library Collection.

Chang C, Li L, Zhang C, et al. 2014. Systematic analyses of the transcriptome, translatome, and proteome provide a global view and potential strategy for the C-HPP. J Proteome Res, 13(1): 38-49.

Chen W, Jin J, Gu W, et al. 2014. Rational design of translational pausing without altering the amino acid sequence dramatically promotes soluble protein expression: A strategic demonstration. J Biotechnol, 189: 104-113.

Chen X, Wei S, Ji Y, et al. 2015. Quantitative proteomics using SILAC: Principles, applications, and developments. Proteomics, 15: 3175-3192.

Choi J, Ieong K W, Demirci H, et al. 2016. N(6)-methyladenosine in mRNA disrupts tRNA selection and translation-elongation dynamics. Nat Struct Mol Biol, 23: 110-115.

Chotewutmontri P, Barkan A. 2016. Dynamics of chloroplast translation during chloroplast differentiation in Maize. PLoS Genet, 12(7): e1006106.

Clamer M, Tebaldi T, Lauria F, et al. 2018. Active ribosome profiling with RiboLace. Cell Rep, 25: 1097-1108 e5.

Cole S E, LaRiviere F J, Merrikh C N, et al. 2009. A convergence of rRNA and mRNA quality control pathways revealed by mechanistic analysis of nonfunctional rRNA decay. Mol Cell, 34: 440-450.

Coleman J R, Papamichail D, Skiena S, et al. 2008. Virus attenuation by genome-scale changes in codon pair bias. Science, 320: 1784-1787.

Cozen A E, Quartley E, Holmes A D, et al. 2015. ARM-seq: AlkB-facilitated RNA methylation sequencing reveals a complex landscape of modified tRNA fragments. Nat Methods, 12: 879-884.

Czech A, Fedyunin I, Zhang G, et al. 2010. Silent mutations in sight: co-variations in tRNA abundance as a key to unravel consequences of silent mutations. Mol Biosyst, 6: 1767-1772.

Davalos V, Blanco S, Esteller M. 2018. SnapShot: messenger RNA modifications. Cell, 174: 498-498. e491.

Davies K J. 1999. The broad spectrum of responses to oxidants in proliferating cells: a new paradigm for oxidative stress. IUBMB Life, 48: 41-47.

Deckert A, Waudby C A, Wlodarski T, et al. 2016. Structural characterization of the interaction of alpha-synuclein nascent chains with the ribosomal surface and trigger factor. Proc Natl Acad Sci USA, 113: 5012-5017.

Derti A, Garrett-Engele P, Macisaac K D, et al. 2012. A quantitative atlas of polyadenylation in five mammals. Genome Res, 22: 1173-1183.

Dever T E, Ivanov I P, Sachs M S. 2020. Conserved upstream open reading frame nascent peptides that control translation. Annu Rev Genet, 54: 237-264.

Didiot M C, Hewett J, Varin T, et al. 2013. Identification of cardiac glycoside molecules as inhibitors of c-Myc IRES-mediated translation. J Biomol Screen, 18: 407-419.

Dieterich D C, Lee J J, Link A J, et al. 2007. Labeling, detection and identification of newly synthesized proteomes with bioorthogonal non-canonical amino-acid tagging. Nat Protoc, 2: 532-540.

D'Lima N G, Ma J, Winkler L, et al. 2017. A human microprotein that interacts with the mRNA decapping complex. Nat Chem Biol, 13: 174-180.

Doherty M K, Hammond D E, Clagule M J, et al. 2009. Turnover of the human proteome: determination of protein intracellular stability by dynamic SILAC. J Proteome Res, 8: 104-112.

Doma M K, Parker R. 2006. Endonucleolytic cleavage of eukaryotic mRNAs with stalls in translation elongation. Nature, 440: 561-564.

Dong H, Nilsson L, Kurland C G. 1996. Co-variation of tRNA abundance and codon usage in *Escherichia coli* at different growth rates. J Mol Biol, 260: 649-663.

Dos R M, Renos S, Lorenz W. 2004. Solving the riddle of codon usage preferences: A test for translational selection. Nucleic Acids Res, 32(17): 5036-5044.

Dunn J G, Foo C K, Belletier N G, et al. 2013. Ribosome profiling reveals pervasive and regulated stop codon readthrough in *Drosophila melanogaster*. Elife, 2: e01179.

Dwyer D J, Kohanski M A, Hayete B, et al. 2007. Gyrase inhibitors induce an oxidative damage cellular death pathway in *Escherichia coli*. Mol Syst Biol, 3: 91.

Eichmann C, Preissler S, Riek R, et al. 2010. Cotranslational structure acquisition of nascent polypeptides monitored by NMR spectroscopy. Proc Natl Acad Sci USA, 107: 9111-9116.

Ellis J P, Bakke C K, Kirchdoerfer R N, et al. 2008. Chain dynamics of nascent polypeptides emerging from the ribosome. ACS Chem Biol, 3: 555-566.

Erber L, Hoffmann A, Fallmann J, et al. 2020. LOTTE-seq(Long hairpin oligonucleotide based tRNA high-throughput sequencing: specific selection of tRNAs with 3′-CCA end for high-throughput sequencing. RNA Biol, 17: 23-32.

Erson-Bensan A E. 2016. Alternative polyadenylation and RNA-binding proteins. J Mol Endocrinol, 57(2): F29-34.

Evans M S, Sander I M, Clark P L. 2008. Cotranslational folding promotes beta-helix formation and avoids aggregation *in vivo*. J Mol Biol, 383: 683-692.

Fabbri L, Chakraborty A, Robert C, et al. 2021. The plasticity of mRNA translation during cancer progression and therapy resistance. Nat Rev Cancer, 21: 558-577.

Fang H, Zeng G, Zhao J, et al. 2021. Genome recombination-mediated tRNA up-regulation conducts general antibiotic resistance of bacteria at early stage. Front Microbiol, 12: 793923.

Fedyunin I, Lehnhardt L, Böhmer N, et al. 2012. tRNA concentration fine tunes protein solubility. FEBS Lett, 586(19): 3336-3340.

Feng Y H, De Franceschi G, Kahraman A, et al. 2014. Global analysis of protein structural changes in complex proteomes. Nat Biotechnol, 32: 1036-1044.

Foti J J, Devadoss B, Winkler J A, et al. 2012. Oxidation of the guanine nucleotide pool underlies cell death by bactericidal antibiotics. Science, 336: 315-319.

Fudge J B. 2023. Diffusion model expands RoseTTAFold's power. Nat Biotechnol, 41: 1072.

Gandhi R, Manzoor M, Hudak K A. 2008. Depurination of brome mosaic virus RNA3 results in translation-dependent accelerated degradation of the viral RNA. J Biol Chem, 283: 32218-32228.

Gardner K H, Kay L E. 1997. Production and incorporation of ^{15}N, ^{13}C, ^{2}H(^{1}H-δ1 Methyl)isoleucine into proteins for multidimensional NMR studies. J Am Chem Soc, 119: 7599-7600.

Gerashchenko M V, Gladyshev V N. 2017. Ribonuclease selection for ribosome profiling. Nucleic Acids Res, 45(2): e6.

Ghosh S, Ganesan R, Amrani N, et al. 2010. Translational competence of ribosomes released from a premature termination codon is modulated by NMD factors. RNA, 16: 1832-1847.

Gingold H, Pilpel Y. 2011. Determinants of translation efficiency and accuracy. Mol Syst Biol, 7: 481.

Gogakos T, Brown M, Garzia A, et al. 2017. Characterizing expression and processing of precursor and mature human tRNAs by Hydro-tRNAseq and PAR-CLIP. Cell Rep, 20: 1463-1475.

Goswami M, Mangoli S H, Jawali N. 2006. Involvement of reactive oxygen species in the action of ciprofloxacin against *Escherichia coli*. Antimicrob Agents Chemother, 50: 949-954.

Gray N K, Hrabalkova L, Scanlon J P, et al. 2015. Poly(A)-binding proteins and mRNA localization: Who rules the roost? Biochem Soc Trans, 43: 1277-1284.

Guo J, Lian X, Zhong J, et al. 2015. Length-dependent translation initiation benefits the functional proteome of human cells. Mol Biosyst, 11: 370-378.

Guttman M, Russell P, Ingolia N T, et al. 2013. Ribosome profiling provides evidence that large noncoding RNAs do not encode proteins. Cell, 154: 240-251.

Guy Z, Gilad H, Thirumalai D. 2005. Ribosome exit tunnel can entropically stabilize alpha-helices. Proc Natl Acad Sci USA, 102: 18956-18961.

Guyomar C, D'Urso G, Chat S, et al. 2021. Structures of tmRNA and SmpB as they transit through the ribosome. Nat Commun, 12: 4909.

Hajduk P J, Augeri D J, Mack J, et al. 2000. NMR-based screening of proteins containing C-labeled methyl groups. J Am Chem Soc, 122: 7898-7904.

Hall M B, Bennetzen J. 1982. Codon selection in yeast. J Biol Chem, 257: 3026.

Heiman M, Kulicke R, Fenster R J, et al. 2014. Cell type-specific mRNA purification by translating ribosome affinity purification(TRAP). Nat Protoc, 9: 1282-1291.

Hong S, Sunita S, Maehigashi T, et al. 2018. Mechanism of tRNA-mediated +1 ribosomal frameshifting. Proc Natl Acad Sci USA, 115(44): 11226-11231.

Howden A J M, Geoghegan V, Katsch K, et al. 2013. QuaNCAT: quantitating proteome dynamics in primary cells. Nat Methods, 10: 343-346.

Hsu C L, Lui K W, Chi L M, et al. 2018. Integrated genomic analyses in PDX model reveal a cyclin-dependent kinase inhibitor Palbociclib as a novel candidate drug for nasopharyngeal carcinoma. J Exp Clin Cancer Res, 37: 1-15.

Hsu S T D, Fucini P, Cabrita L D, et al. 2007. Structure and dynamics of a ribosome-bound nascent chain by NMR spectroscopy. Proc Natl Acad Sci, 104: 16516-16521.

Huang H, Weng H, Sun W, et al. 2018. Recognition of RNA N(6)-methyladenosine by IGF2BP proteins enhances mRNA stability and translation. Nat Cell Biol, 20: 285-295.

Huang J Z, Chen M, Chen D, et al. 2017. A peptide encoded by a putative lncRNA HOXB-AS3 suppresses colon cancer growth. Mol Cell, 68: 171-184 e6.

Huang W, Liu W, Jin J, et al. 2018. Steady-state structural fluctuation is a predictor of the necessity of pausing-mediated co-translational folding for small proteins. Biochem Biophys Res Commun, 498: 186-192.

Hünten S, Kaller M, Drepper F, et al. 2015. p53-Regulated networks of protein, mRNA, miRNA, and lncRNA expression revealed by integrated pulsed stable isotope labeling with amino acids in cell culture (pSILAC)and next generation sequencing(NGS)analyses. Mol Cell Proteomics, 14(10): 2609-2629.

Inada T, Winstall E, Tarun S Z Jr, et al. 2002. One-step affinity purification of the yeast ribosome and its associated proteins and mRNAs. RNA, 8: 948-958.

Ingolia N T, Ghaemmaghami S, Newman J R, et al. 2009. Genome-wide analysis *in vivo* of translation with nucleotide resolution using ribosome profiling. Science, 324: 218-223.

Ingolia N T, Lareau L F, Weissman J S. 2011. Ribosome profiling of mouse embryonic stem cells reveals the complexity and dynamics of mammalian proteomes. Cell, 147: 789-802.

Iwata C, Nakagaki H, Morita I, et al. 2003. Daily use of dentifrice with and without xylitol and fluoride: effect on glucose retention in humans *in vivo*. Arch Oral Biol, 48: 389-395.

Jansens A, van Duijn E, Braakman I. 2002. Coordinated nonvectorial folding in a newly synthesized multidomain protein. Science, 298: 2401-2403.

Ji Z, Tian B. 2009. Reprogramming of 3′ untranslated regions of mRNAs by alternative polyadenylation in generation of pluripotent stem cells from different cell types. PLoS One, 4(12): e8419.

Jia L, Mao Y, Ji Q, et al. 2020. Decoding mRNA translatability and stability from the 5′ UTR. Nat Struct Mol Biol, 27: 814-821.

Jin H Y, Xiao C. 2018. An integrated polysome profiling and ribosome profiling method to investigate *in vivo* translatome. Methods Mol Biol, 1712: 1-18.

Jumper J, Evans R, Pritzel A, et al. 2021. Highly accurate protein structure prediction with AlphaFold. Nature, 596: 583-589.

Kanaya S, Yamada Y, Kudo Y, et al. 1999. Studies of codon usage and tRNA genes of 18 unicellular organisms and quantification of Bacillus subtilis tRNAs: Gene expression level and species-specific diversity of codon usage based on multivariate analysis. Gene, 238: 143-155.

Kanduc D. 1997. Changes of tRNA population during compensatory cell proliferation: differential expression of methionine-tRNA species. Arch Biochem Biophys, 342: 1-5.

Karakas D, Ozpolat B. 2021. The Role of LncRNAs in translation. Noncoding RNA, 7(1): 16.

Kashima I, Yamashita A, Izumi N, et al. 2006. Binding of a novel SMG-1-Upf1-eRF1-eRF3 complex (SURF)to the exon junction complex triggers Upf1 phosphorylation and nonsense-mediated mRNA decay. Genes Dev, 20: 355-367.

Kerner M J, Naylor D J, Ishihama Y, et al. 2005. Proteome-wide analysis of chaperonin-dependent protein folding in. Cell, 122: 209-220.

Kharel P, Fay M, Manasova E V, et al. 2023. Stress promotes RNA G-quadruplex folding in human cells. Nat Commun, 14: 205.

Khatun J, Yu Y, Wrobel J A, et al. 2013. Whole human genome proteogenomic mapping for ENCODE cell line data: identifying protein-coding regions. BMC Genomics, 14: 1-11.

Kimchi-Sarfaty C, Oh J M, Kim I W, et al. 2007. A "silent" polymorphism in the MDR1 gene changes substrate specificity. Science, 315: 525-528.

Kleizen B, van Vlijmen T, de Jonge H R, et al. 2005. Folding of CFTR is predominantly cotranslational. Mol Cell, 20(2): 277-287.

Kosolapov A, Deutsch C. 2009. Tertiary interactions within the ribosomal exit tunnel. Nat Struct Mol Biol, 16: 405-411.

Kramer G, Boehringer D, Ban N, et al. 2009a. The ribosome as a platform for co-translational processing, folding and targeting of newly synthesized proteins. Nat Struct Mol Biol, 16: 589-597.

Kramer G, Sprenger R R, Back J, et al. 2009b. Identification and quantitation of newly synthesized proteins in *Escherichia coli* by enrichment of azidohomoalanine-labeled peptides with diagonal chromatography. Mol Cell Proteomics, 8(7): 1599-1611.

Krishna M M G, Englander S W. 2005. The N-terminal to C-terminal motif in protein folding and function. Proc Natl Acad Sci USA, 102(4): P.1053-1058.

Krivov S V. 2011. The free energy landscape analysis of protein(FIP35)folding dynamics. J Phys Chem B, 115: 12315-12324.

Kuroha K, Akamatsu M, Dimitrova L, et al. 2010. Receptor for activated C kinase 1 stimulates nascent polypeptide-dependent translation arrest. EMBO Rep, 11: 956-961.

LaRiviere F J, Cole S E, Ferullo D J, et al. 2006. A late-acting quality control process for mature eukaryotic rRNAs. Mol Cell, 24: 619-626.

Le Hir H, Izaurralde E, Maquat L E, et al. 2000. The spliceosome deposits multiple proteins 20-24 nucleotides upstream of mRNA exon-exon junctions. EMBO J, 19: 6860-6869.

Ledoux S, Uhlenbeck O C. 2008. Different aa-tRNAs are selected uniformly on the ribosome. Mol Cell, 31: 114-123.

Legnini I, Timoteo G D, Rossi F, et al. 2017. Circ-ZNF609 is a circular RNA that can be translated and functions in myogenesis. Mol Cell, 66: 22-37.

Levinthal C. 1968. Are there pathways for protein folding? J Chim Phys, 65: 44-45.

Lian X, Guo J, Gu W, et al. 2016. Genome-wide and experimental resolution of relative translation elongation speed at individual gene level in human cells. PLoS Genet, 12: e1005901.

Lian Y, Yan C, Xu H, et al. 2018. A aovel incRNA, LINC00460, Affects cell proliferation and apoptosis by regulating KLF2 and CUL4A expression in colorectal cancer. Mol Ther Nucleic Acids, 12: 684-697.

Liang V, Ullrich M, Lam H, et al. 2014. Altered proteostasis in aging and heat shock response in revealed by analysis of the global and de novo synthesized proteome. Cell Mol Life Sci, 71: 3339-3361.

Liao X, Zhao J, Liang S, et al. 2019. Enhancing co-translational folding of heterologous protein by deleting non-essential ribosomal proteins in *Pichia pastoris*. Biotechnol Biofuels, 12: 38.

Lin S, Choe J, Du P, et al. 2016. The m(6)A Methyltransferase METTL3 Promotes Translation in Human Cancer Cells. Mol Cell, 62: 335-345.

Liu J, Yue Y, Han D, et al. 2014. A METTL3-METTL14 complex mediates mammalian nuclear RNA N6-adenosine methylation. Nat Chem Biol, 10: 93-95.

Liu L, Dilworth D, Gao L, et al. 1999. Mutation of the CDKN2A 5′UTR creates an aberrant initiation codon and predisposes to melanoma. Nat Genet, 21: 128-132.

Liu L, Ouyang M, Rao J N, et al. 2015. Competition between RNA-binding proteins CELF1 and HuR modulates MYC translation and intestinal epithelium renewal. Mol Biol Cell, 26: 1797-1810.

Liu P Y, Tee A E, Milazzo G, et al. 2019. The long noncoding RNA lncNB1 promotes tumorigenesis by interacting with ribosomal protein RPL35. Nat Commun, 10(1): 5026.

Liu W T, Xiang L P, Zheng T K, et al. 2018. TranslatomeDB: A comprehensive database and cloud-based analysis platform for translatome sequencing data. Nucleic Acids Res, 46: D206-D212.

Lu H M, Liang J. 2008. A model study of protein nascent chain and cotranslational folding using hydrophobic-polar residues. Proteins: Struct Funct Genet, 70(2): 442-449.

Lu S, Wang T, Zhang G, et al. 2020. Understanding the proteome encoded by "non-coding RNAs": New insights into human genome. Sci China Life Sci, 63: 986-995.

Lu S, Zhang J, Lian X, et al. 2019. A hidden human proteome encoded by 'non-coding' genes. Nucleic Acids Res, 47: 8111-8125.

Lyu K, Chow E Y, Mou X, et al. 2021. RNA G-quadruplexes(rG4s): genomics and biological functions. Nucleic Acids Res, 49: 5426-5450.

Makarewich C A, Baskin K K, Munir A Z, et al. 2018. MOXI is a mitochondrial micropeptide that enhances fatty acid beta-oxidation. Cell Rep, 23: 3701-3709.

Malakar P, Stein I, Saragovi A, et al. 2019. Long noncoding RNA MALAT1 regulates cancer glucose metabolism by enhancing mTOR-Mediated translation of TCF7L2. Cancer Res, 79: 2480-2493.

Mangus D A, Evans M C, Jacobson A. 2003. Poly(A)-binding proteins: multifunctional scaffolds for the post-transcriptional control of gene expression. Genome Biol, 4: 223.

Matsumoto A, Pasut A, Matsumoto M, et al. 2017. mTORC1 and muscle regeneration are regulated by the LINC00961-encoded SPAR polypeptide. Nature, 541: 228-232.

Mayr C, Bartel D P. 2009. Widespread shortening of 3′UTRs by alternative cleavage and polyadenylation activates oncogenes in cancer cells. Cell, 138: 673-684.

Meyer K D, Patil D P, Zhou J, et al. 2015. 5′ UTR m(6)A promotes cap-Independent translation. Cell, 163: 999-1010.

Moran J C, Brivanlou A, Brischigliaro M, et al. 2024. The human mitochondrial mRNA structurome reveals mechanisms of gene expression. Science, 385: eadm9238.

Nakatogawa H, Ito K. 2002. The ribosomal exit tunnel functions as a discriminating gate. Cell, 108: 629-636.

Neu H C. 1992. The crisis in antibiotic resistance. Science, 257: 1064-1073.

Neubauer C, Gillet R, Kelley A C, et al. 2012. Decoding in the absence of a codon by tmRNA and SmpB in the Ribosome. Science, 335: 1366-1369.

Occhi G, Regazzo D, Trivellin G, et al. 2013. A novel mutation in the upstream open reading frame of the CDKN1B gene causes a MEN4 phenotype. PLoS Genet, 9(3): e1003350.

Onuchic J N, Luthey-Schulten Z, Wolynes P G. 1997. Theory of protein folding: the energy landscape perspective. Annu Rev Phys Chem, 48: 545-600.

Orr M W, Mao Y, Storz G, et al. 2020. Alternative ORFs and small ORFs: shedding light on the dark proteome. Nucleic Acids Res, 48: 1029-1042.

Palma M, Lejeune F. 2021. Deciphering the molecular mechanism of stop codon readthrough. Biol Rev, 96: 310-329.

Pang Y L J, Abo R, Levine S S, et al. 2014. Diverse cell stresses induce unique patterns of tRNA up- and down-regulation: tRNA-seq for quantifying changes in tRNA copy number. Nucleic Acids Res, 42(22): e170.

Pavon-Eternod M, Gomes S, Geslain R, et al. 2009. tRNA over-expression in breast cancer and functional consequences. Nucleic Acids Res, 37: 7268-7280.

Pinkard O, McFarland S, Sweet T, et al. 2020. Quantitative tRNA-sequencing uncovers metazoan tissue-specific tRNA regulation. Nat Commun, 11(1): 4104.

Plaza S, Menschaert G, Payre F. 2017. In search of lost small peptides. Annu Rev Cell Dev Biol, 33: 391-416.

Polycarpou-Schwarz M, Gross M, Mestdagh P, et al. 2018. The cancer-associated microprotein CASIMO1 controls cell proliferation and interacts with squalene epoxidase modulating lipid droplet formation. Oncogene, 37: 4750-4768.

Prats A C, David F, Diallo L H, et al. 2020. Circular RNA, the key for translation. Int J Mol Sci, 21(22): 8591.

Pruitt K D, Tatiana T, Brown G R, et al. 2012. NCBI Reference Sequences(RefSeq): Current status, new features and genome annotation policy. Nucleic Acids Res, 40: D130-D135.

Puri P, Wetzel C, Saffert P, et al. 2014. Systematic identification of tRNAome and its dynamics in *Lactococcus lactis*. Mol Microbiol, 93: 944-956.

Qin B, Yamamoto H, Ueda T, et al. 2016. The termination phase in protein synthesis is not obligatorily followed by the RRF/EF-G-Dependent recycling phase. J Mol Biol, 428: 3577-3587.

Qin Y, Yao J, Wu D C, et al. 2016. High-throughput sequencing of human plasma RNA by using thermostable group II intron reverse transcriptases. RNA, 22: 111-128.

Rathore A, Martinez T F, Chu Q, et al. 2018. Small, but mighty? Searching for human microproteins and their potential for understanding health and disease. Expert Rev Proteomics, 15: 963-965.

Rodriguez-Molina J B, Turtola M. 2023. Birth of a poly(A)tail: mechanisms and control of mRNA polyadenylation. FEBS Open Bio, 13: 1140-1153.

Rosenwald A, Wright G, Wiestner A, et al. 2003. The proliferation gene expression signature is a quantitative integrator of oncogenic events that predicts survival in mantle cell lymphoma. Cancer Cell, 3: 185-197.

Rossolini G M, Arena F, Pecile P, et al. 2014. Update on the antibiotic resistance crisis. Curr Opin Pharmacol, 18: 56-60.

Ruusala T, Andersson D, Ehrenberg M, et al. 1984. Hyper-accurate ribosomes inhibit growth. The EMBO Journal, 3: 2575-2580.

Sandberg R, Neilson J R, Sarma A, et al. 2008. Proliferating cells express mRNAs with shortened 3′ untranslated regions and fewer microRNA target sites. Science, 320: 1643-1647.

Schmidt S, Gay D, Uthe F W, et al. 2019. A MYC-GCN2-eIF2α negative feedback loop limits protein synthesis to prevent MYC-dependent apoptosis in colorectal cancer. Nat Cell Biol, 21: 1413-1424.

Schott J, Reitter S, Lindner D, et al. 2021. Nascent Ribo-Seq measures ribosomal loading time and reveals kinetic impact on ribosome density. Nat Methods, 18: 1068-1074.

Schuller A P, Green R. 2018. Roadblocks and resolutions in eukaryotic translation. Nat Rev Mol Cell Biol 19: 526-541.

Schulz J, Mah N, Neuenschwander M, et al. 2018. Loss-of-function uORF mutations in human malignancies. Sci Rep, 8: 2395.

Schwanhausser B, Busse D, Li N, et al. 2011. Global quantification of mammalian gene expression control. Nature, 473: 337-342.

Sharp P M, Cowe E. 1991. Synonymous codon usage in *Saccharomyces cerevisiae*. Yeast, 7(7): 657-678.

Shi H, Wang X, Lu Z, et al. 2017. YTHDF3 facilitates translation and decay of N(6)- methyladenosine-modified RNA. Cell Res, 27: 315-328.

Shigematsu M, Honda S, Loher P, et al. 2017. YAMAT-seq: an efficient method for high-throughput sequencing of mature transfer RNAs. Nucleic Acids Res, 45(9): e70.

Shlaes D M, Sahm D, Opiela C, et al. 2013. The FDA reboot of antibiotic development. Antimicrob Agents Chemother, 57: 4605-4607.

Shoemaker C J, Eyler D E, Green R. 2010. Dom34: Hbs1 Promotes Subunit Dissociation and Peptidyl-tRNA Drop-Off to Initiate No-Go Decay. Science 330: 369-372.

Shoemaker C J, Green R. 2012. Translation drives mRNA quality control. Nat Struct Mol Biol, 19: 594-601.

Slavoff S A, Mitchell A J, Schwaid A G, et al. 2012. Peptidomic discovery of short open reading frame–encoded peptides in human cells. Nat Chem Biol, 9: 59-64.

Somers J, Wilson L A, Kilday J-P, et al. 2015. A common polymorphism in the 5′ UTR of ERCC5 creates an upstream ORF that confers resistance to platinum-based chemotherapy. Genes Dev, 29: 1891-1896.

Song P, Yang F, Jin H, et al. 2021. The regulation of protein translation and its implications for cancer. Signal Transduct Target Ther, 6(1): 68.

Sørensen M A, Vogel U, Jensen K F, et al. 1993. The rates of macromolecular chain elongation modulate the initiation frequencies for transcription and translation in *Escherichia coli*. Antonie Van Leeuwenhoek, 63: 323-331.

Stoneley M, Chappell S A, Jopling C L, et al. 2000. c-Myc Protein synthesis is initiated from the internal ribosome entry segment during apoptosis. Mol Cell Biol, 20(4): 1162-1169.

Streit J O, Bukvin I V, Chan S H S, et al. 2024. The ribosome lowers the entropic penalty of protein folding. Nature, 10.1038/s41586-024-07784-4.

Suresh S, Chen B, Zhu J, et al. 2020. eIF5B drives integrated stress response-dependent translation of PD-L1 in lung cancer. Nature Cancer, 1: 533-545.

Tang L, Wei X, Li T, et al. 2021. Emerging perspectives of RNA N6-methyladenosine (m6A) modification on immunity and autoimmune diseases. Front Immunol, 12: 630358.

Taylor J P, Hardy J, Fischbeck K H. 2002. Toxic proteins in neurodegenerative disease. Science, 296: 1991-1995.

Thomas N K, Poodari V C, Jain M, et al. 2021. Direct nanopore sequencing of individual full length tRNA strands. ACS Nano, 15: 16642-16653.

Tu C, Tzeng T H, Bruenn J A. 1992. Ribosomal movement impeded at a pseudoknot required for frameshifting. Proc Natl Acad Sci, 89: 8636-8640.

Tuller T, Veksler-Lublinsky I, Gazit N, et al. 2011. Composite effects of gene determinants on the translation speed and density of ribosomes. Genome Biol, 12(11): R110.

Ullrich M, Liang V, Chew Y L, et al. 2014. Bio-orthogonal labeling as a tool to visualize and identify newly synthesized proteins in *Caenorhabditis elegans*. Nat Protoc, 9: 2903-2903.

Vaklavas C, Meng Z, Choi H, et al. 2015. Small molecule inhibitors of IRES-mediated translation. Cancer Biol Ther, 16: 1471-1485.

van de Guchte M, Ehrlich S D, Chopin A. 1998. tRNATrp as a key element of antitermination in the *Lactococcus lactis* trp operon. Mol Microbiol, 29: 61-74.

van Hoof A, Frischmeyer P A, Dietz H C, et al. 2002. Exosome-mediated recognition and degradation of mRNAs lacking a termination codon. Science, 295: 2262-2264

VanInsberghe M, van den Berg J, Andersson-Rolf A, et al. 2021. Single-cell Ribo-seq reveals cell cycle-dependent translational pausing. Nature, 597: 561-565.

Ventola C L. 2015a. The antibiotic resistance crisis: part 1: causes and threats. P T, 40: 277-283.

Ventola C L. 2015b. The antibiotic resistance crisis: part 2: management strategies and new agents. P T, 40: 344-352.

von Ahsen U. 1998. Translational fidelity: Error-prone versus hyper-accurate ribosomes. Chem Biol, 5: R3-R6.

Wang P, Klimov D K. 2010. Lattice simulations of cotranslational folding of single domain proteins. Proteins: Struct Funct Bioinform, 70: 925-937.

Wang T, Cui Y, Jin J, et al. 2013. Translating mRNAs strongly correlate to proteins in a multivariate manner and their translation ratios are phenotype specific. Nucleic Acids Res, 41: 4743-4754.

Wang X, Zhao B S, Roundtree I A, et al. 2015. N(6)-methyladenosine modulates messenger RNA translation efficiency. Cell, 161: 1388-1399.

Wanggou S, Jiang X, Li Q, et al. 2012. HESRG: a novel biomarker for intracranial germinoma and embryonal carcinoma. J Neurooncol, 106: 251-259.

Wen J D, Lancaster L, Hodges C, et al. 2008. Following translation by single ribosomes one codon at a time. Nature, 452: 598-603.

Wethmar K, Schulz J, Muro E, et al. 2016. Comprehensive translational control of tyrosine kinase expression by upstream open reading frames. Oncogene, 35: 1736-1742.

Wiener D, Schwartz S. 2021. How many tRNAs are out there? Mol Cell, 81: 1595-1597.

Woolhead C A, Mccormick P J, Johnson A E. 2004. Nascent membrane and secretory proteins differ in FRET-detected folding far inside the ribosome and in their exposure to ribosomal proteins. Cell, 116: 725-736.

Wright F. 1990. The 'effective number of codons' used in a gene. Gene, 87: 23-29.

Wu C, Lu X, Lu S, et al. 2022. Efficient detection of the alternative spliced human proteome using translatome sequencing. Front Mol Biosci, 9: 895746.

Xicotencatl G, John C. 2017. Cell type-specific transcriptome profiling in *C. elegans* using the translating ribosome affinity purification technique.Methods, 126: 130-137

Xu W, Deng B, Lin P, et al. 2020. Ribosome profiling analysis identified a KRAS-interacting microprotein that represses oncogenic signaling in hepatocellular carcinoma cells. Sci China Life Sci, 63: 529-542.

Yamamoto H, Wittek D, Gupta R, et al. 2016. 70S-scanning initiation is a novel and frequent initiation mode of ribosomal translation in bacteria. Proc Natl Acad Sci USA, 113: E1180-E1189.

Yang Y, Hsu P J, Chen Y S, et al. 2018. Dynamic transcriptomic m(6)A decoration: writers, erasers, readers and functions in RNA metabolism. Cell Res, 28: 616-624.

Yeasmin F, Yada T, Akimitsu N. 2018. Micropeptides encoded in transcripts previously identified as long noncoding RNAs: A new chapter in transcriptomics and proteomics. Front Genet, 9: 144.

Zarechenskaia A S, Sergiev P V, Osterman I A. 2021. Quality control mechanisms in bacterial translation. Acta Naturae, 13: 32-44.

Zhang G A, Bowling H, Hom N, et al. 2014. In-Depth quantitative proteomic analysis of de novo protein synthesis induced by Brain-Derived neurotrophic factor. J Proteome Res, 13: 5707-5714.

Zhang G, Fedyunin I, Miekley O, et al. 2010. Global and local depletion of ternary complex limits translational elongation. Nucleic Acids Res, 38: 4778-4787.

Zhang G, Hubalewska M, Ignatova Z. 2009. Transient ribosomal attenuation coordinates protein synthesis and co-translational folding. Nat Struct Mol Biol, 16: 274-280.

Zhang G, Ignatova Z. 2009. Generic algorithm to predict the speed of translational elongation: implications for protein biogenesis. PLoS One, 4: e5036.

Zhang G, Ignatova Z. 2011. Folding at the birth of the nascent chain: coordinating translation with co-translational folding. Curr Opin Struct Biol, 21: 25-31.

Zhang G, Lukoszek R, Mueller-Roeber B, et al. 2011. Different sequence signatures in the upstream regions of plant and animal tRNA genes shape distinct modes of regulation. Nucleic Acids Res 39: 3331-3339.

Zhang G, Zhang Y, Jin J. 2021. The ultrafast and accurate mapping algorithm FANSe3: mapping a human Whole-Genome sequencing dataset within 30 minutes. Phenomics, 1: 22-30.

Zhang M, Huang N, Yang X, et al. 2018a. A novel protein encoded by the circular form of the SHPRH gene suppresses glioma tumorigenesis. Oncogene, 37(13): 1805-1814.

Zhang M, Zhao K, Xu X, et al. 2018b. A peptide encoded by circular form of LINC-PINT suppresses oncogenic transcriptional elongation in glioblastoma. Nat Commun, 9: 4475.

Zhang Q, Vashisht A A, O'Rourke J, et al. 2017. The microprotein minion controls cell fusion and muscle formation. Nat Commun, 8: 15664.

Zhao J, Qin B, Nikolay R, et al. 2019a. Translatomics: The global view of translation. Int J Mol Sci, 20: 212.

Zhao J, Zhang H, Qin B, et al. 2019b. Multifaceted stoichiometry control of bacterial operons revealed by deep proteome quantification. Front Genet, 10: 473.

Zhao T, Chen Y M, Li Y, et al. 2021. Disome-seq reveals widespread ribosome collisions that promote cotranslational protein folding. Genome Biol, 22: 16.

Zheng G, Qin Y, Clark W C, et al. 2015. Efficient and quantitative high-throughput tRNA sequencing. Nat Methods, 12: 835-837.

Zhong J, Cui Y, Guo J, et al. 2014. Resolving chromosome-centric human proteome with translating mRNA analysis: a strategic demonstration. J Proteome Res, 13: 50-59.

Zhong J, Xiao C, Gu W, et al. 2015. Transfer RNAs mediate therRapid adaptation of *Escherichia coli* to oxidative stress. PLoS Genet, 11: e1005302.

Zhou J, Wan J, Gao X, et al. 2015. Dynamic m(6)A mRNA methylation directs translational control of heat shock response. Nature, 526: 591-594.

Zur H, Aviner R, Tuller T. 2016. Complementary post transcriptional regulatory information is detected by PUNCH-P and ribosome profiling. Sci Rep, 6: 21635.

Zwanzig R, Szabo A, Bagchi B. 1992. Levinthal's paradox. Proc Natl Acad Sci, 89: 20-22.

第四章 蛋白质的质量控制

人类基因组计划在 2000 年取得突破性的进展,破解了人类全部约 39 000 个基因中的 95%。到目前为止,已经发现和定位的功能基因约有 29 000 个,其中酶类占 10.28%,转录因子占 6.0%,信号分子占 1.2%,受体分子占 5.3%,选择性调节分子占 3.2%。这是在中心法则被提出以来,人类首次对自身核酸水平遗传信息的系统探索。基因组学计划的成功随即引起人们对生物学功能的承载者——蛋白质的组学信息的兴趣。蛋白质组学(proteomics)诞生的最初 5 年中,主要研究以描述性为主,即以蛋白质的一级结构水平对基因表达的产物谱(profiling)为研究对象。近年来,蛋白质组翻译后修饰谱、蛋白质组亚细胞定位、蛋白质-蛋白质相互作用,以及蛋白质结构与功能之间的联系等研究领域成为继表达谱研究之后最具代表性的功能蛋白质研究方向。这些研究正在为从根本上了解多种疾病的发生发展规律、探索各类生物药物开发靶点提供重要的理论和实践基础。

细胞约 20%的蛋白质定位于非细胞质区域并与细胞膜或者细胞器的膜结合,我们称之为膜蛋白;另外还有 20%~30%的蛋白质定位于细胞器的内部或膜间腔区隔(compartment)。这些蛋白质往往具备完整的三级或四级结构,与此对照的是,其他约 50%的胞质蛋白中多数处于未折叠的二级结构状态。膜蛋白和膜间腔蛋白多为细胞内信息传递的承载者,或为分泌于细胞外的功能蛋白。值得注意的是,细胞内与蛋白质合成相关的信息传递是个非线性过程,举例来说,哺乳动物细胞内 mRNA 的丰度与蛋白质表达的水平多数情况下不相关。这是由于遗传信息流动存在三个层次的调控,即转录水平调控(transcriptional control)、翻译水平调控(translational control)、翻译后水平调控(post-translational control)。这些调控机制对蛋白质的合成和功能化具有重要的生物学意义。那么,有调控就意味着有选择,哺乳动物细胞具备清除异常蛋白(aberrant protein)的机制,即正确合成的蛋白质被利用,而错误合成的蛋白质将被降解,这也被称为蛋白质质量控制(quality control,QC)(Roth et al.,2008)。

目前认为选择性降解异常蛋白的主要场所是内质网(endoplasmic reticulum,ER)和线粒体(mitochondrion,Mt)。

内质网的蛋白质合成和质量控制如图 4-1 所示。蛋白质的编码基因在细胞核内转录产生 mRNA,经加工后,mRNA 转位(translocate)至核糖体完成翻译。新生蛋白(nascent protein)转位至内质网腔形成二硫键,完成折叠;同时,糖蛋白的天冬氨酸(aspartic acid,Asp)位点可结合 14 残基寡糖。正确折叠的蛋白质或被转位至细胞质,或被转位至高尔基体,完成蛋白质成熟并进入分泌相关通路。未折叠(unfolding)和错误折叠(misfolding)的蛋白质被识别并带上泛素化(ubiquitination)标记,接着被反向转位(retro-translocate)至细胞质,进而被 26S 蛋白酶体(proteasome)降解(Taxis et al.,2002)。

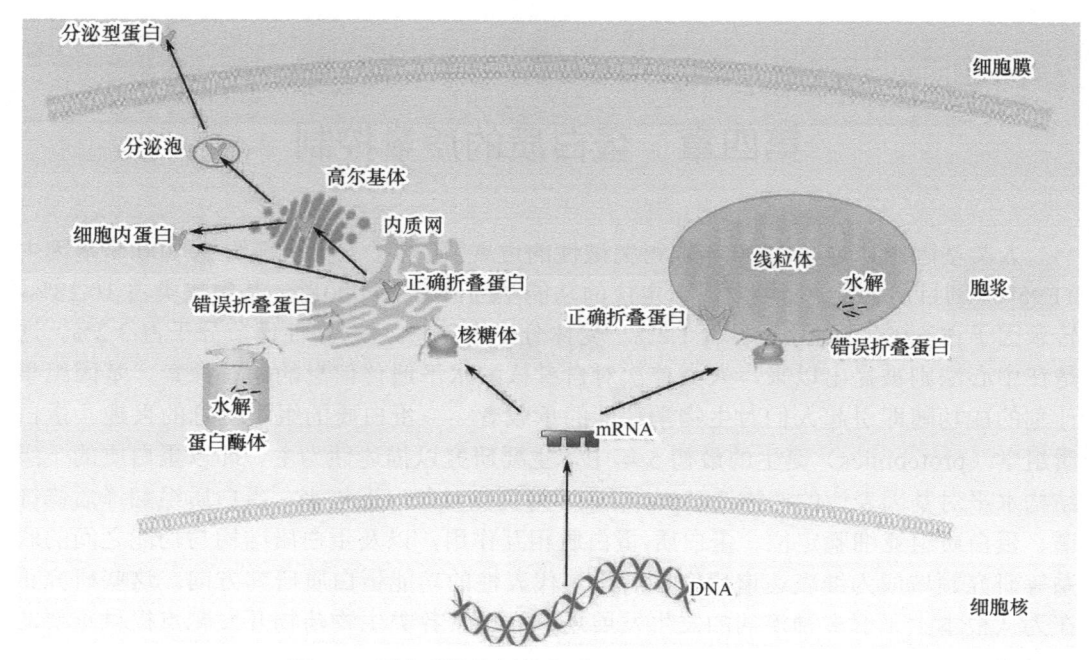

图 4-1　蛋白质量控制的内质网途径和线粒体途径

超过 98%的线粒体蛋白由核内 DNA 编码，在细胞质内完成翻译，跨线粒体外膜和内膜转运后，在线粒体基质内完成折叠。另外，线粒体 DNA 也编码包括线粒体复合体Ⅰ、Ⅲ、Ⅳ和 ATP 合成酶等在内的 13 种蛋白质，它们主要参与呼吸链反应。线粒体编码的蛋白质主要在基质和内膜合成，因此，线粒体蛋白的合成和定位途径与其他非线粒体蛋白有所区别，且具有特殊的蛋白质质量控制机制。

蛋白质质量控制是中心法则在生物物理水平的进一步深化，它所描述的是细胞对蛋白质折叠的一整套检查系统。这种检查机制也被认为是功能蛋白质研究中最重要的方向之一，因为它一旦出错，则会不可避免地产生细胞的表型变化，成为多种疾病的分子病因。这些病因的共性是蛋白质分子的氨基酸序列没有改变，只是其结构或者说构象有所改变，由此介导的疾病被统称为蛋白质错误折叠疾病（misfolding protein disease）。最新的研究表明，HIV 感染和艾滋病的分子病理学中，病毒相关蛋白的质量控制机制与疾病进展密切相关。不仅如此，很多退行性神经病变也被认为是折叠病，包括帕金森病（Parkinson disease）、阿尔茨海默病（Alzheimer disease）、牛海绵状脑病（bovine spongiform encephalopathy，BSE）、肌萎缩侧索硬化（amyotrophic lateral sclerosis，ALS）及克-雅病（Creutzfeldt-Jakob disease，CJD）等。也有研究证实，肺癌和黑色素瘤等常见的恶性肿瘤，甚至衰老现象也与蛋白质折叠和蛋白质的质量控制有密切关系（Friguet et al.，2008）。关于折叠病的分子机制，将在本章第五节加以介绍。

因此，蛋白质质量控制的重要意义主要体现在两个方面：①它是细胞维持自稳状态的一种选择性分解代谢机制；②靶向失效的蛋白质质量控制的疗法，为很多疾病的治疗提供可能性的手段。在蛋白质质量控制这个复杂的调控网络中，仍存在众多未解决的问题。作为功能蛋白基础研究的焦点之一，蛋白质质量控制的机制也被越来越多地用于解释多种人类健康相关问题，从而成为药物开发的重要基础理论之一。

第一节 分子伴侣系统

ER 为蛋白质折叠提供必要的内环境、大量分子伴侣（molecular chaperon）和蛋白质修饰相关的折叠酶。早期观点认为蛋白质不需要任何辅助，氨基酸残基根据热力学稳定的原则就可以自发形成蛋白质构象。最著名的是以牛胰核糖核酸酶为对象的研究，Anfinsen 等（1973）发现在不需其他任何物质帮助下，仅通过去除变性剂和还原剂，就能使其恢复天然结构和酶活性，并因此提出了"自组装"（self-assembly）学说。随着认识不断深化，分子伴侣介导的蛋白质折叠现象被发现，约 40% 的蛋白质在构象成熟过程中需要这一机制。

分子伴侣是一类能够协助其他多肽进行正常折叠、组装、转运和降解的蛋白质，真核细胞中，其主要成员是热激蛋白（heat shock protein，Hsp）同源物（homolog）。其中，最值得关注的是 Bip/GRP78（Hsp70 家族成员）和 GPR94（Hsp90 家族成员），它们负责与多数转位至 ER 腔体的新生蛋白结合。内质网的腔内环境与细胞质不同，属于氧化环境，有利于分泌型和膜蛋白形成二硫键，且是稳定二硫键所必需的，这一进程主要由蛋白质二硫键异构酶（protein disulfide isomerase，PDI）催化，PDI 也被称为折叠酶。

一、分子伴侣系统——蛋白质质量控制的核心参与者

蛋白质的二级结构具有一定的规律性和可预测性。例如，α 螺旋的结构中存在亲水性（hydrophilic）和疏水性（hydrophobic）核心。序列上往往呈亲疏水残基相间存在的模式；结构上，亲水性氨基酸残基组成亲水一侧螺旋，而疏水性氨基酸残基往往出现在疏水一侧螺旋。非极性疏水性氨基酸包括色氨酸（W）、苯丙氨酸（F）、缬氨酸（V）、亮氨酸（L）、异亮氨酸（I）、甲硫氨酸（M）、脯氨酸（P）和丙氨酸（A）。新生肽被分配（targeting）到 ER 后，具备跨 ER 膜进入 ER 腔的能力。此时，除了自装配，新生肽可能有两种命运（图 4-2）：第一种情况，如果没有分子伴侣辅助，疏水性氨基酸可以彼此结合介导蛋白质聚集（aggregation），从而不能形成功能蛋白，并可能在细胞内形成内涵体（inclusion）；第二种情况，分子伴侣可以瞬时结合疏水性氨基酸，从而阻断蛋白聚集作用，在折叠酶催化下，介导正确的蛋白质折叠。不仅如此，分子伴侣也通过分子竞争结合作用介导聚集蛋白的解离和进一步正确折叠。

分子伴侣与疏水性氨基酸的结合活性也可用于识别变性和错误折叠蛋白质。疏水性氨基酸残基具疏水性分子力，它们通常在蛋白质内部，保持了蛋白质的低能级状态，从而具有稳定蛋白质三级结构的作用。新生蛋白若错误折叠，或在热激（heat shock）状态下，蛋白质的疏水性氨基酸被暴露，这时，分子伴侣可与之结合并达到识别未折叠蛋白质的目的，这也是一种应对应激和进行蛋白质质量控制的重要机制。

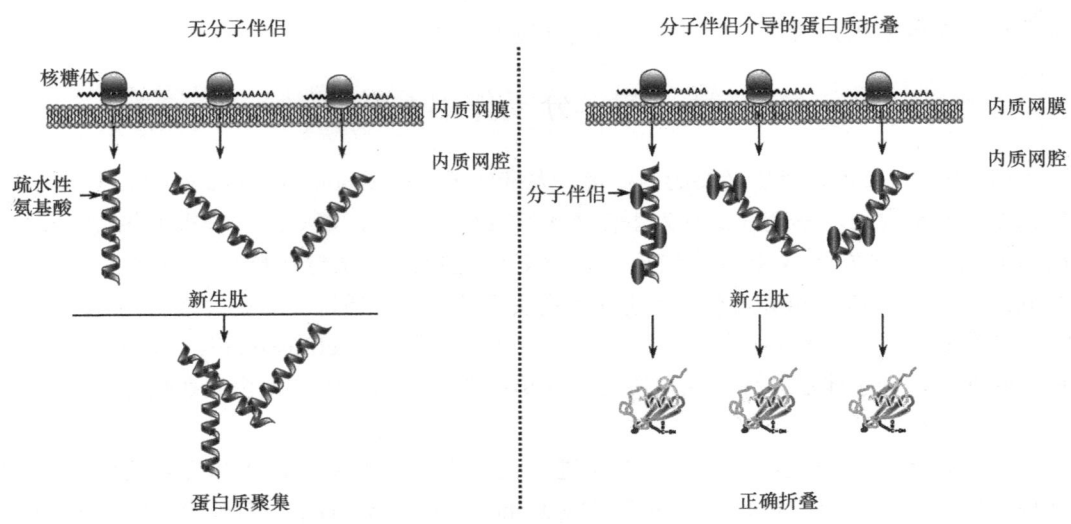

图 4-2　分子伴侣在蛋白折叠中的作用（Williams et al., 2009）

二、分子伴侣家族

Tissieres 等（1974）首次在热激状态下果蝇幼虫的唾液中发现了 6 种新蛋白，并命名为 Hsp。这些 Hsp 随后也在人类细胞中被发现，显示了该类蛋白质高度的保守性，而且被证实有多种生物学功能，包括辅助蛋白质折叠、参与炎症反应、保护或参与细胞凋亡等。按照分子量大小，Hsp 可分为 8 个家族（表 4-1）：①Hsp10 家族：主要参与 Hsp10/Hsp60 介导的蛋白质折叠，起辅助分子伴侣（co-chaperone）作用；②小分子量 Hsp 家族；③Hsp40 家族：多数成员是辅助伴侣素，参与 Hsp70 介导的蛋白质折叠；④Hsp60 家族；⑤Hsp70 家族；⑥Hsp90 家族；⑦Hsp100 家族；⑧Hsp110 家族。

表 4-1　分子伴侣家族蛋白及其功能

分子伴侣家族	功能
Hsp10	Hsp10/Hsp60 伴侣蛋白存在于线粒体中，促进新合成蛋白质的折叠，并可能参与受应激损伤的蛋白质的重新折叠
小分子量 Hsp	包括多种蛋白质，依靠 ATP 发挥其功能，与非自然态蛋白质结合
Hsp40	辅助伴侣蛋白介导 ATP 至 ADP 的反应，促进 Hsp70 的结合活性；其中一些成员具伴侣活性，能与非自然态蛋白质结合
Hsp60	主要存在于线粒体，通过 ATP 帮助 15%～30% 的细胞蛋白质进行折叠
Hsp70	防止未折叠的多肽链粘连聚集，解聚多叠体蛋白质，参与蛋白质运输，调节热激应答
Hsp90	与一些激酶和类固醇受体一同作用于信号转导通路，也可能会发挥一些"典型"分子伴侣的作用
Hsp100	解聚蛋白质多叠体和聚集体
Hsp110	与 Hsp70 高度同源，功能未知

注：本表修改自 Wiki Encyclopedia 和 Robert（2003）。

最早被发现的、广泛与新生肽结合的分子伴侣是 Hsp70（在原核生物中对应的蛋白质为 DnaK），本节以此为主要线索阐述分子伴侣的作用机制。不过，由于命名上的混乱，还有必要进行一些澄清。在正常生理条件下的哺乳动物细胞中，分布于细胞质和细胞核内的 Hsp70 其实指的是 Hsc70（heat shock cognate），也就是热激蛋白同源物 70，也有报道称之为 Hsc72；而 Hsp70 绝大多数情况下只在热激或代谢应激状态下才表达。虽然二者在蛋白质序列上有着高度的同源性，然而为何真核细胞会在生理和应激条件下表达不同热激蛋白，到目前为止仍不清楚。另一个命名问题是，Hsp70 家族成员包括 78kDa 葡萄糖调节蛋白（glucose regulated protein，Grp78），目前主要被称为 BiP，主要存在于在 ER 腔中；若它出现在线粒体中，则被称为 mito-BiP。

（一）Hsp70 结构

研究表明，Hsp70 家族成员的一级结构均包含两个主要的结构域：近 N 端高度保守的、45kDa 大小的 ATPase 结合结构域（ATP-binding domain）；近 C 端 25kDa 大小的底物结合结构域。其中，C 端结构域又可再细分为 15kDa 大小的多肽结合结构域（polypeptide binding domain）、靠近 C 端的可变 α 螺旋（α-helix）结构亚区和 C 端最末端的基序（motif）。不同细胞器中 Hsp70 的基序具有特异性，表明不同成员的功能具有特殊性（Guy and Li，1998）。

（二）Hsp70 功能

Hsp70 的功能实现包括以下步骤：①与底物蛋白或肽段结合；②与 ATP 结合；③水解 ATP；④与底物蛋白解离。所有的 Hsp70 成员在 N 端都有高度保守的 ATP 结合域，从而具有 ATPase 活性；它们在羧基末端多为氨基酸序列可变区，用于结合未折叠蛋白底物。Hsp70 反应循环涉及几个重要的科学问题。首先，该反应循环步骤的先后顺序是一个科学难题，因为 Hsp70 这两个结合域之间可能存在相互作用（crosstalk）；其次，与各自底物结合后，这两个结合域的构象变化与功能之间的联系目前也不清楚；更进一步，Hsp70 与其他辅助因子（如 Hsp40）结合后的相互作用和调节此反应循环的作用也需被阐明。

1. 结合底物蛋白

Hsp70 利用 C 端的 18kDa 区域与未折叠或变性的底物蛋白结合，该过程的核心问题是结合特异性。通过 DnaK 的体外折叠研究发现，该结合需要的不仅仅是疏水性氨基酸暴露，而且是构象依赖性的。Hsp70 与底物结合亲和力最大的区域或位点是以亮氨酸为中心的 5~7 个氨基酸残基，其次是与该区域相邻的其他非极性残基（Zhu et al.，1996）。因此，Hsp70 与底物结合利用的也是疏水性区域介导的蛋白质聚集机制（图 4-3），因而从源头上阻断了蛋白质聚集的物质基础。从结构上看，Hsp70 的 C 端底物结合域包含一个 β 折叠亚结构域和一个 α 螺旋亚结构域。上述提到的肽亲和力最大的区域位于 β 折叠亚结构域，而这个 α 螺旋更像是一个盖子以固定并防止肽逃逸（Zhu et al.，1996）。由此可以推论，这种构象组成特点可能在肽结合与解离中具有生物学意义。

正常生理状态下，细胞内 ATP 的浓度通常是 ADP 浓度的几倍。这是因为细胞内游离 Hsp70 的量非常有限，它们多数与这两种核苷酸呈结合状态，形成 Hsp70-ATP 复合体

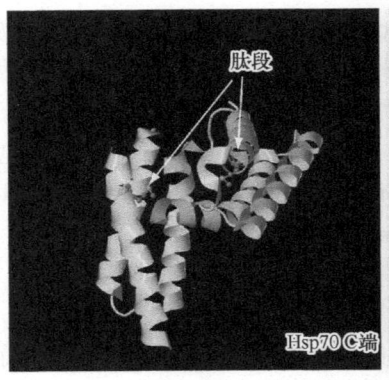

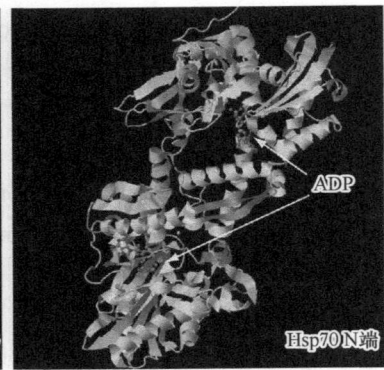

图 4-3 Hsp70 的结合域
http://www.pdb.org/

和 Hsp70-ADP 复合体。但是，Hsp70-ATP 复合体的解离速率显著快于 Hsp70-ADP 复合体。利用分子排阻的高效液相色谱（size-exclusion high performance liquid chromatography，SEC-HPLC）研究发现，Hsp70-ADP 是与底物蛋白稳定结合的唯一形式，而 Hsp70-ATP-肽复合体的解离率显著快于 Hsp70-ADP-肽复合体（Palleros et al.，1993）。

2. 水解 ATP 和 Hsp70 构象变化

Hsp70 的 ATP 酶活性是该家族蛋白的内在特性之一。有研究发现在结合底物肽之后，Hsp70 的 ATPase 活性可以提高几倍（Ha and McKay，1994）。这种反馈抑制调节的机制目前仍不清楚，但是可能与 Hsp70 结合底物后的构象变化相关。在没有结合底物的情况下，Hsp70 在结合 ATP 后至少发生 4 次构象改变（图 4-4）：①在 Hsp70-ATP 复合体形成后；②在水解 ATP 生成 ADP 和 γ-磷酸（γ-phosphate，γ-P$_i$）后；③Hsp70-ADP 复合体形成；④Hsp70-ADP 复合体释放 ADP 前（Theyssen et al.，1996）。

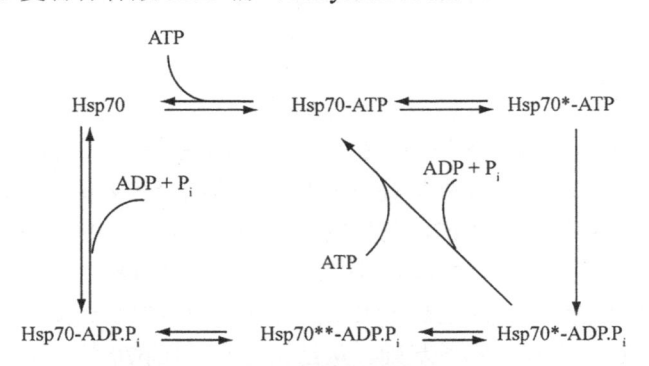

图 4-4 Hsp70 的 ATPase 循环（无底物或辅助因子）（Theyssen et al.，1996）
Hsp70、Hsp70*和 Hsp70**分别代表 3 种不同构象，P$_i$代表磷酸

3. 与底物蛋白解离

与底物蛋白的正确解离是多数分子伴侣发挥辅助折叠功能之后的必要步骤。这种解离作用的意义就像我们用一根线绳打个蝴蝶结，我们的手指起到的作用就类似分子伴侣，在帮助绳子成为蝴蝶结后应将手指拿开。研究表明，ATP 与 DnaK（大肠杆菌中

的分子伴侣）的 N 端结合所介导的构象变化可显著降低 DnaK 的 C 端与底物蛋白的亲和力，从而诱导底物蛋白的解离作用（Buchberger et al., 1996）。之后的研究发现，Hsp70 与底物蛋白的解离速率远远高于 ATP 水解速率；ATPase 活性位点突变后，底物蛋白的解离率显著降低。这表明，分子伴侣结合 ATP 后，一方面发挥 ATPase 活性，生成 ADP；另一方面可介导羧基末端底物蛋白的解离。

（三）辅助分子伴侣与热激蛋白

作为原核生物 Hsp60 家族成员，GroEL 可能是研究得最为充分的分子伴侣之一，研究发现它与另一小分子蛋白 GroES 结合可显著促进蛋白质折叠并减少蛋白质凝集。因此，这类可结合并调节其他分子伴侣的蛋白质被称为辅助分子伴侣；它们也可能具有分子伴侣活性，从而同时结合底物蛋白和 Hsp。哺乳动物中目前已知的辅助分子伴侣约有 100 种，根据其域型不同主要分为两类：①J 结构域辅助分子伴侣，如 Hsp40；②三十四肽重复基序（tetratricopeptide repeat，TPR）辅助分子伴侣，如 FKBP52。

辅助分子伴侣的核心功能被认为是增加 Hsp-ATP 复合体的稳定性，并且提高 ATP 的水解速率，这可以保证在底物蛋白解离之前将 ATP 转成 ADP。胶囊化模型（encapsulation model）可以部分解释该过程的机制（Wang et al., 1998）。以原核生物为例，GroEL-GroES 首先以 GroEL 为中心反式结合底物肽；该复合体结合并水解 ATP，介导 GroES 以 GroEL 为中心顺反式异化，复合体空间结构变化为顺式环，形成包裹底物肽的胶囊状结构三元复合体；之后，在折叠酶的催化作用下，多肽完全折叠并与 GroEL-GroES 复合体解离。

三、蛋白质二硫键异构酶

大多数真核细胞的分泌型蛋白都具有二硫键，也就是由两个半胱氨酸（S）的巯基基团氧化脱氢后形成 S—S 结构分子键，它是蛋白质正确折叠和实现生物学功能的必要条件之一。如前所述，在分子伴侣的协助下，新生肽可以免于凝集作用，在此基础上，新生肽可非常缓慢地自发氧化形成二硫键。显然，这种速率在应激状态下可能无法满足大量蛋白质折叠的需要，因此，Anfinsen 等提出体内蛋白质折叠需要特异性的酶催化二硫键形成；随后，该课题组分离、纯化并鉴定出这种具有催化二硫键形成活性的酶，而且发现除了催化二硫键形成以外，这种酶还可介导蛋白质异构化，因而这种酶被命名为蛋白质二硫键异构酶（PDI），也被称为折叠酶。

PDI 主要存在于 ER 中，也有少量分布于线粒体和细胞质中，其分子质量约 55kDa，由约 500 个氨基酸残基组成，包括 5 个结构域，分别为 a、a′、b、b′和 c（Wilkinson and Gilbert, 2004）。其中，a 和 a′与硫氧化还原蛋白（thioredoxin）有高度的同源性，各自具有一个含有半胱氨酸的活性中心序列（WCGHCK），也就是 aa′区域的 CXXC 基序。b 和 b′彼此间序列具相似性，与硫氧化还原蛋白具有结构相似性，它们没有 CXXC 基序，从而不具氧化活性，但它们是 PDI 异构化酶的活性中心。也有观点认为 b′a′c 共同具有异构酶活性，但 a 结构域基本不参与蛋白质异构化（活性<5%）。到目前为止，共

有 19 种 PDI 被发现，它们被称为 PDI 家族。王志强等（2009）对该家族成员的特性进行了详细的描述，见表 4-2。

表 4-2 哺乳动物 PDI 家族成员（王志强等，2009）

蛋白	编号	结构域组成	活性位点序列	活性	底物	诱发压力
Hag 3	Q8TD06	a	CQYS	—	未知	未知
ERp18	O95881	a	CGHC	O	未知	未知
Hag 2	O95994	a	CPHS	—	未知	未知
ERp29	P30040	b-D	n.a.	分泌	内膜蛋白	可以，但比较弱
ERp27	Q96DN0	b-b'	n.a.	未知	未知	未知
ERp44	Q9BS26	a-b-b'	CRFS	—	抑制 IP3	是
ERp46	Q8NBS9	a^0-a-a'	CGHC, CGHC, CGHC	未知	未知	是
P5	Q15084	a^0-a-b	CGHC, CGHC	O, I, C	未知	XBP-1 dep
ERp57	P30101	a-b-b'-a'	CGHC, CGHC	O, R, I	N-糖蛋白	是
PDI	P07237	a-b-b'-a'	CGHC, CGHC	O, R, I, C	具有非特异性	可以，但比较弱
PDIr	Q14554	b-a^0-a-a'	CSMC, CGHC, CPHC	R, I, C	丙氨酸蛋白酶	是
PDIp	Q13087	a-b-b'-a'	CGHC, CTHC	O, R, C	未知	未知
PDILT	Q8N807	a-b-b'-a'	SKQS, SKKC	—	未知	否
ERp72	P13677	a^0-a-b-b'-a'	CGHC, CGHC, CGHC	O, R, I, C	霍乱毒素基质蛋白-3 突变型 LDL 受体	是
ERdj5	Q8IXB1	J-a''-b-a^0-a-a'	CSHC, CPPC, CHPC, CGPC	—	未知	是（ERSE）
TMX	Q9H3N1	a	CPAC	R	未知	过表达可防止 BrefA 诱导的细胞凋亡
TMX2	Q9Y320	a	SNDC	未知	未知	未知
TMX4	Q9H1E5	a	CPSC	未知	未知	未知
TMX3	FLJ20793	a-b-b'	CGHC	O	未知	否

注：a、a'、a''、a^0 为具有催化中心的 a 型结构域；b、b'为不含催化中心的 b 型结构域；J 为 J 型结构域；D 为 D 型结构域；O 为氧化酶；I 为异构酶；R 为还原酶；C 为分子伴侣。

PDI 的活性可归纳为两个方面：①催化两个半胱氨酸残基的巯基基团的氧化反应，从而形成二硫键；②催化错误折叠的蛋白质异构化以形成正确折叠。

二硫键形成的过程与电子传递过程密切相关。PDI 是一种氧化态蛋白，它催化二硫键形成的过程是一种摄取电子的还原反应过程。这些电子可来自同一催化反应，即还原态蛋白 CXXC 基序的巯基基团被氧化过程中可提供电子；之后，还原态的 PDI 将会被再氧化（reoxidize）而形成新的氧化态活性 PDI。这种蛋白质之间的相互作用可保证持续提供氧化态 PDI，否则，每形成几个二硫键细胞，就要再生产新的 PDI，这显然不是最佳策略。那么，是什么在催化 PDI 的再氧化呢？在哺乳动物细胞中，这一过程与定位于 ER 的膜蛋白 Ero1 有关。目前认为，Ero1 可与其辅因子（cofactor）黄素腺嘌呤二核苷酸

（flavin adenine dinucleotide，FAD）形成具 CXXC 基序的氧化态复合体，从而催化 PDI 的再氧化反应。

PDI 识别错误折叠蛋白的机制与 PDI 的分子伴侣样活性相关。PDI 可识别错误折叠蛋白上暴露的疏水性氨基酸残基，并利用 b′结构域与底物蛋白结合。PDI-蛋白复合体形成后将发生复杂的构象变化，并由 a 和 a′结构域诱导新二硫键形成，从而介导蛋白质异构化。

PDI 家族成员同时具有其他活性。例如，对胶质细胞的缺氧应激研究发现，细胞质中存在的 PDI 及其同源物 ERp57 和 ERp72 可参与泛素化蛋白酶体途径，从而抵抗缺氧介导的细胞凋亡。另有报道指出，PDI 可能具有抗分子伴侣（anti-chaperone）活性，也就是在过量表达的条件下，PDI 可能广泛催化二硫键形成，从而介导蛋白凝集作用（Sideraki and Gilbert，2000）。

第二节 蛋白质质量控制——内质网

如前所述，真核细胞的内质网中分泌型蛋白合成、加工折叠和转运的"处理器"，富含多种分子伴侣、折叠酶等。新合成的多肽被输送进内质网后，在相关折叠酶及分子伴侣的作用下进行修饰及空间折叠，形成具有不同生物学功能的成熟蛋白质，如质膜受体、离子通道、分泌型激素和胞外酶等，然后被转运到相应细胞器发挥各自的功能。某些情况下，由于基因突变、转录翻译错误或其他外界不良条件等原因，会扰乱内质网功能，导致蛋白质发生错误折叠并聚集在内质网中，从而引起内质网压力，干扰细胞正常功能甚至引起诸如代谢性疾病及神经变性类疾病。真核细胞调节内质网压力主要有两种途径，即未折叠蛋白应答（unfolded protein response，UPR）和内质网相关蛋白质降解（endoplasmic retimulum associated protein degradation，ERAD）。

一、未折叠蛋白应答

细胞在包括热、渗透压和细胞外物质等刺激下往往面临细胞内酶活性、离子浓度和信号转导通路等内环境变化。这种应激状态的直接结果之一就是细胞内蛋白质合成后修饰的异常，从而可能导致未折叠蛋白的增加。若分泌型蛋白和膜蛋白没能在 ER 腔体内正确折叠，且呈积累效应，则会引发内质网应激（endoplasmic reticulum stress，ERS）。ER 会出现一系列保护性反应以应对 ERS，这被称为未折叠蛋白应答（UPR）。UPR 启动的首要目的是保护细胞自身，即上调细胞存活基因（survival gene）的表达、减少新生肽的合成，以及增加分子伴侣和折叠酶的产量以促进蛋白正确折叠，这与肌醇需求酶-1（inositol-requiring enzyme-1，Ire1）、激活转录因子-6（activating transcription factor-6，ATF6）和蛋白激酶 RNA 样内质网激酶（protein kinase RNA-like endoplasmic reticulum kinase，PERK）三种关键的 ER 跨膜蛋白密切相关。其次，UPR 将持续激活包括线粒体依赖（mitochondria-dependent）和线粒体非依赖（mitochondria-independent）细胞凋亡途径。与此同时，UPR 将通过泛素化-蛋白酶体途径介导内质网相关蛋白质降解（ERAD）

以尽量清除未折叠蛋白（Kruse et al.，2006）。关于 UPR 的启动、信号转导和细胞凋亡通路的联系见图 4-5。

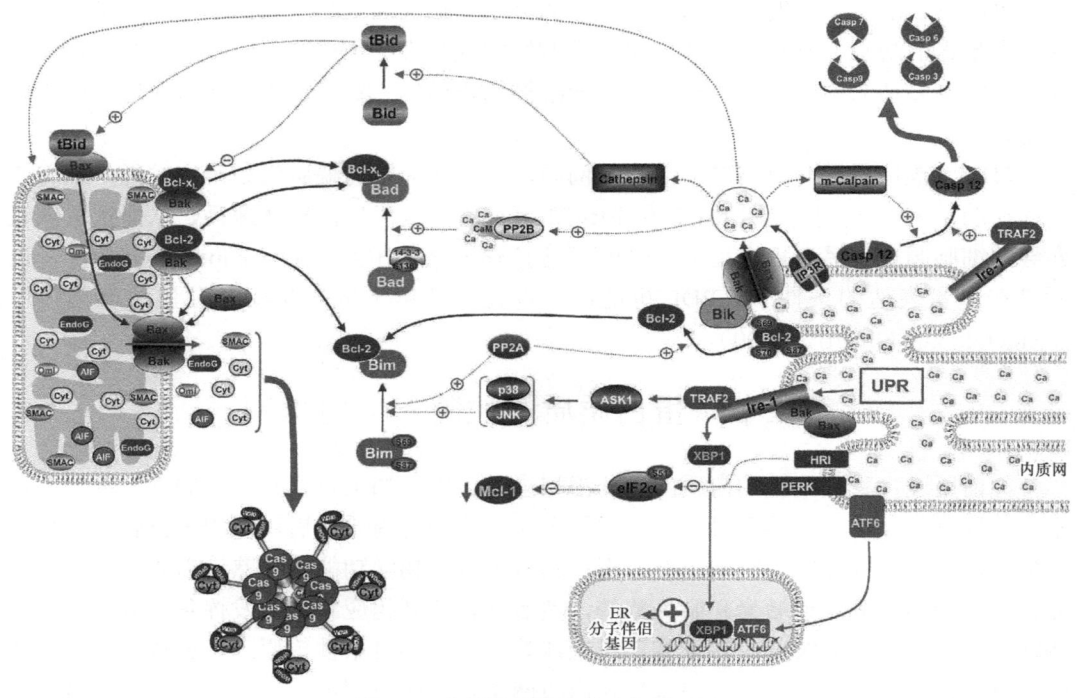

图 4-5　未折叠蛋白应答和细胞凋亡

（一）未折叠蛋白的感受器 Ire1

从结构上看，Ire1 是个复杂却非常合适的 ER 跨膜感受器和信号转导的传递者（Calfon et al.，2002）。Ire1 是一种激酶，全长 966 个氨基酸残基，哺乳动物细胞中主要有两种异构体形式存在，分别为 Ire1α 和 Ire1β。Ire1 的 N 端在 ER 腔内，主要用于识别未折叠蛋白；其 C 端在 ER 膜胞质侧，具激酶和核酸内切酶活性。Ire1 的 N 端序列非常独特，几乎与任何已知蛋白家族都不具同源性，这提示，Ire1 识别未折叠蛋白的机制显然不是配体-受体途径。而其 C 端主要有两个结构域，远羧基末端的结构域与丝/苏蛋白激酶有较高的序列相似性，近羧基末端的结构域与 RNase L 有较高的同源性。

未活化的 Ire1 主要以单体形式存在，而且，其 ER 腔内疏水性活性区域被分子伴侣（如 Bip、Hsc70 和钙连蛋白等）结合，从而阻断了其二聚化。当 ER 腔内未折叠蛋白浓度增加时，Bip 的腔内浓度会被稀释，与此同时，Ire1-Bip 复合体也将解离以补偿 ER 腔内对分子伴侣的需求（Liu et al.，2002）。因此，失去 Bip 的 Ire1 将依靠 N 端疏水性氨基酸相互结合介导形成二聚体，这时两个单体的 C 端激酶活性域可以在空间上靠近，并在异位结合位点（allosteric binding site）发生反式自磷酸化反应（*trans*-autophosphorylation），即由二聚体内的单体相互磷酸化的过程，从而完成 Ire1 的活化。至此，我们知道 Ire1 是通过监测 ER 腔内的 Bip 浓度变化以判断是否启动 UPR。Ire1 活化后随即将启动复杂的

UPR 相关信号转导通路以应对未折叠蛋白的 ER 累积。

首先，Ire1 将介导细胞生存的基因和分子伴侣转录水平上调（Ron and Walter，2007）。活化的 Ire1 的胞质区结构域具有典型的 RNA 内切酶活性，它可特异性切割 XBP1（X-box binding protein-1）mRNA 两次，移除一个短序列的内含子，之后又将 5′和 3′ mRNA 片段连接成新的 mRNA，这一过程被称为 Ire1 依赖性的 mRNA 剪接（Ire1-dependent mRNA splicing）。未剪接的 XBP1 mRNA 编码的蛋白质是 XBP1u（unspliced），它是一个 UPR 相关蛋白基因的抑制性反式作用因子，其对这些基因转录的阻断作用是细胞内蛋白质折叠修饰自稳状态的一种重要的负反馈抑制调节。剪接后 XBP1 mRNA 编码 XBP1 蛋白，其作用与 XBP1u 完全相反，它直接上调包括分子伴侣、细胞存活基因和 ERAD 相关基因的表达，构成 UPR 的核心反应之一。Ire1-XBP1u-XBP1 这种 mRNA 剪接介导的反式基因转录调控（由蛋白质作用于顺式作用元件以调控基因转录）体现了特异性原则。有计算生物学研究发现，XBP1 mRNA 的序列特点在基因组中是独特的，很少见与其可读框同源的序列，尤其是上述提到的 Ire1 切割特异性的内含子，至今未发现同源序列（Nekrutenko and He，2006）。

哺乳动物细胞中磷酸化的 Ire1 可募集肿瘤坏死因子受体相关因子 2（tumour necrosis factor receptor-associated factor-2，TRAF2），在 ER 胞质侧形成 Ire1-TRAF2 复合体。该复合体可激活凋亡信号调节激酶 1（apoptosis signal-regulating kinase-1，ASK1）（Tobiume et al.，2001），并进一步启动 JNK/p38（Jun N-terminal kinase，JNK）途径介导应激应答。UPR 利用 ASK1-JNK/p38 途径体现了细胞信号传递的简并性原则，也就是利用同一信号通路进行调节以应对多种刺激因素。例如，当活性氧物种（reactive oxygen species，ROS）、TNF-α 和 Fas 等典型细胞死亡诱导因素刺激细胞时，胞内 JNK/p38 通路激活程度的强弱是决定细胞命运的直接因素，随着激活程度由低到高，细胞走向自我修复、凋亡或是坏死。同等重要的是，Ire1-TRAF2 复合体也可以直接激活 caspase-12（Yoneda et al.，2001），并诱导细胞死亡。

（二）ATF6 的水解与转录调控

上文介绍的 Ire1 剪接 XBP1 的过程在一定程度上体现了 UPR 的保守性。Haze 等（1999）对 UPR 进行了更加系统的表达谱排查，并发现 ER 膜上存在一类新的反式调控因子，即 ATF6。在此基础上，Yoshida 等（2001）发现 ATF6 参与一个同样保守的转录调节途径，即活化的 ATF6 可调控 XBP1 mRNA，这明确了 ATF6 与 UPR 的直接关系。

其实，Haze 等发现的 ATF6 只是一个非活化状态的前体蛋白，其活化的机制与未折叠蛋白质信号识别、蛋白质分配和蛋白质水解机制相关。在正常条件下，多数 ATF6 的疏水性活性中心被 Bip 等分子伴侣结合，从而呈现不具活性的寡聚状态，这种性质与 Ire1 非常相像。然而，与 Ire1 识别未折叠蛋白质信号的机制非常相近，当 ER 内 Bip 浓度下降时，ATF6-Bip 复合体解离率（off-set rate）将提高，致使 ATF6 的疏水性活性中心暴露。这时，ATF6 前体蛋白将会被分配到顺式高尔基复合体网络（*cis*-Golgi apparatus），之后进入高尔基体腔。具体的分配机制仍不清楚，有观点认为可能与 ATF6-Bip 的解离诱导 ATF6 构象和极性变化相关。

高尔基体转位的 ATF6 前体可先后被位点 1 蛋白酶（site 1 protease，S1P）和位点 2 蛋白酶（site 2 protease，S2P）水解形成活化状态的 ATF6 片段（ATF6 fragment，ATF6f）。有研究发现，S1P 和 S2P 可同时切割与 ATF6 一起从 ER 分配至高尔基体的蛋白质，即固醇调节元件结合蛋白（sterol response element binding protein，SREBP）。ATF6 和 SREBP 水解作用存在共进化特点，同属 UPR 中的应激反应。ATF6f 随后被转位至细胞核，并结合 ER 应激作用元件（ER stress element，ERSE）的 CCACG 序列，因而上调 *Bip*、*CHOP1* 和 *XBP1* 基因的转录（Li et al.，2000）。ERSE 的序列特征是|CCAAT-N$_9$-CCACG|，研究表明，CCAAT 端与核因子-Y（nuclear factor-Y，NF-Y）复合体（一种转录因子）结合是 ATF6f 介导的这种反式基因调控的必要条件。

由此可见，ATF6 上调 UPR 相关基因的过程在一定程度上决定了其信号转导通路的保守性。这是因为其信号转导的每个节点都有保守性的机制存在。例如，其高尔基体的分配依赖于 Bip 等分子伴侣的解离，其水解依赖于区隔化（compartmentalized）分布的酶（仅存于高尔基体），就算结合了特定的顺式调控元件，它的反式转录调控活性还是要依赖另一转录因子的激活。这种保守性对于维持细胞的自稳状态（homeostasis）有非常重要的意义，因为一旦细胞错误或随机启动 UPR，那么将引导细胞走向一种"战时状态"，包括下面要介绍的停止生产（转录下调）和做好死亡的准备（细胞凋亡）。

（三）PERK 的翻译阻断作用

Ire1 和 ATF6 通路阐明的是 UPR 中的正反馈抑制调节方式，它们的目的是增强抗 UPR 基因的表达，从而补偿未折叠蛋白消耗的分子伴侣。与此相对，PERK 作为另外一种 UPR 相关激酶，可介导下调基因转录的负反馈调节，虽然路线不同，但是其目的仍是降低细胞由于未折叠蛋白增加导致的对分子伴侣需求的增长。

表面来看，PERK 与 Ire1 在蛋白质结构上较为相似，二者都是 ER 跨膜蛋白，ER 腔侧结合分子伴侣，而 ER 胞质侧都有激酶活性域。与分子伴侣解离后，PERK 也可激活反式自磷酸化。上文提到 Ire1 是自身的底物，不同的是，完成自磷酸化的 PERK 的信号转导是通过磷酸化另外一种反式调控因子实现，也就是 PERK 介导的真核细胞翻译起始因子-2（eukaryotic translation initiation factor-2，eIF2）的α亚基（eIF2α）磷酸化。eIF2 的活性直接决定着细胞内总蛋白（global protein）的翻译量，这是因为 eIF2 是蛋白质合成的重要初始化因子，它可与 GTP 和起始 tRNA（initiator tRNA）形成一个三元复合体。该复合体与 40S 核糖体亚基结合后可诱导募集 mRNA，从而形成 43S 翻译预起始复合体（translation preinitiation complex）。此时，eIF2-GTP 可利用 eIF2 自有的 GTPase 活性水解 GTP，形成 eIF2-GDP-43S 复合体并与 60S 核糖体亚基最终生成 80S 翻译起始复合体。此时，eIF2-GDP 可与 40S 核糖体亚基解离，并在鸟苷酸交换因子（eIF2B）的作用下被重新转换为 eIF2-GTP，参与下一轮翻译起始。

因此，eIF2B 的生物学作用是保证足量的 eIF2-GTP 存在以参与起始过程。然而，这也正是 PERK 通路的调控节点，因为 PERK 介导 Ser51 磷酸化后，eIF2p 可阻断 eIF2B 的活性，从而抑制 eIF2-GDP 与 eIF2B 交换磷酸根的反应，这将导致 eIF2 循环利用并失去起始翻译的活性。

PERK-eIF2p 介导的下调蛋白翻译并非 UPR 特有，它同样是简并了的应答通路。这是因为，其他与 UPR 无关的激酶同样可以介导 eIF2 的磷酸化，如血红素调节的抑制剂激酶（haem-regulated inhibitor kinase，HRI），这种现象也被称为整合的应激应答（integrated stress response，ISR）（Harding et al.，2000）。

除了下调蛋白翻译活性，PERK 也参与调控基因转录。有研究表明，磷酸化的 eIF2 可降低胞内 NF-κB 的抑制作用，导致激活 NF-κB 的作用；反之，NF-κB 可以促进 eIF2α 的磷酸化，进而放大 PERK 介导的总蛋白翻译抑制（Deng et al.，2004）。此外，磷酸化的 eIF2 还与细胞周期阻滞相关，它可活化转录激活因子-4（activating transcription factor-4，ATF4）。ATF4 是另外一种转录因子 C/EBP 同源性蛋白（C/EBP-homologous protein，CHOP）的激动调控蛋白，而 CHOP 的激活将上调其目标基因——生长抑制 DNA 损伤基因-34（growth arrest and DNA damage-inducible protein-34，*GADD34*）的表达，该基因编码的 GADD34 蛋白可介导细胞周期的停滞。细胞分裂需要动员几乎所有细胞代谢通路，需要大量新生蛋白、核酸和脂类，不难看出，这种 PERK 介导的细胞周期停滞显然可以降低细胞代谢速率，当然也减弱了对胞内总蛋白需求，也是一种 UPR。

（四）UPR 和线粒体的交互作用

细胞在 UPR 中同样始终面临命运选择，它通过多条通路感受未折叠蛋白应激的强弱，而它们的终末感受器就是线粒体。也就是说，UPR 反应程度越强、持续时间越久，细胞则越倾向于走向凋亡；UPR 反应若有减弱的趋势，则表明未折叠蛋白累积得到控制，细胞将通过补偿受损线粒体的方式走向存活。这些联系 ER 和线粒体交互作用的途径主要包括钙离子和 JNK/p38 信号转导通路。

ER 也是细胞内钙离子的储存器，被称为"钙池"。钙离子的 ER 主动运输依赖于肌浆网/内质网钙离子 ATP 酶（sarco/endoplasmic reticulum Ca^{2+}-ATPase，SERCA）。细胞维持 ER 内钙离子浓度的主要目的之一是保护 ER 特异性的凝集素（lectin）样蛋白的活性，这些蛋白质主要为钙连蛋白（calnexin）和钙网蛋白（calreticulin），它们的作用是识别未完全折叠的糖蛋白。在静止状态下，ER 腔的钙离子浓度为 50～400 μmol/L，而未折叠蛋白介导的 ER 应激则会诱发 ER 钙离子的释放，当 ER 腔钙离子浓度低于 20 μmol/L 时，则会同时诱导 UPR 和细胞凋亡。其中，钙离子释放的机制与 Bcl-2 家族两个蛋白成员密切相关，即 Bcl-2 同源拮抗蛋白（Bcl-2 homologous antagonist/killer，Bak）和 Bcl-2 相关 X 蛋白（Bcl-2-associated X protein，Bax）。ER 应激状态下 Bak 和 Bax 可在 ER 膜上形成异二聚体结构，该结构可形成一种被称为 Bax 通道（Bax channel）的结构，钙离子可经由该通道释放（Antonsson et al.，1997）。有研究表明，Bax-Bak 复合体与磷酸化的 Ire1 结合对后者的活化也起重要作用（Hetz et al.，2006）。另外，在没有 ER 应激的条件下，ER 膜蛋白三磷酸肌醇受体（inositol 1,4,5-trisphosphate receptor，IP$_3$R）也可接受第二信使 IP$_3$ 的信号，从而介导 ER 钙离子释放至细胞质；在未折叠蛋白应激状态下，该通路也会开放并参与钙离子释放（图 4-5）。

然而，钙离子也是细胞内重要的第二信使，参与调节与蛋白合成、脂类代谢和核酸代谢相关的多种酶活性，包括组织蛋白酶（cathepsin）、钙蛋白酶（calpain）和两种蛋白磷酸酶——PP2A（protein phospotase 2A）和 PP2B。这些酶可以分别作用于不同的细胞前凋亡相关信号蛋白（proapoptotic），使它们从失活状态转化成活化状态。组织蛋白酶可剪切 BH3 作用域死亡激动蛋白（BH3 interacting domain death agonist，Bid），生成截短型 Bid（truncated Bid，tBid）。PP2A 也可催化磷酸化 Bcl-2 相互调节蛋白（Bcl-2 interacting mediator，Bim）的 S69 和 S87 位点发生去磷酸化反应，生成活化的 Bim 蛋白。经钙调蛋白（calmodulin，CaM）活化的 PP2B 则可催化磷酸化的细胞死亡相关 Bcl-2 拮抗剂蛋白（BCL2-antagonist of cell death，Bad）S136 位点的去磷酸化反应，生成活化的 Bad 蛋白。

由此可见，这些钙离子相关信号的靶点指向 Bcl-2 家族的前凋亡蛋白，它们一旦活化，其直接结果就是去活化（inactivate）静止细胞中的抗凋亡 Bcl-2 家族蛋白（anti-apoptotic Bcl-2 family protein），主要包括 Bcl-2 和 Bcl-X_L。静止细胞的 ER 膜的 Bcl-2 呈磷酸化状态（其磷酸化位点为 69、70 和 87 位丝氨酸，即 S69、S70 和 S87），而活化的 PP2A 以及经 Ire1 途径激活的 JNK/p38 均可催化这些位点的去磷酸化反应，介导生成游离的 Bcl-2。静止细胞线粒体膜上的 Bax 呈游离状态，而 Bak 被 Bcl-2 和 Bcl-X_L 结合，分别以 Bak-Bcl-2 和 Bak-Bcl-X_L 异二聚体形式存在，这其实阻断了 Bax 和 Bak 的相互结合，因而不能形成 Bax 通道。若细胞处于 UPR 中，前凋亡蛋白活化，来自 ER 的钙离子信号将这种平衡打破。tBid 可以与线粒体膜 Bax 结合，诱导其募集 Bak；Bim 与 Bcl-2 相结合从而稀释线粒体膜 Bcl-2，使得单体 Bak 增多；而 Bad 以相同方式移除线粒体膜 Bcl-X_L，同样导致单体 Bak 增加。

与 ER 膜的 UPR 反应类似，移除抗凋亡 Bcl-2 家族蛋白后，线粒体膜将形成 Bax 通道，之后，线粒体将释放至少 5 种细胞凋亡诱导因子，从而启动线粒体途径细胞凋亡。这些凋亡诱导因子包括细胞色素 c（cytochrome c，Cytc）、核酸内切酶 G（endonuclease G，EndoG）、凋亡诱导因子（apoptosis-inducing factor，AIF）、丝氨酸蛋白酶 HTRA2/Omi（serine protease HTRA2/Omi）和第二线粒体来源 caspase 激活蛋白（second mitochondria-derived activator of caspase，SMAC）。Cytc 的细胞质释放通常被认为是细胞凋亡启动的标志之一，因为 Cyt c 与凋亡蛋白酶激活因子 1（apoptotic protease activating factor，Apaf1）的色氨酸-天冬氨酸重复基序（tryptophan-aspartic acid repeat，WD40）结合形成凋亡复合物（apoptosome），该复合物利用 Apaf1 蛋白 N 端募集 procaspase-9，并介导剪切形成活化 caspase-9。caspase-9 继而可剪切 pro-Caspase-3 和-7，形成具 DNA 和蛋白切割活性的成熟 caspase-3 和 caspase-7，它们可诱导 DNA 的片段化、降解结构蛋白、形成凋亡小体等晚期细胞凋亡事件。

由此可见，UPR 中 ER 与线粒体通过钙离子、JNK/p38 和 Cytc 等途径作用，中心内容就是持续攻击线粒体以诱导细胞凋亡。

（五）UPR 中非线粒体依赖的细胞凋亡

UPR 中还存在一类非线粒体依赖的细胞凋亡途径，即 caspase-12 途径。Ire1 途径中，Ire1-TRAF2 复合体可以介导 caspase-12 的活化；另外，经钙离子活化的钙蛋白酶也具有类似功能（图 4-6）。caspase-12 具独立活化 caspase-3、-6、-7 和-9 的功能，从而启动细胞凋亡。

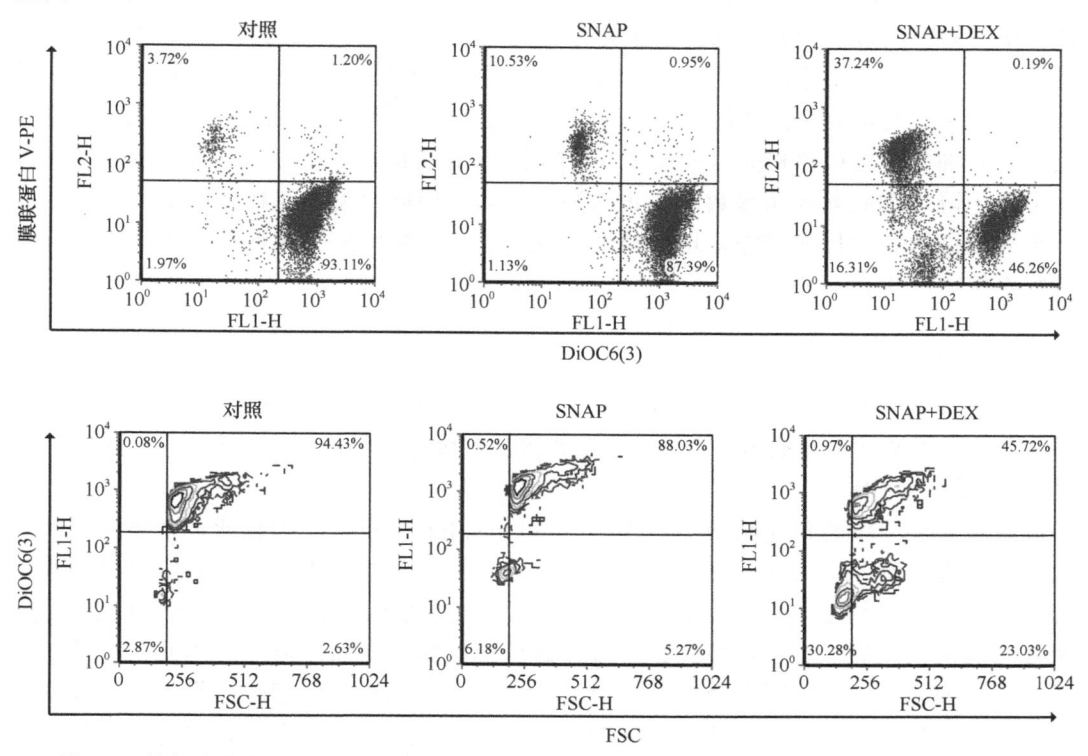

图 4-6　缺氧应激介导的小鼠胸腺细胞的线粒体膜电位下降和细胞大小变化（王通等，2006）

图 4-6 是一个通过诱导细胞缺氧状态模拟未折叠蛋白应激和细胞非线粒体依赖凋亡的研究实例（王通等，2006）。折叠酶活性及线粒体呼吸链正常工作均需要细胞内氧化环境，我们利用 S-亚硝基-N-乙酰青霉胺[（±）-S-nitroso-N- acetylpenicillamine，SNAP]诱导小鼠胸腺细胞胞内缺氧以模拟 UPR，利用地塞米松（dexamethasone，DEX）作为经典内源性细胞凋亡的阳性对照。3,3′-二己氧基羰花青碘化物[3,3′-dihexyloxacarbocyanine iodide，DiOC6（3）]是一种线粒体膜电位依赖性的细胞内荧光染料。膜联蛋白 V 用于检查细胞表面的磷脂酰丝氨酸（PS），正常细胞 PS 存在于细胞膜内侧，若其去极化外翻，则显示细胞凋亡。前向角（FCS）是流式细胞仪的物理参数，它指示细胞的大小。从图 4-6 的 DEX 组我们可以看出，细胞分布于 3 个区域中，右下角（lower right，LR）象限的细胞是膜联蛋白 V 阴性、DiOC6（3）阳性细胞，这表明细胞没有 PS 外翻，线粒体膜电位正常，是正常细胞的表型；左上角（upper left，UL）象限显示的是膜联蛋白 V 阳性、DiOC6（3）阴性细胞，这表明细胞凋亡且线粒体膜电位下降，是凋亡细胞象限；有趣的是左下角（lower left，LL）象限，这些细胞是膜联蛋白 V 阴性、DiOC6（3）阴性细胞，表明细胞虽然线粒体膜电位下降，但是还没有发生凋亡。从这里可以看出，DEX 诱导的小鼠胸腺细胞凋亡中，线粒体膜电位下降是在细胞凋亡之前，表明即使线粒体质量下降，细胞同样有存活的可能。这也从另一个角度验证了我们上文提到的线粒体损伤和补偿之

间矛盾统一的观点。

而直接介导细胞内缺氧状态则不同，图 4-6A 的 SNAP 组的数据显示，LL 象限细胞比例与对照组没有差异，而 UL 象限细胞比例比对照组高，这表明 SNAP 可以不通过线粒体直接介导细胞凋亡，这可能与我们上文提到 UPR 的线粒体非依赖性凋亡途径的激活相关。图 4-6 显示的是一部分凋亡细胞的 FSC 降低，表明细胞发生了皱缩现象，这往往与细胞膜去极化相关。观察图 4-6 的 DEX 组 LR 象限可见，这部分细胞线粒体膜电位下降，细胞前向角参数却与正常细胞相同，由此可见，线粒体膜电位下降并不一定导致细胞膜去极化皱缩，这也验证了我们上文提到的部分线粒体损伤仍可维持细胞膜电位的现象。

（六）UPR 生物学意义

由上面的阐述我们可以看出，UPR 与细胞凋亡信号转导通路的激活有密切关系。可是，为什么细胞一方面动用了多种保护手段以达到生存目的，而另一方面却几乎同时启动了细胞凋亡的程序？

回答这个问题要首先明确细胞死亡（cell death）的概念。细胞死亡主要有两种形式，即细胞坏死（necrosis）或细胞凋亡（apoptosis），其中，细胞坏死是应该尽量避免的"错误"的细胞死亡方式。物理因素（如高温和渗透压改变）、化学因素（重金属等）和强生物化学诱导剂等微环境因素可直接破坏细胞膜，从而形成细胞坏死。坏死的直接结果是细胞质内的炎症介质（包括组织蛋白酶、干扰素和白细胞介素等）将被直接释放到组织中，并介导各种免疫细胞的活化和前炎性应答，从而增强局部甚至系统炎症反应。这种增强的炎症反应可能诱导更多的细胞坏死和继发炎症反应，反应级联放大的程度直接与多种疾病（如溃疡）的临床进展相关。正因为如此，多种具细胞毒性药理作用的药物的副作用直接与细胞坏死相关。例如，抗肿瘤药物环磷酰胺虽然可以有效杀伤多种肿瘤细胞，但是其杀伤机制不仅包括细胞凋亡，还包括介导细胞坏死，甚至有报道认为它可介导正常肝细胞坏死。类似这样的炎症反应是临床用药必须考虑的副作用因素。

如果细胞必需选择死亡，那么细胞凋亡就是"正确"的死亡方式。细胞凋亡也被称为程序性细胞死亡（programmed cell death，PCD），它与细胞坏死的本质区别是在整个过程中，细胞的内容物始终被膜系统包裹，从而最大限度地减少了炎症介质的释放。凋亡细胞的核心生物学特征是凋亡小体（apoptotic body），这些小体由细胞膜包被的细胞器和细胞质组成，它们最终被巨噬细胞等细胞吞噬并降解。由此可见，细胞凋亡的反应是一个非炎症反应，是一种和平的解决问题方式。

因此，我们称细胞凋亡是失败的 UPR，但却是成功的"撤退"。细胞同时启动 UPR 和细胞凋亡的真正目的是避免在 UPR 失败的情况下细胞走向坏死结局。UPR 虽然快速，但是 ER 应激仍然是很危险的信号，细胞必须做好 UPR 失败的准备。这是因为，分子伴侣的增加、总转录和翻译水平的降低、细胞周期的阻滞只是暂时性的细胞保护策略，这些应答也是对细胞正常生理和代谢的严重干扰。如果 UPR 未能有效逆转未折叠蛋白的累积，那么，持续地保护这些未折叠蛋白的生产者，势必对细胞乃至机体产生不利影响（折叠病的起因之一），细胞的正确解决方式就是采用没有炎症的方式终止这一切，也就是启动细胞凋亡。

二、内质网相关蛋白质降解

内质网相关蛋白质降解（ERAD）是真核细胞蛋白质质量控制的核心环节。未折叠或错误折叠蛋白在内质网内积累，引起内质网压力，导致 UPR 上调生存基因、降低总转录和翻译；同时，ERAD 途径也会相继启动来识别、分检错误蛋白，并将其运出内质网交由蛋白质降解系统处理。ERAD 选择性水解未折叠和错误折叠蛋白显然是一种降低 ER 应激的直接手段。这种水解机制被称为泛素-蛋白酶体通路（ubiquitin-proteasome pathway，UPP）。顾名思义，UPP 要有两个核心部分——泛素（ubiquitin，Ub）系统和蛋白酶体，它们分工非常明确，Ub 负责标记未折叠蛋白，蛋白酶体负责特异性水解这些标记蛋白。Ub 和蛋白酶体也被称为泛素-蛋白酶体系统（ubiquitin-proteasome system，UPS）。

第三节　蛋白质质量控制——线粒体

如果说 ER 是通过与内质网交互作用来感受 UPR 的强弱和持续性，进而实现蛋白质质量控制，那么线粒体的质量控制则更为直接。这是因为线粒体的蛋白质组中以呼吸链蛋白成员居多，而呼吸链的正常运转是维持线粒体膜完整性的必要条件，因此，线粒体的蛋白质质量控制可以通过感受呼吸链的工作状态实现，也就是说呼吸链的再利用。

哺乳动物细胞中，线粒体所占体积超过 20%，被广泛称为细胞的动力工厂。从进化角度来看，线粒体可能是起源于原核生物，它在真核细胞中的行为非常类似一个独立的细菌细胞。与此相应的是，细菌细胞中是没有线粒体的，其生产 ATP 的呼吸链也和线粒体的呼吸链非常相似。而且，线粒体具独立的遗传物质——线粒体 DNA（mtDNA），需要注意的是，受精卵的线粒体来自于卵细胞，因此，多数情况下 mtDNA 严格遵循母系遗传特征。mtDNA 的核酸特性与细胞核 DNA 不同，它没有内含子，没有保护性组蛋白和非组蛋白，并且持续暴露于凋亡诱导因子活性氧（reactive oxygen species，ROS）。这些特性一方面决定了 mtDNA 发生基因突变的概率远远高于其他 DNA，另一方面决定了其蛋白质表达较易因外来因素刺激或线粒体内环境改变而发生改变。因此，线粒体进化了一套细胞器特异性的蛋白质质量控制机制。线粒体的外膜在胞质侧，它部分利用了 UPS 实现其蛋白质质量控制。内膜和基质的蛋白质质量控制基质呈细胞器特异性。

一、线粒体的内膜蛋白质量控制

（一）线粒体的呼吸链

哺乳动物细胞的线粒体含有约 1500 种蛋白质，其中绝大多数蛋白质由核基因组编码，并在线粒体基质内（matrix）完成折叠。线粒体蛋白中丰度最高的是呼吸链相关蛋白，有趣的是，mtDNA 编码了呼吸链 5 个复合体中的 4 个，它们分别是：复合体 I（NADH dehydrogenase，NADH 脱氢酶）、复合体 III（coenzyme Q : cytochrome reductase，辅酶 Q：细胞色素 c 还原酶）、复合体 IV（cytochrome c oxidase，细胞色素 c 氧化酶）和复合体 V（ATP synthase，ATP 合成酶）（图 4-7）。而这 4 个复合体是线粒体维持质子（H^+）流的物质基础，因此也被称为质子泵，它们的正常工作是维持 $\Delta\Psi_m$ 的必要条件。而另外一个呼吸链的重要成员琥珀酸脱氢酶（succinate dehydrogenase；complex II，复合体 II）既参与氧化磷酸化，又参与三羧酸循环，同时也是 5 个复合体中唯一一个核编码的成员。 线粒体在持续氧化磷酸化的同时，也维持着上述 4 个 mtDNA 编码的复合体的不间断翻译和修饰，时刻接收着来自细胞质的复合体 II。呼吸链蛋白时刻面临氧化威胁，并且在自身组装中可能有未折叠风险，那么，其自身质量控制显然是必需的。

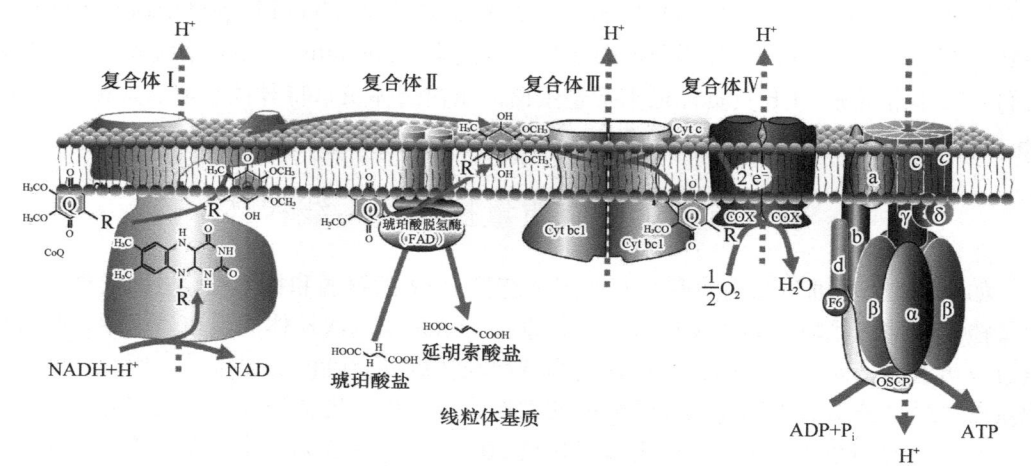

图 4-7　线粒体呼吸链反应示意图

（二）线粒体蛋白氧化损伤的修复机制

呼吸链的氧化磷酸化反应可介导生成大量 ROS，因此，线粒体也是细胞内 ROS 最富集的细胞器。虽然折叠酶的活性依赖于氧化环境，但是，过多的 ROS 将会介导产生线粒体蛋白的氧化损伤。

几乎所有蛋白质内部的氨基酸残基都可被氧化，其中最易被氧化的是含有硫原子的氨基酸（半胱氨酸和甲硫氨酸）和含芳香环的氨基酸（酪氨酸和甲硫氨酸）。研究表明，这些氨基酸如果与氧化的糖或过氧化的磷脂相结合，可形成碳化基团并介导蛋白质聚集（Szweda et al.，2002）。其他氨基酸的氧化结果是形成羟基化和碳化的氨基酸衍生物，量化这些衍生物的多少往往也被用于评价细胞内蛋白氧化损伤的程度。氧化损伤蛋白的一般特性是活性降低、热稳定性变差并且疏水性增加。有研究发现，错误折叠的蛋白质尤其易被氧化，反之亦然（Szweda et al.，2002）。然而，线粒体还是进化了一套可以修复损伤蛋白的机制（Friguet et al.，2008）。

因此，应对抗氧化损伤是线粒体蛋白质量控制的一道重要防线。目前已知的逆转氧化损伤的机制仅限于含硫氨基酸的氧化产物还原，这些产物包括二硫分子桥（disulfide bridge）、半胱次磺酸（cysteine sulfenic acid）、半胱亚磺酸（cysteine sulfinic acid）和半胱磺酸（cysteine sulfonic acid）。甲硫氨酸氧化反应首先生成甲硫氨酸亚砜（methionine sulfoxide），进而形成甲硫氨酸砜（methionine sulfone）。其中，甲硫氨酸砜的形成一般伴随着蛋白质疏水性增加和功能损伤。线粒体中存在高丰度的硫氧还原蛋白/硫氧还原蛋白还原酶，这两种氧化还原蛋白可以诱导二硫分子桥和磺酸的还原反应；而谷胱氧化还原蛋白/谷胱甘肽/谷胱甘肽还原酶反应系统也可以减少二硫分子桥。至于甲硫氨酸的氧化产物，目前至少发现两种酶可以介导其还原反应，它们分别是甲硫氨酸硫氧还原酶 A（methionine sulfoxide reductase A，MsrA）和 MsrB（Kim and Gladyshev，2007）。

（三）AAA 蛋白酶——巡逻的膜蛋白

由于氧化磷酸化可以在线粒体内膜生成大量自由基且极易诱导氧化损伤蛋白生成，线粒体采用了一种简洁的蛋白质质量控制方式，就是利用一种膜镶嵌的蛋白酶识别和降解未折叠/错误折叠蛋白，这种酶就是 AAA 蛋白酶。AAA 蛋白酶以一种单寡聚或异寡聚复合体状态分布于线粒体内膜，其结构组成非常保守，每个亚基都含有一个约 230 个氨基酸残基的 ATPase 结构域（Tatsuta and Langer，2009）。显然，它与蛋白酶体类似，可通过水解 ATP 获得用于降解底物的能量。缺乏 AAA 蛋白酶会导致线粒体未折叠蛋白应答和多种蛋白质成熟障碍。

目前已有多种 AAA 蛋白酶的底物蛋白被相继发现，包括线粒体 39S 核糖体蛋白 L32（39S ribosomal protein L32，mitochondrial，MrpL32）和 ROS 清除者细胞色素 c 超氧化酶（ROS-scavenger cytochrome c peroxidase，Ccp1）等。但是，AAA 蛋白酶如何特异性识别损伤蛋白的机制目前仍然不清楚。和其他很多 ATP 依赖性的蛋白酶相似，没有任何证据表明它们的底物识别具有序列特异性。不过，有研究表明，AAA 蛋白酶也具分子伴侣活性，这也是目前多种假说认为 AAA 的构象依赖性识别和疏水性结构域识别的主要实验依据（Leonhard et al.，1999）。

二、线粒体基质蛋白质量控制

几乎所有的基质蛋白都是在细胞质合成，然后通过蛋白质分配（targeting）机制转位到线粒体的外膜和内膜，这时的蛋白质多处于未折叠状态（Tatsuta，2009）。线粒体内含有多种分子伴侣，包括线粒体 Hsp70（mtHsp70）、mtHsp60 和 mtHsp100 家族成员，它们可以辅助新生蛋白的基质转位，进而辅助蛋白质折叠。然而，未折叠蛋白可被基质特异性的蛋白酶识别，这些蛋白酶包括 Lon 蛋白酶和 ClpXP 蛋白酶等。

三、线粒体——细胞凋亡和坏死的开关

如果从细胞器水平来看细胞死亡，那么线粒体是决定细胞选择凋亡还是坏死的开关，也就是说，细胞内功能正常的线粒体数量是决定细胞生存或是（选择何种方式）死亡的核心因素。这种细胞命运的决策机制也同样存在于 UPR 介导的细胞凋亡中。

线粒体的膜系统具有外膜、内膜和膜间腔，这种结构与革兰氏阴性菌细胞膜的膜

系统结构有着一定的相似性。线粒体外膜是典型的真核生物磷脂双分子层质膜；内膜具有线粒体特异性的嵴结构，这种结构呈宽 20～30nm 的格状，能够更有效地利用膜间腔的空间，增加内膜的表面积。线粒体内膜是氧化磷酸化反应的场所，其膜两侧存在线粒体内膜膜电势（inner mitochondrial membrane potential，简称$\Delta\psi_m$）。这是一个重要生物物理学特性，因为$\Delta\psi_m$的存在既能够保证电子在电子传递链中的电势能，同时又能保证氢离子进入线粒体内室的电动力，从而为 ATP 合成提供必要的质子流。细胞凋亡的早期事件往往伴随$\Delta\psi_m$的降低，实际上，这也指示了线粒体功能的损伤和线粒体膜完整性的破坏。

与线粒体膜相似的是，细胞膜同样具有膜电位（胞质侧带负电荷、胞外侧带正电荷）。细胞膜电位是细胞通过多种离子通道主动运输的结果，而这种主动运输的能量来自于线粒体。细胞膜完整性（plasma membrane integrity）破坏的最重要特征是失去膜电位，这可能导致不可逆的细胞坏死现象。细胞膜的完整性在一定程度上取决于胞内是否有足够的线粒体提供主动运输所需的能量，以维持细胞膜电位。其实，线粒体的减少并非不可逆，就像细胞一样，线粒体既有损伤机制，也有补偿机制，而这种损伤或补偿均与维持细胞膜电位密切相关。即使在非分裂状态，线粒体自身也进行着增殖，mtDNA 持续进行复制；同时，线粒体也可表现出类似细胞凋亡的行为，受损的线粒体被细胞通过自噬、溶酶体分解等作用清除，这种现象也被为线粒体凋亡（mitoptosis），此过程伴随线粒体质量（mitochondrial mass）相关的内膜组成成分——心磷脂含量的降低。

细胞水平的增殖与凋亡是一对既矛盾又统一的行为。所谓矛盾，是指二者介导完全不同的生与死的结局；所谓统一，是指过度的增殖和过度的凋亡都不可接受，二者彼此负反馈调节是避免细胞的癌变或退行性病变的核心机制。而从线粒体水平来看，这种矛盾统一同样存在。若线粒体质量下降速率可以通过线粒体增殖补偿平衡，细胞正常存活；若线粒体质量下降速率较慢，还能保证生产足够的能量维持细胞膜的主动运输和电位，则细胞走向凋亡；若线粒体质量迅速下降，无法保证细胞膜电位，细胞膜通透，细胞走向坏死；若线粒体质量增加，表明细胞死亡通路受到阻断，则细胞倾向于永生化和过度增殖，也就是癌症细胞转化。

四、线粒体自噬

线粒体自噬现象最早是在饥饿诱导的酵母菌死亡模型中被发现的（Takeshige et al., 1992）。当时普遍的观点认为线粒体可以直接被囊泡（vacuole）吞噬降解，然而，线粒体自噬的发现开创了一个新的研究领域，种种证据表明，这不但是受损细胞器的清除机制，而且也是一些高分子蛋白的质量控制手段。其中，最为重要的发现是 *UTH1* 基因与靶向线粒体自噬之间的直接关系（Kissová et al., 2007）。该研究表明，UTH1 蛋白是一种线粒体外膜蛋白，一旦将其敲除，则可以彻底阻断线粒体自噬。随后，一种具有类似功能的线粒体内膜蛋白也被发现，即远古泛蛋白 1（ancient ubiquitous protein 1，Aup1）。

不仅如此，线粒体自噬现象与细胞正常生存、肿瘤转化和细胞分化均有密切关系（Goldman et al., 2010），它也是细胞在应激状态下的最后一道防线，一旦未折叠蛋白应激无法得到控制，细胞只能消耗更多的线粒体以应对，其结局显然是细胞死亡。

我们的研究表明，线粒体自噬对肺癌细胞应对这种死亡威胁有重要意义，这也是肺癌细胞恶性转变机制之一（图4-8，数据未发表）。例如，癌症细胞最重要的恶性表型为上皮间充质转化（epithelial-mesenchymal transition，EMT），此过程为癌症细胞获得转移能力的必经步骤。然而，EMT是耗能过程，肺腺癌细胞可通过增加线粒体的产能满足能量需求，这必然伴随ROS介导的线粒体损伤。我们以肺腺癌A549细胞为对象的研究表明，该癌症细胞可以通过识别并自噬线粒体清除受损线粒体，同时通过线粒体增殖达到细胞器数量补偿。

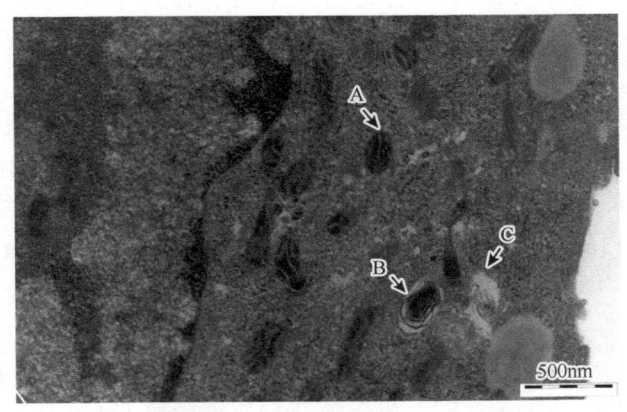

图 4-8　A549 细胞的线粒体自噬
A. 正常线粒体；B. 线粒体自噬体；C. 线粒体自噬空泡

五、线粒体蛋白的质量控制和衰老

如果线粒体蛋白的质量控制失败，那么与ER相关UPR应答类似，细胞将会通过启动死亡途径保护整个机体的健康。最新的研究表明，线粒体蛋白的质量控制机制障碍与细胞衰老有直接关系（Friguet et al.，2008）。例如，Lon蛋白酶介导的线粒体未折叠蛋白降解是关键的靶通路，衰老细胞（尤其是心肌细胞）中往往伴随Lon蛋白表达量下降的现象。有趣的是，通过控制实验动物的健康饮食可以显著提高Lon蛋白酶的表达。这些研究在一定程度上揭示了衰老发生的机制，具有重要的理论意义。

第四节　泛素与蛋白酶体

泛素-蛋白酶体系统（ubiquitin-proteasome system，UPS）是生物体"消化"细胞内蛋白质的最主要途径，泛素（ubiquitin，Ub）的主要功能是参与细胞内降解蛋白的标记，而蛋白酶体则是泛素标记蛋白降解的场所。UPS的降解对象主要包括细胞质、细胞核内一些半衰期短的调节蛋白，以及一些变性、变构蛋白和癌基因产物，通过UPS降解的蛋白质约占总降解蛋白的80%左右。这些蛋白质被"贴上"泛素标签后，最终被降解成多肽片段供细胞重复利用。此外，泛素的功能还体现在诸如DNA修复、信号转导、先天/适应性免疫识别及激活应答等多种细胞活动中。细胞内UPS失调被发现与多种疾病的致病机制相关，如肿瘤、心血管疾病及代谢性疾病等。

一、蛋白质的泛素化修饰

泛素（ubiquitin，Ub）是一类广泛表达于真核细胞且高度保守的小分子蛋白。最早它被认为是胸腺的一种激素（Goldstein，1975），后来发现Ub的主要生物学特性是可以通过其C端的甘氨酸残基与底物蛋白的N端或者内部序列中赖氨酸（Lys）残基的ε-氨基形成异肽键（isopeptide bond）。所谓异肽键，指的是位于蛋白质侧链氨基基团和羧基基团形成的酰胺键。这种以Ub共价标记底物蛋白的后翻译修饰被称为泛素化。

（一）Ub的结构

Ub是一种广泛表达于真核细胞中的保守蛋白，由76个氨基酸组成，空间结构为5个β折叠包围着一个α螺旋。泛素分子结构表明存在若干对其发挥功能不可或缺的疏水活性位点，如Ile44、Leu8、Val70及His68，这些位点帮助其对靶蛋白进行泛素化标记，介导了靶蛋白被蛋白酶体识别并最终降解（Shih et al.，2000；Dikic et al.，2009）。

（二）Ub的功能

泛素化过程是一种与泛素活化酶（ubiquitin-activating enzyme，E1）、泛素缀合酶（ubiquitin-conjugating enzyme，E2）和泛素-蛋白质连接酶（ubiquitin-protein ligase，E3）三种酶相关的级联催化反应（图4-9）。首先，E1水解一个分子ATP并将一个Ub分子C端的甘氨酸残基结合一个分子的腺苷酸（AMP）。之后，同样在E1的催化下，Ub被去AMP化，并与E1活性中心的半胱氨酸残基形成硫酯键（thioester），从而完成Ub的E1转移。此时，E2则催化E1-Ub复合体硫酯键的还原反应，从而介导E1与Ub解离，进而催化E2的半胱氨酸残基与Ub的甘氨酸残基形成新的硫酯键，此反应的结果是Ub的E2转移和E1解离。最后，E3催化E1-Ub复合体硫酯键的还原反应，并介导Ub与底物蛋白的赖氨酸残基的连接反应，结局是以异肽键形式将底物蛋白标记Ub，完成一轮泛素化反应。Ub分子本身也有几个赖氨酸残基，因此，Ub分子可以通过上述反应级联泛素化Ub分子，形成多泛素链（Ub chain）结构。研究表明，靶蛋白被泛素链结构标记是其可被蛋白酶体识别的前提条件。

这随后引出一个科学问题：E3标记未折叠底物蛋白时有特异性，可是其底物识别机制是什么？虽然该问题至今没有明确的答案，但是有规律可循。比较著名的理论是"N端法则"（N-end rule），也就是说，一些需要降解的蛋白质必须在N端具去稳定性（destabilizing）作用的氨基酸残基（Varshavsky，2003）。这些去稳定性残基包括Ⅰ型（Arg、Lys、His）、Ⅱ型（Phe、Leu、Trp、Tyr、Ile）和Ⅲ型（Ala、Ser、Thr）。其中，Ⅰ型残基主要被真核细胞E3的UBR1组分（ubiquitin-protein ligase E3 component n-recognin 1）识别，Ⅱ型残基被E3的UBR2组分识别，而Ⅲ型残基仅被一种哺乳动物的未知E3识别。多种证据表明，N端出现这些去稳定性残基并非随机，显然是一种蛋白质翻译后修饰过程，而且与多种氧化酶和蛋白转移酶（protein transferase）有关。因此，这种N端出现

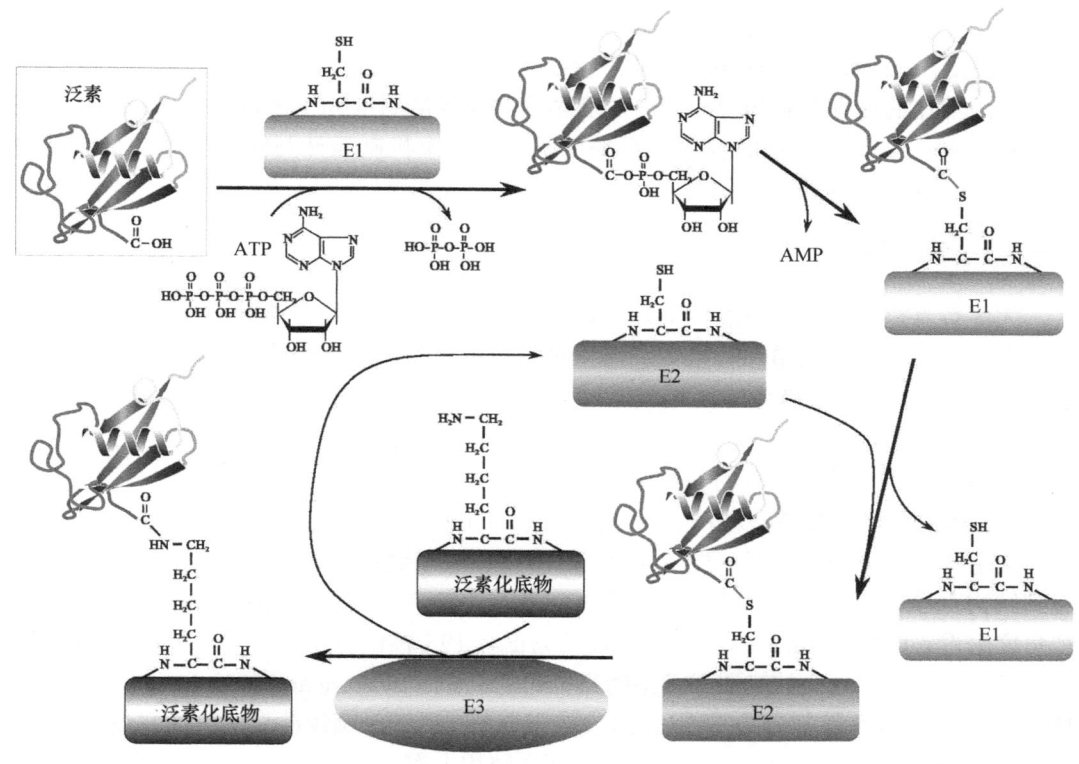

图 4-9 蛋白的泛素化修饰

的降解信号被命名为 Degron（degradation signal）。"N 端法则"的一个经典实例就是牛血清白蛋白（BSA）的 E3 结合实验：BSA 在精氨酸蛋白转移酶的作用下，可在 N 端发生精氨酸残基置换天冬氨酸残基的反应；同样条件下，若利用 RNase 特异性降解精氨酸 tRNA，则 BSA 的 N 端不发生置换反应，仍保留天冬氨酸残基。结果表明，只有 N 端为精氨酸的 BSA 可以与 E3 结合，这正体现了以精氨酸转移 Degron 为 E3 识别提供依据的"N 端法则"。

二、蛋白酶体的结构与功能

每个人体细胞大概含有 $2×10^4$～$3×10^4$ 个蛋白酶体，它们负责降解约 90%的未折叠或错误折叠蛋白质。蛋白酶体的发现具有划时代意义，从根本上改变了以往对蛋白质降解的认识，从而使人们对蛋白质降解机制有了更全面的了解，因此，蛋白酶体和 UPP 的三位发现者 Aaron Ciechanover、Avram Hershko 和 Irwin Rose 共同获得了 2004 年诺贝尔化学奖。这一理论所描述的是，需要被降解的蛋白质、多肽或肽段首先可被泛素化修饰；之后，这些带有 Ub 链的底物可被细胞质中的 26S 蛋白酶体特异性识别，并切割为 7～10 个氨基酸残基的肽段（Finley，2009）。这些肽段被释放到细胞质中，进而被其他蛋白酶降解为单个氨基酸分子，这些氨基酸可被用于合成新生肽，或通过胞内分解代谢为磷脂、糖和核酸的合成提供原料。之后有研究发现，UPP 同时参与了多种以蛋白质降解为核心的生物学过程，包括抗原提呈和细胞凋亡等；而且，其过度降解（overzealous digestion）或降解不足（neglecting digestion）都会导致疾病。

与泛素化的识别机制相似，UPP 中有两个科学问题目前尚不清楚：①蛋白酶体识别底物的机制；②蛋白酶体的底物去折叠机制。这两个机制显然与蛋白酶体的桶装结构（barrel structure）有着密切关系。

（一）蛋白酶体的结构

大多数真核生物的蛋白酶体沉降系数为 26S，分子质量约为 2000kDa，由一个 20S 核心颗粒和两个 19S 调节颗粒组成。简化来看，蛋白酶体的结构就像一个上、下都有盖子的猪笼草，19S 颗粒就像 20S 颗粒上、下两端的盖子，它含有多个 ATP 酶活性位点和 Ub 受体，其主要功能就是识别底物蛋白，并将介导底物转位（translocation）至 20S 颗粒；而 20S 颗粒很像猪笼草的兜状结构，它负责切割底物。

20S 颗粒也被称为核心颗粒（core particle，CP），它由 28 个亚基组成，以每层 7 个亚基的形式平均分布于四层（图 4-10）。其中，顶层和底层的亚基被称为 α 亚基，主要起到结构支撑作用；而中间两层的亚基被称为 β 亚基，它们是蛋白酶活性的主体。从俯视角度来看，CP 的 α 亚基以 7 聚体形式形成正对 19S 颗粒的孔状结构，也被称为 α 环，该孔直径约 13Å（一个甘氨酸残基空间直径约 3.8 Å）（Iwakura and Nakamura，1998）。α 环仅能容许 3~4 个氨基酸残基通过，这表明蛋白质进入 20S 颗粒前显然已经完成去折叠，呈最多二级甚至一级结构。由此可见，α 环在结构上有筛选功能，它以一种最简单的分子大小作为标记，避免了绝大多数蛋白质在去折叠之前进入 CP 而被错误降解。相比之下，CP 的两层 β 亚基所形成的内部结构则宽敞得多，孔径约 53Å，这种结构显然可以提供足够的空间容纳底物蛋白，增加底物的滞留时间（retention time）。可以设想，如果 α 和 β 环的孔径相同，形成水管样结构，那么未折叠蛋白的滞留时间和兜状结构将会少得多，它们可能在酶解完成之前即通过 CP，从而可能释放新的未折叠蛋白。因此，CP 的结构不但被优化，而且与功能密切相关，有进化的痕迹。

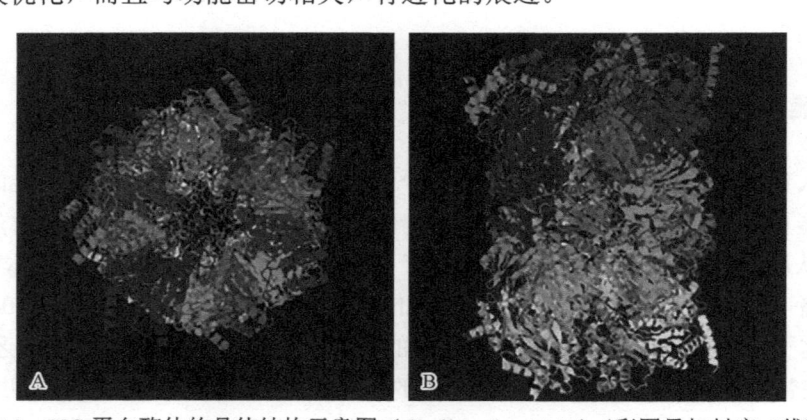

图 4-10 20S 蛋白酶体的晶体结构示意图（Groll et al.，2001）（彩图另扫封底二维码）
A. 蛋白酶体 20S 颗粒的俯视结构；B. 侧面结构

19S 颗粒也被称为调节性颗粒（regulatory particle，RP），它由 19 个蛋白质组成，其中10个蛋白质组成可与CP的α环结合的基底结构域,另外9个蛋白质则组成了结合泛素链的盖子(Finley,2009)。目前已知RP的多个蛋白质参与真核细胞Ub识别,包括:2个RP亚基,调节颗粒非ATP酶10(regulatory particle non-ATPase 10,Rpn10)和Rpn13,以及辐射敏感蛋白23(radiation sensitive 23,Rad23)、Kar1主要抑制蛋白2(dominant suppressor of Kar1 2,Dsk2)和DNA损伤诱导蛋白1(DNA-damage-inducible 1,Ddi1)(Deveraux et al.,1994;Verma et al.,2004)。后三种蛋白质统称为泛素样/泛素相关蛋白(ubiquitin-like/ubiquitin-associated protein,UBL/UBA)。UBL/UBA不是蛋白酶体的蛋白质,但它们可以与蛋白酶体有微弱的结合,从而起到辅助RP识别泛素链的作用。RP的去折叠作用可能与其基底的6个具有ATPase活性的亚基有关,这些亚基属于AAA蛋白家族(Weber-Ban et al.,1999)。在酵母中,这些亚基也被命名为调节颗粒3A蛋白(regulatory particle triple-A protein,Rpt;分别为Rpt1~6),人类细胞中它们被命名为PSMC蛋白(分别为PSMC1~6)。PSMC蛋白以一种假对称(pseudosymmetrical)的形式与CP结合,这是因为PSMC蛋白有6个亚基,而α环有7个亚基,当这两个环状结构对准的时候,则形成RP-CP的不对称型结构。

除了CP和RP,还有一类未被确定的颗粒可能在蛋白酶体中存在,也就是11S颗粒,被称为PA28。与RP相比,PA28是一种反式的作用结构,它的主要功能是增加α环的直径,促进酶解产物从CP释放(Verma et al.,2004)。PA28也是7聚体结构,不包含任何ATP酶,它与CP的α环正位对准(orthogonally aligned),目前认为底物肽进出都通过PA28环,也不排除它可增加底物蛋白进入CP速度的可能性。

(二)蛋白酶体的装配

蛋白酶体的半衰期非常短暂,仅3~4h,在静止细胞中,其群体也处于不断更新的自稳状态。由于其结构如此复杂,而且其功能具有不可取代性,蛋白酶体的精确更新装配显得格外重要。目前认为在装配过程中,α环是最先开始的,其证据是在大肠杆菌中表达人α7亚基可自发装配成2层同源7聚体结构,这也提示一种蛋白质构象特异性的装置模式(Gerards et al.,1997)。最近的研究发现了2种异二聚体形式的分子伴侣(蛋白酶体装配分子伴侣,proteasome assembling chaperone,PAC)也参与了蛋白酶体的装配,它们是PAC1-PAC2二聚体和PAC3-PAC4二聚体(Hirano et al.,2005;2006)。这些研究提出的最有力证据是,以甘油梯度离心法分离到的α亚基中往往结合了这些分子伴侣,而以siRNA(short interfering RNA)敲除PAC1或PAC2均可显著降低α环装配。有趣的是,单独敲除PAC1也可导致PAC2的含量降低,反之亦然,可见它们的功能依赖于异二聚体结构。目前,是否有特异性的PDI介导α环装配还不清楚。

α环的构象类似一个脚手架,它可以作为β环的底座(Murata et al.,2009)。具催化活性的β亚基(β1~5)及无催化活性亚基(β6和β7)的合成方式与大多数酶相同,新生蛋白在N端具有前肽(propeptide)序列,呈失活状态。这些前肽在β环装配成功后,将被β1、β2和β5亚基的催化性苏氨酸残基介导切除,从而活化各个β亚基。整体装配的β亚基的N端在环内侧,而C端在环外侧,这种特异性的排列方式被认为与α环的构象互补相关。这是因为体内可以分离到一个中间体形式的半蛋白酶体,即只有一个α环

和未加工的 β2、β3、β4 亚基结构，这种中间体也被称为 13S 蛋白酶体。

到此为止，蛋白酶体的合成似乎是一种自发的构象特异性的装配过程。这种观点非常类似我们早期对蛋白折叠的认识，当时 PDI 的发现改变了整个研究领域。然而，随着另外一种调节蛋白发现，蛋白酶体的装配问题也显得没那么简单，这个蛋白质就是在酵母系统中发现的泛素介导的水解蛋白 1（ubiquitin-mediated proteolysis，Ump1）（Ramos et al.，1998）。Ump1 被发现可特异性参与 13S 蛋白酶体中间体的装配，它不但整合入酵母细胞的 β2、β3、β4 亚基，而且介导连接两个 13S 中间体形成 CP 的反应。CP 形成之后，Ump1 在 β 环内部被水解移除。这种假说的有力证据包括：若阻断 Ump1，可导致大量 13S 中间体的累积效应；就算 CP 装配成功，也可在其中观察到大量未加工的 β2、β3、β4 亚基存在（Ramos et al.，1998）。研究表明，人类细胞中也存在 Ump1 的异源同功（orthologue）蛋白，它被称为 UMP1 或蛋白酶体装配素（proteassemblin）或蛋白酶体成熟蛋白（proteasome maturation protein，POMP）（Burri et al.，2000）。POMP 与 β2 的募集有关，敲除该蛋白质不能介导 13S 中间体的累积，却可以阻断 α 环募集所有 β 亚基。由此可见，应该有未知的调节蛋白或者调节酶可能参与人类细胞的 CP 装配，目前的知识还不能完全解释这一复杂机制。

19S RP 仅存在于真核生物，它的装配机制目前几乎完全不清楚（Murata et al.，2009）。可以确定的是，基座和盖状结构域是各自装配的，而且就装配顺序而言，CP 在前、RP 在后。然而是否是 CP 介导了 RP 的装配目前还存在争论。至于那些辅助蛋白或分子伴侣是否参与该过程，也是未知数。

（三）蛋白酶体的功能

1. 底物识别

细胞内分布着大量单泛素化或多泛素化的底物蛋白，一般认为被超过 4 个 Ub 分子标记的底物蛋白能被蛋白酶体识别，然而这只是个假说，Ub 的数目和排列与蛋白酶体识别之间的关系目前还不了解。

酵母 Rpn10（人细胞中为 hRpn10）是最早被发现也是研究得最为充分的 Ub 受体。其中，hRpn10 可以通过其 C 端的两个泛素作用基序（ubiquitin-interacting motif，UIM）识别 Ub（Kang et al.，2007）。根据剪接位点不同，UIM 又可分为 UIM1 和 UIM2，它们各自包含一个α螺旋。虽然 UIM2 与 Ub 的结合力至少是 UIM1 的 5 倍，但在多个 Ub 分子存在的条件下，UIM1 和 UIM2 显示协同作用。与此类似的是，酵母 Rpn13（人细胞中为 hRpn13）也是蛋白酶体的一个内源性 Ub 受体，不过它是通过一个被称为 PH 结构域（pleckstrin homology domain）的血小板蛋白样泛素受体（pleckstrin-like receptor for ubiquitin，Pru）识别 Ub 分子。

Rad23、Dsk2 和 Ddi1 也通过它们的 UBA 结构域参与 Ub 识别。有观点认为这些 UBL/UBA 蛋白也被称为"穿梭巴士"，因为它们可以在其他间隔区结合底物并将其运送至蛋白酶体（Finley，2009）。这种假说在人 Rad23 的异源同功蛋白 hHR23 中得到了部分证实，研究发现其 UBA 结构域可以介导 UBL 结构域与 CP 的解离，显示了一种结合-

解离的动态运输过程。

UBL/UBA 蛋白的底物运输机制还可能与泛素化反应中的连接酶相关（Kim et al.,2004）。也就是说，连接酶可能催化 UBL/UBA 蛋白的 UBL 结构域与底物蛋白结合。比较著名的例子是 Ufd2（一种哺乳动物的 E4 连接酶）可以把 Rad23、Dsk2 和 Ddi1 当作 Ub 分子整合到泛素链中；更进一步，如果把 Rad23、Dsk2 和 Ddi1 从该反应中移除，底物蛋白就不能被蛋白酶体识别（Kim et al., 2004）。

这又引出一个问题，UBL/UBA 蛋白作为"穿梭巴士"是直接把底物导入 CP，还是导入 Rpn10 和 Rpn13 呢（Finley，2009）？虽然没有确切答案，但是目前看来 UBL/UBA 蛋白把底物移交给 Rpn10 的可能性较大。有一些证据支持这种假设，例如，若干扰 Rpn10 的 UIM2，那么 Rad23 不能携带底物进入蛋白酶体（Elsasser et al., 2002）。

2. 去泛素化

底物蛋白被易位（translocation）到 CP 的α环之前，必须首先发生去泛素化，其目的是加工底物蛋白，使其暴露可被β环识别的活性位点。但是，这两种反应的具体机制还不清楚。目前认为三种位于 RP 盖状结构的去泛素化酶（deubiquitination enzyme，DUB）与该反应相关，它们分别是 Rpn11、Uch37 和 Ubp6。Ub 链是极性的分子结构，Rpn11 对 Ub 的切割具有近端特异性（proximal specificity），也就是说它会介导切除整个 Ub 链。有研究表明，如果 Ub 链保留，CP 切割底物蛋白的能力会显著降低，然而这种现象的机制还不清楚。Ub 的物理结构非常稳定，因此，如果它不被彻底切除，可能会降低接下来的去折叠速率。有研究表明，如果诱导 *UBP6* 基因突变，细胞内的 Ub 周转率就会显著降低（Hanna et al., 2003）。这是因为有很多蛋白质被不止一条 Ub 链标记，这时候可能 Ubp6 的作用就相对重要，因为 Rpn11 只能切除单个 Ub 链标记的蛋白质。而 Uch37 的主要功能被认为是调节 CP 活性，并且介导单个或两个 Ub 分子标记的蛋白质（Lam et al., 1997）。

3. 去折叠反应

去折叠反应的机制目前还存在争议。目前普遍认为去折叠反应有两类模型：模型 I 认为去折叠反应发生在蛋白酶体表面，而且发生在 CP 易位之前（Navon and Goldberg, 2001）；模型 II 认为底物去折叠发生在 CP 通道内，也就是说，去折叠和易位不分先后，是同一过程（Pickart and Cohen, 2004）。笔者认为，种种证据表明这两种模型可能都存在，选择何种模型去折叠可能与蛋白质是否能够通过α环中心孔径相关。如果底物蛋白空间结构允许通过 13Å 的孔径，那么在 UBL/UBA 将底物转运到 CP 时即可发生易位，并且在易位过程中，边易位边继续去折叠（模型 II）；而如果蛋白质较大，由于无法通过孔径，它将在 RP 滞留，从而增加了 CP 易位前去折叠反应的时长，在蛋白质逐级失去空间结构并达到可以通过孔径的大小时，即发生 CP 易位，由于存在滞留时长，看上去好像去折叠在前、易位在后（模型 I）。由此可见，虽然表象不同，两个模型所解释的科学问题可能一致。由于两类模型研究存在分歧，各自支持者提出去折叠参与的酶不同，模型 I 中参与的酶主要是 RP 的 6 个 AAA 家族蛋白成员，而模型 II 主要是 CP 内侧的β亚基。

4. 底物蛋白的降解

底物蛋白转位至 CP 通道后被 β 亚基以苏氨酸依赖的亲核攻击形式降解。这一降解过程与位于底物蛋白上的两类信号有关：起始信号（initiation signal）和部分降解信号（partial degradation signal）。底物蛋白上往往存在一个类似信号肽的无结构、能进入α环的起始位点，也被称为起始信号。起始信号是一个内源型的未折叠蛋白片段，也就是蛋白质内部的水解位点。目前，至少在细胞周期蛋白 B（cyclin B）、Sic1 和 β-半乳糖苷酶（β-galactosidase）等底物蛋白中已经证实起始信号的存在。具有部分水解特性的底物蛋白常有相似的结构序列特征，即一个高度折叠的结构域（元素 II，element II）和附近的一个 20～30 个氨基酸残基的低复杂度序列（元素 I，element I）。元素 I 和元素 II 统称部分水解，其中，元素 I 负责启动 CP 蛋白降解，而降解过程将会跨过元素 II 形成部分降解。比较典型的例子就是哺乳动物的 NF-κB 复合物，它在静止状态以无活性的前体分子存在，而一旦接受 UPR 等信号，它经 UPS 部分水解而转变为活性分子。在酵母蛋白中也发现了类似的现象，这种选择性降解被称为"受调控的泛素-蛋白酶体依赖的剪切"（regulated ubiquitin/proteasome dependent processing）。

三、泛素不依赖的蛋白酶体降解途径

既然 UBL 蛋白能够掺入 Ub 链中，那么不难看出，可能有更多的蛋白质可以模拟 Ub 反应，或者本身就具有蛋白质水解起始信号以供蛋白酶体识别，从而省去了泛素化反应。这种不需要泛素化修饰即可降解蛋白质的机制确实存在，被称为非泛素依赖的蛋白质降解（ubiquitin-independent protein degradation）。最早被发现具有这种机制的底物蛋白是鸟氨酸脱羧酶（ornithine decarboxylase，ODC），它可与抗酶（antizyme）非共价结合而发生构象变化，暴露其 C 端的降解起始信号，进而介导蛋白酶体依赖的降解作用（Murakami et al.，1992）。

最近研究发现，人 T 细胞白血病病毒 1（human T cell leukemia virus type-1，HTLV-1）的致病机制中也涉及非泛素依赖的蛋白质降解（Isono et al.，2008）。HTLV-1 碱性亮氨酸拉链因子（HTLV1-basic leucine zipper factor，HBZ）可与被感染细胞的 c-Jun 等转录因子结合并介导蛋白酶体转位。HBZ 的 N 端具 Ub 样结构域，可与 RP 盖状结构的 Rpn5 蛋白结合以诱发蛋白质降解。

HBZ 的行为类似 UBL 蛋白，但它的空间结构至今还没有解析。目前仅发现了一个能够介导非泛素依赖蛋白降解的哺乳动物 UBL 蛋白，即泛素样蛋白 FAT10（ubiquitin-like protein FAT10）（Bates et al.，1997）。FAT10 含有 166 个氨基酸残基（大概是 Ub 的两倍），分子质量为 18kDa，它含有两个 UBL 结构域，域 1 含 76 个残基（氨基酸序列 6～81），域 2 含 74 个残基（氨基酸序列 90～163）。它在结构上和序列上都非常类似 2 个 Ub 的聚合体，因此，Uniprot 蛋白质数据库（http://www.uniprot.org/）推荐命名其为泛素 D（ubiquitin D），D 也就是二聚体（dimmer）的意思，也有人直接称其为 diubiquitin。虽然从序列和结构上看，FAT10 应该可以直接被蛋白酶体识别，可是最新的研究发现，它必须与另外一种 UBL/UBA 蛋白结合才能被蛋白酶体识别，这种蛋白质就是泛素样蛋白负调节因子

1（negative regulator of ubiquitin-like protein 1，NUB1L）（Schmidtke et al.，2009）。其中具体的机制目前仍不清楚，但是这开创了一个重要的领域，也就是说，非泛素依赖的蛋白质降解机制显然非常复杂，绝不是 Ub 同功蛋白简单模拟泛素化反应，这种旁路机制的存在从进化角度来看是必要，这一领域仍需进一步探索。

除了上述的 β 亚基以外，哺乳动物细胞基因组可编码 4 种特殊的催化性 β 亚基，其中 3 种为 γ 干扰素诱导型 β 亚基[interferon γ（IFN γ）-inducible β subunit]，它们被分别命名为 β1i、β2i 和 β5i。另外一种为胸腺特异性 β 亚基，被命名为 β5t。当这两类特殊的 β 亚基参与蛋白酶体组装时，则分别形成组织特异性蛋白酶体，也就是免疫蛋白酶体（immunoproteasome）和胸腺蛋白酶体（thymoproteasome）（Tanaka and Kasahara，1998；Murata et al.，2007）。

免疫蛋白酶体可在多种免疫细胞中存在，其主要作用是参与水解外源性抗原，从而在获得性免疫的抗原提呈中起重要作用。它同时具胰凝乳蛋白酶（chymotrypsin）和胰蛋白酶（trypsin）活性，可将底物抗原切割成为大小合适的抗原肽，这些抗原肽与主要组织相容性复合物 I 类分子（MHC I）结合形成抗原肽-MHC 复合体，并通过蛋白分泌途径转位至细胞表面，形成可被 T 细胞受体（T cell receptor，TCR）识别的提呈抗原。免疫蛋白酶体的装配机制目前仍不清楚，不过有研究发现 UMP1 参与了介导半免疫蛋白体的连接反应，而且，有趣的是，细胞内 IFN γ 上调与 UMP 以及 β1i、β2i、β5i 亚基表达量呈正相关。不仅如此，免疫蛋白酶体的装配速度也显得比常规蛋白酶体快。研究表明，UMP1 与 β5i 的亲和力显著高于 β5，这部分解释了二者装配速率的差异（Heink et al.，2005）。由此可见，免疫蛋白酶体的组装是一种加速抗原提呈的免疫应答。

而胸腺蛋白酶体在胸腺皮质上皮细胞（cortical thymic epithelial cell，cTEC）中特异性存在（Murata et al.，2008）。作为 T 细胞的训练场所和幼稚 T 细胞库（repertoire），胸腺执行重要的 T 细胞中枢耐受功能。T 细胞中枢耐受过程中伴随着动态的正负选择。正选择指的是只有 TCR 可以与 MHC 分子紧密结合的初始 T 细胞（naïve T-cell）可以生存；负选择指的是凡是能够和自身抗原发生反应的 T 细胞必须死亡。正选择保证了 T 细胞的反应性，负选择避免了自身免疫反应。这种正负选择机制也被称为 T 细胞的驯化，而 cTEC 正是正选择的发生场所。胸腺蛋白酶体的催化亚基由 β1i、β2i 和 β5t 组成。目前已知其参与 CD8$^+$ T 细胞的正选择，有研究表明，β5t 敲除小鼠可介导胸腺蛋白酶体缺失，同时伴随 CD8$^+$ T 细胞数的显著降低。然而，胸腺蛋白酶体是如何参与正选择的具体机制仍不清楚。可能的原因是，与免疫蛋白酶体不同，胸腺蛋白酶体的胰凝乳蛋白酶活性较低，这可能导致生成的配体与 MHC I 类分子的亲和力下降，这样在提呈到细胞表面时，这些配体的存在可能不会干扰 TCR 和 MHC 分子的反应，从而保证正选择的有效性。然而，这只是推测，目前还没有证据。

第五节 自噬-溶酶体途径相关的蛋白质降解

一、自噬作用

自噬（autophagy）是细胞质大分子物质和细胞器在双层膜包裹的囊泡中大量降解的

生物学过程（Deretic，2010）。它是细胞在蛋白质质量控制最晚期的机制，在此过程中自噬体（autophagosome）和自噬溶酶体（autolysosome）的形成是关键。该过程可分为三个阶段：①在应激情况下，形成自噬体膜，它是存在于粗面内质网和高尔基体等细胞器中的内源性膜结构，可识别并包裹降解物；②自噬膜逐渐延伸、闭合形成自噬体；③自噬体通过细胞骨架微管运输，与溶酶体融合形成自噬溶酶体并降解其内成分，自噬体膜脱落再循环利用。自噬通常可分为保养性（maintenance）和应激性两种形式，前者在降解受损和衰老的细胞器以维持细胞稳态方面有重要作用，后者则是 ERAD 的一种晚期形式。早期的观点认为自噬是一种非特异过程，但新进研究表明，某些情况下的自噬也具有选择性和特异性，这一类自噬底物会像 UPS 那样先被泛素化标记，而这些泛素化标签充当了此类底物的选择性自噬信号。因而，自噬根据其降解底物的特异性又可细分为两类，即选择性自噬和非选择性自噬。

二、溶酶体结构及其在蛋白质降解中的作用

溶酶体（lysosome）早期被认为是细胞的"消化系统"，除了多糖、核酸和磷脂外，它还可以降解细胞内错误合成的所有蛋白质。有关溶酶体识别和降解生物大分子的观点各有不同，一般认为该过程不具选择性，然而，近年来有报道认为自噬相关途径中存在底物蛋白识别降解机制（Fisher and Williams，2008），这种降解机制也是一种蛋白质质量控制。

研究表明，细胞质中"无用"的蛋白质及破损的细胞器最终都是在溶酶体中完成降解的。因此，溶酶体是维持细胞结构和功能平衡的关键细胞器，其在生物体内具有高度保守的异质性。自噬作为细胞去除"垃圾"的主要手段，与溶酶体有密切联系。

溶酶体一般为圆形或卵圆形的膜性细胞器，直径为 0.2~0.8μm，由厚约 6nm、高度糖基化的单位膜包被。溶酶体含有 60 多种酸性水解酶，其内部 pH 为 3.5~5.5，这种微酸环境有利于维持水解酶的活性并加速水解过程。溶酶体中的酶大多处于游离状态，这有利于预防其对溶酶体自身的破坏作用；此外，溶酶体内侧膜含有大量的寡多糖链，其亦可以保护外膜免受酸性水解酶的消化。一般情况下，溶酶体膜仅允许诸如单糖、氨基酸及无机离子（K^+、Na^+）等分子质量<300Da 的物质自由通过，这防止了未完全降解的生物分子从溶酶体中逃逸，从而保证了降解过程的完整性。

三、自噬-溶酶体中蛋白质降解的机制

根据底物进入溶酶体途径的不同，自噬主要有三种形式：大自噬（macroautophagy）、小自噬（microautophagy）和分子伴侣介导的自噬（chaperone-mediated autophagy，CMA）。大自噬的作用主要是清除细胞内微生物、衰老的细胞器和大分子，而小自噬和 CMA 的目标则是未折叠蛋白。CMA 则发生囊泡转运，其典型特点是具有选择性。例如，含特定KFERQ 五肽序列的蛋白质可选择性地被以 Hsc70 为主的分子伴侣复合物识别，进而在溶酶体膜上的 LAMP22A 受体的作用下转运到溶酶体腔中然后消化。

第六节 蛋白质质量控制相关疾病及分子机制

如前所述，蛋白质是生物体各项生命活动得以实现的基石，是机体一切复杂功能的执行者。只有按照既定遗传信息合成具有完整一级结构的多肽或蛋白质，并折叠形成正确的三维空间结构，才可能具有正常的生物学功能。一旦这些蛋白质的合成或折叠在体内发生了故障，就会触发生物体多层次的"质量控制"（quality control）来识别、纠正这些错误，进而维持细胞的正常生理活动不受影响。然而在某些情况下，错误折叠蛋白无法被及时识别并降解，其会发生相互作用形成聚合体，导致质量控制失败。这些聚集的无用蛋白质会打破细胞平衡并导致功能紊乱，最终诱发诸如艾滋病、癌症及神经退行性疾病等多种严重疾病。

一、艾滋病

（一）HIV-1 劫持细胞增殖和死亡的机制

从简化的 HIV-1 感染动力学分析，HIV-1 进入 $CD4^+$ 细胞后立刻展开两项工作：首先，HIV-1 在基因整合前表达 nef 和 tat 等基因，通过 NF-κB 等途径引起细胞活化，诱导细胞增殖早期事件，包括氨基酸转运增加、核苷酸合成及 cAMP、RNA 等物质的大量富集；其次，在 HIV 经过核转位、基因组整合、病毒 mRNA 表达、病毒蛋白合成、新病毒子装配等重要生活史过程以后，通过表达 Vpr 蛋白等诱导细胞凋亡，使得细胞膜去极化，更加方便病毒的出芽（budding）。

这表明，HIV 首先劫持细胞增殖机器，迫使被感染细胞牺牲自身资源为 HIV 的合成提供丰富的物质基础，并且完成自我复制；随后，HIV 劫持了细胞凋亡机器，促进了病毒的传播。其中，HIV-1 Vpr 在整个劫持行动中扮演着重要角色。首先，Vpr 是一个有亲核作用（neucleophilic）的蛋白质，在 HIV-1 完成细胞质逆转录之后，其 cDNA 可以立刻与 Vpr 结合形成复合体，由 Vpr 介导核转位，具有类似作用的蛋白质还有 gag 基质蛋白（MA）和整合酶（integras，IN）；其次，在 HIV 介导细胞活化增殖过程中，Vpr 通过激活 Rad3 相关激酶（ATR）诱导细胞周期 G_2 期停滞；最后，Vpr 通过线粒体攻击诱导细胞凋亡。

（二）HIV-1 劫持细胞的蛋白质量机器

HIV 不仅利用了细胞增殖的原料，同时利用了细胞凋亡以协助病毒子释放。更加不可思议的是，HIV 利用了人类细胞的蛋白质折叠机制以辅助病毒的吸附（attachment）和感染细胞的融合。HIV 通过病毒包膜蛋白 gp120 与靶细胞 CD4 分子结合，从而介导包膜蛋白构象改变，令 gp41 可嵌入细胞膜，进而包膜蛋白和细胞膜融合介导病毒核衣壳进入细胞。然而在急性感染期，病毒的体内滴度是相当有限的，成功进入靶细胞将是病毒可否建立持续感染的前提条件。我们知道，细胞表面分布着多种 PDI 辅助膜蛋白折叠，而 HIV 却进化了一套劫持这些 PDI 的机制，即 gp120 可以在 PDI 的催化下与 CD4 分子形成二硫键，这样，一旦细胞与病毒相遇，即可最大概率地促使病毒牢固吸附于细胞膜上（Fenouillet et al., 2001）。HIV 的细胞间传播主要有两种方式：①病毒出芽再感染其他细胞；②细胞融合。其中，细胞融合的发生机制也是利用了 gp120 和 CD4 分子的结合，因为 gp120 也是一种糖蛋白和膜蛋白，细胞内 HIV 可表达过量的 gp120，并通过 ER 和高尔基复合体折叠分配到细胞膜，这些 gp120 可与其他靶细胞表面的 CD4 分子再结合，从而介导细胞融合，达到传播病毒的目的（Barbouche et al., 2003）。研究表明，PDI 在细胞融合中的作用是不可替代的，阻断其活性将不会介导细胞融合（Markovic et al., 2004）。

（三）HIV-1 选择性降解细胞内的抗病毒蛋白

HIV 与人细胞基因组整合后，即形成 HIV 前病毒（provirus），这种病毒形式可以潜伏多年，也可在条件具备的情况下活化复制病毒子。目前已知细胞内有多种抗 HIV 蛋白，包括 DNA dC-dU 编辑蛋白酶-3G（DNA dC-dU-editing enzyme APOBEC-3G）、APOBEC3F 和泛素-蛋白质连接酶 TRIM32（ubiquitin-protein ligase TRIM32）等。这些蛋白质均可以特异性地介导病毒蛋白的降解。然而，HIV 可表达病毒子感染性因子（virion infectivity factor，Vif），Vif 可募集延长素 BC（elongin BC）、CUL5 和 RBX2 形成一种 E3 连接酶复合体，从而介导 APOBEC3B 和 APOBEC3F 的泛素化，然后利用细胞内蛋白酶体系统降解这些抗病毒蛋白，达到辅助病毒子包装的目的。目前，针对 Vif 的新药研究非常广泛，虽然还没有一种药物通过临床测试，不过至少在动物实验水平取得了非常有前景的研究成果。

二、肿瘤

细胞周期进程是由一系列细胞周期蛋白依赖性激酶（CDK）来进行调控的，而 CDK 则是由细胞周期蛋白（cyclin）来激活的。细胞周期蛋白根据调控周期不同而分为 Cyclin A、B、D、E 四种，其中，Cyclin A 主要调节 S/G_2 期，Cyclin B 调节 G_2/G_1 期，Cyclin E 调节 G_1/S 期，而 Cyclin D 在各个周期都参与调节。这些细胞周期蛋白均为瞬时作用蛋白，在细胞中只有几分钟的寿命。正常细胞中，CDK-cyclin 复合物在行使功能后会被泛素化并由蛋白酶体降解。如果该复合体不能正常降解，则会增加癌细胞转化的风险，例如，Cyclin B 的降解障碍是多种癌症的发病机制之一。

（一）恶性黑色素瘤

黑色素（melanin）在高尔基体内糖基化修饰后被转位至黑色素小体（melnosome）成熟并完成其生物合成反应。在此反应中，酪氨酸酶（tyrosinase）的丰度非常重要，如果丰度不足，那么黑色素不能正常成熟，从而导致恶性黑色素瘤细胞转化。在人和小鼠细胞研究中发现，该转化过程的机制是编码酪氨酸激酶的基因发生突变，其表达产物被滞留在 ER，呈核心糖基化状态，并且可被泛素化并迅速降解，从而导致酪氨酸酶的输出不足（Halaban et al., 1997）。

(二) 乳腺癌

最近的研究发现，作为一种 E3 连接酶，Hsc70 羧基末端反应蛋白（carboxyl terminus of Hsc70-interacting protein，CHIP）可以特异性杀伤乳腺癌细胞，并且利用功能蛋白质组学技术阐明了其机制，即 CHIP 可特异性诱导乳腺癌相关的固醇受体共激活因子 3（steroid receptor co-activator 3，SRC-3）泛素化降解（Patterson and Ronnebaum，2009）。

(三) 肺癌

肺癌是世界范围内的难题，是致死率最高的疾病之一。约 85% 的肺癌为非小细胞肺癌（non-small cell lung cancer，NSCLC），其总的 5 年存活率约为 15%。而另外一种约占总肺癌比例 15% 的小细胞肺癌（small cell lung cancer，SCLC），是一种侵袭性非常高的恶性肿瘤，其存活时间中值为 5~8 个月。

肺癌细胞中的抗凋亡蛋白（尤其是 Bcl-2）表达往往较高，在 70%~80% 的 NSCLC 和 SCLC 患者中都可检测到 *Bcl-2* 基因过表达（Scagliotti，2006）。我们知道，Bcl-2 家族蛋白的表达与 NF-κB 的活化有密切关系，蛋白酶体介导的 IκB 降解是 NFκB-IκB 复合体解离的主要原因。因此，如果要降低抗凋亡蛋白的表达，蛋白酶体抑制剂是一种不错的选择。硼替佐米是第一种用作化学治疗药物的蛋白酶体抑制剂，由千年制药公司（Millennium Pharmaceuticals）开发，市场名称为 Velcade。Velcade 在 II 期和 III 期临床试验中都显示出了治疗活性，然而需要与地塞米松联用。地塞米松也是一种细胞活化的抑制剂，可作用于 NF-κB 通路。蛋白酶体抑制剂的研究开发目前非常活跃，除了 Velcade 以外，还没有其他抑制剂达到临床试验水平，但是，作为一类新的肺癌药物，这些抑制剂显示出良好的前景。

三、神经退行性疾病

(一) 牛海绵状脑病

牛海绵状脑病，俗称疯牛病，是一种罕见的神经退行性性疾病，此病的临床病理包括大脑皮质产生空泡化，使大脑组织退化，呈现海绵状。1997 年，诺贝尔生理学或医学奖授予了美国生物化学家 Stanley Prusiner，他的主要发现是一种有复制活性的蛋白质——朊粒。多年来的大量实验研究表明，朊粒中没有任何核酸，对各种理化作用都具有很强的抵抗力，传染性极强，相对分子质量为 2.7 万~3 万，是牛海绵状脑病的病因。

牛海绵状脑病又是一种典型的蛋白折叠病。朊粒的感染方式与两种一级结构完全相同的蛋白质相关，它们分别是 α 螺旋富集朊粒蛋白（α-helix rich prion protein，PrP^C）和 β-片层富集朊粒蛋白（β-sheet-rich pion protein，PrP^{Sc}）（Eghiaian et al.，2004）。PrP^C 是神经组织中正常形式的蛋白质，而 PrP^{Sc} 则是一种不溶的致病蛋白。朊粒的传播机制就是 PrP^{Sc} 可以诱导 PrP^C 形成新的 PrP^{Sc}，从而表现出其感染性。

（二）帕金森病

帕金森病（Parkinson disease，PD）是一种晚发型神经退行性疾病，它的病因与错误折叠蛋白质的累积有密切关系。PD 患者神经源的蛋白酶体活力下降，从而导致错误折叠蛋白质可以形成巨大的不可溶聚合物并导致神经中毒，但具体的致病机制还不清楚。在帕金森病中，蛋白聚集和路易体（Lewy body）形成与蛋白酶体之间的关系，目前研究得较为充分。例如，在对帕金森病的酵母模型进行研究后发现，当蛋白酶体的活性降低后，这种酵母对于来自 α 突触核蛋白（α-synuclein，路易体的主要成分）的毒性变得更加敏感。

（三）阿尔茨海默病

阿尔茨海默病（Alzheimer disease，AD）是一种进行性发展的致死性神经退行性疾病，临床表现为认知和记忆功能不断恶化，日常生活能力进行性减退，并有各种神经精神症状和行为障碍。目前认为其主要病因是神经细胞中淀粉样蛋白累积和出胞引起的神经损伤。最新的研究表明，阿尔茨海默病的发生机制可能与 UPS 密切相关（Oddo，2008）。组织免疫化学研究表明，在淀粉样蛋白沉积的神经细胞中存在一种被称为 UBB+1 的蛋白质（ubiquitin-B mutant protein），该蛋白质在 C 端有一个 19 个氨基酸的转录二核苷酸缺失。UBB+1 可显著抑制神经细胞的泛素依赖蛋白水解，从而引发 UPR 和细胞死亡。

第七节 靶向蛋白质质量控制的最新疗法

以上提及的蛋白质质量控制失败相关疾病是人类现阶段面临的巨大挑战。此类疾病的共同特点是，细胞内堆积了大量表达或折叠错误的"垃圾"蛋白没有被及时处理，进而诱发生物功能紊乱，导致疾病发生。因此，准确、快速地降解这些无用的蛋白质，是治疗此类疾病的关键所在。考虑到泛素-蛋白酶体途径和自噬-溶酶体途径是细胞内迅速降解"垃圾"蛋白的主要方式，能否借助此天然途径降解疾病相关蛋白以达到治疗目的，是近期研究的热点之一。基于此，靶向蛋白质降解（targeted protein degradation，TPD）技术应运而生。传统的小分子药物设计需要靶标蛋白具有明显的活性位点（active site），但此类蛋白质仅占蛋白质总数的 20%，剩余 80% 的蛋白质因表面光滑平坦、缺乏传统意义上的活性位点，无法进行有效的药物设计，被归类于"不可成药"靶标（undruggable target），这极大地限制了此类蛋白靶标相关疾病的药物及疗法开发。与基于靶标蛋白活性位点的药物设计思路相同，TPD 主要通过对疾病相关蛋白进行降解标记，进而利用生物体自身蛋白降解途径达到特异性降解疾病相关蛋白的目的。TPD 技术的出现极大地扩展了药物的有效靶点范围，使直接调控靶标蛋白含量成为可能，将有望为蛋白质质量控制失败所导致的相关疾病治疗做出巨大贡献。

一、泛素-蛋白酶体依赖的蛋白降解靶向嵌合体技术

考虑到泛素-蛋白酶体系统参与了细胞内 80% 以上的蛋白质降解，利用该机制降解特异性蛋白的蛋白降解靶向嵌合体（proteolysis targeting chimera，PROTAC）技术由 Raymond

J. Deshaies 和 Craig M. Crews（Arvinas 公司创始人）等人于 2001 年提出，并迅速得到蓬勃发展，其在靶向"不可成药"靶标方面展现出巨大的潜力，进而引发了学术界和工业界的极大兴趣。PROTAC 技术的核心是一类具有双特异性功能的小分子化合物，其共同特征主要包括三部分：一端是可以靶向目标蛋白的结构；另一端是可以与泛素连接酶 E3 结合的结构；中间则是合适的连接元件。PROTAC 的巧妙之处主要在于其作为媒介将靶蛋白和泛素连接酶 E3 相互拉近，促进其形成"靶标蛋白-PROTAC 分子-E3 连接酶"的三元复合物结构，使靶标蛋白与 E3 连接酶结合并被其泛素化标记，进而被蛋白酶体识别并降解而失去活性，PROTAC 被重新释放进入下一轮降解循环。

PROTAC 技术的出现，为蛋白质天然降解途径增加了人工靶向的可能，理论上可以实现"想让谁降解，就让谁降解"的目的。其最大的优势之一是能够使靶点从"不可成药性"变成"可成药性"，极大地扩展了药物研发的有效靶标范围。尽管 PROTAC 技术具有巨大的应用前景，但其也有一定的局限性。受限于泛素-蛋白酶体降解途径自身的特点，PROTAC 的靶标蛋白通常限定为细胞内的游离蛋白，而对蛋白聚集物、非依赖于泛素-蛋白酶体降解途径的蛋白分子及细胞膜蛋白和分泌蛋白无能为力。膜蛋白和分泌蛋白占据了蛋白质总数的 40%左右，其功能涉及胞外生长因子与细胞因子的结合及多种信号传递，这些蛋白质的异常往往是癌症、衰老相关疾病和自身免疫性疾病的关键所在，亟需开发针对这些蛋白质的降解途径来克服 PROTAC 技术的局限性。

二、自噬-溶酶体依赖的靶向嵌合体技术

研究表明，膜蛋白的降解主要是通过细胞表面的溶酶体靶向受体（lysosome targeting receptor，LTR）介导其向溶酶体的转运及降解（Coutinho et al.，2012）。因此，针对溶酶体途径设计靶标膜蛋白的降解策略具有较好的开发前景。如前所述，依据降解发生的位置，溶酶体降解途径主要包括内体/溶酶体途径和自噬途径。自 2019 年以来，针对这两条降解途径，溶酶体靶向嵌合体（lysosome targeting chimaera，LYTAC）、自噬靶向嵌合体（autophagy targeting chimera，AUTAC）及自噬小体绑定化合物（autophagosome tethering compound，ATTEC）等技术先后诞生，极大地扩展了蛋白降解技术的应用范围，有望成为相关领域极具潜力的新疗法（Ding et al.，2020）。

（一）溶酶体靶向嵌合体技术

不同于针对细胞内蛋白质的 PROTAC 技术，LYTAC 技术主要针对细胞外及细胞膜蛋白，利用内体/溶酶体途径降解靶标蛋白。与 PROTAC 的结构类似，LYTAC 系统也是由双特异功能分子构成：它的一端是用于结合靶标蛋白的特异性抗体；另一端是含甘露糖-6-磷酸（M6P）支链的 NCA 聚糖肽，其能够与 LTR 上的典型受体——非阳离子依赖甘露糖-6-磷酸受体（cation-independent mannose-6- phosphate receptor，CI-M6PR）特异性结合。当 LYTAC 同时与 CI-M6PR 和靶蛋白结合形成"靶蛋白-LYTAC-CI-M6PR"三元复合体后，其能够被细胞膜吞噬，形成运输囊泡并被转运到细胞内的溶酶体中进行降解，而受体 CI-M6PR 自身则穿梭回细胞膜循环使用（Banik et al.，2020）。LYTAC 技术

的优势在于利用天然的细胞穿梭机制和普遍存在的内源性降解途径来选择性降解细胞外活细胞膜靶蛋白，扩大了可降解蛋白质范围，在治疗表面蛋白异常相关疾病方面具有深远的应用前景（Whitworth and Ciulli，2020）。

（二）自噬靶向嵌合体技术

尽管 LYTAC 技术极大地扩展了蛋白质降解疗法的潜在靶点，但其对大分子质量蛋白（如蛋白质聚集体）及需降解处理的细胞内碎片（如破损的细胞器）效果有限。如前所述，细胞内自噬途径被认为可降解更为广泛的底物，包括蛋白质异常聚集体、非蛋白质生物分子及细胞器碎片等，因此，自噬作用被认为维护着细胞内质量及能量的动态平衡，其功能障碍会诱发诸如癌症、代谢性疾病（Mizushima et al.，2008；Choi et al.，2013）及退行性疾病（Pickrell and Youle，2015）等多种病症。

基于此，AUTAC 技术应运而生，其主要利用生物体天然的自噬机制，对 PROTAC 无法降解的蛋白聚集体及受损细胞器进行选择性降解。前期研究表明，S-鸟苷酸化修饰（S-guanylation）是招募自噬体启动自噬途径的信号分子。因此，AUTAC 分子采用与 PROTAC 和 LYTAC 类似的结构设计，一端是能与靶标蛋白或细胞碎片特异性结合的配体，另一端是一个 S-鸟苷酸衍生物的降解标签，两者通过接头分子相连。该系统可以让靶标大分子带上自噬标签，从而被 SQSTM1/p62 等自噬受体识别并被运送到自噬体内，进一步触发 Lys63（K63）等多聚泛素化靶标分子，从而诱导降解。研究证实 AUTAC 在多个重要疾病相关蛋白及受损的线粒体等细胞器内均能有效促进降解（Takahashi et al.，2019）。

（三）自噬小体绑定化合物技术

ATTEC 技术是一种更直接的、利用自噬途径降解靶标蛋白及生物大分子的方法（Li et al.，2019；2020）。与 PROTAC 和 AUTAC 技术不同，ATTEC 并不依赖泛素化标记途径。经过设计或筛选得到的 ATTEC 分子可以直接将靶标分子和自噬体蛋白 LC3"黏合"在一起，进而绕过泛素化过程直接促进靶标分子被自噬体吞噬降解。由此可见，ATTEC 技术在降解非蛋白质分子（如 DNA/RNA 分子、受损的细胞器等方面）具有巨大潜力；同时，相较于 PROTAC、LYTAC 和 AUTAC 的大分子质量结构，ATTEC 主要使用小分子质量化合物，这使其具有更好的成药性。利用该原理，鲁伯埙、丁澦和费义艳在近期的研究中成功选鉴定出 4 种 ATTEC 小分子，它们能够与致病的变异亨廷顿蛋白（mutant huntingtin，mHTT）特异性结合，并同时与自噬体蛋白 LC3 相结合，将两者"黏附"在一起，进而将 mHTT 包裹进入自噬小体，与溶酶体融合进行降解；有趣的是，这些 ATTEC 分子并不黏附野生正常的亨廷顿蛋白，仅对变异亨廷顿蛋白进行选择性降解，这为开发相关口服或者注射药物提供了切入点（Li et al.，2019；2020）。

演化至今，生物体已发展出多层次、多级别的蛋白质质量控制系统，用于检视及维持细胞内蛋白质的动态平衡，确保各项生命活动能够正常、有序地进行。某些特定情况下，质量控制体系的功能缺失或紊乱会导致一系列非正常蛋白质积累，进而诱发多种疾病。如果这些控制体系能够被人为利用或重新调控用来降解非正常积累蛋白质，将有望达到治疗相关疾病的目的。该新兴技术具有广泛的应用前景和发展空间,作为一种全新的药物设计思路,其在克服传统"不可成药"靶标方面应用潜力巨大,为相关疾病的治疗开辟了新的方向,备受学术界和工业界关注。

参 考 文 献

王通, 曾耀英, 邢飞跃, 等. 2006. NO 介导的小鼠胸腺细胞中线粒体的变化在细胞凋亡过程中的作用. 细胞与分子免疫学杂志, 22(3): 302-305.

王志强, 周智敏, 郭占云. 2009. 蛋白质二硫键异构酶家族的结构与功能. 生命科学研究, 13(6): 548-553.

Anfinsen C B. 1973. Principles that govern the folding of protein chains. Science, 181(4096): 223-230.

Antonsson B, Conti F, Ciavatta A, et al. 1997. Inhibition of bax channel-forming activity by bcl-2. Science, 277(5324): 370-372.

Banik S M, Pedram K, Wisnovsky S, et al. 2020. Lysosome-targeting chimaeras for degradation of extracellular proteins. Nature, 584(7820): 291-297.

Barbouche R, Miquelis R, Jones I M, et al. 2003. Protein-disulfide isomerase-mediated reduction of two disulfide bonds of HIV envelope glycoprotein 120 occurs post-CXCR4 binding and is required for fusion. The Journal of Biological Chemistry, 278(5): 3131-3136.

Bates E E, Ravel O, Dieu M C, et al. 1997. Identification and analysis of a novel member of the ubiquitin family expressed in dendritic cells and mature B cells. European Journal of Immunology, 27(10): 2471-2477.

Buchberger A, Schröder H, Hesterkamp T, et al. 1996. Substrate shuttling between the DnaK and GroEL systems indicates a chaperone network promoting protein folding. Journal of Molecular Biology, 261(3): 328-333.

Burri L, Höckendorff J, Boehm U, et al 2000. Identification and characterization of a mammalian protein interacting with 20S proteasome precursors. Proceedings of the National Academy of Sciences of the United States of America, 97(19): 10348-10353.

Calfon M, Zeng H Q, Urano F, et al 2002. IRE1 couples endoplasmic reticulum load to secretory capacity by processing the XBP-1 mRNA. Nature, 415(6867): 92-96.

Choi A M K, Ryter S W, Levine B. 2013. Autophagy in human health and disease. The New England Journal of Medicine, 368(19): 1845-1846.

Coutinho M F, Prata M J, Alves S. 2012. A shortcut to the lysosome: the mannose-6-phosphate- independent pathway. Molecular Genetics and Metabolism, 107(3): 257-266.

Deng J, Lu P D, Zhang Y H, et al. 2004. Translational repression mediates activation of nuclear factor kappa B by phosphorylated translation initiation factor 2. Molecular and Cellular Biology, 24(23): 10161-10168.

Deretic V. 2010. Autophagy in infection. Current Opinion in Cell Biology, 22(2): 252-262.

Deveraux Q, Ustrell V, Pickart C, et al. 1994. A 26 S protease subunit that binds ubiquitin conjugates. Journal of Biological Chemistry, 269(10): 7059-7061.

Dikic I, Wakatsuki S, Walters K J. 2009. Ubiquitin-binding domains—from structures to functions. Nature Reviews Molecular Cell Biology, 10(10): 659-671.

Ding Y, Fei Y Y, Lu B X. 2020. Emerging new concepts of degrader technologies. Trends in Pharmacological Sciences, 41(7): 464-474.

Eghiaian F, Grosclaude J, Lesceu S, et al. 2004. Insight into the PrPC: >PrPSc conversion from the structures of antibody-bound ovine prion scrapie-susceptibility variants. Proceedings of the National Academy of Sciences of the United States of America, 101(28): 10254-10259.

Elsasser S, Gali R R, Schwickart M, et a. 2002. Proteasome subunit Rpn1 binds ubiquitin-like protein doma. Nature Cell Biology, 4(9): 725-730.

Fenouillet E, Barbouche R, Courageot J, et al. 2001. The catalytic activity of protein disulfide isomerase is involved in human immunodeficiency virus envelope-mediated membrane fusion after CD4 cell binding. The Journal of Infectious Diseases, 183(5): 744-752.

Finley D. 2009. Recognition and processing of ubiquitin-protein conjugates by the proteasome. Annual Review of Biochemistry, 78: 477-513.

Fisher E A, Williams K J. 2008. Autophagy of an oxidized, aggregated protein beyond the ER: A pathway for remarkably late-stage quality control. Autophagy, 4(5): 721-723.

Friguet B, Bulteau A L, Petropoulos I. 2008. Mitochondrial protein quality control: implications in ageing. Biotechnology Journal, 3(6): 757-764.

Gerards W L, Enzlin J, Häner M, et al. 1997. The human alpha-type proteasomal subunit HsC8 forms a double ringlike structure, but does not assemble into proteasome-like particles with the beta-type subunits HsDelta or HsBPROS26. The Journal of Biological Chemistry, 272(15): 10080-10086.

Goldman S J, Taylor R, Zhang Y, et al. 2010. Autophagy and the degradation of mitochondria. Mitochondrion, 10(4): 309-315.

Goldstein G. 1975. The isolation of thymopoietin(thymin). Annals of the New York Academy of Sciences, 249: 177-185.

Groll M, Koguchi Y, Huber R, et al 2001. Crystal structure of the 20 S proteasome: TMC-95A complex: A non-covalent proteasome inhibitor. Journal of Molecular Biology, 311(3): 543-548.

Guy C L, Li Q B. 1998. The organization and evolution of the spinach stress 70 molecular chaperone gene family. The Plant Cell, 10(4): 539-556.

Ha J H, McKay D B. 1994. ATPase kinetics of recombinant bovine 70kDa heat shock cognate protein and its amino-terminal ATPase domain. Biochemistry, 33(48): 14625-14635.

Halaban R, Cheng E, Zhang Y, et al. 1997. Aberrant retention of tyrosinase in the endoplasmic reticulum mediates accelerated degradation of the enzyme and contributes to the dedifferentiated phenotype of amelanotic melanoma cells. Proceedings of the National Academy of Sciences of the United States of America, 94(12): 6210-6215.

Hanna J, Leggett D S, Finley D. 2003. Ubiquitin depletion as a key mediator of toxicity by translational inhibitors. Molecular and Cellular Biology, 23(24): 9251-9261.

Harding H P, Novoa I, Zhang Y, et al. 2000. Regulated translation initiation controls stress-induced gene expression in mammalian cells. Molecular Cell, 6(5): 1099-1108.

Haze K, Yoshida H, Yanagi H, et al. 1999. Mammalian transcription factor ATF6 is synthesized as a transmembrane protein and activated by proteolysis in response to endoplasmic reticulum stress. Molecular Biology of the Cell, 10(11): 3787-3799.

Heink S, Ludwig D, Kloetzel P M, et al. 2005. IFN-gamma-induced immune adaptation of the proteasome system is an accelerated and transient response. Proceedings of the National Academy of Sciences of the United States of America, 102(26): 9241-9246.

Hetz C, Bernasconi P, Fisher J, et al. 2006. Proapoptotic BAX and BAK modulate the unfolded protein response by a direct interaction with IRE1alpha. Science, 312(5773): 572-576.

Hirano Y, Hayashi H, Iemura S I, et al. 2006. Cooperation of multiple chaperones required for the assembly of mammalian 20S proteasome. Molecular Cell, 24(6): 977-984.

Hirano Y, Hendil K B, Yashiroda H, et al. 2005. A heterodimeric complex that promotes the assembly of mammalian 20S proteasomes. Nature, 437(7063): 1381-1385.

Isono O, Ohshima T, Saeki Y, et al. 2008. Human T-cell leukemia virus type 1 HBZ protein bypasses the targeting function of ubiquitination. The Journal of Biological Chemistry, 283(49): 34273-34282.

Iwakura M, Nakamura T. 1998. Effects of the length of a glycine linker connecting the N-and C-termini of a circularly permuted dihydrofolate reductase. Protein Engineering, Design and Selection, 11(8): 707-713.

Kang Y, Chen X, Lary J W, et al. 2007. Defining how ubiquitin receptors hHR23a and S5a bind polyubiquitin. Journal of Molecular Biology, 369(1): 168-176.

Kim H Y, Gladyshev V N. 2007. Methionine sulfoxide reductases: selenoprotein forms and roles in antioxidant protein repair in mammals. The Biochemical Journal, 407(3): 321-329.

Kim I, Mi K X, Rao H. 2004. Multiple interactions of rad23 suggest a mechanism for ubiquitylated substrate delivery important in proteolysis. Molecular Biology of the Cell, 15(7): 3357-3365.

Kissová I, Salin B, Schaeffer J, et al. 2007. Selective and non-selective autophagic degradation of mitochondria in yeast. Autophagy, 3(4): 329-336.

Kruse K B, Brodsky J L, McCracken A A. 2006. Characterization of an ERAD gene as VPS30/ATG6 reveals two alternative and functionally distinct protein quality control pathways: one for soluble Z variant of human alpha-1 proteinase inhibitor(A1PiZ)and another for aggregates of A1PiZ. Molecular Biology of the Cell, 17(1): 203-212.

Lam Y A, Xu W, DeMartino G N, et al. 1997. Editing of ubiquitin conjugates by an isopeptidase in the 26S proteasome. Nature, 385(6618): 737-740.

Leonhard K, Stiegler A, Neupert W, et al. 1999. Chaperone-like activity of the AAA domain of the yeast Yme1 AAA protease. Nature, 398(6725): 348-351.

Li M, Baumeister P, Roy B, et al. 2000. ATF6 as a transcription activator of the endoplasmic reticulum stress element: thapsigargin stress-induced changes and synergistic interactions with NF-Y and YY1. Molecular and Cellular Biology, 20(14): 5096-5106.

Li Z Y, Wang C, Wang Z Y, et al. 2019. Allele-selective lowering of mutant HTT protein by HTT-LC3 linker compounds. Nature, 575(7781): 203-209.

Li Z Y, Zhu C G, Ding Y, et al. 2020. ATTEC: a potential new approach to target proteinopathies. Autophagy, 16(1): 185-187.

Liu C Y, Wong H N, Schauerte J A, et al. 2002. The protein kinase/endoribonuclease IRE1alpha that signals the unfolded protein response has a luminal N-terminal ligand-independent dimerization domain. The Journal of Biological Chemistry, 277(21): 18346-18356.

Markovic I, Stantchev T S, Fields K H, et al. 2004. Thiol/disulfide exchange is a prerequisite for CXCR4-tropic HIV-1 envelope-mediated T-cell fusion during viral entry. Blood, 103(5): 1586-1594.

Mizushima N, Levine B, Cuervo A M, et al. 2008. Autophagy fights disease through cellular self-digestion. Nature, 451(7182): 1069-1075.

Murakami Y, Matsufuji S, Kameji T, et al. 1992. Ornithine decarboxylase is degraded by the 26S proteasome without ubiquitination. Nature, 360(6404): 597-599.

Murata S, Sasaki K, Kishimoto T, et al. 2007. Regulation of CD8$^+$ T cell development by thymus-specific proteasomes. Science, 316(5829): 1349-1353.

Murata S, Takahama Y, Tanaka K. 2008. Thymoproteasome: probable role in generating positively selecting peptides. Current Opinion in Immunology, 20(2): 192-196.

Murata S, Yashiroda H, Tanaka K. 2009. Molecular mechanisms of proteasome assembly. Nature Reviews Molecular Cell Biology, 10(2): 104-115.

Navon A, Goldberg A L. 2001. Proteins are unfolded on the surface of the ATPase ring before transport into the proteasome. Molecular Cell, 8(6): 1339-1349.

Nekrutenko A, He J B. 2006. Functionality of unspliced XBP1 is required to explain evolution of overlapping reading frames. Trends in Genetics: TIG, 22(12): 645-648.

Oddo S. 2008. The ubiquitin-proteasome system in Alzheimer's disease. Journal of Cellular and Molecular Medicine, 12(2): 363-373.

Palleros D R, Raid K L, Shi L, et al. 1993. ATP-induced protein Hsp70 complex dissociation requires K$^+$ but not ATP hydrolysis. Nature, 365(6447): 664-666.

Patterson C, Ronnebaum S. 2009. Breast cancer quality control. Nature Cell Biology, 11(3): 239-241.

Pickart C M, Cohen R E. 2004. Proteasomes and their kin: proteases in the machine age. Nature Reviews Molecular Cell Biology, 5(3): 177-187.

Pickrell A M, Youle R J. 2015. The roles of PINK1, parkin, and mitochondrial fidelity in Parkinson's disease. Neuron, 85(2): 257-273.

Ramos P C, Höckendorff J, Johnson E S, et al. 1998. Ump1p is required for proper maturation of the 20S proteasome and becomes its substrate upon completion of the assembly. Cell, 92(4): 489-499.

Robert J. 2003. Evolution of heat shock protein and immunity. Developmental and Comparative Immunology, 27(6/7): 449-464.

Ron D, Walter P. 2007. Signal integration in the endoplasmic reticulum unfolded protein response. Nature Reviews Molecular Cell Biology, 8(7): 519-529.

Roth J, Yam G H F, Fan J Y, et al. 2008. Protein quality control: the who's who, the where's and therapeutic escapes. Histochemistry and Cell Biology, 129(2): 163-177.

Scagliotti G. 2006. Proteasome inhibitors in lung cancer. Critical Reviews in Oncology/Hematology, 58(3): 177-189.

Schmidtke G, Kalveram B, Groettrup M. 2009. Degradation of FAT10 by the 26S proteasome is independent of ubiquitylation but relies on NUB1L. FEBS Letters, 583(3): 591-594.

Shih S C, Sloper-Mould K E, Hicke L. 2000. Monoubiquitin carries a novel internalization signal that is appended to activated receptors. The EMBO Journal, 19(2): 187-198.

Sideraki V, Gilbert H F. 2000. Mechanism of the antichaperone activity of protein disulfide isomerase: facilitated assembly of large, insoluble aggregates of denatured lysozyme and PDI. Biochemistry, 39(5): 1180-1188.

Szweda P A, Friguet B, Szweda L I. 2002. Proteolysis, free radicals, and aging. Free Radical Biology & Medicine, 33(1): 29-36.

Takahashi D, Moriyama J, Nakamura T, et al. 2019.AUTACs: Cargo-Specific Degraders Using Selective Autophagy . Molecular Cell, 76(5): 797-810.e10.

Takeshige K, Baba M, Tsuboi S, et al. 1992. Autophagy in yeast demonstrated with proteinase-deficient mutants and conditions for its induction. The Journal of Cell Biology, 119(2): 301-311.

Tanaka K, Kasahara M. 1998. The MHC class I ligand-generating system: roles of immunoproteasomes and the interferon-gamma-inducible proteasome activator PA28. Immunological Reviews, 163: 161-176.

Tatsuta T. 2009. Protein quality control in mitochondria. The Journal of Biochemistry, 146(4): 455-461.

Tatsuta T, Langer T. 2009. AAA proteases in mitochondria: diverse functions of membrane-bound proteolytic machines. Research in Microbiology, 160(9): 711-717.

Taxis C, Vogel F, Wolf D H. 2002. ER-golgi traffic is a prerequisite for efficient ER degradation. Molecular Biology of the Cell, 13(6): 1806-1818.

Theyssen H, Schuster H P, Packschies L, et al. 1996. The second step of ATP binding to DnaK induces peptid. Journal of Molecular Biology, 263(5): 657-670.

Tissières A, Mitchell H K, Tracy U M. 1974. Protein synthesis in salivary glands of *Drosophila melanogaster*: Relation to chromosome puffs. Journal of Molecular Biology, 84(3): 389-398.

Tobiume K, Matsuzawa A, Takahashi T, et al. 2001. ASK1 is required for sustained activations of JNK/p38 MAP kinases and apoptosis. EMBO Reports, 2(3): 222-228.

Varshavsky A. 2003. The N-end rule and regulation of apoptosis. Nature Cell Biology, 5(5): 373-376.

Verma R, Oania R, Graumann J, et al. 2004. Multiubiquitin chain receptors define a layer of substrate selectivity in the ubiquitin-proteasome system. Cell, 118(1): 99-110.

Wang J D, Michelitsch M D, Weissman J S. 1998. GroEL-GroES-mediated protein folding requires an intact central cavity. Proceedings of the National Academy of Sciences of the United States of America, 95(21): 12163-12168.

Weber-Ban E U, Reid B G, Miranker A D, et al. 1999. Global unfolding of a substrate protein by the Hsp100 chaperone ClpA. Nature, 401(6748): 90-93.

Whitworth C, Ciulli A. 2020. New class of molecule targets proteins outside cells for degradation. Nature, 584(7820): 193-194.

Wilkinson B, Gilbert H F. 2004. Protein disulfide isomerase. Biochim Biophys Acta, 1699(1-2): 35-44.

Wisniewska M, Karlberg T, Lehtiö L, et al. 2010. Crystal structures of the ATPase domains of four human Hsp70 isoforms: HSPA1L/Hsp70-hom, HSPA2/Hsp70-2, HSPA6/Hsp70B', and HSPA5/BiP/GRP78. PLoS One, 5(1): e8625.

Yoneda T, Imaizumi K, Oono K, et al. 2001. Activation of caspase-12, an endoplastic reticulum(ER)resident caspase, through tumor necrosis factor receptor-associated factor 2-dependent mechanism in response to the ER stress. The Journal of Biological Chemistry, 276(17): 13935-13940.

Yoshida H, Matsui T, Yamamoto A, et al. 2001. XBP1 mRNA is induced by ATF6 and spliced by IRE1 in response to ER stress to produce a highly active transcription factor. Cell, 107(7): 881-891.

Zhu X T, Zhao X, Burkholder W F, et al. 1996. Structural analysis of substrate binding by the molecular chaperone DnaK. Science, 272(5268): 1606-1614.

第五章　细胞内蛋白质的定位研究

在过去的几十年，蛋白质靶向转运领域取得了巨大的发展。真核细胞结构高度有序，根据空间特点和功能的不同，将其划分为不同的细胞器或细胞区域。尽管大多数蛋白质是由核糖体在细胞质中合成的，但它们最终要在其他地方执行不同的功能，如各种细胞器、细胞器的膜间隙、细胞质膜及细胞外。只有当蛋白质定位到正确的亚细胞区域时，才能参与正常的细胞生命活动。如果蛋白质定位出现偏差，则可能会对细胞的功能甚至整个生命体产生重大影响。

细胞根据蛋白质是否携带分选信号及分选信号的特征，选择性地将各种蛋白质送到细胞不同部位，这一过程称为蛋白质运输（protein trafficking）或蛋白质分选（protein sorting）。细胞内存在无数的相关系统，可以精确地将新合成的蛋白质分选并靶向它们正确的膜转运酶（membrane translocase），以便进行膜插入或蛋白质转运（Chen et al., 2019）。细胞外的蛋白质经胞吞作用进入细胞内部，同样经历分选和靶向运输过程。细胞内蛋白质的分选和运输对于维持细胞的正常结构、功能及各种生命活动非常重要。在许多情况下，蛋白质的异常转运与细胞的病理变化密切相关（Li et al., 2023）。

第一节　细胞内蛋白质的分选信号

一个哺乳动物细胞含有近 1 万种、约 10^{10} 个蛋白质分子。除去少数线粒体和叶绿体相关蛋白编码的 DNA 在其自身核糖体上合成外，绝大部分蛋白质是由细胞核 DNA 编码并在细胞质的核糖体上合成。蛋白质的分选和靶向运输经常需要多个步骤，经过多次分选和运输才能完成。首先，被分选的蛋白质带有特定分选信号，当新生蛋白质还结合在核糖体时，这些分选信号即被识别和解码。其次，需要一种定向机制将每一个蛋白质运送到目的地。在多数情况下，需要胞质的专门分子将胞质编码的蛋白质运送到目的细胞器或细胞膜上。最后，细胞中的目的细胞器或细胞膜必须在其胞质一侧具有一种特异受体识别底物蛋白质，确保底物蛋白质被运送到正确的目的地。

一、信号假说

信号假说由 Günter Blobel 和 David Sabatini 于 1971 年提出，并由 Blobel 及其同事在 1975 年至 1980 年间详细阐述，通过引入拓扑信号（topological signal）的概念，从根本上扩展了人们对细胞的看法（Matlin, 2011）。细胞是将线性遗传信息解码成三维空间结构的执行者。1999 年，Günter Blobel 因发现"蛋白质具有内在的信号支配它们在细胞内的转运和定位"而荣获诺贝尔生理学或医学奖，从此，蛋白质的定向研究得到广泛关注。在过去的半个世纪里，这一假说得到了证实，细胞靶向信号被证明可以将蛋白质定位到线粒体、叶绿体、过氧化物酶体和细胞核（Dobberstein et al., 1977; Maccecchini et al., 1979; Osumi et al., 1991; Titorenko et al., 1997; Martin et al., 1998; Titorenko and Rachubinski, 1998; Blobel, 2000b; Blobel, 2000a; Cokol et al., 2000; Sacksteder and Gould, 2000; Hansen et al., 2018; Chen et al., 2019; Pfanner et al., 2019）。

在翻译过程中，当新生肽链从核糖体中出现时，它与信号识别颗粒（signal recognition partical，SRP）结合。当整个翻译复合物到达内质网膜时，SRP 与其受体相互作用，核糖体和新生肽链被转移到蛋白传导通道（Sec61 复合物）。信号肽以反方向插入，然后新合成的多肽继续向内质网腔内转运。在多种情况下，信号肽酶可以将氨基端信号切掉。对于分泌蛋白质来说，这种切割会将新生蛋白质释放到内质网（endoplasmic reticulum，ER）腔中。对于膜蛋白来说，当遇到跨膜结构域（即停止转移肽，stop transfer peptide）时，多肽向 ER 腔内的转运停止，此时整合在脂质双层中的多肽则从蛋白质传导通道侧向移出。这种机制的变化可导致方向相反的膜蛋白及多次跨膜蛋白的出现。另外，对于分选信号的研究使我们意识到，生物信息不仅存在于 DNA 序列中，也存在于细胞膜的三维结构中。

（一）信号肽

在古细菌和细菌中，蛋白质是由细胞质中的核糖体合成的。超过 1/3 的蛋白质需要被分类，要么被插入质膜，要么通过一个或两个膜到达目的地（Pohlschröder et al., 1997; Dalbey et al., 2011）。相比之下，真核细胞的这种过程更为复杂，因为它们所拥有的腔室和内膜系统各不相同。

信号肽又称为前导肽（prepeptide）或前导序列（presequence），为线性蛋白质一级结构。尽管在真核细胞和细菌细胞中发现了大量 ER 定位的蛋白信号肽，但没有明显的序列保守性。事实上，人工信号序列和随机产生的肽也可以作为信号序列发挥作用，这表明在靶向运输中起作用的是信号肽的整体特性，而不是精确的氨基酸序列（Chen et al., 2019）。一般情况下，信号肽序列对所引导的蛋白质没有特殊的要求，特定的信号肽序列决定了特定蛋白质在细胞内的定位。信号肽可位于多肽链的任何部位，完成分选任务后常被信号肽酶切除。

N 端线粒体前导序列和叶绿体转运肽（transit peptide）与内质网和细菌质膜定位序列不同，它们分别将蛋白质靶向线粒体和叶绿体（Wiedemann and Pfanner, 2017; Bölter, 2018），具有较低的疏水性。线粒体前导序列通常富含精氨酸，倾向于形成一个两亲性的 α 螺旋，而叶绿体转运肽富含羟基化氨基酸，在水溶液中基本上是无结构的，但插入叶绿体膜后会变成 α 螺旋（Schleiff and Becker, 2011）。值得注意的是，仅用线粒体前导序列或叶绿体转运肽合成的蛋白质也可以分别进入线粒体基质和叶绿体基质。在两者的基质中，前导序列和转运肽分别被线粒体和叶绿体加工肽酶切割去除（Chen et al., 2019）。此外，一些线粒体和叶绿体蛋白质含有额外的定位序列，可完成更加精细的定位。例如，线粒体 IMS（mitochondrial intermembrane space）蛋白在前导序列之前通常包含一个膜间 IMS 分选信号，后者类似于细菌和 ER 定位的信号肽；或者，一些 IMS 蛋白在线粒体蛋白成熟区具有 C-Xn-C 基序，形成二硫键，促进蛋白质在线粒体膜间的定位（Backes and

Herrmann，2017）。

靶向过氧化物酶体和细胞核的蛋白质似乎与其他系统缺乏共同之处，但也需要相应的信号序列。1型过氧化物酶体靶向信号（peroxisomal targeting signal type 1，PTS1）位于C端，由一个保守的三肽（serine-lysine-leucine，SKL）组成。2型过氧化物酶体靶向信号（PTS2）是一个保守的九肽（RL-X5-HL），嵌入在蛋白质N端序列中（Brocard and Hartig，2006）。核定位信号（NLS）通常由一段或两段碱性氨基酸组成（Christie et al.，2016；Chen et al.，2019）。

（二）非肽类定位信号

定位于溶酶体中的蛋白质氨基酸序列并非高度同源，但都含有特定的糖链结构——甘露糖-6-磷酸。甘露糖-6-磷酸及其受体为目前研究得比较清楚的非肽类蛋白质定位信号。到目前为止，对滞留在细胞质的蛋白质定位信号还很不了解。许多细胞质中的蛋白质N端被酰基化，酰基化是否为蛋白质滞留在细胞质的信号，还需要进一步研究确定。

长久以来，科学家认为脂质分子能够引导蛋白质定位于细胞膜结构（Stahelin，2009）。2008年，《科学》报道了一种单价酸性脂可以精确调控蛋白质在细胞内的"定位"，人类红细胞中最主要的一种单价酸性脂为磷脂酰丝氨酸（phosphatidylserine，PS）（Yeung et al.，2008）。加拿大多伦多大学儿童医院（HSC）小组在《科学》上发表文章，认为靶向细胞质膜因含有很多单价酸性脂PS才促进了K-Ras和其他一些类似蛋白质的定位。随后，斯坦福大学Meyer实验室证明多价的酸性脂PIP2（phosphatidylinositol 4,5-bisphosphate）和PIP3（phosphatidylinositol 3,4,5-trisphosphate）促进了K-Ras等蛋白质靶向到细胞质膜（Heo et al.，2006）。虽然这些多价脂浓度低，但由于其具有多价性，产生的静电相互作用更强。Bilog等（2019）利用Lact-C2等相关技术进行研究，结果表明，细胞内分子伴侣HspA1A（heat shock protein A1A）的质膜定位和锚定依赖于其与细胞内PS的选择性相互作用。

二、蛋白质的转运

为了促进蛋白质的正常转运，细菌已经进化出了几种转运复合物。例如，Sec复合物和Twin精氨酸转运（Twin arginine translocation，Tat）复合物可将细菌蛋白质输出到外周质，Sec61转运子（Sec61 translocon）和Get通路将蛋白质插入内质网膜，或经其他分泌系统到达细胞外间隙（Osborne et al.，2005；Schuldiner et al.，2008；Orfanoudaki and Economou，2014；Berks，2015；Hu et al.，2018；Chen et al.，2019）。

信号假说揭示了细胞中的蛋白质在合成后，通过与生俱来的"地址签"找到自己的最终目的地。对于绝大部分的蛋白质来说，细胞质中游离的核糖体开启其mRNA的翻译，通过共翻译转运（cotranslational translocation）或翻译后转运（posttranslational translocation）到达特定的目的地，即具体的转运方式主要取决于蛋白质的信号肽序列信息（Marrichi et al.，2008）。有研究者提出H-结构域（hydrophobic region，H-domain）的疏水性在区分共翻译和翻译后转运中起着重要作用。疏水性H-结构域有利于SRP介导的共翻译转运，而 H-结构域疏水性较低的蛋白质则倾向于翻译后转运（Chen et al.，2019）。

蛋白质前体面临转运前在细胞质中聚集的风险。人们提出了细胞解决这一问题的两种主要策略：共翻译转运和翻译后转运。蛋白质向细菌膜的转运和真核细胞中向内质网的转运通常采用共翻译途径，因为它们有疏水性信号肽，线粒体中也报道了共翻译转运的例子（Lesnik et al.，2014）。而翻译后转运途径在所有白质转运系统中都存在。共翻译转运需要 SRP 对含有疏水性信号肽或 TM 片段的新生多肽进行初步识别。在大肠杆菌中，SRP 由一个茎环状 4.5S RNA 和具有三个保守结构域的单一多肽 Ffh 组成：N 端 N 结构域；具有 GTPase 活性的 Ras 样 G 结构域；一个 C 端富含甲硫氨酸的 M 结构域，该结构域具有信号肽结合的疏水槽（Akopian et al.，2013）。当 SRP 与底物识别后，可以将核糖体新生链复合物（RNC）转运到其膜相关受体（如大肠杆菌中的 SR、FtsY）。低温电子显微镜研究显示核糖体新生链、SRP、SR 和 SecYEG 形成了复合物（图 5-1）（Jomaa et al.，2016）。

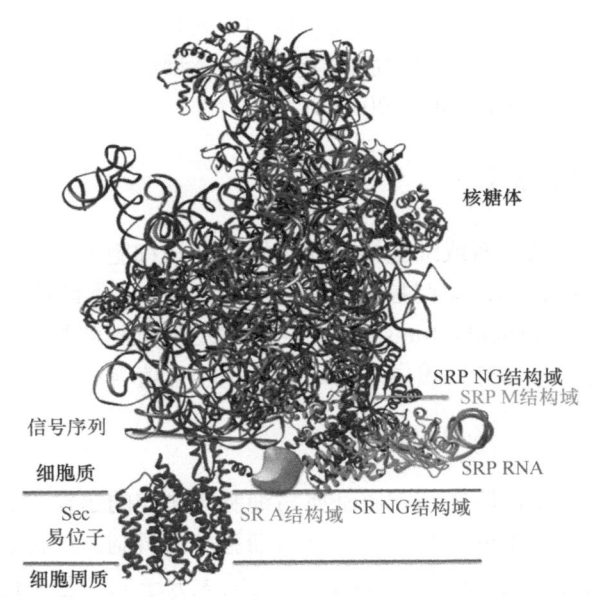

图 5-1　核糖体-SRP-SR-SecYEG 四元复合物的结构示意图（Chen et al.，2019）（彩图另扫封底二维码）
核糖体：灰色；SRP RNA：橙色；SRP M 结构域：青色；SRP NG 结构域：蓝色；SR-NG 结构域：绿色；SR A 结构域（未解析）：浅绿色；SecYEG：红色；信号序列：洋红色

人们对翻译后转运了解较少，其通常发生在信号肽疏水性较低时。翻译后转运的大多数前体蛋白都需要胞质伴侣来保持其未折叠状态。触发因子或 SecB（而非 SRP）识别并结合前体蛋白，并将其传递到 SecY 相关的 SecA（Saio et al.，2014）。在细菌中，翻译后转运的蛋白质属于分泌蛋白，而大多数膜蛋白则是通过共翻译进行转运的。在内质网靶向蛋白中，Hsp70 或钙调蛋白已被报道为胞质结合因子，Sec72 被认为在酵母中扮演 Hsp70 的膜受体（Tripathi et al.，2017）。在线粒体靶向过程中，前导序列在 Hsp70 和 Hsp90 的帮助下识别膜受体 Tom20/Tom22 或 Tom70。在叶绿体靶向过程中，转运肽由细胞质中的 Hsp70/14-3-3 或 Hsp90 识别，并分别通过膜受体 Toc34/Toc159 或 Toc64 靶向叶绿体外膜（Qbadou et al.，2006；Chen et al.，2019）。

靶向过氧化物酶体和细胞核的前体蛋白也需要胞质结合因子的帮助，尽管它们的靶向机制与其他系统不同。具有 PTS1（type 1 peroxisome targeting signal）信号的过氧化物酶体前体蛋白由 Pex5（peroxin 5）识别，而具有 PTS2 信号的前体蛋白则与 Pex7 结合（Stanley et al.，2006；Meinecke et al.，2010）。Pex5 除了具有识别功能，还参与构成底物蛋白的转运通道。带有 NLS 的前体蛋白被 Impα（importin-α）识别，并在 Impβ1（importin-β）或 β-Kap 等载体蛋白的帮助下通过核孔复合体（nuclear pore complexes，NPC）进行核转运（Christie et al.，2016）。

胞质结合因子和膜受体在不同蛋白质转运系统中的共同特征是：①胞质结合因子包含识别新合成蛋白转运信号序列的结合位点；②受体结合通常是通过在伴侣蛋白和受体之间形成异源低聚物来完成的；③三磷酸腺苷/核苷二磷酸交换通常参与受体的结合和解离，但在这一步水解产生的能量不一定是驱动蛋白质转运的必要条件；④货物从伴侣分子向受体分子的单向移交，以及随后在膜通道的单向转运主要是由货物蛋白从一个结合伴侣转移到另一个结合伴侣时不断增加的亲和力来驱动的（Schleiff and Becker，2011；Tsirigotaki et al.，2017；Chen et al.，2019）。

三、蛋白质分选运输的途径

蛋白质在细胞质与细胞器或细胞核之间、细胞器与细胞器之间以及细胞内与细胞外之间的运输有三种不同机制，即门控运输（gated transport）、跨膜运输（transmembrane transport）和膜泡运输（vesicular transport）。这几种运输机制都与信号肽引导和靶细胞器上受体蛋白的识别有关。另外，蛋白质转运的能量学也值得关注。

（一）门控运输

门控运输主要涉及蛋白质在细胞质基质与细胞核之间的运输，如核孔选择性地主动运输大分子物质，并允许小分子物质自由进出细胞核的机制。门控运输可介导细胞质基质的蛋白质向细胞核内运输，也可介导细胞核内的大分子向细胞质运输。

对于靶向膜结构的胞质侧前体蛋白来说，其大多数被插入膜中，或通过具有通道状结构的异寡聚转运酶进行转运。这些通道中的一小部分足够宽，能够使较大的折叠底物通过，例如，在原核生物质膜中发现的 Tat 复合体或叶绿体的类囊体膜中发现的 Tat 复合体，后者在不同条件下可以形成大小不同的通道（Palmer and Berks，2012）。然而，科学家们仍在探讨这些在去污剂中观察到的 TatA 衍生通道是否存在于生物膜中，并在蛋白质转运中发挥作用。大多数膜通道具有可高度调节的孔，孔径相对较小（1.4～2.6nm），允许未折叠多肽的移位而不影响膜的渗透屏障作用（Ganesan et al.，2018；Chen et al.，2019）。

目前研究得最清楚的膜通道是细菌中的 SecYEG（对应真核细胞中的 Sec61）。中心成分 SecY（Sec61α）由 10 个 α 螺旋跨膜肽段组成，孔环在静止状态下被一个塞状结构域阻塞（图 5-2A）。SecY（Sec61α）通道通常由细菌中的辅助蛋白质如 SecE、SecG、SecDF、YajC 或 SecA（对应真核内质网中的 Sec61β、Sec61γ、Sec62/63、BiP）进行稳定性和活性的调节（Itskanov and Park，2019）。SecY（Sec61α）通道具有垂直和侧向开放的能力，前体蛋白信号肽或停止转移肽的结合在其门控调节中起着重要作用（Tsirigotaki et al.，2017；Chen et al.，2019）。在线粒体、叶绿体和细菌中分别发现的 Oxa1/Alb3/YidC 家族成员作为插入酶（insertases）而不形成通道（Chen and Dalbey，2018）。它们包含一个跨膜螺旋核心结构域，以这种方式折叠，从而在膜双层的内小叶内形成亲水性沟槽（图 5-2B）。除了极性槽外，还有油性滑道（greasy slide）供 YidC 底物的跨膜片段在插入过程中进行接触。YidC 插入酶的底物蛋白通常是膜蛋白，具有需要转运的小亲水结构域（Kuhn et al.，2017；Chen and Dalbey，2018）。

另一种独特的通道形成插入酶是将 β-桶蛋白插入革兰氏阴性菌外膜、线粒体和叶绿体的 BAM 蛋白质家族。机制上，BAM 包含一个 β-桶状结构域，它可以催化插入过程，以及几个多肽转运相关（POTRA）结构域，这些结构域结合要插入外膜的蛋白质（图 5-2C）。

在线粒体和叶绿体的外膜上，Tom40（translocase of the outer mitochondrial membrane 40）（图 5-2D）和 Toc75（translocase of the outer chloroplast membrane 75）（图 5-2E）分别形成了蛋白质导入线粒体和叶绿体的易位通道。这些 β-桶形通道可以形成低聚物形式。Tom40 复合物及其辅助蛋白 Tom20/Tom22 可包含 2 或 3 个孔形成单位（Model et al.，2008），Toc75 复合物及其辅助蛋白 Toc159/Toc34 可包含 3 或 4 个孔形成单位（Chen and Li，2007）。这些易位通道的门控机制尚不清楚，有报道认为线粒体 Tom22 和叶绿体 Toc159 辅助蛋白可能参与调节孔的开放（Poynor et al.，2008）。新合成的前体蛋白一旦通过易位通道跨越外膜，即可以重新插入外膜，或留在膜间隙，或进一步通过内膜进入线粒体或叶绿体基质。这种穿过内膜的机制需要分别由 Tim23（translocase of the inner mitochondrial membrane 23）或 Tic110（translocon of the inner chloroplast membrane 110）形成的膜通道参与（Balsera et al.，2009）。TIM 复合物的核心结构包括：形成通道的 Tim23；具有大膜间隙结构域的 Tim50，其功能是在 Tom40 通道上招募靶向线粒体基质的靶向信号序列，并将其引到 Tim23 和 Tim17 上；Tim17 协调 pmf 依赖的通道开放（Demishtein-Zohary et al.，2017）。叶绿体 TIC 通道主要由 Tic110 和 Tic22 组成，后者起着与 Tim50 相似的穿梭作用（Rudolf et al.，2013）。另外，Tic20 也可以在内囊形成易位通道。值得注意的是，叶绿体 Toc75 蛋白是 BamA 蛋白家族的一员（图 5-2E）。Toc75 POTRA 结构域被发现具有伴侣活性和促进蛋白质进入叶绿体的功能（O'Neil et al.，2017）。

与其他细胞器相比，过氧化物酶体中的膜通道是独一无二的。据报道，在 PTS1（peroxisomal targeting signal 1）识别前体蛋白后，输入型受体 Pex5（peroxin 5）则整合到过氧化物酶体膜中，与 Pex14（peroxin 14）协同形成转运通道的一部分，允许前体蛋白通过。当前体蛋白的转运完成后，Pex5 被单泛素化或多聚泛素化，并释放回细胞质中循环利用（Meinecke et al.，2010）。

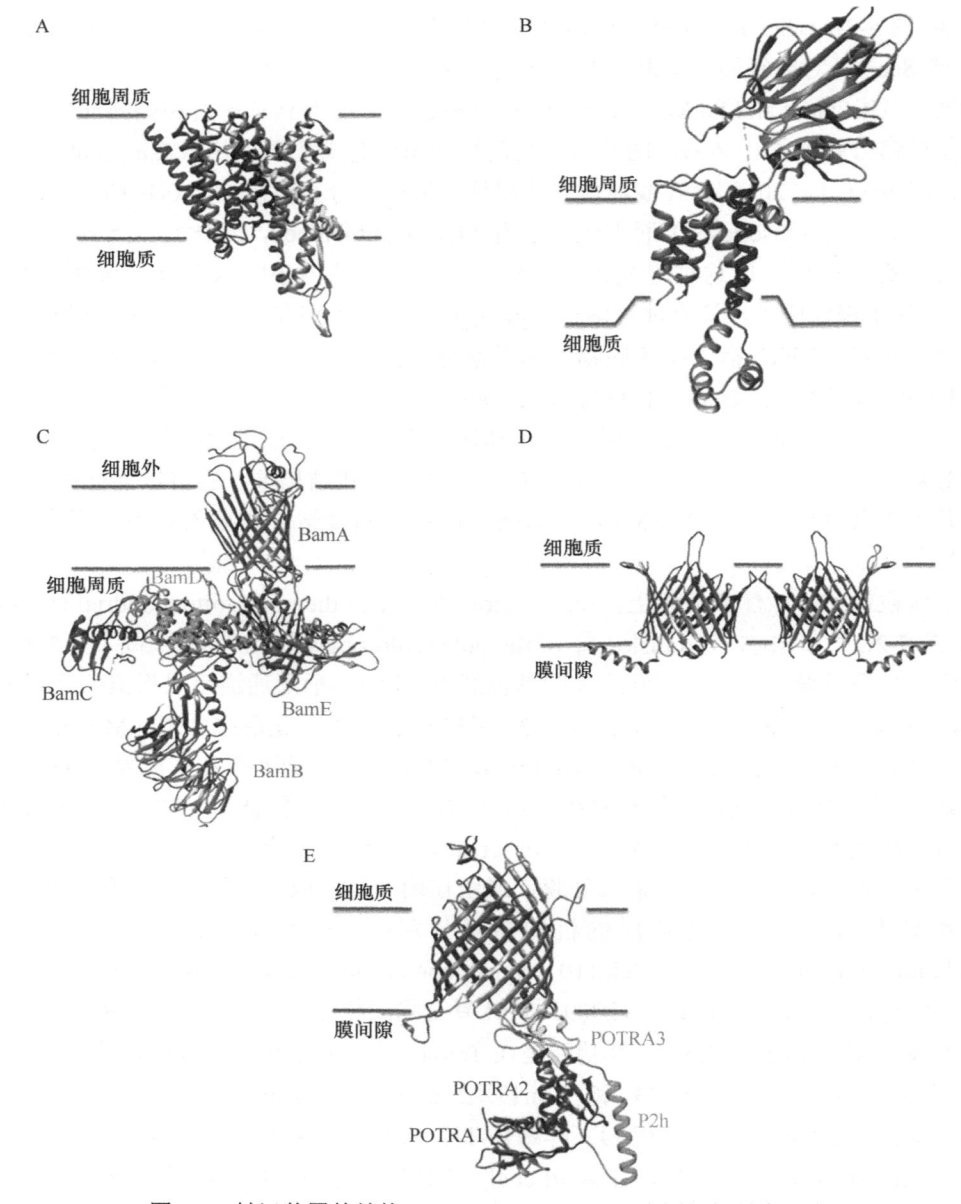

图 5-2 转运装置的结构（Chen et al., 2019）（彩图另扫封底二维码）

A. 嗜热菌 SecYEG 的 X 射线结构（PDB:5AWW）。SecY、SecE 和 SecG 亚基分别以浅蓝色、黄色和洋红色显示。B. 大肠杆菌 YidC（PDB:3WVF）的 X 射线结构。由 TM3 和 TM5 组成的 slide 分别显示为深蓝色和红色。亲水槽中保守的正电残基显示为绿色。C. BamABCDE 复合体的结构。浅蓝色为 BamA；橙色为 BamB；品红色为 BamC；青色为 BamD；绿色为 BamE。D. Tom40 的二聚体结构。E. 拟南芥 Toc75 全长模型

（二）蛋白质转运的能量学

非常明确的是，通过膜的疏水屏障运输蛋白质需要能量。对于共翻译转运来说，翻译过程中发生的 GTP 水解，为耦合的易位过程提供了能量。而对于翻译后转运来说，膜电位和 ATP 水解促进了蛋白质跨细菌质膜、内质网和线粒体内膜及叶绿体类囊体膜的转

运（Chen et al.，2019）。疏水效应和膜电位为膜蛋白插入脂质双层提供了能量。例如，SecDF 拥有一个质子通道，利用质子的流入来促进蛋白质通过 SecYEG 的转运（Furukawa et al.，2017）。在线粒体中，Tim17 可调节 Tim23 的膜电位依赖性孔道开放。

在不同的细胞器中，蛋白质的转运广泛需要 ATP 酶马达：细菌细胞质中的 SecA，内质网中的 BiP（binding immunoglobulin protein）（Rapoport et al.，2017），线粒体基质中的 mtHsp70（mitochondrial heat shock protein 70）（Wiedemann and Pfanner，2017；Craig，2018），叶绿体基质中的 cpHsp70（chloroplast heat shock protein 70）（Su and Li，2010）。

（三）膜泡运输

膜泡运输即蛋白质被选择性地包装进运输小泡，定向转运到靶细胞器或细胞外的运输方式，主要涉及蛋白质在细胞器与细胞器之间、细胞内与细胞外之间的运输。蛋白质从内质网到高尔基体、高尔基体膜囊之间、从高尔基体到晚期内体和细胞表面、从细胞表面到溶酶体的运输都是通过膜泡运输的方式完成。膜泡运输介导细胞器的生物发生和维持、货物蛋白和肽的分泌，以及胞外蛋白进入细胞的过程。

在膜泡运输过程中，供膜（来自细胞器或细胞膜，含有衣被蛋白，可以进行货物蛋白的选择）通过出芽（budding）方式形成运输小泡，需要运输的膜成分（膜蛋白和膜脂）和可溶性分子（货物蛋白）分别被装进运输小泡的膜和腔中。运输小泡根据不同表面标志在细胞内进行靶向运输，被靶细胞器的表面受体所识别，通过特异性停靠（docking）和融合（fusion）过程，将其内容物运送到靶细胞器或细胞外（Béthune and Wieland，2018）。

1. 运输小泡的形成

目前，已鉴定了许多参与囊泡运输的关键蛋白的结构，例如，定位于高尔基体的适配蛋白 GGA（Golgi-localized γ-ear-containing ARF-binding protein），exomer 复合物，AP-1（adaptor protein complex 1）、AP-3 和 AP-4 网格蛋白复合物，retromer 复合物，内吞途径的 AP-2 适配蛋白复合物。最近，电子显微镜领域的研究取得了巨大进步，已有研究分析了附着在细胞膜上的网格蛋白复合结构，即 COPI（coat protein complex I）和 COPII（Béthune and Wieland，2018）。

囊泡的形成通常是由供体膜上的小 GTPase 通过 GDP 与 GTP 交换局部活化，这个过程一般是在鸟嘌呤核苷酸交换因子（guanine nucleotide exchange factor，GEF）的催化下启动（活化）。也有例外，如 AP-2 是被磷脂酰肌醇-4,5-二磷酸和货物蛋白招募到质膜中。活化诱发 GTPase 的构象变化，使得疏水元素暴露插入到膜中，诱导衣被蛋白的结合位点初步形成。结合位点形成的过程是两步骤的过程，也可以是一个步骤的过程。招募以后，衣被蛋白发生构象变化，从而打开结合位点，进一步聚集内层或外层的衣被蛋白。衣被形成的过程会使供体膜获得凸起的正曲率，使膜结构向外突出，产生一个生长的、由衣被包裹的芽孢，最终形成一个负曲率的窄颈结构。最后，通过切断颈部使芽孢与供体膜分离。小泡释放出来以后，将其移走并停靠到它们的靶膜上，在那里衣被蛋白解离。然后，囊泡和靶膜发生融合。衣被蛋白的释放依赖于 GTPase 激活蛋白（GTPase-activating protein，GAP），后者刺激小 GTPase 中的 GTP 水解，以及依赖于可能降低衣被稳定性的系链蛋白（Béthune and Wieland，2018）。

在真核生物中发现三类主要的**囊泡**结构，分别由不同的衣被蛋白附着（图 5-3）：①笼形蛋白/网格蛋白（clathrin），细胞质膜到溶酶体、高尔基体到晚期内体的运输；②COPI，高尔基体膜囊之间、高尔基体到内质网；③COPII，内质网到高尔基体。

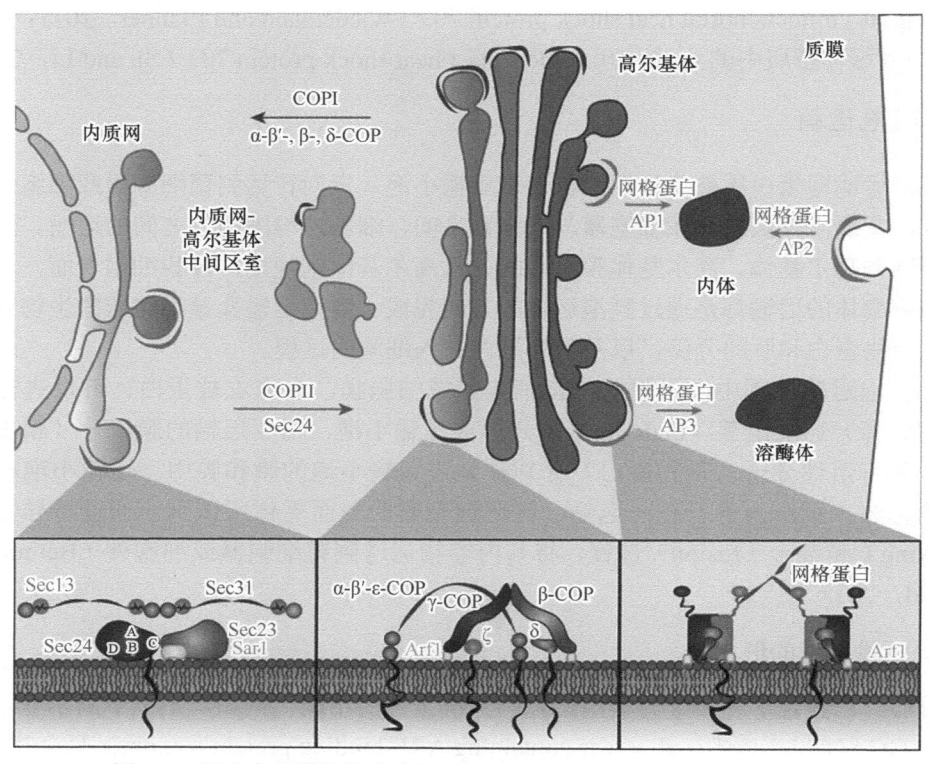

图 5-3　细胞内的膜泡运输途径（Gomez-Navarro and Miller，2016）

在分泌途径中，分泌性物质在 COPII 包被的小泡中从内质网顺行运输到高尔基体。Sec24 是一种包含多个货物蛋白结合位点（图 5-3 中标记为 A～D）的货物蛋白适配器，用于驱动对多种货物蛋白的捕获。COPI 包被的小泡介导从高尔基体到内质网及高尔基体膜囊之间的逆向运输。COPI 小泡的货物蛋白结合亚单位形成一个拱形结构，通过与货物蛋白相互作用的 N 端结构域与膜接触。网格蛋白包被的小泡从多个细胞器出芽，并且在 TGN（trans Golgi network）、内体（endosome）和质膜（plasma membrane，PM）之间转运蛋白质。不同的货物蛋白适配器（AP-1、AP-2 和 AP-3）在不同的供体膜上起作用。AP 复合物的一般结构包括：一个离散折叠的结构域，两个与膜蛋白和货物蛋白相互作用的大亚基的主干结构域，两个结合网格蛋白和其他辅助蛋白的非结构序列基序。囊泡衣被有两个主要功能：一是使膜变形成球形囊泡，二是在囊泡中填充特定的货物蛋白。通过货物蛋白选择与囊泡形成相互协作，细胞可以实现高效的蛋白质分选（Gomez-Navarro and Miller，2016）。

2. 笼形蛋白/网格蛋白衣被小泡

网格蛋白衣被小泡的发现最早，介导高尔基体到内体、溶酶体、植物液泡的运输，以及细胞质膜到内膜系统的运输。虽然网格蛋白包被的小泡也可以从其他膜室形成，但"网格蛋白介导的内吞作用"仅指由质膜形成的小泡摄入（McMahon and Boucrot, 2011）。网格蛋白介导的内吞作用控制许多受体的内化作用（包括组成性和诱导性的内行），在细胞内稳态、生长调控、细胞分化和突触传递中发挥作用。毒素、病毒和细菌也利用这一途径进入细胞。网格蛋白衣被小泡的形成经历了五个阶段：起始/成核、货物选择、衣被组装、断裂和解衣被。笼形蛋白衣被小泡的起点包括一个推测的 FCH 结构域（FCH domain only initiation complex，FCHO）起始复合物，该复合物通过衔接蛋白 2（AP-2）依赖的方式进行货物筛选，进而进行衣被构建、dynamin 依赖的断裂，以及 auxilin 和 HSC70 蛋白依赖的衣被解聚过程而最终成熟。网格蛋白衣被小泡形成时，可溶性蛋白动力素（dynamin）聚集围绕在小泡颈部，并召集其他可溶性蛋白聚集在小泡颈部，将颈部的膜尽可能地拉近（小于 1.5nm），促进膜融合，掐断（pinchoff）衣被小泡。与网格蛋白一样，所有的辅助蛋白都是细胞质蛋白，它们被招募到小泡出芽的部位，在小泡形成之后，被回收到细胞质中，重新利用。配体结合受体如表皮生长因子受体（EGFR）可刺激受体的内吞作用，也有其他受体如转铁蛋白受体（transferrin receptor，TfR）是组成性内化的。货物受体可以被分选进入内体（endosomes），或者被送回细胞表面，或者被定位到更成熟的内体、溶酶体和多囊体 MVB（multivesicular body）（McMahon and Boucrot, 2011）。

参与网格蛋白衣被小泡形成的蛋白质之间的相互作用并不是随机的，可分为五个作用模块。这些蛋白质的相互作用是辅助蛋白围绕一个枢纽蛋白进行的。一些模块中的参与者是可以变换的，例如，AP-1 或 AP-3 可代替 AP-2 形成不同细胞室[如内体和反面高尔基体（TGN）]的网格蛋白小泡（McMahon and Boucrot, 2011）。一些模块在其他途径中也具有相似的功能，如 dynamin 模块可用于许多不同的囊泡断裂事件。在神经突触中，已经很好地证明了磷酸化对内吞作用的整体调节，由 calcineurin 介导的许多内吞成分的去磷酸化触发网格蛋白介导的内吞作用，然后这些去磷酸酸化过程可以被 CDK5（cyclin-dependent kinase 5）激酶重新磷酸化进行调节（Tan et al., 2003）。

3. COPI 衣被小泡

COPI 衣被小泡表面覆盖 COPI 衣被，参与生物合成-分泌途径中蛋白质从高尔基体到内质网的逆向运输以及在高尔基体膜囊之间的运输（图 5-3）。COPI 衣被的主要成分是衣被蛋白 I（coatmer protein I，其为 7 个亚基组成的复合体，即 α-、β-、β′-、γ-、δ-、ε-、ζ-COP）、小 GTPase Arf1、货物受体胞质侧的尾部结构（Béthune and Wieland, 2018）。运输过程的参与蛋白，如融合蛋白和货物蛋白受体，在到达高尔基体后被包装进 COPI 小泡，逆向回收到内质网，循环利用。逃逸的内质网驻留蛋白也可以被 COPI 小泡回收。这些过程是通过货物蛋白特征之间的特定相互作用来完成的，例如，在许多内质网驻留蛋白的 C 端细胞质尾部发现的 K（X）KXX 序列，或者在可溶的内质网驻留蛋白上发现的 KDEL 序列，其可以被 KDEL 受体识别，后者可以与 COPI 衣被发生相互作用。有趣的是，与逆向货物运输相反，高尔基体顺行货物的分拣顺序迄今尚未被报道，这表明顺行运输主要以 bulk flow 的方式运输，而逆向运输是选择性的（Béthune and Wieland，2018）。

在 COPI 囊泡释放期间或之后，Arf1（ADP-ribosylation factor 1）中的 GTP 水解，启动 COPI 衣被复合物的解聚，GTP 水解使 Arf1 的构象逆转为可溶形式，可以从膜上解离，从而移除了 COPI 衣被复合物的主要锚定物。Arf1 的内源性 GTPase 活性较低，解聚过程中受到 ArfGAP 的刺激而激活。ArfGAP1、ArfGAP2 和 ArfGAP3 对上述过程具有重要的调节作用。全长的 ArfGAP2 可以触发 Arf1 从 COPI 包被的小泡中有效解离，并且延迟时间很短。ArfGAP2 必须将 Arf1 与 γ-COP 的附加结构域进行物理连接，以实现 COPI 衣被复合物的解离，因此推测在 GTP 水解过程中，Arf1 的构象变化可以通过 ArfGAP2 的非催化结构域传递给 γ-COP，从而提供能量来逆转 COPI 复合物在结合过程中发生的构象变化（Béthune and Wieland，2018）。

4. COPII 衣被囊泡

大约 1/3 的人类蛋白质组由跨膜蛋白、分泌蛋白或内体溶酶体蛋白组成，这些蛋白质必须进入分泌途径才能到达最终目的地。内质网是蛋白质折叠、共翻译、翻译后修饰（如信号肽去除、二硫键形成或糖基化）和质量控制的场所。然而，大多数进入内质网的蛋白质是在另一个地方起作用的。遗传和生物化学方法的结合使得内质网的衣被蛋白 II（coatmer protein II，COPII）得以鉴定。在重组实验中确定了形成 COPII 衣被囊泡的最少成分，即小 GTPase Sar1、Sec23/Sec24 复合物和 Sec13/Sec31 复合物。COPII 衣被囊泡通过两种机制进行运输：①被动的 bulk flow，在这种情况下，内质网中的任何蛋白质都可以被包裹进 COPII 小泡中，具有非选择性，被认为足以沿整个分泌途径运输蛋白质（Thor et al.，2009）；②基于特定信号对货物蛋白质进行主动分选（图 5-3）（Matsuoka et al.，1998；Béthune and Wieland，2018）。

据报道，多种尺寸的货物包括蛋白质和微粒，依赖 COPII 途径运输。然而，一些尺寸较大的货物如前胶原或乳糜微粒，无法容纳在平均直径为 60nm 的典型 COPII 衣被囊泡中，这意味着 COPII 衣被足够灵活，可以形成各种尺寸的载体（Béthune and Wieland，2018）。

通过 ER 出口位点进行分泌的未成熟蛋白质通常缺乏逆向转运信号而不被 COPI 衣被囊泡运回。在不同的货物跨膜蛋白中存在多种分类基序，它们直接结合到 COPII 衣被上并刺激内质网输出。这些分选信号可能是短的线性序列，例如，在水疱性口炎病毒糖蛋白（vesicular stomatitis virus glycoprotein，VSV-G）中发现的二酸性基序（diacidic motif），或在 ERGIC-53 和 p24 蛋白质上发现的双疏水性/芳香基序。Sec24 是 COPII 衣被中直接与货物蛋白相互作用唯一亚单位，可以在囊泡形成时实现对选择性货物的捕获和富集（Shaw et al.，2023）。突变和结构研究已经确定了 Sec24 上多个货物蛋白结合位点，这说明单个衣被亚基识别各种不同的货物。酵母 Sec24 中含有应对不同货物分选基序的三个非重叠界面，而人 Sec24A 中发现了两个不同的交界面。在人类细胞中，含有 4 个 Sec24 同源蛋白 A/B 和 C/D，可选择性地结合和包装不同类型的货物蛋白（Béthune and Wieland，2018）。

到目前为止，我们只发现了数量有限的COPII分选基序，实现选择性分选的可能机制包括：①每个Sec24同源蛋白上具有多个货物蛋白结合位点，这将允许其增加蛋白质分选的复杂性；②跨膜货物蛋白的受体增加分选的复杂性，如人角同源物4（cornichon homolog 4，CNIH4）含有三个跨膜结构域，其通过与COPII衣被相互作用，调节跨膜蛋白GPCR（G protein-coupled receptor）从内质网的输出。随着越来越多这样的蛋白质相互作用被报道，跨膜蛋白缺乏直接的COPII结合基序，可能是一种普遍机制（Sauvageau et al., 2014; Béthune and Wieland, 2018）。

在某些情况下，一些货物缺乏ER出口序列。例如，糖基磷脂酰肌醇（glycosylphosphatidylinositol, GPI）锚定蛋白没有细胞质区域，不能与COPII衣被相互作用，依赖于一类被称为p24家族/TMED（transmembrane Emp24 domain-containing protein）蛋白的受体（Dvela-Levitt et al., 2019）。含有跨膜emp24蛋白运输结构域的TMED9蛋白通过与SEC12（secretory 12）结合，介导了内质网-高尔基体中间室（endoplasmic reticulum-Golgi intermediate compartment, ERGIC）和ERES（endoplasmic reticulum exit site）（ERGIC-ERES）膜之间的相互作用。随着ERGIC被确定为ER和高尔基体之间膜转运的分类站点，目前正在进行的研究旨在确定其重要性。最近的研究发现了一个高度延长的管状ER-Golgi中间室，能够选择性地加快特定可溶性货物蛋白的转运速率（Yan et al., 2022）。在ERGIC-ERES膜处形成COPII衣被囊泡，对于自噬体的生物合成也是必不可少的（Li et al., 2022）。对于不同类型的自噬刺激，ERGIC是自噬体生物合成的关键膜来源（Shaw et al., 2023）。

四、分泌蛋白质组的应用举例

分泌蛋白质组（secretome）代表从器官和细胞等生物单位分泌的蛋白质总和。健康人类细胞的分泌蛋白质组主要包括细胞因子、生长因子、激素、酶、糖蛋白、凝血因子和细胞外囊泡（EV）。EV包括外泌体和微小囊泡，是一种被膜包裹的囊泡，携带调节分子，包括RNA（microRNA、长非编码RNA、mRNA）、脂质、DNA片段、蛋白质，从供体细胞转运到受体细胞（Mishra and Banerjee, 2023）。分泌因子介导的信号转导在很大程度上决定了细胞的增殖、生长、迁移和代谢调节等。除了细胞间和细胞内的通讯及信号转导外，分泌蛋白还发挥着其他多种功能，如参与免疫系统中的作用、作为神经系统中的神经递质，以及参与细胞膜的构建和维护等。这些分泌蛋白被释放到血浆中，因此研究人员一直对血浆蛋白的研究感兴趣（Farhan and Rabouille, 2011）。相关生物信息学分析软件包括DAVID、SignalP、SecretomeP等，它们能够预测分泌蛋白的功能（Song et al., 2019）。将细胞培养到适当的汇合处后，使用无血清培养基进行培养是获得分泌蛋白质组的必要条件，以避免血清成分的污染。然而，有人提出，无血清培养基可能由于细胞活力差而进一步改变细胞分泌蛋白谱，从而影响研究结果（Shin et al., 2019）。

深入研究细胞分泌蛋白质组可能揭示疾病发展的机制，并最终发现新的生物标志物和治疗靶点。骨骼肌细胞通过分泌肌肉因子（细胞外信号介质）对不同的病理生理条件做出相应的反应。研究人员通过对糖尿病模型骨骼肌细胞分泌蛋白质组进行研究，发现在棕榈酸诱导胰岛素抵抗的过程中，36个分泌蛋白质的分泌发生了变化，其中annexin A1表达下降，且后续研究发现annexin A1与其受体激动剂——FPR2激动剂（formyl peptide receptor 2 agonist）通过PKC-θ通路发挥作用，保护细胞，减少胰岛素抵抗（Yoon et al.，2015）。在胶质瘤中，缺氧普遍发生，为挖掘胶质瘤高恶性的影响因素，研究人员分析了低氧和正常氧条件下胶质瘤细胞的分泌蛋白质组差异，包括外泌体蛋白质组和可溶部分的分泌蛋白质组，共鉴定出239个差异分泌的蛋白质，其中包括低氧条件下表达上调的STC1、stanniocalcin 2、胰岛素样生长因子结合蛋白3和6等，为胶质瘤恶性原因的探索提供了基础数据（Yoon et al.，2014；Song et al.，2019）。在肿瘤微环境（tumor microenvironment，TME），基质细胞中占主导地位的是癌相关成纤维细胞（cancer-associated fibroblasts，CAF）。研究CAF分泌蛋白质组或CAF分泌因子将有助于鉴定新的CAF特异性生物标志物及药物靶点，提高癌症个性化诊断和治疗。对于结直肠癌（CRC）-CAF分泌蛋白质组分析的研究发现，肝细胞生长因子（hepatocyte growth factor，HGF）信号介导的上皮细胞-间充质转化（epithelial- mesenchymal transition，EMT）信号上调。在CRC的肿瘤来源的成纤维细胞中，CAF标记物α-SMA（alpha smooth muscle actin）的表达显著升高（Wanandi et al.，2021）。此外，CAF的分泌物会提高人类CRC细胞中OCT4（octamer-binding transcription factor 4）、CD44、CD133和ALDH1A1（aldehyde dehydrogenase 1 family member A1）等干性相关标志物的表达。在结肠癌CAF和正常纤维母细胞的条件培养物中进行比较蛋白质组分析，发现CAF的分泌物中，与细胞外基质、细胞运动、细胞黏附、炎症反应、肽酶抑制剂和氧化还原稳态等相关联的蛋白质，如转胶蛋白（transgelin）、饰胶蛋白聚糖（decorin）和受精卵泛素样蛋白1（FSTL1）等表达上调（Chen et al.，2014）。深入了解CAF分泌组成分及其与癌细胞的相互作用，将有助于鉴定个性化生物标志物和制订更精准的治疗方案（Mishra and Banerjee，2023）。

五、ER到高尔基体转运功能障碍与疾病

大量人类疾病是由于蛋白质错误折叠、错误分选或错误聚集引起，例如，ER到高尔基体转运功能障碍被认为会导致一系列疾病，包括颅面部、血液和免疫系统的疾病，以及神经退行性疾病（Khoriaty et al.，2012；Dell'Angelica and Bonifacino，2019）。膜蛋白递送到细胞表面的障碍是神经系统疾病的原因之一。例如，*TREM2*基因编码一种先天免疫受体，该基因的突变导致TREM2蛋白在ER和ERGIC之间循环，阻碍了其在脑微胶质细胞表面的定位（Deczkowska et al.，2020）。RAB1作为ER到高尔基体运输的调节因子，是α-突触核蛋白细胞毒性的修饰因子（Cooper et al.，2006）。这一发现对帕金森病有着重要的意义，其中α-突触核蛋白是路易小体（Lewy body）的最主要成分，而路易小体是帕金森病的病理标志。此外，颅盖韧带缺失畸形是由*SEC23A*基因的错义突变引起的。SEC23A的这种突变会导致Sec13-Sec31复合物的招募受损，从而导致囊泡形成受到抑制和含有管状货物蛋白的ER出口位点的积累，而这些位点没有衣被蛋白（Fromme et al.，2007）。COPI亚基COPA的一个特定错义突变定位在其WD40结构域，导致ER

回收蛋白质的结合和分选功能障碍。COPA 的这种病理性突变会引起免疫失调并伴有 I 型干扰素信号通路的激活,可能是通过调节 STING 蛋白导致的,因为 STING 的正常活性需要完整的 ER 到高尔基体转运系统(Deng et al., 2020; Shaw et al., 2023)。

第二节 内质网定位信号和蛋白质运输

内质网(endoplasmic reticulum, ER)是由一个单一的腔和连续的膜组成的,遍布整个细胞,通常情况下是细胞内最大的细胞器。ER 的功能包括细胞内钙的储存,其也是蛋白质和脂类合成的场所。1902 年,Emilio Veratti 首次观察到 ER,但直到 1953 年,ER 才被命名并被认为是一种细胞器。根据其是否结合核糖体,可将 ER 分为粗面内质网(rough ER, rER)、光面内质网(smooth ER, sER),以及由核膜参与构成的第三个区域。内质网在细胞内蛋白质的合成、分选和运输过程中起着非常重要的作用。rER 布满了核糖体,提供了粗糙的外观,主要负责某些膜蛋白和分泌蛋白合成、蛋白质核心糖基化、蛋白质酰基化及新生肽折叠与组装等;sER 主要参与磷脂合成、胆固醇及固醇类激素合成与代谢、钙离子储存、肝细胞内质网葡萄糖代谢与解毒等过程(姜普等,2008)。在过去的 20 年里,与 sER 相关的工作确定了几个 ER 亚结构域,包括 ER 出口位点(ERE)和 ER 质量控制室(ERQC-C)。ERES 为 ER 分泌货物蛋白的出口,并产生了 ER 高尔基中间物(ERGIC)隔室,这部分的 ER 是过渡型结构,其特点是与 rER 重叠,并逐渐过渡到高尔基体。ERQC-C 是 ER 新鉴定的亚结构域,参与蛋白质的正确加工调控(Benyair et al., 2015; Graham et al., 2019)。

一、内质网定位信号

内质网是蛋白质合成的主要场所,合成的蛋白质在内质网中正确折叠后运送到目的地发挥作用。内质网蛋白定位信号可分为保守信号和返回信号(Stornaiuolo et al., 2003)。保守信号中研究较多的为 II 型内质网膜蛋白的双精氨酸信号 [X(2,3)-RR],返回信号中研究较多的为内质网腔蛋白的"H/KDEL"信号及 I 型内质网膜蛋白的双赖氨酸信号(UUUX,其中 3 个 U 中至少 2 个为赖氨酸,X 为任意氨基酸)。

(一)内质网保守信号

双精氨酸信号[X(2,3)-RR]最早在组织相容性复合体 II(major histocompatibility complex II,MHC II)中发现。Zerangue 等进一步确定双精氨酸信号为"Ö＜Φ/Ψ/R-R-X-R"(其中,Φ/Ψ 代表芳香族或大分子疏水性残基,X 代表除负电和非极性外的任意氨基酸),其与跨膜信号相距 16~46Å,与双亮氨酸信号并存(Bakke and Dobberstein, 1990; Lotteau et al., 1990; Zerangue et al., 2001)。双精氨酸信号主要存在于大多数膜表面复合体的亚基(多为 II 型跨膜蛋白),例如,G 蛋白偶联 γ-氨基异丁酸受体亚基(GABAB1)即利用双精氨酸信号定位于内质网。当 GABAB1(gamma-aminobutyric acid type B receptor subunit 1)与 GABAB2 结合后双精氨酸信号消失,复合体被运出内质网并在膜上形成功能复合体（Gassmann et al., 2005）。TRAM（translocating chain-associating membrane protein）、钾离子通道亚基 Kir 1.1 等也通过双精氨酸信号调控膜表面功能复合体的形成（Yoo et al., 2005）。Hardt 等（2003）研究发现，仅有极少数双精氨酸信号蛋白进行糖基化修饰，证明该信号为保守信号而非返回信号。双精氨酸信号蛋白在内质网的保留机制还需要进一步研究。

（二）内质网返回信号

逃逸的内质网蛋白进入运输小泡并在高尔基体膜囊结构中被修饰，介导其重新返回内质网的信号称为内质网返回信号。

1. 内质网腔蛋白的返回信号

内质网腔蛋白主要的返回信号是"H/KDEL"，在哺乳动物中为"KDEL"（Munro and Pelham, 1987），在酵母中为"HDEL"（Pelham et al., 1988）。例如，"HDEL"介导蛋白二硫键异构酶（PDI）的返回，"ADEL/DDEL/HDEL"介导免疫球蛋白重链结合蛋白（BiP）的返回，"HIEL/KDEL"介导甘油三酯水解酶（TGH）的返回等（Gilham et al., 2005）。另外，也有报道认为"KDEL"信号存在于少数 II 型跨膜蛋白中。KDEL 受体（KDELR）是最早被发现的细胞内运输受体之一，对于维持早期分泌途径的完整性起着至关重要的作用（Newstead and Barr, 2020）。当内质网驻留蛋白逃逸到高尔基体时，该受体能够识别经典 C 端 Lys-Asp-Glu-Leu（KDEL）信号序列的变异体，并将这些蛋白质定向到 COPI 包被的囊泡中，实现逆行运输返回内质网。然后，无载荷的受体会通过 COPII 包被的囊泡从内质网回收至高尔基体（Newstead and Barr, 2020）。已经证明 pH（而不是 Ca^{2+} 水平或氧化还原条件）对 KDELR 与 KDEL 配体的结合至关重要，腔内 pH 的变化是内部细胞器生物化学的重要特征，使质子耦合系统在介导细胞内的转运过程中特别有用（Newstead and Barr, 2020）。KDELR 受体的激活使得其 COPI 结合位点暴露而 COPII 位点解离，很可能是这种互斥的信号机制在调节该受体的循环（Newstead and Barr, 2020）。大肠杆菌乳糖渗透酶（lactose permease，LacY）可能是生物学中研究得最充分的质子耦合转运蛋白，在 LacY 中，质子化先与乳糖结合，并且质子结合和释放使得 LacY 转运蛋白能够在转运过程中在内向和外向状态之间交替变化（Jiang et al., 2020）。同样地，在 KDELR 中，质子结合和释放也促进了 KDELR 受体在活化和非活化状态之间的结构转变。据推测，KDELR 受体可能是从一个祖先质子耦合的氨基酸转运蛋白进化而来的，后被重新用于调控 ER-Golgi 动态的转运受体，并具有更复杂的信号转导作用（Newstead and Barr, 2020）。在哺乳动物细胞中存在三种 KDELR，其中 KDELR2 似乎是多种人类细胞系和组织中的主要形式，并且在应激条件下与 KDELR3 一起上调。不同亚型的纳米抗体区分不同的受体异构体具有重要意义（Newstead and Barr, 2020）。

具有返回信号的蛋白质可能通过"H/KDEL"与 COPI 间接相互作用返回内质网腔（Stornaiuolo et al., 2003）。例如，内质网的分子伴侣蛋白受体相关蛋白（receptor-associated protein，RAP），其 C 端的"HNEL/KDEL"保证 RAP 返回内质网腔（Bu et al., 1997）。因为高尔基体和内质网腔的 pH 不同（Sweet and Pelham, 1992），在高尔基体中 RAP 的

"H/KDEL"结合 ERD2p（ER retention defective protein 2），而在内质网中 RAP 被释放。干扰 ERD2.1、ERD2.2 的表达后，RAP 的定位明显受到影响，说明带有"H/KDEL"信号的蛋白质通过 ERD 蛋白与 COPI 发生相互作用返回内质网腔。

2. 内质网膜蛋白的返回信号

Nilsson 等在腺病毒 3 中发现双赖氨酸信号（UUX），其主要存在于 I 型内质网膜蛋白，不同种属间具有一定的保守性（Nilsson et al., 1989; Gaynor et al., 1994）。赖氨酸附近氨基酸也会影响定位效率，两侧氨基酸为丝氨酸或丙氨酸时能介导蛋白质定位且定位效率较高；两侧为氨基乙酸或脯氨酸时则定位效率较低（Townsley and Pelham, 1994）。

双赖氨酸信号主要通过直接与 COPI 亚基相互作用而使蛋白质返回内质网膜。例如，研究人员利用多种实验证明 COPI 的 α、β'、γ、δ 和 ζ 等 5 个亚基与双赖氨酸信号具有相互作用（Zerangue et al., 2001）。

内质网逃逸的蛋白质主要通过 COPI 运输小泡被送回内质网（Kreis et al., 1995），因此通过研究蛋白信号片段与运输小泡 COPI 各亚基的相互作用就能区分保守信号与返回信号。例如，在研究甲硫蛋白（TPN）定位信号时，Paulsson 等（2005）发现具有"KKXX"序列的 TPN 能与 COPI 相互作用，而 C 端突变后 TPN 则不能与 COPI 相互作用，说明"KKXX"为 TPN 的定位信号，且该信号通过 COPI 返回内质网。

另一种途径中，蛋白质转运到高尔基体后会被修饰，利用不同的糖基化程度也可以区分保守信号与返回信号。例如，在酵母中，高尔基体具有 N-寡糖转移酶活性，可将底物蛋白 α-1,6-甘露糖基化，经修饰的蛋白质通过返回信号返回内质网（Gaynor et al., 1994）。哺乳动物细胞中运出的内质网蛋白被 N-乙酰氨基半乳糖转移酶修饰，因此可被 N-乙酰氨基半乳糖（N-acetylgalactosamine, GalNAc）的亲和素识别并着色的蛋白质是通过返回信号返回内质网的（Martire et al., 1996）。此外，经过高尔基体修饰的蛋白质可以抵抗内切糖苷酶 H（endoglycosidase H, endo H）的酶切效应，这些蛋白质的返回也依赖返回信号。

（三）内质网的其他定位信号

内质网蛋白也有许多定位信号不具有明确性和广泛性，如内质网定位蛋白的跨膜结构域，不同蛋白质分别利用跨膜二级结构、跨膜长度或疏水性等作为定位信号。如 Ryanodine 受体（RyR）通过其第 4 个跨膜区（Bhat and Ma, 2002）和第 1 个跨膜区（Meur et al., 2007）定位于内质网。Rer1 蛋白识别 Sec12（Sato et al., 2003）和 γ-分泌酶（Spasic et al., 2007）等的跨膜结构域，通过 COPI 将其返回内质网。

少数内质网蛋白通过特殊的二级结构定位。Mallabiabarrena 等（1995）利用点突变发现 Lyr-177、Leu-180 和 Arg-183 在 CD3-ε 定位中作用保守。核磁共振显示以 Lyr-177 和 Leu-180 为基础形成的 α 螺旋使二者并列靠近，紧接着为 β 折叠，使得 Arg-183 靠近 Leu-180，此二级结构能够促进蛋白质定位到内质网。

有些内质网蛋白同时存在两种定位信号。例如，钙网蛋白（calreticulin, CRT）C 端的"KDEL"和 N 端的疏水区共同协助其定位于内质网（Afshar et al., 2005）；Sec12 的 N 端信号区和 C 端疏水区都能单独完成内质网定位（Sato et al., 1996）；CLN6（ceroid lipofuscinosis neuronal protein 6）通过 C 端疏水区和 N 端胞质区共同完成内质网定位等（Heine et al., 2007）。

有些蛋白质通过与其他内质网蛋白相互作用而定位于内质网。BAP31（B-cell receptor associated protein 31）在很多内质网膜蛋白的定位中起作用，如 CYP2C2（cytochrome P450 2C2）通过 N 端 29 个氨基酸的膜结构与 BAP31 相互作用而定位于内质网（Szczesna-Skorupa and Kemper, 2006）；CRP（cysteine-rich protein）通过与具有"HIEL/HTEL"的羧酸酯酶相互作用而定位于内质网（Yue et al., 1996）；UGT（UDP-glucuronosyltransferase）通过与神经酰胺半乳糖转移酶相互作用而定位于内质网等（Kabuss et al., 2005）。

此外，许多病毒蛋白含有内质网定位信号。例如，风疹病毒的结构蛋白 E1 通过其跨膜区和 C 端序列使 E1 定位于内质网；丙肝病毒（hepatitis C virus，HCV）核心蛋白通过 C 端疏水区的 Leu-139、Val-140、Leu-144 定位于内质网，完成病毒组装（Okamoto et al., 2004）。内质网蛋白定位信号的研究有助于人们了解病毒的包装过程，为这些疾病的机制研究及新药的开发提供实验依据。

二、膜接触位点

（一）膜接触位点的概念

真核细胞的主要特征是存在各种各样的膜状细胞器，每一种细胞器都具有特殊的功能。大多数细胞器在细胞中都具有多个拷贝。然而，每个细胞只有一个内质网。内质网是由膜池和小管组成的，延伸到整个细胞，占据细胞质体积的很大一部分。这些细胞器明显有利于生化反应和生化过程的区室化，但给各个细胞器之间的通讯造成了一定的阻碍，需要相应的机制进行协调。传统的教科书配图一般将细胞器描绘为孤立地存在于细胞质中，但过去十年的研究彻底改变了这一观点，不同细胞器之间的膜接触位点（membrane contact site，MCS）受到高度重视，成为研究焦点，越来越多的研究表明，细胞器不是孤立的细胞隔室，而是相互依赖的结构，可以通过 MCS 进行通讯，维持细胞稳态（Wu et al., 2018）。

在 20 世纪 60 年代早期，人们利用电子显微镜观察到了内质网和高尔基体之间的 MCS，但由于缺乏合适的研究技术，关于 MCS 的研究进展很缓慢（Venditti et al., 2020）。最近，显微镜分辨率的提高和专一性荧光团的发展，大大增强了人们研究细胞器间 MCS 的能力。利用电子显微镜可以在纳米分辨率下观察 ER MCS 与其他细胞器和质膜的三维结构。多光谱活细胞荧光显微镜可以显示 MCS 随时间的变化和对刺激的反应，分裂荧光蛋白（split fluorescent protein）或基于 FRET（fluorescence resonance energy transfer）的技术在活体细胞中可视化 MCS，展示了它们的动态特性（Rey et al., 2005；Pierleoni et al., 2007；Nakatsu and Tsukiji, 2023）。这些技术共同揭示了 MCS 的一般性特征。例如，电子显微镜发现 MCS 是紧密相对的结构并相互系链，但并不融合；MCS 的间距为 10~30nm；核糖体不存在于内质网的 MCS 位点。荧光显微镜显示细胞器在沿微管流动时仍能附着在内质网小管上。分裂荧光蛋白技术在酵母中识别出了多种新的潜在 MCS（Shai et al.，2018）。二聚体化依赖的荧光蛋白（dimerization-dependent fluorescent protein，ddFP）是两种 FP（fluorescent protein），经过改造后在单体状态下呈暗色，但在亲近诱导异二聚体形成时变为明亮的荧光状态。利用 ddFP 能够可视化 MCS（Xie et al.，2022），观察到内质网和无膜细胞器加工小体（processing body，P-body）之间接触的动态过程（Lee et al.，2020）。这些观察技术联合传统的分子生物学和生物化学技术，鉴定了存在于几个 MCS 中的一些分子及它们参与的功能，包括细胞器之间的脂质和离子转运，以及细胞器的定位和分裂功能（Wu et al.，2018；Venditti et al.，2020）。

MCS 是两种不同细胞器的膜紧密结合部位。不同种类的蛋白质填充于 MCS 中，包括 VAP（vesicle-associated membrane protein-associated protein，囊泡相关膜蛋白相关蛋白 VAPA、VAPB）、负责在 MCS 中进行脂质交换和离子交换等的功能蛋白、膜联蛋白（annexin），以及在 MCS 中起调节作用的蛋白质和酶（图 5-4）（Wu et al.，2018；Mesmin et al.，2019）。VAP 是高度保守的内质网膜蛋白，动物中包括 VAPA 和 VAPB 亚型，酵母中包括 Scs2（suppressor of choline sensitivity 2）和 Scs22 亚型。VAP 定位于整个内质网，与多种蛋白质相互连接，进而在多个 MCS 结构中发挥功能（图 5-4）（Wu et al.，2018；Mesmin et al.，2019），例如，JMY-VAPA 蛋白对负责内质网和细胞骨架之间的 MCS，ORP2-VAPA 蛋白对负责内质网和脂滴之间的 MCS，CALCOCO1-VAPA/B 蛋白对负责内

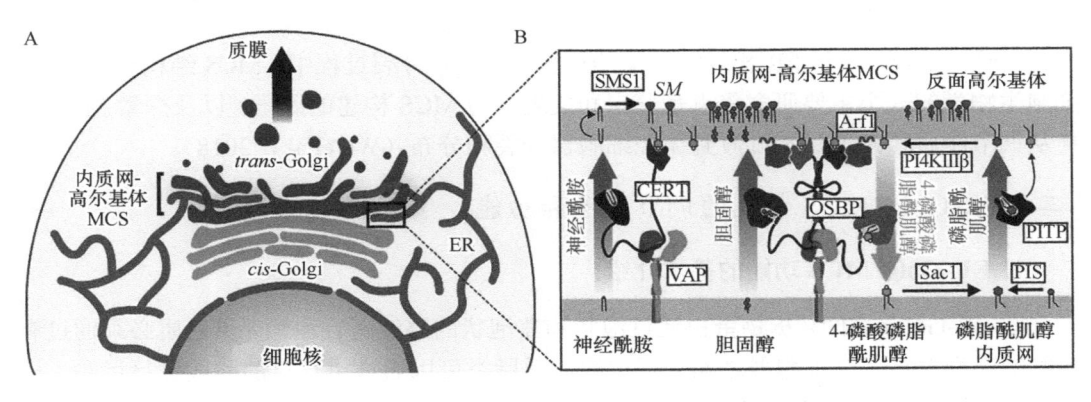

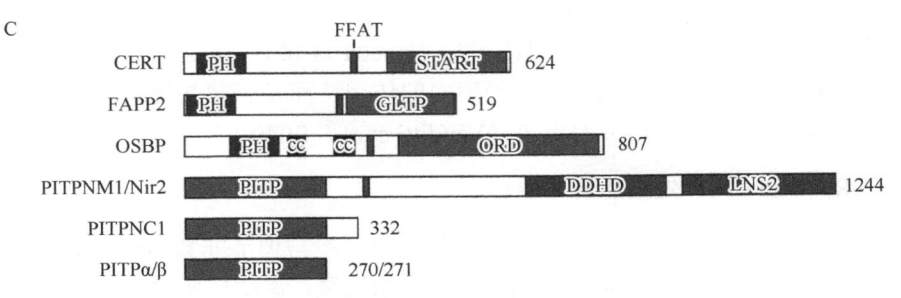

图 5-4 内质网-高尔基体间 MCS 的脂质交换示意图（Mesmin et al.，2019）

A. 内质网和高尔基体之间的 MCS 结构，灰色的代表 ER；B. 分布于内质网-高尔基体 MCS 内的蛋白质分子，如 CERT（ceramide transfer protein）、VAP、OSBP（oxysterol-binding protein）等；C. 存在于内质网-高尔基体 MCS 内的几种 LTP（lipid transfer protein，脂质转移蛋白）的结构域特征示意图

质网和自噬溶酶体之间的 MCS，SXN2-VAPB 蛋白对负责内质网和内吞体之间的 MCS，ACBD5-VAPA/B 蛋白对负责内质网和过氧化物酶体之间的 MCS，PTPIP51-VAP 蛋白对负责内质网和线粒体之间的 MCS，ORP1L-VAPA/B 蛋白对负责内质网和溶酶体之间的 MCS，ORP3-VAPA 蛋白对负责内质网和质膜之间的 MCS，OSBP-VAPA 蛋白对负责内质网和高尔基体之间的 MCS（Taskinen et al.，2023）。在原代内皮细胞中敲低 VAPA/B，转录组学结果显示，多种与炎症、内质网和高尔基体功能障碍、内质网应激、细胞黏附、COPI 和 COPII 囊泡运输相关的基因被显著上调，与细胞分裂、脂质和甾醇生物合成相关的关键基因被下调。通过脂质组学分析发现，敲低 VAPA/B 使得胆固醇酯、长链高度不饱和及饱和脂质减少，而游离胆固醇和较短的不饱和脂质增加。此外，体外血管的生成被抑制，炎症反应增加，这与早期动脉粥样硬化标志物上调的结果相符。作者推测 ER MCS 功能受损时也会出现上述变化（Taskinen et al.，2023）。

膜联蛋白是胆固醇转运、ILV 内腔小泡（intraluminal vesicle，ILV）形成和 MCS 相关的调控因子（Enrich et al.，2021）。AnxA1（annexin A1）和 AnxA6 通过 MCS 控制从内质网到晚期内体/溶酶体的胆固醇转运以及反向转运（Eden et al.，2016；Meneses-Salas et al.，2020）。这有助于细胞调控 MVB 中的胆固醇水平，同时与其他脂质和辅助蛋白质一起参与 ILV 生物合成（Gruenberg，2020）。值得注意的是，AnxA1 仅在内质网和含有 EGFR 的 MVB 之间介导 MCS 形成（Wong et al.，2018a）。

MCS 在管状内质网膜上非常保守且分布广泛（图 5-4）。借助于多光谱活细胞荧光显微镜可以同时成像并跟踪多个细胞器的动态变化，发现其他细胞器与 ER 紧密地系链在一起。研究发现，在与 ER 相连细胞器的运输、融合和分裂过程中，MCS 结构一直伴随。细胞生物学的一个主要研究焦点是鉴定和发现参与 MCS 构建的因子，以及探索 MCS 如何从调节脂质和离子稳态过渡到调控细胞器分裂和分布（Wu et al.，2018）。

（二）ER-Golgi MCS 相关的调节因子和功能

1. ER-Golgi MCS 功能的基本介绍

在 ER-Golgi 之间，货物蛋白通过泡状和非泡状的路线进行运输。蛋白质必须通过有包膜的小泡在这两个细胞器之间进行运输，而脂类可以通过更直接的路线进行运输。一般来说，脂类在 ER 和其他细胞器之间经由 MCS 结构进行直接转移，这最早是在内质网和高尔基体之间的脂质转移研究中鉴定的（Hanada et al.，2003）。目前的研究主要强调了 ER-Golgi MCS 在脂质交换和体内平衡中的作用，而是否参与钙离子交换或者是否与小泡运输有交叉，还没有相关的报道（Venditti et al.，2020）。

2. ER-Golgi MCS 处脂质转移蛋白

迄今为止，在 ER-Golgi MCS 中，VAP 是唯一参与调节非囊泡脂质转运的 ER 蛋白质。VAP 包含一个 MSP（major sperm protein）结构域，该结构域与位于相反膜上的蛋白质的 FFAT[two phenylalanines（FF）in an acidic tract]基序相互作用（Loewen et al.，2003）。例如，在 ER-trans-Golgi MCS 中，VAP 与三种不同脂质转移蛋白的 FFAT 基序相互作用，

包括 Nir2（Peretti et al.，2008）、神经酰胺转移酶 1（ceramide transfer protein，CERT）（Hanada et al.，2003）和氧化甾醇结合蛋白（oxysterol-binding protein，OSBP）（图 5-4）（Mesmin et al.，2013）。trans-Golgi 对新合成的、回收的蛋白质及脂质进行分类，并将其输送到适当的细胞目的地。cis-Golgi 被认为是 ER 来源物质进入高尔基体的主要通道，目前发现，cis-和 trans-Golgi 与内质网之间均存在 MCS（Mesmin et al.，2019）。

  OSBP 可以结合 VAP，它包含：一个 PH 域，在高尔基体 TGN 结合 PI4P；一个 FFAT 结构域，结合 VAP；一个 ORD 结构域，可以将 PI4P 从高尔基体转移到内质网或将胆固醇进行反向转移。PI4P 由 PI4K 在 TGN 处产生，但被 ER 中的磷酸酶 Sac1 水解。最近的证据表明，OSBP 大量转移和消耗 TGN 处新合成的 PI4P，这有助于胆固醇从内质网向 TGN 的反向转移。例如，当高尔基体 TGN-PI4P 水平较高时，OSBP-VAP 的相互作用可以稳定 ER-TGN MCS，并且，OSBP 的 ORD 结构域促进了 ER 和高尔基体 TGN 之间胆固醇与 PI4P 的交换。在 ER-Golgi MCS 发现的其他 ORP 中，ORP4 和 ORP9 也可以进行胆固醇/PI4P 交换，而 ORP10 可能携带 PS。PI4P 的浓度被 ER 磷酸酶 Sac1 保持在较低水平，在内质网膜上，Sac1 可以通过水解作用将 PI4P 转化为磷脂酰肌醇（PI）（图 5-4A、B）。PI（phosphatidylinositol）也可以在内质网中由 PI 合成酶（phosphatidylinositol synthase，PIS）合成，几种 PI 转运蛋白（phosphatidylinositol transfer protein，PITP）在 MCS 处负责将 PI 从内质网转运到高尔基体 TGN。例如，PITPNC1（phosphatidylinositol transfer protein，cytoplasmic 1）是一种癌基因，在多种癌症中存在过度表达，也是一种可以结合并转运 PA（phosphatidic acid）和 PI 的 PITP，影响 TGN 膜的 PI4P 水平和 FAPP1-PH（four-phosphate adapter protein 1，pleckstrin homology domain）聚集（Garner et al.，2012；Maeda et al.，2013；Halberg et al.，2016；Mesmin et al.，2017；2019）。PI4P 沿其浓度梯度从高到低向内质网转移，同时驱动胆固醇进行相反方向的转运，即从 ER 到高尔基体（Wu et al.，2018；Mesmin et al.，2019）。

  CERT 可以结合 VAP，它包含：一个 PH 域，负责在高尔基体结合 PI4P；一个 FFAT 结构域，负责结合 VAP；一个 StART 结构域，负责将神经酰胺从内质网转移到高尔基体（图 5-4A、B）（Wu et al.，2018）。StART 结构域包含一个两亲性空腔，能够容纳不同种类的神经酰胺，神经酰胺主要在 ER 胞质侧膜小叶处产生，并通过 SM 合酶 1（sphingomyelin synthase 1，SMS1）的作用在 trans-高尔基管腔转化为鞘磷脂（SM）（Mesmin et al.，2019）。最近的研究表明，脂质转移酶也受到细胞的调节，以促进或抑制脂质交换过程。

  脂质转移蛋白在 ER-Golgi MCS 处的作用影响了分泌途径中脂质的存在顺序，尤其是对脂质排列要求比较高的运输事件，例如，极化的上皮细胞或神经前体细胞向顶端 PM 的转运过程特别需要 FAPP2 和 CERT 脂质转移蛋白的参与（Xie et al.，2018）。ER-Golgi MCS 处进行的非泡状脂质交换决定了高尔基不同区域之间的脂质成分和含量差异，如（糖类）鞘脂和胆固醇的含量不同。一旦进入 TGN，（糖类）鞘脂前体被加工并与甾醇结合形成超分子膜结构，在蛋白质分选和信号平台的形成中起着重要作用。这些膜结构域的形成依赖于脂质转移蛋白提供足够数量的脂质组分，以及协调鞘脂和甾醇合成和运输的稳态机制。虽然不同的合成机制参与了调节，但 ER-Golgi MCS 在脂质交换中的作用也非常关键。目前，MCS 相关蛋白质的功能结构仍不清楚，需要进一步的研究了解 ER-Golgi MCS 的蛋白质动力学、蛋白质磷酸化和 PI4P 转换与脂质流动的协调，并确定脂质转运活性是否影响癌症信号相关的细胞转化过程（Mesmin et al., 2019）。

（三）ER-Golgi-MCS 可视化的研究方法

ER-Golgi-MCS 的可视化研究一直受到技术限制，多年来，电子显微镜（electron microscope，EM）仍然是唯一能够对其存在和特征进行研究的方法。最近，利用 EM 进行形态学分析发现，只有一部分高尔基体（约 55%）与 ER 接触，平均约 24% 的 TGN 表面积参与 ER-Golgi-MCS。由于 EM 方法提供的只是某一时刻细胞的快照，因此无法确定是否存在特定的高尔基部位负责和促进 ER 形成 MCS。在肝细胞中使用聚焦离子束扫描电子显微镜（focused ion beam scanning electron microscope，FIB-SEM）对 ER-TGN MCS 进行了研究，发现 ER-TGN 交界面上每个细胞器的表面积高达 $0.2\mu m^2$。然而，EM 的分辨率虽然高，但使用条件受限（Venditti et al., 2020）。

最近，一种基于 FRET 的荧光寿命成像（fluorescence lifetime imaging，FLIM）技术具有纳米级分辨率及较高的通量，且可以在活细胞内进行成像，一定程度上克服了 EM 技术的不足（Venditti et al., 2019）。FLIM-FRET 技术动态测量了受体荧光蛋白 mCherry 和供体荧光蛋白 GFP 的荧光变化，其中，GFP 偶联高尔基标志 TGN46 蛋白，mCherry 偶联 ER 标志 Cb5 蛋白。当两个膜足够接近（在 10nm 内）时，能量会从 GFP 转移到 mCherry，所以观察到 GFP 的荧光寿命显著缩短。这种技术可以用来筛选推测的候选蛋白，以及鉴定在 MCS 处行使功能的"新"蛋白，例如，使用这种方法鉴定出 ORP9 和 ORP10 蛋白参与 MCS 的功能调节。这种技术的可靠性得到了 EM 的证实（Venditti et al., 2019）。在没有采取稳定或诱导 MCS 的情况下，FLIM-FRET 技术可以反映 ER-Golgi MCS 的真实情况。例如，有研究者将 GFP 蛋白分为两个片段，一个包含 β 链 1~10，另一个包含 β 链 11，两者分别与两个细胞器的标志蛋白构建为融合蛋白，蛋白质表达以后，如果两个标志蛋白足够靠近（在 10nm 内），则会促成两个 GFP 片段互相靠近，形成一个完整的 GFP β 桶结构，发出绿色荧光，"照亮"两个细胞器之间的接触部位。该技术的缺点是两个 GFP 片段之间建立的键比较稳定，改变了 MCS 本身的动力学特征（Kakimoto et al., 2018）。最后，超分辨率显微技术的不断改进，已经可用于 MCS 相关的分析（Schermelleh et al., 2019）。

（四）ER-PM MCS 相关的调节因子和功能

在所有真核生物中，ER 与 PM 形成非常广泛的连接。虽然 PM 不是一个细胞器，但 ER-PM 之间的接触与细胞器之间的 MCS 有一些共同的功能（如调节脂质转运和体内平衡）和共同的调节因子（如 VAP 和 OSBP）。在酵母中，ER-PM MCS 大量存在，覆盖了 PM 在细胞质侧总面积的 40%（West et al., 2011）。相比之下，动物细胞中的 ER-PM MCS 仅占 PM 胞质侧总面积的 2%~5%（Giordano et al., 2013；Chung et al., 2015）。总之，ER-PM 接触同样在脂质平衡和 Ca^{2+} 平衡中发挥着重要作用（Wu et al., 2018）。

1. ER-PM MCS 的脂质转运

ER 合成的磷脂，如 PI、PS（phosphatidylserine）及甾醇（sterol）在 ER-PM MCS 处被转运到 PM。ORP/Osh（oxysterol-binding protein-related protein/Osh family）家族成员调节 ER-PM MCS 的磷脂平衡。和其他成员一样，ORP5 和 ORP8 同时包含 ORD（OSBP-related domain）和 PH（pleckstrin homology）结构域（Chung et al., 2015）。在体外试验中，纯化的 ORP8 ORD 结构域可在蛋白脂质体之间结合并转移 PS 或 PI4P，这表明 ORP8 可能在 MCS 处转运 PS 和 PI4P。在动物细胞中，ORP5 和 ORP8 是 ER 定位的脂类传感器，当 PM PI4P 水平升高时，两个蛋白质集中在 ER-PM MCS 处（Chung et al., 2015）。这些 ORP 蛋白的 C 端锚定在内质网膜上，因此它们不需要与 VAP 结合来调节脂质转运。在酵母中，Osh3 调节 ER-PM MCS 处的 PI4P 代谢。Osh3 包含一个 PH 结构域，在 PM 上结合 PI4P，且含有一个 FFAT 基序与 ER 定位的 Scs2/Scs22 结合。PM 上的 PI4P 与 Osh3 和 Scs2/22 之间的桥接促进了 ER 定位的磷酸酶 Sac1 在 MCS 处对 PI4P 进行水解加工（Stefan et al., 2011；Wu et al., 2018）。

TMEM24（transmembrane protein 24）是一种 ER 蛋白，根据细胞内 Ca^{2+} 浓度的变化，在 ER-PM MCS 处调节 PI 的转运。TMEM24 的过表达促进 ER-PM MCS 的形成，这依赖于 TMEM24 与 PM 结合的能力。TMEM24 优先将 PI 从 ER 传输到 PM。在葡萄糖刺激下，*TMEM24* 基因敲除减少了细胞对胰岛素的分泌。这种减少与 TMEM24 的 PI 转运能力直接相关，因为缺乏 SMP 结构域的 TMEM24 无法挽救胰岛素分泌不足（Lees et al., 2017）。TMEM24 向 ER-PM MCS 的转运受 Ca^{2+} 浓度和磷酸化的调节。当细胞内 Ca^{2+} 浓度升高时，TMEM24 被 PKC（protein kinase C）磷酸化，并从 ER-PM MCS 处移走。TMEM24 被丝氨酸/苏氨酸磷酸酶 2B（PP2B/calcineurin）去磷酸化后又被招募回 PM（Wu et al., 2018）。

2. 钙离子调节 ER-PM MCS

在动物细胞中，ER 是 Ca^{2+} 的主要储存场所。当 ER 的 Ca^{2+} 储存被耗尽时，它依赖于细胞外的 Ca^{2+} 进行补充。30 多年之前，科学家认为 ER-PM MCS 参与这一过程的调控（Putney, 1986）。据报道，在 ER-PM MCS 处，细胞外 Ca^{2+} 主要通过 Orai1 通道进入 ER。Orai1 是 PM 上的一个六聚体 Ca^{2+} 释放激活的 Ca^{2+}（Ca^{2+} release-activated Ca^{2+}，CRAC）通道，对于 Ca^{2+} 的进入非常重要。Orai1 含有四个 TM 结构域，其 N 端和 C 端均面向细胞质；它包含一个细胞外谷氨酸环来选择 Ca^{2+}，以及一个调节门控通道的基本区域（Hou et al., 2012；Wu et al., 2018）。

STIM1（stromal interaction molecule 1）是一种内质网膜蛋白，当 ER 的 Ca^{2+} 储存被耗尽时，STIM1 寡聚并转移到 ER-PM MCS，结合并激活 Orai1。这种相互作用通过 SERCA（sarco/ER Ca^{2+}-ATPase）泵引导 Ca^{2+} 进入内质网腔。当内质网腔中的 Ca^{2+} 储存耗尽时，STIM1 的 EF 手驱动构象变化以启动 STIM1 寡聚（Stathopulos et al., 2008；Zhou et al., 2013；Wu et al., 2018）。

在骨骼肌细胞中，ER-PM MCS 通过控制 Ca^{2+} 流量来驱动肌肉收缩。这些细胞中会形成特殊的膜结构以增强 Ca^{2+} 的流量：横小管是 PM 的内陷结构，与肌浆网（SR，肌细胞 ER）的终端结构相对。这种 MCS 由 SR 膜上的 RyR1（Ryanodine 受体）和 PM 上电压依赖性钙通道的亚单位 Cav1.1 组成。当 PM 去极化和动作电位产生后，Cav1.1 发生构象变化，使 Ca^{2+} 通过 RyR1 释放到细胞质中，从而引发收缩。在心肌细胞中，类似的系统包括 RyR2 受体和电压门控钙离子通道 Cav1.2 建立的 ER-PM MCS（Hernández-Ochoa et al.，2015；Wu et al.，2018）。

（五）总结

在过去的几年中，人们证实了 MCS 参与脂质和离子的转运，并且揭示了一些参与这些过程的分子和机制。一些新的功能也被证实，如 MCS 在调节细胞器的分布和分裂中的重要作用。此外，细胞器间的通讯是高度整合的，并参与细胞稳态的调节。内质网和内体 MCS 提供了 PTP1B（protein tyrosine phosphatase 1B，也称为 PTPN1）与内吞的 EGFR 相互作用的场所（Eden et al.，2010）。最近有研究证明，LRRK1（leucine-rich repeat kinase 1）在内质网-内体接触位点促进 PTP1B（一种定位于内质网的蛋白酪氨酸磷酸酶）对表皮生长因子受体（EGFR）进行去磷酸化，并将其分拣到内体的内腔囊泡（ILV）中。EGFR 的活化也引发内吞。EGFR 信号转导不仅发生在质膜，还发生在内吞后的内体中。内吞后的 EGFR 与早期内体结合，然后返回到细胞表面或被分拣到溶酶体中进行降解。此外，PTP1B 通过去磷酸化接触位点上的 pY944 来激活 LRRK1，从而促进含有 EGFR 的内体转运到近核区域。这些发现表明内质网-内体 MCS 作为一个中心，促进 LRRK1 介导的信号调节 EGFR 转运的作用（Hanafusa et al.，2023）。

MCS 对正常细胞的生理活动非常关键，与人类疾病也密切相关。从少数被鉴定的特异性调节 MCS 功能的蛋白质中发现，它们在多种疾病中发生了较高比例的突变（Hernández-Ochoa et al.，2015；Murley et al.，2015；Wu et al.，2018）。例如，Seipin、Prompin 和 Spastin 与遗传性痉挛性截瘫有关；VAPA 和 VAPB 与肌萎缩侧索硬化有关；Dnm2（dynamin 2）和 Mfn2（mitofusin 2）与进行性神经性腓骨肌萎缩症（Charcot-Marie-Tooth disease）有关；Stim1（stromal interaction molecule 1）和 Orai1（calcium release-activated calcium modulator 1）与微管聚集性肌病有关；ACBD5 与视网膜营养不良有关。利用多种显微镜技术，人们能够实时、高分辨率地同时跟踪 MCS 中的多个因子，这将有助于人们更详细地了解 MCS 生物学及其相关的生理过程（Wu et al.，2018）。

第三节 高尔基体定位蛋白的分选和逆向运输

高尔基体（Golgi complex，Golgi body，Golgi）是蛋白质修饰、分选、水解加工的场所，也是分泌物质的转运站，时时刻刻都有大量的蛋白质进出高尔基体（Ayala and Colanzi，2017；Bajaj et al.，2022）。高尔基体在蛋白质和脂类的加工及分类中起着重要作用，也可以作为信号枢纽和微管成核中心。高尔基体的膜囊结构组成各不相同，根据膜囊的形态结构、细胞化学反应和执行功能的不同，将高尔基体分为三个组成部分，即顺面高尔基网状结构（*cis* Golgi network，CGN）、高尔基中间膜囊（medial Golgi stack）和反面高尔基网状结构（*trans* Golgi network，TGN）。

CGN 靠近内质网，该结构的主要功能是分选内质网新合成的蛋白质和脂类，并将其中的大部分转入高尔基体中间膜囊，而小部分返回内质网。高尔基体中间膜囊位于 CGN 和 TGN 之间，主要功能包括多数糖基的修饰、糖脂的形成，以及高尔基体相关的多糖合成。TGN 位于高尔基体反面最外层，主要负责蛋白质的分选和修饰，并将分泌蛋白质由分泌泡输出细胞或运向溶酶体。

高尔基体驻留蛋白主要执行高尔基体功能，并维持高尔基体自身结构完整。高尔基体驻留蛋白主要包括单次跨膜蛋白（Ⅰ型和Ⅱ型）、多次跨膜蛋白、周缘膜蛋白和腔内可溶性蛋白（Gleeson，1998）。大多数已知定位于高尔基体的膜蛋白如糖基转移酶、糖基化酶均为Ⅱ型膜蛋白，其 N 端位于细胞质，C 端位于高尔基体腔。定位于 TGN 的Ⅰ型膜蛋白，其蛋白质取向与Ⅱ型膜蛋白相反。

一、蛋白质向高尔基体的反向运输

从内体到 TGN 的反向运输对于蛋白质和脂质的回收非常关键，可以抵消正向膜流通。反向运输的蛋白质包括溶酶体酸性水解酶受体、SNARE 蛋白、加工酶、营养物质转运蛋白及其他跨膜蛋白质，还包括一些非宿主的细胞外蛋白如病毒、植物和细菌的毒素。这些蛋白质分子的高效运输取决于有选择性的分选和浓缩，以进行定向反向传输，从而完成从内体的回收利用（Buser and Spang，2023）。

（一）货物受体蛋白的回收

循环于内体和高尔基体之间、研究得最为深入的货物受体蛋白有依赖阳离子和不依赖阳离子的 6-磷酸甘露醇受体（cation-dependent mannose 6-phosphate receptor/cation-independent mannose 6-phosphate receptor，CDMPR/MPR46 和 CIMPR/MPR300），其对于高尔基体中带有 M6P（mannose 6-phosphate）标记的溶酸性水解酶的输出至关重要（Kornfeld，1992）。在轻度酸性的内体环境中卸载货物蛋白后，MPR（mannose 6-phosphate receptor）将被回收以供再利用。CIMPR，也称为 IGF2R（insulin-like growth factor 2 receptor），不仅介导带有 M6P 标记的溶酸性水解酶向溶酶体的运输，还在内化胰岛素样生长因子 2（IGF2）时发挥作用，IGF2 在控制胚胎的正确发育方面起着关键作用（Ghosh et al.，2003）。免疫金标记研究显示，大部分 MPR 定位于高尔基体、内体和 PM（van Meel and Klumperman，2014）。另外，CIMPR 在重新捕获错位的 M6P 标记蛋白时发挥作用。与细胞表面相关的 CIMPR 是一种有效的潜在治疗靶点，可以利用六糖-抗靶蛋白抗体偶联物将细胞外和跨膜蛋白带到溶酶体中进行降解，而 CIMPR 则被回收到 TGN 或质膜以供再利用（Banik et al.，2020；Buser and Spang，2023）。

另一个经此途径从内体到高尔基体反向运输进行回收的货物受体蛋白是整合膜蛋白 WLS（也称为 Wntless、Evi 和 GRP177）。WLS 通过分泌途径运输 Wnt 蛋白（wingless-related integration site protein）至细胞表面进行释放（Harterink and Korswagen，2012；Mittermeier and Virshup，2022）。卸载 Wnt 蛋白后，WLS 从细胞表面回收进行循环利用。稳态下，WLS 定位于内质网、高尔基体和质膜，提示它可能在内质网和质膜之间来回运输。事实上，WLS不仅被报道靶向TGN进行反向运输（Harterink et al.，2011），也可以靶向内质网进行回收（Yu et al.，2014）。因此，WLS是已知的几种内源性受体之一，可以进行反向质膜-ER运输（Buser and Spang，2023）。

（二）SNARE蛋白的回收

SNARE蛋白（soluble-N-ethylmaleimide sensitive fusion protein attachment protein receptor）是一个大的蛋白超家族，在哺乳动物中有60多个成员（Wang et al.，2017）。SNARE是一种20～30kDa的II型跨膜蛋白，具有C端疏水区域，起到膜锚定功能。SNARE的N端部分介导膜融合。在SNARE的作用模型中，从TGN输出的囊泡SNARE（v-SNARE）与内体靶向SNARE（t-SNARE）相互作用，介导TGN供体膜和内体受体膜之间的膜融合。在v-/t-SNARE复合物解体后，v-SNARE必须回收到TGN。因此，SNARE对于其他蛋白质的运输和膜流动非常重要（Buser and Spang，2023）。

（三）营养物质转运蛋白的回收

营养物质转运蛋白的定位主要由代谢信号调节。这种调节可以优化养分吸收能力、维持细胞内养分平衡，同时保护细胞免受毒性养分的影响。该类别中的反向运输载体包括GLUT4（glucose transporter type 4）、Menkes蛋白（menkes protein，也称为ATP7A/B）和DMT1-II（divalent metal transporter 1-II）。GLUT4转运蛋白在胰岛素敏感的细胞中被转运到细胞表面，促进葡萄糖的摄取。胰岛素水平升高，导致葡萄糖水平下降，引起GLUT4的逆行运输并储存于GLUT4储存室（GLUT4 storage compartment，GSC）中，GSC由TGN产生（Jedrychowski et al.，2010）。Menkes蛋白（也称为ATP7A/B）是哺乳动物铜转运途径的一部分，在高尔基体和质膜之间循环（Polishchuk and Lutsenko，2013）。当细胞外铜离子浓度降低时，Menkes蛋白更容易从质膜反向运输到TGN进行储存。然而，当细胞内铜浓度增加时，Menkes蛋白在细胞表面的定位速率也随之增加，促进了细胞内铜离子的去除（Buser and Spang，2023）。

二价金属转运蛋白1-II（DMT1-II）是营养转运蛋白家族的另一个成员，它的作用是将二价金属离子（包括铁）从隔室腔转运到细胞质中（Tabuchi et al.，2010）。尽管TfR和DMT1-II在铁吸收方面协同作用，但它们具有明显的逆行分选路线。虽然TfR从早期内体再循环到达细胞表面，但DMT1-II首先向TGN逆行转运，然后再返回质膜（Tabuchi et al.，2010）。TfR和DMT1-II不同的分选路线可能提供了一种避免铁毒性的机制。因此，逆行转运对于调节营养稳态十分重要（Buser and Spang，2023）。

（四）其他跨膜蛋白的回收

TGN整合膜蛋白TGN46（*trans*-Golgi network protein 46）及其同工异构体（TGN38、TGN48和TGN51），以及APP蛋白（amyloid precursor protein）。在稳态下，TGN46及其同工异构体仅定位于TGN，是TGN驻留蛋白。然而，TGN46及其同工异构体也存在于细胞表面，可以通过内体回收到TGN（Buser and Spiess，2019），但其循环于TGN和

质膜之间的生物学意义尚不清楚。此外，高尔基驻留蛋白如半乳糖转移酶或唾液酸转移酶也可以逃离高尔基体，从 TGN 中被分选出，是否被回收至高尔基体尚无证据（Sun et al.，2021）。因此，这种逃逸也可能是这些蛋白质正常生物学降解的一部分（Buser and Spang，2023）。

（五）非宿主蛋白的回收

除了内源性货物蛋白外，一些毒素和病毒蛋白也通过细胞表面逆行转运进入细胞（Johannes and Popoff，2008）。这些蛋白质毒素通常由细菌分泌（如志贺毒素和霍乱毒素），或由植物分泌（如蓖麻毒素和相思豆毒蛋白）。这些毒素一般包括一个配体基序，该基序可以与细胞表面的糖蛋白或鞘糖脂结合，并带有抑制宿主细胞反应的酶活性结构域。在与细胞表面结合后，毒素被内化并通过网格蛋白介导的或者不依赖网格蛋白的内吞作用（CME 或 CIE）到达内体。一些毒素，如志贺毒素，穿过 TGN 和高尔基复合体到达 ER，然后配体和酶结构域彼此分离。酶部分通过反向运输进入细胞质，在那里发挥其毒性（Sandvig and van Deurs，2005）。然而，并不是所有的毒素都通过 TGN 内吞作用进入细胞，例如，假单胞菌外毒素 A（pseudomonas exotoxin A，PEA）通过核相关内体（nuclear-associated endosome，NAE），采取新的内体途径到达宿主核质（Chaumet et al.，2015；Buser and Spang，2023）。

二、蛋白质从内体向高尔基体反向运输的分选机制

在被内化以后，进入早期内体的货物蛋白可以被送到质膜表面进行再循环，从而进入溶酶体进行分类降解，也可以被运输到 TGN（Huotari and Helenius，2011）。早期内体包括分选（液泡）和管状（再循环）结构域。内体到 TGN 的转运不仅发生在管状结构的早期内体中，还可能在整个内体成熟过程中和晚期内体中发生（Podinovskaia et al.，2021）。蛋白质在这些内吞体和 TGN 之间的运输需要进行膜泡的形成、分裂和融合，并在特定区域招募分子组间协助货物蛋白的逆向运输（Buser and Spang，2023）（图 5-5）。

（一）网格蛋白介导的运输

网格蛋白适配蛋白组成网格衣被的单体和多聚体组分。网格蛋白适配蛋白包括 AP-1、GGA1-3（Golgi-associated，gamma adaptin Ear containing，ARF binding protein 1-3）和 epsinR（Epsin-related，epsinR）。目前已经形成共识，即不同的适配蛋白协同调节运输过程（Buser and Spang，2023）。

（二）AP-5 介导的运输

AP-5 是异四聚体货物衔接蛋白（AP）复合物家族的成员，定位于晚期内体。与网格蛋白依赖性 AP 复合物不同，AP-5 与另外两种蛋白质 SPG11（spatacsin）和 SPG15（spastizin）稳定结合。AP-5 在内体膜上的招募依赖于磷脂酰肌醇-3-磷酸（PI3P）。AP-5/SPG11/SPG15 复合物向晚期内体/溶酶体招募的机制研究显示，PI3P 和 Rag GTPase

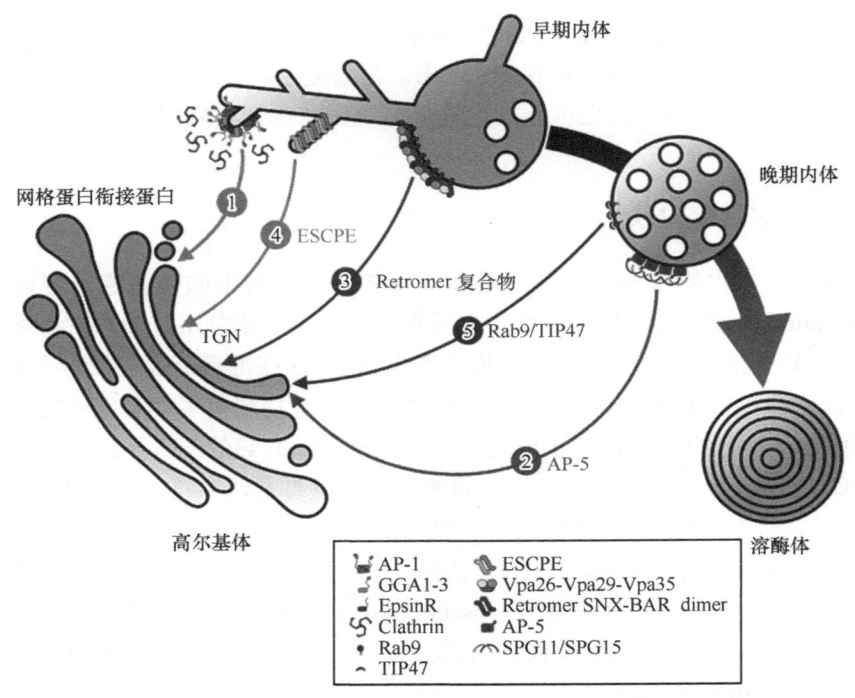

图 5-5　内体到 TGN 运输的分选机制（Buser and Spang，2023）

在通过内吞作用将货物蛋白内化后，存在多种途径可以将货物蛋白从内体分类运输到 TGN。这些货物蛋白分选的机制可以从早期或晚期内体发生，并由不同的分选机制介导：①网格蛋白介导的运输；②AP-5 介导的运输；③逆向转运复合物介导的运输；④ESCPE；⑤Rab9/TIP47 介导的运输。虽然所有这些途径都同时进行，但它们之间的协同程度仍然未知

（Ras-related GTPase）的水平对于调节 AP-5 在膜上的定位非常重要（Hirst et al.，2021）。通过 RNAi 减少 AP-5 的表达，可以导致多囊泡体（MVB）的肿胀，并促进 CIMPR 阳性小管的产生（Hirst et al.，2018）。通常，缺乏 AP-5、SPG11（spastic paraplegia 11）或 SPG15 的成纤维细胞显示异常的内溶酶体形态，表明内体/内溶酶体成熟可能发生了改变（Buser and Spang，2023）。

通过抗体摄取免疫定位检测发现，AP-5 缺失会导致 CIMPR 向 TGN46 阳性区域的逆向转运受损，这表明了 AP-5 在逆行转运中的作用（Hirst et al.，2018）。为了寻找其他依赖于 AP-5 的货物蛋白，研究者从 AP-5 敲除细胞中分离出囊泡组分，并发现了几种具有不同拓扑结构的高尔基体跨膜蛋白可能是 AP-5 的货物蛋白。研究表明，AP-5 参与了 CIMPR 和 sortilin 家族受体从内体到高尔基体的逆向运输（Buser and Spang，2023）。

AP-5 的研究相当有意义，因为它与遗传性痉挛性截瘫有关。这是一种患者下肢进行性痉挛且发病年龄相对较早的疾病（Sanger et al.，2019）。Rag GTPase 与 AP-5/SPG11/SPG15 复合物的相互作用以及与 mTORC1 的联系，有助于解释该疾病的缺陷表型，如自噬溶酶体重组缺陷（Hirst et al.，2021）。

（三）逆向转运复合物和 SNX 介导的运输

逆向转运复合物是一种在进化上保守的多聚蛋白复合体，被认为是在管状内体网络

（TEN）中协调多个货物蛋白分选事件的主要调节者（Mukadam and Seaman，2015）。与COPI、COPII或clathrin等经典蛋白衣被不同，逆向转运复合物在电子显微镜下不会在膜上形成可见的电子密集层。此外，逆向转运复合物还促进了内体中货物蛋白向细胞质膜的运输（Wang et al.，2018）。

逆向转运复合物最初是在酿酒酵母中发现的，用于实现内体到TGN的逆向转运，如对Vps10（vacuolar protein sorting 10）的转运。在酵母中，逆向转运复合物由两个不同的次复合物组成，一个是Vps26、Vps29、Vps35的三聚体，另一个是Vps5和Vps17的异二聚体。而在哺乳动物细胞中，编码Vps5和Vps17的基因已经多样化。SNX1（sorting nexin 1）和SNX2是Vps5在哺乳动物中的同源物，SNX5和SNX6则是Vps17的同源物。任何SNX1或SNX2与SNX5或SNX6的组合都可以组装成异二聚体复合物（Wassmer et al.，2007；Buser and Spang，2023）。由于三聚体Vps26-Vps29-Vps35与其他调节者一起选择货物蛋白，因此它通常被称为"货物选择复合物"（cargo-selecting complex，CSC）、"货物识别复合物"（cargo recognition complex，CRC）或"逆向转运复合物"（retromer complex）（Buser and Spang，2023）。

逆向转运复合物本身缺乏脂质结合域，因此无法直接与富含PI（3）P的早期内体结合。相反，通过Vps35借助Rab7a进行膜招募，报道显示Rab7与后期内体关联更加密切（Johannes and Wunder，2011）。因此，逆向转运复合物进行的货物分选是一个逐渐成熟的过程，是在Rab5到Rab7的转换过程中实现的（Rojas et al.，2008）。SNX3也被认为参与逆向转运复合物的招募，报道显示SNX3参与将WLS、APP、DMT1-II、TGN38选择性地运输到TGN的过程中（Bai and Grant，2015；Buser and Spang，2023）。

（四）Rab9/TIP47介导的运输

哺乳动物细胞中，第一个发现的内体到TGN的逆向转运通路是Rab9/TIP47通路（Pfeffer，2009）。Rab9定位于管状后期内体上，参与MPR到TGN的运输（Lombardi et al.，1993）。通过酵母双杂交筛选发现了与Rab9互作的蛋白质TIP47（tail-interacting protein of 47kDa），大小为47kDa（Lombardi et al.，1993）。后续研究表明，Rab9和TIP47协同作用，其中活化的Rab9是关键节点蛋白，招募下游效应分子，包括TIP47，从而介导后期内体到TGN的转运（Carroll et al.，2001；Buser and Spang，2023）。

TIP47在后期内体到TGN的逆向运输中对货物蛋白进行选择，可以特异性识别MPR（Orsel et al.，2000）。敲低TIP47的表达，导致MPR在活细胞中稳定性下降。除了TIP47之外，其他Rab9效应因子也参与将MPR从后期内体逆向转运到TGN，包括p40（RABEPK）和GCC185（Derby et al.，2007）。这些发现有助于理解Rab9/TIP47通路在哺乳动物细胞中介导逆向转运的作用机制（Buser and Spang，2023）。

虽然网格蛋白和逆向转运复合物可以对多种内体货物蛋白进行分类以实现逆向转运，但TIP47似乎仅针对MPR进行转运。最近的研究也表明，Rab9在逆向转运中发挥了作用（Buser et al.，2022）。敲低Rab9a显著影响了CDMPR从内体到TGN的转运，这表明Rab9参与了该逆向转运通路（Buser and Spang，2023）。有趣的是，尽管存在Rab9a和Rab9b两种同工亚型，但大多数研究集中在Rab9a上。组成性激活突变体和显性失活突变体可以帮助进一步解析 Rab9a 在内体通路中的作用（Kucera et al.，2016）。其他 Rab 蛋白，包括 Rab7b 和 Rab29，也被报道参与受体从内体到 TGN 的逆向运输（Wang et al.，2014）。抑制一个分选机制可能会通过增加另一个分选机制对该货物蛋白的转运进行补偿（Buser and Spang，2023）。

三、细胞周期中的高尔基体动力学

高尔基体是高度动态的，这一特征在细胞有丝分裂过程中尤为明显。高尔基体分解的不同步骤控制着有丝分裂的进入和进展，这表明细胞在分裂过程中密切监控高尔基体的完整性（Ayala and Colanzi，2017）。尽管高尔基体的组织结构复杂，但在不同的生理条件下，高尔基体可以进行快速和高度动态的形状及位置调整（Wei and Seemann，2017）。一个重要的例子是在细胞分裂过程中，高尔基体经历了一个多步骤的分解过程，生成小碎片，然后这些碎片可以分配到子细胞中（图 5-6）。高尔基体的第一个解聚/分解步骤发生在细胞周期的 G_2 期，高尔基体被切割成单独的高尔基体堆栈（Golgi stacks）。然后，在前期/前中期，孤立的高尔基体堆栈再被分离成为单个的池和囊泡，形成分散的小泡/管状簇。在中期，这些碎片显示为"高尔基体雾"的形状。在分裂末期，这种高尔基体雾会逐渐重新组合成高尔基体堆栈，最终在每个子细胞中聚集成高尔基体。在各种细胞

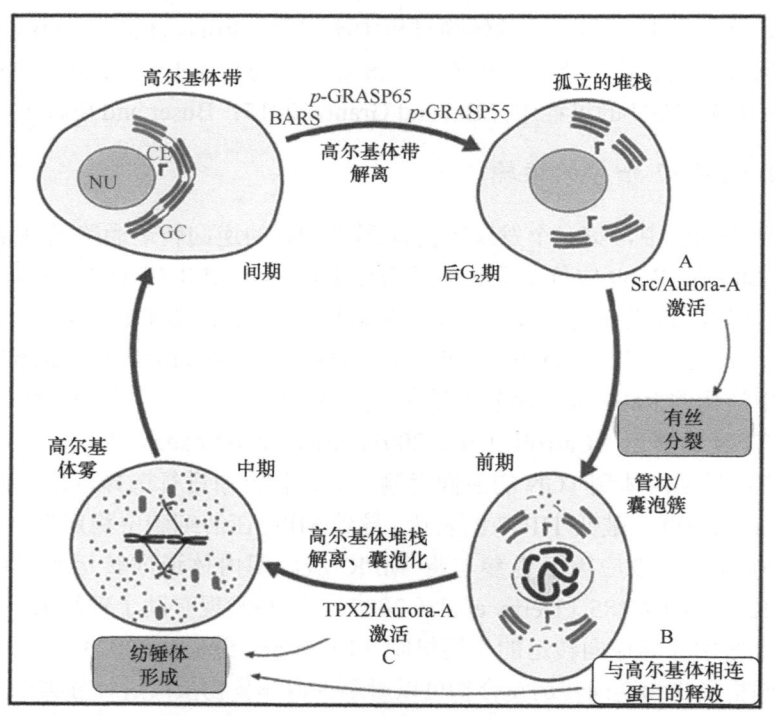

图 5-6　哺乳动物细胞有丝分裂过程中高尔基体的动态变化（Ayala and Colanzi，2017）

在 G_2 期，BRAS、GRASP65 和 GRASP55 的磷酸化作用将高尔基体转化为孤立的堆栈。在有丝分裂开始时（前期），孤立的高尔基体堆栈进一步分解为高尔基体雾。Src/Aurora-A 介导的通路调节有丝分裂进入和中心体成熟（A）；堆栈分解步骤允许从高尔基体释放参与染色体分离和胞质分裂的蛋白质（B）及激活 TPX2/Aurora-A 途径（C）。最后，两条通路共同推动有丝分裂纺锤体的正确形成。CE，中心体；GC，高尔基体；NU，细胞核

器中，大范围分解是高尔基体的一个特点（线粒体除外，因为线粒体是一个动态的、互相连接的网络，在有丝分裂开始后分裂成大的片段）。另外，高尔基体并非在所有生物体中均被分解，例如，植物或果蝇细胞在有丝分裂过程中，高尔基体堆栈保持完整（Wei and Seemann，2017）。

高尔基检验点检测有丝分裂前高尔基体的分解（unlinking），阻断分解将导致细胞周期进程中 G_2 期向 M 期转变阻滞（Colanzi et al.，2007），高尔基检验点负责感知高尔基体分解成孤立的堆栈的过程，并促进有丝分裂信号通路的正常激活。

四、高尔基体的应激反应

分泌蛋白和膜蛋白在高尔基体接受各种翻译后修饰，并选择性地运输到它们的最终目的地。当分泌蛋白和膜蛋白的合成增加，大大超出高尔基体的加工能力时，这些蛋白质的正确修饰或运输将受到阻碍，导致出现高尔基体功能不足，即高尔基体应激（Golgi stress）。为了应对高尔基体应激，细胞根据需要激活稳态机制，增强高尔基体功能，称为高尔基体应激反应（Golgi stress response）。高尔基体应激反应的分子机制似乎比较简单，包括：①一个检测高尔基体功能不足的传感分子；②一个诱导高尔基体相关基因转录的转录因子；③一个转录因子结合的转录增强子元件；④编码高尔基体相关蛋白的靶基因，如糖基化酶和囊泡转运成分（Sasaki and Yoshida，2019）。

高尔基体的每一个功能似乎都是在高尔基体的一个不同功能区域内进行的。当对高尔基体某一功能的需求增加时，细胞必须增加相应区域的容量。例如，在软骨细胞分化过程中，细胞必须通过上调蛋白多糖的糖基化酶来增强蛋白多糖区的容量，因为软骨细胞合成了大量的蛋白多糖。相反，在杯状细胞的分化过程中，细胞为了上调黏蛋白糖基化酶的表达，可能增强黏蛋白区的容量，尽管黏蛋白区的存在尚未得到证实。因此，我们推测高尔基体应激反应的每一个反应通路都特异地增强高尔基体相应的功能区（Sasaki and Yoshida，2019）。

五、高尔基体相关的运输障碍举例

肌萎缩侧索硬化（amyotrophic lateral sclerosis，ALS）和额颞叶痴呆（frontotemporal dementia，FTD）均是致命的神经退行性疾病，在遗传和病理上均有关联。编码泛素样蛋白 ubiquilin2 的 *UBQLN2* 基因突变与家族性 ALS/FTD 有关，研究表明，*UBQLN2* P497H、P506T 突变以后抑制神经细胞中蛋白质从内质网到高尔基体的转运过程。此外，在 *UBQLN2* T487I 患者脊髓组织中，Sec31 阳性内质网出口位点呈簇状聚集。因此，干扰分泌蛋白运输和内质网稳态可能是 ALS/FTD 疾病相关 *UBQLN2*（ubiquilin 2）基因的致病机制（Halloran et al.，2020）。ALS 相关突变体 *TDP-43*（TAR DNA-binding protein 43）、*FUS*（fused in sarcoma）和 *SOD1*（superoxide dismutase 1）抑制神经元 ER-Golgi 之间的蛋白质转运。从 ALS 小鼠动物模型（SOD1G93A）获得的胚胎皮层和运动神经元中，ER-Golgi 转运也受到抑制，证实了这一异常转运机制发生在疾病的早期。Rab1 在

ER-Golgi 转运中起着多重作用，在表达突变型 TDP-43、FUS 或 SOD1 细胞中，Rab1 的过度表达恢复了 ER-Golgi 转运，阻止了 ER 应激、mSOD1 包涵体的形成和凋亡，因此恢复 Rab1 介导的 ER-Golgi 转运是 ALS 的一个新的治疗靶点（Soo et al., 2015；Phuyal et al., 2022）。

囊泡运输是癌症发生的细胞内"高速公路"。细胞内通过高尔基介导的正确运输，能保持蛋白质从高尔基体到其他细胞器、细胞表面和胞外空间的稳定转运。癌症细胞利用这一过程将蛋白质外排，最终重塑癌细胞及其周围微环境，促进癌细胞转移（Goldenring, 2013）。RAB 蛋白定位于特定的细胞器或囊泡，其 GTP 酶活性对于正确的囊泡运输和融合至关重要。而 RAB 蛋白的错误激活或表达有助于癌症的发展（Bhuin and Roy, 2014）。RAB40b 在 VAMP4 阳性的分泌囊泡上定位，介导 MMP-2 和 MMP-9 从高尔基体向胞外空间的分泌，进而增强人乳腺癌细胞的侵袭能力（Jacob et al., 2013）。RAB27b 促进了 HSP90α 的分泌，而 HSP90α 又促进了 MMP-2 的激活，从而促进 ER+乳腺癌患者淋巴结转移（Hendrix et al., 2010）。此外，RAB-GTP 酶还与细胞骨架蛋白相互作用，如肌动蛋白和动力蛋白，以协调囊泡沿着微管或肌动蛋白丝朝向胞外空间运动。高尔基体驱动的胞外分泌是通过 RAB11 囊泡与肌球蛋白-Va 和肌球蛋白-Vb 相互作用以促进囊泡运输来调节的（Welz and Kerkhoff, 2019）。RAB6 通过与动力蛋白 KIF20a 相互作用调节囊泡运动（Miserey-Lenkei et al., 2017）。RAB13 阻止肌动蛋白的聚合和紧密连接，从而促进前列腺癌的发展。然而，RAB13 也被报道可以抑制癌细胞的生长，因为抑制 RAB13 的表达会导致结合蛋白 Claudin-1 和 Occludin 的表达降低（Ioannou and McPherson, 2016；Bajaj et al., 2022）。

与 RAB 功能类似，ARF、ARF-GEF 和 ARF-GAP 在细胞中参与调节逆向和顺向转运。因此，在癌症中这些蛋白质的改变会导致囊泡转运、胞外分泌，以及细胞浸润和转移的增强（Casalou et al., 2020）。例如，ARF1 通过改变肌动蛋白和 F-actin 等细胞骨架蛋白来调节高尔基体胞外分泌。ARF1 介导了 RhoA 和 RhoC 的激活，从而促进了肌球蛋白轻链磷酸化及膜源性囊泡的释放（Schlienger et al., 2014）。同时，ARF4 与 COPBI 蛋白（参与从高尔基体到 ER 的逆向转运）一起作用，增强了顺向运输并促进小鼠模型中的乳腺癌转移。此外，ARF4 和 COPBI 还促进促转移细胞因子如 VEGF、CXCL1、CXCL10 和 CCL20 的分泌（Howley et al., 2018）。GTP 酶调节逆向转运的关键角色之一是 KDELR 家族蛋白。当 KDELR 结合了逃逸到高尔基体的 ER 伴侣蛋白时，会刺激这些伴侣蛋白逆向转运而回到 ER。KDELR 在高尔基膜上与该伴侣蛋白的相互作用可激活 Src 介导的顺向囊泡运输，但具体机制尚不清楚。因此，KDELR 增强了 Src 介导的顺向转运、MMP 的胞外分泌、细胞外基质的降解和黑色素瘤细胞的浸润（Bajaj et al., 2020）。这些研究促使我们进一步探索逆向转运如何刺激顺向转运，以及其在癌症生物学中的意义和分子机制（Bajaj et al., 2022）。

高尔基特异性蛋白还可以作为致癌蛋白，对高尔基体动力学、功能和分泌产生全局影响。高尔基磷酸化蛋白 3（Golgi phosphoprotein 3，GOLPH3）参与调节定向囊泡胞外分泌、细胞迁移、高尔基形态和方向及蛋白质糖基化。在与各种高尔基膜和结构蛋白相互作用后，GOLPH3 形成 PI（4）P/GOLPH3/MYO18A（Myosin 18A）/F-actin 复合物，为适当的囊泡萌发和高尔基体到质膜的运输提供动力,而复合物的缺失则会中断运输。由于 GOLPH3 既能与高尔基膜蛋白 PI(4)P 结合,又能与肌球蛋白家族成员 MYO18A 结合,因此它能够使高尔基囊泡沿着肌动蛋白微丝运输,从而进行分泌,导致 GOLPH3 表达增加。例如,在黑色素瘤和非小细胞肺癌等各种癌症中,会增强从高尔基体到质膜的顺行运输,导致促转移因子如细胞因子、生长因子和 Wnt 分子等的分泌增加(Ravichandran et al., 2020; Song et al., 2021)。此外,GOLPH3 还可以控制增强糖脂合成和丰度的酶的运输及回收(Rizzo et al., 2021)。GOLPH3 介导这些酶的增加是通过有丝分裂原信号上调来促进细胞生长和增殖(Rizzo et al., 2021)。因此,除了介导运输外,高尔基特异性蛋白还可能调节细胞信号转导。此外,两种高尔基相关蛋白,即肌醇单磷酸酶域蛋白 1 (inositol monophosphatase domain containing 1, IMPAD1) 和 KDELR2 (KDEL receptor 2),也增强了高尔基体介导的 MMP (matrix metalloproteinase) 胞外分泌,以推动肺癌转移。IMPAD1 和 KDELR2 都与非小细胞肺癌患者的生存率呈负相关(Bajaj et al., 2020)。这些研究暗示,其他增加囊泡转运的蛋白质,包括正向和逆向转运,也能增强高尔基胞外分泌,从而促进肿瘤转移的恶性微环境形成(Bajaj et al., 2022)。

第四节 溶酶体相关的定位与功能

1955 年,溶酶体(lysosome)结构被 de Duve 和 Novikoff 首次发现。它是单层膜围绕、内含多种酸性水解酶类的囊泡状细胞器。溶酶体一直被认为是细胞的终端降解站,主要降解通过内吞作用或自噬作用到达溶酶体的大分子,已经成为控制细胞生长、分裂和分化的复杂信号中心。溶酶体的分解代谢功能由大约 60 种蛋白酶、脂肪酶、核酸酶和其他水解酶组成,这些水解酶将复杂的大分子物质分解成较小的基本组成,包括氨基酸、糖、脂类和核苷酸。这些水解酶在酸性环境下发挥作用,pH 约 4.5,由 ATP 驱动的质子泵,即液泡 H^+-ATP 酶(v-ATPase),与离子通道协同作用。溶酶体降解产生的基础终产物通过转运受体或小泡膜运输从溶酶体排出。一些溶酶体消化产物被输出到细胞质中以便立即使用或是用来补充这些物质在胞质中的浓度,而另一些则被储存起来备用。溶酶体也在其管腔中浓缩储存金属(锌、铁、铜和钙等)离子,储存铁和铜是为了防止它们在细胞质中进行有害积累。从溶酶体中释放的钙可调节与其他膜室的融合,这是溶酶体功能的一个重要方面(Abu-Remaileh et al., 2017; Lawrence and Zoncu, 2019)。

溶酶体与其他细胞器相互接触,在功能上也与其他细胞器交叉。细胞在应对营养和生长因子的刺激时,雷帕霉素靶蛋白复合物 1(mTORC1)转运至溶酶体并活化。溶酶体也是细胞发生自噬的最终场所,自噬是一种细胞调节质量控制和应对多种胁迫下的"自吃"过程。溶酶体生长和分解代谢程序失调会导致癌症、神经退化、与年龄相关的疾病(Wyant et al., 2017; Lawrence and Zoncu, 2019)。

溶酶体除了在细胞废物处理中的传统作用外,还涉及营养感知、免疫细胞信号传递、细胞代谢和膜修复等方面的功能(Perera and Zoncu, 2016)。溶酶体的融合和分裂不仅影响其数量和大小,还能调控溶酶体的胞吐功能(de Araujo et al., 2020)。此外,根据细胞代谢需求或受到不同的活化刺激,溶酶体可向细胞的周边或细胞核移动(de Araujo et al., 2020)。同时,溶酶体还能与其他细胞器形成膜接触点,以实现信息的交换、代谢产物的转运及离子稳态的维持(Wong et al., 2019)。当溶酶体功能受损时,会导致多种疾病,如溶酶体贮积性疾病、神经退行性疾病、癌症,以及心血管和代谢性疾病(Trivedi et al., 2020)。

一、溶酶体蛋白的定位信号

溶酶体清除细胞内的大分子,维持营养和胆固醇水平的稳态,并参与组织修复和许多其他细胞功能。这些功能的完成依赖于溶酶体所含有的大量酸性水解酶(约60种)、跨膜蛋白和膜相关蛋白(主要是从细胞质中招募的)。溶酶体蛋白在内质网和高尔基体完成合成及修饰以后,通过内体被正确地分选和运输到溶酶体中。溶酶体跨膜蛋白包括结构性蛋白 vATPase(vacuolar-type H$^+$-ATPase),它能产生溶酶体腔内的酸性环境,以及一组转运蛋白,它们可以将溶酶体腔内的降解产物转移到细胞质。这些跨膜蛋白的胞质区含有一致性基序(包含酪氨酸或双亮氨酸),作为内体的分选信号,而大多数溶酶体酸性水解酶在高尔基体进行了甘露糖 6-磷酸(mannose 6-phosphate, Man-6-P)修饰,这个修饰介导其与两个内体膜受体的胞质尾端分选基序结合。含酪氨酸或双亮氨酸的基序可以和网格蛋白衣被小泡结合,这些小泡将货物蛋白从反面高尔基体或质膜运输到内体。然而,也有大量证据表明了参与溶酶体蛋白生成的其他机制。例如,在某些细胞类型中,有些溶酶体酸性水解酶的转运不需要内体 Man-6-P 受体的参与;另外,也鉴定了一些"非一致性"分选基序(Staudt et al., 2016;Trivedi et al., 2020)。

(一)溶酶体跨膜蛋白的转运

细胞内存在几种运输机制,将新合成的溶酶体膜蛋白或可溶性蛋白质运送到溶酶体。例如,溶酶体跨膜蛋白在内质网中合成,通过高尔基体后,它们要么直接从反面高尔基体(TGN)分选到内体和溶酶体,要么被分选到细胞表面 PM 后再进入内吞途径。直接或间接的运输机制均依赖于网格蛋白衣被小泡的参与,后者可以携带 TGN 和 PM 来源的蛋白质进入内体,进而到达溶酶体。网格蛋白衣被小泡的适配蛋白可以识别跨膜蛋白胞质侧的一致性基序(一段短的、包含酪氨酸或双亮氨酸的氨基酸基序)。基于酪氨酸的分选信号采用(Fx)NPXY 和(G)YXXφ 共有序列(其中 Phi 是一种庞大的疏水性氨基酸),基于双亮氨酸的分选信号采用[D/E]XXXL[L/I]或 DXXLL 共有序列。在 TGN 中,含有(G)YXXφ 和[D/E]XXXL[L/I]分选信号的蛋白质由网格蛋白适配复合物 AP-1 识别,而 DXXLL 基序与单体形式的网格蛋白适配蛋白 GGA(Golgi-localized, gamma-Ear-containing, ARF-binding protein)结合。在 PM,适配蛋白复合物 AP-2 识别 NPXY、YXXφ 和[D/E]XXXL[L/I]信号(Hirst et al., 2015;Staudt et al., 2016)。

此外,NPXY 分选信号还可与其他细胞表面网格蛋白联系的蛋白质结合,包括 DAB2、Numb 和 ARH。在 TGN 和内体膜上发现了另外两个适配复合体,即 AP-3 和 AP-4,它们与 AP-1 和 AP-2 具有序列同源性。然而,与 AP-1 和 AP-2 不同,AP-3 和 AP-4 似乎参与了网格蛋白依赖和网格蛋白非依赖性的囊泡运输机制。YXXφ 和[D/E]XXXL[L/I]分选基序均可以被 AP-3 识别，而只有 YXXφ 分选基序似乎与 AP-4 结合。AP-5 是这个适配蛋白家族的最后一个成员，在内体溶酶体（endolysosomes）被招募，与网格蛋白无关。但据报道，在 AP-5 缺陷细胞中，扩大的内体溶酶体大量聚积，表明其也可能参与内体溶酶体蛋白的运输（Hirst et al., 2015; Staudt et al., 2016）。

此外，需要注意一下几点：首先，一些不符合典型酪氨酸和双亮氨酸分选信号的基序也可以介导溶酶体跨膜蛋白运输到溶酶体；其次，一些溶酶体跨膜蛋白的转运依赖于它们的翻译后修饰（如 N-糖基化和共价脂质附着），或者依赖于特定的跨膜结构域；最后，一些跨膜蛋白与其他蛋白质的结合可能参与驱动它们的溶酶体定位（Staudt et al., 2016）。

（二）溶酶体水解酶的运输

这里主要介绍经典的甘露糖 6-磷酸（Man-6-P）依赖的水解酶向溶酶体的运输。

酸性水解酶分选到溶酶体的典型路径被称为"Man-6-P 依赖途径"，在它们通过高尔基体的过程中，大多数新合成的溶酶体酸性水解酶在它们 N 端连接的寡糖链上获得 Man-6-P 修饰。Man-6-P 修饰可以被位于 TGN 或 PM 上的两种 I 型跨膜受体识别，即阳离子依赖型（cation-dependent，CD）和阳离子独立型（cation-independent，CI）Man-6-P 受体（mannose 6-phosphate receptor，MPR），通过这两种受体将酸性水解酶包裹进网格蛋白衣被小泡，进而运输到内体溶酶体（endolysosome）。MPR 受体含有胞质侧 YXXφ 和[D/E]XXXL[L/I]分选信号，可以被几个网格蛋白 AP 识别，另外含有一个与 GGA 结合的 DXXLL 信号。CD-MPR 主要在 TGN 到内体溶酶体的分选过程中发挥作用，而 CI-MPR 可以介导来自 TGN 和 PM 的水解酶转运到溶酶体，以重新捕获分泌的酸性水解酶。一旦进入内体，水解酶-MPR 受体复合物在酸性环境中解离，受体循环到它们的起始区（PM 和/或 TGN）被重复利用。解偶联的 M6PR 分子可通过 retromere（逆向转运复合物）从内体被运输到 TGN，retromere 由 Nexin 蛋白二聚体[包括 SNX1/2（酵母中的 Vps5-Vps17）]和三聚体 Vps35-Vps29-Vps26 核心[称为货物选择性复合物（cargo-selective complex，CSC）]组成（Abubakar et al., 2017）。G 蛋白可以调节 retromeres 与早期内吞体（early endosome，EE）的结合（Wandinger-Ness and Zerial, 2014）。G 蛋白 Rab7（Ras-associated binding protein 7）功能的丧失会破坏 retromere 三聚体结构的稳定性，损害 M6PR 的再循环和酸水解酶的分选，损害 EE 到 LE（late endosome）的成熟过程并阻碍货物蛋白降解（Rink et al., 2005; Trivedi et al., 2020）。另外两个已知的 MPR，即 LIMP2（lysosomal integral membrane protein 2）和 Sortilin，其中，LIMP2 只有一个被鉴定的溶酶体水解酶配体（Braulke and Bonifacino, 2009; Staudt et al., 2016）。溶酶体酸性水解酶的运输也有不依赖 Man-6-P 的分选受体参与（Staudt et al., 2016）。

酸性水解酶和 LMP（lysosomal membrane protein）的分选需要异四聚体适配器蛋白质复合物 AP1、AP2、AP3 和 AP4，每个复合物由 4 个适配体亚基组成。AP 的定位影响 M6PR 和 LMP 的分选，从而影响溶酶体的形成。AP1 定位于 TGN 和内体中，在 TGN 内回收 M6PR 的过程中发挥作用。AP2 和 AP3 分别位于质膜和内体上，协助将 LMP 运输至溶酶体。在 Hermansky-Pudlak 综合征中，AP3 功能的丧失导致 LMP 重新分布到质膜上，在黑色素体和血小板稠密颗粒中妨碍了溶酶体的生成（Bowman et al., 2019;

Trivedi et al., 2020）。

（三）胞质中溶酶体相关蛋白向溶酶体的运输

溶酶体蛋白质组由跨膜蛋白和酸性水解酶组成，但也包括许多"溶酶体相关蛋白"，即与溶酶体膜外缘小叶结合的蛋白质。这些蛋白质可以通过多种机制到达溶酶体膜。例如，Rab GTPase Rab9 通过与细胞质蛋白 TIP47（tail-interacting protein of 47kDa）的相互作用而被招募到晚期内体（Carroll et al.，2001；Staudt et al.，2016）。mTORC1 调节细胞生长和代谢，在氨基酸缺乏时定位于细胞质中，当氨基酸充足时被招募到溶酶体膜上，具体的调节机制在后续章节有提到（Puertollano，2014）。与遗传性痉挛性截瘫相关的三种蛋白质[SPG11（spastic paraplegia gene 11）/sptacsin、SPG15/spastizin 和 SPG48/AP-5]以复合物的形式被招募到溶酶体膜和自噬溶酶体膜（Hirst et al.，2013）。这个复合物可能使用 SPG15 作为膜上的锚定物，有文献证明 SPG15 通过其 FYVE（Fab1、YOTB、Vac1、EEA1）结构域与膜上的 PI3P 相互作用，且 SPG11 和 SPG15 是自噬溶酶体的微管化过程中溶酶体重新生成时所必需的调节蛋白（Chang et al.，2014；Staudt et al.，2016）。因此，溶酶体相关蛋白对溶酶体的功能非常重要。

二、溶酶体的生物发生

溶酶体的直径为 0.2～0.3μm。初始溶酶体起源于高尔基体。目前报道了多种不同的溶酶体生物发生模型（图 5-7）。第一个模型是早期内吞体（EE）从质膜形成的，然后逐

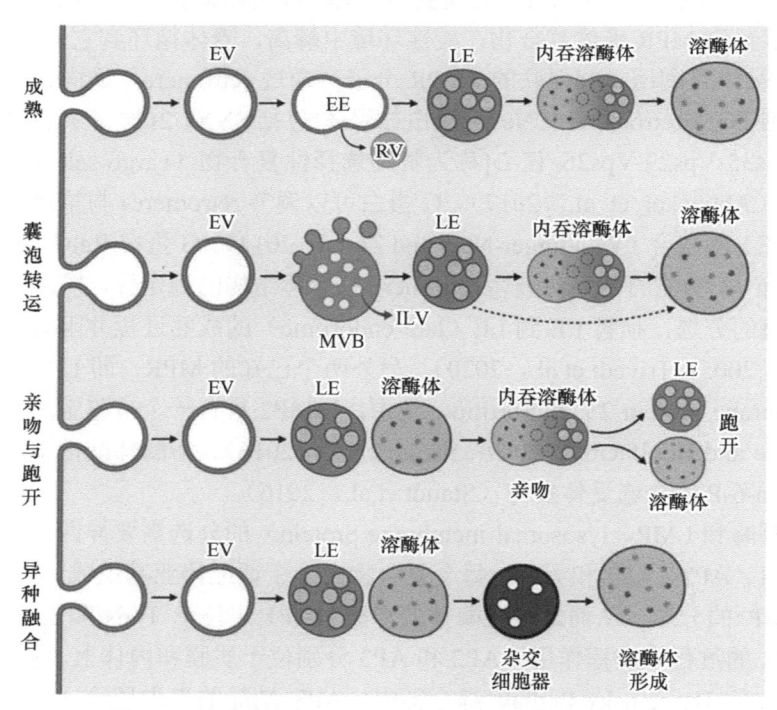

图 5-7　溶酶体生物发生的模型（Trivedi et al.，2020）

步成熟为晚期内吞体（LE），最终转化为溶酶体。第二个模型涉及囊泡转运，即内吞体囊泡/多囊体（ECV/MVB）将货物蛋白从早期内吞体转移到晚期内吞体，或者直接从成熟的 LE 转移至溶酶体。第三个模型为"亲吻与跑开"模型，LE 通过"亲吻"与溶酶体形成接触点，将其内部物质转移到溶酶体，随后溶酶体和 LE 分离（"跑开"）。溶酶体生物发生的第四个模型涉及异种融合作用，即 LE 和溶酶体进行异种融合并形成杂交细胞器，之后再次形成新的溶酶体（Trivedi et al., 2020）。EE 的囊泡运输和成熟依赖于 Rab5 转变为 Rab7。随着 EE 逐渐成熟并变为酸性，它们从细胞周边移动到细胞中央。在成熟过程中，EE 在其膜上失去 Rab5 并获得 Rab7，强调了 Rab 蛋白在 EE 到 LE 成熟过程中的重要作用。

另外，EE 到 LE/溶酶体的成熟需要 v-ATPase，这是一种质子泵，可以将 LE/溶酶体酸化到 pH 约 5.5/5.0。除了维持质子平衡之外，LE 和溶酶体内钙离子平衡对于内吞-溶解功能非常重要，包括受体-配体解耦，以及溶酶体酶的运输和活性（Trivedi et al., 2020）。

细胞不断地监测溶酶体的功能，在能量需求增加的时候可以上调溶酶体的数量和活性。哺乳动物 MITF/TFE（microphthalmia-associated transcription factor/ transcription factor E）家族包括 4 个成员，即 MITF、TFEB（transcription factor EB）、TFE3（transcription factor E3）和 TFEC（transcription factor EC），均为转录因子，具有亮氨酸拉链结构，参与真核细胞基本生命活动的调控及动物的发育和分化（Ploper and De Robertis, 2015）。最近对哺乳动物细胞系的研究表明，MITF、TFEB 和 TFE3 参与了溶酶体生物发生和降解途径的调节。这些转录因子在饥饿或溶酶体应激条件下诱导溶酶体和自噬体的生物发生及细胞碎片的清除（Settembre et al., 2012; Ploper and De Robertis, 2015）。MITF、TFEB 和 TFE3 的活性取决于它们的核定位，mTORC1（mechanistic target of rapamycin complex 1）和营养水平参与三者活性的调节（Ghosh et al., 2003）。这些转录因子被 mTORC1 磷酸化，需要将它们募集到溶酶体中，因为活化的 mTORC1 定位于溶酶体。mTORC1 对转录因子关键丝氨酸的磷酸化可促进后者与胞质伴侣 14-3-3 相互作用，并将它们滞留在细胞质中，从而不能入核活化（Settembre et al., 2012; Rabanal-Ruiz and Korolchuk, 2018）。

当细胞处于饥饿状态时，mTORC1 失活，不能磷酸化 MITF、TFEB 和 TFE3，使后者从 14-3-3 的复合物中脱离，进入细胞核活化，促进溶酶体和自噬相关基因的表达，包括参与自噬体形成、自噬体-溶酶体融合和细胞清除的蛋白质（Settembre et al., 2011）。最近的一项研究证明了一个反馈回路，TFEB、TFE3 和 MITF 可以通过调节 RagD 的表达来影响 mTORC1 的活性，这种精细调节对于细胞适应营养供应至关重要。TFEB 被认为是溶酶体生物发生的主要调节因子，因为它与 CLEAR（coordinated lysosomal expression and regulation）元件结合，后者在许多溶酶体基因的启动子区域富集，从而促进溶酶体基因的转录（Peña-Llopis et al., 2011）。MITF 驱动 v-ATPase 所有亚基的转录，通过 v-ATPase，进而反馈到 mTORC1 上，而 mTORC1 反过来又对 MITF 起负调控作用。MITF/v-ATPase/mTORC1 反馈环的调节模式在细胞营养状态波动下保证了代谢通路的平衡。在这个模型中，v-ATPase 的水平会使营养感应机制对氨基酸水平的变化敏感或脱敏。

这种机制将在营养缺乏的条件下限制分解代谢的上调，并在营养丰富时限制活化的 TORC1 及其对合成代谢的促进作用，从而维持细胞内稳态（Zhang et al., 2015; Rabanal-Ruiz and Korolchuk, 2018）。

另外，转录因子 ZKSCAN3（zinc finger protein with KRAB and SCAN domain 3）为一种锌指家族 DNA 结合蛋白，被认为是溶酶体生物发生和自噬的主要抑制因子（Chauhan et al., 2013），也直接受 mTORC1 调控。在营养充足的条件下，ZKSNA3 通过抑制自噬过程中多个关键基因的表达，进而抑制自噬。然而，在持续饥饿的条件下，ZKSAN3 从细胞核转运至胞质，失去抑制自噬的作用，自噬反应得以激活。因此，在饥饿的情况下，ZKSCAN3 和 TFEB 在调节自噬及溶酶体发生方面作用相反（Chauhan et al., 2013; Rabanal-Ruiz and Korolchuk, 2018）。总之，mTORC1 与溶酶体生物发生和自噬的其他主要调节因子之间的相互调节创造了一个稳态环境，促进了细胞对不同营养需求的有效反应。

有研究证明溶酶体的发生也存在不依赖于 mTORC1 的调控机制，即蛋白激酶 C（PKC）具有这样的调节功能。PKC 通过两个平行的信号级联将 TFEB 转录因子的激活和 ZKSCAN3 转录抑制因子的失活耦合起来。活化的 PKC 使 GSK3β（glycogen synthase kinase 3 beta）失活，导致 TFEB 磷酸化水平下降、核转运和活化，而 PKC 激活 JNK（c-Jun N-terminal kinase）和 p38 MAPK，使 ZKSCAN3 磷酸化，导致其出核、失活。因此，PKC 的激活可能介导了溶酶体对许多胞外刺激的适应应答，PKC 激活剂则是治疗溶酶体相关疾病的一个新选择（Li et al., 2016b）。

溶酶体是一种动态的细胞器，通过重建其膜结构可以适应多种细胞信号事件（包括膜损伤）。最近的研究表明，当溶酶体受到损伤时，会生出管状结构，形成运动小泡（moving vesicle），从而释放溶酶体膜中的内容物（Bonet-Ponce and Cookson, 2022）。在该过程中，受帕金森病蛋白 LRRK2 的驱动，磷酸化 RAB 蛋白将马达适配蛋白 JIP4 招募到溶酶体上，从而促进管状结构形成，称为 LYTL（lysosomal tubulation/sorting driven by LRRK2）。该研究发现 ER 与溶酶体管状结构分裂位点共定位；同时，减少 ER 的管状结构可改变 ER 的形态，导致 LYTL 分选的减少，说明与管状 ER 的接触对于溶酶体膜的分选排序是必要的。考虑到 LRRK2 和溶酶体在帕金森病中的重要作用，这些发现可能与疾病的病理生理有关（Bonet-Ponce and Cookson, 2022）。

三、溶酶体的定位

利用溶酶体相关膜蛋白 2（lysosomal associated membrane protein 2，LAMP2）等溶酶体标记蛋白进行免疫荧光实验，发现在某些类型的细胞中，溶酶体以静态小泡群的形式在核周聚集，而在其他类型的细胞质中，溶酶体分布更加均匀。利用 GFP 标记的 LAMP2 进行活体细胞成像发现，溶酶体以高速（μm/s）向细胞中心或远离中心的方向移动，伴有不断地彼此融合，以及与其他细胞器的融合，包括内体、吞噬体和自噬体，并通过形成小管产生相关的细胞器（Li et al., 2016a; Lawrence and Zoncu, 2019）。

溶酶体的动态定位依赖于其表面的特有分子。溶酶体沿着微管移动，并通过在正端定向的驱动蛋白（kinesin）和负端定向的动力蛋白（dynein-dynactin）复合物之间快速切换来改变方向。多亚单位蛋白复合物 BLOC-1 相关复合物（BLOC-1 related complex，BORC）定位于溶酶体膜，通过小 GTPase ADP 核糖基化因子样蛋白 8（ADP-ribosylation factor-like protein 8，ARL8）与驱动蛋白 5（kinesin-5）相结合。当细胞缺失 BORC 亚单位时，溶酶体紧密聚集在微管组织中心，不能运输到细胞周围。BORC-ARL8 的相互作用受到营养状态的调控。当氨基酸水平降低时，Ragulator-LAMTOR 复合物抑制了 BORC-ARL8 的相互作用，导致溶酶体在核周聚集增强，这有利于溶酶体随后与自噬体融合发生自噬以恢复细胞的营养稳态（Pu et al.，2017；Lawrence and Zoncu，2019）。此外，TBC1D15（TBC1 domain family member 15）和 TBC1D2（Pu et al.，2016）调控依赖于 Rab7 的 dynein-dynactin 在溶酶体上的招募。包括肌动蛋白 1[KIF5A（kinesin family member 5A）、KIF5B 和 KIF5C]（Rosa-Ferreira and Munro，2011）、肌动蛋白 2（KIF3）（Loubéry et al.，2008）和肌动蛋白 3（KIF1A、KIF1B）（Bentley et al.，2015）在内的肌动蛋白超家族蛋白触发沿着微管负端到正端的顺行运动，调节溶酶体定位（Bonifacino and Neefjes，2017；Trivedi et al.，2020）。

溶酶体通过黏蛋白 1（mucolipin 1，MCOLN1）通道释放钙离子，促进溶酶体与动力蛋白（如 dynein-dynactin）的结合。钙结合蛋白 ALG2（apoptosis-linked gene 2）与 dynein-dynactin 结合，促进其与溶酶体表面的一个未识别的受体结合，启动溶酶体向负端（核周）定向运动。溶酶体膜上的胆固醇通过推测的胆固醇传感器 ORP1L（oxysterol-binding protein-related protein 1L）蛋白促进 Rab7 相互作用溶酶体蛋白（Rab-interacting lysosomal protein，RILP）和 dynein-dynactin 相互作用，进而启动溶酶体向负端运动（Li et al.，2016a；Lawrence and Zoncu，2019）。另外，在营养缺乏自噬发生的情况下，FLCN（folliculin）-RILP-Rab4 复合物是驱动溶酶体向核周运动的关键，并且将溶酶体滞留在核周区域（Starling et al.，2016）。

因此，在营养充足的情况下，溶酶体倾向于分布在质膜附近，而饥饿的情况下，溶酶体则向核周聚集。溶酶体的双向运动能力决定了其参与细胞多种功能的基础。溶酶体的定位对 mTORC1 活性有直接的影响。质膜附近定位的溶酶体与 mTORC1 活性的增加相关，而核周定位的溶酶体对应 mTORC1 活性下降及自噬体数量的增加。在营养充足时，溶酶体更靠近质膜，其可能通过质膜的信号级联促进 mTORC1 的活化（Korolchuk et al.，2011；Rabanal-Ruiz and Korolchuk，2018）。脂肪细胞中，在胰岛素和氨基酸作用下，PI（3,5）P2（phosphatidylinositol 3,5-bisphosphate）通过 Raptor（regulatory-associated protein of mTOR）将 mTORC1 招募到质膜（Bridges et al.，2012）；营养缺乏时，溶酶体在核周区域聚集可能有助于溶酶体与自噬体相遇，促进二者的融合及后续的自噬过程（Korolchuk et al.，2011）。饥饿状态通过激活 TFEB 和 TFE3，诱导编码 TRPML1（transient receptor potential mucolipin 1）和 TMEM55B（transmembrane protein 55B）的基因转录。TRPML1 和 TMEM55B 通过与 JIP4（JNK-interacting protein 4）相互作用，以 dynein-dynactin 依赖的方式诱导溶酶体的逆向移动（Willett et al.，2017）。TRPML1 活性需要 ALG-2（溶酶体 Ca^{2+} 感受器）与 dynein-dynactin 之间的相互作用以促进溶酶体的逆向转运，Ca^{2+} 对于调节溶酶体定位和运动非常重要（Li et al.,

2016a；Trivedi et al., 2020）。最近的研究表明，II 类 PI3Kβ（phosphoinositide 3-kinase class ii beta, PI3KC2β）在溶酶体处合成 PI（3,4）P2，触发抑制性 14-3-3 蛋白的募集，导致后者局部抑制 mTORC1 信号，并在生长因子信号停止时将溶酶体重新定位在细胞核周。然而，PI3KC2β 感知生长因子缺失的机制仍不清楚。将来的研究需解决细胞如何协调相关机制控制溶酶体的时空变化，以应对细胞面临的不同营养状态（Rabanal-Ruiz and Korolchuk, 2018）。

四、溶酶体与其他细胞器的融合及接触

Rab 家族的小 GTPase，尤其是 Rab7，控制"同型融合和空泡蛋白分选"（homotypic fusion and vacuole protein sorting，HOPS）复合物的组装，该复合物介导溶酶体与靶细胞器（如内体）的系链。系链过程主要是由溶酶体膜上的 R-SNARE[VAMP7（vesicle-associated membrane protein 7）或 VAMP8]和靶膜上的三个 Q-SNARE[STX7（syntaxin 7）、VTI1B（vesicle transport through interaction with t-SNARE homolog 1B）、STX8（syntaxin 8）]两两组合来完成。形成的四个 SNARE 形如一个平行的四螺旋束，称为 SNAREpin，其在钙离子驱动下发生构象变化，使两个双层膜足够接近，从而发生膜融合。随后 SNAREpin 被分解，可以用来进行后续的融合（Luzio et al., 2007；Lawrence and Zoncu, 2019）。

类似地，溶酶体与自噬体的融合也需要形成 SNAREpin，包括溶酶体膜上的 VAMP8 和自噬体膜上的 Q-SNARE（SNAP27 和 STX17），这些 Q-SNARE 是在自噬体形成初期由内质网转运到自噬体的。溶酶体也能与质膜融合，将其内容物排出细胞外，并在细胞破裂发生时进行膜修复（Itakura et al., 2012；Lawrence and Zoncu, 2019）。

（一）晚期内体-溶酶体-自噬体的融合

大分子通过分泌小泡、内吞、自噬或者吞噬途径进行运输和降解。由于晚期内体（LE）和溶酶体位于微管组织中心附近，大部分溶酶体-内体融合发生在核旁区域。当两个细胞器形成距离约 25nm 的接触点时，它们通过系链过程进行融合（Mullock et al., 1989）。溶酶体和内体的系链需要小 GTP 酶 Rab7 与 RILP 相互作用，并招募 HOPS 复合物（Marwaha et al., 2017）。Rab7 连同 VPS18 和 VPS39 促进了 LE 与溶酶体的系链。在 HeLa 细胞中过表达或沉默 Rab7、VPS18、VPS39，导致细胞器聚集和分散（Richardson et al., 2004）。溶酶体-内体的融合还需要 trans-SNARE 复合物的组装，由三个聚集的 Q-SNARE（Qa、Qb 和 Qc）元件和 R-SNARE 组成。Synaptotagmin I 和 complexin 蛋白可以调控 trans-SNARE 复合物的形成。R-SNARE 需要 VAMP7（囊泡相关膜蛋白）和 VAMP8 进行异型和同型溶酶体融合（Antonin et al., 2000；Trivedi et al., 2020）。

溶酶体还可以与自噬体融合，形成自噬溶酶体，这对于大分子的降解非常重要（Parzych and Klionsky, 2014；Trivedi et al., 2020）。溶酶体和自噬体需被运输到细胞核周围进行高效融合。在饥饿状态下，细胞内 pH 增加，通过微管运输使自噬体和溶酶体移动到细胞核周围区域（Johnson et al., 2016）。HOPS 复合物和 Rab7 效应蛋白 PLEKHM1 (pleckstrin homology and RUN domain containing M1) 能够在溶酶体膜上将内吞和自噬途径进行整合 (McEwan et al., 2015)。在 HEK293 细胞中，PLEKHM1 通过 LIR 结构域（LC3-interacting region, LC3 相互作用区）与 HOPS 结合，促进溶酶体与自噬体膜的相互作用 (McEwan et al., 2015)。类似于 PLEKHM1，BLOC-1 相关复合物 (BORC1) 也参与了自噬体-溶酶体的融合 (Jia et al., 2017)。在非神经元细胞中，BORC1 促进了 Rab7-HOPS 的招募和系链，并使 STX17-VAMP8-SNAP29 的 trans-SNARE 复合物形成，从而诱导自噬体-溶酶体的融合，而 BORC 的沉默则会破坏自噬体-溶酶体的融合 (Jia et al., 2017)。

（二）溶酶体-细胞质膜的融合（溶酶体外排）

通过溶酶体外排也可以调节分泌小泡 (Trivedi et al., 2020)。溶酶体的外排分为两个主要步骤：①溶酶体移动到细胞周边进行与质膜的融合；②将溶酶体腔内物质释放到细胞外环境中。溶酶体外排对于多种细胞生理过程至关重要，如质膜修复、免疫应答、骨吸收和细胞信号转导等 (Andrews, 2002)。质膜受损会引起细胞内外成分无限制交换并触发细胞死亡，因此，质膜修复对于维持细胞稳态至关重要。在质膜受损时，细胞骨架和运动蛋白会诱导溶酶体运输到细胞周边的受损质膜区域，溶酶体与质膜直接融合并将其内容物排入细胞外空间 (Samie and Xu, 2014)。在将 HeLa 细胞暴露于机械应力下引起质膜损伤后，运动蛋白 KIF5B (kinesin family member 5B) 会与 LAMP1 阳性的溶酶体共同定位，这些溶酶体随后被运送到细胞周边。在 HeLa 细胞中缺失 KIF5B 会导致溶酶体无法移动以及周边溶酶体聚集，表明运动蛋白在溶酶体外排过程中具有重要作用 (Cardoso et al., 2009)。

细胞适应各种效应刺激的方式有很多种，其中一种就是通过感知细胞内 Ca^{2+} 水平增加并触发溶酶体外排进行应对。质膜受损后，Ca^{2+} 流入速率增加，溶酶体膜上的突触蛋白 VII (Syt-VII) 能够进行感知 (Reddy et al., 2001)。随后，Syt-VII 与质膜上的 trans-SNARE 复合物相互作用，该复合物由溶酶体上的 VAMP7 与 syntaxin-4 及 SNAP23 相互作用形成。为了促进融合，trans-SNARE 复合物将溶酶体与质膜拉近 (Chakrabarti et al., 2003)。膜融合后的外排导致溶酶体酶鞘磷脂酶 (acid sphingomyelinase, aSMase) 外流，其在质膜上将鞘氨醇磷脂转化为鞘酰胺 (Tam et al., 2010)，这导致质膜内凹以促进内吞介导的移除和受损质膜的重新封闭，而在缺失 aSMase 的细胞中，这种损伤修复的效应会受到影响，表明 aSMase 对于损伤的内部化和修复至关重要 (Trivedi et al., 2020)。

（三）溶酶体与内质网接触

溶酶体会与其他细胞器形成膜接触位点 (membrane contact site, MCS)，以便在细胞内传递信号信息、共享代谢产物并促进离子稳态。这种细胞器间的通讯结合新陈代谢变化，深刻地影响了溶酶体功能和细胞稳态 (Trivedi et al., 2020)。在这些接触中，各自细胞器的双层膜通过特殊的系链蛋白紧密地固定在一起（直径 5~20nm），以快速转运脂质、促进线粒体和溶酶体的分裂等。约 15% 的溶酶体与线粒体会形成 MCS，且 MCS 的产生与线粒体自噬无关 (Chen et al., 2018)。溶酶体-内质网 MCS 标记了溶酶体的接触位点并参与溶酶体的分裂过程。该接触位点能够调节钙离子动态变化、内体运输和成熟、溶酶体的生物发生和定位等过程。50%的早期内体和95%的晚期内体都与内质网形成接触位点（Friedman et al.，2013）。溶酶体-内质网MCS还能够通过协同作用将在溶酶体中水解LDL（low-density lipoprotein）胆固醇酯生成的游离胆固醇（free cholesterol，FC）移动到内质网。这需要溶酶体膜蛋白（NPC1）、内质网膜蛋白（VAPA和VAPB）及脂质转移蛋白（ORP1L和ORP5）共同作用。ORP5的沉默导致胆固醇在溶酶体内积聚，从而破坏了溶酶体的酸化和功能（Luo et al.，2017；Trivedi et al.，2020）。

溶酶体-内质网MCS也参与溶酶体定位的调节（Rocha et al.，2009）。细胞内较低的胆固醇水平促进溶酶体-内质网MCS的形成，激活ORP1L，并引发VAPA与Rab7-RILP（Rab7相互作用蛋白）的锚定。干扰溶酶体dynein-dynactin的相互作用则会导致晚期内体在细胞周缘积聚（Rocha et al.，2009）。相反，增加细胞胆固醇则抑制ORP1L-VAP相互作用和溶酶体-内质网MCS的形成，从而使晚期内体可以通过依赖于dynein-dynactin的运动机制，向着微管的负端移动，即趋向细胞中心（Rocha et al.，2009）。在尼曼-皮克病Ⅱ型中，由于胆固醇堆积，溶酶体的双向移动能力下降，导致溶酶体在近核区域聚集（Ko et al.，2001；Trivedi et al.，2020）。

溶酶体-内质网MCS的另一个重要功能是调节这两个细胞器之间的Ca^{2+}流量。溶酶体通过二级信使烟酸腺嘌呤二核苷酸磷酸（nicotinic acid adenine dinucleotide phosphate，NAADP）介导的Ca^{2+}释放作为IP_3受体激动剂，从而触发了ER中Ca^{2+}释放（Penny et al.，2014；Galione，2015）。多项研究证明溶酶体对ER Ca^{2+}释放的调节作用（Garrity et al.，2016）。有趣的是，来自ER的Ca^{2+}释放也可以影响溶酶体Ca^{2+}流出。例如，在海胆卵中，ER Ca^{2+}的释放招募NAADP到溶酶体中，激活了TPC（two-pore channel）通道并诱导溶酶体中的Ca^{2+}流出（Morgan et al.，2013）。这些发现强调了在溶酶体和内质网之间发生的Ca^{2+}信号的双向调节作用，并且双向的Ca^{2+}信号传递也需要形成溶酶体-内质网MCS（Morgan et al.，2013；Trivedi et al.，2020）。

（四）溶酶体与线粒体接触

溶酶体-线粒体MCS有助于线粒体分裂，也可能起到代谢调节作用，因为这将有助于把溶酶体产生的代谢物有效转移到线粒体进行三羧酸循环（Jedrychowski et al.，2010；Ioannou and McPherson，2016；Miserey-Lenkei et al.，2017）。最近的研究利用超分辨率活细胞成像技术探究了溶酶体在线粒体分裂位点上的招募情况。研究表明，ER通过VAP与溶酶体脂质转移蛋白ORP1L相互作用，内质网将溶酶体招募到分裂位点，形成内质网、溶酶体和线粒体之间的三方接触。ORP1L可能会从溶酶体向线粒体转运磷脂酰肌醇-4-磷酸（PI（4）P），因为抑制其转运或耗竭分裂位点的PI（4）P会影响线粒体的裂变过程。因此，内质网可以通过与溶酶体的相互作用将其招募到线粒体分裂位点，从而实现线粒体的高效分裂（Boutry and Kim，2021）。溶酶体的功能及其内部Ca^{2+}浓度对于调节线粒体的功能和稳定性具有关键作用（Wong et al.，2018b；2019）。也有研究表明，$CD4^+$ T淋巴细胞缺失线粒体转录因子A（mitochondrial transcription factor A，Tfam）会导致线粒体功能下降及溶酶体功能和自噬活动受损（Baixauli et al.，2015）。不过，目前尚未完全明晰溶酶体与线粒体之间的相互调节是否需要形成 MCS（Trivedi et al.，2020）。

线粒体-溶酶体 MCS 在神经生物学和神经元稳态中变得越来越重要，这些 MCS 在神经元体、轴突和树突中可动态形成。最近的研究进一步阐明了不同的系链/解系链机制均可调节线粒体-溶酶体之间的联系。线粒体-溶酶体 MCS 解系链机制由 Rab7 GTP 水解驱动，并可能受到其他蛋白质复合物的进一步调节。线粒体-溶酶体 MCS 可以调节线粒体和溶酶体动力学的多个方面，包括线粒体分裂和线粒体间解除接触等事件，还可以调节两种细胞器的不同代谢产物之间的转移。在不同的神经退行性疾病模型中观察到了线粒体-溶酶体接触的缺陷，包括肌萎缩侧索硬化、帕金森病和溶酶体贮积病，表明它们的功能失调可能与神经退行性疾病有关（Cisneros et al.，2022）。

五、溶酶体功能障碍与疾病

溶酶体贮积病（lysosomal storage disease，LSD）是一组由遗传突变引起的疾病，这些突变影响了溶酶体的功能，导致大分子物质在溶酶体内积累。此外，在其他疾病中也发现了溶酶体功能缺陷，包括癌症、心血管疾病和代谢性疾病（Trivedi et al.，2020）。

LSD 是一类罕见的单基因遗传疾病，包括 70 种疾病，通常在婴幼儿期发生。据报道，每 7700 个新生儿中就有 1 例患者患有 LSD（Meikle et al.，1999）。大多数 LSD 与编码溶酶体水解酶、溶酶体膜蛋白、参与内部运输的蛋白质以及非溶酶体蛋白的基因突变相关。根据废物物质的积累情况，LSD 展现出不同的表型。例如，溶酶体酶 β-葡萄糖苷酶（由 *GBA* 基因编码）的突变会导致戈谢病，其特征为器官肥大和细胞减少（Stirnemann et al.，2017）。β-半乳糖苷酶（由 *HEXA* 基因编码）和 β-己糖苷酶（由 *HEXB* 基因编码）的缺乏会导致神经酰胺的积累，表现为严重的神经系统缺陷。同样，溶酶体膜蛋白如 NPC1（Niemann-Pick disease type C1）、LAMP2 和 MCOLN1 的缺陷分别导致尼曼-皮克（Niemann-Pick disease，NPC）、Danon 病和黏液样溶酶体病Ⅳ型（mucolipidosis type Ⅳ，MLⅣ）（Seranova et al.，2017）。NPC 病是由于 *NPC1* 或 *NPC2* 基因突变造成的，导致胆固醇、鞘脂、糖脂、神经鞘氨醇和神经鞘磷脂在溶酶体内积累。由于胆固醇是储存脂质的主要形式，因此这些疾病也被称为"胆固醇贮积病"。NPC 和 MLⅣ 都与溶酶体 Ca^{2+} 失衡有关（Seranova et al.，2017），因为 *NPC1* 突变导致人类 B 淋巴细胞和成纤维细胞中的 NAADP（nicotinic acid adenine dinucleotide phosphate）介导的溶酶体 Ca^{2+} 释放下降。戈谢病也表现出失调的 Ca^{2+} 平衡。溶酶体内的脂质沉积可能干扰了溶酶体和内质网之间的 Ca^{2+} 流动，导致 Ca^{2+} 平衡失调（Trivedi et al.，2020）。

神经退行性疾病也表现出溶酶体功能缺陷，如帕金森病（Parkinson disease，PD）、阿尔茨海默病（Alzheimer disease，AD）、亨廷顿病（Huntington disease，HD）、Lewy 小体型痴呆、肌萎缩侧索硬化和进行性神经性腓骨肌萎缩症（Charcot-Marie-Tooth，CMT）。神经退行性疾病中的溶酶体显示出破坏且不足的蛋白质水解、缺陷的自噬体-溶酶体融合（Nixon，2013）、混乱的溶酶体定位（LaPlante et al.，2006）和溶酶体膜改变的脂质组成（Appelqvist et al.，2012）。在 *PS-1*（*Presenilin-1*）突变的 AD 中观察到，缺陷的溶酶体蛋白水解活性和酸化导致自噬体清除失败（Lee et al.，2010）。PS-1 通过与

V0a亚基的结合,参与vATPase(vacuolar-type H$^+$-ATPase)的成熟,因为PS-1参与vATPase的成熟,通过其与V0a亚基的结合,*PS-1*突变会导致溶酶体自噬功能受损并导致AD的发病(Lee et al.,2010)。在PD和痴呆中,溶酶体自噬功能紊乱导致Lewy小体内α-synuclein的沉积和聚集(LaPlante et al.,2006)。在多巴胺能神经元中,条件性敲除*Atg7*会引起低分子质量α-synuclein和LRRK2(leucine-rich repeat kinase 2)的聚集(Ahmed et al.,2012)。相反,通过过表达TFEB或Beclin-1或自噬激活剂来激活溶酶体-自噬途径,可以减轻α-synuclein介导的毒性(Decressac et al.,2013)。过表达LAMP2A可上调CMA并增加α-synuclein的降解,从而减轻神经毒性(Xilouri et al.,2013)。因此,溶酶体功能紊乱与多种神经退行性疾病的发病机制密切相关(Trivedi et al.,2020)。

HD是一种由Huntingtin(Htt)蛋白突变引起的遗传性神经退行性疾病,其溶酶体-自噬途径出现缺陷(Rui et al.,2015)。多聚谷氨酸Huntingtin(polyQ-htt)蛋白主要通过溶酶体-自噬途径降解。Htt蛋白与货物受体蛋白p62(sequestosome 1)相互作用,之后与自噬体上的LC3(microtubule-associated protein 1A/1B-light chain 3)结合(Rui et al.,2015)。此外,在神经元中,Htt蛋白和Huntingtin相关蛋白-1(Huntingtin-associated protein 1,HAP1)均与自噬体共定位,并参与维持自噬体和溶酶体的动态平衡(Wong and Holzbaur,2014)。然而,Htt蛋白的突变可以损害自噬能力,导致HD中细胞毒性物质积累(Harding and Tong,2018)。

此外,进行性神经性腓骨肌萎缩症也表现出缺陷的溶酶体动态,这是一种由*FIG4*(FIG4 phosphoinositide 5-phosphatase)基因编码的PI(3,5)P2 5-磷酸酶(phosphatidylinositol 3,5-bisphosphate 5-phosphatase)的突变引起的遗传异质性神经退行性疾病,称为CMT-4J型(Charcot-Marie-Tooth disease type 4J,CMT4J)(Zhang et al.,2008)。从CMT4J患者和CMT4J小鼠皮肤切片中分离的成纤维细胞表现出LAMP-2阳性的巨大液泡,并伴有晚期内体-溶酶体途径的功能障碍(Zhang et al.,2008)。这些巨大液泡干扰了细胞内的运输,未能将货物蛋白正确地摄入晚期内体-溶酶体内进行降解处理(Zhang et al.,2008)。因此,缺陷的溶酶体动态是多种神经退行性疾病的发病机制之一(Trivedi et al.,2020)。

第五节 细胞外的蛋白质分选和运输

细胞外蛋白质等大分子物质不能直接通过细胞膜进入细胞,而是通过内吞作用(endocytosis)进入细胞。内吞作用大致分为网格蛋白依赖型和非依赖型两大类,是所有细胞不可缺少的生理功能,它负责给细胞提供营养、内化细胞表面受体及突触传递。

一、网格蛋白依赖的胞吞作用

配体通过与相应受体的特异性结合吸附在细胞表面,通过受体-配体结合的内吞作用称为受体介导的胞吞作用(receptor-mediated endocytosis),它是细胞特异高效摄取胞外大分子的胞吞方式。细胞膜上具有摄取大分子的特异性受体,受体与配体识别结合,激发了内吞过程。配体与受体形成的复合物在细胞质膜上的网格蛋白有被小凹内聚集，有被小凹主要是由细胞质内的衣被蛋白装配形成的，如网格蛋白（clathrin）。网格蛋白依赖的胞吞作用（clathrin-mediated endocytosis，CDE）是哺乳动物细胞内吞的主要途径，是细胞表面受体（cargo）、其结合的配体（包括营养分子、黏附分子）及信号受体集中摄取的主要途径，负责跨膜受体和通道蛋白的摄取、改变质膜组成以响应环境变化，并调节细胞表面信号。因此，CDE 在控制细胞-细胞和细胞-基质相互作用、细胞间信号转导和细胞内稳态方面起着至关重要的作用。

CDE 可分为四个阶段：起始、稳定、成熟、膜断裂（图 5-8）。GTPase 发动蛋白在低水平被招募到新生网格蛋白包被的凹陷（clathrin-coated pit，CCP）中，调控 CCP 的启动和成熟，在 CCP 的颈部组装成短螺旋环，催化膜断裂。释放的网格蛋白包被囊泡（clathrin-coated vesicle，CCV）将浓缩的配体-受体复合物带进细胞，有被小泡从细胞质膜上内化后则进行解衣被过程，然后与早期内体（early endosome）融合。早期内体具有多种功能，可以调节细胞质膜和胞内各种细胞器膜之间的交换或转运，如解衣被之后的膜蛋白和脂类结构可能被运回细胞质膜重复利用，或者继续前进，进入晚期内体（late endosome）或被溶酶体降解（Mettlen et al.，2018）。

除了主要的衣被蛋白、网格蛋白和衔接蛋白复合物外，CDE 还需要大量的内吞辅助蛋白（endocytic accessory protein，EAP）和磷脂酰肌醇参与（表 5-1）。CDE 在启动、货物选择、成熟和断裂多个步骤中被细胞调节，并由一个内吞检验点进行监控，负责有缺陷小坑结构的解体。细胞通过翻译后修饰、构象变化和剪接变体来实现多样化的复杂调节（Mettlen et al.，2018）。大多数胞吞物质最终经晚期内体到达溶酶体，在那里被降解。受体介导的胞吞具有选择性浓缩作用，可成百倍地增加配体摄入，即使胞外浓度较低的大分子也能被较多地摄入而不伴随大量液体（Kikuchi and Yamamoto，2007）。

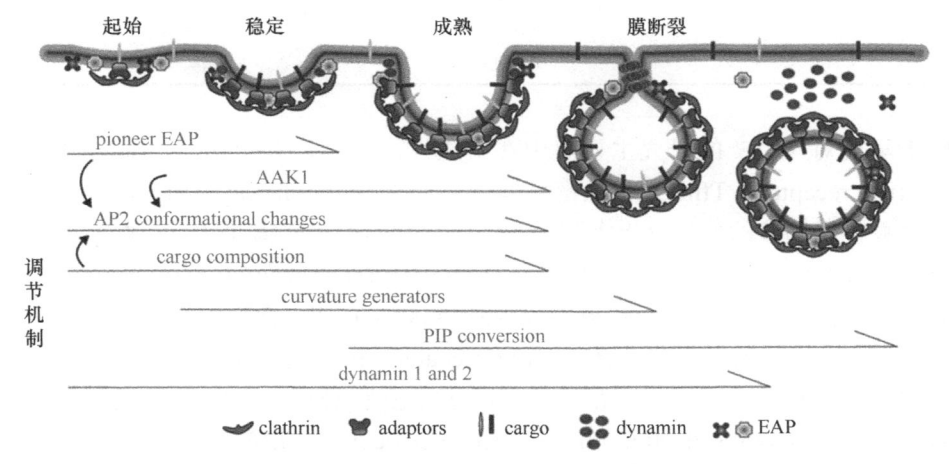

图 5-8　网格蛋白介导的内吞作用在多个阶段受到多种因素的调控（Mettlen et al.，2018）

网格蛋白介导的内吞作用是一个多阶段的过程，包括新生 CCP 的起始、稳定、成熟和曲率的产生，最后是 Dynamin 催化的分裂。每个步骤由多个蛋白分子参与调节。缩写：AAK1, adaptor associated kinase 1, 适配器相关激酶 1；AP2, adaptor protein-2 适配蛋白 2；EAP, endocytic accessory protein, 内吞辅助蛋白；PIP, phosphatidylinositol phosphate, 磷脂酰肌醇磷酸盐

表 5-1　一些关键的（内吞辅助蛋白）EAP 及其对 CCP 形成的作用（Mettlen et al., 2018）

功能分类	蛋白分子	生物功能
主要衣被蛋白	CHC	衣被
	CLCa	衣被
	CLCb	衣被
	AP2	适配蛋白
	Dyn1	GTP 酶
	Dyn2	GTP 酶
易到达的先锋蛋白（EAP）	FCHo1/2	支架
	Eps15	支架
	Intersectin	支架
	NECAP	适配蛋白
	CALM	适配蛋白
	Epsin	适配蛋白
CCP 成熟和分裂	Amphiphysin	弯曲
	Endophilin	弯曲
	N-WASP	肌动蛋白
	Cortactin	肌动蛋白
	Myosin 1E	肌动蛋白
	Hip1R	肌动蛋白
	SNX9	支架
	Synaptojanin	脂类
	PI3KC2α	脂类
	PIP5K	脂类
去衣被	GAK	激酶
	Hsc70	ATP 酶
	OCRL	脂类

由于早期对 CDE 的研究主要集中在组成性内化的营养受体上，如转铁蛋白受体（transferrin receptor，TfnR）和低密度脂蛋白受体（low-density lipoprotein receptor，LDLR），并使用间接的生化分析来测量细胞内货物的积累，因此 CDE 直到最近才被认为是一个组成性过程。也就是说，就像根据设定的时间表发车的公共汽车一样（不考虑乘客的数量和目的地），CCV（clathrin-coated vesicle）被认为是以固定的速率形成的，受体及其配体进入不断增长的 CCP（clathrin-coated Pit），可能基于"车票"的不同将货物分类到不同的凹陷（pit）中。近年来，利用绿色荧光蛋白（GFP）标记和全内反射荧光显微镜（total internal reflection fluorescence microscopy，TIRFM）技术，研究人员发现 CCP 生命周期存在异质性，大量新生 CCP 未能成熟而流产，无法完成货物蛋白的摄取（Taylor et al., 2011；Mettlen et al., 2018）。

跨膜蛋白通过位于胞质侧的内吞分选信号被招募到 CCP 中。以酪氨酸为基础的序列是最常见的，已被广泛使用，包括经典 CME 货物蛋白 TfnR、含有 YXXΦ 分选基序（其

中 Φ 是任何疏水残基）及具有[FY]XNPX[YF]基序的 LDLR（low-density lipoprotein receptor）。组成性内化的受体，如 TfnR 和 LDLR，被招募到 CCP 的过程与配体的结合无关（Traub，2009；Mettlen et al.，2018）。

二、网格蛋白非依赖型内吞途径

（一）dynamin 依赖的网格蛋白非依赖型内吞途径

网格蛋白非依赖型内吞途径既可以使用起断裂作用的 GTPase dynamin 蛋白，也可以不使用 dynamin 蛋白。众所周知，这种内吞作用对细胞骨架肌动蛋白 actin 的稳定和断裂动态变化更加敏感。近年来的研究报道显示，BAR（Bin/amphiphysin/ Rvs）结构域蛋白在多个网格蛋白非依赖型内吞（clathrin-independent endocytosis，CIE）途径中发挥了重要作用。BAR 结构域蛋白内啡肽-A2 和内啡肽-A1 直接结合并促进选择性 G-蛋白偶联受体样蛋白的内吞作用，如 β1-肾上腺素能受体（β1-adrenergic receptor，β1-AR）、多巴胺能和乙酰胆碱能受体（Boucrot et al.，2015；Hemalatha and Mayor，2019）。在 β1-AR 的 CIE 过程中，迅速形成由内啡肽及其结合伙伴 synaptojanin 和 dynamin 标记的小泡，从培养细胞的前沿内化 β1-AR 并介导其信号转导的下调。这种新的内吞途径被称为快速内啡肽介导的内吞途径（fast endophilin-mediated endocytosis，FEME），它需要脂质磷脂酰肌醇 3,4-二磷酸[PI（3,4）P2]，以及在细胞前沿位置结合 PI（3,4）P2 和内啡肽 SH3 结构域的 lamellipodin 蛋白。I 类 PI（3）K 途径和相关的磷酸酶，包括 5′磷酸酶 SHIP1/2（SH2-domain-containing inositol 5'-phosphatase 1/2），在质膜附近起作用并局部提高 PI（3,4）P2 的水平，帮助 FEME 小泡形成（Hemalatha and Mayor，2019）。

（二）dynamin、网格蛋白非依赖的内吞途径

在 dynamin（动力蛋白）、网格蛋白均不依赖的内吞途径 CLIC/GEEC（clathrin-independent carrier/GPI-enriched early endosomal compartment，CG）中，仍然依赖肌动蛋白细胞骨架，这是糖基磷脂酰肌醇锚定蛋白（glycosylphosphatidylinositol- anchored protein，GPI-AP）和液相（fluid phase）标记物在几种哺乳动物及果蝇的细胞系和组织中的主要内化途径。通过电子显微镜观察携带 GPI-AP 和液相标记物的 CG 内吞中间产物，发现存在未包被的管状中间产物，称为 CLIC（clathrin-independent carrier），最终融合形成 GPI-AP 富集的早期内体（GEEC）（Kirkham et al.，2005；Hemalatha et al.，2016；Hemalatha and Mayor，2019）。Arf1（ADP-ribosylation factor 1）、GBF1（Golgi brefeldin a resistant guanine nucleotide exchange factor 1）/Garz（gartenzwerg）和膜胆固醇是在该途径形成 CG 内吞小泡所必需的。在 S2R$^+$昆虫细胞系中确定了调控这一途径的分子参与者，包括 Arf1-COP1、BAR 结构域的蛋白质、vacuolar ATP 酶、参与液泡生物生发的溶酶体基因，以及肌动蛋白重塑因子如 Slingshot、Coronin、Arcpc1（actin-related protein 2/3 complex subunit 1）和 Capping 蛋白，都是主要的研究热点。肌动蛋白抑制剂在不影响长寿结构（如应力纤维）的情况下破坏肌动蛋白网络，选择性地干扰 CG 内吞，同时不影

响网格蛋白依赖性摄取（Chadda et al.，2007）。这种对肌动蛋白动态的急性敏感性也转化为肌动蛋白聚合调节蛋白 Cdc42（cell division control protein 42）对 CG 内吞的调节作用（Hemalatha and Mayor，2019）。

除了 ARF1-GBF1（ADP-ribosylation factor 1-Golgi Brefeldin A resistant guanine nucleotide exchange factor 1）、肌动蛋白成核因子 Arp2/3（actin-related protein 2/3 complex）和 GTPase Cdc42，BAR 结构域蛋白 IRSp53 和 Arp2/3 抑制蛋白 PICK1 也被鉴定在内吞新生部位起作用（Sathe et al.，2018）。最初 ARF1/GBF1、IRSp53（insulin receptor substrate protein of 53kDa）和 Arp2/3 向细胞表面募集，之后是 Cdc42，Cdc42 激活 Arp2/3 和 IRSp53，催化 F-肌动蛋白的形成和膜的弯曲，导致 CG 内吞体的形成。除了肌动蛋白的作用外，膜成分也是决定内吞凹陷中网格蛋白非依赖货物富集的关键。胆固醇和鞘脂水平的波动影响 GPI-AP 的分布，GPI-AP 通常以活跃的纳米簇形式存在于细胞表面，随后影响 GEEC 内体的形成。内源性 galectins 可以结合聚糖链和 GSL（glycosphingolipid），被认为利用相似的机制来浓缩和形成多聚体，导致膜弯曲，有可能促进多种内源性糖基化蛋白的内化。这种 GSL-galectin-3 介导的机制（称为 GL-Lect）可以介导 β1-整合素（β1-integrin）和 CD44 的 CIE，依赖于它们的聚糖链。最近，galectin-3 结合还与 GPI-AP-CD59 和主要组织相容性复合体（MHC）Ⅰ类蛋白的内吞作用有关，表明这种相互作用的信号轴被广泛利用，使 CIE 具有特异性。有趣的是，聚糖分支程度以相反的方式影响内吞，这提供了一种可能性，即网格蛋白非依赖的内吞途径被影响 N-糖基化的因素选择性改变，如代谢底物（Mathew and Donaldson，2018）。

（三）网格蛋白非依赖内吞途径的功能

不同的环境下，CIE 的功能也不同。秀丽隐杆线虫神经元和小鼠海马神经元的突触网格蛋白非依赖的快速内吞作用（约 100 ms）是补偿和协调膜回收与胞吐的必要条件。最近，synaptojanin-1 和内啡肽-A 参与了这些内吞凹陷的快速成熟，从而在毫秒内促进膜的更新和平衡，这是突触的基本特征（Watanabe et al.，2018）。

CIE 在 GFR 和其他泛素化货物蛋白的信号下调过程中起作用：在低配体浓度下，这些货物蛋白采用网格蛋白依赖的摄取；在较高的配体浓度下，CIE 途径下调信号转导。CG 内吞作用和 Wingless 信号需要Ⅰ型 PI3K 激酶的活性，说明了这种内吞途径如何从组织中配体-受体相互作用的单一模式引入新的控制和调节节点。GPI-AP（CG 内吞的货物蛋白）、Dally 和 Dlp 在发育过程中作为多个信号分子的潜在共同受体，成为生长器官中来自肌动蛋白骨架和膜组成的信号整合的一个途径（Hemalatha and Mayor，2019）。

在成纤维细胞中，CLIC 被报道内化了大部分的质膜表面积；它们的内吞容积能够在 12 min 内内化成纤维细胞的整个质膜表面积（Howes et al.，2010）。CIE 对肌动蛋白细胞骨架极度依赖，使其能够很好地将细胞所经历的机械张力传递到其稳态机制。这种新发现的 CG 内吞途径的功能，使其成为细胞维持机械张力，进而维持其形状、大小和对环境反应的重要途径（Hemalatha and Mayor，2019）。CIE 研究的新兴主题是依赖细胞骨架的机制，尤其是依赖 cortical 肌动蛋白作为早期的步骤进行研究。这种对骨架的依赖性也为这些内吞途径提供了对细胞环境快速变化作出反应的能力，很可能 cortical 肌动蛋白为这些内吞途径提供反馈，将内吞机制与动态 cortical 肌动蛋白网结合起来（Hemalatha and Mayor，2019）。

三、巨胞饮

（一）巨胞饮作用

在生长因子刺激下，许多细胞会伸展出富含肌动蛋白（actin-rich）的圆形褶皱（circular ruffle），闭合后形成内吞的液泡，即巨胞饮小体（macropinosome），进行巨胞饮作用（macropinocytosis）。鉴于真核生物具有多种囊泡摄取途径，巨胞饮的作用不依赖 clathrin 或 caveolin 衣被和动力蛋白 dynamin，而依赖于肌动蛋白的聚合作用。这种摄取方式是非选择性的，能够将细胞外物质（包括溶质和可溶性蛋白）摄入细胞内，其中包括病毒、细菌以及细胞外基质的碎片（Salloum et al.，2023）。巨胞饮作用即一种吞噬细胞外蛋白质和脂肪的过程，有助于细胞从周围的细胞外物质甚至坏死的细胞碎片中摄取营养，内吞后被送到溶酶体进行降解，所吞噬的蛋白质和脂肪经分解后产生氨基酸及代谢物，可用于构建新的蛋白质、DNA 链和细胞膜，是溶酶体参与分解通路中的重要机制，其对一部分癌细胞的生长非常重要。然而，它也能够容纳大的右旋糖酐（＞70kDa），对阿米洛利敏感。巨胞饮作用既是树突状细胞和巨噬细胞进行免疫监视的重要机制，也是单细胞生物和肿瘤细胞摄取营养物质的关键途径（Salloum et al.，2023）。

巨胞饮作用以肌动蛋白为基础的运动引起细胞质膜变形开始，首先形成线性或弯曲的褶皱，然后在细胞表面形成杯状圆形褶皱，这种褶皱在其远端边缘收缩闭合，随后与质膜分离形成细胞内的巨胞饮小体（图 5-9）（Li et al.，1997；Swanson，2008）。巨胞饮小体的形态发生不是由配体的分布直接介导的，而是组成性的自发形成，或受到生长因子受体刺激时形成，吞噬细胞外液，直径可达 0.2～5 mm（Salloum et al.，2023）。受体的连接也不是必需的，如 v-Src、K-Ras、佛波酯和膜穿透肽可能是通过激活化学变化刺激巨胞饮的产生（Swanson，1989；Amyere et al.，2000；Futaki et al.，2007）。细菌病原体鼠伤寒沙门氏菌和嗜肺军团菌通过刺激细胞表面褶皱及巨胞饮进入细胞（Alpuche-Aranda et al.，1994；Watarai et al.，2001）。牛痘病毒和一些腺病毒也通过刺激巨胞饮作用进入宿主细胞（Amstutz et al.，2008；Mercer and Helenius，2008）。

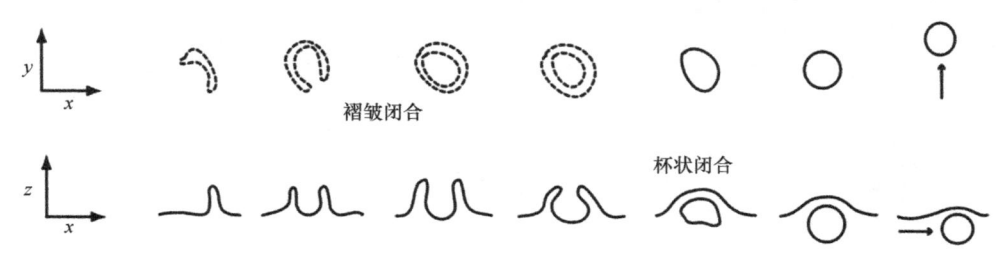

图 5-9 巨胞饮形成的示意图（Swanson，2008）

上图：x-y 投影表示通常在光学显微镜下看到的"俯视图"，虚线表示质膜的褶皱。褶皱闭合是指质膜形成一个圆形的、开放的杯状结构；下图：x-z 投影显示膜运动的侧视图。杯状闭合则是指巨胞饮与质膜的分离。箭头表示巨胞饮在细胞质中的位移

调节巨胞饮作用的分子包括磷脂酰肌醇 3 激酶（PI3K）、Rac1（Ras-related C3 botulinum toxin substrate 1）、Cdc42（Yoshida et al.，2009；Hemalatha and Mayor，2019）。活化的生长因子受体招募并激活Ⅰ型 PI3K，这促进了质膜内侧小叶中产生磷脂酰肌醇（3,4,5）-三磷酸[PtdIns（3,4,5）P3]。PI3K 抑制剂可使褶皱闭合，但抑制了杯状褶皱的闭合（Araki et al.，2003），表明 PtdIns（3,4,5）P3 介导了后期巨胞饮小体的形成过程。Rac1 在巨噬细胞对巨噬细胞集落刺激因子（macrophage colony-stimulating factor，M-CSF）的褶皱反应中是必需的（Wells et al.，2004）。

　　肌动蛋白细胞骨架的运动是如何组织起来以闭合杯状褶皱进而进入细胞内小泡的？在巨胞饮小体中浓缩的 PtdIns（3,4,5）P3 或 Rac1 可以调节基于肌动蛋白-肌球蛋白的收缩活动，进而闭合杯状褶皱。在细胞应答 M-CSF 的过程中，褶皱闭合之后，PtdIns（3,4,5）P3 的产生和 Rac1 的激活都增加，并限制在圆形褶皱内（Yoshida et al.，2009）。这表明圆形褶皱促进了信号放大、杯状褶皱的闭合活动，并限制了活性分子在圆形褶皱区以外的侧向扩散作用（Welliver et al.，2011）。不管其物理基础如何，富含肌动蛋白的皱褶对扩散的限制可以为细胞膜局部信号放大提供一种偏向机制，在富含褶皱区产生一种依赖于肌动蛋白的信号放大。这种定位信号放大的机制与趋化或吞噬等过程不同，因为它独立于外部定向因素。此外，通过限制性扩散放大信号，可以为细胞对低浓度的生长因子做出反应提供一种机制。

　　在巨胞饮过程中，Rac1 是如何被激活的呢？如图 5-10 所示，经典的活化途径涉及GPCR（G protein-coupled receptor）或 RTK（receptor tyrosine kinase）激活鸟苷酸交换因

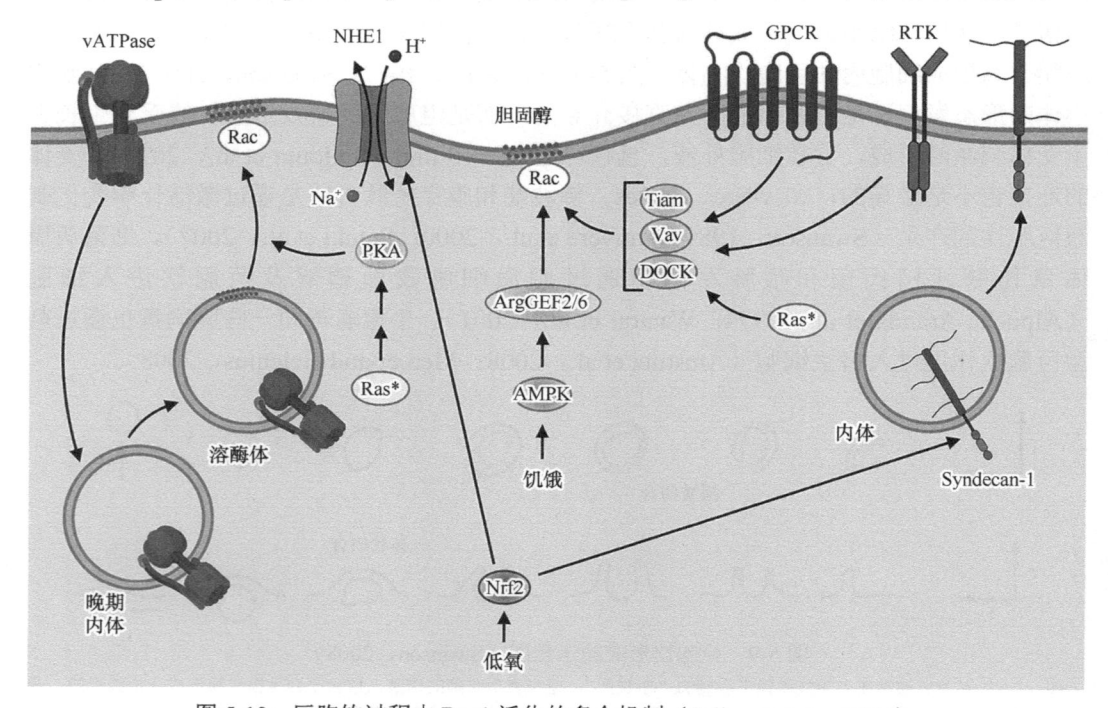

图 5-10　巨胞饮过程中 Rac1 活化的多个机制（Salloum et al.，2023）

子，如 TIAM1（T-cell lymphoma invasion and metastasis 1）、Vav 和 DOCK。活化的 Rac1 在细胞膜的定位受胆固醇调节，其向细胞膜的转运受溶酶体 vATPase 的调控（细胞中表达活化的 Ras）。缺氧通过上调 Na^+/H^+ 交换物质 NHE1（Na^+/H^+ Exchanger 1）和 Syndecan-1 的转录水平来激活 Rac1，NHE1 维持细胞膜 pH 而 Syndecan-1 激活 Rac1 的机制尚不清楚。营养饥饿会通过 AMPK（AMP-activated protein kinase）依赖的 ArgGEF2/6（Rho guanine nucleotide exchange factor 2/6）的激活来激活 Rac1，具体取决于细胞类型（Salloum et al.，2023）。最近，Ramirez 等的工作表明，Ras 通过一个独立于 PI3K 的途径来激活 Rac，主要通过 Ras 介导的 vATPase 向细胞膜转运胆固醇，进而增强 Rac1 在细胞质膜的定位而非其活化来发挥作用（Ramirez et al.，2019；Salloum et al.，2023）。

Rac1 的活化通过哪些下游效应蛋白促进圆形褶皱和巨胞饮形成呢？如图 5-11 所示，Rac1 信号通过经典的 IRSp53/Wave/Arp2/3 途径促进肌动蛋白的组装，在细胞膜褶皱和板层突起中发挥了重要作用（Ridley，2006）。Rac1 可以招募 CARMIL1 和 CARMIL2，通过隔离帽蛋白来促进肌动蛋白的聚合（Lanier et al.，2016）。活化的 Rac1 结合并激活 PAK1（p21-activated kinase 1），其底物包括动力蛋白（dynein）、细胞骨架调节蛋白皮层肌动蛋白（cortactin）和含有 Bar 结构域的 CtBP1/BARS（C-terminal binding protein 1/BARS）蛋白。CtBP1/BARS 进一步招募 PLD1（phospholipase D1）到细胞膜上，促进 PA 介导的 Rac1 GEF TIAM1 的活化。另外一个正反馈环路包括 Rac1 和 PI3Kβ。Rac1 调控 NADPH 氧化酶复合物的组装；ROS 的产生会激活 slingshot 磷酸酶，导致丝切蛋白去磷酸化和激活，并通过形成新的凸起端增加肌动蛋白的聚合。

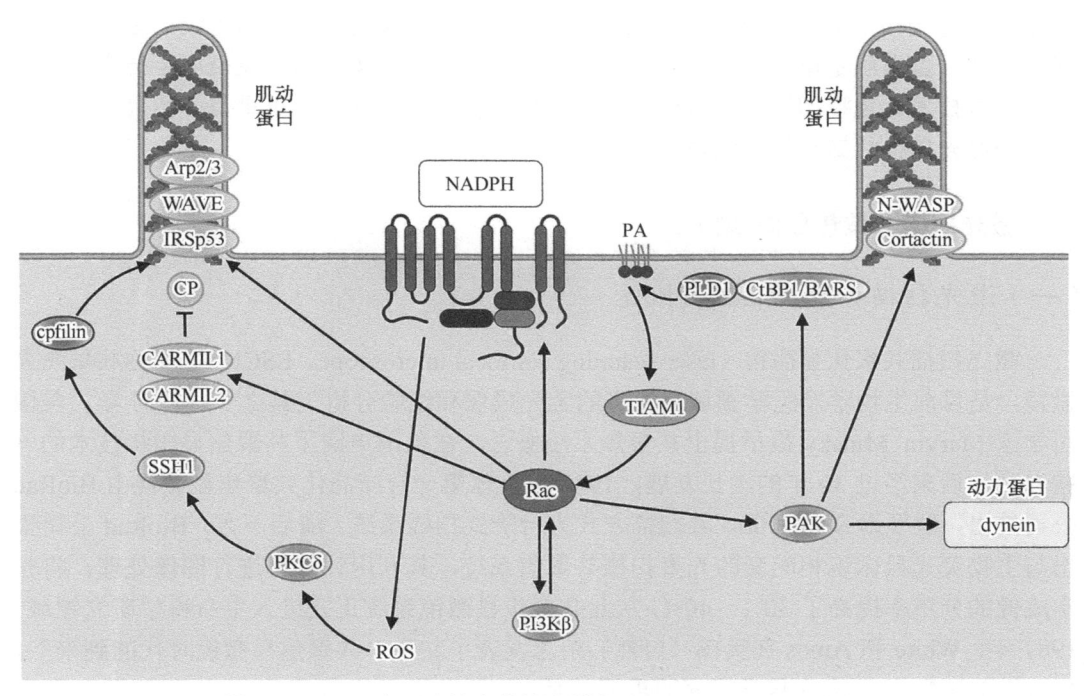

图 5-11　Rac1 在巨胞饮中的效应蛋白（Salloum et al.，2023）

（二）巨胞饮作用在肿瘤中的研究举例

Ras 是一种小 GTP 酶（guanosine triphosphatase，GTPase），是一种已知的癌基因，其致癌能力与其参与的代谢调节有关，这个代谢能力的调节有助于增强肿瘤细胞的适应能力。Ras 的活化型突变体促进细胞的巨胞饮作用，使细胞可以降解胞外蛋白成为游离氨基酸并摄取以补充营养，使肿瘤细胞更好地适应营养缺乏的环境。最近的机制研究表明，细胞内膜中的 v-ATPase 是 Ras 诱导巨胞饮作用过程中的一个关键调节因子。已知 v-ATPase 是将胆固醇从内吞细胞器（endocytic organelles）输送到 PM 的必需因子（Furuchi et al.，1993）。这里，Ras 促进 v-ATPase 从内膜转运到 PM，这个转运过程需要 sAC（soluble adenylate cyclase）/PKA（protein kinase A）通路的激活。PM 中 v-ATPase 的聚集是 Rac1 通过胆固醇与 PM 相连的必要条件，这是引起质膜褶皱及产生巨胞饮的必要条件。该研究说明 v-ATPase 从内膜向 PM 的运输与巨胞饮介导的营养供给相关（Ramirez et al.，2019）。

第六节　蛋白质定位的研究方法

蛋白质的亚细胞定位有助于预测蛋白质功能、揭示分子相互作用机制并理解复杂的生理过程，这使得蛋白质亚细胞定位的研究对于细胞生物学、蛋白质组学和药物设计非常重要。值得注意的是，蛋白质的亚细胞定位和 RNA 的亚细胞定位与人类疾病密切相关。RNA 转录物的亚细胞位置影响翻译的位置，导致蛋白质产生浓度和位置的差异（Li et al.，2023）。借助分子生物学手段（突变体构建），结合激光扫描共聚焦显微镜和电子显微镜，定性和定量分析蛋白质在组织及细胞内的定位情况，是目前主流的蛋白质定位研究方法。蛋白质定位研究方法包括激光扫描共聚焦显微镜技术、免疫电镜技术、免疫组织化学技术、免疫印迹法、差速离心法和生物信息学方法，这里重点介绍目前被广泛使用的激光扫描共聚焦显微镜技术。

一、激光扫描共聚焦显微镜技术

（一）激光扫描共聚焦显微镜概述

激光扫描共聚焦显微镜（laser scanning confocal microscope，LSCM），简称共聚焦显微镜，是目前生物学及医学领域最先进的荧光成像和细胞分析工具之一。1957 年，美国科学家 Marvin Minsky 最早提出共聚焦系统概念，在美国申请了共聚焦显微镜技术的一些专利。后来经过 30 年的漫长发展，1984 年全球第一台商品化共聚焦显微镜由 BioRad 公司推出，型号为 SOM-100，其扫描方式为台阶式扫描系统。随后不久，BioRad 公司推出与生物荧光显微镜相配套的光束扫描共聚焦系统，其利用计算机进行图像处理，将光学成像的分辨率提高了 30%～40%，从此共聚焦显微镜系统正式进入生命科学研究领域。1987 年，White 和 Amos 在英国《自然》杂志发表了文章"共聚焦显微镜时代的到来"，标志着 LSCM 已经成为科学研究的重要工具。

共聚焦显微镜是在传统荧光显微镜成像基础上采用共轭聚焦装置的系统，主要包括激光光源、自动显微镜、扫描模块（共聚焦光路通道和针孔、扫描镜、检测器）、数字信号处理器、计算机及图像输出设备等。

共聚焦显微镜利用激光束经照明针孔形成的点光源逐点或逐线扫描焦平面的每个点，焦平面上被照射的点经过探测针孔（pinhole）成像，然后经过光电倍增管（photomultiplier tube，PMT）或冷电荷耦合器件（cooled charge-coupled device，cCCD）逐点或逐线接收，迅速在计算机显示屏上显示为荧光图像。如图 5-12 所示，照明激光通过二向分色镜反射到物镜上，物镜将激发光聚焦在样品上，样品发出的荧光通过二向分色镜由光电倍增管检测，离焦（非焦平面）发出的荧光被光阑抑制。从样品反射回来的任何照明光都会被分色镜反射到探测器之外（Tovey et al.，2013）。通过共聚焦方式得到的图像是样品的光学横断面，克服了普通显微镜图像模糊的缺点。

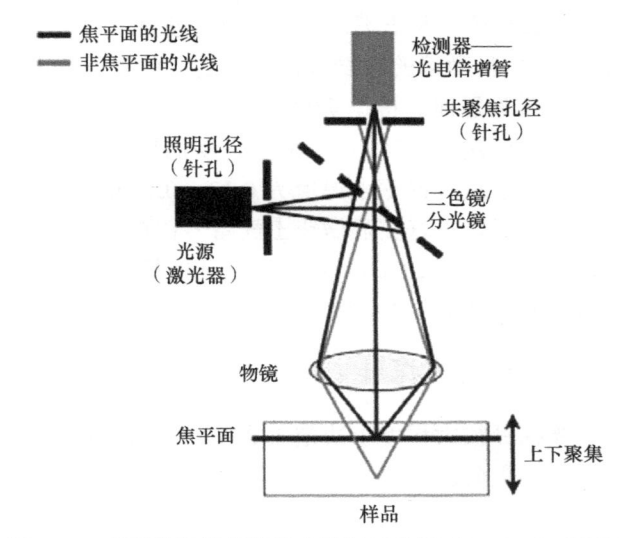

图 5-12 共聚焦显微镜的基本原理示意图（Axelrod，2003）

结合计算机进行图像处理并利用高精度控制器件，使得共聚焦显微镜的横向分辨率达到 100~200nm，纵向分辨率约 500nm，远远优于非共焦的普通荧光显微镜，因而共聚焦显微镜是一种分辨力极高的光学显微镜。共焦针孔的应用很大程度上提高了图像的信噪比，能够实现样品的断层扫描和成像。共聚焦显微镜的应用具有以下优势：①可进行非侵入性无损断层扫描，即"光切片"（optical sectioning），最薄可达 500nm，使纵向分辨率大大提高，可实现三维数据的自动采集，重现立体三维图像；②排除了焦平面以外杂散光的干扰，成像更加清晰；③采用激光单色光照明系统，能够进行更短波长的照明，所以其分辨率比常规光镜高 1.4 倍，达到 130nm；④也可以选择红外波长激发增加对样品的穿透力；⑤可以搭配多种新技术联合使用，如荧光漂白恢复（fluorescence recovery after photobleaching，FRAP）、荧光寿命成像（fluorescence lifetime imaging microscopy，FLIM）、荧光共振能量转移（fluorescence resonance energy transfer，FRET）、全内反射荧光显微术（total internal reflection fluorescence microscopy，TIRFM）等。

共聚焦显微镜的应用也存在一些局限性：①共聚焦全幅图像的成像速度慢；②共聚

焦所用的 PMT（photomultiplier tube）探测器灵敏度相对较低；③共聚焦对环境要求恒温、恒湿；④共聚焦系统复杂，价格、运行和常规维护成本相对较高；⑤激光存在荧光漂白作用及细胞毒性；⑥很难用于大范围内离子浓度、pH 及构型的快速变化检测；⑦难用于极弱信号、极弱荧光的观察。

（二）激光扫描共聚焦显微镜器皿要求

一般可粗略地将要观察的样品分为两类，即固定样品和活细胞样品。固定样品一般为免疫荧光标记的细胞爬片和组织切片，通常选用载玻片和盖玻片；活细胞样品的观察必须使用特殊的培养皿。

（1）载玻片和盖玻片：盖玻片的厚度应为 0.13～0.17mm，载玻片厚度为 1.0～1.2mm，国内生产的大多数载玻片和盖玻片都满足这个要求。

（2）常见器皿：共聚焦显微镜的载物台设计灵活，可以放置 35mm 和 50mm 平皿、培养皿及灌流系统等多种常见器皿。根据实验目的、样品类型、物镜的工作距离及载物台配置等条件确定样品观察所用的器皿。如果需要使用油镜或水镜等高分辨力的物镜时，必须选用合适的培养皿，要求培养皿底部厚度为 0.13～0.17mm。

进行活细胞长时间观察时，最好在显微镜上配备专门的小型 CO_2 培养箱，维持细胞在正常的培养条件下（即 37℃、5% CO_2）生长，这样的培养环境下得出的结果更可信，排除了外部培养环境对细胞造成的不必要影响。

（三）常用荧光激发光源和荧光探针

荧光激发光源和荧光探针很大程度上决定了实验的成败和图像的质量，所以合理搭配激发光源和荧光探针非常重要。下面分别介绍几种常见的荧光激发光源和荧光探针。

1. 荧光激发光源

共聚焦显微镜多采用激光光源，如比较常用的气体激光器和固体激光器。气体激光器使用前需要预热 30min，关闭后不宜马上开启，有固定的使用寿命；固体激光器使用前不需要预热，体积小、使用方便，输出功率大，使用寿命更长。

2. 荧光探针

荧光探针的发展非常迅速，目前可用的荧光染料光谱覆盖了从可见光到红外光的整个范围。有些荧光染料可以在特定细胞结构中积累，如细胞核、内质网、高尔基体、液泡、内涵体、线粒体、过氧化物酶体等，有助于对这些细胞器进行研究。从水母或珊瑚中发现的荧光蛋白的应用，有助于活细胞相关的研究。常用荧光探针可以分为荧光蛋白、荧光染料（化学大分子）和量子点（半导体颗粒）三类。

（1）荧光探针的选择

荧光探针的选择主要从以下几个方面考虑。①尽量选用现有或常用的激光器能够激发的荧光探针；②荧光探针的光稳定性和光漂白性。在进行荧光定量和动态荧光监测时，要求荧光探针有较好的光稳定性。当然，也可通过减少激光扫描次数或降低激光强度来减轻光漂白的程度。但有时监测荧光分子运动如监测膜流动性或细胞间通讯时,要求荧光探针既要有一定的光稳定性,又要有一定的光漂白性(因为要用到 FRAP);③荧光探针的特异性和毒性。尽量选用特异性高、毒性小的探针;④荧光探针适用的 pH。大多数荧光探针适用于细胞的生理条件,如果待检测样品的 pH 未在正常生理范围内,应选用适用于该环境 pH 的荧光探针;⑤荧光探针的激发和发射光谱。当对样品进行双重或多重标记(一般最多三重标记)时,尤其在共定位分析的实验中,应优先考虑荧光探针的激发和发射谱,尽量避免激发串扰和发射串扰(或渗透)现象,采集图像时最好选用顺序激发方式,即每次只激发和收集一种荧光探针的荧光。

(2)荧光探针的性质

荧光探针性质包括荧光探针的激发光谱和发射光谱、寿命、对环境的敏感性、光稳定性及染料分子间的相互作用,这里主要介绍荧光探针的激发光谱和发射光谱。激发光谱和发射光谱是所有荧光探针的基本特征,激发波长和发射波长决定了使用什么样的光源、选择什么样的滤光片(Valeur and Berberan-Santos,2002)。

荧光染料的发射波长大于其激发波长,两者的差值称为斯托克斯(Stokes)位移。有些染料的斯托克斯位移较小,有些染料的斯托克斯位移较大。染料的斯托克斯位移越大,其激发光谱和发射光谱的重叠就越少,有助于提高荧光染料检测的分辨率。在此基础上,染料的激发和发射光谱越窄,这些染料越容易区分(Bolte and Cordelières,2006)。

图 5-13A 所示为 Fluo-3 荧光染料和 Ca^{2+} 结合以后的激发和发射光谱,图 5-13B 所示为 DAPI 和 DNA 结合以后的激发和发射光谱。从图中可以明显看出,Fluo-3 荧光染料的斯托克斯位移较小,激发和发射光谱的重叠比较大,激发光源和发射光收集滤光片的选择受到一定的限制;而 DAPI 的斯托克斯位移较大,激发和发射光谱的重叠比较小,比较方便选择激发光源和发射光收集的滤光片。

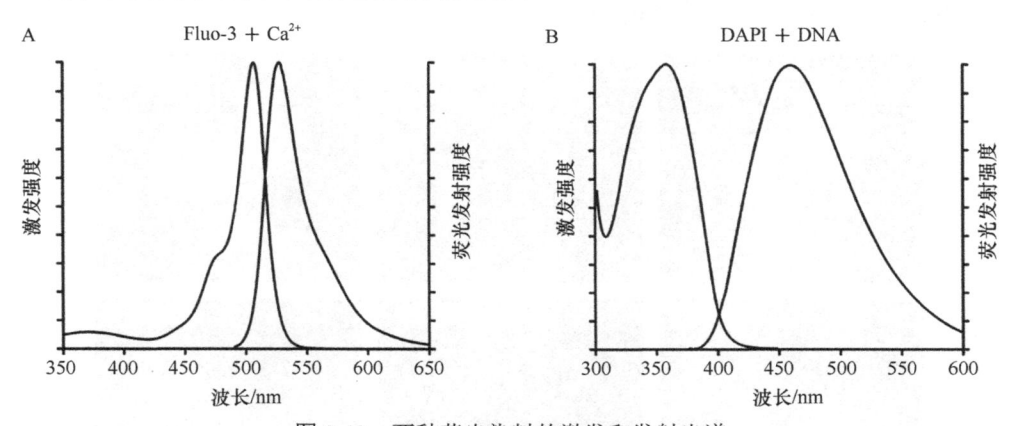

图 5-13 两种荧光染料的激发和发射光谱

A. Fluo-3 和 Ca^{2+} 结合后;B. DAPI 和 DNA 结合后。两个图中,靠近左侧的波峰分别代表二者的激发光谱;靠近右侧的波峰分别代表二者的发射光谱

(四)激光扫描共聚焦显微镜的应用

目前,在大多数细胞生物学的实验室中,共聚焦显微镜是比较容易实现的、精确观

察细胞内蛋白质定位的最佳方法。

光学显微镜的分辨率是有限的，提示低于光学分辨率的观测目标在二维或者三维空间上都是不清楚的。常见的问题是，两个荧光素是定位在同一个细胞结构上还是定位于三维空间内两个不同结构上呢？需要注意的是，荧光素尺寸在纳米范围内，远远小于光学显微镜的分辨率。任何共定位描述的真实性不仅受限于对细胞器的三维结构和亚细胞区室化分布的了解，还受限于荧光标记技术的质量与可靠性。当然，整个光学系统的搭建和图像采集过程也会对结果造成一定影响。因此，光学系统、成像技术、荧光标记技术及荧光图像分析技术都会影响蛋白质共定位的观察结果。

下面举例分析典型的蛋白质共定位。本部分所涉及的实验结果，个别未标明数据来源的为笔者完成或者参与完成的实验结果，在本书中不再标明出处。

1. 细胞内蛋白质与线粒体的共定位研究

目前，有多种线粒体的标记物，包括荧光蛋白和各种特异性的染料，这里选择线粒体的荧光蛋白融合质粒 DsRed-Mit 对线粒体进行标记。首先，利用 GFP 荧光蛋白各种各样的突变体标记目标蛋白，并对培养的细胞株进行外源融合质粒转染。如图 5-14A 所示，肺腺癌细胞（ASTC-a-1）共转染 GFP-Bax 和 DsRed-Mito 质粒。在静息的细胞中，Bax 蛋白在整个细胞中基本上是均匀分布的，细胞核中也有分布，从 Bax 和线粒体的叠加图上可以看出，只有少数的 Bax 定位于线粒体（黄色代表共定位）。图 5-14B 中同样共转染了 GFP-Bax 和 DsRed-Mito 质粒，与图 5-14A 不同的是对细胞进行了促凋亡的药物处理，明显观察到 GFP-Bax 蛋白发生了聚集，从叠加图上可以看出 Bax 和线粒体有大量的共定位，说明 Bax 聚集在线粒体上。因此，通过这两组实验不但观察到了静息细胞中 Bax 的定位情况，也观察到了在对细胞进行有意义的药物处理后 Bax 蛋白定位发生改变，这种方法有助于对 Bax 蛋白生物功能的研究。

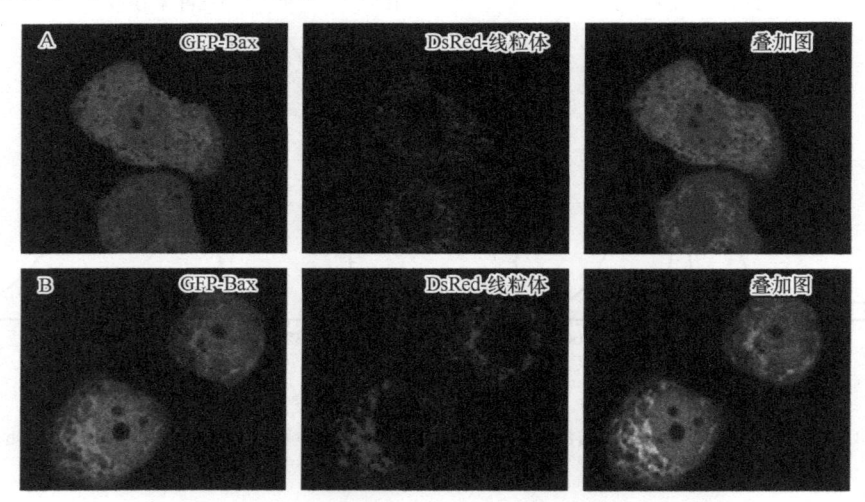

图 5-14 蛋白质与线粒体的共定位观察（彩图另扫封底二维码）
A 和 B 为同一皿细胞的两个不同观察视野。GFP 通道：激发波长为 488nm，发射收集滤光片为 BP 500～550nm；DsRed 通道：激发波长为 543nm，发射收集激光片为 BP 600～650nm

2. 动态观察活细胞内蛋白定位的变化

目前，基本上所有厂家的共聚焦显微镜都配备了小型活细胞工作站，即在显微镜上配备小型培养箱，以及温度和 CO_2 浓度控制装置，保证在正常培养条件下（37℃、5% CO_2）对活细胞进行长时间观察，可视化的实验结果更接近生理情况、更可信。而且，长时间的动态观察结果能揭示更深层次、更精确的分子作用机制。如图 5-15 所示，在肺腺癌细胞中转染 GFP-Bax 质粒，在活细胞工作站中实时记录了紫外线 UVC 处理细胞以后（凋亡刺激）Bax 的动态转运过程。从图上可以观察到，UVC 处理后约 80 min 时，Bax 开始出现聚集，动态精细的 Bax 聚集过程都展现在时间序列（time-series）图像上。因此，很多细胞内发生的动态分子事件都可以借助这种方法进行记录，有助于我们更加精确地了解细胞内神秘的分子调控机制。

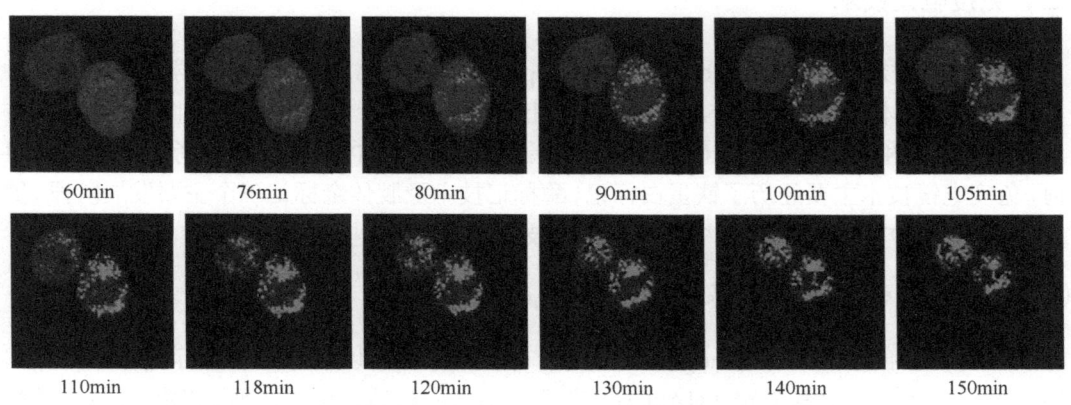

图 5-15 UVC 诱导 Bax 的动态转运过程（彩图另扫封底二维码）
激发波长 488nm；发射收集滤光片 BP 500～550nm

3. 荧光漂白恢复技术观察活细胞内蛋白的动态变化

荧光漂白恢复技术（FRAP）为利用荧光探针研究活细胞中各类分子迁移特性的技术，通过较强的激光直接照射漂白细胞中感兴趣区域（region of interest，ROI）的荧光分子，较强的激光照射破坏了荧光分子结构，使其不能发光。漂白后 ROI 区域的荧光分子数大大减少，甚至完全消失。随后只有漂白区和未漂白区荧光分子之间存在交互扩散运动时，漂白区才能重新出现荧光，通过分析 ROI 的荧光强度变化可以推测荧光分子的动力学特性（图 5-16）。图像上方框区域为 ROI 区域，右侧的荧光强度变化曲线是对 ROI 区域的强度进行分析的结果。

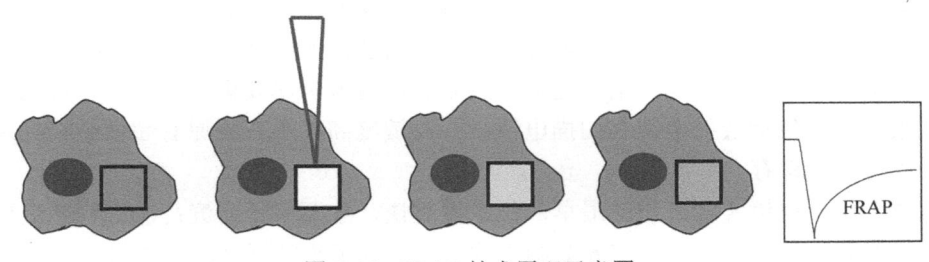

图 5-16 FRAP 技术原理示意图

Twa1/Gid8 蛋白促进 β-联蛋白（β-catenin）在细胞核内积累，为了弄清 Twa1/Gid8 促进后者在细胞核积累的机制是通过促进后者的核输入还是促进后者核滞留，研究人员进行了 FRAP 实验。在 HEK-293 细胞中，过表达 GFP-β-catenin 和相关 RFP- Twa1 质粒，使用 FRAP 技术漂白细胞核内的 GFP-β-catenin 之后，观察其 GFP 荧光在细胞核内的恢复情况。右侧量化分析显示，在三组不同转染的情况下（RFP-NLS-、RFP-Twa1-NLS 和 RFP-Twa1-ΔCRA-NLS），细胞核 GFP-β-catenin 的荧光恢复未观察到显著差异，说明 Twa1 不影响 β-联蛋白的核输入。相反，在对细胞质 GFP-β-catenin 的荧光进行漂白后观察细胞核中 GFP 强度的变化情况，发现过表达野生型 RFP-Twa1-NLS 的细胞中 GFP 的荧光下降相对明显减慢，说明 Twa1 参与了 β-catenin 蛋白的核滞留调节，进而促进其在核中积累（Lu et al., 2017）。

二、免疫电镜技术

免疫电镜技术（immunoelectron microscopy，IEM）又称为免疫细胞化学技术，是一种利用抗原与抗体的特异性结合，在超微结构上对标记物进行定位、定性及半定量的观察方法，为在正常和病理情况下精确定位各种抗原、研究细胞结构与功能的关系提供帮助。目前，免疫电镜技术主要经历了铁蛋白标记、酶标记技术及胶体金标记三个主要发展阶段（罗士炎等，2008）。下面主要介绍免疫胶体金技术。

（一）免疫胶体金技术的基本原理和特点

免疫胶体金技术（immunogold labelling technique）是以胶体金作为标记物标记抗体的技术。胶体金是由氯金酸（$HAuCl_4$）在还原剂（如白磷、抗坏血酸、枸橼酸钠、鞣酸等）作用下，聚合形成特定大小的金颗粒，颗粒之间的静电排斥力保证它们在水溶液中呈溶胶状态，称为胶体金。蛋白质等大分子物质吸附到胶体金颗粒表面的反应过程即为胶体金标记。胶体金可以标记很多大分子，如可以与免疫球蛋白、牛血清白蛋白、葡萄球菌 A 蛋白（SPA）、糖蛋白、多肽缀合物、激素、毒素、酶、抗生素等非共价结合（萨仁高娃等，2007）。

免疫胶体金标记技术的原理是：高电子密度的金颗粒在显微镜下呈黑褐色，当金颗粒在抗原处大量聚集时，肉眼可见红色或粉红色斑点，可用于定性或半定量的快速免疫检测。

胶体金是目前应用最广泛的免疫电镜标记物，主要具有以下几个特点：①胶体金制备相对比较容易，颗粒均匀，大小可控制，用不同大小的金颗粒分别标记不同的抗体，可以对样品进行双重和多重标记；②几乎没有对组织和细胞的非特异性吸附；③能够标记多种生物大分子物质，并且不影响它们的生物活性；④胶体金本身有鲜艳的橘红色，可用肉眼观察，也可用分光光度计进行定量分析，对分辨率要求比较高时，可用光镜、电镜观察，电镜包括透射电镜和扫描电镜；⑤灵敏度高，不影响原有超微结构的观察，显色结果可长期保存。

胶体金用于电镜实验，研究最早，技术发展快，主要用于研究：①细胞悬液或单层培养的细胞表面抗原；②单层培养细胞内的抗原；③组织抗原（颜永碧等，1999）。

（二）免疫胶体金电镜技术应用举例

干扰素（IFN）通过转录途径上调细胞内多种效应分子的表达，其中一些分子具有抗 HCV 病毒的活性，如 PKR 蛋白激酶（其活性受 RNA 的调节），通过抑制蛋白质合成，具有抗 HCV 病毒的功能。图 5-17 是 IFN-α 刺激外周血单核细胞（PBMC），用透射电子显微镜观察胶体金颗粒标记的 PKR 激酶的定位情况。从图上可以看出，经 IFN-α 刺激后，PKR 激酶在细胞质和细胞核中均有分布，而且细胞质中的泡状结构（如箭头所示）出现了明显增强的 PKR 定位（MacQuillan et al., 2009）。

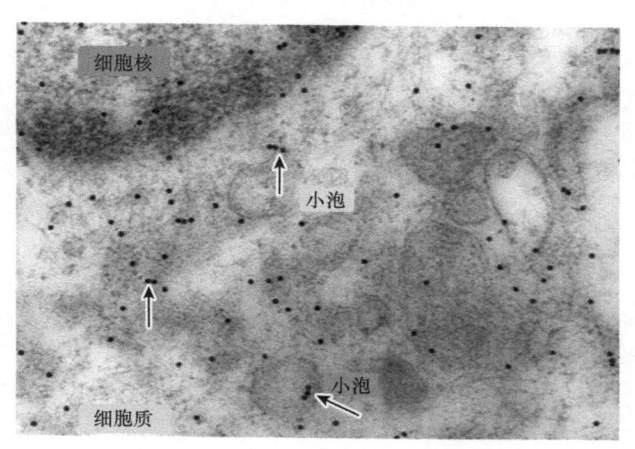

图 5-17　IFN-α 刺激后 PKR 激酶在 PBMC 细胞超微结构中的定位　（MacQuillan et al., 2009）
PBMC 细胞，IFN-α2b 孵育 24h，经 4%多聚甲醛固定、PKR 一抗孵育，用链霉素偶联 15nm 的金颗粒进行标记，利用透射电子显微镜观察。　放大倍数：114 000×

金标记的准确性依赖于连接分子的大小，包括其所连接抗体的大小，减小连接分子的尺寸可以提高金标记的效率和准确性。近来，有研究者将纳米抗体和金标记结合，利用透射电子显微镜观察了 HER2 在细胞内的定位。纳米抗体被定义为在骆驼科成员中发现的纯重链抗体的重链可变结构域（VHH），大小为 15kDa 左右，比一般的抗体小很多。如图 5-18C、D 所示，使用 HER2 的纳米抗体 11A4 标记后，发现金颗粒主要聚集在细胞膜的皱褶或丝状伪足处，与是否经过甲醛固定无关，这个结果与 HER2 的单克隆抗体 Trastuzumab 标记的结果一致（图 5-18E、F），说明纳米抗体可用于胶体金标记的电镜观察（Kijanka et al., 2017）。

三、免疫组织化学技术

1941 年，Coons 等借助免疫荧光技术在组织切片上首次观察到细胞的抗原，标志着免疫组织化学（immunohistochemistry，IHC）技术的开始，之后，IHC 技术得到了快速的发展。目前，根据标记物种类不同，可将免疫组织化学技术分为免疫荧光法、免疫酶法（辣根过氧化物酶标记）、免疫铁蛋白法、免疫金法（胶体金颗粒标记）及放射免疫自显影法等。免疫组织化学技术灵敏度高、特异性强，并且能有机结合形态研究与功能研究，已经成为一种稳定、可靠的技术，广泛应用于常规诊断和基础研究中（Ramos-Vara，2005）。

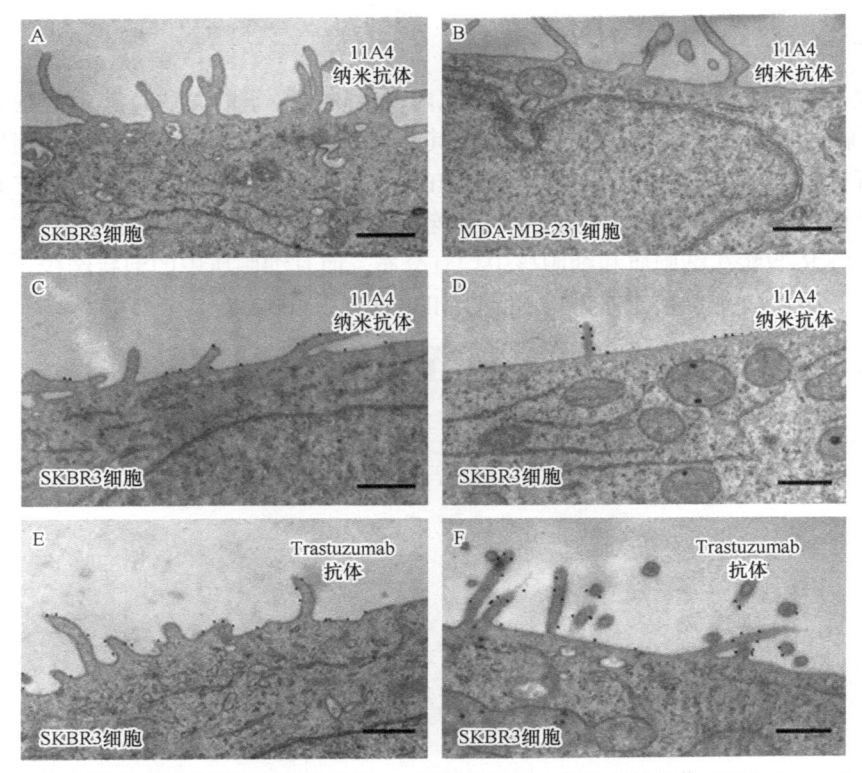

图 5-18　透射电镜研究纳米抗体免疫金标记 HER2 在 SKBR3 细胞中的定位（Kijanka et al.，2017）
用 4%（m/V）甲醛固定 SKBR3 或 MDA-MB-231 细胞，进行免疫标记。A、B 为阴性对照。SKBR3 细胞在甲醛固定后（C）或甲醛固定前（D）利用抗 HER2 纳米抗体 11A4（VHH）进行标记，以及在甲醛固定后（E）或甲醛固定前（F）利用 HER2 单抗 Ttrastuzumab（mAb）进行标记，透射电镜观察。标尺=500nm

免疫组织化学技术是利用特异性抗体标记细胞和组织原位抗原，并利用组织化学的方法进行显色的技术，借助显微镜（普通光学显微镜或荧光显微镜）实现对抗原的定位、定性、定量检测。组织或细胞中凡是能作为抗原或半抗原的物质，如蛋白质、多肽、氨基酸、多糖、磷脂、受体、酶、激素、核酸及病原体等，均可用相应的特异性抗体进行检测（Ramos-Vara，2005）。

随着免疫组织化学技术的不断发展，如 ABC（avidin-biotin complex）染色法或 SP 染色法的出现，即使抗体被稀释上千倍、上万倍甚至上亿倍，仍可与组织和细胞中的抗原结合，保证了该技术的高敏感性。利用特异性抗体，免疫组织化学技术可以同时观察一种或多种抗原的定位，借助微阵列技术可以同时检测几百种组织中的某种特异性抗原的存在（Ramos-Vara，2005）。

四、免疫印迹和差速离心技术

免疫印迹法（immunoblotting test，IBT），亦被称为 Western blotting，对已知蛋白质的表达，可用一抗进行检测；对新基因的表达产物，可通过构建融合蛋白，对所带标签的抗体进行检测。差速离心法是交替使用低速和高速离心，通过不同强度离心力使不同质量的物质分级分离的方法，尤其适用于混合样品中沉降系数差别较大组分的分离。差速离心法结合 Western blotting，可观察到蛋白质在各亚细胞结构中的分布，也是目前比较常用且比较准确的蛋白质定位研究方法。

五、生物信息学技术

真核细胞可以合成多达 10 万种不同的蛋白质，这些蛋白质被运往一个或多个预定的亚细胞定位（Kumar and Dhanda，2020）。每年在 UniProt（UniProtKB）中存储许多序列，但只有少数被手动注释和审核（UniProtKB/SwissProt），因此，存储序列与注释序列之间的差距每年都在增加。利用计算方法准确预测蛋白质的亚细胞定位，对于理解蛋白质的功能和药物靶点设计具有重要意义。目前，已经开发了几种机器学习方法，如神经网络（Mooney et al.，2011）、隐马尔可夫模型（Kumar et al.，2014）、支持向量机（Garg et al.，2020；Li et al.，2020）、深度学习（Kaleel et al.，2020；Savojardo et al.，2020）、随机森林（Lv et al.，2019）和极限梯度增强（Yu et al.，2020），用于预测蛋白质的亚细胞定位。基于蛋白质序列信息，计算方法可以分为以下几类：①基于序列特征的方法；②基于同源性的方法；③基于蛋白质域和基序信息的方法；④基于信号肽的方法；⑤基于非序列派生特征的方法；⑥集成方法；可以使用两种或更多方法的组合。图 5-19 为不同细胞器蛋白质常用的预测工具。目前大多数预测方法的缺点是没有利用蛋白质丰富的网络信息，如基因共表达网络、遗传相互作用网络和代谢网络。大多数计算方法的基础是将特定蛋白质定位到单个亚细胞位置，而无法预测存在于多个位置的蛋白质，因此仍需努力解决存在于多个位置的蛋白质胞内定位问题（Kumar and Dhanda，2020）。

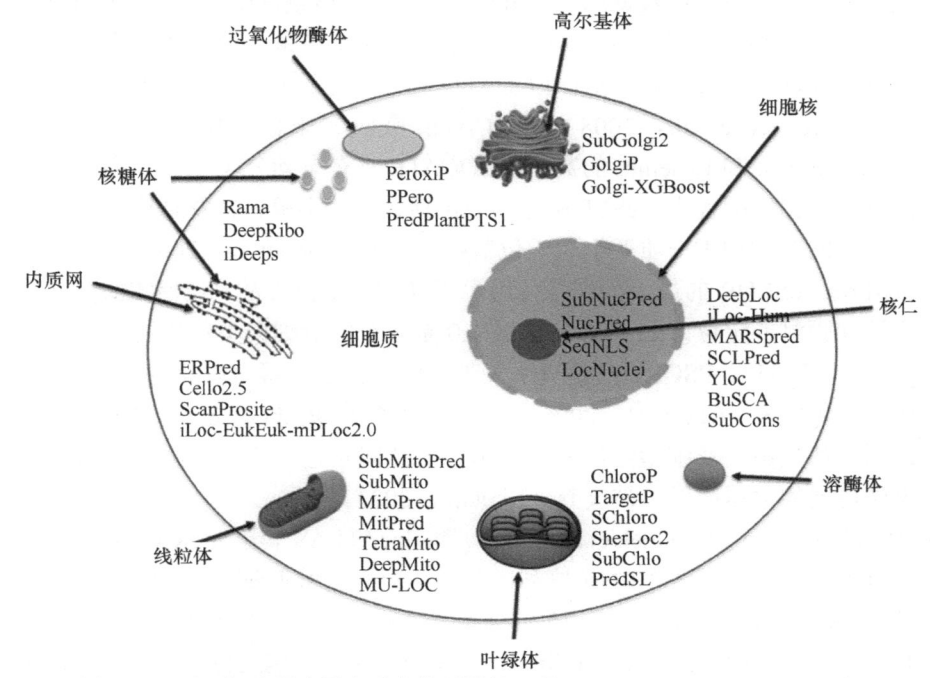

图 5-19　不同细胞器中蛋白质定位预测的工具（Kumar and Dhanda，2020）

RNA 亚细胞也会影响其翻译的蛋白质的亚细胞定位。到目前为止，有多个公开可用的蛋白质和 RNA 亚细胞定位数据库（表 5-2）。这些数据库经过多次筛选和整合，生成了相对集中和完整的数据库。相比之下，蛋白质的亚细胞定位数据多包含在综合数据库中，这可能会妨碍研究蛋白质亚细胞定位的数据收集（Li et al.，2023）。

表 5-2 蛋白质数据库和 RNA 亚细胞定位数据库

数据库	网址	年份	大小	优势
蛋白质数据库				
UniProt	https://www.uniprot.org	2019	5 000 000	专注于提高病毒参考蛋白质组数量
LOCATE	https://bio.tools/locate	2006，2008	122 765	包含自动分类计算、图像数据的实验定位
PSORTdb	http://db.psort.org	2016	1 443	革兰氏阴性菌数据库
RNA 数据库				
lncRNAdb	https://rnacentral.org/	2011	150	包含全面的长链非编码 RNA 列表
lncATLAS	https://www.encodeproject.org	2017	6 768	特别针对人类细胞
EVmiRNA	http://bioinfo.life.hust.edu.cn/EVmiRNA	2018	1 000	第一个专注于表达外泌体 miRNA 谱的数据库
RNALocate version 2.0	http://www.rnalocate.org	2017，2022	213 000	具备预测功能

UniProt 是一个包含超过 500 000 条蛋白质信息（蛋白质亚细胞定位、蛋白质结构和相互作用）的综合性蛋白质数据库（UniProt，2019）。该数据库融合了 5 000 000 个与病毒相关的蛋白质。2006 年发表的 LOCATE 是一个关于小鼠蛋白质亚细胞定位的数据库（Fink et al.，2006）。2008 年发表的 LOCATE 是一个关于小鼠和人类蛋白质亚细胞定位的数据库（Sprenger et al.，2008）。LOCATE 吸收了来自 LIFEdb、Mouse Genome Informatics、UniProt 和 Ensembl 的数据。LOCATE 具有自动分类计算、实验定位图像和蛋白质分选信号识别的优点。eSLDB 是一个包括人类、小鼠、秀丽隐杆线虫、酿酒酵母和拟南芥在内的多物种蛋白质亚细胞定位数据库（Pierleoni et al.，2007），其主要数据来源是 SwissProt。eSLDB 的最大优点是使用了更详细的定位方法，包括实验方法、基于同源性的方法和预测的定位方法。PSORTdb 3.0 是一个针对细菌蛋白质的亚细胞定位数据库（Rey et al.，2005）。PSORTdb 是一个关于细菌和古细菌蛋白质亚细胞定位的数据库，为药物研发提供线索（Rey et al.，2005；Yu et al.，2011；Peabody et al.，2016）。PSORTdb 是革兰氏阴性菌蛋白质亚细胞定位最新版本，支持同时进行亚细胞位置预测。值得注意的是，无法访问的数据库已经被废弃（Li et al.，2023）。

lncRNAdb version 2.0（Quek et al.，2015）和 lncATLAS 属于 lncRNA 数据库。在这些 RNA 中，lncRNAdb 中的每个 RNA 序列都包含结构信息和亚细胞定位信息（Mas-Ponte et al.，2017）。lncATLAS 包含分布在 15 个细胞位点中的 6768 个 lncRNA 序列。RNA 序列是使用 RNA 测序技术获得的。lncSLdb 是一个 lncRNA 亚细胞定位数据库，该数据库基于三种物种的数据，涵盖了超过 11 000 个转录本（Wen et al.，2018）。在这些转录本中，亚细胞位点包括染色体、核糖体和细胞质。lncSLdb 包括来自 lncRNAdb、RNALocate 和 lncATLAS 的条目,并要求甘氨酸长度超过 200nt。此外,可以通过基因符号、基因组坐标和序列相似性搜索数据。EVmiRNA 是一个 miRNA 数据库,包括 miRNA 与疾病之间的关系,是第一个专注于外泌体 miRNA 表达谱的数据库(Liu et al., 2019)。RNALocate version 2.0 是一个 RNA 亚细胞定位数据库,通过手动管理开发,包括 213 000 个以上的样本,涵盖 104 种物种和 171 种亚细胞定位信息(Cui et al., 2022)。此外,RNALocate 还包括 lncSLdb、lncATLAS 和 EVmiRNA 样本,使其能够涵盖更广泛的 RNA 类型、物种和亚细胞定位信息。RNALocate 是 RNALocate version 2.0 的主要版本。到目前为止,RNALocate version 2.0 是最新且最全面的 RNA 亚细胞定位数据库(Li et al., 2023)。

定位组(localizome)主要是指利用遗传学方法进行大规模蛋白质定位的研究,使定位实验规模化和通量化。目前在哺乳动物中,定位组研究取得了很大进展。有研究组通过表达融合 GFP 的 cDNA,已经定位了 1057 个人类蛋白质,启动了一项称为"GFP-cDNA 定位"的计划,专门对人类新基因进行大规模定位研究(郭立海等,2005)。最后,生物信息学方法将与其他蛋白质定位的研究方法相互补充、相互验证,为更好地理解蛋白质的功能和生物学意义做出贡献。

参 考 文 献

郭立海, 姜颖, 贺福初. 2005. 快速发展的亚细胞蛋白质组学. 中国生物化学与分子生物学报, 21(2): 143-150.

姜普, 孙薇, 张迎梅, 等. 2008. 内质网蛋白定位信号研究进展. 生物技术通讯, 19(6): 895-899.

罗士炎, 饶秋华, 周伦江. 2008. 免疫电镜技术及其在动物病毒学中的应用. 2008 年福建省科协第八届学术年会农业分会场论文集. 中国农学通报, 24: 117-119.

萨仁高娃, 其木格, 吴岩. 2007. 胶体金免疫电镜技术及其应用. 内蒙古医学院学报, 29(5): 373-377.

颜永碧, 陆月良, 吴越, 等. 1999. 间质胶原的免疫金标记技术的改进. 第二军医大学学报, 20(1): 13.

Abubakar Y S, Zheng W H, Olsson S, et al. 2017. Updated insight into the physiological and pathological roles of the retromer complex. International Journal of Molecular Sciences, 18(8): 1601.

Abu-Remaileh M, Wyant G A, Kim C, et al. 2017. Lysosomal metabolomics reveals V-ATPase- and mTOR-dependent regulation of amino acid efflux from lysosomes. Science, 358(6364): 807-813.

Afshar N, Black B E, Paschal B M. 2005. Retrotranslocation of the chaperone calreticulin from the endoplasmic reticulum lumen to the cytosol. Molecular and Cellular Biology, 25(20): 8844-8853.

Ahmed I, Liang Y D, Schools S, et al. 2012. Development and characterization of a new Parkinson's disease model resulting from impaired autophagy. The Journal of Neuroscience: the Official Journal of the Society for Neuroscience, 32(46): 16503-16509.

Akopian D, Shen K, Zhang X, et al. 2013. Signal recognition particle: An essential protein-targeting machine. Annual Review of Biochemistry, 82: 693-721.

Alpuche-Aranda C M, Racoosin E L, Swanson J A, et al. 1994. *Salmonella* stimulate macrophage macropinocytosis and persist within spacious phagosomes. The Journal of Experimental Medicine, 179(2): 601-608.

Amstutz B, Gastaldelli M, Kälin S, et al. 2008. Subversion of CtBP1-controlled macropinocytosis by human adenovirus serotype 3. The EMBO Journal, 27(7): 956-969.

Amyere M, Payrastre B, Krause U, et al. 2000. Constitutive macropinocytosis in oncogene- transformed fibroblasts depends on sequential permanent activation of phosphoinositide 3-kinase and phospholipase C. Molecular Biology of the Cell, 11(10): 3453-3467.

Andrews N W. 2002. Lysosomes and the plasma membrane: trypanosomes reveal a secret relationship. The Journal of Cell Biology, 158(3): 389-394.

Antonin W, Holroyd C, Fasshauer D, et al. 2000. A SNARE complex mediating fusion of late endosomes defines conserved properties of SNARE structure and function. The EMBO Journal, 19(23): 6453-6464.

Appelqvist H, Sandin L, Björnström K, et al. 2012. Sensitivity to lysosome-dependent cell death is directly regulated by lysosomal cholesterol content. PLoS One, 7(11): e50262.

Araki N, Hatae T, Furukawa A, et al. 2003. Phosphoinositide-3-kinase-independent contractile activities associated with Fc gamma-receptor-mediated phagocytosis and macropinocytosis in macrophages. Journal of Cell Science, 116(Pt 2): 247-257.

Axelrod D. 2003. Total internal reflection fluorescence microscopy in cell biology. Methods in Enzymology, 361: 1-33.

Ayala I, Colanzi A. 2017. Mitotic inheritance of the Golgi complex and its role in cell division. Biology of the Cell, 109(10): 364-374.

Backes S, Herrmann J M. 2017. Protein translocation into the intermembrane space and matrix of mitochondria: Mechanisms and driving forces. Frontiers in Molecular Biosciences, 4: 83.

Bai Z Y, Grant B D. 2015. A *TOCA*/CDC-42/PAR/WAVE functional module required for retrograde endocytic recycling. Proceedings of the National Academy of Sciences of the United States of America, 112(12): E1443-E1452.

Baixauli F, Acín-Pérez R, Villarroya-Beltrí C, et al. 2015. Mitochondrial respiration controls lysosomal function during inflammatory T cell responses. Cell Metabolism, 22(3): 485-498.

Bajaj R, Kundu S T, Grzeskowiak C L, et al. 2020. IMPAD1 and KDELR2 drive invasion and metastasis by enhancing Golgi-mediated secretion. Oncogene, 39(37): 5979-5994.

Bajaj R, Warner A N, Fradette J F, et al. 2022. Dance of the Golgi: understanding Golgi dynamics in cancer metastasis. Cells, 11(9): 1484.

Bakke O, Dobberstein B. 1990. MHC class II-associated invariant chain contains a sorting signal for endosomal compartments. Cell, 63(4): 707-716.

Balsera M, Goetze T A, Kovács-Bogdán E, et al. 2009. Characterization of Tic110, a channel-forming protein at the inner envelope membrane of chloroplasts, unveils a response to Ca(2+)and a stromal regulatory disulfide bridge. The Journal of Biological Chemistry, 284(5): 2603-2616.

Banik S M, Pedram K, Wisnovsky S, et al. 2020. Lysosome-targeting chimaeras for degradation of extracellular proteins. Nature, 584(7820): 291-297.

Bentley M, Decker H, Luisi J, et al. 2015. A novel assay reveals preferential binding between Rabs, kinesins, and specific endosomal subpopulation. The Journal of Cell Biology, 208(3): 273-281.

Benyair R, Ogen-Shtern N, Lederkremer G Z. 2015. Glycan regulation of ER-associated degradation through compartmentalization. Seminars in Cell & Developmental Biology, 41: 99-109.

Berks B C. 2015. The twin-arginine protein translocation pathway. Annual Review of Biochemistry, 84: 843-864.

Béthune J, Wieland F T. 2018. Assembly of COP I and COP II vesicular coat proteins on membranes. Annual Review of Biophysics, 47: 63-83.

Bhat M B, Ma J J. 2002. The transmembrane segment of ryanodine receptor contains an intracellular membrane retention signal for Ca(2+)release channel. The Journal of Biological Chemistry, 277(10): 8597-8601.

Bhuin T, Roy J K. 2014. Rab proteins: the key regulators of intracellular vesicle transport. Experimental Cell Research, 328(1): 1-19.

Bilog A D, Smulders L, Oliverio R, et al. 2019. Membrane localization of HspA1A, a stress inducible 70-kDa heat-shock protein, depends on its interaction with intracellular phosphatidylserine. Biomolecules, 9(4): 152.

Blobel G. 2000a. Protein targeting. Bioscience Reports, 20(5): 303-344.

Blobel G. 2000b. Protein targeting(Nobel lecture). Chembiochem: a European Journal of Chemical Biology, 1(2): 86-102.

Bolte S, Cordelières F P. 2006. A guided tour into subcellular colocalization analysis in light microscopy. Journal of Microscopy, 224(Pt 3): 213-232.

Bölter B. 2018. En route into chloroplasts: preproteins' way home. Photosynthesis Research, 138(3): 263-275.

Bonet-Ponce L, Cookson M R. 2022. The endoplasmic reticulum contributes to lysosomal tubulation/sorting driven by LRRK2. Molecular Biology of the Cell, 33(13): ar124.

Bonifacino J S, Neefjes J. 2017. Moving and positioning the endolysosomal system. Current Opinion in Cell Biology, 47: 1-8.

Boucrot E, Ferreira A P A, Almeida-Souza L, et al. 2015. Endophilin marks and controls a clathrin-independent endocytic pathway. Nature, 517(7535): 460-465.

Boutry M, Kim P K. 2021. ORP1L mediated PI(4)P signaling at ER-lysosome-mitochondrion three-way contact contributes to mitochondrial division. Nature Communications, 12: 5354.

Bowman S L, Bi-Karchin J, Le L, et al. 2019. The Road to lysosome-related organelles: insights from Hermansky-Pudlak syndrome and other rare diseases. Traffic, 20(6): 404-435.

Braulke T, Bonifacino J S. 2009. Sorting of lysosomal proteins. Biochimica et Biophysica Acta, 1793(4): 605-614.

Bridges D, Ma J T, Park S, et al. 2012. Phosphatidylinositol 3, 5-bisphosphate plays a role in the activation and subcellular localization of mechanistic target of rapamycin 1. Molecular Biology of the Cell, 23(15): 2955-2962.

Brocard C, Hartig A. 2006. Peroxisome targeting signal 1: is it really a simple tripeptide? Biochimica et Biophysica Acta, 1763(12): 1565-1573.

Bu G, Rennke S, Geuze H J. 1997. ERD2 proteins mediate ER retention of the HNEL signal of LRP's receptor-associated protein(RAP). Journal of Cell Science, 110(Pt 1): 65-73.

Buser D P, Bader G, Spiess M. 2022. Retrograde transport of CDMPR depends on several machineries as analyzed by sulfatable nanobodies. Life Science Alliance, 5(7): e202101269.

Buser D P, Spang A. 2023. Protein sorting from endosomes to the TGN. Frontiers in Cell and Developmental Biology, 11: 1140605.

Buser D P, Spiess M. 2019. Analysis of endocytic uptake and retrograde transport to the *trans*-Golgi network using functionalized nanobodies in cultured cells. Journal of Visualized Experiments: JoVE, (144):(144).

Cardoso C M P, Groth-Pedersen L, Høyer-Hansen M, et al. 2009. Depletion of kinesin 5B affects lysosomal distribution and stability and induces peri-nuclear accumulation of autophagosomes in cancer cells. PLoS One, 4(2): e4424.

Carroll K S, Hanna J, Simon I, et al. 2001. Role of Rab9 GTPase in facilitating receptor recruitment by TIP47. Science, 292(5520): 1373-1376.

Casalou C, Ferreira A, Barral D C. 2020. The role of ARF family proteins and their regulators and effectors in cancer progression: a therapeutic perspective. Frontiers in Cell and Developmental Biology, 8: 217.

Chadda R, Howes M T, Plowman S J, et al. 2007. Cholesterol-sensitive Cdc42 activation regulates actin polymerization for endocytosis via the GEEC pathway. Traffic, 8(6): 702-717.

Chakrabarti S, Kobayashi K S, Flavell R A, et al. 2003. Impaired membrane resealing and autoimmune myositis in synaptotagmin VII-deficient mice. The Journal of Cell Biology, 162(4): 543-549.

Chang J, Lee S, Blackstone C. 2014. Spastic paraplegia proteins spastizin and spatacsin mediate autophagic lysosome reformation. The Journal of Clinical Investigation, 124(12): 5249-5262.

Chauhan S, Goodwin J G, Chauhan S, et al. 2013. ZKSCAN$_3$ is a master transcriptional repressor of autophagy. Molecular Cell, 50(1): 16-28.

Chaumet A, Wright G D, Seet S H, et al. 2015. Nuclear envelope-associated endosomes deliver surface proteins to the nucleus. Nature Communications, 6: 8218.

Chen K Y, Li H M. 2007. Precursor binding to an 880-kDa Toc complex as an early step during active import of protein into chloroplasts. The Plant Journal: for Cell and Molecular Biology, 49(1): 149-158.

Chen Q X, Jin C Z, Shao X T, et al. 2018. Super-resolution tracking of mitochondrial dynamics with an iridium(III)luminophore. Small, 14(41): e1802166.

Chen S X, Xu X E, Wang X Q, et al. 2014. Identification of colonic fibroblast secretomes reveals secretory factors regulating colon cancer cell proliferation. Journal of Proteomics, 110: 155-171.

Chen Y Y, Dalbey R E. 2018. Oxa1 superfamily: new members found in the ER. Trends in Biochemical Sciences, 43(3): 151-153.

Chen Y Y, Shanmugam S K, Dalbey R E. 2019. The principles of protein targeting and transport across cell membranes. The Protein Journal, 38(3): 236-248.

Christie M, Chang C W, Róna G, et al. 2016. Structural biology and regulation of protein import into the nucleus. Journal of Molecular Biology, 428(10 Pt A): 2060-2090.

Chung J, Torta F, Masai K R, et al. 2015. Intracellular transport. PI4P/phosphatidylserine countertransport at ORP5- and ORP8-mediated ER-plasma membrane contacts. Science, 349(6246): 428-432.

Cisneros J, Belton T B, Shum G C, et al. 2022. Mitochondria-lysosome contact site dynamics and misregulation in neurodegenerative diseases. Trends in Neurosciences, 45(4): 312-322.

Cokol M, Nair R, Rost B. 2000. Finding nuclear localization signals. EMBO Reports, 1(5): 411-415.

Colanzi A, Hidalgo Carcedo C, Persico A, et al. 2007. The Golgi mitotic checkpoint is controlled by BARS-dependent fission of the Golgi ribbon into separate stacks in G2. The EMBO Journal, 26(10): 2465-2476.

Cooper A A, Gitler A D, Cashikar A, et al. 2006. Alpha-synuclein blocks ER-Golgi traffic and Rab1 rescues neuron loss in Parkinson's models. Science, 313(5785): 324-328.

Craig E A. 2018. Hsp70 at the membrane: driving protein translocation. BMC Biology, 16(1): 11.

Cui T Y, Dou Y Y, Tan P W, et al. 2022. RNALocate v2.0: an updated resource for RNA subcellular localization with increased coverage and annotation. Nucleic Acids Research, 50(D1): D333-D339.

Dalbey R E, Wang P, Kuhn A. 2011. Assembly of bacterial inner membrane proteins. Annual Review of Biochemistry, 80: 161-187.

de Araujo M E G, Liebscher G, Hess M W, et al. 2020. Lysosomal size matters. Traffic, 21(1): 60-75.

Decressac M, Mattsson B, Weikop P, et al. 2013. TFEB-mediated autophagy rescues midbrain dopamine neurons from α-synuclein toxicity. Proceedings of the National Academy of Sciences of the United States of America, 110(19): E1817-E1826.

Deczkowska A, Weiner A, Amit I. 2020. The physiology, pathology, and potential therapeutic applications of the TREM2 signaling pathway. Cell, 181(6): 1207-1217.

Dell'Angelica E C, Bonifacino J S. 2019. Coatopathies: genetic disorders of protein Coats. Annual Review of Cell and Developmental Biology, 35: 131-168

Demishtein-Zohary K, Günsel U, Marom M, et al. 2017. Role of Tim17 in coupling the import motor to the translocation channel of the mitochondrial presequence translocase. eLife, 6: e22696.

Deng Z M, Chong Z L, Law C S, et al. 2020. A defect in COPI-mediated transport of STING causes immune dysregulation in *COPA* syndrome. The Journal of Experimental Medicine, 217(11): e20201045.

Derby M C, Lieu Z Z, Brown D, et al. 2007. The *trans*-Golgi network golgin, GCC185, is required for endosome-to-Golgi transport and maintenance of Golgi structure. Traffic, 8(6): 758-773.

Dobberstein B, Blobel G, Chua N H. 1977. *In vitro* synthesis and processing of a putative precursor for the small subunit of ribulose-1, 5-bisphosphate carboxylase of *Chlamydomonas reinhardtii*. Proceedings of the National Academy of Sciences of the United States of America, 74(3): 1082-1085.

Dvela-Levitt M, Kost-Alimova M, Emani M, et al. 2019. Small molecule targets TMED9 and promotes lysosomal degradation to reverse proteinopathy. Cell, 178(3): 521-535.e23.

Eden E R, Sanchez-Heras E, Tsapara A, et al. 2016. Annexin A1 tethers membrane contact sites that mediate ER to endosome cholesterol transport. Developmental Cell, 37(5): 473-483.

Eden E R, White I J, Tsapara A, et al. 2010. Membrane contacts between endosomes and ER provide sites for PTP1B-epidermal growth factor receptor interaction. Nature Cell Biology, 12(3): 267-272.

Enrich C, Lu A, Tebar F, et al. 2021. Annexins bridging the gap: novel roles in membrane contact site formation. Frontiers in Cell and Developmental Biology, 9: 797949.

Farhan H, Rabouille C. 2011. Signalling to and from the secretory pathway. Journal of Cell Science, 124: 171-180.

Fink J L, Aturaliya R N, Davis M J, et al. 2006. LOCATE: a mouse protein subcellular localization database. Nucleic Acids Research, 34(suppl_1): D213-D217.

Friedman J R, Dibenedetto J R, West M, et al. 2013. Endoplasmic reticulum-endosome contact increases as endosomes traffic and mature. Molecular Biology of the Cell, 24(7): 1030-1040.

Fromme J C, Ravazzola M, Hamamoto S, et al. 2007. The genetic basis of a craniofacial disease provides insight into COPII coat assembly. Developmental Cell, 13(5): 623-634.

Furuchi T, Aikawa K, Arai H, et al. 1993. Bafilomycin A1, a specific inhibitor of vacuolar-type H(+)-ATPase, blocks lysosomal cholesterol trafficking in macrophages. The Journal of Biological Chemistry, 268(36): 27345-27348.

Furukawa A, Yoshikaie K, Mori T, et al. 2017. Tunnel formation inferred from the I-form structures of the proton-driven protein secretion motor SecDF. Cell Reports, 19(5): 895-901.

Futaki S, Nakase I, Tadokoro A, et al. 2007. Arginine-rich peptides and their internalization mechanisms. Biochemical Society Transactions, 35(Pt 4): 784-787.

Galione A. 2015. A primer of NAADP-mediated Ca(2+)signalling: from sea urchin eggs to mammalian cells. Cell Calcium, 58(1): 27-47.

Ganesan I, Shi L X, Labs M, et al. 2018. Evaluating the functional pore size of chloroplast TOC and TIC protein translocons: import of folded proteins. The Plant Cell, 30(9): 2161-2173.

Garg A, Singhal N, Kumar R, et al. 2020. mRNALoc: a novel machine-learning based in-silico tool to predict mRNA subcellular localization. Nucleic Acids Research, 48(W1): W239-W243.

Garner K, Hunt A N, Koster G, et al. 2012. Phosphatidylinositol transfer protein, cytoplasmic 1(PITPNC1)binds and transfers phosphatidic acid. The Journal of Biological Chemistry, 287(38): 32263-32276.

Garrity A G, Wang W Y, Collier C M, et al. 2016. The endoplasmic reticulum, not the pH gradient, drives calcium refilling of lysosomes. eLife, 5: e15887.

Gassmann M, Haller C, Stoll Y, et al. 2005. The RXR-type endoplasmic reticulum-retention/retrieval signal of GABAB1 requires distant spacing from the membrane to function. Molecular Pharmacology, 68(1): 137-144.

Gaynor E C, te Heesen S, Graham T R, et al. 1994. Signal-mediated retrieval of a membrane protein from the Golgi to the ER in yeast. The Journal of Cell Biology, 127(3): 653-665.

Ghosh P, Dahms N M, Kornfeld S. 2003. Mannose 6-phosphate receptors: new twists in the tale. Nature Reviews Molecular Cell Biology, 4(3): 202-213.

Gilham D, Alam M, Gao W H, et al. 2005. Triacylglycerol hydrolase is localized to the endoplasmic reticulum by an unusual retrieval sequence where it participates in VLDL assembly without utilizing VLDL lipids as substrates. Molecular Biology of the Cell, 16(2): 984-996.

Giordano F, Saheki Y, Idevall-Hagren O, et al. 2013. PI(4, 5)P(2)-dependent and Ca(2+)-regulated ER-PM interactions mediated by the extended synaptotagmins. Cell, 153(7): 1494-1509.

Gleeson P A. 1998. Targeting of proteins to the Golgi apparatus. Histochemistry and Cell Biology, 109(5): 517-532.

Goldenring J R. 2013. A central role for vesicle trafficking in epithelial neoplasia: intracellular highways to carcinogenesis. Nature Reviews Cancer, 13(11): 813-820.

Gomez-Navarro N, Miller E. 2016. Protein sorting at the ER-Golgi interface. The Journal of Cell Biology, 215(6): 769-778.

Graham J B, Canniff N P, Hebert D N. 2019. TPR-containing proteins control protein organization and homeostasis for the endoplasmic reticulum. Critical Reviews in Biochemistry and Molecular Biology, 54(2): 103-118.

Halberg N, Sengelaub C A, Navrazhina K, et al. 2016. PITPNC1 recruits RAB1B to the Golgi network to drive malignant secretion. Cancer Cell, 29(3): 339-353.

Halloran M, Ragagnin A M G, Vidal M, et al. 2020. Amyotrophic lateral sclerosis-linked UBQLN$_2$ mutants inhibit endoplasmic reticulum to Golgi transport, leading to Golgi fragmentation and ER stress. Cellular and Molecular Life Sciences: CMLS, 77(19): 3859-3873.

Hanada K, Kumagai K, Yasuda S, et al. 2003. Molecular machinery for non-vesicular trafficking of ceramide. Nature, 426(6968): 803-809.

Hanafusa H, Fujita K, Kamio M, et al. 2023. LRRK1 functions as a scaffold for PTP1B-mediated EGFR sorting into ILVs at the ER-endosome contact site. Journal of Cell Science, 136(6): jcs260566.

Hansen K G, Aviram N, Laborenz J, et al. 2018. An ER surface retrieval pathway safeguards the import of mitochondrial membrane proteins in yeast. Science, 361(6407): 1118-1122.

Harding R J, Tong Y F. 2018. Proteostasis in Huntington's disease: Disease mechanisms and therapeutic opportunitie. Acta Pharmacologica Sinica, 39(5): 754-769.

Hardt B, Kalz-füller B, Aparicio R, et al. 2003.(Arg)$_3$ within the N-terminal domain of glucosidase I contains ER targeting information but is not required absolutely for ER localization. Glycobiology, 13(3): 159-168.

Harterink M, Korswagen H C. 2012. Dissecting the Wnt secretion pathway: key questions on the modification and intracellular trafficking of Wnt proteins. Acta Physiologica, 204(1): 8-16.

Harterink M, Port F, Lorenowicz M J, et al. 2011. A SNX3-dependent retromer pathway mediates retrograde transport of the Wnt sorting receptor Wntless and is required for Wnt secretion. Nature Cell Biology, 13(8): 914-923.

Heine C, Quitsch A, Storch S, et al. 2007. Topology and endoplasmic reticulum retention signals of the lysosomal storage disease-related membrane protein CLN$_6$. Molecular Membrane Biology, 24(1): 74-87.

Hemalatha A, Mayor S. 2019. Recent advances in clathrin-independent endocytosis. F1000Research, 8: F1000FacultyRev-F1000Faculty138. https://www.ncbi.nlm.nih.gov/pmc/articles/ PMC6357988/.

Hemalatha A, Prabhakara C, Mayor S. 2016. Endocytosis of Wingless via a dynamin-independent pathway is necessary for signaling in *Drosophila* wing discs. Proceedings of the National Academy of Sciences of the United States of America, 113(45): E6993-E7002.

Hendrix A, Maynard D, Pauwels P, et al. 2010. Effect of the secretory small GTPase Rab27B on breast cancer growth, invasion, and metastasis. JNCI: Journal of the National Cancer Institute, 102(12): 866-880.

Heo W D, Inoue T, Park W S, et al. 2006. PI(3, 4, 5)P$_3$ and PI(4, 5)P$_2$ lipids target proteins with polybasic clusters to the plasma membrane. Science, 314(5804): 1458-1461.

Hernández-Ochoa E O, Pratt S J P, Lovering R M, et al. 2015. Critical role of intracellular RyR1 calcium release channels in skeletal muscle function and disease. Frontiers in Physiology, 6: 420.

Hirst J, Borner G H H, Edgar J, et al. 2013. Interaction between AP-5 and the hereditary spastic paraplegia proteins SPG11 and SPG15. Molecular Biology of the Cell, 24(16): 2558-2569.

Hirst J, Edgar J R, Esteves T, et al. 2015. Loss of AP-5 results in accumulation of aberrant endolysosomes: defining a new type of lysosomal storage disease. Human Molecular Genetics, 24(17): 4984-4996.

Hirst J, Hesketh G G, Gingras A C, et al. 2021. Rag GTPases and phosphatidylinositol 3-phosphate mediate recruitment of the AP-5/SPG11/SPG15 complex. The Journal of Cell Biology, 220(2): e202002075.

Hou X W, Pedi L, Diver M M, et al. 2012. Crystal structure of the calcium release-activated calcium channel Orai. Science, 338(6112): 1308-1313.

Howes M T, Kirkham M, Riches J, et al. 2010. Clathrin-independent carriers form a high capacity endocytic sorting system at the leading edge of migrating cells. The Journal of Cell Biology, 190(4): 675-691.

Howley B V, Link L A, Grelet S, et al. 2018. A CREB3-regulated ER-Golgi trafficking signature promotes metastatic progression in breast cancer. Oncogene, 37(10): 1308-1325.

Hu J, Worrall L J, Hong C, et al. 2018. Cryo-EM analysis of the T3S injectisome reveals the structure of the needle and open secretin. Nature Communications, 9: 3840.

Huotari J, Helenius A. 2011. Endosome maturation. The EMBO Journal, 30(17): 3481-3500.

Ioannou M S, McPherson P S. 2016. Regulation of cancer cell behavior by the small GTPase Rab13. The Journal of Biological Chemistry, 291(19): 9929-9937.

Itakura E, Kishi-Itakura C, Mizushima N. 2012. The hairpin-type tail-anchored SNARE syntaxin 17 targets to autophagosomes for fusion with endosomes/lysosomes. Cell, 151(6): 1256-1269.

Itskanov S, Park E. 2019. Structure of the posttranslational Sec protein-translocation channel complex from yeast. Science, 363(6422): 84-87.

Jacob A, Jing J, Lee J, et al. 2013. Rab40b regulates trafficking of MMP2 and MMP9 during invadopodia formation and invasion of breast cancer cells. Journal of Cell Science, 126(Pt 20): 4647-4658.

Jean G. 2020. Life in the lumen: the multivesicular endosome. Traffic, 21(1): 76-93.

Jedrychowski M P, Gartner C A, Gygi S P, et al. 2010. Proteomic analysis of GLUT4 storage vesicles reveals LRP1 to be an important vesicle component and target of insulin signaling. The Journal of Biological Chemistry, 285(1): 104-114.

Jia R, Guardia C M, Pu J, et al. 2017. BORC coordinates encounter and fusion of lysosomes with autophagosomes. Autophagy, 13(10): 1648-1663.

Jiang X X, Ermolova N, Lim J, et al. 2020. The proton electrochemical gradient induces a kinetic asymmetry in the symport cycle of LacY. Proceedings of the National Academy of Sciences of the United States of America, 117(2): 977-981.

Johannes L, Popoff V. 2008. Tracing the retrograde route in protein trafficking. Cell, 135(7): 1175-1187.

Johannes L, Wunder C. 2011. Retrograde transport: two(or more)roads diverged in an endosomal tree?Traffic, 12(8): 956-962.

Johnson D E, Ostrowski P, Jaumouillé V, et al. 2016. The position of lysosomes within the cell determines their luminal pH. The Journal of Cell Biology, 212(6): 677-692.

Jomaa A, Boehringer D, Leibundgut M, et al. 2016. Structures of the *E. coli* translating ribosome with SRP and its receptor and with the translocon. Nature Communications, 7: 10471.

Kabuss R, Ashikov A, Oelmann S, et al. 2005. Endoplasmic reticulum retention of the large splice variant of the UDP-galactose transporter is caused by a dilysine motif. Glycobiology, 15(10): 905-911.

Kakimoto Y, Tashiro S, Kojima R, et al. 2018. Visualizing multiple inter-organelle contact sites using the organelle-targeted split-GFP system. Scientific Reports, 8(1):6175.

Kaleel M, Zheng Y D, Chen J L, et al. 2020. SCLpred-EMS: Subcellular localization prediction of endomembrane system and secretory pathway proteins by Deep N-to-1 Convolutional Neural Networks. Bioinformatics, 36(11): 3343-3349.

Khoriaty R, Vasievich M P, Ginsburg D. 2012. The COPII pathway and hematologic disease. Blood, 120(1): 31-38.

Kijanka M, van Donselaar E G, Müller W H, et al. 2017. A novel immuno-gold labeling protocol for nanobody-based detection of HER2 in breast cancer cells using immuno-electron microscopy. Journal of Structural Biology, 199(1): 1-11.

Kikuchi A, Yamamoto H. 2007. Regulation of Wnt signalling by receptor-mediated endocytosis. The Journal of Biochemistry, 141(4): 443-451.

Kirkham M, Fujita A, Chadda R, et al. 2005. Ultrastructural identification of uncoated caveolin-independent early endocytic vehicles. The Journal of Cell Biology, 168(3): 465-476.

Ko D C, Gordon M D, Jin J Y, et al. 2001. Dynamic movements of organelles containing Niemann-Pick C1 protein: NPC1 involvement in late endocytic events. Molecular Biology of the Cell, 12(3): 601-614.

Kornfeld S. 1992. Structure and function of the mannose 6-phosphate/insulinlike growth factor II receptors. Annual Review of Biochemistry, 61: 307-330.

Korolchuk V I, Saiki S, Lichtenberg M, et al. 2011. Lysosomal positioning coordinates cellular nutrient responses. Nature Cell Biology, 13(4): 453-460.

Kreis T E, Lowe M, Pepperkok R. 1995. COPs regulating membrane traffic. Annual Review of Cell and Developmental Biology, 11: 677-706.

Kucera A, Borg Distefano M, Berg-Larsen A, et al. 2016. Spatiotemporal resolution of Rab9 and CI-MPR dynamics in the endocytic pathway. Traffic, 17(3): 211-229.

Kuhn A, Koch H G, Dalbey R E. 2017. Targeting and insertion of membrane proteins. EcoSal Plus, 7(2).

Kumar R, Dhanda S K. 2020. Bird eye view of protein subcellular localization prediction. Life, 10(12): 347.

Kumar R, Jain S, Kumari B, et al. 2014. Protein sub-nuclear localization prediction using SVM and Pfam domain information. PLoS One, 9(6): e98345.

Lanier M H, McConnell P, Cooper J A. 2016. Cell migration and invadopodia formation require a membrane-binding domain of CARMIL2. The Journal of Biological Chemistry, 291(3): 1076-1091.

LaPlante J M, Sun M, Falardeau J, et al. 2006. Lysosomal exocytosis is impaired in mucolipidosis type IV. Molecular Genetics and Metabolism, 89(4): 339-348.

Lawrence R E, Zoncu R. 2019. The lysosome as a cellular centre for signalling, metabolism and quality control. Nature Cell Biology, 21(2): 133-142.

Lee J E, Cathey P I, Wu H X, et al. 2020. Endoplasmic reticulum contact sites regulate the dynamics of membraneless organelles. Science, 367(6477): eaay7108.

Lee J H, Yu W H, Kumar A, et al. 2010. Lysosomal proteolysis and autophagy require presenilin 1 and are disrupted by Alzheimer-related PS1 mutations. Cell, 141(7): 1146-1158.

Lees J A, Messa M, Sun E W, et al. 2017. Lipid transport by TMEM24 at ER-plasma membrane contacts regulates pulsatile insulin secretion. Science, 355(6326): eaah6171.

Lesnik C, Cohen Y, Atir-Lande A, et al. 2014. OM14 is a mitochondrial receptor for cytosolic ribosomes that supports co-translational import into mitochondria. Nature Communications, 5: 5711.

Li G P, Du P F, Shen Z A, et al. 2020. DPPN-SVM: computational identification of mis-localized proteins in cancers by integrating differential gene expressions with dynamic protein-protein interaction networks. Frontiers in Genetics, 11: 600454.

Li G, D'Souza-Schorey C, Barbieri M A, et al. 1997. Uncoupling of membrane ruffling and pinocytosis during Ras signal transduction. The Journal of Biological Chemistry, 272(16): 10337-10340.

Li J, Zou Q, Yuan L. 2023. A review from biological mapping to computation-based subcellular localization. Molecular Therapy Nucleic Acids, 32: 507-521.

Li S L, Yan R, Xu J L, et al. 2022. A new type of ERGIC-ERES membrane contact mediated by TMED9 and SEC12 is required for autophagosome biogenesis. Cell Research, 32(2): 119-138.

Li X R, Rydzewski N, Hider A, et al. 2016a. A molecular mechanism to regulate lysosome motility for lysosome positioning and tubulation. Nature Cell Biology, 18(4): 404-417.

Li Y, Xu M, Ding X, et al. 2016b. Protein kinase C controls lysosome biogenesis independently of mTORC1. Nature Cell Biology, 18(10): 1065-1077.

Liu T, Zhang Q, Zhang J K, et al. 2019. EVmiRNA: A database of miRNA profiling in extracellular vesicles. Nucleic Acids Research, 47(D1): D89-D93.

Loewen C J R, Roy A, Levine T P. 2003. A conserved ER targeting motif in three families of lipid binding proteins and in Opi1p binds VAP. The EMBO Journal, 22(9): 2025-2035.

Lombardi D, Soldati T, Riederer M A, et al. 1993. Rab9 functions in transport between late endosomes and the trans Golgi network. The EMBO Journal, 12(2): 677-682.

Lotteau V, Teyton L, Peleraux A, et al. 1990. Intracellular transport of class II MHC molecules directed by invariant chain. Nature, 348(6302): 600-605.

Loubéry S, Wilhelm C, Hurbain I, et al. 2008. Different microtubule motors move early and late endocytic compartments. Traffic, 9(4): 492-509.

Lu Y, Xie S S, Zhang W, et al. 2017. Twa1/Gid8 is a β-catenin nuclear retention factor in Wnt signaling and colorectal tumorigenesis. Cell Research, 27(12): 1422-1440.

Luo J, Jiang L Y, Yang H Y, et al. 2017. Routes and mechanisms of post-endosomal cholesterol trafficking: a story that never ends. Traffic, 18(4): 209-217.

Luzio J P, Pryor P R, Bright N A. 2007. Lysosomes: Fusion and function. Nature Reviews Molecular Cell Biology, 8(8): 622-632.

Lv Z B, Jin S S, Ding H, et al. 2019. A random forest sub-golgi protein classifier optimized via dipeptide and amino acid composition features. Frontiers in Bioengineering and Biotechnology, 7: 215.

Maccecchini M L, Rudin Y, Blobel G, et al. 1979. Import of proteins into mitochondria: precursor forms of the extramitochondrially made F1-ATPase subunits in yeast. Proceedings of the National Academy of Sciences of the United States of America, 76(1): 343-347.

MacQuillan G C, Caterina P, de Boer B, et al. 2009. Ultra-structural localisation of hepatocellular PKR protein using immuno-gold labelling in chronic hepatitis C virus disease. Journal of Molecular Histology, 40(3): 171-176.

Maeda K, Anand K, Chiapparino A, et al. 2013. Interactome map uncovers phosphatidylserine transport by oxysterol-binding proteins. Nature, 501(7466): 257-261.

Mallabiabarrena A, Jiménez M A, Rico M, et al. 1995. A tyrosine-containing motif mediates ER retention of CD3-epsilon and adopts a helix-turn structure. The EMBO Journal, 14(10): 2257-2268.

Marrichi M, Camacho L, Russell D G, et al. 2008. Genetic toggling of alkaline phosphatase folding reveals signal peptides for all major modes of transport across the inner membrane of bacteria. The Journal of Biological Chemistry, 283(50): 35223-35235.

Martin W, Stoebe B, Goremykin V, et al. 1998. Gene transfer to the nucleus and the evolution of chloroplasts. Nature, 393(6681): 162-165.

Martire G, Mottola G, Pascale M C, et al. 1996. Different fate of a single reporter protein containing KDEL or KKXX targeting signals stably expressed in mammalian cells. The Journal of Biological Chemistry, 271(7): 35.

Marwaha R, Arya S B, Jagga D, et al. 2017. The Rab7 effector PLEKHM1 binds Arl8b to promote cargo traffic to lysosomes. The Journal of Cell Biology, 216(4): 1051-1070.

Mas-Ponte D, Carlevaro-Fita J, Palumbo E, et al. 2017. LncATLAS database for subcellular localization of long noncoding RNAs. RNA, 23(7): 1080-1087.

Mathew M P, Donaldson J G. 2018. Distinct cargo-specific response landscapes underpin the complex and nuanced role of galectin-glycan interactions in clathrin-independent endocytosis. The Journal of Biological Chemistry, 293(19): 7222-7237.

Matlin K S. 2011. Spatial expression of the genome: the signal hypothesis at forty. Nature Reviews Molecular Cell Biology, 12(5): 333-340.

Matsuoka K, Orci L, Amherdt M, et al. 1998. COPII-coated vesicle formation reconstituted with purified coat proteins and chemically defined liposomes. Cell, 93(2): 263-275.

McEwan D G, Popovic D, Gubas A, et al. 2015. PLEKHM1 regulates autophagosome-lysosome fusion through HOPS complex and LC3/GABARAP proteins. Molecular Cell, 57(1): 39-54.

McMahon H T, Boucrot E. 2011. Molecular mechanism and physiological functions of clathrin-mediated endocytosis. Nature Reviews Molecular Cell Biology, 12(8): 517-533.

Meikle P J, Hopwood J J, Clague A E, et al. 1999. Prevalence of lysosomal storage disorders. JAMA, 281(3): 249-254.

Meinecke M, Cizmowski C, Schliebs W, et al. 2010. The peroxisomal importomer constitutes a large and highly dynamic pore. Nature Cell Biology, 12(3): 273-277.

Meneses-Salas E, García-Melero A, Kanerva K, et al. 2020. Annexin A6 modulates TBC1D15/Rab7/StARD3 axis to control endosomal cholesterol export in NPC1 cells. Cellular and Molecular Life Sciences, 77(14): 2839-2857.

Mercer J, Helenius A. 2008. Vaccinia virus uses macropinocytosis and apoptotic mimicry to enter host cells. Science, 320(5875): 531-535.

Mesmin B, Bigay J, Moser von Filseck J, et al. 2013. A four-step cycle driven by PI(4)P hydrolysis directs sterol/PI(4)P exchange by the ER-Golgi tether OSBP. Cell, 155(4): 830-843.

Mesmin B, Bigay J, Polidori J, et al. 2017. Sterol transfer, PI4P consumption, and control of membrane lipid order by endogenous OSBP. The EMBO Journal, 36(21): 3156-3174.

Mesmin B, Kovacs D, D'Angelo G. 2019. Lipid exchange and signaling at ER-Golgi contact sites. Current Opinion in Cell Biology, 57: 8-15.

Mettlen M, Chen P H, Srinivasan S, et al. 2018. Regulation of clathrin-mediated endocytosis. Annual Review of Biochemistry, 87: 871-896.

Meur G, Parker A K T, Gergely F V, et al. 2007. Targeting and retention of type 1 ryanodine receptors to the endoplasmic reticulum. The Journal of Biological Chemistry, 282(32): 23096-23103.

Miserey-Lenkei S, Bousquet H, Pylypenko O, et al. 2017. Coupling fission and exit of RAB6 vesicles at Golgi hotspots through kinesin-myosin interactions. Nature Communications, 8: 1254.

Mishra D, Banerjee D. 2023. Secretome of stromal cancer-associated fibroblasts(CAFs): Relevance in cancer. Cells, 12(4): 628.

Mittermeier L, Virshup D M. 2022. An itch for things remote: the journey of Wnts. Current Topics in Developmental Biology, 150: 91-128.

Model K, Meisinger C, Kühlbrandt W. 2008. Cryo-electron microscopy structure of a yeast mitochondrial preprotein translocase. Journal of Molecular Biology, 383(5): 1049-1057.

Mooney C, Wang Y H, Pollastri G. 2011. SCLpred: protein subcellular localization prediction by N-to-1 neural networks. Bioinformatics, 27(20): 2812-2819.

Morgan A J, Davis L C, Wagner S K T Y, et al. 2013. Bidirectional Ca^{2+} signaling occurs between the endoplasmic reticulum and acidic organelles. The Journal of Cell Biology, 200(6): 789-805.

Mukadam A S, Seaman M N J. 2015. Retromer-mediated endosomal protein sorting: The role of unstructured domains. FEBS Letters, 589(19 Pt A): 2620-2626.

Mullock B M, Branch W J, van Schaik M, et al. 1989. Reconstitution of an endosome-lysosome interaction in a cell-free system. The Journal of Cell Biology, 108(6): 2093-2099.

Munro S, Pelham H R. 1987. A C-terminal signal prevents secretion of luminal ER proteins. Cell, 48(5): 899-907.

Murley A, Sarsam R D, Toulmay A, et al. 2015. Ltc1 is an ER-localized sterol transporter and a component of ER-mitochondria and ER-vacuole contacts. The Journal of Cell Biology, 209(4): 539-548.

Nakatsu F, Tsukiji S. 2023. Chemo- and opto-genetic tools for dissecting the role of membrane contact sites in living cells: recent advances and limitations. Current Opinion in Chemical Biology, 73: 102262.

Newstead S, Barr F. 2020. Molecular basis for KDEL-mediated retrieval of escaped ER-resident proteins - SWEET talking the COPs. Journal of Cell Science, 133(19): jcs250100.

Nilsson T, Jackson M, Peterson P A. 1989. Short cytoplasmic sequences serve as retention signals for transmembrane proteins in the endoplasmic reticulum. Cell, 58(4): 707-718.

Nixon R A. 2013. The role of autophagy in neurodegenerative disease. Nature Medicine, 19(8): 983-997.

O'Neil P K, Richardson L G L, Paila Y D, et al. 2017. The POTRA domains of Toc75 exhibit chaperone-like function to facilitate import into chloroplasts. Proceedings of the National Academy of Sciences of the United States of America, 114(24):E4868-E4876.

Okamoto K, Moriishi K, Miyamura T, et al. 2004. Intramembrane proteolysis and endoplasmic reticulum retention of hepatitis C virus core protein. Journal of Virology, 78(12): 6370-6380.

Orfanoudaki G, Economou A. 2014. Proteome-wide subcellular topologies of *E. coli* polypeptides database(STEPdb). Molecular & Cellular Proteomics: MCP, 13(12): 3674-3687.

Orsel J G, Sincock P M, Krise J P, et al. 2000. Recognition of the 300-kDa mannose 6-phosphate receptor cytoplasmic domain by 47-kDa tail-interacting protein. Proceedings of the National Academy of Sciences of the United States of America, 97(16): 9047-9051.

Osborne A R, Rapoport T A, van den Berg B. 2005. Protein translocation by the Sec61/SecY channel. Annual Review of Cell and Developmental Biology, 21: 529-550.

Osumi T, Tsukamoto T, Hata S, et al. 1991. Amino-terminal presequence of the precursor of peroxisomal 3-ketoacyl-CoA thiolase is a cleavable signal peptide for peroxisomal targeting. Biochemical and Biophysical Research Communications, 181(3): 947-954.

Palmer T, Berks B C. 2012. The twin-arginine translocation(Tat)protein export pathway. Nature Reviews Microbiology, 10(7): 483-496.

Parzych K R, Klionsky D J. 2014. An overview of autophagy: morphology, mechanism, and regulation. Antioxidants & Redox Signaling, 20(3): 460-473.

Paulsson K M, Jevon M, Wang J W, et al. 2006. The double lysine motif of tapasin is a retrieval signal for retention of unstable MHC class I molecules in the endoplasmic reticulum. Journal of Immunology, 176(12): 7482-7488.

Peabody M A, Laird M R, Vlasschaert C, et al. 2016. PSORTdb: expanding the bacteria and Archaea protein subcellular localization database to better reflect diversity in cell envelope structures. Nucleic Acids Research, 44(D1): D663-D668.

Pelham H R, Hardwick K G, Lewis M J. 1988. Sorting of soluble ER proteins in yeast. The EMBO Journal,

7(6): 1757-1762.

Peña-Llopis S, Vega-Rubin-de-Celis S, Schwartz J C, et al. 2011. Regulation of TFEB and V-ATPases by mTORC1. The EMBO Journal, 30(16): 3242-3258.

Penny C J, Kilpatrick B S, Han J M, et al. 2014. A computational model of lysosome-ER Ca^{2+} microdomains. Journal of Cell Science, 127(Pt 13): 2934-2943.

Perera R M, Zoncu R. 2016. The lysosome as a regulatory hub. Annual Review of Cell and Developmental Biology, 32: 223-253.

Peretti D, Dahan N L, Shimoni E, et al. 2008. Coordinated lipid transfer between the endoplasmic reticulum and the Golgi complex requires the VAP proteins and is essential for Golgi-mediated transport. Molecular Biology of the Cell, 19(9): 3871-3884.

Pfanner N, Warscheid B, Wiedemann N. 2019. Mitochondrial proteins: from biogenesis to functional networks. Nature Reviews Molecular Cell Biology, 20(5): 267-284.

Pfeffer S R. 2009. Multiple routes of protein transport from endosomes to the trans Golgi network. FEBS Letters, 583(23): 3811-3816.

Phuyal S, Djaerff E, Le Roux A L, et al. 2022. Mechanical strain stimulates COPII-dependent secretory trafficking via Rac1. The EMBO Journal, 41(18): e110596.

Pierleoni A, Martelli P L, Fariselli P, et al. 2007. eSLDB: Eukaryotic subcellular localization database. Nucleic Acids Research, 35(suppl_1): D208-D212.

Ploper D, De Robertis E M. 2015. The MITF family of transcription factors: Role in endolysosomal biogenesis, Wnt signaling, and oncogenesis. Pharmacological Research, 99: 36-43.

Podinovskaia M, Prescianotto-Baschong C, Buser D P, et al, 2021. A novel live-cell imaging assay reveals regulation of endosome maturation. eLife, 10: e70982.

Pohlschröder M, Prinz W A, Hartmann E, et al. 1997. Protein translocation in the three domains of life: Variations on a theme. Cell, 91(5): 563-566.

Polishchuk R, Lutsenko S. 2013. Golgi in copper homeostasis: a view from the membrane trafficking field. Histochemistry and Cell Biology, 140(3): 285-295.

Poynor M, Eckert R, Nussberger S. 2008. Dynamics of the preprotein translocation channel of the outer membrane of mitochondria. Biophysical Journal, 95(3): 1511-1522.

Pu J, Guardia C M, Keren-Kaplan T, et al. 2016. Mechanisms and functions of lysosome positioning. Journal of Cell Science, 129(23): 4329-4339.

Pu J, Keren-Kaplan T, Bonifacino J S. 2017. A Ragulator-BORC interaction controls lysosome positioning in response to amino acid availability. The Journal of Cell Biology, 216(12): 4183-4197.

Puertollano R. 2014. mTOR and lysosome regulation. F1000prime Reports, 6: 52.

Putney J W Jr. 1986. A model for receptor-regulated calcium entry. Cell Calcium, 7(1): 1-12.

Qbadou S, Becker T, Mirus O, et al. 2006. The molecular chaperone Hsp90 delivers precursor proteins to the chloroplast import receptor Toc64. The EMBO Journal, 25(9): 1836-1847.

Quek X C, Thomson D W, Maag J L V, et al. 2015. lncRNAdb v2.0: expanding the reference database for functional long noncoding RNAs. Nucleic Acids Research, 43(D1): D168-D173.

Rabanal-Ruiz Y, Korolchuk V I. 2018. mTORC1 and nutrient homeostasis: The central role of the lysosome. International Journal of Molecular Sciences, 19(3): 818.

Ramirez C, Hauser A D, Vucic E A, et al. 2019. Plasma membrane V-ATPase controls oncogenic RAS-induced macropinocytosis. Nature, 576(7787): 477-481.

Ramos-Vara J A. 2005. Technical aspects of immunohistochemistry. Veterinary Pathology, 42(4): 405-426.

Rapoport T A, Li L, Park E. 2017. Structural and mechanistic insights into protein translocation. Annual Review of Cell and Developmental Biology, 33: 369-390.

Ravichandran Y, Goud B, Manneville J B. 2020. The Golgi apparatus and cell polarity: Roles of the cytoskeleton, the Golgi matrix, and Golgi membranes. Current Opinion in Cell Biology, 62: 104-113.

Reddy A, Caler E V, Andrews N W. 2001. Plasma membrane repair is mediated by Ca(2+)-regulated exocytosis of lysosome. Cell, 106(2): 15.

Rey S, Acab M, Gardy J L, et al. 2005. PSORTdb: a protein subcellular localization database for bacteria. Nucleic Acids Research, 33(Database issue): D164-D168.

Richardson S C W, Winistorfer S C, Poupon V, et al. 2004. Mammalian late vacuole protein sorting orthologues participate in early endosomal fusion and interact with the cytoskeleton. Molecular Biology of the Cell, 15(3): 1197-1210.

Ridley A J. 2006. Rho GTPases and actin dynamics in membrane protrusions and vesicle trafficking. Trends in Cell Biology, 16(10): 522-529.

Rink J, Ghigo E, Kalaidzidis Y, et al. 2005. Rab conversion as a mechanism of progression from early to late endosomes. Cell, 122(5): 735-749.

Rizzo R, Russo D, Kurokawa K, et al. 2021. Golgi maturation-dependent glycoenzyme recycling controls glycosphingolipid biosynthesis and cell growth via GOLPH$_3$. The EMBO Journal, 40(8): e107238.

Rocha N, Kuijl C, van der Kant R, et al. 2009. Cholesterol sensor ORP1L contacts the ER protein VAP to control Rab7-RILP-p150 Glued and late endosome positioning. The Journal of Cell Biology, 185(7): 1209-1225.

Rojas R, van Vlijmen T, Mardones G A, et al. 2008. Regulation of retromer recruitment to endosomes by sequential action of Rab5 and Rab7. The Journal of Cell Biology, 183(3): 513-526.

Rosa-Ferreira C, Munro S. 2011. Arl8 and SKIP act together to link lysosomes to kinesin-1. Developmental Cell, 21(6): 1171-1178.

Rudolf M, Machettira A B, Groß L E, et al. 2013. *In vivo* function of Tic22, a protein import component of the intermembrane space of chloroplasts. Molecular Plant, 6(3): 817-829.

Rui Y N, Xu Z, Patel B, et al. 2015. Huntingtin functions as a scaffold for selective macroautophagy. Nature Cell Biology, 17(3): 262-275.

Sacksteder K A, Gould S J. 2000. The genetics of peroxisome biogenesis. Annual Review of Genetics, 34: 623-652.

Saio T, Guan X, Rossi P, et al. 2014. Structural basis for protein antiaggregation activity of the trigger factor chaperone. Science, 344(6184): 1250494.

Salloum G, Bresnick A R, Backer J M. 2023. Macropinocytosis: mechanisms and regulation. The Biochemical Journal, 480(5): 335-362.

Samie M A, Xu H X, 2014. Lysosomal exocytosis and lipid storage disorders. Journal of Lipid Research, 55(6): 995-1009.

Sandvig K, van Deurs B. 2005. Delivery into cells: lessons learned from plant and bacterial toxins. Gene Therapy, 12(11): 865-872.

Sanger A, Hirst J, Davies A K, et al. 2019. Adaptor protein complexes and disease at a glance. Journal of Cell

Science, 132(20): jcs222992.

Sasaki K, Yoshida H. 2019. Golgi stress response and organelle zones. FEBS Letters, 593(17): 2330-2340.

Sathe M, Muthukrishnan G, Rae J, et al. 2018. Small GTPases and BAR domain proteins regulate branched actin polymerisation for clathrin and dynamin-independent endocytosis. Nature Communications, 9: 1835.

Sato K, Sato M, Nakano A. 2003. Rer1p, a retrieval receptor for ER membrane proteins, recognizes transmembrane domains in multiple modes. Molecular Biology of the Cell, 14(9): 3605-3616.

Sato M, Sato K, Nakano A. 1996. Endoplasmic reticulum localization of Sec12p is achieved by two mechanisms: Rer1p-dependent retrieval that requires the transmembrane domain and Rer1p-independent retention that involves the cytoplasmic domain. The Journal of Cell Biology, 134(2): 279-293.

Sauvageau E, Rochdi M D, Oueslati M, et al. 2014. CNIH$_4$ interacts with newly synthesized GPCR and controls their export from the endoplasmic reticulum. Traffic, 15(4): 383-400.

Savojardo C, Bruciaferri N, Tartari G, et al. 2020. DeepMito: accurate prediction of protein sub-mitochondrial localization using convolutional neural networks. Bioinformatics, 36(1): 56-64.

Schermelleh L, Ferrand A, Huser T, et al. 2019. Super-resolution microscopy demystified. Nature Cell Biology, 21(1): 72-84.

Schleiff E, Becker T. 2011. Common ground for protein translocation: access control for mitochondria and chloroplasts. Nature Reviews Molecular Cell Biology, 12(1): 48-59.

Schlienger S, Campbell S, Claing A. 2014. ARF$_1$ regulates the Rho/MLC pathway to control EGF-dependent breast cancer cell invasion. Molecular Biology of the Cell, 25(1): 17-29.

Schuldiner M, Metz J, Schmid V, et al. 2008. The GET complex mediates insertion of tail-anchored proteins into the ER membrane. Cell, 134(4): 634-645.

Seranova E, Connolly K J, Zatyka M, et al. 2017. Dysregulation of autophagy as a common mechanism in lysosomal storage diseases. Essays in Biochemistry, 61(6): 733-749.

Settembre C, Di Malta C, Polito V A, et al. 2011. TFEB links autophagy to lysosomal biogenesis. Science, 332(6036): 1429-1433.

Settembre C, Zoncu R, Medina D L, et al. 2012. A lysosome-to-nucleus signalling mechanism senses and regulates the lysosome via mTOR and TFE. The EMBO Journal, 31(5): 1095-1108.

Shai N, Yifrach E, van Roermund C W T, et al. 2018. Systematic mapping of contact sites reveals tethers and a function for the peroxisome-mitochondria contact. Nature Communications, 9: 1761.

Shaw J L, Pablo J L, Greka A, 2023. Mechanisms of protein trafficking and quality control in the kidney and beyond. Annual Review of Physiology, 85: 407-423.

Shin J, Rhim J, Kwon Y, et al. 2019. Comparative analysis of differentially secreted proteins in serum-free and serum-containing media by using BONCAT and pulsed SILAC. Scientific Reports, 9(1): 3096.

Song J W, Zhu J, Wu X X, et al. 2021. GOLPH$_3$/CKAP4 promotes metastasis and tumorigenicity by enhancing the secretion of exosomal WNT3A in non-small-cell lung cancer. Cell Death & Disease, 12: 976.

Song P, Kwon Y, Joo J Y, et al. 2019. Secretomics to discover regulators in diseases. International Journal of Molecular Sciences, 20(16): 3893.

Soo K Y, Halloran M, Sundaramoorthy V, et al. 2015. Rab1-dependent ER-Golgi transport dysfunction is a common pathogenic mechanism in SOD1, TDP-43 and FUS-associated ALS. Acta Neuropathologica,

130(5): 679-697.

Spasic D, Raemaekers T, Dillen K, et al. 2007. Rer1p competes with APH-1 for binding to nicastrin and regulates gamma-secretase complex assembly in the early secretory pathway. The Journal of Cell Biology, 176(5): 629-640.

Sprenger J, Lynn Fink J, Karunaratne S, et al. 2008. LOCATE: a mammalian protein subcellular localization database. Nucleic Acids Research, 36(suppl_1): D230-D233.

Stahelin R V. 2009. Lipid binding domains: more than simple lipid effectors. Journal of Lipid Research, 50(Suppl): S299-S304.

Stanley W A, Filipp F V, Kursula P, et al. 2006. Recognition of a functional peroxisome type 1 target by the dynamic import receptor pex5p. Molecular Cell, 24(5): 653-663.

Starling G P, Yip Y Y, Sanger A, et al. 2016. Folliculin directs the formation of a Rab34-RILP complex to control the nutrient-dependent dynamic distribution of lysosomes. EMBO Reports, 17(6): 823-841.

Stathopulos P B, Zheng L, Li G Y, et al. 2008. Structural and mechanistic insights into STIM1-mediated initiation of store-operated calcium entry. Cell, 135(1): 110-122.

Staudt C, Puissant E, Boonen M. 2016. Subcellular trafficking of mammalian lysosomal proteins: An extended view. International Journal of Molecular Sciences, 18(1): 47.

Stefan C J, Manford A G, Baird D, et al. 2011. Osh proteins regulate phosphoinositide metabolism at ER-plasma membrane contact sites. Cell, 144(3): 389-401.

Stirnemann J, Belmatoug N, Camou F, et al. 2017. A review of gaucher disease pathophysiology, clinical presentation and treatments. International Journal of Molecular Sciences, 18(2): 441.

Stornaiuolo M, Lotti L V, Borgese N, et al. 2003. KDEL and KKXX retrieval signals appended to the same reporter protein determine different trafficking between endoplasmic reticulum, intermediate compartment, and Golgi complex. Molecular Biology of the Cell, 14(3): 889-902.

Su P H, Li H M. 2010. Stromal Hsp70 is important for protein translocation into pea and *Arabidopsis* chloroplasts. The Plant Cell, 22(5): 1516-1531.

Sun X P, Mahajan D, Chen B, et al. 2021. A quantitative study of the Golgi retention of glycosyltransferases. Journal of Cell Science, 134(20): jcs258564.

Swanson J A. 1989. Phorbol esters stimulate macropinocytosis and solute flow through macrophages. Journal of Cell Science, 94(Pt 1): 135-142.

Swanson J A. 2008. Shaping cups into phagosomes and macropinosomes. Nature Reviews Molecular Cell Biology, 9(8): 639-649.

Sweet D J, Pelham H R. 1992. The *Saccharomyces cerevisiae SEC20* gene encodes a membrane glycoprotein which is sorted by the HDEL retrieval system. The EMBO Journal, 11(2): 423-432.

Szczesna-Skorupa E, Kemper B. 2006. BAP31 is involved in the retention of cytochrome P450 2C2 in the endoplasmic reticulum. The Journal of Biological Chemistry, 281(7): 4142-4148.

Tabuchi M, Yanatori I, Kawai Y, et al. 2010. Retromer-mediated direct sorting is required for proper endosomal recycling of the mammalian iron transporter DMT1. Journal of Cell Science, 123(Pt 5): 756-766.

Tam C, Idone V, Devlin C, et al. 2010. Exocytosis of acid sphingomyelinase by wounded cells promotes endocytosis and plasma membrane repair. The Journal of Cell Biology, 189(6): 1027-1038.

Tan T C, Valova V A, Malladi C S, et al. 2003. Cdk5 is essential for synaptic vesicle endocytosis. Nature Cell

Biology, 5(8): 701-710.

Taskinen J H, Ruhanen H, Matysik S, et al. 2023. Systemwide effects of ER-intracellular membrane contact site disturbance in primary endothelial cells. The Journal of Steroid Biochemistry and Molecular Biology, 232: 106349.

Taylor M J, Perrais D, Merrifield C J. 2011. A high precision survey of the molecular dynamics of mammalian clathrin-mediated endocytosis. PLoS Biology, 9(3): e1000604.

Thor F, Gautschi M, Geiger R, et al. 2009. Bulk flow revisited: transport of a soluble protein in the secretory pathway. Traffic, 10(12): 1819-1830.

Titorenko V I, Ogrydziak D M, Rachubinski R A. 1997. Four distinct secretory pathways serve protein secretion, cell surface growth, and peroxisome biogenesis in the yeast *Yarrowia lipolytica*. Molecular and Cellular Biology, 17(9): 5210-5226.

Titorenko V I, Rachubinski R A. 1998. The endoplasmic reticulum plays an essential role in peroxisome biogenesis. Trends in Biochemical Sciences, 23(7): 231-233.

Tovey S C, Brighton P J, Bampton E T W, et al. 2013. Confocal microscopy: theory and applications for cellular signaling. Methods in Molecular Biology, 937: 51-93.

Townsley F M, Pelham H R. 1994. The KKXX signal mediates retrieval of membrane proteins from the Golgi to the ER in yeast. European Journal of Cell Biology, 64(1): 211-216.

Traub L M. 2009. Tickets to ride: selecting cargo for clathrin-regulated internalization. Nature Reviews Molecular Cell Biology, 10(9): 583-596.

Tripathi A, Mandon E C, Gilmore R, et al. 2017. Two alternative binding mechanisms connect the protein translocation Sec71-Sec72 complex with heat shock proteins. The Journal of Biological Chemistry, 292(19): 8007-8018.

Trivedi P C, Bartlett J J, Pulinilkunnil T. 2020. Lysosomal biology and function: Modern view of cellular debris Bin. Cells, 9(5): 1131.

Tsirigotaki A, De Geyter J, Šoštarić N, et al. 2017. Protein export through the bacterial Sec pathway. Nature Reviews Microbiology, 15(1): 21-36.

UniProt C. 2019. UniProt: a worldwide hub of protein knowledge. Nucleic Acids Res, 47(D1): D506-D515.

Valeur B, Berberan-Santos M N. 2002. Molecular Fluorescence: Principles and Applications. Berlin: Wiley-VCH Weinheim.

van Meel E, Klumperman J. 2014. TGN exit of the cation-independent mannose 6-phosphate receptor does not require acid hydrolase binding. Cellular Logistics, 4(3): e954441.

Venditti R, Masone M C, De Matteis M A. 2020. ER-Golgi membrane contact sites. Biochemical Society Transactions, 48(1): 187-197.

Venditti R, Rega L R, Masone M C, et al. 2019. Molecular determinants of ER-Golgi contacts identified through a new FRET-FLIM system. The Journal of Cell Biology, 218(3): 1055-1065.

Wanandi S I, Hilbertina N, Siregar N C, et al. 2021. Cancer-associated fibroblast(CAF) secretomes-induced epithelial-mesenchymal transition on HT-29 colorectal carcinoma cells associated with hepatocyte growth factor(HGF)signalling. JPMA the Journal of the Pakistan Medical Association, 71(Suppl 2)(2): S18-S24.

Wandinger-Ness A, Zerial M. 2014. Rab proteins and the compartmentalization of the endosomal system. Cold Spring Harbor Perspectives in Biology, 6(11): a022616.

Wang J, Fedoseienko A, Chen B Y, et al. 2018. Endosomal receptor trafficking: Retromer and beyond. Traffic,

19(8): 578-590.

Wang S C, Ma Z X, Xu X H, et al. 2014. A role of Rab29 in the integrity of the trans-Golgi network and retrograde trafficking of mannose-6-phosphate receptor. PLoS One, 9(5): e96242.

Wang T L, Li L C, Hong W J. 2017. SNARE proteins in membrane trafficking. Traffic, 18(12): 767-775.

Wassmer T, Attar N, Bujny M V, et al. 2007. A loss-of-function screen reveals SNX5 and SNX6 as potential components of the mammalian retromer. Journal of Cell Science, 120(Pt 1): 45-54.

Watanabe S, Mamer L E, Raychaudhuri S, et al. 2018. Synaptojanin and endophilin mediate neck formation during ultrafast endocytosis. Neuron, 98(6): 1184-1197.e6.

Watarai M, Derre I, Kirby J, et al. 2001. *Legionella pneumophila* is internalized by a macropinocytotic uptake pathway controlled by the Dot/Icm system and the mouse Lgn1 locus. The Journal of Experimental Medicine, 194(8): 1081-1096.

Wei J H, Seemann J. 2017. Golgi ribbon disassembly during mitosis, differentiation and disease progression. Current Opinion in Cell Biology, 47: 43-51.

Welliver T P, Chang S L, Linderman J J, et al. 2011. Ruffles limit diffusion in the plasma membrane during macropinosome formation. Journal of Cell Science, 124(Pt 23): 4106-4114.

Wells C M, Walmsley M, Ooi S, et al. 2004. Rac1-deficient macrophages exhibit defects in cell spreading and membrane ruffling but not migration. Journal of Cell Science, 117(Pt 7): 1259-1268.

Welz T, Kerkhoff E. 2019. Exploring the iceberg: Prospects of coordinated myosin V and actin assembly functions in transport processes. Small GTPases, 10(2): 111-121.

Wen X, Gao L, Guo X L, et al. 2018. lncSLdb: a resource for long non-coding RNA subcellular localization. Database, 2018: bay085.

West M, Zurek N, Hoenger A, et al. 2011. A 3D analysis of yeast ER structure reveals how ER domains are organized by membrane curvature. The Journal of Cell Biology, 193(2): 333-346.

Wiedemann N, Pfanner N. 2017. Mitochondrial machineries for protein import and assembly. Annual Review of Biochemistry, 86: 685-714.

Willett R, Martina J A, Zewe J P, et al. 2017. TFEB regulates lysosomal positioning by modulating TMEM55B expression and JIP4 recruitment to lysosomes. Nature Communications, 8: 1580.

Wong L H, Eden E R, Futter C E. 2018a. Roles for ER: endosome membrane contact sites in ligand-stimulated intraluminal vesicle formation. Biochemical Society Transactions, 46(5): 1055-1062.

Wong Y C, Holzbaur E L F. 2014. The regulation of autophagosome dynamics by huntingtin and HAP1 is disrupted by expression of mutant huntingtin, leading to defective cargo degradation. The Journal of Neuroscience: the Official Journal of the Society for Neuroscience, 34(4): 1293-1305.

Wong Y C, Kim S, Peng W, et al. 2019. Regulation and function of mitochondria-lysosome membrane contact sites in cellular homeostasis. Trends in Cell Biology, 29(6): 500-513.

Wong Y C, Ysselstein D, Krainc D. 2018b. Mitochondria-lysosome contacts regulate mitochondrial fission via RAB7 GTP hydrolysis. Nature, 554(7692): 382-386.

Wu H X, Carvalho P, Voeltz G K. 2018. Here, there, and everywhere: The importance of ER membrane contact sites. Science, 361(6401): eaan5835.

Wyant G A, Abu-Remaileh M, Wolfson R L, et al. 2017. mTORC1 activator SLC38A9 is required to efflux essential amino acids from lysosomes and use protein as a nutrient. Cell, 171(3): 642-654.e12.

Xie B C, Panagiotou S, Cen J, et al. 2022. The endoplasmic reticulum-plasma membrane tethering protein

TMEM24 is a regulator of cellular Ca^{2+} homeostasis. Journal of Cell Science, 135(5): jcs259073.

Xie Z G, Hur S K, Zhao L, et al. 2018. A Golgi lipid signaling pathway controls apical Golgi distribution and cell polarity during neurogenesis. Developmental Cell, 44(6): 725-740.e4.

Xilouri M, Brekk O R, Landeck N, et al. 2013. Boosting chaperone-mediated autophagy *in vivo* mitigates α-synuclein-induced neurodegeneration. Brain: a Journal of Neurology, 136(Pt 7): 2130-2146.

Yan R, Chen K, Wang B W, et al. 2022. SURF4-induced tubular ERGIC selectively expedites ER-to-Golgi transport. Developmental Cell, 57(4): 512-525.e8.

Yeung T, Gilbert G E, Shi J L, et al. 2008. Membrane phosphatidylserine regulates surface charge and protein localization. Science, 319(5860): 210-213.

Yoo D, Fang L, Mason A, et al. 2005. A phosphorylation-dependent export structure in ROMK(Kir 1.1)channel overrides an endoplasmic reticulum localization signal. The Journal of Biological Chemistry, 280(42): 35281-35289.

Yoon J H, Kim D, Jang J H, et al. 2015. Proteomic analysis of the palmitate-induced myotube secretome reveals involvement of the annexin A1-formyl peptide receptor 2(FPR2)pathway in insulin resistance. Molecular & Cellular Proteomics: MCP, 14(4): 882-892.

Yoon J H, Kim J, Kim K L, et al. 2014. Proteomic analysis of hypoxia-induced U373MG glioma secretome reveals novel hypoxia-dependent migration factors. Proteomics, 14(12): 1494-1502.

Yoshida S, Hoppe A D, Araki N, et al. 2009. Sequential signaling in plasma-membrane domains during macropinosome formation in macrophages. Journal of Cell Science, 122(Pt 18): 3250-3261.

Yu B, Qiu W Y, Chen C, et al. 2020. SubMito-XGBoost: predicting protein submitochondrial localization by fusing multiple feature information and eXtreme gradient boosting. Bioinformatics, 36(4): 1074-1081.

Yu J, Chia J, Canning C A, et al. 2014. WLS retrograde transport to the endoplasmic reticulum during Wnt secretion. Developmental Cell, 29(3): 277-291.

Yu N Y, Laird M R, Spencer C, et al. 2011. PSORTdb—an expanded, auto-updated, user-friendly protein subcellular localization database for Bacteria and Archaea. Nucleic Acids Research, 39(suppl_1): D241-D244.

Yue C C, Muller-Greven J, Dailey P, et al. 1996. Identification of a C-reactive protein binding site in two hepatic carboxylesterases capable of retaining C-reactive protein within the endoplasmic reticulum. The Journal of Biological Chemistry, 271(36): 22245-22250.

Zerangue N, Malan M J, Fried S R, et al. 2001. Analysis of endoplasmic reticulum trafficking signals by combinatorial screening in mammalian cells. Proceedings of the National Academy of Sciences of the United States of America, 98(5): 2431-2436.

Zhang T Y, Zhou Q X, Ogmundsdottir M H, et al. 2015. Mitf is a master regulator of the v-ATPase, forming a control module for cellular homeostasis with v-ATPase and TORC1. Journal of Cell Science, 128(15): 2938-2950.

Zhang X B, Chow C Y, Sahenk Z, et al. 2008. Mutation of FIG4 causes a rapidly progressive, asymmetric neuronal degeneration. Brain: a Journal of Neurology, 131(Pt 8): 1990-2001.

Zhou Y B, Srinivasan P, Razavi S, et al. 2013. Initial activation of STIM1, the regulator of store-operated calcium entry. Nature Structural & Molecular Biology, 20(8): 973-981.

第六章　蛋白质的功能调节

　　蛋白质是由一条或几条多肽链组成的生物大分子。每一条多肽链都是由 20 种氨基酸分子线性排列，通过相邻氨基酸的羧基和氨基失水缩合形成的肽键（peptide bond）连接而成。蛋白质是生物体的必需组成部分，是细胞中含量最丰富的生物大分子，也是一切生命活动的执行者。它参与了细胞和生物体内的一切生命过程，从构成细胞骨架的组成成分，到 DNA 复制、RNA 转录和基因表达过程的调节，再到细胞内所有生理生化反应的催化、与其他生物大分子形成多种复合体等，蛋白质表现出了无穷无尽的功能多样性。可以说，没有蛋白质，就没有生命活动、没有生物体。

　　蛋白质的功能多样性是由其结构的多样性决定的，因此对蛋白质的结构、稳定性和自组织能力的系统阐述及研究，是深入了解蛋白质功能的必要基础。蛋白质的结构包含 4 个不同的层次，分别为蛋白质的一级结构（primary structure）、二级结构（secondary structure）、三级结构（tertiary structure）和四级结构（quaternary structure）。一级结构是蛋白质的氨基酸序列，是由特定基因编码的核苷酸序列决定的。二级结构是氨基酸之间通过氢键形成的一些局部有规律的稳定区域。三级结构是由多个二级结构片段形成的整条多肽链的紧密构型。四级结构是由多条多肽链通过链间相互作用形成的蛋白质复合物的空间构型。二、三、四级结构共同构成了蛋白质的空间三维结构。

　　蛋白质的一级结构虽然仅由 20 种氨基酸通过不同的排列组合决定，但是生物体内普遍存在翻译后修饰机制，使得蛋白质一级序列的组合方式得到极大扩展。蛋白质的空间三维结构决定了它是具有一定柔性的分子，其构象会受到环境因素如温度、水溶液、pH、配体等影响。这些因素共同造成蛋白质的空间结构改变，导致蛋白质的活性和功能发生相应变化，并最终成为控制各种细胞过程的分子开关。另外，由于蛋白质的空间结构与功能的发挥具有极其紧密的相关性，因此蛋白质的折叠在生物体内是受到精确调控的。没有发生正确折叠或其空间结构丧失的蛋白质将很快被清除，因为一旦这类"错误"蛋白质发生累积，将会对细胞造成巨大的损害。

　　蛋白质充分体现了生物的多样性和复杂性，是一切生命现象的直接执行者和体现者。蛋白质研究已成为现代生物化学研究的一个主要领域。随着蛋白质研究技术的不断发展，以及各种新技术、新方法的不断涌现，对蛋白质的认识必将更加深入，将推动分子生物学、医学等相关领域产生巨大的进步。

第一节　pH 和水环境对蛋白质功能的调节

一、蛋白质及其周边复杂的水环境

　　蛋白质发挥功能是依赖于周边环境的，只能在适应于其作用的细胞微环境中存在、正确折叠和发挥作用。曾经有很多讨论关注蛋白质在晶体和溶液中的结构是否相同,直到核磁共振(nuclear magnetic resonance, NMR)技术出现,直接证实了它们几乎是完全相同的。通常情况下,蛋白质在晶体结构中仍然可以保留活性,但是蛋白质的某些柔性部分,如一些环和域间铰链(inter-domain hinge),可能会在结晶后有所改变(芬克尔斯泰因和普季岑,2007)。

在生理条件下,细胞内的水溶液含有许多高浓度组分,如 H^+、OH^-、其他阴阳离子、游离的极性有机分子等,因此细胞内的水溶液黏性很高,这些因素共同构成了蛋白质所处的复杂水环境。

二、水环境中离子和有机物分子对蛋白质的影响

蛋白质结构的稳定需要疏水相互作用(hydrophobic interaction)、范德瓦耳斯力(van der Waals' forces)、氢键(hydrogen bond)和离子键(ionic bond)共同维持,而水溶液中的众多阴阳离子和其他极性有机分子可以通过破坏这四种力而显著改变蛋白质的构象、高级结构和功能,乃至使蛋白质丧失活性。

例如,在水溶液中加入尿素(NH_2-CO-NH_2)、盐酸胍($[(NH_2)_3C]^-Cl^+$)等物质,会导致蛋白质变性,因为这些分子有过量的氢键供体,能争夺水分子中 O 的氢键,打破水溶液中的氢键平衡,从而使水分子能更活跃地去破坏蛋白质中的氢键;与此相反,$NaSO_4^-$ 在水溶液中能起到稳定蛋白质天然结构的作用(芬克尔斯泰因和普季岑,2007)。

再如,丝素蛋白(silk fibroin)在蚕的腺体中被分泌出来之前是水溶性的,形成一种溶胶状物质,水溶性的丝素蛋白内部结构相应呈现出无序的卷曲(random coil)。如果加入有机溶剂,会使周围水环境的极性降低,使在无序结构中本来处于中等暴露程度的中等疏水性 Tyr 残基逐渐移到蛋白质表面,完全暴露于有机溶剂之中(Yang et al., 2004)。

三、pH 对蛋白质的影响

水溶液中存在着解离的 H^+ 和 OH^-,大多数细胞液呈中性,pH 约为 7。水溶性球状蛋白质表面主要由极性氨基酸基团组成,大多数为离子化状态,因此水溶液的 pH 改变会使蛋白质表面电荷的分布重新调整,进而影响蛋白质的结构和正常功能的发挥。另外,过多 H^+ 或过多 OH^- 会引起蛋白质的可解离基团发生变化,从而导致蛋白质构象的不可逆变化甚至失去活性。因此,水溶液的合适 pH 对维持蛋白质表面和内部的电荷平衡、保持蛋白质的构象和功能都发挥着至关重要的作用,是蛋白质赖以生存的重要环境因素(佩特斯科和林格,2009)。

例如,丝素蛋白在蚕的腺体中以水溶性形式存在,蛋白质结构以无序卷曲为主;一旦分泌到体外,蛋白质结构变为以 β 折叠(β-sheet)为主,伸展排列成 β 片层,形成不溶于水的丝状纤维。丝素蛋白的一级结构主要包含 6 个氨基酸残基$(Gly-Ser-Gly-Ala-Gly-Ala)_n$ 的重复序列,可以重复约 50 次(图 6-1)。从结构图中可以看出,丝素蛋白缺少比较大的氨基酸侧链,其中,Gly 约占 45%、Ala 约占 30%、Ser 约占 15%,这三种残基约

占总氨基酸的 85%以上；另外，Tyr 约占 5.2%，Val 约占 2.2%（惠特福德，2008）。

图 6-1 丝素蛋白一级结构重复序列示意图

研究发现，水环境的 pH 对丝素蛋白的结构有较大影响。在酸性条件下（pH 4～5.2），丝素蛋白链内的氢键比较容易被破坏，蛋白质会从原来的无序卷曲变得伸展，在伸展链之间会形成氢键，从而导致蛋白质结构由无序卷曲变成 β 折叠，蛋白质由水溶性球状蛋白变成不溶性的纤维状蛋白。而在碱性条件下（pH 6～8），丝素蛋白的氢键能够稳定存在，无序卷曲的结构最稳定，而 β 折叠的组成含量最低，这样蛋白质能保持无序卷曲和水溶性的特点。有趣的是，当 pH 为 6 时，丝素蛋白的无序卷曲最稳定，也正好与蚕的腺体内环境和丝素蛋白所处的状态吻合。因此，pH 的调节是生物体控制丝素蛋白结构和状态的一个相当重要的手段（杨宇红等，2006）。

再如，许多酶需要在适当的 pH 条件下才能发挥作用，活力最高的 pH 被称为该酶的最适 pH（optimal pH）。这是因为酶活性位点的带电基团只有处于适当的离子化状态时，酶才具有相应的催化活性。不同酶的最适 pH 不同，大多数酶的最适 pH 范围为 6～8；但有少数酶，如胃蛋白酶（pepsin），在其活性部位含有一个或多个羧基，因此最适 pH 为 1.5～2.0，而且胃蛋白酶在 pH＞5 的条件下就会变性（图 6-2）。

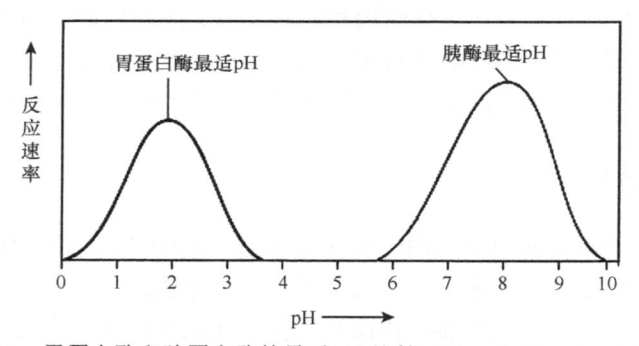

图 6-2 胃蛋白酶和胰蛋白酶的最适 pH 比较（Campbell et al.，1996）

四、氧化还原环境对蛋白质的影响

氧化还原的实质是氢离子的转移，即氢离子从还原剂氢供体上转移到氧化剂氢受体上。细胞的内环境多为还原性环境，而在细胞外多为氧化性环境。生物体内通过复杂的氧化还原系统（reduction-oxidation system，REDOX system）来维持正常的氧化还原环境。只有维持一个较恒定的氧化还原环境，才能维持蛋白质、核酸等生物大分子的结构稳定和发挥正常功能。氧化还原环境对蛋白质结构最显著的影响是会引起蛋白质二硫键（disulfide bond）的改变。二硫键通过半胱氨酸残基（其侧链为-CH$_2$-SH）生成（图 6-3）。

这些半胱氨酸残基在一级结构上往往不能相邻,中间至少相隔 5 个氨基酸残基。因此,二硫键的生成对蛋白质的空间结构会有很大的改变,往往会对其构象变化产生限制作用。

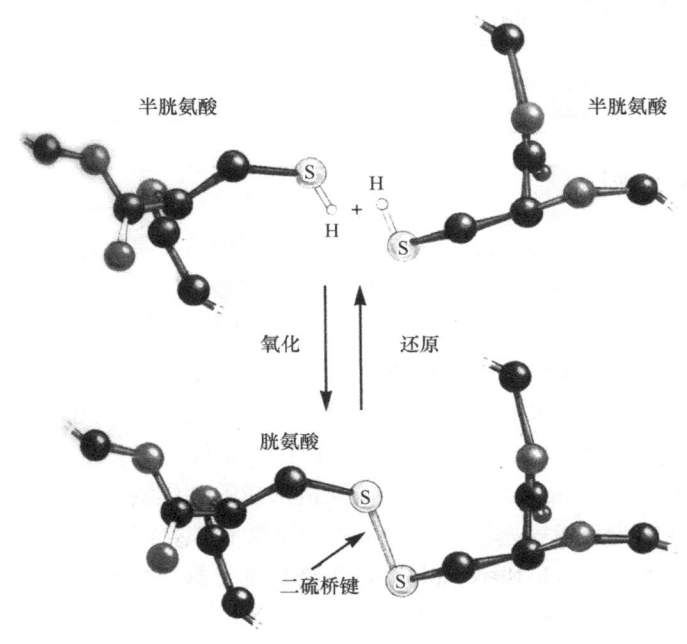

图 6-3 二硫键在氧化还原过程中的生成和断裂(卡尔·布兰登和约翰·图兹,2007)

二硫键是强有力的共价键,只有在高温、酸性 pH 或者在还原环境中才会发生断裂,半胱氨酸残基被还原成-SH 基团。而在氧化环境中,二硫键倾向于生成和稳定。一旦蛋白质所处的氧化还原环境发生变化,二硫键被打断,将会导致蛋白质的空间构象发生较大改变,这会使这类蛋白质的稳定性显著降低(惠特福德,2008)。因此,当前有些研究通过定点突变的方法,在一些酶上引入链内二硫键,这种突变蛋白质与野生型相比,稳定性更高。而且,两个半胱氨酸之间的环越长,对蛋白质的构象限制就越多,蛋白质的稳定性就越高。这种蛋白质工程的突变研究可以使酶具有更高的热稳定性和工业应用价值(卡尔·布兰登和约翰·图兹,2007)。

另外,一些蛋白质在细胞内合成的时候是没有二硫键的,而当分泌到细胞外,则被氧化生成二硫键。细胞正是通过细胞内外的环境差别来调控和改变蛋白质的结构,并利用二硫键来形成蛋白质的二聚体或多聚体,从而达到调节蛋白质活性状态的目的(佩特斯科和林格,2009)。例如,乙酰胆碱酯酶(acetylcholinesterase,AChE)存在于神经元和肌细胞之间的突触上,特别是运动神经终板突触后膜的褶皱中、胆碱能神经元内和红细胞中较多。乙酰胆碱酯酶可以将乙酰胆碱降解为乙酸和胆碱,从而在神经信号转导过程中及时地清除乙酰胆碱。乙酰胆碱酯酶是人体中反应最快的酶之一,降解一个乙酰胆碱分子仅需 80μs。乙酰胆碱酯酶在细胞内是以单体的方式合成的;当分泌出胞时,通过羧基端的一个半胱氨酸残基与相邻的单体形成链间二硫键,从而组成更为稳定的二聚体和三聚体形式。

五、蛋白质在环境条件中的存在方式和结构分类

蛋白质在上述复杂的环境条件下生存，许多离子与蛋白质形成复杂的配位键，水分子也可以结合在蛋白质周围。蛋白质会适应其所处的环境而选择适当的结构以发挥作用。因此，复杂的环境物质都在蛋白质的结构上留下了明显的印迹。根据蛋白质所处环境条件和结构类型不同，可以将其分为以下三类（芬克尔斯泰因和普季岑，2007）。

（一）纤维状蛋白质

纤维状蛋白质（fibrous protein 或 scleroprotein）的结构是高度氢键合，其空间结构是高度规则的，主要靠链间而不是链内的相互作用来维系。纤维状蛋白质的一级结构通常具有高度规则性和重复单位；其高级结构主要由二级结构组件构成，由相邻多肽链之间的相互作用加固。这类蛋白质可以形成巨大的、缺水的聚集体（aggregate），通常在机体中起到结构蛋白（structural protein）或储存蛋白（storage protein）的作用。它们可以形成微丝、微管、原纤维、丝，以及机体的其他保护结构。

例如，胶原蛋白（collagen）是由三条多肽链形成的超螺旋结构，蛋白质的重复序列为 Gly-X-Y。X 和 Y 为任意氨基酸，但通常为脯氨酸和赖氨酸，其中许多脯氨酸和赖氨酸都需要经过羟基化修饰（hydroxylation），生成羟脯氨酸（Hyp）和羟赖氨酸（Hyl）。羟基化修饰能使胶原蛋白保持结构刚性，以承担骨架或框架的作用。胶原蛋白没有链内氢键而只靠链间氢键支撑，结构十分坚固，大多数是不溶于水的。在哺乳动物体内，胶原蛋白是含量最大的蛋白质，是哺乳动物主要的结构蛋白，可以达到生物体总蛋白量的 25%～30%。

（二）膜蛋白

膜蛋白（membrane protein）的独特之处在于其一部分位于缺水的膜环境中，而另一部分位于极性的水环境中，这样膜蛋白的结构就自然分成了膜外部分和跨膜部分。膜外部分要适应细胞内或细胞外的亲水环境，而跨膜部分要适应细胞膜的疏水环境，所以膜蛋白的这两个部分分别采用了完全相反的环境适应策略。

膜蛋白的膜外部分含有较多的极性氨基酸，通常形成一些 β 发夹或不规则的连接环片段。它的亲水性决定了它可以与磷脂分子的亲水头部邻近。膜蛋白的跨膜部分嵌入膜内，与膜结合非常紧密，不同蛋白质的跨膜部分采用了不同的结构，以适应周围的疏水环境。普遍而言，由于细胞膜的脂质双分子层是一个无水的环境，氢键成为维持蛋白质跨膜部分的重要作用力。因此，蛋白质在埋于细胞膜脂质层内的跨膜部分，通常采取氢键已经充分形成的稳定二级结构，如 α 螺旋和 β 圆柱，这两种结构在蛋白质的跨膜部分都呈现高度规则性排列的方式。

α 螺旋跨膜肽（α-helical transmembrane peptide）是蛋白质最常采用的跨膜形式，其原因是这种结构有利于蛋白质使疏水的氨基酸残基可以转向疏水性的脂质环境，而少数亲水的极性基团可以朝向蛋白质内部，以便跨膜蛋白质在膜上形成极窄的质子转运通道（proton-conduction channel）。也有一些膜蛋白是通过几个 α 螺旋跨膜肽来形成一个中空

的螺旋束,这个空间较大的孔道也同样能够成为分子大小不同物质的转运通道。

β折叠桶(β-barrel)是由多个β折叠形成一个闭合的圆柱形通道,这样β折叠不再是片层结构。与α螺旋跨膜肽形成的通道一样,β折叠氨基酸残基的疏水基团朝向通道外的脂质环境,而极性基团面向中空的通道。

这种结构最典型的例子是膜孔蛋白(porin)。膜孔蛋白的跨膜部分由16个β片层(β-segment)组成一个直径约15Å的宽大孔道,能允许亲水性的分子通过。例如,线粒体的膜孔蛋白可以通过分子质量为6kDa的物质,而叶绿体的膜孔蛋白可以通过分子质量为10~13kDa的物质。膜孔蛋白对通过物质的选择性和特异性不是很强,大多数营养物质和抗生素都可以通过膜孔蛋白。

(三)水溶性球状蛋白质

水溶性球状蛋白质(globular protein 或 spheroprotein)是研究最为深入的蛋白质,通常是机体内的活性蛋白质。它们往往没有像纤维状蛋白质一样的重复序列,在水溶液中主要靠疏水相互作用和氢键保持结构的稳定性。

在水溶性球状蛋白质序列中,空间上相邻的疏水基团之间可以产生疏水相互作用,这是非极性分子之间普遍存在的一种弱的、非共价的相互作用。疏水相互作用使蛋白质的疏水基团在水环境中具有避开水而相互靠拢和聚集的倾向。

与此同时,蛋白质主链骨架和侧链上的极性基团能作为供体或受体与水分子之间形成氢键。氢键的键能比共价键的键能小,形成和破坏氢键所需的活化能也小,所以蛋白质在水溶液中不断运动,氢键可以不断地形成和断裂。

疏水相互作用和氢键这两种作用力会使球状蛋白质更大限度地结构化,即疏水基团相互聚集,而亲水基团分布到蛋白质表面,从而使蛋白质在水溶液中形成了特定的、紧密堆积的球状结构。在这个球状结构上,常常存在由肽链折叠而形成的标准凹陷(standard dent),蛋白质的活性位点(active site)通常就位于此处。这种球状结构上的凹陷能为蛋白质与其他物质(如酶作用的底物)的接触和结合提供足够近的距离及相应的氨基酸侧链。

值得注意的是,球状蛋白质的少数疏水基团可能仍暴露于球状结构的表面,这种情况对于蛋白质的稳定性是不利的,但是可能会被其他有利的相互作用所抵消,所以蛋白质仍然能在水溶液中保持相对稳定的结构(佩特斯科和林格,2009)。

第二节 温度对蛋白质功能的调节

一、温度对蛋白质结构的影响

蛋白质的三维结构除了靠共价的肽键和二硫键以外,还需要大量极其复杂的弱相互作用(weak interaction)一起来保持,是多种弱相互作用共同作用的结果。其中一些弱相互作用是稳定因素,而另一些是不稳定因素;有些是蛋白质内部的作用力,而另一些是蛋白质与环境间的作用力。因此,很多环境因素如温度、离子强度的改变,均可导致蛋白质三维结构发生变化,进而丧失活性。

温度是导致蛋白质三维结构改变的重要因素。蛋白质容易在高于生理温度或者低于生理温度的条件下丧失功能，其原因是蛋白质不能正确折叠或者其三维结构被改变。

高温可以破坏蛋白质三维结构中的弱相互作用，使蛋白质结构转变为非折叠状态（unfolded state），从而导致蛋白质变性（protein denaturation）。在蛋白质的变性状态下，蛋白质与水形成的氢键作用力替代了原本可以稳定蛋白质折叠结构的弱作用力。在细胞内，由于蛋白质凝固变性，细胞膜停止进行离子交换，离子由细胞内渗出，最终造成细胞死亡。

低温会使蛋白质脱水而变性，这是因为蛋白质由疏水作用力（hydrophobic force）维持其三维结构，而疏水作用力会随着温度的下降而急剧减小。实验证明，使蛋白质天然结构稳定的作用力在室温时达到最大，而在低温下会显著降低；到达 0℃左右时，一些蛋白质的结构会发生改变（芬克尔斯泰因和普季岑，2007）。在细胞内，过低的温度会同时使细胞膜的脂质和膜蛋白的物理性质发生改变，乃至产生相（phase）的转变，由液晶态（liquid crystalline state）转为固态（solid state）或胶体态（gel state），从而导致膜的通透性增大，细胞膜特性改变；由于蛋白质脱水，原生质流动速度减慢，水分外泄甚至形成冰冻和冰晶，使原生质受到机械损伤，进而使细胞的蛋白质合成速率降低，造成整个细胞的代谢紊乱，毒性物质在细胞内大量累积，最后导致细胞死亡。

温度过高和过低都会使蛋白质发生变性，分别被称为热变性（thermal denaturation）和冷变性（cold denaturation）。值得注意的是，蛋白质随温度改变而变化的特性是与蛋白质功能的可靠性密切相关的，温度改变时，蛋白质的功能特异性会显著下降。热力学研究表明，随着温度的变化，很多蛋白质是"全"或"无"式地失去功能的，而不是逐渐地变得不起作用的，"半变性"状态的蛋白质实际上并不存在（芬克尔斯泰因和普季岑，2007）。

二、嗜极温的蛋白质

有些蛋白质能抵抗极端温度，如嗜热蛋白质（thermophilic protein）和嗜冷蛋白质（psychrophilic protein），统称为嗜极温蛋白质（extremophilic protein）。目前已知的此类蛋白质一般从极端环境微生物中分离获得。嗜极温蛋白质只有在极端温度条件下才能具有天然的形态、三维结构和功能，而在常温条件下会变性。例如，从来源于南极的嗜冷微生物中提取的一些酶，在 0℃时其酶活力最高；当温度升高到 6~10℃时，其活力下降甚至失去酶活（沃尔什，2006）。对这类嗜极温蛋白质结构的阐明和功能的研究，能帮助我们很好地理解温度对蛋白质结构的影响，以及蛋白质为了适应不同温度因素所采取的结构稳定策略。将这类嗜极温蛋白质与嗜中温蛋白质（mesophilic protein）进行比较会发现，其氨基酸序列能在特定温度下加强结构支持性的相互作用（芬克尔斯泰因和普季岑，2007）。

具体而言，嗜热蛋白质需要更高的分子内稳定作用，才能补偿高温给蛋白质带来的不稳定影响。因此，嗜热蛋白质在结构上相应会具有更多的盐桥连接、更多的分子内氢键、更多的疏水相互作用、较短的突出环、延长的螺旋区域等（沃尔什，2006）。这些结构特点有利于在高温下帮助蛋白质加强三维结构的支撑。

与此相反，嗜冷蛋白质需要更低的分子内稳定作用，才能在低温下保持蛋白质构象的柔性。因此，嗜冷蛋白质在结构上相应会有更少的盐桥（salt bridge）、更低的疏水相互作用、更多的蛋白质表面和溶剂之间形成的氢键、更长的突出环等。这些结构特点能增加蛋白质发挥功能所必需的结构柔性（沃尔什，2006）。

嗜极温蛋白质在工业上往往具有特殊的应用前景。目前，嗜冷蛋白质的应用尚不多，但嗜热蛋白质的应用已经得到了相当广泛的重视。许多嗜热酶在高温下表现出很好的热稳定性，从而能升高反应的温度、相应提高反应速率、显著降低成本和微生物污染的概率。

三、温度对细胞的生理影响及其分子机理

由于温度对蛋白质的结构与功能具有重要调节作用，因此细胞只有在一定的温度范围内才能进行正常的代谢和生长。高温或低温都是生物生长发育的重要限制因素。

在理想的温度条件下，细胞内的蛋白质、核酸、糖类等生物大分子活性正常，各种生理生化通路使细胞内能达到动态平衡；而在极端温度下，这些生物大分子活性被破坏，继而打破各种通路的动态平衡。不同生物所需要的理想温度和能耐受的极端温度都是不同的，例如，大肠杆菌在 60℃ 条件下不超过 10min 就会死亡，而枯草芽孢杆菌在 100℃ 可以存活 6~17min。

（一）高温对生物的生理作用

1. 影响生物生长发育

在一定范围内，随着温度升高，生物的生长发育加快；但超过最适温度达到高温时，生物的发育又会变慢。例如，伊蚊的蛹在 8℃ 时需 197h 才能发育完成，在 28℃ 时仅需 43h，但温度升高到 33℃ 时又会延长到 46h。

2. 影响生物繁殖

一般而言，温度升高会导致生物繁殖速率加快。例如，腹毛虫在 7~10℃ 时每天只分裂一次，而在 24~27℃ 时每天分裂 5 次。

3. 影响生物分布

变温动物的分布直接受到温度调控，如珊瑚只能生活在热带海洋里；常温动物由于食物链等限制，也会间接受到温度调控。

高温对生物产生生理影响的原因和细胞学机理包括：①随着温度的升高，细胞内的水分丧失，蛋白质变性或者发生凝集（protein aggregation），细胞内的酶系统会首先受到影响，各种酶的活性被破坏；②细胞的能量代谢系统发生显著改变，使碳水化合物的合成减少，不足以提供细胞生存所需 ATP 能量；③其他生化反应速率变缓或中止，导致细胞内有害物质和毒素累积；④蛋白质的合成速率降低，使蛋白质发生不完整合成和错误修饰的频率增高；⑤细胞膜发生脂质液化（lipid liquefaction），温度越高，脂质液化的程度也越高，脂质呈现超流动性（hyperfluidity），细胞膜结构遭到破坏并失去对离子的选择性；细胞膜上的膜蛋白变性，从而使细胞内外物质交换失去控制。这些因素会最终导致细胞死亡。

(二)低温对生物的生理作用

1. 影响生物生长发育

在低温下,生物的生长发育速度缓慢,甚至停止。例如,植物在低温下光合作用明显减缓,呼吸作用提高,只能维持基本生存,无法进行正常生长。低温对生物的损伤可以分为冷害(chilling injury)、霜害(frost injury)、冻害(freezing injury)三种程度。

2. 影响生物生活方式

许多生物采用不同的生活方式以规避低温可能造成的伤害。例如。变温动物在寒冷环境中普遍采用冬眠或蛰伏的方式,最大限度地降低基础代谢水平和能量消耗;植物的休眠现象更加普遍,许多植物种子成熟后不能立即萌发而形成休眠种子,休眠种子可以长期保持存活能力,直到出现适于种子萌发的温度和湿度条件。

3. 影响生物分布

生长在低纬度地区生物的高温阈值偏高,而生长在高纬度地区生物的低温阈值偏低。因此,低温是影响喜温生物扩展分布区的最主要障碍。

低温对生物产生生理影响的原因和细胞学机理包括:①随着温度的降低,细胞内的水产生冰晶,影响原生质,使细胞骨架和亚细胞结构遭到不可逆的破坏;②由于水分的丧失,细胞内外的渗透压平衡被打破,多种蛋白质发生变性或者凝聚;③细胞的生化反应速率随着温度的降低而显著减慢,最终导致细胞代谢紊乱而死亡。

高温对生物产生生理影响的原因和细胞学机制包括:①高温会破坏生物体内酶的活性,由于酶在生物体内起着催化各种生化反应的重要作用,酶活性的降低会导致代谢过程受阻,影响生物的正常生理功能;②高温会使生物体内的蛋白质变性,失去原有的结构和功能,因为蛋白质是构成生物体组织的基本物质,蛋白质的破坏会严重影响生物的生存和繁衍。

四、温度对植物的影响

动物具有自主运动能力,因此温度变化对动物机体的影响较小,特别是蛋白质层面的影响。而植物在自然界不能进行主动逃避,所以必须时刻面对大的环境变化,如温度、干旱、盐度等非生物因子胁迫(abiotic stress),以及害虫、疾病等生物因子胁迫(biotic stress)。这些不良环境因素可能在植物生长发育的任何阶段都存在,因此植物在长期进化的过程中已经发展出多种机制来对抗不良环境,并能随时启动多种机制。也正因为如此,植物已经成为研究以上这些不良环境因素对生物影响的重要模式系统(Des Marais and Juenger, 2010)。

温度作为一种重要的环境因素,对植物的生长发育有重要影响。每一种植物的生长发育都有特定的温度需求,一般植物的生长温度在 0~45℃范围内。植物对温度的敏感程度与其起源地密切相关,例如,热带起源的植物对低温胁迫较为敏感,而温带起源的植物则敏感程度较小。

温度对植物的作用可分为最低温度、最适温度和最高温度,即植物的三个基础温度。

植物的最适温度一般在 15~30℃范围内。当环境温度在最低和最适温度之间时，植物的生理生化反应随温度升高而加快，代谢作用加强，因而加快生长和发育速度。当温度高于最适温度时，参与生理生化反应的蛋白系统受到影响，代谢作用受阻，进而影响植物正常的生长发育。当温度高于最高温度或者低于最低温度时，植物会受到严重损害，直至死亡。不同植物的三个基础温度不同，同一种植物在不同发育阶段能耐受的温度范围也可能产生一定的变化。

植物在生长发育过程中接受高温或低温的逆境信号后，能引起细胞中大量蛋白质的表达量和表达种类发生变化，调整自身的生理状态以适应和对抗不良环境。植物通过信号转导途径，调节细胞内胁迫蛋白的表达，改变植物蛋白质表达种类、丰度、修饰状况、蛋白质的相互作用和蛋白复合体的组成，尤其是碳水化合物的生物合成和代谢途径、细胞膜脂类蛋白表达调控等细胞途径相关蛋白会发生比较显著的改变。

在全球气候变暖、环境持续恶化、粮食危机日益严重的情况下，深入研究温度胁迫下植物基因的表达调控机制，阐明植物响应温度胁迫的机理，一方面可以揭示植物与温度胁迫的直接关系；另一方面可以挖掘和探索植物新的抗逆基因、抗逆蛋白和相关细胞途径，为植物抗性品种的培育和作物的遗传改良提供更多有力的指导和理论依据。这一研究对人类经济和生产实践具有非常重要的指导意义与应用价值（Hirayama and Shinozaki，2010）。

（一）高温对植物蛋白质表达的影响

高温胁迫对植物的伤害主要是破坏细胞内的酶，造成正常代谢受阻、生长发育停止乃至死亡。许多重要经济植物包括水稻，在孕穗至抽穗扬花的繁殖期对高温非常敏感，高温的不良环境容易导致水稻花粉不育，并严重影响颖果的发育和品质。例如，水稻在日平均温度 30℃以上持续 5 天就会使空粒率达到 20%以上，在 38℃恒温下会颗粒无收。因此，高温会造成这些经济作物严重的产量损失和品质下降。

研究结果表明，高温使植物需要更多的能量来维持正常生理活动，也需要充分调动抗氧化机制。不同程度的高温会诱发植物产生不同的适应策略：在 35℃时，保护机制主要是使植物能够维持光合作用的能力；当温度上升到 40℃或更高时，一些抗氧化反应途径（antioxidative pathway）被激活；当遭遇 45℃的高温时，多种热休克蛋白（heat shock protein，HSP）均开始表达，HSP 相关的保护机制被激活。由此可见，随着环境温度的升高，植物会调用越来越多的保护机制来参与和维持机体正常的生理代谢（Han et al.，2009），而在这个复杂的高温响应体系中，热休克蛋白介导的保护机制起到了主导的作用。同时，高温也会导致一些蛋白质发生正常温度下不会发生的翻译后修饰，如在高温下，水稻颖果的谷蛋白（glutelin）会同时发生磷酸化和糖基化修饰（Lee et al.，2007）。

（二）低温对植物蛋白质表达的影响

低温会影响植物蛋白质的正常表达，导致植物生长缓慢或停滞，在生殖生长期间可能导致花粉败育而严重影响产量，因此，低温能影响很多重要粮食作物的产量和地理分布。植物在低温下，可以诱导多种新的蛋白质表达，以抵抗低温带来的破坏作用。研究结果表明，低温使植物需要大量光合作用、氧化还原平衡（redox homeostasis）、光呼吸作用（photorespiration）、RNA 代谢、防御反应、能量代谢、蛋白质合成相关的蛋白质，尤其是叶绿体蛋白质，表明植物需要更多的 RNA 和蛋白质合成代谢来抵抗低温胁迫（Yan et al.，2006；Gao et al.，2009），而叶绿体蛋白质及其参与的光合作用调节起到了关键性的作用（Cui et al.，2005）；防御相关蛋白（defense-related protein）会下调乃至消失（Hashimoto and Komatsu，2007）。这些蛋白质虽然参与了不同的细胞途径，但是可能相互协作，共同构建一种新的代谢动态平衡，以增强植物的抗冷性（Gao et al.，2009）。

低温可能会使一些蛋白质发生降解。例如，低温导致水稻花粉囊的部分蛋白质降解，也可能导致水稻叶片中进行光合作用的蛋白质 1,5-二磷酸核酮糖羧化酶/加氧酶大亚基（1,5-ribulose bisphosphate carboxylase/oxygenase large subunit，RuBisCO LSU）产生多达 19 种降解片段（Yan et al.，2006）。

低温也可以使植物的蛋白质翻译后修饰如糖基化修饰状况发生变化。例如，在低温下，水稻叶鞘基部的钙网蛋白（calreticulin）会同时发生 *N*-糖基化修饰和磷酸化修饰（Komatsu et al.，2009）。由于钙网蛋白位于内质网，是一个重要的分子伴侣（chaperone）（Chapman et al.，1998），它同时参与了磷酸化信号转导途径和糖基化修饰，可见这一蛋白质在植物面对低温的信号转导过程中起到重要的功能调节作用（Li et al.，2003；Khan et al.，2005）。值得注意的是，在几乎所有的不良环境条件下，蛋白质的翻译后修饰都可能发生改变，由此可见，蛋白质的翻译后修饰是植物面对不良环境的一种普遍反应机制（Walley and Dehesh，2010）。

我们通过观察以水稻为代表的种子植物和以小立碗藓为代表的苔藓植物发现，低温对两者的影响机制存在许多共性。例如，两种植物的分解代谢均呈现上调，以使植物产生更多的能量来对抗低温；光合作用均相对被抑制。虽然种子植物和苔藓植物在 4.5 亿年前就发生了分化，但是两者在对抗低温的影响方面却采用了共同的细胞途径，这些分子机制也可以推广到整个植物世界（Wang et al.，2009）。图 6-4 显示了低温对水稻产生影响的细胞途径（Yan et al.，2006）。

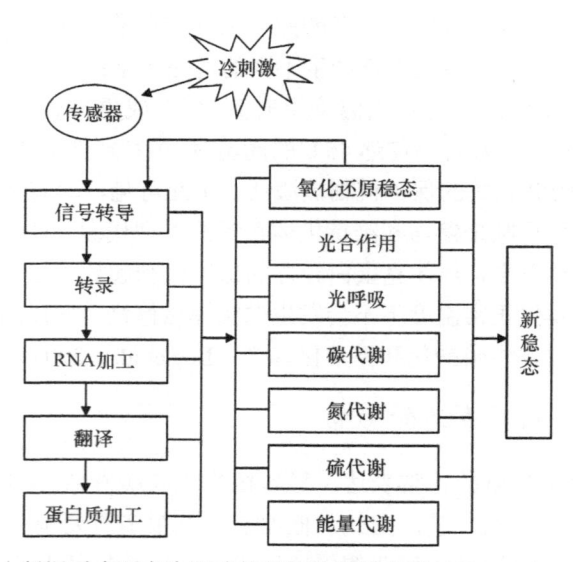

图 6-4 低温对水稻产生影响的细胞途径模式图（Yan et al.，2006）

第三节 蛋白质的翻译后修饰

一、蛋白质翻译后修饰概述

蛋白质的翻译后修饰（post-translational modification，PTM）是指细胞对基因表达产生的蛋白质进行共价加工的过程，即通过在蛋白质的一个或多个氨基酸残基上加上修饰基团，或者通过将蛋白质进行水解剪切来改变蛋白质的性质。

据估计，人体内 50%～90%的蛋白质发生了翻译后修饰，有的是肽链骨架的剪接，有的是在特定氨基酸侧链上添加新的基团，还有的是对已有基团进行化学修饰。生物体通过种类繁多的修饰方式直接调控蛋白质的活性，也大大扩展了蛋白质的化学结构和功能，显著增加了蛋白质的多样性，使可编码的蛋白质种类大大超过了 20 种天然氨基酸的组合限制。

蛋白质的翻译后修饰作为蛋白质功能调节的一种重要方式，对蛋白质的结构和功能起到至关重要的作用。正因为如此，蛋白质的翻译后修饰在细胞内是受到精确调控的，并存在信号放大的效应。通常细胞外的刺激信号持续时间很短，涉及的调节分子浓度很低，但是细胞的应答不仅十分迅速，而且非常强烈。这种强烈的细胞应答包括多种酶的活性改变，以及多个基因转录和表达的变化。这是因为蛋白质的翻译后修饰仅通过激活一个酶分子，就能催化成千上万个底物分子，这些被修饰而激活的底物分子又能进一步作用于下游底物而产生级联放大效应，最终导致输出的信号产生显著的细胞效应。这种信号级联放大（signaling cascade）最典型的例子就是蛋白质磷酸化修饰介导的细胞信号转导（佩特斯科和林格，2009）。

二、蛋白质翻译后修饰的种类

目前已经确定的翻译后修饰方式超过 400 种。多数蛋白质的修饰方式是不可逆的，会对蛋白质的结构和功能造成永久性改变；也有些修饰方式，如磷酸化修饰、甲基化修饰、N-乙酰化修饰是可逆的，会随着细胞的生理状态和外界环境的变化而改变，从而起到细胞内外信号传递、酶原激活的作用，因此可以作为蛋白质构象和活性改变的调控开关（特怀曼，2007）。

一种蛋白质可以同时发生多种方式的修饰，这是由蛋白质本身的序列特性（内因）、生理生化环境（外因）等因素共同决定的。表 6-1 总结了其中的一些共价修饰类型、目标氨基酸残基和修饰方式的可逆性。

表 6-1　蛋白质的翻译后共价修饰

共价修饰基团	目标氨基酸残基	是否可逆
磷酸基	丝氨酸，苏氨酸，酪氨酸，组氨酸	是
甲基	赖氨酸，精氨酸	是
乙酰基	赖氨酸，N 端	是（赖氨酸）
羟基	脯氨酸，赖氨酸	否

续表

共价修饰基团	目标氨基酸残基	是否可逆
羧基	谷氨酸	否
糖类	丝氨酸，苏氨酸，羟脯氨酸，天冬酰胺	否
肉豆蔻基（十四烷基）	半胱氨酸，组氨酸	否
糖磷脂	C端	否
异戊二烯基	半胱氨酸	否
ADP-核糖	谷氨酸，天冬酰胺，羧基赖氨酸	是
白喉酰胺	组氨酸	否
泛素	赖氨酸	是
小分子泛素类似物	赖氨酸	是

三、蛋白质翻译后修饰的生理意义

蛋白质的功能是由其结构决定的。蛋白质的翻译后修饰改变了蛋白质的结构，因此绝不仅仅是起到装饰的作用，而是生物体调节和丰富蛋白质功能的重要手段，具有十分重要的生理意义（特怀曼，2007）。

（1）有些修饰会使蛋白质的三维结构发生显著变化。例如，胶原蛋白中脯氨酸和赖氨酸残基的羟基化可以起到稳定三维结构中三级螺旋的卷曲螺旋的作用，使之保持结构刚性和坚固性，在生物组织中起到骨架或者框架支撑作用；再如，许多细胞外蛋白如免疫球蛋白、胰岛素之间通过两个半胱氨酸形成二硫键，且常在一级序列上相距较远的半胱氨酸残基间形成，使分子内或分子间形成非常强的共价交联，导致蛋白质呈现一定的结构域，并限制了蛋白质构象的可变性。

（2）有些修饰会使蛋白质的化学结构改变。例如，凝血酶原的氨基末端有10个谷氨酸残基（Glu）发生羧基化修饰生成 γ-羧基谷氨酸残基（Gla），具有 γ-羧基谷氨酸残基的凝血酶原才能在凝血过程中与钙离子、血小板磷脂共同形成凝血酶原复合物。

（3）有些修饰是蛋白质与蛋白质之间、蛋白质与其他生物大分子之间相互作用的必需条件。例如，组蛋白中赖氨酸残基的乙酰化修饰具有调节组蛋白与 DNA 的结合力、调控染色质高级结构形成、调节基因表达的能力，并且在染色质结构域的建立中起到关键性作用；再如，蛋白质的糖基化修饰是糖蛋白与其他受体分子相互识别的重要信号。

（4）有些修饰会直接影响蛋白质活性，例如，许多蛋白酶的磷酸化修饰可以直接导致酶的激活或失活。

（5）有些修饰会指导蛋白质定位于细胞的不同部位，例如，GPI 锚定结构修饰、半胱氨酸残基的乙酰化修饰、蛋白质 N 端氨基酸残基的乙酰化修饰都可以将蛋白质定位到细胞膜；而天冬酰胺残基的 *N*-糖基化修饰能指导蛋白质分泌出胞。

（6）还有些修饰能够决定蛋白质的稳定性和半衰期。蛋白质的稳定性除了靠非共价键维持，还靠与其他化学分子形成共价键来辅助维持其三维结构，进而增强蛋白质的稳定性。例如，糖基化修饰的糖链被切除可能会导致某些蛋白质发生解折叠（unfolding），进而被水解；又如，由半胱氨酸生成链内二硫键的蛋白质，在还原环境中或者高温下二硫键发生断裂，则蛋白质的稳定性会明显下降；再如，泛素化修饰是蛋白质降解的重要标记，直接介导了蛋白质进入蛋白酶体途径进行降解。

综上所述，蛋白质的翻译后修饰能够调节蛋白质的活性状态，指导蛋白质的亚细胞定位，帮助蛋白质进行正确折叠，调节蛋白质与蛋白质之间、蛋白质与其他生物大分子之间相互作用等，是蛋白质结构与功能多样性的重要调节方式（Mann and Jensen，2003）。

四、蛋白质翻译后修饰的研究

翻译后修饰显著增加了蛋白质的复杂性，尤其是在真核生物中，进行翻译后修饰蛋白质的研究比简单蛋白质或者肽的鉴定和研究更加困难，具体原因如下（辛普森，2006）。

（1）发生了特定修饰的蛋白质在总蛋白样本中的含量低，对修饰蛋白的分离和富集造成一定的困难，在分析和解读时，信号容易受到非修饰蛋白质信号的抑制。这就对样品的分离富集技术和检测方法的灵敏度提出了更高的要求，针对不同的蛋白质翻译后修饰，必须采取不同的纯化方法（Zhao and Jensen，2009）。

（2）翻译后修饰存在高度多样性，即许多蛋白质可以发生多种方式的修饰；同一种蛋白质，即使是发生了同一种修饰方式，也依然存在修饰程度的不同。所以在样品中，蛋白质往往是以不同修饰形式的混合物存在的。例如，糖基化修饰程度的不同会导致同一种蛋白质在质谱中出现很宽的峰，显著增加了分离纯化和结果分析的数据量及难度。

（3）蛋白质的翻译后修饰是一个动态变化的过程，发生修饰的化学基团与蛋白质之间的共价键通常很不稳定，有些修饰甚至是转瞬即逝的，因此对样品的制备、检测和分析造成了很大的困扰。

蛋白质的翻译后修饰种类繁多，蛋白质表达产物复杂，并且普遍存在"时空特异性"，即蛋白质的修饰类型和程度随着生物生存环境及内在状态的变化而不断发生变化。蛋白质的翻译后修饰不可能通过基因组测序直接揭示，因为通过生物信息学分析虽然能够预测一些修饰种类和位点，但是即使蛋白质序列上存在明确的模序，也不能代表该修饰在特定的生理状态下会真实地发生。

因此，针对纷繁复杂的蛋白质翻译后修饰，产生了翻译后修饰蛋白质组学（modification-specific proteomics）研究，即详细、系统、大规模地研究蛋白质翻译后修饰的蛋白质组策略（Mann and Jensen，2003；Zhao and Jensen，2009）。

蛋白质的翻译后修饰研究能更深层地揭示蛋白质的多样性和活性状态，全面阐明蛋白质发挥作用的方式和机理，为一些重大疾病的早期诊断和治疗提供有力的生物标记物（biomarker）和靶向蛋白，因此在最近几年一直是国际研究的热点。不同翻译后修饰的蛋白质组学研究策略和方法请详见第八章的内容。

第四节　磷酸化修饰对蛋白质功能的调节

一、蛋白质磷酸化修饰概述

蛋白质的磷酸化（phosphorylation）和去磷酸化（dephosphorylation）是最普遍、最

重要的一种蛋白质翻译后修饰方式。无论是原核生物还是真核生物，蛋白质的磷酸化都是一种普遍的调控机制。从细菌到人类，所有生物体都存在磷酸化修饰。在真核细胞中，同一时间大约有 1/3 的蛋白质是磷酸化修饰的（Mann et al., 2002）。在人类蛋白质组中，估计有大概 10 万个潜在的磷酸化位点，但大部分没有经过实验验证。

大多数磷酸化蛋白质有多个磷酸化位点，而且在不同的生理状态或细胞途径，其磷酸化修饰的位点是可变的，也就是说，一种蛋白质可能存在多种磷酸化蛋白质的修饰形式，在细胞中以不同磷酸化形式的混合物形态存在，并且这是一个高度动态变化的过程。

二、蛋白质磷酸化修饰的过程

蛋白质的磷酸化和去磷酸化是在蛋白激酶（protein kinase）和蛋白磷酸酶（protein phosphatase）作用下完成的。磷酸化是通过蛋白激酶的催化，把 ATP 或 GTP 上 γ 位的磷酸基转移到底物蛋白质氨基酸残基上；其相反过程是由蛋白磷酸酶催化的去磷酸化过程，这一反应是可逆的（图 6-5）。

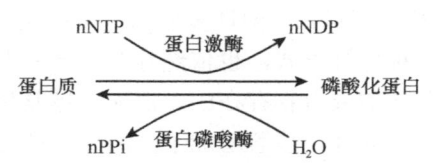

图 6-5 蛋白质的磷酸化（蛋白激酶催化）和去磷酸化（蛋白磷酸酶催化）可逆反应（特怀曼，2007）

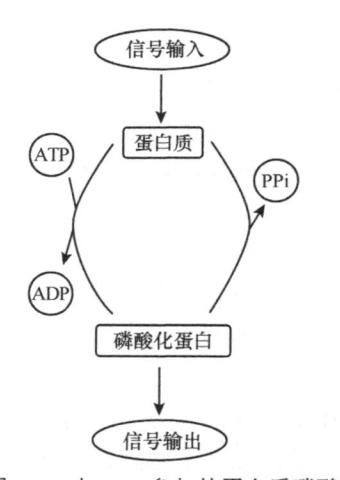

图 6-6 由 ATP 参与的蛋白质磷酸化修饰和信号传递

针对不同的蛋白质底物，需要不同的蛋白激酶和蛋白磷酸酶来催化反应。不同的细胞通常表达一系列完全不同类型的蛋白激酶，而每种磷酸往往能作用于多个不同的蛋白质底物。同一个蛋白质底物通常由于具有多个磷酸化位点，因此可以被多种特定的蛋白激酶作用。这些因素共同构成了细胞内错综复杂的蛋白质磷酸化修饰和调控体系。

磷酸化修饰所需的磷酸基团来源于以 ATP、GTP 为主的核苷三磷酸，其中又以 ATP 居多（图 6-6）。这些修饰为细胞打开或者关闭细胞内的物质代谢、信号级联反应、细胞膜转运、基因转录、细胞运动等多种细胞过程提供了开关。机体通过对信号传递调控等过程中的蛋白质磷酸化/去磷酸化进行调节，实现对细胞内部事件和进程的时空调控。

三、蛋白质磷酸化修饰的分类

根据磷酸化发生位点的氨基酸残基的不同，可以将蛋白质磷酸化修饰分为 4 类，即

O-磷酸化、N-磷酸化、酰基磷酸化和 S-磷酸化。

（1）O-磷酸化是真核生物最常见的磷酸化方式。这种修饰是通过羟基氨基酸的磷酸化形成的，如丝氨酸、苏氨酸、酪氨酸、羟脯氨酸、羟赖氨酸的磷酸化。其中，以丝氨酸磷酸化最多，其次是苏氨酸，而酪氨酸相对较少发生磷酸化。对真核细胞磷酸化蛋白质进行大规模的修饰位点检测表明，磷酸化丝氨酸、苏氨酸、酪氨酸蛋白位点在真核细胞中的比例分别为 86.4%、11.8%、1.8%（Olsen et al., 2006）。

在除神经细胞以外的其他细胞中，蛋白质发生酪氨酸磷酸化修饰的比例比丝氨酸、苏氨酸低得多。尽管酪氨酸磷酸化位点所占比例很小，但是越来越多的证据显示，酪氨酸磷酸化在许多细胞调节过程，尤其是细胞周期调控过程中起到关键性作用。另外，由于经过磷酸化修饰的酪氨酸蛋白比较容易利用特异性抗体来进行纯化，所以目前对酪氨酸磷酸化的位点和功能也了解较多。

（2）N-磷酸化是通过精氨酸、赖氨酸、组氨酸的磷酸化形成的。

（3）酰基磷酸化是通过天冬氨酸、谷氨酸的磷酸化形成的。

（4）S-磷酸化是通过半胱氨酸磷酸化形成的。

真核生物的蛋白质磷酸化最常发生在丝氨酸、苏氨酸、酪氨酸残基，而原核生物最常发生在组氨酸、天冬氨酸、谷氨酸残基（Mann et al., 2002）。在真核生物和原核生物中都能发生磷酸化的位点是精氨酸、赖氨酸、半胱氨酸残基（特怀曼，2007）。

这四类磷酸化氨基酸的化学稳定性如表 6-2 所示。

表 6-2　四类磷酸化氨基酸的化学稳定性（辛普森，2006）

磷酸化氨基酸的性质	在环境中的稳定性			
	酸	碱	羟胺	嘧啶
O-磷酸化				
磷酸化丝氨酸	+	−	+	+
磷酸化苏氨酸	+	+	+	+
磷酸化酪氨酸	+	+	+	+
N-磷酸化				
磷酸化精氨酸	−	−	−	−
磷酸化组氨酸	−	−	−	−
磷酸化赖氨酸	−	+	−	−
酰基磷酸化				
磷酸化天冬氨酸	−	−	−	−
磷酸化谷氨酸	−	−	−	−
S-磷酸化				
磷酸化半胱氨酸	+	+	+	+

四、蛋白激酶

已经发现在人体内基因组中有超过 518 种蛋白激酶和约 100 种蛋白磷酸酶基因，占人类基因组的 2%（Mann et al., 2002）。在酵母基因组中，有 123 种蛋白激酶和 40 种蛋白磷酸酶，占酵母基因组的 2%（Pennington et al., 2002）。在大肠杆菌基因组中，有 1.5%

的基因编码蛋白激酶和蛋白质磷酸酶（佩特斯科和林格，2009）。这些蛋白激酶在底物特异性、动力学性质、组织分布和通路调节方面存在很多不同。有趣的是，尽管不同基因组的总长度不同，编码磷酸化修饰相关酶基因的个数也不同，但是编码磷酸化修饰相关酶的序列在全基因组中所占百分比却具有惊人的相似性。

（一）蛋白激酶的结构

尽管各种蛋白激酶作用的底物蛋白不同、修饰位点不同，但是它们的催化域却非常相似。图6-7显示了一个蛋白激酶结构域（protein kinase domain，PKD）。一个典型的PKD可以分为N端域（N-terminal domain）和C端域（C-terminal domain），两者之间由柔性铰链（"linker"）连接（蓝绿色）。N端域除了一个α螺旋之外，几乎完全由β折叠组成；C端域几乎全部由α螺旋组成。N端域的单个α螺旋的移动对确定催化位点的活性构象起到关键作用（佩特斯科和林格，2009）。柔性铰链区能形成ATP（深灰色）和ATP竞争性抑制物的结合位点。核酸结合环（nucleotide-binding loop）（黄色）能稳定蛋白激酶与ATP的结合。活化环（activation loop）（橙色）能发生大的构象变化，这样蛋白激酶能随着酶的结构改变而导致激活和抑制的功能状态改变。很多时候，活化环上的一个苏氨酸或酪氨酸残基本身也能被磷酸化修饰，从而使蛋白激酶自身被激活，才能进一步对下游蛋白质底物进行磷酸化修饰和激活（Stout et al.，2004）。

图6-7　蛋白激酶结构域（PKD）的结构示意图（Stout et al.，2004）（彩图另扫封底二维码）
α螺旋用浅紫色表示；β折叠用浅绿色表示；催化残基排列于卷曲（coil）上，用红色表示；底物结合肽用蓝色表示

（二）真核生物蛋白激酶的分类

根据真核生物的蛋白激酶修饰氨基酸残基的不同，可以分为两大类：丝氨酸/苏氨酸蛋白激酶（serine/threonine-specific protein kinase，STK）和酪氨酸蛋白激酶（tyrosine-specific protein kinase，TPK）。

1. 丝氨酸/苏氨酸蛋白激酶

STK（EC 2.7.11.1）可以被一些特异性的细胞事件如 DNA 损伤（DNA damage）激活，也可以被多种化学信号物质如 cAMP/cGMP、甘油二酯（diacylglycerol）、Ca^{2+}/钙调蛋白（Ca^{2+}/calmodulin）等激活。

（1）cAMP 依赖性蛋白激酶

cAMP 依赖性蛋白激酶（cyclic-AMP dependent protein kinase）中研究最清楚的是 cAMP 依赖性蛋白激酶 A（PKA）。PKA 由两个调节亚单位（regulatory subunit）和两个催化亚单位（catalytic subunit）组成，分别称为 R 亚基和 C 亚基。

不同来源的 PKA 的 C 亚基相同，根据 R 亚基的不同可以分为Ⅰ型和Ⅱ型。Ⅰ型 PKA 主要存在于骨骼肌、心肌细胞的细胞质中；Ⅱ型 PKA 主要存在于神经细胞中。两者在 cAMP 结合能力、自身磷酸化方面具有一定的差异。

PKA 的激活过程如图 6-8A 所示。当细胞内的 cAMP 浓度很低时，PKA 的 4 个亚单位组成全酶，是没有活性的。随着 cAMP 浓度的升高，4 个 cAMP 结合到 R 亚基上，使 R 亚基发生构象变化，R 亚基和 C 亚基分离，C 亚基成为有催化活性的酶。

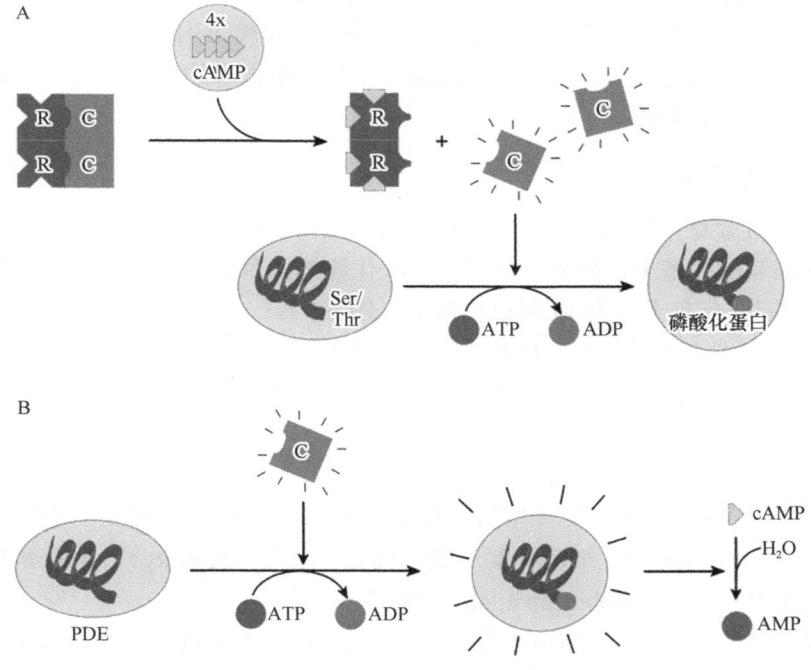

图 6-8　PKA 的自身激活（A）和催化过程（B）

活化的 PKA 的 C 亚基能将 ATP 上的磷酸基团转移到特定蛋白质的丝氨酸或苏氨酸残基上进行磷酸化，其催化过程如图 6-8B 所示。底物蛋白质以磷酸二酯酶（phosphodiesterase，PDE）为例，PDE 被 PKA 磷酸化后变成激活形式，能催化 cAMP 水解成 AMP，这样细胞内的 cAMP 浓度就会降低，从而对 PKA 的激活形成一个反馈抑制。真核细胞内的 cAMP 通过活化 PKA，使下游蛋白质发生磷酸化，调节细胞的物质代谢和基因表达。

(2) Ca^{2+}/钙调蛋白依赖性蛋白激酶

Ca^{2+}/钙调蛋白依赖性蛋白激酶(Ca^{2+}/calmodulin dependent protein kinase，CaMK)可以分为两类：底物专一性 CaMK (specialized CaM kinase) 和多功能性 CaMK (multifunctional CaM kinase)。第二种 CaMK 又被称为 CaM kinase Ⅱ (CaMKⅡ)。CaMKⅡ是目前研究最多的 CaMK。

CaMKⅡ由 12 个或 14 个亚基组成，其亚基分别为 α、β、γ 和 δ 四种。根据其亚基组成不同，CaMKⅡ可以分为多个亚型，这些亚型的功能和亚细胞定位不同。α、β、γ 和 δ 每个亚基都由位于 N 端的催化域、中间的调节域和羧基端的结合域组成。

在没有 Ca^{2+}/钙调蛋白时，CaMKⅡ的催化域和调节域结合，催化域被自身抑制(autoinhibit)，底物蛋白质和 ATP 无法结合到催化域上，酶没有活性；当 Ca^{2+} 水平升高时，Ca^{2+} 与钙调蛋白结合，二者一起结合到 CaMKⅡ上，引起酶的构象发生剧烈变化，CaMKⅡ被激活。

激活的 CaMKⅡ可以靠分子间反应(intermolecular reaction)在第 286 位苏氨酸上发生自身磷酸化(autophosphorylation)。激活的 CaMKⅡ可以作用的底物蛋白质包括受体蛋白、突触蛋白、细胞骨架蛋白、酶蛋白、离子通道和转录因子等。CaMKⅡ通过调控这些蛋白质的磷酸化修饰，广泛参与了细胞内多种细胞途径的调节，因此 CaMKⅡ是一个典型的多功能蛋白激酶。

2. 酪氨酸蛋白激酶

酪氨酸蛋白激酶(TPK，EC 2.7.10.1 和 EC 2.7.10.2)能特异性将 ATP 的 γ-磷酸转移到蛋白质的酪氨酸残基上，使酚羟基发生磷酸化修饰。目前，在人类基因组中已经发现 90 个 TPK 基因，分布于人类 19 对染色体上(图 6-9)。

根据 TPK 所处的细胞定位、结构和作用方式的不同，可以将其分为受体型酪氨酸蛋白激酶(receptor TPK，RTK)和非受体型酪氨酸蛋白激酶(non-receptor TPK)。受体型 TPK 是跨膜蛋白，而非受体型 TPK 位于细胞质内。

(1) 受体型酪氨酸蛋白激酶

在人类基因组中有 58 个受体型酪氨酸蛋白激酶(RTK)，它们在细胞生长、周期调控、分化(differentiation)、细胞骨架形成、代谢、运动(motility)、黏附等细胞过程中都起到极其重要的作用(Robinson et al.，2000)。

RTK 是一类膜蛋白，它的结构由胞外区(extracellular domain)、跨膜区(transmembrane domain)和胞内区(intracellular domain)组成。胞外区位于 RTK 的 N 端，能够与特异性的配体(ligand)结合。跨膜区长度为 25~38 个氨基酸残基，是单次跨膜的，由疏水性的 α 螺旋组成。胞内区位于 C 端，序列高度保守，具有催化位点，能与特异性的底物蛋白质结合并进行磷酸化，也能进行自身磷酸化。例如，胰岛素受体激酶(insulin receptor kinase，IRK)能在位于胞内区的第 1158、1162 和 1163 位酪氨酸残基上发生自身磷酸化。图 6-10 显示了胰岛素受体的酪氨酸蛋白激酶结构域(tyrosine kinase domain of insulin receptor)。

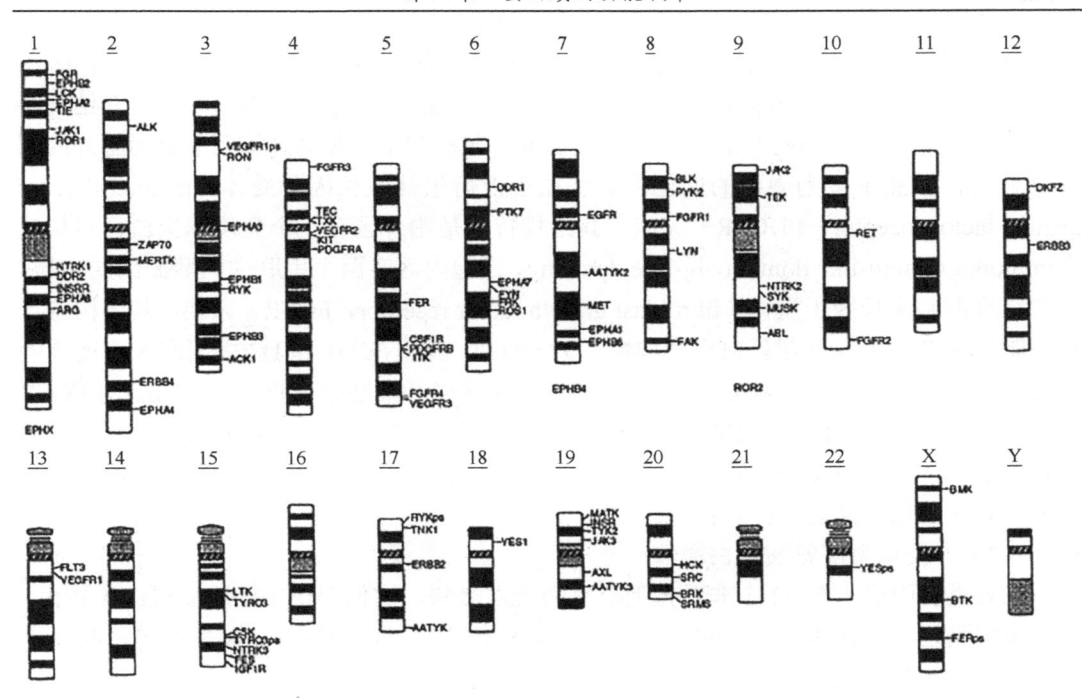

图 6-9　人类酪氨酸蛋白激酶及其在基因组上的分布（Robinson et al., 2000）

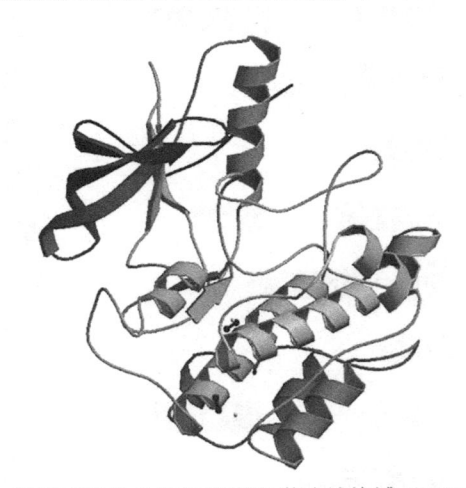

图 6-10　胰岛素受体的酪氨酸蛋白激酶结构域（PDB：1IRK）

大多数 RTK 是单体膜蛋白，但是也有少数 RTK 是以多亚基复合体（multimeric complex）的方式发挥作用，如胰岛素受体在有胰岛素存在时会形成异源四聚体。

能与 RTK 结合的配体包括生长因子（growth factor）、细胞因子（cytokine）、激素（hormone）等。胞外区一旦与受体结合，将引起 RTK 的构象发生大的改变，胞内区被激活，催化位点才能与 ATP 和底物蛋白质结合。通过这种途径，胞外信号就传导到了细胞内，RTK 对下游底物蛋白质进行磷酸化修饰，从而激活细胞内的多种信号转导通路，开启不同的细胞途径，并最终将信号传递到细胞核内，改变特定基因的表达。

根据 RTK 结构域的差异，可以将其分为几个大的亚类。①表皮生长因子受体

（epidermal growth factor receptor，EGFR）家族，其结构特点是在胞外区有两个半胱氨酸富集区（cysteine-rich region）。②胰岛素受体（insulin receptor，IR）家族，其结构特点是由两个α亚单位和两个β亚单位通过链间二硫键形成四聚体，α亚单位为胞外的配体结合区，β亚单位为胞内的催化区。③血小板衍生性生长因子受体（platelet-derived growth factor receptor，PDGFR）家族，其结构特点是胞外区有5个免疫球蛋白样结构域（immunoglobulin-like domain，Ig-like domain），在胞内区有两个串联的酪氨酸激酶结构域。④成纤维细胞生长因子受体（fibroblast growth factor receptor，FGFR）家族，其结构特点是在胞外区有3个免疫球蛋白样结构域（D1~D3），其中在D1和D2之间有8个连续的酸性氨基酸组成的酸性盒（acid box domain），其配体成纤维细胞生长因子（FGF）与FGFR的结合发生在D2和D3结构域；在胞内区也有两个串联的酪氨酸激酶结构域。⑤血管内皮生长因子受体（vascular endothelial growth factor receptor，VEGFR）家族，其结构特点是胞外区有7个免疫球蛋白样结构域。

（2）非受体型酪氨酸蛋白激酶

在人类基因组中有32个非受体型酪氨酸蛋白激酶，它们存在于细胞质或细胞核内，不存在跨膜区。非受体型酪氨酸激酶主要包括Src家族、Abl家族、Jak家族等，其保守结构域如图6-11所示。

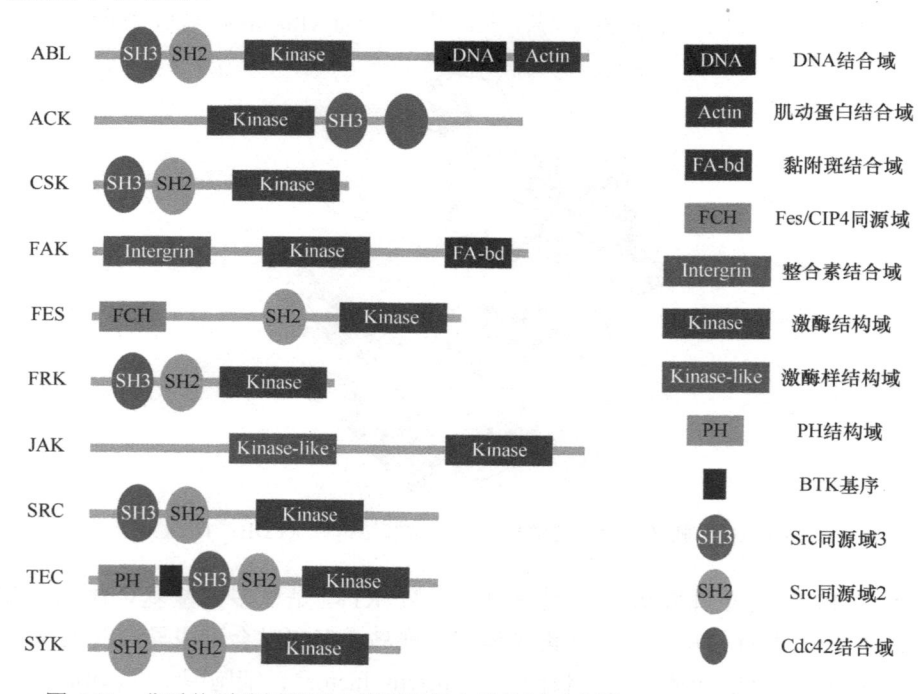

图6-11 非受体型酪氨酸蛋白激酶的保守结构域示意图（Robinson et al.，2000）

非受体型酪氨酸蛋白激酶在细胞内参与了各种细胞信号的转导。以Src为例，哺乳动物有9种Src家族成员，可以分为Src A和Src B两个亚类。Src除了蛋白激酶结构域（kinase domain）之外，在N端还有两个保守结构域：SH2域（Src homology 2 domain）和SH3域（Src homology 3 domain）。这两个结构域在大多数非受体型酪氨酸激酶中都存在。SH2由

2个α螺旋和7个β折叠组成；SH3较小，由5~6个β折叠组成。这两个结构域都没有催化活性，但能识别特定的氨基酸模序，介导非受体型酪氨酸激酶与底物蛋白质的相互作用。Src可以对多种底物蛋白质进行磷酸化修饰，这些底物蛋白质广泛分布于细胞质、细胞核、细胞膜上，主要参与细胞增殖和细胞周期调控的相关途径（Luo et al., 2008）。

尽管蛋白质酪氨酸磷酸化修饰的发生频率很低，但许多酪氨酸激酶是癌基因（oncogene）和原癌基因（proto-oncogene）家族的成员，在细胞增殖和细胞周期调控中起到重要作用。许多酪氨酸激酶基因的突变会导致其异常激活或过度表达，进而导致细胞过度增殖并形成肿瘤。例如，表皮生长因子受体（EGFR）与乳腺癌、卵巢癌、胃癌、肺癌等的发生有关；Abl-1与慢性髓性白血病的发生有关。

因此，近年来国内外很多研究将酪氨酸激酶作为癌症靶向治疗的位点，试图通过制备抗酪氨酸激酶的单克隆抗体或者设计小分子的酪氨酸激酶抑制剂来特异性结合癌细胞的酪氨酸激酶，阻断因其异常活跃而引起的异常信号转导。有证据显示，将抑制酪氨酸激酶的方法和放化疗结合使用，可以减少不良反应，取得更好的疗效。这是目前癌症靶向治疗的研究热点，在肺癌、胃癌、乳腺癌、肠癌等癌症的诊断和治疗中有广阔的应用前景（Lieu and Kopetz, 2010）。

（三）蛋白激酶的催化特异性

蛋白激酶普遍具有序列特异性，可以识别底物蛋白质上某一种特定模序的特定位点上的氨基酸残基，例如，蛋白激酶C（protein kinase C, PKC）可以识别[ST]-x-[RK]模序，使S或T残基发生磷酸化。在这类催化反应中，底物蛋白质的特定氨基酸残基与蛋白激酶的催化裂口（catalytic cleft）上的几个关键氨基酸接触和反应，因此一种蛋白激酶往往不是只对单一底物起催化作用，而是可以使一类底物蛋白质发生磷酸化修饰。

另外，根据底物蛋白质的某些保守识别模序，可以借助生物信息学的手段，对蛋白质的磷酸化位点进行预测，再结合实验手段验证，将对确定磷酸化位点具有一定的指导意义（辛普森，2006）。有关真核生物磷酸化位点的信息可以参考网站http://phospho.elm.eu.org/index.html。

五、蛋白质磷酸化修饰对蛋白质结构的改变

蛋白质磷酸化会在氨基酸侧链上加入一个带有强负电的磷酸基团。这样带2个负电荷的磷酸基团能形成多个氢键相互作用力。结构研究表明，相互作用力主要有两种：与α螺旋正极化氨基末端的酰胺基团之间的氢键；与一个或多个精氨酸间的盐桥。

发生磷酸化修饰后，底物蛋白活性可能被改变，其原因可能是蛋白质体积增大或者磷酸基团带有负电荷，也可能是蛋白质构象发生了大幅度的变化。

例如，糖原磷酸化酶（glycogen phosphorylase, GP）是糖原分解代谢中的关键酶。该酶的第14位丝氨酸残基发生磷酸化修饰之后，丝氨酸侧链位移达50Å，而磷酸丝氨酸能与两个精氨酸形成盐桥以维持稳定。图6-12显示了肌糖原磷酸化酶磷酸化前后的构象变化：磷酸化后，原本阻挡进入该酶活性位点的一个环被移开（绿色），使底物能与活性

中心靠近；与此同时，两个亚基界面处也有较大的构象变化（红色）。该酶只有经过磷酸化修饰后才能成为有活性的形式。

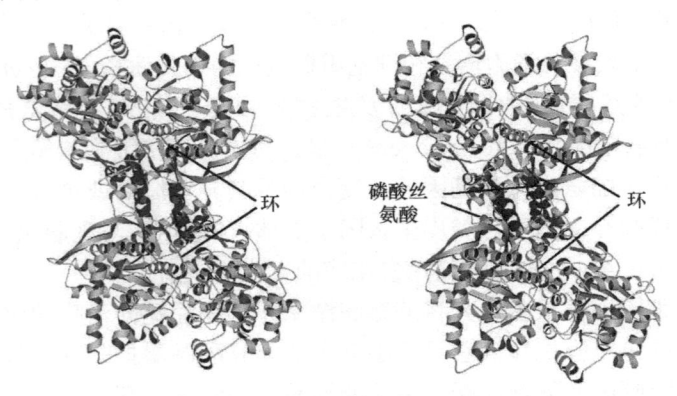

图 6-12 肌糖原磷酸化酶（GP）被磷酸化修饰后的构象变化（佩特斯科和林格，2009）（彩图另扫封底二维码）

左：未磷酸化修饰的无活性酶原；右：磷酸化修饰的有活性酶

另外，蛋白质发生磷酸化修饰，磷酸基团也可能为蛋白质之间的相互结合提供新的识别位点，即另一个蛋白质能识别磷酸化肽链上的某个片段并导致两种蛋白质结合。例如，Grb2 能与其发生了磷酸化修饰的受体尾部相结合（佩特斯科和林格，2009）。

六、蛋白质磷酸化修饰的生理功能

蛋白质的磷酸化修饰调节着信号转导、DNA 复制、基因转录调控、蛋白质合成、细胞周期调控等几乎所有的细胞生命过程，被形象描述为细胞生理活动的"分子开关"。

（一）细胞周期调控

在细胞周期调控过程中，磷酸化和去磷酸化被用来控制自身活性并决定蛋白质底物的活性。真核生物细胞周期调控的核心是酪氨酸磷酸化。一系列蛋白激酶或磷酸酶通过将途径中的下一个底物磷酸化或去磷酸化，从而对外来信号和细胞周期检验点作出反应。当细胞中的蛋白激酶或磷酸酶的活性受到抑制或过表达时，蛋白质磷酸化过程就会紊乱，从而导致细胞周期调控异常。因此，肿瘤的形成与蛋白质磷酸化修饰异常有很大的相关性。

（二）组蛋白磷酸化与基因表达调控

组蛋白分为核小体核心组蛋白（H2A、H2B、H3、H4）、核小体连接蛋白（H1）。不同组蛋白磷酸化修饰的位点和作用不同。总体而言，组蛋白的磷酸化发生在 N 端氨基酸残基。

磷酸基团携带的负电荷能中和组蛋白的正电荷，造成组蛋白与 DNA 的结合力降低；磷酸基团也能与特异性蛋白质相互识别，形成组蛋白复合物。因此，磷酸化修饰能破坏组蛋白与 DNA 之间的相互作用，使染色质结构不稳定。通过这种方法，组蛋白磷酸化广泛参与了染色体的浓缩与分离、转录激活、DNA 损伤修饰等一系列重要的细胞核事件。

值得注意的是，组蛋白能进行多种翻译后修饰，如磷酸化、乙酰化、甲基化、腺苷酰化、泛素化、ADP 核糖基化修饰等。越来越多的研究表明，这些修饰方式更灵活地影响染色质的结构与功能，还可以发生多种修饰方式的组合变化。不同类型的修饰在细胞生命活动中的不同时期出现，依次发挥作用（Sims and Reinberg，2008）。例如，H2B 位点的泛素化可以影响 H3K4 和 H3K79 的甲基化，说明各种修饰间存在着相互关联，可以更加灵活地发挥调控基因表达的功能。因此，Strahl 和 Allis（2000）把这些能够被专一识别的修饰信息称为组蛋白密码（histone code）。组蛋白密码是指组蛋白的各种翻译后修饰的组合会以协同或拮抗的方式诱导特异的下游生物学功能，共同决定了基因的表达调控状态，是比核苷酸密码子更为精细的基因表达调控方式。目前，组蛋白的多种翻译后修饰研究正在与细胞分裂和周期调控（Xu et al.，2009a）、癌症的发生（Hake et al.，2004）、自身免疫性疾病（Dieker and Muller，2010）等重大课题相联系，是备受瞩目的研究热点之一。

（三）信号转导

蛋白质的磷酸化修饰所参与的细胞过程如图 6-13 所示（Hu et al.，2006）。其中，磷酸化修饰最重要的功能之一是参与细胞的各种信号转导（signal transduction）。

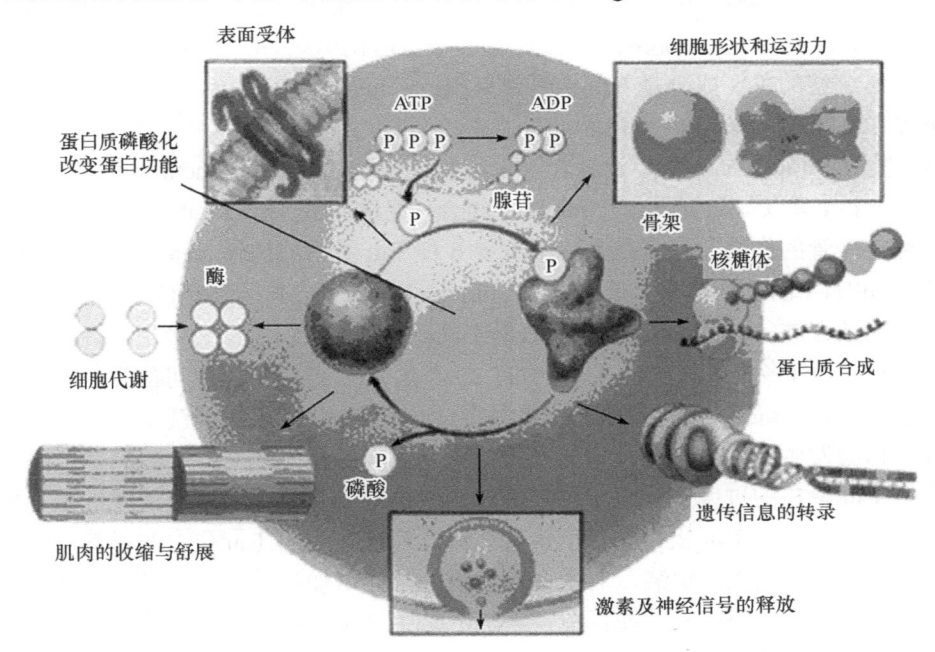

图 6-13　蛋白质磷酸化修饰所参与的细胞过程（Hu et al.，2006）

信号转导是细胞对外界刺激的应答反应。外界因子刺激了细胞膜上的相应受体，启动细胞内的蛋白质磷酸化修饰等反应，通过一系列级联放大作用，最终导致细胞产生生长、分化、凋亡等变化。

在信号转导过程中,各种应答的快速打开和迅速关闭都是十分重要的,而蛋白质磷酸化反应的可逆性使其十分适宜成为细胞内信号转导系统的开关和调节机制。由磷酸化激活的一个蛋白质能作用于多个底物分子,这些底物分子又分别进一步作用于下游底物,这样就逐步建立起一个级联放大的反应,最终导致细胞效应的产生(佩特斯科和林格,2009)。

信号转导过程中的蛋白质磷酸化修饰是信号转导和酶活性控制的核心,也是信号由细胞外传入细胞内并最终导致细胞效应的关键机制。大量实验表明,改变生物的生长环境,可以诱导生物体内蛋白质磷酸化修饰状态的变化,从而导致细胞内蛋白质的组成和数量都发生巨大的改变,最终发生细胞生理状态的转变。

七、蛋白质的异常磷酸化修饰和人类疾病

目前已经知道有许多人类疾病是蛋白质异常的磷酸化修饰或磷酸化蛋白质表达失调所引起的,如阿尔茨海默病、癌症等;而有些蛋白质的异常磷酸化修饰却是某种疾病所导致的后果。因此,蛋白质磷酸化修饰研究对癌症等重大疾病的诊断和治疗具有极其重要的意义。这里以阿尔茨海默病为例,探讨蛋白质磷酸化修饰异常与疾病产生之间的关联。

阿尔茨海默病(Alzheimer disease,AD)是一种以记忆力损害和认知障碍为主的中枢神经系统退行性疾病。AD 的病理特征是形成老年斑(senile plaque,SP)和神经原纤维缠结(neurofibrillary tangle,NFT)。含有神经原纤维缠结的神经元细胞即便处于促进凋亡的环境,也不会发生细胞凋亡,反而会进一步退化(degeneration)(Li et al.,2007)。神经原纤维缠结的主要成分是双螺旋纤维(paired helical filament,PHF),而 PHF 的主要成分是 Tau 蛋白,如图 6-14 所示。

Tau 蛋白(Tau protein)广泛存在于中枢神经系统的神经元(neuron)中,在其他组织中较少。Tau 可以与微管蛋白(tubulin)结合,促进微管(microtubule)的形成、组装,并起到稳定微管的作用。目前在大脑中发现 6 种 Tau 蛋白异构体(isomer),都是由单一基因通过 mRNA 的可变剪接(alternative splicing)形成的,其区别是位于蛋白质 C 端的、带正电荷的结合域(binding domain)数量不同。

Tau 蛋白上有多个磷酸化位点,其中有 21 个丝氨酸/苏氨酸位点可能发生过度磷酸化(hyperphosphorylation)。正常的 Tau 蛋白每分子只含有 2~3 个磷酸基团,而 AD 患者的 Tau 蛋白会发生异常磷酸化,每分子蛋白含有 8 个磷酸基团。

这种 Tau 蛋白的过度磷酸化修饰在细胞水平的影响包括:过量表达 Tau 蛋白的神经元细胞会进一步激活 Tau 蛋白的过度磷酸化;过度磷酸化的 Tau 蛋白与微管蛋白的结合能力下降,不能促进微管组装,对蛋白水解酶的抗性增加;Tau 蛋白的过度磷酸化还可以稳定能促进细胞分裂的多功能蛋白——β 联蛋白(β-catenin),从而导致神经元细胞逃脱细胞凋亡,继续发生恶化(Li et al.,2007)。Tau 蛋白的过度磷酸化修饰在组织病理水平的影响包括:过度磷酸化的 Tau 蛋白会聚集、沉淀,导致 PHF 的形成。Tau 蛋白分子的聚集是形成 PHF 的前提,是 AD 发生发展的重要因素(Armstrong,2009)。值得注意的是,PHF 也能同时发生糖基化修饰和泛素化修饰(图 6-14)。

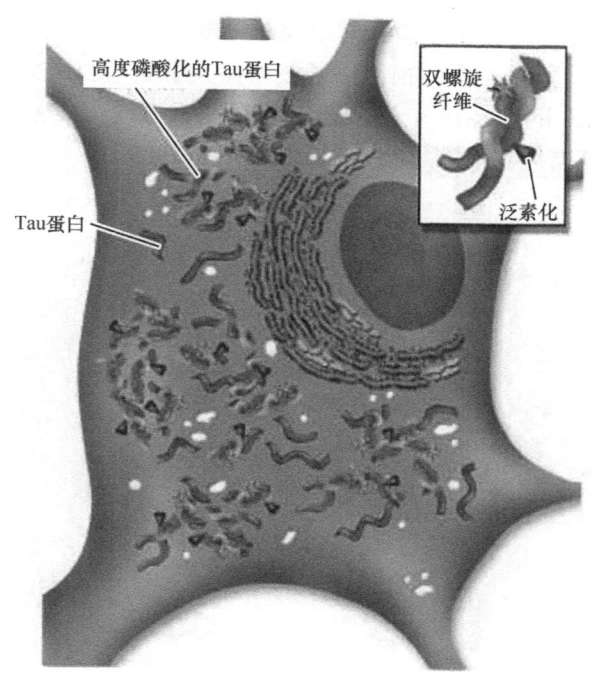

图 6-14 神经元内的 NFT、PHF、正常 Tau 蛋白和发生了过度磷酸化修饰的 Tau 蛋白
（http://www.rndsystems.com/mini_review_detail_objectname_MR01_Alzheimers.aspx#APP）

Tau 的磷酸化修饰是由多种丝氨酸/苏氨酸激酶调控的，如丝裂原激活的蛋白激酶（mitogen-activated protein kinase，MAPK）、3-磷脂酰肌醇依赖蛋白激酶 1（3-phosphoinositide dependent protein kinase 1，PDPK1）等。研究发现，AD 患者体内的蛋白激酶活性并没有发生显著改变，恰好相反，催化去磷酸化的蛋白磷酸酶的活性水平明显降低。因此，Tau 蛋白的过度磷酸化可能更多的是由患者的蛋白磷酸酶活性降低而导致的（Iqbal et al.，2009）。由此可见，AD 的治疗可望通过抑制或逆转 Tau 蛋白的过度磷酸化来进行，其中蛋白磷酸酶的激活剂是一个很有前景的药物研究方向。随着细胞中基因的识别，确定信号转导通路中的所有磷酸化蛋白、识别相关的修饰位点及不同信号通路的修饰过程，有利于更完全地认知错综复杂的信号转导网络系统，分析特定磷酸化修饰对生命过程的调控作用和分子机理，阐明某些疾病的发生发展机制。

八、蛋白质磷酸化修饰的研究

蛋白质的磷酸化修饰研究在生物学和临床研究中都具有重要作用，已经取得很多进展，新方法、新技术不断涌现。但是，目前对于综合分析蛋白质的磷酸化修饰来说，没有一种单独的方法能回答所有问题，没有一种单独的技术足以解决所有困难。

现阶段蛋白质磷酸化修饰研究已经从单一蛋白质磷酸化，逐渐转向细胞器磷酸化修饰、细胞全蛋白磷酸化修饰的研究，试图从总体角度探寻磷酸化修饰参与的细胞途径和功能。例如，为了阐明细菌核糖体的蛋白质磷酸化修饰途径，以及这些修饰在细菌蛋白质合成中的影响，Soung 等（2009）研究了大肠杆菌的全部核糖体蛋白，发现有

24 个蛋白质发生了磷酸化修饰，其中 9 个属于核糖体小亚基（30S）蛋白，15 个属于核糖体大亚基（50S）蛋白，据此描绘出了核糖体大小亚基的 3D 晶体结构模型和磷酸化修饰位点（图 6-15 和图 6-16），并结合核糖体蛋白质突变实验结果，阐述了核糖体蛋白磷酸化修饰对核糖体功能的影响（Soung et al.，2009）。

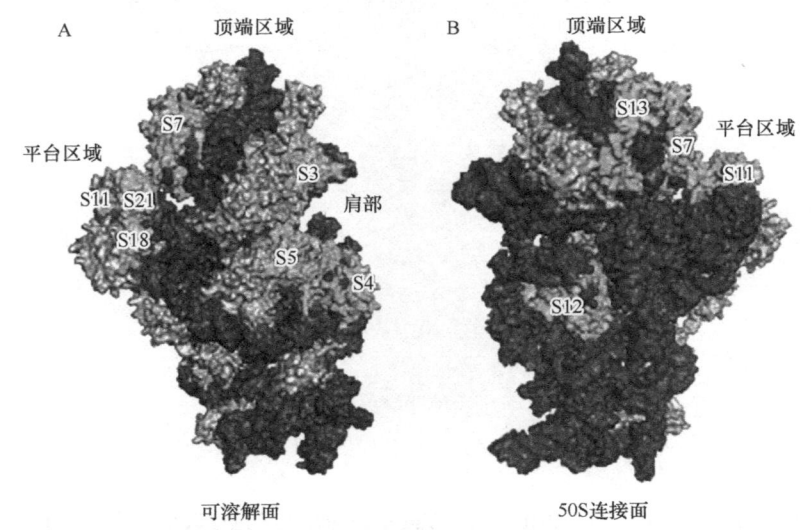

图 6-15　大肠杆菌核糖体 30S 亚基 3D 晶体结构模型（Soung et al.，2009）（彩图另扫封底二维码）
绿色表示发生了磷酸化修饰的蛋白质，红色代表磷酸化修饰位点，粉红色表示没有发生磷酸化修饰的蛋白质。下图同此

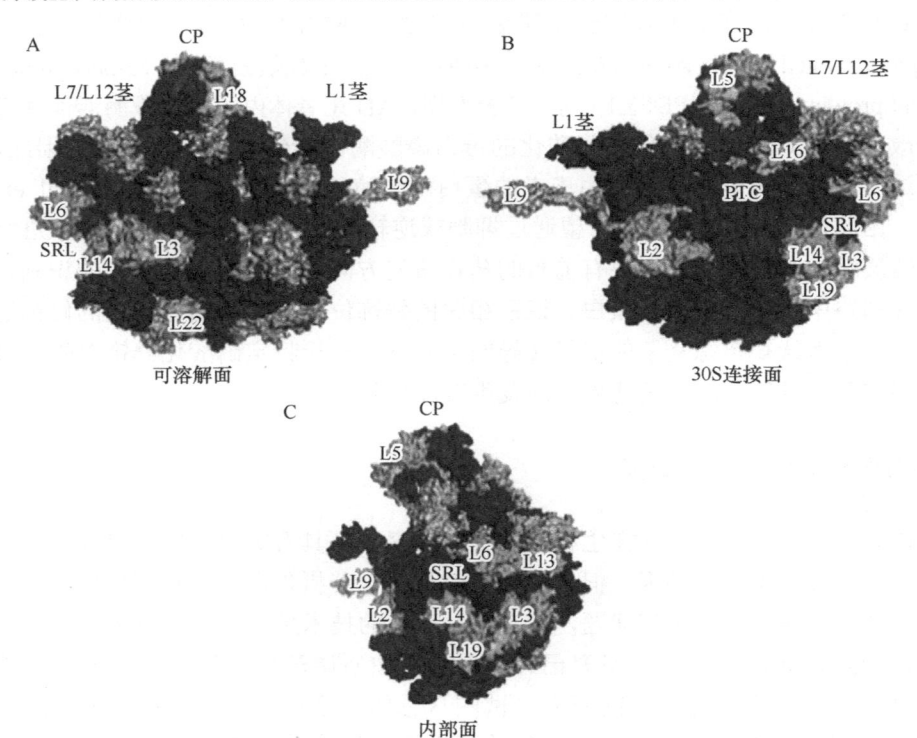

图 6-16　大肠杆菌核糖体 50S 亚基 3D 晶体结构模型（Soung et al.，2009）（彩图另扫封底二维码）

目前，在蛋白质的磷酸化研究中，每种技术都是有局限性的。我们尚不能真正全面地描述蛋白质的磷酸化修饰，只能在现有的实验技术基础上，综合采用各种技术和方法，获得尽量全面的磷酸化修饰状态。同时，我们期待瞬时磷酸化研究技术的发展和涌现，从而实现对磷酸化修饰进行动态研究，并带给我们更多蛋白质磷酸化修饰的新知识。

第五节　酰化修饰对蛋白质功能的调节

一、蛋白质酰化修饰概述

随着高灵敏度质谱技术的广泛应用，人们发现了大量新型的酰化修饰，这些修饰大多发生在赖氨酸上；除了碳链长度、疏水性或电荷不同之外，它们与赖氨酸乙酰化相似。这些新发现的短链赖氨酸酰化包括丙酰化、丁酰化、2-羟基异丁酰化、琥珀酰化、戊二酰化和 β-羟基丁酰化等（图 6-17）。目前，赖氨酸酰化修饰中研究最为广泛的是乙酰化修饰。赖氨酸乙酰化是一种可逆修饰，其过程由两组酶调控：赖氨酸乙酰转移酶（KAT）和赖氨酸去乙酰化酶（KDAC）。KAT 作为"写入器"将乙酰基团添加到靶蛋白上，而 KDAC 作为"擦除器"能去除蛋白质上的乙酰基团。目前，在哺乳动物中已经确定了 22 种不同的 KAT，分为三个主要家族，即 GCN5、CREB 结合蛋白（CBP）/p300 和 MYST；同时确定了 18 种 KDAC，分为两个主要家族，即 HDAC1-11 和 SIRT1-7（图 6-18）。

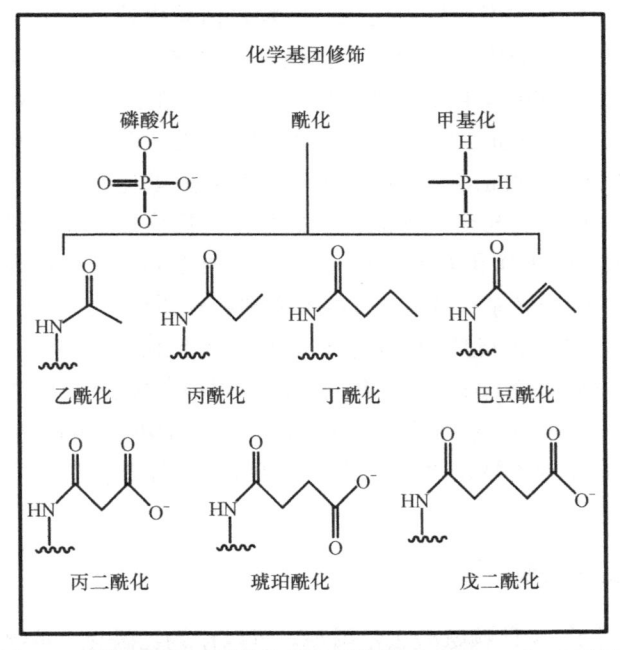

图 6-17　蛋白质翻译后修饰的主要种类（Wang et al., 2019）

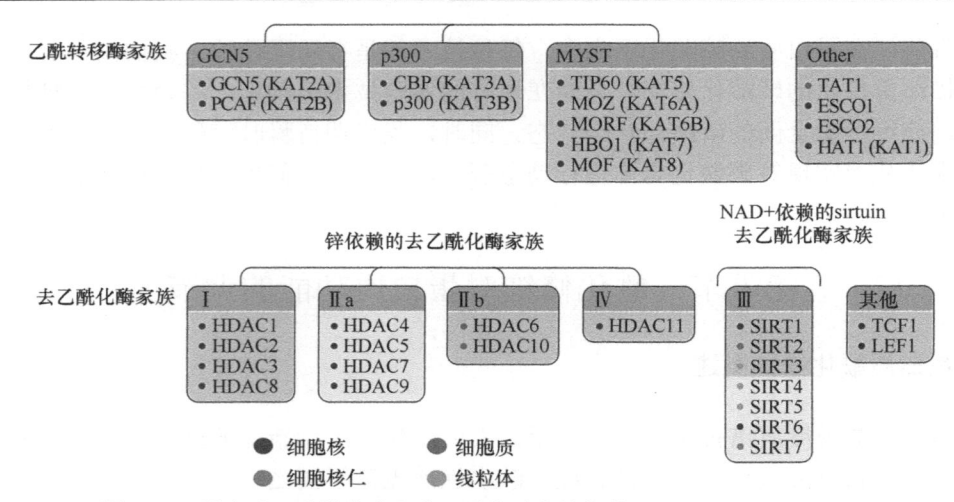

图 6-18　蛋白质乙酰转移酶和去乙酰化酶家族概览（Narita et al., 2019）

二、蛋白质酰化修饰酶的种类

（一）赖氨酸乙酰转移酶

除了经典的赖氨酸乙酰转移酶 GCN5、p300 和 MYST 外，还有非经典的赖氨酸乙酰化酶，如 TAT1、ESCO1、ESCO2 和 HAT1。除了 TAT1 外，所有典型的赖氨酸乙酰化酶主要定位在细胞核。与蛋白激酶相比，赖氨酸乙酰化酶对底物的特异性不强，主要由其特定的亚细胞定位、相互作用的蛋白质以及底物蛋白质中赖氨酸的可及性所决定。许多赖氨酸乙酰化酶有非重叠的底物，然而一些赖氨酸乙酰化酶可以催化相同位点，例如，CBP（又称 KAT3A）和 p300（又称 KAT3B）可以乙酰化 H3K18 和 H3K27，GCN5（KAT2A）和 p300/CBP-associated factor（PCAF，又称 KAT2B）能够乙酰化 H3K9，KAT6A 和 KAT6B 能够催化 H3K23 乙酰化（Narita et al., 2019）。赖氨酸酰化修饰已经成为影响广泛细胞过程的关键翻译后修饰，它与众多疾病密切关联，包括癌症。研究表明，乙酰化及新鉴定的多种酰化修饰均受 p300 和 CBP 调节，它们主要作为转录调控因子发挥作用，但也可以通过核内和核外的非转录效应影响 DNA 复制和代谢过程。例如，p300/CBP 可以与 p53 发生相互作用，并根据细胞环境和刺激（如 DNA 损伤）的不同，通过调节 p53 的转录激活和蛋白质降解来调控 p53 水平（Ito et al., 2001）。有报道称 p300 可以催化低氧诱导因子 1α（HIF1α）的 K709 位点发生乙酰化，增加了 HIF1α 蛋白稳定性（Geng et al., 2012）。p300 和 CBP 作为乙酰化"写入器"在细胞中调控多种蛋白质，在肿瘤细胞癌性表型的维持中扮演重要角色。

（二）赖氨酸去乙酰化酶

人类基因组编码了 18 种赖氨酸去乙酰酶，可以作为乙酰化"擦除器"实现蛋白质的去乙酰化，具体分为 Zn^{2+} 依赖的组蛋白去乙酰化酶（HDAC）家族和 NAD^+ 依赖的去乙酰化酶 sirtuin 家族。根据系统发育的保守性和序列相似性，经典的 KDAC 进一步分为四类：Ⅰ类、Ⅱa类、Ⅱb类和Ⅳ类。Ⅰ类和Ⅳ类KDAC位于细胞核；Ⅱb类KDAC位于细胞质；Ⅱa类KDAC主要位于细胞核，但在信号转导激活时输出到细胞质。去乙酰化酶sirtuin属于Ⅲ类KDAC，定位在不同的细胞区域，包括细胞核（SIRT1和SIRT6）、核仁（SIRT7）、细胞质（SIRT2）和线粒体（SIRT3、SIRT4和SIRT5）。值得注意的是，近一半的去乙酰化酶具有较弱的去乙酰化活性，或具有针对其他酰化类型的调控活性。例如，SIRT5具有去琥珀酰化、去丙二酰化和去戊二酰化活性；SIRT4可以去除甲基戊二酰化、羟甲基戊二酰化和3-甲基戊二酰化赖氨酸上的酰基；SIRT6具有长链脂肪酸酰基酶活性；Ⅱa类KDAC由于活性位点保守氨基酸的改变，缺乏明显的催化活性。最近报道TCF1和LEF1转录因子具有HDAC活性，突变其催化结构域中的保守残基会消除它们的去乙酰化活性（Xing et al.，2016），然而TCF1、LEF1与HDAC8之间的氨基酸序列相似性非常弱，因此还需要进一步确认它们的去乙酰化酶活性。

（三）乙酰化识别蛋白

一些包含溴结构域的蛋白质可以作为乙酰化"阅读器"，识别赖氨酸乙酰化修饰，并介导多蛋白复合体的形成。人类蛋白质组中有46个蛋白质含有独特的溴结构域，几乎全部定位于细胞核。溴结构域和额外终端域家族（BET）蛋白中最明显的特征就是其溴结构域（bromodomain）与赖氨酸乙酰化之间的相互作用，该家族包括溴结构域蛋白2（BRD2）、BRD3、BRD4和睾丸特异性溴结构域蛋白（BRDT）。BET蛋白与发生乙酰化的组蛋白之间相互作用，从而调控基因表达。溴结构域的相互作用特征为亲和力低且底物宽泛，这可以提供高度的响应性，以及与广泛配体的结合。蛋白质相互作用的亲和力也可以通过串联溴结构域的结合，以及与多重乙酰化蛋白质的协同结合来增加。例如，转录调节因子TWIST的乙酰化可以促进其与BRD4的第二溴结构域相互作用，而BRD4的第一个溴结构域与乙酰化的组蛋白H4相互作用，由此促进了TWIST、BRD4、Pol Ⅱ和转录延伸因子b复合物在WNT5A编码基因的启动子和增强子处形成（Shi et al.，2014）。溴结构域也可以与其他翻译后修饰结合域协同作用，增加蛋白质相互作用的亲和力和特异性。cAMP响应元件结合蛋白（CREB）的磷酸化可以促进其与CBP的KIX结构域相互作用，而CREB的乙酰化可以促进其与CBP的溴结构域相互作用，产生依赖相互修饰的结合，从而促进CBP招募到基因启动子。简而言之，乙酰化"阅读器"溴结构域蛋白家族通过识别乙酰基团，介导细胞内多种蛋白质相互作用，在多种细胞进程中扮演重要角色。因此，该蛋白质家族可以作为肿瘤等疾病的重要靶点。

三、新型酰化的发现及其生物学功能

高分辨率质谱是发现翻译后修饰必不可少的工具。氨基酸残基被翻译后修饰作用后，其化学结构和电荷都会改变，同时导致其分子质量的改变。通过观察特定的质量位移并将修饰后和未修饰残基之间的差异进行比较，可以发现各种各样的翻译后修饰及其确切位置。新型翻译后修饰发现的关键是检测到一种与已知翻译后修饰不同的未知质量位移。近年来发现的一些新型酰化，如丙酰化、丁酰化、戊二酰化、琥珀酰化和巴豆酰化等，其可以影响组蛋白和非组蛋白与癌症进程的关系。因此，这些新发现的翻译后修饰动力学的药理学抑制剂具有巨大的癌症治疗潜力。

赖氨酸丙酰化和丁酰化于 2007 年首次被鉴定为新型的翻译后修饰，从结构上看，丙二酰辅酶 A 和丁酰辅酶 A 与乙酰辅酶 A 相似，可以被转移到赖氨酸残基上；p300、CREB、GCN5 和 PCAF 可以催化组蛋白中赖氨酸发生丙二酰化和丁酰化。一项研究显示，抑制膀胱癌中热休克蛋白 90（Hsp90）的活性可显著影响组蛋白的丙酰化和丁酰化水平。赖氨酸琥珀酰化是一种新型的翻译后修饰，其中琥珀酰基被认为来源于琥珀酰辅酶 A。与赖氨酸乙酰化不同，琥珀酰化使得赖氨酸带正电的侧链从+1 电荷变为−1 电荷。因此，赖氨酸琥珀酰化与磷酸化相似，都使得修饰后的残基电荷产生两个单位的改变。因此，赖氨酸琥珀酰化可能在多个细胞过程中发挥重要作用。有研究采用抗体亲和纯化结合定量蛋白组学技术，对乳腺癌组织中的琥珀酰化进行蛋白质组学鉴定。结果显示，赖氨酸琥珀酰化调控己糖磷酸途径和内质网蛋白加工途径的关键酶，该发现揭示了乳腺癌发生的一种新型机制，为乳腺癌治疗提供了新的思路。赖氨酸乙酰转移酶 2A（KAT2A/GCN5）是一种琥珀酰基转移酶，可以在组蛋白 H3 上的赖氨酸 79 位点进行琥珀酰化，进而调节一系列基因的转录，影响肿瘤细胞的增殖和生长。SIRT5 是一个众所周知的去乙酰化酶，可以在哺乳动物细胞中催化赖氨酸去琥珀酰化，SIRT5 缺失小鼠表现出全局性赖氨酸琥珀酰化水平明显升高。在肝癌细胞中，SIRT5 的下调导致 ACOX1 的琥珀酰化水平增加，且 DNA 损伤反应增加，展现了 SIRT5 在过氧化物导致的氧化应激中的新角色，在肝细胞癌的发生中具有重要意义。

赖氨酸巴豆酰化是另外一种新发现的酰基化修饰，是一种从细菌到哺乳动物细胞高度保守的翻译后修饰，与基因表达的调节功能相关。最近的研究表明，组蛋白上的赖氨酸巴豆酰化受组蛋白乙酰转移酶和组蛋白去乙酰化酶的调控。p300 可以在使用巴豆酰辅酶 A 作为供体的条件下催化赖氨酸的巴豆酰化，而在 HCT116 细胞中抑制 p300 可以显著减少内源性巴豆酰化的丰度。另一组研究者通过用巴豆酸钠处理 HeLa 细胞，发现巴豆酰化可以调节 HDAC1 的活性，通过干预 S 期的进程来抑制细胞周期。

赖氨酸丙二酰化于 2011 年首次被发现，是通过高分辨质谱、合成肽的共洗脱和同位素标记来实现的。赖氨酸丙二酰化是一种动态的、丰富的、从细菌到哺乳动物细胞高度保守的翻译后修饰。在丙二酰辅酶 A 脱羧酶缺失的细胞中，丙二酰化底物蛋白的水平显著积累，提示线粒体功能和脂肪酸氧化受到损害。重要的是，SIRT5 被发现具有赖氨酸去丙二酰化活性，可以从丙二酰化的赖氨酸残基中去除负电荷修饰。目前，丙二酰化在癌症发生发展中的确切作用还不甚清楚。

第六节 糖基化修饰对蛋白质功能的调节

一、蛋白质糖基化修饰概述

糖类作为生物体内四种主要的大分子（核酸、蛋白质、脂类和糖类）之一，具有其独特的性质。遗传学中心法则（genetic central dogma）认为，生物信息的流向是从 DNA

到 RNA 到蛋白质，如图 6-19 所示。核酸、蛋白质、脂类和糖类四种分子均广泛参与了生物信息流，共同组成了复杂的生物体。

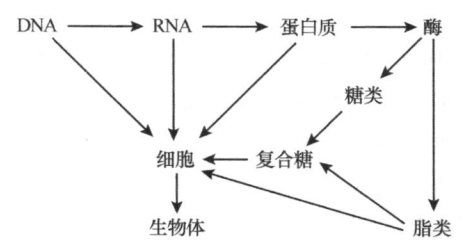

图 6-19　核酸、蛋白质、脂类和糖类四大分子组成的生物信息流（夏其昌等，2004）

核酸和蛋白质都是线性结构，分子间以单一的酯键或肽键相连，研究方法已经十分成熟。而糖类的糖链通常高度分枝，单糖能彼此以多种不同的键连接，导致多糖的结构极其复杂；同时，在生物体内，糖类一般并不单独存在，而是连接在蛋白质或脂类分子上分别构成糖蛋白（glycoprotein）和糖脂（glycolipid），因此，糖类的研究具有其独特性和复杂性。这里我们仅讨论糖基化修饰的蛋白质。

蛋白质糖基化修饰是由糖链与蛋白质多肽链中特定位点的氨基酸，以多种糖肽链共价连接并构成各种糖蛋白。

糖基化是最常见、最重要的蛋白质翻译后修饰方式之一。糖基化修饰曾经被认为只是在真核生物中存在，近几年随着原核生物基因组学的研究进展，发现原核生物的基因中存在大量可以发生糖基化修饰的位点；进一步的蛋白质组学研究表明，以细菌（bacteria）和古生菌（archaea）为代表的原核生物也普遍存在糖基化修饰，尤其是 N-糖基化和 O-糖基化。原核生物糖基化修饰的功能及其参与的细胞途径研究表明，糖蛋白普遍参与了原核生物与其宿主细胞之间的识别，并能激发宿主细胞的免疫应答（Szymanski and Wren，2005；Hitchen and Dell，2006；Abu-Qarn et al.，2008）。

蛋白质的糖基化修饰程度和复杂性随着生物进化的水平而不断上升。据估计，蛋白质糖基化修饰在原核生物中相对较少；在真核生物细胞中，有 50%的蛋白质发生了糖基化修饰；特别是在人体细胞中，达 50%~70%的蛋白质发生了糖基化修饰（An et al.，2009）。尤其是细胞分泌蛋白，几乎全部发生了糖基化修饰；细胞的膜整合蛋白也多数发生糖基化，导致细胞表面被许多不同类型膜蛋白的糖链所包被。

二、蛋白质糖基化修饰的分类

糖基化修饰根据糖类分子的大小和组成不同可以分为：在蛋白质上连接单糖，如胶原蛋白；连接较短糖链组成的寡糖；连接密集复杂的多糖，如黏液素。糖基化修饰中最常见的组分是六碳糖，如葡萄糖、半乳糖、甘露糖等。

由于糖基的排列顺序、环化形式、异构形式、连接方式，以及分支糖链发生的位点、分支糖链的结构等因素不同，蛋白质发生的糖基化修饰具有高度的复杂性、多样性和不均一性。

糖基化修饰按照糖肽链的不同可以分为以下几种（Pennington et al.，2002）。

（一）N-糖基化

N-糖基化（N-linked glycosylation）是由多糖与蛋白质的天冬酰胺残基（Asn）的酰胺氮连接形成，其糖链为 N-乙酰葡萄糖胺（N-acetylglucosamine，GlcNAc）。这种修饰只发生在真核生物中。在植物、动物、酵母和昆虫中，N-糖基化的程度、组成均有差异。

该修饰需要特定的氨基酸模序 Asn-X-Ser/Thr 或 Asn-X-Cys，X 为除了脯氨酸以外的其他氨基酸。如果 X 为脯氨酸，将不会发生 N-糖基化修饰。除了模序之外，该修饰也取决于蛋白质周围的立体结构，例如，如果该模序位于 β 转角（β-turn）结构中，N-糖基化修饰可能会受到影响（Werner et al.，2007）。

一个特定蛋白质可能会存在多个 N-糖基化模序，但并不是所有存在此模序的位点都会发生 N-糖基化修饰（An et al.，2009）。据估计，有 10%～30% 的潜在糖基化位点不会发生糖基化修饰（侯温甫和杨文鸽，2005）。N-糖基化修饰通常会产生一定程度的修饰异质性，即得到的蛋白质是由不同糖型修饰之后的糖蛋白集合，从而在很大程度上增加了糖蛋白结构的多样性（特怀曼，2007）。

按照单糖的位置，N-糖基化修饰可以进一步划分为高甘露糖型（high mannose）、复杂型（complex type）和混合型（hybrid type）多糖。如图 6-20 所示，三者之间的区别在于：高甘露糖型只含有多个 α 连接的甘露糖残基；复杂型具有以岩藻糖（fucose，Fuc）、半乳糖（galactose，Gal）和唾液糖（sialic acid，SA）为组分的糖链天线；混合型则兼有两种特点。许多研究表明，三种类型的糖链具有共同的生物合成起源，即高甘露糖聚合物前体。

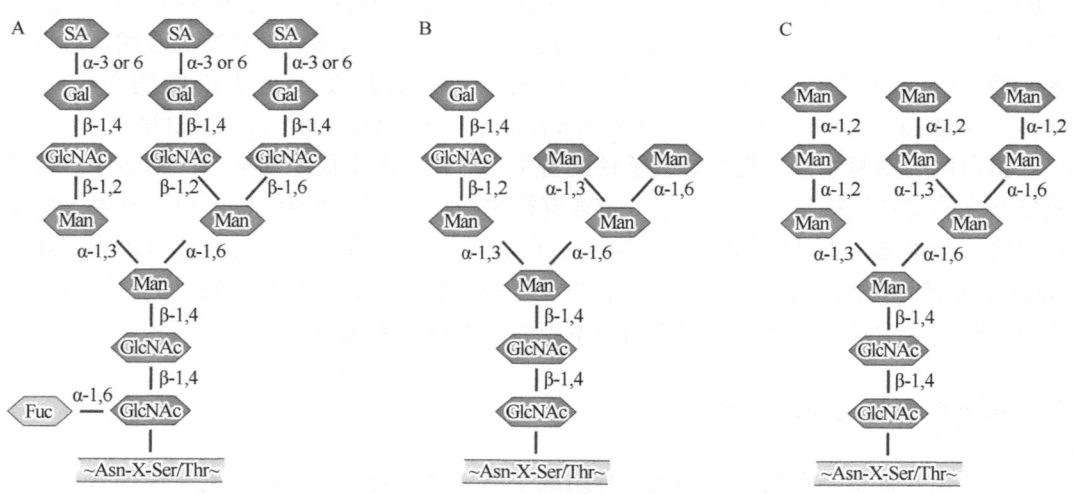

图 6-20 三种不同 N-糖基化修饰类型的结构示意图（Balzarini，2007）
A. 复杂型；B. 混合型；C. 高甘露糖型

N-糖基化均有一个五聚糖的核心结构，由 2 个 N-乙酰葡萄糖胺连接 3 个甘露糖组成（图 6-21）（佩特斯科和林格，2009）。这类糖基化修饰是由 N-乙酰氨基葡萄糖基转移酶参与完成的。在该酶作用下，将供体 UDP-N-乙酰氨基葡萄糖的 GlcNAc 转移到甘露糖上。

N-糖基化修饰通常发生在内质网和高尔基体上。

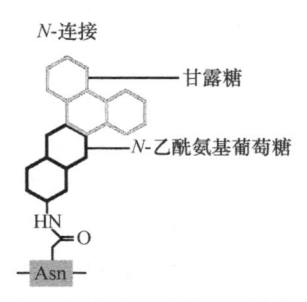

图 6-21 N-糖基化的五聚糖核心结构（佩特斯科和林格，2009）

（二）O-糖基化

O-糖基化（O-linked glycosylation）是由多糖与丝氨酸（Ser）、苏氨酸（Thr）、羟赖氨酸、羟脯氨酸残基上的羟基氧连接形成，其糖链多数为 N-乙酰半乳糖胺（N-acetylgalactosamine，GalNAc）、N-乙酰葡萄糖胺（GlcNAc）、岩藻糖（Fuc）。许多哺乳动物的分泌蛋白发生了 O-糖基化修饰。

这种糖基化并没有发现一个简单的规律或者特异性的模序，因此很难对蛋白质是否会发生 O-糖基化进行预测。但是，此类糖基化多发生在丝氨酸或苏氨酸比较集中且邻近脯氨酸残基的蛋白质区域，而且一些二级结构元素如延长的 β 转角（extended β-turn）会影响此类糖基化的发生（Werner et al.，2007），说明这种修饰识别的可能是蛋白质的二级结构。另外，一些特殊的 O-糖基化，如 O-连接的岩藻糖、N-乙酰葡萄糖胺，是需要有一定蛋白质序列特异性的。

O-糖基化没有一种特定的核心结构，最常见的是由 N-乙酰半乳糖胺（GalNAc）与丝氨酸或苏氨酸残基的羟基氧连接，再加上不同数量的单糖分子延伸而成（图 6-22）（佩特斯科和林格，2009）。

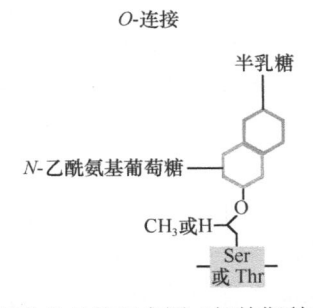

图 6-22 O-糖基化的结构示意图（佩特斯科和林格，2009）

近年的研究发现，N-乙酰葡萄糖胺（GlcNAc）也可通过丝氨酸或苏氨酸残基，以单糖分子的形式连接到蛋白质上，生成 O-连接的 N-乙酰葡萄糖胺（O-linked beta-N-acetylglucosamine，O-GlcNAc），这种修饰方式被称为 O-连接的 N-乙酰葡萄糖胺修饰（O-GlcNAcylation）。与其他糖基化修饰发生在内质网和高尔基体中不同，

O-GlcNAcylation 发生在细胞核和细胞质中。一些研究表明，O-GlcNAcylation 起到类似磷酸化修饰的作用，广泛参与了转录调控、信号转导和代谢调节等重要细胞途径。许多癌变相关的蛋白质发生 O-GlcNAc 修饰，如 β2 联蛋白、p53、pRb 家族等。O-GlcNAcylation 也与糖尿病、神经退行性病变如阿尔茨海默病（AD）等疾病有关，因此 O-GlcNAc 修饰的糖蛋白有可能在临床上作为这些疾病诊断的分子标记物。目前已经有超过 600 种蛋白质被鉴定发生了 O-GlcNAcylation，但其中只有＜15%的修饰位点得到了鉴定，大多来源于脑和脊髓（spinal cord）组织。O-GlcNAcylation 修饰的重要性、O-GlcNAcylation 修饰与磷酸化修饰之间直接或间接的联系，正在成为继磷酸化修饰之后的又一个蛋白质翻译后修饰研究热点（Copeland et al., 2008）。

另外，近年还陆续发现一些较少见的 O-糖基化修饰，不是通过 N-乙酰半乳糖胺而是通过甘露糖（mannose, Man）、岩藻糖（Fuc）等与丝氨酸或苏氨酸残基相连，例如，O-Fuc 在一些含有表皮生长因子结构域（EGF motif）的蛋白质中发现，修饰模序为 CGS/T。

（三）C-糖基化

C-糖基化（C-mannosylation）是由甘露吡喃糖基（α-D-mannopyranosyl）与色氨酸吲哚环的 C2 通过 C-C 键连接而成。这种修饰需要特定的氨基酸模序 Trp-X-X-Trp 或 Trp-X-X-Cys 或 Trp-X-X-Phe，X 为任意氨基酸，修饰位置都是第一位的色氨酸残基。这种糖基化修饰比较少见。

（四）糖基磷脂酰肌醇锚定结构

糖基磷脂酰肌醇锚定结构（glycosylphosphatidylinositol anchor, GPI anchor）是由糖链通过磷脂酰肌醇与蛋白质连接而成。这种修饰通常发生在蛋白质 C 端或者靠近 C 端的氨基酸残基。蛋白质通过酰胺键与磷酸乙醇胺分子连接，磷酸乙醇胺分子与 3 个甘露糖和 1 个氨基葡萄糖组成的四糖核心连接，四糖核心再与磷脂酰肌醇连接。

这种修饰方式能指导蛋白质定位到细胞膜上。磷脂酰肌醇的脂肪酸残基可以通过疏水作用插入细胞膜的磷脂双分子层。这样，GPI 锚定结构作为一个桥梁，就可以将不同种类、不同功能的蛋白质固定在细胞膜的磷脂双分子层上，使细胞膜具有了一定的特异性；与此同时，GPI 锚定结构修饰的蛋白质可以广泛参与细胞黏附、信号转导、营养吸收等细胞过程。

GPI 锚定结构修饰发生在内质网中的信号肽 C 端被切割之后（Pennington et al., 2002）。这种修饰是可逆的，在磷脂酶的作用下，GPI 锚定的蛋白质可以从细胞膜上被释放出来。有些人类寄生虫细胞表面带有 GPI 锚定的酶，在通常状况下没有活性，而当遇到宿主的磷脂酶时被激活，就能启动寄生虫对宿主的感受机制和下游反应（佩特斯科和林格，2009）。

三、蛋白质糖基化修饰的过程

蛋白质的糖基化过程主要在内质网和高尔基体完成（图 6-23）（Werner et al., 2007）。

在真核生物中，大多数糖基化修饰的蛋白质经过分泌途径运出细胞，但不是所有的糖蛋白都会被分泌。有的蛋白质会阻滞在内质网或高尔基体，有些会导向溶酶体，还有的会作为膜蛋白插入胞质膜（特怀曼，2007）。

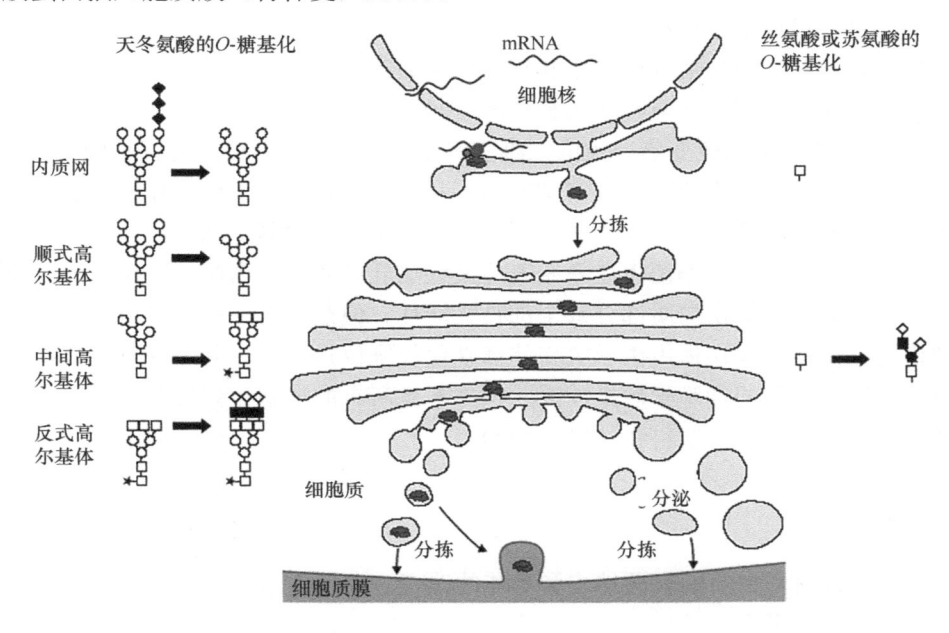

图 6-23 真核细胞分泌途径的蛋白质糖基化修饰（Werner et al.，2007）

左边：O-糖基化的序列和发生部位。GlcNAc：N-乙酰葡萄糖胺（N-acetylglucosamine）；Gal：半乳糖（galactose）；NeuAc：N-乙酰-D-神经氨酸（唾液酸）（N-acetyl-D-neuraminic acid（sialic acid））；Glucose：葡萄糖；Man：甘露糖（mannose）；GalNAc：N-乙酰半乳糖胺（N-acetylgalactosamine）；Fucose：岩藻糖

蛋白质的糖基化修饰除了受到特定的氨基酸模序影响之外，还受到其他因素影响。例如，蛋白质的三维空间结构可能影响糖基转移酶与蛋白质表面特定序列的接触，引起糖链延伸和添加糖基的不同；细胞中的糖基转移酶和相关酶的表达类型不同，会影响糖基化程度和糖链种类；细胞中不同糖链加工区域的排列以及糖链通过这些区域的速率不同，也会影响糖基的添加。因此，细胞的类型、自身特性和培养条件等诸多因素，均会决定糖基化形成的糖链结构、程度和形式（侯温甫和杨文鸽，2005）。

四、糖基化修饰对蛋白质结构的改变

糖基化修饰对蛋白质的结构和功能的影响包括以下三点。

（1）糖基化可以作为标签，为蛋白质提供特定的识别位点。带有不同糖链标签的蛋白质能改变蛋白质的抗原性，从而可以被细胞内外的蛋白质、酶或其他生物大分子识别，进而参与特定的生物学过程，或指引糖蛋白定位到适当的亚细胞器。例如，定位于溶酶体的蛋白质含有外露的 6-磷酸甘露糖残基，定位于细胞膜的蛋白质含有 GPI 锚定结构（特怀曼，2007）。

(2) 糖链结构与蛋白质的结构域大小相当，可以从空间上调节糖复合物的整体结构，保护蛋白质免受蛋白酶降解，增强蛋白质的稳定性。糖链也能够显著增加蛋白质的溶解性，防止糖蛋白凝集。例如，血细胞表面的糖蛋白能防止细胞彼此黏结或者黏结到血管壁上，从而可以起到保持血液流动畅通的作用；与之相反，在一些心血管疾病患者体内，糖蛋白异常会导致血细胞黏附和聚集，继而改变血液流动的动力学并产生血管堵塞、动脉粥样硬化等症状（佩特斯科和林格，2009）。

(3) 糖基化修饰能改变蛋白质的三维空间结构，是某些蛋白质进行正确折叠、发挥生物活性所必需的修饰方式。在许多实例中，从糖基化蛋白上切除糖链，会导致蛋白质解折叠或者发生凝聚；而在另一些实例中，如果不发生糖基化修饰，蛋白质的活性可能会显著减弱。例如，用细菌表达系统表达某些哺乳动物的蛋白质，会由于缺乏全面的糖基化修饰而导致产物蛋白质部分或全部丧失活性。但是也有一些蛋白质，即使在体外被酶催化切除糖链或者在体内由于突变使糖基化修饰位点丢失，其活性也并没有受到影响，没有表现出明显的细胞学后果，因此也许不是所有的糖基化修饰都在一个完整的细胞周期中至关重要（佩特斯科和林格，2009）。

五、糖基化工程

糖基化修饰对蛋白质的表面结构和功能的改变，在目前蛋白质药物的稳定性研究上起到很大的作用。蛋白质药物具有生理活性强、免疫原性低、副作用低、不积累毒性等优点，在现代医药研发中占有重要地位。但是由于组织、细胞液中存在大量蛋白酶，加上肾小球的滤过作用，蛋白质类药物很快会被人体清除，普遍存在体内半衰期短、需要大剂量频繁给药的缺点。因此，蛋白质药物开发的重点是延长蛋白质的体内半衰期，其中一个非常重要和有效的手段就是对蛋白质进行糖基化修饰。

糖基化修饰作为一种信息分子和标签物质，能改变蛋白质药物的转运方向或作用的靶向位点；糖基化修饰在蛋白质表面增加了糖基侧链，在空间结构上可以起到阻碍蛋白酶对蛋白药物进行降解的作用；糖链可以在一定程度上增大蛋白质的分子质量，从而减少肾小球的滤过作用，延长蛋白质药物在体内的半衰期；糖链可以改变某些蛋白质的免疫原性，如抑制 β2 乳球蛋白引起的人体过敏反应；糖蛋白还比未修饰蛋白质具有更好的溶解性、热稳定性等。

利用基因工程的手段，用特定位点和特定糖链的糖基化修饰对蛋白质结构及功能进行改造，被称为糖基化工程（glycoengineering）。糖基化工程的研究主要集中于糖蛋白糖链功能的分析和糖基化表达体系的构建，例如，昆虫或者酵母表达系统经过改造后，可以表达正确的糖链。糖基化工程的研究在理论上可阐明糖链的功能，在实践上可以为解决基因工程药物的免疫原性、生物活性及药物设计等问题提供指导。

目前经常选用的糖基化工程表达系统包括酵母、昆虫细胞、哺乳动物细胞、转基因植物（以烟草和拟南芥为代表）等。也有研究将几种关键性的糖基转移酶克隆进大肠杆菌中与外源基因基因共表达，来构建重组蛋白质表面的糖链。由于糖基化修饰不是由插入基因的序列来决定，而是由真核宿主细胞的翻译后修饰来决定，因此糖链加工的控制过程非常复杂，并非某单一因素所能决定。首先，蛋白质的氨基酸序列决定糖基化位点的分布和数目；其次，蛋白质的折叠方式和三维空间结构会影响糖基转移酶与蛋白质表面的接触，从而引起糖链的延伸和添加糖基的不同；再次，不同表达系统中使用的糖基转移酶和其他相关酶的表达类型不同，会对糖链类型造成影响。所以在糖基化工程中，采用不同的表达系统、不同的蛋白质生产条件、甚至不同的真核宿主细胞生理状态，都会对蛋白质药物最终的糖基化修饰类型和程度产生重要影响（Werner et al.，2007）。

另外，多糖能引起人体的免疫反应，因此对糖蛋白产物的测定和检测显得尤为重要。必须针对不同的蛋白质药物，采用不同的生产和修饰条件，并在发酵过程中对糖基结构进行实时监控。监测不同批次之间差异和下游进程的有效方法是液相色谱技术，包括等电点聚焦、毛细管电泳、二维凝胶电泳等，均可以进行快速检测和高通量分析。监控和检测的最终目的是为了获得稳定、复杂的糖基化修饰蛋白产物（Pennington et al.，2002）。

六、蛋白质糖基化修饰的生理作用

糖基化修饰最重要的功能是蛋白质的识别作用，即糖基化修饰能改变蛋白质与蛋白质之间、蛋白质与识别受体之间的相互作用，进而指导细胞与细胞之间的相互识别和相互作用。由于共价连接和各种分枝异构体的存在，糖链具有丰富的结构多样性，其复杂程度远远高于核酸和蛋白质，因此糖基化修饰的糖链常常被称为信息分子。

细胞内的糖基化蛋白及其亚细胞定位如图 6-24 所示（Hu et al.，2006）。蛋白质的糖基化修饰具有明显的种特异性、组织特异性和发育特异性，是随着不同糖基转移酶的表达，以及发生作用的时间、空间变化而变化。由于与生命活动息息相关，糖链因此被称为继核酸链和蛋白质链之后的第三链，对其研究日益深入（侯温甫和杨文鸽，2005）。

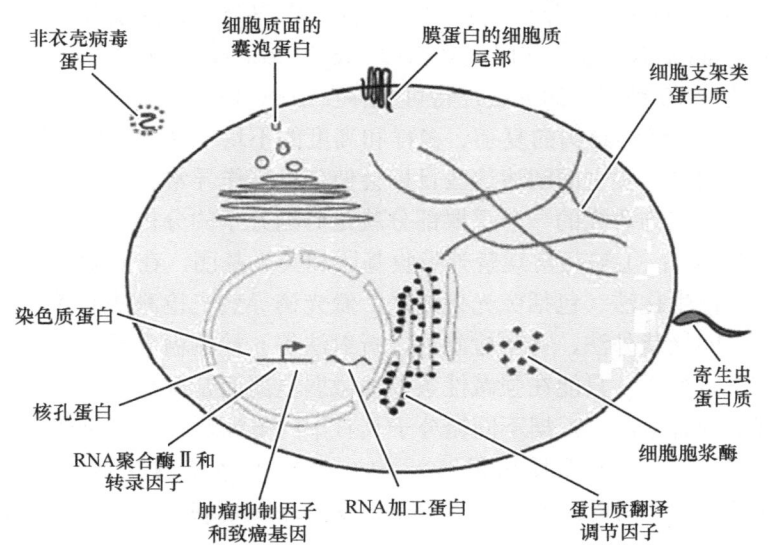

图 6-24 细胞内的糖基化蛋白质及其亚细胞定位（Hu et al.，2006）

糖基化修饰参与许多重要的生物过程，如细胞黏附（cell adhesion）、精卵识别、分子运输和清除（molecular trafficking and clearance）、受体激活（receptor activation）、细胞免疫、细胞内吞（endocytosis）、免疫监视、蛋白质降解、组织器官形成、老化、癌细胞转移等（Ohtsubo and Marth，2006）。

糖基化修饰异常会导致蛋白质的抗原性发生变化，蛋白质的相互识别和细胞间的相互识别随之发生错误，从而导致许多疾病的发生，尤其是炎症和自身免疫性疾病等。先天性糖基化缺陷的患者会表现出多种症状，如神经紊乱、运动问题、视觉问题等（佩特斯科和林格，2009）。有些异常糖基化修饰的蛋白质能够导致疾病产生，这些蛋白质可以作为干涉治疗的靶点，因此是研究关注的焦点。

另外，与磷酸化修饰类似，有些蛋白质的糖基化修饰异常是由疾病导致的。在一些疾病的最初阶段，糖蛋白会在结构与功能上显示出变化。这些蛋白质往往可以作为疾病早期诊断的标志物。在临床上，已经有很多血清或组织样品中的糖蛋白被用作胰腺癌、肾细胞癌、肝癌、子宫内膜异位症、类风湿关节炎等疾病的诊断标记（Pennington et al.，2002）。糖基化修饰与人类疾病的相关性是翻译后修饰研究的热点之一（Ohtsubo and Marth，2006）。

七、蛋白质糖基化修饰的研究

蛋白质糖基化修饰研究的难点在于，除了确定蛋白质的糖基化修饰位点之外，还需要分析具有高度复杂性和不均一性的糖链结构。由于糖基化修饰是由几种相关酶共同完成，不同生理生化条件对糖基化修饰的影响很大，因此，一个蛋白质上可能存在许多可以发生糖基化修饰的位点；相同的糖基化修饰可以出现在不同的位点，称为显著不均一性（macroheterogeneity）；同一个修饰位点可以连接多种结构不同的糖链，称为微不均一性（microheterogeneity）。不同的蛋白质糖基化修饰会造成糖蛋白出现数量巨大的立体结构异构体（stereo-isomer）和区域异构体（regio-isomer）。假设一个蛋白质具有3个糖基化位点，连接10种不同的糖链，将可能存在1000种不同的糖蛋白构型（An et al.，2009）。由此可见，糖链结构的复杂、多样和高度的不均一性会对蛋白质糖基化修饰的研究带来很大的困难，要全面阐述这些目标会使分析工作异常复杂。

蛋白质糖基化修饰研究的一个重要部分就是对糖分子的分析。糖分子具有两个特性（夏其昌等，2004）：①缺乏常规紫外吸收基团和荧光基团，在低紫外波长范围有光吸收，因此可以用衍生化法（包括荧光检测法、激光诱导荧光检测法）和非衍生化法（包括直接紫外法、间接紫外法、化学检测法、折射法等）检测糖分子；②糖分子是很弱的酸，羟基解离常数很小，只能在强碱性条件下微弱电离而带部分电荷，因此可以用高碱性缓冲液进行毛细管电泳，根据不同糖分子具有不同电泳迁移率的原理将其分离开来。

目前在糖分子分析方面使用最广泛的三类技术是核磁共振（nuclear magnetic resonance，NMR）、毛细管区带电泳（capillary zone electrophoresis，CZE）和质谱（MS）技术。

（1）核磁共振（NMR）技术能非常全面地提供糖链结构的全部信息，但是对样品纯度的要求很高，并且样品量要求也大。然而，目前在生物样品中，对糖蛋白某个单一成分的分离提纯通常只能获得飞摩尔至皮摩尔级的样品量,很难满足核磁共振分析的要求。

(2)毛细管区带电泳(CZE)技术能有效分析多糖中的单糖组分,具有灵敏度高、分离效果好、操作简单快速、成本低、能够保持样品的生物活性等优点。其最显著的优点是能分析多糖结构上的微小差异,并能很好地分析具有微不均一性的糖链;而且该系统开放性好,可以很方便地与其他分析方法(如质谱)联用,在糖分子结构的解析方面得到较好应用。

毛细管区带电泳能用于糖蛋白的糖基生物功能研究,也能具体探讨不同的糖分子修饰是否会带给蛋白质不同的生物学意义或生理活性,还能方便快捷地应用于糖基化工程中对重组糖蛋白的质量监测,是一个在蛋白质糖基化修饰研究中应用十分广泛和成熟的技术。这一技术的缺点是要求分析物浓度要达到微摩尔级(Pennington et al., 2002;夏其昌等,2004)。

(3)质谱(MS)技术在过去30年得到了广泛的应用。进行糖链分析时,以基质辅助激光解析电离质谱(matrix-assisted laser desorption ionization MS,MALDI-MS)、电喷雾电离质谱(electrospray ionization MS,ESI-MS)两种方法最为常用。由于 N-糖基化多肽的总质量通常大于3500 Da,加上存在不均一性,在MALDI-MS上常会产生宽的信号峰,因此ESI-MS在分析不均一的大分子 N-糖基化中的应用比MALDI-MS更为成功。

质谱法具有以下优点:在进行糖链结构分析时灵敏度很高;可以与多种分离纯化设备如HPLC联用,减少样品的损失和污染;可以直接对样品进行离子化和解析并获得信息;可以对完整的糖蛋白或片段化的糖基化多肽进行分析。但是质谱不能区分糖链的立体结构异构体和区域异构体,也不能区分组成糖链的那些单糖组分的同分异构体。将质谱与核磁共振等方法相结合,可以一定程度上互相弥补单一技术的缺点。目前,质谱仍然是糖链分析和糖蛋白研究的核心技术,已经广泛应用于哺乳动物免疫系统(mammalian immune system)、哺乳动物生殖糖生物学(mammalian reproductive glycobiology)、原核生物糖基化蛋白质修饰的研究(North et al., 2009)。

综上所述,由于糖基化修饰所特有的不均一性、异质性、复杂性和多样性,单一技术难以完全解决蛋白质糖基化修饰研究的问题,全面诠释蛋白质的糖基化修饰存在非常大的困难。另外,目前的糖基化研究仍然是静态研究,而生物体内糖基化过程存在相当大的可变性,因此亟待开发出糖蛋白的动态化研究技术。

蛋白质的糖基化修饰能够加深对蛋白质功能多样性的认识,为包括癌症在内的多种重要疾病的早期诊断和治疗带来新的希望。随着多学科、多技术、多仪器的综合使用,必将极大地促进蛋白质糖基化修饰的研究。

第七节 泛素化修饰对蛋白质功能的调节

一、蛋白质泛素化修饰概述

可逆的蛋白质翻译后修饰对真核细胞生命活动有重要的调节作用,这些修饰包括化学小分子修饰(如磷酸化、乙酰化和甲基化等)及多肽类修饰(如泛素化及类泛素化等)。

其中，泛素化修饰的相关研究最为广泛，其涉及细胞生理稳态的各个方面；而类泛素化修饰，如SUMO（small ubiquitin-like modifier）、ATG8、ATG12、FAT10和ISG15等，参与细胞的自噬、炎症和氧化应激等方面。

泛素（ubiquitin，Ub）是一个由76个氨基酸组成、分子质量为8.5kDa的小分子蛋白，广泛存在于大多数真核细胞中。泛素分子高度保守，人类与酵母中的泛素有96%的相似性，其C端有两个特征性甘氨酸残基。泛素自1977年前后被发现以来，一直是蛋白质修饰研究的热门课题。2004年，Aaron Ciechanover、Avram Hershko、Irwin Rose因发现了泛素介导的蛋白质降解过程而获得诺贝尔化学奖，泛素研究的重要意义可见一斑。

泛素化修饰是一种非常普遍的蛋白质修饰方式。在某些情况下，仅有一个泛素蛋白被连接。被单个泛素修饰的蛋白质与其他蛋白质翻译后修饰一样，通过改变蛋白质的活性、与其他蛋白质相互作用的能力、蛋白质在细胞中的定位来参与细胞的各种生理活动。被连接单个泛素修饰的蛋白质功能千差万别，但蛋白质只有在连接了至少4个泛素组成多聚泛素蛋白（polymers of ubiquitin protein）时，才能成为被降解的底物蛋白质。例如，抑癌蛋白P35的单泛素化会导致P53蛋白的出核转运，而多聚泛素化（polyubiquitination）则导致该蛋白质被降解（Li et al., 2003）。

二、泛素化修饰的底物蛋白特点

可以被多聚泛素化修饰的蛋白质包括需要降解的陈旧蛋白质，以及没有正确折叠、有缺陷、受到化学损伤的蛋白质。不同蛋白质的半衰期不同，从几秒钟到几天不等。蛋白质的稳定性遵循N端法则（N-end rule），即当蛋白质N端为Arg、Lys、His三个碱性氨基酸，或Leu、Phe、Trp、Tyr、Ile五个大的疏水氨基酸时，蛋白质在细胞中的半衰期很短。需要注意的是，蛋白质的稳定性除了由N端第一个氨基酸残基作为信号以外，更多的是由蛋白质内部的一些复杂信号决定的，如一些特定残基的磷酸化、蛋白质的高级结构丧失或氧化损伤等（佩特斯科和林格，2009）。

在真核细胞中，被多聚泛素化修饰的蛋白质会被泛素介导的26S蛋白酶体途径降解。在原核细胞中没有泛素化修饰，取而代之的是蛋白质被衔接蛋白（adaptor protein）ClpS修饰，并直接被ClpAP蛋白酶（ClpAP protease）降解（Mogk et al., 2007）。据估计，细胞内约有30%的蛋白质因为存在缺陷被很快降解；一些蛋白质由于受到各种因素影响而导致结构破坏，也会被降解（特怀曼，2007）。泛素也可以标记跨膜蛋白（如受体），将其从细胞膜上除去。蛋白质经过泛素化修饰并被26S蛋白酶体降解的这个途径被称为泛素蛋白酶体系统（ubiquitin-proteasome system）。

三、蛋白质泛素化修饰过程及相关酶类

蛋白质被泛素修饰的过程如图6-25所示。泛素的标记位点通常是蛋白质上的赖氨酸残基侧链，通过异肽键（isopeptide bond）与泛素C端的甘氨酸相连。同一个蛋白质中也可能有多个赖氨酸位点被修饰。

泛素首先激活泛素活化酶E1（Ub-activating enzyme E1），E1酶催化的反应需要ATP

供能，泛素被连接到高能硫酯键。随后，被激活的泛素转移到泛素缀合酶 E2（ubiquitin-conjugating enzyme E2）的半胱氨酸活性位点上。在泛素-蛋白连接酶 E3（ubiquitin-protein ligase E3）的帮助下，泛素与底物蛋白的 Lys-NH$_2$ 基团形成异肽键，多聚泛素链（polyubiquitin chain）被转移到底物蛋白上。

在人类细胞中发现只有几种 E1 酶、大约 50 种 E2 酶和超过 500 种 E3 酶（Peng，2008）。E1 酶比较保守，这决定了泛素化修饰的蛋白质具有广泛性和多样性。E2 酶和 E3 酶具有底物特异性，其中 E3 酶是决定蛋白质选择性的最重要的酶。

E3 酶通常分为两大类：具有指环结构域或类似指环结构域的 E3 酶（RING/RING-like domain）；具有 HECT 结构域（homologous to E6-AP C terminus domain，HECT domain）的 E3 酶（图 6-25）。两种 E3 酶都能与其特异性的底物蛋白结合。

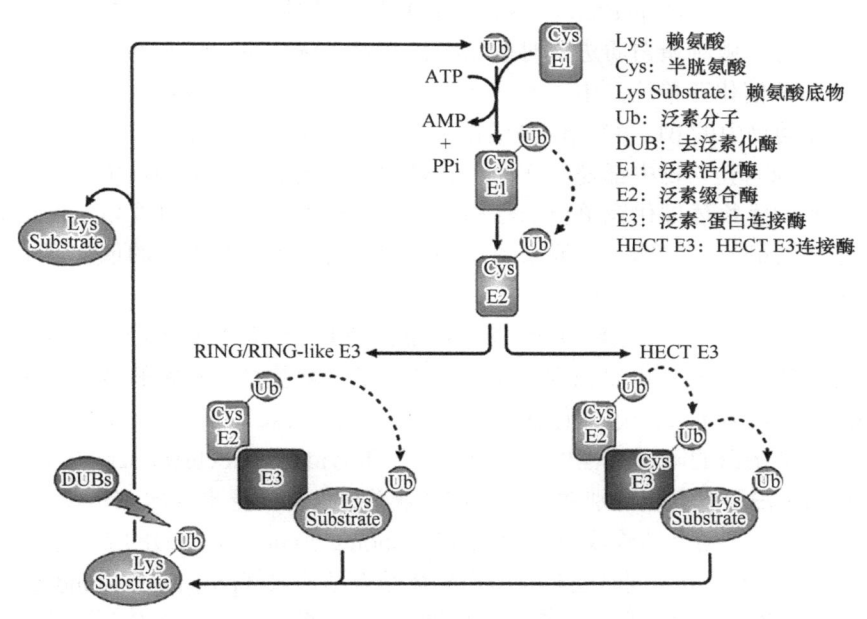

图 6-25　蛋白质的泛素化修饰过程（Ravid and Hochstrasser，2008）

（1）具有指环结构域的 E3 酶通过酶上的半胱氨酸、组氨酸残基与一对锌离子（zinc ion）组合成一个特有的 RING 结构。另一些小分子的 E3 酶具有一个退化的 RING 结构域，称为 U box 结构域，该结构域能形成与指环结构域类似的折叠结构，但是不必结合任何金属离子。具有指环结构域或类似指环结构域的 E3 酶能结合到 E2 酶和底物蛋白上，并催化反应将泛素从 E2 酶直接转移到底物蛋白上。

（2）具有 HECT 结构域的 E3 酶有更直接的催化作用。这类酶将激活的泛素先从泛素-E2 复合物上转移到 E3 酶 HECT 结构域的一个保守的半胱氨酸上，然后再转移到底物蛋白上。

泛素化（ubiquitylation）的逆过程称为去泛素化（de-ubiquitylation），即多聚泛素链可以在去泛素化酶（de-ubiquitylating enzyme，DUB）的作用下被释放出来，并解除多聚化，生成泛素分子进行循环利用。DUB 介导的去泛素化可以在蛋白质被降解之前提供一个负调控机制，并能保持细胞内有足够的泛素分子参与循环（图 6-25）（Ravid and Hochstrasser，2008）。

四、泛素化修饰蛋白的降解过程

蛋白质被泛素化共价修饰后，会进入一个桶状的、被称为 26S 蛋白酶体（26S proteasome）的蛋白酶复合体。在这里，底物蛋白会被降解成小分子多肽，或者被彻底降解成氨基酸，这个过程需要 ATP 供能。26S 蛋白酶体由 20S 催化亚单位（20S catalytic subunit）和 19S 调节亚单位（19S regulatory subunit）组成。

20S 催化亚单位由四个上下紧密堆积的、对称的七元环结构所组成，形成一个 $\alpha_7\beta_7\beta_7\alpha_7$ 的四级环状结构（quarternary structure）。靠两端的两个环分别由 7 个 α 亚基组成，入口比较窄，可以限制蛋白质进入时的大小；也就是说，蛋白质必须至少被部分解折叠后才能进入 20S 催化亚单位。中间两个环分别由 7 个 β 亚基组成，是蛋白质水解的活性部位，如哺乳动物中的 β1、β2、β5 是活性部位。蛋白酶体催化亚单位的这种四级环状结构，从古细菌到哺乳动物中都是保守的，其降解蛋白质的活性中心均位于桶状结构的中间。来源于不同生物体催化亚单位的结构、亚基数量不尽相同，且亚单位的组成蛋白可能发生了不同的翻译后修饰，一般来说，多细胞生物比单细胞生物的催化亚单位大，真核生物比原核生物的催化亚单位大。

19S 调节亚单位由一个顶端部分（lid subunit）和一个基底部分（base subunit）组成。顶端部分无 ATP 酶活性，可以识别被泛素修饰后的底物蛋白。基底部分与 20S 催化亚单位两端的两个 α 环紧靠在一起，包含 6 个 ATP 酶（ATPase）（Nandi et al.，2006）。

泛素化修饰蛋白的降解过程如图 6-26 所示（Ravid and Hochstrasser，2008）。被泛素化修饰的底物蛋白可以直接识别并与 19S 调节亚单位内部的泛素受体（Ub receptor）结合，或者与包含多聚泛素结合结构域（polyubiquitin-binding domain，UBD）的接头蛋白（adaptor）结合（图 6-26）。接头蛋白同时还具有蛋白酶体结合结构域（proteasome-binding domain），这样就通过接头蛋白将底物蛋白结合到蛋白酶体上。底物蛋白为什么分别以这两种不同的结合方式呈递到蛋白酶体，其原因和分子机制尚不清楚。

接着，蛋白质被 19S 调节亚单位的 6 个 ATP 酶（ATPase）解折叠，这对蛋白质的降解是必需的，ATP 水解所产生的能量推测可能被用于蛋白质的解折叠或 20S 催化亚单位的孔道开放。

最后，由去泛素化酶（DUB）切除多聚泛素链，泛素分子进入再循环。解折叠的蛋白质被移动到蛋白酶体中心的蛋白水解腔（proteolytic chamber），先被降解成 7~8 个氨基酸长度的小肽，然后被彻底降解成氨基酸，可以被细胞用于合成新的蛋白质（Ravid and Hochstrasser，2008）。

五、泛素化修饰和人类疾病

蛋白质降解的过程是一个被严格调控的复杂过程，这个问题很容易理解。如果对细胞中蛋白质的合成、更新和降解不进行严格调控，将导致蛋白质代谢发生紊乱，无疑会

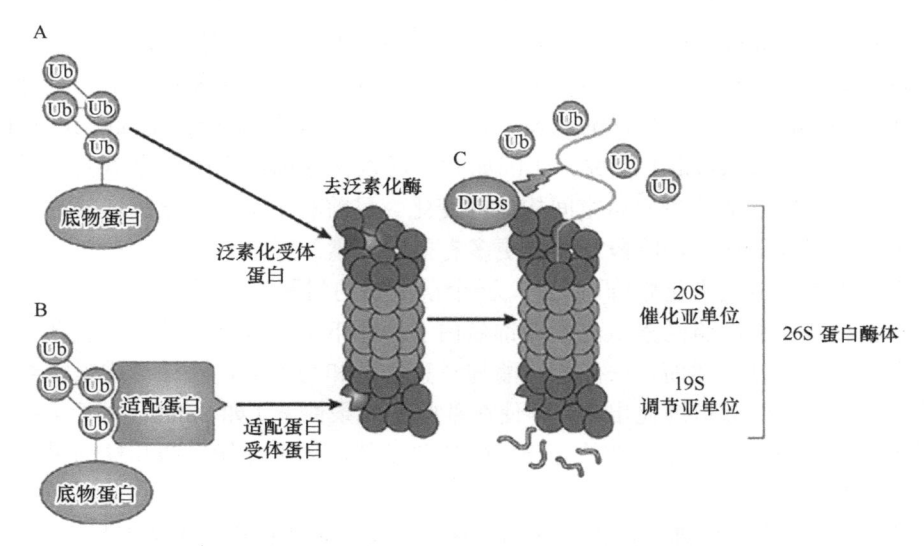

图 6-26　泛素化修饰蛋白的降解过程（Ravid and Hochstrasser，2008）

对细胞产生毁灭性的结果。因此，蛋白质的泛素化修饰在细胞凋亡、信号转导、转录调控、DNA 修复、细胞内吞作用、细胞疾病和健康状态、生存和死亡等一系列基本过程中扮演了极其重要的角色。

目前已知泛素介导蛋白质降解的异常与许多人类重大疾病，如癌症、帕金森病、阿尔茨海默病的发生密切相关。蛋白质泛素化修饰及其机制的阐明，将对解读细胞遗传信息的表达调控和多种疾病的发生机制具有重要意义（Ardley，2009）。

六、蛋白质泛素化修饰研究应注意的问题

蛋白质的泛素化修饰研究存在很多困难，包括：泛素化修饰的底物蛋白种类繁多，要对某一种泛素化修饰蛋白质进行纯化必须经过很多步骤；泛素化修饰蛋白的丰度低，动态变化性很强等。

泛素化修饰的常用研究方法之一为体外蛋白质泛素化实验，即在离体系统中，提供 E1、E2、E3 和带标记的泛素，模拟体内由多酶催化的泛素化修饰过程，从而鉴定某个底物蛋白质是否发生泛素化。这种方法也可以用于鉴定参与泛素化过程的其他组分，如 E1、E2、E3 和蛋白酶体上的蛋白质等。

泛素化修饰与蛋白质的其他翻译后修饰（如磷酸化修饰）的一个不同之处是，多聚泛素化结合的泛素数量有一定随机性，导致同一个底物蛋白会形成不均一的修饰终产物。因此，在实验中需要对泛素化修饰的蛋白质进行多聚泛素链的拓扑学（topology）研究。

一个底物蛋白上可以有多个位点被泛素化修饰；同一个修饰位点上也可以修饰多聚泛素链；与此同时，泛素自身也存在 7 个赖氨酸位点。因此，可以发生泛素化修饰的赖氨酸位点就存在多种选择和可能。不同位点、不同长度、不同链类型的多泛素化修饰带来结构的多样性，也可能导致被修饰底物蛋白的命运发生改变（Jeram et al.，2010）。目前已知通过泛素 K48 位赖氨酸所发生的至少 4 个多聚泛素化修饰会使底物蛋白被 26S 蛋

白酶体降解（Thrower et al., 2000）；通过泛素化 K11 或 K29 位连接的泛素链也可能与蛋白质降解有关（Xu et al., 2009b）；而通过 K63 位连接的泛素链修饰可能与细胞内信号转导、DNA 损伤反应（DNA damage response）、聚集小体形成（aggresome formation）、细胞内吞作用（endocytosis）有关。正因如此，泛素化修饰位点的鉴定需要考虑多聚泛素链的不同位点所形成的蛋白质空间构象的变化。目前对于多聚泛素链连接方式和相应功能的拓扑学研究尚在起步阶段，需要更多有益的探索。

在进行蛋白质的泛素化修饰研究时，一个很重要的问题是要消除去泛素化酶（DUB）的影响。去泛素化酶能将泛素从泛素修饰蛋白上切除下来，因此它的存在会严重影响泛素修饰蛋白的稳定性。然而，去泛素化酶与泛素的亲和力很高，往往形成紧密结合，从而与泛素修饰蛋白一起被纯化出来，即使在某些变性条件下（如 8mol/L 尿素）也很难使去泛素化酶完全失活。因此，必须充分优化实验条件，如上样量、亲和柱的量、洗脱液成分等。

另外，由于泛素化修饰的蛋白质普遍存在不稳定、易降解和泛素链容易丢失的特点，因此在进行具体实验操作时，还必须加快操作速度，并将修饰蛋白的样品立刻冻存起来。总之，很好地分离并获取泛素修饰蛋白是研究的难点和关键，必须通过实验条件的改变和优化，在纯度与得率中找到适当的平衡（Peng, 2008）。

第八节　类泛素相关修饰物对蛋白质功能的调节

自 20 世纪 70 年代，泛素被发现作为一种普遍存在的蛋白质翻译后修饰，其级联过程依赖的 E1、E2 和 E3 酶逐步被鉴定，其相关的酶催化机制也逐渐被人们所解析。在 20 世纪 90 年代至 21 世纪初，人们进一步发现存在若干个在结构和功能上与泛素类似的蛋白质家族，并且具有类似泛素系统的 E1、E2 和 E3 酶的协同作用与底物结合的能力。这一类分子被定义为类泛素蛋白（ubiquitin-like protein，UBL）。虽然这类蛋白质在氨基酸序列上与泛素分子同源性不高，但是立体结构却高度相似（图 6-27）。同时，UBL 也

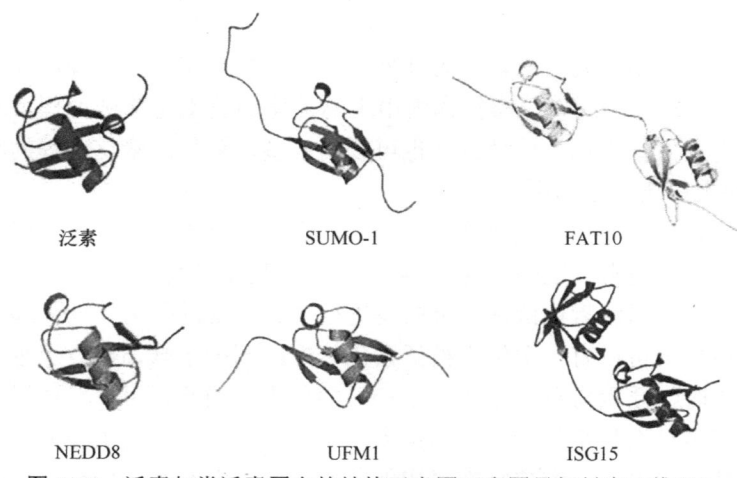

图 6-27　泛素与类泛素蛋白的结构示意图（彩图另扫封底二维码）

与泛素分子一样需要被切割后暴露出甘氨酸残基,随后发生类似的酶级联反应将 UBL 共价连接到底物的赖氨酸残基,这一由 3 个酶介导的级联过程被称为类泛素化修饰(表6-3)。目前,已有超过 12 种 UBL 被鉴定和报道,如 SUMO、NEDD8、UFM1、ISG15 和 FAT10 等。不同蛋白质底物与不同 UBL 的结合也已被证实参与多种细胞功能的调节,而且与心血管疾病、糖尿病和癌症等多种重大疾病相关。

表 6-3 类泛素蛋白概况

类泛素	前体加工	E1 酶	E2 酶	E3 酶
SUMO1-4	是	UBA2/SAE1	UBC9	RanBP2、PIASs、HDAC4、TRIMs
NEDD8	是	UBA3/NAE1	UBC12、UBE2F	RBX1、RBX2
ATG8	是	ATG7	ATG3	ATG5-ATG12
ATG12	否	ATG7	ATG10	
URM1	否	UBA4		
UFM1	是	UBA5	UFC1	UFL1
FAT10	否	UBA6	UBE2Z	Parkin
ISG15	是	UBE1L/UBA7	UBCH8	HERC5、EFP

一、Neddylation 修饰

神经前体细胞表达发育性下调蛋白 8(neural precursor cell-expressed developmentally downregulated 8,NEDD8)是一个保守、广泛表达的类泛素蛋白,介导 Neddylation 修饰(图 6-28)。NEDD8 的蛋白质序列与泛素相似,氨基酸序列同源性达 59%,然而,两者在功能上却是不可替换的。NEDD8 以其独特的结构介导着不同的蛋白质-蛋白质相互作用。NEDD8 的羧基末端和泛素一样有 Gly-Gly 序列,可用于共价结合靶标蛋白。NEDD8 表面 Ile36 和 Ile44 形成的区域在介导蛋白质-蛋白质相互作用中扮演重要角色(Komander and Rape,2012)。与其他类泛素化修饰一样,NEDD8 是以前体蛋白的形式存在,在水解酶(如 UCHL3 和 DEN1)的加工下水解以暴露末端双甘氨酸残基,活化后的 NEDD8 再进一步参与级联反应。与泛素化修饰相比,Neddylation 修饰的作用机制相对简单,主

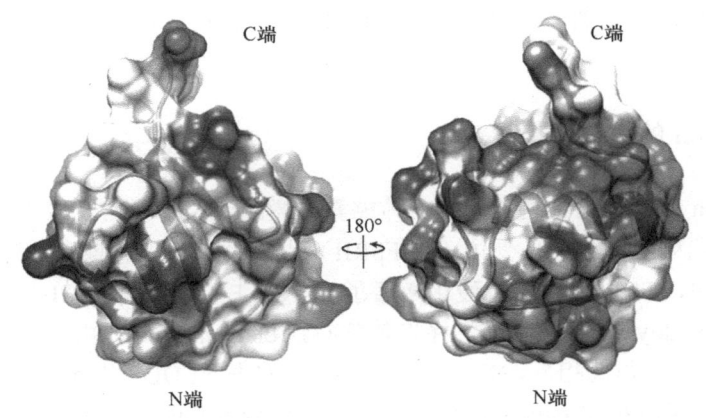

图 6-28 NEDD8 的结构示意图(Enchev et al.,2015)(彩图另扫封底二维码)

要是由于当前已知参与 Neddylation 修饰过程的酶较少。Neddylation 修饰系统由一种异二聚体 E1 激活酶 NAE（E1 activating enzyme）、两种 E2 结合酶 UBE2M 和 UBE2F，以及多种具有底物特异性的 E3 连接酶组成。其中，E3 连接酶根据对应底物是否属于 Cullins 家族主要分为两大类。Cullins 家族是第一个被鉴定为 NEDD8 底物的一类特殊底物，它同时也是泛素 E3 连接酶复合物的重要组成成分。大量研究表明，Cullins 的 Neddylation 修饰对于特定底物的泛素依赖性蛋白水解过程有着重要的调节作用。

在 Neddylation 修饰的级联过程中，NEDD8 暴露羧基末端甘氨酸后，与 NEDD8 激活酶的半胱氨酸残基结合形成硫酯键，其中异二聚体 NAE 由 NAE1（也称为 APPBP1）和 UBA3 组成。UBA3 通过其羧基端 UFD 结构域与 NEDD8 的 E2 酶结合，使激活的 NEDD8 通过转硫酯反应被转移到 E2 结合酶 UBE2M 或 UBE2F 上。最后，E3 连接酶将 NEDD8 从 E2 结合酶转移至底物的赖氨酸残基。泛素、SUMO 和其他 UBL 原则上可以在底物上形成链，即先附着在目标蛋白上，然后它们自身作为另一个 UBL 的受体进一步形成侧链。目前，已经报道的 NEDD8 底物蛋白（包括 Cullin），在底物赖氨酸残基上主要是单一的 NEDD8 化，然而在体外 Cullin 可以被高度 NEDD8 化。此外，NEDD8 可以通过 Lys11、Lys22、Lys27、Lys48、Lys54 和 Lys60 形成链。共价结合了 NEDD8 的底物可以在去 Neddylation 修饰酶的作用下，将 NEDD8 从底物上解离下来。去 Neddylation 修饰酶在这个过程中承担两部分的工作，既水解 NEDD8 前体，又解离底物上的 NEDD8。

COP9 信号体复合物亚基 5（CSN5）是目前已知主要的去 Neddylation 修饰酶，它包含一个金属蛋白酶活性位点。当 CSN5 单独存在时，该活性位点会被自我抑制，它必须组装到 8 个亚单位的 COP9 信号体复合物中才能发挥催化活性。单独的 CSN5 或 CSN 复合物对游离的 NEDD8 几乎没有亲和力，并且在处理其前体形式或化学合成的羧基端衍生物时效率非常低。此外，CSN 复合物稳定地结合去 NEDD8 化的 cullin-RING 连接酶，并通过空间上的抑制作用抑制 RBX1 介导的 E2 酶激活。近年来，越来越多的研究表明，Neddylation 修饰在调节蛋白质稳定性和活性方面发挥着重要的作用。DEN1 是一种半胱氨酸蛋白酶，能选择性结合 NEDD8 侧链，与 CSN 复合物具有互补的去 NEDD8 修饰活性。DEN1 不仅可以对 NEDD8 的前体进行加工，而且对于高度 NEDD8 化的 cullin 具有更强的去 NEDD8 化活性，产生单一 NEDD8 化的底物，这表明它可能防止异常的多 NEDD8 化。

二、Neddylation 的生物学功能

Neddylation 在多种信号通路，如受体酪氨酸激酶通路、凋亡及应激通路中扮演重要角色。转化生长因子-β 类型 II 受体（TGFβRII）是一种抑制细胞增殖的受体酪氨酸激酶。最近的研究表明，TGFβRII 的磷酸化激活了 RING E3 连接酶 c-CBL，c-CBL 可以对 TGFβRII 进行 Neddylation 化修饰，并将其靶向到 clathrin 介导的内吞过程中，从而稳定并延长其信号转导。与此相反，DEN1 对 TGFβRII 的去 NEDD8 化促进了 TGFβRII 的泛素化，从而通过脂质筏和 caveolin 介导的内吞作用导致其降解。因此，去 NEDD8 化能够有效调节受体酪氨酸激酶信号转导。EGFR 是另外一种受体酪氨酸激酶，其通过与细

胞外生长激素结合而被激活，进而在细胞内激活多个信号级联反应。由于过度激活这个信号级联反应对生物体是有害的，激活的 EGFR 会通过内吞作用迅速内化，并在溶酶体中降解，这个过程受磷酸化和 c-CBL 的调节，c-CBL 通过对 EGFR 进行 Neddylation 化修饰，从而调控其内吞作用和泛素化。

三、UFMylation 修饰

泛素折叠修饰酶 1（ubiquitin-fold modifier 1，UFM1）是一种新发现的翻译后修饰蛋白，于 2004 年首次发现，其参与多种生物学过程和疾病进程。UFM1 前体是一种含有 85 个氨基酸的蛋白质，在多个物种中都有表达（除了酵母）。尽管 UFM1 与泛素等其他类泛素蛋白的序列相似性仅为 16%，但它显示出具有特定 β 折叠和一个 α 螺旋的、泛素折叠的保守三级结构。与泛素及其他类泛素蛋白一样，成熟的 UFM1（83 个氨基酸）暴露出 C 端的甘氨酸（Gly）结尾，能与目标蛋白形成异肽键。然而，与在 C 端含有两个甘氨酸的泛素及其他类泛素蛋白不同，UFM1 的第一个甘氨酸被一个缬氨酸（Val）取代。最近的研究发现，UFM1 修饰与一系列细胞过程密切相关，包括内质网（ER）应激、造血、脂肪酸代谢、转录调控、神经发育和 DNA 损伤应答。此外，异常的 UFM1 级联与多种疾病有关，包括糖尿病、炎症性疾病和肝脏发育。值得注意的是，异常的 UFM1 修饰会导致多种肿瘤的发生发展，因此，调节 UFMylation 修饰的平衡可能成为一种有前景的治疗策略。

UFMylation 修饰与泛素修饰过程类似，同样也是三级酶联反应（图 6-29），反应体系中包括 E1（ubiquitin-like modifier 1 activating enzyme 5，UBA5）、E2（ubiquitin-like modifier 1 conjugating enzyme 1，UFC1）和 E3（UFM1-specific ligase 1，UFL1）。在反应启动前，UFM1 以前体的形式存在，该前体经 UFM1 特异性蛋白酶体（UFM1-specific proteases，UFSP1 和 UFSP2）的酶切作用，切掉 C 端丝氨酸和半胱氨酸，暴露出甘氨酸，

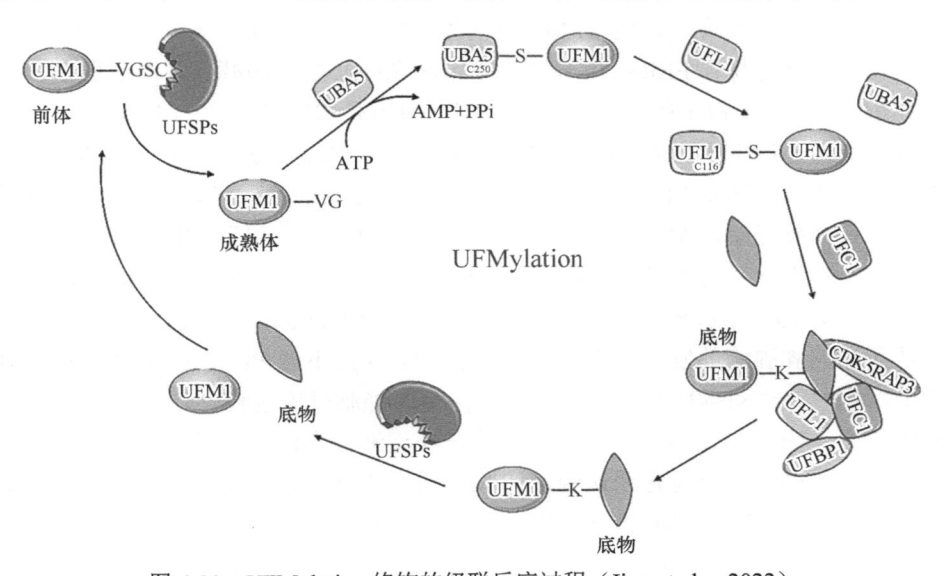

图 6-29 UFMylation 修饰的级联反应过程（Jing et al.，2022）

从而产生成熟的 UFM1。成熟的 UFM1 首先与 UBA5 形成非共价复合物，接着在 ATP 的作用下，UFM1 第 83 位的甘氨酸残基与 UBA5 第 250 位的半胱氨酸残基以高能硫酯键的形式结合形成一个二元复合物；当 UFC1 与 UBA5 的 C 端结构域结合后，转硫酯反应被启动，此时 UFM1 被转移至 UFC1 的第 116 位半胱氨酸残基；而 UFL1 可以募集 UFC1 和底物蛋白，并将 UFC1 上的 UFM1 转移至底物蛋白，与底物蛋白上的赖氨酸残基共价结合，从而完成 UFM1 对底物蛋白的修饰。相反，UFM1 在 UFSP 家族蛋白的剪切作用下，从底物蛋白分子上解离下来，实现去 UFMylation 修饰。UFSP（UFSP1 和 UFSP2）属于半胱氨酸蛋白酶亚家族，它们与大多数去泛素化酶和泛素样蛋白特异性蛋白酶在序列上没有相似性，但具有半胱氨酸蛋白酶共有的催化结构。值得注意的是，人类 UFSP1 由于缺乏 N 端导致无催化活性，而 UFSP2 具有一个 N 端结构域，在去修饰过程中对特定底物的识别起关键作用，因此是人类中主要的去 UFMylation 化修饰酶。

四、UFMylation 修饰的底物及生物学功能

到目前为止，已报道能被 UFMylation 修饰的底物较少，可能与已知参与 UFMylation 修饰的酶种类较为单一有关，尤其是目前仅有 UFL1 一种 E3 连接酶；而在类泛素化修饰中，E3 连接酶的数量与底物多样性有着紧密的联系。第一个被报道的底物是 UFBP1（也称为 DDRGK1），该蛋白质包含 N 端信号序列和穿膜序列，能够帮助它定位于内质网，与 UFL1 相互作用有利于 UFL1 的亚细胞定位。UMF1 介导的 UFM 化修饰在内质网应激过程中扮演着重要角色。在缺血性心脏病发展过程中，UFM1 及与内质网应激相关的基因的转录水平上调。在内质网应激诱导的 β 细胞系中，UFM1、UFBP1 和 UFL1 的表达显著增加，而 UFM1 或 UFBP1 的沉默增强了内质网应激引起的细胞凋亡。通过使用 BFA（brefeldin A）抑制囊泡转运，UFM1 修饰系统的转录水平增加，在 U2OS 细胞中沉默 UFM1 修饰系统触发了 UPR 和内质网的扩张。类似的现象也在糖尿病小鼠巨噬细胞、肾萎缩病和肠道炎症中发现，表明 UFM1 系统与内质网应激之间的关系是普遍存在的。在机制上，UFL1 通过调节 PERK 信号通路并因此调控心肌细胞凋亡，对心肌病的发病起到保护作用。此外，UFL1 的缺乏导致肾萎缩，原因是内质网稳态的破坏。

在肿瘤方面，UFM1 的修饰紊乱已经在多种肿瘤中得到证实。激活信号共整合因子 1(ASC1) 是雌激素受体 α(ERα) 以及其他核受体的转录共激活因子，被确认为 UFMylation 修饰底物。在乳腺癌中，ASC1 的过表达或 UFSP2 的耗竭加剧了 ERα 介导的肿瘤形成，而他莫昔芬治疗消除了这种效应。此外，ASC1 突变体的表达（即 UFMylation 缺陷形式）或 UBA5 的敲除抑制了肿瘤生长，表明 ASC1 的 UFMylation 对于 ERα 的转录激活至关重要，从而影响乳腺癌的发展。在胃癌中，UFM1 通过下调 PI3K/AKT 通路抑制肿瘤发生。UFL1 通过抑制 NF-κB 介导的细胞侵袭，从而抑制肝癌进程。

简而言之，UFM1 在疾病中所起的作用已经逐渐被人们所认识，需要进行深入研究以揭示其他潜在机制。当前普遍认为，UFM1 通过修饰特定底物，从而影响底物的稳定性、生物功能及其与靶基因的相互作用。因此，鉴定全新的 UFM1 底物是一个具有广阔应用前景的领域。

五、ISGylation 修饰

干扰素刺激基因 15（interferon-stimulated gene 15，ISG15）是由 I 型干扰素（IFN）信号级联诱导的基因之一，它编码了一种参与后转录修饰过程的类泛素样蛋白，称为 ISGylation，是首个被鉴定为能与靶标蛋白共价结合的类泛素蛋白。在这个过程中，ISG15 与靶蛋白发生共价结合。ISG15 存在三种不同形式：存在于细胞内的游离状态（未结合形式）、共价结合到靶蛋白上的形式，以及释放到细胞外的形式。ISG15 的前体形式约 17kDa，在经过蛋白酶切割后形成 15kDa 的成熟形式。这个切割过程暴露了一个羧基末端的 LRLRGG 基序，这是 ISGylation 所必需的。ISGylation 是由 ISG15 激活酶（E1）、ISG15 结合酶（E2）和 ISG15 连接酶（E3）这三种酶协同作用的结果。ISGylation 修饰途径的 E1、E2 和 E3 酶分别是 UBE1L、UBCH8 和 HERC5。同时，USP18 是 ISGylation 修饰过程中的去修饰酶。

ISG15 与目标蛋白的结合及解离是一个共价且可逆的过程，其中，去 ISGylation 是由泛素特异性蛋白酶 18（USP18）执行的。有趣的是，I 型干扰素及其他刺激物如 II 型和III型干扰素、脂多糖、DNA 损伤或基因毒性等刺激因素都能诱导 ISG15 及其结合、解离相关酶的上调。因此，USP18 不仅作为去 ISGylation 修饰酶发挥作用，还作为 I 型干扰素通路的负调节因子，在抗病毒和抗细菌应答、免疫细胞发育、自身免疫疾病和癌症方面具有重要意义。

ISG15 的 E1 活化酶是 UBA7/UBE1L，能以 ATP 依赖的方式激活 ISG15 的 C 端基团形成高能硫酯中间体，并将活化的 ISG15 转移给其 E2 结合酶 UBCH8。然后，UBCH8 将 ISG15 转移给 E3 连接酶，如含 HECT 和 RLD 域 E3 泛素蛋白连接酶 5（HECT and RLD domain containing E3 ubiquitin protein ligases 5，HERC5）、HERC6 和 EFP（雌激素应答性指蛋白，也称为 TRIM25）。最后，E3 连接酶将 ISG15 附加到其特定的底物上。ISG15 的两个泛素样结构域都是与底物结合所必需的。泛素样结构域 1（UBL1）是 E3 连接酶从 E2 结合酶中将 ISG15 转移向目标底物过程所必需的，而泛素样结构域 2（UBL2）对于 ISG15 与 E1 活化和 E2 结合酶的连接是必需的。有研究表明：*ISG15* 基因突变导致整个 ISG15 蛋白的 C 端 Gly-Gly 基序丧失，这些突变导致患者出现反复性溃疡性皮肤病变、脑钙化和肺疾病等临床表现。这些观察结果进一步证实了 ISG15 的 C 端 Gly-Gly 基序对于蛋白质 ISGylation 及其对细胞/机体功能的后续生物学效应的重要性。

六、ISGylation 的生物学功能与疾病

虽然 ISG15 和泛素有结构上的相似性，但是 ISGylation 和泛素化展示出来的生物学功能却有很大差异。许多研究团队表明，ISG15 能够通过改变 E2 和 E3 泛素化连接酶的活性，进而抑制多聚泛素化进程。甚至有研究表明，蛋白质的修饰基团出现泛素和 ISG15 混合修饰，很大程度上改变了蛋白质的更新速度。

游离 ISG15 是 I 型干扰素诱导下以一种非典型分泌机制分泌的免疫调节因子。ISG15 可以刺激牛外周血单核细胞、T 淋巴细胞和 CD3$^+$ T 细胞产生 IFN-γ。此外，ISG15 在

CD3⁺ T 细胞存在下刺激 CD56⁺ 自然杀伤细胞的增殖。分泌的 ISG15 也可以影响中性粒细胞趋化性。有趣的是，游离的 ISG15 能够结合并稳定 USP18（去 ISGylation 酶），从而导致 IFN-α/β 信号的抑制。因此，临床上分泌性 ISG15 缺乏的患者会伴随着低水平的 USP18，展示出高水平炎症反应及抗病毒水平。这些发现表明细胞外游离 ISG15 作为细胞因子信号在免疫调节中起重要作用。

七、FAT10ylation 修饰

人类白细胞抗原 F 邻近转录本（human leukocyte antigen F locus adjacent transcript 10，FAT10）是 1996 年发现的一种类泛素蛋白，全长由 165 个氨基酸组成，大小约 18kDa。它具有两个串联的泛素样结构域，与泛素分别有着 29% 和 36% 的序列同源性。与其他 UBL 不同的是，FAT10 本身就是以 C 端为两个甘氨酸的活性形式存在，它不需要经特异性蛋白酶进行前体切割处理。该蛋白质的 C 端和 N 端在哺乳动物中并不保守；除此之外，其他区域在进化中相对保守（图 6-30）。

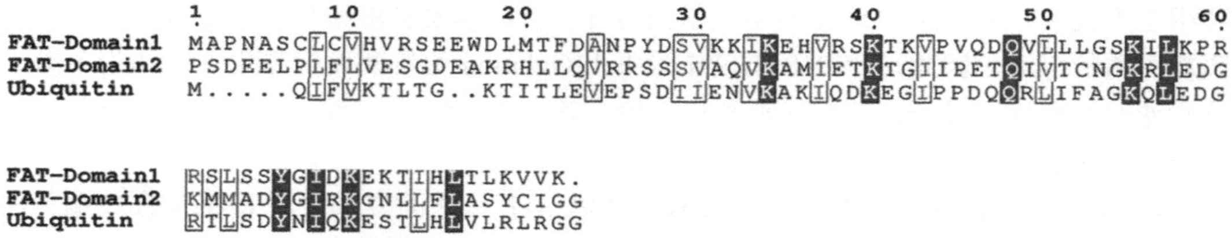

```
            1         10        20        30        40        50        60
FAT-Domain1 MAPNASCLCVHVRSEEWDLMTFDANPYDSVKKIKEHVRSKTKVPVQDQVLLGSKILKPR
FAT-Domain2 PSDEELPLFLVESGDEAKRHLLQVRRSSSVAQVKAMIETKTGIIPETQIVTCNGKRLEDG
Ubiquitin   M.....QIFVKTLTG..KTITLEVEPSDTIENVKAKIQDKEGIPPDQQRLIFAGKQLEDG

FAT-Domain1 RSLSSYGLDKEKTIHLTLKVVK.
FAT-Domain2 KMMADYGIRKGNLLFLASYCIGG
Ubiquitin   RTLSDYNIQKESTLHLVLRLRGG
```

图 6-30 FAT10 的泛素样结构 1 和泛素样结构 2 与泛素的蛋白质序列比较（Zhang et al.，2020）

FAT10 与其他类泛素化修饰有类似的三步酶级联反应，目前已知只有一种 E1 激活酶（UBA6）和一种 E2 结合酶（USE1）参与 FATylation 修饰过程。值得注意的是，UBA6 和 USE1 又分别是泛素化修饰的 E1 和 E2 酶。另外，目前只报道 Parkin 可以作为 FAT10ylation 修饰的 E3 连接酶，参与线粒体自噬的调控。然而，对于 FAT10 的去修饰酶目前还没有被发现。在 FAT10ylation 级联过程中，FAT10 在 E1 激活酶 UBA6 和 E2 偶联酶 UBA6 特异性酶 1（USE1）的催化下，FAT10 通过 C 端两个甘氨酸残基（GG）直接与底物共价结合，使底物进入蛋白酶体系统进行蛋白质水解。该过程与泛素化级联非常相似，能够靶向蛋白质进行蛋白酶体降解；但与泛素不同的是，与靶蛋白结合的 FAT10 并不会被解离下来，而是一同被蛋白酶体降解。

八、FAT10ylation 的生物学功能与疾病

FAT10 的表达具有组织特异性，例如，在淋巴结、肾脏、肝脏、胰腺及肠道等容易引起炎症应激的器官中高表达。在炎症因子（如肿瘤坏死因子、γ 干扰素）的刺激下，FAT10 的表达量能大幅度提高。此外，大量研究表明 FAT10 异常表达产生的炎症信号激活了 ATK、NF-κB 和 Wnt 通路，进而促进肿瘤的发生发展。在肝癌中，FAT10 不仅受 TP53 转录调控，并且能够促进 AKT 磷酸化，进而促进肿瘤侵袭转移；相反，抑制 FAT10 能够阻断细胞周期，进而抑制肿瘤增殖。临床数据表明，FAT10 在结直肠癌组

织中表达高度上调,与结直肠癌患者的临床分期和淋巴结转移密切相关,但与肿瘤大小或肿瘤分化无关。此外,FAT10 高表达的结肠癌患者在 5-FU 化疗后的复发率较高,预后较差。在抗原呈递方面,FAT10 作为一个蛋白酶体降解的加速信号,影响着 MHC I 的抗原呈递。FAT10 修饰的底物蛋白能够降解并以肽段的方式被 MHCI 呈递于细胞表面,促进炎症的发生及肿瘤进程。由此可见,FAT10 及其介导的 FAT10ylation 参与多个生物学过程,在肿瘤病变过程中扮演重要角色。目前关于 FATylation 修饰的功能研究还比较少,已发现的底物蛋白种类也较少,因此需要进一步通过多组学深入探索 FAT10 的生物学功能。

第九节 小泛素相关修饰物对蛋白质功能的调节

一、小泛素相关修饰物概述

最近二十年,一些分子质量较小、结构类似泛素的蛋白质陆续被发现,被统称为泛素类似蛋白(ubiquitin-like protein,UBL)。其中研究最多、了解最深入的是小泛素相关修饰物(small ubiquitin-related modifier,SUMO)。

SUMO 分子质量约为 11kDa,与泛素一样广泛存在于各种真核细胞中,如酵母、线虫、果蝇、植物、哺乳动物等。与泛素类似,SUMO 也是一类高度保守的蛋白质,这从一个侧面说明,各种生物在泛素和 SUMO 化修饰途径中运用了类似的原理,并且在长期进化过程中得以保留下来。

二、SUMO 结构

最早发现的 SUMO 成员是 1995 年在酿酒酵母中发现的 *smt3* 基因。在酵母、秀丽隐杆线虫、果蝇中分别只有 1 种 SUMO 蛋白。在人类基因组中有 4 种 SUMO 蛋白,SUMO1、2、3 在多种组织细胞中表达,而 SUMO4 在肾脏、淋巴结、脾脏中表达,其中在肾脏表达量最高(Guo et al.,2004)。

酵母 SMT3 和人类 SUMO1~4 的氨基酸序列比对如图 6-31 所示(Ulrich,2009)。SUMO 的 N 端序列在柔性凸起结构域的可变性较大,而 C 端的一个延伸部分的序列可变性也较大(Muller et al.,2001)。

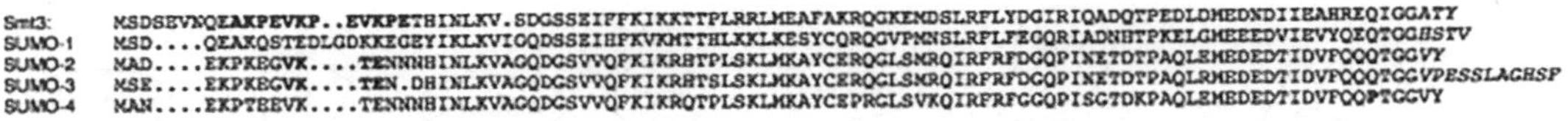

```
Smt3:   MSDSEVNQEAKPEVKP..EVKPETHINLKV.SDGSSEIFFKIKKTTPLRRLMEAFAKRQGKENDSLRFLYDGIRIQADQTPEDLDMEDNDIIEAHREQIGGATY
SUMO-1  MSD...QEAKQSTEDLGDKKEGEYIKLKVIGQDSSEIEFKVKMTTHLKKLKESYCQRQGVPMNSLRFLFEGQRIADNHTPKELGMEEEDVIEVYQEQTGGHSTV
SUMO-2  MAD...EKPKEGVK....TENNNHINLKVAGQDGSVVQFKIKRHTPLSKLMKAYCERQGLSMRQIRFRFDGQPINETDTPAQLEMEDEDTIDVFQQQTGGVP
SUMO-3  MSE...EKPKEGVK....TEN.DHINLKVAGQDGSVVQFKIKRHTSLSKLMKAYCEICRQGLSMRQIRFRFDGQPINETDTPAQLRMEDEDTIDVFQQQTGGVPESSLAGHSF
SUMO-4  MAN...EKPTEEVK....TENNNHINLKVAGQDGSVVQFKIKRQTPLSKLMKAYCEPRGLSVKQIRFRFGCQPISGTDKPAQLEMEDEDTIDVFQQPTGGVY
```

图 6-31 酵母 SMT3 和人类 SUMO1~4 的氨基酸序列比对(Ulrich,2009)

黑体字母代表 N 端多聚 SUMO 链形成有关的模序(sumoylation consensus),斜体字母代表 C 端延伸的切除部位(cleavable C-terminal extensions)

SUMO 与泛素虽然在蛋白质一级结构上只有约 18%的相似性,但在三维结构上却非常相似(图 6-32),都有一个 ββαββαβ 形成紧密包裹的球形折叠,都在 C 端有两个保守的甘氨酸残基并参与了修饰反应。

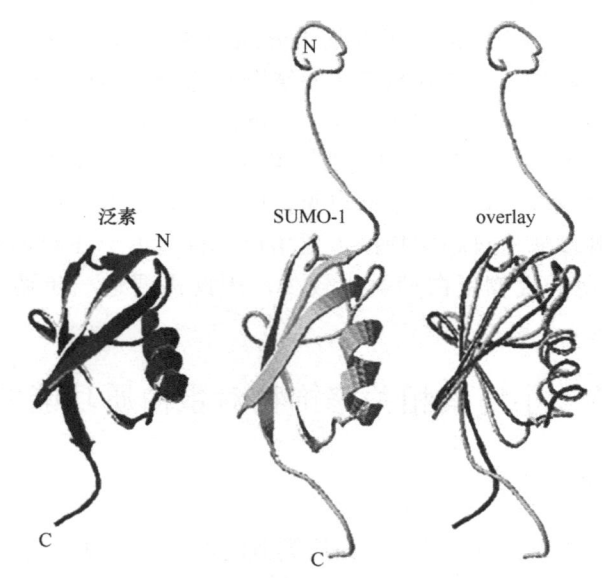

图 6-32　泛素和人类 SUMO-1 的三维结构比较（Dohmen，2004）（彩图另扫封底二维码）

SUMO 与泛素蛋白结构的不同之处在于以下几点。

（1）SUMO 有一个长的 N 端柔性凸起结构域，长度为 10~25 个氨基酸残基，而泛素没有（图 6-32），其中的赖氨酸残基在生成多聚 SUMO 链时是必需的。

（2）SUMO 前体的 C 端带有一个延伸部分，由数个（比如 4 个）氨基酸残基组成，这个部分经过蛋白酶切除之后会生成成熟的 SUMO 分子，并暴露出 2 个保守的甘氨酸残基，没有经过切除的前体 SUMO 分子是不能与底物蛋白相结合的。

（3）SUMO 与泛素的表面电荷不同，这说明两者会分别与不同的底物蛋白和酶相互作用，具有不同的功能（Dohmen，2004）。

三、SUMO 化修饰的过程

SUMO 化修饰（SUMOylation）蛋白质的过程与泛素化修饰相似，也是一个多酶参与的酶联反应，如图 6-33 所示，但两个途径参与的酶完全不同（Sarge and Park-Sarge，2009）。

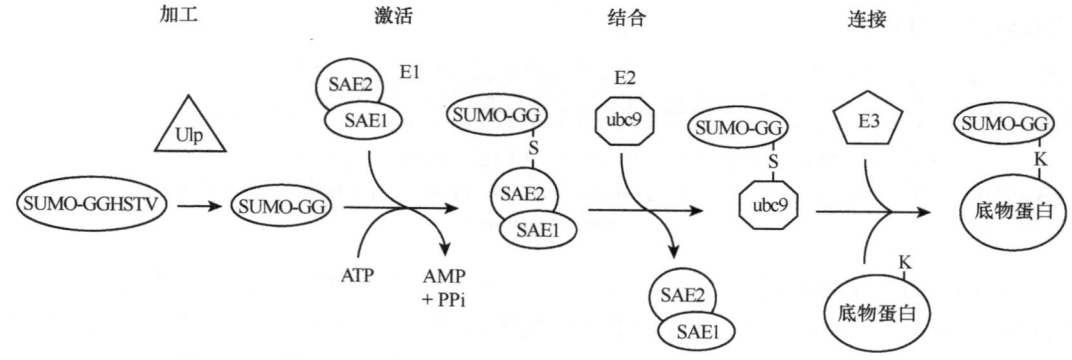

图 6-33　蛋白质的 SUMO 化修饰过程（Sarge and Park-Sarge，2009）

SUMO 化修饰比泛素化修饰多一步成熟化的过程，即 SUMO 前体在 SUMO 蛋白酶（如 Ulp1）的作用下，C 端的 4 个（或多个）氨基酸残基被切除，生成成熟的 SUMO，并露出 C 端 2 个保守的甘氨酸残基。SUMO 蛋白酶同时也能在修饰结束后，起到将 SUMO 从底物蛋白上切除释放并再次进入 SUMO 循环的作用。

接着，成熟的 SUMO 由活化酶 E1（如 SAE）活化，在 ATP 供能下，C 端的甘氨酸与 E1 的 SAE2 亚基的一个半胱氨酸形成硫酯键，释放出 AMP。活化酶 E1 是异源二聚体（heterodimer），在哺乳动物中为 SAE1 和 SAE2，在酵母细胞中为 Aos1 和 Uba2，每个物种中只有一种 E1，其两个亚基必须同时存在才能发挥作用。

活化后的 SUMO 通过转酯反应，转移到特异性的结合酶 E2 ubc9 上，E1 被释放出来。虽然泛素和 SUMO 分子三维结构很相似，两条途径中 E2 酶的序列结构也非常相似，但是 SUMO 的 E2 表面大多带正电荷，泛素 E2 表面带负电荷或不带电，因此带正电的泛素不能与 SUMO 的 E2 结合（Muller et al., 2001）。另外，泛素途径中有多种 E2，而 SUMO 途径中只有 ubc9 一种 E2。

最后，在特异性连接酶 E3 的帮助下，SUMO 从 E2 转移到相应底物蛋白上，SUMO 靠 C 端甘氨酸残基与底物蛋白赖氨酸残基的 ε 氨基（ε-amino group）形成牢固的异肽键（isopeptide bond）。连接酶 E3 可以同时和 E2、底物蛋白结合，因而加快了 SUMO 转移的速率，起到帮助底物蛋白与 SUMO 结合的作用。已发现多种连接酶 E3，其具有底物特异性。

SUMO 化修饰的过程是可逆的，称为去 SUMO 化（deSUMOylation）。SUMO 分子在去 SUMO 酶作用下从修饰的底物蛋白上解离，异肽键被打断。恢复自由状态的 SUMO 分子与泛素分子一样，可以重新进入 SUMO 循环被再利用。同样，这一过程对维持细胞内有足够的 SUMO 分子是非常重要的。

去 SUMO 化过程也是由帮助 SUMO 成熟的 SUMO 蛋白酶（SUMO protease）完成的，因此又被称为去 SUMO 酶（desumoylase）。该酶具有底物特异性，有的具有双重功能，对维持和调节细胞内的 SUMO 分子水平具有重要作用。

在哺乳动物中，有 7 种去 SUMO 酶，称为 SENP1～7，具有底物特异性。在酵母中有 Ulp1 和 Ulp2，两者亚细胞定位不同：Ulp1 在核孔复合体（nuclear pore complex，NPC）上，可以帮助 SUMO 成熟并从底物蛋白上切除释放 SUMO，Ulp1 与酵母 SUMO 蛋白 Smt3 形成的复合物如图 6-34 所示，Ulp1 的活性位点裂口大小能允许体积较大的 SUMO-蛋白质结合，并将 SUMO 基团切割下来（佩特斯科和林格，2009）。Ulp2 在核仁（nucleolus）上，不能帮助 SUMO 成熟，只能从一些底物蛋白上切除 SUMO。

四、SUMO 化修饰的生理功能

泛素化修饰的主要作用是调节蛋白质的稳定性，介导蛋白质降解，蛋白质一旦被泛素标记，就将不可逆地进入降解途径；而 SUMO 化修饰是可逆的，SUMO 广泛参与多种细胞途径，是一种多功能的翻译后修饰。

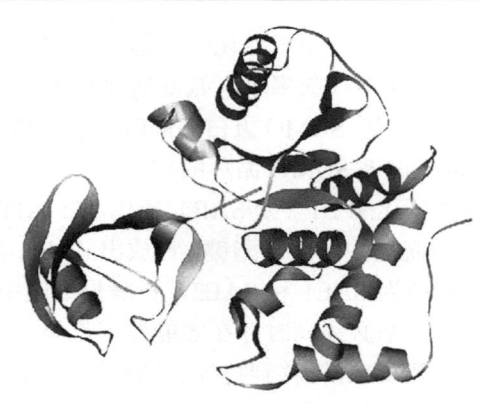

图 6-34 酵母的 SUMO 蛋白酶 Ulp1 的 SUMO 结构域与 SUMO 蛋白 Smt3 形成的复合物结构图（佩特斯科和林格，2009）
左边为 Smt3，右边为 Ulp1

目前发现能被 SUMO 化修饰的底物蛋白超过 120 种，很多底物蛋白在基因表达调控中起重要作用，包括转录因子、转录辅助因子、调控染色质结构的因子等（Zhao，2007）。能被 SUMO 化修饰的蛋白质均具有 ΨKxD/E 模序，Ψ 代表一个疏水氨基酸，即 L、I 或 V，K 是发生修饰的目标赖氨酸，x 代表任意氨基酸，D/E 均是酸性氨基酸（Tatham et al.，2009）。泛素化修饰的蛋白质没有明确的模序。

SUMO 通过与某些特异性转录因子结合，影响靶蛋白质的亚细胞定位，广泛参与细胞内多条代谢途径，在蛋白质与蛋白质相互作用、DNA 损伤修复、细胞周期调控、转录因子激活、信号转导、核质运输及拮抗泛素化修饰等方面发挥着重要作用（Zhao，2007；Ulrich，2009），下面简单列举几种。

（一）细胞周期调控

酵母的 SMT3 蛋白对细胞周期进程非常重要。将 *smt3* 缺失，酵母将不能生存（芽殖酵母）或引起严重生长缺陷（裂殖酵母）。

（二）DNA 损伤修复

正常细胞对 DNA 损伤会启动反应机制，停止细胞分裂，转向进行 DNA 修复或启动细胞凋亡。而 SUMO 可以修饰多个稳定基因组的 DNA 修复蛋白，如胸腺嘧啶 DNA 糖基化酶（thymine-DNA glycosylase，TDG）。TDG 可以识别 G/T 错配并将其切除，产生一个 AP 位点（apurinic/apyrimidinic site 或 abasic site），由其他酶如人 AP 内切酶（human apurinic endonuclease 1，HAP1）、polβ 等进一步修复缺口。而 SUMO 可以修饰位于 TDG C 端的 K330，使 TDG 发生显著的构象改变，其 N 端保守的 DNA 结合域会提早从 AP 位点解离下来，这样 DNA 上就留下了未完成修复的位点（Steinacher and Schar，2005）。因此，SUMO 与基因组的异常稳定和多种肿瘤的发生有关。

（三）拮抗泛素化修饰

有很多蛋白质既可以被泛素化修饰，也可以被 SUMO 化修饰。两者竞争性结合相同的修饰位点，从而使蛋白质在降解与稳定之间达到某种平衡。例如，IκBα 是转录因子 NF-κB 的抑制物，在胞质中，结合 IκBα 的 NF-κB 处于非激活状态；在外界信号刺激下，抑制物 IκBα 可以发生磷酸化、泛素化修饰，并进入 26S 蛋白酶体被降解，NF-κB 被激活并进入细胞核。与此同时，SUMO 可以与泛素竞争性修饰 IκBα 的同一个 Lys 修饰位点，稳定 IκBα 不被降解，从而起到阻止 NF-κB 进入核内启动靶基因转录的作用（陈泉和施蕴渝，2004）。

五、SUMO 化修饰与疾病

由于 SUMO 化修饰参与一系列的基础细胞过程，包括细胞周期进程、分化、凋亡、衰老等，因此不适当的 SUMO 化修饰与多种人类疾病的发生发展有关。

SUMO 与癌症的关系是研究最深入的。在一些癌症（如肺癌、卵巢癌、乳腺癌）中，SUMO 途径相关酶上调，显示 SUMO 化修饰起到促进癌症发生的作用；而在另一些癌症如前列腺癌中，过表达 SUMO 蛋白会导致早期肿瘤组织的损害。因此，SUMO 对不同癌症的调控方式是不同的、复杂的、多样的（Zhao，2007）。有研究发现，在人 Toll 样受体（Toll-like receptor，TLR）引发的炎症反应中，核受体（nuclear receptor，NR）LXRα 和 LXRβ 发生了 SUMO 化修饰，这种修饰对 NF-κB 通路介导的炎性基因的转录表达起到重要的调控作用。这一研究可以更好地了解 SUMO 化修饰与核受体介导的抗炎反应（NR-mediated anti-inflammatory activity）以及相关免疫疾病之间的关系（Lee et al.，2009）。此外，SUMO 也与其他疾病的发生有关，如 SUMO 可以通过调节胰岛素受体信号来抑制糖尿病的发生（Li et al.，2005）。

六、蛋白质发生 SUMO 化修饰的鉴定

总体而言，SUMO 化修饰可以采用与泛素化修饰类似的研究策略。Tatham 等（2009）以 HeLa 细胞为例，提供了在细胞系内鉴定某一种蛋白质是否发生 SUMO 化修饰的方法。该方法主要将 SUMO 加上一个亲和标签如 6×His，转染细胞并获得稳定表达细胞株，6×His-SUMO 取代细胞内源的 SUMO 并与底物蛋白发生结合；用镍亲和柱（Ni-NTA resin）在变性条件下纯化 SUMO-底物蛋白复合物；再用目标蛋白的特异性抗体与纯化的复合物进行 Western blotting，检测这种目标蛋白是否发生了 SUMO 化修饰。如果获得了阳性结果，则重新回到天然细胞系，将目标蛋白进行定点突变，在内源性表达的环境中鉴定 SUMO 化修饰的位点。

这种方法采取变性条件纯化，既可以减少 SUMO 与其他蛋白质之间非共价结合造成的假阳性结合，也可以抑制 SUMO 途径的相关蛋白酶，保护 SUMO 与底物蛋白的结合不被破坏。另外，回到内源性表达环境中鉴定 SUMO 化修饰是否真实发生，能很好地降低外源 SUMO 转染表达而导致的 SUMO 与目标蛋白的假阳性结合（Tatham et al.，2009）。

除了 His 标签以外，也可以采用生物素（biotin）标记 SUMO，然后用与生物素高度特异性结合的链霉亲和素（streptavidin）进行纯化。链霉亲和素是一个四聚体蛋白，可

以同时结合四个生物素分子,商品化的链霉亲和素常连接在琼脂基质上构成亲和层析柱,可以很方便地进行亲和纯化。

第十节 蛋白质前体激活

一、蛋白质前体激活概述

蛋白质在体内合成的过程中,其中一部分是以蛋白质前体的方式合成的。蛋白质前体(protein precursor)又常被称为 pro-protein,是一种非激活状态存在的蛋白质,通过多种翻译后修饰而变成激活状态的蛋白质。前面已经讨论了共价修饰对蛋白质功能和活性的影响,这里的激活方式特指对蛋白质前体经过有限的蛋白酶水解而生成有活性的蛋白质。一种蛋白质的蛋白质前体通常在其名称前加 pro-,如胰岛素原(proinsulin)、前体阿片促黑激素皮质素原(proopiomelanocortin,POMC)。

蛋白质前体的生理意义在于,细胞可能并非一直需要这种蛋白质,甚至该蛋白质在通常状况下对细胞有潜在的危害,然而细胞在某些内外环境因素的作用下,会迅速或者大量需要该蛋白质。此类蛋白质一般以无活性的蛋白质前体的方式合成,在需要的时候可以通过短暂的切割产生成熟蛋白质,既保证了细胞有足够的储备,又不会对细胞的生理生化特性造成影响。在人体内,很多酶都是以这种无活性的酶原(proenzyme 或 zymogen)方式存在以避免不必要的降解,如消化系统中的胰蛋白酶原、胃蛋白酶原等多种消化酶;有很多蛋白质激素(如前胰岛素等)也是以前体方式存在,这显然是因为在无外界信号的情况下,过量有活性的激素和酶都对机体有损害作用。

二、蛋白质前体激活的过程

蛋白质前体激活的过程通常是通过专一性的蛋白酶在蛋白质的少数位点进行切割,生成分离的多肽片段,其中的某个片段或某几个片段成为有活性的成熟蛋白质。大多数情况下,蛋白质前体经过一两个位点的切割和连接,生成一个有活性的蛋白质,如胰岛素原生成胰岛素。某些情况下,蛋白质前体是巨大的多聚蛋白(polyprotein)形式,经过多个位点的切割生成多个独立的、有活性的蛋白质,如前体阿片促黑激素皮质素原生成多种小分子蛋白激素。

这种切割是在蛋白质的特异性位点由特异性酶进行的,并且被细胞精确调控。每个切割位点都有高度的专一性,以防止不需要的或有害的激活作用发生。

如果蛋白酶切割获得的产物蛋白质也是一个蛋白酶,能够继续去切割其他蛋白质前体,就形成一个蛋白酶水解级联反应(proteolytic cascade)。由最初的一个细胞内/外起始信号,通过酶不断切割蛋白质前体,产生了一系列被激活的蛋白酶,最后产生了一个相对放大的终端输出,细胞就通过这种方式迅速获得了足够大量的活性蛋白质。这种蛋白酶水解级联反应最经典的实例就是凝血过程(佩特斯科和林格,2009)。

凝血过程是一个典型的蛋白酶水解级联反应。参与凝血过程的蛋白质有十多种,其中多数为丝氨酸蛋白酶,在血液循环系统内以非活性的酶原方式存在。当发生血管外伤或组织损伤时，多种酶原被激活，专一性催化下游反应的一个或几个肽键水解，并激活下游更多的酶原，最后凝血酶原（prothrombin）转变成有活性的凝血酶（thrombin），将血纤维蛋白原切割成不溶性的血纤维蛋白，最终凝聚成血块。

三、蛋白质信号肽

信号肽（signal peptide）是在新生分泌蛋白质的 N 端存在的一段氨基酸序列，在成熟蛋白质中没有。不同蛋白质的信号肽顺序不同，但组成氨基酸的特征和理化性质相似。信号肽长度一般为 10~40 个氨基酸残基：前端 10 个主要为带正电荷的赖氨酸和精氨酸；中段含有 14~20 个疏水氨基酸残基，以 Ala、Val、Leu、Ile、Phe 为主；后端含有 5 个亲水或极性氨基酸残基。

分泌蛋白在信号肽指引下的合成和跨膜运输过程，被称为信号假说（signal hypothesis）。信号假说是 1971 年由 Günter Blobel 和 David Sabatini 提出的，这是生物体细胞中合成蛋白质跨膜运送的重要方式之一。

信号假说的过程如图 6-35 所示：

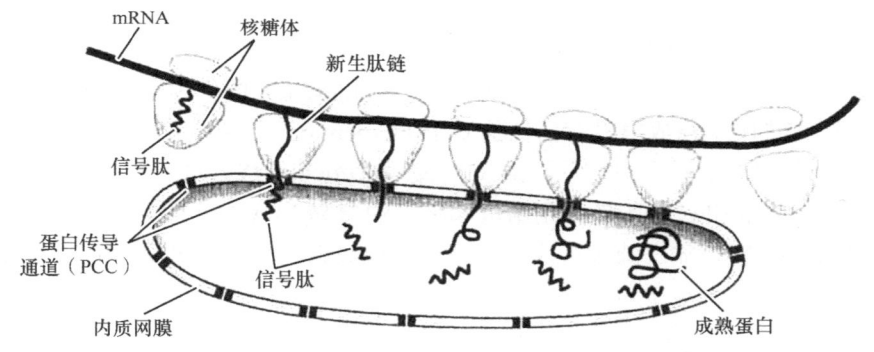

图 6-35 新合成蛋白质在信号肽指导下的跨膜运送（刘威，1999）

（1）蛋白质合成的翻译过程与运送过程是同时进行的。分泌蛋白的 mRNA 在翻译过程中首先合成 N 端带有疏水氨基酸残基的信号肽，延伸出核糖体后，与细胞质中的信号识别颗粒（signal recognition particle，SRP）识别并结合，这时多肽合成暂时停止。

（2）形成的 SRP-信号肽-核糖体复合物被引向粗糙型内质网，与内质网膜上 SRP 受体（又称为 docking protein，停靠蛋白）结合，在膜中形成孔道。暂时停止的多肽合成又继续进行，合成的新生肽链随着孔道穿越内质网膜进入内质网的腔内并继续延伸，这种方式称为共翻译定位（cotranslational targeting）。

（3）信号肽被信号肽酶水解，蛋白质成为成熟蛋白质，最终被分泌到胞外。

新生蛋白质跨越线粒体膜、叶绿体膜的机制，与穿越内质网的机制很类似，同样是由 N 端序列引导的。Günter Blobel 因为在胞内蛋白运输的信号理论方面所做的贡献而获得了 1999 年的诺贝尔生理学或医学奖。

信号肽酶剪切位点由信号肽极性部分以后的序列确定，偏好在剪切位点的-1 和-3 位上带较小侧链的氨基酸残基，如 Gly、Ala、Ser、Thr、Cys，其中以 Ala 最常见；如果-3

位的氨基酸残基为芳香族、碱性或大侧链的氨基酸，则会抑制剪切的发生（惠特福德，2008）。

信号肽的序列长度和信号肽酶的剪切位点可以通过多种软件（如 SignalP）来分析和预测（Bendtsen et al.，2004）。用该软件可以在线进行真核生物、革兰氏阳性菌、革兰氏阴性菌蛋白质的信号肽预测（https://services.healthtech.dtu.dk/ services/SignalP-5.0/）。

四、胰岛素激活

胰岛素是由胰岛 β 细胞受内源性或外源性物质（如葡萄糖、乳糖、核糖、精氨酸、胰高血糖素等）刺激而分泌的一种蛋白质激素。胰岛素代表了蛋白质前体经过切割和连接，生成一种有活性蛋白质的激活过程。

胰岛素在体内合成和激活的途径如下。

（1）翻译合成 105 个氨基酸残基的前胰岛素原。

（2）前胰岛素原经过折叠、二硫键被氧化、信号肽被切除，生成 86 个氨基酸残基的胰岛素原（proinsulin）。没有经过蛋白酶进一步加工的胰岛素原，有一小部分也会随着成熟胰岛素进入血液循环，生物活性仅有成熟胰岛素的 5%。

（3）胰岛素原经过内质网转运，进入高尔基体。在激素原转化酶 1、2（prohormone convertases，PC1、PC2）和羧肽酶 E（carboxypeptidase E）的作用下，切去 31、32、60 三个精氨酸连接的链，释放出没有活性的 C 肽（C-peptide）及原本位于 N 端和 C 端的链。C 肽原本位于前胰岛素原中间部分，由 35 个氨基酸残基组成。

（4）位于 N 端和 C 端的链分别组成胰岛素的 B 链和 A 链（即在前胰岛素原中的排列方式为 B-C-A 链），靠二硫键被连接起来，形成成熟胰岛素，被分泌到 β 细胞外，进入血液循环中。

五、前体阿片促黑激素皮质素原激活

阿黑皮素原（proopiomelanocortin，POMC）是 241 个氨基酸残基的蛋白质激素原，在脑垂体的前叶和中叶都能合成。POMC 代表了一种多蛋白经过多个位点的切割生成多个有活性蛋白质的激活过程。阿黑皮素原的序列中包含 8 个不同的裂解位点，在体内可以被枯草杆菌样蛋白酶酶（subtilisin-like enzyme）水解，这类酶称为激素原转化酶（prohormone convertase）。在不同组织中，POMC 被不同的转化酶选择性切割不同的特异性位点，发生不同方式的前体激活，可以产生 8 种有活性的蛋白激素。

这些激素具有不同的生理活性，参与不同的细胞途径，作用于不同的目标组织，具有高度的组织特异性。POMC 在脑垂体前叶被切成三个片段：N 端片段（N-terminal fragment，NTERM）、促肾上腺皮质激素（adrenocorticotropic hormone，ACTH）和 β-促脂解素（β-lipotropin，β-LPH）；在脑垂体中叶，POMC 会继续被切成 5 个不同的激素：γ-促黑素细胞激素（γ-melanocyte stimulating hormone，γ-MSH）、α-促黑素细胞激素（α-melanocyte stimulating hormone，α-MSH）、促肾上腺皮质激素样中叶肽（corticotropin-like intermediate lobe peptide，CLIP）、γ-促脂解素（γ-lipotropin，γ-LPH）、β-内啡肽

（β-endorphin，β-EP）。

在这几种激素中，促肾上腺皮质激素（ACTH）是一个 39 个氨基酸残基的激素，能促进盐皮质激素和糖皮质激素在肾上腺皮质中的合成，并激活甾类激素的合成，是调节肾上腺皮质生长发育和分泌类固醇激素的重要因子。

β-内啡肽是一个 31 个氨基酸残基的激素，位于 POMC 的 C 端，对下丘脑-垂体-卵巢轴的平衡有一定调控作用，更年期综合征患者体内性激素和促性腺激素水平的改变、植物神经功能紊乱等均与中枢 β-EP 的改变有关。

α-促黑激素（α-MSH）及其脑内受体 MCR 是瘦素（leptin）介导能量代谢途径下游的重要中介物，可以作用于黑皮素受体 4（MC4R），起到抑制食欲的作用。

六、蛋白质内含肽的自剪接

蛋白质内含肽（intein）类似于 RNA 的内含子（intron），是蛋白质中的一段插入序列。在转录和翻译后，内含肽从蛋白质前体中经过剪切被去掉，位于 N 端和 C 端的两个蛋白质外显肽（extein）通过肽键连接起来，最终形成成熟的、具有活性的蛋白质。内含肽的独特功能就是具有自发切除肽链片段，并将切开的两端连接起来的作用。切除内含肽和连接外显肽两者缺一不可，这个过程也被称为蛋白质剪接（protein splicing）。蛋白质剪接的发现又一次丰富了生物学的中心法则，增加了蛋白质前体的激活方式，在实践中也有广泛的应用前景。

内含肽于 1987 年首先在粗糙脉孢菌的液泡 ATP 酶（ATPase）中被发现。目前已经发现超过 200 种内含肽，广泛分布于真核生物、古细菌、真细菌和病毒中，但在高等植物中没有发现。大多数内含肽是在与 DNA 复制、修复、转录和翻译有关的酶或蛋白质中发现的。内含肽在古细菌中最多，真细菌中次之，真核生物中最少，这一分布规律与 RNA 内含子恰好相反（Gogarten and Hilario，2006）。

内含肽的序列含 100~600 个氨基酸残基，一般由两部分组成：自我剪接结构域（splicing domain）和核酸内切酶结构域（endonuclease domain）。如图 6-36 所示，自我剪接结构域位于两边，核酸内切酶结构域位于中间（佩特斯科和林格，2009）。大多数内含肽由 10 个保守的模序组成。

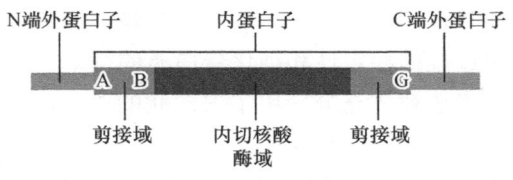

图 6-36　内含肽的结构示意图（佩特斯科和林格，2009）（彩图另扫封底二维码）

位点 A、B、G 是自我剪切重要的保守序列，红色部分是将要被切除的内含肽，蓝色和绿色部分是位于 N 端和 C 端的蛋白质外显肽

目前大部分内含肽是通过同源基因序列比较得到的，只有少数的剪接功能已被实验证明。内含肽的剪切位点比较保守：其 N 端通常为半胱氨酸或丝氨酸，C 端通常为天冬酰胺，紧靠剪切位点的后面一个外显子序列前通常是半胱氨酸、丝氨酸或苏氨酸残基。

内含肽的自剪接是一个自催化反应，不需要任何其他辅助因子、酶的参与和 ATP 供能，是一个快速、高效的反应过程。

内含肽的剪切过程与内含子的剪切加工相似，两者过程比较如图 6-37 所示（魏新元，2008）。其区别是两者的发生水平不同：内含子剪接发生在 RNA 水平，而内含肽是在蛋白质水平。此外，与信号肽的切除和酶原的激活不同，蛋白质内含肽的剪接有新肽键连接和形成。

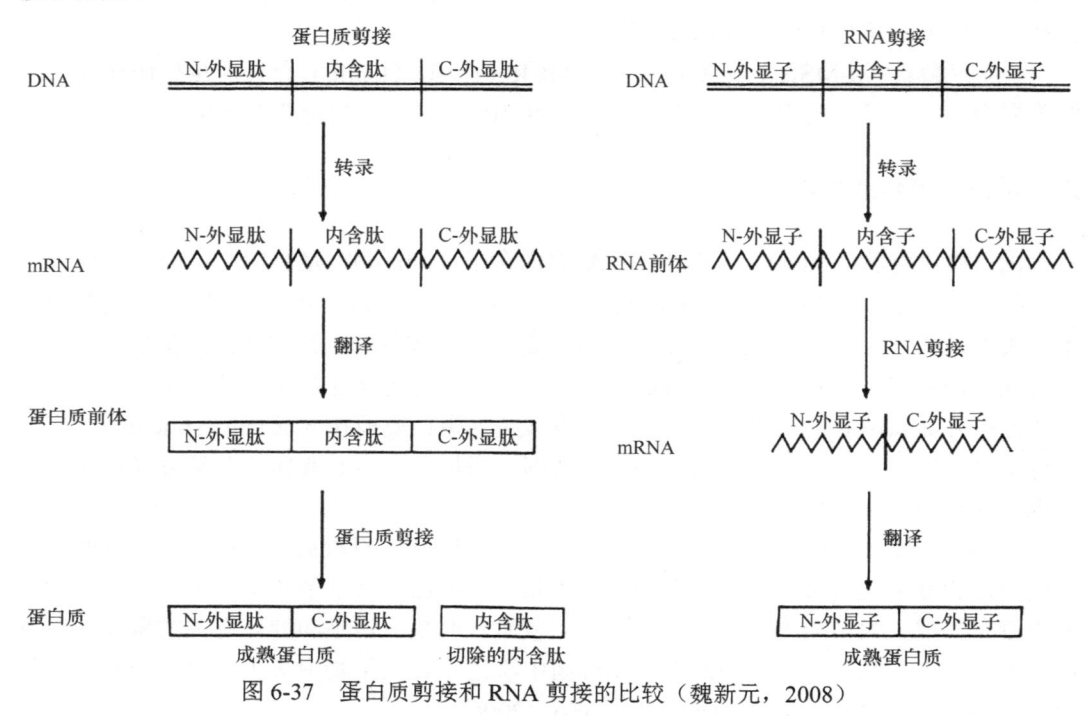

图 6-37　蛋白质剪接和 RNA 剪接的比较（魏新元，2008）

自从发现蛋白质的自剪切现象，内含肽就引起了极大的关注，其生物学应用日益广泛。其中一个重要的领域就是蛋白质的融合表达与纯化。

在普通的蛋白质表达载体中，目的基因上要连接一个标签（tag），形成带标签的融合蛋白，并用亲和层析的方法加以纯化。这种带标签的融合蛋白通常需要用特定蛋白酶进行剪切，成本高昂；而且在实际应用中，往往因为蛋白酶作用的特异性不高和反应条件较苛刻，严重影响纯化过程的稳定性和纯化蛋白质的得率。

近年来新开发的一些表达载体充分应用了内含肽的自剪接功能，可以不用加入其他蛋白酶，就能快速实现蛋白质的表达和纯化。

以 New England Biolabs 公司开发的 IMPACT-TWIN 载体（Intein Mediated Purification with an Affinity Chitin-binding Tag-Two Intein）为例，该系统将几丁质结合结构域（chitin binding domain，CBD）作为亲和标签，在目的基因两端分别加入两个内含肽：来源于蟾分枝杆菌（*Mycobacterium xenopi*）*gyrA* 基因的 *Mxe* GyrA 内含肽；来源于集胞藻（*Synechocystis* sp.）*dnaB* 基因的 *Ssp* DnaB 内含肽。根据基因表达的需要，采用 C 端融合或 N 端融合的方式去掉其中一个内含肽，形成"CBD-Intein-目的蛋白"或"目的蛋白-

Intein-CBD"的三联体融合形式,然后用几丁质珠对融合蛋白进行亲和纯化。利用内含肽的自剪切功能,通过加入硫醇类物质(如二硫苏糖醇 1,4-dithiothreitol,DTT)或通过改变 pH 和温度,就能很容易地去除 CBD 标签,洗脱出不带标签的目的蛋白。这样的内含肽自剪切载体系统操作简便,无须加入额外的蛋白酶,大大降低了蛋白质表达和纯化的成本,因此在基因工程领域得到了日益广泛的应用。

参 考 文 献

陈泉,施蕴渝. 2004. 小泛素相关修饰物 SUMO 研究进展. 生命科学, 16(1): 6.
芬克尔斯泰因 A V, 普季岑 O B. 2007. 蛋白质物理学概论. 朱厚础, 聂世芳译. 北京: 化学工业出版社.
侯温甫, 杨文鸽. 2005. 糖链及其蛋白质糖基化. 生物技术通报, 3: 14-17.
惠特福德 D. 2008. 蛋白质结构与功能. 魏群主译. 北京: 科学出版社.
卡尔·布兰登, 约翰·图兹. 2007. 蛋白质结构导论. 王克夷, 龚祖埙译. 上海: 上海科学技术出版社.
刘威. 1999. 细胞内蛋白质输运的信号理论和分子机理——1999年诺贝尔生理/医学奖简介. 生物化学与生物物理进展, 26(6): 618-620.
佩特斯科 GA, 林格 D. 2009. 蛋白质结构与功能入门. 葛晓春等译. 北京: 科学出版社.
特怀曼 RM. 2007. 蛋白质组学原理. 王恒梁等译.北京: 化学工业出版社.
魏新元. 2008. 内含肽的研究及应用进展. 西北农林科技大学学报: 自然科学版, 36(5): 8.
沃尔什 G. 2006. 蛋白质生物化学与生物技术. 北京: 化学工业出版社.
夏其昌, 曾嵘, 曾嵘. 2004. 蛋白质化学与蛋白质组学. 北京: 科学出版社.
辛普森 RJ. 2006. 蛋白质与蛋白质组学实验指南. 何大澄译. 北京: 化学工业出版社.
杨宇红, 邵正中, 陈新. 2006. 光谱法研究 pH 值对再生桑蚕丝素蛋白在水溶液中结构的影响. 化学学报, 64(16): 7.
Pennington S R, Dunn M J, 钱小红, 等. 2002. 蛋白质组学: 从序列到功能. 北京: 科学出版社.
Abu-Qarn M, Eichler J, Sharon N. 2008. Not just for Eukarya anymore: Protein glycosylation in Bacteria and Archaea. Curr Opin Struct Biol. 18(5): 544-550.
An H J, Froehlich J W, Lebrilla C B. 2009. Determination of glycosylation sites and site-specific heterogeneity in glycoproteins. Curr Opin Chem Biol, 13(4): 421-426.
Ardley H C. 2009. Ring finger ubiquitin protein ligases and their implication to the pathogenesis of human diseases. Curr Pharm Des, 15(31): 3697-3715.
Armstrong R A. 2009. The molecular biology of senile plaques and neurofibrillary tangles in Alzheimer's disease. Folia Neuropathol, 47(4): 289-299.
Balzarini J. 2007. Targeting the glycans of glycoproteins: a novel paradigm for antiviral therapy. Nat Rev Microbiol, 5(8): 583-597.
Bendtsen J D, Nielsen H, von Heijne G, et al. 2004. Improved prediction of signal peptides: SignalP 3.0. J Mol Biol, 340(4): 783-795.
Campbell N, Reece J, Simon E. 1996. DNA technology. New York: Benjamin/Cummings Publishing Co.: 369-398.
Chapman R, Sidrauski C, Walter P. 1998. Intracellular signaling from the endoplasmic reticulum to the nucleus. Annu Rev Cell Dev Biol, 14: 459-485.
Copeland R J, Bullen J W, Hart G W. 2008. Cross-talk between GlcNAcylation and phosphorylation: roles in

insulin resistance and glucose toxicity. Am J Physiol Endocrinol Metab, 295(1): E17-28.

Cui S, Huang F, Wang J, et al. 2005. A proteomic analysis of cold stress responses in rice seedlings. Proteomics, 5(12): 3162-3172.

Des Marais D L, Juenger T E. 2010. Pleiotropy, plasticity, and the evolution of plant abiotic stress tolerance. Ann N Y Acad Sci, 1206: 56-79.

Dieker J, Muller S. 2010. Epigenetic histone code and autoimmunity. Clin Rev Allergy Immunol, 39(1): 78-84.

Dohmen R J. 2004. SUMO protein modification. Biochim Biophys Acta, 1695(1-3): 113-131.

Enchev R I, Schulman B A, Peter M. 2015. Protein neddylation: beyond cullin-RING ligases. Nat Rev Mol Cell Biol, 16(1): 30-44.

Gao F, Zhou Y, Zhu W, et al. 2009. Proteomic analysis of cold stress-responsive proteins in *Thellungiella rosette* leaves. Planta, 230(5): 1033-1046.

Geng H, Liu Q, Xue C, et al. 2012. HIF1alpha protein stability is increased by acetylation at lysine 709. J Biol Chem, 287(42): 35496-35505.

Gogarten J P, Hilario E. 2006. Inteins, introns, and homing endonucleases: recent revelations about the life cycle of parasitic genetic elements. BMC Evol Biol, 6: 94.

Guo D, Li M, Zhang Y, et al. 2004. A functional variant of SUMO4, a new I kappa B alpha modifier, is associated with type 1 diabetes. Nat Genet, 36(8): 837-841.

Hake S B, Xiao A, Allis C D. 2004. Linking the epigenetic 'language' of covalent histone modifications to cancer. Br J Cancer, 90(4): 761-769.

Han F, Chen H, Li X J, et al. 2009. A comparative proteomic analysis of rice seedlings under various high-temperature stresses. Biochim Biophys Acta, 1794(11): 1625-1634.

Hashimoto M, Komatsu S. 2007. Proteomic analysis of rice seedlings during cold stress. Proteomics, 7(8): 1293-1302.

Hirayama T, Shinozaki K. 2010. Research on plant abiotic stress responses in the post-genome era: Past, present and future. Plant J, 61(6): 1041-1052.

Hitchen P G, Dell A. 2006. Bacterial glycoproteomics. Microbiology(Reading)152(Pt 6): 1575-1580.

Hu J, Guo Y, Li Y. 2006. Research progress in protein post-translational modification. Chinese Science Bulletin, 51: 633-645.

Iqbal K, Liu F, Gong C X, et al. 2009. Mechanisms of tau-induced neurodegeneration. Acta Neuropathol, 118(1): 53-69.

Ito A, Lai C H, Zhao X, et al. 2001. p300/CBP-mediated p53 acetylation is commonly induced by p53-activating agents and inhibited by MDM2. EMBO J, 20(6): 1331-1340.

Jeram S M, Srikumar T, Zhang X D, et al. 2010. An improved SUMmOn-based methodology for the identification of ubiquitin and ubiquitin-like protein conjugation sites identifies novel ubiquitin-like protein chain linkages. Proteomics, 10(2): 254-265.

Jing Y, Mao Z, Chen F. 2022. UFMylation system: An emerging player in tumorigenesis. Cancers(Basel), 14(14): 3501.

Khan M, Takasaki H, Komatsu S. 2005. Comprehensive phosphoproteome analysis in rice and identification of phosphoproteins responsive to different hormones/stresses. J Proteome Res, 4(5): 1592-1599.

Komander D, Rape M. 2012. The ubiquitin code. Annu Rev Biochem, 81: 203-229.

Komatsu S, Yamada E, Furukawa K. 2009. Cold stress changes the concanavalin A-positive glycosylation pattern of proteins expressed in the basal parts of rice leaf sheaths. Amino Acids, 36(1): 115-123.

Lee D G, Ahsan N, Lee S H, et al. 2007. A proteomic approach in analyzing heat-responsive proteins in rice leaves. Proteomics, 7(18): 3369-3383.

Lee J H, Park S M, Kim O S, et al. 2009. Differential SUMOylation of LXRalpha and LXRbeta mediates transrepression of STAT1 inflammatory signaling in IFN-gamma-stimulated brain astrocytes. Mol Cell, 35(6): 806-817.

Li H L, Wang H H, Liu S J, et al. 2007. Phosphorylation of tau antagonizes apoptosis by stabilizing beta-catenin, a mechanism involved in Alzheimer's neurodegeneration. Proc Natl Acad Sci USA, 104(9): 3591-3596.

Li M, Brooks C L, Wu-Baer F, et al. 2003. Mono- versus polyubiquitination: differential control of p53 fate by Mdm2. Science, 302(5652): 1972-1975.

Li M, Guo D, Isales C M, et al. 2005. SUMO wrestling with type 1 diabetes. J Mol Med(Berl), 83(7): 504-513.

Li Z, Onodera H, Ugaki M, et al. 2003. Characterization of calreticulin as a phosphoprotein interacting with cold-induced protein kinase in rice. Biol Pharm Bull, 26(2): 256-261.

Lieu C, Kopetz S. 2010. The SRC family of protein tyrosine kinases: a new and promising target for colorectal cancer therapy. Clin Colorectal Cancer, 9(2): 89-94.

Luo W, Slebos R J, Hill S, et al. 2008. Global impact of oncogenic Src on a phosphotyrosine proteome. J Proteome Res, 7(8): 3447-3460.

Mann M, Jensen O N. 2003. Proteomic analysis of post-translational modifications. Nat Biotechnol, 21(3): 255-261.

Mann M, Ong S E, Gronborg M, et al. 2002. Analysis of protein phosphorylation using mass spectrometry: Deciphering the phosphoproteome. Trends Biotechnol, 20(6): 261-268.

Mogk A, Schmidt R, Bukau B. 2007. The N-end rule pathway for regulated proteolysis: Prokaryotic and eukaryotic strategies. Trends Cell Biol, 17(4): 165-172.

Muller S, Hoege C, Pyrowolakis G, et al. 2001. SUMO, ubiquitin's mysterious cousin. Nat Rev Mol Cell Biol, 2(3): 202-210.

Nandi D, Tahiliani P, Kumar A, et al. 2006. The ubiquitin-proteasome system. J Biosci, 31(1): 137-155.

Narita T, Weinert B T, Choudhary C. 2019. Functions and mechanisms of non-histone protein acetylation. Nat Rev Mol Cell Biol, 20(3): 156-174.

North S J, Hitchen P G, Haslam S M, et al. 2009. Mass spectrometry in the analysis of N-linked and O-linked glycans. Curr Opin Struct Biol, 19(5): 498-506.

Ohtsubo K, Marth J D. 2006. Glycosylation in cellular mechanisms of health and disease. Cell, 126(5): 855-867.

Olsen J V, Blagoev B, Gnad F, et al. 2006. Global, *in vivo*, and site-specific phosphorylation dynamics in signaling networks. Cell, 127(3): 635-648.

Peng J. 2008. Evaluation of proteomic strategies for analyzing ubiquitinated proteins. BMB Rep, 41(3): 177-183.

Ravid T, Hochstrasser M. 2008. Diversity of degradation signals in the ubiquitin-proteasome system. Nat Rev Mol Cell Biol, 9(9): 679-690.

Robinson D R, Wu Y M, Lin S F. 2000. The protein tyrosine kinase family of the human genome. Oncogene, 19(49): 5548-5557.

Sarge K D, Park-Sarge O K. 2009. Detection of proteins sumoylated in vivo and *in vitro*. Methods Mol Biol, 590: 265-277.

Shi J, Wang Y, Zeng L, et al. 2014. Disrupting the interaction of BRD4 with diacetylated twist suppresses tumorigenesis in basal-like breast cancer. Cancer Cell, 25(2): 210-225.

Sims R J 3rd, Reinberg D. 2008. Is there a code embedded in proteins that is based on post-translational modifications? Nat Rev Mol Cell Biol, 9(10): 815-820.

Soung G Y, Miller J L, Koc H, et al. 2009. Comprehensive analysis of phosphorylated proteins of *Escherichia coli* ribosomes. J Proteome Res, 8(7): 3390-3402.

Steinacher R, Schar P. 2005. Functionality of human thymine DNA glycosylase requires SUMO-regulated changes in protein conformation. Curr Biol, 15(7): 616-623.

Stout T J, Foster P G, Matthews D J. 2004. High-throughput structural biology in drug discovery: protein kinases. Curr Pharm Des, 10(10): 1069-1082.

Strahl B D, Allis C D. 2000. The language of covalent histone modifications. Nature, 403(6765): 41-45.

Szymanski C M, Wren B W. 2005. Protein glycosylation in bacterial mucosal pathogens. Nat Rev Microbiol, 3(3): 225-237.

Tatham M H, Rodriguez M S, Xirodimas D P, et al. 2009. Detection of protein SUMOylation *in vivo*. Nat Protoc, 4(9): 1363-1371.

Thrower J S, Hoffman L, Rechsteiner M, et al. 2000. Recognition of the polyubiquitin proteolytic signal. EMBO J, 19(1): 94-102.

Ulrich H D. 2009. The SUMO system: an overview. Methods Mol Biol, 497: 3-16.

Walley J W, Dehesh K. 2010. Molecular mechanisms regulating rapid stress signaling networks in *Arabidopsis*. J Integr Plant Biol, 52(4): 354-359.

Wang X, Yang P, Zhang X, et al. 2009. Proteomic analysis of the cold stress response in the moss, *Physcomitrella patens*. Proteomics, 9(19): 4529-4538.

Wang Y, Zhang J, Li B, et al. 2019. Advances of proteomics in novel PTM discovery: Applications in cancer therapy. Small Methods, 3(5): 1900041.

Werner R G, Kopp K, Schlueter M. 2007. Glycosylation of therapeutic proteins in different production systems. Acta Paediatr, 96(455): 17-22.

Xing S, Li F, Zeng Z, et al. 2016. Tcf1 and Lef1 transcription factors establish CD8(+)T cell identity through intrinsic HDAC activity. Nat Immunol, 17(6): 695-703.

Xu D, Bai J, Duan Q, et al. 2009a. Covalent modifications of histones during mitosis and meiosis. Cell Cycle, 8(22): 3688-3694.

Xu P, Duong D M, Seyfried N T, et al. 2009b. Quantitative proteomics reveals the function of unconventional ubiquitin chains in proteasomal degradation. Cell, 137(1): 133-145.

Yan S P, Zhang Q Y, Tang Z C, et al. 2006. Comparative proteomic analysis provides new insights into chilling stress responses in rice. Mol Cell Proteomics, 5(3): 484-496.

Yang Y, Shao Z, Chen X, et al. 2004. Optical spectroscopy to investigate the structure of regenerated *Bombyx mori* silk fibroin in solution. Biomacromolecules, 5(3): 773-779.

Zhang K, Chen L, Zhang Z, et al. 2020. Ubiquitin-like protein FAT10: A potential cardioprotective factor and novel therapeutic target in cancer. Clin Chim Acta, 510: 802-811.

Zhao J. 2007. Sumoylation regulates diverse biological processes. Cell Mol Life Sci, 64(23): 3017-3033.

Zhao Y, Jensen O N. 2009. Modification-specific proteomics: strategies for characterization of post-translational modifications using enrichment techniques. Proteomics, 9(20): 4632-4641.

第七章　蛋白质相互作用研究

蛋白质与蛋白质之间的相互作用指的是生物体内以及细胞环境中不同蛋白质分子之间的非共价连接。这种相互作用作为蛋白质分子的一种物理化学特性是蛋白质分子执行其生物学功能的主要手段，同时也是活细胞生命过程中大多数生理活动的主要形式。不同蛋白质分子在特定的时间与空间进行有序的、可调控的结合，参与和主导了细胞增殖、存活、衰老、凋亡及各种生理代谢过程，诸如 DNA 复制、修补和转录、蛋白质合成、转运和降解、信号转导等。因此，对蛋白质生物学功能的认知不可避免地要通过对蛋白质之间的相互作用研究来实现。越来越多的证据表明，对蛋白质相互作用的研究不仅有助于揭示细胞在正常生理环境下各种生理过程的分子机制，而且也是阐释细胞各种非正常生理现象的有效手段，如细胞癌变、病原微生物入侵等。许多细胞癌变机制与细胞信号转导的调节异常密切相关，而细胞信号转导则主要是通过一系列蛋白质相互作用来完成的。此外，很多病原微生物对宿主的入侵及致病也往往是借助于病原体本身的蛋白质与宿主细胞蛋白质的相互作用来达到目的。因此，蛋白质相互作用的研究对于明确细胞病变机理并从中寻找治疗疾病的新方法、新药物也有重要的意义。

第一节　蛋白质相互作用的结构学基础

蛋白质与蛋白质之间的相互作用从实质上来说是分布在两个相互作用分子表面的某些氨基酸组成的三维连续界面之间的结合，因此，对蛋白质相互作用的研究在很大程度上涉及对蛋白质结构的研究，尤其是对其参与相互作用的界面，即所谓的相互作用域（domain of interaction）的三维结构的鉴定和解析，以及它们的物理化学特性和生物学功能的研究。对相互作用结构域的研究不仅有助于我们对蛋白质相互作用机制的理解，更对下游研究中筛选相互作用拮抗物有关键作用。

一、蛋白质相互作用的亲和力

亲和力对于蛋白质相互作用来说是个决定性的因素，亲和力的大小和变化决定了相互作用的特异性和动态性。与其他亲和反应一样，两个蛋白质分子之间的亲和力可以用两者复合体结合与解离这两个可逆反应的平衡常数，即结合平衡常数 K_a 与解离平衡常数 K_d 来表示。在最简单的反应模式中，假设结合与解离反应处于平衡状态，且反应中不发生任何其他化学反应，蛋白质的结合模式为单位点结合，那么此时的反应式为：A+B⇌AB，其中 A 和 B 分别为游离态的 A 蛋白质和 B 蛋白质，AB 为 A 蛋白质与 B 蛋白质复合体，结合平衡常数应为 K_a = [AB]/[A][B]，解离平衡常数为 K_d = [A][B]/[AB]。为了更加直观方便，在实际应用中，人们更多地使用蛋白质复合体的解离常数 K_d（$1/K_a$）来表示两个组成蛋白质的亲和力，并以 mol/L 为单位。A 蛋白质和 B 蛋白质的亲和力与

解离常数 K_d 的大小成反比，解离常数 K_d 越小，则表示亲和力越大。表 7-1 为一些代表性的蛋白质相互作用的解离常数。从表中可以看出，一般蛋白质相互作用反应的解离常数位于在 10^{-5}mol/L 至 10^{-16}mol/L 之间，一般抗原与抗体之间反应的解离常数也处于 10^{-5}mol/L 与 10^{-11}mol/L 之间（Alberts et al.，2007）。

表 7-1 代表性的蛋白质相互作用解离常数（Phizicky and Fields，1995）

ComPlex[a]	K_d/（mol/L）	Method[b]
PDEαβ：PDEγ	1.3×10^{-10}	Activity
	5×10^{-11}	fl.an.
	1×10^{-11}	fl.an.
	$<1\times10^{-10}$	Activity
TαGTPγS：PDEγ	$<1\times10^{-10}$	int.fl.
TαGDPγS：PDEγ	1.3×10^{-9}	int.fl.
CAPcAMP：RNApolh	3×10^{-5}	fl.an.
	1×10^{-6}	fl.an.
T7 gene 2.5 protein：T7 DNA polymerase	1.1×10^{-6}	fl.an.
γ-repressor（dimmer to tetramer）	2.3×10^{-6}	int.an.
γ-repressor（monomer：dimmer）	2×10^{-8}	l.z.gf.
Citrate synthase：malate dehydrogenase	1.3×10^{-6}	fl.an.
P85（P12K）：tyrosine-phosphorylated peptide from PDGF	5.2×10^{-8}	SPR
CheY：CheA	3×10^{-8}	SPR
CheA：CheW	1.3×10^{-5}	eq.gf.
VAMP2：syntaxinA	4.7×10^{-6}	SPR
EGF：EGF receptor	4.1×10^{-7}	SPR
PKA-C：PKA-R	2.3×10^{-10}	SPR
PRI：angiogenin	7×10^{-16}	Fluorescence，exch
Ras：raf	5×10^{-8}	GST ppt'n
NusB：S10	1×10^{-7}	Sucrose Grandient Sed'n
NusA：core RNA polymerase	1×10^{-7}	Sucrose Grandient Sed'n
		Fluorescebee tag
Trypsin：pancreatic trypsin inhibitor	6×10^{14}	Kinetics，comp'n

注：PDE，磷酸二酯酶；TαGTPγS，络合 GTPγS 的转导蛋白亚单位；CAPcAMP，络合 cAMP 蛋白；Citrate synthase，柠檬酸合成酶；malate dehydrogenase，苹果酸酶；PDGF，血小板衍生生长因子；VAMP2，囊泡相关膜蛋白-2；syntaxin，突触融合蛋白；angiogenin，血管生长素；PKA-C，蛋白激酶 A 的催化亚单位；PKA-R，蛋白激酶 A 的调节亚单位；Trypsin，胰蛋白酶；pancreatic trypsin inhibitor，胰腺胰蛋白酶抑制剂；fl.an.，荧光各向异性；int.fl.，内在荧光；l.z.gf.，大孔平衡凝胶过滤；SPR，表面等离子共振；exch，交换；ppt'n，沉淀；Sed'n，沉降；comp'n，竞争。

二、蛋白质相互作用与蛋白质结构

两个蛋白质分子之间的相互作用力来源于二者表面的氨基酸侧链之间形成的非共价

键,主要为疏水键。由于非共价键是相对比较弱的相互作用力(作用力约是共价键的 1/300 至 1/30),为了构成相对稳定的复合体,两个蛋白质分子之间必须形成足够数量的非共价键,这就要求两个分子之间必须具有一定程度形态上和电荷上的互补性以形成相连接的界面,且这个界面应具有足够大的疏水区。一般来说,蛋白质复合体的界面面积为 (1600±400) Å^2 (Liddington, 2004)。在传统理论上,这种形态互补性由两个相互连接的、具有固定形态特征的折叠结构域来提供,如在抗原-抗体复合体或蛋白酶-抑制剂复合体 (Janin et al., 2003)。然而,近年来对参与信号转导的蛋白复合体的结构特性的研究表明,这种互补性也可以通过一个折叠的结构域诱导一段非折叠的松散序列的构象变化来实现 (Vetter amd Wittinghofer, 2001)。换句话说,一个蛋白质作为单体存在时所拥有的一段非折叠的松散序列,可以在与另一蛋白质形成复合体时受诱导而转变成折叠的、与互作蛋白质上另一折叠结构域有互补性的结构域 (Pokutta and Weis, 2000; Yaffe et al., 1999; Doyle et al., 1996; Meador et al., 1993)。由此可见,蛋白质的结构特征对其相互作用有举足轻重的作用。理论上,我们可以通过搜查网上数据库中有关蛋白质结构的数据来预测两个蛋白质是否拥有具备形态和电子互补性的结构域从而进行相互作用。当然,实际上两个结构域的相互作用也受其他因素的影响,例如,环境水分子对结构域形状的影响,以及结合过程中氨基酸残基的移位等。

三、蛋白质相互作用结构基元或结构域

运用生物学实验方法以及对蛋白质氨基酸序列及其结构特征进行分析,人们发现蛋白质中某些具有保守性的氨基酸短序列(通常由 30~120 个氨基酸组成)对于蛋白质之间的相互作用具决定性的作用,这些序列中的氨基酸突变或缺失直接导致蛋白质相互作用能力的丧失。这些在文献中时而被称为结构基元 (structural motif) 时而被称为结构域 (domain) 的结构单元具一定的结构特征和进化稳定性,是蛋白质相互作用界面的关键组成部分或全部。它们广泛存在于细胞信号转导、细胞周期调控及泛素-蛋白酶体降解等系统中,尤其是脚手架蛋白,通常都拥有一个以上类似的结构域。迄今人们已经鉴定并归纳出至少 200 个参与蛋白质相互作用的结构域。下面简单介绍几个具代表性的蛋白质相互作用结构域。

1. 亮氨酸拉链

亮氨酸拉链 (leucine zipper) 主要存在于一些真核细胞转录因子等的 DNA 连接区域。这些具有碱性亮氨酸拉链结构域的区域一方面通过碱性结构域与 DNA 结合,另一方面通过亮氨酸拉链形成同源或异源二聚体结构,典型的亮氨酸拉链氨基酸序列有大约 32 个氨基酸,每隔 6 个氨基酸就有一个亮氨酸,也就是说,在氨基酸序列里的第 1、7、14、21 (依此类推……) 位置均为亮氨酸 (图 7-1A)。亮氨酸拉链的二级结构为 α 螺旋,在这种结构中,氨基酸序列每绕一圈为 3.6 个残基,使得每隔两圈就会在螺旋的同侧出现一个亮氨酸。由于亮氨酸为疏水性氨基酸,而且一般在第 3 与第 4 位置上亦为疏水残基,来自不同蛋白质分子的平行并列的亮氨酸拉链结构就可以通过亮氨酸侧链及其他疏水氨

基酸侧链间形成的疏水键相互连接以促成两个蛋白质分子之间的二聚化（图 7-1B）。这样通过亮氨酸残基的连接而形成的平行排列的 α 螺旋对称二聚体因而得名亮氨酸拉链。具有亮氨酸拉链结构的代表性转录因子有酵母的 GCN4，以及高级真核细胞的 c-Jun、c-Fos、c-Myc 和 CREB。C-Fos 通过与 c-Jun 结合而形成对 DNA 具高亲和力的转录因子 AP1。

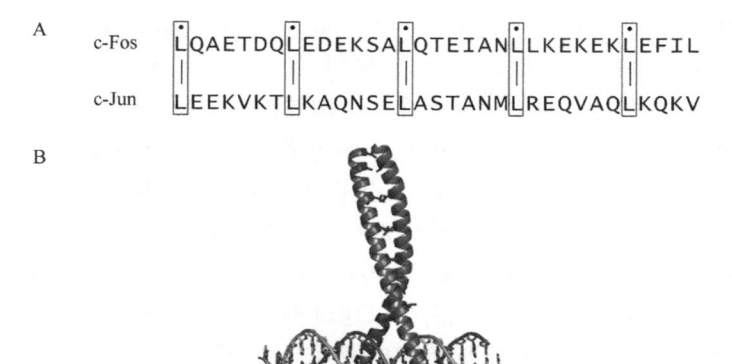

A
c-Fos LQAETDQLEDEKSALQTEIANLLKEKEKLEFIL
c-Jun LEEKVKTLKAQNSELASTANMLREQVAQLKQKV

B

图 7-1　亮氨酸拉链序列与结构（彩图另扫封底二维码）

A. c-Fos 与 c-Jun 中亮氨酸拉链的序列，红色框里并上面标有星符的是特定位置（1，7，……）上的亮氨酸；B. 亮氨酸拉链二级结构示意图，红色为特定位置（1，7，……）上的亮氨酸，下方的双螺旋代表被带有亮氨酸拉链的细胞转录因子所识别的 DNA 片段

2. SH2 结构域

SH2（Src homology 2 domain）是由约 100 个氨基酸残基组成的结构域，首先被发现于逆转录病毒的致癌蛋白 v-Fps。人们随后发现它广泛存在于信号转导通路的蛋白酪氨酸激酶、磷酸酶、磷脂酶、支架蛋白、接头蛋白、骨架蛋白、转录因子和骨架蛋白等（图 7-2）。SH2 结构域具有一个类似三明治的三维结构：两个 α 螺旋中间夹着一个反向平行的 β 片层（图 7-3）。SH2 能够识别含有磷酸化酪氨酸的特定序列，通过它自身结构中的一个孔穴识别磷酸化酪氨酸，以及另一个孔穴识别配体 C 端的 3～6 个氨基酸残基来决定其特异性。SH2 蛋白的广泛存在及其相互作用的特异性决定了这个结构域的重要性。早在 1991 年，SH2 结构域就被认为是蛋白质相互作用结构域的典型代表（Koch et al., 1991）。SH2 蛋白在细胞信号转导通路、基因转录、细胞骨架和蛋白泛素化调控甚至病原微生物与宿主细胞相互作用等细胞生理过程中均担当关键的角色（Pawson, 2001）。

3. PDZ 结构域

PDZ 的名字来源于几个首先被发现拥有此结构域的不同蛋白质的名称的首个字母，即 PSD-95（postsynaptic density 95）、Dlg（discs large, Dlg）和 ZO-1（zonula occludens-1）。它由 80～90 个氨基酸残基组成，是一个较为常见的相互作用结构域，在支架蛋白中尤为常见，有时以多个串联的形式存在于同一个蛋白分子中（图 7-4）。已知的 PDZ 蛋白基本上都是细胞质蛋白，参与细胞信号转导与蛋白质运输。PDZ 结构域是一个由 5～6 个 β 片

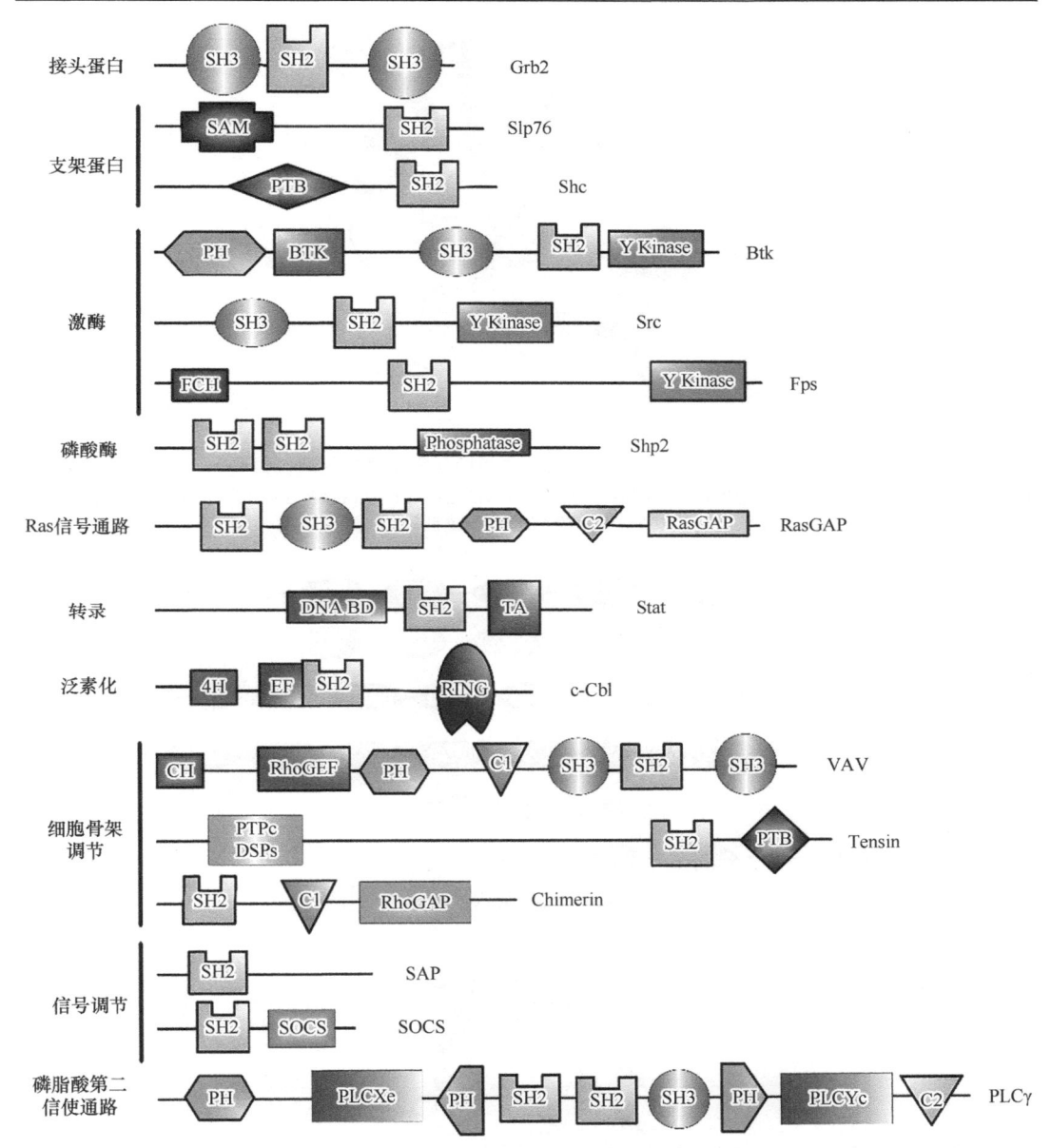

图 7-2　具有 SH2 结构域的蛋白分子种类与代表性蛋白结构示意图（Pawson et al.，2001）

层和 2 个 α 螺旋组成的紧凑球状结构（Pokutta and Weis，2000）（图 7-5）。PDZ 结构域并没有很严格的识别特异性，它能够识别一些肽段的羧基末端或中部的结构基元，也能够与脂类连接。PDZ 结构域之间还存在二聚化反应。

4. RING 手指

RING（really interesting new gene）手指由 40~60 个氨基酸残基组成，它的参照序列为：[C]-[X2]-[C]-[X9-39]-[C]-[X1-3]-[H]-[X2-3]-[C/H]-[X2]-[C]-[X9-39]-[C]-[X2]-[C]

图 7-3　磷脂酶 C（Pawson et al.，2001）（彩图另扫封底二维码）

1C 端 SH2 结构域与 PDGF 肽段复合体的二级结构：蓝色部分为 SH2 结构域中的 α 螺旋，绿色部分为 SH2 结构域中的 β 片层结构，黄色的为 PDGF 肽段

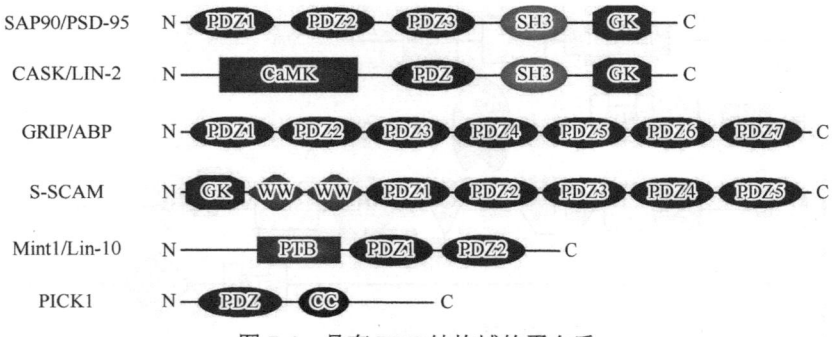

图 7-4　具有 PDZ 结构域的蛋白质

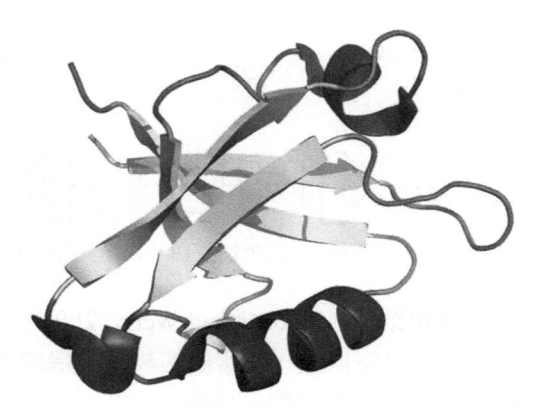

图 7-5　PDZ 结构域的二级结构（图片来源：https://en.wikipedia.org/wiki/PDZ_domain）

从参照序列可以看出，RING 手指与锌指相似，在特定位置上也含有连接锌离子的半胱氨酸残基或组氨酸残基，因此也有人认为 RING 手指是锌指的一个特别类型。但是作为蛋白质相互作用结构域，RING 手指的三维结构和功能却与锌指相异。RING 手指蛋

白主要参与泛素化-蛋白酶体降解通路。RING 手指是一类泛素连接酶（RING type E3 ligase）的特征性结构域，这类泛素连接酶通过同时与泛素缀合酶（E2）和被泛素化底物的相互作用，促使泛素链从 E2 向底物的转移。RING 结构域在这个过程中起到识别 E2 的作用。

四、支架蛋白与衔接体蛋白

细胞是一个自主的生命系统，需要控制与协调诸如细胞骨架重排、细胞内运输、蛋白质合成与降解、基因表达、免疫应答和各种能量与物质代谢等生命过程，从而实现细胞运动、增殖与分化、衰老与死亡等功能。其中，介导这些生理过程与功能的是错综复杂的蛋白质-蛋白质相互作用网络，其必须在时间和空间维度上受到精密调控，而这种调控是通过细胞内一群被称为支架蛋白（scaffold protein）和（或）衔接蛋白（adaptor protein）的蛋白质来实现的。这些具有进化保守性的蛋白质普遍存在于细胞的信号通路当中，通过与其他功能因子（大部分都是蛋白激酶和蛋白磷酸酶）的相互作用，起到介导和协调细胞信号转导的作用（Pan et al.，2012；Zeke et al.，2009；Pawson and Scott，1997）。支架蛋白在结构和功能上均没有严格的定义，存在多样性和可塑性。经典的支架蛋白带有多个重复的 PDZ 或 SH3 等蛋白质相互作用结构域，本身不具酶活性，但能够与两个或两个以上的信号分子结合，通过"强制接近"（enforced proximity）、正负反馈动态调控及蛋白质构象调节等机制调节信号通路中的酶活性（Zeke et al.，2009；Pawson and Warner，2007；Ferrell and Cimprich，2003）。支架蛋白在细胞信号通路中的功能体现在三个方面。

第一，支架蛋白可以特异性辨识上下游信号分子，确保信号转导的准确性。细胞信号通路中的许多蛋白激酶和蛋白磷酸酶都具有较广谱的底物特异性，可以与不同底物形成不同的组合以传递不同的细胞信号，而支架蛋白通过精准识别并连接特定的酶-底物组合，起到在特定时空维度精准搭建特定信号通路的作用（Pan et al.，2012；Pawson and Scott，1997）。

第二，支架蛋白作为分子招募平台，绑定多个属于同一信号通路的信号分子，拉近它们之间的距离，以这种方式把一种本来是分散式的、需要许多独立蛋白互作以达成相应靶标改变的信号传递过程变成"一站式"的中心协调程序，从而提高信号转导的效率。一个很典型的例子是 Ras/MAPK（mitogen-activated protein kinase）信号级联通路的调节：生长因子受体的激活导致 Ras 的激活，随之激发了一个序次性的"三级激酶"（3-tier kinases）信号模块，首先由 Ras 激活 RAF（一个 MAPK 激酶激酶，MAPKKK），后者再激活 MEK（一个 MAPK 激酶，MAPKK），最后通过磷酸化激活 ERK（MAPK），将信号传递到细胞核里，调控细胞的增殖功能。整个过程由单独一个支架蛋白 KSR（kinase suppressor of Ras）协调完成。另一个相似的例子是酿酒酵母的 Ste5 支架蛋白在酵母交配过程的 MAPK 信号通路中所发挥的作用。Ste5 拥有多个蛋白质相互作用结构域，如 PH（plesktrin homology）、RING、VWA（von willebrand factor type A）和 Fus3-BD（Fus3-binding domain）等。通过这些结构域与不同的上下游信号因子结合，Ste5 组建了一个定位于细胞膜的复合体，并在适当的时候依次导致不同的下游因子被激活，保证有序而高效的信号传递（Thomson et al., 2011）。有趣的是，这种"三级激酶"信号模式在由不同支架蛋白介导的多条信号通路中都存在，虽然这些蛋白质在结构上并不存在同源性，但这些信号通路最终调节的是同样的细胞生理功能，诸如细胞增殖或基因表达等（图 7-6）。

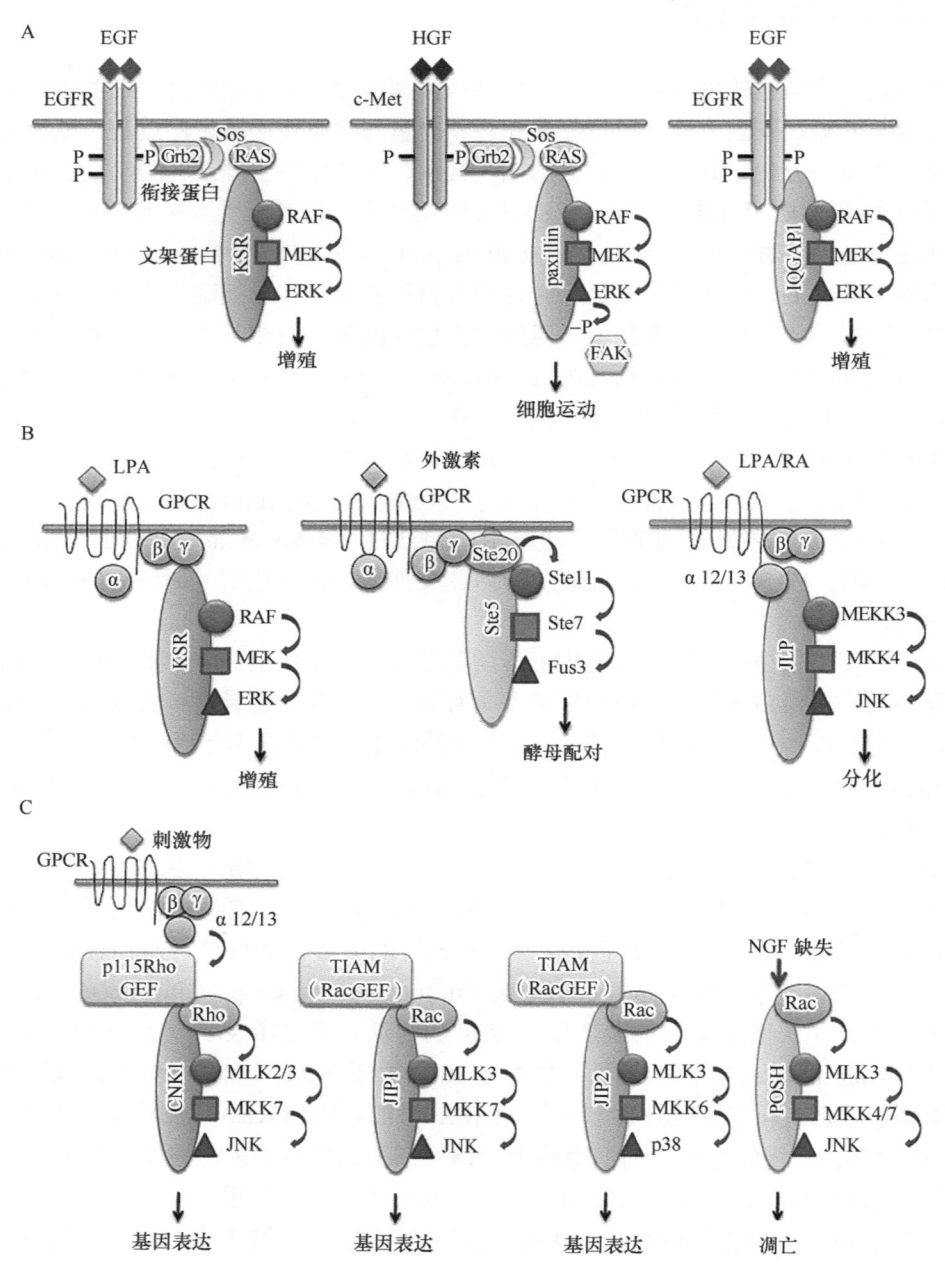

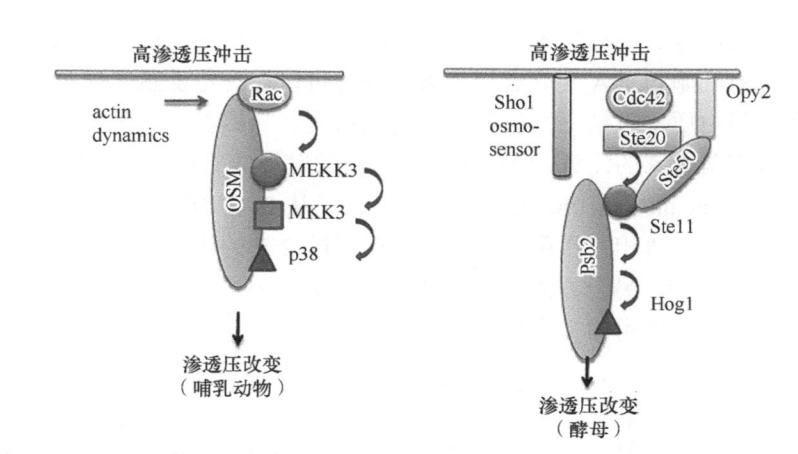

图 7-6 同一主题的不同变奏：不同的支架，相同的靶标（Park et al., 2012）

第三，支架蛋白可以通过自身的磷酸化或靶向反馈机制，调节信号传递的开与关、弱与强。例如，通过反馈回路调节、自身磷酸化和细胞亚定位的改变，支架蛋白能把一个刺激物剂量反应模式（输出信号的大小与输入信号的大小成正比）的信号传递机制转变成一个开关模式（只有在输入信号达到某一阈值时才会有输出信号且输出信号强度不再受输入信号强弱的影响）的信号传递机制。例如，Ste5 的功能受 MAPKFus3 和磷酸酶 Ptc1 的竞争性调节，所导致的剂量-开关式机制转换还受 Ste5 的定位影响（Malleshaiah et al., 2010）。当 Ste5 处于细胞质时，传递的是一种开关式信号；当其定位在细胞质膜时，则介导一种剂量式的信号转导（Shaw and Filbert, 2009; Takahashi and Pryciak, 2008）。

在过往的一些文献中，支架蛋白与衔接蛋白并没有严格的区分，常常被用来指同一群蛋白。在另一些文献中或某些网上论坛（如 ResearchGate 的相关论坛）中，研究人员则认为支架蛋白指的是分子质量较大、能够同时招募两个以上信号分子的分子平台，或者还具有把蛋白复合体定位在某个细胞膜亚区（如细胞质膜、高尔基体、线粒体等）上的功能；也有人认为支架蛋白具有改变客户蛋白复合体性质（如对输入信号的剂量反应和敏感性）的功能，而衔接蛋白仅行使连接两个信号分子的功能，且对其客户蛋白的活性没有调节作用。另外，也有人把能定位客户蛋白复合体于某一特定细胞膜亚区的支架蛋白区分出来，称之为停靠蛋白（docking protein）（Pan et al., 2012）。

五、蛋白质相互作用研究的发展

蛋白质相互作用研究的发展具有不言而喻的重要性和必然性，但由于技术手段的限制，对蛋白质相互作用的研究在较长时间里都只停滞在零星的、非系统性和低通量的水平。在 20 世纪 90 年代以前，科学家们普遍运用经典的生物化学与分子生物学技术如酶联免疫吸附检测法、免疫共沉淀或亲和层析研究蛋白质之间的相互作用。自从 1989 年酵母双杂交系统的建立与使用开始，蛋白质相互作用研究取得飞跃性的发展。这个利用酵母细胞转录因子的模块化特征建立起来的蛋白质相互作用检测系统，标志着蛋白质相互作用研究从非系统性、低通量水平向系统性的、高通量水平的历史性飞跃，因为运用酵母双杂交技术对细胞 cDNA 文库进行大规模筛选可以在理论上鉴定与某一特定蛋白质相互作用的所有蛋白质，包括已知的和未知的蛋白质。从那以后，蛋白质相互作用的研究吸引了越来越多科学家的注意，蛋白质相互作用的发现成果也产生了暴发性增长。IntAct（https://www.ebi.ac.uk/intact/home）数据库统计了从 2000 年到 2020 年之间被鉴定到的各生物物种里的蛋白质相互作用的数目，发现超过 2/3 的相互作用是通过酵母双杂交技术鉴定的（图 7-7A）。另一方面，利用酵母双杂交检测相互作用的文章数量约为使用其他检测方法鉴定相互作用的文章数量的 1/5（图 7-7B）。

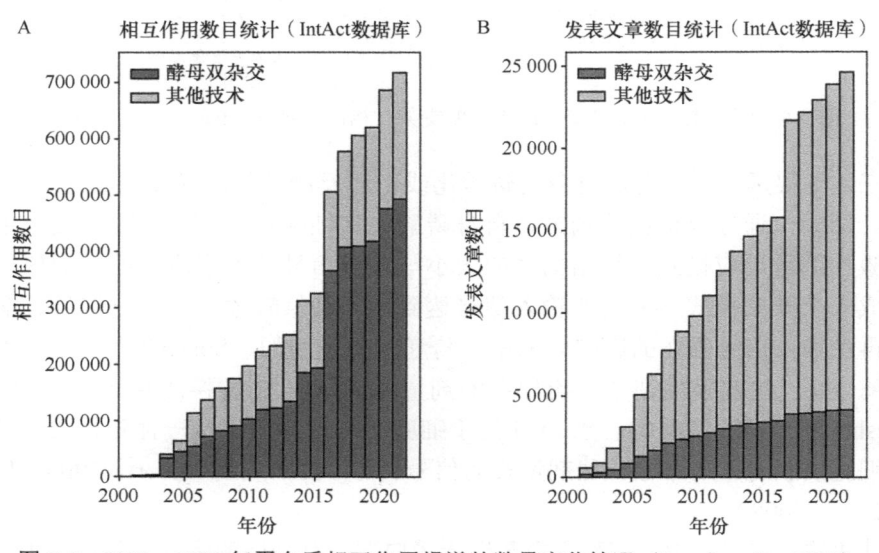

图 7-7　2000~2020 年蛋白质相互作用报道的数量变化情况（Laval et al., 2023）

从图 7-7 中可以看出，酵母双杂交系统（the yeast two hybrid system）是鉴定蛋白质相互作用的主要技术，对蛋白质相互作用的研究起到了关键的促进作用。从 20 世纪 90 年代中期开始，蛋白质之间相互作用发现的数量呈指数增长。许多首先在酵母里发现的相互作用，随后在其他生物体中也获得确认。随后，科学家们基于酵母双杂交系统，发明了酵母双杂交的各类派生技术，如反向酵母双杂交、酵母单杂交、酵母三杂交、细菌双杂交、核外双杂交或双分子荧光互补等。其他研究蛋白质相互作用的高通量技术也纷纷问世并迅速发展，如表面等离子共振技术和时间分辨荧光技术等。近年来，蛋白质相互作用研究发展迅猛，已逐渐成为一门独立学科。继基因组、蛋白质组之后，科学家们提出了一个新的概念——相互作用组（interactome）。这个概念由法国科学家 Bernard Jacq 于 1999 年首次提出，是指一个细胞内存在的所有相互作用（Sanchez et al., 1999），一般指的是细胞内所有蛋白质的相互作用。由此而派生出来的学科——相互作用组学（interactomic），通过运用高通量蛋白质筛选技术和高通量蛋白质鉴定技术，对细胞内所有蛋白质相互作用进行鉴定并据此建立整个相互作用网络。目前已建立起蛋白质相互作用组的生物种类有幽门螺旋杆菌、酵母、果蝇、恶性疟原虫、线虫和人类等。相互作用组学的研究使得对蛋白质的研究更具系统性、功能性与动态性。

迄今为止，在细胞内或体外检测蛋白质相互作用的技术有二三十种，可从不同的角度将它们分类：按照检测技术原理不同可分为生物学方法（如酵母双杂交、免疫共沉淀）、生物化学方法（如亲和色谱、化学交联）和生物物理学方法（如等温滴定量热法、核磁共振谱）；按照检测环境不同可分为离体环境（如亲和色谱、表面等离子共振）、拟细胞环境（如免疫共沉淀、亲和串联纯化）和活细胞环境（如酵母双杂交、荧光共振能量转移）；按照其规模和应用范围不同可分为常规的蛋白质相互作用检测技术（如亲和色谱、酶联免疫吸附剂测定、化学交联）和高通量的蛋白质相互作用筛选技术（酵母双杂交、表面等离子共振、均相时间分辨荧光）。在接下来的几节，我们将逐一介绍几种常用的和具有代表性的蛋白质相互作用检测技术。

第二节 酵母双杂交技术

美国纽约大学石溪分校的 Stanley Fields 和 Ok-Kyu Song 于 1989 年在 *Nature* 杂志发表文章"A novel genetic system to detect protein-protein interactions"，首次描述了他们发明的酵母双杂交技术（Fields and Song, 1989）。这个充分利用酵母转录激活因子 GAL4 的模块化特性的方法，能够灵敏而简便地检测在酵母细胞中表达的两个外源蛋白之间的相互作用。截至 2020 年 8 月，这篇文章被引用了近 8000 次，可见其影响之广泛和深远。

一、酵母双杂交技术的原理

酵母转录激活因子 GAL4 具有协助 RNA 聚合酶激活其下游基因转录的功能，这个功能通过两个结构域的协作来完成：N 端结构域（氨基酸 1~147）为 DNA 结合域（DNA binding domain，DBD），具有识别受调控基因启动子中特异 DNA 序列 UAS（upstream activating sequence）的功能；C 端结构域（氨基酸 768~881）为（转录）激活域（activation domain，AD），具有激活受调控基因转录的功能。在 20 世纪 80 年代已有研究人员发现，利用分子生物学工程手段把 GAL4 分子中连接 DBD 与 AD 这两个结构域的中间片段（氨基酸 148~767）删掉后再通过其他方式连接起来，所形成的人工复合体依然具有野生 GAL4 的转录激活功能。Stanley Fields 和 Ok-Kyu Song 发现这种连接方式也可以是两个蛋白质之间的相互作用。当我们表达一个与 DBD 融合在一起的 X 蛋白，以及一个与 AD 融合在一起的 Y 蛋白，而且 X 蛋白与 Y 蛋白能够相互作用时，GAL4 的 DNA 结合域与转录激活域就通过这种方式被连接起来而形成了一个具转录激活活性的复合体。这种转录激活活性可以通过一些报告基因的表达来测定（图 7-8）。

酵母双杂交技术可以被用来检测两个指定蛋白质之间的相互作用，然而真正使它广受欢迎的原因是人们可以利用它来筛选一个 cDNA 文库中与某一个指定蛋白质相互作用的已知或未知蛋白质。在这种情况下，这个指定蛋白 X 与 DBD 融合在一起，被称为诱饵蛋白（bait）。为了获得更好的特异性和灵敏度，除了原来的 GAL4 蛋白的 DBD，较为常用的是来源于细菌的 LexA 蛋白的 DBD。另外，被筛选的 cDNA 文库中的所有蛋白质

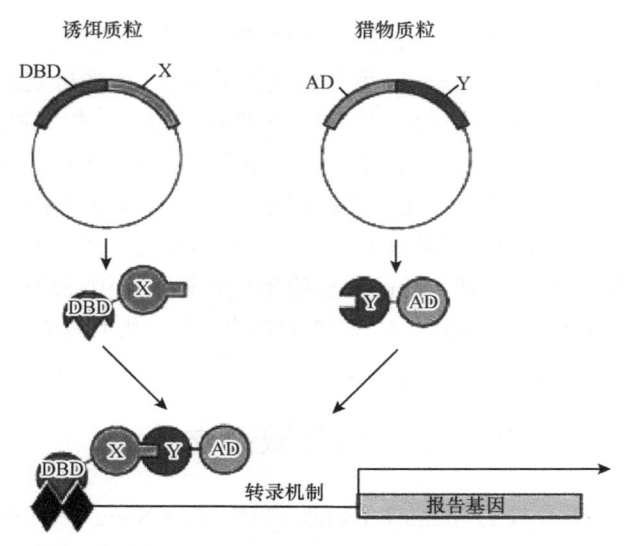

图 7-8 酵母双杂交技术的原理（来源：MatchMaker System，Clontech）

[猎物蛋白（prey）]则与 GAL4 的 AD 形成融合蛋白。常用的转录激活因子 AD 有来自于酿酒酵母的 GAL4、来自于单纯疱疹病毒的 VP16 以及来自于细菌的 B42。在普遍使用的酵母双杂交系统中，酵母菌株为经过遗传工程修饰过的实验室酿酒酵母（*Saccharomyces cerevisiae*）菌株，如 HF7 或 L40 等。这些菌株都具有组氨酸（his3）、尿嘧啶（ura3）、色氨酸（trp1）和亮氨酸（leu2）等营养缺陷基因型，并带有整合到基因组中的、受 LexA 操纵子调控的 *LacZ* 和生物合成基因 *His* 等报告基因。双杂交系统所用的酵母菌株除了组氨酸营养缺陷基因型外，还具有其他的营养缺陷基因型，这些营养缺陷基因型可以被用来作为其他报告基因（如 *ade2*、*lys2* 或 *ura3*）的遗传背景，或者作为质粒筛选标记基因（如 *trp1* 和 *leu2*）的遗传背景。DBD 融合蛋白和 AD 融合蛋白通过两个穿梭载体在酵母中进行瞬时表达。十多年来，通过遗传工程产生了许多表达 DBD 融合蛋白和 AD 融合蛋白的载体，许多生物公司生产和出售各类酵母双杂交技术的试剂盒，例如，Clontech 的 MatchMaker 系统和 Invitrogen 的 ProQuest 系统都包含了各自的融合蛋白载体，这些载体虽然名称不同，但实质上都大同小异，除了前面提到的 DBD 或 AD 结构域和多克隆位点外，一般都带有 pUC ori（或 pBRori）和 2 ori 以分别保证在细菌与酵母里的复制，抗氨苄西林和卡那霉素等抗生素的基因保证在细菌中进行筛选，*trp1* 和 *leu2* 等标记基因保证在酵母中进行筛选（图 7-9）。

  蛋白质相互作用的测定一般通过生长在固体培养基上的酵母菌中 *LacZ* 编码的半乳糖苷酶活性和营养缺陷型测试来完成。半乳糖苷酶活性可以通过酵母菌在含 X-gal 的培养基上进行蓝色显色反应来测定；而 *His* 的表达则可通过营养缺陷型测试来鉴定，即 *His* 基因的表达使得具有组氨酸（his3）营养缺陷基因型的酵母能够在缺乏组氨酸的培养基里生长。在实际操作中，由于 DBD 融合蛋白载体和 AD 融合蛋白载体分别带有 *trp1* 与 *leu2* 筛选标记，所以只有在 His⁻、Trp⁻、Leu⁻培养基上生长的酵母才是阳性克隆，而阴性克隆只能在 Trp⁻、Leu⁻培养基上生长。

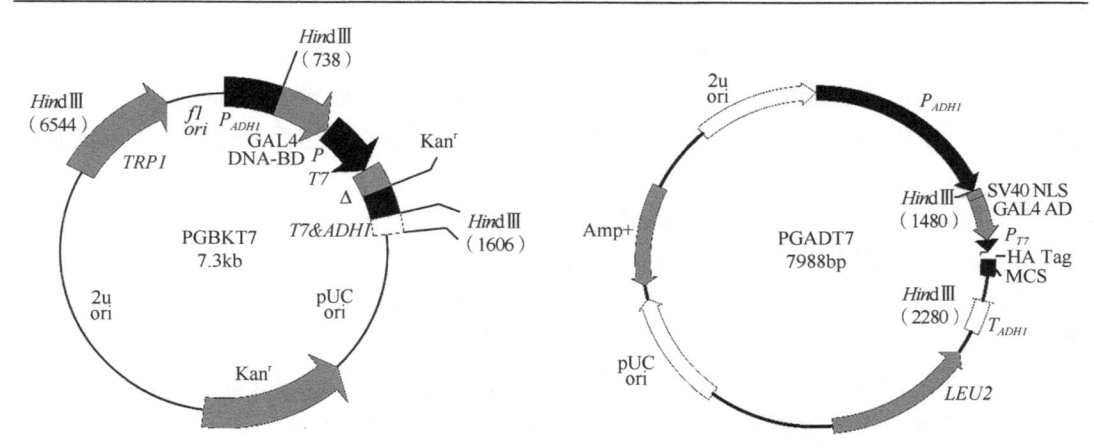

图 7-9 酵母双杂交系统中表达 DBD 融合蛋白（左）及 AD 融合蛋白（右）的载体图谱（来源：MatchMaker System，Clontech）

二、酵母双杂交技术的方法

酵母双杂交系统检测两个指定蛋白的相互作用的过程比较简单，可分为三个步骤：①利用分子生物学手段分别构建两个融合蛋白的表达载体；②通过共转化或有性交配的方式在酵母菌中同时表达两个融合蛋白；③报告基因表达的测试。构建融合蛋白表达载体运用的是常见的分子生物学技术如 PCR 扩增和 DNA 限制性内切核酸酶酶切等，在 Sambrook 和 Russell 的《分子克隆实验指南》等分子生物学实验手册里都可以找到。

酵母双杂交系统采用化学转化的方法把融合蛋白表达载体导入酵母细胞，利用这种方法转化酵母的效率比转化细菌的要低，一般不超过 10^6/μg DNA。化学转化实验首先利用 0.1mol/L 乙酸锂穿透处于对数生长期（OD_{600}＝0.5～1.0）的酵母菌细胞壁，然后混合感受态酵母细胞、载体质粒、运载 DNA（如变性修剪的鲑鱼精子 DNA 与 40% 的聚乙烯乙二醇），在热激（42℃）的条件下把质粒转入酵母里。

把 DBD 融合蛋白载体和 AD 融合蛋白载体一起转化到酵母中，可以通过共转化或顺序转化两种方式来实现。前者把两个质粒的混合物同时转化到酵母中；而后者则先转化一个质粒，进行筛选，然后再转化第二个质粒。利用顺序转化的方法会得到较高的共转化效率，一般在用来检测两个指定蛋白质相互作用的小规模酵母转化实验中选择共转化方式，若碰到转化效率太低的情况或进行 cDNA 文库筛选实验时，则应采用顺序转化的方法。另外一种把两个融合蛋白表达载体导入酵母细胞的方法是首先把两个载体分别转化到具有不同性别因子（MATa 和 MATα）的单倍体酵母菌中，然后通过两者有性交配（mating）融合的方式来获得。这种方法部分地摆脱了酵母转化效率的限制，并且在利用不同诱饵蛋白对同一 cDNA 文库进行多次筛选时比较方便，所以目前在 cDNA 文库筛选实验中被广泛采用。

利用酵母双杂交系统对 cDNA 文库进行筛选所涉及的技术与前面所提到的大致相同。对 cDNA 文库进行筛选的过程大致可分为 4 个步骤：①获得或构建 DBD 融合诱饵蛋白的表达载体以及 AD 融合 cDNA 文库；②在酵母中表达 DBD 融合诱饵蛋白及 AD

融合 cDNA 文库；③通过报告基因活性测试筛选阳性克隆，分离阳性克隆质粒，测序，鉴别候选蛋白；④检验相互作用特异性。整个过程的详细实验操作步骤在许多实验手册或试剂盒技术说明里均可找到且可能各有微小差异，所以不在这里赘述。接下来仅着重介绍此过程中一些应注意的事项。

由于酵母双杂交系统的检测基础是在细胞核内进行报告基因的激活，所以诱饵蛋白的选择和构建需要注意两个方面：①诱饵蛋白必须不具备自激活活性，不能是基因转录激活因子，因此在对 cDNA 文库进行筛选之前，必须对诱饵蛋白进行自激活活性测试，即在仅表达诱饵蛋白的酵母中检测报告基因的表达水平；②融合诱饵蛋白必须能够进入细胞核内，所以诱饵蛋白的选择应该尽量避免膜蛋白或其他有可能妨碍融合蛋白入核的蛋白质，或者可以选择膜蛋白中的可溶性片段作为诱饵。

AD 融合 cDNA 文库可以通过向生物公司如 Clontech 和 Invitrogen 等购买获得，或者自己构建。根据实验的需要，cDNA 文库可以有不同的来源，如生物种类、组织、细胞种类和发育阶段等。cDNA 文库的构建可参考 Sambrook 与 Russell 的《分子克隆实验指南》。鉴别一个 cDNA 文库的质量好坏，重要的指标是它的代表性和随机性，即一个 cDNA 文库必须具有一定的克隆数目（N）以保证低丰度 cDNA 在文库中出现的概率（P）。两者之间的关系可由下列公式来确定：

$$N = \ln(1-P)/\ln(1-1/n)$$

其中，N 为 cDNA 文库所包含克隆的数目；P 为低丰度 cDNA 存在于文库中的概率；$1/n$ 为任何一种指定的低丰度 mRNA 占总 mRNA 的分数，要求是任何一种低丰度 mRNA 在文库中出现的概率大于 0.99。一般来说，一个好的人类 cDNA 文库的克隆数目不应少于 10^6 以确保它有良好的代表性和随机性。基于同样道理，在一次酵母双杂交筛选实验中，被筛选的克隆数最好不少于 10^6。这个数目也受酵母转化效率的影响。为了保证达到这个标准，在进行交配实验之前必须确定预转化文库的转化效率以计算每微克文库 DNA 所能得到的转化子数目，一般在一次好的转化实验中，这个数目应该不小于 10^5。

经过报告基因活性测试而获得的阳性克隆酵母菌应含有与诱饵蛋白质相互作用的候选目的蛋白。但因为酿酒酵母细胞具有质粒兼容性，在一个阳性克隆酵母菌中可能含有几个表达不同蛋白质的 AD 融合蛋白质粒，所以在得到阳性克隆酵母菌后应把 AD 融合蛋白质粒抽提出来，转化细菌，抽取质粒，再重新转化酵母，以验证与 DBD 融合诱饵蛋白的相互作用。

获得阳性克隆以后，它的特异性必须首先通过酵母双杂交系统再次得到验证，这种验证可以通过以下几个实验：①在单独转化阳性克隆的酵母中检测报告基因的活性；②在共转化阳性克隆及 DBD 融合蛋白空载体的酵母中检测报告基因的活性；③在共转化阳性克隆及 DBD 无关联蛋白融合蛋白载体的酵母中检测报告基因的活性；其中第二个实验是必需的，同时也是较为常用的。

三、酵母双杂交技术的优点与缺点

相对于传统的研究蛋白质相互作用的生物化学方法，酵母双杂交技术一个突出的优点就是相互作用的检测是在酵母活细胞环境中进行的,这使得检测结果具有更可靠的生理意义。同时,由于酵母细胞比起高级真核细胞拥有更为简单的结构,且人们对酵母遗传背景及生理机制的了解较为透彻,该技术在实际操作和方法研究上有较大的简便性、可靠性和发挥空间。另外,运用酵母双杂交技术避免了如 GST 下拉等应用体外亲和技术时不得不采用的步骤,不需要解决融合蛋白表达水平过低、可溶性不佳、纯化效率不高等问题。再者,检测结果源于报道基因表达的积累效应,使得酵母双杂交技术具有较高的灵敏性,能够检测到相对微弱或暂时的蛋白质相互作用。酵母菌的使用也使得对 cDNA 文库进行高通量、大规模的筛选成为可能,利用这种筛选方法还可以直接获得阳性克隆的 cDNA 片段以方便进行后续更深一步的相互作用与功能研究。经过十几年的迅速发展,酵母双杂交系统已发展成为一种十分成熟的技术,在市场上可以很容易地找到不同生物公司商业化的各种试剂盒、文库和载体等实验材料。另外,由酵母双杂交系统衍生出来了许多相似的技术,其中有针对某种特殊情形、具有某种特殊用途的,也有基于改善酵母双杂交技术的不足之处的,这使得人们在需要解决某一具体问题时有不同的选择和方法。

如同所有的技术一样,尽管酵母双杂交系统有令人赞叹的效率、发展过程和对蛋白质研究领域的巨大影响,但它也存在着一些缺点和不足之处。一个比较突出的问题是,诱饵融合蛋白与猎物融合蛋白必须在细胞核内相互作用才能导致报告基因的表达。这就在很大程度地限制了它的应用范围,因为任何完整的膜蛋白都可能无法进入细胞核内,从而与互作伙伴结合。此外,由于诱饵融合蛋白与猎物融合蛋白都是超表达的外源蛋白,它们在酵母细胞中的折叠与翻译后修饰也可能不完全正确和完整,从而会影响它们之间的相互作用,导致出现许多"假阳性"和"假阴性"。

四、酵母双杂交系统中的假阳性和假阴性

在酵母双杂交筛选中经常会出现一些"假阳性"克隆,这些本来不应该出现的,或并非实验者期望得到的"阳性克隆",有些来自于如上所述的特定技术条件限制,有些则似乎是不可避免的。第一类"假阳性"克隆是那些所谓的"黏性蛋白"(sticky protein),几乎出现于每一次酵母双杂交筛选并在阳性克隆中占一定的比例。这些蛋白质往往是一些分子伴侣/热激蛋白、核糖体蛋白和蛋白酶体亚单位,可以与大多数蛋白质尤其是折叠不太正确的蛋白质或融合蛋白相互作用,但显而易见的是,在大多数情况下这些蛋白质都并非实验者期望得到的。第二类"假阳性"克隆是一些非实义克隆,指的是那些有着错误读码框的 cDNA 克隆。这里所说的错误读码框,指的是 AD 结构域后面的 cDNA 读码框而并非整个 AD-cDNA 的重组 DNA 的读码框。这些克隆一般是在 AD-cDNA 文库构建时出现的一些"赝品"(artifact)。由于读码框的改变,理论上,这样的重组 DNA 翻译得到的融合蛋白应与有正确可读框的重组 DNA 翻译得到的融合蛋白不符。不过,值得注意的是,有时候这样的"假阳性"克隆也有可能是"真阳性"克隆。笔者曾经在不止一次在筛选中得到过与同一 cDNA 的正确和错误读码框相对应的不同 cDNA 片段,通过进一步的确认证明了具正确读码框的 cDNA 克隆为"真阳性"克隆,说明具有错误读码框的 cDNA 也可能翻译正确序列的蛋白质,这种情况可能来源于酵母菌蛋白质合成过程中产生的移码现象。第三

类"假阳性"克隆就是上面提到的具有自激活活性的克隆,这类蛋白质必须同时具有激活转录因子的活性及识别 LexA 操纵子的能力,比较少见。第四类"假阳性"克隆是由于错误定位而与诱饵蛋白质相互作用的蛋白质,就是说在正常生理条件下两个蛋白质不可能定位在同一个地方,因而不可能发生相互作用。

除了"假阳性",酵母双杂交系统也会有"假阴性",指的是与诱饵蛋白应存在相互作用,但在筛选过程中被漏掉或没有被筛选出来的候选蛋白。这些蛋白质包括:①不在被筛选的 cDNA 库中,或是极低丰度的 cDNA 克隆;②对酵母菌生长有毒性,因而不能表达的蛋白质;③不能被正确定位到酵母细胞核中的蛋白质;④折叠或翻译后修饰不正确、不完整的蛋白质。

五、酵母双杂交系统的衍生(扩展)技术

(一)反向酵母双杂交技术

反向酵母双杂交(reverse yeast two hybrid)技术利用 *URA3* 作为报告基因。*URA3* 基因所编码的蛋白质是乳清酸核苷 5′-磷酸脱羧酶(ODCase)。当培养基中加入 5′-氟乳清酸时,5′-氟乳清酸在 ODCase 的作用下转变为对酵母菌有毒的代谢产物 5′-氟尿嘧啶,从而阻碍酵母菌的生长。这就形成了一个与经典的酵母双杂交系统相反的负性筛选的系统:当 DBD 融合蛋白与 AD 融合蛋白不存在相互作用时,URA3 不表达,酵母菌能在培养基上生长;当 DBD 融合蛋白与 AD 融合蛋白存在相互作用时,URA3 表达,酵母菌不能在培养基上生长。这个系统可以被用来鉴别或验证一些影响蛋白质相互作用的因素,如用来筛选影响相互作用的突变体(Vidal et al., 1996a)。

(二)酵母单杂交技术

酵母单杂交(yeast one hybrid)技术可被用来筛选及鉴定与特定的靶 DNA 序列相互作用的蛋白质(Vidal et al., 1996b)。与酵母双杂交系统相比,酵母单杂交系统用靶 DNA 序列代替了报告基因启动子中 LexA 或 GAL4 操纵子结合 DBD 的位点序列,因此不再需要 DBD 融合蛋白。用这样一个系统筛选一个 AD-cDNA 文库,可以筛选出能与靶 DNA 序列相互作用的蛋白质(图 7-10)。

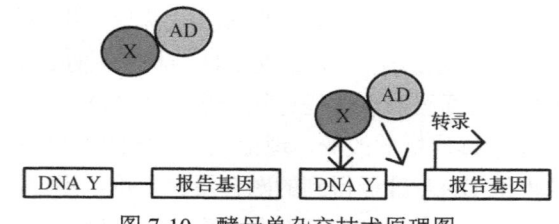

图 7-10 酵母单杂交技术原理图

(三)细菌双杂交技术

继酵母双杂交系统之后,许多建立在细菌中的双杂交系统也纷纷问世,例如,基于

征募 RNA 聚合酶（RNAP）的转录激活系统（Dove and Hochschild，2004；Joung et al.，2000；Dove et al.，1997）、利用噬菌体抑制剂（cI）的转录抑制系统（Hu et al.，2000）、基于小鼠二氢叶酸还原酶片段互补的双杂交系统（Pelletier et al.，1998），以及基于腺苷酸环化酶信号级联反应重建的双杂交系统（Karimova et al.，1998）。但是，与酵母双杂交系统相比，大多数细菌双杂交系统都不广为人所知，因而得不到广泛的推广和应用。相对于酵母，利用细菌来建立双杂交系统有一定的优势，最突出的是细菌生长速度更快、具有更高的转化效率，因此可以保证更高通量的文库筛选。另外，由于细菌中没有细胞核结构，因此避免了酵母双杂交系统的核定位问题。然而，在细菌中，真核细胞蛋白质不能得到翻译后修饰并由此而影响其正确的折叠。这也许正是妨碍细菌双杂交系统更受重视和欢迎的主要因素。

（四）酵母三杂交技术

在某些情况下，两个蛋白质之间的相互作用需要其他分子的参与，这些分子可以是蛋白质、多肽或 RNA。三杂交系统（three hybrid system）正是一种用来鉴别和分离这些能够介导两个蛋白质之间相互作用的分子衍生技术，其原理是建立在酵母双杂交之上的。简单地说，它只是在同时表达 DBD 融合蛋白和 AD 融合蛋白的酵母菌中表达第三个分子，看它是否能够起到桥梁的作用，介导两个融合蛋白的相互作用。例如，小配体三杂交系统（small ligand three hybrid system）是利用可以渗透的二聚体化学诱导物作为桥梁，将 AD 和 DBD 融合蛋白连接到一起，激活报告基因的表达（图 7-11）。

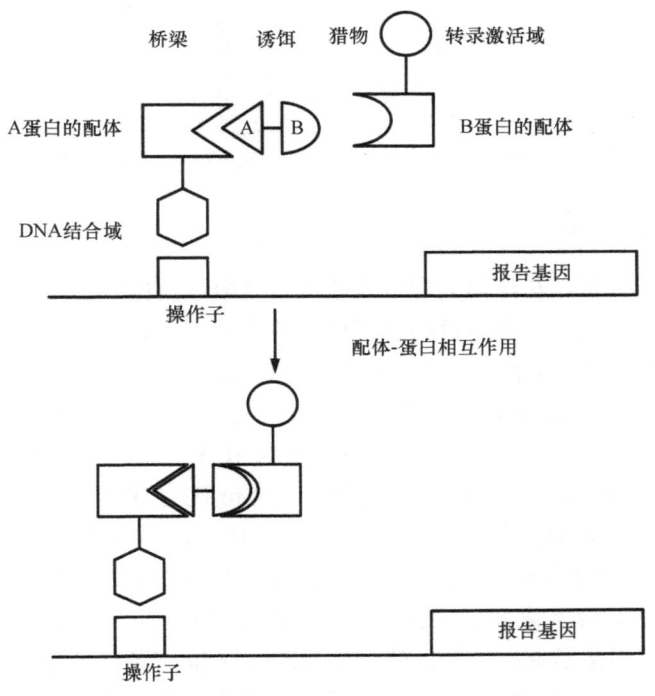

图 7-11 小配体三杂交系统原理图（Licitra and Liu，1996）

Licitra 和 Liu（1996）把 FK506 与地米塞松（dexamethasone）通过共价键连接成异二聚体，然后利用这个系统筛选出与 FK506 有特异性相互作用的蛋白质，证明了这种方法鉴定蛋白质与小分子间相互作用的可行性。

另一个 RNA 三杂交系统（RNA three hybrid system）用于检测 RNA 与蛋白质之间的相互作用。与前面的小配体三杂交系统相比，这个系统利用一个 RNA 分子来代替小配体二聚体。此 RNA 可以是一个天然的 RNA 分子，也可以是一个由重组 DNA 转录而来的杂交 RNA，它的一部分与一个已知蛋白质结合，另一部分可以被用来筛选新的 RNA 结合蛋白。因此，这种技术既可检测由 RNA 介导的两个蛋白质之间的相互作用，也可筛选及鉴定新的 RNA 结合蛋白。SenGupta 等（1996）利用 RNA 噬菌体衣壳蛋白能识别结合其基因组内一种 RNA 茎环结构（RNA X）的特性，将 RNA 噬菌体衣壳蛋白与 LexA 融合，构建成可用于寻找与 RNA 相互作用的蛋白 Y 的酵母三杂交系统（SenGupta et al.，1996）（图 7-12）。

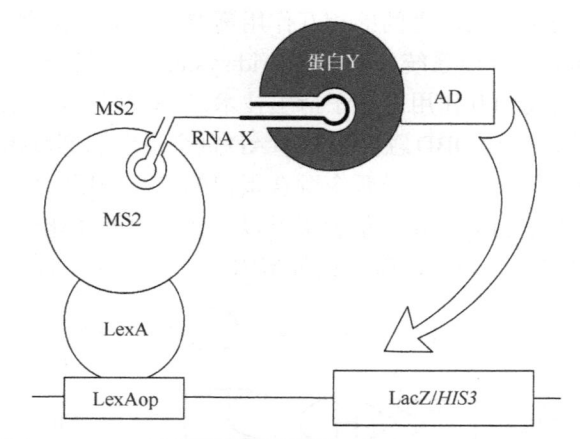

图 7-12 RNA 三杂交系统原理图（SenGupta et al.，1996）

（五）核外双杂交技术

上面我们已经提到，在经典的酵母双杂交系统中，蛋白质之间的相互作用必须在细胞核内发生才能被检测。这种特性限制了许多不能被定位到酵母细胞核内的蛋白质的相互作用。为了克服这种局限性，核外双杂交技术应运而生。本文将介绍其中的两个代表：Sos 蛋白募集系统；基于泛素蛋白的裂解蛋白感受器。Sos 蛋白募集系统（Sos recruitment system，SRS）的基本原理是：将两个待测蛋白 X 和 Y 分别与哺乳动物细胞的一种鸟苷酸交换因子 Sos 蛋白，以及与锚定在细胞膜上的 Src 肉豆蔻烯化信号蛋白融合，并在一种 *cdc25-2* 基因温度敏感型突变的酵母菌株内共表达。由于该菌株中 *cdc25-2* 基因编码的 EGF 蛋白在 36℃条件下不能激活细胞膜上的 Ras 蛋白，因而细胞无法在 36℃条件下生长。如果待测蛋白 X 与 Y 之间发生相互作用，就能把 Sos 蛋白招募到细胞膜上并激活附近的 Ras 蛋白，从而激活 Ras 途径，使该酵母能够在 36℃条件下生长（图 7-13）。

Aronheim 等（1997）利用此技术鉴别到了一个与 c-Jun 相互作用的 AP-1 抑制因子 JDP2。

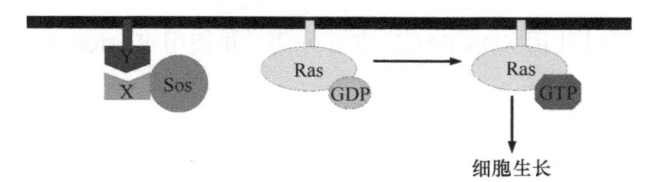

图 7-13 Sos 蛋白募集系统原理图

基于泛素蛋白的裂解蛋白感受器（ubiquitin-based split protein sensor，USPS）的原理就是建立在这样一个事实的基础上，即真核细胞中泛素蛋白与它的底物之间新生成的融合蛋白会被泛素蛋白的特异蛋白酶 UBP 迅速切开，而这种切割只有当泛素蛋白正确折叠时才会发生。前期研究表明，泛素蛋白基因的 N 端和 C 端即使分开，只要在同一个细胞内共表达，它们仍能正确折叠。然而在此系统中，泛素蛋白 N 端片段带有妨碍其与 C 端正确折叠的点突变。如果将待测蛋白 X 与之融合，再将待测蛋白 Y 与下游接有报告蛋白的正常泛素蛋白 C 端片段融合，并使它们共表达于同一个细胞内，在待测蛋白 X 与 Y 不存在相互作用的情况下，泛素蛋白 N 端与 C 端片段之间不能自然形成正确的折叠。只有当蛋白 X 和 Y 之间发生相互作用时，才能克服点突变的影响，使泛素蛋白的两端形成正确折叠，从而导致 UBP 切除与 C 端片段连接的报告蛋白。在不同的系统变种中，与 C 端片段连接的报告蛋白可以是二氢叶酸还原酶（Johnsson and Varshavsky，1994），然后通过检测酶活性来鉴定相互作用；也可以是重组转录激活因子 LexA-VP16，其被从泛素蛋白 C 端切下之后会进入细胞核内激活特定的报告基因，如 *LacZ* 和 *HIS3* 等（Laser et al.，2000）。

第三节 免疫共沉淀技术

免疫共沉淀（co-immunoprecipitation，CoIP）技术以抗体和抗原的专一性免疫亲和作用为基础，是研究蛋白质-蛋白质相互作用的经典方法，也是确定两种蛋白质在细胞生理环境内相互作用的有效方法。由于细胞内蛋白质-蛋白质相互作用受多种因素影响，所以没有一种方案或实验条件适用于所有免疫共沉淀实验，在多数情况下都需要通过不同条件的摸索和试探来确定合适的实验条件。本节内容的目的在于介绍免疫共沉淀技术的基本原理及操作流程过程中的关键注意事项，以备读者选用合适的实验方案。

一、免疫共沉淀技术的基本原理

与体外亲和层析技术相似，免疫共沉淀技术建立在通过免疫沉淀技术（immunoprecipitation，IP）对特定靶蛋白的纯化反应的基础上。IP 被广泛用来进行抗原蛋白质的检测和纯化。IP 的原理是利用抗原蛋白质与抗体（包括单克隆抗体和多克隆抗体）特异性结合形成免疫复合物，然后通过细菌蛋白质的"Protein A/G"特异性地结合到抗体（即免疫球蛋白）的 Fc 片段来完成（图 7-14）。目前实验室经常使用的"Protein A/G"，生产公司已经预先将其稳定结合在琼脂糖磁珠上，利用其具有较大的质量，可采用离心的方法从细胞裂解液的混合物中分离出抗原-抗体-Protein A/G 琼脂糖磁珠复合物，这些免疫复合物的成分可以使用 SDS-PAGE 进行分离，并使用 Western blotting 检测鉴定抗原的成分。

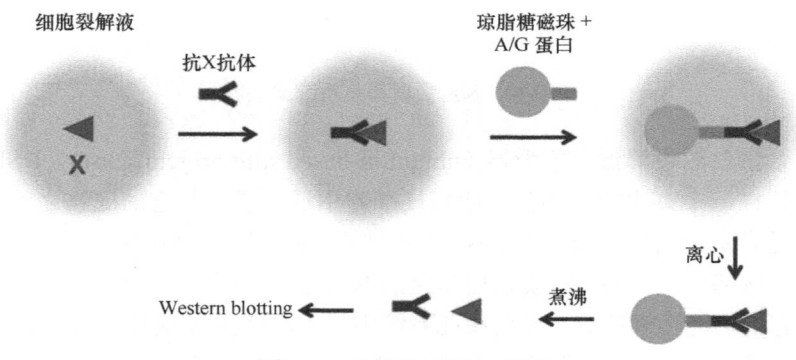

图 7-14　IP 作用过程示意图

CoIP 的操作过程基本上与 IP 类似，不同的是，在 Co-IP 实验中，裂解液中与靶抗原结合的其他蛋白质也会一起被捕获下来。当细胞在非变性条件下进行裂解时，细胞内完整存在的许多蛋白质-蛋白质相互作用会被保留下来。如果使用蛋白质 X 的抗体免疫沉淀 X，那么与 X 在体内结合的蛋白质 Y 也同时被沉淀下来（图 7-15），蛋白质 Y 的沉淀是基于与蛋白质 X 的物理性相互作用实现的，所以称为免疫共沉淀。这种方法常用于测定两种目的蛋白是否在体内存在相互作用、在体内结合，也可用来确定所选特定蛋白质的新的作用伙伴。

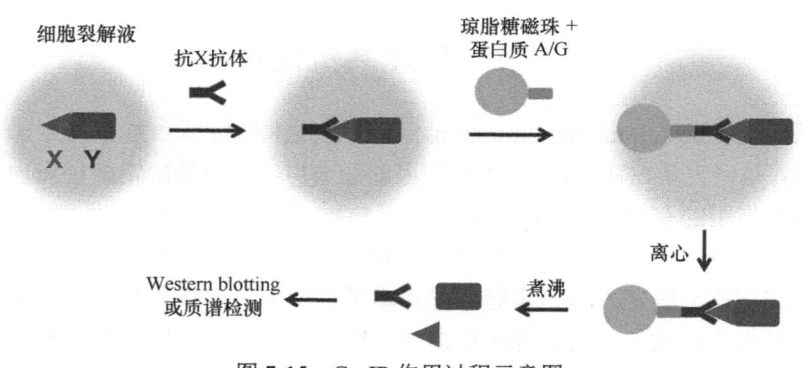

图 7-15　Co-IP 作用过程示意图

如果实验目的是为了检测两种已知蛋白质是否在体内存在相互作用，则第二种蛋白质利用其抗体通过免疫印迹方法（Western blotting）进行检测；如果实验目的是发现新的结合伙伴，可以直接对胶上蛋白质进行染色来确定，或者通过二维电泳、质谱等技术鉴定分离得到的蛋白质。

二、A 蛋白和 G 蛋白

A 蛋白（protein A）是由金黄色葡萄球菌产生的一种细胞壁成分，天然的 A 蛋白的分子质量为 42kDa，含有 4 个免疫球蛋白 Fc 片段结合位点，其中 2 个具有活性。实验中用来纯化抗体的 A 蛋白一般为重组 A 蛋白，含有 4 个免疫球蛋白 Fc 片段的结合位点。

G 蛋白是由链球菌产生的一种细胞壁成分，能够结合多种免疫球蛋白的 Fc 片段。G 蛋白对不同种属的免疫球蛋白或同一种属不同类型的免疫球蛋白的亲和力不同。

A 蛋白和 G 蛋白对不同种属的免疫球蛋白的亲和力如表 7-2 所示，实验人员可以根据自己所使用的抗体类型选择合适的 A 蛋白或 G 蛋白。目前市场上也可购买到混合型的 A/G 蛋白琼脂糖磁珠以保证结合不同类型抗体的效率。

表 7-2　A 蛋白和 G 蛋白对不同种属 Ig 的亲和力对比

Ig 种属、亚型	A 蛋白	G 蛋白	Ig 种属、亚型	A 蛋白	G 蛋白
人类 IgG1	++++	++++	大鼠 IgG1	−	+
人类 IgG2	++++	++++	大鼠 IgG2a	−	++++
人类 IgG3	−	++++	大鼠 IgG2b	−	++
人类 IgG4	++++	++++	大鼠 IgG2c	+	++
人类 IgA	++	−	大鼠 IgM	+/−	−
人类 IgD	++	−	兔 Ig	++++	+++
人类 IgE	++	−	仓鼠 Ig	+	++
人类 IgM	++	−	豚鼠 Ig	++++	++
小鼠 IgG1	+	++++	牛 Ig	++	++++
小鼠 IgG2a	++++	++++	绵羊 Ig	+/−	++
小鼠 IgG2b	+++	+++	山羊 Ig	+/−	++
小鼠 IgG3	++	+++	猪 Ig	+++	+++
小鼠 IgM	+/−	−	鸡 Ig	−	+

三、免疫共沉淀实验结果的特异性与真实性

对免疫共沉淀实验结果的真实性进行验证时，主要考虑以下几点：①共沉淀下来的蛋白质是因为加入了抗原蛋白的抗体而得到的，使用单克隆抗体有助于减少污染发生的可能性；②抗体的特异性问题，设置相应的对照，以确认在抗原蛋白不表达的细胞裂解液中添加抗体后不引起共沉淀的发生；③蛋白质间的相互作用是发生在细胞中，而不是由于细胞的裂解过程引起的，这个干扰的排除需要结合蛋白质的定位实验（Chen and Liu, 2009）。

四、免疫共沉淀实验的关键注意事项

（一）细胞裂解条件

正确选择细胞的裂解液对于免疫共沉淀实验的成败具有决定性的作用，细胞裂解液的成分是决定细胞裂解强度的关键因素。细胞裂解液成分的搭配应满足如下的平衡要求：一方面，裂解液的强度应足够大，保证细胞或组织能够充分裂解，以及释放蛋白质的复合体形式，如果裂解液的强度不够，则会导致可溶性蛋白浓度过低，或者目的蛋白仍与其他的细胞结构或蛋白质结合，封闭了目的蛋白的抗原决定族，严重影响其与抗体的结

合；另一方面，裂解液的裂解强度不能太大，防止待测的蛋白质复合体解离，从而影响结果。这里有一个基本的原则，即应选用比较温和的裂解液强度。

选择细胞裂解液成分时，应考虑以下两个方面的因素。第一，变性剂的种类和浓度。在免疫共沉淀实验中一般采用比较温和的非离子型变性剂（一般为浓度低于 1% 的 NP-40 或 Triton X-100），适当配合低浓度的离子型变性剂，如浓度低于 0.2% 的 SDS 和 0.5%～1% 的脱氧胆酸钠。第二，裂解液中的盐离子浓度。一般裂解液里采用的盐离子是 120～1000mmol/L 的 NaCl 或 KCl，盐浓度越高，则裂解强度越大。每次实验的裂解条件都可能不一样，需要通过预实验来确定。最后需要注意的是，细胞裂解液中必须加蛋白酶抑制剂防止蛋白质水解，常用的蛋白酶抑制剂如表 7-3 所示。

表 7-3 常用的蛋白酶抑制剂

蛋白酶抑制剂种类	功能
苯甲基磺酰氟（PMSF）	抑制丝氨酸蛋白酶（如胰凝乳蛋白酶、胰蛋白酶、凝血酶）和巯基蛋白酶（如木瓜蛋白酶）
乙二胺四乙酸（EDTA）	抑制金属蛋白水解酶
胃蛋白酶抑制剂	抑制酸性蛋白酶，如胃蛋白酶、血管紧张肽原酶、组织蛋白酶 D 和凝乳酶
抑蛋白酶肽	抑制丝氨酸蛋白酶和巯基蛋白酶，如木瓜蛋白酶、凝血酶和组织蛋白酶 B
胰蛋白酶抑制剂	抑制丝氨酸蛋白酶，如凝血酶、血管舒缓素、胰蛋白酶和胰凝乳蛋白酶
蛋白酶抑制剂混合组 1	广谱蛋白酶抑制剂（MERCK 公司）

（二）对抗体的要求

多抗与抗原具有相对较高的亲和性，多抗的多个结合位点有助于抗原与抗体形成稳定的免疫复合物。单抗特异性好，但亲和力相对较差，当其与抗原的亲和力小于一定程度时，这种单抗就不能用于免疫共沉淀技术，所以，并不是所有的单抗都适用于免疫共沉淀检测。使用抗体前应仔细检查说明书，避免发生以上的问题。

检测细胞内源性的蛋白质-蛋白质相互作用时，必须使用对照抗体。对照抗体可以是与实验用的抗体同种属的 IgG（常用），或是同种属的另一类单抗。这里建议对照抗体的使用量（μg）应与实验用抗体的量一致，可以通过查看抗体的浓度确定，或者通过预实验来确定。

（三）预洗的必要性

在进行共沉淀之前，在细胞裂解液中加入 A/G 蛋白琼脂糖磁珠和对照 IgG 预洗细胞裂解液，目的是为了去除与抗体和琼脂糖珠非特异性结合的蛋白质，降低背景。在进行 Western blotting 检测时，可以用全细胞裂解液作为对照，检查共沉淀的效率。在涉及琼脂糖珠的操作时，建议使用时剪掉 tip 头尖端，这样方便对琼脂糖磁珠进行取样，同时也可减少对它们的损伤。

（四）抗体重链和轻链的干扰问题

在共沉淀过程中，一般都存在多个蛋白质和靶抗原一起被捕获沉淀下来的情况。免疫复合物经过煮沸变性以后，用来沉淀的抗体的重链（50kDa）和轻链（25kDa）也出现在变性的混合物中，如图 7-14 中 X 抗体的重链和轻链。这些混合物在经过 SDS-PAGE 电泳分离以后，抗体的重链和轻链也会出现在 SDS-PAGE 胶中，所以会干扰其他被沉淀下来的蛋白质的检测。

一个解决方法是，用来沉淀的抗体和进行 Western blotting 检测的抗体选用不同的种属。例如，用来沉淀的 X 蛋白的抗体种属为鼠源（图 7-14）；免疫共沉淀以后，进行 Western blotting 检测时，检测 X 蛋白或 Y 蛋白的种属应选用非鼠源的（如兔源），这样，检测 X 蛋白或 Y 蛋白的二抗（抗兔的二抗）将检测不到用来共沉淀的 X 蛋白的重链和轻链，排除了其干扰。

另外，目前出现了多种形式的二抗，也可以解决这个干扰问题。例如，有些二抗只识别 IgG 的天然形式，而不识别变性的或简化的 IgG 重链和轻链；有些二抗只识别 IgG 的轻链，不管是天然形式还是变性形式的轻链，而不识别任何形式的重链，这种二抗可以排除重链的干扰。

五、免疫共沉淀技术的优点与不足

免疫共沉淀技术有以下几个优点：①免疫共沉淀技术所研究的蛋白质均是在细胞内经过正确翻译修饰后的天然蛋白，能够真实反映正常生理条件下蛋白质-蛋白质间的相互作用；②在非变性条件下裂解细胞，细胞内存在的完整蛋白质-蛋白质间的结合被保持下来，因此能够反映生理条件下相关蛋白质的相互作用；③蛋白质的相互作用在生理状态下进行，避免了人为因素的影响，所以分离得到的是天然状态的蛋白质相互作用复合物（Hammond and Cech，1998）。

但是，这种方法也有其局限性：①检测所得的两种蛋白质的结合可能是非直接的，而是借助第三者在中间所起的桥梁作用进行结合；②可能检测不到瞬时的或低亲和力蛋白质-蛋白质相互作用；③该方法高度依赖于所使用的针对目的蛋白的抗体，若使用纯度和亲和性不高的抗体，则会影响所捕获目的蛋白的效率及检测的背景，也容易造成假阳性的实验结果；④与蛋白质亲和层析相比，免疫共沉淀技术的灵敏度不高，一般是因为免疫共沉淀的抗原浓度低于亲和层析中的蛋白质浓度，而目的抗原只有达到一定浓度，才能与抗体结合形成沉淀复合物（Chen and Liu，2009）。

蛋白质相互作用的研究方法有多种，并且仍在不断地改进和发展中。每种技术都有其优缺点，研究者需要根据自己的实验目的选择合适的研究方法。蛋白质相互作用的研究容易出现假阳性和假阴性的实验结果，所以同时选择两种以上的研究方法对实验结果进行充分验证非常必要（Chen and Liu，2009）。

第四节　GST 融合蛋白沉降技术

1991 年，Kaelin 等人首次运用了 GST 沉降技术（GST-pull down）（Chen and Liu，2009），他们将成视网膜细胞瘤基因产物（retinoblastoma gene product，pRB）中的 T/ElA 结合区域与日本血吸虫谷胱甘肽-S-转移酶（glutathione-S-transferase，GST）构建成融合蛋白，并通过 GST 与谷胱甘肽结合，在许多人类肿瘤细胞裂解液中有效地分离出能与

pRB 相互作用的多种细胞内蛋白质。1996 年，Orlinick 等人将鼠源 Fas 抗原的胞内序列与 GST 构建成融合蛋白，在肿瘤细胞裂解液中检测出三种能与 Fas 相互作用的蛋白质，自此，GST 沉降技术被广泛采用，成为研究蛋白质相互作用的常规技术（Chen and Liu，2009）。

一、GST 融合蛋白沉降技术原理

谷胱甘肽是由甘氨酸、半胱氨酸和谷氨酸结合而成的三肽。其中，半胱氨酸上的巯基为活性基团，易脱氢被氧化，故谷胱甘肽常简写为 GSH（Chen and Liu，2009）。谷胱甘肽有还原型（GSH）和氧化型（GS-SG）两种形式，在生理条件下，绝大多数谷胱甘肽以还原型的形式存在，见图 7-16。

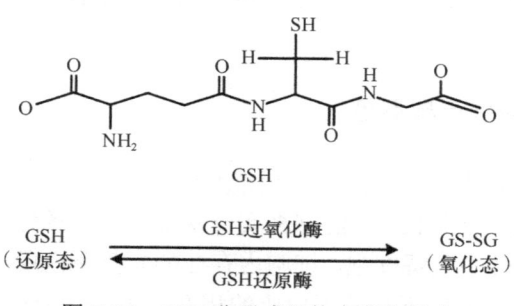

图 7-16　GSH 分子式及体内存在形式

人类肝细胞含有丰富的谷胱甘肽-*S*-转移酶（GST），主要以分子质量约 58.5kDa 的二聚体形式存在于肝细胞质、内质网及线粒体中。GST 具有多种同工酶，催化谷胱甘肽发生结合反应，形成硫醚氨酸，见图 7-17。

$$\text{谷胱甘肽-SH} + \text{CDNB} \xrightarrow{\text{GST}} \text{谷胱甘肽-S-CDNB}$$

图 7-17　GSH 与 GST 的反应方程式
CDNB：1-氯-2,4-二硝基苯

细菌表达的 GST 融合蛋白主要用于蛋白质的表达与亲和纯化，也可以将 GST 融合蛋白作为探针，与溶液中的特异性伴侣蛋白结合，然后根据谷胱甘肽琼脂糖磁珠能够沉淀 GST 融合蛋白的特性来确定相互作用的蛋白质。该方法适用于确定体外的相互作用，在蛋白质相互作用研究中有很广泛的应用。

GST 沉降技术的主要操作流程如图 7-18 所示。首先构建靶蛋白-GST 的表达质粒，导入细菌或者细胞中表达出相应的靶蛋白-GST 融合蛋白；然后提取该融合蛋白，将其固定在谷胱甘肽亲和树脂上充当"诱饵蛋白"，将含有目的蛋白的溶液过柱，利用亲和层析原理纯化目的蛋白，从而在目的蛋白溶液中捕获与之相互作用的"猎物蛋白"（目的蛋白）；最后通过 Western blotting 鉴定两种蛋白质间的相互作用或筛选相应的目的蛋白。"诱饵蛋白"和"猎物蛋白"均可通过细胞裂解物、纯化的蛋白质、表达系统及体外转录翻译系统等方法获得。

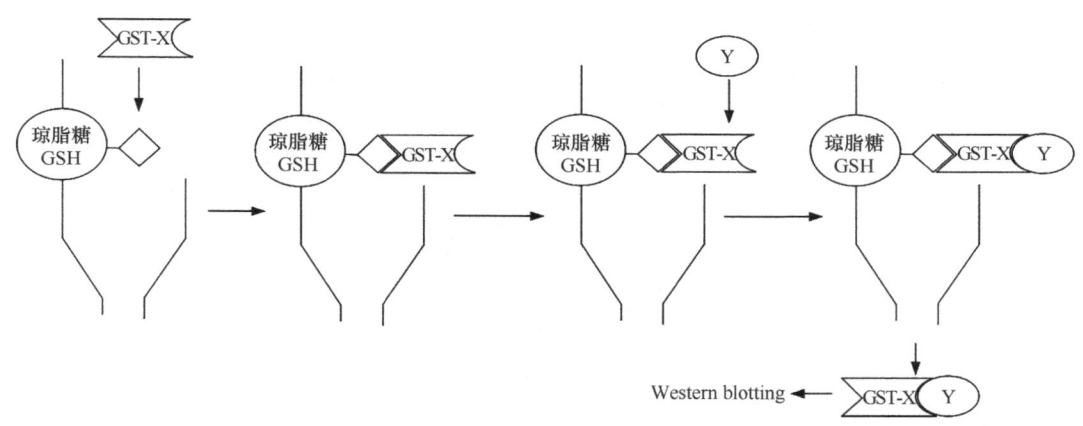

图 7-18　GST 融合蛋白沉降技术的主要操作流程示意图

二、GST 融合蛋白沉降技术中的关键因素

下面我们将概述常规的克隆、表达和纯化 GST 融合蛋白及沉降技术中涉及的方法，然后介绍可能遇到的问题、原因和解决办法。

（一）构建融合蛋白的载体

1. pGEX 表达系统和 pET 表达系统

pGEX 表达载体常用来构建在细菌中表达 GST 标签的融合蛋白，具有许多原核表达载体的特点：E.coli pBR322 的复制起始区，氨苄西林抗性基因（Amp^r），大肠杆菌本身的聚合酶（不需要 T7 RNA 聚合酶），受 lac 抑制子（$lacI^q$）抑制而保持"关闭"状态的强启动子 Tac。加入非水解性乳糖类似物——IPTG，可以失活 lac 抑制子，从而激活 Tac 启动子。GST 基因位于启动子下游，其后是多克隆位点（multiple cloning site，MCS），含有许多常用的限制性内切核酸酶位点，可插入感兴趣的 cDNA（图 7-19）。

pET 表达系统是最多样化的融合蛋白表达系统，它利用宿主细胞 T7 RNA 聚合酶来诱导目的蛋白表达。Novagen 公司的 pET 系统不断扩大，可以表达成千上万种不同的蛋白质。目前至少有 33 种不同的表达载体，在这些载体中，融合蛋白被置于 T7 启动子或 T7 lac 启动子的下游。T7 lac 启动子是在 T7 启动子区下游 17bp 处含有一个 25bp 的 lac 操纵序列。该位点结合 lac 阻遏蛋白能大大降低 T7 RNA 聚合酶的转录；含 T7 lac 启动子的 pET 质粒还具有 lacI 序列，使得有足够的阻遏蛋白能结合到操纵基因位点上。在实验中，为了获得高产量的蛋白质，通常需要摸索多种不同的载体/宿主菌组合。同时，pET 表达系统还提供了多种标签系统，如高可溶性的 N 端 Nus·Tag 和 GST·Tag 融合标签、上游的 His·Tag 和 S·Tag 融合标签、C 端的 HSV·Tag 和 His·Tag 融合标签等。这些载体在 5′ 端标签和目的序列之间含有凝血酶、Xa 因子或者肠激酶等蛋白酶酶切位点，可在纯化后选择性去除一个或多个标签。目的蛋白的表达与纯化没有单一策略或条件，所以进行优化是必要的。

限制性内切核酸酶

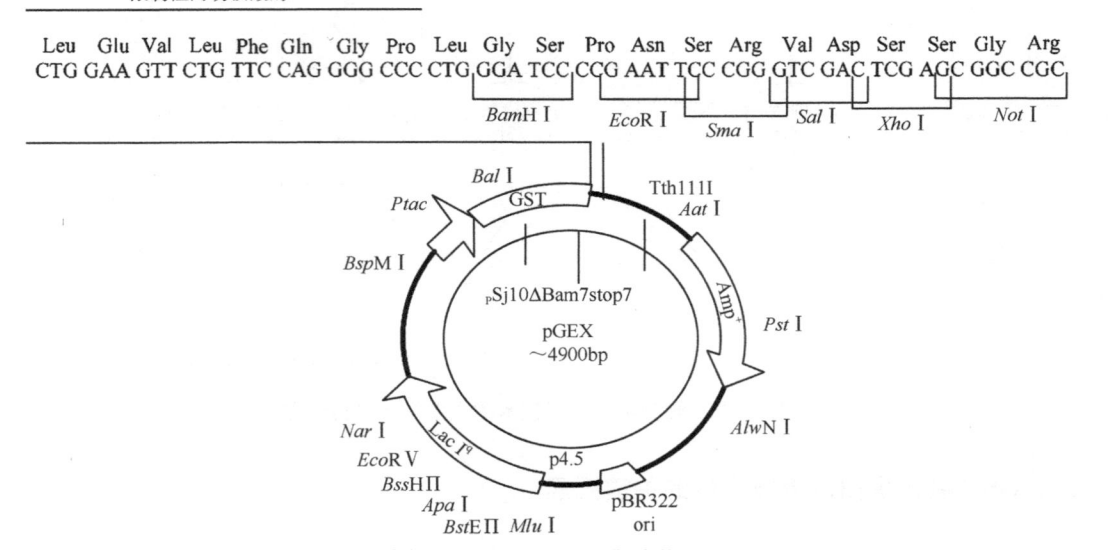

```
Leu Glu Val Leu Phe Gln Gly Pro Leu Gly Ser Pro Asn Ser Arg Val Asp Ser Ser Gly Arg
CTG GAA GTT CTG TTC CAG GGG CCC CTG GGA TCC CCG AAT TCC CGG GTC GAC TCG AGC GGC CGC
                                BamH I    EcoR I   Sma I    Sal I    Xho I      Not I
```

图 7-19 pGEX 6P-3 表达载体
https://www.biofeng.com/zaiti/dachang/pGEX-6P-3.html

2. 克隆策略

通过 PCR 等传统的分子生物学方法（Albert et al., 2007）把感兴趣的目的蛋白的 cDNA 插入表达载体，插入的 cDNA 必须与 GST 基因具有相同的读码框。可通过 DNA 测序确认所构建质粒的正确性。

（二）表达纯化融合蛋白

成功构建和验证表达载体后，则需将构建的载体转化到合适的细菌宿主中进行表达。常用来表达蛋白质的 *E. coli* 系细菌为 BL21（DE3）pLys。此菌株带有表达 T7 溶菌酶的基因的质粒 pLys，T7 溶菌酶是 T7 RNA 聚合酶的天然抑制物，能减少融合蛋白的背景表达水平但不影响 IPTG 的诱导。DE3 是一种整合在细菌基因组上的、携带 T7 RNA 聚合酶基因和 *lacI* 基因的 λ 噬菌体，因此该菌能表达受 T7 启动子控制的融合蛋白，如 pET 载体。DE3 噬菌体在 IPTG 未诱导时便有一定程度的 T7 RNA 聚合酶的表达，而 pLys 质粒表达 T7 溶菌酶抑制 T7 RNA 聚合酶，降低其在未诱导细胞中转录目的基因的能力；IPTG 诱导后，lac 抑制子失活，宿主细胞表达大量 T7 RNA 聚合酶，从而激活 T7 启动子，诱导目的基因的表达（图 7-20）。

1. 转化和诱导蛋白质表达

（1）用标准的分子生物学方法转化表达载体进入 *E.coli* 菌系，然后把菌液涂布于含 Amp 的筛选平板上，正面向上放置 0.5h，待菌液完全吸收后倒置培养皿，37℃培养过夜。

（2）第二天（生长 12～16h 后）随机挑取单克隆菌落，接种到含 Amp 的 LB 液体培养基中，37℃震荡培养 12～16h。

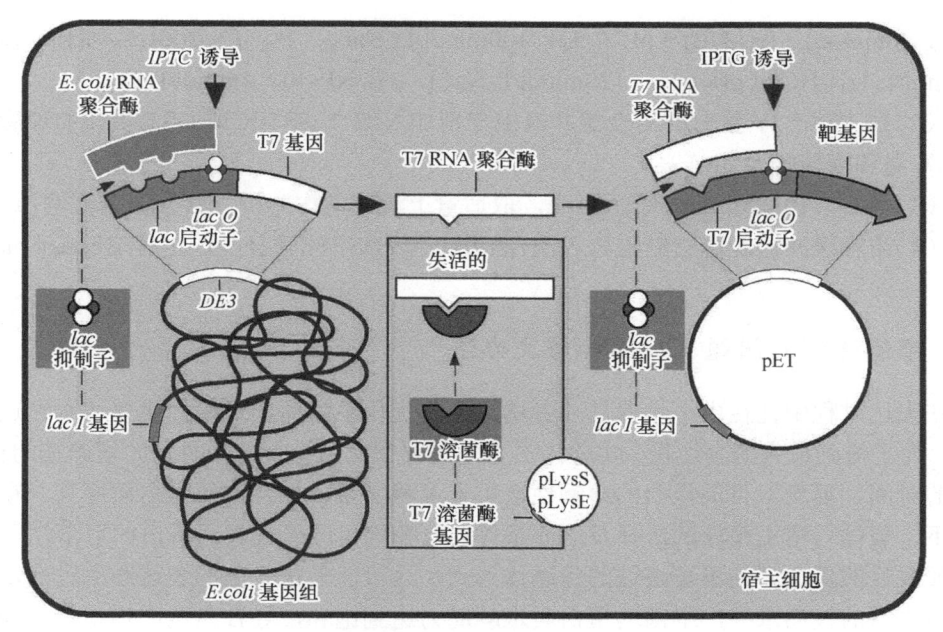

图 7-20　BL21（DE3）pLys 表达菌株

http://engineerbiology.org/wiki/20.109(S16):Prepare_expression_system_(Day4)

（3）生长 12～16h 后，取适量菌液按 1∶50 转接于含 Amp 的 LB 液体培养基中，37℃培养至 OD 值为 0.6～0.8，加入终浓度为 0.1～0.5mmol/L 的 IPTG，37℃震荡培养 3～4h 或室温下震荡培养过夜，并设 IPTG 未诱导对照组。离心收集 1.5mL 菌液，进行 SDS-PAGE 表达分析。

2. 蛋白质提取

（1）4℃，8000r/min 离心 15min，收集细菌培养液。

（2）弃去上清，约每克湿菌中加入 3mL 预冷的溶菌酶裂解缓冲液，重悬沉淀，超声裂菌。4℃，15 000r/min 离心 15min，将上清液和沉淀分别保留。

（3）在 E. coli 上清液中加入适量的谷胱甘肽-琼脂糖匀浆（含 50%填充液，已用裂解缓冲液预冲洗过），然后在 4℃下混匀 1h 以上。每毫升谷胱甘肽琼脂糖匀浆（含 50%填充液）约能结合 10mg 的 GST 融合蛋白（GE 公司）。

（4）孵育后，必须冲洗谷胱甘肽琼脂糖磁珠。首先用裂解缓冲液+1mol/L NaCl 冲洗两次，接着用裂解缓冲液冲洗两次，最后用无 Triton X-100 的裂解缓冲液冲洗三次。此时，可将结合在谷胱甘肽琼脂糖磁珠上的表达蛋白洗脱、酶切或者进行沉降实验。

（三）沉降实验

（1）用结合缓冲液稀释 Y 蛋白。其中，Y 蛋白为 X 蛋白可能伴侣蛋白。Y 蛋白一般有三种表达方式：①融合蛋白；②真核细胞中的超表达蛋白；③真核细胞中的内源蛋白。结合缓冲液中的试剂会影响蛋白质-蛋白质之间的相互作用。常用的缓冲液有以下三种：①NP-40 缓冲液[20mmol/L Tris-HCl（pH 7.5），100mmol/L NaCl，1% NP-40]；②Triton

缓冲液[20mmol/L Tris-HCl（pH 7.5），100mmol/L NaCl，1% TX-100]；③RIPA 缓冲液[25mmol/L Tris-HCl（pH 7.6），120mmol/L NaCl，1% NP-40，1mmol/L EDTA]。

（2）在上述含 Y 蛋白的结合缓冲液中分别加入结合 GST-X 或 GST 蛋白的琼脂糖磁珠，4℃温和旋转孵育 4h。

（3）4℃，10 000r/min 离心 5min，取适量上清液留作分析，其余上清液倒掉。

（4）结合缓冲液洗琼脂糖磁珠三次，然后加入 SDS 样品缓冲液，进行 Western blotting 分析。

（四）可能遇到的问题、原因和解决办法

在表达过程中往往由于培养基或者诱导条件优化不够而出现蛋白质表达水平过低的问题。为了得到最大的表达量，实验人员首先需要优化各个反应条件，如培养基的种类、诱导的时间、温度。目的蛋白的溶解性取决于多种因素，如各自的蛋白质序列。在许多情况下，载体、宿主菌株的选择及培养条件的改变均可改善被表达蛋白的可溶性。

如果目的蛋白多为不可溶性的包涵体形式，这可能是宿主菌的表达产率过高，超过了细菌正常的代谢水平，细菌的蛋白质水解能力达到饱和，导致表达产物积累；同时由于合成速度过快，没有足够的时间进行折叠，二硫键易错误配对，蛋白质间的非特异性结合增多，蛋白质达不到足够的溶解度等。因此，我们可以尝试让细菌在 30℃下过夜，或者增加细菌数量，或者采用低拷贝的载体等来改善这点。同时，我们可以用尿素复性法来溶解包涵体，首先加入尿素等强变性剂溶解包涵体，强变性剂可打断包涵体蛋白质分子内和分子间的各种化学键，使多肽舒展；对于含半胱氨酸的蛋白质，包涵体中通常含有链间形成的二硫键和链内的非活性二硫键，还需加入还原剂如巯基乙醇、二硫基苏糖醇（DTT）；然后通过缓慢去除变性剂使目的蛋白从完全舒展状态恢复到正常的折叠结构，同时还需去除还原剂使二硫键正常形成。

如果表达毒性蛋白，则转化合适的细菌宿主 BL21（DE3）pLys；如果表达非毒性蛋白但表达量低，则采用含 T7 启动子的 pET 表达系统。此外，在自然界中，大多数密码子具重复性，即多个密码子（tRNA）对应一个氨基酸。在每个生物种群中，各种同义密码子分为主要密码子和稀有密码子，而密码子使用偏好性影响基因的表达速度与水平。为提高表达水平，研究人员必须替换稀有密码子或表达相应的 tRNA 基因，如采用 pRARE 表达系统（Novagen 公司）。如果 mRNA 形成次级结构，可以使用同义沉默突变替换相关序列避免二级结构的形成，从而提高表达水平。

在纯化过程中，蛋白质往往出现降解的现象，可以添加蛋白酶抑制剂缩短超声破碎的时间，同时注意低温操作及更换宿主细菌等。例如，BL21 具有 lon 和 ompT 蛋白酶缺失的优点，因此为应用最广的宿主菌。

在沉降过程中，如果出现非特异性连接背景过高的现象，可能是由于 GST 融合蛋白量过多及孵育冲洗条件不够严格，可以适当减少 GST 融合蛋白的量，提高去污剂浓度及离子浓度，增加冲洗的时间和次数。如果没有检测到相互作用，可以适当增加 GST 融合蛋白的量和结合反应的时间，从而降低去污剂浓度及离子浓度；若采用上述方法仍不能改善，则需考虑 GST 标签是否阻碍相互作用，可以更换其他系统。常见的标签

系统见表 7-4。

表 7-4 常见的融合蛋白标签系统

标签	亲和原理	氨基酸数量	特点
硫氧还蛋白	金属螯合（钴、镍）	109	溶解性，催化 S-S 形成
GST	谷胱甘肽	220	溶解性
CBD	纤维素基质	114~156	只纯化有效折叠，细菌周质定位
麦芽糖结合蛋白（MBP）	直链淀粉	400	细菌周质定位
NusA	金属螯合（钴、镍）	495	溶解性
His	金属螯合（钴、镍），抗体	6~10×His	小标签，内含体表达蛋白
T7	抗体	11	小标签

三、GST 融合蛋白沉降技术的优点与缺点

GST 融合蛋白沉降技术是验证酵母双杂交系统有效的体外实验技术之一，近年来越来越受到广大研究者的青睐。由于 GST 与谷胱甘肽的结合力相当强，不易被一般的缓冲液解离，同时 GST 融合蛋白能在细菌和哺乳动物细胞中大量表达，这些大量的 GST 融合蛋白就能与固定在琼脂糖上的谷胱甘肽结合，因此能够在体外被高效地纯化。GST 与嵌合的"诱饵蛋白"之间有一段长的柔性连接段，使得 GST 和"诱饵蛋白"形成两个各自独立的功能域，因此 GST 并不阻碍"猎物蛋白"与"诱饵蛋白"之间的相互作用，许多研究者已经将 GST 沉降技术视为分析蛋白质-蛋白质相互作用的有效工具（Alberts et al.，2007）。该技术的优点是简单易行，同时由于"诱饵蛋白"是在更自然的环境下与可能的目的蛋白孵育，因而增强了相互作用的有效性；缺点是蛋白质浓度对实验有一定影响，而且相互作用的效率也可能受细胞裂解所用缓冲液的影响，因此必须对每个蛋白质复合物的分析都进行优化。融合蛋白具有高通量、高选择性的特点，由于融合蛋白及表达系统的多样性（如细菌、果蝇、哺乳动物），该方法能够研究蛋白质在复杂体系中的相互作用。但该方法的成功应用取决于是否能够得到足够多且保持蛋白质活性的重组融合蛋白，以及如何避免内源性诱饵蛋白的干扰。

第五节　串联亲和纯化

1999 年，Rigaut 等在 *Nature Biotechnology* 杂志发表的一篇文章中首次介绍了串联亲和纯化（tandem affinity purification-Tag，TAP-Tag）技术（Natsume et al.，2000；Rigaut et al.，1999）。与其他表达纯化蛋白复合体的技术相比，串联亲和纯化更强调在生理条件下的蛋白复合体的表达与纯化，即尽可能在贴近生理状态的实验条件下把带标签的外源蛋白在宿主细胞里进行表达和纯化，例如，采用低拷贝数的表达载体及温和的细胞裂解条件维护所纯化的目的蛋白复合体的结构与活性。基于这一特性，当与 Western blotting 或质谱技术联用时，TAP-Tag 能够规避前文所述几种经典技术的固有缺点，如假阳性、假阴性及检测灵敏度等问题，成为一种近年来广受欢迎的蛋白质相互作用检测系统。

一、串联亲和纯化技术概述

根据不同的实验需求因材设计 TAP 标签，串联亲和纯化技术能够在接近生理状态的条件下高特异性地分离纯化出目的蛋白。其基本原理与标准纯化技术相似，但是兼具标准亲和纯化和免疫共沉淀两种技术的优点，可以用来纯化蛋白复合物，也因此可用于鉴定与某一特定蛋白质相互作用的蛋白质。另外，采用两步亲和纯化过程，相较于免疫共沉淀的一步纯化，能够有效地减少非特异性蛋白质的结合，减少假阳性（Puig et al.，2001）。TAP 技术的应用可以在不了解复合物组成、活性或功能的情况下，从相对较少的细胞中快速纯化互作蛋白，能够在接近生理的条件下分离蛋白复合物（Bürckstümmer et al.，2006a）。

自从被发明以来，串联亲和纯化技术因具有高效性、通用性及特异性等特点而不断被优化成熟。该技术从一开始在酵母（Rigaut et al.，1999）中得到验证测试后，经过在最初的基础原理上进行优化改进，进而快速地发展到其他模式生物中。例如，García-León 等（2018）利用 TAP 技术从拟南芥细胞悬浮培养物中分离蛋白复合物；Viala 和 Bouveret（2017）成功地用 TAP 标签纯化了大肠杆菌、沙门氏菌和枯草芽孢杆菌的蛋白复合物；Yang 等（2006）利用改良的 TAP 标签从果蝇中纯化出核受体蛋白 dHNF4 的两个辅因子；Mattheus 等（2016）则利用细胞类型特异性串联亲和纯化小鼠海马 CB1 受体相关蛋白质组。

传统的 TAP 标签（图 7-21）（Bürckstümmer et al.，2006）主要是由一个钙调蛋白结合肽（calmodulin-binding peptide，CBP）、一个 TEV 蛋白酶酶切位点，以及金黄色葡萄球菌蛋白 A 的两个 IgG 结合域（ProtA）构成。其原理是把 TAP 标签嵌入到靶蛋白的一端，即重组构建带有 CBP 和 ProtA 两种亲和纯化标签的融合靶蛋白质粒，然后将质粒转染入宿主细胞或生物体内进行表达，如果存在与靶蛋白质相互作用的蛋白质，则会与其结合形成蛋白复合物，然后经过两步纯化洗脱而得到靶蛋白复合物。

AC — Prot A — Prot A — TEV — CBP

图 7-21　传统的 TAP 标签

图 7-22 表示串联亲和纯化技术使用两个不同的亲和纯化标签经过两次连续纯化步骤，最终得到目的蛋白的实验流程（Rigaut et al.，1999）：第一步纯化是蛋白复合物与 IgG 磁珠作用，ProtA 与磁珠结合，经洗脱除去未结合的杂蛋白，然后用 TEV 蛋白酶酶切，得到 CBP-靶蛋白融合复合物；第二步纯化是在钙离子存在的环境下，CBP-靶蛋白融合复合物与钙调蛋白磁珠作用而紧密结合；第三步是用含有 EGTA 的洗脱液温和地进行洗脱，得到高纯度的靶蛋白。

二、常用的 TAP 标签及其应用

传统的 TAP-CBP 标签在酵母的研究中优点突出，而在其他细胞或生物体的研究中，可能会由于样品中高浓度的 Ig 结构域钙调蛋白结构域以不利的方式与标签结构相互作用（Schäffer et al.，2010），会对真核生物体内的钙离子信号通路产生干扰（Gloeckner et al.，

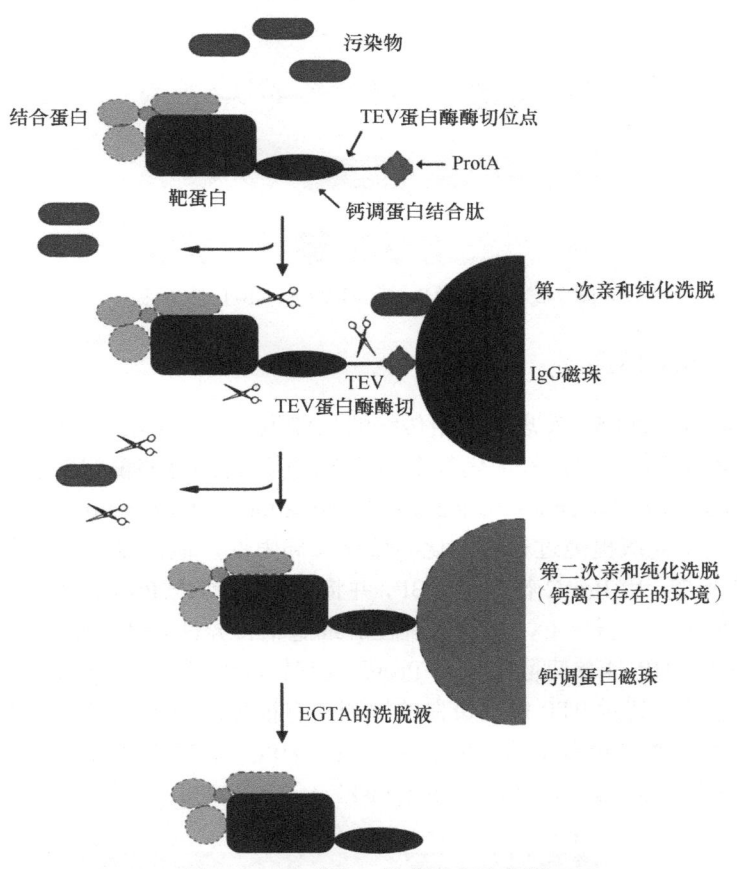

图 7-22 串联亲和技术的实验流程

2009),影响细胞的生理功能并使实验结果产生偏差。因此,随着 TAP 技术的发展,人们根据不同的研究体系和实验条件选择和设计不同的 TAP 标签,使其种类越来越多样化。

在设计不同的 TAP 标签时,既可以将其引入到目的蛋白的 C 端,也可以引入到目的蛋白的 N 端,因此,根据 TAP 标签与融合蛋白的连接位置,可以分为 C 端标签和 N 端标签;根据 TAP 标签所含有的组件不同,可以分为含 TEV 酶切位点的标签和不含 TEV 酶切位点的标签。常见的标签组合有传统的 ProtA/CBP 标签、ProtG/SBP 标签、ProtC/ProtA 标签、GFP/S-tag 标签、His/biotin 标签、FLAG/StrepⅡ标签、FLAG/CBP 标签、FLAG/HA 标签等。

(一) ProtG/SBP 标签

虽然 TAP 技术已经成功地应用于哺乳动物细胞,但它仍存在着耗材高、产量低、对细胞材料要求高等局限性。Bürckstümmer 等(2006)在传统 TAP 标签的基础上选择性优化亲和结合片段而设计了 AS-TAP、GC-TAP 和 GS-TAP 3 个新的 TAP 融合蛋白标签,并且使用其中一个优化的 TAP 标签,获得了比原始 TAP 标签高一个数量级的靶蛋白产量。如图 7-23 所示,AS-TAP 标签是由链霉亲和素结合肽(streptavidin-binding peptide,SBP)取代了传统 TAP 标签中的 CBP,GC-TAP 标签是链球菌的 ProtG 的两个 IgG 结合域替换了 ProtA,而 GS-TAP 标签则是由 ProtG 的两个 IgG 结合域和 SBP 组成,中间同样都具有一个 TEV 酶切位点。

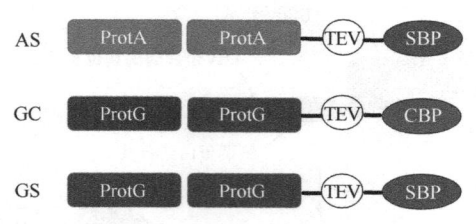

图 7-23 AS-TAP、GC-TAP 和 GS-TAP 标签

（二）ProtC/ProtA 标签

Schimanski 等（2005）发现，利用传统的 TAP 标签从锥形虫蛋白粗提物中分离纯化产物时，由于受到钙调蛋白亲和纯化效率的影响，无法得到足够量的转录因子 SNAPc（小核 RNA 活化蛋白复合物，small nuclear RNA-activating protein complex）用于蛋白质鉴定分析，因此，为了克服提纯过程中纯化率低这一局限性，他们设计了一个用于串联亲和纯化的新 TAP 标签，用 ProtC 替代了 CBP，并将其命名 PTP（ProtC-TEV-ProtA）标签（图 7-24）。ProtC 来源于人蛋白 C，它是一种在肝细胞中特异性表达的维生素 K 依赖性血浆酶原。Ca^{2+} 依赖性 HPC4 单克隆抗体对 ProtC 具有较高的亲和力（Stearns et al.，1988），在整个纯化过程中，其对 PTP 标记蛋白的检测具有很高的敏感性和特异性；另外，HPC4 融合蛋白可以通过含有 EGTA 的洗脱液有效地从 HPC4 磁珠中洗脱下来，类似于从钙调蛋白柱中洗脱 CBP 标记的蛋白质（Schimanski et al.，2003）。

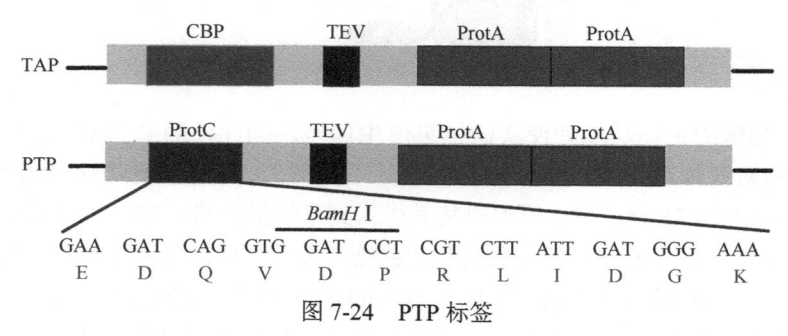

图 7-24 PTP 标签

（三）GFP/S-tag 标签

Cheeseman 等（2004）在秀丽隐杆线虫中研究外着丝点装配相关蛋白时，为了测试蛋白质是否在体内结合，在 TAP 标签的两步纯化程序基础上生成能够将蛋白质亚细胞定位与亲和纯化（localization and affinity purification，LAP）标签（图 7-25）。LAP 标签由一个 GFP 蛋白、一个 TEV 蛋白酶酶切位点和一个与 S 蛋白结合的 S 肽结构域（Connelly et al.，1990）组成。GFP 是增强型的绿色荧光蛋白，LAP 标签首先可以利用 GFP 对融合蛋白进行定位检测，利用 GFP 抗体把融合靶蛋白分离下来，经 TEV 酶切后，再用 S 蛋白凝胶层析柱进行第二步纯化，最后用尿素洗脱法将靶蛋白收集起来，高纯度的靶蛋白即可用于质谱相关分析。

图 7-25　LAP 标签

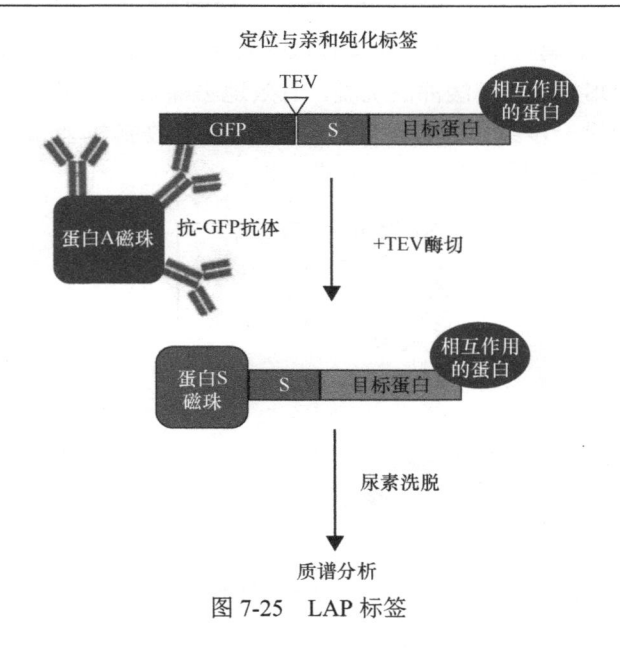

（四）组氨酸生物素（histidine-biotin，HB）标签

传统的串联亲和纯化策略在至少一个纯化步骤中需要非变性条件，此时修饰酶和降解酶仍保持活性，使得蛋白质在细胞裂解和纯化过程中容易丢失翻译后修饰。为了克服这些限制，Tagwerker 等（2006）开发了一个新的串联亲和标签——HB 标签，可以在 8mol/L 尿素或 6mol/L 胍等完全变性条件下（Cronan，1990）进行两步纯化，最大限度地保留翻译后修饰，从而大大提高了以质谱为基础的蛋白质组学实验的成果。HB-TAP 标签及其衍生标签如图 7-26 所示（Tagwerker et al.，2006），HBT 标签由一个能与 Ni^{2+} 螯合树脂结合的 9 个氨基酸肽（RGS6H）和一个在体内作为生物素化信号的细菌来源的多肽（BIO）结合，并有一个 TEV 酶切位点。HBH 标签由 RGS6H 和 BIO 组成，6×His 替代 TEV 酶切位点，使靶蛋白连同标签直接进入下一步的分析。

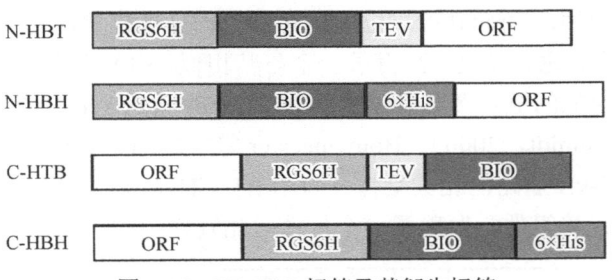

图 7-26　HB-TAP 标签及其衍生标签
ORF：可读框

泛素化是一种特别敏感的蛋白质修饰，在自然条件下由于泛素水解酶的活性而在纯化过程中迅速丢失。HB-TAP 标签是研究泛素化的理想工具之一，因为变性条件抑制水解酶的活性。图 7-27 所示是利用 HB-TAP 标签纯化泛素化蛋白的流程。HB 标记的泛素

在体内与靶蛋白偶联，第一步是在完全变性的条件下，通过 Ni^{2+} 金属螯合亲和层析纯化，用含有 EDTA 和 SDS 的低 pH 缓冲液洗脱，有效地去除未被标记的杂蛋白；然后用链霉亲和素-琼脂糖层析进一步纯化泛素化蛋白；最后，结合在链霉亲和素磁珠上的靶蛋白可以用胰蛋白酶消化释放，用于下一步的质谱分析。

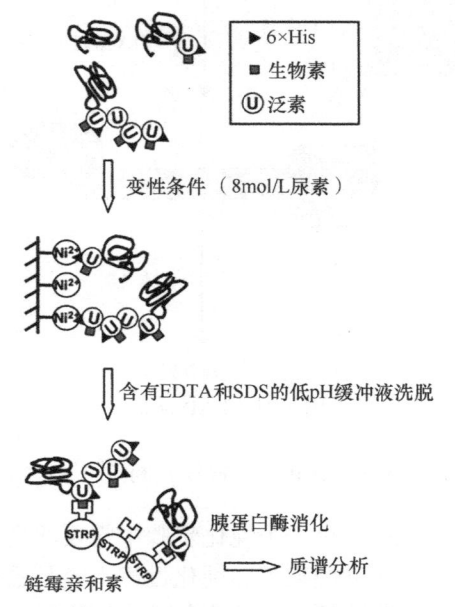

图 7-27　利用 HB-TAP 标签纯化泛素化蛋白的流程

（五）FLAG/Strep II 标签

传统的 TAP 标签分子质量为 21kDa，需要较长的剪切时间，Gloeckner 等（2007）将 Flag 与 Strep II 串联结合，该标签为 SF-TAP 标签（图 7-28），其分子质量减少为 4.6kDa；同时，由于省略了耗时的 TEV 蛋白水解裂解步骤，与原始 TAP 程序相比，纯化时间缩短了 2h。SF-TAP 标签第一步经 Strep-tag II 纯化，然后通过 FLAG-tag 进行纯化，这两个步骤也可以反过来使用。Strep II 可以位于融合蛋白的任意位置，它是在 Strep 标签的基础上，通过对合成短肽进行筛选，获得了一个与其相似、由 8 个氨基酸（Trp-Ser-Her-Pro-Gln-Phe-Glu-Lys）组成的链霉亲和素结合肽（Schmidt and Skerra，2007；Junttila et al.，2005；Skerra and Schmidt，2000）。Bouwmeester 等（2004）利用 SF-TAP 标签识别肿瘤坏死因子 TNF-α/NF-κB 通路的相关受体（TNF-R1、TNF-R2）、MAP3K 信号转导激酶、NF-κB 转录因子单元等组件，发现了一个蛋白质相互作用网络。

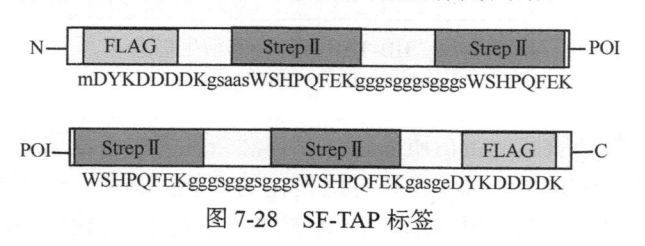

图 7-28　SF-TAP 标签

（六）FLAG/CBP 标签

Cao 等（2008）采用串联亲和纯化（TAP）结合四环素诱导的 HEK293 细胞体系表达 Flag 和 CBP 标记的 MARCH2A97（图 7-29），然后通过两轮免疫沉淀捕获 MARCH2A97 及其相关蛋白。首先，细胞提取物与 Flag 磁珠孵育，以捕获 Flag 标记的蛋白质复合物；经洗脱后，再用 CBP 磁珠进一步纯化，经缓冲液洗脱后得到高度纯化的蛋白复合物。

| Flag | CBP | 目的蛋白 |

图 7-29　FLAG/CBP 标签

Alexander 等（2018）在研究肌凝蛋白 Va 互作蛋白过程中，利用同源重组在肌凝蛋白 Va 重链的 N 端引入了一个 TAP-tag，将由蛋白 A 的 IgG 结合域、TEV 的酶切位点和 Flag 标签组成的串联亲和纯化（TAP）标签插入到小鼠起始密码子后的 MYO5A 位点；最后，直接从小脑中纯化 TAP-MyoVa，将洗脱蛋白进行质谱分析，并识别出已知的和潜在的新的肌球蛋白 Va 相互作用蛋白。

（七）FLAG/HA 标签

Ogawa 等（2002）在研究 E2F-6 蛋白的相互作用蛋白及其功能时，利用 FLAG/HA 标签对 HeLa 细胞裂解物进行分离纯化。第一步经 Flag 特异性抗体免疫沉淀，洗脱后得到 FLAG-融合蛋白；第二步使用 HA 特异性抗体同样进行免疫沉淀，再次洗脱后得到高度纯化的 E2F-6 融合蛋白复合物。Ye 等（2004）为了分离 TRF1 复合物的新组分，用 Flag-HA-HA 标签标记了 TRF1 的 C 端和 TIN2 的 N 端，并通过逆转录病毒转导在 HeLa S3 细胞中表达，然后将细胞裂解物依次结合 anti-Flag、anti-HA 亲和树脂，并经过洗脱分离得到 TRF1/TIN2 复合物，通过质谱分析发现了一种之前不知道的、存在于 TRF1 复合物中的蛋白质（PIP1）。

三、串联亲和纯化与质谱的联用

（一）TAP-MS 技术的特点

质谱分析是一种高度复杂的蛋白质及其他生物分子分析技术（详见本书相关章节）。在过去的二十年里，质谱仪逐渐与许多蛋白质化学分析结合起来，成为能提供高级复杂信息的检测器。到 20 世纪 90 年代中期，各种基于质谱的方法已经基本上取代了 Edman 降解法（Han et al.，1977），成为测定多肽氨基酸序列的主流方法（Park et al.，2012）。质谱分析法是纯物质鉴定的最有力工具之一，是指将样品注入高真空系统中，通过电离方法让样品电离并带上电荷，然后按质荷比进行分离检测，测出离子准确质量即相对分子质量，进而分析得出分子结构的方法。

高精度和高通量质谱仪器以及质谱定量方法的发展，促进了对多蛋白复合物的大规模和全面分析。串联亲和纯化的严格纯化条件特别适合对蛋白质修饰的质谱分析，可以最大限度地保留翻译后修饰（Tagwerker et al.，2006）。串联亲和技术达到了特定蛋白质纯化等级，并显著提高了基于质谱的蛋白质组实验的结果，所以亲和纯化和串联质谱（TAP-MS）的结合已经成为描述生物过程的一种强有力的方法。

（二）TAP-MS 技术的实验流程

TAP-MS 技术的一般实验流程包括：融合靶基因的双标签表达载体的构建；双标签载体转染到细胞中；细胞裂解，提取总蛋白；TAP 纯化互作蛋白（第一次亲和纯化，洗脱；第二次亲和纯化，再洗脱）；最后是 LC-MS/MS 鉴定互作蛋白。

例如，Li 等（2015）在进行人类转录因子的蛋白质组分析时，首先构建 C 端的 SFB（streptavidin-S-FLAG）标签，通过稳定转染和筛选得到稳定表达靶蛋白的 293T 细胞，裂解细胞收集总蛋白，用核酸内切酶处理后，通过标准的串联亲和纯化步骤，经质谱分析鉴定纯化蛋白复合物，并通过基于 SAINT 算法的过滤生成最终的相互作用蛋白（图 7-30）。

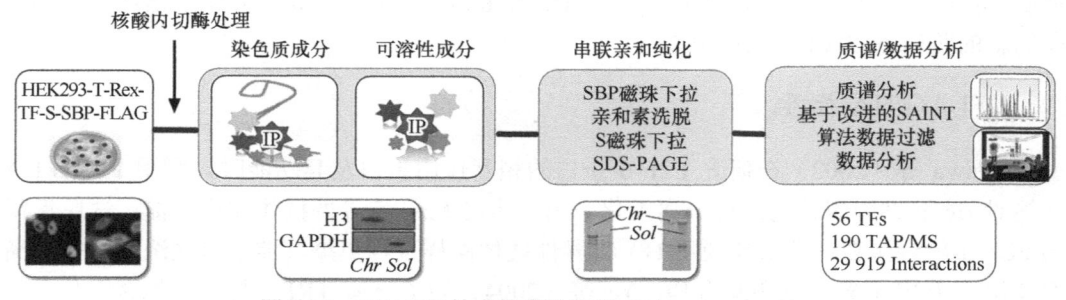

图 7-30 TAP-MS 技术的实验流程（Li et al.，2015）

（三）串联亲和纯化与质谱联用的实例

田斯琦（2016）在寻找 RSK4m 的相互作用蛋白时，以两个 Strep II 标签和一个 FLAG 标签为基础的串联亲和纯化技术（SF-TAP）联合 LC-MS/MS 质谱技术，分别分离和鉴定出 452 个 RSK4m2 相关蛋白和 713 个 RSK4m3 相关蛋白。刘侠（2014）利用 StrepII/FLAG 标签纯化富集 LOX 的复合体，经 LC-MS/MS 进行蛋白鉴定，经过纯化获得 LOX-SF 重组蛋白复合物，质谱共鉴定到 425 个与 LOX 相互作用的蛋白质。宋方丽（2010）通过串联亲和纯化技术分离 MCF-7-pCTAP-DNAJC 12-V 1 细胞中的 DNAJC12-V1 蛋白复合体，以及 MCF-7-pCTAP-DNAJC 12-V2 细胞中的 DNAJC12-V2 蛋白复合体，经 SDS-PAGE 凝胶电泳分离蛋白复合体后分析差异蛋白条带，再经过质谱鉴定，得到 DNAJC12-V1 复合体的 4 个候选蛋白，发现了许多潜在的 DNAJC12 蛋白的相互作用分子。徐晓辉（2006）将串联亲和纯化技术与液相色谱-串联质谱（LC-MS/MS）技术相结合，TAP 技术纯化的蛋白混合物经过 LC-MS/MS 分析，初步获得了几个可能与 P28/Gankyrin 有较大相关性的相互作用蛋白。Brown 等（2008）通过亲和纯化、液相色谱（LC）和串联质谱（MS/MS）鉴定新的 Smad2 和 Smad3 相关蛋白，进一步研究了 Smad2 和 Smad3 在 TGF-β1 信号转导中的作用及调控作用。周剑和刘东（2014）利用串联亲和纯化技术富集 HepG2 细胞中 HBcAg 结合蛋白，电泳分离免疫沉淀复合物并从胶中切取 HBcAg 结合蛋白条带，胶内酶解后进行液相质谱技术分析，从而筛选和鉴定到 CD59 糖蛋白前体、MCM3 相关蛋白、LOC100049716 蛋白和 ANKRD26 蛋白这 4 个 HBcAg 相互作用蛋白。为了更全面地研究 AHR 蛋白相互作用网络，Tappenden 等（2013）利用串联亲和纯化（TAP）和质谱分析，在存在和不存在 TCDD 配体的情况下，确定了几个新的蛋白质与 AHR 蛋白的相互作用，包括几种参与激酶信号转导的蛋白质，如 Asap2 和 Clcf1。胰岛素刺激的葡萄糖摄取主要是由葡萄糖转运体 4（GLUT4）介导的（Bryant et al.，2002；Watson et al.，2004），而 AS160 是 Akt 的底物之一（Larance et al.，2005）。为了识别与 AS160 相互作用并参与 GLUT4 路径的新伙伴，Xie 等（2009）采用串联亲和纯化（TAP）结合质谱分析，证明了 RUVBL2 是 AS160 的一个新的相互作用伙伴,并参与调节胰岛素刺激的 GLUT4 易位。

第六节　荧光共振能量转移技术

荧光共振能量转移（fluorescence resonance energy transfer，FRET）技术能够定时、定量、定位、无损伤检测活细胞内蛋白质-蛋白质之间的相互作用（王进军等，2003），是目前研究蛋白质相互作用比较成熟、已被广泛应用的方法之一。本节介绍 FRET 的原理、FRET 荧光探针的配对、FRET 的检测方法等，以供读者参考。

一、荧光共振能量转移的原理

（一）荧光共振能量转移

荧光共振能量转移（FRET）包含两种主要机制。一种为供体单重态与受体单重态之间的共振能量转移，由 Förster 最早阐明其机制（王进军等，2003），所以又称为 Förster 共振能量转移（Förster resonance energy transfer），其缩写也是 FRET，这两个概念容易混淆。另一种机制是供体三重态与受体单重态之间的共振能量转移，即德克斯特电子传递机制（王进军等，2003），其有效范围为 1.0~1.5nm。针对 1~10nm 的距离来说，Förster 共振能量转移的发生概率很大，为主要的发生机制。目前文献中"FRET"的含义一般是用"Förster 共振能量转移"指代了"荧光共振能量转移"的概念，本书中也沿用这一习惯用法。

Förster 推导的 FRET 效率与供体和受体间距离的关系如下：

$$E = 1/\{1+(r/R_0)^6\}$$

其中，R_0 为 Förster 半径，是指能量传递效率等于 50%时，供体与受体之间的距离。FRET 效率依赖于所用染料的光谱特性及它们的相对方向，对于已定的供体受体对来说，可将 R_0 认为是不变的恒量，r 代表供体与受体之间的距离（张志毅等，2007）。

荧光共振能量转移需要两个探针，即荧光供体（donor）与荧光受体（acceptor）。如果两个荧光基团距离为 1~10nm，且一个荧光基团（供体）的发射光谱与另一个荧光基团（受体）的吸收光谱重叠，当供体被入射光激发时，通过偶极-偶极耦合作用将其能量以非辐射方式传递给受体分子，供体分子不发射荧光或发射的荧光减弱，受体分子吸收能量由基态跃迁到激发态，当其再衰变到基态的过程中会发射荧光，这一过程称为荧光共振能量转移（图 7-31）。

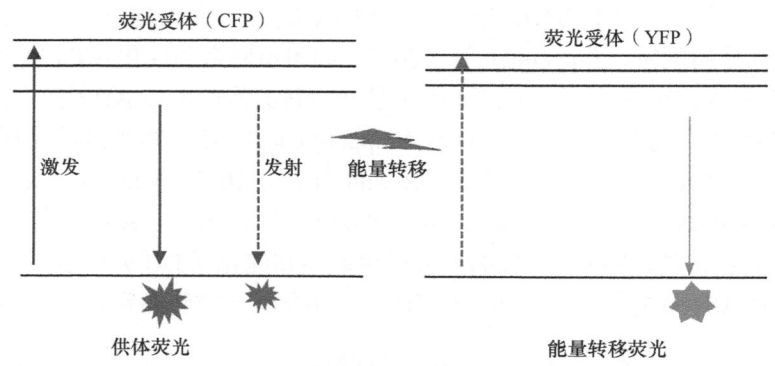

图 7-31 荧光共振能量转移示意图

（二）FRET 产生的条件

下面以 GFP 的两个突变体 CFP 和 YFP 为例，简要说明 FRET 的原理：CFP 的发射光谱与 YFP 的吸收光谱有相当的重叠（图 7-32A），当它们距离较远时，没有 FRET，激发 CFP 只能检测到 CFP 的发射光（图 7-32B）；当它们足够接近时，激发 CFP，CFP 将会把能量高效率地共振转移至 YFP 的发色基团上，可以检测到 YFP 的发射荧光，即发生了 FRET，而 CFP 的发射荧光将减弱或消失。两个发色基团之间的能量转换效率与它们之间的空间距离的 6 次方成反比，对空间位置的改变非常灵敏（Sekar and Periasamy，2003；Elangovan et al.，2002；Pollok and Heim，1999）。

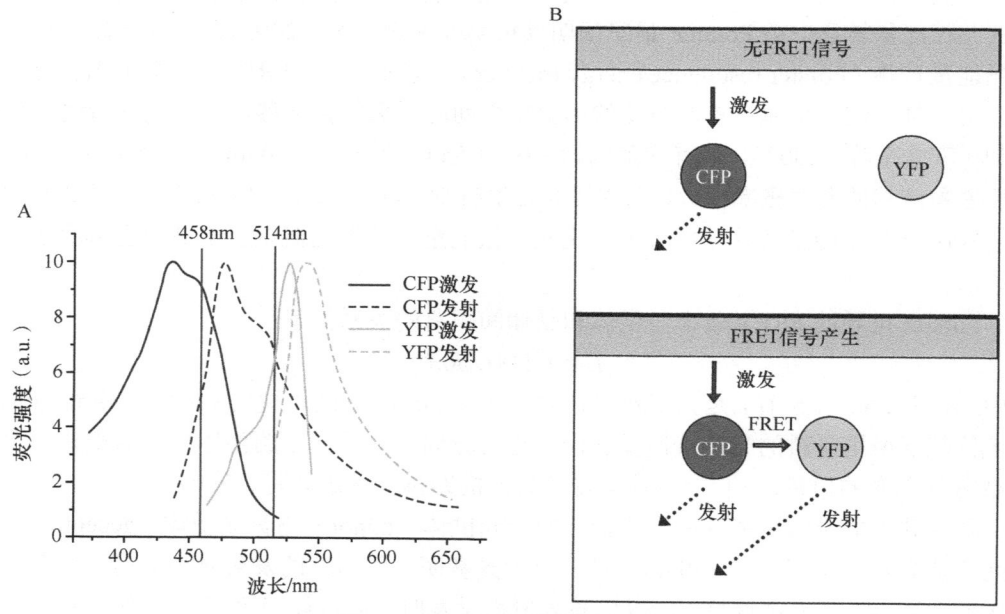

图 7-32 FRET 实验原理示意图
A. CFP 与 YFP 的激发谱和发射谱，图上标出了 458nm 和 514nm 的位置；B. FRET 发生示意图

产生 FRET 的主要条件为：①供体与受体的空间距离要足够靠近，需≤10nm；②供体的发射光谱与受体的吸收光谱需要具有一定的重叠，符合能量匹配的条件；③供体与受体的偶极具一定的空间取向，这是偶极-偶极耦合作用的条件。

二、荧光共振能量转移探针

FRET 探针主要分为荧光蛋白、有机荧光染料、镧系染料和量子点。

（一）荧光蛋白

荧光蛋白中，以绿色荧光蛋白（GFP）及其突变体的应用最为广泛。GFP 是从维多利亚水母中分离出来的，受紫外线激发而发出绿色荧光。近年来发展出 GFP 多种突变体，可以发出不同颜色的荧光，如青色荧光蛋白（CFP）、黄色荧光蛋白（YFP）、红色荧光蛋白（RFP）、远红光荧光蛋白（FFP）和红外光荧光蛋白（IFP）等（Bajar et al.，2016；Mizuno et al.，2001；Lewis and Daunert，1999）。这些突变体使 FRET 方法用来研究活细胞内蛋白质-蛋白质间相互作用成为可能。常见的荧光蛋白对组合如图 7-33 所示。

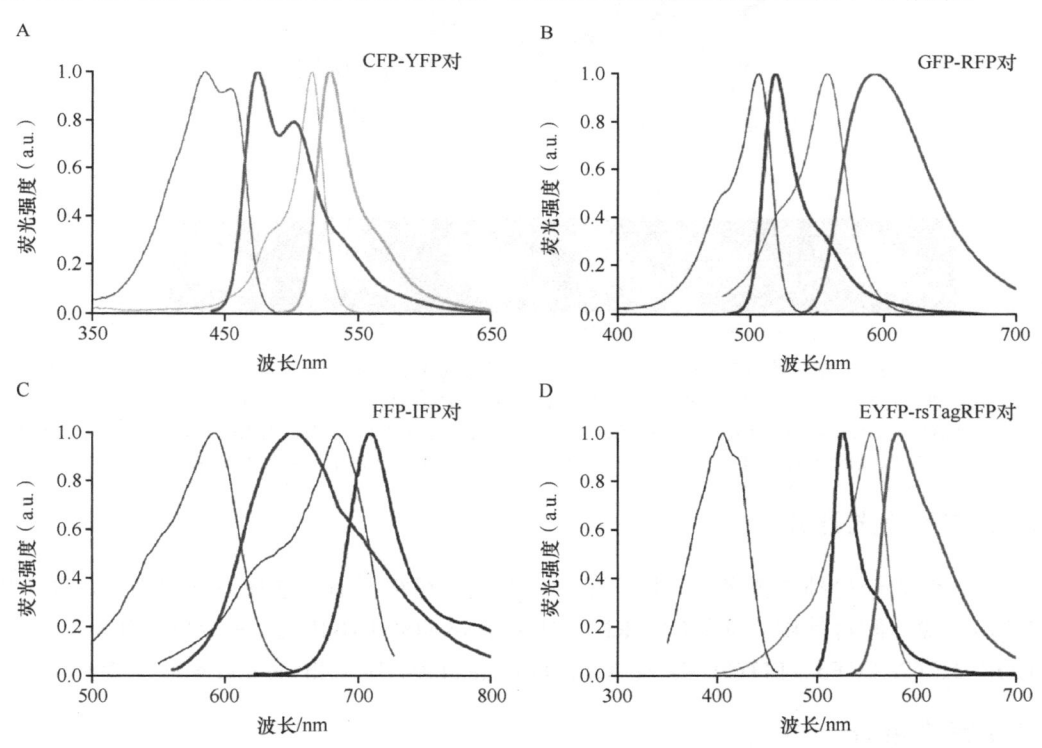

图 7-33 代表性双色荧光蛋白对的发射与吸收光光谱（Subach et al.，2010）（彩图另扫封底二维码）
EYFP（enhanced yellow fluorescence protein），增强型黄色荧光蛋白；rsTagRFP（reversibly photoswitchable TagRFP），可逆型光控标签红色荧光蛋白 CFP 和 YFP 是目前最常用的荧光蛋白供体受体对

如图 7-34 所示，Zhang 和 Allen（2007）利用 FRET 原理设计了检测蛋白激酶活性的报道探针（KAR），探针由四部分组成：蛋白激酶的底物序列（substrate）、底物序列

磷酸化后的结合域（phosphoamino acid binding domain，PAABD）、CFP 和 YFP。在细胞中加入刺激物（forkhead）（图 7-34 B），其与 substrate 结合，使探针的构象发生变化，CFP 和 YFP 的距离足够靠近，此时，激发 CFP（434 nm），CFP 的发射光可以激发 YFP，从而可以探测到 YFP 的发射光（526 nm），表明探针的 FRET 升高了。当用磷酸酶处理时，使 substrate 去磷酸化，探针的构象向左侧（图 7-34B）变化，CFP 和 YFP 的距离增大，使 FRET 减小或消失。通常情况下，利用 YFP/CFP 的发射比率（ratio）图像表示探针的 FRET 变化，可以借助伪彩图像进行显示，这里由蓝色到红色代表 FRET 由低到高的变化。这里比率升高，代表 FRET 增加，激酶的活性升高；相反，比率降低，代表 FRET 下降，磷酸酶的活性升高（图 7-34C）。

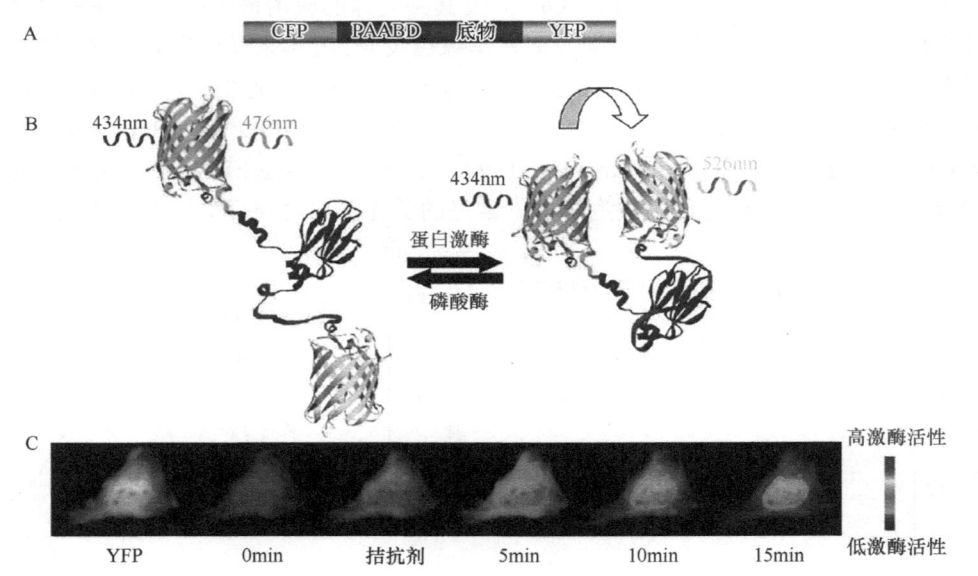

图 7-34 利用 FRET 原理构建的激酶活性报道探针（Zhang and Allen，2007）（彩图另扫封底二维码）
A. 激酶活性报道探针（KAR）的线性结构示意图；B. KAR 磷酸化前后的结构变化示意图；C. 将蛋白激酶 A 的报道蛋白 AKAR 转染细胞，加入 forkhead 刺激，使蛋白激酶 A 磷酸化而激活，活化的蛋白激酶 A 与其底物结合，使 AKAR 构象变化，FRET 增加。图中所示为 YFP/CFP 的发射比率图像，伪彩模式显示，由蓝色到红色代表 FRET 由低到高的变化

（二）有机荧光染料

有机荧光染料种类繁多、应用广泛，研究人员可根据需要选择适合的染料，并可以和其他类探针配对使用。常见的 FRET 对如 Alexa488/RHOD-2、FITC/RHOD-2、GFP/RHOD-2、CY3/CF5、FITC/CY3 及 Alexa488/Alexa594 等（Zhang and Allen，2007）。

（三）镧系染料

镧系元素属于稀土元素，常与传统的有机染料联用，组成 FRET 对。常用的镧系元素有钐（Sm）、铕（Eu）、铽（Tb）和镝（Dy）。镧系染料的特点为：①灵敏度高，稳定性好；②染料的激发光和发射光波长的 Stokes 位移大，超过 200nm，例如，Eu 的激发波长峰值为 340nm，发射波长峰值为 615nm，相差 290nm，相互之间不会产生干扰；③荧光的半衰期长，比普通的荧光物质半衰期长5~6个数量级（如Eu、Tb），因而可用时间分辨荧光检测仪在激发后延迟一定时间再测量荧光，可避免非特异性荧光的干扰，时间分辨荧光共振能量转移（time resolution FRET，TR-FRET）的概念由此而来。

Rega等（2007）分别用His-tag和生物素标记Bcl-XL和BH3区域，研究二者的相互作用。利用His和生物素的抗体分别对二者进行标记，然后用铕染料标记His抗体，用APC（异藻蓝蛋白）标记生物素的抗体，通过TR-FRET技术检测铕与APC之间的荧光共振能量转移情况，判断Bcl-XL和BH3之间存在的相互作用（图7-35）（Rega et al.，2007）。

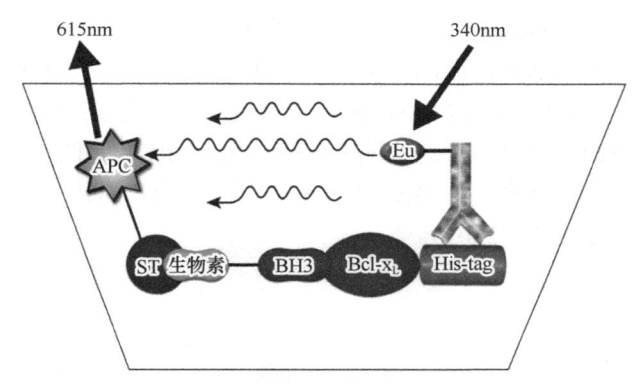

图7-35 FRET技术检测BH3与Bcl-2相互作用的示意图（Rega et al.，2007）

（四）量子点

量子点是一种被激发后产生荧光的纳米颗粒，直径为1~100nm。其特点如下：①激发波长范围很广，发射光谱也很宽，单个量子点的荧光发射谱峰值狭窄而对称；②量子点大小的改变可以调节量子点的发射光谱与受体分子的吸收光谱的重叠程度；③荧光发射是有机荧光染料发射光强的20倍，稳定性比有机荧光染料强100倍以上（孟磊和宋增璇，2004）。

所以，量子点作为一种新型的荧光探针正在被广泛地采用。例如，利用量子点QD 565标记雌激素受体β（ER2β）的单克隆抗体，同时利用有机荧光染料Alexa Fluor（AF）标记ER2β的多克隆抗体，然后检测QD 565与AF之间的FRET，计算出探针之间的距离为8~9nm（Wei et al.，2006）。

三、荧光共振能量转移效率的检测方法

常用的FRET效率检测方法主要包括三种，即受体敏感发射的检测、受体荧光漂白恢复的检测和荧光探针发射光谱的变化检测。目前，FRET效率的一个主要检测工具就是借助共聚焦显微镜进行分析：一方面，研究人员可以使用显微镜厂家自带的专业FRET测量和分析软件；另一方面，也可以根据FRET原理自己设计光路。对于前一种方法，各个厂家的分析软件不尽相同，而且都配有详细的操作指南，这里不再进行详述。对于后一种自己设计实验方案的情况，其实也经常遇到，因为它比较方便快捷，成本低，不

用花费大量资金购买 FRET 测量和分析的软件。

这里提醒读者,我们接下来讲到的三种 FRET 效率的检测方法均侧重的是 FRET 效率升高或降低的相对值,所以设置合适的对照组非常重要;如果要得到 FRET 效率的绝对值,建议采用专业的 FRET 分析软件进行计算,或是利用适合自己实验情况的 FRET 效率计算公式进行计算。

(一)受体敏感发射的检测

下面我们以 CFY 和 YFP 这对 FRET 探针组合,以及 Zeiss 公司的共聚焦显微镜(LSM 510 Meta)为例,介绍 FRET 检测的实验光路设计和检测方法。首先介绍一下所使用的 FRET 探针,CKAR(C kinase activity reporter)质粒是利用 FRET 原理设计的监测细胞内 PKC 激酶活性的一个报告探针。CKAR 融合蛋白由 4 部分组成:CFP、FHA2 连接序列、PKC 底物结构域、YFP(图 7-36)。从图中可以看出,FRET 降低代表 PKC 的激活,而 FRET 升高代表磷酸酶活性升高、PKC 活性降低。因此可以看出,FRET 探针的设计没有确切的方向(Violin et al., 2003)。

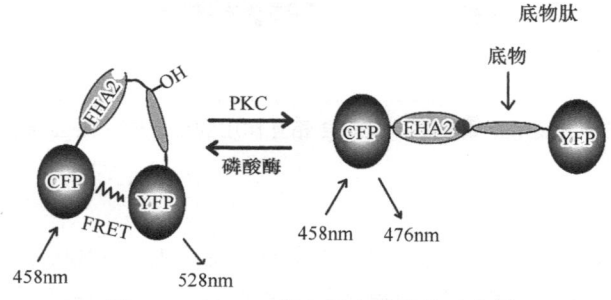

图 7-36 CKAR 报告蛋白的结构示意图

首先,将 CKAR 报告蛋白转染细胞,表达后置于共聚焦显微镜的载物台上,如在活细胞内进行实时的研究,建议载物台上配置专业的小型 CO_2 培养箱。监测 CKAR 融合蛋白的荧光时,使用 458nm 波长的激光激发 CFP(图 7-37),激发光经过分光滤光片 HFT458/514 后照射到样品上,发射的荧光信号经过分光片 NFT515 分成 CFP 和 YFP(也称为 FRET 通道)两个通道,采用带通滤光片 BP470~500nm 收集 CFP 发射的光,长通滤光片 LP530nm

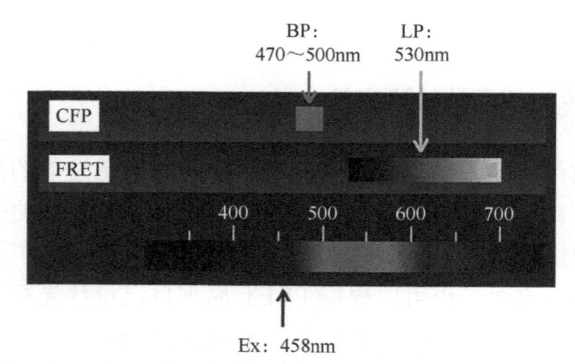

图 7-37 CKAR 探针的成像方法(彩图另扫封底二维码)

的滤光片收集 YFP/FRET 通道的光。另外，可以再勾选 ratio 通道，ratio 通道的强度选用通道 FRET/CFP。这里需要指出，CFP 或 YFP/FRET 通道的收集也可以采用 Meta 多通道探测器而不用滤光片，通过 Meta 多通道探测器可以随意设置收集的带宽。

如图 7-38 所示，转染 CKAR 的细胞经过相应的刺激后，CFP 通道的发射强度逐渐升高，而 YFP/FRET 通道的发射强度逐渐降低，即 ratio 通道的强度降低，FRET 降低，这表明 PKC 被激活了。

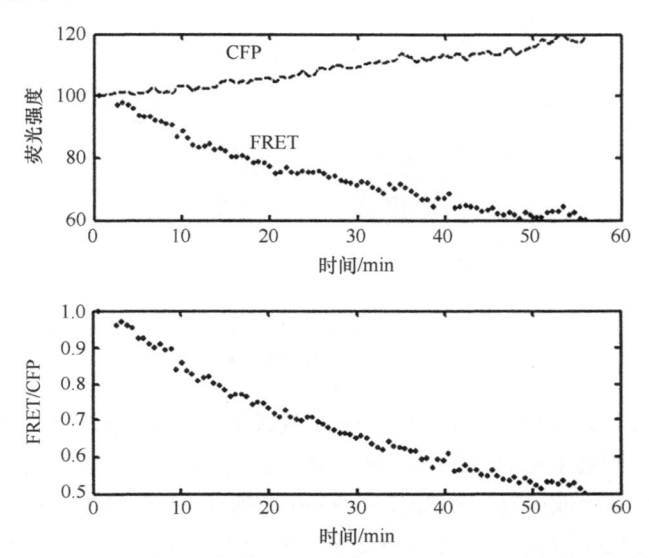

图 7-38　刺激因子作用后 CFP 和 FRET 强度及其强度比率的变化曲线（Gao et al., 2006）

（二）受体荧光漂白恢复的检测

不同于 FRAP（荧光漂白后恢复）的概念，受体荧光漂白恢复是用来验证两种荧光蛋白之间有无 FRET 发生的另一种常用方法。同样以 CFP 和 YFP 为例，二者足够靠近又存在 FRET 时（图 7-39A），首先用大功率 514nm 激光（100%）特异性激发 YFP（FRET 受体），使之发生光漂白，破坏 YFP 荧光分子，这时用 458nm 激光激发 CFP，CFP 的发射能量不能转移给 YFP，所以漂白 YFP 以后，可以检测到 CFP 的荧光强度有明显上升；反之，如果 CFP 和 YFP 之间不存在 FRET，漂白 YFP 以后，CFP 的荧光强度则无明显变化（图 7-39B）。利用这种方法也可以检测两个蛋白质之间是否足够靠近而存在相互作用。

（三）荧光探针发射光谱变化的检测

荧光探针发射光谱的检测也是一种比较常用的检测 FRET 效率的方法，并以此来判断蛋白质-蛋白质相互作用，这需要借助生物发光分光光度计或多功能酶标仪来完成。实验过程中，采用供体的激发波长激发整个样品（贴壁细胞或悬浮细胞均可），收集整个样品的发射谱变化，主要观察供体和受体荧光发射峰值处的发射强度变化。

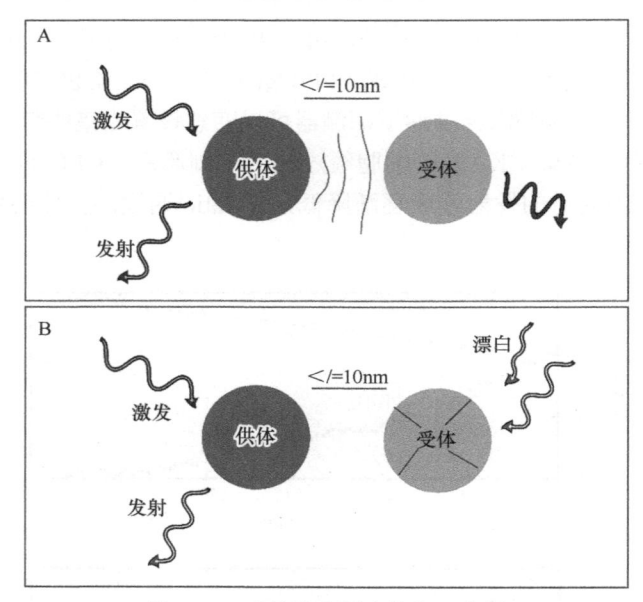

图 7-39 受体荧光漂白恢复示意图

同样,以由 CFP 和 YFP 这对 FRET 探针组成的 CKAR 报道质粒为例,介绍实验的设计过程。细胞中转染 CKAR 质粒,融合蛋白表达以后,对细胞进行相应的处理,利用生物发光分光光度计或多功能酶标仪在 96 孔板或比色皿中检测样品的发射谱变化。如图 7-36 所示,在 LS55 型荧光磷光生物发光分光光度计上进行荧光发射光谱的分析,激发波长 433nm(主要激发 CFP),激发狭缝 10nm,发射狭缝 15nm,扫描速度 200nm/s,步径 2nm。在图 7-40 的结果中可以观察到,随着 PMA 刺激时间的延长,细胞样品的荧光发射光谱逐渐变化。PMA 处理后,CFP 的发射峰逐渐升高,而 YFP 的发射峰逐渐降低,说明 PMA 激活了 PKC,引起 CKAR 融合蛋白的 FRET 下降。

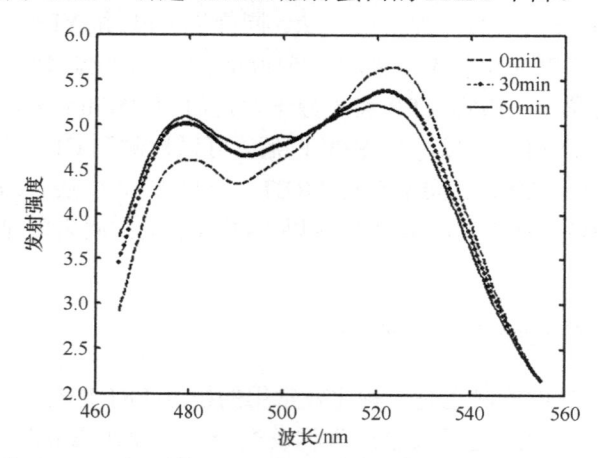

图 7-40 佛波酯(PMA)处理前后 CKAR 发射光谱随时间的变化(Gao et al.,2006)
在进行软件分析时,将未转染质粒的细胞的荧光强度作为背景减去

传统的研究方法不断发展,为蛋白质-蛋白质相互作用的研究提供了非常方便的检测

条件，但这些传统研究手段存在不少缺陷，多数生物化学与分子生物学方法如免疫共沉淀、免疫荧光等应用的前提都是要破碎细胞或固定细胞，无法做到在活细胞生理条件下实时动态地研究蛋白质-蛋白质间的相互作用。

FRET 技术的应用结合基因工程、时间分辨和显微技术等正好弥补了这一缺陷。FRET 技术可以无损伤检测活细胞内蛋白质-蛋白质的相互作用，其在相关生命科学领域中的应用包括：蛋白质-蛋白质相互作用的分析，蛋白质结构的分析，激酶活性变化的研究，膜蛋白流动性的研究等（Gao et al., 2006）。随着仪器设备的不断更新和检测方法的改进与完善，FRET 技术在生命科学领域中的应用会更加广泛，以活体细胞和动物为研究载体，在生理条件下实时动态地阐明分子间的相互作用规律，提高对生命活动基本规律的认识。

第七节 交 联 技 术

基于亲和力鉴定活细胞中蛋白质-蛋白质相互作用的技术，如前文所述的免疫共沉淀或串联亲和纯化技术，都是以细胞裂解物为原材料，在裂解过程可能导致蛋白质复合物的破坏。而在细胞里存在着大量弱的和（或）瞬态的蛋白质与蛋白质相互作用，如激酶与其底物之间的相互作用。怎样检测这种蛋白质相互作用、捕捉不稳定的蛋白复合体是目前研究中的难题。交联技术的运用可以为解决这一难题提供方案。交联技术能够对诱饵蛋白进行可靠、特异及精准的分析，它采用共价捕获的策略，可以对动态的、瞬时又非常弱的蛋白质相互作用进行检测，将蛋白复合物和相互作用蛋白之间进行共价连接，从而达到稳定蛋白质相互作用的目的。总的来说，交联技术的原理在于将生物分子之间的非共价相互作用转化为共价键，因此可以捕获自然界中常见的弱而短暂的蛋白质-蛋白质相互作用（陈勇和高友鹤，2008；Sinz，2003）。近年来，在生理条件下挖掘蛋白质-蛋白质相互作用的交联技术不断发展，衍生出化学交联技术和光交联技术（photo-cross-linking）（Sinz，2006；2005）。

一、化学交联技术

化学交联技术利用化学交联剂对蛋白质进行化学修饰，其本质是化学交联剂带有双功能团，能够通过功能团与蛋白质的氨基酸残基进行反应，从而使两个蛋白质或者更多的蛋白质形成网状交联（陈勇和高友鹤，2008）。化学交联剂反应特异性取决于功能团，常见化学交联剂功能基团特征如表 7-5 所示。

表 7-5 化学交联剂功能基团特征（陈勇和高友鹤，2008）

蛋白质反应基团	化学交联剂功能团	反应难易度	特异性	局限性
胺基	亚胺基酯，N-羟基琥珀酰亚胺	难	高	破坏了胰酶位点
羧基	重氮乙酸酯，重氮乙酰胺	难	低	未知
巯基	马来酰亚胺，乙酰基化合物	易	高	半胱氨酸形成二硫键后，巯基化合物不能参与反应
胺基，羧基	碳化二亚胺	难	低	不适合多成分复合物
不确定	芳香基叠氮化合物	易	低	光敏感，未知

化学交联技术的优势在于它能够"捕获"并稳定不同蛋白质某个状态下微弱的、瞬时的相互作用，同时由于交联剂分子较小，只能交联近距离的两个蛋白质分子，蛋白质间的距离与交联剂的长度相差太大则无法进行交联，这就为研究蛋白质的相对空间位置提供了信息。

化学交联技术步骤如下（陈勇和高友鹤，2008）：①样品的交联反应；②交联产物纯化；③质谱分析；④数据处理。首先是根据研究的目的，选择合适的化学交联剂，在生物样品中进行化学交联反应，产生相应的交联产物，例如，在蛋白质中氨基酸的官能团之间引入共价键（了解蛋白质的构象），或在不同的相互作用伙伴之间引入共价键（阐明蛋白质复合物中的界面）（Sinz，2006；2005；2003；Melcher，2004）。根据交联剂的理化性质可选择不同的交联产物纯化方式：①含有二硫键的可切割交联剂，对 SDS-PAGE 交联产物还原处理后，引起迁移方式改变，以此确定交联的蛋白质；②荧光或者同位素标记交联剂，通过检测标记物来确定交联产物；③化学交联剂含有生物素，可形成三功能团交联剂，从而可以利用偶联亲和素的层析柱纯化交联蛋白复合物。之后，目的交联产物经过蛋白酶消化成为质谱所能检测的多肽。最后经过"自下而上"的方法（Sinz，2006；2005）即高分辨率质谱分析法分析，或者经过"自上而下"的方法（Novak et al.，2003）即将完整的交联蛋白破碎成团块，进行光谱仪分析多肽混合物，通过这两种方法的分析可知，多肽混合物中含有发生蛋白质相互作用的分子间交联产物、同一蛋白质内的交联产物及未修饰的多肽片段，利用 LC-MS/MS 解析从而最终确定检测样品中存在相互作用的蛋白质，以及基于交联肽 MS 分析确定蛋白质复合物相互作用位点，如图 7-41 所示（Sinz，2010；Sinz et al.，2005）。

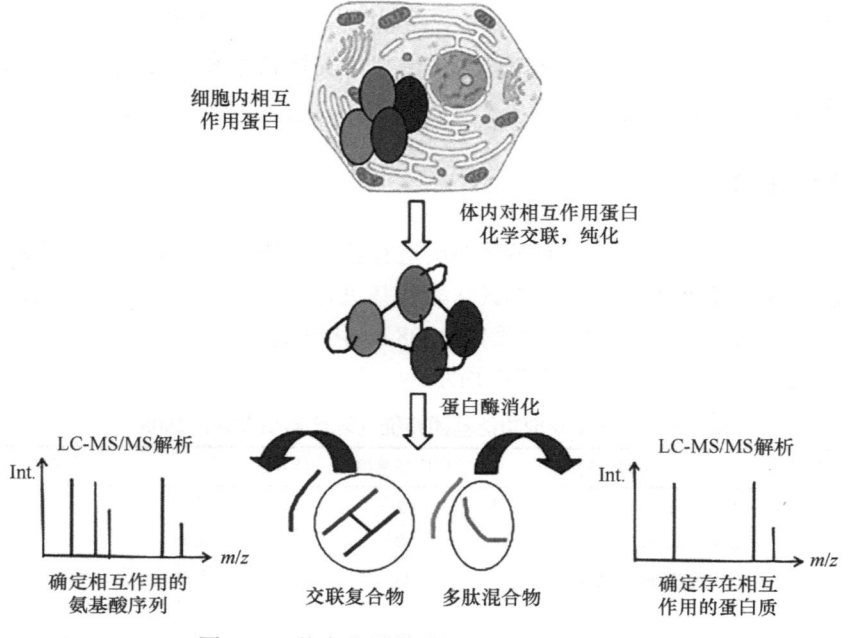

图 7-41 体内化学交联策略（Sinz，2010）

二、光交联技术

光交联技术是基于光敏性基团（又称为光亲和性基团）在特定波长的紫外线激活下，迅速与邻近分子形成共价交联的原理，将相互作用形成的复合物稳定下来。

常用的光亲和基团有三种类型，即二苯甲酮、芳基叠氮化物（又称叠氮苯）、双吖丙啶基团（三氟甲基苯基二嗪和烷基二嗪）。利用这三种光亲和基团可形成对应的非天然氨基酸，如图 7-42 所示（Tanaka et al., 2008）。光敏性基团具有以下特点：①光敏性基团在正常条件下是惰性的，当被特定波长的紫外线激发后，这些基团变成高活性中心，该中心会迅速插入相邻的 X—H 键（其中 X 代表 C、N、O 等），与蛋白质侧链基团的特定结合部位作用，将蛋白质间的非共价相互作用力转化为共价连接，从而高效地捕获和稳定蛋白质分子间的相互作用；②在生理条件下，不与细胞内的其他生物活性基团发生反应，或者引起其他的附加反应；③具有较好的水溶性和合适的大小，相对于化学交联试剂而言，对细胞的毒性作用较小，不影响或者极小地影响细胞的生长。

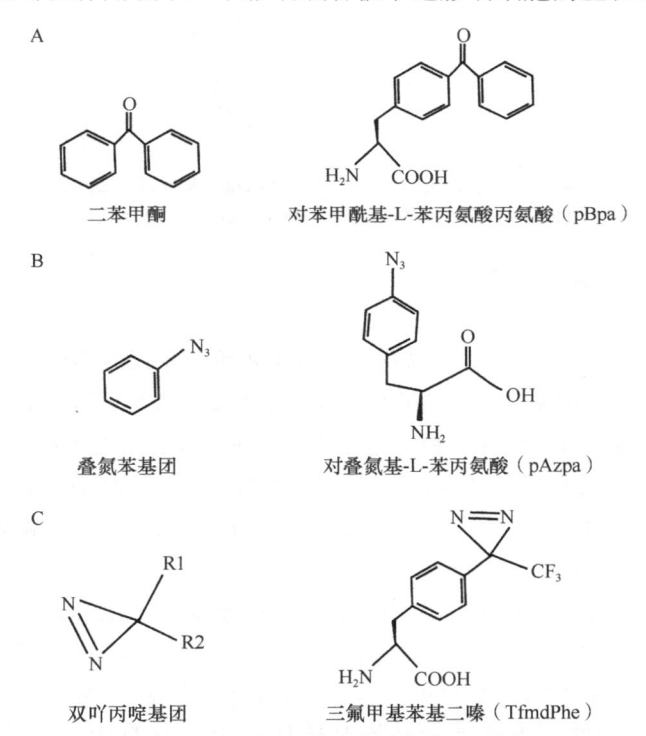

图 7-42　常见的光亲和性基团以及对应的光亲和性氨基酸（Zhang et al., 2017；Sinz, 2010）

在某些条件下，细胞能够利用天然氨基酸类似物，当把这些具有光反应交联活性的氨基酸类似物加入到细胞培养基中时，细胞所产生的蛋白质就有可能具备光反应交联活性。一般来说，光敏性基团都被连接到蛋白分子中的亮氨酸、异亮氨酸和甲硫氨酸上。因为改造后氨基酸残基结构变化不大，可以通过正常的蛋白质生物合成途径成为蛋白质的组成氨基酸，经过紫外光照射后，在体内的状态下产生交联（Suchanek et al., 2005）。"Photo-Ile"、"Photo-Leu" 和 "Photo-Met"（Suchanek et al., 2005）在结构上类似于异亮氨酸、亮氨酸和甲硫氨酸,但与它们的天然对应氨基酸相反(图 7-43)。这些类似物包含可光活化的重氮基环,实验证明这些光氨基酸可有效地掺入哺乳动物细胞蛋白质合成过程中,且对细胞无毒。

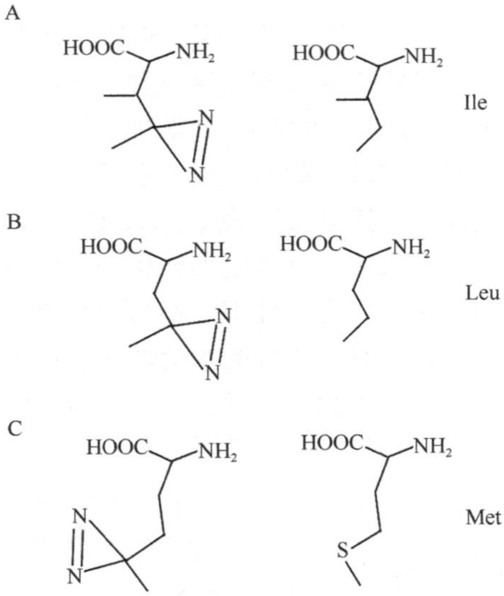

图 7-43 常见的光敏性氨基酸(Suchanek et al.,2005)
A. 光敏性异亮氨酸(Photo-Ile);B. 光敏性亮氨酸(Photo-Leu);C. 光敏性甲硫氨酸(Photo-Met)

三、遗传密码扩展策略

所谓的"遗传密码扩展策略",是指利用分子生物学手段改造细胞本身的蛋白质合成机器中的某些组分,如 tRNA-反密码子对和氨酰-tRNA 合成酶,以达到在活细胞中合成带有非天然氨基酸的蛋白质的目的。利用这个策略,研究人员将光敏性基团(如二苯甲酮、芳基叠氮化物和二叠氮基基团)定点插入"诱饵"蛋白中。这种插入允许在天然细胞条件下与其伴侣蛋白("猎物")共价连接(Pham et al.,2013;Preston and Wilson,2013;Tanaka et al.,2008),如图 7-44 所示(Sinz,2010)。

在蛋白质的翻译过程中,mRNA 中的每个密码子都被特定 tRNA 反密码子识别,该反密码子通过氨酰-tRNA 合成酶的酶促作用被适当的氨基酸氨酰化。随着核糖体沿 mRNA 的移动,新生氨基酸链被合成,直到遇到任何 tRNA 都无法识别的终止密码子,从而允许肽释放。因此,要将非天然氨基酸插入蛋白质的特定位置,就需要特定的 tRNA[称为正交(orthogonal)tRNA]-反密码子对,以及进行氨酰化的氨酰-tRNA 合成酶(Wang and Schultz,2004)。

为了确保光亲和性氨基酸能够在密码子的特定位点特异性插入,首先必须将 tRNA 人工改造成"正交 tRNA",使其具备以下特点:该 tRNA 不被宿主的内源性氨酰-tRNA 合成酶(aaRS)识别,但在翻译中可有效发挥作用;其次,该 tRNA 必须响应于不编码 20 种天然氨基酸中任何一种的独特密码子而递送新氨基酸。

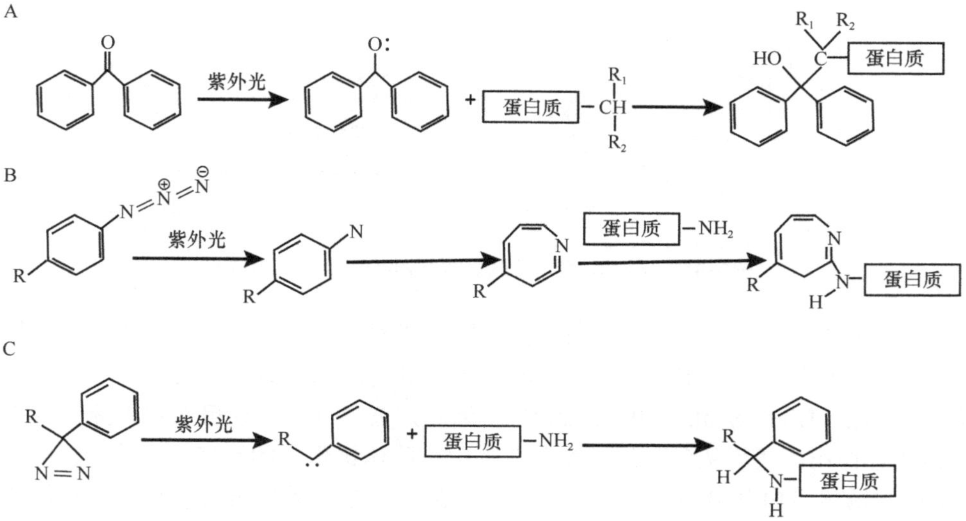

A

B

C

图 7-44 光反应性侧链基团的反应（Ryu and Schultz, 2006; Xie and Schultz, 2006; Sinz, 2010; Suchanek et al., 2005）
A. 光亲和性的二苯甲酮基团与蛋白质侧链基团反应；B. 光亲和性的叠氮苯基团与蛋白质侧链基团反应；C. 光亲和性的二嗪类基团与蛋白质侧链基团反应

遗传密码扩展策略步骤为：①将非天然氨基酸添加到细胞在其中生长的培养基中；②人工改造的正交氨酰-tRNA 合成酶（aaRS）-tRNA 对，识别光敏性非天然氨基酸并将其转移至同源 tRNA；③tRNA 将相应的 UAA 插入序列中的无义密码子（Davis and Chin, 2012; Xie and Schultz, 2006）。

与化学交联相比，遗传编码的光交联具有以下优点：①靶标特异性，可以识别活体系统中给定的相互作用组；②位点特异性，它允许在所需的位点掺入光交联剂，以高空间分辨率来识别蛋白质互作及其相互作用界面。

四、可释放的光交联剂的开发和应用

对苯甲酰基-L-苯丙氨酸（pBPA）和 3-（3-甲基-3H-重氮基-3-基）-丙氨基-羧基-N[ε]-L-赖氨酸（DiZPK）是近年来光交联技术中最常见的遗传编码光交联剂。其交联过程如图 7-45 所示（以 DiZPK 为例）（Zhang et al., 2017）。首先，DiZPK 通过遗传密码扩展技术整合到诱饵蛋白上；其次，在紫外线诱导下，DiZPK 使诱饵蛋白和猎物蛋白的非共价键转换为共价键，形成光交联蛋白复合物。这些光交联剂在使用时存在以下局限性：进行光交联后，诱饵蛋白高度丰富，会导致高背景，从而干扰下游蛋白质组学分析中对猎物蛋白的鉴定和比较过程。由诱饵蛋白的背景干扰造成的影响包括（Lin et al., 2014）：①诱饵蛋白引入非特异性结合剂，从而增加假阳性识别；②大量诱饵蛋白会降低 MS 分析中识别猎物蛋白的敏感性；③附着的诱饵蛋白会影响猎物蛋白的迁移行为，并导致基于 2D-PAGE 的比较蛋白质组学研究结果出现偏差；④由于猎物肽与诱饵肽的共价结合，通过常规的 MS 分析解密交联的肽仍然具有挑战性。

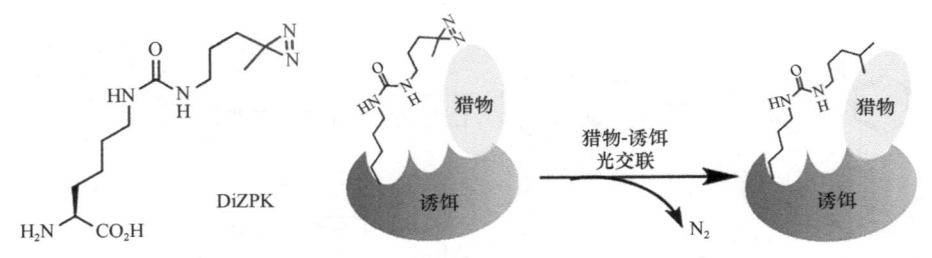

图 7-45 DiZPK 的光交联过程（Zhang et al., 2017）

这些影响造成实验结果存在较高的假阳性率和假阴性率：一方面，诱饵蛋白与各种细胞蛋白之间的非特异性相互作用有可能产生大量的假阳性数据；另一方面，猎物蛋白的富集效率低（Hino et al., 2011；2005）。因此，需要开发一种可以首先捕获直接的猎物-诱饵相互作用，然后从分离的交联复合物中排除诱饵蛋白的策略；另外，如何实现在猎物蛋白和诱饵蛋白分离后，进一步识别交联部位和鉴定猎物蛋白也是一个亟待解决的关键问题。研究人员开发了两种可释放的光交联剂，即 DiZSeK 和 DiZHSeC，这两种新的交联剂在其侧链的中间均含有一个 C-Se 键，可被过氧化氢（H_2O_2）氧化裂解。

（一）DiZSeK 光交联剂与 CAPP 策略

第一个可裂解的光交联剂 DiZSeK 的化学合成路线如图 7-46 所示，其是用硒（Se）原子取代 DiZPK 的 γ-碳，如图 7-47 所示（Zhang et al., 2017；Yang et al., 2016；Shigdel et al., 2008）。DiZSeK 通过遗传密码扩展技术掺入到诱饵蛋白中，在 UV 刺激下，DiZSeK 将进行光交联，如图 7-48 所示（Zhang et al., 2017）。DiZSeK 上的硒原子可以在光交联后进行 H_2O_2 介导的氧化性 β-消除反应，从而生成脱氢苯胺和硒酸，如图 7-49 所示（Lin et al., 2014；Buchardt et al., 1986）。含 Se 的可裂解光交联剂很小，并且在细胞内是化学惰性的，DiZSeK 的遗传掺入效率和光交联效率与 DiZPK 相似。因此，使用 DiZSeK 就可以通过蛋白质光交联后的氧化裂解策略（CAPP）分离诱饵和猎物蛋白，从而降低与诱饵蛋白的非特异性相互作用所产生的假阳性率（Lin et al., 2014；Dunham et al., 2012；Park et al., 2012；Trinkle-Mulcahy, 2012），如图 7-50 所示。

图 7-46 可裂解光交联剂 DiZSeK 的合成途径（Yang et al., 2016；Shigdel et al., 2008）

CAPP 策略步骤（图 7-51）如下：①通过一系列的化学取代反应合成 DiZSeK；②将可裂解的光交联剂 DiZSeK 利用遗传密码扩展技术整合到诱饵蛋白的特定位点；③在 UV=365nm 的照射下，活细胞内的诱饵蛋白和猎物蛋白通过含 Se 的 DiZSeK 非天然氨基

图 7-47　硒（Se）原子取代 DiZPK 的 γ-碳形成 DiZSeK（Zhang et al., 2017）

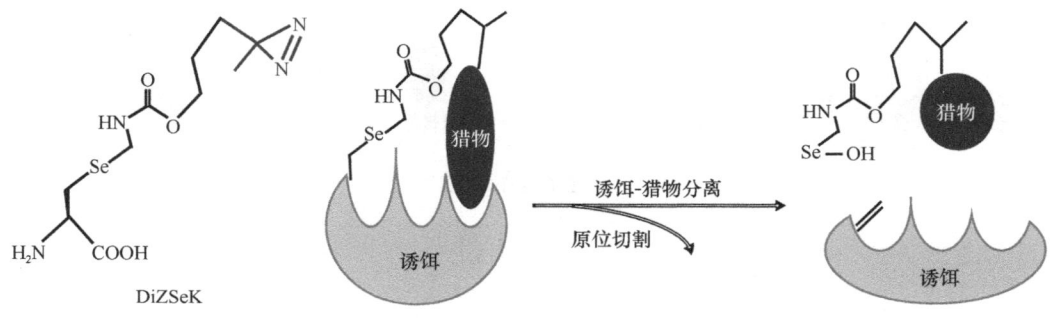

图 7-48　DiZSeK 与诱饵蛋白进行光交联的过程（Zhang et al., 2017）

图 7-49　H$_2$O$_2$ 介导的 DiZSeK 氧化裂解（Lin et al., 2014；Buchardt et al., 1986）

酸进行光交联；④亲和纯化蛋白交联复合物，由于诱饵蛋白上带有特殊的生物亲和标记，因此可以利用亲和方式纯化蛋白交联物；⑤基于 Se 的可氧化裂解性质，将纯化出来的光交联蛋白复合物进行 H$_2$O$_2$ 介导的氧化裂解；⑥分离的过量诱饵蛋白可通过柱上分离除去，从而得到纯的猎物蛋白库；⑦通过质谱与 2D 差异凝胶电泳技术结合，分析与诱饵蛋白质相互作用的猎物蛋白。CAPP 策略通常适用于通过去除多余的诱饵蛋白来降低背景和提高灵敏度的 PPI 分析（Lin et al., 2014）。特别是，当与 2D-DIGE 方法结合使用时，CAPP 策略可以用于从两个功能相关的目的蛋白（protein of interest, POI）比较分析猎物蛋白库（Zhang et al., 2016）。

（二）DiZHSeC 光交联剂与 IMAPP 策略

CAPP 策略鉴定交联肽存在难度，且相互作用界面信息不足，因而研究出了一种新的蛋白质相互作用技术——IMAPP（*in-situ* cleavage and MS-label transfer after protein

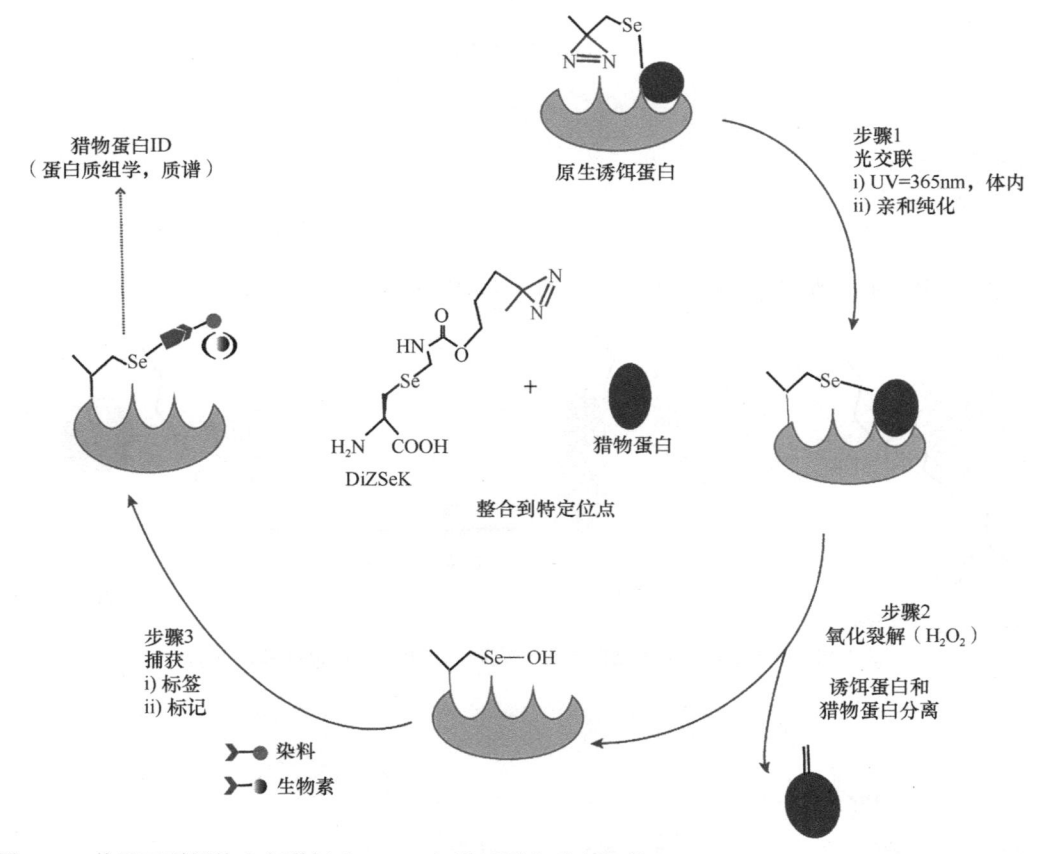

图 7-50　使用可裂解的光交联剂（DiZSeK）进行蛋白质光交联（Lin et al., 2014; Buchardt et al., 1986）

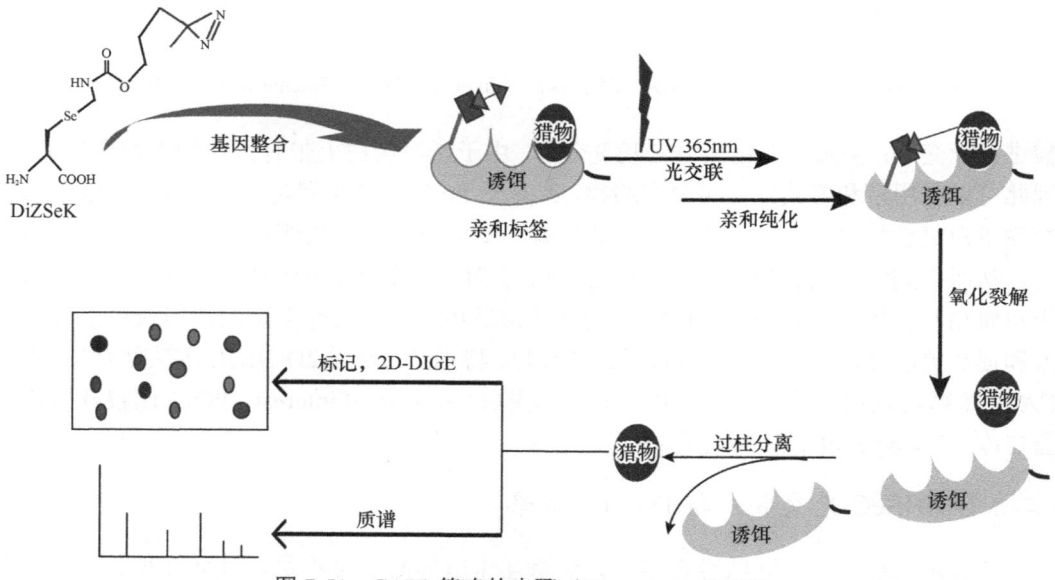

图 7-51　CAPP 策略的步骤（Yang et al., 2016）

photocrosslinking，蛋白质光交联后的原位切割和质谱标签转移）。该技术能够在猎物蛋白和诱饵蛋白纯化分离后，将质谱可鉴定的标记（MS 标记）引入捕获的猎物蛋白中。

如上所述，DiZSeK 成功解决了诱饵蛋白与猎物蛋白分离的问题（诱饵蛋白干扰造成假阳性的问题），但仍存在猎物蛋白富集效率不高、相互作用界面信息不足等问题。为了解决这个问题，Yang 等（2016）在 DiZSeK 的基础上研发出了第二种可释放的遗传编码光交联剂 DiZHSeC，其合成途径如图 7-52 所示（Zhang et al.，2016；Shigdel et al.，2008）。它除了能够释放交联的猎物蛋白，也可以在猎物蛋白上通过以下方式原位生成 N-（4,4-双取代戊基）丙烯酰胺（NPAA）。NPAA 稳定且易于通过质谱鉴定，因此将其称为"MS 标记"（图 7-53）。利用原位产生的 MS 标记物，可以鉴定出产生蛋白质互作界面的交联肽和位点。基于 DiZHSeC 的 IMAPP 策略，可以实现对相互作用伙伴的高保真识别，以及对互作界面的映射。

图 7-52 可裂解光交联剂 DiZHSeC 的合成路线（Zhang et al.，2016；Shigdel et al.，2008）

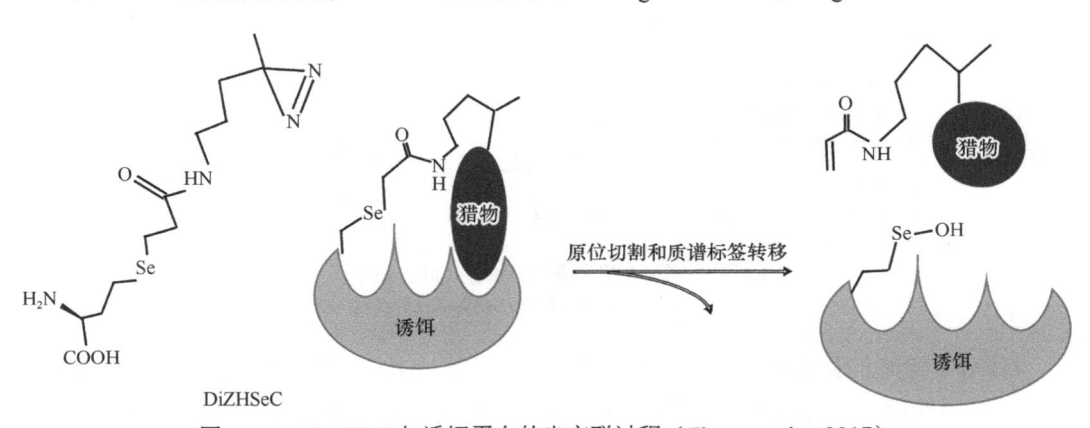

图 7-53 DiZHSeC 与诱饵蛋白的光交联过程（Zhang et al.，2017）

IMAPP 步骤如下：①合成带有可转移 MS 标签的光交联剂——DiZHSeC；②将 DiZHSeC 通过遗传密码扩展技术掺入诱饵蛋白的特定位点；③通过光交联在活细胞中捕获诱饵蛋白的相互作用伴侣；④亲和纯化富集光交联的蛋白质组；⑤对光交联的蛋白质复合物进行凝胶内 MS 标记转移，首先进行凝胶内 H_2O_2 氧化裂解以释放交联的猎物蛋白，其次在猎物蛋白上生成 MS 标记；⑥进行 LC-MS/MS 分析，以鉴定交联肽和交联位点，如图 7-54 所示（Yang et al.，2016）。

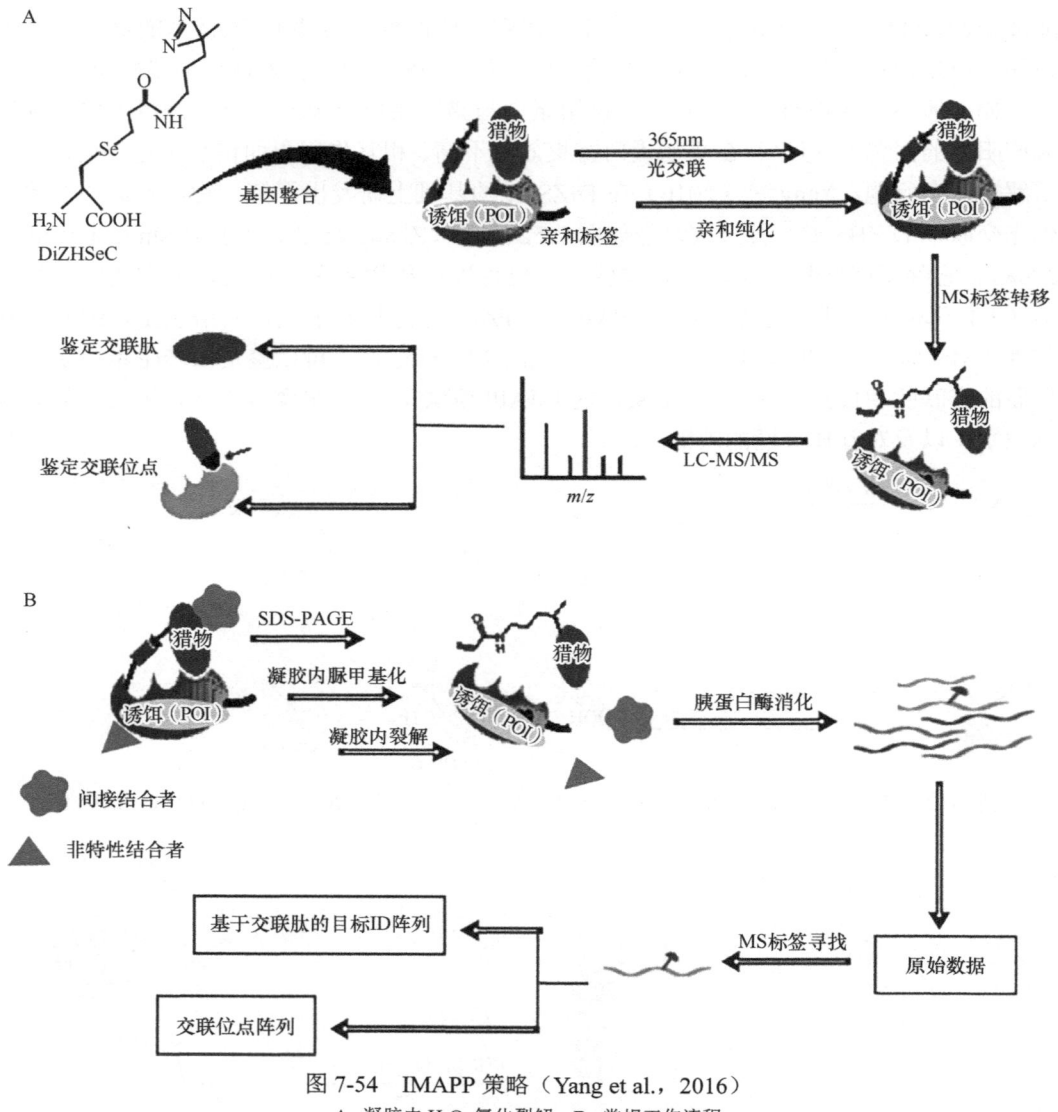

图 7-54　IMAPP 策略（Yang et al.，2016）
A. 凝胶内 H_2O_2 氧化裂解；B. 常规工作流程

　　IMAPP 策略的优点在于：①具有高保真性，利用 MS 标签，增强了分析识别蛋白质间相互作用的能力，可以直接识别传统基因编码的光交联剂难以发现的光捕获底物肽；②通过搜索 MS 标记的修饰肽，可以容易地将交联的相互作用蛋白与背景区分开，从而提高了目标识别过程的特异性和可信度；③可以提供生理条件下蛋白质相互作用界面的相关信息，同时，MS 标记的修饰肽可以提供相互作用界面的结构信息。

五、光交联技术的应用实例

（一）视紫质和转导蛋白互作研究

　　在研究视觉信号传递过程中视紫质和转导蛋白的相互作用时，先用可切割的光敏感交联剂 PEAS 修饰视紫质的自由巯基；光激活后，叠氮基团就可以结合在转导蛋白上；还原后，暴露出 PEAS 的巯基，再用带有生物素的交联剂 MBB 结合巯基，就"捕获"了转导蛋白（Itoh et al.，2001）。这是目前比较成熟且有效的方法。

（二）EGFR 和 Grb2 蛋白互作研究

Hino 等（2005）将对苯甲酰基-L-苯丙氨酸丙氨酸（pBPA）整合到 Grb2 蛋白中，成功检测到了在 CHO 细胞中 EGFR 和 Grb2 之间的相互作用。

（三）HdeA 和 HdeB 互作界面及互作伙伴的确定

HdeA 和 HdeB 是细菌中的两种同源蛋白，HdeA/B 分子伴侣机制是在细菌周质中发现的唯一已知耐酸系统，可使肠病原体在高酸性的人胃中生存并在肠道内感染。Zhang 等（2017）利用了光交联剂 pBpa 捕获 HdeA-猎物蛋白复合物。但由于在低 pH 下活化的 HdeA 的结构无序，pBpa 上短的苯酚光敏基团显示出较低的光交联效率。之后，通过遗传密码扩展技术将带有重氮基的 DiZPK（结构与吡咯赖氨酸相似）引入到 HdeA 的二聚体界面，结果表明 DiZPK 比 pBpa 具有更高的光交联效率。此外，通过改变 HdeA 上的 DiZPK 结合位点，在活的大肠杆菌细胞中和 pH 2 的酸性环境下进行光交联，最终确定了 HdeA 上的两个疏水区域是猎物蛋白的结合界面。同样，此策略也应用于 HdeA 的同源蛋白 HdeB，并确定了两个较小的疏水区域。除了确认相互作用的界面，该策略进一步亲和纯化分离交联的复合物，并通过基于凝胶的蛋白质组学策略进行猎物蛋白分析。

（四）钠-牛磺胆酸共转运多肽与乙型肝炎病毒包膜蛋白的前导肽互作研究

Yan 等（2012）合成了一段乙型肝炎病毒包膜蛋白的前导肽，并在其中引入了光反应活性的亮氨酸（photo-Leu）。通过紫外线交联及串联亲和纯化，他们发现钠-牛磺胆酸共转运多肽能够与这段前导肽发生相互作用。

第八节 预测蛋白质相互作用的生物信息学方法

利用生物学实验方法分析蛋白质相互作用十分费时费力，并且存在重复性和精确性不佳等问题，例如，在同时发表的两篇利用酵母双杂交技术分析酿酒酵母（*Saccharomyces cerevisiae*）蛋白质相互作用组的文献，就存在很大的结果差异性（Ito et al.，2001；Uetz et al.，2000）。20 世纪下半叶兴起的生物信息学，自人类基因组计划启动以来获得了极速的发展，海量的 DNA 序列测定使得许多系统性分析成为可能。近年来，基于基因组和蛋白质组信息，生物信息学专家们开发了多种信息学技术，不仅可以对实验结果进行验证和分析，还可以利用算法进行预测，对研究方案和实验进程起到指导与辅助作用。本节概述几种用于预测蛋白质相互作用的生物信息学方法及常用机器学习算法。

一、基于基因组信息的方法

基于基因组信息的蛋白质相互作用预测方法主要有三种：①系统发育谱分析（phylogenetic profiling）(Dey and Meyer, 2015; Pellegrini et al., 1999)；②基因邻接（gene neighborhood）；③基因融合（gene fusion）(Enright et al., 1999; Marcotte et al., 1999)。

系统发育谱分析基于以下假设：功能互相关联的两个基因在物种演化中应该会有同步的共保守（co-conservation）现象，也就是说，在多个物种的基因组中，它们应该有同时存在或不存在的特征；据此反推，如果两个基因具有一致或相似的系统发育谱，它们就可能存在功能性的相互作用（functional interaction），甚至是物理性的相互作用（physical interaction）(图7-55)。1999年，Pellegrini等（1999）首次通过在16个完整的细菌基因组中分析大肠杆菌的核糖体蛋白RL7、鞭毛结构蛋白FlgL和组氨酸合成蛋白His5这三种蛋白质的系统发育谱，证明了这种方法的可行性和可靠性。后来，研究人员将此方法扩展到了对真核生物物种的研究中，相继发现了纤毛基因（Avidor-Reiss et al., 2004）、Ca^{2+}流入线粒体相关的基因（Baughman et al., 2011），以及小RNA途径基因（Tabach et al., 2013）等。系统发育谱分析存在内在的局限性，即不适用于在所有或大部分物种中都存在的基因。另外，这种方法也面临两大挑战：首先，超过一半以上的人类基因都来源于进化过程中祖基因的复制，这使得偏远物种的同源基因之间的一对一映射关系变得复杂化，因为一个基因无论是与其祖基因还是与其他物种的同源基因之间，通常都会有功能上的偏差；其次，分析技术的精确度存在局限，往往无法真正应对基因组的庞大性和进化树的复杂性。近年来，Dey等（2015）为解决这些问题，分析了代表177个真核物种中整个蛋白质编码基因组的30 000个同源人类基因，通过生成完整配对的同源基因共发生矩阵（co-occurrence matrix），得到了功能模块的全基因组预测。

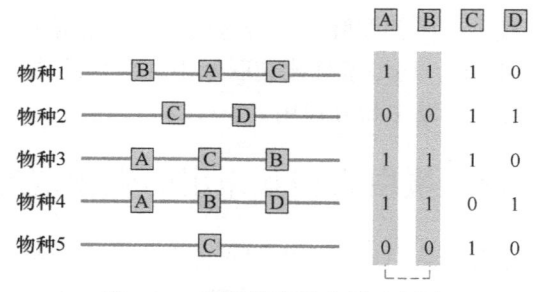

图7-55　系统发育谱分析示意图

根据基因A、B、C、D在5个不同物种基因组上的存在与否进行谱聚类分析，发现基因A与基因B有同步现象，提示蛋白质A与蛋白质B存在物理性或功能性的相互作用

基因邻接的理论基于这样的事实：在细菌的基因组中，执行同一功能的基因一般都紧密相邻，构成同一操纵子，而这一特征在物种演化中具有一定的保守性，因此，基因在基因组中的物理邻接可以作为其基因产物功能相关关系的指示标识（Bowers et al., 2004; Dandekar et al., 1998）（图7-56）。由于在进化过程中，这种来源于细菌的保守性可能丢失，基因邻接的方法一般适用于结构较简单的微生物，尽管操纵子在真核生物中很少见，参与相同信号通路或生理过程的真核基因在基因组中仍有物理位置相邻的现象

（Dandekar et al., 1998）。

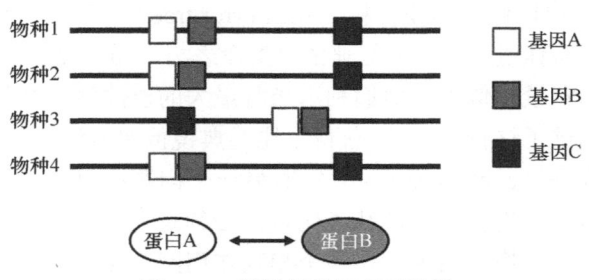

图 7-56 基因邻接原理示意图

如果两个基因在多个物种的基因组中物理位置相邻，则其对应的两个蛋白质可能存在相互作用

基因融合理论基于以下假设：两个功能相关的蛋白质，可能在某些物种中以融合蛋白的方式存在，其来源为两个对应编码基因之间的融合。因此，在物种演化过程中发生的基因融合事件可能提示相关蛋白质之间功能性甚至物理性的相互作用（图 7-57）。这个方法由 Enright 等（1999）和 Marcotte 等（1999）分别在 *Nature* 杂志和 *Science* 杂志上两篇几乎同时发表的文章中提出。

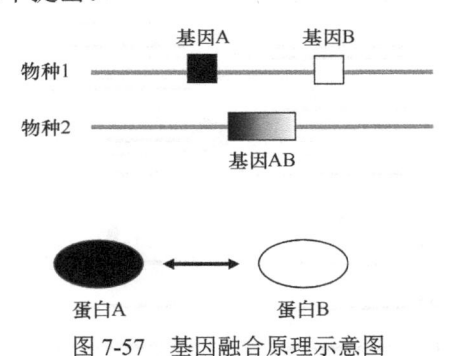

图 7-57 基因融合原理示意图

在物种 1 的基因组中相互独立的基因 A 与基因 B 在物种 2 里发生基因融合事件，提示这两个基因的产物蛋白 A 与蛋白 B 可能发生相互作用

二、基于基因进化相关性的方法

基于基因进化相关性的研究与上述的系统进化谱分析有着本质上的一致性。它假定相互作用的两个蛋白质或同一蛋白质中的两个结构域由于承受相同的进化压力，有着共同进化的特征，即它们在物理上或功能上的关联决定了在遗传上的关联。反过来，遗传上的关联也就提示功能上的关联。基于这样的原则，系统发育树的相似性分析（similarity of phylogenetic tree）是一种最典型的方法。这种方法通过构建和比较两个蛋白质的系统发育树来推测相对应基因是否存在功能上的关联，如果两个蛋白的系统发育树存在拓扑结构的相似性，即出现镜像树（mirror tree），则提示这两个蛋白质可能有物理或功能上的相互作用（图 7-58）。Goh 等在 2000 年通过对 PGK 蛋白的 N 端结构域与 C 端结构域，以及对不同趋化因子与受体的系统进化树的分析，引入了线性相关系数 r 以量化评价其相似性。在利用这个方法对大肠杆菌的 67 000 对蛋白质进行相互作用预测时，Pazos 和

Valencia（2001）正确预测了其中的 2742 对。在接下来的工作中，Pazos 等（2005）优化了镜像树方法，提出了生命树-镜像树（Tol-mirror tree）方法。在这个新方法中，他们整合了被研究物种的整体进化史（即经典的"生命之树"）的信息，以便根据潜在的物种形成事件纠正预期的背景相似性。他们利用当时最大的已注释相互作用蛋白数据库 DIP 中大肠杆菌数据集测试了这种新方法，获得了比经典镜像树方法更可靠的结果（图 7-59）。随后而来的背景镜像法（context-mirror）针对另一个问题：每一个指定蛋白都有众多的蛋白质互作伙伴，所以在进化树内，其进化特征必须是它与所有互作因子的相互作用或共适应信号影响的总和。换句话说，在一个相互作用网络中，必须考虑整个网络共同进化的背景，才能更准确预测两个指定蛋白质之间的相互作用。为了做到这一点，作者引入了一种新的协同进化评估法，使用基因组中所有蛋白质对之间的整个相似性网络来重新评估被研究的蛋白质对的相似性。这种方法不仅提供了与实验技术相当或在某些情况下优于实验技术的准确性/覆盖率，还能够提供有关大分子复合物的结构、功能和重要的进化信息（图 7-60）（Goutman and Glowatzki，2007）。

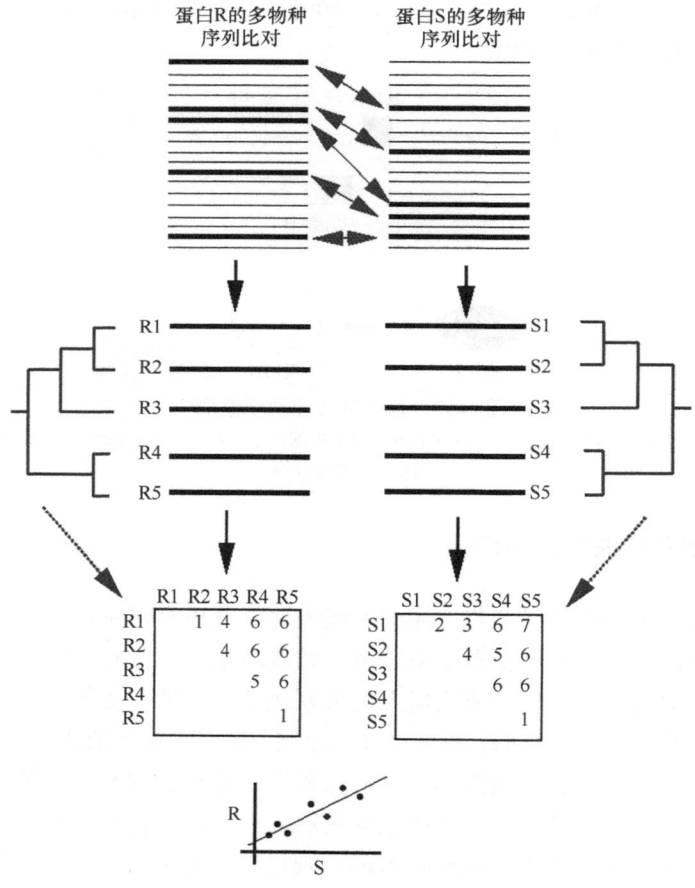

图 7-58　系统发育树相似性（镜像树）方法示意图（Pazos，2005）

进行蛋白 R 与蛋白 S 的多物种序列比对、筛选，构建系统发育树，利用距离矩阵比较两个系统发育树的拓扑学相似性评价相关性

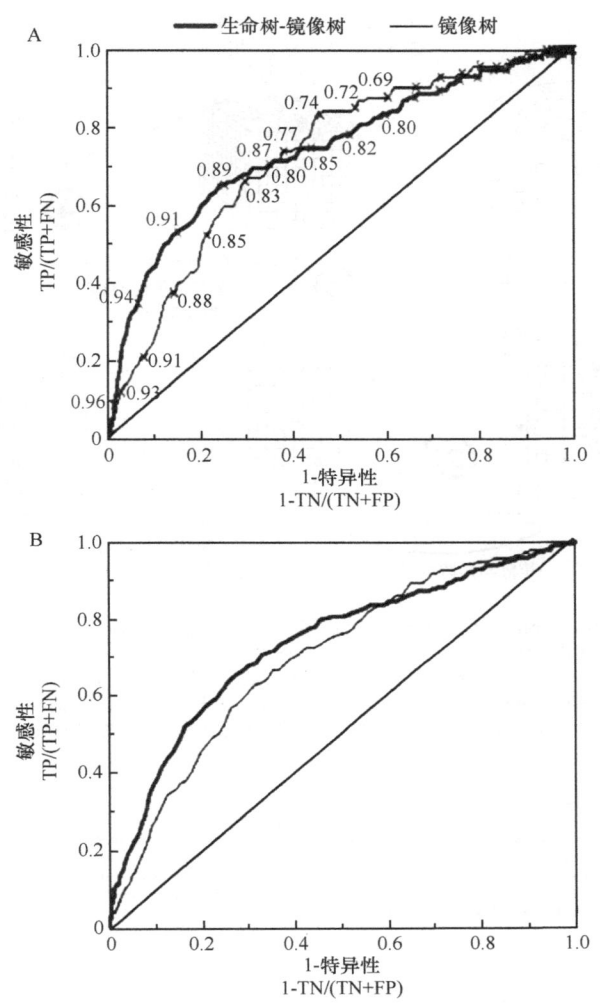

图 7-59　mirror tree 和 Tol-mirror tree 的全局 ROC 曲线（Pazos et al.，2005）。
由 19 991 个基因对的数据形成。A. 根据得分（相关系数）进行排序。一部分相关系数已标出；B. 基于 z 分数而不是原始相关系数的曲线。"敏感性"和"1-特异性"也可以分别解释为真阳性率和假阳性率。TP，真阳性；FN，假阴性；TN，真阴性；FP，假阳性

另一种基于基因进化信息的分析方法是相关变异法（correlated mutation），即虚拟双杂交（in silico two-hybrid，i2H）（Valencia and Pazos，2002；Göbel et al.，1994）。这个方法基于以下假设：两个物理性相互作用的蛋白质在互作界面上有共同适应进化的特征。具体而言，其中一个蛋白质在进化过程中累积的残基变异，会通过互作蛋白上对应的变异进行补偿，以抵消基因的持续性突变漂移（constant mutational drift）的影响，保持复合体的稳定性。相关变异存在于两个相互作用的蛋白分子间，也存在于同一蛋白分子中。于后者而言，同一蛋白分子的不同残基间的共进化有助于维持蛋白质二级或三级结构的稳定性。与多物种序列比对（multiple sequence alignment，MSA）相结合，相关变异法能够提高在保守位置预测识别接触位点的概率（图 7-61）（Olmea and Valencia，1997；Pazos et al.，1997）。

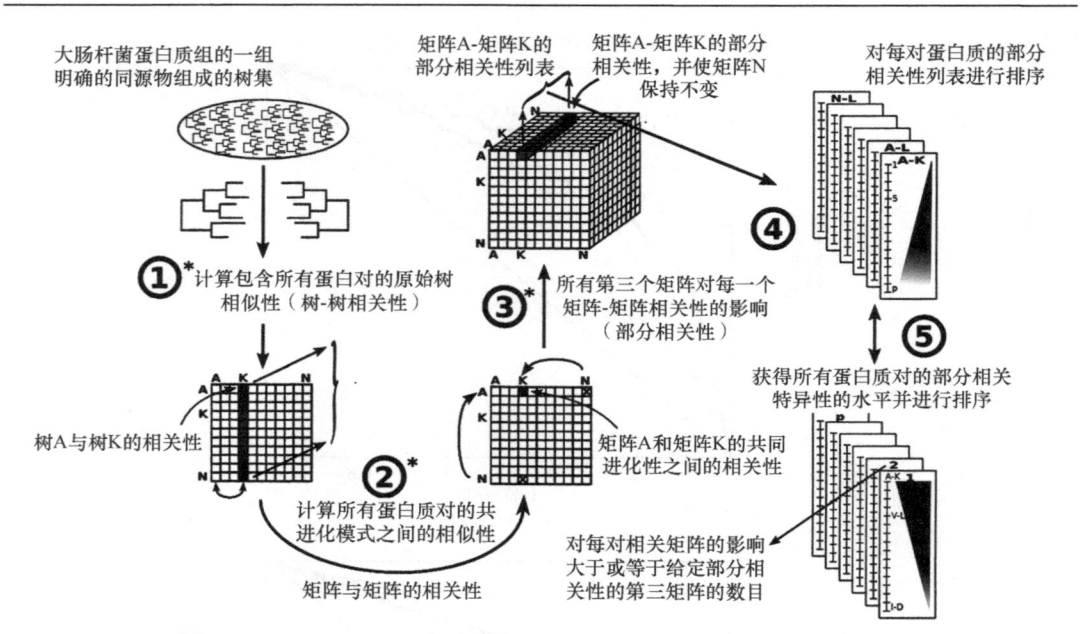

图 7-60　context-mirror 方法示意图（Goutman and Glowatzki，2007）

计算包含所有蛋白对的原始树相似性的初始协同进化网络（步骤 1）；计算所有蛋白质对的共进化模式之间的相似性（包含所有树相似性的向量）（步骤 2）；通过计算给定所有其他蛋白质之间的部分相关性，可以评估两种蛋白质之间共同进化的特异性（步骤 3）；对每对蛋白质的部分相关性列表进行排序（步骤 4）；获得所有蛋白质对的部分相关特异性水平并进行排序（第 5 步）。在所有步骤中，仅考虑 P 值小于 10^{-5} 的配对关系

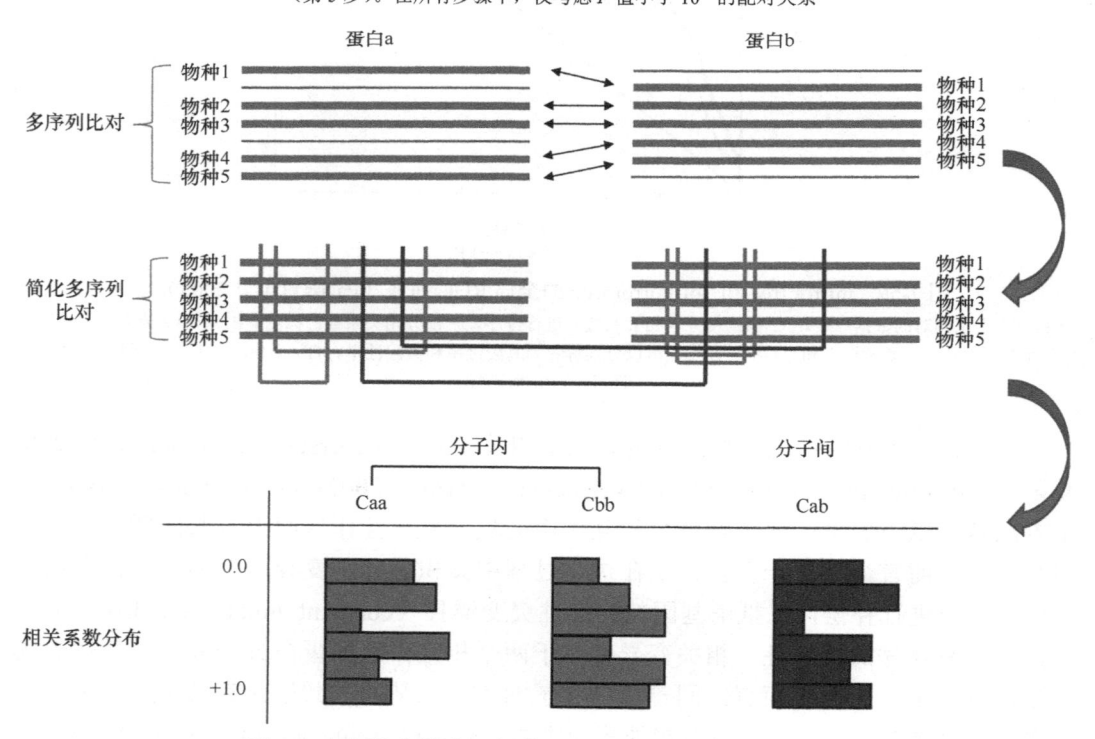

图 7-61　相关变异法示意图（Valencia and Pazos，2002）

首先利用多序列比对进行筛选，再计算候选蛋白中的每一对残基的相关系数。图中 Caa 和 Cbb 分别为蛋白 a 或蛋白 b 分子内残基对之间的相关系数；Cab 为蛋白 a 与蛋白 b 分子间残基对之间的相关系数。最后通过比较 Caa、Cbb 和 Cab 之间的分布，确定蛋白 a 与蛋白 b 的相互作用指标（interaction index）

三、基于蛋白结构域的方法

蛋白质作为生物活性大分子具有其独特的结构复杂性。蛋白质结构，从线性的氨基酸序列到多个亚基组成一个复合物，一般分为四个层次。对于蛋白质相互作用而言，完整的功能结构单位是结构域。结构域是具有一定活性的蛋白质超二级结构单元，是蛋白质折叠、设计、进化及功能实现的基本单位。大部分蛋白质都具有一个或多个结构域，且结构域的相互作用广泛存在方向性，可以用于预测信号网络中蛋白质的相互作用。因此，基于蛋白结构域的信息分析，可以对蛋白质间的相互作用及其位点进行预测。Sprinzak 和 Margalit（2001）在对数据库中通过实验方法鉴定的相互作用蛋白质的结构域进行统计的基础上，提出了相关序列信号（correlated sequence-signature）的概念和方法。通过多对相互作用蛋白的序列比对，鉴定出在不同互作蛋白伴侣中反复出现的对应序列信号，然后将其作为蛋白质相互作用的标识信号，以预测未知的蛋白质相互作用（图 7-62）。在对一个酿酒酵母的综合数据库进行的分析中，作者演示了如何使用相关序列信号作为蛋白质相互作用的标识减少搜索空间，实现定向相互作用筛选。

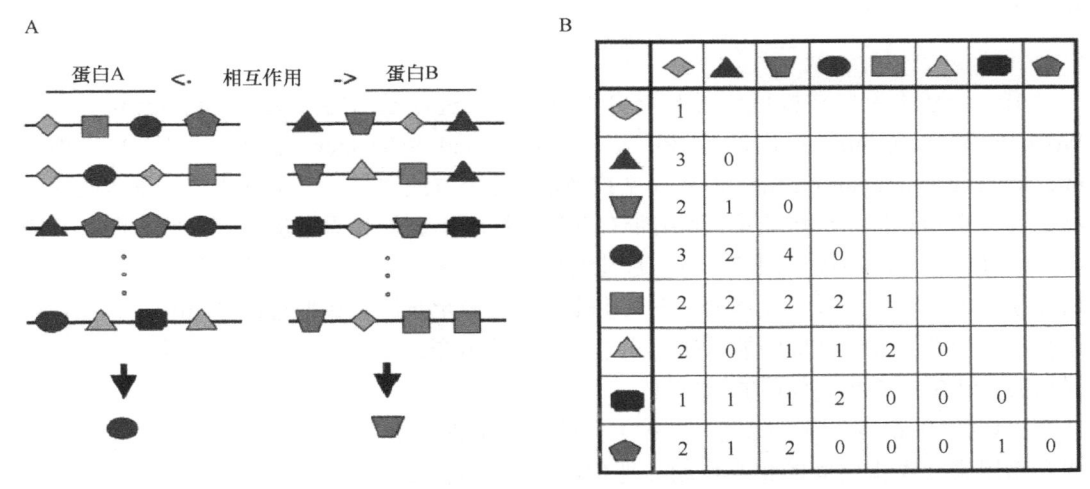

图 7-62 检测相互作用蛋白中相关序列信号的方法示意图（Sprinzak and Margalit，2001）
A. 通过实验确定的两个互作蛋白伙伴 A 和 B 在不同物种中的氨基酸序列比对，其中，不同颜色的小图形代表不同的结构域（序列信号）。B. 不同序列信号组合的列联表，表中的每个数字代表包含相对应的序列信号组合的蛋白质对的数量，例如，由橙色矩形和粉红色三角形表示的序列信号组合出现在两对相互作用的蛋白质中。最常见的一对序列信号是出现在四对不同的相互作用蛋白伴侣中的红色椭圆形和绿色梯形。分析的下一步将评估已鉴定的序列信号组合的可能性

Riley 等（2005）提出的结构域对排除分析（domain pair exclusion analysis，DPEA）是一种通过已知蛋白质-蛋白质相互作用（PPI）预测结构域-结构域相互作用（DDI）的方法（图 7-63）。该方法先在蛋白质结构域数据库中为每个蛋白质寻找到所有结构域，定义每对同时出现在相互作用伴侣中的结构域为潜在的相互作用结构域对，然后计算含有其中一个结构域的蛋白质和含有另一结构域的蛋白质 PPI 的频率，将其作为初始假设，利用期望最大化算法评估每种潜在 DDI 的倾向性；最后评估一个给定的 DDI 被排除后对 PPI 似然率产生的影响，得到每个推断的 DDI 的证据（Eij），通过较高的 Eij 预测出高可信度的 DDI 对。

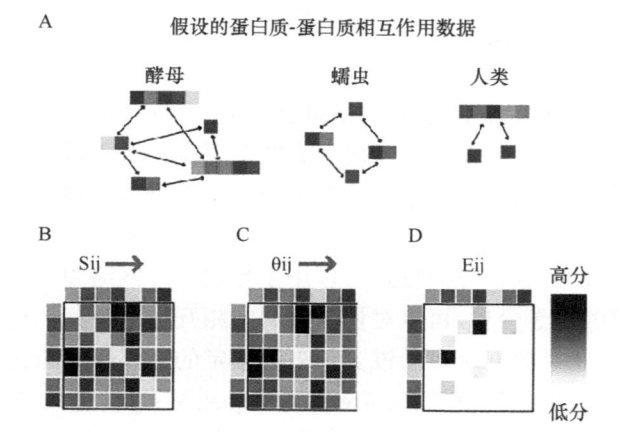

图 7-63　DPEA 方法示意图（Riley et al.，2005）（彩图另扫封底二维码）

A. 在蛋白质相互作用数据集中，不同结构域用不同颜色的正方形表示；蛋白质表示为一个或多个连接在一起的结构域。蛋白质相互作用显示为黑色双箭头。蛋白质相互作用是已知的，每种蛋白质的结构域含量是已知的，而结构域相互作用是未知的。在一对相互作用的蛋白质中同时出现的任何一对结构域，都被认为是潜在的相互作用结构域。B. 计算具有结构域 i 的蛋白质与具有结构域 j 的蛋白质相互作用的频率 Sij。C. 使用 Sij 作为初始猜测，可以通过 EM 估算每种潜在域相互作用的倾向 θij。D. 然后，通过计算在排除给定类型的结构域相互作用时的可能性变化，评估每个推断的结构域相互作用的证据 Eij

另一个基于蛋白结构域信息对蛋白质相互作用进行预测的方法是 Hybrigenics 公司 Wojcikh 和 Schachter 提出的 IDPP 法（Wojcik and Schächter，2001）。IDPP 全称为 interaction-domain pair profile，即互作结构域谱。这个方法结合了基于互作模式聚类的序列相似性检索和互作结构域信息，利用带有互作结构域信息的高质量蛋白互作网络图去预测另一物种的互作网络图（图 7-64）。通过这种方法，研究人员用幽门螺杆菌的蛋白互作网络图绘制大肠杆菌的蛋白互作网络图。相比基于蛋白全长序列相似性的"naive"方法，这个基于结构域的方法被证明能够排除大量因多结构域蛋白而产生的假阳性结果，并且能够提高鉴定新蛋白质相互作用的敏感性。

巴斯德研究所的 Gomez 等（2002）尝试在一个蛋白质相互作用网络中用结构域间的相互作用来代表蛋白间的相互作用。他们用一个有向网络图 G =〈V，E〉来表示一个研究系统中的所有蛋白质相互作用，其中顶点（或节点）V 对应于蛋白质，而边 E 对应于蛋白质之间的相互作用。网络的每个顶点都包含一个或多个域或基序，这些域或基序通过蛋白质结构域的数据库（如 Pfam、Batemanet 等）来确定，并且每一个结构域都被分配了与其他结构域相互作用的概率。通过建立蛋白质相互作用概率与结构域概率的关系模型，可以根据蛋白质所含的结构域来预测蛋白质与蛋白质相互作用的概率。

类似于上面所述的系统发育谱分析，Pagel 等（2004）提出了结构域系统发育谱（domain phylogenetic profile，DPP），即用结构域代替完整蛋白质进行分析，根据其在某基因组中的出现与否得到结构域系统发育谱，对结构域系统发育谱按某给定阈值进行聚类，推断出结构域-结构域相互作用（domain-domain interaction，DDI）网络。由蛋白质所包含的结构域信息和结构域系统发育谱可进一步得到完整蛋白质的系统发育谱，同样地，按某给定阈值对蛋白质的系统发育谱进行聚类也可得到蛋白质-蛋白质相互作用

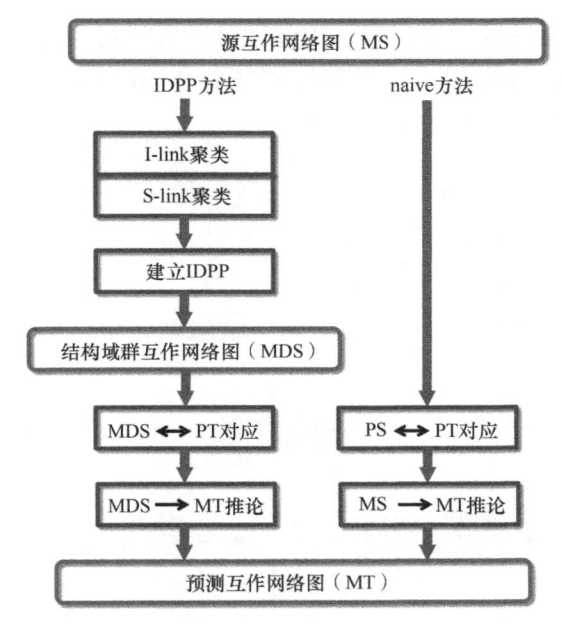

图 7-64　IDPP 法工作流程图（Wojcik and Schächter，2001）

IDPP 与 naive 两种方法均可用来从一个源互作网络图（MS）推测另一个目的互作网络图（MT）。右边的 naive（原始）方法用源蛋白质组中的蛋白质全长序列（PS）直接配对目的蛋白质组，并根据所得到的最佳配对预测目的蛋白质组中的互作网络图。IDPP 法则先通过基于互作结构域关联性（connectivity）的 I-link 聚类和基于互作结构域序列相似性（similarity）的 S-link 聚类建立一个过渡的结构域群互作网络图（MDS），如图 7-65 所示。当配对的结构群（cluster pair）里有足够的成员存在互作，则 MDS 在两个结构群间得以成立，如此每个互作结构群将被定义并用来筛选目的蛋白组，建立 MDS-MT 对应关系，并以此对应关系预测目的互作网络图

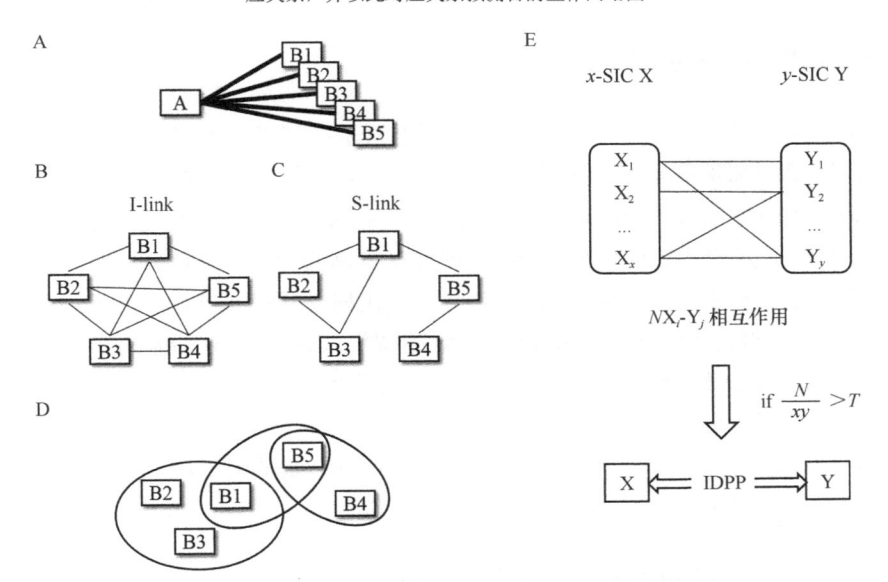

图 7-65　互作结构域（ID）聚类方法示意图（Gomez et al.，2002）

A. 与 A 蛋白质相互作用的互作结构域 B1、B2、B3、B4、B5；B. 互作结构域间的 I-link，表示这些结构域均与 A 蛋白的同一区域结合；C. 互作结构域间的 S-link，互作结构域间的序列相似性；D. 根据 I-link 与 S-link 将互作结构域进行聚类，得出 n-SIC（n 个通过 I-link 与 S-link 相连的互作结构域子集）；E. IDPP 定义：如果 X 子集中的 ID 与 Y 子集中的 ID 的相互作用数目与可能发生的最大相互作用数目（xy）的比值大于一个设定的 T 值，则 n-SIC（X-Y）为 IDPP

（protein-protein interaction，PPI）网络。基于这种方法 Pagel 等推出了 DDI 数据库 DIMA（domain interaction map），现在已更新到 DIMA3.0，在覆盖范围和预测方法上做了很大的提升和更新（图 7-66）（Luo et al.，2011）。

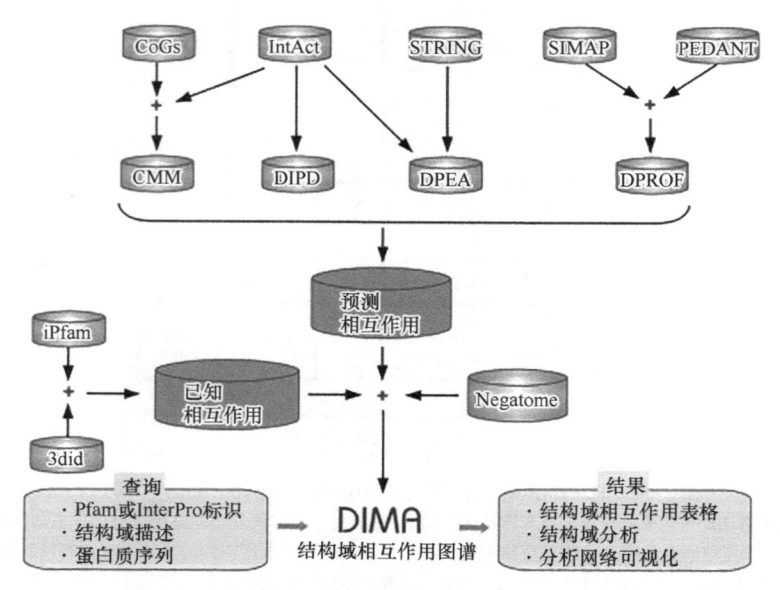

图 7-66　DIMA3.0 数据库简图（Guo et al.，2008）

结构域相互作用可通过四种计算方法预测：CMM（相关突变）、DIPD、DPEA 和 DPROF（域系统发育谱）。箭头指示将数据集或查询传递给方法或将其存储为新数据集。一些数据集被合并为一个新的数据集，并使用加号表示

四、基于氨基酸序列特征提取的方法

蛋白质之间的相互作用本质上是互作界面上氨基酸残基之间的相互作用。组成蛋白质的每一种氨基酸都带有不同的理化属性，对蛋白质的结构和功能有或大或小的决定功能。氨基酸理化属性组成（physical and chemical properties，PCC）是在蛋白序列信息的基础上，根据氨基酸的各种理化属性将 20 种常见氨基酸分类，并以此将一条蛋白质序列转变成一个多维向量的一种编码方法。常见的理化属性包括疏水性（hydrophobicity）、极性（polarity）、极化率（polarizability）、侧链体积（volume of side chains）、溶剂可及表面积（solvent accessible surface area）和侧链净电荷指数（net charge index of side chains）6 种（Guo et al.，2008）。在 Rao 等的研究中，一条蛋白质序列被转换为 6 条数值序列，分别对应 6 种理化性质下的 3 种类别，并以"三联体"氨基酸片段作为研究单位，得到一个 162 维的特征向量（Rao et al.，2011）。

五、蛋白质相互作用预测中常用的机器学习算法

在蛋白质相互作用预测中用到的机器学习算法主要都是分类器算法（classifier），本节简单介绍三种常用算法的原理和一些应用实例。

（一）决策树

决策树是一种树形结构的分类预测模型，其中"树"的内部节点代表对属性的"测试"；其分支表示该"测试"的类别输出；叶片节点则表示最后的类别标签。如此，决策树通过对数据项的属性提出一系列的问题来对其进行分类。每一个问题的回答将连接一个内部节点到相对应的子节点上。这些节点的连接于是形成了一种树状等级结构。许多科学问题都需要根据数据项的特征，对数据项进行标记和分类。例如，肿瘤学家使用活检、患者记录和其他测试将肿瘤分为不同的类型。决策树从本质上讲是一种非常简单的、用于预测数据项类别标签的分类器。通过分析一组已知类别标签的训练示例来构造决策树，然后将它们应用于新的数据项进行分类，经过高质量数据培训，决策树可以做出非常准确的预测。图 7-67 是一个决策树应用于蛋白质-蛋白质相互作用预测的典型例子（Kingsford and Salzberg，2008）。

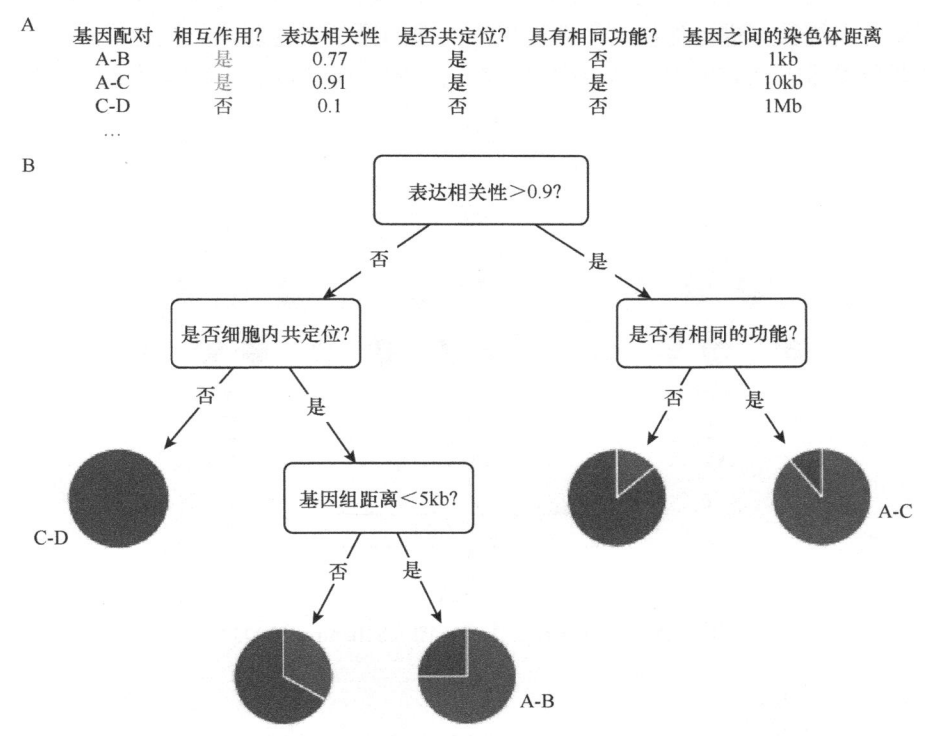

A	基因配对	相互作用？	表达相关性	是否共定位？	具有相同功能？	基因之间的染色体距离
	A-B	是	0.77	是	否	1kb
	A-C	是	0.91	是	是	10kb
	C-D	否	0.1	否	否	1Mb
	...					

图 7-67 利用决策树预测蛋白质与蛋白质相互作用的假设示例（Kingsford and Salzberg，2008）（彩图另扫封底二维码）

A. 每个数据项都是与多种特征相关的基因对。一些特征是实数值（例如，在基因之间的染色体距离或其表达谱的相关系数），其他功能是分类性质的（例如，蛋白质是共定位还是具有相同功能的注释）。B. 假设决策树中的每个节点包含一个是或否的问题以检视数据项的单个特征。根据答案，将其归类到对应的叶子节点上。饼图表示到达每个叶片的训练示例中的互作伴侣（绿色）和非互作伴侣（红色）的百分比。如果新示例到达绿色占大部分的叶片，则预测为相互作用；相反，如果到达红色占大部分的叶片，则预测为不相互作用

决策树在有些情况下比神经网络和支持向量机等其他分类器更具解释性，因为它以一种易于理解的方式关联了与数据项相关的简单问题。从决策树也能成功地提取决策规

则。值得注意的是，输入数据的微小变化有时也会导致所构建的树的较大变化。决策树足够灵活，可以处理具有实值和分类特征混合的项目，以及具有某些缺失特征的项目，且具有足够的表达力，可以对许多数据分区进行建模。这些分区很难靠依赖单个决策边界的分类器（如逻辑回归或支持向量机）轻松实现。决策树不仅能够处理两类以上的分类问题，而且可以进行修改以处理回归问题。

通常可以通过组合决策树的结果来提高预测的准确性。随机森林（random forest）和 Boosting 是组合决策树的两种常用策略（Schapire，2003；Breiman，2001）。在随机森林方法中，通过随机树构建算法可以生成许多不同的决策树。对训练集进行采样，以生成与原始训练集大小相同但包含多次其中某些训练项的训练集。此外，在每个节点选择问题时，仅考虑特征的一小部分随机子集。通过这两个修改，每次运行可能会导致树略有不同。通过采用决策树集合里最多数的预测，而不是只依赖于单一决策树的结果，可以减少将新数据项分配给错误类别的可能性（图 7-68）。Boosting 是一种机器学习方法，通过反复对训练数据进行加权，不断地用后创建的模型对先创建的模型进行修正，从而将多个弱分类器组合为更强大的分类器。在实践中，Boosting 常常被用来组合决策树。

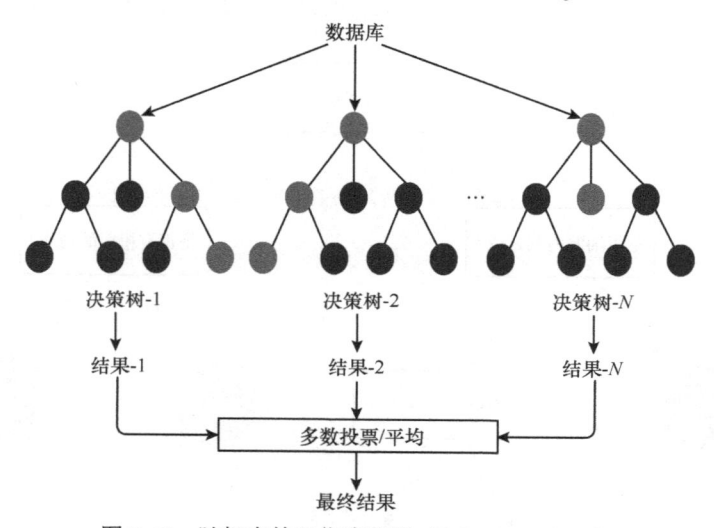

图 7-68　随机森林工作流程图（Schapire，2003）

（二）支持向量机

支持向量机（support vector machine，SVM）是一种基于统计学理论的通用机器学习方法，由 Cortes 与 Vapnik 在 1995 年提出。支持向量机算法自从被发明以来，已经被广泛应用到生物及其他科研领域，并显示出卓越的性能，是机器学习方法中的佼佼者。此方法既可以解决分类问题，也可以完成回归任务。对于线性可分的数据，支持向量机将数据映射到合适的特征空间，选出一个将输入变量空间中的数据点按类（类 0 或类 1）进行最佳分割的超平面，将两个不同的类别划分开来。在二维空间中，可以把超平面想象成一条对输入变量空间进行划分的"直线"，所有输入点都可以被这条直线完全地划分开来（图 7-69A）。对于数据线性不可分的情况，支持向量机使用一种被称为"核函数"

（kernel function）的非线性映射方法，将原始数据变换到更高维的特征空间，使其可分，进而找到其最优划分超平面，获得最佳类别分割的系数（图 7-69B）。所谓的最优划分超平面，就是能够使其与两边距离最近的数据点（支持向量）都尽可能远，也就是使 margin 尽可能大的超平面（图 7-70）。

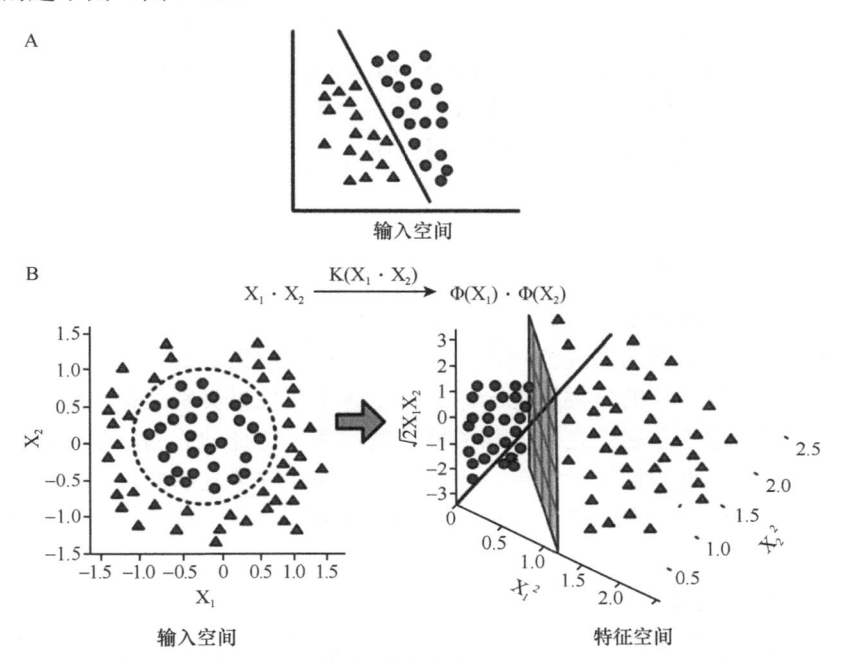

图 7-69　支持向量机原理示意图（Cortes and Vapnik，1995）

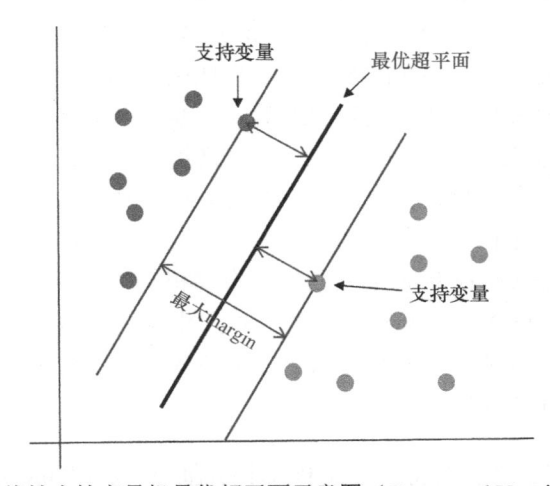

图 7-70　线性支持变量机最优超平面示意图（Cortes and Vapnik，1995）

支持向量机被经常用来预测蛋白质-蛋白质相互作用。在 Guo 等（2008）的研究中，从蛋白质序列衍生的 SVM 模型被用于预测 PPI。他们借助自协方差（AC）开发 SVM 模型。AC 用于覆盖序列中相距一定距离的氨基酸残基之间的相互作用信息，因此考虑了邻近效应。通过此方法对酿酒酵母 PPI 数据进行预测，获得了 11 474 个酵母 PPI 的另一个独立数据集，其准确性达到 88.09%。Chai 等（2016）提出了一种新的结合了 L1/2-范数正则化的 Net-SVM 模型，该模型在具有高维和小样本大小的微阵列数据进行癌症分类、基因选择和 PPI 网络建设方面具有良好的性能，可以通过选择较少但更相关的基因，构建与癌症高度相关的简单且信息丰富的 PPI 网络。

在最近发表的一篇文章中，天津大学的 Li 等（2020）通过整合基因表达谱和动态蛋白质-蛋白质相互作用网络，建立了 DPPN-SVM（带有支持向量机的动态蛋白质-蛋白质网络），这是一个使用具有扩散核的 SVM 分类器的预测模型。通过这种预测模型，他们成功鉴定了许多在癌症细胞中错误定位的蛋白质。

（三）朴素贝叶斯

贝叶斯理论是英国数学家托马斯·贝叶斯（Thomas Bayes）创立的统计学理论。贝叶斯决策就是在不完全情况下，对部分未知的状态用主观概率估计，然后用贝叶斯公式对发生概率进行修正，再利用期望值和修正概率做出最优决策。基于贝叶斯定理的朴素贝叶斯模型是应用最为广泛的分类器之一。它假定各个属性对类别的影响之间是相互独立的，因此，其不考虑各个属性之间的相关性，关注每个特征独立的贡献元组属于特定类别的概率。尽管此假设貌似过于简单，但朴素贝叶斯在许多复杂的现实情况中仍具有很好的表现，其所需估计的参数很少，且对数据的缺失不敏感，算法也比较简单，因此用途广泛。

Xu 等（2011）通过由全连接贝叶斯（full connected Bayes，FCB）模型和朴素贝叶斯模型组成的混合模型集成了涉及蛋白质组学、基因组、表型和功能注释数据集的 8 个特征，以预测人类 PPI，从而产生了 40 447 个 PPI，其中 2740 个与人类蛋白质 PPI 参考数据库（HPRD）共有。然后，他们将其用于探究潜在的通路串扰（cross-talk），证明了基于混合 PPI 集的通路串扰网络（PCN）比基于 HPRD PPI 集的有更多潜在途径相互作用。此外，他们将致癌突变的体细胞基因映射到重要途径串扰对之间的 PPI，从超显示的 PCN 子网中提取了高度连接的群集，这些群集富集了充当串扰链接的突变基因相互作用。排名最高的簇中的大多数途径均显示在癌症中起重要作用。

Geng 等（2015）使用 181 维蛋白质序列特征向量作为基于朴素贝叶斯分类器（NBC）的方法的输入属性，用以预测蛋白质-蛋白质复合物相互作用中的相互作用位点。通过应用具有蛋白质序列特征的 NBC，将蛋白质相互作用中相互作用位点的预测视为氨基酸残基二元分类问题。独立测试结果表明，以蛋白质序列特征作为输入载体的基于朴素贝叶斯分类器的方法有良好的效果。

第九节　蛋白质相互作用功能意义的研究策略

对蛋白质相互作用的研究除了利用不同技术检测和证实两个互作伙伴之间的结合之外，还包括对其功能意义的确认及机理的阐述。蛋白质相互作用的功能意义指的是所研究的相互作用在细胞生理活动中所起的作用和所扮演的角色。具体来说，对蛋白质相互作用的功能意义的研究是检验此相互作用是否能介导两个互作伙伴各自或共同的功能，包括已知的或新的功能。一般来说，蛋白质相互作用功能的确认在于寻求一种蛋白质相互作用与蛋白特定活性之间的特异性相关关系。具体研究策略可以运用小分子 RNA 干扰、基因敲除、缺失蛋白质相互作用能力的点突变体和缺失突变体、野生型或突变型的蛋白质超表达等手段干预待测蛋白的表达与相互作用，然后检查是否对该蛋白质或其互作伴侣的某一功能造成影响。因篇幅所限，关于这些分子生物学技术的介绍并非本章所涉及范围，在此不再赘述。

参 考 文 献

陈勇, 高友鹤. 2008. 化学交联技术在蛋白质相互作用研究中的应用. 生命的化学, 4(28): 485-487.

刘侠. 2014. 串联亲和纯化技术联合质谱鉴定乳腺癌细胞中 LOX 相互作用蛋白. 南宁: 广西医科大学硕士学位论文.

孟磊, 宋增璇. 2004. 量子点在生物医学中的应用. 生物化学与生物物理进展, 31(2): 185-187.

宋方丽. 2010. 串联亲和纯化技术联合质谱技术对 DNAJC12 两种剪切体相互作用蛋白的鉴定. 广州: 南方医科大学硕士学位论文.

田斯琦. 2016. 串联亲和纯化技术联合质谱鉴定 RSK4 变异体的相互作用蛋白. 南宁: 广西医科大学硕士学位论文.

王进军, 陈小川, 邢达. 2003. FRET 技术及其在蛋白质-蛋白质分子相互作用研究中的应用. 生物化学与生物物理进展, 30(6): 980-984.

徐晓辉. 2006. 串联亲和纯化结合液相色谱-串联质谱技术筛选 P28/Gankyrin 相互作用蛋白. 上海: 第二军医大学硕士学位论文.

张志毅, 周涛, 巩伟丽, 等. 2007. 荧光共振能量转移技术在生命科学中的应用及研究进展. 电子显微学报, 26(6): 620-624.

周剑, 刘东. 2014. 乙型肝炎病毒核心抗原在人肝癌细胞株 HepG2 中的相互作用蛋白研究. 免疫学杂志, 30(6): 516-518.

Alberts B, Johnson A, Lewis J, et al. 2007. Molecular Biology of the Cell. Fifth Edition. New York: Garland Science.

Alexander C J, Wagner W, Copeland N G, et al. 2018. Creation of a myosin Va-TAP-tagged mouseand identification of potential myosin Va-interacting proteins in the cerebellum. Cytoskeleton, 75(9): 395-409.

Antia M, Islas L D, Bonessc D A, et al. 2006. Single molecule fluorescence studies of surface- adsorbed fibronectin. Biomaterials, 27(5): 679-690.

Armando G G, Robert F P, Michael J S, et al. 2002. N uptake and N status in ponderosa pine as affected by soil compaction and forest floor removal. Plant and Soil, 242(2): 263-275.

Aronheim A, Zandi E, Hennemann H, et al. 1997. Isolation of an AP-1 repressor by a novel method for detecting protein-protein interactions. Mol Cell Biol, 17(6): 3094-3102.

Avidor-Reiss T, Maer A M, Koundakjian E, et al. 2004. Decoding cilia function: defining specialized genes required for compartmentalized cilia biogenesis. Cell, 117(4): 527-539.

Bajar B T, Wang E S, Zhang S, et al. 2016. A guide to fluorescent protein FRET pairs. Sensors, 16(9): 1488.

Baughman J M, Perocchi F, Girgis H S, et al. 2011. Integrative genomics identifies MCU as an essential component of the mitochondrial calcium uniporter. Nature, 476(7360): 341-345.

Bouwmeester T, Bauch A, Ruffner H, et al. 2004. A physical and functional map of the humaTNFalpha/NF-kappa B signal transduction pathway. Nat Cell Biol, 6(2): 97-105.

Bowers P M, Pellegrini M, Thompson M J, et al. 2004. Prolinks: a database of protein functional linkages derived from coevolution. Genome biology, 5(5): R35.

Breiman L. 2001. Random forests. Machine Learning, 45(1): 5-32.

Brown K A, Ham A J L, Clark C N, et al. 2008. Identification of novel Smad2 and Smad3 associated proteins in response to TGF-beta1. J Cell Biochem, 105(2): 596-611.

Bryant N J, Govers R, James D E. 2002. Regulated transport of the glucose transporter GLUT4. Nat Rev Mol Cell Biol, 3(4): 267-277.

Buchardt O, Elsner H I, Nielsen P E, et al. 1986. Protein crosslinking reagents containing a selenoethylene linker are cleaved by mild oxidation. Anal Biochem, 158(1): 87-92.

Bürckstümmer T, Bennett K L, Preradovic A, et al. 2006. An efficient tandem affinity purification procedure for interaction proteomics in mammalian cells. Nature Methods, 3(12): 1013-1019.

Cao Z, Huett A, Kuballa P, et al. 2008. DLG1 is an anchor for the E3 ligase MARCH2 at sites of cell-cell contact. Cellular Signalling, 20(1): 73-82.

Chai H, Huang H H, Jiang H K, et al. 2016. Protein-protein interaction network construction for cancer using a new L1/2-penalized Net-SVM model. Genetics and Molecular Research: GMR, 15(3).

Cheeseman I M, Niessen S, Anderson S, et al. 2004. A conserved protein network controls assembly of the outer kinetochore and its ability to sustain tension. Genes Dev, 18(18): 2255-2268.

Chen M, Liu J. 2009. Research techniques for protein-protein interactions. Biotechnology Bulletin, 1: 50-55.

Connelly P R, Varadarajan R, Sturtevant J M, et al. 1990. Thermodynamics of protein-peptide interactions in the ribonuclease S system studied by titration calorimetry. Biochemistry, 29(25): 6108-6114.

Cortes C, Vapnik V. 1995. Support-vector networks. Machine Learning, 20(3): 273-297.

Cronan J E. 1990. Biotination of proteins in vivo. A post-translational modification to label, purify, and study proteins. The Journal of Biological Chemistry, 265(18): 10327-10333.

Dandekar T, Berend S, Huynen M, et al. 1998. Conservation of gene order: a fingerprint of proteins that physically interact. Trends in Biochemical Sciences, 23(9): 324-328.

Davis L, Chin J W. 2012. Designer proteins: applications of genetic code expansion in cell biology. Nat Rev Mol Cell Biol, 13(3): 168-182.

Dexter D L. 1953. A theory of sensitized luminescence in solids. J Chem Phy, 21: 836-850.

Dey G, Meyer T. 2015. Phylogenetic profiling for probing the modular architecture of the human genome. Cell Systems, 1(2): 106-115.

Dove S L, Hochschild A. 2004. A bacterial two-hybrid system based on transcription activation. Methods Mol Biol, 261: 231-246.

Dove S L, Joung J K, Hochschild A. 1997. Activation of prokaryotic transcription through arbitrary protein-protein contacts. Nature, 386: 627-630.

Doyle D A, Lee A, Lewis J, et al. 1996. Crystal structures of a complexed and peptide-free membrane protein-binding domain: molecular basis of peptide recognition by PDZ. Cell, 85: 1067-1076.

Dunham, W H, Mullin M, Gingras A C. 2012. Affinity-purification coupled to mass spectrometry: basic principles and strategies. Proteomics, 12(10): 1576-1590.

Elangovan M, Day R N, Periasamy A. 2002. Dynamic imaging using fluorescence resonance energy transfer. Biotechniques, 32: 1260-1265.

Enright, A J, Iliopoulos I, Kyrpides N C, et al. 1999. Protein interaction maps for complete genomes based on gene fusion events. Nature, 402(6757): 86-90.

Ferrell J E Jr, Cimprich K A. 2003. Enforced proximity in the function of a famous scaffold. Mol Cell, 11(2): 289-291.

Fields S, Song O. 1989. A novel genetic system to detect protein-protein interactions. Nature, 340: 245-246.

Florent L, Georges C, Jean-Claude T, et al. 2023. *Homo cerevisiae*—leveraging yeast for investigating protein—protein interactions and their role in human disease. Int J Mol Sci, 24(11): 9179.

Förster T. 1948. Intramolecular energy migration and fluorescence. Ann Phys, 2: 55-59.

Gao X, Chen T, Xing D, et al. 2006. Single cell analysis of PKC activation during proliferation and apoptosis induced by laser irradiation. J Cell Physiol, 206: 441-448.

García-León M, Iniesto E, Rubio V. 2018. Tandem affinity purification of protein complexes from arabidopsis cell cultures. Methods in Molecular Biology, 1794: 297-309.

Geng H, Lu T, Lin X, et al. 2015. Prediction of protein-protein interaction sites based on naive Bayes classifier. Biochemistry Research International, 2015: 978193.

Gloeckner C J, Boldt K, Schumacher A, et al. 2007. A novel tandem affinity purification strategy for the efficient isolation and characterisation of native protein complexes. Proteomics, 7(23): 4228-4234.

Gloeckner C J, Boldt K, Ueffing M. 2009. Strep/FLAG tandem affinity purification(SF-TAP)to study protein interactions. Curr Protoc Protein Sci, Chapter 19: Unit19-20.

Göbel U, Sander C, Schneider R, et al. 1994. Correlated mutations and residue contacts in proteins. Proteins: Structure, Function, and Bioinformatics, 18(4): 309-317.

Goh C S, Lan N, Douglas S M, et al. 2004. Mining the structural genomics pipeline: identification of protein properties that affect high-throughput experimental analysis. Journal of Molecular Biology, 336(1): 115-130.

Goutman, J D, Glowatzki E. 2007. Time course and calcium dependence of transmitter release at a single ribbon synapse. Proceedings of the National Academy of Sciences, 104(41): 16341-16346.

Grgurevich S, Mikhael A, McVicar D W. 1999. The Csk homologous kinase, Chk, binds tyrosine phosphorylated paxillin in humanblastic T cells. Biochem Biophys Res Commun, 256: 668-675.

Guo Y, Yu L, Wen Z, et al. 2008. Using support vector machine combined with auto covariance to predict protein-protein interactions from protein sequences. Nucleic Acids Res, 36(9): 3025-3030.

Hammond P W, Cech T R. 1998. Euplotes Telomerase: evidence for limited base-pairing during primer elongation and dGTP as an effector of translocation. Biochemistry, 37(15): 5162-5172.

Han K K, Tetaert D, Debuire B, et al. 1977. Sequential edman degredation. Biochimie, 59(7): 557-576.

Hino N, Okazaki Y, Kobayashi T, et al. 2005. Protein photo-cross-linking in mammalian cells by site-specific incorporation of a photoreactive amino acid. Nat Methods, 2(3): 201-206.

Hino N, Oyama M, Sato A, et al. 2011. Genetic incorporation of a photo-crosslinkable amino acid reveals novel protein complexes with GRB2 in mammalian cells. J Mol Biol, 406(2): 343-353.

Hu J C, Komacker M G, Hochschild A. 2000. Eschefchia coli one- and two-hybrid systems for the analysis and identification of protein-protein interactions. Methods Mol Biol, 20: 80-94.

Hunter S, Burton E A, Wu S C, et al. 1999. Fyn associates with Cbl and phosphorylates tyrosine 731 in Cbl, a binding site for phosphatidylinositol 3-kinase. J Biol Chem, 274: 2097-2106.

Ito T, Chiba T, Ozawa R, et al. 2001. A comprehensive two-hybrid analysis to explore the yeast protein interactome. Proceedings of the National Academy of Sciences, 98(8): 4569-4574.

Itoh Y, Cai K, Khorana H G. 2001. Mapping of contact sites in complex formation between light-activated rhodopsin and transducin by covalent crosslinking: use of a chemically preactivated reagent. Proc Natl Acad Sci USA, 98(9): 4883-4887.

Janin J, Henrick K, Moult J, et al. 2003. CAPRI: a Critical assessment of predicted interactions. Proteins, 52(1): 2-9.

Johnsson N, Varshavsky A. 1994. Split ubiquitin as a sensor of protein interactions in vivo. Proc Natl Acad Sci, 91: 10340-10344.

Joung J K, Ramm E l, Pabo C O. 2000. A bacterial two-hybrid selection system for studying protein-DNA and protein-protein interactions. Proc Natl Acad Sci USA, 97: 7382-7387.

Junttila, M R, Saarinen S, Schmidt T, et al. 2005. Single-step Strep-tag purification for the isolation and identification of protein complexes from mammalian cells. Proteomics, 5(5): 1199-1203.

Kaelin W G Jr, Pallas D C, DeCaprio J A, et al. 1991. Identification of cellular proteins that can interact specifically with the T/E1A binding region of the retinoblastoma gene product. Cell, 64: 521-532.

Karimova G, Pidoux J, Ullmann A. 1998. A bacterial two-hybrid system based on a reconstituted signal transduction pathway. Proc Natl Acad Sci USA, 95: 5752-5756.

Kingsford C, Salzberg S L. 2008. What are decision trees? Nature Biotechnology, 26(9): 1011-1013.

Koch C A, Anderson D, Moran M F, et al. 1991. SH2 and SH3 domains: elements that control interactions of cytoplasmic signaling proteins. Science, 252: 668-674.

Larance M, Ramm G, Stockli J, et al. 2005. Characterization of the role of the Rab GTPase-activating protein AS160 in insulin-regulated GLUT4 trafficking. J Biol Chem, 280(45): 37803-37813.

Laser H, Bongards C, Schüller J, et al. 2000. A new screen for protein interactions reveals that the *Saccharomyces cerevisiae* high mobility group proteins Nhp6A/B are involved in the regulation of the GAL1 promoter. Proc Natl Acad Sci, 97: 13732-13737.

Lewis J C, Daunert S. 1999. Dual detection of peptides in a fluorescence binding assay by employing genetically fused GFP and BFP mutants. Analytical Chemistry, 71(19): 4321-4327.

Li G P, Du P F, Shen Z A, et al. 2020. DPPN-SVM: computational identification of mis-localized proteins in cancers by integrating differential gene expressions with dynamic protein-protein interaction networks. Frontiers in Genetics, 11: 600454.

Li X, Wang W, Wang J, et al. 2015. Proteomic analyses reveal distinct chromatin-associated and soluble transcription factor complexes. Mol Syst Biol, 11(1): 775.

Licitra E J, Liu J O. 1996. A three-hybrid system for detecting small ligand-protein receptor interactions. Proc Natl Acad Sci USA, 93: 12817-12821.

Liddington R C. 2004. Structural basis of protein-protein interactions. Methods Mol Biol, 261: 3-14.

Lin S, He D, Long T, et al. 2014. Genetically encoded cleavable protein photo-cross-linker. J Am Chem Soc, 136(34): 11860-11863.

Luo Q, Pagel P, Vilne B, et al. 2011. DIMA 3.0: domain interaction map. Nucleic Acids Res, 39(Database issue): D724-D729.

Malleshaiah M K, Shahrezaei V, Swain P S, et al. 2010. The scaffold protein Ste5 directly controls a switch-like mating decision in yeast. Nature, 465(7294): 101-105.

Marcotte E M, Pellegrini M, Ng H L, et al. 1999. Detecting protein function and protein-protein interactions from genome sequences. Science, 285(5428): 751-753.

Mattheus T, Kukla K, Zimmermann T, et al. 2016. Cell type-specific tandem affinity purification of the mousehippocampal cb1 receptor-associated proteome. Journal of Proteome Research, 15(10): 3585-3601.

Meador W E, Means A R, Quiocho F A. 1993. Modulation of calmodulin plasticity in molecular recognition on the basis of x-ray structures. Science, 262: 1718-1721.

Melcher K. 2004. New chemical crosslinking methods for the identification of transient protein-protein interactions with multiprotein complexes. Curr Protein Pept Sci, 5(4): 287-296.

Mizuno H, Sawano A, Eli P, et al. 2001. Red fluorescent protein from *Discosoma* as a fusion tag and a partner for fluorescence resonance energy transfer. Biochemistry, 40(8): 2502-2510.

Natsume T, Nakayama H, Jansson O, et al. 2000. Combination of biomolecular interaction analysis and mass spectrometric amino acid sequencing. Anal Chem, 72(17): 4193-4198.

Nicolet B H. 1930. The structure of glutathione. Science, 71: 589-590.

Novak P, Young M M, Schoeniger J S, et al. 2003. A top-down approach to protein structure studies using chemical cross-linking and Fourier transform mass spectrometry. Eur J Mass Spectrom(Chichester), 9(6): 623-631.

Ogawa H, Ishiguro K, Gaubatz S, et al. 2002. A complex with chromatin modifiers that occupies E2F- and Myc-responsive genes in G0 cells. Science, 296(5570): 1132-1136.

Olmea O, Valencia A. 1997. Improving contact predictions by the combination of correlated mutations and other sources of sequence information. Folding and Design, 2(3): S25-S32.

Orlinick J R, Chao M V. 1996. Interactions of cellular polypeptides with the cytoplasmic domain of the mouse Fas antigen. J Biol Chem, 271: 8627-8632.

Pagel P, Wong P, Frishman D. 2004. A domain interaction map based on phylogenetic profiling. Journal of Molecular Biology, 344(5): 1331-1346.

Pan C Q, Sudol M, Sheetz M, et al. 2012. Modularity and functional plasticity of scaffold proteins as p(l)acemakers in cell signaling. Cell Signal, 24(11): 2143-2165.

Park J, Oh S, Park S B. 2012. Discovery and target identification of an antiproliferative agent in live cells using fluorescence difference in two-dimensional gel electrophoresis. Angew Chem Int Ed Engl, 51(22): 5447-5451.

Pawson T, Gish G D, Nash P. 2001. SH2 domains, interaction modules and cellular wiring. Trends Cell Biol, 11: 504-511.

Pawson T, Scott J D. 1997. Signaling through scaffold, anchoring, and adaptor proteins. Science, 278(5346): 2075-2080.

Pawson T, Warner N. 2007. Oncogenic re-wiring of cellular signaling pathways. Oncogene, 26(9): 1268-1275.

Pazos F, Helmer-Citterich M, Ausiello G, et al. 1997. Correlated mutations contain information about protein-protein interaction. Journal of Molecular Biology, 271(4): 511-523.

Pazos F, Ranea J A, Juan D, et al. 2005. Assessing protein co-evolution in the context of the tree of life assists in the prediction of the interactome. Journal of Molecular Biology, 352(4): 1002-1015.

Pazos F, Valencia A. 2001. Similarity of phylogenetic trees as indicator of protein–protein interaction. Protein Engineering, 14(9): 609-614.

Pellegrini M, Marcotte E M, Thompson M J, et al. 1999. Assigning protein functions by comparative genome analysis: protein phylogenetic profiles. Proceedings of the National Academy of Sciences, 96(8):

4285-4288.

Pelletier J N, Campbell-Valois F X, Michnick S W. 1998. Oligomerization domain-directed reassembly of active dihydrofolate reductase from rationally designed fragments. Proc Natl Acad Sci USA, 95: 12141-12146.

Pham N D, Parker R B, Kohler J J. 2013. Photocrosslinking approaches to interactome mapping. Curr Opin Chem Biol, 17(1): 90-101.

Phizicky E M, Fields S. 1995. Protein-protein interactions: methods for detection and analysis. Microbiol Rev Mar, 59(1): 94-123.

Pokutta S, Weis W I. 2000. Structure of the dimerization and β-catenin-binding region of α-catenin. Mol Cell, 5: 533-543.

Pollok B A, Heim R. 1999. Using GFP in FRET-based applications. Trends Cell Biol, 9: 57-60.

Posern G, Zheng J, Knudsen B S, et al. 1998. Development of highly selective SH3 binding peptides for Crk and CRKL which disrupt Crk-complexes with DOCK180, SoS and C3G. Oncogene, 16: 1903-1912.

Preston G W, Wilson A J. 2013. Photo-induced covalent cross-linking for the analysis of biomolecular interactions. Chem Soc Rev, 42(8): 3289-3301.

Puig O, Caspary F, Rigaut G, et al. 2001. The tandem affinity purification(TAP)method: a general procedure of protein complex purification. Methods, 24(3): 218-229.

Rao H B, Zhu F, Yang G B, et al. 2011. Update of PROFEAT: a web server for computing structural and physicochemical features of proteins and peptides from amino acid sequence. Nucleic Acids Research, 39(suppl_2): 385-390.

Rega M F, Reed J C, Pellecchia M. 2007. Robust lanthanide-based assays for the detection of anti-apoptotic Bcl-2-family protein antagonists. Bioorganic Chemistry, 35: 113-120.

Rigaut G, Shevchenko A, Rutz B, et al. 1999. A generic protein purification method for protein complex characterization and proteome exploration. Nature Biotechnology, 17(10): 1030-1032.

Riley R, Lee C, Sabatti C, et al. 2005. Inferring protein domain interactions from databases of interacting proteins. Genome Biology, 6(10): R89.

Ryu Y, Schultz P G. 2006. Efficient incorporation of unnatural amino acids into proteins in *Escherichia coli*. Nat Methods, 3(4): 263-265.

Sanchez C, Lachaize C, Janody F, et al. 1999. Grasping at molecular interactions and genetic networks in *Drosophila melanogaster* using FlyNets, an internet database. Nucleic Acids Research, 27: 89-94.

Schäffer U, Schlosser A, Müller KM, et al. 2010. SnAvi—a new tandem tag for high-affinity protein-complex purification. Nucleic Acids Research, 38(6): e91.

Schapire R E. 2003. The boosting approach to machine learning: an overview. // Denison D D, Hansen M H, Holmes C, et al. Nonlinear Estimation and Classification. New York: Springer: 149-171.

Schimanski B, Klumpp B, Laufer G, et al. 2003. The second largest subunit of *Trypanosoma brucei*'s multifunctional RNA polymerase I has a unique N-terminal extension domain. Molecular and Biochemical Parasitology, 126(2): 193-200.

Schimanski B, Nguyen T N, Günzl A. 2005. Highly efficient tandem affinity purification of trypanosome protein complexes based on a novel epitope combination. Eukaryotic Cell, 4(11): 1942-1950.

Schmidt T G M, Skerra A. 2007. The Strep-tag system for one-step purification and high-affinity detection or capturing of proteins. Nature Protocols, 2(6): 1528-1535.

Sekar R B, Periasamy A. 2003. Fluorescence resonance energy transfer(FRET)microscopy imaging of live cell protein localizations. J Cell Biol, 160: 629-633.

SenGupta D J, Zhang B, Kraemer B, et al. 1996. A three-hybrid system to detect RNA-protein interactions in vivo. Proc Natl Acad Sci USA, 93: 8496-8501.

Shaw A S, Filbert E L. 2009. Scaffold proteins and immune-cell signalling. Nat Rev Immunol, 9(1): 47-56.

Shigdel U K, Zhang J, He C. 2008. Diazirine-based DNA photo-cross-linking probes for the study of protein-DNA interactions. Angew Chem Int Ed Engl, 47(1): 90-93.

Sinz A. 2003. Chemical cross-linking and mass spectrometry for mapping three-dimensional structures of proteins and protein complexes. J Mass Spectrom, 38(12): 1225-1237.

Sinz A. 2005. Chemical cross-linking and FTICR mass spectrometry for protein structure characterization. Anal Bioanal Chem, 381(1): 44-47.

Sinz A. 2006. Chemical cross-linking and mass spectrometry to map three-dimensional protein structures and protein-protein interactions. Mass Spectrom Rev, 25(4): 663-682.

Sinz A. 2010. Investigation of protein-protein interactions in living cells by chemical crosslinking and mass spectrometry. Anal Bioanal Chem, 397(8): 3433-3440.

Sinz A, Kalkhof S, Ihling C. 2005. Mapping protein interfaces by a trifunctional cross-linker combined with MALDI-TOF and ESI-FTICR mass spectrometry. J Am Soc Mass Spectrom, 16(12): 1921-1931.

Skerra A, Schmidt T G. 2000. Use of the Strep-Tag and streptavidin for detection and purification of recombinant proteins. Methods in Enzymology, 326: 271-304.

Sprinzak E, Margalit H. 2001. Correlated sequence-signatures as markers of protein-protein interaction. J Mol Biol, 311(4): 681-692.

Stearns D J, Kurosawa S, Sims P J, et al. 1988. The interaction of a Ca^{2+}-dependent monoclonal antibody with the protein C activation peptide region. Evidence for obligatory Ca^{2+} binding to both antigen and antibody. The Journal of Biological Chemistry, 263(2): 826-832.

Subach F V, Zhang L, Gadella T W J, et al. 2010. Red fluorescent protein with reversibly photoswitchable absorbance for photochromic FRET. Chemistry & Biology, 17(7): 745-755.

Suchanek M, Radzikowska A, Thiele C. 2005. Photo-leucine and photo-methionine allow identification of protein-protein interactions in living cells. Nat Methods, 2(4): 261-267.

Sun J B, Mielcarek N, Lakew M, et al. 1999. Intranasal administration of a Schistosoma mansoni glutathione S-transferase-cholera toxoid conjugate vaccine evokes antiparasitic and antipathological immunity in mice. J Immunol, 163: 1045-1052.

Tabach Y, Billi A C, Hayes G D, et al. 2013. Identification of small RNA pathway genes using patterns of phylogenetic conservation and divergence. Nature, 493(7434): 694-698.

Tagwerker C, Flick K, Cui M, et al. 2006. A tandem affinity tag for two-step purification under fully denaturing conditions: application in ubiquitin profiling and protein complex identification combined with in vivocross-linking. Molecular & Cellular Proteomics: MCP, 5(4): 737-748.

Takahashi S, Pryciak P M. 2008. Membrane localization of scaffold proteins promotes graded signaling in the yeast MAP kinase cascade. Current Biology, 18(16): 1184-1191.

Tanaka Y, Bond M R, Kohler J J. 2008. Photocrosslinkers illuminate interactions in living cells. Mol Biosyst, 4(6): 473-480.

Tappenden D M, Hwang H J, Yang L, et al. 2013. The Aryl-hydrocarbon receptor protein interaction network(AHR-PIN)as identified by tandem affinity purification(TAP)and mass spectrometry. J Toxicol, 2013: 279829.

Thomson T M, Benjamin K R, Bush A, et al. 2011. Scaffold number in yeast signaling system sets tradeoff between system output and dynamic range. Proc Natl Acad Sci USA, 108(50): 20265-20270.

Trinkle-Mulcahy L. 2012. Resolving protein interactions and complexes by affinity purification followed by label-based quantitative mass spectrometry. Proteomics, 12(10): 1623-1638.

Uetz P, Giot L, Cagney G, et al. 2000. A comprehensive analysis of protein-protein interactions in saccharomyces cerevisiae. Nature, 403(6770): 623-627.

Valencia A, Pazos F. 2002. Computational methods for the prediction of protein interactions. Current Opinion in Structural Biology, 12(3): 368-373.

Vetter I R, Wittinghofer A. 2001. The guanine nucleotide-binding switch in three dimensions. Science, 294(5545): 1299-1304.

Viala J P M, Bouveret E. 2017. Protein-protein interaction: tandem affinity purification in bacteria. Methods in Molecular Biology, 1615: 221-232.

Vidal M, Brachmann R K, Fattaey A, et al. 1996a. Reverse two-hybrid and one-hybrid systems to detect dissociation of protein-protein and DNA-protein interactions. Proc Natl Acad Sci USA, 93: 10315-10320.

Vidal M, Braun P, Chen E, et al. 1996b. Genetic characterization of a mammalian protein-protein interaction domain by using a yeast reverse two-hybrid system. Proc Natl Acad Sci USA, 93: 10321-10326.

Violin J D, Zhang J, Tsien R Y, et al. 2003. A genetically encoded fluorescent reporter reveals oscillatory phosphorylation by protein kinase C. J Cell Biol, 161: 899-909.

Wang L, Schultz P G. 2004. Expanding the genetic code. Angew Chem Int Ed Engl, 44(1): 34-66.

Watson R T, Kanzaki M, Pessin J E. 2004. Regulated membrane trafficking of the insulin-responsive glucose transporter 4 in adipocytes. Endocr Rev, 25(2): 177-204.

Wei Q, Lee M, Yu X, et al. 2006. Development of an open sandwich fluoroimmunoassay based on fluorescence resonance energy transfer. Analytical Biochemistry, 358(1): 31-37.

Wojcik J, Schächter V. 2001. Protein-protein interaction map inference using interacting domain profile pairs. Bioinformatics, 17(suppl_1): S296-S305.

Xie J, Schultz P G. 2006. A chemical toolkit for proteins—an expanded genetic code. Nat Rev Mol Cell Biol, 7(10): 775-782.

Xie X, Chen Y, Xue P, et al. 2009. RUVBL2, a novel AS160-binding protein, regulates insulin- stimulated GLUT4 translocation. Cell Res, 19(9): 1090-1097.

Xu Y, Hu W, Chang Z, et al. 2011. Prediction of human protein-protein interaction by a mixed Bayesian model and its application to exploring underlying cancer-related pathway crosstalk. Journal of the Royal Society Interface, 8(57): 555-567.

Yaffe M B, Schutkowski M, Shen M, et al. 1999. Sequence-specific and phosphorylation-dependent proline isomerization: a potential mitotic regulatory mechanism. Science, 278: 1957-1960.

Yan H, Zhong G, Xu G, et al. 2012. Sodium taurocholate cotransporting polypeptide is a functional receptor for human hepatitis B and D virus. eLife, 1: e00049.

Yang P, Sampson H M, Krause H M. 2006. A modified tandem affinity purification strategy identifies cofactors of the *Drosophila* nuclear receptor dHNF4. Proteomics, 6(3): 927-935.

Yang Y, Song H, He D, et al. 2016. Genetically encoded protein photocrosslinker with a transferable mass spectrometry-identifiable label. Nat Commun, 7: 12299.

Ye J Z, Hockemeyer D, Krutchinsky A N, et al. 2004. POT1-interacting protein PIP1: a telomere length regulator that recruits POT1 to the TIN2/TRF1 complex. Genes Dev, 18(14): 1649-1654.

Zeke A, Lukács M, Lim W A, et al. 2009. Scaffolds: interaction platforms for cellular signalling circuits. Trends Cell Biol, 19(8): 364-374.

Zhang J, Allen M D. 2007. FRET-based biosensors for protein kinases: illuminating the kinome. Mol Biosyst, 3(11): 759-765.

Zhang S, He D, Lin Z, et al. 2017. Conditional chaperone-client interactions revealed by genetically encoded photo-cross-linkers. Acc Chem Res, 50(5): 1184-1192.

Zhang S, He D, Yang Y, et al. 2016. Comparative proteomics reveal distinct chaperone-client interactions in supporting bacterial acid resistance. Proc Natl Acad Sci USA, 113(39): 10872-10877.

第八章　蛋白质与核酸的互作

生命活动是由蛋白质和核酸来执行的，蛋白质结合核酸是生命体中最普遍的现象。核酸包括 RNA 和 DNA，蛋白质结合这两类核酸在生命体中非常普遍，且具有非常重要的功能，而其功能必须得到严格的调控。作为生命体遗传物质的核酸，在体内需要与相应的蛋白质严格按照既定的程序组装成功能单位，例如，DNA 和组蛋白通过严格的程序包装成核小体，核小体进一步折叠还可以包装成染色质细丝，经过再一次超螺旋，形成直径 30nm 的染色质粗丝（Wu et al.，2007），第三次超螺旋使粗丝盘绕成直径 400nm 的单位纤维（Adolph，1986），由单位纤维折叠形成染色单体，这个过程中 DNA 和蛋白质之间有复杂又精确的相互作用。即便像病毒这样简单的生命体，其遗传物质（DNA 或 RNA）和蛋白质也需要精确的相互作用，形成复杂的功能单位（Greive et al.，2016）。DNA 和 RNA 在生命过程中需要运输，运输过程同样是在一系列蛋白质的作用下进行的。DNA 和 RNA 还需要加工（如剪切、修复等），这些酶在这个过程中必须以精确的方式调控。此外，基因的表达，即 RNA 的转录及蛋白质的翻译，都是核酸和蛋白质精确互作的结果。对于如此多样且重要的相互作用，解析其相互作用的形式及规律是一件非常有趣的事。

第一节　核酸结合蛋白的功能与分类

按功能分，结合核酸的蛋白质大致可以分为结构蛋白和包装蛋白、运输蛋白和定位蛋白、代谢蛋白和重排蛋白、基因表达蛋白。核酸结合蛋白的功能有多种，但其作用模式却遵守一定的规律，即蛋白结合序列特异性的核酸、序列非特异性的核酸、特定结构的核酸，通过这些结合，蛋白质行使其生物学功能。

一、核酸结合蛋白的种类

核酸结合蛋白有多种功能，本节以结构蛋白和包装蛋白为例进行说明。结构蛋白与 DNA 结合通常是序列非特异性的 DNA-蛋白质相互作用。真核生物中，双螺旋 DNA 可在组蛋白（histone）的表面附着并缠绕整整两圈，从而形成一种称为核小体的盘状复合物。组蛋白中的碱性氨基酸残基与 DNA 上的酸性糖-磷酸骨架之间可形成离子键，使两者发生非序列特异性结合，稳定了核小体的结构（McGinty and Tan，2015）。碱性氨基酸残基可以被甲基化、磷酸化和乙酰化等，这些化学修饰可使 DNA 与组蛋白之间的作用强度发生变化，进而影响 DNA 对转录因子的可及性，从而影响转录作用的效率（Gibney and Nolan，2010）。

DNA 结合蛋白中，有一种蛋白质专门与单股 DNA 结合，常见的有人类复制蛋白 A

（RPA）和细菌单链 DNA 结合蛋白（SSB）（Dubiel et al., 2019）。人类的 RPA 是研究较多的成员，其作用大多与解开双螺旋的过程有关，包括 DNA 复制、重组及修复。这类结合蛋白可固定单股 DNA，使其变得较为稳定，以避免形成茎环（stem-loop），或是因为核酸酶的作用而水解。原核生物中的 SSB 结合单链 DNA，为序列非特异性结合。此蛋白质结合的 DNA 可促进重组过程。

二、蛋白质结合核酸的方式

DNA 双螺旋中的两股链走向是反向平行的，一股链是 5′→3′走向，另一股链是 3′→5′走向。两股链之间在空间上形成一条大沟（major groove）和一条小沟（minor groove）。大沟宽 22Å，小沟宽 12Å。大沟容易被蛋白质接近并识别，而小沟相对困难。

核酸结合蛋白依赖于其特定的结构，称为基序（motif），如螺旋-转角-螺旋、锌指结构、亮氨酸拉链、转角-环-转角、HMG 盒等元件（Yesudhas et al., 2017）。

根据所识别的元件是否具有序列特异性，蛋白质结合核酸的方式可以分为序列特异性结合和序列非特异性结合。

1. DNA 序列特异性结合

DNA 序列特异性结合包括两个方面的内容：结合位点的选定和序列依赖的 DNA 弯曲。

（1）结合位点的选定：大沟可以更好地暴露 DNA 的核苷酸碱基，因此在序列特异的 DNA-蛋白质相互作用过程中，蛋白质主要使用暴露 DNA 碱基的大沟，识别并读取特定序列。在大沟中，碱基对的氢键受体和氢键供体的具体基团和空间位置对于 A*T，T*A，G*C，C*G 来说都有所不同，因此具体碱基配对的氢键供体和受体的独特排列方式就可以被特定的 DNA 结合蛋白所识别（Oguey et al., 2010）。

（2）序列依赖的 DNA 弯曲：特定的弯曲使蛋白质结合核酸所需要付出的能量更低，DNA 弯曲是序列特异的 DNA-蛋白质相互作用的一个重要特点。通过提供结构的互补性，DNA 弯曲也在另外一个层面决定了 DNA-蛋白质相互作用的序列特异性（Ma and van der Vaart, 2016）。DNA 的弯曲是由于主干上的糖基-磷酸基与蛋白质的氨基酸侧链相互作用后的结果，可以分为三类，即局部的弯曲、在连续的碱基间的弯曲和几个相对独立的弯曲。

DNA 容易被细胞内的一些攻击基团伤害，例如，羟自由基可对胸腺嘧啶的 5,6-双键进行加成，形成胸腺嘧啶自由基，这些受损的 DNA 碱基不能正常提供复制或转录的模板，对细胞的正常生理功能产生不良影响甚至癌变，因此，细胞需要修复这些受损的碱基。NEIL1 蛋白（核苷酸的糖苷酶）能特异性识别被乙内酰脲修饰的鸟嘌呤。这些糖苷酶能在 450~600bp 对的区域中周期性地将一个氨基酸插入到 DNA 链中来感知被轻度扭曲的结构，并启动修复。另外，一些被表观修饰的 DNA 碱基提供额外的信号，需要细胞解码。例如，5′羟甲基修饰的胞嘧啶可以被 TET（ten eleven translocation）蛋白识别，并进一步被氧化为 5′甲醛基胞嘧啶和 5′羧基胞嘧啶（Parker et al., 2019）。这些带有特定修饰的碱基也有特定的蛋白质来识别。

2. DNA 序列非特异性结合

生物体中的一些蛋白质与 DNA 中的糖基-磷酸基主干相互作用,而不是与 DNA 的碱基作用。这些蛋白质中最为人所知的例子是参与 DNA 包装的蛋白质。这种 DNA/蛋白质的结合一般来说比 DNA 序列特异的结合力要弱,这种结合主要由于蛋白质的表面或某些结构中的氨基酸带有的正电荷与 DNA 主链(backbone)或者大沟、小沟中的磷酸根离子静电吸引产生。例如,有许多与 DNA 小沟中的磷酸根离子结合的蛋白质带有 SPKK 基序([Ser/Thr]–Pro–[Lys/Arg]–[Lys/Arg])(Churchill and Suzuki,1989)。

三、与双链 DNA 结合的蛋白质种类

1. 与 DNA 末端相互作用的蛋白质

利用这种方式结合 DNA 的蛋白质主要是 DNA 外切酶和 DNA 连接酶。以人的外切酶 1(Exo1)为例,其 N 端的结构域形成了一个豌豆状的核心,带有螺旋的突出和一系列表面凹沟。根据所结合 DNA 的切口位置,该结构域可以分为四个区域:①切口前区域,这个区域结合切口前的双螺旋 DNA;②切口后区域,这个区域结合单链间隙;③活性区域,这个区域含有金属中心,用以切割 DNA;④C 端的结构域,这个结构域中含有一个疏水的楔,这个楔在 FEN-1 家族成员中存在,它决定了切口 DNA 的底物选择性。DNA 外切酶的第二、三 α 螺旋和疏水区域将 DNA 底物在双链和单链的交界处急剧弯曲。这种结构决定了外切酶特异性地结合 DNA 的末端(Orans et al.,2011)。

2. 以深的狭缝围绕 DNA 而结合 DNA 的蛋白质

利用这种方式结合 DNA 的蛋白质包括 DNA 聚合酶或拓扑异构酶。

3. 同 DNA 双螺旋表面作用的蛋白质

用这种方式结合 DNA 的蛋白质包括大多数转录因子、限制性内切核酸酶、DNA 包装蛋白、位点特异性重组酶、DNA 修复酶等。我们以大肠杆菌的限制性内切核酸酶 EcoRI 为例说明。

两个 EcoRI 分子组成的二聚体,分别结合底物 DNA 分子双螺旋。这个复合体的直径大约为 50Å,呈对称排布。底物最中心部分 DNA 的 2 个碱基对的大沟被蛋白质包裹起来,与溶剂分子隔绝,包括底物最外部的 G:C 碱基对和蛋白主链(Frederick,1984)。EcoRI 和 DNA 共形成了 18 对氢键,其中 16 对氢键是经典底物(GAATTC)的大沟和蛋白质之间的氢键供体或受体之间形成的,只有 2 对氢键是在底物外的 DNA 和蛋白质之间形成的。EcoRI 中,形成氢键的供体和受体都来自一个短的环(182~186 位),这个短环的结构由环内的氢键来稳定。

第二节 DNA 结合蛋白的结构

生物分子的识别通常依赖于两个分子表面之间的精确配合,蛋白质结合 DNA 就

是通过这一原理而实现的。DNA 结合蛋白能够识别特定的 DNA 序列是因为该蛋白质的表面与该区域双螺旋的特殊表面特征广泛互补。在大多数情况下，蛋白质与 DNA 存在大量接触，包括氢键、离子键和疏水相互作用（Garvie and Wolberger，2001）。尽管每个单独的接触都很弱，但通常在蛋白质-DNA 界面处形成的 20 个左右的接触加在一起，可确保相互作用既具有高度特异性，又具有较高的强度。事实上，DNA-蛋白质相互作用是生物学中最紧密的分子相互作用。

尽管不同蛋白质-DNA 识别的例子在细节上都是独特的，但对数百种基因调节蛋白的 X 射线衍射晶体学和 NMR 光谱研究表明，许多蛋白质含有一个或一些 DNA 结合结构基序。这些基序通常使用 α 螺旋或 β 折叠来与 DNA 大沟结合；通常，这个大沟包含足够的信息来区分一个 DNA 序列。这种结合是如此之好，以至于有人认为，核酸和蛋白质的基本结构单元是一起进化的，以允许这些分子互补。

DNA 结合蛋白在机体的各种遗传活动中都起着重要的作用，如转录、包装、重排、复制和修复。DNA-蛋白质形成的复合体是我们理解这些生命活动如何发生与执行的基础。随着越来越多高质量的 DNA-蛋白质复合物的晶体结构被解析，使我们对蛋白质结合 DNA 机理的认识更深刻。DNA 结合蛋白质中具有介于二级和三级结构之间的保守序列，在 DNA 结合过程中起重要作用，我们称之为 DNA 结合基序（motif）。下面的章节将讲述主要的基序。

一、螺旋-转角-螺旋结构特点

螺旋-转角-螺旋（helix-turn-helix，HTH）基序是原核生物及真核生物的转录因子和酶通常具有的基序。这个基序通常有两个相互垂直的 α 螺旋，每个螺旋由 20 个氨基酸构成，这两个螺旋被一个由 4-氨基酸构成的 β 转角（β-turn）连接。我们还可以将这个基序的概念进行扩展，使 β 转角的连接部分包含更长的环，只要仍然保持 2 个 α 螺旋的结构，这种 HTH 的基序就可以结合 DNA（Aravind et al.，2005）。这个基序结合 DNA 的大沟，基序中的第二个 α 螺旋（通常称为识别螺旋）插入到大沟中。在大多数复合物中，氨基酸的侧链和核酸的碱基直接接触；在少数情况下，蛋白主链的原子或溶剂的水分子也被利用起来。当然，蛋白质的其他部分也可以与 DNA 相互作用并决定所结合的 DNA 序列的特异性。HTH 基序通常伴有 3~6 个 α 螺旋，由它们组成一个疏水的中心。尽管不同蛋白家族的 HTH 结构非常相似，但 HTH 部分的序列相似性很低，而且 HTH 以外的部分很少有同源性。识别螺旋在 DNA 大沟中的准确位置因蛋白质的不同而异，反映了这些蛋白质结构和功能的不同。大体上说，原核生物的转录因子通过同源二聚体的方式结合回文序列，而真核生物的一些蛋白质则以单聚体或异源二聚体结合不对称的靶序列，这种识别方式使其能识别更多样的序列。带翼的 HTH（winged helix-turn-helix）蛋白是指在 HTH 的基础上，还有第三个 α 螺旋和相邻的 β 折叠（Chakravartty and Cronan，2013）。这些额外的螺旋和折叠也是 DNA 结合的基序，而且提供了额外的 DNA 结合信息。

二、CYS2-HIS2 锌指结构

锌协调的蛋白质组成了一个真核生物基因组中最大的转录因子家族，这个家族中的 DNA 结合基序有一个特征性的四角、含锌、保守的半胱氨酸和组氨酸残基，构成 CYS2-HIS2 锌指结构（Razin et al.，2012）（图 8-1）。在生物界中，这种结构被广泛地采用，其原因很可能是这种金属离子赋予了相对较小的四角结构稳定性，锌协调的基序不仅存在于 DNA 结合的蛋白质中，也出现在蛋白质-蛋白质相互作用的结构域中。CYS2-HIS2 锌指结构中的蛋白质结构比 HTH 组中的蛋白质结构更多样，到目前为止，有 6 个主要的家族已被发现，其中最普遍的成员主要有 3 个，即 ββα 锌指家族、激素受体家族和环-片-螺旋家族。

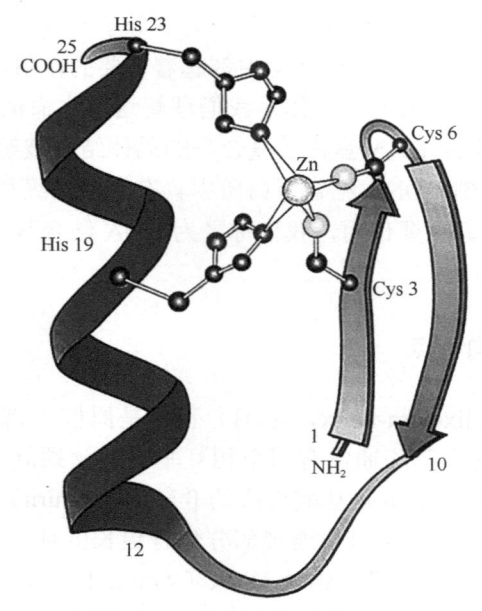

图 8-1　CYS2-HIS2 锌指结构

1. ββα 锌指家族

ββα 锌指家族是 CYS2-HIS2 锌指结构中最大的家族，目前已发现 1000 多种不同的基序。其结构特征是反向平行的 β 折叠后接着一个 α 螺旋。2 对保守的组氨酸和半胱氨酸出现在 α 螺旋和 β 折叠中，与锌离子组成了一个锌指结构。一个蛋白质经常含有多个锌指结构，呈螺旋样包绕在 DNA 链上。一个锌指结构通过在 DNA 大沟中插入 α 螺旋结合相邻的 3 个 DNA 碱基（Vandevenne et al.，2013）。

2. 激素受体家族

这个家族包括类固醇受体、甲状腺激素受体和类维生素 A 受体（Hudson et al.，2014）。在结合相应的配体后，这些受体从细胞质转入细胞核中，结合被称为激素反应元件的 DNA 序列，调节这些序列所控制的基因转录。这些受体需要形成同源或异源二聚体，其中的每一个单体都含有配体结合结构域、DNA 结合结构域和转录调节结构域。锌协调结构出现在 DNA 结合结构域中，有两个反向平行的 α 螺旋，每个螺旋的氨基端带有一个环状结构，每一个螺旋-环通过四个保守的半胱氨酸和一个锌离子结合。这两个 α 螺旋的位置安排恰到好处：第一个 α 螺旋插入 DNA 的大沟中来提供用以相互作用的 DNA 碱基，而环和第二个 α 螺旋接触 DNA 的主干，DNA 结合结构域本身就可以二聚化，其二聚体的界面由环和第二个 α 螺旋组成，一个典型的例子就是糖皮质激素（图 8-2）。每一个单体都识别一个 DNA 序列，而二聚体中的两个单体所识别的序列总和决定了二聚体所识别的 DNA 的特征。

图 8-2 糖皮质激素受体 DNA 结合结构域（Baumann，1993）

3. 环-片-螺旋家族

第三个家族是环-片-螺旋（loop-sheet-helix）基序，P53 蛋白便是带有这个基序的典型蛋白。这个基序有一个明显的特点：由 β 折叠将整个基序从主体蛋白上伸出来，α 螺旋和环再次回到蛋白主体结构中去（Cho，1994）。两个环中的 3 个半胱氨酸和 1 个组氨酸与锌离子协调。α 螺旋结合 DNA 的大沟、环结合小沟，一般认为环结合小沟对 DNA 的序列特异性没有任何贡献。这类蛋白质由四聚体组成，每个亚基结合 5bp 的 DNA 序列，4 个亚基先后排列。

三、碱性结合基序

碱性结合基序（也称为碱性亮氨酸拉链基序）可以分为两部分：二聚化部分和结合 DNA 的部分。每个亮氨酸拉链基序由一个 60 个氨基酸残基的 α 螺旋组成。二聚化是由 C 端的 30 个氨基酸形成卷曲螺旋（coiled coil），在螺旋中，每隔 7 个氨基酸（大约 2 圈）就有一个亮氨酸或类似的疏水性氨基酸，蛋白质中每个亚基的螺旋中疏水性侧链形成一个界面（图 8-3）。结合 DNA 的区域也称为碱性区，位于 α 螺旋的氨基端，相当于二聚化区域的直接延伸。每个碱性区域进入对侧 DNA 大沟。最经典的亮氨酸拉链蛋白是酵母的 GCN4 蛋白。

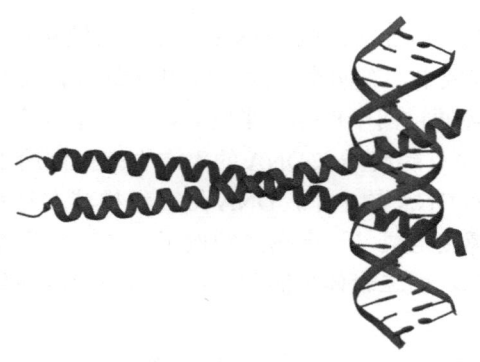

图8-3 与AP-1 DNA结合的JUN碱性亮氨酸拉链同二聚体的晶体结构（PDB_2H7H）

四、螺旋-环-螺旋基序

螺旋-环-螺旋（helix-loop-helix）类组蛋白结构基序是亮氨酸拉链的变种，其DNA结合区域和二聚化区域由一个环隔离，这就造成最终的四螺旋的条索结构（Ellenberger，1992）。其二聚化的螺旋通过卷曲螺旋相互作用，而DNA结合螺旋插入DNA的大沟中（图8-4）。因为两个区域被环隔离，因此，DNA结合区域可以更自由地结合DNA。转录因子Max就含有这种结构。在不同蛋白质中，环的长度和位置造成了该类基序的结构多样性。

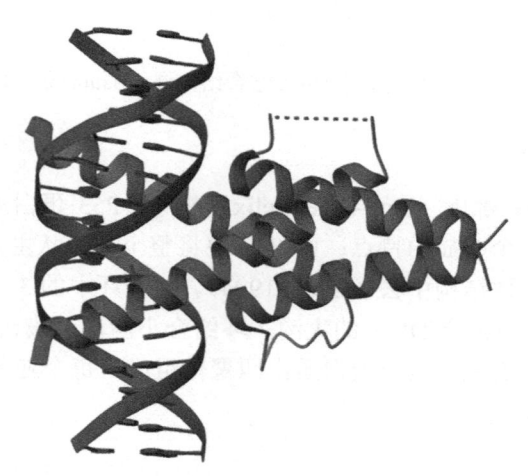

图8-4 E47/NeuroD1异源二聚体的碱性螺旋-环-螺旋结合DNA的晶体结构（Longo et al.，2008）

五、丝带-螺旋-螺旋基序

丝带-螺旋-螺旋（ribbon-helix-helix，RHH）基序组成的功能性区域是一个二聚体，由两个RHH基序紧密缠绕成一个稳定的功能域，这个结构域是二轴对称，并能结合DNA。二轴对称通常是由于同源二聚体的缘故。RHH基序所带的β折叠位于氨基端，并且2个单体的β折叠呈反向排列（Schreiter and Drennan，2007）。当RHH二聚体结合DNA时，β折叠插入DNA的大沟中。每个亚基的蛋白链中3个氨基酸侧链指向DNA的大沟，并与特定的 DNA 序列相互作用。每一个 RHH 蛋白链的第二个 α 螺旋 N 端氨基的氮原子和 DNA 的主链磷酸基团形成序列非特异性接触（图 8-5）。绝大多数 RHH 蛋白以高级结构的多聚体结合 DNA，因此，它们将同时结合同向或反向排列在 DNA 上的重复片段。

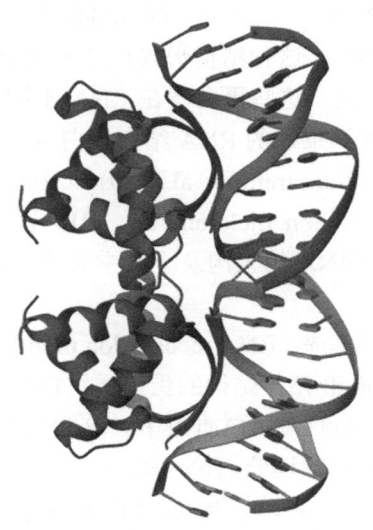

图 8-5　转录阻遏蛋白 CopG 与其操纵子结合复合物的晶体结构（Gomis-Rüth et al.，1998）

第三节　RNA 识别的一般方式

　　RNA 识别的机制和原理已通过高分辨率的 RBD（RNA 结合结构域）和 RNA 复合体的晶体结构得到阐明。RRM（RNA 识别基序）结构域、KH（hnRNP K 同源）结构域、锌指结构域和 CSD（冷休克结构域）是单链 RNA 结合的结构域（Lorković and Barta，2002），而 dsRBD（双链 RNA 结合结构域）则是蛋白质结合并识别双链 RNA 的功能单位（Banerjee and Barraud，2014）。一个经典的 RBD 通常识别 1～10 个核苷酸，最普遍的是 4 个。序列特异的 RNA 识别需要借助氢键和盐键与功能团相互作用，也需要借助疏水的、芳香族的堆积（也就是 π-stacking）与核苷酸相互作用。序列非特异性结合通常发生在主链的糖-磷酸上。在已有的一些结构上，我们看到同一个 RBD 通过调整它们的方向来结合不同的 RNA 序列，这说明 RBD 表面具有固有的灵活性和可塑性。高特异性和高亲和力是 RNA-蛋白质相互作用的一个重要特征，单个 RBD 对靶 RNA 的亲和力较弱、特异性较低，当多个 RBD 与 RNA 作用后，就达成高亲和力和高特异性。这一点对同时结合多个短的保守 RNA 序列的生物学复合体来说特别重要。RNA 结合蛋白的不同 RBD 之间有一条无固定构象（disordered）连接肽，这也为含有多个结构域的 RNA 结合蛋白和 RNA 形成复合体提供了结构生物学的条件。某些情况下，连接肽形成了识别表面的一个固定部分。也有一些蛋白质成为相邻 RBD 的刚性连接肽。然而，在许多情况下，连接肽是没有特定构象的，也不接触 RNA。

一、与 RNA 结合的蛋白质识别方式

蛋白质可以通过两种途径识别 RNA，即 RNA 的形状和 RNA 的序列。RNA 的形状可以被双链 RNA 结合基序（double-strand RNA-binding motif，dsRBM）识别。dsRBM 是一个 70～75 个氨基酸的结构域，具有保守的 αβββα 蛋白拓扑结构，其中 2 个 α 螺旋被包裹在 3 个 β 折叠形成的面中。这种结构形式往往重复出现（多至 5 个重复），已经在 388 个真核生物的蛋白质中出现，这些蛋白质在 RNA 干扰、RNA 加工、RNA、定位和翻译抑制中起关键作用。从非洲爪蟾的 RNA 结合蛋白 A（Xlrbpa2）（Ryter and Schultz，1998）、果蝇的 Staufen 蛋白（Lazzaretti et al.，2018）和芽殖酵母的 RNA 酶 III 同源体 Rnt1p 结合相应 RNA 的结构（Abou Elela and Ji，2019），可以看出蛋白质通过 β1 和 β2 之间的环与 α2 的 N 端部分和 RNA 的大沟及小沟中的磷酸根离子结合，这种结合方式对序列没有要求。

RNA 也可以被 RNA 识别基序（RNA recognition motif，RRM）识别，这是一个 75～85 个氨基酸残基组成的、βαββαβ 拓扑结构的蛋白质结构域。这 4 个 β 折叠围绕着 2 个 α 螺旋。RRM 出现在 0.5%～1%的人蛋白质组中。这些蛋白质执行着许多细胞功能，如 mRNA 和 rRNA 的加工、剪接和翻译的调控，RNA 的运输，RNA 的稳定性。对 10 个蛋白质-RNA 复合物的结构进行解析，结果发现，RRM 的 4 个 β 折叠识别 RNA 的 2～3 核苷酸。这 2～3 个核苷酸与蛋白质的 β 折叠的侧链及紧接着的 β 折叠 C 端肽段的主链和侧链相结合。从已有的构象来看，几乎所有 RNA 序列都能被识别。

二、蛋白质核酸结合的分子基础

蛋白质与核酸的相互作用，无论是序列特异性还是序列非特异性结合，都遵循一般的生物分子相互作用，其作用力包括氢键、范德瓦耳斯力、疏水作用力和静电作用力。氢键是蛋白质与核酸相互作用中非常重要的贡献者，这不仅因为蛋白质或核酸中氢键的供体（如 NH_2、OH、SH 等）和受体（如 O、N 等）比较丰富，而且在蛋白质与核酸相互靠近的过程中，蛋白质侧链与核酸大沟中的碱基形成很多相互作用。范德瓦耳斯力的贡献也不可忽视，其包括三种情形下产生的相互作用力：①当极性分子相互接近时，它们的固有偶极之间异极相吸，产生分子间的作用力，叫作取向力，偶极矩越大，取向力越大；②当极性分子与非极性分子接近时，非极性分子在极性分子的固有偶极作用下发生极化，产生诱导偶极，然后诱导偶极与固有偶极相互吸引而产生分子间的作用力，叫作诱导力，当然，极性分子之间也存在诱导力；③非极性分子之间，由于组成分子的正、负微粒不断运动，瞬间正、负电荷重心不重合而出现瞬时偶极。蛋白质与核酸之间有很多机会发生疏水相互作用。蛋白质中的侧链氨基酸可以形成疏水口袋，与碱基中的疏水基团（如甲基）形成相互作用。蛋白质与 DNA 的电荷性质使两者容易产生静电相互作用。蛋白质中的赖氨酸和精氨酸是带正电氨基酸，而 DNA 主链中的磷酸根则带负电，而且，在很多结合 DNA 的蛋白质中，其结合 DNA 的表面通常分布有带正电的氨基酸。因此，蛋白质与 DNA 之间的静电相互作用对蛋白质结合 DNA 具有重要的贡献。

蛋白质的反向平行β折叠相间（即1、3残基）交替酰胺N原子之间的距离、α螺旋侧链距离（即第1、5残基）和DNA双螺旋相邻磷酸基的距离都是0.7nm，基团间空间可容性、匹配性是蛋白质-DNA相互识别与结合的基础。

蛋白质与DNA的相互作用可以发生在蛋白质侧链与DNA碱基之间、蛋白质主链与DNA碱基之间、蛋白质侧链与DNA磷酸骨架之间、蛋白质主链与DNA磷酸骨架之间。

下面以氢键为例说明蛋白质侧链与DNA碱基的相互作用。DNA中的鸟嘌呤（G）与蛋白质中的精氨酸、赖氨酸、苏氨酸残基的侧链最容易与DNA的碱基形成氢键，这些氢键出现的频率最高。另外，天冬酰胺、谷氨酰胺和A形成的氢键出现的频率次之。我们指出这些氢键对，并不是说其他氨基酸与碱基没有形成氢键，而是从统计学意义上来说，其他的氢键对的频率要低得多。在形成氢键时，氨基酸残基可以一对一地与碱基形成氢键对，也可以一对二地形成氢键对（如赖氨酸可以与AT碱基对同时形成氢键）；此外还有复杂的氢键对，包括同一DNA链的上下两个碱基（如GG）与同一个氨基酸形成氢键，以及相对的两条链对角线上的非配对碱基（如G/G）与同一个氨基酸形成氢键。一般而言，对角线上的两个碱基需要在各自链上的5′位置，否则距离太远，没法与同一个氨基酸形成氢键。

蛋白质的侧链氨基酸与DNA磷酸骨架之间的作用，一般被认为是DNA序列非依赖性相互作用，然而，在特定情况下，蛋白质与DNA的磷酸基团相互作用可以提供序列特异性识别，这一点在所识别的DNA是非经典的"B"-DNA结构时就显得更为重要（Battistini et al., 2019）。当DNA在蛋白质结合位点被扭曲时，该位点的磷酸基团就需要被蛋白质结合。这种DNA扭曲、磷酸基团与蛋白质的相互作用提供特定序列特异性识别，在 EcoR I 对底物的识别中有显著作用。

蛋白质的主链与DNA的主链之间也能形成作用力。例如，噬菌体434的CRO蛋白结合DNA形成二聚体，每个蛋白质亚基位于DNA双链大沟的两侧，与糖-磷酸主链之间有很多接触（Albright，1998）。蛋白主链的NH基团与DNA的磷酸基团之间形成了大量的氢键。

三、核酸结构的分子调节

DNA结构在蛋白质结合的过程中会发生变化，使蛋白质结合得更加紧密。这种变化由DNA本身的因素和蛋白质诱导引起。DNA序列中AT含量高的部分，分子内氢键少，分子的刚性弱，容易形变；DNA碱基对的排列也产生一定的影响，嘌呤：嘧啶碱基对的接触面积比嘧啶：嘌呤碱基对的接触面积大，因此键能也就高，使得DNA更加稳定，更不容易引起形变。

这里以TBP2（TATA box binding protein 2）蛋白引起的形变为例说明。TBP2与腺病毒主要晚期启动子的TATA元件的复合体晶体结构已被解析。TBP2含有8个方向平行的β折叠，它们组成了一个大的凹面结构，就像一个"马鞍"，能和8bp的TATA元件结合。B-构型DNA的5′端进入"马鞍"的下面，蛋白质中的苯丙氨酸插入双螺旋的第一碱基对（T：A），这样DNA就变成部分解旋的右手螺旋。DNA的小沟变宽，变成弯曲的形状，在"马鞍"下大约占据3000Å^2，使蛋白质的侧链和DNA中心6bp小沟的边缘接触。蛋白质的两个苯丙氨酸插入DNA的最后两个碱基对，使DNA突然回复到B-构型（Nikolov，1996）。

第四节 序列特异性结合

在解析了大量DNA-蛋白质复合物的晶体结构后，人们对DNA序列特异性结合的蛋白质-DNA复合物中蛋白质和核酸的要求都有了真切的理解。DNA结合蛋白质含有球状结构域，该结构域的表面侧链与DNA相互作用。许多基序包含柔性的多肽片段，这些片段在与DNA结合后变得有序，并介导重要的碱基与磷酸主链接触。许多结构域具有柔性的N端或C端尾部，这些尾部在没有DNA的情况下是非结构化的。λ阻遏蛋白（λ repressor）具有与大沟碱基接触的N端臂（Bell and Lewis，2001），而同源域蛋白（homeodomain protein）具有与DNA小沟对接的N端臂（Kissinger et al.，1990）。这些灵活的臂与球状DNA结合域一起工作，增加了额外的碱基特异性。

一、蛋白质识别DNA序列

蛋白质识别特定序列的DNA，依赖于蛋白与DNA骨架形成的作用力，这些作用力可以是直接的，即依赖于蛋白质与DNA骨架形成的作用力，如蛋白质侧链与碱基之间、蛋白质侧链与DNA骨架之间形成的氢键及范德瓦耳斯力等。水分子可以进入蛋白质和DNA中，这些水分子在很多情况下可以和DNA分子中的一些基团或蛋白质中的一些基团形成氢键，促进了蛋白质和DNA的作用（Li and Bradley，2013），如Narayana等（1991）在 EcoR I 和12-BP底物的晶体结构中所看到的。

蛋白质识别DNA序列也可以是间接的。所谓间接，是因为蛋白质识别了DNA的特定形状。Araúzo-Bravo和Sarai（2008）通过计算化学的分子模拟考察了DNA片段的形状，发现不同序列有其特定形状。

二、DNA中的分子信号

DNA中具有多种能与蛋白质相互作用的基团，这些基团即为DNA中能够与蛋白质作用的信号。广义上说，DNA中能与蛋白质形成范德瓦耳斯力的基团也应纳入这个范畴，但我们这里仅指能形成较强作用力的基团，即氢键和离子键。离子键的分子信号很明显，DNA中有大量的磷酸根，带有大量的负电荷，可以与蛋白质中的碱性氨基酸形成离子键（Yu et al.，2020）。DNA的碱基中，有氢键的供体和受体（Coulocheri et al.，2007），例如，A∶T碱基对，其小沟一侧T的2位碳原子上的羰基氧可作为受体，A的3位氮原子可作为受体；大沟侧，T的4位碳原子上的羰基氧可以作为受体，A的6位碳上的氨基氢可作为供体，7位氮可作为受体。这些位置上的原子分布即为DNA中与蛋白质相互作用的分子信号。

三、解读蛋白质中的氨基酸

许多结合 DNA 的蛋白质的一级结构（即氨基酸序列）存在很大差异，但其空间结构却有很大的相似性。例如，很多蛋白质都有螺旋-转角-螺旋（HTH）基序，而且这些基序的氨基酸序列有很大不同，但空间结构却非常相似。为了解读蛋白质中结合 DNA 的氨基酸功能，我们通常有 3 种手段：结构域替换、定点突变和晶体结构解析。

结构域替换是指用其他蛋白质的相应结构域来替换该结构域，产生嵌合蛋白，并测定该嵌合蛋白结合 DNA 的功能。该方法能明确被替换的序列是否具有结合指定 DNA 的功能。定点突变是指通过分子生物学的手段，改变结合 DNA 基序的一个或少数几个氨基酸，通过考察突变后的基因结合指定 DNA 的能力，从而明确相应基序中特定氨基酸位点在结合 DNA 过程中的重要作用。最直接的分子生物学手段是解析蛋白质/DNA 复合体的晶体结构，通过该方法我们可以明确蛋白质与 DNA 结合在原子层面的细节：在结合过程中发挥作用的氨基酸、核苷酸基团及相应的键。

四、假定的锌指蛋白 DNA 识别密码

锌指蛋白是指需要一个或多个锌离子来稳定其结构的、带有独立功能小结构域的蛋白质。在这个蛋白质家族中，结合 DNA 的基序有 Cys2His2（简写为 C2H2，依此类推）、CCCC、CCHC、HCCC、CXXCXGXG，以及识别 RNA 的锌指基序 CX2CXnCC、CX2CX11、14CX2C、CX5HX53CX2C 等（Laity et al.，2001）。一半左右的锌指蛋白在两个相邻的 C2H2 锌指基序间有 TGFKP 的链接肽，定点突变实验证明这个链接肽对蛋白质识别 DNA 也起着重要的作用。晶体结构研究发现链接肽的构象非常保守，这个构象是在蛋白质结合 DNA 时形成的，其功能是用于封阻链接肽 N 端的锌指结构。

第五节　蛋白质与核酸相互作用的研究技术

蛋白质与核酸相互作用（protein-DNA interaction，PDI）对所有生物体都至关重要，特别是在基因表达、复制、包装、重组和修复，以及 RNA 运输和翻译的调节方面。自从 19 世纪末用显微镜观察蛋白质和 DNA 之间的相互作用以来，科学家们一直对蛋白质与 DNA 和 RNA 结合机制很感兴趣。

DNA 结合蛋白很常见且无处不在，平均占高等植物和动物蛋白质组/基因组的 10%，平均每个生物体中大约含有 2000 个。蛋白质与特定序列的核酸相互作用由核苷酸序列控制，并由氢键、离子相互作用和范德瓦耳斯力介导，转录控制就是一个例子。核苷酸序列在与一些序列非依赖的蛋白相互作用，由蛋白质的官能团与 DNA 的糖-磷酸主链之间的吸引力介导。

研究蛋白质与核酸相互作用的方法有很多，通常从识别和表征蛋白质成分开始。具体分析方法包括：生化技术，如染色质免疫沉淀（ChIP）、电泳迁移率变动测定、DNA 足迹分析和等离子表面共振技术等；显微技术如光学、荧光、电子和原子力显微镜（AFM），后两者提供最高的空间分辨率，电子显微镜仅限于静态观察。这里对显微类

一、凝胶阻滞实验

早期人们在分析 rRNA 电泳行为时就猜测结合在 RNA 上的蛋白质可能影响 rRNA 在电场中的迁移率（Dahlberg，1969）。Fried 和 Crothers（1981）正式提出凝胶阻滞实验，又称电泳迁移率变动分析（electrophoretic mobility shift assay，EMSA）（图 8-6）这一方法。这个方法的原理为：蛋白质结合核酸后，所形成的复合体在电场中的迁移率低于 DNA 本身。通常将同位素标记的核酸与蛋白质样品混合，使它们有足够的机会结合，通过电泳、放射自显影考察几组样品间核酸的表观迁移速率，如果单纯核酸样品的迁移率与核酸-蛋白质混合样品的迁移率一致，则表明蛋白质与核酸没有结合，仍然全部保留游离探针（free probe）的状态；如果核酸-蛋白质混合样品的迁移率明显低于单纯核酸的迁移率，也就是说探针的迁移率发生了改变，则可以判断蛋白质结合了核酸。通常在操作时，有一组同位素标记的核酸，保持其在各组中的浓度不变，同时有一组非标记的、同样序列的核酸以浓度逐渐递加的方式与同位素标记的核酸竞争结合蛋白，在电泳中考察以下两个方面的信息：①同位素标记核酸的迁移率是否改变；②较低迁移率的同位素标记核酸是否随着体系中非标记核酸的量增加而减弱。如有上述两个条件，就可以很肯定地判定核酸和蛋白质之间有特异性的相互结合。这个方法非常简单，且能够检测 0.1nmol/L 甚至更少的蛋白质或核酸，体积总量可少至 20μL 甚至更少。在某些情况下，结合核酸的蛋白质还可以被其他蛋白质结合，该蛋白质称为超级结合物（super binder），从而使

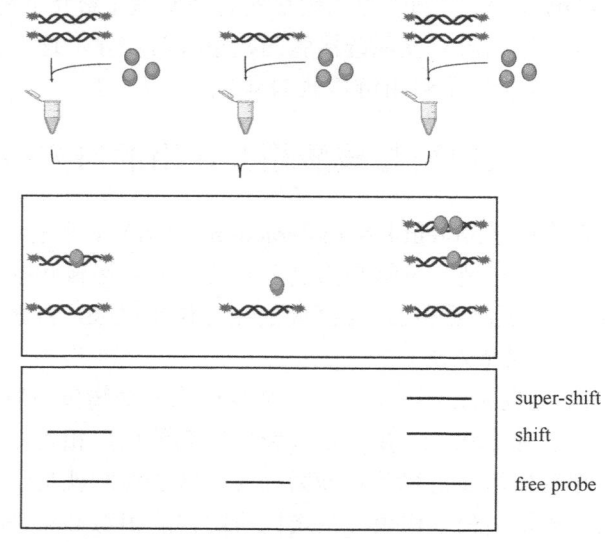

图 8-6 凝胶阻滞实验

图中左边泳道显示所检测的蛋白质中存在能与探针结合的蛋白质，因此出现了条带的迁移。图中有 2 条带，是因为蛋白质结合 DNA 是一个平衡过程，有结合的，也有掉下来的，根据游离探针与被结合探针的比例可以判断蛋白质的结合强度。中间泳道显示蛋白样品不与标记探针结合，而是与其他 DNA 结合，因此，同位素只出现在游离探针的位置。右边泳道则显示蛋白样品中存在蛋白复合物与探针结合的蛋白质，因此，同位素显示的位置有游离探针、结合一个蛋白质的复合物和结合多个蛋白质的复合物的情况

蛋白质-核酸复合物在电场中的迁移率进一步降低,这就是 Super-Shift EMSA。这个方法可以验证超级结合物是否与核酸结合蛋白结合;也可以利用抗体充当超级结合物来判断核酸结合蛋白的身份。例如,在细胞裂解液中存在某一蛋白质,其能使同位素标记的核酸迁移率降低,为了鉴定该蛋白,我们就可以利用该蛋白质的抗体,通过 Super-Shift EMSA 的方法来判定。

将同位素标记的探针加入蛋白质混合物中,电泳后,检测探针所出现的位置,以判断蛋白质与探针的结合情况。游离的探针迁移速率高,出现在胶的最前面(free probe 对应的位置),如果蛋白质能与探针结合,蛋白质-探针复合物的电泳迁移率降低,因此,同位素显示的位置会比游离的探针靠近加样孔(shift 所对应的位置),如果有多个蛋白质结合探针,则同位素显示的位置会进一步靠近加样孔的位置(super-shift 所对应的位置)。

开展 EMSA 实验时,需要考虑以下因素,这些因素对于达成实验的目的有时会产生决定性的影响。

1. 核酸目标的选择

短核酸易于合成且价格低廉。当结合蛋白对核酸序列特异性较低时,小 DNA 或 RNA 含有更少的非特异性蛋白结合位点,这对判定蛋白质与核酸结合是有利的。此外,对于小核酸片段来说,游离核酸相对于复合物的电泳分辨率最高,电泳时间较短。另外,短核酸上的所有结合位点都靠近分子末端,由于结构和静电末端效应,这可能导致异常结合。更长的核酸避免了这些问题,但包含更多的非特异性结合位点,迁移得更慢(需要更长的电泳时间),并且蛋白质结合这种长的核酸,其迁移率变化不剧烈。

在经典 EMSA 中,监测核酸的电泳迁移率,可以用放射性同位素、荧光基团或生物素标记。这些标记可以分别通过放射自显影、荧光成像、化学发光成像和(或)发色基团沉积来检测;或者,未标记的核酸可用于结合和电泳步骤,并通过结合核酸的发色基团或荧光团进行电泳后染色检测。用[^{32}P]磷酸标记核酸的 5′或 3′端是一种广泛使用的方法,该方法价格低廉、灵敏度高(10^{-18}mol 或更少的 5′端 DNA 片段可以在常规的实验中被检测到),并且不引入可能影响结合的人工结构。因此,当允许使用放射性同位素时,我们考虑将 ^{32}P 标记作为在 EMSA 中检测核酸的首选方法。

2. 结合条件

蛋白质-核酸相互作用对单价和二价盐浓度及 pH 敏感。典型的、基于 Tris 的样品缓冲液最常用,但许多其他缓冲液也都能够获得良好的结果,包括 HEPES、MOPS[3-(N-morpholino) propanesulfonic acid]、Bis-Tris、甘氨酸和磷酸盐。一般来说,实验倾向于选择接近生理盐浓度和 pH 的缓冲液,并以适当的浓度提供任何所需的辅助因子。但是,只要样品的电导率适宜,就可以对各种样品组成进行电泳。

3. 添加物

甘油或蔗糖等小的中性溶质通常用于稳定一些结构不稳定的蛋白质。此类溶质还可以增强蛋白质-核酸相互作用的稳定性,并且可以作为结合反应混合物的有价值添加物。当溶质浓度低于 2mol/L 时，它们通常是有效的，但高浓度添加物的应用需要引起注意，因为高黏度和较大的表面张力会使溶液处理复杂化。在结合反应中加入适度浓度（0.1mg/mL 或更低）的载体蛋白（如 BSA），可以最大限度地减少溶液处理过程中结合蛋白的非特异性损失。同样，非离子洗涤剂有时有助于最大限度地提高蛋白质的溶解度。洗涤剂的有效浓度随洗涤剂的特性和所研究的分子系统而变化。当蛋白质样品是部分分离的细胞或核提取物时，添加蛋白酶、核酸酶和磷酸酶抑制剂通常会有帮助。此外，一些系统需要特定的辅助因子才能正常运行，例如，大肠杆菌 CAP 蛋白需要 cAMP，大肠杆菌 RecA 蛋白或人 Rad51 重组酶需要 ATP，一些真核转录因子需要多胺。必要时，可将稳定复合物的小分子添加剂包含在结合缓冲液和凝胶缓冲液中，以在电泳过程中稳定复合物。

4. 竞争核酸

蛋白质样品通常会包含不止一种核酸结合活性。当第二核酸结合活性可能干扰了我们对该蛋白结合目标核酸的结合时，向反应混合物中添加未标记的竞争核酸可以减少蛋白质与已标记的目标核酸的结合。当感兴趣的蛋白质结合目标核酸的亲和力比其结合竞争者的亲和力大，并且第二结合活动不区分竞争者和目标序列时，这种策略就起作用了。由于竞争核酸也会减少特异性结合的量，即使在有利条件下，最好测试一系列竞争浓度以区分特异性和非特异性结合。常用的竞争物包括基因组 DNA、poly-d（A-T）和 poly-d（I-C）。

5. 电泳条件

复合物的分辨率取决于它们在电泳过程中的稳定性。由于许多缓冲液与电泳兼容，因此可以调整凝胶及电泳缓冲液的组成和浓度，以优化复合物的稳定性。最受欢迎的缓冲液是 Tris-borate-EDTA、Tris-acetate-EDTA 或 Tris-Gly 的变体。如前所述，凝胶缓冲液和电泳缓冲液中可包含低分子质量辅助因子和（或）非特异性稳定剂（如甘油或乙二醇），以增强复合物的稳定性。某些情况下，在结合反应中使用的缓冲液中进行电泳可能是可行的，这避免了在凝胶加载过程中和反应组分迁移到凝胶中时，使样品经历缓冲液条件的变化。这样做的好处是可以避免由于缓冲液成分的变化而对分子系统造成干扰，还能够消除独立优化结合和电泳缓冲液条件的需要。尽管聚丙烯酰胺和琼脂糖凝胶都已用于 EMSA，但聚丙烯酰胺凝胶可为相对分子质量为 500 000 的蛋白质-核酸复合物提供更好的电泳分辨率；此外，一些复合物在聚丙烯酰胺基质中的稳定性明显高于在琼脂糖凝胶或游离溶液中的稳定性。复合物的解离速率随着凝胶浓度的增加而降低，凝胶浓度的优化是 EMSA 成功最关键的因素。一种有效的优化策略是从相对低浓度的凝胶开始，如 5%（m/V）丙烯酰胺，逐渐增加该浓度。

二、酵母单杂交技术

酵母单杂交专门用于鉴定蛋白质和核酸的相互作用。该技术的发展脉络非常清晰：1985 年，Ptashne 等人发现将细菌的 LexA 蛋白的核酸结合结构域（DNA binding domain，DBD）与酵母 GAL4 的转录激活结构域（transcription activation domain，TAD）融合后，该融合蛋白能像 GAL4 一样结合 DNA 并启动靶基因的转录,只是所结合的 DNA 由 LexA 所定义。基于这个原理,人们首先创立了一个鉴定蛋白质-蛋白质相互作用的技术,称为酵母双杂交(图 8-7)。随后,人们改进了酵母双杂交,用于检测与特定核酸序列结合的蛋白质,称为酵母单杂交(Wang and Reed, 1993),其基本原理就是将一截感兴趣的 DNA 序列构建成载体(诱饵载体),用于控制报告基因,这些报告基因通常为营养素合成基因,如组氨酸合成酶 3(HIS3)基因,该基因的表达能支持带有相应酶突变的酵母在缺失组氨酸的培养基上生长。在酵母单杂交实验中,人们将诱饵载体转化酵母,将该序列整合到酵母基因组中,制备单克隆。这样做的优势是所有子代的酵母都有均一的报告基因量。将 cDNA 文库克隆到 TAD 序列的 3'端构建成文库,然后将该文库转化到带有诱饵载体的单克隆酵母中,如果 TAD 所融合的蛋白序列能结合诱饵载体中研究人员感兴趣的 DNA,那么该酵母就能在固体培养基上长出克隆。人们通过提取质粒并测序可鉴定该基因。

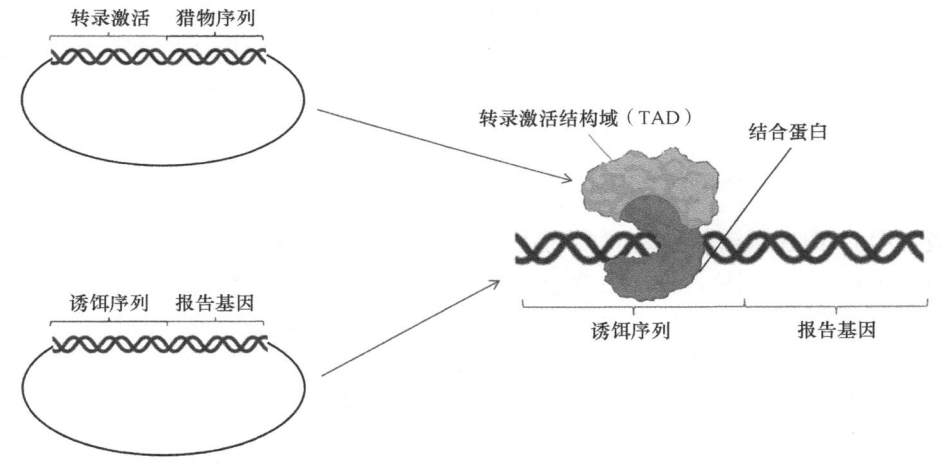

图 8-7 酵母单杂交技术

GAL4 转录因子包含两个基本部分:DNA 结合结构域和转录激活结构域。在酵母单杂交中,用感兴趣的 DNA 结合蛋白替代 GAL4 的 DNA 结合结构域(即猎物序列)。为了高通量筛选,在酵母中转入由待筛选的 DNA 序列(即诱饵序列)控制的报告基因文库。如果猎物序列能结合诱饵序列,则报告基因开始表达,显示阳性,挑取该阳性克隆,进一步验证

单杂交筛选的第一步是构建带有诱饵序列的报告基因的酵母菌株。在此构建体中,报告基因之前是 DNA 诱饵序列,该序列可以是确定的顺式作用序列、异源启动子,或来自外显子、内含子或 5'端或 3'端非编码区的调节序列。此外,可能需要筛选与着丝粒或端粒区域相互作用的蛋白质。使用整合载体(如 pINT1)将报告基因构建体整合到非必需的基因组位点(如 PDC6 基因座),获得重组菌株后,需要通过一系列对照实验来确定改重组菌株本身不表达报告基因,重组酵母菌株即可用于筛选 cDNA 表达文库。使用与此处描述的诱饵构建体相同的整合程序,应构建对照报告菌株,该菌株在文库筛选后可用于研究假定阳性的特异性。

1. 将报告基因整合在酵母染色体中还是用游离的质粒

研究人员将构建的质粒引入酵母中,这些质粒要么作为游离的质粒复制,要么稳定整合到基因组中。在 Y1H 检测中使用游离质粒的主要问题是诱饵的自身激活。酵母的某

些转录因子可能结合报告基因中研究人员感兴趣的 DNA，导致报告激活。这是在上面提到的以 TF 为中心的 Y1H 版本中观察到的，其中 1%的随机 23 聚体和 10%的随机克隆的大鼠基因组小片段（75～500bp）在没有猎物蛋白的情况下表现出报告活性。自身激活是以转录因子为中心的 Y1H 筛选中最具有挑战性的因素，高达 10%的诱饵报告载体库会导致技术误报。减弱这种异常激活的最常见的方法是使用可以抑制的报告蛋白的抑制剂，例如，使用 3-AT 抑制 HIS3 只会观察到激活报告表达高于自动活动的蛋白质-DNA 相互作用（PDI）。若无法抑制报告基因，如使用 β-半乳糖苷酶时，只有比缺乏 AD-TF 融合的对照酵母表达更多报告蛋白的酵母才可以算作阳性。在某些情况下，诱饵的自身激活非常高效，以至于使用 Y1H 无法检测到任何相互作用，除非可以识别并灭活引起该现象的酵母转录因子。将诱饵报告载体整合到基因组中可固定拷贝数，大大减弱自身活动，并消除这种误报。整合报告构建体的另一个优势是诱饵 DNA 随后被包装成染色体，这意味着真核转录因子能够以一种比"裸"DNA 更好地反映内源性情况的形式提供调控序列。使用整合报告构建体的主要缺点是整合比转化更麻烦，因为它的整合效率较低，而且整合必须从酵母基因组 DNA 中确认，无论是通过测序 PCR 产物还是通过 Southern 印迹都是额外的工作量。

2. 用一个还是多个报告基因

最常用的 Y1H 报告基因是 β-半乳糖苷酶（β-gal）或组氨酸合成酶（HIS3）。β-半乳糖苷酶由 *LacZ* 基因表达，使无色 X-gal 转化为蓝色化合物。HIS3 是组氨酸生物合成途径的一部分，它使酵母能够在没有外源供应的组氨酸的情况下生长。筛选时，背景噪声是一个主要的干扰因素。使用 HIS3 作为报告基因筛选转化体要容易得多，因为只有 HIS3 表达的菌落才会生长，为了降低酵母中本底水平所表达的 HIS3 干扰，可以通过向生长培养基中添加一种称为 3AT（3-amino-1,2,4-triazole）的竞争性抑制剂来抑制。因此，3AT 可用于通过 PDI 测定可以承受多少 3AT 来区分"强"和"弱"PDI 表型，但要记住，PDI 表型与 TF 的 DNA 亲和力之间可能没有相关性。当使用 β-gal 时，所有菌落都会生长并需要进行比色测试。

使用多个报告基因的 Y1H 版本通常有两个，一个使用 HIS3 作为报告基因，另一个使用 β 半乳糖苷酶。通常先测试 HIS3 表达，然后测试那些阳性菌落的 β-半乳糖苷酶活性，只有表现出两个报告基因表达的菌落（即"双阳性"）才被进一步考虑。请注意，这些技术假阳性是由于检测的某些技术故障造成的，并且与检测到的生物假阳性不同，虽然它们在生化上是真实的，但并不一定说明在机体中内源性发生。仅在单个报告系统中出现的特定类型的技术误报包括能够对增加的报告活动进行表型复制的蛋白质（如在缺乏组氨酸的培养基上增加生长），或尽管在诱饵外结合仍激活报告表达的转录因子，使用两个报告基因时就可以消除这些假阳性，因为两种报告蛋白的检测方法不同。因此，通常最好在 Y1H 检测中使用多个报告基因。

3. 筛选 cDNA 文库还是转录因子文库

大多数 Y1H 筛选使用猎物库，其中克隆的 cDNA 片段用于生成混合蛋白。从整个生物或感兴趣的组织构建 cDNA 文库是分子生物学中较常见的做法，因此通常可以使用适合的商业化文库。然而，这种易得 cDNA 库在 Y1H 筛选中使用时有两个主要缺点。首先，由于逆转录酶持续合成能力的限制，许多 cDNA 克隆不是全长的，也不编码蛋白质的 N 端，而 N 端可能含有 DNA 结合结构域。其次，由于转录因子仅占生物体蛋白质编码基因的 5%~10%，并且它们通常以低水平表达，因此从整个生物体或感兴趣的组织中产生的绝大多数 cDNA 不编码转录因子。后一个问题使得为 PDI 筛选 cDNA 克隆文库成为一个低效的方法，研究人员必须筛选数百万个文库转化体，以确保有足够的诱饵酵母实际接收到转录因子编码质粒。有些"正常化"cDNA 文库更适合 Y1H 筛选，其中每个基因出现的频率更均匀。因此，使用这种库时，只要筛选较少的克隆，就可以鉴定到猎物转录因子。构建仅包含转录因子的猎物库并非易事。首先，感兴趣的生物体需要一份完整的、被认为是转录因子的蛋白质列表；然后，必须从 cDNA 来源单克隆全长转录因子的 ORF。已有基于 gate-way 技术所构建的几个物种的全长转录因子 ORF 库可以商业化购买，可以从中收集转录因子克隆。因为只有转录因子的文库包含千余个不同的克隆，筛选这样的文库只需要数千个酵母转化体就可以鉴定到目标猎物转录因子。这种方法的主要缺点在于，转录因子文库仅包含研究人员收集的转录因子，缺少尚未克隆的、不在初始列表中的转录因子。

4. 研究简单的还是复杂的诱饵调控序列

根据潜在的结合位点数量可以将调控序列分为"简单"或"复杂"。简单的诱饵序列几乎没有潜在的结合位点，因为它通常小于 30bp，并且可以克隆为单个拷贝或串联重复，而复杂的诱饵序列具有更多的位点，因为其通常较长，通常筛选一个拷贝。筛选复杂的诱饵显然使研究人员能够比使用简单的诱饵筛选到更多的基因组 DNA，但这种选择背后有更重要的原因。复杂诱饵通常是感兴趣基因的整个启动子，检测其结合的转录因子库将为该基因的调控提供广阔的前景。一个简单的诱饵通常通过其他实验的证据（如功能活性筛选或多基因组比对以寻找高度保守的区域）与调节作用联系在一起。

5. 通过转化还是交配

Y1H 检测需要将猎物载体引入含有报告载体的诱饵酵母菌株中，这通常是通过将表达载体转化单倍体诱饵酵母菌株来实现的。然而，这也可以通过使用单倍体酵母菌株交配、产生二倍体酵母的能力来实现。为了能通过交配实现，单倍体诱饵菌株的交配类型应当与猎物载体已转化酵母的交配类型相反（如 a 型与 α 型）。虽然交配可用于基于库的 Y1H 筛选，但它更通常用于基于阵列的筛选。

通过交配带有猎物表达载体的酵母的优势，是研究人员不必从细菌中提取这些质粒以转化到每个诱饵菌株中，大大节约了工作量，但交配检测到的 PDI 比转化检测到的少一些。然而，交配检测到的 PDI 比使用转化检测到的 PDI 更具可重复性，这意味着通过交配观察到的相互作用更有可能通过另一种 Y1H 筛查方法观察到。有趣的是，我们观察到特定于交配或转化的 PDI 实例，表明单倍体和二倍体酵母的不同生物学对 Y1H 筛选有影响。

三、染色质免疫沉淀技术

研究中我们经常需要确定一个转录因子结合在染色体上的什么位置,以及具体的结合序列是什么。解决这种问题最合适的技术是染色质免疫沉淀测序(chromatin immunoprecipitation-sequencing,ChIP-seq)(图 8-8)。该技术大致包括:将转录因子-DNA 复合体固定,将 DNA 断裂,利用抗体将感兴趣的转录因子沉淀下来(在这一步骤中,转录因子结合的 DNA 片段也一起富集),解除固定,富集 DNA,二代测序技术解析所富集的 DNA 片段序列。ChIP-seq 提供的更精确的蛋白质结合位点图谱除了可以更好地识别序列基序之外,还可以提供更准确的转录因子和增强子目标列表。

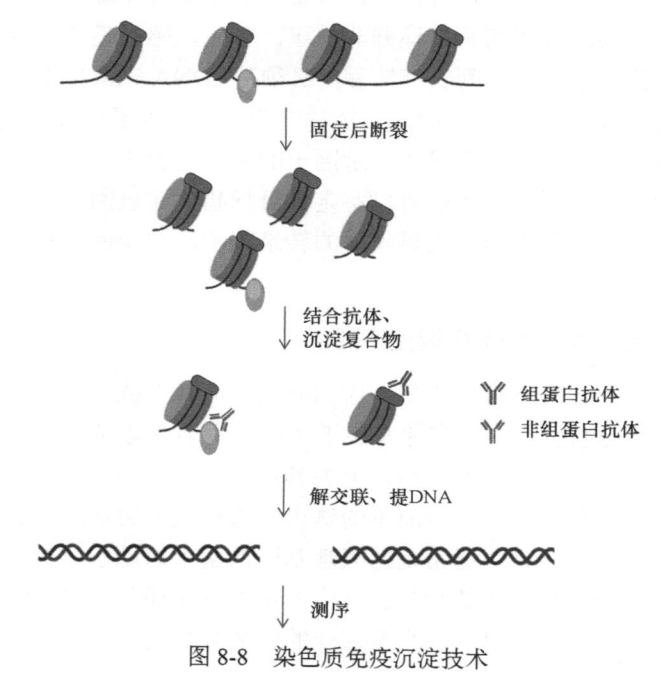

图 8-8 染色质免疫沉淀技术

使用染色质免疫沉淀(ChIP),然后进行大规模并行测序,可以分析与转录因子或其他染色质相关蛋白(非组蛋白 ChIP)相互作用的特定 DNA 位点,以及与修饰核小体(组蛋白 ChIP)相对应的位点。ChIP 过程使用特定于蛋白质或组蛋白修饰的抗体富集感兴趣的交联蛋白质或修饰核小体。纯化的 DNA 可以在任何下一代平台上进行测序。不同平台的基本概念相似,即将通用接头连接到 DNA 并扩增。测序步骤涉及所有模板的酶驱动并行延伸。每次延伸后,通过高分辨率成像检测已掺入的荧光标记。分析这些 DNA 序列可以判断该蛋白所结合的 DNA 位点。

在设计 ChIP-seq 实验时,有一些细节需要注意,正确处理好这些细节对实验的成功至关重要。

1. 抗体的质量

ChIP 数据(包括 ChIP-seq 数据)的价值在很大程度上取决于所用抗体的质量。与背景相比，敏感和特异的抗体将提供高水平的富集，这使得检测结合事件更容易。许多抗体是市售的，有些被标记为 ChIP 级，但不同抗体的质量差异很大，而且特定抗体的批次也可能不同。严格的验证是一个费力的过程，例如，对于组蛋白修饰，应通过蛋白质印迹检查抗体与未修饰的组蛋白或非组蛋白的反应性。此外，相似的组蛋白修饰是否具有交叉反应性（例如，同一残基的二甲基化与三甲基化修饰相比）应通过使用两种独立的抗体、结合 RNA 干扰修饰酶的表达来检查，这些酶预计会增加修饰基团或质谱沉淀的肽。

2. 样品的质量

ChIP-seq 所需的样本材料数量较少。典型的 ChIP 实验需要约 10^7 个细胞并产生 10～100ng DNA。已经开发了几种使用较少细胞的 ChIP 方案，例如，10^4～10^5 个细胞用于全基因组分析，或 10^2～10^3 个细胞用于特定位点的 PCR 定量。但这种方法只针对能方便检测到大量相互作用的情况，例如，有高质量抗体，且检测的对象是表达量丰富的转录因子或特定修饰的组蛋白[如 RNA 聚合酶 II 或组蛋白赖氨酸 27（H3K27me3）三甲基化的 H3]。Illumina 平台上的 ChIP-seq，建议使用 10～50ng DNA。此外，ChIP-seq 所需的扩增轮数较少，因此由 PCR 导致的假象可能性较低。ChIP DNA 的精确数量和所需的细胞数量取决于染色质相关蛋白靶标或组蛋白修饰的丰度，以及抗体的质量。

3. 测序的深度

在 ChIP-seq 实验中，Illumina Genome Analyzer 的单通道是测序的基本单位。ChIP-seq 刚被引入时，单通道在比对前产生 400 万～600 万个读数；由于系统的改进，单通道现在产生 800 万～1500 万个读数或更多。考虑到每次实验的成本，许多早期数据集包含来自单个通道的读数，而不管具体实验是什么。直观地，人们预计基因组中存在大量 DNA 结合蛋白的结合位点，或者组蛋白修饰覆盖基因组的大部分时，在相同的标签密度下将需要大量相应的标签来覆盖每个结合区域。确定测序深度的一个合理标准是，当获得更多读数时，给定分析的结果不会改变。该深度又可以称为"饱和点"，在该"饱和点"之后，不会通过额外的读取发现更多的蛋白结合核酸的位点。如果对 ChIP 实验中的峰和对照实验中的峰之间差减，能发现饱和点的存在，也就是说，当只考虑突出的峰（由最小倍数富集定义）时，就会出现饱和；当考虑所有峰时，随着更多标签的积累，即使具有小富集的峰，也可能变得具有统计显著性，因此显著峰的数量可能会随着测序数量的增加而继续增加。这类似于全基因组关联研究和其他基因组研究中发生的情况，在这些研究中，大样本量会增加统计功效，并导致具有小效应量的特征获得统计显著性。我们建议每个 ChIP-seq 数据集都可以用最小饱和富集比（mSeR）（发生饱和的点）进行注释，以了解所达到的测序深度。尽管这些概念和工具应该在更多数据集上进行测试，但它们提供了一个框架来理解 ChIP-seq 实验中的测序深度问题。

4. 复用

对于小型基因组，包括酿酒酵母、秀丽隐杆线虫和黑腹果蝇的基因组，测序单元（如

Illumina Genome Analyzer 上的八个泳道之一）中生成的读数数量可能已大大超过 ChIP-seq 实验提供的足够的基因组覆盖率。随着每次运行的读数数量不断增加，同时对多个样本进行测序的能力（称为"多路复用"）对于成本效益变得很重要。理论上，样品的多重化并不困难，只需要在样品制备过程中将不同的条形码（barcode）连接到不同的样品上即可。即使考虑到测序错误，几个碱基也足以作为许多样本的唯一标识符。

四、DNA 酶 I 足迹实验

蛋白质结合 DNA 是许多生命活动的重要基础。蛋白质结合 DNA 中具体的碱基，这是一个重要的信息。要解析这一重要信息，我们可以利用结构生物学（X 射线衍射或核磁共振），然而，一方面，有些 DNA-蛋白质复合物的分子质量太大，结构生物学不容易解析；另一方面，结构生物学中需要得到复合物的晶体，而得到晶体也是一个巨大的技术挑战。1978 年，Galas 和 Schmitz 首先报道了 DNA 酶 I 足迹实验（DNase I 足迹实验）。DNase I 足迹实验的基本原理是：裸露的 DNA 能被 DNase I 切割，而被蛋白结合的 DNA 受到了保护，因此 DNase I 就不能有效切割。在实验中，通常在 DNA 的一端用同位素标记，与蛋白质结合后用 DNase I 处理，然后在高分辨的凝胶中电泳分离，并通过放射自显影考察被同位素标记的核酸的分布，根据 DNA 条带分布的距离信息判断序列。在这种实验中，放射性的条带均匀分布，但在被 DNA 结合的区域就没有条带分布，就像留下了一个真实的足迹（图 8-9）。

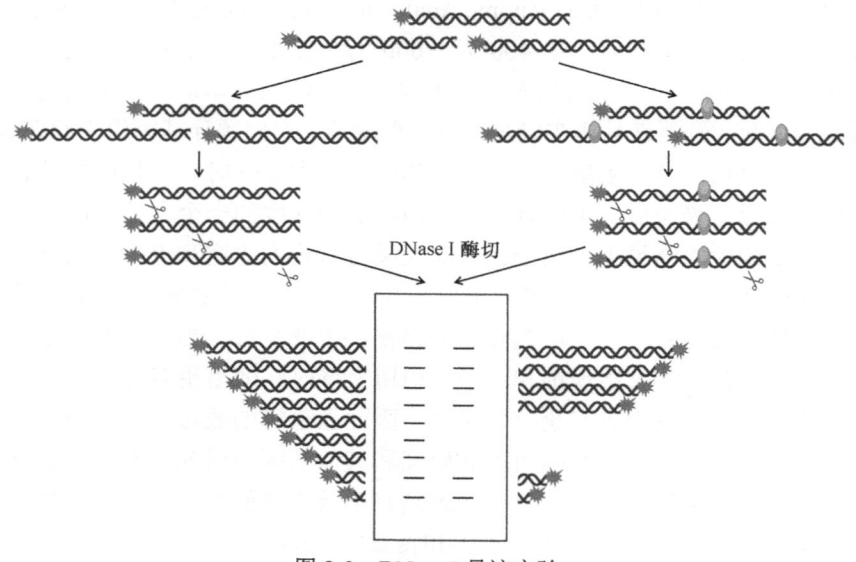

图 8-9 DNase I 足迹实验

DNaseI 足迹实验在 20 世纪 70 年代刚被发明时受到了广泛的关注，很多实验室成功利用该方法鉴定了他们感兴趣的蛋白质与核酸之间的相互作用。但该方法比较烦琐，需要用同位素标记 DNA 的一端（通常用 ^{32}P），且为了判断核酸的序列，通常还要在同一电泳中加入 Maxam-Gilbert 化学测序法所裂解 DNA 片段作为判断序列依据。目前，该技术已经几乎没有人用了。

当前该技术已经大大简化。蛋白质和核酸在体外结合后，通过 DNase I 消化。终止消化后，尽管蛋白质结合区域外暴露的 DNA 已被消化，但这时蛋白质仍结合有小片段 DNA，纯化这些片段，通过测序可以知道具体的序列信息，即蛋白质直接结合的 DNA 的序列信息。

DNase I 酶不具有序列特异性，能对 DNA 的所有位置切割，但对于被蛋白质结合的 DNA 位点不能切割，因此，对于一端被标记的 DNA，切割以后所形成的产物在电泳后形成一系列大小不等的条带，显示相对于被标记端的对应位置被 DNase I 切割。为了通过 DNA 足迹法测定一个蛋白质对 DNA 的结合位点，DNA 片段首先需要被 PCR 扩增出来，并利用同位素在一端标记（注意：不能两端同时标记），将待测定蛋白与标记好的 DNA 混合，使它们结合，加入 DNase I 切割，然后将 DNA 产物电泳、显影。通过 DNA 条带缺失的特定区段，可判断蛋白所结合的 DNA 位置，乃至所结合的序列。

五、甲基化干扰实验

在 DNase I 足迹实验中，我们虽然可以考察被蛋白质结合并被保护的 DNA 片段，但不能判断这个片段中哪些碱基起着重要的作用。DNA 足迹实验还可以进一步改进，用以判断对蛋白质结合起重要作用的特定碱基，通常是 G。其原理为：硫酸二甲酯（dimethyl sulfate，DMS）可以将 DNA 中的 G 甲基化，因此，当控制 DMS 的浓度和作用时间等参数后，可以使每一条 DNA 平均含有一个被甲基化的 G，当这些 DNA 甲基化的产物与蛋白质结合后，通过 EMSA 实验，分别纯化与蛋白质结合的 DNA 和游离的 DNA。哌啶（piperidine）可以切断被甲基化的 G，而不能切断未甲基化的 G，通过 DNase I 足迹实验可以看到，在游离的 DNA 中，有些 G 的位点不会出现条带，用这个技术我们就可以判断对蛋白质结合起重要作用的 G 位点。

实际操作中，我们首先将该 DNA 用同位素（通常用 ^{32}P）标记 DNA 的一端，然后利用 DMS 甲基化这个 DNA，再与蛋白质结合，通过 EMSA 实验，纯化与蛋白质结合的 DNA 和游离的 DNA，利用哌啶分别切割上述两种 DNA，然后通过 DNA 足迹法判定电泳的带型，以判断在游离的 DNA 中是否有 G 位点（图 8-10）。

甲基化干扰技术从 1980 年被报道以来（Siebenlist and Gilbert，1980），曾被许多实验室用来研究 DNA 上与蛋白质结合的关键碱基。然而，随着分子生物学技术的迅速进展，该技术已很少在使用。我们可以通过定点突变，或者合成既定序列的 DNA 片段，然后利用各种技术测定蛋白质与这些 DNA 结合的能力，就可以方便地判定影响蛋白结合的关键 DNA 碱基位点。

首先用同位素标记 DNA 的一端，然后添加硫酸二甲酯（DMS），它可以甲基化所有鸟嘌呤核苷酸。控制浓度，使每一条 DNA 都能被修饰一次。之后，添加待研究的蛋白质。如果蛋白质所结合位点中的 G 被修饰，那么蛋白质就不会结合。通过 EMSA 技术分离提取延迟条带（所结合位点未被甲基化）和非延迟条带（所结合位点已被甲基化）的 DNA 片段。利用哌啶对两种 DNA 片段进行处理，以切割被甲基化修饰 G 位点的 DNA，

图 8-10　甲基化干扰实验

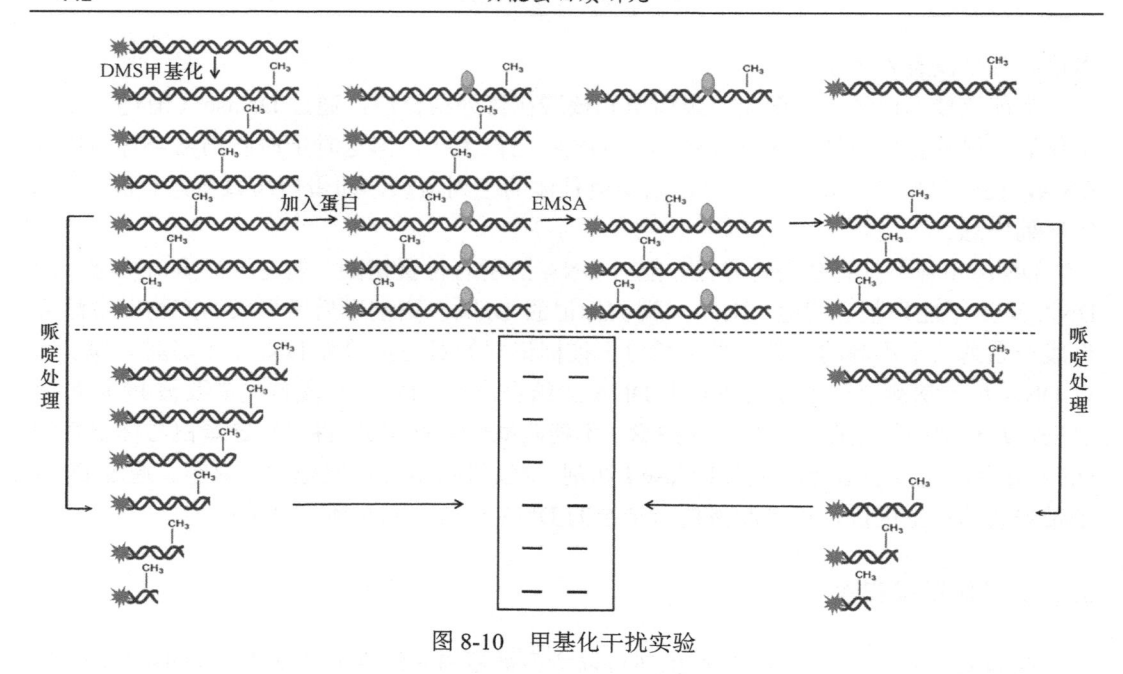

从而形成短的 DNA 片段。通过 PAGE 分析 DNA 的大小。对比非延迟条带和延迟条带中的电泳结果，可以发现在非延迟条带中缺失的区域即为蛋白质结合的区域。

六、表面等离子体共振

自从 20 世纪 90 年代被开发以来，表面等离子体共振（surface plasmon resonance，SPR）已被证明是检测许多类型分子之间结合的特异性、亲和力和动力学参数最强大的技术之一，也是目前广泛使用的技术之一。该技术能够检测两个未标记分子之间的相互作用。

SPR 的原理是：全反射时，入射光的消逝波和等离子波发生共振而使光强大大减弱。当金属受电磁干扰时，金属内部均匀分布的电子密度会改变，但电子被原子核静电吸引，部分电子又会被吸引到正电荷过剩的区域，由此会形成一种整个电子系统的集体震荡，称等离子震荡，实际上就是一种波，称为等离子波。SPR 是利用光在棱镜与金属膜表面发生全反射现象时，会形成消逝波进入到金属等离子体的介质中，而在金属介质中又存在一定的等离子波，消逝波与表面等离子波有可能发生共振，也就是说能量从光子转移到表面等离子，这时反射光强会大幅度地减弱。消逝波与表面等离子波能产生共振的入射光波长为共振波长，所对应的入射角（θ）为 SPR 角。SPR 角随着金属（通常是金）表面折射率变化而变化，而当生物分子（如蛋白质）与金表面结合时，金表面等离子体的折射率也随之发生变化，且变化率与分子质量成正比。例如，当溶液中有 DNA 片段时，溶液流经蛋白包被的金表面，我们就会检测到 SPR 角的动态变化，凭借这种变化，能够判断蛋白分子与 DNA 片段相互作用的特异信号（Stockley and Persson，2009）（图 8-11）。目前，市场上有多个厂家和型号的 SPR 机器，该方法的突出优点是所用样品很少，且无需对样品（蛋白质或 DNA 片段）进行标记。

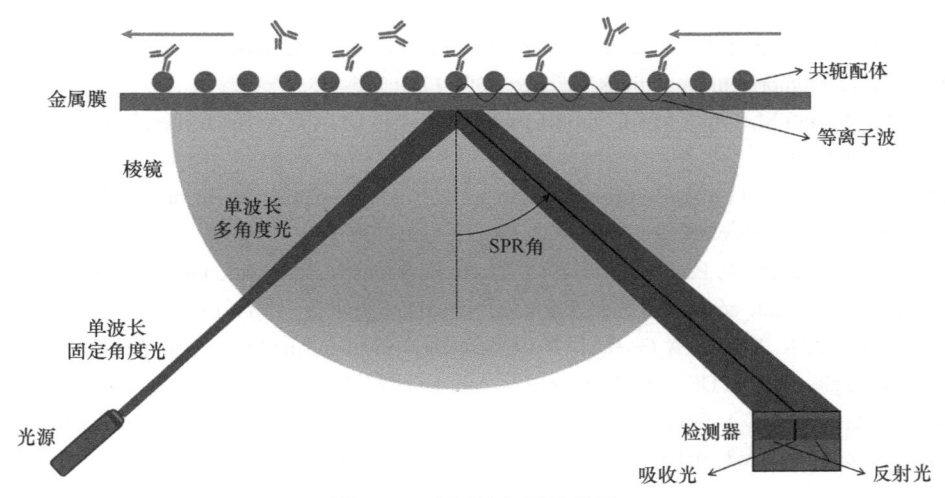

图 8-11 表面等离子体共振

传感芯片表面镀有一层金膜，即等离子体。实验时，先将靶分子固定在金膜表面，等离子体的折射率因等离子体表面所固着的分子的质量的变化而变化。光在金属等离子介质中产生消逝波后与等离子波产生共振，反射光的大大减弱（消失）。这时的入射角成为 SPR 角，样品溶液流过等离子体表面，当样品与靶分子结合时，等离子体的折射率发生变化，使 SPR 角变化。检测器检测到这种变化，根据此变化曲线作图分析，可得出分子间的结合常数 K_a、解离常数 K_d 或亲和力常数 K_D

参 考 文 献

Abou Elela S, Ji X H. 2019. Structure and function of Rnt1p: An alternative to RNAi for targeted RNA degradation. Wiley Interdisciplinary Reviews RNA, 10(3): e1521.

Adolph K W, Kreisman L R, Kuehn R L. 1986. Assembly of chromatin fibers into metaphase chromosomes analyzed by transmission electron microscopy and scanning electron microscopy. Biophysical Journal, 49(1): 221-231.

Albright R A, Matthews B W. 1998. Crystal structure of lambda-Cro bound to a consensus operator at 3.0 A resolution. Journal of Molecular Biology, 280(1): 137-151.

Araúzo-Bravo M J, Sarai A. 2008. Indirect readout in drug-DNA recognition: Role of sequence-dependent DNA conformation. Nucleic Acids Research, 36(2): 376-386.

Aravind L, Anantharaman V, Balaji S, et al. 2005. The many faces of the helix-turn-helix domain: transcription regulation and beyond. FEMS Microbiology Reviews, 29(2): 231-262.

Banerjee S, Barraud P. 2014. Functions of double-stranded RNA-binding domains in nucleocytoplasmic transport. RNA Biology, 11(10): 1226-1232.

Battistini F, Hospital A, Buitrago D, et al. 2019. How B-DNA dynamics decipher sequence-selective protein recognition. Journal of Molecular Biology, 431(19): 3845-3859.

Baumann H, Paulsen K, Kovács H, et al. 1993. Refined solution structure of the glucocorticoid receptor DNA-binding domain. Biochemistry, 32(49): 13463-13471.

Bell C E, Lewis M. 2001. Crystal structure of the lambda repressor C-terminal domain octamer. Journal of Molecular Biology, 314(5): 1127-1136.

Chakravartty V, Cronan J E. 2013. The wing of a winged helix-turn-helix transcription factor organizes the active site of BirA, a bifunctional repressor/ligase. The Journal of Biological Chemistry, 288(50): 36029-36039.

Cho Y, Gorina S, Jeffrey P D, et al. 1994. Crystal structure of a p53 tumor suppressor-DNA complex: understanding tumorigenic mutations. Science, 265(5170): 346-355.

Churchill M E, Suzuki M. 1989. 'SPKK' motifs prefer to bind to DNA at A/T-rich sites. The EMBO Journal, 8(13): 4189-4195

Coulocheri S A, Pigis D G, Papavassiliou K A, et al. 2007. Hydrogen bonds in protein-DNA complexes: Where geometry meets plasticity. Biochimie, 89(11): 1291-1303.

Dahlberg A E, Dingman C W, Peacock A C. 1969. Electrophoretic characterization of bacterial polyribosomes in agarose-acrylamide composite gels. Journal of Molecular Biology, 41(1): 139-147.

Dubiel K, Myers A R, Kozlov A G, et al. 2019. Structural mechanisms of cooperative DNA binding by bacterial single-stranded DNA-binding proteins. Journal of Molecular Biology, 431(2): 178-195.

Ellenberger T E, Brandl C J, Struhl K, et al. 1992. The GCN4 basic region leucine zipper binds DNA as a dimer of uninterrupted alpha helices: Crystal structure of the protein-DNA complex. Cell, 71(7): 1223-1237.

Frederick C A, Grable J, Melia M, et al. 1984. Kinked DNA in crystalline complex with *Eco*RI endonuclease. Nature, 309(5966): 327-331.

Fried M, Crothers D M. 1981. Equilibria and kinetics of lac repressor-operator interactions by polyacrylamide gel electrophoresis. Nucleic Acids Research, 9(23): 6505-6525.

Galas D J, Schmitz A. 1978. DNAse footprinting: a simple method for the detection of protein-DNA binding specificity. Nucleic Acids Research, 5(9): 3157-3170.

Garvie C W, Wolberger C. 2001. Recognition of specific DNA sequences. Molecular Cell, 8(5): 937-946.

Gibney E R, Nolan C M. 2010. Epigenetics and gene expression. Heredity, 105(1): 4-13.

Gomis-Rüth F X, Solá M, Acebo P, et al. 1998. The structure of plasmid-encoded transcriptional repressor CopG unliganded and bound to its operator. The EMBO Journal, 17(24): 7404-7415.

Greive S J, Fung H K H, Chechik M, et al. 2016. DNA recognition for virus assembly through multiple sequence-independent interactions with a helix-turn-helix motif. Nucleic Acids Research, 44(2): 776-789.

Hudson W H, Youn C, Ortlund E A. 2014. Crystal structure of the mineralocorticoid receptor DNA binding domain in complex with DNA. PLoS One, 9(9): e107000.

Kissinger C R, Liu B S, Martin-Blanco E, et al. 1990. Crystal structure of an engrailed homeodomain-DNA complex at 2.8 A resolution: a framework for understanding homeodomain- DNA interactions. Cell, 63(3): 579-590.

Laity J H, Lee B M, Wright P E. 2001. Zinc finger proteins: new insights into structural and functional diversity. Current Opinion in Structural Biology, 11(1): 39-46.

Lazzaretti D, Bandholz-Cajamarca L, Emmerich C, et al 2018. The crystal structure of Staufen1 in complex with a physiological RNA sheds light on substrate selectivity. Life Science Alliance, 1(5): e201800187.

Li S, Bradley P. 2013. Probing the role of interfacial waters in protein-DNA recognition using a hybrid implicit/explicit solvation model. Proteins, 81(8): 1318-1329.

Longo A, Guanga G P, Rose R B. 2008. Crystal structure of E47-NeuroD1/beta2 bHLH domain-DNA complex: heterodimer selectivity and DNA recognition. Biochemistry, 47(1): 218-229.

Lorković Z J, Barta A. 2002. Genome analysis: RNA recognition motif(RRM)and K homology (KH) domain

RNA-binding proteins from the flowering plant *Arabidopsis thaliana*. Nucleic Acids Research, 30(3): 623-635.

Ma N, van der Vaart A. 2016. Anisotropy of B-DNA groove bending. Journal of the American Chemical Society, 138(31): 9951-9958.

McGinty R K, Tan S. 2015. Nucleosome structure and function. Chemical Reviews, 115(6): 2255-2273.

Miller J C, Pabo C O. 2001. Rearrangement of side-chains in a Zif268 mutant highlights the complexities of zinc finger-DNA recognition. Journal of Molecular Biology, 313(2): 309-315.

Narayana N, Ginell S L, Russu I M, et al. 1991. Crystal and molecular structure of a DNA fragment: d(CGTGAATTCACG). Biochemistry, 7; 30(18): 4449-4455.

Nikolov D B, Chen H, Halay E D, et al. 1996. Crystal structure of a human TATA box-binding protein/TATA element complex. Proceedings of the National Academy of Sciences of the United States of America, 93(10): 4862-4867.

Oguey C, Foloppe N, Hartmann B. 2010. Understanding the sequence-dependence of DNA groove dimensions: Implications for DNA interactions. PLoS One, 5(12): e15931.

Orans J, McSweeney E A, Iyer R R, et al. 2011. Structures of human exonuclease 1 DNA complexes suggest a unified mechanism for nuclease family. Cell, 145(2): 212-223.

Parker M J, Weigele P R, Saleh L. 2019. Insights into the biochemistry, evolution, and biotechnological applications of the ten-eleven translocation(TET)enzymes. Biochemistry, 58(6): 450-467.

Razin S V, Borunova V V, Maksimenko O G, et al 2012. Cys2His2 zinc finger protein family: Classification, functions, and major members. Biochemistry(Moscow), 77(3): 217-226.

Ryter J M, Schultz S C. 1998. Molecular basis of double-stranded RNA-protein interactions: Structure of a dsRNA-binding domain complexed with dsRNA. The EMBO Journal, 17(24): 7505-7513.

Schreiter E R, Drennan C L. 2007. Ribbon-helix-helix transcription factors: variations on a theme. Nature Reviews Microbiology, 5(9): 710-720.

Siebenlist U, Gilbert W. 1980. Contacts between *Escherichia coli* RNA polymerase and an early promoter of phage T7. Proceedings of the National Academy of Sciences of the United States of America, 77(1): 122-126.

Stockley P G, Persson B. 2009. Surface plasmon resonance assays of DNA-protein interactions. Methods in Molecular Biology, 543: 653-669.

Vandevenne M, Jacques D A, Artuz C, et al. 2013. New insights into DNA recognition by zinc fingers revealed by structural analysis of the oncoprotein ZNF_{217}. The Journal of Biological Chemistry, 288(15): 10616-10627.

Wang M M, Reed R R, 1993. Molecular cloning of the olfactory neuronal transcription factor Olf-1 by genetic selection in yeast. Nature, 364(6433): 121-126.

Wu C Y, Bassett A, Travers A. 2007. A variable topology for the 30-nm chromatin fibre. EMBO Reports, 8(12): 1129-1134.

Yesudhas D, Batool M, Anwar M A, et al. 2017. Proteins recognizing DNA: Structural uniqueness and versatility of DNA-binding domains in stem cell transcription factors. Genes, 8(8): 192.

Yu B H, Pettitt B M, Iwahara J. 2020. Dynamics of ionic interactions at protein-nucleic acid interfaces. Accounts of Chemical Research, 53(9): 1802-1810.

第九章 基因编辑技术及其在功能蛋白质研究中的应用

第一节 基因编辑技术概述及开发现状

不断扩大的基因组编辑工具彻底改变了从实验室到临床的生命科学研究。这些"基因组手术刀"为我们提供了前所未有的能力，可以在不同物种的活细胞中精确操纵核酸序列。基因组编辑的持续进步极大地拓宽了我们对遗传学、表观遗传学、分子生物学和病理学的了解。目前，基因编辑介导的疗法已经对镰状细胞病、地中海贫血、肿瘤等患者有一定的疗效。随着更高效、更精准、更先进的基因编辑工具的发现，更多的治疗性基因编辑方法将进入临床治疗各种疾病，如艾滋病、恶性肿瘤，甚至严重急性呼吸系统综合征冠状病毒 2 型感染（Zhou et al.，2022），这些初步的成功刺激了基因编辑技术的进一步创新和发展。本章我们将介绍当前基因编辑工具，包括成簇规律间隔短回文重复（CRISPR）和基于 CRISPR 相关核酸酶的工具，以及其他基于蛋白质的 DNA 靶向系统，并总结各种技术在临床前研究中的应用。

核苷酸序列中隐藏着大量的遗传信息，有时，仅仅一个碱基突变就有可能导致不治之症，甚至死亡。过去十年，基因编辑技术的快速发展不断重塑着人类遗传学的概念。这些精细的分子工具推动了许多行业，尤其是治疗行业的巨大革命。"基因组手术刀"为研究遗传信息提供了机会，扩大了我们对基因功能的理解。继续努力了解和阐明这些致病突变，对于改善遗传性疾病患者的医疗保健至关重要。先前的临床前研究表明，可以使用基因编辑分子灭活或纠正病态突变来逆转病理过程，这些结果激发了开发基因编辑疗法在临床上治疗人类遗传疾病的潜力。除了遗传性疾病之外，基因编辑的应用范围已扩展到其他疾病，包括癌症和病毒感染。生物医学研究和商业开发领域的科学家对治疗性基因编辑表现出了极大的热情。然而，要达到通过个性化基因编辑治愈所有遗传性疾病的最终目标，仍有许多难题需要解决，例如，临床应用需要更安全、更准确的工程酶和更有效的递送方法。监管这项技术以避免滥用也是公众关注的焦点。

20 世纪 80 年代，细菌中的限制性内切核酸酶被用来切割 DNA 双螺旋（Danna and Nathans，1971）。从那时起，科学家付出了巨大的努力来丰富基因组编辑库，以操纵特定位点的基因序列。目前，不同类别的基因组操作工具被用于实验室研究、农业和医学领域。常见工具包括锌指核酸酶（ZFN）、转录激活因子样效应物核酸酶（TALEN）、成簇规律间隔短回文重复（CRISPR）序列和 CRISPR 相关（Cas）蛋白、碱基编辑器和引物编辑器（图 9-1）（Broeders et al.，2020）。

显然，每种基因编辑方法都有不同的机制和操作限制（Gaj et al.，2013）。然而，来自各种工具的大多数基因修饰（碱基和引物编辑器除外）都依赖于产生双链断裂（double-strand break，DSB），这将触发真核细胞中的内源修复机制（Rouet et al，1994a；

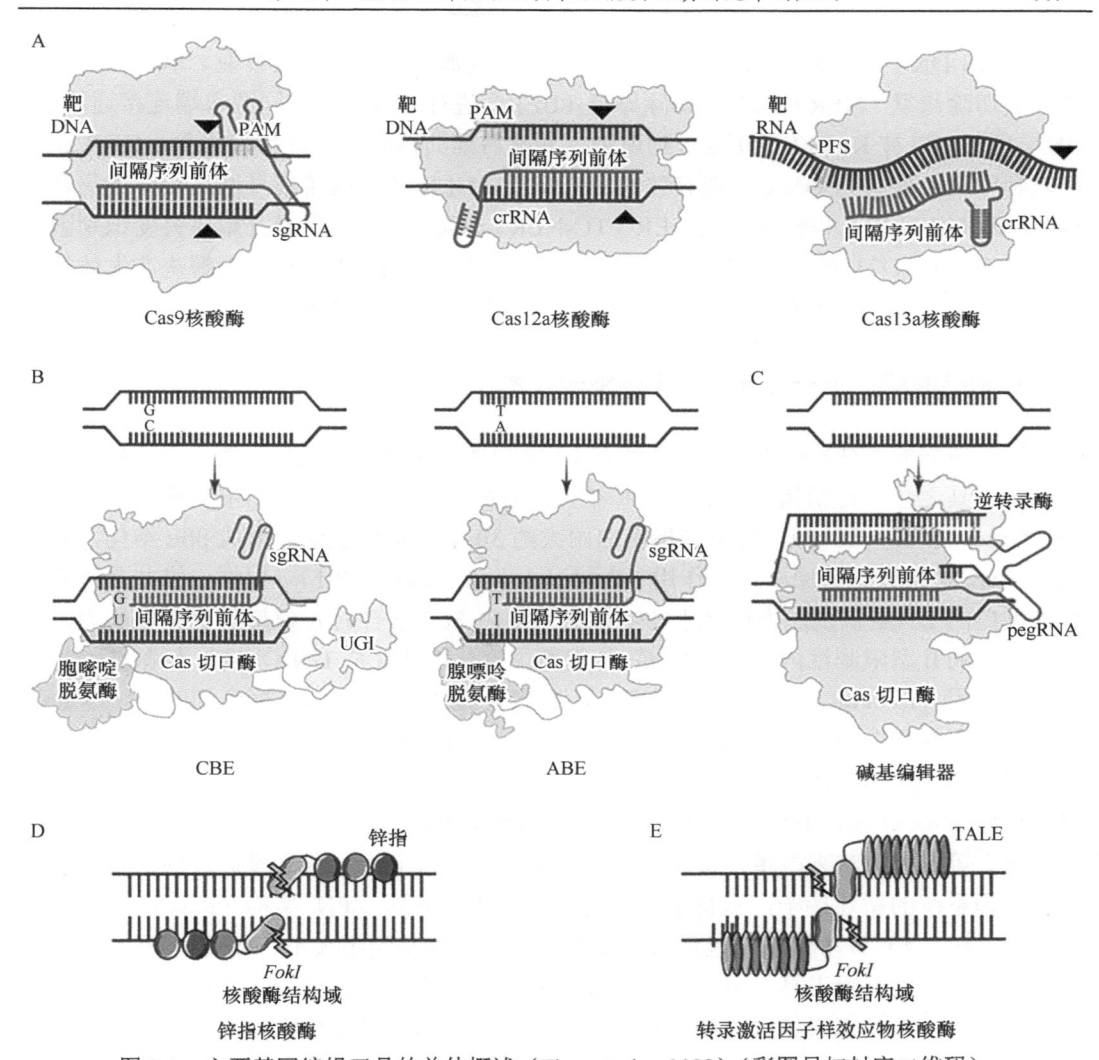

图 9-1　主要基因编辑工具的总体概述（Zhou et al., 2022）（彩图另扫封底二维码）

A. 三种常用的成簇规律间隔短回文重复（CRISPR）序列和 CRISPR 相关（Cas）核酸酶：Cas9、Cas12a 和 Cas13a。B. 胞嘧啶碱基编辑器（CBE）由 Cas9 切口酶（Cas9n）、胞苷脱氨酶和尿嘧啶糖基化酶抑制剂（UGI）组成。腺嘌呤碱基编辑器（ABE）由 Cas9n 和工程腺苷脱氨酶组成。C. 碱基编辑器由 Cas 切口酶和逆转录酶组成。D 和 E 是两种基于蛋白质的 DNA 靶向剂。锌指核酸酶（ZFN）包含锌指序列和 *Fok* I 限制性内切核酸酶

O'Driscoll and Jeggo，2006）。哺乳动物细胞内的两条内源 DNA 修复途径通常负责修复 DSB，包括非同源末端连接（NHEJ）介导的修复和同源定向修复（homology-directed repair，HDR）（Lieber，2010；Ma et al.，2003；Chapman et al.，2012）。理论上，任何基因片段都可以通过 HDR 途径提供同源模板整合到基因组中。鉴于 NHEJ 通常在大多数哺乳动物细胞中占主导地位，提高 HDR 的效率对于最大化基因编辑平台的能力至关重要（Lieber，2010）。因此，了解各种基因组编辑技术的机制和特点，并选择合适的基因编辑剂，有助于实现我们进行精确基因改造的愿望。

DNA 损伤修复系统可分为两大类：DNA 双链断裂修复和单链断裂（SSB）修复。

一般来说，DNA双链断裂通过非同源末端连接或同源定向修复进行修复。单链断裂通过核苷酸切除修复（NER）或碱基切除修复（BER）进行修复。在非同源末端连接通路中，DNA损伤可以被Ku70/Ku80复合物识别，并被后续的核酸酶和连接酶修复。HDR途径可以利用模板导向的DNA实现有效的病变修复。NER包含两条信号通路，即全局基因组NER（GG-NER）和转录偶联NER（TC-NER）。GG-NER使用异三聚体突变识别因子（由XPC、RAD23和CETN2组成）来检测DNA突变，BER途径负责解决非大体积单碱基损伤。基因编辑工具利用这些途径来实现对目的基因的改造。

一、锌指核酸酶：第一代成熟的基因编辑技术

锌指核酸酶（ZFN）由锌指基序和 *Fok* I 限制性内切核酸酶组成，被认为是最早的基因编辑工具之一。锌指蛋白负责识别和结合核苷酸序列，是真核生物中的多功能转录因子（Urnov et al., 2010）。每个锌指蛋白由大约30个氨基酸组成，形成 ββα 结构，其中 Cys2-His2 结构域与锌原子相互作用（Pavletich and Pabo, 1991）。根据三维共晶结构，锌指蛋白的DNA识别能力依赖于与双螺旋主沟内3bp结合的α螺旋信息读取能力。来自黄杆菌的II型限制性内切核酸酶 *Fok* I 需要二聚化才能完成DNA切割，切割能力独立且无副作用（Li et al., 1992）。一般来说，二聚化ZFN可以识别目标序列的18～36bp，并生成具有5'突出端的交错DSB。原则上，ZFN可以通过各种锌指蛋白来靶向任何所需的基因序列。然而，因为组装和优化过程需要大量的时间与精力，很难获得高度特异性ZFN（Vanamee et al., 2001）。为了扩大DNA识别范围，人们建立了"双指模块"和"开放系统"等多种策略来改革及优化ZFN的结构和功能。例如，科学家通过使用基于裂解细菌选择系统的新连接子，获得了具有更大识别范围的新ZFN架构（Paschon et al., 2019）。ZFN具有许多优点，包括低免疫原性和适当的基因组大小，促使ZFN可以被广泛用于多种基因编辑工具。不幸的是，ZFN的进一步大规模应用和普及还存在一些技术障碍。例如，锌指蛋白的合成和组装非常耗时，并且需要专业技术。相关技术专利属于多个机构等，这些都大大阻碍了ZFN的广泛使用。

二、转录激活因子样效应物核酸酶：一种灵活的、基于蛋白质的编辑系统

由于公共资源的缺乏，ZFN的构建非常困难。为了克服这些技术障碍，建立了一种名为TALEN的基于蛋白质的DNA编辑平台。在植物致病性黄单胞菌中发现了天然TAL效应子，它们能改变宿主细胞中的转录（Boch et al., 2009）。TALEN的DNA靶向能力取决于高度保守的串联阵列，该阵列由10～30个重复组成，包含33～35个氨基酸的单个TALE重复序列可以准确地靶向单个核苷酸。单个TALE的结构包括两个螺旋束和一个环。值得注意的是，环结构内的两个高变残基（残基12和13）目前被称为重复可变二残基（RVD），决定了每个效应子的特异性和亲和力（Moscou and Bogdanove, 2009）。RVD不仅可以保证环结构的稳定性，还可以靶向特定的核苷酸（Doyle et al., 2013）。迄今为止已鉴定出4种RVD：HD（HD代表组氨酸和天冬氨酸

残基，指定胞嘧啶），NG（NG 代表天冬酰胺和甘氨酸残基，指定胸腺嘧啶），NI（NI 代表天冬酰胺和异亮氨酸残基，指定腺嘌呤），NN（NN 表示两个天冬酰胺残基，指定鸟嘌呤或腺嘌呤），已被广泛用于形成 TALEN，再应用于多种基因编辑。与 ZFN 类似，基于 TALEN 的平台可以通过重新排列 TALE 重复序列来重新编程以结合任意序列，但复杂的组装过程限制了其推广。为了加速组装过程，已经实施了多种策略，包括 Golden Gate 克隆系统、限制酶和连接技术、基于快速连接的自动化固相高通量系统，以及不依赖于连接的克隆技术（Cho et al., 2013）。除了可编程性之外，TALEN 还有几个明显的优势：简化的设计、构造及灵活的识别范围。例如，二聚化 TALEN 通常被设计为结合 36bp 甚至更长的序列。当然，TALEN 也有一些缺点必须解决，例如，TALEN 的大尺寸（大约 3kb）可能会导致递送困难；在 TALEN 传递过程中，重复序列很容易发生重排等（Holkers et al., 2013）。

三、成簇规律间隔短回文重复序列及相关蛋白核酸酶：一种强大且多功能的基因组编辑工具

在自然界的细菌和古细菌中发现的各种 CRISPR/Cas 系统都是适应性免疫机制，可以沉默外源核酸以抵抗病原体的入侵。简而言之，一旦 Cas 效应子与含有间隔区的指导 RNA 分子组装，该复合物就可以结合并切割原型间隔区相邻基序（PAM）附近的特定序列（Gasiunas et al., 2012；Hille et al., 2018）。这种机制激发研究人员通过使用不同的核酸酶和引导 RNA 来重新编程 CRISPR/Cas 系统的 DNA 识别能力。一般来说，CRISPR/Cas 系统根据其组成和机制分为两大类（6 种类型和 20 多个亚型）（Makarova et al., 2015）。例如，1 类 CRISPR/Cas 系统，包括Ⅰ型、Ⅲ型和Ⅳ型，可以根据多蛋白复合物切割核苷酸序列（Koonin et al., 2017）。2 类系统又分为Ⅱ型、Ⅴ型和Ⅵ型，它们使用单个 Cas 效应器来实现 DNA 切割（Shmakov et al., 2015）。由于其独特的可编程性和结构优势，2 类系统已广泛用于多种基因组编辑应用（Makarova et al., 2020）。在 2 类 CRISPR-Cas 系统中，Cas9、Cas12 和 Cas13 是目前的研究热点。

四、碱基编辑：基因编辑皇冠上的明珠

适度的基因突变，即使是单个核苷酸的变异，也可能引发人类遗传疾病的发生。目前，许多基因组编辑工具已被应用于纠正基因突变。在这些情况下，大多数策略必须生成 DSB 并依赖于 HDR 途径。然而，依赖于 DSB 诱导的 DNA 修复途径的单碱基修饰远不能令人满意（Ihry et al., 2018）。为了解决这些问题，基于 CRISPR/Cas 开发了两种不同类型的碱基编辑器，用于精确的碱基操作：一种是胞嘧啶碱基编辑器（CBE），另一种是腺嘌呤碱基编辑器（ABE）（Gaudelli et al., 2017）。这些工具能够通过单链修复途径引入点突变，无需 DSB（Komor et al., 2016）。

第二节 锌指核酸酶

一、锌指核酸酶的起源、结构和功能

锌指核酸酶（ZFN）是一种人工核酸内切酶，由与 *Fok* I 限制性内切核酸酶的切割结构域融合的锌指蛋白（ZFP）组成。通过开发具有新序列特异性的 ZFP，可以重新设计 ZFN 以切割新靶标。锌指核酸酶是由两个功能不同的结构域融合而成的人工且可定制的核酸酶，N 端有 3~6 个锌指基序（ZF）。这些基序最初是在非洲爪蟾卵母细胞中存在的转录因子ⅢA 中发现的，经过工程改造，能够实现特定的 DNA 识别和结合。该 ZF 结构域通过肽接头在其 C 端与非特异性Ⅱ型限制酶 *Fok* I 融合，负责 DNA 的切割（图 9-2）（Chou et al.，2012；Trevisan et al.，2017）。

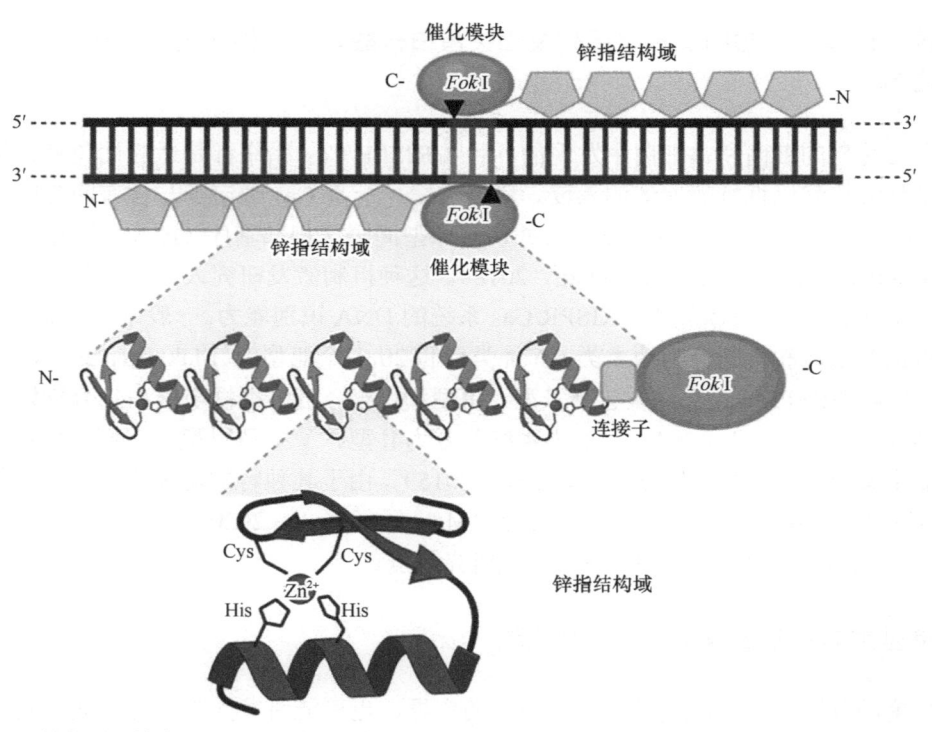

图 9-2 具有不同结合（ZF）和切割（*Fok* I）结构域的锌指核酸酶（González Castro et al.，2021）
每个 ZF 基序包含一组保守的 2 个半胱氨酸（Cys）和 2 个组氨酸（His），它们直接与中心锌离子相互作用。这种相互作用与双 β 片层和单 α 螺旋一起形成了特征性的突出结构。箭头区域代表产生的 DSB 和 3nt 5′突出端

每个 ZF 基序包含大约 30 个氨基酸残基，形成 ββα 结构，其中关键的 Cys2/His2（C2H2）重复直接与中心锌离子相互作用，稳定和协调突出的指状结构（Cathomen and Joung，2008）。ZF 的序列特异性源于每个基序识别 DNA 大沟中大约 3bp 的不同片段的能力，这使得定制 ZFN 成为可能，因为可以通过识别与定义的三联体，使其具有特异性的亲和力，进而靶向新序列（Chou et al.，2012）。事实上，已经多次尝试构建模块化组装文库以靶向所有 64 种可能的核苷酸三联体（Carroll et al.，2006）。虽然原则上 ZFN 可

以设计为结合和切割任意选择的序列，但生成具有高特异性的 ZF 仍然受限。根据 ZF 基序的数量，单个 ZFN 可以识别 9~18bp 的特定靶位点（Handel and Cathomen，2011）。然而，考虑到 *Fok* I 的强制性二聚化要求，两个 ZFN 必须同时以相反方向结合，才能产生 DSB（Petersen and Niemann，2015）。然后，*Fok* I 可以引入具有 3nt 5′突出端的 DSB。这与 Cas9 的平端和 Cas12a（Cpf1）的 5nt 5′突出端形成鲜明对比（Guha and Edgell，2017）。*Fok* I 催化结构域对于 ZFN 的成功至关重要，因为它具有支持复杂基因组内靶向切割目标的多种特征，例如，*Fok* I 必须二聚化才能切割 DNA。由于这种相互作用很弱，作为 ZFN 一部分的 *Fok* I 裂解需要两个相邻且独立的结合事件（Munoz et al.，2011）。*Fok* I 必须以正确的方向和适当的间距才能形成二聚体。目前，ZFP-Fok 连接子已被进一步开发，使其具有更强的切割活性（Renfer and Technau，2017；Trevisan et al.，2017）。

给定 ZFN 对的效率取决于其结合亲和力和序列特异性，这两者都会影响结合的稳定性和靶向修饰（Urnov et al.，2005）。至关重要的是，亲和力和特异性直接受到工程化锌指基序数量的影响：已观察到 3+3 和 4+4 锌指配对具有最佳活性，而不是 5+5 和 6+6 锌指配对（Shimizu et al.，2011）。虽然具有更多 ZF 基序的版本理论上可以通过增加识别的目标序列的大小来提供更大的特异性，但它们也会降低效率（Chou et al.，2012）。有趣的是，研究还表明，ZFN 较高的亲和力并不与较高的活性直接相关。这些观察结果表明，ZFN 的活性不仅与 ZF 的数量有关，还与它们的亲和力和特异性之间的平衡有关。除了 DNA 结合水平和特异性降低之外，ZFN 的活性低也可以通过细胞毒性增加来解释。因此，虽然更多的 ZF 基序不会转化为效率，但更高的特异性可以降低毒性，从而提高存活修饰细胞的修饰率（Handel and Cathomen，2011）。至关重要的是，据报道，ZFN 在目标序列中成功引入 DSB 的修饰率（破坏、插入或缺失的频率）为 1%~20%（Cornu et al.，2008）。

有几个变量会影响 ZFN 的脱靶活性。例如，Cornu 等（2008）报道了 DNA 结合特异性和 ZFN 相关毒性之间的负相关性。据报道，调节间隔区长度可以减少脱靶活性，而过多的结合可能会导致脱靶 ZFN 裂解（Pattanayak et al.，2011）。复杂基因组中靶序列侧翼存在旁系同源物或假基因，与靶序列高度相关序列的多个拷贝可能导致脱靶活性（Jabalameli et al.，2015）。然而，这是影响所有基因组编辑平台的一个共性因素。ZFN 脱靶效应的另一个主要机制是基于它们形成同二聚体和异二聚体的能力。ZFN 对的单体不仅可以结合其 18~36bp 靶序列，还可以结合基于单体结合半位点之一的回文序列，在非靶位点形成同二聚体。同样，单个单体可以结合到与其预期半位点具有序列相似性的多个位点，然后与溶液中的另一个单体形成异二聚体（Yee，2016）。

该基因组编辑平台的脱靶活性还源于这样一个事实：ZFN 对靶位点的识别不仅取决于与每个 ZF 基序相互作用的 3~4bp DNA，而且还取决于相邻手指之间的相互作用（Yee，2016）。这种依赖于环境的 DNA 结合形式可以增加靶向不需要的位点的可能性。此外，一些 ZFN 对目标序列中的错配具有高度耐受性，导致其与目标位点的同一性低至 66%。

除了专性异二聚体 *Fok* I 变体之外，接头序列的优化还可以通过限制结构对错位 *Fok* I 二聚体的耐受性来减少脱靶活性（Mussolino and Cathomen，2012）。同样，构建具有不稳定的、不对称界面的 ZFN 已被证明毒性较小，同时保持性能（Ramalingam et al.，2011），这使得 ZFN 活性更加依赖于 DNA 结合，并防止其在溶液中形成二聚体。此外，*Fok* I 的变构激活也被提议作为通过裂解调节提高特异性的可行策略。

据报道，对与 *Fok* I 裂解动力学相关的残基进行修饰，而不是修饰序列识别或裂解本身相关的基序，可以保留完整的靶向活性，同时显著降低脱靶活性。Mille 等（2019）报道，在实施针对 TRAC 基因座的 ZFN 变体和带有减弱 *Fok* I 裂解动力学的取代时，人类 T 细胞的修饰率＞98%，没有可检测到的脱靶活性。针对该现象，其可能的潜在机制是，通过较慢的动力学使切割与序列特异性解离常数更兼容，进而减少脱靶活性。实际上，如果提供足够的时间，ZF 将与脱靶序列解离，而无需 *Fok* I 引入 DSB。值得注意的是，这个概念不仅限于 ZFN，还可以在 TALEN 和 CRISPR/Cas 中进行探索。

虽然只有 TRAC 基因座才达到这种水平的效率和特异性，但结果表明锌指核酸酶如果对靶序列进行了充分的优化和工程设计，就可达到临床应用可行的水平。

二、锌指核酸酶技术在功能蛋白研究中的应用

使用 ZFN 进行基因组编辑的应用是基于其可将位点特异性的 DNA DSB 引入到感兴趣的基因座。所有真核细胞都通过同源定向修复（HDR）或非同源末端连接（NHEJ）途径有效修复 DSB（Lieber，2010）。这些高度保守的途径可用于在多种细胞类型和物种中产生明确的遗传结果（图 9-3）。例如，NHEJ 修复可以快速、有效地连接两个断裂的末端，偶尔会获得或丢失遗传信息，因此，它可用于在断裂位点引入小的插入和（或）缺失，这一结果可用于破坏目的基因（Jackson and Bartek，2009）。如果研究者提供设计的同源供体 DNA 与 ZFN 组合，则该模板上编码的信息可用于修复 DSB，从而导致基因校正（内源位点发生一些核苷酸变化）或在断裂位点产生一个新基因（图 9-3）（Urnov et al., 2010）。

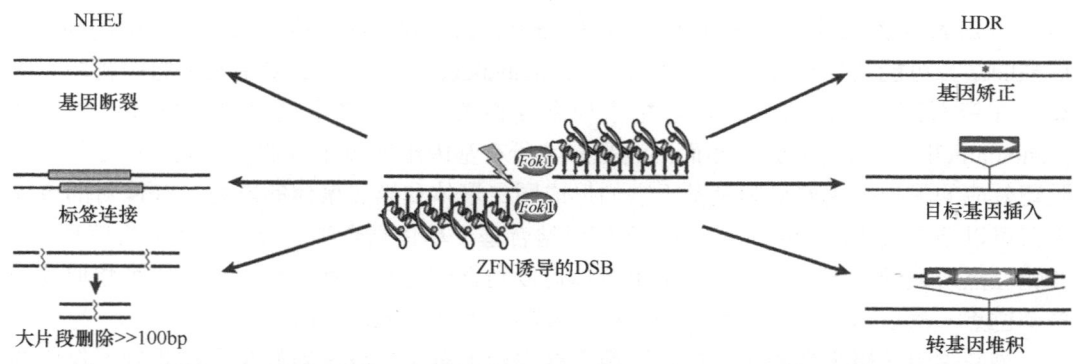

图 9-3 利用 ZFN 可实现的基因组编辑类型（Urnov et al., 2010）（彩图另扫封底二维码）

正如研究者所指定的，ZFN 诱导的双链断裂 DSB 允许在内源基因座处生成一系列等位基因。图 9-3 显示了引入位点特异性 DNA 断裂可能导致的不同结果。ZFN 对与基因组靶位点结合（两个不同的 DNA 结合域，以红色和蓝色显示）。ZFN 裂解产生的 DSB 会诱导 DNA 修复过程，该过程可能会受到研究者设计添加的供体 DNA 的影响。如左图所示，如果通过非同源末端连接（NHEJ）解决断裂（这将在没有供体 DNA 的情况下发

生），则可能会导致以下结果：①基因破坏：两端可以重新连接在一起，通常会在断裂位点丢失或获得遗传信息，从而导致小的插入或缺失；②标签连接：如果双链寡核苷酸具有与 ZFN（接头）留下的突出端互补，它将被连接到染色体中，从而产生标记的等位基因等；③大缺失：在同一条染色体上同时产生的两个 DSB 可能会导致整个中间延伸段的缺失。如右图所示，如果通过同源定向修复（这将在存在供体 DNA 的情况下发生）解决断裂，则可能会导致：①基因校正：如果供体仅指定单碱基对变化（如编码新等位基因的限制性片段长度多态性），这将导致"基因校正"，巧妙地编辑内源等位基因；②靶向基因添加：如果提供的供体在对应于断裂位点的位置携带 ORF 或转基因，则其序列将通过合成依赖性链退火途径转移至染色体；③转基因堆积：如果供体在同源臂之间携带多个连锁转基因，它们将通过合成依赖性链退火途径转移到染色体中，本质上产生"堆积性状"。

基因组编辑最简单的方法是基因破坏，它利用 DNA 修复过程中引入的错误来破坏或消除基因或基因组区域的功能。为了破坏黑腹果蝇中的基因，可以通过将 mRNA 注射到早期果蝇胚胎中，将靶向外显子序列的 ZFN 传递到果蝇胚胎中，由此产生的成年果蝇生产的后代中，有高达 10%的目的基因发生突变（Beumer et al., 2008）。将编码工程 ZFN 的 mRNA 注射到胚胎中也被用来产生携带所需遗传损伤的斑马鱼，在四项单独的研究中，目的基因获得了高达 50%的种系嵌合（Foley et al., 2009）。

对于大鼠的基因破坏，其早期发育进展比昆虫或鱼类慢得多，因此使用了具有扩展识别位点的工程化 ZFN，这产生了两个独立内源基因敲除的动物；此外，还建立了重症联合免疫缺陷病（SCID）大鼠模型。在目前无法选择 mRNA 显微注射的系统中（如模型植物拟南芥），诱导型 ZFN 表达盒的稳定转基因可以导致基因改变（Lloyd et al., 2005；Osakabe et al., 2010）。

第一个发表的使用工程化 ZFN 破坏哺乳动物细胞内源基因座的例子是中国仓鼠卵巢（CHO）细胞中二氢叶酸还原酶（Dhfr）基因的敲除。通过瞬时转染引入编码 ZFN 的质粒，导致细胞群中等位基因的破坏频率高达 15%（Santiago et al., 2008）。通过有限稀释和基因分型产生了两个克隆，其中 *Dhfr* 基因被双等位基因破坏，并且缺失 DHFR 蛋白表达。ZFN 驱动的基因敲除技术也被证明对一系列原代细胞类型有效，包括纯化的 $CD4^+T$ 细胞和人类 ES 细胞。

ZFN 诱导 DSB 后可以调用第二种更复杂的机制——HDR（图 9-3）。无论是自发的还是由 I-Sce I 归巢核酸内切酶或 ZFN 诱导的，DSB 在高等真核生物细胞中都具有重组原性（Porteus and Baltimore, 2003）。基于同源性的基因组编辑需要同时提供经过适当设计且包含同源性的供体 DNA 分子及位点特异性 ZFN，这使得两种相关的基因组编辑模式成为可能。

基因校正（等位基因编辑）允许在 ZFN 诱导 DSB 后将单核苷酸变化和短异源片段从游离供体上转移到染色体；最近的实验表明内源修复机制使用研究者提供的染色体外供体作为模板，通过合成依赖性链退火过程修复 DSB（Bozas et al., 2009）。该技术能够通过创建点突变来研究基因功能和（或）致病突变的模型，该点突变被认为是至关重要的基序失活。Beumer 及其同事在黑腹果蝇的三个不同基因上利用了这种方法，其中高达

90%的 ZFN 处理动物产生了携带目的基因供体特定等位基因的后代（Beumer et al., 2006）。

三、锌指核酸酶在治疗中的应用

由于相对简单，ZFN 介导的基因破坏（仅通过 ZFN 的瞬时传递来实现）是第一个应用于临床的基因编辑治疗技术。基于 ZFN 的基因编辑技术，特别用于治疗胶质母细胞瘤（NCT01082926）和 HIV（NCT00842634 和 NCT01044654）（Bot, 2010; Holt et al., 2010）。

HIV 感染需要辅助受体趋化因子（CC 基序）受体 5 型（CCR5）或趋化因子（CXC 基序）受体 4 型（CXCR4）。CCR5 基因中自然发生的突变（CCR5Δ32）被证明可以赋予病毒抵抗力，除了增加对西尼罗河病毒感染的易感性之外，不会引起可检测到的病理生理学影响。因此可以利用药物小分子抑制剂、小 RNA 干扰、抗体或胞内抗体等方法减弱 CCR5-HIV 的相互作用。与这些"敲低"或阻断策略（需要持续暴露于治疗剂）不同，ZFN 方法的潜在优势是完全渗透性和可遗传的基因敲除（以及随之而来的 HIV 耐药性），这种优势在细胞及其后代中持续存在。最近的研究显示，使用重组腺病毒载体递送靶向 CCR5 的 ZFN，会导致＞50%的转导细胞（模型细胞系和原代人 $CD4^+$ T 细胞）中的 CCR5 被破坏（Perez et al., 2008）。在小鼠异种移植模型中，ZFN 修饰的原代 $CD4^+$在 HIV 存在的情况下，T 细胞的数量优先增加，而未修饰的细胞则不会。在 T 细胞接受修饰的小鼠中，外周血中的病毒载量显著减少（减少为原来的 1/7），并且 CD4 计数总体增加（增加 5 倍以上）。此外，ZFN 修饰的 $CD4^+$T 细胞在刺激后植入并正常发挥功能，这支持了这些细胞可能能够通过维持 HIV 抗性 $CD4^+$ 细胞群来重建 HIV/AIDS 患者的免疫功能的可能性。两项 I 期临床试验正在进行中，旨在解决输注离体扩增的 $CD4^+$T 细胞的临床患者，以及在实验室安全性 HIV/AIDS 患者中使用针对 CCR5 的 ZFN 治疗的 T 细胞。

尽管 $CD4^+$T 细胞对于预防艾滋病至关重要，但消除 $CD34^+$HSC 中的 CCR5 将允许产生 CCR5 阴性细胞（除了 T 细胞外，还包括巨噬细胞和树突状细胞），因此有可能保护艾滋病病毒感染的最自然目标。最近一项重要的研究表明，CCR5Δ32 突变纯合捐赠者的骨髓被成功移植到患有急性髓性白血病的 HIV 患者体内。重要的是，CCR5Δ32 纯合细胞植入并重新填充到外周血中，并且患者迄今为止仍处于持续的病毒血症状态（Hutter et al., 2009）。然而，鉴于人类中这种突变纯合子所占比例很小，找到足够的人类白细胞抗原匹配的 CCR5Δ32 纯合子供体是不可行的。原则上，ZFN 方法允许任何患者进行自体 $CD34^+$ HSC 移植。为此，携带 ZFN 诱导的 CCR5 损伤的正常人 HSC 被证明保留了干细胞功能。重要的是，源自这些修饰的 HSC 的 T 细胞后代被证明能够归巢于外周组织，包括肠道相关淋巴组织，并在受到 R5 嗜性 HIV 攻击时优先扩增（Holt et al., 2010）。

使用 ZFN 诱导 DSB 的治疗方法的固有风险是有可能在基因组中不需要的位置发生低频脱靶切割事件。因此，验证 ZFN 的临床应用需要更加灵敏、更加特异的方法。目前正在进行三项 I 期临床试验，研究 ZFN 修饰细胞的两种不同临床应用（HIV/AIDS 和胶质母细胞瘤）。考虑到其治疗方式（使用离体修饰的 T 细胞），可以在输注到患者体内之前对细胞进行广泛的测试。这项研究是 ZFN 广泛应用的一个重要里程碑，用于纠正或修饰其他细胞类型（包括人类干细胞）以进行基于细胞的治疗，并最终用于体内细胞编辑。

第三节　转录激活因子样效应物核酸酶

一、转录激活因子样效应物核酸酶的工作原理

转录激活因子样效应物核酸酶（transcription activator-like effector nucleases，TALEN）是人工限制性内切核酸酶，将 *Fok* I 核酸酶的催化模块与 TALE 的 DNA 结合结构域相结合（图 9-4）。TALEN 是植物致病性黄单胞菌分泌的天然毒力蛋白通过中央 DNA 结合结构域与特定 DNA 序列结合，激活宿主基因的表达（Mussolino and Cathomen，2012）。其中心结构域具有单个重复序列和单个碱基之间一对一对应关系的独特类型的 DNA 结合机制，使其能够识别目标序列。这种结合是通过结构域的组成来实现的，该结构域由 15～19 个高度相似的串联重复序列组装而成，每个重复序列包含 33～35 个氨基酸基序，最靠近 C 端的重复序列仅包含 20 个氨基酸，称为"半"重复序列（Richter et al.，2016）。

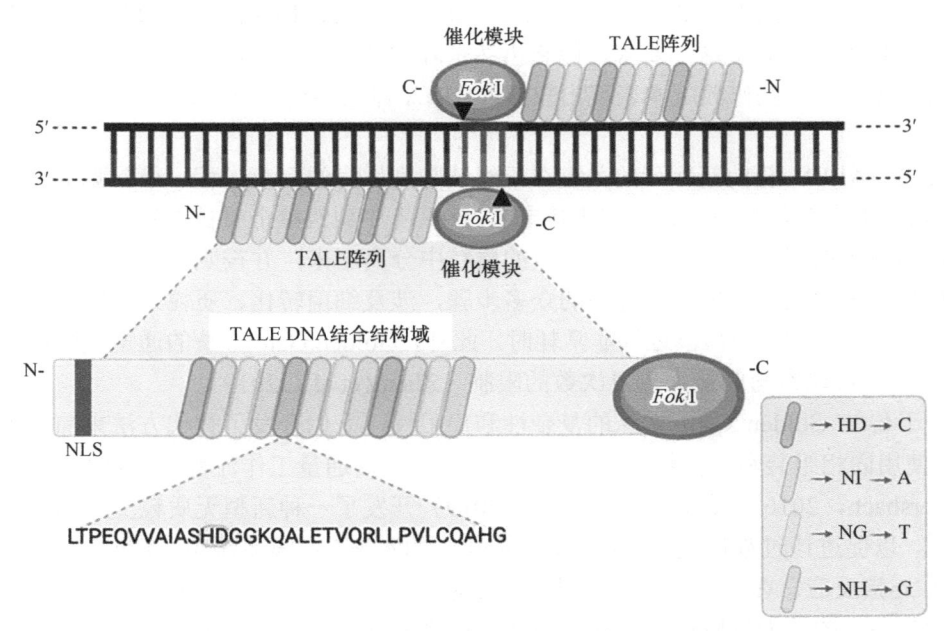

图 9-4　TALEN 对的结合和识别结构域（TALE 阵列）及切割结构域（*Fok* I）（Richter et al.，2016）
箭头区域代表产生的 DSB 和 3nt 5'突出端。出于说明目的，本图只展示了 RVD 基本"代码"的一小部分。NLS，核定位信号

TALE 重复序列高度保守，仅在氨基酸位置 12 和 13 处不同，这被称为重复可变二残基（RVD）。RVD 的存在决定了 TALE 阵列的 DNA 结合特异性，通过单个重复序列与目标序列中的单个核苷酸一对一结合，其中碱基由 RVD 指定，并且前面的胸腺嘧啶位于位置 0。已知 5 种不同的 RVD 类型，其中最常见的是 HD、NH、NI 和 NG，分别专门用于识别胞嘧啶（C）、鸟嘌呤（G）、腺嘌呤（A）和胸腺嘧啶（T）（图 9-4）（Richter et al., 2016)。

从结构的角度来看，RVD 位于每个重复中存在的两个 α 螺旋之间，并形成一个直接与 DNA 连接的环。然而，重复可变残基 2（RVR2）是唯一与 DNA 碱基相互作用并在主沟处与其建立氢键的基团，从而决定了碱基特异性。同时，重复可变残基 1（RVR1）通过与同一重复的第 8 位氨基酸相互作用来稳定环，从而间接支持 DNA 结合，并影响其结合效率和特异性。单个重复序列还通过氨基酸 14～17 结合 DNA 主链，有助于提高 DNA 亲和力（Richter et al., 2016; Deng et al., 2019)。

与 ZFN 相比，TALEN 用于序列识别的简化代码在靶向性和重新设计方面具有显著优势。尽管如此，TALEN 也面临着自身的挑战。首先是 TALE 阵列的设计限制。各个 RVD 的识别特异性和结合亲和力差异很大，一些 RVD 对给定碱基表现出高结合亲和力，但同时具有简并性，而其他 RVD 则具有单碱基特异性，但结合亲和力低（Ousterout and Gersbach, 2016)。RVD 之间的这种异质性伴随着识别鸟苷的局限性，RVD 在识别额外碱基方面通常表现出简并性，并且在有变体（如 NH 和 NK）的情况下，活性降低（Ousterout and Gersbach, 2016)。此外，由于 TALE 重复 N 端的保守色氨酸与胸腺嘧啶的甲基相互作用，胞嘧啶的甲基化可以改变其正常 RVD 的识别，并可能完全不需要结合 TALE（需要能够识别 5′-mC 的不同 RVD）（Mussolino et al., 2014; Deng et al., 2019)。虽然修改后的 TALE 支架没有了这一要求，但它仍然是阵列选择和开发过程中需要考虑的一个功能，特别是因为一些修改版本表现出较低的 DNA 结合活性（Ousterout and Gersbach, 2016)。

使用 TALEN 靶向新序列的关键在于组装阵列本身的复杂过程，最常见的方法依赖于 Golden Gate 克隆方法，其中编码特定 RVD 重复序列的单个质粒首先被扩增、分离和纯化，然后通过消化将重复序列从各自的质粒中分离出来，并按照预期目标序列所需的顺序和数量依次连接。生产新阵列的众多步骤，涉及细菌转化、质粒纯化以及消化和连接反应的多个实例，使得该过程非常耗时。此外，Golden Gate 方法的通量受到每个消化/连接反应中可以参与的最大重复次数的限制（Zhang et al., 2019)。

由于传统 Golden Gate 方法的复杂性和局限性，人们开发了替代方法来简化组装过程。已使用固相组装和不依赖于连接的克隆，并且与高通量工作流程组合进行（Ousterout and Gersbach, 2016)。最近，Zhang 等（2019）开发了一种新型无质粒文库和无细菌组装管道，以促进该过程达到与 CRISPR/Cas 相当的水平。在该系统中，4 个环状五聚体通过消化/连接反应，在涉及 4 个五聚体和主链的单个 Golden Gate 反应中产生带有 TALE 阵列完整序列的单表达质粒。该管道预计可将组装过程缩短至 1 天，并减少必要的细菌转化、菌落鉴定和验证程序。

通过创建（多轮循环诱变和 DNA 改组）高活性 *Fok* I 变体以及使用荧光激活细胞分选来富集编辑细胞可以进一步提高 TALEN 的效率，通过改善 TALEN 递送至细胞的方式也可以提高基因组编辑效率。使用从同一质粒转录两种蛋白质的双顺反子 TALEN 构建体，与共转染中的两个单体单独表达相比，TALEN 的切割活性提高了约 15%（Gao et al., 2019)。此外，双顺反子 TALEN 能够实时监测转染效率并快速富集含核酸酶的细胞（Martin-Fernandez et al., 2020)。另外还需要注意的是，一些增强特异性的修饰可能会限制效率，例如，使用某些 RVD（如用于识别鸟苷的 NH 和 NK）时，重新设计的 TALE 蛋白的活性可能会显著降低（Ousterout and Gersbach，2016；Martin-Fernandez et al.，2020）。

与 ZFN 类似，TALEN 的脱靶活性受到错配耐受性、与高度相似的脱靶位点的结合程度、未修饰的 *Fok* I 的同二聚化潜力，以及序列识别和切割结构域之间的短接头特异性差异的影响（Xia et al.，2019）。然而，与 ZFN 相比，TALEN 通常表现出更高的基因组编辑特异性，因为它们具有较少的 DNA 依赖性结合效应。这意味着由于 RVD 的高特异性，以及特异性靶向所需序列，TALEN 可以灵活构建，同时具有较少的脱靶活性和细胞毒性（Sun and Zhao，2013）。

此外，与 ZFN 相比，在 CCR5 和 IL2RG 位点使用 TALEN 引起的细胞毒性显著较低（Li et al.，2020）。两个 *CCR5* 特异性 TALEN 对在总脱靶位点处的突变频率仅为 0.12%，而当使用 *CCR5* 特异性 ZFN 时，该值增加了 10 倍。类似地，在 *AAVS1* 靶向实验中，TALEN 对的表现优于 ZFN 对。前者在一个脱靶位点仅导致 0.13% 的突变频率，而后者在多个不良位点导致 1%～4% 的突变频率（Mussolino et al.，2014）。

与 ZFN 相比，除了特异性有所提高之外，TALEN 在其他脱靶评估研究以及与 CRISPR/Cas 的比较中也表现良好。例如，基于 TALEN 的编辑分析发现，通过 IDLV 检测无法观察到 4 个不同人类位点的脱靶切割（Yee，2016）。同样，尽管通过高通量全基因组易位测序观察到脱靶切割，但这些 TALEN 切割的频率低于 CRISPR/Cas 引起的脱靶事件的频率。使用全基因组测序技术进行脱靶分析，结果显示 TALEN 具有最小脱靶事件和细胞毒性（Sun and Zhao，2013）。它们的编辑特异性甚至比基于 CRISPR 的编辑在降低某些疾病（如 HIV 和囊性纤维化）治疗应用中的安全风险方面表现出更大的潜力（Benjamin et al.，2016）。尽管如此，为了扩大临床应用，由于难以准确预测 TALEN 脱靶活性，详细的特异性分析是必要的。

TALE 阵列、连接序列、*Fok* I 的工程化和优化也为提高 TALEN 的特异性及安全性提供了机会。修改 TALE 阵列提高了核酸酶区分靶标位置和脱靶位置的能力（Yee，2016）。同样，*Fok* I 的修改提高了编辑效率，减少了脱靶活动。例如，*Fok* I 中的"Sharkey"突变和 ELD 专性异二聚体突变在 TALEN 中与在 ZFN 中具有相似的特性，研究结果表明靶标突变活性增加了 3～6 倍。具体来说，*Fok* I 核酸酶结构域内的 ELD 突变导致切割所需的专性异二聚化，进一步增加了靶向特异性（Benjamin et al.，2016）。由于脱靶活性部分归因于同型二聚体的形成，TALEN 的专性异二聚化可以帮助减少脱靶活性（Yee，2016）。TALEN 的脱靶活性可能与其表达水平有关。TALE 阵列对其相应 DNA 序列具有高亲和力，并且当高水平表达时，它们可能会物理饱和目标位点，从而促进过量单体与错配序列的结合（Benjamin et al.，2016）。

二、转录激活因子样效应物核酸酶技术在功能蛋白研究中的应用

相比于 ZFN，TALEN 的设计相对简单，高效率的基因编辑已经激发了人们努力使用 TALEN 作为遗传疾病的潜在治疗方法，这将进一步鼓励探索定制核酸酶技术的研究

和治疗应用（Joung and Sander，2013）。

TALEN 能够在许多以前难以或不可能进行基因操作的模型生物中有效引入定向改变，如果蝇、线虫、斑马鱼、青蛙、大鼠和猪。此外，TALEN 还被用于修饰牛、蟋蟀和蚕的内源基因。这些研究大多数使用单个 TALEN 对来产生 NHEJ 诱导的敲除突变，但其中两份报告描述了使用针对同一染色体的两个 TALEN 对来产生大染色体片段的缺失和（或）倒位（Carlson et al.，2012；Ma et al.，2012；Joung and Sander，2013）。此外，一项研究使用 TALEN 与短单链 DNA 寡脱氧核苷酸供体一起精确插入斑马鱼基因组（Bedell et al.，2012）。某种生物体如果具有能有效诱导突变的能力，那可能会应用于基于人类疾病的新动物模型的开发。例如，TALEN 已被用来删除猪体内编码低密度脂蛋白受体的基因，从而生成家族性高胆固醇血症模型（Carlson et al.，2012）。

TALEN 提供了直接评估基因破坏和特定序列变异对基于体细胞的疾病模型中基因功能影响的潜力。迄今为止，TALEN 主要用于将 NHEJ 诱导的插入缺失引入编码序列来破坏人类基因（Mussolino et al.，2011）。原则上，这种功能丧失突变可用于创建基于体细胞的疾病模型。此外，研究人员还使用 TALEN 诱导的 HDR 和双链同源供体模板质粒精确插入，进而引入到内源人类基因中。靶向插入可用于将内源基因与编码荧光蛋白或表位标签的基因融合，以可视化蛋白质表达、分布和相互作用。除了产生此类融合体之外，基于 HDR 的方法还可用于创建具有特定单核苷酸多态性（SNP）的人类或其他哺乳动物细胞系，这些 SNP 已通过大规模全基因组关联研究鉴定，从而有可能确定这些序列变体的功能意义（Miller et al.，2011）。

与治疗遗传疾病症状的疗法相比，TALEN 具有纠正或破坏导致疾病的基因产物或序列的潜力。例如，研究表明，TALEN 能够在人类多能干细胞和体细胞中诱导 HDR（Hockemeyer et al.，2011）。另一种潜在的治疗策略是通过 NHEJ 介导的修复，使用 TALEN 诱导的破坏来消除基因的活性。TALEN 能够靶向任何 DNA 序列，这无疑将激发人们探索基因校正和基因破坏策略的潜力，以治疗各种遗传性和其他疾病（Perez et al.，2008）。

第四节 成簇规律间隔短回文重复序列及其相关核酸酶

一、成簇规律间隔短回文重复序列及相关蛋白基因编辑技术

从 1987 年一份关于细菌基因组中重复 DNA 序列的报道开始，微生物学和食品科学领域的研究人员开始研究神秘的 DNA 序列阵列，称为成簇规律间隔短回文重复（CRISPR）序列，通常与编码 CRISPR 相关（Cas）蛋白的基因一起在微生物基因组中被发现（Ishino et al.，1987）。CRISPR 中存在与病毒短 DNA 序列相匹配的短 DNA 序列，暗示这些系统可能具有预防病毒感染的适应性免疫途径的功能（Mojica et al.，2005）。进一步的研究发现了 CRISPR 系统如何使用从序列阵列转录的 RNA 分子来引导 Cas 蛋白切割病毒 DNA 或 RNA，进而达到抗病毒感染的效果（Brouns et al.，2008；Jinek et al.，2012）。在过去的十几年中，世界各地的科学家迅速采用 CRISPR/Cas 技术来实现动物、植物和

人类的基础研究及广泛应用（Hsu et al.，2014）。

1987 年，在研究大肠杆菌中参与碱性磷酸酶同工酶转化的 iap 酶时，Ishino 及同事报道了 iap 基因下游的一组奇怪的 29 nt 重复序列（Ishino et al.，1987）。大多数重复元件通常采用 TALE 重复单体等串联重复形式，与此不同的是，这些 29nt 重复序列由 5 个插入的 32nt 非重复序列间隔开。在接下来的十年里，随着更多的微生物基因组被测序，不同细菌和古细菌菌株的基因组中报道了更多的重复元件，这些重复序列存在于>40%的已测序细菌和 90%的古细菌中（Mojica et al.，2000）。Mojica 及其同事最终将这类间隔重复序列归类为一个独特的簇状重复元件家族。

这些早期发现开始激发人们对此类微生物重复元件的兴趣。到 2002 年，Jansen 等创造了缩写词"CRISPR"来统一对间隔重复阵列组成的微生物基因组位点的描述。同时，几个特征性 CRISPR 相关（Cas）基因簇也被认为高度保守且通常与重复元件相邻，这些作为后来三种不同类型 CRISPR 系统（Ⅰ～Ⅲ型）最终分类的基础（Jansen et al.，2002）。Ⅰ型和Ⅲ型 CRISPR 位点包含多个 Cas 蛋白，目前已知这些蛋白质可与 crRNA 形成复合物（Ⅰ型为 CASCADE 复合物；Ⅲ型为 Cmr 或 CsmRAMP 复合物），以促进靶标核酸的识别和破坏（Brouns et al.，2008）。相比之下，Ⅱ型系统的 Cas 蛋白数量显著减少。然而，尽管许多微生物物种的 CRISPR 位点的绘图和注释越来越详细，但它们的生物学意义仍然需要进一步研究。

2005 年出现了一个关键的转折点，当对分隔单个同向重复序列的间隔序列进行系统分析时，发现了它们的染色体外的噬菌体相关起源（Mojica et al.，2005）。这一发现非常令人兴奋，特别是考虑到之前的研究表明 CRISPR 基因座被转录，并且病毒无法感染携带与其自身基因组相对应的间隔区的古细菌细胞（Mojica et al.，2005）。总之，这些发现引发了以下推测：CRISPR 阵列可作为一种免疫记忆和防御机制，并且单个间隔区通过利用核酸之间的 Watson-Crick 碱基配对来促进对噬菌体感染的防御。尽管人们已经认识到 CRISPR 位点可能参与微生物免疫，但间隔区如何介导病毒防御的具体机制仍然是一个具有挑战性的难题。为此，几种假设被提出，包括认为 CRISPR 间隔区充当小引导 RNA，以类似 RNAi 的机制降解病毒转录本（Makarova et al.，2006），或 CRISPR 间隔区指导 Cas 酶在间隔区匹配区域切割病毒 DNA（Bolotin et al.，2005）。

Barrangou 及其同事利用食品配料公司 Danisco 的乳制品生产菌株嗜热链球菌，证明了Ⅱ型 CRISPR 系统作为适应性免疫系统的作用，同时证明了基于核酸的免疫系统 CRISPR 间隔区决定靶标特异性，而 Cas 酶控制间隔区获取和噬菌体防御（Barrangou et al.，2007）。随后一系列研究阐明了 CRISPR 防御机制，并帮助建立了这三种类型的 CRISPR 位点在适应性免疫中的机制和功能。通过研究大肠杆菌的Ⅰ型 CRISPR 基因座，Brouns 及其同事发现 CRISPR 阵列被转录，并转化为含有单独间隔区的小 crRNA，以指导 Cas 核酸酶活性（Brouns et al.，2008）；同年，来自表皮葡萄球菌的Ⅲ-A 型 CRISPR 系统中 CRISPR 介导的防御被证明可以阻断质粒缀合，将 Cas 酶活性的目标确定为 DNA 而不是 RNA（Marraffini and Sontheimer，2008）。后来有研究显示，来自激烈火球菌的不同Ⅲ-B 型系统的 crRNA 也可以指导 RNA 的切割活性（Hale et al.，2009）。

随着 CRISPR 研究步伐的加快，研究人员很快解开了每种类型 CRISPR 系统的许多细节。基于早期的推测，原型间隔子相邻基序（PAM）可能指导Ⅱ型 Cas9 核酸酶切割 DNA（Bolotin et al.，2005），而研究人员发现噬菌体基因组中的 PAM 突变规避了 CRISPR 干扰，这一发现证明了 PAM 序列的重要性（Deveau et al.，2008）。此外，对于Ⅰ型和Ⅱ型系统，CRISPR 阵列内的直接重复序列中缺乏 PAM，会阻止 CRISPR 系统的自我靶向。然而，在Ⅲ型系统中，crRNA 5′端与 DNA 靶标之间的错配是质粒干扰所必需的（Marraffini and Sontheimer，2010）。

到 2010 年，即 CRISPR 在细菌免疫中的首次实验证据出现三年后，CRISPR 系统的基本功能和机制逐渐清晰。许多团体已开始利用天然 CRISPR 系统进行各种生物技术应用，包括产生抗噬菌体乳品培养物和细菌菌株的系统发育分类（Horvath et al.，2008）。然而，基因组编辑应用尚未得到探索。

大约在这个时候，两项表征天然Ⅱ型 CRISPR 系统功能机制的研究发现了基因编辑的基本组件，这些基本组件被证明对于设计用于基因组编辑的简单 RNA 可指导 DNA 核酸内切酶至关重要。首先，Moineau 及其同事利用嗜热链球菌的遗传学研究揭示了 Cas9（以前称为 Cas5、Csn1 或 Csx12）是 cas 基因簇中唯一介导目标 DNA 切割的酶（Garneau et al.，2010）。接下来，Ⅱ型 CRISPR 系统中 crRNA 生物合成和加工的关键组成部分——一种非编码反式激活 crRNA（tracrRNA）被发现，它与 crRNA 杂交以促进 RNA 引导的 Cas9 靶向（Deltcheva et al.，2011）。这种双 RNA 杂交体与 Cas9 和内源性 RNase Ⅲ一起，是将 CRISPR 阵列转录物加工成成熟 crRNA 所必需的（Deltcheva et al.，2011）。这两项研究表明，至少有三个组件（Cas9、成熟的 crRNA 和 tracrRNA）对于重建Ⅱ型 CRISPR 核酸酶系统至关重要。随着基于 ZF 和 TALE 的可编程位点特异性核酸酶对于增强真核基因组编辑的重要性日益增加，Cas9 可能被开发成 RNA 引导的基因组编辑系统。从那时起，利用 Cas9 进行基因组编辑的时代开始了。

2011 年，Ⅱ型 CRISPR 系统首次被证明是可转移的，将嗜热链球菌的Ⅱ型 CRISPR 基因座移植到大肠杆菌中能够在不同的细菌菌株中重建 CRISPR 干扰（Sapranauskas et al.，2011）。到 2012 年，Charpentier、Doudna 和 Siksnys 小组的生化表征表明，从嗜热链球菌或化脓链球菌中纯化的 Cas9 可以在 crRNA 的指导下在体外切割靶标 DNA，这与之前的细菌研究一致（Jinek et al.，2012）。此外，可以通过将含有靶向指导序列的 crRNA 与 tracrRNA 融合来构建单向导 RNA（sgRNA），从而促进 Cas9 在体外对 DNA 的切割（Jinek et al.，2012）。

2013 年，两项研究同时展示了如何成功地从嗜热链球菌和化脓性链球菌中改造Ⅱ型 CRISPR 系统，以完成哺乳动物细胞中的基因组编辑。成熟的 crRNA-tracrRNA 杂交体的异源表达以及 sgRNA 指导哺乳动物细胞基因组内的 Cas9 裂解，都可以刺激 NHEJ 或 HDR 介导的基因组编辑。多个引导 RNA 也可用于同时靶向多个基因。自这些初步研究以来，Cas9 已被数千个实验室用于各种实验模型系统中的基因组编辑应用（Jinek et al.，2012；Cong et al.，2013；Sander and Joung，2014）。另外，通过与 Addgene 等开源发行商以及在线用户论坛（http://www.genome-engineering.org 和 http://www.egenome.org）等合作，共同加速了 Cas9 技术的推广和应用。

一般来说，CRISPR/Cas 系统根据其组成和机制分为两大类。例如，1 类 CRISPR/Cas

系统包括Ⅰ型、Ⅲ型和Ⅳ型，可以根据多蛋白复合物切割核苷酸序列（Makarova et al.，2015）。2类系统分为Ⅱ型、Ⅴ型和Ⅵ型，它们使用单个Cas效应器来实现DNA切割（Koonin et al.，2017）。由于其独特的可编程性和结构优势，2类系统已广泛用于多种基因组编辑应用（Makarova et al.，2020）。在2类CRISPR/Cas系统中，Cas9、Cas12和Cas13是目前的研究热点。

（一）成簇规律间隔短回文重复序列及CRISPR相关蛋白核酸酶9

天然的CRISPR/Cas9系统是Ⅱ型CRISPR系统，由DNA核酸内切酶和两个RNA模块组成（Jiang and Doudna，2017）。这种核糖核蛋白（RNP）复合物可以产生钝性DSB：CRISPR RNA（crRNA）与反式激活crRNA（tracrRNA）配对，引导核酸酶靶向特定位点并促进复合物形成；然后，限制性内切核酸酶负责切割核酸（Garneau et al.，2010）。为了优化其可操作性，crRNA和tracrRNA被整合到单向导RNA（sgRNA）中。

各种Cas9系统的特性，包括PAM特异性、间隔区长度、核酸内切酶活性、引导RNA结构等，直接决定了精确的识别和切割过程（Kleinstiver et al.，2015；Tycko et al.，2016）。例如，来自化脓性链球菌的CRISPR Cas9（SpCas9）是第一个报道的Cas9变体，已在体外和哺乳动物细胞中进行了基因序列操作测试（Kleinstiver et al.，2015）。为了使SpCas9执行正常功能，用户需要选择与PAM 5′-NGG相邻的适当靶位置（N代表任意核苷酸），并在sgRNA或crRNA/tracrRNA对内设计20 nt间隔区及活性核酸酶（Zhou et al.，2022）。在实践中，研究人员发现并开发了许多Cas9变体，以扩大基因编辑应用的范围（Zhou et al.，2022）。这些Cas9直系同源物表现出与SpCas9不同的特征，例如，较小的分子质量（金黄色葡萄球菌Cas9含有1053个氨基酸，空肠弯曲杆菌Cas9含有984个氨基酸）和丰富的PAM序列（嗜热链球菌Cas9识别PAM 5′-NNAGAAW，W代表A或T）可以扩大识别的目标范围（Garneau et al.，2010；Kim et al.，2017）。

（二）成簇规律间隔短回文重复序列及CRISPR相关蛋白核酸酶12

来自Ⅴ型CRISPR系统的CRISPR/Cas12效应子也是RNA引导的核酸内切酶。Cas12与Cas9系统有几个特征不同（Harrington et al.，2018）。例如，大多数Cas12系统的识别位点位于PAM序列的下游，而原型间隔区内的切割位点距离PAM较远。此外，许多Cas12变体通常使用单个crRNA产生交错的核酸切口，并在PAM序列下游有4~5 nt的突出端。第一个名为Cas12a（以前称为Cpf1）的工程化Cas12核酸酶已用于修改人类细胞中的基因组信息（Zetsche et al.，2015）。Cas12a效应子本质上具有从crRNA阵列生成自身需要的crRNA的能力，而不需要tracrRNA。这一独特的优势意味着该系统有可能简化多重基因编辑，因为研究人员只需设计多个crRNA阵列即可实现这一目标（Zetsche et al.，2017）。AsCpf1已被证明通过识别富含T的PAM（5′-TTTV）在人类细胞中显示出基因编辑活性。除了靶向和切割DNA之外，一些Cas12变体（如Cas12 g）可以在单个crRNA的引导下切割RNA。Cas12家族核酸内切酶的发现推动了基因组编辑的技术创新（Kim et al.，2016）。

（三）成簇规律间隔短回文重复序列及CRISPR相关蛋白核酸酶13

通过一系列生物信息学技术，以及使用微生物宏基因组数据库分析，Abudayyeh及其同事鉴定出了一些CRISPR/Cas13变体，包括Cas13a（以前称为C2c2）、Cas13b、Cas13c和Cas13d（Abudayyeh et al.，2017）。与Cas9或Cas12系统类似，Cas13系统具有可编程核酸酶活性，有潜力开发为RNA编辑工具。2类Ⅵ型CRISPR系统的Cas13a效应子是RNA引导的RNA核酸内切酶，经过优化并显示出操纵RNA的活性（Abudayyeh et al.，2016）。最近，Cas13的特定直系同源物（包括Cas13b和Cas13d）被用于RNA敲低，并在RNA编辑中表现出高稳定性和高效性（Konermann et al.，2018）。除了RNA敲低和编辑之外，Cas13系统还针对核酸检测进行了改革。在结合并切割目标序列后，Cas13蛋白将切割其附近的任何单链RNA。基于Cas13家族核酸内切酶的附带裂解活性，Myhrvold等人建立了一个称为特异性高灵敏度酶报告解锁（specific high-sensitivity enzymatic reporter unlocking，SHERLOCK）的诊断平台（Myhrvold et al.，2018；Ackerman et al.，2020）。与传统的核酸检测方法定量聚合酶链反应（qPCR）相比，该诊断技术可以在10~15min内检测出RNA或DNA，灵敏度极高（Myhrvold et al.，2018）。目前，更多的Cas13直系同源物已被发现并测试了其应用，如转录组调控和活细胞中的RNA可视化等（Wang et al.，2019b）。

（四）成簇规律间隔短回文重复序列及CRISPR相关蛋白核酸酶系统的新疾病诊断工具

在许多情况下，有效的治疗干预依赖于及时、准确的疾病诊断。目前，基因编辑的相关应用在疾病诊断特别是癌症和病毒感染方面显示出独特的优势（Kaminski et al.，2021）。根据效应蛋白复合物的性质，目前报道的CRISPR/Cas系统可大致分为两类和一些亚型（Makarova et al.，2020）。在这些系统中，2类CRISPR系统，包括Ⅱ型、Ⅴ型和Ⅵ型，主要用于开发新型诊断工具。例如，一个科研小组尝试创建一种CRISPR/Cas9n介导的链置换扩增方法（缩写为CRISDA）。多项实验结果表明，CRISDA由于其单核苷酸特异性和多功能性而有可能成为强大的诊断工具（Zhou et al.，2018）。2017年，科学家提出了使用CRISPR/Cas13n介导的诊断技术的全新概念，该技术为测试RNA和DNA序列提供了另一种超灵敏性和特异性的选择。CRISPR/Cas系统的另一个有趣的应用是传染病的诊断。例如，Cas12和Cas13核酸酶已被重新编程以检测SARS-CoV-2的核酸（Lu et al.，2022）。

二、成簇规律间隔短回文重复序列及相关蛋白核酸酶基因编辑技术

Ⅱ型CRISPR系统是特征最明确的系统之一，由核酸酶Cas9、编码引导RNA的crRNA阵列和促进加工所需的辅助反式激活crRNA（tracrRNA）组成（Ran et al.，2013）。crRNA阵列为离散单元。每个crRNA单元包含一个20nt引导序列和一个部分同向重复序列，其中前者通过Watson-Crick碱基配对将Cas9引导至20bp DNA靶标（Garneau et al.，

2010）。在源自化脓性链球菌的 CRISPR/Cas 系统中，目标 DNA 必须紧接在 5′-NGG PAM 之前，而其他 Cas9 直系同源物可能具有不同的 PAM，例如，*S. thermophilus*（对于 CRISPR1 为 5′-NNAGAA，对于 CRISPR3 为 5′-NGGNG）和脑膜炎奈瑟菌（5′-NNNNGATT）（Ran et al., 2013）。

  CRISPR/Cas 的 RNA 引导核酸酶功能通过人密码子优化 Cas9 的异源表达和必需的 RNA 成分，可以在哺乳动物细胞中重建（Zhang et al., 2013）。此外，crRNA 和 tracrRNA 可以融合在一起，形成嵌合的单向导 RNA（sgRNA）（Jinek et al., 2012）。因此，通过改变 sgRNA 内的 20nt 引导序列，Cas9 可以重新定向到紧邻 PAM 序列的几乎任何目标靶标。

  鉴于其易于实施和反复使用的能力，Cas9 已被用于通过 NHEJ 和 HDR 生成携带特定突变的工程真核细胞。将 sgRNA 和编码 Cas9 的 mRNA 直接注射到胚胎中，能够快速产生具有多个修饰等位基因的转基因小鼠（Jinek et al., 2012）。这些结果为编辑那些在遗传上难以处理的生物体带来了巨大的希望。

  Cas9 核酸酶通过使用保守的 HNH 和 RuvC 核酸酶结构域进行链特异性切割，这些结构域可以突变并用于附加功能（Sapranauskas et al., 2011）。RuvC 催化结构域中的天冬氨酸到丙氨酸（D10A）突变，允许 Cas9 切口酶突变体（Cas9n）切口而不是切割 DNA 以产生单链断裂，并且随后通过 HDR 进行优先修复，降低脱靶效率，减少不需要的插入缺失突变的频率（Gasiunas et al., 2012）。适当偏移的 sgRNA 对可以引导 Cas9n 对目标位点的两条链同时进行切割，介导 DSB，从而有效提高目标识别的特异性。此外，具有 DNA 切割催化残基突变的 Cas9 突变体已被改造以实现大肠杆菌中的转录调节（Qi et al., 2013），这证明了功能化 Cas9 具有多种应用的潜力，例如，将荧光蛋白标记或染色质修饰酶招募到特定的、用于报告或调节基因功能的基因组位点（Ran et al., 2013）。

  sgRNA 的靶标选择 Cas9 核酸酶的特异性由 sgRNA 内的 20 nt 指导序列决定。对于化脓性链球菌系统，靶序列（如 5′-GTCACCTCCAATGACTAGGG-3′）必须紧接在 5′-NGG PAM 之前（即 5′端），并且 20nt 引导序列碱基对与相反链在 PAM 上游约 3bp 处介导 Cas9 切割（图 9-5A）。请注意，PAM 序列需要紧跟在目标 DNA 基因座之后，但它不是 sgRNA 内 20nt 引导序列的一部分。

  因此，在选择用于基因打靶的 20nt 指导序列时有两个主要考虑因素：①化脓性链球菌 Cas9 的 5′-NGG PAM；②最小化的脱靶效应。目前已有在线的 CRISPR 设计工具（http://tools.genome-engineering.org），该工具可以帮助获取感兴趣的基因组序列并识别合适的靶位点。为了通过实验评估每个 sgRNA 的脱靶基因组修饰，目前也有利用计算预测的脱靶位点。对于每个预期目标，根据碱基配对错配身份、位置和分布影响的定量特异性分析进行排名。为了提高靶向特异性，可以使用 Cas9（Cas9n）的 D10A 切口酶突变体以及一对 sgRNA 的替代策略。

  CRISPR 设计工具具有以下功能：①准备 sgRNA 构建体；②测定靶标修饰效率；③评估潜在脱靶位点切割所需的所有寡核苷酸和引物序列。值得注意的是，用于表达

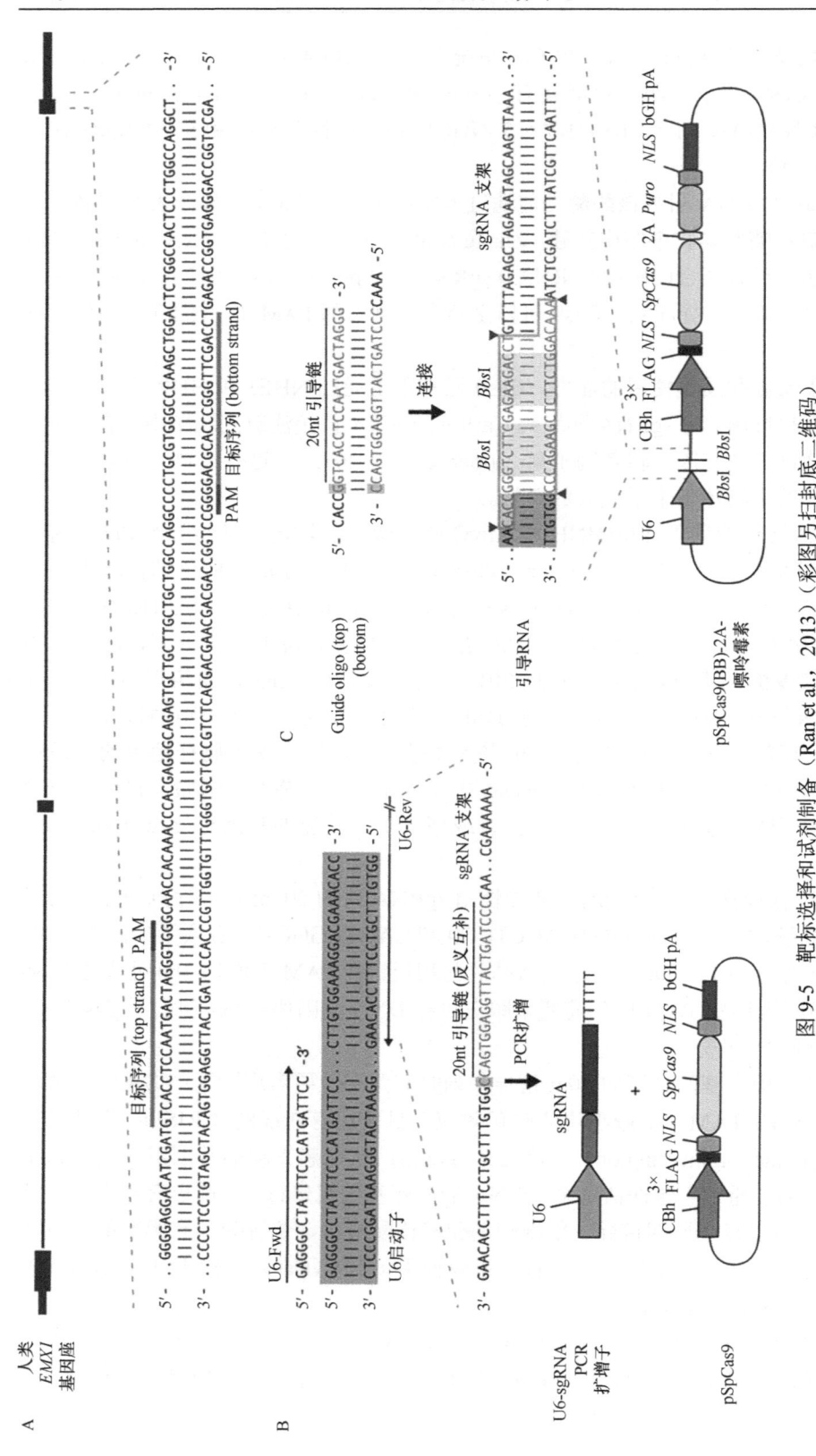

图9-5 靶标选择和试剂制备（Ran et al., 2013）（彩图另见封底二维码）

A. 对于化脓性链球菌 Cas9，20 bp 靶标 DNA（以蓝色突出显示）的 3′端必须跟随 5′-NGG，5′-NGG 可以出现在基因组 DNA 的顶部链或底部链中，如人类 *EMX1* 基因。使用 CRISPR 设计工具（http://tools.genome-engineering.org）来促进目标选择。B.Cas9 质粒（pSpCas9）和 PCR 扩增的 sgRNA 表达盒共转染示意图。通过使用包含 U6 启动子的 PCR 模板和固定正向引物（U6-Fwd），可以将 sgRNA 编码 DNA 添加到 20 bp 靶标序列的反向互补序列上并合成为延伸目标序列的 DNA 寡核苷酸（蓝色）的示例靶标设计的，是 5′-NGG PAM 之前的 20 bp 靶标序列中的引物中的引物序列是针对顶部链（蓝色）的 U6 反向引物（U6-Rev）的示例靶标设计的第一个碱基。C. 将指导序列突变克隆无缝克隆到含有 Cas9 和 sgRNA 支架（灰色矩形）的质粒中。在反向引物的 3′端附加一个额外的胞嘧啶"C"，以允许鸟嘌呤作为 U6 转录物的第一个碱基。C. 将指导序列突变克隆无缝克隆到含有 Cas9 和 sgRNA 支架 [pSpCas9 (BB)] 的质粒中。顶部寡核苷酸是 20-基因组 DNA 中 5′-NGG 之前的序列。用 *BbsI* 消化 pSpCas9 (BB) 可以用于连接到 pSpCas9 (BB) 中的一对 *BbsI* 位点的突出端，顶部链和底部链的方向相匹配（蓝色轮廓）。同样，U6 转录引导序列 5′端添加了 GC 碱基对（灰色矩形），这不会对靶向效率产生不利影响火寡核苷酸来替换 II 型限制性位点（蓝色轮廓）。

sgRNA 的 U6 RNA 聚合酶Ⅲ启动子更倾向于使用鸟嘌呤（G）核苷酸作为其转录物的第一个碱基，因此在 sgRNA 的 5′端附加了一个额外的 G，其中 20nt 引导序列不以 G 开头（图 9-5B、C）。在极少数情况下，某些 sgRNA 可能因未知原因而不起作用，因此，我们建议为每个位点设计至少两个 sgRNA，并测试它们在目标细胞中的效率。

根据需求，sgRNA 可以作为包含表达盒的 PCR 扩增子（图 9-5B）或 sgRNA 表达质粒（图 9-5C）。基于 PCR 的 sgRNA 递送将定制 sgRNA 序列附加到用于扩增 U6 启动子模板的反向 PCR 引物上（图 9-5B）。所得扩增子可以与 Cas9 表达质粒 pSpCas9 共转染。该方法最适合快速筛选多个候选 sgRNA，因为在获得 sgRNA 编码引物后不久即可进行细胞转染，继而进行功能测试。由于这种简单的方法不需要基于质粒的克隆和序列验证，因此非常适合测试或共转染大量 sgRNA，以生成大型敲除文库或其他规模敏感的应用。请注意，与基于质粒的 sgRNA 递送所需的约 20bp 长的寡核苷酸相比，sgRNA 编码引物的长度超过 100bp。

sgRNA 表达质粒的构建简单快速，只需使用一对部分互补的寡核苷酸进行单一克隆步骤即可。编码 20nt 引导序列的寡核苷酸对退火并连接到质粒[pSpCas9（BB），图 9-5C]带有 Cas9 和 sgRNA 的其余部分，作为紧随寡克隆位点的不变支架；还可以修饰转染质粒以实现体内递送的病毒生产。一般情况下使用以下质粒：单独的 Cas9（pSpCas9）；具有不变 sgRNA 支架；用于插入引导序列的克隆位点的 Cas9[pSpCas9（BB）]。对于骨架克隆构建体，还可以将 2A-GFP 或 2A-Puro 与 Cas9 融合，以筛选或选择转染细胞[分别为 pSpCas9（BB）-2A-GFP 或 pSpCas9（BB）-2A-Puro]。最后，一种 Cas9 的 D10A 切口酶突变体 pSpCas9n（BB），可以用于 HDR 和双切口应用，同样可以与 2A-GFP 和 2A-Puro 融合构建体[pSpCas9n（BB）-2A-GFP、pSpCas9n（BB）-2A-Puro]，便于后期的筛选和标记。

三、成簇规律间隔短回文重复序列及相关蛋白核酸酶在医学和生物技术中的研究与应用

过去十年见证了 CRISPR 诱导的基因敲除取得了惊人的成功，它改变了基础研究和转化研究，并在农业和治疗开发方面展示了巨大的潜力（图 9-6）。Cas9 可用于促进各种靶向基因组工程应用。野生型 Cas9 核酸酶已经在许多物种中实现了高效、有针对性的基因组修饰，而使用传统的基因操作技术很难处理这些基因组修饰。通过简单地设计短 RNA 序列即可轻松重新定位 Cas9，这也使得可以大规模进行基因编辑实验，进而探索基因功能的改建或阐明遗传变异的后果。除了促进共价基因组修饰外，野生型 Cas9 核酸酶还可以通过灭活催化结构域转化为通用 RNA 引导的归巢装置（dCas9），进而调控基因的转录（Knott and Doudna，2018；Wang and Doudna，2023）。

（一）利用相关核酸酶基因编辑技术建立细胞、小鼠等模型

Cas9 介导的基因组编辑加速了转基因模型的生成，并将生物学研究扩展到传统的、遗传上易处理的动物模型生物体上（Sander and Joung，2014）。通过分析在患者群体中

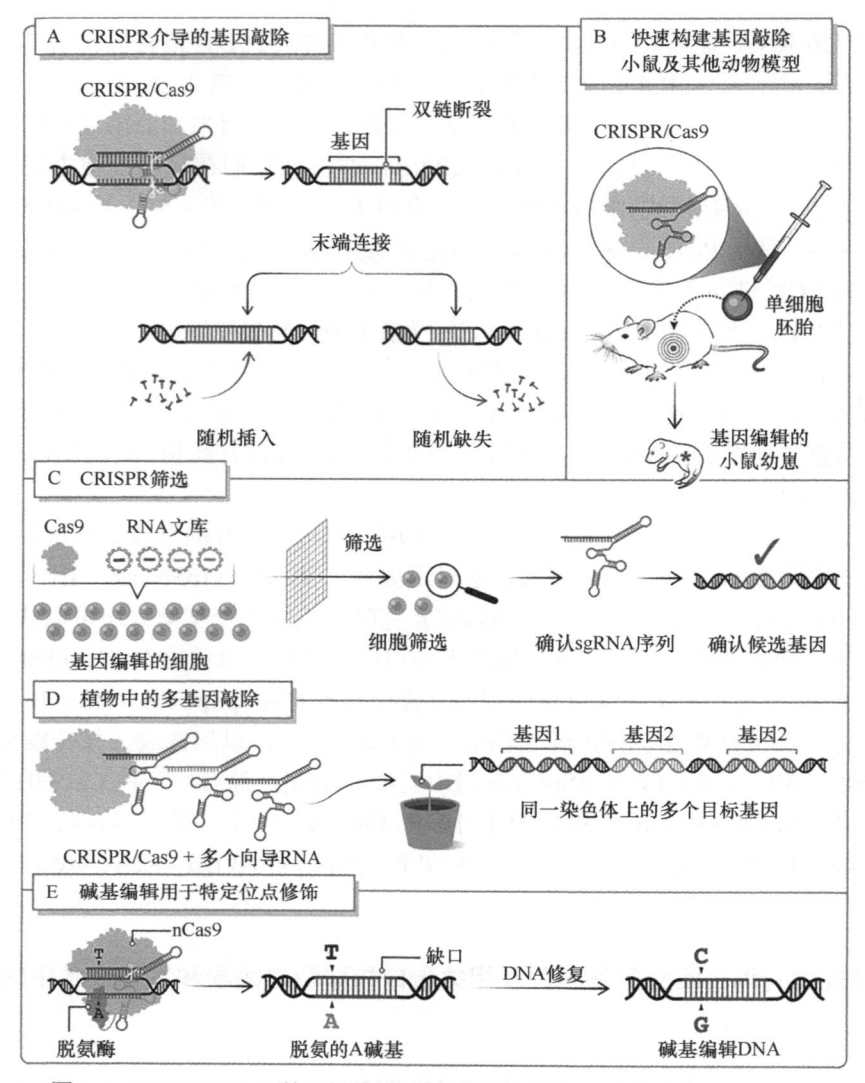

图 9-6　CRISPR/Cas9 基因组编辑工具的应用（Wang and Doudna，2023）

A. 真核细胞中 CRISPR 诱导的基因敲除源自 DNA DSB，该 DNA DSB 由 Cas9 RNP 切割而成，然后通常通过内源末端连接修复途径进行修复。B. 随着 CRISPR/Cas9 编辑技术的发展，创建 KO 小鼠和其他动物模型的速度大大提高，该技术可以编辑单细胞胚胎以产生基因修饰小鼠。C. CRISPR 筛选用于功能遗传筛选。CRISPR/Cas9 编辑器将遗传扰动引入模型，对该模型进行选择分析，然后进行相关生物学分析基因敲除后细胞表型和功能的影响。D. CRISPR/Cas9 是一个用于植物多重编辑的平台。多个 gRNA 可以与 Cas9 结合使用，同时编辑基因组中的多个靶点。E. CRISPR 碱基编辑器通常由与脱氨酶融合的 nCas9 或 dCas9 组成，无需 DSB 即可实现位点特异性修饰

发现的基因突变，基于 CRISPR 的编辑可用于快速模拟特定基因变异的结果，而不是仅依赖于对特定疾病进行表型复制的疾病模型。这可用于开发新型转基因动物模型、分别引入或校正特定突变、校正体内和离体基因、设计同基因 ES 和 iPS 细胞疾病模型等（Niu et al.，2014）。

为了生成细胞模型，可以通过瞬时转染携带 Cas9 和适当设计的 sgRNA 的质粒，将 Cas9 轻松引入靶细胞中。此外，Cas9 的多重功能为研究常见的多基因人类疾病（如糖尿

病、心脏病、精神分裂症和自闭症）提供了一种有前景的方法。例如，大规模全基因组关联研究已经确定了与疾病风险密切相关的单倍型。然而，通常很难确定与单倍型紧密连锁不平衡的几个遗传变异中的哪一个，或者该区域几个基因中的哪一个负责表型。使用 Cas9 则可以研究每个单独变体的效果，或者通过编辑干细胞并将其分化为感兴趣的细胞类型，进而测试在同基因背景下操纵每个单独基因的效果。

对于转基因动物模型的生成，可以将 Cas9 蛋白和转录的 sgRNA 直接注射到受精卵中，以在啮齿动物和猴子等模型中实现一个或多个等位基因的可遗传基因修饰（Yang et al.，2013）。一旦绕过生成转基因系时典型的 ES 细胞靶向阶段，突变小鼠和大鼠的生成时间就可以从一年多缩短到几周。这些进步将促进啮齿动物模型中具有成本效益的大规模体内诱变研究，并且避免混淆脱靶诱变，从而与高度特异性的编辑相结合（Fu et al.，2014）。最近还报道了在食蟹猴模型中成功进行多重靶向，表明使用灵长类动物模型建立更准确的复杂人类疾病（如神经精神疾病）模型十分具有潜力（Niu et al.，2014）。此外，Cas9 可用于直接修饰体细胞组织，从而无需胚胎操作，并可用于基因治疗。

通过合子注射 CRISPR 试剂产生的转基因动物模型面临的一个突出挑战是遗传镶嵌现象，部分原因是核酸酶诱导的诱变速度缓慢。迄今为止的研究通常依赖于将 Cas9 mRNA 注射到受精卵（单细胞阶段的受精胚胎）中。然而，由于小鼠受精卵中的转录和翻译活性受到抑制，Cas9 mRNA 翻译成活性酶形式可能会延迟到第一次细胞分裂之后（Oh et al.，2000）。由于 NHEJ 介导的修复被认为会引入随机长度的插入缺失，因此这种翻译延迟可能在 CRISPR 修饰小鼠的遗传嵌合中发挥着重要作用。为了克服这一问题，可以将 Cas9 蛋白和 sgRNA 直接注射到单细胞受精胚胎中。NHEJ 过程的高非诱变修复率可能还会导致不良的嵌合现象，因为引入突变 Cas9 识别位点的插入缺失将不得不与合子分裂率竞争。为了增加 NHEJ 的诱变活性，可以使用靶基因小片段侧翼的一对 sgRNA 来增加对基因破坏的可能性。

（二）用于功能基因组筛选

Cas9 基因组编辑的效率使得并行改变许多靶标成为可能，从而能够进行无偏见的全基因组功能筛选，以识别在感兴趣的表型中发挥重要作用的基因。针对所有基因（与 Cas9 一起或已表达 Cas9 的细胞）的 sgRNA 慢病毒递送可用于并行干扰数千个基因组元件。最近的研究证明，将功能丧失突变引入每个细胞中，靶向不同基因的早期组成型编码外显子，可以进行强大的阴性和阳性筛选（Wang et al.，2014）。以前进行全基因组功能丧失筛选使用过 RNAi，但这种方法只能导致部分敲低，具有广泛的脱靶效应，并且仅限于基因（通常是蛋白质编码）的转录水平。相比之下，Cas9 介导的混合 sgRNA 筛选已被证明可以提高筛选灵敏度和一致性，并且可以针对几乎任何 DNA 序列进行设计（Shalem et al.，2014）。

CRISPR 技术的进步还扩大了 CRISPR 筛选的类型，研究人员可以将其用于不同的应用。除了 CRISPR KO 筛选之外，CRISPR 干扰（CRISPRi）和 CRISPR 激活（CRISPRa）筛选也已成为使用可逆基因表达控制的流行方法。利用 Cas9 介导的 HDR 进行饱和基因组编辑可以生成所有可能的单核苷酸多态性（SNP），用于功能筛选（Findlay et al.，2014；

Meitlis et al.，2020）。最近，作为 Cas9 介导的 HDR 的替代方案，研究人员开始应用 CRISPR 碱基和引物编辑进行遗传筛选（Hanna et al.，2021）。

使用 CRISPR 技术成功编辑不同的细胞和生物体，为选择遗传筛选模型系统提供了灵活性，从而能够更好地回答相关的生物学问题。除了原代细胞之外，CRISPR 筛选还在更复杂的模型系统中进行了开发，包括类器官、动物和植物等（Chen et al.，2015；Gaillochet et al.，2021）。CRISPR 筛选是目前用于探测癌症基因功能的常用方法，并且可以识别多种癌症驱动因素和调节因素（Wu et al.，2018；Zhou et al.，2021）。

将 CRISPR 组件引入模型后，可以使用多种技术进行选择、分析和输出。常见的选择策略包括基于活力或增殖的筛选、荧光激活细胞分选或基于微流体辅助细胞筛选的筛选，此外还有使用细胞表面蛋白作为标记（即 PD1、PDL1、MHC）的筛选，以及测定表型的体内筛选（如肿瘤生长或对免疫治疗的敏感性/耐药性）（Manguso et al.，2017）。CRISPR 筛选扩展出了一个令人兴奋的发展领域，即提供同步蛋白质组、表观遗传和（或）转录组分析的新方法，如 Procode、Perturb-ATAC、Perturb-seq 和 ECCITE-seq，可以提供丰富的信息（Rubin et al.，2019；Papalexi et al.，2021）。随着新技术的进步，这些分析和读数的灵敏度也相应提高，CRISPR 筛选的成功将继续加速。我们才刚刚开始研究将 CRISPR 筛选和单细胞多组学模式相结合，这对快速发展的大数据收集和基础分析结合具有重大的影响。进一步的研究发现，增强直系同源 Cas9 酶或其他 RNA 引导的核酸酶（如 Cas12a）也可以大大增加组合或多重 CRISPR 筛选的潜力，从而揭示新颖且复杂的遗传相互作用（Datlinger et al.，2017）。

（三）用于治疗遗传性疾病

尽管 Cas9 已经被广泛用作研究工具，但一个特别令人兴奋的未来方向是将 Cas9 开发为治疗遗传性疾病的治疗技术。对由于功能丧失突变导致的单基因隐性遗传性疾病（如囊性纤维化、镰状细胞贫血或进行性假肥大性肌营养不良），Cas9 可用于纠正致病突变，相较于传统的基因增强方法更有优势，因为传统的基因增强方法是通过病毒载体介导的过度表达来传递功能性基因拷贝，特别是新的功能性基因的表达。对于受影响基因为单倍体的显性失活疾病（如转甲状腺素蛋白相关的遗传性淀粉样变性或色素性视网膜炎的显性形式），也有可能使用 NHEJ 灭活突变的等位基因以实现治疗效果。对于等位基因特异性靶向，可以设计能够区分靶基因中的单核苷酸多态性（SNP）变异的引导 RNA。

一些单基因疾病也是由基因组序列重复引起的。对于这些疾病，可以利用 Cas9 的多重功能来删除重复元件。例如，可以同时使用两个 DSB 切除的重复区域来治疗三核苷酸重复紊乱。对于弗里德赖希共济失调等疾病，这种策略的成功率可能会更高，其中重复发生在靶基因的非编码区域，因为 NHEJ 介导的修复可能会导致修复连接不完善或移码。

除了修复遗传性疾病的突变外，Cas9 介导的基因组编辑还可用于在体组织中引入保护性突变，以对抗非遗传性疾病或复杂疾病。例如，NHEJ 介导的淋巴细胞 CCR5 受体失活可能是规避 HIV 感染的可行策略，而删除 PCSK9 或血管生成素可以提供针对他汀类药物耐药性高胆固醇血症或高脂血症的治疗效果（Musunuru et al.，2010）。尽管这些靶标也可以通过 siRNA 介导的蛋白质敲除来解决，但 NHEJ 介导的基因失活的独特优势是能够实现永久性治疗效果，而无需继续治疗。

Cas9 的用途已超出体细胞组织的直接基因组修饰，如可用于改造治疗细胞。嵌合抗原受体（CAR）T 细胞可以在体外进行修饰并回输到患者体内，以专门针对某些癌症的治疗（Couzin-Frankel，2013）。Cas9 易于设计和测试，也可能有助于通过个性化医疗，治疗高度罕见的遗传变异。大量动物模型研究以及使用可编程核酸酶的临床试验可以支持这些可能性实现，这些研究已经为基于 Cas9 的疗法的未来发展提供了重要线索。最近，通过流体动力学将编码 Cas9 和 sgRNA 的质粒 DNA 与修复模板一起递送至成年小鼠酪氨酸血症模型的肝脏中，能够纠正突变的 *Fah* 基因并挽救野生型 Fah 蛋白的表达（Yin et al.，2014）。

虽然 CRISPR/Cas9 已经广泛应用，但是仍然存在许多挑战。最重要的是，成功的临床转化取决于针对特定疾病组织的适当且有效的递送系统。为了实现高水平的治疗效果并同时解决广泛的遗传性疾病，同源重组效率需要显著提高。尽管永久性基因组修饰比单克隆抗体或 siRNA 治疗具有优势，后者需要重复施用治疗分子，但其长期影响仍不清楚。随着研究人员进一步开发和测试 Cas9 的临床转化，使用各种临床前模型彻底表征 Cas9 的安全性和生理效应将至关重要。

（四）其他应用

1. 成簇规律间隔短回文重复序列及 CRISPR 相关蛋白核酸酶技术对基因转录的调节

dCas9 单独与 DNA 元件结合可能会通过空间阻碍 RNA 聚合酶的机制来抑制转录，这种基于 CRISPR 的干扰（或 CRISPRi）在原核基因组中可有效发挥作用，但在真核细胞中效果较差（Gilbert et al.，2013）。CRISPRi 的抑制功能可以通过将 dCas9 束缚到转录抑制域（如 KRAB 或 SID 效应子）来增强，从而促进表观遗传沉默。然而，dCas9 介导的转录抑制需要进一步改进——在当前一代基于 dCas9 的真核转录抑制因子中，即使添加辅助功能域也只能导致部分转录抑制（Gilbert et al.，2013；Qi et al.，2013）。Cas9 还可以通过与 VP16/VP64 或 p65 激活结构域融合而转化为合成转录激活因子。一般来说，用单个 sgRNA 将 Cas9 激活剂靶向特定的内源基因启动子只会导致适度的转录上调（Maeder et al.，2013）。多个研究小组报道，将启动子与多个 sgRNA 平铺，具有非线性激活增加的强大协同效应（Mali et al.，2013a）。尽管利用多个 sgRNA 来实现有效的转录激活可能有利于增加特异性，但使用 sgRNA 文库的筛选应用需要使用单个 sgRNA 进行高效且特异性的转录控制。

2. 成簇规律间隔短回文重复序列及 CRISPR 相关蛋白核酸酶技术对基因的表观遗传控制

复杂的基因组功能是由表观遗传状态的高度动态协调控制的。因此，调节组蛋白的表观遗传修饰对于转录调控至关重要，并在多种生物学功能中发挥重要作用。例如，DNA 甲基化或组蛋白乙酰化是通过多种酶在哺乳动物细胞中建立和维持的，这些酶通过支架蛋白直接或间接招募到特定基因组位点。此前，锌指蛋白和 TAL 效应子已用于少量概念验证研究，以实现表观遗传修饰酶的位点特异性靶向（Beerli et al., 2000）。Cas9 表观遗传效应器（epiCas9）可以在特定位点人工安装或删除特定表观遗传标记，可以作为一个更灵活的平台来探索表观遗传修饰在塑造基因组调控网络中的因果效应（Mendenhall et al., 2013）。当然，需要仔细考虑脱靶活性与内源表观遗传复合物之间串扰的可能性。为此，利用原核表观遗传酶来开发正交表观遗传调控系统，以最大限度地减少与内源蛋白质的串扰，可能是一种解决方案。

第五节 碱基编辑

作为基因组编辑领域的最新进展之一，碱基编辑是指通过将单核苷酸变异（single nucleotide variant，SNV）引入细胞的 DNA 或 RNA 中，从而改变宿主原本碱基信息的技术（Nishida et al., 2016）。碱基编辑技术将 CRISPR/Cas9 系统强大的 DNA 扫描和序列识别功能与脱氨酶相结合，通过化学方法改变目标 DNA 序列，从而引入单核苷酸多态性（SNP），这一过程不会诱发 DNA 双链断裂（DSB）。这种化学修饰被称为脱氨基作用，其包括了从核苷酸中去除氨基，以及在 DNA 修复或复制后引入新碱基的过程（Rees and Liu, 2018）。研究表明，大约一半的已知致病性遗传变异是由 SNV 引起的，而碱基编辑可引起临时性的 RNA 或永久性的 DNA 碱基改变，其在治疗多种遗传疾病方面具有巨大潜力。而近期在 DNA 及 RNA 碱基编辑器的特异性、效率、精确性和执行方面的最新研究进展，揭示了这些技术在相关疾病治疗领域广阔的应用前景。其中，对基因单点突变的纠正将成为未来精准医学研究的主要焦点（Porto et al., 2020）。碱基编辑的独特之处在于它不会引起核酸主链的断裂，而是在基因组和转录组编辑过程中直接对目标核酸碱基进行化学修饰。现阶段，DNA 和 RNA 碱基编辑器均已被研发，它们被基因组和转录组编辑人员迅速采用，并在应用过程中清楚地证明了它们作为促进基础科学研究和应对人类相关遗传疾病的价值（Lo et al., 2022）。

一、DNA 碱基编辑技术

DNA 编辑一般由 DNA 碱基编辑器执行完成，编辑器一般是通过耦合两个具有非常特定功能的独立蛋白质生成的，如图 9-7 所示。典型碱基编辑器包括以下组件。① Cas9 切口酶（nCas9）：是 Cas9 家族蛋白的一个成员，通过突变负责 Cas9 DNA 切割活性的两个主要氨基酸残基中的一个来进行修饰，因此，nCas9 仍然能够与 gRNA 配对并找到与 gRNA 间隔区互补的 DNA 序列，但其只能在 DNA 的一条链上产生切口。② 核苷脱氨酶：是一种能够从特定类型的核苷中去除氨基的酶。③ 与切口酶融合的脱氨酶，包括胞嘧啶脱氨酶（如 APOBEC）和腺苷脱氨酶（如工程化 TadA），它们决定了碱基编辑器是 CBE 还是 ABE。CBE 包含胞嘧啶脱氨酶，而 ABE 通常包含腺嘌呤脱氨酶（尽管有几个研究小组最近从传统的 TadA 腺苷脱氨酶结构域改造了 CBE）。Cas9-脱氨酶融合蛋白复合物通过引导 RNA（gRNA）靶向结合特定的 DNA 基因座，一旦碱基编辑器与其目标序列结合,脱氨酶就可以修改目标位点R环并暴露非目标链(NTS)内的碱基。其中,可以修改碱基的目标基因座区域被称为碱基编辑窗口(图 9-8)。根据特定的预设修饰目的,碱基编辑器复合物中可以包含其他元件以提高效率或改变碱基替换的结果。

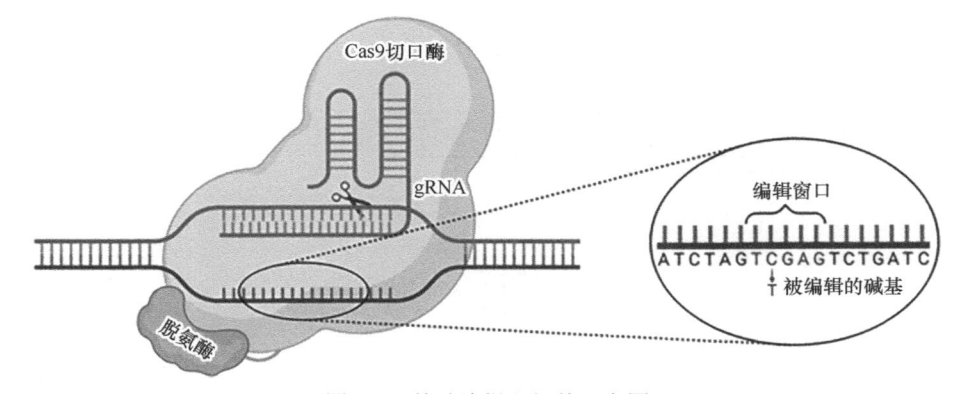

图 9-7　基础编辑器组件示意图

DNA碱基编辑器可以进一步分类为胞嘧啶碱基编辑器(CBE)或腺嘌呤碱基编辑器(ABE)。两者都是可以在活细胞中高效、永久地引入DNA点突变的强大载体工具。

(一)C·G 至 T·A 碱基编辑器(CBE)

历史上第一个DNA碱基编辑器是作为一种不借助DSB进行基因组编辑的方法而开发的。使用天然存在的胞苷脱氨酶将胞嘧啶转化为尿嘧啶,尿嘧啶具有胸腺嘧啶的碱基配对特性。在细胞使用尿嘧啶作为修复模板后,将催化基因组中整体 C·G 碱基对到 T·A 碱基对的转换(Komor et al., 2016)。最初的原型(称为BE1,或第一代碱基编辑器)使用了催化死亡版本的化脓性链球菌 Cas9(dCas9)酶,该酶与来自褐家鼠(rAPOBEC1)的单链 DNA(ssDNA)特异性胞苷脱氨酶 APOBEC1 相连(图 9-8A)。dCas9 通过 gRNA 和基因组 DNA 之间的规范 RNA-DNA 碱基配对与目标 DNA 基因座(原型间隔子;图 9-8B)相结合。gRNA 和原型间隔子之间的序列互补性以及 NGG(其中 N = 腺嘌呤/胞嘧啶/鸟嘌呤/胸腺嘧啶,按照标准 IUPAC 核苷酸代码)原型间隔子相邻基序(PAM)序列的相关性是 dCas9 与目标基因座结合所必需的。一旦 dCas9 找到其目标序列,会引起局部双链 DNA 变性,生成 R 环,暴露位于非互补链上的一小段 ssDNA(如果 PAM 位置为 21~23,则其位置为 4~8;图 9-8B),用于 APOBEC1 酶的脱氨基结合及作用。

BE1 可以在体外以可编程方式有效地将胞嘧啶转化为尿嘧啶,但其在活细胞中引入 C·G 至 T·A 点突变的效率明显较低(观察到效率降低为原来的 1/36 至 1/5)(Nishimasu et al., 2014; Komor et al., 2016),推测碱基编辑效率大幅下降的部分原因是碱基切除修复酶尿嘧啶 DNA 糖基化酶(UDG)在细胞内对 U·G 中间体进行了高水平的尿嘧啶切除。UDG 能够催化去除 DNA 中的尿嘧啶,并启动碱基切除修复途径,最终恢复到原始

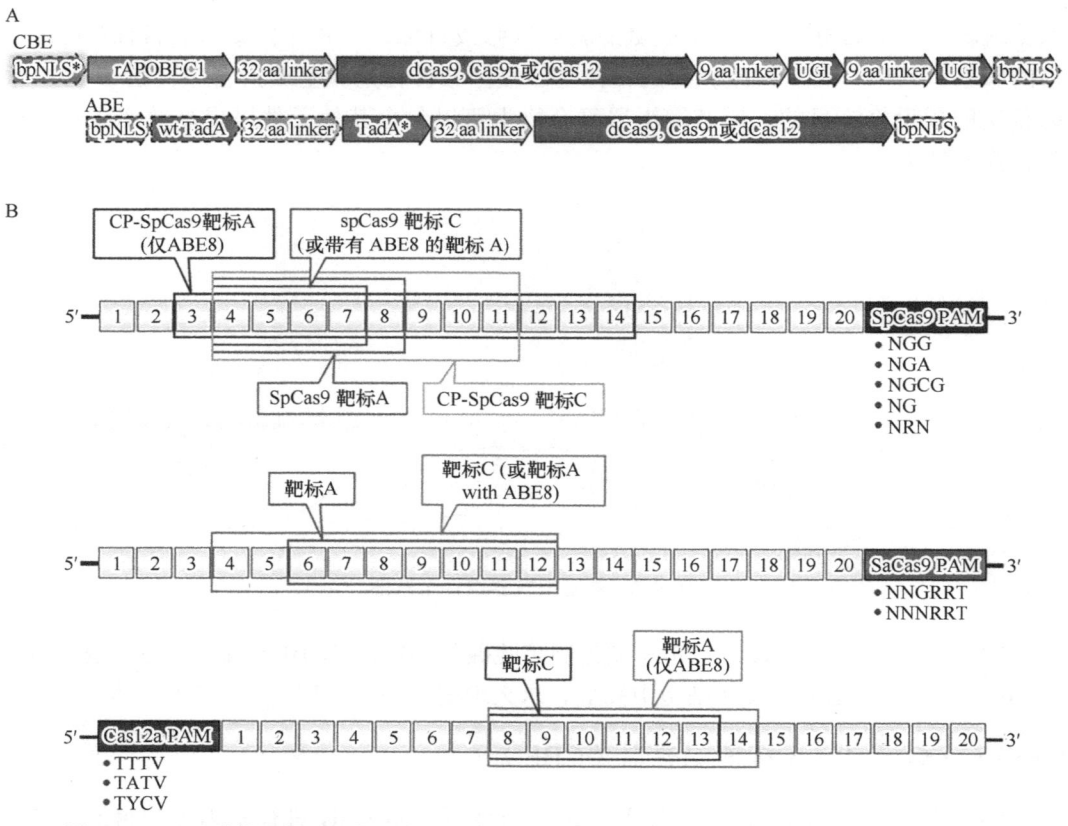

图 9-8 DNA 碱基编辑器和间隔区设计原型（Porto et al.，2020）（彩图另扫封底二维码）
A. 基础胞嘧啶碱基编辑器（CBE）和腺嘌呤碱基编辑器（ABE）的架构图谱。在 CBE 架构（上）中，实线组件构成了第四代 CBE BE4 的基础，其还可以进一步添加虚线组件[二分核定位信号（bpNLS）；绿色]，以产生 BE4max。氨基末端 bpNLS*组件带有 FLAG 标记（黄色高亮）。在 ABE 架构中（下），所有实线和虚线组件构成了 ABE7.10 的基础；虚线组件[wtTadA（橙色）和两个 32 个氨基酸连接体（灰色）]可供选择，去除这些组件会产生单一 ABE 编辑器，且不会降低靶向效率。对于 CBE 和 ABE 架构，只有 Cas9（Cas9n；蓝色）才能使用适当的切口酶 Cas 变体。B. 碱基编辑器的活动窗口，其基本架构来自 A 部分，包含特定的 Cas 蛋白[化脓性链球菌 Cas9（SpCas9；蓝色）、金黄色葡萄球菌 Cas9（SaCas9；绿色）和 Cas12a（紫色）]。这里列出了与每种 Cas 酶相关的原型间隔子相邻基序（PAM）。碱基编辑器活动窗口显示在 20 核苷酸原型间隔序列（相应的彩色框轮廓）上。CP，循环排列；dCas，催化死亡 Cas 酶；rAPOBEC1，来自褐家鼠的 APOBEC1；TadA*，突变的 TadA（包含所示的 ABE7.10 或 ABE8 突变）；靶标 A，ABE 所需的基础基底；靶标 C，CBE 所需的基础基底；UGI，尿嘧啶糖基化酶抑制剂；wt，野生型

C·G 碱基对（Kunz et al.，2009；Fukui，2010）。为了保护尿嘧啶中间体并提高碱基编辑效率，噬菌体多肽尿嘧啶糖基化酶抑制剂（UGI）被添加到 BE1 架构中，产生了第二代碱基编辑器 BE2。与 BE1 相比，UGI 的添加使编辑效率提高了约 3 倍（Komor et al.，2016）。在碱基编辑器架构的最终改进版中，BE2 的 dCas9 部分被 Cas9（Cas9n）的切口酶版本取代，产生了第三代碱基编辑器 BE3。在这个全新的构建体中，Cas9n 会在未经编辑的、含 G DNA 链的 DNA 主链上留下缺口，将其标记并通过真核错配修复途径去除，进而迫使细胞在下游修复过程中使用尿嘧啶作为模板。与 BE2 相比，这种切口策略将效率额外提高了 2～6 倍（Komor et al.，2016）。随着碱基编辑器工具的不断发展，人们将能够促进 C·G 到 T·A 碱基对转换的 DNA 碱基编辑器统称为 CBE。值得注意的是，

该策略对 R 环单链部分具有依赖性；单链 DNA 特异性胞苷脱氨酶与其他类别的基因组编辑元件（如锌指核酸酶）的融合并没有表现出这样的精度或效率。然而，近期研究发现了一种双链 DNA 特异性胞苷脱氨酶，并使用 TALE 将其重新用于 C·G 至 T·A 碱基编辑器（Mok et al., 2020）。在该系统中，脱氨酶被分成两半，每一半融合到不同的 TALE 构建体上。两个 TALE 与 DNA 中的相邻位点结合，将两个脱氨酶的一半结合在一起，酶在其中参与碱基编辑化学反应。值得注意的是，这种新的碱基编辑器 DdCBE 首次实现了高效的线粒体基因组编辑，因为它依赖 TALE 而不是 Cas 酶，从本质上克服了之前将核酸递送到线粒体所面临的挑战（Mok et al., 2020）。

（二）A·T 至 G·C 碱基编辑器（ABE）

受到 CBE 的启发，人们很快认识到腺苷脱氨化学反应会产生肌苷，而肌苷被细胞复制和转录机制读取为鸟嘌呤。因此，这种理论上的 ABE 能够将 C·G 纠正为 T·A 突变，这些突变恰好代表了 ClinVar 数据库中最常见的致病性基因突变（Landrum et al., 2016）。天然存在的腺苷和腺嘌呤脱氨酶，其底物仅限于各种形式的 RNA。为了产生 ABE，需要产生作用于 ssDNA 的腺苷脱氨酶。现阶段，虽然各种天然存在的腺苷脱氨酶[如大肠杆菌 TadA（或 ecTadA）、人 ADAR2、小鼠 ADA 和人 ADAT2]具有 ABE 活性，但没有一个能够产生高于背景水平的 A·T 至 G·C 碱基编辑能力（Landrum et al., 2016）。因此，采用定向进化从 ecTadA 进化出所需酶、所需底物（ssDNA）和野生型底物之间的相似性（ecTadA 与其 tRNA 底物之间的所有接触都位于 tRNA 的单链环区域），以及与 CBE 中使用的 APOBEC 酶的共享同源性，是选择 ecTadA 作为定向进化起点的主要原因（Shi et al., 2017）。

针对上述问题，近期一项研究总共进行了 7 轮定向进化，鉴定了 TadA 中的 14 个突变，以创建最终的 ABE7.10 构建体，由异二聚体 wtTadA-TadA*组成（*表示突变的存在）复合物进行化学反应。ABE7.10 被证明可以在活细胞中引入 A·T 到 G·C 的点突变，17 个基因组位点的平均编辑效率为 58%，编辑窗口位于原型间隔区 32 内的位置 4~7。与 CBE 不同，由于肌苷中间体的罕见性质（细胞内肌苷切除的效率远低于尿嘧啶），不需要 DNA 修复操作元件（如 UGI）。此外，随后的各种研究表明，ABE 的 wtTadA 成分是不必要的，其删除不会降低编辑效率，这表明该酶对 RNA 和 DNA 进行化学反应的机制存在根本差异（Grunewald et al., 2019；Rallapalli et al., 2020）。理论上，ABE 和 CBE 一起能够纠正 ClinVar 数据库中报道的 63%致病性 SNV。

二、RNA 碱基编辑技术

RNA 碱基编辑器根据其引入的修饰不同可进一步进行分类。与 DNA 碱基编辑器不同，这些修饰在转录本的生命周期内不会被细胞进一步处理（图 9-9）。

（一）A-to-I RNA 碱基编辑器

DNA 碱基编辑为研究人员提供了对基因组进行不可逆、永久改变的方法，而 RNA

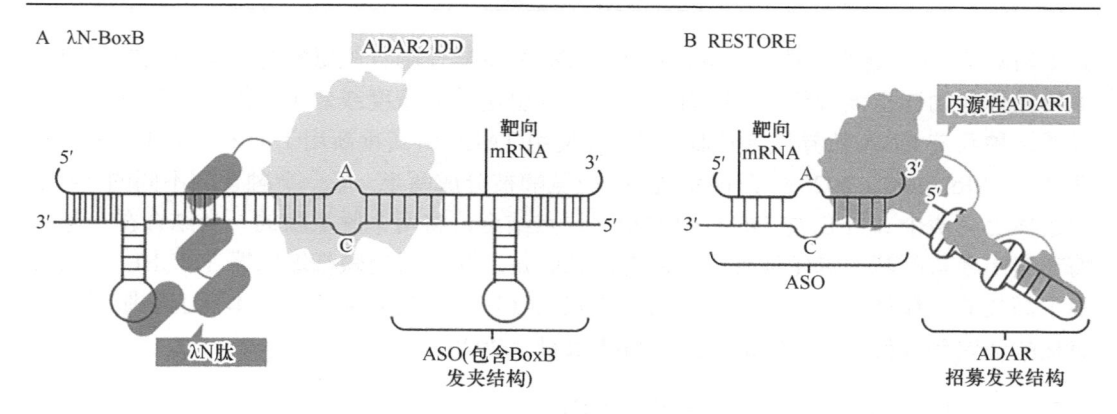

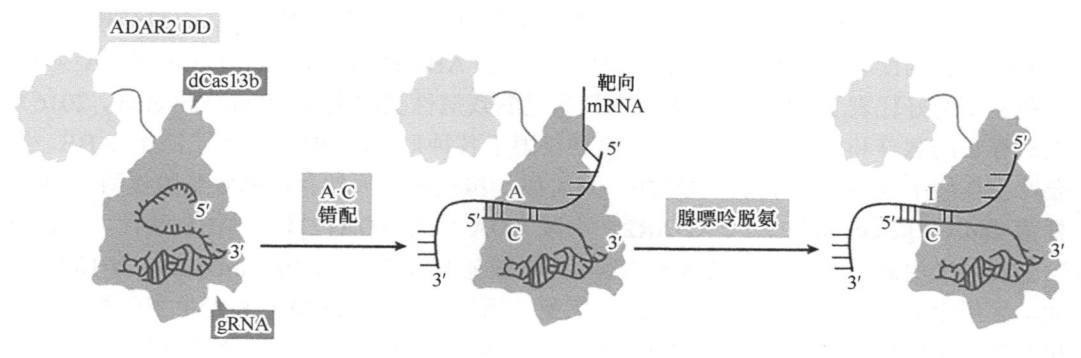

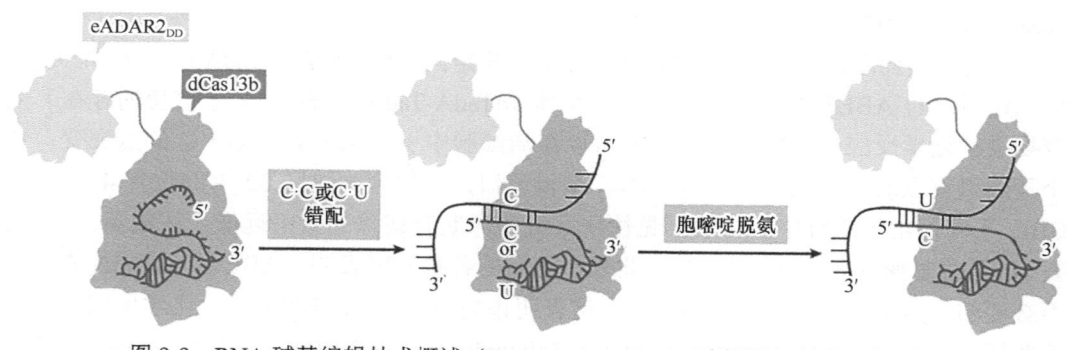

图 9-9　RNA 碱基编辑技术概述（Porto et al.，2020）（彩图另扫封底二维码）

A. 使用工程腺苷脱氨酶进行反义寡核苷酸（ASO）介导的 A 到 I RNA 碱基编辑，以 λN-BoxB 构建体为例。ADAR2 的催化结构域（ADAR2 DD；黄色）与 λN 外壳蛋白（绿色）的多个拷贝相融合。ASO 引导 RNA（gRNA；绿色链）经过基因改造，可与目标 mRNA（蓝色链）进行碱基配对，其包含了多个 BoxB 发夹结构，从而将 λN 肽募集到目标 mRNA 上。ADAR2 利用靶 RNA 和 ASO 之间诱导的 A·C 错配来实现 mRNA 上的靶向腺苷脱氨。使用内源腺苷脱氨酶进行 ASO 介导的 A-to-I RNA 碱基编辑，以 RESTORE（将内源 ADAR 招募到特定转录本以进行寡核苷酸介导的 RNA 编辑）为例。B. 内源性 ADAR1 包含一个催化结构域和两个双链 RNA 结合结构域（dsRBD；蓝色）。工程化的 ASO gRNA（绿色链）由特异性结构域[3'端，通过 Watson-Crick-Franklin 碱基配对与目标 mRNA（蓝色链）结合]和 ADAR 招募结构域（5'端）组成的末端相结合，其包含 dsRBD 的天然底物，它将内源性 ADAR1 招募到预期的靶标 mRNA 上，其中靶标 RNA 和 ASO 之间诱导的 A·C 错配能够指导 ADAR1 的催化结构域进行靶向腺苷脱氨。C. 通过 REPAIR 进行 A-to-I RNA 碱基编辑（用于可编程 A-to-I 替换的 RNA 编辑）。利用 Cas13b（蓝色）的目标 mRNA（蓝色链）和 gRNA（绿色链）之间诱导的 A·C 错配来实现 ADAR2 对 mRNA 的靶向腺苷脱氨。D. 通过 RESCUE 进行 C-to-U RNA 碱基编辑（针对特定 C-to-U 交换的 RNA 编辑）。利用 Cas13b（蓝色）的目标 mRNA（蓝色链）和 gRNA（绿色链）之间诱导的 C·C 或 C·U 错配，通过 ADAR2 突变体实现 mRNA 上的靶向胞嘧啶脱氨作用。ADAR，作用于 RNA 的腺苷脱氨酶；dCas，催化死亡 Cas 酶；A 部分经参考文献许可改编

碱基编辑为研究人员提供了对细胞遗传物质进行可逆修饰或将表观转录组修饰到 RNA 中的机会。从发展的时间顺序来看，相较于 DNA 碱基编辑，RNA 碱基编辑工具更早使用了 CRISPR 进行基因组编辑。从概念上讲，从腺苷到肌苷的（A-to-I）RNA 碱基编辑在 25 年前就已被探索，当时利用作用于非洲爪蟾卵母细胞核提取物中 RNA（ADAR）酶的腺苷脱氨酶来纠正合成中的过早终止密码子。通过体外构建 mRNA，使用互补 RNA 寡核苷酸将 ADAR 招募到感兴趣的核碱基上，这将创建 dsRNA 的局部区域（ADAR 的底物）（Chattopadhyay et al.，1995）。随后直接将 ADAR 与反义寡核苷酸（ASO）连接，从而允许在活细胞中进行有针对性的精确 A-to-I 编辑（Vogel et al.，2014；Wettengel et al.，2017）。ASO 和目标 RNA 转录物之间规范 Watson-Crick-Franklin 碱基配对增加了 ADAR 脱氨酶结构域（ADAR DD）的特异性，特别是当目标腺苷嵌入凸起的 A·C 错配中时（Montiel-Gonzalez et al.，2016；Vogel et al.，2018）。λ 噬菌体 N 蛋白-BoxB 系统就是这样一种系统，在各种序列背景下使用这种策略进行定点腺苷脱氨（Montiel-Gonzalez et al.，2016）。

由于外源 ADAR 酶的引入和过度表达，人们担心会发生高水平的非预期脱靶。因此，新的 ASO 策略被开发出来，其利用内源性的 ADAR 酶来靶向转录本。其中一种策略被称为 RESTORE（将内源 ADAR 招募到特定转录本以进行寡核苷酸介导的 RNA 编辑）（Merkle et al.，2019），用于使用优化的 ASO 编辑癌细胞系和原代人类细胞中的内源 RNA 转录本化学修饰变体。而另一种策略被称为 LEAPER（利用内源性 ADAR 对 RNA 进行可编程编辑），其使用基因可编码的 70 个核苷酸长的 ADAR 募集 RNA，从而将天然 ADAR1 或 ADAR2 酶募集到目标腺苷上，以转化为肌苷（Qu et al.，2019）。LEAPER 能够在各种细胞系中进行 ADAR 募集 RNA，进而介导 RNA 碱基编辑，尽管效率水平不同，这可能是由于内源 ADAR 表达水平的差异。LEAPER 还能够通过各种不同的方式（通过质粒或病毒载体递送，或在体外化学合成后）递送至细胞，使其成为一种灵活的治疗策略。

（二）C-to-U RNA 碱基编辑器

A-to-I RNA 碱基编辑器的多样性是由野生型 ADAR 酶对嵌入 A·C 错配中腺苷的天然偏好所造成的。尽管存在天然的 RNA 胞嘧啶脱氨酶，但其对单链 RNA 中存在的任何胞嘧啶的高活性阻碍了它们在开发精准 RNA 碱基编辑器领域的应用前景。RESCUE（针对特定 C 到 U 交换的 RNA 编辑）的开发的目的就是克服这一障碍（Abudayyeh et al.，2019）。从 A-to-I REPAIR 系统开始，ADAR2 DD 突变主要作用于 dsRNA 的胞嘧啶脱氨酶。RESCUEr16 主要通过 16 轮进化生成，允许以最小的序列偏好对 C·C 和 C·U 进行 C 到 U 编辑。RESCUE 保留了 A-to-I 活性，允许进行多重腺嘌呤和胞嘧啶 RNA 碱基编辑。为了避免一些不需要的 A-to-I 活性，gRNA 可以设计在 A·G 错配中纳入潜在的脱靶腺嘌呤，从而进行最后一轮合理诱变，以减少转录组范围的脱靶，同时保持靶点效率，并产生具有最高特异性的突变体 RESCUE-S。RESCUE-S 保持了约 76%的目标编辑效率，以及最小的 C 到 U、A-to-I 脱靶编辑发生率（Abudayyeh et al.，2019）。综上，RESCUE 方法表明 RNA 碱基编辑领域向前迈出了最关键一步，为开发其他类型的 RNA 碱基编辑器开辟了可能性。

三、碱基编辑技术的应用

将上述碱基编辑器开发成果转化为临床试验领域可应用技术需要大量的支持研究。为此，自首个 CBE 开发以来，许多生物技术公司已经开发或获得关键碱基编辑器知识产权的许可，其中，美国的 Beam Therapeutics 公司和 Verve Therapeutics 公司在碱基编辑器临床试验领域占据主导地位（Porto and Komor，2023）。

将优化的碱基编辑工具转化为临床可行的递送策略，长期以来一直是基因治疗领域的瓶颈。虽然现阶段存在多种递送策略，但选择使用哪一种完全取决于所治疗的疾病。递送方式可以根据治疗是在体内还是体外进行粗略划分。在体内递送的情况下，碱基编辑器被直接递送到患者的靶组织中；而在体外递送的情况下，一般是先从患者体内提取细胞，用所需碱基编辑器处理，然后通过自体移植重新输送到患者体内。这两种策略都有其各自的风险、挑战和优势（Porto and Komor，2023）。

如果治疗目的旨在解决影响内脏器官（即肺或肝脏）的遗传疾病，则必须使用体内基因编辑。鉴于基因改造发生在体内，体内疗法受到代谢清除和天然免疫反应影响（Kaufmann et al.，2013）。考虑到这些因素，体内碱基编辑治疗的剂量必须确保编辑效率高，同时避免/最小化毒性和不良免疫反应。鉴于这些要求，病毒载体历来被认为是具有潜力的运输工具，尽管其装载容量受到严格限制，这要求额外的碱基编辑器修改和优化，以最大化其装载容量。具体来说，现阶段已经制备了分裂内含肽碱基编辑器，其中碱基编辑器被分成两个单独的构建体（每个构建体都包装在自己的病毒内），当单独的一半在同一细胞内翻译时，它们通过内含肽化学作用重新组装（Winter et al.，2019；Levy et al.，2020）。此外，一部分碱基编辑器已使用小型 Cas 蛋白进行工程设计，以减小完整碱基编辑器构建体的大小。这些进展大都利用腺相关病毒（AAV）作为递送载体，因为 AAV 在应用于人类体内递送的候选病毒套件中具有最低的免疫学特征（Aliaga Goltsman et al.，2022）。不幸的是，最早报道使用 AAV 的一项体内临床试验却导致了致命的免疫反应（Ertl，2022）。

使用脂质纳米颗粒（lipid nanoparticles，LNP）、无机纳米颗粒或聚合物纳米颗粒等非病毒递送载体可以避免潜在的免疫副作用。除了提高安全性外，这些载体对装载的成分没有严格的尺寸限制，并且与病毒生产相比，可以相对容易地通过合成生产（Razi Soofiyani et al.，2013；Song et al.，2020）。这些纳米颗粒也可以与编码碱基编辑器和 gRNA 的 DNA 或 mRNA 或纯化的碱基编辑器——gRNA 核糖核蛋白（RNP）复合物一起包装，这提供了一定的灵活性。然而，使用纳米颗粒很难实现全身治疗，其局限性很大。通常，LNP（体内核酸递送最常用的纳米颗粒）的全身递送会导致优先在肝脏和脾脏中积累（Fenton et al.，2018）。Verve 公司的碱基编辑器临床试验已利用了这种生物分布特征。当然，纳米颗粒也可以通过局部直接注射到某些器官中，如内耳（Gao et al.，2018）。

体外基因组编辑特别适合治疗血液疾病，如血红蛋白病和白血病。除了很大程度上绕过免疫反应问题之外，由于基因修饰发生在患者体外，通过离体疗法，可以在自体移植之前对细胞的质量进行准确性检查（Naldini，2011）。虽然病毒载体可用于离体递送碱基编辑器，但核酸或 RNP 电穿孔也是一种选择。这种方法非常有效，并且与体内纳米粒子类似，没有有效负载大小限制。因此，这些优势在下面讨论的四项临床研究中的三项中得到了有效应用（Porto and Komor，2023）。

第六节　基因编辑技术面临的挑战及发展

自 20 世纪 80 年代，细菌限制性内切核酸酶首次被用来切割 DNA 双螺旋（Danna and Nathans，1971），研究人员付出了巨大的努力来丰富基因组编辑库，用以操纵特定位点的基因序列编辑。现阶段，不同类别的基因组操作编辑工具已被用于基础研究、农业和医学等多个领域，常见工具包括锌指核酸酶（ZFN）、转录激活因子样效应物核酸酶（TALEN）、成簇规律间隔短回文重复（CRISPR）序列和 CRISPR 相关（Cas）蛋白、碱基编辑器和引物编辑器等。显然，每种基因编辑方法都有不同的机制及其应用范围（Gaj et al.，2013）。然而，大多数不同种类的基因修饰工具均依赖于双链断裂（DSB）（当未扩展到碱基和引物编辑器时），但这将触发真核细胞的内源性修复机制（Rouet et al.，1994b；O'Driscoll and Jeggo，2006）。哺乳动物细胞内的两条内源性 DNA 修复途径负责修复 DSB，包括非同源末端连接（NHEJ）介导的修复和同源定向修复（HDR）（Szostak et al.，1983；Lieber et al.，2003）。理论上，通过 HDR 途径提供同源模板，任何基因片段都可以整合到基因组中。鉴于 NHEJ 通常在大多数哺乳动物细胞中占主导地位，提高 HDR 的效率对于最大限度地发挥基因编辑平台功效至关重要（Chapman et al.，2012；Lin et al.，2014）。因此，了解各种基因组编辑技术的机制和特点，并选择合适的基因编辑工具，将有助于实现我们对基因进行精确改造的初衷。

研究人员追求的最终目的是在不产生不良副作用的情况下，利用基因编辑技术来治疗人类疾病。现阶段的基因编辑技术为细胞内的精准基因操作提供了绝佳机会，它不仅可以用于诱导突变、校正或删除，还可以在特定位点引入外源基因（Wang et al.，2020）。此外，精确的基因操作可以有效降低某些细胞疗法中插入突变的风险。诚然，新疗法为挽救患者生命提供了诱人的机会，但基因编辑的结果却也充满未知及各种潜在风险。因此，开展充分的临床前研究是推动基因编辑进入临床一线的重要前提。疾病建模和诊断技术的进步推动了基因编辑疗法临床前研究的发展（图 9-10）（Sharma et al.，2021）。

一、基因编辑技术在人类疾病治疗中的应用

（一）癌症免疫治疗

目前，NIH 临床试验数据库中有 70 多项涉及基因编辑介导疗法的临床试验，包括使用 ZFN、TALEN 或 CRISPR/Cas，其中近 50% 的试验与肿瘤相关。癌症免疫疗法被广泛认为是近年来生物学研究中最重要的进展之一。过继性 T 细胞疗法的发展最为突出。细胞毒性 T 淋巴细胞、T 细胞受体（TCR）转基因 T 细胞、嵌合抗原受体 T 细胞（CAR-T）等治疗产品的出现，缓解了癌症患者的症状，延长了患者的寿命（Zhou et al.，2022）。

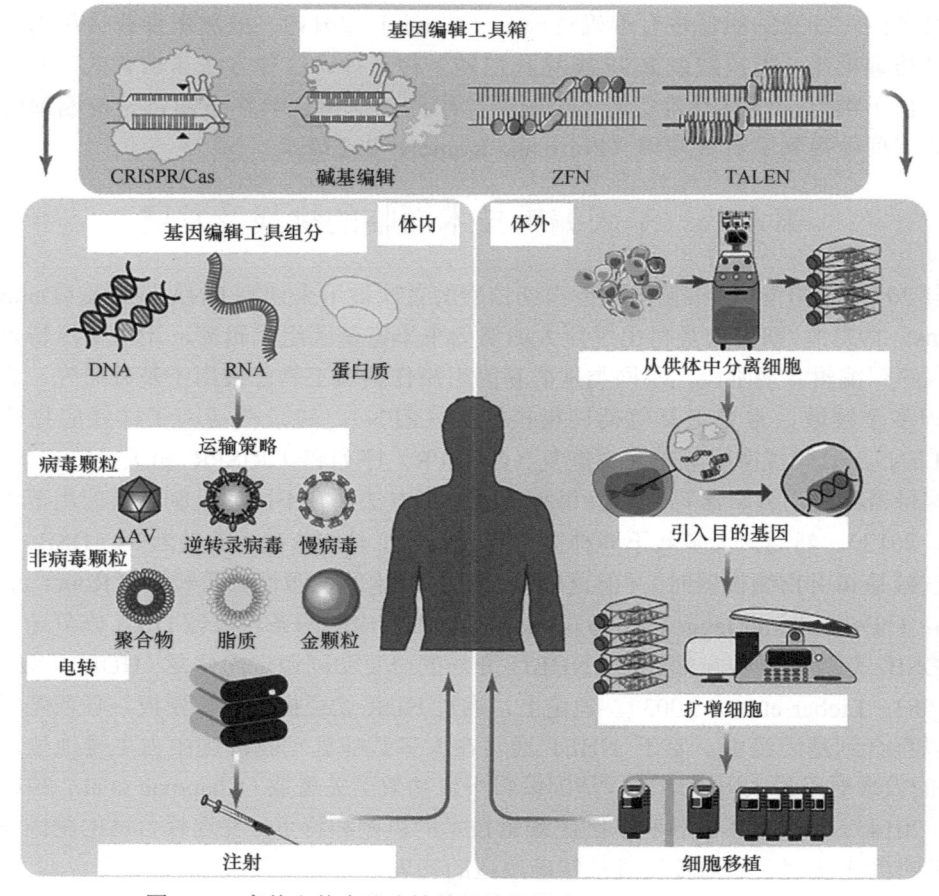

图 9-10　离体和体内治疗性基因编辑策略（Zhou et al.，2022）

基因编辑疗法由两种模式组成。体内基因编辑策略（左）很简单，即将含有所需基因货物和编辑机器的载体注射到目标组织或器官中进行基因编辑。离体基因编辑疗法（右）的治疗过程大致可分为以下四个步骤：①从供体中分离出所需细胞并进行体外培养；②利用合适的基因编辑平台修改细胞基因组；③将编辑后的细胞进行体外扩增培养；④将编辑后的细胞注射回患者体内进行治疗。AAV，腺相关病毒；TALEN，转录激活因子样效应物核酸酶；ZFN，锌指核酸酶

在基因编辑介导的癌症免疫治疗领域，多达 19 项临床试验聚焦于 CAR-T 疗法，包括血液肿瘤和实体瘤。众所周知，CAR-T 细胞疗法在治疗血液恶性肿瘤的临床试验中已经显示出令人信服的证据。然而，作为定制治疗产品，CAR-T 细胞的广泛使用受到诸多限制。目前，通用型 CAR-T（UCAR-T）产品的开发是 T 细胞治疗领域的一大趋势。UCAR-T 细胞的出现扩大了其应用范围，提高了普适应用的可行性，也可能降低治疗成本。即便该项目现阶段仍面临多种技术障碍，但毫无疑问的是，UCAR-T 疗法将是未来的重点发展方向。作为 UCAR-T 领域的领导者，法国 Cellectis 公司基于 TALEN 基因编辑技术开发了同种异体 CAR-T 技术平台。Cellectis 公司通过灭活 TCR 和 CD52 的基因发明了四种"现成"的 CAR-T 产品：UCART22 靶向 CD22 治疗 B 细胞急性淋巴细胞白血病（B-ALL；NCT04150497）；UCART123 靶向 CD123 治疗急性髓系白血病（NCT03190278）；UCARTCS 靶向 CS1 抗原治疗复发/难治性多发性骨髓瘤（MM；NCT04142619）；UCART19 是第一个用于治疗 B-ALL 的 UCAR-T 产品（NCT02746952；NCT02808442）。ALLO-501A

是 Allogene Therapeutics 公司采用类似概念开发的 UCAR-T 产品,现阶段其已启动治疗 B 细胞淋巴瘤的临床试验(NCT04416984)。CRISPR Therapeutics 公司则发明了三种基于 CRISPR 基因编辑系统的 UCAR-T 疗法,分别是 CTX110、CTX120 和 CTX130。与 Cellectis 公司不同,CRISPR Therapeutics 公司选择破坏 β2M 和 TCR 位点以降低排斥风险。CTX110 是一种 CD19 特异性 CAR-T,主要用于治疗 B 细胞恶性肿瘤(NCT04035434)。CTX120 通过识别 BCMA 杀死 MM 细胞(NCT04244656),而 CTX130 用于治疗表达 CD70 的 T 细胞淋巴瘤和肾细胞癌(NCT04502446;NCT04438083)。此外,一些研究人员设计了针对 CD19 的"现成"CAR-T 细胞,用于治疗 B 细胞血液肿瘤或实体瘤(NCT03166878;NCT03545815)。

众所周知,免疫检查点 PD-1 和 CTLA-4 可显著抑制 T 细胞的活性。肿瘤细胞凭借这种机制可逃避免疫反应,导致临床治疗效果不佳。利用基因编辑工具破坏内源性免疫检查点基因来增强抗肿瘤效果是一种广泛应用于实体瘤治疗的新型治疗策略。2016 年,首个 PD-1 敲除 T 细胞治疗 NSCLC 的临床试验在四川大学华西医院启动(NCT02793856)。研究人员首先利用 CRISPR/Cas9 离体编辑 T 细胞中的 PD-1,经过体外培养和扩增后,T 细胞被回输到受试者体内,首次证实了该疗法在 NSCLC 临床治疗中的安全性和可行性。此外,在 Carl June 教授主导的一项 CRISPR 相关临床试验中,研究人员通过 CRISPR/Cas9 消除了编码 PD-1 和内源性 TCR 的基因,有效增强了 CAR-T 细胞靶向黑色素瘤的效果(NCT03399448)。目前,PD-1 敲除的 T 细胞也已用于治疗晚期肝细胞癌(NCT04417764)、浸润性膀胱癌(NCT02863913)、转移性肾细胞癌(NCT02867332)、食管癌(NCT03081715)和 EBV 相关恶性肿瘤(NCT03044743),显著提升了癌症免疫治疗的临床研究进展(Palmer et al.,2015;Hu et al.,2019;Tang et al.,2020)。

除了过继细胞转移疗法之外,许多新的肿瘤治疗策略也已在临床前研究中进行了测试。例如,SARS-CoV-2 mRNA 疫苗的成功取决于先进的脂质纳米颗粒(LNP)递送系统(Cheng and Lee,2016)。这种高效的递送载体具有在体内进行治疗性基因编辑的潜力。在一项临床前研究中,将封装 Cas9 mRNA 和 gRNA 的新型氨基电离 LNP 注入原位胶质母细胞瘤中,其可以破坏 Polo 样激酶 1 基因。在动物模型中,这种策略具有积极且安全的治疗结果(Rosenblum et al.,2020)。Gao 等(2020)构建了包含核因子 κB(NF-κB)特异性启动子和 U6 启动子的新 Cas13a 表达载体,Cas13a 表达受 NF-κB 控制,NF-κB 在各种癌症中广泛过度激活。一旦启动子被激活,内源癌基因的表达可以通过在载体内设计不同的 sgRNA 来调节(Gao et al.,2020)。此外,引导编辑(prime editor)和一些 Cas 变体规避了传统基因组编辑中的不利影响,并能够在不需要 DSB 的情况下催化整个编辑过程(Zeballos and Gaj,2021)。

(二)病毒引起的传染病

基因组编辑技术有望成为应用于抗病毒治疗的强大工具,它能够通过修改病毒入侵和在宿主细胞中复制所需的感染相关基因来发挥作用。通过基因编辑,可以产生抗病毒的免疫细胞或干/祖细胞,从而预防或减轻病毒性疾病(Chen et al.,2018)。

CC趋化因子受体5型（CCR5）和CXC趋化因子受体4型（CXCR4）是人类免疫缺陷病毒（HIV）的主要辅助受体，分别在机体建立初始感染和稳定感染过程中发挥重要作用。此外，CCR5 Delta 32突变纯合子的携带者能够自发抵抗HIV感染，这表明通过人工去除CCR5可赋予T细胞抵抗HIV感染的特性。先前的研究已使用不同的基因组编辑工具成功灭活CD4$^+$ T细胞、CD34$^+$造血干细胞和祖细胞（HSPC）上的*CCR5*基因及*CXCR4*基因，后期研究证明这些细胞不易感染艾滋病毒（Didigu et al., 2014）。在抗HIV疗法中，通过ZFN删除*CCR5*基因的策略已相对成熟，并已获批开展多项临床试验。第一个使用基因编辑治疗HIV的临床试验由Carl June在2009年实施。研究人员使用ZFN（SB-728）灭活自体CD4$^+$T细胞的*CCR5*基因，然后回输这些转基因T细胞（SB-728-T）到12名招募的患者体内。结果显示，除1名患者表现出严重的输血不良反应外，其余患者均对基因工程T细胞具有耐受性，表明*CCR5*基因修饰的自体T细胞体内输注是安全可行的（NCT00842634）。随后，多项临床试验重点确定SB-728-T的治疗剂量和影响，以建立有效的临床方案（NCT03666871、NCT01044654和NCT01252641）。随着人们对免疫治疗安全性和有效性的持续重视，新的治疗策略应运而生，包括通过电转染*CCR5*基因特异性ZFN mRNA来编辑T细胞（NCT02225665、NCT02388594），或敲除CAR-T细胞中的*CCR5*基因来治疗艾滋病（NCT03617198）。研究人员希望探索不同策略下这些转基因T细胞对HIV感染的抵抗力。除了对T细胞进行基因改造之外，研究人员还希望通过修改造血干细胞或祖细胞，进而在体内创建一个细胞库，可以继续产生抵抗艾滋病毒感染的T细胞。在一项临床研究中，研究人员将*CCR5*基因特异性ZFN mRNA注入HSPC，以评估其在感染HIV-1患者中的安全性（NCT02500849）（Tebas et al., 2014）。此外，在最近的一项临床研究中，中国科学家设计了一种稳定的CRISPR/Cas9系统来编辑供体来源的CD34$^+$造血干细胞（HSC）的*CCR5*基因，并将这些细胞输回患者体内。然后，他们评估了这种治疗策略在感染HIV患者中的可行性和安全性。ALL和HIV感染患者接受这些自体*CCR5*缺陷型HSPC的输注后，急性淋巴细胞白血病完全缓解，并且*CCR5*缺陷型供体细胞在体内保留超过19个月。该病例表明，在人体中，CCR5灭活的HSPC有助于体内长期造血系统的重建（Xu et al., 2019）。然而，基因编辑的低效率影响了治疗效果，这表明后续研究的重点可能需进一步聚焦于如何提高编辑效率。上述案例印证了基因编辑技术在治疗艾滋病方面的巨大潜力，也对提升基因编辑效率和优化治疗方案提出了进一步要求。

研究人员设计了一种名为SHERLOCK的新型诊断工具来检测病毒的核酸序列（Myhrvold et al., 2018）。受SHERLOCK系统的启发，美国科学家将Cas13a转化为一种抗病毒制剂，在另一项新研究中，该药物被编程用于检测和破坏人类细胞中的RNA病毒。此外，研究人员还将Cas13a的抗病毒活性与其诊断能力相结合，构建了一个可用于诊断和治疗病毒感染的系统，其被称为Carver（Freije et al., 2019）。

（三）血液系统疾病

许多血液疾病是由基因突变引起的，包括地中海贫血、血友病和SCD。基因编辑技术可以纠正错误的基因突变，这无疑为治疗遗传性血液病带来了希望。一般而言，人类 11 号染色体上的 *HBB* 基因突变会减少 β 珠蛋白链的产生，从而导致 β 地中海贫血。HSC 在重建或恢复人类造血功能方面具有显著优势。近期开展的一项临床试验试图修改患者体内的 HSC，以纠正突变的 *HBB* 基因，然后将其输回患者体内，以恢复其正常的血红蛋白生成功能（NCT03728322）。在某些情况下，胎儿血红蛋白（HbF）的存在可以缓解地中海贫血症状，但体内存在的 BCL11A 会抑制 HbF 的产生。因此，敲除或下调该基因有望找到治疗 SCD 和 β-地中海贫血的合适方法。CRISPR Therapeutics 公司发明了一种基于 CRISPR 的实验性疗法（称为 CTX001），其已经开展了两项治疗 SCD 和地中海贫血的临床试验（NCT03655678；NCT03745287）。CTX001 的关键策略是利用 CRISPR/Cas9 修饰 CD34$^+$细胞中的 *BCL11A* 基因，进而通过人类造血干细胞和祖细胞增加体内 HbF 的产生。Sangamo Therapeutics 公司和赛诺菲也使用类似的策略进行了两项临床试验，但主要使用 ZFN 代替 CRISPR/Cas 系统进行遗传修饰（NCT03432364；NCT03653247）。另外，能够在没有 DSB 的情况下操纵单个碱基的碱基编辑器的出现，为治疗镰状细胞病提供了一个有吸引力的选择。一个定制的碱基编辑器将致病基因（HBB S，血红蛋白亚基 β 等位基因）转换为非致病基因（HBB G），有望恢复 β-珠蛋白的产生。基于这一策略，源自患者体内的大约 80%的造血干细胞和祖细胞可以在体外进行基因编辑改造。此外，与未经治疗的小鼠相比，接受编辑的 HSPC 的人源化 SCD 小鼠表现出脾脏和血液病理学症状减轻（Newby et al.，2021）。B 型血友病是一种由凝血因子 XI 基因突变引起的凝血障碍（Bolton-Maggs and Pasi，2003）。在一项 I 期临床试验中，研究人员通过静脉注射向患者体内导入 ZFN 编辑剂，可以将正确的凝血因子 XI 基因安装到肝细胞的白蛋白基因座中。该临床试验的目的是在患者体内永久性分泌凝血因子 XI（NCT02695160）。

（四）代谢紊乱

黏多糖贮积症是一种由先天性溶酶体酶缺乏引起的代谢性疾病。此外，大多数黏多糖贮积症是常染色体隐性遗传。该病有 7 种典型的临床类型，目前正在进行 MPS I 和 MPS II 的两项临床试验（Wraith et al.，2008）。MPS I（mucopolysaccharidosis I）主要由 α-L-艾杜糖醛酸酶的缺乏导致，MPS II 则主要由艾杜糖醛酸硫酸酯酶的缺乏导致。Angamo Therapeutics 公司使用 AAV 衍生载体将基因编辑成分传递到肝细胞中。这些 ZFN 可以将正常的 α-L-艾杜糖醛酸酶基因或艾杜糖醛酸 2-硫酸酯酶基因插入白蛋白位点使其获得终生生产溶酶体酶的能力（NCT02702115；NCT03041324）。此外，几份已发表的报道证明了 CRISPR 基因编辑系统用于治疗 MPS I 的安全性和有效性（Ou et al.，2020）。

（五）神经退行性疾病

神经退行性疾病（neurodegenerative diseases，ND）是由大脑和脊髓神经元结构或功能丧失所引起的，包括阿尔茨海默病（Alzheimer disease，AD）、帕金森病（Parkinson disease，PD）、亨廷顿病（Huntington's disease，HD）和肌萎缩侧索硬化（amyotrophic lateral sclerosis，ALS）。由于缺乏有效的早期诊断和成功干预治疗方案，该类疾病的患者数量逐渐增加。此外，由于对其发病机制的了解有限，进一步开发新型治疗方法极具挑战性。基因突变和错误折叠蛋白的堆积被认为是 ND 的潜在致病机制（Soto and Pritzkow，2018）。因此，基于基因编辑平台纠正基因或蛋白质错误对于探索和治疗此类疾病意义重大。现阶段，关于 ND 的临床试验已有数千项。除了一些已获批准的单克隆抗体外，尚未有任何 ND 治疗方法显示出有希望的临床结果。此外，许多临床试验结果还有待进一步验证（Glass et al., 2010）。目前，ND 的基因编辑疗法仍处于起步阶段。基因编辑平台让我们能够在基因层面了解疾病的发生，并利用该工具建立更完整的疾病模型。

（六）遗传性疾病

根据 OMIM 基因图谱统计的最新数据，超过 4000 个基因突变会导致人类患病表型。全球共有数百万人患有各类遗传性疾病。不幸的是，由于缺乏治疗药物和诊断方法，他们中大多数人无法接受最佳治疗方案（Doudna，2020）。治疗罕见遗传病的传统药物开发需要花费大量金钱和时间，迫使许多制药公司中止研发。因此，迫切需要开发一种治疗遗传性疾病的新疗法（Tambuyzer et al., 2020）。目前，可以通过治疗性基因组编辑来解决上述尚无法满足的医疗需求。新兴的基因编辑技术扩展了我们操纵真核细胞基因序列的能力，这些工具也使得通过纠正或消除基因组序列中的错误基因来治愈遗传病成为可能。

二、基因编辑技术面临的挑战

（一）编辑效率

除了生物安全性以外，基因组编辑技术的广泛应用还取决于其编辑效率。影响编辑效率的常见因素包括：①靶细胞类型和细胞环境；②基因编辑工具的最佳选择；③不同细胞自身 DNA 修复途径；④提供编辑组件的技术方法等（Shim et al., 2017）。在这些因素中，体外和体内基因组编辑机制的有效递送是成功开展基因编辑疗法的基础。因此，我们将重点讨论递送策略的制定。先前的研究已经开发出多种将大分子（如蛋白质、DNA、siRNA 或 mRNA）转移到细胞中的递送方法。目前的递送策略可分为两种形式，即基于病毒的递送系统和基于非病毒的递送系统（Kulkarni et al., 2019）。

多种病毒载体，包括 AAV、慢病毒、腺病毒和逆转录病毒，已被广泛应用于将基因编辑组分递送到感兴趣的靶细胞中。目前，AAV 和慢病毒凭借其独特的优势，大量应用于临床试验（Wang et al., 2019a）。天然 AAV 载体含有 11 种血清型，对不同组织具有不同的天然趋向性，例如，基于 AAV2 对眼睛的亲和性，FDA 已批准使用 AAV2 治疗退行性视网膜疾病（Russell et al., 2017）。此外，AAV 载体被证实可以降低基因组突变风险，主要是由于 AAV 携带的基因无法整合到宿主基因组中。尽管 AAV 有许多功能已被注意到，但一些挑战和困难仍有待解决。一个挑战是 AAV 载体的装载能力有限，大多数 AAV 载体最多可编码 4.4kb 的外源 DNA，远少于其他工具（Li and Samulski，2020）。在有些情况下，AAV仅能装载一个CRISPR/Cas核酸内切酶基因，而没有其他空间容纳sgRNA或供体模板。一个可行的解决方案是使用两个载体来输送整个系统，但这样可能会降低效率。使用较小的工程化Cas变体是解决AAV容量限制和提高效率的另一种策略。此外，人体内预先存在的对天然血清型的适应性免疫也进一步阻碍了AAV载体的体内有效递送。利用工程化的衣壳可以规避这一限制。AAV输送的转基因能够在靶细胞中长期表达，这一方面提高了编辑效率，但同时也带来了脱靶毒性或免疫毒性等潜在风险（Verdera et al.，2020）。

慢病毒是一种具有10kb包装容量但无复制能力的载体，其能够将治疗性DNA引入原代细胞，如T细胞或HSC（Milone and O'Doherty，2018）。现阶段，在4种已获批准的CAR-T疗法中，均使用了慢病毒将编码CAR的基因引入淋巴细胞中（Maude et al.，2018）。然而，外源基因的随机整合限制了慢病毒的使用范围。此外，靶点特异性范围窄、递送效率差等特点也是目前慢病毒应用的障碍。目前，新型慢病毒载体如整合酶缺陷型慢病毒载体的出现，为解决这类问题提供可能。一般来说，对于大多数基于病毒的递送系统，现有的技术尚无法适应不断变化的需求。技术创新对于提高病毒载体的效率至关重要，例如，AAV的效力已通过蛋白质工程得到增强（Strobel et al.，2019）。

纳米颗粒已被发现是一类功能强大的递送基因组编辑器，其可提供多种递送载体供选择，包括聚合物、脂质和金纳米颗粒。与仅容纳编码治疗效应子的cDNA的病毒载体不同，非病毒递送系统具有针对不同装载元件的可调控承载能力（Mitchell et al.，2021）。例如，封装在阳离子LNP中的Cas9 RNP通过内吞作用和微胞饮作用与细胞结合。一种可行的方法在小鼠模型中产生了适度的编辑结果（Finn et al.，2018）。尽管脂质介导的纳米颗粒的编辑效率与病毒载体并不相当，但纳米颗粒具有许多独特的优势。除了成本低廉和组装方便之外，纳米颗粒的一大优点是它们在靶细胞中瞬时表达，因为纳米颗粒不能诱导长期反应，从而降低了脱靶效应或免疫毒性风险。然而，注射的纳米颗粒主要积聚在肝脏或脾脏中，容易诱发不良毒性，限制了其临床应用。金纳米粒子因其可修饰的表面特性而被认为是组织靶向递送的潜在候选者。此外，减少纳米颗粒毒性的另一种策略是电穿孔（Chen et al.，2016）。这种微生物技术通过使用电流脉冲来增加细胞膜的渗透性，从而允许基因编辑成分进入细胞。简单的递送过程提高了细胞的编辑效率，同时尽可能地保留了细胞活力（Schumann et al.，2015）。然而，电穿孔的使用场景有限，并且无法实现体内递送。一些研究人员尝试结合不同的递送方法来提高编辑效率，例如，Dai等（2019）建立了使用电穿孔和AAV6载体生成具有免疫检查点基因敲除的CAR-T细胞系统，这些尝试将加速递送系统的发展。综上所述，尽管目前的递送系统存在一些缺点，但新兴的递送策略将为我们实现理想的基因编辑提供更多选择。

（二）安全因素

然而，如前所述，越来越多的临床应用和测试已经证明了基因编辑的可用性，但是仍然存在一些技术限制阻碍着基因组编辑技术在临床治疗中的广泛应用。研究人员做出了大量努力，试图通过开发多种混合策略来突破这些限制。

治疗性基因编辑的安全性是研究人员和患者关注的一个关键问题。其主要的安全风险源自基因编辑效应器或递送试剂的编辑准确性及其自身免疫原性差异（Fu et al.，2013）。理想的编辑结果涉及在目标位点内精确安装所需的突变，同时不产生任何副产品。然而，由于目标位点通常特异性不足，DNA切割可能发生在与预期编辑序列具有相似特征的错误基因组位置。此外，各种基因编辑核酸酶产生的DSB通常会诱导不同的DNA修复模式，包括NHEJ和（或）HDR。在某些情况下，即使所需的DSB出现在目标位点，不可预测且繁杂的修复过程也可能导致其他突变发生。例如，心脏细胞一旦发生脱靶事件，即使频率很小，也会造成不可逆转的问题（Vermersch et al.，2020）。为了提高基因编辑的准确性和精确性，一些研究人员尝试生成具有更高特异性的新指向同源物，如SpCas9和xCas9（Zhong et al.，2019）。另一种方法是避免产生DSB。碱基编辑器和主编辑器可以在基因组序列中安装单个碱基突变或小片段，而不依赖于DSB和HDR。此外，建立监测人类脱靶事件的有效方法也是解决方案之一（Zhong et al.，2019）。目前的一些证据表明，原代细胞脱靶编辑事件的体外分析对了解其体内情况具有指导意义（Musunuru et al.，2021）。

编辑蛋白的自身免疫原性毒性经常被提及与CRISPR/Cas系统相关。工程化Cas核酸酶基于对某些源自于细菌的天然Cas蛋白的改造。如果个体曾经被这些病原体感染，工程编辑效应器有可能被预先存在的抗体捕获并引发后续炎症反应和其他未知的副作用（Crudele and Chamberlain，2018）。虽然一些研究已经在人体中检测到了针对Cas9的特异性抗体和预先存在的适应性免疫，我们仍然需要足够的研究证据来阐明预先存在的抗体所引发的免疫毒性的发生机制。这些研究成果将共同帮助人们识别更安全的蛋白质，并将其用于临床基因编辑。

（三）道德挑战

尽管许多研究工作强调了基因编辑疗法的显著治疗效果和广阔应用前景，然而我们不能只关注短期成功而忽视其潜在的道德伦理挑战。尽管某些植物或动物已经完成了种系改变，但是关于人类种系的改变仍存在一些争议。毫无疑问，人类种系基因组编辑必须受到严格的法律和道德监管。在缺乏足够理解的情况下，所有科学家都应对人类种系基因组编辑感到敬畏。当然，在严格的监管下，一些实验性质的理性尝试也是应当被允许的。

三、未来展望

基因编辑技术在农业、医药、生物技术、制造业等多个领域引发了深刻的革命和创新。在过去十年中，更高效、更通用的基因编辑平台已经建立，这些成果为我们在真核细胞中进行基因组工程编辑研究提供了强大的工具。作为一种研究工具，各种基因编辑器使我们能够理解和表述正常基因的生物学功能。此外，研究人员还有机会筛选致病突变并阐明一些罕见遗传病的发病机制。作为一种诊断工具，CRISPR/Cas系统经过重新设计，还可以用于检测病毒核酸，如SARS-CoV-2。基因编辑在传染病诊断中的成功应用表明 CRISPR/Cas 核酸酶有发展成为其他疾病的准确快速诊断工具的潜力。现阶段，基因编辑技术最鼓舞人心的应用发生在基因或细胞治疗领域，利用其纠正和改变致病基因突变为某些遗传性疾病提供了治疗甚至永久治愈的可能性。新兴的基因操作工具已经解决了许多与免疫疗法相关的技术问题，例如，一些免疫疗法，特别是 CAR-T 疗法，有望在恶性肿瘤治疗领域创造"范式转变"。迄今为止，我们已经见证了许多有希望的临床结果，并将会积累越来越多的临床经验。

尽管基因编辑疗法在部分临床应用中已经取得巨大进步，但在实现治愈所有遗传性疾病的最终愿望之前，仍有许多难题亟待解决。首先，研究人员在创新和开发新技术的同时，需进一步提高现有基因编辑器的准确性和效率。其次，我们仍然迫切需要开发最佳的递送方法，这是实现体内有效基因操作的主要障碍。另外，生物伦理学家强调，基因组编辑的初衷是纠正病态错误，而不是消除差异。因此，我们应对这些定制工具的有意或无意的滥用保持警惕。

科学技术为重塑医学治疗提供了深刻的机会。充分发挥基因编辑技术的潜力不仅取决于科学家和临床医生的努力，还取决于政府和其他利益相关者的支持。在可以预见的未来，基因编辑技术将为人类医疗保健提供新的希望。

参 考 文 献

Abudayyeh O O, Gootenberg J S, Essletzbichler P, et al. 2017. RNA targeting with CRISPR-Cas13. Nature, 550(7675): 280-284.

Abudayyeh O O, Gootenberg J S, Franklin B, et al. 2019. A cytosine deaminase for programmable single-base RNA editing. Science, 365(6451): 382-386.

Abudayyeh O O, Gootenberg J S, Konermann S, et al. 2016. C2c2 is a single-component programmable RNA-guided RNA-targeting CRISPR effector. Science, 353(6299): aaf5573.

Ackerman C M, Myhrvold C, Thakku S G, et al. 2020. Massively multiplexed nucleic acid detection with Cas13. Nature, 582(7811): 277-282.

Aliaga Goltsman D S, Alexander L M, Lin J L, et al. 2022. Compact Cas9d and HEARO enzymes for genome editing discovered from uncultivated microbes. Nat Commun, 13(1): 7602.

Barrangou R, Fremaux C, Deveau H, et al. 2007. CRISPR provides acquired resistance against viruses in prokaryotes. Science, 315(5819): 1709-1712.

Bedell V M, Wang Y, Campbell J M, et al. 2012. *In vivo* genome editing using a high-efficiency TALEN system. Nature, 491(7422): 114-118.

Beerli R R, Barbas C F 3rd. 2002. Engineering polydactyl zinc-finger transcription factors. Nat Biotechnol, 20(2): 135-141.

Beerli R R, Dreier B, Barbas C F 3rd . 2000. Positive and negative regulation of endogenous genes by designed transcription factors. Proc Natl Acad Sci USA, 97(4): 1495-1500.

Benjamin R, Berges B K, Solis-Leal A, et al. 2016. TALEN gene editing takes aim on HIV. Hum Genet, 135(9): 1059-1070.

Beumer K, Bhattacharyya G, Bibikova M, et al. 2006. Efficient gene targeting in *Drosophila* with zinc-finger nucleases. Genetics, 172(4): 2391-2403.

Beumer K J, Trautman J K, Bozas A, et al. 2008. Efficient gene targeting in drosophila by direct embryo injection with zinc-finger nucleases. Proc Natl Acad Sci USA, 105(50): 19821-19826.

Boch J, Scholze H, Schornack S, et al. 2009. Breaking the code of DNA binding specificity of TAL-type III effectors. Science, 326(5959): 1509-1512.

Bolotin A, Quinquis B, Sorokin A, et al. 2005. Clustered regularly interspaced short palindrome repeats(CRISPRs)have spacers of extrachromosomal origin. Microbiology(Reading), 151(Pt 8): 2551-2561.

Bolton-Maggs P H, Pasi K J. 2003. Haemophilias A and B. Lancet, 361(9371): 1801-1809.

Bot A. 2010. The landmark approval of Provenge, what it means to immunology and "in this issue": The complex relation between vaccines and autoimmunity. Int Rev Immunol, 29(3): 235-238.

Bozas A, Beumer K J, Trautman J K, et al. 2009. Genetic analysis of zinc-finger nuclease-induced gene targeting in *Drosophila*. Genetics, 182(3): 641-651.

Broeders M, Herrero-Hernandez P, Ernst M P T, et al. 2020. Sharpening the molecular scissors: Advances in gene-editing technology. iScience, 23(1): 100789.

Brouns S J, Jore M M, Lundgren M, et al. 2008. Small CRISPR RNAs guide antiviral defense in prokaryotes. Science, 321(5891): 960-964.

Carlson D F, Tan W, Lillico S G, et al. 2012. Efficient TALEN-mediated gene knockout in livestock. Proc Natl Acad Sci USA, 109(43): 17382-17387.

Carroll D, Morton J J, Beumer K J, et al. 2006. Design, construction and in vitro testing of zinc finger nucleases. Nat Protoc, 1(3): 1329-1341.

Cathomen T, Joung J K. 2008. Zinc-finger nucleases: the next generation emerges. Mol Ther, 16(7): 1200-1207.

Chapman J R, Taylor M R, Boulton S J. 2012. Playing the end game: DNA double-strand break repair pathway choice. Mol Cell, 47(4): 497-510.

Chattopadhyay S, Garcia-Mena J, DeVito J, et al. 1995. Bipartite function of a small RNA hairpin in transcription antitermination in bacteriophage lambda. Proc Natl Acad Sci USA, 92(9): 4061-4065.

Chen S, Lee B, Lee A Y, et al. 2016. Highly efficient mouse genome editing by CRISPR ribonucleoprotein electroporation of zygotes. J Biol Chem, 291(28): 14457-14467.

Chen S, Sanjana N E, Zheng K, et al. 2015. Genome-wide CRISPR screen in a mouse model of tumor growth and metastasis. Cell, 160(6): 1246-1260.

Chen S, Yu X, Guo D. 2018. CRISPR-Cas targeting of host genes as an antiviral strategy. Viruses, 10(1): 40.

Cheng X, Lee R J. 2016. The role of helper lipids in lipid nanoparticles(LNPs)designed for oligonucleotide delivery. Adv Drug Deliv Rev, 99(Pt A): 129-137.

Cho J, Chen L, Sangji N, et al. 2013. Cetuximab response of lung cancer-derived EGF receptor mutants is associated with asymmetric dimerization. Cancer Res, 73(22): 6770-6779.

Chou S T, Leng Q, Mixson A J. 2012. Zinc finger nucleases: Tailor-made for gene therapy. Drugs Future, 37(3): 183-196.

Cong L, Ran F A, Cox D, et al. 2013. Multiplex genome engineering using CRISPR/Cas systems. Science, 339(6121): 819-823.

Cornu T I, Thibodeau-Beganny S, Guhl E, et al. 2008. DNA-binding specificity is a major determinant of the activity and toxicity of zinc-finger nucleases. Mol Ther, 16(2): 352-358.

Couzin-Frankel J. 2013. Breakthrough of the year 2013. Cancer immunotherapy. Science, 342(6165): 1432-1433.

Crudele J M, Chamberlain J S. 2018. Cas9 immunity creates challenges for CRISPR gene editing therapies. Nat Commun, 9(1): 3497.

Dai X, Park J J, Du Y, et al. 2019. One-step generation of modular CAR-T cells with AAV-Cpf1. Nat Methods, 16(3): 247-254.

Danna K, Nathans D. 1971. Specific cleavage of simian virus 40 DNA by restriction endonuclease of hemophilus influenzae. Proc Natl Acad Sci USA, 68(12): 2913-2917.

Datlinger P, Rendeiro A F, Schmidl C, et al. 2017. Pooled CRISPR screening with single-cell transcriptome readout. Nat Methods, 14(3): 297-301.

Deltcheva E, Chylinski K, Sharma C M, et al. 2011. CRISPR RNA maturation by trans-encoded small RNA and host factor RNase III. Nature, 471(7340): 602-607.

Deng P, Carter S, Fink K. 2019. Design, construction, and application of transcription activation-like effectors. Methods Mol Biol, 1937: 47-58.

Deveau H, Barrangou R, Garneau J E, et al. 2008. Phage response to CRISPR-encoded resistance in *Streptococcus thermophilus*. J Bacteriol, 190(4): 1390-1400.

Didigu C A, Wilen C B, Wang J, et al. 2014. Simultaneous zinc-finger nuclease editing of the HIV coreceptors ccr5 and cxcr4 protects CD4[+] T cells from HIV-1 infection. Blood, 123(1): 61-69.

Doudna J A. 2020. The promise and challenge of therapeutic genome editing. Nature, 578(7794): 229-236.

Doyle E L, Stoddard B L, Voytas D F, et al. 2013. TAL effectors: Highly adaptable phytobacterial virulence factors and readily engineered DNA-targeting proteins. Trends Cell Biol, 23(8): 390-398.

Ertl H C J. 2022. Immunogenicity and toxicity of AAV gene therapy. Front Immunol, 13: 975803.

Fenton O S, Olafson K N, Pillai P S, et al. 2018. Advances in biomaterials for drug delivery. Adv Mater, 30(29): e1705328.

Findlay G M, Boyle E A, Hause R J, et al. 2014. Saturation editing of genomic regions by multiplex homology-directed repair. Nature, 513(7516): 120-123.

Finn J D, Smith A R, Patel M C, et al. 2018. A single administration of CRISPR/Cas9 lipid nanoparticles achieves robust and persistent *in vivo* genome editing. Cell Rep, 22(9): 2227-2235.

Foley J E, Yeh J R, Maeder M L, et al. 2009. Rapid mutation of endogenous zebrafish genes using zinc finger nucleases made by Oligomerized Pool ENgineering(OPEN). PLoS One, 4(2): e4348.

Freije C A, Myhrvold C, Boehm C K, et al. 2019. Programmable inhibition and detection of RNA viruses using cas13. Mol Cell, 76(5): 826-837 e.11.

Fu Y, Foden J A, Khayter C, et al. 2013. High-frequency off-target mutagenesis induced by CRISPR-Cas nucleases in human cells. Nat Biotechnol, 31(9): 822-826.

Fu Y, Sander J D, Reyon D, et al. 2014. Improving CRISPR-Cas nuclease specificity using truncated guide RNAs. Nat Biotechnol, 32(3): 279-284.

Fukui K. 2010. DNA mismatch repair in eukaryotes and bacteria. J Nucleic Acids, 2010: 260512.

Gaillochet C, Develtere W, Jacobs T B. 2021. CRISPR screens in plants: Approaches, guidelines, and future prospects. Plant Cell, 33(4): 794-813.

Gaj T, Gersbach C A, Barbas 3rd C F. 2013. ZFN, TALEN, and CRISPR/Cas-based methods for genome engineering. Trends Biotechnol, 31(7): 397-405.

Gao J, Luo T, Lin N, et al. 2020. A new tool for CRISPR-cas13a-based cancer gene therapy. Mol Ther Oncolytics, 19: 79-92.

Gao L, Hu Y, Tian Y, et al. 2019. Lung cancer deficient in the tumor suppressor GATA4 is sensitive to TGFBR1 inhibition. Nat Commun, 10(1): 1665.

Gao X, Tao Y, Lamas V, et al. 2018. Treatment of autosomal dominant hearing loss by in vivo delivery of genome editing agents. Nature, 553(7687): 217-221.

Garneau J E, Dupuis M E, Villion M, et al. 2010. The CRISPR/Cas bacterial immune system cleaves bacteriophage and plasmid DNA. Nature, 468(7320): 67-71.

Gasiunas G, Barrangou R, Horvath P, et al. 2012. Cas9-crRNA ribonucleoprotein complex mediates specific DNA cleavage for adaptive immunity in bacteria. Proc Natl Acad Sci USA, 109(39): E2579-E2586.

Gaudelli N M, Komor A C, Rees H A, et al. 2017. Programmable base editing of A*T to G*C in genomic DNA without DNA cleavage. Nature, 551(7681): 464-471.

Gilbert L A, Larson M H, Morsut L, et al. 2013. CRISPR-mediated modular RNA-guided regulation of transcription in eukaryotes. Cell, 154(2): 442-451.

Glass C K, Saijo K, Winner B, et al. 2010. Mechanisms underlying inflammation in neurodegeneration. Cell, 140(6): 918-934.

González Castro N, Bjelic J, Malhotra G, et al. 2021. Comparison of the feasibility, efficiency, and safety of genome editing technologies. Int J Mol Sci, 22(19): 10355.

Grunewald J, Zhou R, Iyer S, et al. 2019. CRISPR DNA base editors with reduced RNA off-target and self-editing activities. Nat Biotechnol, 37(9): 1041-1048.

Guha T K, Edgell D R. 2017. Applications of alternative nucleases in the age of CRISPR/Cas9. Int J Mol Sci, 18(12): 2565.

Hale C R, Zhao P, Olson S, et al. 2009. RNA-guided RNA cleavage by a CRISPR RNA-cas protein complex. Cell, 139(5): 945-956.

Handel E M, Cathomen T. 2011. Zinc-finger nuclease based genome surgery: it's all about specificity. Curr Gene Ther, 11(1): 28-37.

Hanna R E, Hegde M, Fagre C R, et al. 2021. Massively parallel assessment of human variants with base editor screens. Cell, 184(4): 1064-1080 e20.

Harrington L B, Burstein D, Chen J S, et al. 2018. Programmed DNA destruction by miniature CRISPR-Cas14 enzymes. Science, 362(6416): 839-842.

Hille F, Richter H, Wong S P, et al. 2018. The biology of CRISPR-Cas: Backward and forward. Cell, 172(6): 1239-1259.

Hockemeyer D, Wang H, Kiani S, et al. 2011. Genetic engineering of human pluripotent cells using TALE nucleases. Nat Biotechnol, 29(8): 731-734.

Holkers M, Maggio I, Liu J, et al. 2013. Differential integrity of TALE nuclease genes following adenoviral and lentiviral vector gene transfer into human cells. Nucleic Acids Res, 41(5): e63.

Holt N, Wang J, Kim K, et al. 2010. Human hematopoietic stem/progenitor cells modified by zinc-finger nucleases targeted to CCR5 control HIV-1 *in vivo*. Nat Biotechnol, 28(8): 839-847.

Horvath P, Romero D A, Coute-Monvoisin A C, et al. 2008. Diversity, activity, and evolution of CRISPR loci in *Streptococcus thermophilus*. J Bacteriol, 190(4): 1401-1412.

Hsu P D, Lander E S, Zhang F. 2014. Development and applications of CRISPR-Cas9 for genome engineering.

Cell, 157(6): 1262-1278.

Hu W, Zi Z, Jin Y, et al. 2019. CRISPR/Cas9-mediated PD-1 disruption enhances human mesothelin- targeted CAR T cell effector functions. Cancer Immunol Immunother, 68(3): 365-377.

Hutter G, Nowak D, Mossner M, et al. 2009. Long-term control of HIV by CCR5 Delta32/Delta32 stem-cell transplantation. N Engl J Med, 360(7): 692-698.

Ihry R J, Worringer K A, Salick M R, et al. 2018. p53 inhibits CRISPR-Cas9 engineering in human pluripotent stem cells. Nat Med, 24(7): 939-946.

Ishino Y, Shinagawa H, Makino K, et al. 1987. Nucleotide sequence of the iap gene, responsible for alkaline phosphatase isozyme conversion in *Escherichia coli*, and identification of the gene product. J Bacteriol, 169(12): 5429-5433.

Jabalameli H R, Zahednasab H, Karimi-Moghaddam A, et al. 2015. Zinc finger nuclease technology: Advances and obstacles in modelling and treating genetic disorders. Gene, 558(1): 1-5.

Jackson S P, Bartek J. 2009. The DNA-damage response in human biology and disease. Nature, 461(7267): 1071-1078.

Jansen R, Embden J D, Gaastra W, et al. 2002. Identification of genes that are associated with DNA repeats in prokaryotes. Mol Microbiol, 43(6): 1565-1575.

Jiang F, Doudna J A. 2017. CRISPR-Cas9 Structures and Mechanisms. Annu Rev Biophys, 46: 505-529.

Jinek M, Chylinski K, Fonfara I, et al. 2012. A programmable dual-RNA-guided DNA endonuclease in adaptive bacterial immunity. Science, 337(6096): 816-821.

Joung J K, Sander J D. 2013. TALENs: A widely applicable technology for targeted genome editing. Nat Rev Mol Cell Biol, 14(1): 49-55.

Kaminski M M, Abudayyeh O O, Gootenberg J S, et al. 2021. CRISPR-based diagnostics. Nat Biomed Eng, 5(7): 643-656.

Kaufmann K B, Buning H, Galy A, et al. 2013. Gene therapy on the move. EMBO Mol Med, 5(11): 1642-1661.

Kim D, Kim J, Hur J K, et al. 2016. Genome-wide analysis reveals specificities of Cpf1 endonucleases in human cells. Nat Biotechnol, 34(8): 863-868.

Kim E, Koo T, Park S W, et al. 2017. In vivo genome editing with a small Cas9 orthologue derived from *Campylobacter jejuni*. Nat Commun, 8: 14500.

Kleinstiver B P, Prew M S, Tsai S Q, et al. 2015. Engineered CRISPR-Cas9 nucleases with altered PAM specificities. Nature, 523(7561): 481-485.

Knott G J, Doudna J A. 2018. CRISPR-Cas guides the future of genetic engineering. Science, 361(6405): 866-869.

Komor A C, Kim Y B, Packer M S, et al. 2016. Programmable editing of a target base in genomic DNA without double-stranded DNA cleavage. Nature, 533(7603): 420-424.

Konermann S, Lotfy P, Brideau N J, et al. 2018. Transcriptome engineering with RNA-targeting type VI-D CRISPR effectors. Cell, 173(3): 665-676 e14.

Koonin E V, Makarova K S, Zhang F. 2017. Diversity, classification and evolution of CRISPR-Cas systems. Curr Opin Microbiol, 37: 67-78.

Kulkarni J A, Witzigmann D, Chen S, et al. 2019. Lipid nanoparticle technology for clinical translation of siRNA therapeutics. Acc Chem Res, 52(9): 2435-2444.

Kunz C, Saito Y, Schar P. 2009. DNA repair in mammalian cells: Mismatched repair: Variations on a theme. Cell Mol Life Sci, 66(6): 1021-1038.

Landrum M J, Lee J M, Benson M, et al. 2016. ClinVar: Public archive of interpretations of clinically relevant variants. Nucleic Acids Res, 44(D1): D862-D868.

Levy J M, Yeh W H, Pendse N, et al. 2020. Cytosine and adenine base editing of the brain, liver, retina, heart and skeletal muscle of mice via adeno-associated viruses. Nat Biomed Eng, 4(1): 97-110.

Li C, Samulski R J. 2020. Engineering adeno-associated virus vectors for gene therapy. Nat Rev Genet, 21(4): 255-272.

Li H, Yang Y, Hong W, et al. 2020. Applications of genome editing technology in the targeted therapy of human diseases: Mechanisms, advances and prospects. Signal Transduct Target Ther, 5(1): 1.

Li L, Wu L P, Chandrasegaran S. 1992. Functional domains in Fok I restriction endonuclease. Proc Natl Acad Sci USA, 89(10): 4275-4279.

Lieber M R. 2010. The mechanism of double-strand DNA break repair by the nonhomologous DNA end-joining pathway. Annu Rev Biochem, 79: 181-211.

Lieber M R, Ma Y, Pannicke U, et al. 2003. Mechanism and regulation of human non-homologous DNA end-joining. Nat Rev Mol Cell Biol, 4(9): 712-720.

Lin S, Staahl B T, Alla R K, et al. 2014. Enhanced homology-directed human genome engineering by controlled timing of CRISPR/Cas9 delivery. eLife, 3: e04766.

Lloyd A, Plaisier C L, Carroll D, et al. 2005. Targeted mutagenesis using zinc-finger nucleases in *Arabidopsis*. Proc Natl Acad Sci USA, 102(6): 2232-2237.

Lo N, Xu X, Soares F, et al. 2022. The basis and promise of programmable RNA editing and modification. Front Genet, 13: 834413.

Lu S, Tong X, Han Y, et al. 2022. Fast and sensitive detection of SARS-CoV-2 RNA using suboptimal protospacer adjacent motifs for Cas12a. Nat Biomed Eng, 6(3): 286-297.

Ma S, Zhang S, Wang F, et al. 2012. Highly efficient and specific genome editing in silkworm using custom TALENs. PLoS One, 7(9): e45035.

Maeder M L, Linder S J, Cascio V M, et al. 2013. CRISPR RNA-guided activation of endogenous human genes. Nat Methods, 10(10): 977-979.

Makarova K S, Grishin N V, Shabalina S A, et al. 2006. A putative RNA-interference-based immune system in prokaryotes: computational analysis of the predicted enzymatic machinery, functional analogies with eukaryotic RNAi, and hypothetical mechanisms of action. Biol Direct, 1: 7.

Makarova K S, Wolf Y I, Alkhnbashi O S, et al. 2015. An updated evolutionary classification of CRISPR-Cas systems. Nat Rev Microbiol, 13(11): 722-736.

Makarova K S, Wolf Y I, Iranzo J, et al. 2020. Evolutionary classification of CRISPR-Cas systems: a burst of class 2 and derived variants. Nat Rev Microbiol, 18(2): 67-83.

Mali P, Aach J, Stranges P B, et al. 2013a. CAS9 transcriptional activators for target specificity screening and paired nickases for cooperative genome engineering. Nat Biotechnol, 31(9): 833-838.

Mali P, Yang L, Esvelt K M, et al. 2013b. RNA-guided human genome engineering via Cas9. Science, 339(6121): 823-826.

Manguso R T, Pope H W, Zimmer M D, et al. 2017. *In vivo* CRISPR screening identifies Ptpn2 as a cancer immunotherapy target. Nature, 547(7664): 413-418.

Marraffini L A, Sontheimer E J. 2008. CRISPR interference limits horizontal gene transfer in staphylococci by targeting DNA. Science, 322(5909): 1843-1845.

Marraffini L A, Sontheimer E J. 2010. Self versus non-self discrimination during CRISPR RNA-directed immunity. Nature, 463(7280): 568-571.

Martin-Fernandez J M, Fleischer A, Vallejo-Diez S, et al. 2020. New bicistronic TALENs greatly improve genome editing. Curr Protoc Stem Cell Biol, 52(1): e104.

Maude S L, Laetsch T W, Buechner J, et al. 2018. Tisagenlecleucel in children and young adults with B-Cell lymphoblastic leukemia. N Engl J Med, 378(5): 439-448.

Meitlis I, Allenspach E J, Bauman B M, et al. 2020. Multiplexed functional assessment of genetic variants in CARD11. Am J Hum Genet, 107(6): 1029-1043.

Mendenhall E M, Williamson K E, Reyon D, et al. 2013. Locus-specific editing of histone modifications at endogenous enhancers. Nat Biotechnol, 31(12): 1133-1136.

Merkle T, Merz S, Reautschnig P, et al. 2019. Precise RNA editing by recruiting endogenous ADARs with antisense oligonucleotides. Nat Biotechnol, 37(2): 133-138.

Miller J C, Patil D P, Xia D F, et al. 2019. Enhancing gene editing specificity by attenuating DNA cleavage kinetics. Nat Biotechnol, 37(8): 945-952.

Miller J C, Tan S, Qiao G, et al. 2011. A TALE nuclease architecture for efficient genome editing. Nat Biotechnol, 29(2): 143-148.

Milone M C, O'Doherty U. 2018. Clinical use of lentiviral vectors. Leukemia, 32(7): 1529-1541.

Mitchell M J, Billingsley M M, Haley R M, et al. 2021. Engineering precision nanoparticles for drug delivery. Nat Rev Drug Discov, 20(2): 101-124.

Mojica F J, Diez-Villasenor C, Garcia-Martinez J, et al. 2005. Intervening sequences of regularly spaced prokaryotic repeats derive from foreign genetic elements. J Mol Evol, 60(2): 174-182.

Mojica F J, Diez-Villasenor C, Soria E, et al. 2000. Biological significance of a family of regularly spaced repeats in the genomes of Archaea, bacteria and mitochondria. Mol Microbiol, 36(1): 244-246.

Mok B Y, de Moraes M H, Zeng J, et al. 2020. A bacterial cytidine deaminase toxin enables CRISPR-free mitochondrial base editing. Nature, 583(7817): 631-637.

Montiel-Gonzalez M F, Vallecillo-Viejo I C, Rosenthal J J. 2016. An efficient system for selectively altering genetic information within mRNAs. Nucleic Acids Res, 44(21): e157.

Moscou M J, Bogdanove A J. 2009. A simple cipher governs DNA recognition by TAL effectors. Science, 326(5959): 1501.

Munoz I G, Prieto J, Subramanian S, et al. 2011. Molecular basis of engineered meganuclease targeting of the endogenous human RAG1 locus. Nucleic Acids Res, 39(2): 729-743.

Mussolino C, Alzubi J, Fine E J, et al. 2014. TALENs facilitate targeted genome editing in human cells with high specificity and low cytotoxicity. Nucleic Acids Res, 42(10): 6762-6773.

Mussolino C, Cathomen T. 2012. TALE nucleases: tailored genome engineering made easy. Curr Opin Biotechnol, 23(5): 644-650.

Mussolino C, Morbitzer R, Lutge F, et al. 2011. A novel TALE nuclease scaffold enables high genome editing activity in combination with low toxicity. Nucleic Acids Res, 39(21): 9283-9293.

Musunuru K, Chadwick A C, Mizoguchi T, et al. 2021. In vivo CRISPR base editing of PCSK9 durably lowers cholesterol in primates. Nature, 593(7859): 429-434.

Musunuru K, Pirruccello J P, Do R, et al. 2010. Exome sequencing, ANGPTL3 mutations, and familial combined hypolipidemia. N Engl J Med, 363(23): 2220-2227.

Myhrvold C, Freije C A, Gootenberg J S, et al. 2018. Field-deployable viral diagnostics using CRISPR-Cas13. Science, 360(6387): 444-448.

Naldini L. 2011. Ex vivo gene transfer and correction for cell-based therapies. Nat Rev Genet, 12(5): 301-315.

Newby G A, Yen J S, Woodard K J, et al. 2021. Base editing of haematopoietic stem cells rescues sickle cell disease in mice. Nature, 595(7866): 295-302.

Nishida K, Arazoe T, Yachie N, et al. 2016. Targeted nucleotide editing using hybrid prokaryotic and vertebrate adaptive immune systems. Science, 353(6305): aaf8729.

Nishimasu H, Ran F A, Hsu P D, et al. 2014. Crystal structure of Cas9 in complex with guide RNA and target DNA. Cell, 156(5): 935-949.

Niu Y, Shen B, Cui Y, et al. 2014. Generation of gene-modified cynomolgus monkey via Cas9/RNA-mediated gene targeting in one-cell embryos. Cell, 156(4): 836-843.

O'Driscoll M, Jeggo P A. 2006. The role of double-strand break repair - insights from human genetics. Nat Rev Genet, 7(1): 45-54.

Oh B, Hwang S, McLaughlin J, et al. 2000. Timely translation during the mouse oocyte-to-embryo transition. Development, 127(17): 3795-3803.

Osakabe K, Osakabe Y, Toki S. 2010. Site-directed mutagenesis in *Arabidopsis* using custom-designed zinc finger nucleases. Proc Natl Acad Sci USA, 107(26): 12034-12039.

Ou L, Przybilla M J, Ahlat O, et al. 2020. A highly efficacious PS gene editing system corrects metabolic and neurological complications of mucopolysaccharidosis Type I. Mol Ther, 28(6): 1442-1454.

Ousterout D G, Gersbach C A. 2016. The development of TALE nucleases for biotechnology. Methods Mol Biol, 1338: 27-42.

Palmer D C, Guittard G C, Franco Z, et al. 2015. Cish actively silences TCR signaling in CD8$^+$ T cells to maintain tumor tolerance. J Exp Med, 212(12): 2095-2113.

Papalexi E, Mimitou E P, Butler A W, et al. 2021. Characterizing the molecular regulation of inhibitory immune checkpoints with multimodal single-cell screens. Nat Genet, 53(3): 322-331.

Paschon D E, Lussier S, Wangzor T, et al. 2019. Diversifying the structure of zinc finger nucleases for high-precision genome editing. Nat Commun, 10(1): 1133.

Pattanayak V, Ramirez C L, Joung J K, et al. 2011. Revealing off-target cleavage specificities of zinc-finger nucleases by in vitro selection. Nat Methods, 8(9): 765-770.

Pavletich N P, Pabo C O. 1991. Zinc finger-DNA recognition: crystal structure of a Zif268-DNA complex at 2.1 A. Science, 252(5007): 809-817.

Perez E E, Wang J, Miller J C, et al. 2008. Establishment of HIV-1 resistance in CD4$^+$ T cells by genome editing using zinc-finger nucleases. Nat Biotechnol, 26(7): 808-816.

Petersen B, Niemann H. 2015. Advances in genetic modification of farm animals using zinc-finger nucleases(ZFN). Chromosome Res, 23(1): 7-15.

Porteus M H, Baltimore D. 2003. Chimeric nucleases stimulate gene targeting in human cells. Science, 300(5620): 763.

Porto E M, Komor A C. 2023. In the business of base editors: Evolution from bench to bedside. PLoS Biol, 21(4): e3002071.

Porto E M, Komor A C, Slaymaker I M, et al. 2020. Base editing: Advances and therapeutic opportunities. Nat Rev Drug Discov, 19(12): 839-859.

Qi L S, Larson M H, Gilbert L A, et al. 2013. Repurposing CRISPR as an RNA-guided platform for sequence-specific control of gene expression. Cell, 152(5): 1173-1183.

Qu L, Yi Z, Zhu S, et al. 2019. Programmable RNA editing by recruiting endogenous ADAR using engineered RNAs. Nat Biotechnol, 37(9): 1059-1069.

Rallapalli K L, Komor A C, Paesani F. 2020. Computer simulations explain mutation-induced effects on the DNA editing by adenine base editors. Sci Adv, 6(10): eaaz2309.

Ramalingam S, Kandavelou K, Rajenderan R, et al. 2011. Creating designed zinc-finger nucleases with minimal cytotoxicity. J Mol Biol, 405(3): 630-641.

Ran F A, Hsu P D, Wright J, et al. 2013. Genome engineering using the CRISPR-Cas9 system. Nat Protoc, 8(11): 2281-2308.

Razi Soofiyani S, Baradaran B, Lotfipour F, et al. 2013. Gene therapy, early promises, subsequent problems, and recent breakthroughs. Adv Pharm Bull, 3(2): 249-255.

Rees H A, Liu D R. 2018. Base editing: precision chemistry on the genome and transcriptome of living cells. Nat Rev Genet, 19(12): 770-788.

Renfer E, Technau U. 2017. Meganuclease-assisted generation of stable transgenics in the sea anemone *Nematostella vectensis*. Nat Protoc, 12(9): 1844-1854.

Richter A, Streubel J, Boch J. 2016. TAL effector DNA-binding principles and specificity. Methods Mol Biol, 1338: 9-25.

Rosenblum D, Gutkin A, Kedmi R, et al. 2020. CRISPR-Cas9 genome editing using targeted lipid nanoparticles for cancer therapy. Sci Adv, 6(47).

Rouet P, Smih F, Jasin M. 1994a. Expression of a site-specific endonuclease stimulates homologous recombination in mammalian cells. Proc Natl Acad Sci USA, 91(13): 6064-6068.

Rouet P, Smih F, Jasin M. 1994b. Introduction of double-strand breaks into the genome of mouse cells by expression of a rare-cutting endonuclease. Mol Cell Biol, 14(12): 8096-8106.

Rubin A J, Parker K R, Satpathy A T, et al. 2019. Coupled single-cell CRISPR screening and epigenomic profiling reveals causal gene regulatory networks. Cell, 176(1-2): 361-376 e317.

Russell S, Bennett J, Wellman J A, et al. 2017. Efficacy and safety of voretigene neparvovec (AAV2-hRPE65v2)in patients with RPE65-mediated inherited retinal dystrophy: a randomised, controlled, open-label, phase 3 trial. Lancet, 390(10097): 849-860.

Sander J D, Joung J K. 2014. CRISPR-Cas systems for editing, regulating and targeting genomes. Nat Biotechnol, 32(4): 347-355.

Santiago Y, Chan E, Liu P Q, et al. 2008. Targeted gene knockout in mammalian cells by using engineered zinc-finger nucleases. Proc Natl Acad Sci USA, 105(15): 5809-5814.

Sapranauskas R, Gasiunas G, Fremaux C, et al. 2011. The *Streptococcus thermophilus* CRISPR/Cas system provides immunity in *Escherichia coli*. Nucleic Acids Res, 39(21): 9275-9282.

Schumann K, Lin S, Boyer E, et al. 2015. Generation of knock-in primary human T cells using Cas9 ribonucleoproteins. Proc Natl Acad Sci USA, 112(33): 10437-10442.

Shalem O, Sanjana N E, Hartenian E, et al. 2014. Genome-scale CRISPR-Cas9 knockout screening in human cells. Science, 343(6166): 84-87.

Sharma G, Sharma A R, Bhattacharya M, et al. 2021. CRISPR-Cas9: A preclinical and clinical perspective for the treatment of human diseases. Mol Ther, 29(2): 571-586.

Shi K, Carpenter M A, Banerjee S, et al. 2017. Structural basis for targeted DNA cytosine deamination and mutagenesis by APOBEC3A and APOBEC3B. Nat Struct Mol Biol, 24(2): 131-139.

Shim G, Kim D, Park G T, et al. 2017. Therapeutic gene editing: Delivery and regulatory perspectives. Acta Pharmacol Sin, 38(6): 738-753.

Shimizu Y, Sollu C, Meckler J F, et al. 2011. Adding fingers to an engineered zinc finger nuclease can reduce activity. Biochemistry, 50(22): 5033-5041.

Shmakov S, Abudayyeh O O, Makarova K S, et al. 2015. Discovery and functional characterization of diverse class 2 CRISPR-Cas systems. Mol Cell, 60(3): 385-397.

Song C Q, Jiang T, Richter M, et al. 2020. Adenine base editing in an adult mouse model of tyrosinaemia. Nat Biomed Eng, 4(1): 125-130.

Soto C, Pritzkow S. 2018. Protein misfolding, aggregation, and conformational strains in neurodegenerative diseases. Nat Neurosci, 21(10): 1332-1340.

Strobel B, Zuckschwerdt K, Zimmermann G, et al. 2019. Standardized, scalable, and timely flexible adeno-associated virus vector production using frozen high-density HEK-293 cell stocks and cELLdiscs. Hum Gene Ther Methods, 30(1): 23-33.

Sun N, Zhao H. 2013. Transcription activator-like effector nucleases(TALENs): A highly efficient and versatile tool for genome editing. Biotechnol Bioeng, 110(7): 1811-1821.

Szostak J W, Orr-Weaver T L, Rothstein R J, et al. 1983. The double-strand-break repair model for recombination. Cell, 33(1): 25-35.

Tambuyzer E, Vandendriessche B, Austin C P, et al. 2020. Therapies for rare diseases: Therapeutic modalities, progress and challenges ahead. Nat Rev Drug Discov, 19(2): 93-111.

Tang N, Cheng C, Zhang X, et al. 2020. TGF-beta inhibition via CRISPR promotes the long-term efficacy of CAR T cells against solid tumors. JCI Insight, 5(4): e133977.

Tebas P, Stein D, Tang W W, et al. 2014. Gene editing of CCR5 in autologous CD4 T cells of persons infected with HIV. N Engl J Med, 370(10): 901-910.

Trevisan M, Palu G, Barzon L. 2017. Genome editing technologies to fight infectious diseases. Expert Rev Anti Infect Ther, 15(11): 1001-1013.

Tycko J, Myer V E, Hsu P D. 2016. Methods for optimizing CRISPR-Cas9 genome editing specificity. Mol Cell, 63(3): 355-370.

Urnov F D, Miller J C, Lee Y L, et al. 2005. Highly efficient endogenous human gene correction using designed zinc-finger nucleases. Nature, 435(7042): 646-651.

Urnov F D, Rebar E J, Holmes M C, et al. 2010. Genome editing with engineered zinc finger nucleases. Nat Rev Genet, 11(9): 636-646.

Vanamee E S, Santagata S, Aggarwal A K. 2001. Fok I requires two specific DNA sites for cleavage. J Mol Biol, 309(1): 69-78.

Verdera H C, Kuranda K, Mingozzi F. 2020. AAV vector immunogenicity in humans: A long journey to successful gene transfer. Mol Ther, 28(3): 723-746.

Vermersch E, Jouve C, Hulot J S. 2020. CRISPR/Cas9 gene-editing strategies in cardiovascular cells. Cardiovasc Res, 116(5): 894-907.

Vogel P, Moschref M, Li Q, et al. 2018. Efficient and precise editing of endogenous transcripts with SNAP-tagged ADARs. Nat Methods, 15(7): 535-538.

Vogel P, Schneider M F, Wettengel J, et al. 2014. Improving site-directed RNA editing *in vitro* and in cell culture by chemical modification of the guideRNA. Angew Chem Int Ed Engl, 53(24): 6267-6271.

Wang D, Tai P W L, Gao G. 2019a. Adeno-associated virus vector as a platform for gene therapy delivery. Nat Rev Drug Discov, 18(5): 358-378.

Wang D, Zhang F Gao G. 2020. CRISPR-based therapeutic genome editing: Strategies and *in vivo* delivery by AAV vectors. Cell, 181(1): 136-150.

Wang H, Nakamura M, Abbott T R, et al. 2019b. CRISPR-mediated live imaging of genome editing and transcription. Science, 365(6459): 1301-1305.

Wang J Y, Doudna J A. 2023. CRISPR technology: A decade of genome editing is only the beginning. Science, 379(6629): eadd8643.

Wang T, Wei J J, Sabatini D M, et al. 2014. Genetic screens in human cells using the CRISPR-Cas9 system. Science, 343(6166): 80-84.

Wettengel J, Reautschnig P, Geisler S, et al. 2017. Harnessing human ADAR2 for RNA repair - Recoding a PINK1 mutation rescues mitophagy. Nucleic Acids Res, 45(5): 2797-2808.

Winter J, Luu A, Gapinske M, et al. 2019. Targeted exon skipping with AAV-mediated split adenine base editors. Cell Discov, 5: 41.

Wraith J E, Scarpa M, Beck M, et al. 2008. Mucopolysaccharidosis type II (Hunter syndrome): A clinical review and recommendations for treatment in the era of enzyme replacement therapy. Eur J Pediatr, 167(3): 267-277.

Wu Q, Tian Y, Zhang J, et al. 2018. In vivo CRISPR screening unveils histone demethylase UTX as an important epigenetic regulator in lung tumorigenesis. Proc Natl Acad Sci USA, 115(17): E3978-E3986.

Xia E, Zhang Y, Cao H, et al. 2019. TALEN-mediated gene targeting for cystic fibrosis-gene therapy. Genes(Basel), 10(1): 39.

Xu L, Wang J, Liu Y, et al. 2019. CRISPR-edited stem cells in a patient with HIV and acute lymphocytic leukemia. N Engl J Med, 381(13): 1240-1247.

Yang H, Wang H, Shivalila C S, et al. 2013. One-step generation of mice carrying reporter and conditional alleles by CRISPR/Cas-mediated genome engineering. Cell, 154(6): 1370-1379.

Yee J K. 2016. Off-target effects of engineered nucleases. FEBS J, 283(17): 3239-3248.

Yin H, Xue W, Chen S, et al. 2014. Genome editing with Cas9 in adult mice corrects a disease mutation and phenotype. Nat Biotechnol, 32(6): 551-553.

Zeballos C M, Gaj T. 2021. Next-generation CRISPR technologies and their applications in gene and cell therapy. Trends Biotechnol, 39(7): 692-705.

Zetsche B, Gootenberg J S, Abudayyeh O O, et al. 2015. Cpf1 is a single RNA-guided endonuclease of a class 2 CRISPR-Cas system. Cell, 163(3): 759-771.

Zetsche B, Heidenreich M, Mohanraju P, et al. 2017. Multiplex gene editing by CRISPR-Cpf1 using a single crRNA array. Nat Biotechnol, 35(1): 31-34.

Zhang S, Chen H, Wang J. 2019. Generate TALE/TALEN as easily and rapidly as generating CRISPR. Mol Ther Methods Clin Dev, 13: 310-320.

Zhang Y, Heidrich N, Ampattu B J, et al. 2013. Processing-independent CRISPR RNAs limit natural transformation in *Neisseria meningitidis*. Mol Cell, 50(4): 488-503.

Zhong Z, Sretenovic S, Ren Q, et al. 2019. Improving plant genome editing with high-fidelity xCas9 and non-canonical PAM-targeting cas9-nG. Mol Plant, 12(7): 1027-1036.

Zhou Q, Chen W, Fan Z, et al. 2021. Targeting hyperactive TGFBR2 for treating MYOCD deficient lung cancer. Theranostics, 11(13): 6592-6606.

Zhou W, Hu L, Ying L, et al. 2018. A CRISPR-Cas9-triggered strand displacement amplification method for ultrasensitive DNA detection. Nat Commun, 9(1): 5012.

Zhou W, Yang J, Zhang Y, et al. 2022. Current landscape of gene-editing technology in biomedicine: Applications, advantages, challenges, and perspectives. MedComm, 3(3): e155.

第十章 蛋白质功能的生物信息学分析

　　了解蛋白质的功能不仅对于从分子水平理解生命、研究疾病机制和帮助探索新的治疗靶点具有重要意义，而且对于理解蛋白质在疾病病理生物学中的作用、宏基因组的功能或寻找药物靶点非常重要。然而，蛋白质功能的实验鉴定耗时且昂贵，不适合大规模应用。因此，需要高通量计算方法来发现具有合理性和准确性的蛋白质功能，并为有针对性的实验验证提供可测试的假设。

　　当前大多数计算算法利用同源推理来推断蛋白质功能，这是基于具有相似序列或结构域的蛋白质经常执行相似功能的假设。一种标准的方法是简单地从注释最好的 BLAST 命中蛋白中转移注释。一些方法涉及使用蛋白质-蛋白质相互作用（protein-protein interaction，PPI）网络，这是基于网络中更接近的蛋白质有更大的机会共享类似的功能。鉴于单一信息源的预测能力有限，目前许多方法使用几种信息组合，并利用机器学习技术的强大功能。例如，序列相似性和结构域相关，将它们与交互网络上的丰富分析结果相结合，可进行未知功能蛋白的预测。

　　功能蛋白质组学研究的核心是功能系统中蛋白质组的动态变化和动态行为，即蛋白质的动态表达、动态定位和动态修饰等。蛋白质表达谱是理解细胞分子动态的关键，用于实现对蛋白质的表达水平及其存在形式的动态变化的测定。在生理和病理条件下，蛋白质通过改变其结构形式、表达水平或翻译后修饰程度来发挥其生物过程和细胞功能。功能蛋白质组学研究可促使人们更好地了解蛋白质网络的异常和功能失调的机制，进而通过使用药物治疗、遗传干预或环境干预来操纵蛋白质功能和细胞表型。在疾病研究中，通常采用蛋白质组学的方法，即通过比较正常与异常细胞或组织中蛋白质表达水平的差异，鉴定与人类疾病密切相关的差异蛋白，发现疾病相关的生物标志物，确定靶分子，为临床诊断、病理研究、药物筛选和新药开发研究等提供依据。

　　蛋白质的翻译后修饰（protein translational modification，PTM）负责传感和传导信号，以调节各种信号事件和细胞功能。PTM 的异常与疾病的发生发展密切相关，而一些调节 PTM 的酶已被证明是有效的药物靶点。因此，鉴定蛋白质中的 PTM 位点对于药物设计和基础研究至关重要。不论是蛋白质表达谱还是蛋白质翻译后修饰，都可使用质谱技术进行研究。目前，基于质谱技术鉴定 PTM 位点的研究所面临的挑战是大规模检测 PTM 非常昂贵且相当耗时。因此，生物学家所面临的问题主要有两个：一是如何定量特定生理和病理条件下表达的蛋白质，并利用蛋白质表达谱数据进行深入挖掘，以鉴定差异表达蛋白并解析其分子功能或调控通路；二是如何快速、精确地鉴定蛋白质中的 PTM 位点。国际上有许多计算机方法用于鉴定在不同条件下的差异表达蛋白，以及注释差异蛋白的生物学功能和调控通路等。近年来，基于高通量数据的计算机方法在预测和分析 PTM 方面已成为实验技术的替代方法或补充方法，具有方便和快速的优势。

　　基于以上三部分内容，本章将分为三节进行阐述：第一节将着重阐述当前基于序列特征、结构特征或几种特征相结合的蛋白质功能预测的主流方法；第二节详细介绍鉴定差异表达蛋白的原理和方法，并基于 GO、KEGG 通路和 Reactome 通路介绍差异蛋白富集分析的背景、原理和计算机工具；第三节详细介绍国际上主要的蛋白质翻译后修饰数据库，以及基于数据库资源开发的蛋白质 PTM 预测器的原理、步骤和注意事项，并对现有的蛋白质 PTM 预测器进行了综述和比较。

第一节　蛋白质功能预测

生命的生化活性是由蛋白质即被称为残基的氨基酸分子的聚合物链所协调的，是机体最重要的有机分子，是生命的基石。可以说没有蛋白质，生命就无法存在。因此，了解蛋白质的功能及其分子行为对于整个生物领域至关重要。它们的功能可以是自主的，也可以是协同的。它们通过在细胞的分子环境中进行相互作用和调控，发挥着关键的生物学作用。体内环境由大量多样的蛋白质与其他分子混合（包括渗透剂、离子、脂肪烃和其他大分子）形成，细胞内和生物体其他位置的大量分子混合物（如细胞外基质）不断地经历由热力学和动力学驱动的化学反应。为了在动态变化的化学反应网络中保持稳定性，蛋白质进化到维持一个功能相关的构象，以满足热力学和动力学稳定性条件（Avery et al.，2022；Saraboji et al.，2005）。不同的物理和化学环境影响蛋白质的功能建立并驱动特定的特异性。这种特异性被编码在一级结构中，形成了生物学的中心原则和结构生物学中的"序列—结构—功能"模式的基础（Avery et al.，2022）。

虽然当前已经有很多技术手段应用于蛋白质功能注释研究，如 X 射线衍射和冷冻电子显微镜等生化技术，但这些技术普遍非常耗时，而且在实验过程中使用的器具及耗材非常昂贵，即使它们提供了精确和可靠的数据，也无法依靠当前实验技术手段满足当今组学技术快速发展产生的蛋白质数据功能测试的需求（Yan et al.，2023；Bongirwar and Mokhade，2022）。非常明显的实例是，在 UniProt 数据库中包含的 2 亿个序列中，只有不到 1%的序列已被实验证实（Hamre et al.，2021；Xue et al.，2018），具有实验验证功能的蛋白质数量明显少于发现的蛋白质序列的数量（Yan et al.，2023）。为了解决这些问题，科研人员已经开始通过计算手段预测蛋白质功能，这使得高通量筛选和同时注释几种蛋白质成为可能（Zhang et al.，2017）。通常注释蛋白会应用基因本体论（gene ontology，GO）数据库，它是 1998 年由 GO 联盟发起的统一蛋白质功能表示的主要框架。GO 将功能分为三个领域：生物过程（biological process，BP）本体论、细胞组件（cellular component，CC）本体论和分子功能（molecular function，MF）本体论。BP 描述了基因产物参与的生物过程，CC 指定了基因产物的位置，MF 指示了基因产物可以做什么或它的能力。GO 术语通过层次定向树结构相互链接。关系和项可以分别绘制为有向边和节点（详见本章第二节）。GO 通过生物学实验或计算预测被注释到蛋白质上。因此，每个 GO 注释都与一个证据代码相关联，以指示用于生成注释的方法（Koivisto et al.，2022）。

在计算生物学的早期，随着数字计算机的出现，主要的兴趣是使用计算机来帮助分类学，即对相似的特征生物体进行分类。在蛋白质分子水平上进行了许多实验比较研究，有助于建立分子进化研究。研究重点逐渐转移到利用 DNA 序列发现的遗传和进化关系，特别是在引入 Needleman 和 Wunsch 提出的动态规划之后（Needleman and Wunsch，1970）。20 世纪 70 年代，蛋白质的结构开始引起人们关注。随着利用 X 射线晶体学解决结构测定问题，蛋白质结构变得更容易获得。1971 年，由 7 个蛋白质结构开始的蛋白质数据库（Protein Data Bank，PDB）被建立（Berman et al.，2000），迄今它一直是结构生物信息学和计算生物学研究中不可或缺的资源。计算并探索蛋白质如何动态折叠的研究也开始于 20 世纪 70 年代，尽管当时计算机能力和分子模型都是有限的。在 80 年代末和整个 90 年代，简化的珠子模型，包括对晶格的模拟，被用来理解蛋白质折叠过程中的基本物理学（Dill et al.，1995）。我们也经常考虑从自然状态展开，扩展 GO 模型（Takada，2019），这也增加了对蛋白质结构的更深入了解。在 90 年代早期，人们已经很清楚，即使蛋白质的动态折叠途径仍然未知，对蛋白质结构的准确预测仍是必不可少的。90 年代末，蛋白质的分子动力学（molecular dynamics，MD）在长时间尺度上（在大量计算资源下表现出接近毫秒）开始模拟蛋白质功能，这些计算研究需要从一种已知的蛋白质 PDB 结构开始（Avery et al.，2022）。

随着人们开始转向球状蛋白的自然状态动力学，蛋白质功能的作用机制能够通过计算来研究，包括突变研究和监测某些残基发生突变时蛋白质的动态变化（通常在 1s 或更少的时间尺度上）。自然状态动力学也激发了人们对提高动态变构模型准确性的兴趣（Ettayapuram Ramaprasad et al.，2017）。这种能力自然导致了计算蛋白质设计和蛋白质稳定性预测的模型及算法的发展。不幸的是，MD 模拟并不是计算蛋白质稳定性的合适工具，因为它不能正确地生成足够大的集合来计算热力学性质，更不用说力场中的近似了。为了避免刚性 MD 模拟，提出了假设自由能分量具有可加性的热力学模型来快速计算热力学量。不幸的是，由于构象熵的非可加性使得这些简单的可加性模型在实践中惨败（Dill，1997）。然而，在 21 世纪初，利用刚性理论对分子约束进行了适当的考虑，利用距离约束模型（dimensional constraint manager，DCM）准确地解决了构象熵中的非可加性问题。例如，DCM 准确地描述了蛋白质的热容，包括冷变性（Li et al.，2015b；Livesay et al.，2004），因为该模型解释了溶剂效应（Jacobs and Wood，2004）。从 DCM 中确定了蛋白质的定量稳定性和灵活性关系，这有助于理解蛋白质的进化，并有助于蛋白质的设计（Jacobs and Wood，2004）。从 20 世纪 90 年代中期开始，随着人们对自然状态动力学兴趣的增加，人们对小分子对接蛋白质、描述蛋白质中的结合位点以及通过计算方法估计结合亲和度产生了浓厚的兴趣。人们创建了许多对接方法，但这些方法仍然缺乏适当的构象采样，而这需要考虑到蛋白质和配体的灵活性。此外，在评分函数中使用的自由能位移的附加模型通常忽略了熵对绑定的贡献。由于这些原因，开发精确的分子对接方法一直是计算生物学中的一个主要挑战。在药物发现中，对高效和准确的对接方法的需求推动了这种方法的发展，从而出现了潜在小分子药物数据库，以及将数据挖掘与定量结构-活性关系（quantitative structure-activity relationship，QSAR）相结合的无数算法（Cherkasov et al.，2014）。如今，开发了一种系统生物学方法用来追踪蛋白质-蛋白质相互作用，这对生物调节和维持稳态至关重要。然而，预测蛋白质-蛋白质相互作用涉及一个特别困难的对接问题：如何准确地通过计算展现蛋白质上固有的灵活性、结合区域的大小，以及评分功能的准确性？这成为当前计算生物学中的一个重要挑战（Avery et al., 2022）。

在蛋白质动能预测方面，为了提高预测性能，研究人员改进并应用了很多机器学习算法，如卷积神经网络（convolutional neural network，CNN）、k-最近邻（k-nearest neighbor，KNN）、递归神经网络（recursive neural network，RNN）等。此外，集成算法，如 CNN 与 RNN 耦合、三个图神经网络（graph neural network，GNN）组合、CNN 与图卷积网络（graph convolutional network，GCN）组合，也很受欢迎。基于蛋白质功能预测的各种信息源（基于序列、基于结构、基于 PPI 网络和基于多信息融合）从各个维度推测蛋白质功能。本节将从序列、结构及多维度结合等方面阐述蛋白质是功能预测的主流方法。

一、基于序列特征的蛋白质功能预测

蛋白质是由按顺序排列的氨基酸组成的，其氨基酸序列提供了许多关于蛋白质功能的信息。鉴于对蛋白质序列和功能之间关系的全面理解，从一个新的蛋白质序列推断一个生物学功能是相对简单的。由于测序技术的进步，可用的蛋白质序列的数量已经增加，而今天只有少数蛋白质序列得到了实验验证。对于大多数蛋白质来说，唯一可用的信息类型是蛋白质序列，而只有某些蛋白质具有 PPI 信息或蛋白质表达数据（Possenti et al., 2018）。

基于序列的蛋白质功能预测方法采用序列相似性、搜索序列域或多序列比对来推断蛋白功能。由于蛋白质很少单独发挥作用，蛋白质与蛋白质之间的相互作用可以很好地预测蛋白质所贡献的复杂生物过程。虽然在实验上识别蛋白质结构具有挑战性，但对于理解蛋白质能够做什么至关重要。文献也可能有助于功能预测，因为它可能包含对蛋白质功能的直接描述或间接描述，这些功能描述有助于预测蛋白质功能的蛋白质特性。总的来说，这些特征中有许多只能用于少数蛋白质，而一个蛋白质的氨基酸序列可以被识别用于大多数蛋白质。因此，仅从序列就准确预测蛋白质功能的方法可能是最普遍的，也适用于尚未被广泛研究的蛋白质（Avery et al., 2022）。

从序列预测蛋白质通常包括几个典型的步骤：①构建一个客观且具有代表性的蛋白质数据集，从蛋白质序列和功能数据中获取特征信息；②进行特征提取，将氨基酸序列转化为离散的数值序列；③选择一种有效的分类算法对提取的特征向量进行分类，并得到分类规则；④选择不同的分类方法、测试方法和评价指标，对所构建的预测模型的性能进行公平、客观的评价；⑤建立了一个程序包或在线预测平台，通过简单地输入蛋白质氨基酸序列，可以得到蛋白质功能预测结果。

然而，基于序列的蛋白质功能预测也存在几个问题，包括高错误发现率（Xue et al., 2022）。噪声经常出现在基于序列相似性的算法是否能匹配同源性蛋白，同源性和序列相似性之间的关系有时是不明确的（Cruz et al., 2017）。为了解决这些问题，已经开发了几种机器学习策略。基于序列的蛋白质功能预测机器学习策略可以大致分为机器学习算法和多算法组合。

（一）基于卷积神经网络的预测计算模型

1. DeepGO、DeepGOplus 和 DeepGOweb

近年来，深度 CNN 模型在各个领域得到了广泛的应用，其在基于序列的蛋白质功能预测中的应用显著增加了（Hong et al.，2020）。2018 年，结合了基于序列相似性的预测和 CNN 模型的、由 Kulmanov 等人开发的 DeepGO 模型，成为首批可以利用蛋白质氨基酸序列和相互作用网络预测蛋白质功能的深度学习模型之一（Kulmanov et al.，2018）。但 DeepGO 模型有几个限制：第一，它只能预测序列长度小于 1002 氨基酸的蛋白质的功能，并且蛋白质不包含"模糊"的氨基酸，如结合或未知的，虽然 UniProt 中约 90% 的蛋白质序列满足这些标准，但这也意味着 DeepGO 不能预测约 10% 的蛋白质的功能；第二，由于计算的限制，DeepGO 只能预测目前基因本体（GO）的 45 000 多个功能中的大约 2000 个（Ashburner et al.，2000）；第三，DeepGO 使用了相互作用网络特性，而这并不是所有蛋白质都适用的。具体来说，对于新的或未确定特征的蛋白质，只有序列可能是已知的，其他任何额外的信息如蛋白质的相互作用信息或文献中的提及功能信息可能均未知；第四，在随机抽取的训练、验证和测试集上对 DeepGO 进行训练及评估。然而，这种模型可能会与训练数据中的特定特征过度拟合，并且在真实的预测场景中可能不会产生足够的结果。几年后，研究人员扩展和改进了 DeepGO，发表了 DeepGOPlus（Kulmanov and Hoehndorf，2020）。其克服了序列长度、缺失特征和预测类数量相关的主要限制，将模型的输入长度增加到 2000 个氨基酸，现在覆盖了 UniProt 中 99% 以上的序列。此外，新模型的架构允许分割更长的序列，并扫描更短的序列来预测功能。采用蛋白质功能注释算法的关键评估 3（critical assessment of protein function annotation 3，CAFA3）对 DeepGOPlus 的性能进行评估，F_{max} 分子功能本体论（MF）、生物过程本体论（BP）和细胞成分本体论（CC）的值分别为 0.557、0.390 和 0.614。采用计分评估 GO 类信息内容（IC）假阳性的数量，DeepGOPlus 模型预测的 IC 值的分布分值表示其评估假阳性类别的准确性（图 10-1）。

因此，DeepGOPlus 评估被认为是细胞组分的三大最佳预测者之一，在生物过程和分子功能的评估中也是表现第二的方法。此外，使用普通硬件，DeepGOPlus 每秒可以注释大约 40 个蛋白质序列。DeepGOPlus 有一个显著的优势，即对氨基酸序列没有长度限制，这使得它可以用于基因组规模上的蛋白质功能注释，特别是在新测序的生物体中。一个名为 DeepGOWeb（Kulmanov et al.，2021）的 web 服务提供了 DeepGOPlus 技术，并可以在接收到一组蛋白质序列作为输入后，输出蛋白质预测功能。它可以通过网站、SPARQL 端点和 REST API 访问，用户只需上传蛋白质序列就可以得到相应的预测结果。

2. 基于 CNN 模型的功能蛋白注释质控方法

为了控制蛋白质功能注释中的错误发现率，Hong 等（2020）提出了一种深度学习算法（CNN）和一种新的蛋白质编码策略相结合的方法，并将其性能与传统的基于相似性的从头方法进行了系统比较。为了比较各种技术的有效性，首先生成了相似度最低和相似度最高的不同测试与训练数据集，以区分不同方法之间的性能。接下来，研究人员提

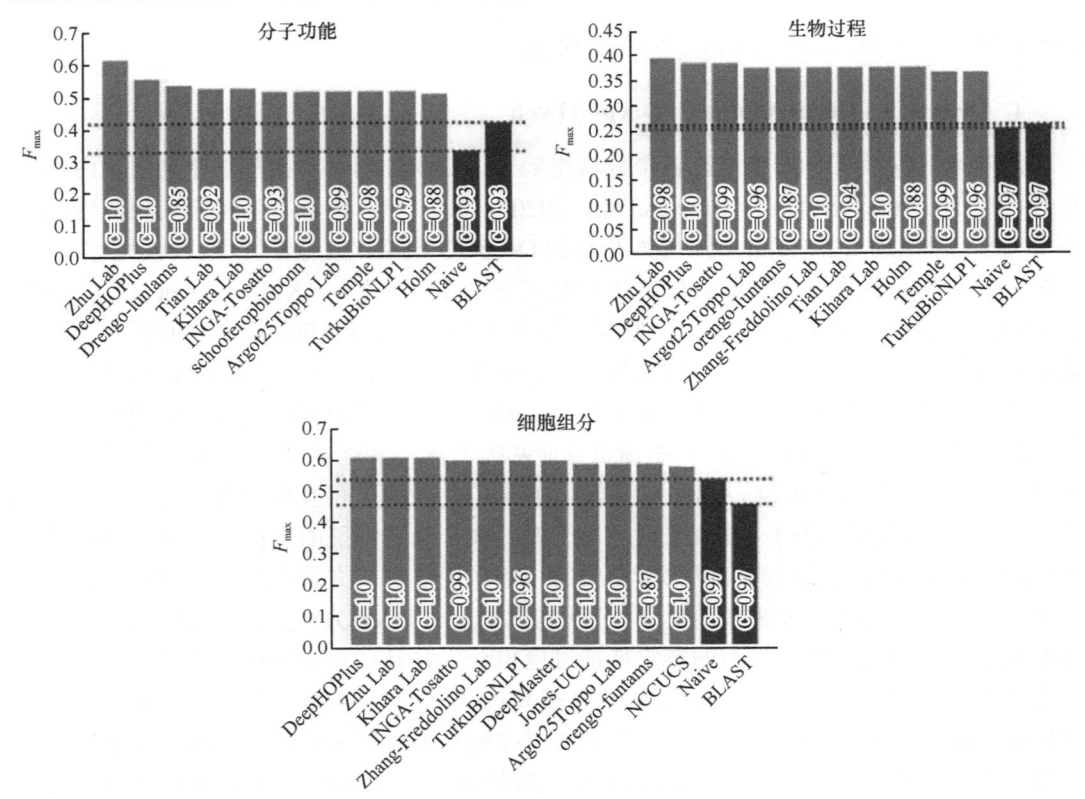

图 10-1　不同方法应用 CAFA3 数据集预测的 5220 个 GO 类信息内容（IC）值的分布（修改自 Kulmanov and Hoehndorf，2020）

出了一种蛋白质编码策略，为每个蛋白质序列生成一个 1000×5 的二进制数组，并将其纳入 CNN 算法（图 10-2）。该技术具有良好的预测稳定性、注释精度系数、准确性、特异性和敏感性，通过结合基因组扫描和富集因子可评估该策略在降低错误发现率方面的能力。总体而言，Hong 等人提出的策略的错误发现率、注释精度和预测稳定性均优于传统的算法。

3. SCLpred-EMS

随着蛋白质亚细胞定位预测研究的发展，理解蛋白质在细胞内如何相互作用的需求越来越多。尽管实验性蛋白质亚细胞位置测定在过去二十年中取得了显著进展，但实验方法仍然昂贵且耗时。作为实验方法的替代方案，蛋白质亚细胞位置的计算预测特别活跃。在过去的 15 年里，蛋白质亚细胞定位的大多数预测因子都基于机器学习算法，从支持向量机（Yu et al.，2016）到深度神经网络（Szalkai and Grolmusz，2018）。尽管引入了许多蛋白质亚细胞定位预测算法，但当在其测试集中引入同源性信息越来越多时，这些系统的性能会显著衰竭。这表明预测亚细胞定位的机器学习模型需要更严格地约减同源性才能真正学习如何泛化。Kaleel 等（2020）开发了基于深度 n-to-1CNN 的蛋白质亚细胞定位预测系统 SCLpred-EMS（Kaleel et al.，2020）。根据氨基酸序列将真核细胞蛋白质分为两类，即内膜系统和分泌途径及其他类（图 10-3）。研究人员采用了一种新的算

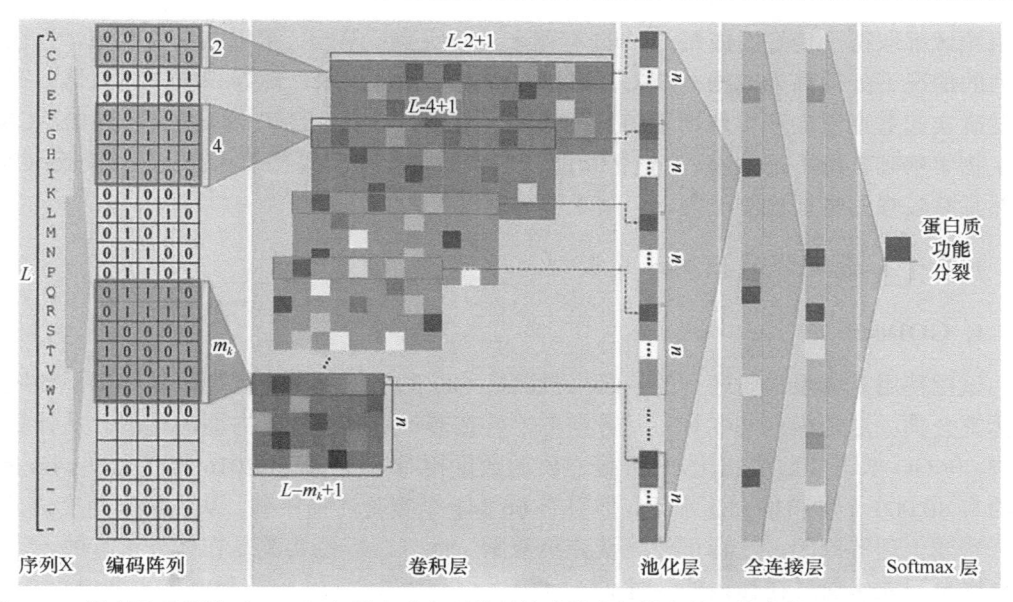

图 10-2　深度学习算法（CNN）与蛋白质序列编码策略技术相结合的工作流程（Hong et al., 2020）

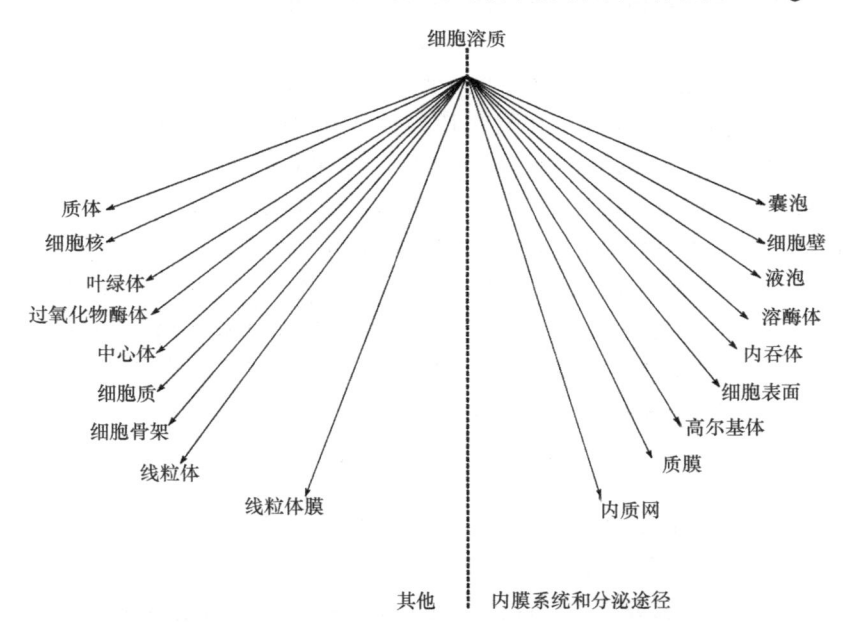

图 10-3　根据氨基酸序列将蛋白质分为内膜系统和分泌途径及其他两类（Kaleel et al., 2020）

法克服同源性降低的问题，使得该方案在类似的预测任务中的性能显著提高。应用 216 个序列独立测试集和 593 个蛋白质独立测试集全面测试 SCLpred-EMS 和过去 5 年中发布的其他免费提供的 web 服务器，发现 SCLpred-EMS 的预测能力和准确度相对较高。

尽管深度 n-to-1CNN 具有优异的性能，但该 CNN 模型未能获取所有的蛋白质序列信息。随着 Uniprot 数据集的增长，后续的研究可能会探索将 RNN 与 CNN 合起来的可能性。目前，CNN 在图像识别、图像分类、自然语言处理、音频处理、姿态识别等许多应用领域都取得了良好的成果。CNN 有两个主要优点：第一，可以共享卷积核，并在无压力的情况下处理高维数据；第二，可以自动进行特征提取，而卷积核（滤波器）在卷积层确实起着通过卷积提取所需特征的作用。然而，CNN 也有一些缺点，例如，CNN 的生物学基础支持不足，也没有记忆功能；CNN 的全连接模式过于冗余、效率较低；CNN 虽然具有较强的特征检测能力，但缺乏特征理解能力。

（二）基于 k-最近邻的预测计算模型

1. GODoc

试图使用有关蛋白质序列的信息来预测其 GO 的多标签分类问题，是不同于传统的多标签分类。这是因为 GO 标签是分层的，存在着计算和生物学方面的挑战。从计算角度讲，与 GO 术语的数量相比，注释蛋白质的数量相对较少。截至 2016 年 9 月，Swiss Prot 中约有 40 000 个独特的 GO 术语，但只有 66 841 个实验注释序列。从生物学角度讲，由于经费或伦理等原因，注释可能无法完美复制。此外，一些实验是在体外进行的，可能不会完全反映蛋白质在体内的活性。

从同源物预测目标蛋白的功能是最常见的方法。两种蛋白质之间的同源性可能表明有共同的祖先，因此它们可以具有相同的功能。因此，同源物的可用 GO 是靶蛋白的预测候选者。可应用搜索同源序列的两个标准工具：基本局部比对搜索工具（basic local alignment search tool，BLAST）和位置特异性迭代 BLAST（position-specific iterated BLAST，PSI-BLAST）（Altschul et al., 1997）。以 PSI-BLAST 及位置特异性评分矩阵（position-specific scoring matrix，PSSM）为基础，Liu 等（2020）提出了一个使用 TFPSSM（term frequency based on PSSM）特征的特征向量用于蛋白质功能注释框架 GODoc，它是基于间隙二肽在位置特异性评分矩阵中出现的频率。三种不同的技术——TFPSSM 1NN、TFPSSM CATH（动态 KNN 与眼底重叠）和 TFPSSM Vote（混合 KNN、动态 KNN 和固定 KNN）被建议提高预测精度，并表明具有额外训练程序的 KNN 变量（动态+投票方案）优于传统的 KNN 方法（图 10-4）。

2. PANNZER

PANNZER（protein annotation with Z-score，基于 Z 评分的蛋白质注释）是一款使用加权 KNN 分类器来预测蛋白质功能的高通量功能注释网络服务器（图 10-5）（Toronen and Holm，2022）。其 web 服务器和快速工具包被设计用于自动功能预测任务，在类似的可公开访问的网络服务器中脱颖而出，支持一次提交多达 100 000 个蛋白质序列，并提供基因本体论（GO）注释和自由文本描述预测。PANNZER 是少数几个支持基因组大小查询的注释工具之一。任何物种（动物、细菌和植物）的短序列描述都可以使用 PANNZER 进行预测，并提出了两个案例研究来说明与数据质量和方法评估相关的问题。一些常用的评估指标和评估数据集更倾向于非特定的和广泛的功能类别，而不是更具信息性的和特定性的类别，这可能会使自动化功能预测方法的发展产生偏倚。PANNZER 网络服务器和源代码可在 http://ekhidna2.biocenter.helsinki.fi/sanspanz/链接中得到。

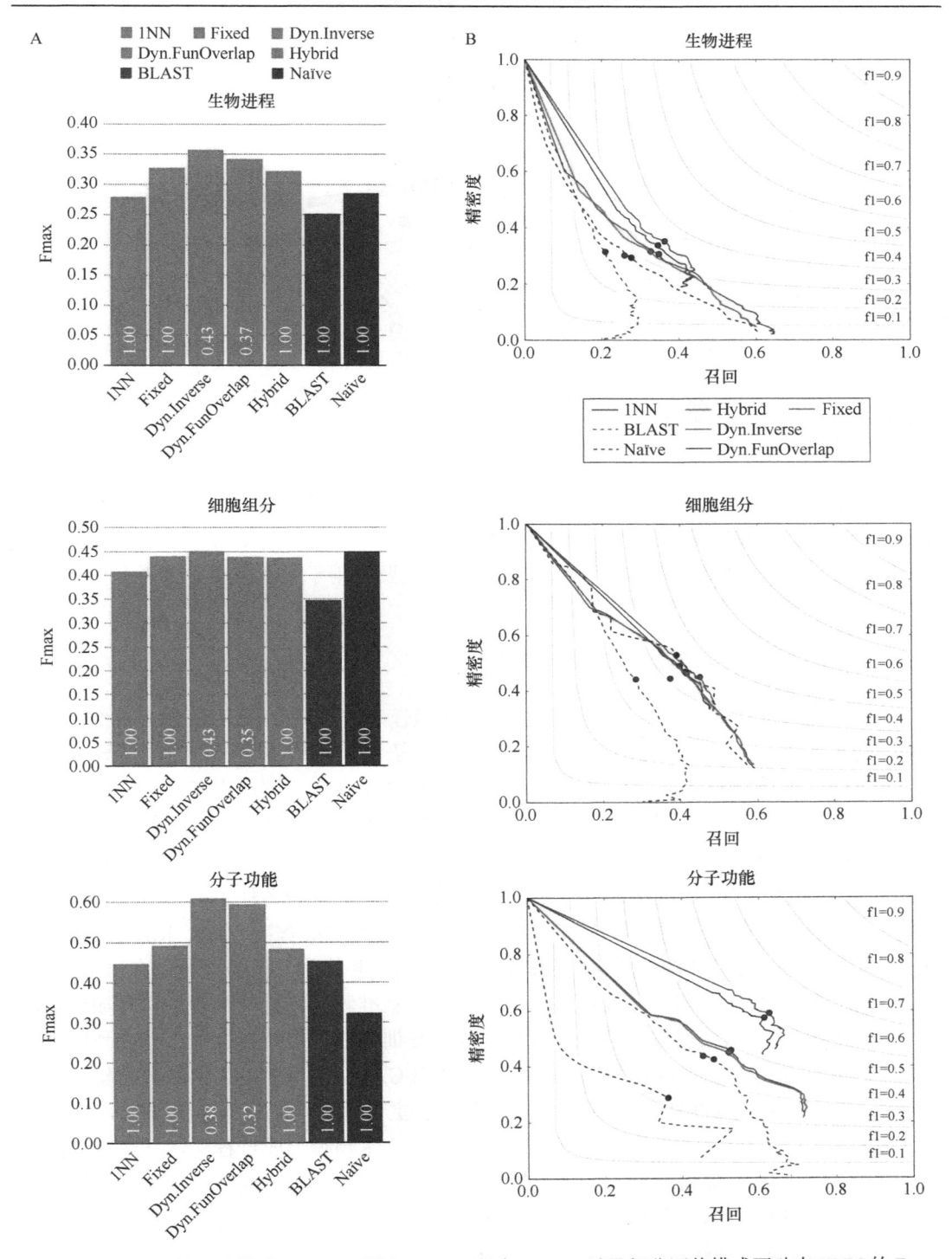

图 10-4 完整评估模式下 1NN、固定 KNN、混合 KNN，以及部分评估模式下动态 KNN 的 Fmax（A）和精密召回曲线（B）（Liu et al., 2020）

在 CAFA2-Swiss 上训练的 CAFA2 基准上的每种方法的 Fmax（A）和精密召回曲线（B）。其中，Fixed、Dyn.Inverse、Dyn.FunOverlap 和 Hybrid 分别表示 Fixed KNN、具有 Inverse 投票权的 Dynamic KNN、具有 FunOverlay 投票权的 Dynamic KNN 和 Hybrid-KNN 条内的数字显示预测的比例

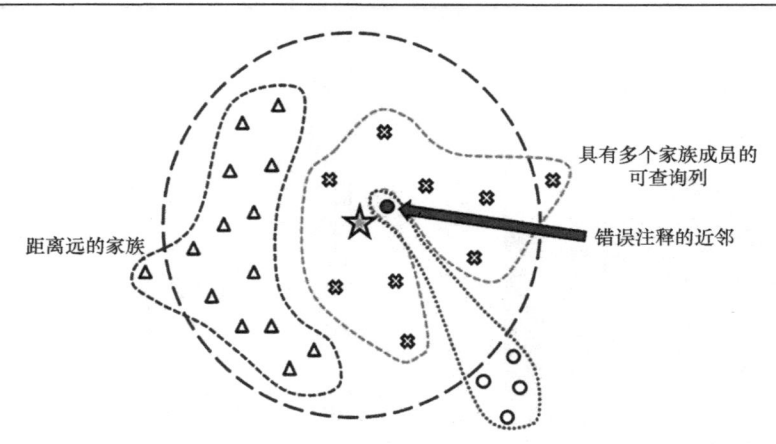

图 10-5　加权 k-最近邻方法（Toronen and Holm，2022）

查询序列（中心为星形）与序列邻居相关联。富集统计考虑了序列邻近性和数据库背景。随机错误标签可以被拒绝，但系统错误标签不能避免

KNN 方法简单、易于理解、易于实现，不需要进行参数估计，而且再训练的成本更低。然而，KNN 也有一些缺点，例如，KNN 算法是一种懒惰的学习方法；它是计算密集型的；其输出不是很容易解释。近年来，KNN 主要应用于文本分类、聚类分析、预测分析、模式识别、图像处理等领域。

（三）基于深度神经网络的预测计算模型

深度神经网络（DNN）是一个深度学习的框架，是至少有一个隐藏层的神经网络。DNN 目前是许多人工智能应用的基础，由于其在语音识别和图像识别方面的开创性应用，使 DNN 的应用数量呈爆炸式增长。DNN 目前被用于自动驾驶汽车、癌症检测和复杂的游戏中，并在很多领域能够超越人类可达到的准确性。DNN 的出色性能源于它们能够使用统计学习方法从原始感官数据中提取高级特征，从而从大量数据中获得优于传统算法的高效训练结果。Rifaioglu 等开发了 DEEPred 方法，一种多任务前馈深度神经网络的分层堆栈，作为基于基因本体论（GO）的蛋白质功能预测的解决方案（Rifaioglu et al., 2019）。DEEPred 通过严格的超参数测试进行了优化，并使用三种类型的蛋白质描述符、不同大小的训练数据集和不同级别的 GO 项进行了基准测试。此外，为了探索如何使用较大但可能有噪声的数据进行训练以改变性能，在训练过程中还包括了电子制作的 GO 注释。与最先进的蛋白质功能预测方法相比，使用 CAFA2 和 CAFA3 挑战数据集评估了 DEEPred 的总体预测性能（图 10-6）。最后，通过一项基于文献的案例研究，评估了 DEEPred 产生的新注释，并考虑了铜绿假单胞菌的"生物膜形成过程"，证实其在蛋白质功能预测方面具有显著潜力。DEEPred 使用也相当便捷，只需要输入蛋白质的氨基酸序列。在 DEEPred 中，可使用多任务 DNN，其具有两个优点：任务之间共享数据；需要训练的模型更少，减少了训练时间。

（四）基于深度反馈卷积网络的预测模型

多序列比对需要一个计算方案，其应该是可用于比较多个序列的最广泛使用的技术。

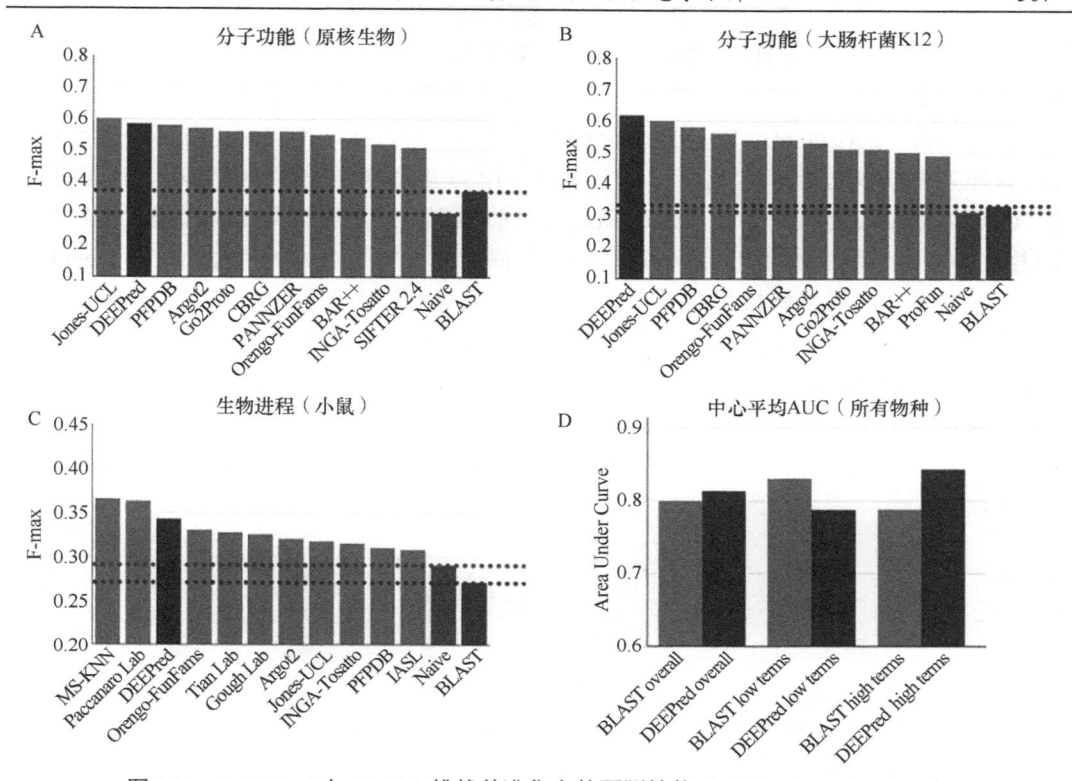

图 10-6 DEEPred 在 CAFA2 挑战基准集上的预测性能（Rifaioglu et al.，2019）

深灰色条代表 DEEPred 的性能，而浅灰色条代表最先进的方法。评估是在标准模式下进行的（即没有知识基准序列，完全评估模式），关于 CAFA 分析的更多细节可以在 CAFA GitHub 存储库中找到。A. 前 10 名 CAFA 参与者和 DEEPred 对所有原核基准序列的 MF 项预测性能（Fmax）；B. 前 10 名 CAFA 参与者和 DEEPred 对大肠杆菌基准序列的 MF 项预测性能（Fmax）；C. 前 10 名 CAFA 参与者和 DEEPred 对小鼠基准序列的 BP 项预测性能（Fmax）；D. 对于所有 MF-GO 项，BLAST 和 DEEPred 之间的 ROC 曲线测量下的 MF-GO 以项为中心的平均面积比较，条形表示具有少于 1000 个训练实例）的项（即低项）和具有多于 1000 个训练示例的项（即高项）

具有相似功能的多个序列的正确比对不仅有益于蛋白质家族的建模，更对未表征蛋白质的功能有利。与成对序列比对方法不同，比对多个序列的计算复杂度随着序列数量的增加而呈指数级增加。目前，启发式和近似算法，如 ClustalW（Thompson et al.，2002）、Omega（Sievers and Higgins，2014）和 MUSCLE（Edgar，2004），被广泛用于计算多个序列的比对。多序列比对本身提供了关于序列保守性的有价值的信息，但需要额外的计算算法来提取和建模保守性区域。从多序列比对到建立蛋白质家族的模型都需要复杂的方法，其主要的挑战是处理多序列比对中氨基酸的插入和缺失。通过使用 pHMM（profile hidden Markov model）（Eddy，1998）很好地处理了这些计算挑战，该模型使用列的特定位置建模，以及通过定义显式插入和删除状态的 indel 建模。pHMM 是最准确的建模技术，被广泛使用的蛋白质家族数据库 PFam 使用（Bateman et al.，2004）。基于比对的方法虽然成功，但有几个局限性，因此，在无比对的族建模方法方面人们也做了很多研究。无比对方法的一个主要问题是特征矢量化，即如何将原始序列转换为数字特征向量。最成功的方法是使用 k-mers，即 *k* 个氨基酸作为特征，并使用所有可能的 k-mers 作为特征载体（Vinga and Almeida，2003）。在远程同源性检测的某些情况下，无比对方法比基于比对的方法表现出更好的性能（Strope and Moriyama，2007）。

DeepFam（Seo et al.，2018）是一种不依赖比对的方法，不需要进行多序列比对，直接从序列中获取功能信息（图10-7）。几项使用 G 蛋白偶联受体（GPCR）和同源基团簇（COG）数据集的研究表明，DeepFam 与目前预测方法（包括无比对和基于比对的方法）相比，在预测蛋白质功能的准确性和运行时间方面取得了更好的性能。此外，DeepFam 还可以捕获保守区域以模拟蛋白质家族的能力，充分利用大量的 PPI 信息，蛋白质功能预测的新技术应该将 PPI 网络与同源性相结合。DeepFam 能够检测数据库中记录的保守区域，同时预测蛋白质的功能。DeepFam DFN 可以帮助定义越来越多的、新被破译的蛋白质序列功能。

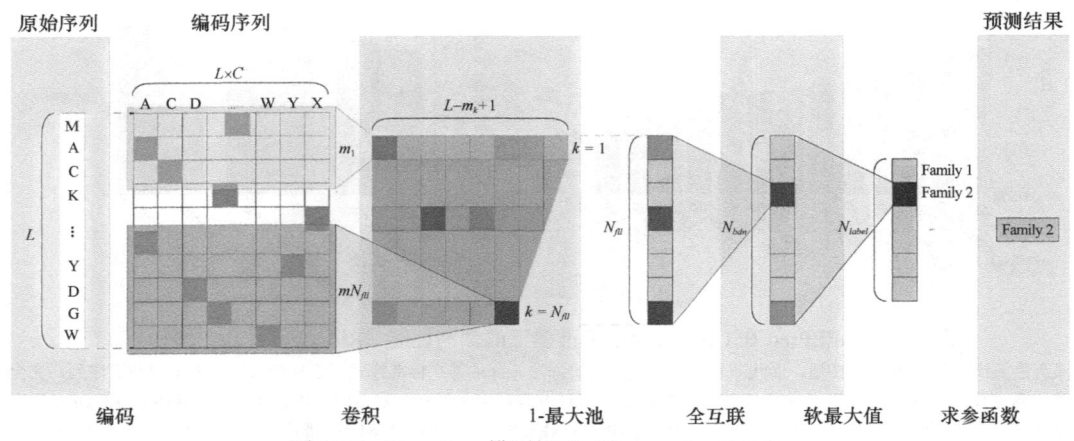

图 10-7　DeepFam 模型概述（Seo et al.，2018）

它是一个前馈卷积神经网络，其最后一层表示每个家族的概率。卷积层和 1-最大池化层用来计算保守区域的分数（激活）。下一层是完全连接的神经网络，它可以检测更长或复杂的位点。为了推断每个家族的概率，最后一层被设计为软最大值层（多项式逻辑回归），通常用于多类别分类

（五）基于递归神经网络的预测模型

递归神经网络（RNN）由于其记忆性、参数共享性和图灵完备性，在学习序列的非线性特征方面具有优势。RNN 在自然语言处理中有应用，如语音识别、语言建模和机器翻译，也用于各种类型的时间序列预测。最近，RNN 也被用于蛋白质功能的预测。Cao 等（2017）提出了一种独特的语言模型 ProLanGO 来预测蛋白质的功能（图 10-8）。将蛋白质序列翻译成语言空间"ProGO"，描述了大约 50 万蛋白质中 k-mers 的频率序列，并将基因本体术语编码为语言空间，称为"LanGO"。每个 GO 术语都有不超过 4 个字母，在翻译过程中，考虑了基因本体的有向无环基因图中术语之间的关系。ProLanGO 将蛋白质功能问题转化为基于新提出的语言空间的语言翻译问题，并应用 RNN 模型来预测蛋白质功能。2016 年，该方法参加了第三次功能注释关键评估（CAFA3），在训练和测试数据集上的良好性能表明该方法是蛋白质功能预测的一个很有前景的方向。

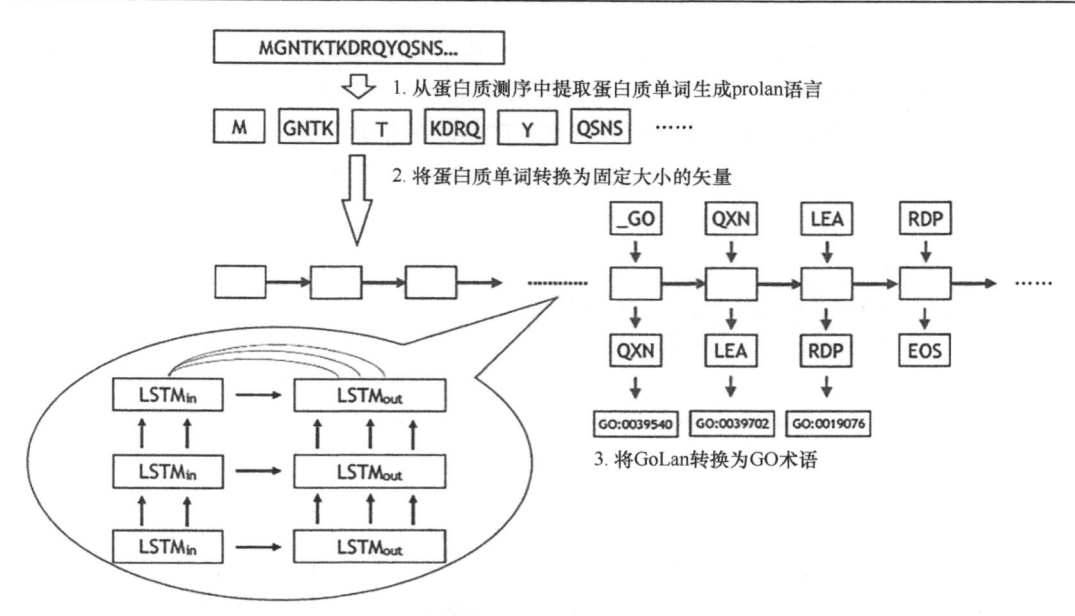

图 10-8 蛋白质功能预测方法的流程图（Cao et al.，2017）
三层 RNN 用于 NMT 模型

（六）基于多算法组合的预测模型

1. CNN 和其他算法结合

为了提高蛋白质功能预测的精度，很多研究者应用了多算法集成技术。Hakala 等（2022）开发了一个集成系统来解决函数预测任务，该系统自动将基因本体论（GO）项分配给给定的输入蛋白质序列。该系统将随机森林（random forest，RF）和神经网络（neural network，NN）分类器相结合进行 GO 预测。RF 和 NN 模型都依赖于 BLAST 序列比对、分类学和蛋白质特征分析工具的特征。在依赖于功能预测实验验证的 CAFA3 评估中，该集成模型在 100 多个参与者中表现出了位于前 10 名的良好性能，具有较强的竞争力。测试数据集的测试结果表明，应用两种不同的方法来创建一个系统的性能可超过两个独立分类器的系统。PFmulD（Xia et al.，2022）是一种新的蛋白质功能注释策略，结合了多种深度学习技术。首先，将递归神经网络（RNN）与卷积神经网络（CNN）集成，以便于函数注释。其次，将迁移学习方法引入到模型构建中，以进一步提高预测性能。第三，基于基因本体论的最新数据，与现有方法相比，新构建的模型可以注释最多的蛋白质家族。第四，这种新构建的模型能够在不降低"主要类"预测性能的情况下显著提高"稀有类"的预测性能。由于提高了稀有类蛋白注释性能的新规范，PFmulDL 将成为现有的药物转运（Fu et al.，2022）、药物靶点识别（Liu et al.，2023）、药物代谢（Fu et al.，2021）、蛋白质相关相互作用（Zhang et al.，2021）、OMICS（Li et al.，2022）等领域的机器学习工具的重要补充。

为了使用 GO 层次结构中编码的知识，DeepGOA 作为一种基于深度图卷积网络（GCN）和卷积神经网络（CNN）的模型来预测蛋白质的 GO 注释（Zhou et al.，2020）。

通过结合氨基酸序列的长期和短期特征，模型利用 CNN 学习如何表示氨基酸，并利用 GCN 凭借 GO 层次结构和注释来学习如何用语义来表示 GO 术语（图 10-9）。DeepGOA 试图利用玉米和人类 GO 注释数据集，将氨基酸特征表征映射到 GO 项语义表征，以端到端和一致的方式预测各种蛋白质亚型及非编码 RNA 的功能。

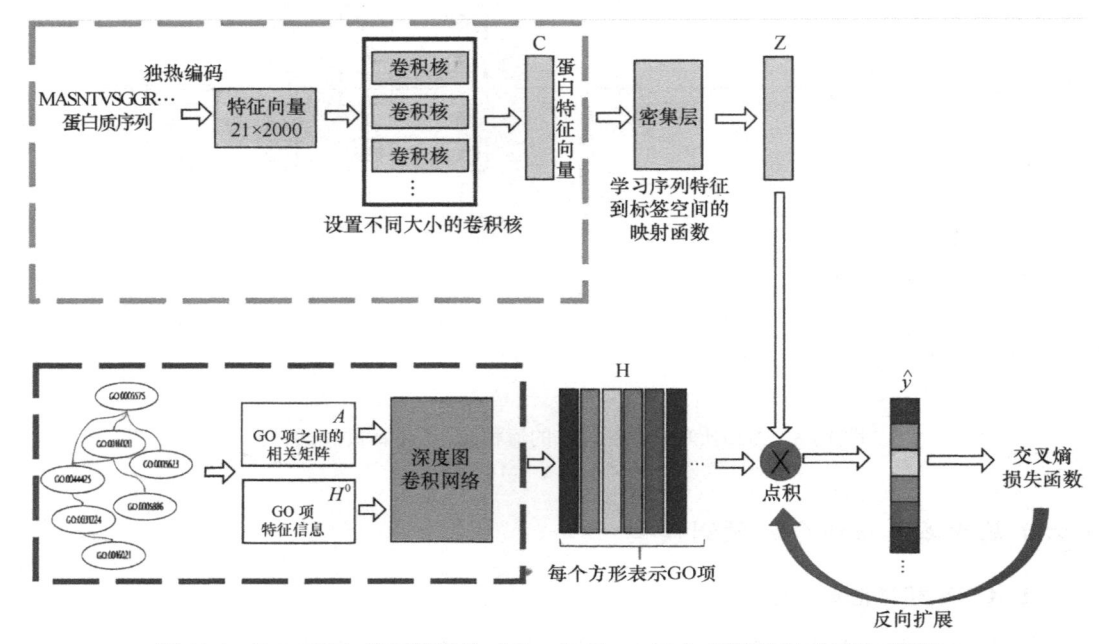

图 10-9　DeepGOA 的网络架构（Zhou et al.，2020）（彩图另扫封底二维码）

上面的黄色子网络是卷积网络部分。通过不同大小的卷积核提取氨基酸，并使用全连接层来学习 GO 术语从序列特征到语义表示的映射。下面的蓝色子网络是图卷积部分，它使用 GO 层次 $H^0 \in R|T|\times|T|$ 和存储在 $A \in R|T|\times|T|$ 中的 GO 项之间的经验相关性来学习每个 GO 项的语义表示。点积用于指导蛋白质和 GO 术语之间的映射，并反向调整蛋白质和 GO 词汇的表示。通过这种方式，GO 术语和蛋白质之间的关联也得到了预测

2. 其他多种方法的组合

现在至关重要且具有挑战性的问题之一是如何开发蛋白质中的大多数仅以序列作为唯一输入信息的预测方法。这些方法的关键是不仅要从输入的序列中提取同源信息，还要从其中提取多样的、深层次的信息/证据，并将它们高效地整合到预测器中。

GOLabeler（You et al.，2018）集成了 5 个分量分类器，对不同的特征进行训练，包括 GO 术语频率、序列比对、氨基酸三角图、结构域、基序及生物物理特性等，在学习排序（learning to rank，LTR）的框架下，这是一种机器学习的范式，特别适用于多标签分类（图 10-10）。创建 LTR 是为了将网页排名与页面中用户查询的相关性联系起来。如果关注的是二元相关性，那么排名问题就被转化为预测与给定查询相关的信息。多标签分类是将网页作为"标签"、查询作为"例子"来执行的。因此，LTR 可以将 GO 术语作为"标签"、将蛋白质作为"例子"来实现功能预测。GOLabeler 有效地整合了各种分类器提供的各种基于序列的信息，其中所有数据都通过序列获得，这是 LTR 的另一个显著优势。此外，LTR 的好处是，它可以应用于任何最前沿的回归或分类方法，简单地将组

件预测结果编码为输入特征。因此，GOLabeler 为整合各种基于序列的 AFP 数据提供了坚实的基础，并有望增强现有 AFP 对无信息蛋白的功能预测。

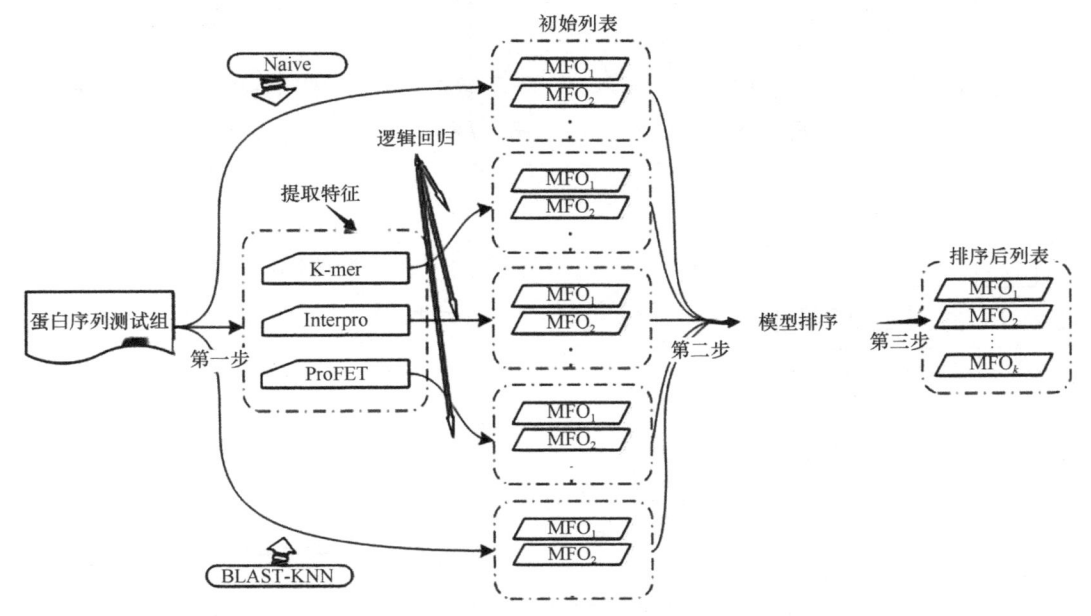

图 10-10　GOLabeler 的三步完整方案（You et al.，2018）

PANDA2 是一种代表基因本体有向无环图（GO DAG）的前沿 GNN，用于预测蛋白质功能（Zhao et al.，2022a）。近年来，GNN 已成为机器学习中常用的工具之一。PANDA2 有三个 GNN 块，每个块都作为更新边缘特征的基本计算单元，第一和第二图形网络块中 GNN 的节点特征和全局特征，使用了一个完全连接的层来调整特征的大小，以适应类的数量。然后加载第三个 GNN 块的连接节点特征、完全连接的层输出、全局特征、优先级分数和其他组件（图 10-11）。与 CAFA3 排名前十的方法相比，PANDA2 在细胞组分（CC）中排名第一、在生物过程（BP）中并列第一，但覆盖率更高，在分子功能（MF）中位居第二。与最近开发的其他前沿预测因子 DeepGOPlus、GOLabeler 和 DeepText2GO 在一个独立数据集上进行基准测试，结果显示 PANDA2 在 CC 中排名第一、在 BP 中排名第二、在 MF 中排名第二。

大多数自动功能注释方法基于高度相似蛋白质的注释，将基因本体论术语分配给蛋白质。但序列信息不相似蛋白质可能也是具有有效信息的。此外，尽管 GO 术语结构简单，但计算机学习起来仍有一定的困难，特别是处理术语最多的生物过程本体（超过 29 000 条）。Makrodimitris 等（2019）建议使用标签空间降维（label space dimension reduction，LSDR）技术来减少 GO 的冗余信息，将其转换为更紧凑、更易于预测的潜在信息表达。使用序列相似性图谱（SSP）将蛋白质与一组注释的训练蛋白质进行比较，并介绍了两种新的 LSDR 方法：一种基于 GO 的结构，另一种基于术语的语义相似性。这些 LSDR 方法以及现有的三种方法提高了几种函数预测算法的函数注释性能的关键评估。对拟南芥蛋白质的实验表明，SSP 与 KNN 分类器相结合，在交叉验证的 F-测量

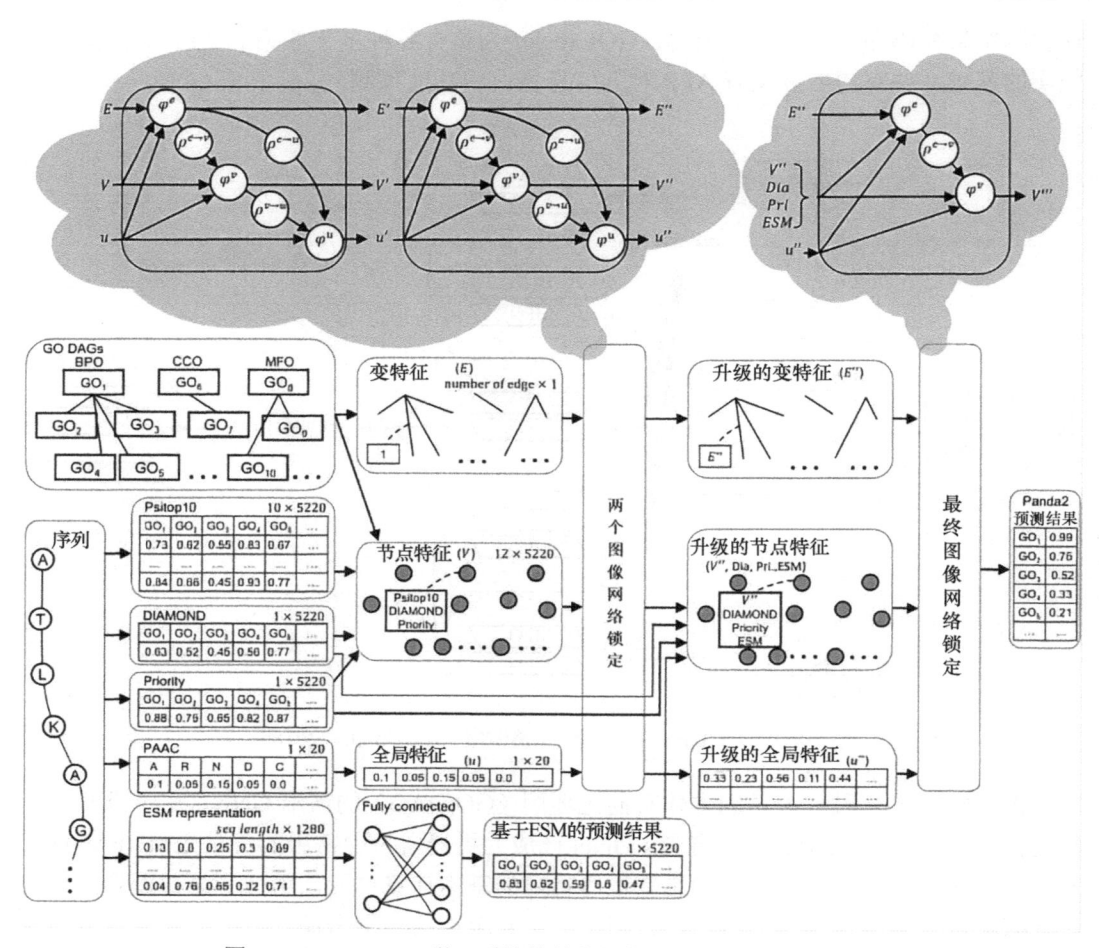

图 10-11　PANDA2 学习系统的总体架构（Zhao et al., 2022a）

Psitop10 表示 PSI-BLAST 前 10 分；Dia 表示 DIAMOND 分数；Pri 表示优先级分数；PAAC 表示序列的伪氨基酸组成；ESM 表示揭示蛋白质结构与功能的深度学习模型；V、V'、V''、V'''表示节点特征；E、E'、E''表示边缘特征；u、u'、u''表示全局特征；φ^e、φ^v、φ^u表示特征"更新"函数；$\rho^{e\to v}$、$\rho^{e\to u}$、$\rho^{v\to u}$表示特征"聚合"函数

方面优于基线法。研究结果表明，整合新的标签空间降维方法的功能预测算法稳定提高了功能注释的性能。

二、基于结构特征的蛋白质功能预测

在蛋白质中，执行相同功能的蛋白质之间的结构往往是保守的，而不是序列保守，即使在跨物种的情况下，类似的蛋白质也是如此。从这个角度来看，蛋白质的三维结构可以说是蛋白质最重要的物理属性（Orengo et al., 1997）。然而，单一的结构通常是一个构象集合的表示。事实上，一个本质上无序的蛋白质具有一套构象，不能用某一个单一的天然三维结构准确地表示（Dunker et al., 2001）。一般来说，当一个蛋白质的构象集合保留了一个天然三维结构时，这个结构可能是刚性的或者是灵活柔性的，以至于在构象集合中无法识别出保守的单一结构域。有一个广泛的构象特征，连接了以上两个构象的极端,即蛋白质功能的共同特征——相互作用区域(Pawson and Nash,2003)。一个蛋白质与其他蛋白质或其他类型分子的相互作用强度可以从弱到强,这取决于其序列和环境。不同伴侣蛋白之间的相互作用是由环境调节的,这可能包括翻译后调节对蛋白质的影响(如糖基化),以及溶质或溶剂的浓度梯度或状态变化(如压力、pH 或温度)。环境控制着一个大的分子内和分子间相互作用网络,这强烈地依赖于分子浓度。虽然目前观察到的蛋白质的特性取决于其环境,但研究者通常只关注蛋白质的内在特性,而在很大程度上忽略环境影响(Liberles et al.,2012)。

一般来说,属于同一功能的蛋白质家族成员,在被置于与原生环境不同的条件下时,就会失去功能。当比较各自原生环境中的蛋白质时,发现它们往往具有相似的内在特性(Sievers et al.,2011;Livesay and Jacobs,2006)。仔细分析表明,同一功能家族内的蛋白质有大量的序列保守片段,可以通过使用生物信息学序列比对方法来确定蛋白质序列相似性(Katoh and Standley,2013;Edgar,2004)。当考虑到序列的突变、插入和缺失可能性时,多序列比对显示了蛋白质之间相同的氨基酸序列(Henikoff and Henikoff,1992)。

蛋白质在细胞中折叠成的三维形状有多种用途。许多蛋白质功能区域是无序的,尽管大多数蛋白质结构域折叠成特定的、有序的三维构象。蛋白质的结构特征决定了蛋白质催化生化反应、参与信号转导和被运输的能力。此外,蛋白质的结构还影响着蛋白质的力学稳定性和结合选择性。由于计算结构生物学实验方法的进步,许多蛋白质的三维结构已经被描述(Fu et al.,2018)。蛋白质数据库是一个包含核酸、蛋白质及其复杂组合的三维结构数据库,是由于结构数据的快速扩展而创建的,目前已有超过 17 万个条目。比较模型数据库是研究结构-功能相关性的有用工具。在深度学习的帮助下,解决各种结构-功能问题的方法有了显著改进。这些方法的范围从预测蛋白质的功能和结构,到学习序列嵌入,再到预测接触映射。特别是 CNN,其在解决计算生物学问题方面表现出了突出的性能。通过直接从蛋白质序列或相关的三维结构中提取特定的特征,克服了基于特征的机器学习方法的缺点。在最近的一项研究中,使用三维 CNN 从蛋白质结构数据中提取了特征。虽然这些研究强调了结构特征的重要性,但蛋白质结构只占据了三维空间的其中一小部分,因此需要进行更详细的三维信息存储,并分析蛋白质结构的表征,但这些计算可能引起计算效率低下。克服其效率低的缺陷可以应用深度学习技术,如 GCN、GAT 等,其中 GCN 鼓励卷积过程生成更有效的、类似图的化学描述表现得尤为优秀,在广泛的应用中都表现出了突出的性能,包括学习定量构效关系模型特征、药物活性预测、蛋白质界面预测。

(一)基于图形卷积网络的预测模型

图形卷积网络(GCN)主要用于提取图的拓扑信息(节点的邻接信息)。GCN 的优点是能够捕获图的全局信息,并能很好地描述节点和边的特征。GCN 的缺点是,如果图随着新节点而改变,GCN 的结构也会改变。因此,GCN 不适用于具有非固定节点的图结构。目前,GCN 主要应用于网络分析、推荐系统、生物化学、流量预测、计算机视觉、自然语言处理等领域。

DeepFRI 是一种深度学习技术，它利用 GCN 从蛋白质语言模型和蛋白质结构中获得的序列特征来预测蛋白质功能（Gligorijevic et al.，2021）。蛋白质数据库和 SWISS 模型的蛋白质结构被用于训练 DeepFRI，其能够比基于序列的预测方法更准确地预测蛋白质的酶活性和基因本体信息。该模型有两阶段的构架：首先，基于 RNN 的自监督语言模型从 PDB 序列中提取残基级特征，并对蛋白质家族数据库（Pfam）中的一组蛋白质结构域序列进行了预训练；然后，通过 GCN 在结构中附近的残基之间获取残基级特征来构建最终的蛋白质级特征表示。利用蛋白质序列的长短期记忆语言模型和 GCN，可以更准确地预测蛋白质功能（图 10-12）。

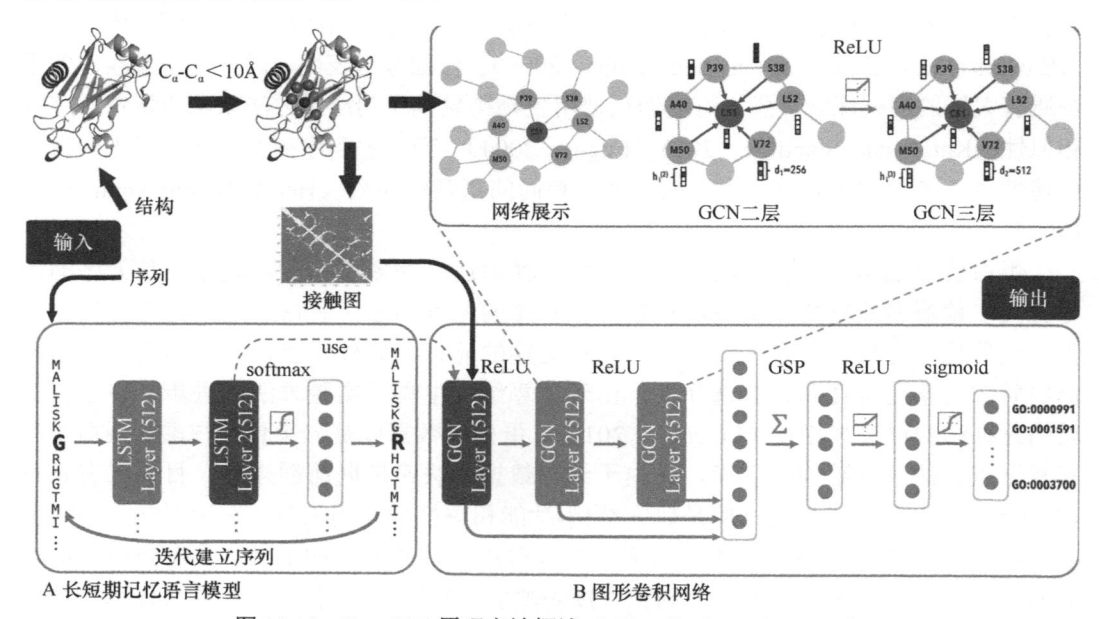

图 10-12 DeepFRI 原理方法概述（Gligorijevic et al.，2021）
A. LSTM 语言模型，在约 1000 万个 Pfam 蛋白质序列上进行预训练，用于提取 PDB 序列的残基水平特征。B. GCN 具有三个图卷积层，用于学习复杂的结构-函数关系

DeepFRI 的一个关键优势是通过局部序列和全局结构特征来进行功能预测，而不仅仅是基于同源性的转移。提出的方法通过深度学习不断增长的序列和结构数据，解决注释挑战带来的基因组序列数据潜在增长，提供新的视角应对蛋白质多样性的日益增长的分子树信息。DeepFRI 优于当前领先的方法和基于序列的卷积神经网络，并可扩展当前序列存储库的大小。用同源性模型扩充实验结构的训练集，能够显著扩展可预测函数的数量。DeepFRI 还具有显著的去噪能力，当实验结构被蛋白质模型取代时，性能仅略有下降。类激活映射允许以前所未有的分辨率进行函数预测，并允许以自动化的方式在残差级别进行特定站点的注释，展示了其较高的实用性和高性能（Gligorijevic et al.，2021）。

（二）基于图注意力网络的预测模型

因为大多数基于 GCN 模型的算法无法处理动态的图或者处理的效果不佳，并且其对每个邻接节点都分配相同的权值可能不理想。由此，研究者们提出了 GAT（graph attention network，图注意力网络），其可以确定每个节点对其不同邻接节点的权重，以及处理好的邻接节点特征与自身特征结合在一起等问题。GAT 有以下优点：①它克服了 GCN 只适用于直接推送学习（训练时需要测试时间的图数据），并且它可以应用于归纳缺点学习（训练时不需要测试时间的图数据）；②用注意力权值代替原始节点链接的 0 或 1 的关系，即两者之间的关系节点可以被优化为一个连续的值，从而获得更丰富的表示形式；③由于注意力值的计算可以在节点之间并行进行，因此该网络的计算效率很高。但 GAT 也不是完美的，它具有两个限制。首先，GAT 没有充分利用边缘信息，只利用连通性，然而一个图中的边通常有大量的信息，如强度、类型等。其次，在原始的邻接矩阵中可能存在噪声。每个 GAT 层基于原始的邻接矩阵作为输入来过滤节点特征。原始的邻接矩阵可能是有噪声的，而不是最优的，这将限制滤波操作的有效性。近年来，GAT 已被应用于生物化学中的药物分子设计、运输中的交通需求预测、计算机图像处理中的目标检测等各个行业（Yan et al.，2023）。

GAT-GO 是一种依赖图注意力网络构建的计算模型，通过利用预测的结构信息特征和蛋白质序列嵌入来显著改进蛋白质功能预测（Lai and Xu，2022），它可以准确有效地将蛋白质序列大规模映射到功能注释，特别是当测试序列与训练序列不相似时（图 10-13）。通过结合序列特征、蛋白质嵌入和残基间接触图，GAT-GO 可以从局部和全局信息预测蛋白质功能；相反，基于序列的方法不能利用预测的结构信息，因此不善于处理与任何训练序列相似度不高的测试序列。即使测试和训练序列不同，该方法也能有效、正确地注释蛋白质序列以大规模发挥作用。实验结果表明，GAT-GO 大大优于近期其他的基于序列和结构的深度学习方法。在训练蛋白和测试蛋白共享＜15%序列同一性的 PDB-mmseqs 测试集上，GAT-GO 对分子功能、生物过程和细胞组分本体结构域产生的 F_{max}（最大 F 分）分别为 0.508、0.416、0.501，产生的精确召回曲线下面积（area under the precision-recall curve，AUPRC）分别为 0.427、0.253、0.411，比不使用任何结构信息的基于同源性的方法 BLAST（F_{max} 分别为 0.117、0.121、0.207，AUPRC 分别为 0.120、0.120、0.163）好得多。在训练蛋白集和测试蛋白集更相似的 PDB-cdhit 测试集上，同时使用预测的结构信息的条件下，GAT-GO 对分子功能、生物过程和细胞组分本体结构域产生的 F_{max} 分别为 0.637、0.501、0.542，产生的 AUPRC 分别为 0.662、0.384、0.481，显著超过了之前提到的依赖结构信息的方法 DeepFRI（其 F_{max} 分别为 0.542、0.425、0.424，AUPRC 分别为 0.313、0.159、0.193）。该方法如果从宏基因组数据库中检测到更多测试蛋白质的序列同源物，预测准确性可能会进一步提高。蛋白质嵌入、预测接触图和 GAT 网络结构都对改进函数预测很重要。为了进一步改进基于结构的蛋白质功能注释，可以使用预测的残基间距离图或三维结构坐标作为结构信息，而不是使用预测的接触图；也可以使用其他基于网络的蛋白质特征，如 PPI 网络。

三、基于多源信息融合的蛋白质功能预测

序列同源性是目前大多数依赖序列信息预测功能方法的理论基础（Jiang et al.，2016），但该方法仍可能存在有许多局限性。因为超过 80%的未注释蛋白序列缺乏紧密的同源性，

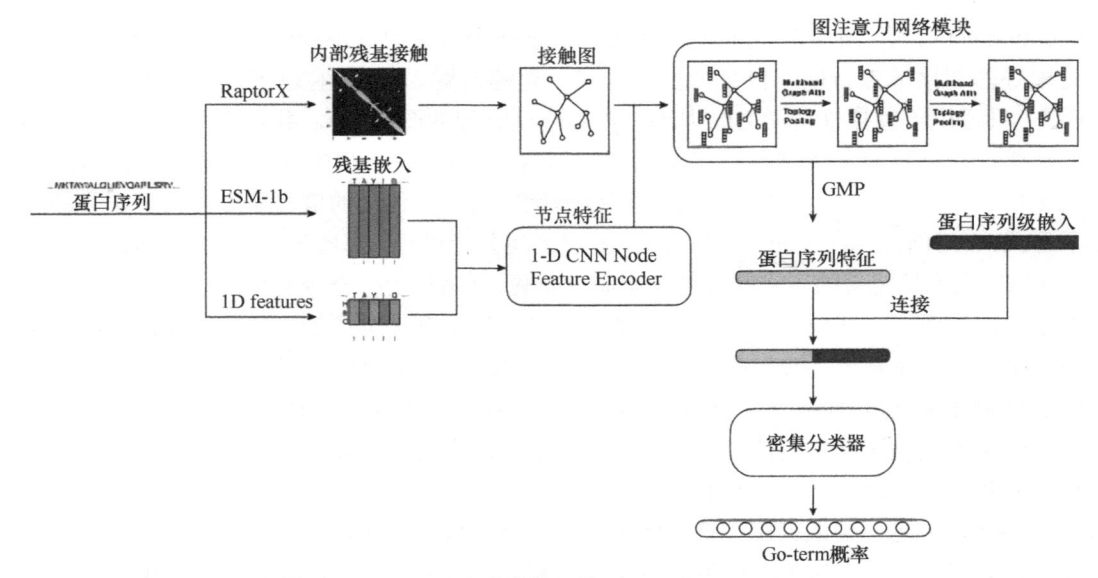

图 10-13　GAT-GO 的总体架构（Lai and Xu，2022）

输入序列首先被处理成一维特征（SA/SS/PSM），并被递送到一维 CNN 特征编码器中，以产生节点级特征嵌入。GAT 将残基间接触图与节点级特征嵌入相结合，生成蛋白质级特征向量，然后由密集分类器用于预测 GO 项概率

而 25% 的未注释蛋白具有不超过 30% 的序列同源性。有鉴于此，一些蛋白质功能预测的方法凭借功能与结构的密切关系，基于结构同源性的方法进行蛋白质功能预测（Zhang et al.，2017；Jiang et al.，2016）。利用结构同源性，将已知的蛋白质功能信息注释到未确定特征的蛋白质上从而能够获得基于序列同源性的方法，无法有效解决的非序列同源蛋白质注释问题。但是，仅基于结构同源性的函数注释可能仍然存在一些缺点（Roy et al.，2009；Skolnick et al.，2000）。首先，功能相似性并不总是整体结构相似性的结果；其次，现有的结构-功能数据库还远远不够完整，这极大地限制了其检测基于结构的功能同源性的能力。决定蛋白质功能的蛋白质结构在细胞内并不是静态的。在现实中，许多分子在缺乏自身结构和细胞环境的无序区域中的运动影响了这些无序区域的功能。蛋白质相互作用网络被用于某些方法，因为在网络中接近程度较高的蛋白质更有可能具有类似的活动。由于单一信息来源的预测能力有限，因此，通过包含来自不同来源的大量互补信息片段，如序列、结构和交互网络，提高了功能预测的精度和广度。

（一）基于序列和 PPI 信息整合的蛋白功能预测模型

1. DeepGO

DeepGO（Kulmanov et al.，2018）提出了一种从蛋白质序列和已知相互作用来预测蛋白质功能的新方法，结合了两种基于多层神经网络来学习对预测蛋白质功能有用的特征。具体方法为：①使用 CNN 训练蛋白质序列，得到蛋白质序列特征；②建立深度分类模型来增强特定的 GO 特征，并将多模态数据源（特别是蛋白质序列和 PPI 信息）结合到一个单一模型中；③在一个新的深度神经网络模型中，利用①②得到的特征，从蛋白质序列以及跨物种蛋白质-蛋白质相互作用网络中深度学习特征，构建类似于 GO 中存在的类之间的结构和依赖关系，细化 GO 每个级别的预测和特征，并最终基于 GO 整个本体层次的性能优化函数预测的性能。通过功能注释计算评估（CAFA）建立的标准来评估该方法，证明了模型在 BLAST 基线上提高了功能预测的性能，特别是在预测蛋白质的细胞位置方面表现优异。基于该机器学习模型的多模态特性，可以在 DeepGO 模型中添加不同类型的数据。例如，如果有关于蛋白质结构的知识，模型中的数据可以通过添加一个新的特征分支并将其作为层次分类器的输入来进行训练。在未来，添加一些额外的数据来源可能有助于 DeepGO 表现得更好。

随着新的高通量测序技术的应用，大量的蛋白质序列正在变得可用。通过实验确定这些蛋白质的功能特征是非常昂贵，且需要大量时间。此外，在生物体水平上，这种实验性功能分析只能在极少数选定的模式生物体中进行。计算函数预测方法可以用来填补这一空白。DeepAdd 扩大了深度学习技术的应用，以三种不同的方式来预测蛋白质的功能（Du et al.，2020）。使用自然语言模型生成序列的单词嵌入，并通过深度学习从中学习特征，以及定位每个蛋白质的附加特征，其主要框架为：首先，DeepAdd 将蛋白质序列视为自然语言，并使用 Word2Vec 来提取单词嵌入；其次，利用两个 CNN 模型来学习特征，包括 PPI 网络和序列相似性特征；第三，使用来自两个 CNN 模型的数据源。这种方法的好处是具有可扩展性、从头到尾学习的可能性，以及识别能够产生足够的培训数据的类的能力（图 10-14）。该方法使用 GO 类之间的依赖关系作为背景信息来构建深度学习模型，使用功能注释计算评估（CAFA）建立的标准对方法进行了评估，结果展示，

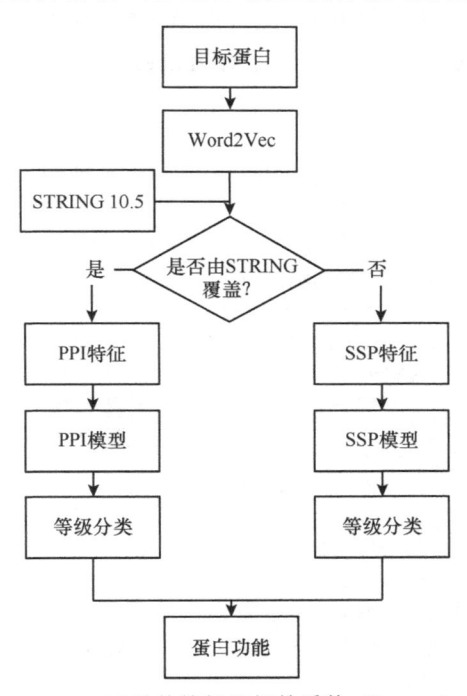

图 10-14　DeepAdd 总体构架及相关系数（Du et al.，2020）

DeepAdd 由两个具有多个卷积块的 CNN 模型组成，这些卷积块将所呈现的蛋白质序列映射到两个特征向量表示。一种特征表示是通过 SSP 模型对序列相似性轮廓进行。另一个特征表示是 PPI 模型的 PPI 网络。DeepAdd 使用分层分类方法对每个查询蛋白质的所有候选 GO 术语进行分类

与 FFPred、DeepGO、GoFDR 等方法比较，DeepAdd 在 CAFA3 数据集上表现出了显著的改进。然而，DeepAdd 模型也有一些缺点，主要在于它需要一个相当大的语料库来为 Word2Vec 创建一个全面的 k-mer 词典，这表明它需要一个大型的蛋白质数据库。另外的限制是，用于标记氧化石墨烯蛋白质的数据是人工收集的，这限制了其在其他领域的应用，如预测表型注释或变异的影响。针对需要很长时间计算的 cpu 密集型的数据，也应该使用深度学习来进行数据处理。该算法未来的改进方向为：首先，应该引入更有利于蛋白质功能预测的重要附加特征；然后，应该开发更有效的算法，提高预测结果，同时加速训练。

2. NetGO

蛋白质的自动功能预测是一个大规模的多标签分类问题。大多数基于网络的蛋白质功能预测方法有两个局限性：①必须为每个物种训练单个模型；②完全忽略蛋白质序列信息。这些限制导致依赖网络信息预测功能的性能比基于序列的方法弱。因此，如何开发一种强大的、基于网络的方法来克服这些限制，成为一项新的挑战。

NetGO 是一种能够通过结合大量蛋白质-蛋白质网络信息来进一步提高大规模蛋白质功能预测性能的网络服务器（You et al., 2019）。它可以存储大量的在线数据，将网络信息与序列、蛋白质表达与结构域数据相结合，以获得改进的自动功能预测。使用 NetGO 上显示的网络数据并不是一个新概念，然而，NetGO 将许多元素混合到一个强大的框架中，在彻底的大规模网络测试中产生最好的结果（图 10-15）。特别是，在 CAFA 设置下，NetGO 在生物过程和细胞组件 GO 本体中的表现比 GOLabeler 或 DeepGO 和 GoFDR 方法要好得

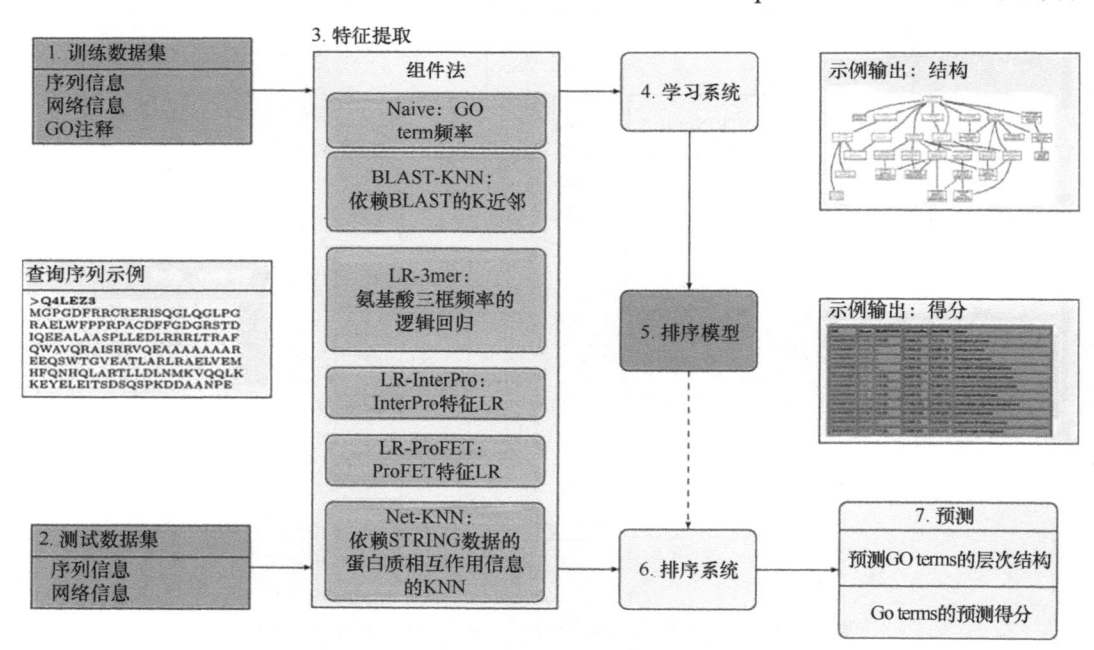

图 10-15 NetGO 的策略框架（You et al., 2019）
前五个组件方法使用序列信息，而 Net-KNN 依赖于网络信息。离线培训过程包括步骤 1→3→4→5，而在线测试过程是步骤 2→3→6→7

多。具体而言，NetGO 在使用网络信息方面的优势如下。① NetGO 依靠机器学习的强大学习排序框架，有效整合蛋白质的序列和网络信息。它具有一个强大的 LTR 集成框架，该框架根据示例的最优排序对实例进行排序，而不是为每个实例分配一个数值分数。LTR 是一个功能强大的机器学习范式。通过将更相关的 GO 术语放在列表的顶部，LTR 模型试图确定哪一个 GO 术语更重要，从而给定与特定蛋白质相关的 GO 术语。根据预测得分进行排序后，在测试过程中选择排名靠前的 GO 单词作为真实标签。②NetGO 包含了大量完整的字符串网络数据 STRING 中所有物种（＞2000）的大量网络信息（而不仅仅是一些特定物种）。③即使蛋白质不包含在 STRING 中，NetGO 仍然可以使用网络信息，通过同源转移来注释蛋白质，分析不同序列的细节。将训练和测试数据与 CAFA 的相同延时设置分离，我们全面检查了 NetGO 的性能。此外，NetGO 网络服务器的快速加载可视化界面促进了大规模的蛋白质功能预测。

3. DeepGraphGO

DeepGraphGO 是一种基于端到端多谱图神经网络的半监督深度学习方法，同时利用高阶蛋白质相互作用网络信息，以及使用 GNN 的蛋白质序列信息（You et al.，2021）（图 10-16）。DeepGraphGO 有三个重要的特征。①它使用 InterPro（Mitchell et al.，2019）蛋白质结构域和家族的数据库作为 GNN 训练的表示向量（节点/蛋白质）的输入。为了提供多种特征的信息（包括家族、结构域和序列基序），DeepGraphGO 合并了 14 个不同的数据库，包括 Pfam（Mistry et al.，2021）、SUPERFAMILY（Zlotnik and Yoshie，2012）、CATH-Gene3D（Dawson et al.，2017）和 CDD（Marchler-Bauer et al.，2017）等。②GNN 已被开发用于创建各种应用程序，包括图分类、节点嵌入、节点分类和链路预测。作为一种典型的 CNN 代表，图卷积网络（GCN）被用于每个节点的表示向量提取，该层收

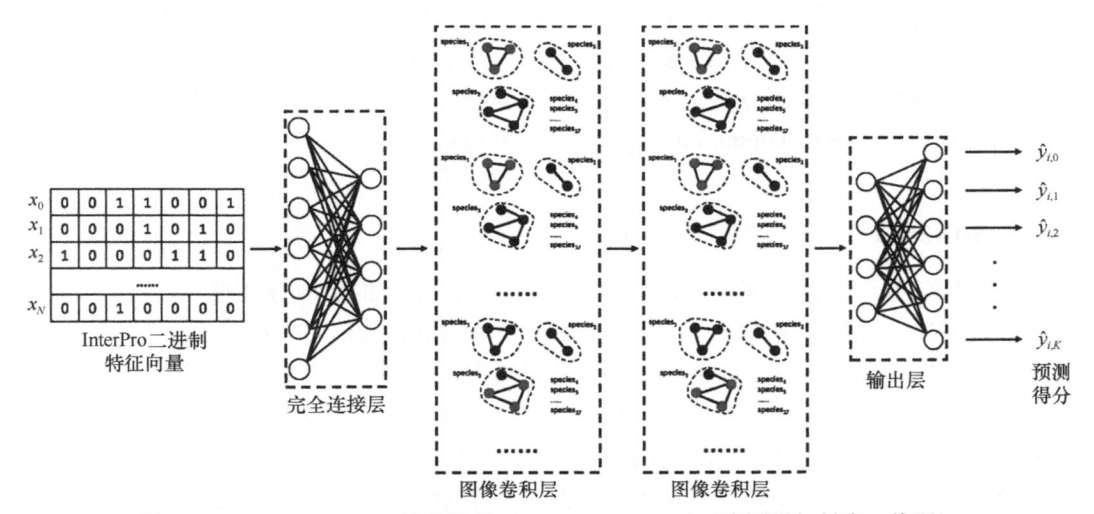

图 10-16 DeepGraphGO 整体构架（You et al.，2021）（彩图另扫封底二维码）

从 InterPro 获得的 N 个二进制特征向量（大小为 m）作为输入。输入向量的大小由输入（完全连接）层减小[例如，m（原来是 7）减小到 4]而生成密集向量，这些密集向量被用作后续卷积（GCN）层的表示向量的初始值。GCN 层接受所有物种的蛋白质网络（由于多物种策略），每个节点的表示向量（红色）由连接节点的表示矢量（蓝色）更新。重复此过程（两次）以捕获相邻信息，最终捕获给定网络中的高阶信息。最后，输出层输出每个蛋白质的 K 个 GO 项的预测得分

集相邻节点的表示。由于存在许多 GCN 层（蛋白质），在节点之间捕获高阶信息是可能的。③DeepGraphGO 使用了多物种策略，即来自所有物种的蛋白质都被用来训练一个单一的模型。与早期关注单一物种的研究相比，这种方法利用了更多的数据，特别是对于注释较少的物种。对大规模数据集的大量实验表明，DeepGraphGO 显著优于许多近期发表的预测方法，包括 DeepGOPlus 和三种具有代表性的基于网络的方法（GeneMANIA、deepNF 和 clusterDCA）。在证实了多物种策略的有效性，以及 DeepGraphGO 相对于所谓的困难蛋白质的优势后，研究者将 DeepGraphGO 集成到之前提到的 NetGO 蛋白功能预测网络服务器中，作为其中的一个组件，实现了进一步的性能改进。

（二）基于序列、结构和 PPI 信息整合的蛋白质功能预测模型

1. QAUST

未知结构的定量注释（quantitative annotation of unknown structure，QAUST）是一种预测蛋白质功能的新方法（Smaili et al.，2021），将 PPI 网络和功能序列基序的识别与局部和全局结构相似性搜索相结合来推断蛋白质功能。QAUST 方法使用三种信息来源：通过全局和局部结构相似性搜索编码的结构信息；通过蛋白质-蛋白质相互作用数据推断的生物网络信息；从功能判别序列基序中提取的序列信息。这三种信息通过一致性平均进行组合，以进行最终预测。工作流程从序列开始，然后继续进行到结构和功能：从氨基酸序列开始，首先使用 I-TASSER 进行蛋白质结构预测（MacCarthy et al.，2022），结合全局和局部结构相似性搜索方法，利用预测的结构来识别具有相似功能的蛋白质。此外，PPI 数据来自于 String 数据库（Szklarczyk et al.，2021）作为第三个关键的预测特征，提取了功能鉴别序列基序。最终的置信度得分是通过使用共识程序结合从这三个属性中获得的置信度评级来创建的。QAUST 已经在功能注释关键评估（CAFA）基准集的 500 个蛋白质靶标上进行了测试，结果表明，方法提供了准确的函数注释，并且优于其他基于序列相似性搜索等预测方法。生物实验验证结果展示 QAUST 预测的人类 TRIM22（human tripartite motif-containing 22）蛋白的未知功能是准确的，进一步肯定了它的预测能力。

2. SDN2GO

SDN2GO 是一个建立在深度学习基础上的、全面加权的集成分类模型，应用卷积神经网络从序列、蛋白质结构域和已知 PPI 网络中学习并提取特征（Cai et al.，2020）。对于以上这三种类型的信息，分别建立了三个子模型，并在对子模型进行预训练后，发现并提取了这三个部分特征。最后，使用内置的深度学习权值分类器对蛋白质的每个 GO 项进行评分和注释（图 10-17）。根据功能注释关键评估（CAFA）的时延原理构建了训练集和独立测试集，并在独立测试集上与两种竞争激烈的方法（上文提到的 NetGO 和 DeepGO）和经典的 BLAST 方法进行了比较，结果表明，该方法在 GO 的每个子本体上都优于其他方法。该方法还研究了使用蛋白质结构域信息的性能，学习了自然语言处理（natural language processing，NLP）来处理领域信息，并预先训练了一个深度学习子模型来提取领域的综合特征。实验结果表明，获得的域特征大大提高了模型的性能。

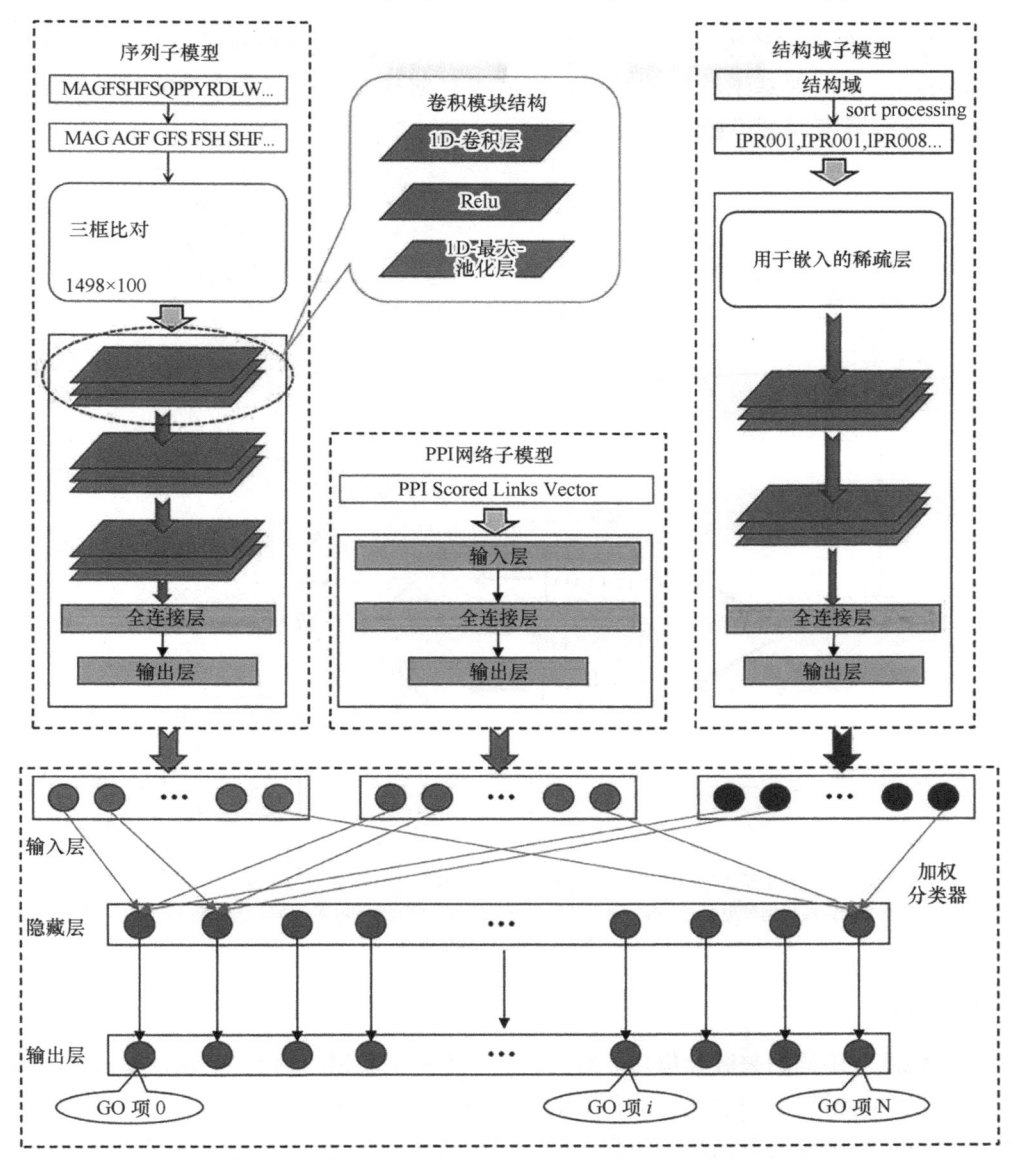

图 10-17 集成的深度学习模型架构(Cai et al., 2020)

①序列子模型利用一维卷积神经网络从序列输入中提取特征,序列输入被编码为 3-grams,然后映射到三框比对矩阵。②PPI 网络子模型是使用经典神经网络生成的密集 PPI 网络特征。③结构域子模型初始化稀疏层,稀疏层被集成到子模型中进行优化,以生成域的查找表,稀疏层处理的排序域语句被输入到一维卷积神经网络中以提取特征。④将三个子模型的所有输出特征组合并输入加权分类器,输出向量表示 GO 项的概率

3. COFACTOR

COFACTOR 网络服务器是一个基于结构的多级蛋白质功能预测统一平台(Zhang et al., 2017)。通过在 BioLiP 库中对低分辨率结构模型进行结构线程处理,COFACTOR 从各种类似和同源的功能模板中推断出三类蛋白质功能,包括基因本体论、酶 EC 编号和配体结合位点。COFACTOR 服务器在开发方面的最新改进是从序列图谱比对和蛋白

质-蛋白质相互作用网络推断蛋白质功能（图10-18）。大规模基准测试表明，COFACTOR方法显著提高了以前基于结构的基线并提高了目前功能注释方法的功能注释精度，特别是对于没有紧密同源模板的目的蛋白。

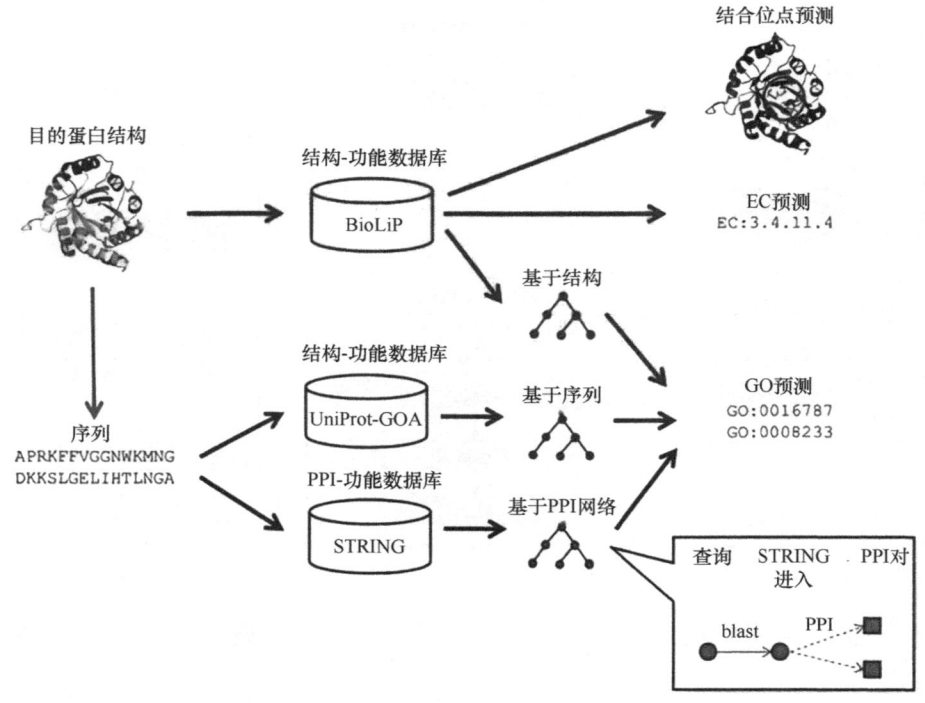

图 10-18 基于模板的函数预测的 COFACTOR 工作流程（Zhang et al., 2017）
该方法由三条用于功能模板识别管道组成。GO 预测结果来源于结构、序列和 PPI 的共同预测，酶 EC 编号和配体结合位点预测则基于结构模板

4. 其他

INGA2.0 从不同的来源收集功能数据，以产生一个共识的预测（Piovesan and Tosatto, 2019），利用同源性、结构域、相互作用网络和来自"暗蛋白质组"的信息（如跨膜和内在无序区域）来生成功能预测。跨膜区域预测和内在无序区域也被包括在新版本的 INGA 中，以补充来自"暗蛋白质组"或在公共数据库中记录不足的切片的数据。CAFA3 对 INGA 2.0 产生的共识预测的评估表现良好。当提供额外的输入文件时，新算法可以在几个小时甚至更短的时间内处理整个基因组。新界面通过集成过滤器和小部件来探索预测术语的图形结构，提供了更好的用户体验。

MetaGO 通过将基于序列同源性的注释与低分辨率结构预测和比较、基于伴侣同源性的蛋白质-蛋白质网络相结合，来推导蛋白质的基因本体属性（Zhang et al., 2018a）。该方法在 CAFA3 实验的 1000 个非冗余蛋白质的大规模集合上进行了测试，与查询序列同一性＞30%序列将被排除，在此严格基准测试条件下，MetaGO 在分子功能、生物过程和细胞成分方面分别实现了 0.487、0.408 和 0.598 的平均 F-度量，这显著高于其他先进的功能注释方法。详细的数据分析表明，MetaGO 的主要优势在于从基于伴侣同源性的网络映射，以及基于局部和全局结构比对中检测到新的功能同源物，其置信度得分可以通过逻辑回归进行优化组合。这些数据证明了使用结合蛋白质结构和相互作用网络的混合模型，在传统的、基于序列的同源性之外，特别是对于缺乏同源功能模板的蛋白质，推导出新功能的能力。

Graph2GO 是一种基于多模态图的表示学习模型，可以集成异构信息，包括多种类型的交互网络（序列相似性网络和蛋白质-蛋白质交互网络）和蛋白质特征（氨基酸序列、亚细胞位置和蛋白质结构域），以预测基因本体上的蛋白质功能（Fan et al., 2020）。将Graph2GO 与作为基线模型的 BLAST 以及两种流行的蛋白质功能预测方法（Mashup 和deepNF）进行比较，证明模型可以实现最先进的性能，并通过对多个物种的测试来展示模型的稳健性。模型还提供了一个支持功能查询和实时下游分析的 web 服务器。Graph2GO 是第一个利用属性网络表示学习对交互网络和蛋白质特征进行建模以预测蛋白质功能的模型。该模型可以很容易地扩展到更多的蛋白质特征，以进一步提高性能。此外，Graph2GO 还适用于涉及生物网络的其他应用场景，学习到的潜在表示可以作为各种下游分析中机器学习任务的特征输入。

第二节　蛋白质功能注释

在蛋白质组学研究中，通过分析蛋白质表达谱数据鉴定生物标志物或理解生物学意义是至关重要的。在一个典型的实验中，针对两个类别的样本集合，如健康的和特定疾病的样本、使用药物治疗和未治疗的样本等，通过分析蛋白质表达谱数据可以获得包含成千上万个差异表达蛋白的列表 L，进一步对 L 中蛋白质进行功能注释，有助于研究特定表型（如疾病）的发生机制和应对该表型所进行的干预（如治疗）。

在过去几十年里，微阵列技术和高通量测序技术已被广泛用于量化细胞内的蛋白质水平。为了从蛋白表达谱数据中获得有意义的生物学信息，已经开发了许多软件和算法，用于特异性定量蛋白质水平、鉴定不同样本中的差异表达蛋白以及对差异蛋白进行功能注释。

一、蛋白质差异表达分析

鉴定不同条件下的差异表达蛋白有助于理解表型变异的分子基础。目前观察到的蛋白质表达差异除了由于疾病引起，还可能受到其他很多方面的影响，如样本收集和处理过程本身的系统误差及测量的准确性等。表达谱数据具有很多测量值，而重复次数少，这样很难进行协方差的稳定估计，给统计分析带来一定的挑战。因此，用于鉴定差异蛋白的方法必须控制假阳性（一类错误）和假阴性（二类错误），不同方法的阈值不同，通常要求小于 0.05 或 0.01。这类方法有许多种，从最简单的经验过滤（如选择倍数变化高于某一阈值）到复杂的统计检验（如贝叶斯模型或芯片显著性分析）。由于经验过滤依赖于任意选择的阈值，并且无法对结果显著性进行控制，所以使用统计学分析进行差异鉴定更为可靠。目前用于鉴定差异蛋白的方法包括 PLGEM（Pavelka et al., 2004）、DEqMS

（Zhu et al., 2020）、DEP（Zhang et al., 2018b）和 *prolfqua*（Wolski et al., 2023）等。

（一）PLGEM 模型

幂律全局误差模型（power law global error model，PLGEM）（Pavelka et al., 2004）是针对高度重复的微阵列数据，基于表达谱数据标准误差的分布与均值估计之间呈现强线性相关的特征开发的，用于鉴定两个类别样本中的差异蛋白。

1. PLGEM 模型原理

PLGEM 使用线性回归对噪声进行拟合：

$$\ln(s) = k \cdot \ln \bar{x} + c + \varepsilon \tag{10-1}$$

其中，s 和 $\bar{x}$ 分别为标准误和均值；误差项 ε 用于补偿随机变量 E。在此基础上提出 PLGEM 模型：

$$s(\bar{x}) = \alpha \cdot \bar{x}^{\beta} \cdot e^{\varepsilon} \tag{10-2}$$

其中，模型参数 α 和 β 可以直接从公式（10-1）的线性回归系数获得，如下：

$$\alpha = e^{c}; \quad \beta = k \tag{10-3}$$

2. PLGEM 拟合方法

PLGEM 并非简单地对所有数据点进行线性拟合，而是通过将数据分割成不同的区间来提高模型的稳健性。拟合方法具体如下。

（1）根据蛋白质的 $\ln \bar{x}$ 值进行排序，并将所有表达值平均分为 p 等分，p 由用户设定。

（2）选择"建模分位数" q，并为每个分区中的所有蛋白质确定一个"建模点"，在二维平面坐标中，X 坐标为 $\ln \bar{x}$ 值的中位数，Y 坐标为 $\ln(s)$ 的 q 分位数。

（3）使用最小二乘法对一组 p 个建模点进行线性拟合，得到回归函数[公式（10-1）]中的斜率 k 和截距 c。

因此，可以获得所有可能的 p 和 q 组合的斜率 $k_{p,q}$、截距 $c_{p,q}$ 和相关系数 $r_{p,q}^2$。这个模型的直接应用是可以在 50% 分位数处拟合，获得趋中的标准误，利于提高统计检测；另一个应用是在 5% 和 95% 分位数处拟合，将标准误限制在 90% 的经验置信区间内。

3. 改进检测差异表达的检验统计量

鉴定差异表达蛋白需进行统计检验，该模型使用了信噪比（signal-to-noise ratio，SNR）（Golub et al., 1999）作为检验统计量进行计算，如下：

$$\text{SNR} = \frac{\bar{x}_g^{(2)} - \bar{x}_g^{(1)}}{s_g^{(1)} + s_g^{(2)}} \tag{10-4}$$

其中，$\bar{x}_g^{(1)}$ 和 $\bar{x}_g^{(2)}$ 分别为蛋白质 g 在条件 1 和条件 2 中的重复测量值的均值，而 $s_g^{(1)}$ 和 $s_g^{(2)}$ 是相应的标准误。PLGEM 模型使用公式（10-2）中预测的模型推导出的标准误作为相应信号均值的标准误，而不是从原始数据推导得到的标准误。

通过检验统计量 SNR 对蛋白质进行排序是确定差异蛋白的有效方法。更为有效的方法是通过比较统计量和零分布（null distribution）（非差异蛋白统计量的分布）以控制假阳性。PLGEM 模型基于重抽样方法获得零分布。下面以条件 A、重复 n1 次，条件 B、重复 n2 次为例，介绍重抽样过程。

（1）在条件 A 中，用 n1 个索引对应 n1 个重复，对 n1 个索引进行随机有放回抽样，获得人工条件 A*。

（2）使用与（1）中相同的方法，获得人工条件 B*。

（3）在每个循环中计算 A 和 B 之间的重抽样检验统计量 SNR。

上述重抽样过程重复多次（如 1000 次）后，将抽样得到的统计量汇总，构建 PLGEM-SNR 零分布，再通过该分布计算实际统计量的 p 值，并使用阈值 α（通常设为 0.01 或 0.05）筛选结果。通常认为，当 $p<\alpha$ 时，蛋白质是差异表达蛋白。

（二）prolfqua 模型

prolfqua（Wolski et al.，2023）是一个功能丰富、模块化的、面向对象的 R 包，用于分析单因素或多因素实验设计的定量质谱数据，如无标记 DIA 数据、基于标记的 TMT 数据等。与只支持一种建模方法的其他蛋白差异表达分析软件不同，*prolfqua* 支持多种模型，允许在给定线性和混合效应模型时进行差异表达分析，以及在整个样本组中缺失观测值的情况下评估组间差异等。

1. 数据标准化

使用 z-score 对数据进行标准化处理[公式（10-5）]，其中，使用中位数 $\tilde{x}$ 代替均值，使用绝对中位差（median absolute deviation，MAD）$\tilde{S}$ 代替标准差。

$$z = \frac{x - \tilde{x}}{\tilde{S}} \tag{10-5}$$

为了在原始数据标准上估计组间的差异，需要将 z-score 乘以实验中所有 n 个样本的平均标准差[公式（10-6）]。

$$z' = z \cdot \frac{1}{n}\sum_{i=1}^{n}\tilde{S}_i \tag{10-6}$$

这种方法需要评估每个样本的两个参数，它适用于具有数千个蛋白质的实验，以及每个样本只测量几百个蛋白质的实验。

2. 估计组间差异

给定一个线性模型 $y = \beta X$，可以通过权重 c 和模型参数 β 的点积（dot product）来计算两个组之间的差异 β_c，其中，c 是一个列向量，其元素数量与线性模型中系数 β 的数量相同。如果 c 的某些行值为 0，则 β 中相应的系数不参与确定差异对比。组间差异 β_c[公式（10-7）]和 β_c 的方差[公式（10-8）]可分别表示为

$$\widehat{\beta_c} = c^T\beta \tag{10-7}$$

$$\text{var}(\widehat{\beta_c}) = \sqrt{c^T\sigma^2(X^TX)^{-1}c} \tag{10-8}$$

其中，X 是设计矩阵。差异对比的自由度等于线性模型的残差自由度。*prolfqua* 软件包提供了从线性模型和对比规范字符串确定参数权重向量 c 的函数。

3. 在存在缺失值的情况下使用 LOD 进行对比估计

缺失观测值（如样本中蛋白质丰度或肽段的 Counts 数）导致不同组的样本数量不同和不平衡的设计。线性和混合效应模型可以处理不平衡的设计。只要组内有至少一个观测值可用，并且有足够的观测来估计方差，则将产生无偏估计，因此不需要插补。

然而，如果一个组中所有样本都没有观测值，会导致模型拟合失败。例如，一个蛋白质在所有样本中都没有被观测到，这大概率是因为蛋白质丰度低于质谱仪的检测限度（limit of detection，LOD）。在这种情况下，使用在 LOD 下的蛋白质的期望丰度 A_{LOD} 替代均值，并使用那些只在组内的一个样本中有观测值的蛋白质丰度的中位数估计 A_{LOD}。

在计算 a 和 b 两组之间的差异 Δ 时，使用对每组估计的均值 $\bar{a}$ 或 $\bar{b}$。例如，当 b 组中没有观测值时，设置 $\bar{b} = A_{\text{LOD}}$；当 $\bar{a} < A_{\text{LOD}}$ 时，设置 $\bar{a} = A_{\text{LOD}}$。如下：

$$\Delta = \begin{cases} \bar{a} - A_{\text{LOD}}, & \text{if } \bar{a} > A_{\text{LOD}} \\ 0, & \text{if } \bar{a} < A_{\text{LOD}} \end{cases} \quad (10\text{-}9)$$

假设所有组中的蛋白质相同，并使用混合方差[公式（10-10）]来估计蛋白质方差：

$$s_p^2 = \frac{\sum_{i=1}^{k}(n_i - 1)s_i^2}{\sum_{i=1}^{k}(n_i - 1)} \quad (10\text{-}10)$$

其中，n_i 是观测值的数量；s_i 是每个组的标准差。t-统计量的标准差如下：

$$s = \sqrt{\frac{2n_g s_p^2}{2}} \quad (10\text{-}11)$$

其中，n_g 是组的数量；n 是观测数量。如果在其他组中指定蛋白质的观测数量太少，则使用数据集中所有其他蛋白质的中位数混合方差来估计该蛋白质方差。

4. p 值调节

从线性和混合效应模型中，可以获得残差标准差 σ 和自由度 df。前人讨论了如何使用所有模型的 σ 和 df 来估计相应的先验和后验 $\tilde{\sigma}$（Smyth，2004）。这些可以用来调节 t-统计量，如下：

$$\tilde{t}_{pj} = \frac{t_{pj} s_p}{\tilde{s}_p} \quad (10\text{-}12)$$

5. 在蛋白质水平上总结肽段水平差异和 p 值

为了将肽段模型转化为蛋白质模型，采用了前人提出的方法（Suomi and Elo，2017）。该方法使用了肽段模型的中位数标准化 p 值和 Beta 分布的累积分布函数（cumulative distribution function，CDF）来确定蛋白质的调控概率。为了获得蛋白质的 $\tilde{p}$ 值，首先使用差异倍数 $\tilde{\beta}$ 来重新标准化肽段的 p 值，如下：

$$p_s = \begin{cases} 1 - p, & \text{if } \tilde{\beta} > 0 \\ p - 1, & \text{otherwise} \end{cases} \quad (10\text{-}13)$$

然后，确定中位数标准化 p 值 $\tilde{p}_s$，并使用公式（10-14）将其转为原始标准化格式：

$$\tilde{p} = 1 - |\tilde{p}_s| \tag{10-14}$$

由于使用了第 i 个统计量 $i = n/2+0.5$ 的中位数，将使用 γ 和 δ 对 Beta 分布的 CDF 进行参数化，如下：

$$\gamma = i = \frac{n}{2} + 0.5 \tag{10-15}$$

$$\delta = n - i + 1 = n - \left(\frac{n}{2} + 0.5\right) + 1 = \frac{n}{2} + 0.5 = \gamma \tag{10-16}$$

通过 prolfqua 模型，可得到在蛋白质差异表达分析中的几点建议：①使用稳健或非参数回归方法从肽段丰度估计蛋白质丰度；②对蛋白质丰度进行线性模型拟合；③不要填补缺失观测值，而是通过对缺失性进行统计建模来估计参数，如组间差异；④当测量结果存在相关性，例如，技术重复造成的相关测量值，如果样本量较大，可以使用混合效应模型；如果样本量较小，则将重复实验结果合并，并使用线性模型进行拟合；⑤使用固定效应线性模型时，可以通过调整方差来改善 t 统计量和 p 值；⑥对差异蛋白列表进行基因集富集分析时，使用 t 统计量而不是差异值对列表 L 进行排序（Wolski et al., 2023）。

（三）数据可视化

得到蛋白质表达丰度之后，需要对数据进行可视化，常用的方法是火山图（Volcano）和热图（Heatmap）。如图 10-19 所示，在火山图中，分别使用红色（虚线右上角部分）和蓝色（虚线左上角部分）表示差异高表达和差异低表达的蛋白质。对于两种情况，可以根据蛋白质的特定种类或功能分别分类，如正方形和三角形分别表示核心基质蛋白和基质组

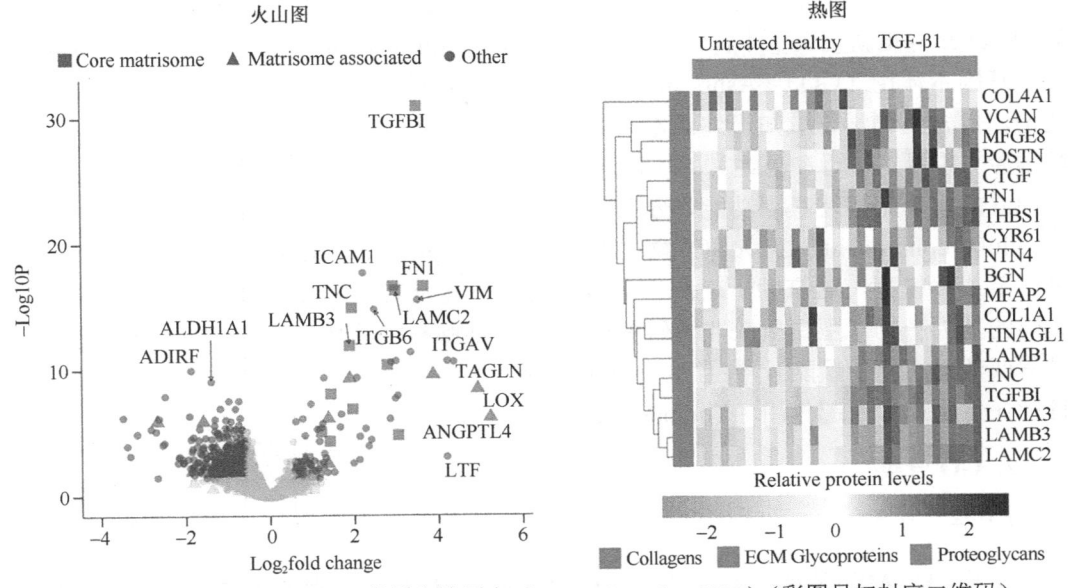

图 10-19　火山图和热图显示差异表达蛋白（Rosmark et al., 2023）（彩图另扫封底二维码）

相关蛋白。在热图中，分别使用紫色（相对蛋白水平大于 0）和蓝色（相对蛋白水平小于 0）表示差异高表达和差异低表达的蛋白质，例如，与健康对照组相比，TGF-β1 处理组中的 FN1、CTGF 等蛋白质表达上调。热图可以做聚类分析，即根据蛋白质的种类或功能进行聚类，如图 10-19 中分别用三种颜色表示胶原蛋白类、糖蛋白类和蛋白聚糖类。这一功能使得可以从中发现一些协作完成某种生物功能的蛋白质集合。这种可视化方法已经广泛应用于基因芯片数据和基因组高通量测序数据的可视化中。通过差异表达分析得到两种类别样本中的差异表达蛋白后，可以进一步对这些蛋白质进行功能注释，如 GO 注释、KEGG 通路注释等，从而揭示差异蛋白与表型差异之间的功能联系及其机制。

二、基因本体论分析

通过差异表达分析，可以获得在两个类别样本中差异表达的蛋白质列表 L。然而，我们面临的挑战是如何从这个列表中提取出具有意义的信息，例如，这些蛋白质是否有共同的功能，是否参与共同的通路，是否具有相同的亚细胞定位，等等。生物学家认识到，在描述及概念化基因和蛋白质生物学功能方面的进展落后于高通量测序的发展，这限制了差异基因产物的功能解释。为了解决这个问题，Ashburner 等于 2000 年首次提出了基因本体论（gene ontology，GO），目标是适应细胞中基因和蛋白质功能的不断积累和变化，创建一个适用于所有生物的结构化的、精确定义的、动态的和可控制的词汇。

（一）GO 概述

1. 简介

"本体论（ontology）"一词最早于 17 世纪提出，用于描述探究世界的本原或基质的哲学理论。近几十年，这一概念在科学界，尤其是信息科学中得到了广泛应用。1995 年，Gruber 等重新定义了本体论，认为它是对概念化的精确描述，用于描述事物的本质。

基因本体论（GO）（Ashburner et al.，2000）是现代生物信息学中的一项重要应用理论，包含生物学领域知识体系本质的表示形式。GO 起源于 1998 年对三个模式生物数据库（小鼠、酵母和果蝇）的协作注释，现已包括了数千种不同的生物。GO 通过三个独立的本体论描述基因功能，分别是分子功能（molecular function，MF）、细胞组分（cellular component，CC）和生物过程（biological process，BP）。GO 遵循了"分子生物学范式"模型，这有助于理解三个本体论的含义及其之间的关系。具体而言，基因编码的基因产物（蛋白质或非编码 RNA）在与细胞相关的特定位置上执行分子级别的过程或活动（分子功能），并且这个分子过程对于由多个分子级别过程组成的更大生物目标（生物过程）起作用（Thomas，2017）。

2. GO 分类

1）分子功能

分子功能（MF）是指单个或多个基因产物的复合体在分子水平所进行的行为或活动。它仅描述分子的具体功能或形容分子活动，并不能反映分子执行的具体动作和事件发生的时间或地点。广义功能术语如"酶"、"转运蛋白"或"配体"等,狭义功能术语如"腺苷酸环化酶"或"Toll 受体配体"等。为了避免基因产物名称与它们的分子功能之间产生混淆,GO 分子功能通常附加"活性"标注,例如,使用"蛋白激酶活性"描述蛋白激酶的分子功能。

2)生物过程

生物过程(BP)是指基因或基因产物所作用的生物目标,是由多种有序的分子活动协作实现特定结果的"生物程序",该程序可以在细胞水平或多细胞有机体的整体水平上发生。每个生物过程通常通过其结果或结束状态来描述,例如,细胞分裂的生物过程导致从单个母细胞生成两个子细胞。广义的生物过程术语如"DNA 修复"或"信号转导"等,狭义的生物过程术语如"翻译"或"cAMP 合成"等。

一个生物过程由特定的基因产物执行,通常以高度调控的方式、按特定的时间顺序进行。对一个特定基因产物进行 GO 生物过程注释应该有明确的解释,目前给定的生物过程注释具有三种意义。第一,基因产物是生物过程的一部分,在该生物程序中执行了发挥重要作用的分子过程;第二,基因产物调节生物过程,控制生物程序何时、何地执行,在这种情况下,基因产物作用于程序之外,并且直接或间接地控制在程序内起作用的一个或多个基因产物的活动;第三,基因产物是生物过程的必要上游过程,即该基因产物可能在另一个独立的生物程序中起作用,该程序对于给定程序的发生是必需的。例如,动物胚胎发育需要翻译,而翻译通常不是胚胎发育程序的一部分(Thomas,2017;Ashburner et al.,2000)。

3)细胞组分

细胞组分(CC)是基因产物在细胞中执行分子功能的位置描述,包括两种描述方式。第一,相对于细胞结构,如细胞膜的胞质侧或细胞器(如线粒体);第二,它们作为稳定大分子复合物(如核糖体)的组成。与其他两种本体论概念不同,细胞组分指的不是过程,而是细胞解剖学,反映了对真核细胞结构的理解。

3. 有向无环图

有向无环图(directed acyclic graph,DAG)用于展示 GO 术语的层级关系,即每个 GO 术语是一个网络节点,父节点和子节点之间的边表示已知的连接关系。

GO 是松散的层次结构,具有三个特点:"子"术语比"父"术语更具体,一个"父"术语可能有多个"子"术语,一个子术语也可能有多个"父"术语。以 DNA 代谢为例描述 BP 本体论(图 10-20A),大部分情况下,一个"父"术语有多个"子"术语,例如,DNA 复制过程包括 DNA 解螺旋、DNA 引物合成、DNA 起始和 DNA 链延伸等多个子过程。注意,存在一个"子"术语有多个"父"术语的情况,如 DNA 连接过程,它是 DNA 复制、DNA 修复和 DNA 重组三个过程的产物,并且能看出酵母基因产物 Cdc9p 能够完成三个过程的连接步骤。MF 本体论反映了基因产物功能的概念类别。一个基因产物可能与本体中的多个节点相关联,如 MCM 蛋白,与染色质结合和 ATP 依赖的 DNA

解旋酶活性两个节点相关联（图 10-20B）。

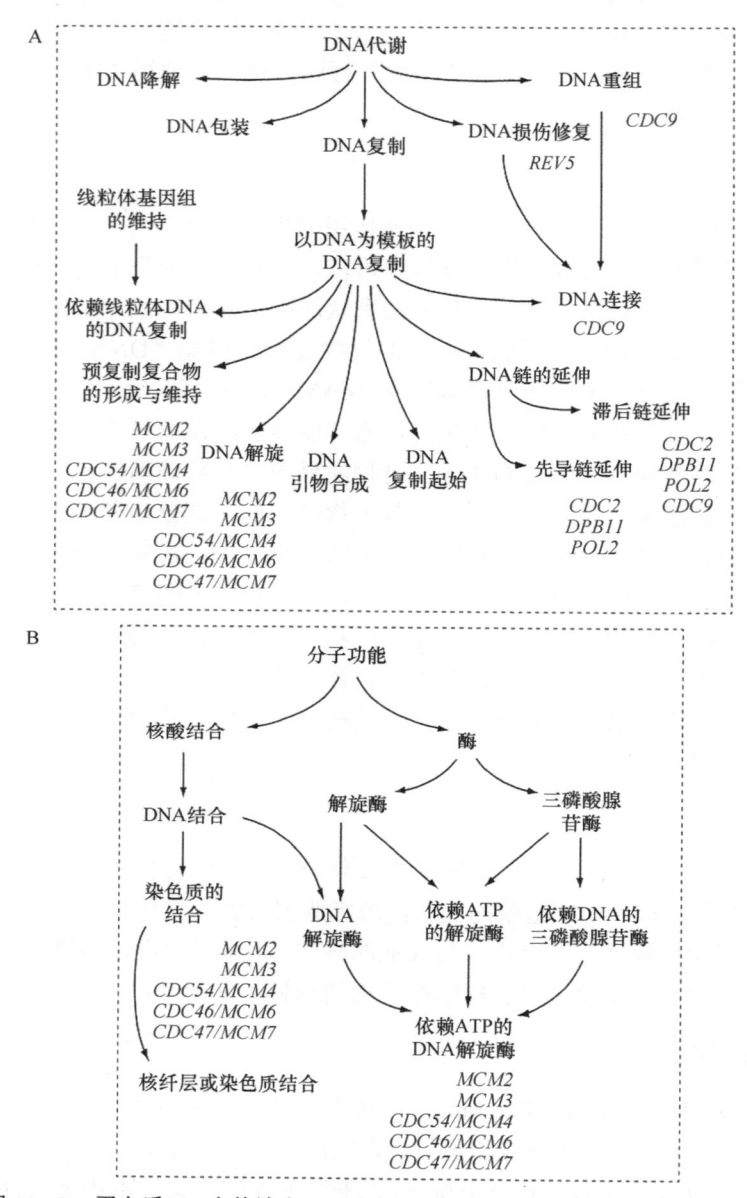

图 10-20　蛋白质 BP 本体论和 MF 本体论的示例（Ashburner et al.，2000）

4. GO 数据库

GO 联盟提供了三个主要的资源，分别是 GO 本体论、GO 注释和 GO-CAM（Thomas et al.，2019）。如前所述，GO 本体论用于描述生物学整体复杂的逻辑结构，由许多不同种类的生物功能术语及其之间的关系组成。GO 注释语料库基于实验证据，将特定基因产物与特定 GO 术语关联起来，以描述其正常的生物学作用。GO-CAM 是 Thomas 等人于 2019 年提出的新的结构化框架，它将多个 GO 注释连接成一个生物系统的综合模型，以结构化的方式表示生物功能的复杂性。一个恰当的比喻是，如果标准的 GO 注释是类似于文本的短语，那么 GO-CAM 允许使用这些短语构建句子、段落和整个文档。下面以 NEDD4 在紫外线诱导的 DNA 损伤应答中如何抑制 RNA 转录为例进行说明（图 10-21）：标准的 GO 注释方法描绘了一组不相连的 GO 注释，每个注释都涵盖了整体功能的部分描述，而 GO-CAM 模型将 GO 注释连接成一个结构化的 NEDD4 功能模型，包括 NEDD4 活性对大分子复合物 RNA 聚合酶 II 活性的影响。

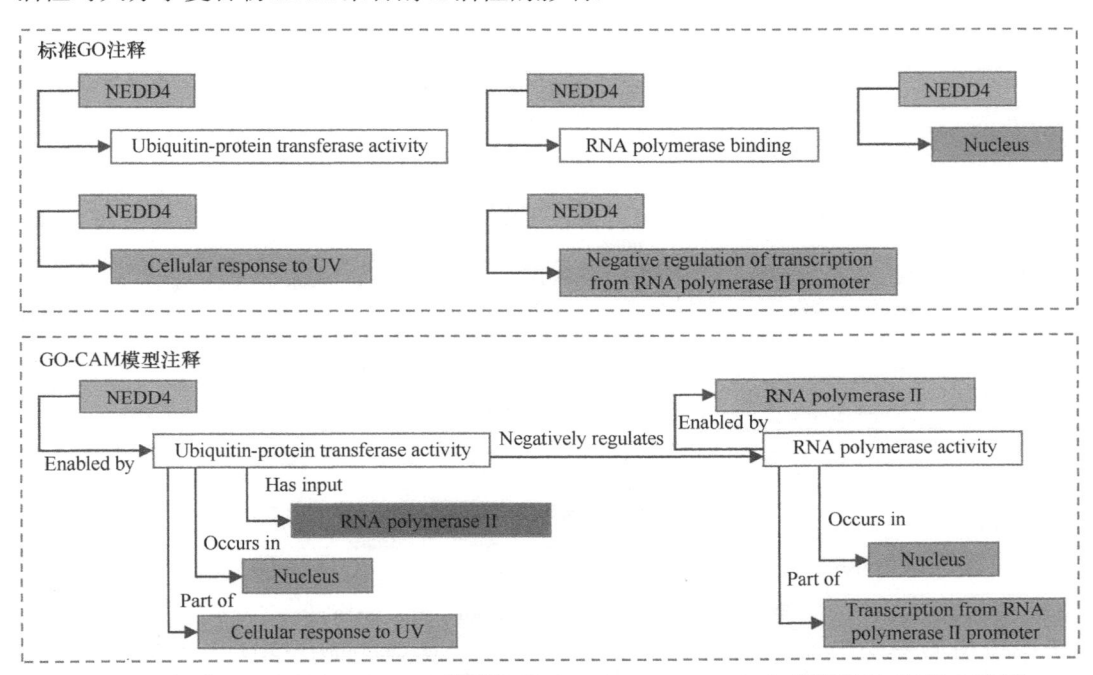

图 10-21　标准 GO 注释和 GO-CAM 模型注释（Thomas et al.，2019）（彩图另扫封底二维码）
白色方框表示 MF，绿色表示 CC，浅蓝色表示 BP。如果基因产物或复合物（如 NEDD4）发挥活性作用，则显示为棕色；如果它们受到活性的作用（如下图左侧部分中的 RNA 聚合酶 II），则显示为深蓝色。红色箭头表示从上一个注释中间接捕获得到 NEDD4 活性如何"负调控"RNA 聚合酶 II 活性的因果关系

（二）GO 富集分析

对于列表 L 中的蛋白质，可以通过 GO 注释确定其是否具有相同的功能或途径等。但这是一个多对多的映射，即一个类别可能包含多个蛋白质，或一个蛋白质可能归属于多个类别。概念-基因网络（concept-and-gene network）（Feng et al.，2010）常用于描述蛋白质和蛋白质分类的映射关系，如图 10-22 所示。但是这种注释结果不具有显著的统计学意义，在实际研究中意义不大。

因此，需要使用统计学方法，确定与研究的生物学问题具有显著统计学相关性的蛋白功能类别，这就是 GO 富集分析。在 GO 富集分析中，不根据简单的阈值筛选确定列表 L 中蛋白质的 GO 注释，而是利用超几何分布等统计学方法，确定一组特定蛋白质的 GO 术语注释，这些注释出现的频率高于随机产生的频率。富集分析结果需要进行 p 值校正，通过计算错误发现率（false discovery rate，FDR）控制假阳性的比例（FDR<0.5），

常用的方法是 Benjamini-Hochberg（BH）校正法（Benjamini and Hochberg，1995）。最终得到与实验室目的相关且具有低假阳性率的有针对性的蛋白功能类别。

目前有很多软件可用于 GO 富集分析，如 TopGO R 包（Alexa and Rahnenfuhrer，2007）、GOEAST（Zheng and Wang，2008）、ShinnyGO（Ge et al.，2020）等。

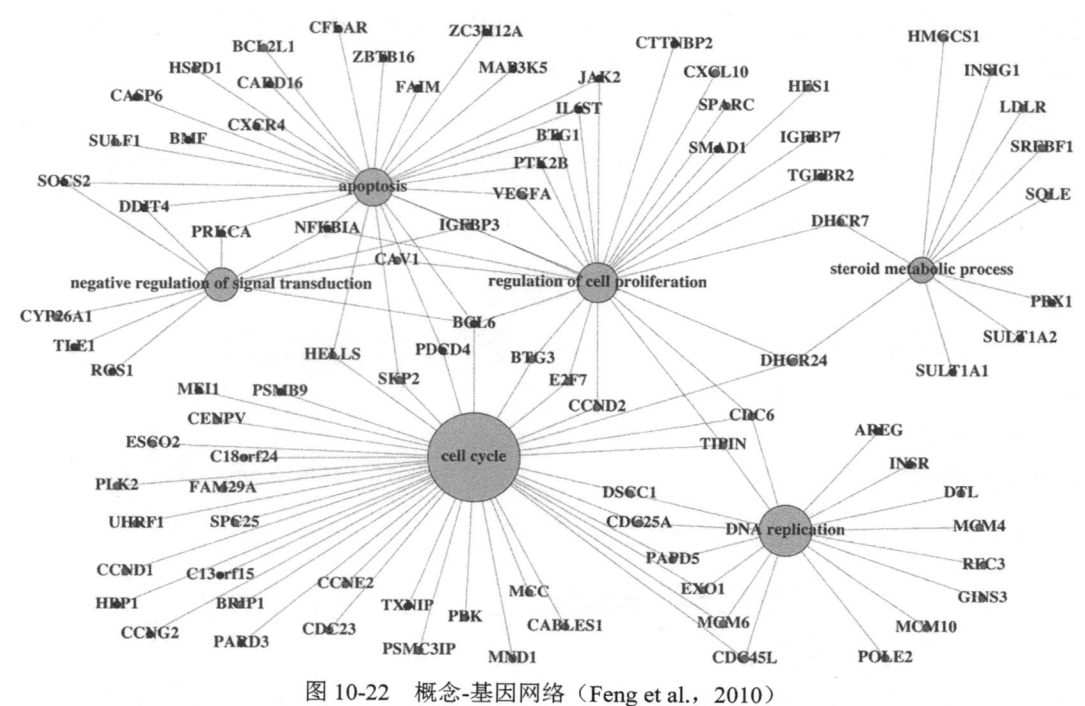

图 10-22　概念-基因网络（Feng et al.，2010）
浅灰色和深灰色的实心小圆分别表示蛋白质的下调和上调，灰色的实心大圆代表给定的 GO 类别。每个圆圈的大小与相应 GO 类别中识别的蛋白质的统计显著性成比例

三、通路分析

通路（pathway）分析方法利用可用的通路数据库和给定的蛋白表达数据来识别在给定条件下受到显著影响的通路。常用的通路数据库如京都基因与基因组百科全书（KEGG）（Kanehisa et al.，2023）、反应组通路（Reactome）（Gillespie et al.，2022）、WikiPathways（Kelder et al.，2012）和 PANTHER（Mi et al.，2017）等。

（一）KEGG 通路数据库

1. 简介

KEGG 是一个集成数据库（Kanehisa et al.，2023），手动整理了经实验验证的基因功能信息，用于描述各种生物对象基因组序列和其他高通量数据的生物学解释。每个对象（数据库条目）都由 KEGG 标识符标识，通常采用前缀加上 5 位数字的形式表示。例如，以 map00010 标识一个通路图，以 K09708 标识人类 *ACE2* 基因等。KEGG 的目标是通过基因组信息实现生物系统的计算重建，包括细胞、生物体和生态系统。

KEGG 包括 16 个子数据库，这些子数据库分为 4 类（图 10-23），其中系统信息类用于描述分子相互作用、反应和关系网络，基因组信息类用于描述基因和蛋白质信息，化学信息类用于描述化学物质和相关反应，健康信息类用于描述人类疾病和药物的相关信息。

Category	Database	KEGG ID (kid)	Expanded KEGG ID	Content
Systems Information	PATHWAY	map number	\<org\> number (ko|ec|rn) number	KEGG pathway maps
	BRITE	ko number (br|jp) number	\<org\> number	BRITE functional hierarchies and tables
	MODULE	M number RM number	\<org\>_M number	KEGG modules Reaction modules
Genomic Information	KO	K number		KO groups for functional orthologs
	GENES	\<org\>:\<gene\> vg:\<gene\> vp:\<gene-no\> ag:\<protein\>		KEGG organism genes and proteins Virus genes and proteins Virus mature peptides Functionally characterized proteins from literature
	GENOME	T number, gn:\<org\> gn:\<vtax\>		KEGG organisms KEGG viruses
Chemical Information	COMPOUND	C number		Metabolites and other small molecules
	GLYCAN	G number		Glycans
	REACTION	R number		Biochemical reactions
	RCLASS	RC number		Reaction class
	ENZYME	ec:\<ecnum\>		Enzyme nomenclature
Health Information	NETWORK	nt number N number		Network variation maps Network elements
	VARIANT	hsa_var:\<gene_vno\>		Human gene variants
	DISEASE	H number		Human diseases
	DRUG	D number		Drugs
	DGROUP	DG number		Drug groups

\<org\>	three- or four-letter KEGG organism code		\<vtax\>	NCBI virus taxonomy ID
\<gene\>	NCBI gene ID or locus_tag		\<ecnum\>	EC number
\<gene-no\>	Gene ID followed by peptide number		\<gene-vno\>	Gene ID followed by variant number
\<protein\>	NCBI protein ID			

图 10-23　KEGG 数据库的分类、标识符和生物对象（Kanehisa et al., 2023）

PATHWAY 数据库是 KEGG 的核心数据库，包含手动绘制的 KEGG 通路图，表示生物系统的分子连线图。生物系统的分子连线图包含了细胞水平和生物体水平已知的功能信息，以分析相互作用和反应网络的形式表示，分为代谢、遗传信息处理、环境信息处理、细胞过程、有机系统和人类疾病等类别。每个参考通路图由"map"加一个 5 位数来标识（如 map00010），特定生物体的通路图由一个 3~4 个字母的生物体代码加一个 5 位数来标识（如 hsa00010）。

以 PATHWAY 通路图为例。在 KEGG 中，使用专门的通路查看器查看每个通路图，并将 MODULE 和 NETWORK 数据库中的信息集成到通路中。图 10-24 描述了人类鞘磷脂代谢通路图（hsa00600）的示例。图中选择性地显示了神经酰胺生成的模块（M00094），以及 Saposin 刺激 GBA 和 GALC 的网络（N00642）。已知前脂蛋白（PSAP）是鞘脂代谢病的致病基因，当选择 N00642 时，会显示 PSAP 的额外节点及其与 3.2.1.45（GBA/GBA2）和 3.2.1.46（GALC）的调控链接（Kanehisa et al., 2021）。

2. KEGG 映射

KEGG 映射是一种基于功能同源概念，从分子构建块重建分子网络系统的预测方法（Kanehisa et al., 2023）。对于 PATHWAY、BRITE 和 MODULE 数据库，手动创建的参

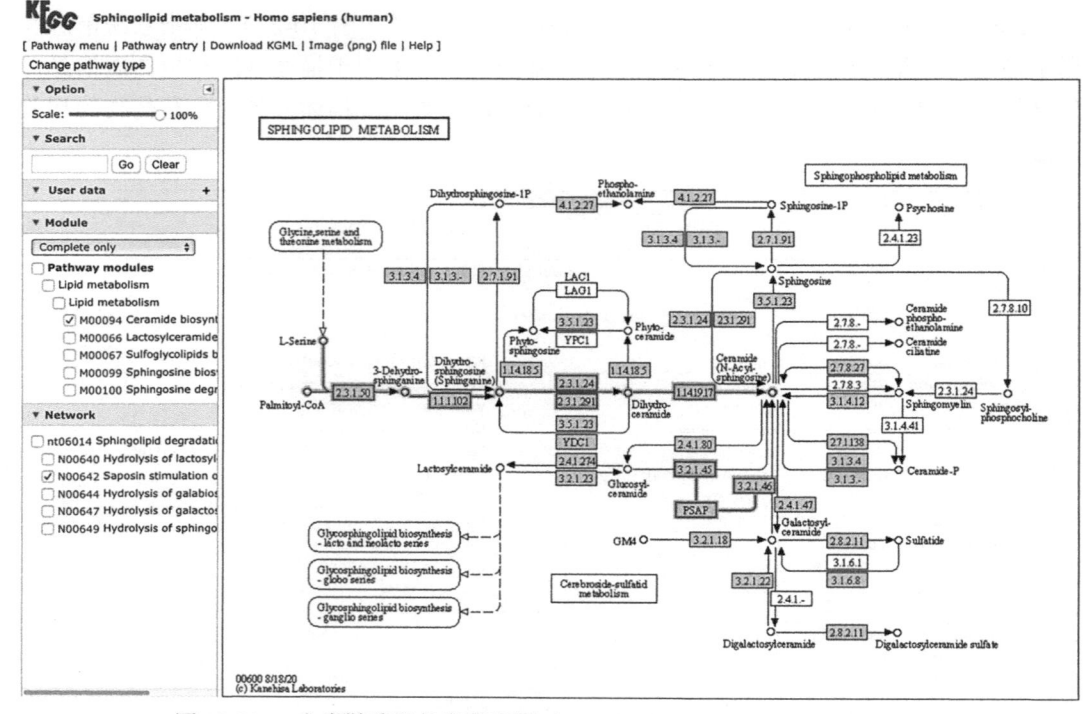

图 10-24　人类鞘磷脂代谢通路图（hsa00600）（Kanehisa et al., 2021）
盒子表示基因或 KO 条目；圆圈表示化学物质

考条目通过更改前缀进行计算机映射，以生成特定生物体的条目。例如，从 map00010 映射到 hsa00010，表示糖酵解途径图。这对 KEGG 中组织系统和基因组信息是很重要的，它基于功能同源的概念，并作为 KO（KEGG orthology）系统实施。因此，KEGG 成为一个通用的资源，可应用于任何生物体。PATHWAY 通路图、BRITE 层次结构和 MODULE 代表了分子相互作用、反应和关系网络，这些网络将 KO 作为网络节点。在分子网络的背景下，KO 是具有不同序列相似性的功能同源物。首先根据特定生物体中经过实验证实的基因和蛋白质定义每个 KO（K 号）条目，KO 条目在 KEGG 通路图中用"盒子"表示。然后，通过 KEGG 注释过程，从 GENES 数据库中找到该 KO 条目的其他成员。对于每个 KEGG 生物体，通过将 K 号转换为基因标识符，实现从手动绘制的参考通路图扩展到许多计算生成的特定生物体通路图的过程。目前，在细胞生物的超过 4000 万个基因中，约 53%的基因分配了 K 号；在病毒的约 60 万个基因中，约 3%的基因分配了 K 号。

KEGG Mapper 是一组 KEGG 映射工具的集合（Kanehisa et al., 2022），包括 Reconstruct、Search、Color 和 Join 四个映射工具，用于将分子对象（基因、蛋白质、代谢物和糖类）与更高级别的对象（通路、模块、层次结构、分类和疾病）进行关联。Reconstruct 工具基于 KO，通过功能同源对系统信息类中三个数据库的对象进行映射，广泛用于解释单个或多个基因组和宏基因组序列。例如，Reconstruct 工具使用人类基因组（T01001）和肠道宏基因组样本（T30003）研究宿主-内共生关系，分别富集仅存在于在人或肠道微生物群中的对象及两者共存的对象，有助于揭示微生物群帮助人体代谢化学物质的通路。Search 和 Color 是最广泛应用的工具，二者均基于多种标识符，如 K 号、R 号、EC 号和 C 号等，用于在 KEGG 数据库中直接映射对象，包括在系统信息类的三个数据库中直接搜索基因、蛋白质、糖类、化合物和相关反应，以及在 NETWORK 和 DISEASE 数据库中直接搜索药物等。Search 工具映射的对象以红色标记，Color 工具映射的对象可以用任何组合的背景颜色和前景颜色进行着色，以区分上调和下调的基因等。Join 工具通过匹配 KEGG 标识符将 BRITE 层次结构与二进制关系文件相结合，向 BRITE 文件添加新的对象信息。Join 工具可应用于基因和蛋白质的带有 ko 前缀的 BRITE 层次结构，以及化学化合物（br 编号为 08000s）、药物（08300s）、疾病（08400s）、细胞生物和病毒（08600s）及带有 br 前缀的其他对象的 BRITE 层次结构。

目前，可用于 KEGG 通路分析的工具有多种，如 Enrichr（Kuleshov et al., 2016）、clusterProfiler（Wu et al., 2021）、DAVID（Huang et al., 2009）、GSEA（Subramanian et al., 2005）和 Metascape（Zhou et al., 2019）等。

（二）Reactome 通路数据库

1. 简介

Reactome 数据库（Gillespie et al., 2022）通过人工提取和整合数万篇已发表文献中的蛋白质反应信息，提供了人类生理和病理（遗传性和获得性疾病）生物过程的分子细节，包括 DNA 复制、运输、细胞代谢、信号通路和其他生物学反应等。

Reactome 数据库中的通路注释可分为三部分。第一部分是描述正常细胞功能的超级通路（如免疫系统）注释，这些超级通路可细分为小的通路（如白细胞介素-15 信号转导），并进一步细分为具体的生物学反应。第二部分是"疾病"超级通路，它收集了这些正常细胞过程对应的疾病注释，涵盖了发生变异的蛋白质及其翻译后修饰形式，使用带有疾病本体术语标签的疾病特异性反应进行注释，并描述药物对正常和疾病过程的调节作用。例如，"疾病"超级通路注释了在人类细胞中 SARS-CoV-2 病毒复制的分子过程、宿主-病毒相互作用触发致病性宿主免疫反应的分子过程，以及候选药物调节这些过程的可能分子过程，这使得在研究中可以将药物反应作为蛋白功能的负调节因子纳入 SARS-CoV-2 感染途径或宿主免疫功能途径中。第三部分是"暗蛋白"通路注释。Reactome 数据库与 IDG 联盟合作，使用内置工具注释了 7031 个没有分子注释的人类蛋白质（"暗蛋白"）。具体而言，将"暗蛋白"置于 Reactome 手动收集整理的通路背景中，利用基因表达高通量研究中的数据，基于"暗蛋白"与研究充分的蛋白质之间的保守基序推断 GO 生物过程注释和潜在的蛋白质-蛋白质相互作用。

2. Reactome 基因集分析系统

Reactome 基因集分析系统（Reactome gene set analysis，ReactomeGSA）（Gillespie et al., 2022）用于多物种、多组学数据的比较通路分析，包括蛋白质组学数据、微阵列数据、RNA-seq 数据和单细胞测序（scRNA-seq）数据。具体而言，数据集被提交到单个通路分析中，并在通路水平上并排表示。ReactomeGSA 使用考虑了定量信息的基因集分析方法，并直接在通路水平上执行差异表达分析。通过 Reactome 的内部映射系统，不同物种的数据自动映射到共同的通路空间。所有支持的基因集分析方法都针对不同类型的组学方法进行了优化，包括 scRNA-seq 数据。

ReactomeGSA 的分析流程大致分为以下步骤（Griss et al., 2020）。

（1）根据实验设计、提交的标识符的有效性和数据格式验证用户的输入数据。

（2）将所有提交的标识符映射到 Reactome 收录的相应人类 UniProt 标识符。在不同标识符系统和物种之间映射标识符的关键是要解决一对多的映射问题。在这些情况下，ReactomeGSA 系统会保留所有映射的内部记录，将映射到同一通路中多个 UniProt 标识符的基因在该通路中仅添加一次。由此，在通路水平解决了一对多的映射问题，并减少了因标识符转换引入的不确定性。

（3）对每个提交的数据集执行所选的通路分析，通路分析的参数（如用于 ssGSEA 分析的核函数）是根据所选的数据类型自动选择的。具体而言，ReactomeGSA 支持三种不同的分析方法，分别是：Camera 分析（Ritchie et al., 2015），它依赖线性模型且分析速度快；PADOG 分析（Tarca et al., 2012），它能够将生物学上重要的通路排在更高的位置，且对计算性能要求较高；单样本基因集富集分析（ssGSEA）（Barbie et al., 2009），它在通路水平上聚集表达值，适用于连续定量数据。其中，离散定量数据（如原始转录组定量数据）使用泊松分布归一化，连续定量数据（如与生存时间相关的表型数据）使用高斯分布归一化。

（4）将通路分析结果转换为 Reactome 的内部数据格式，并在 PathwayBrowser 中呈现结果。

ReactomeGSA 可通过在线分析工具、Bioconductor R 软件包或 API 编程三种方式访问。目前，可进行 Reactome 通路分析的工具包括 DAVID（Huang et al., 2009）和 Metascape（Zhou et al., 2019）等。

四、基因集富集分析

传统的富集分析方法使用阈值筛选在两个类别之间具有差异的基因，并且仅关注列表 L 中排名靠前或靠后的少数基因（具有最大差异的基因），以分析其生物学意义。然而，这种方法存在几个主要的缺陷。第一，由于微阵列技术或高通量测序技术固有的背景噪声，导致没有单个基因达到统计显著的阈值；第二，可能得到一个长长的、具有统计显著性的基因列表，但没有任何统一的生物学主题，较难解释其生物学意义，且容易受到研究人员对感兴趣假设的偏见的影响；第三，细胞过程通常会影响一组共同作用的基因集合，因此单基因分析可能会错过对通路具有重要影响的信息；第四，不同研究团队对同一个生物系统进行研究时，由于统计方法的差异，导致两个研究得到的基因列表存在较少的重叠；第五，高通量技术实现了在单个实验中监测数千个基因的表达，但同时带来了处理高维数据的挑战。因此，在下游分析中常需要降维，而依赖于一组在生物学上相关的基因是高通量基因表达研究中最直观和生物相关的降维方法；第六，当单个基因在两个类别中表现出微妙的差异时，单基因分析很难区分基因表达的真实差异和样本生物变异引起的差异（Maleki et al., 2020; Subramanian et al., 2005; Mootha et al., 2003）。

基因集分析是一种试图解决上述缺陷并从基因表达数据中获得生物学意义的方法，它在基因集水平评估一组发生表达变化的基因集合在表型差异中的功能。基因集是基于已知的生物学知识定义的已知功能的基因集合，一个基因集具有共同的生物功能、染色体位置或调控过程等，例如，编码同一代谢通路中产物的基因，位于相同的细胞遗传带区域的基因，或共享相同的 GO 分类的基因等。基因集信息可在 MSigDB（Liberzon et al., 2011）、GeneSigDB（Culhane et al., 2012）和 GeneSetDB（Araki et al., 2012）等数据库中获取。目前用于基因集分析的方法主要有三类，分别是过度表征分析法（over-representation analysis，ORA）、功能类别评分法（functional class scoring，FCS）和基于拓扑结构的通路分析方法（pathway topology-based method）。

（一）过度表征分析法

过度表征分析法（ORA）（Maleki et al., 2020）是基因集分析方法中最常用的一类方法，它是单基因分析的自然延伸。ORA 使用一个基因列表 L，其中每个基因都被单基因分析方法预测为差异表达的基因。

给定含有 n_i' 个基因的列表 L 和具有相同基因数目的基因集 G_i，如果 G_i 中 n_i' 个差异表达基因的出现很大概率上不是偶然的，则 ORA 认为 G_i 是差异富集的。表 10-1 说明了在给定 L 和 U 的情况下，G_i 中差异表达基因的过度表征的列联表表示，研究中的 n 个基因的集合称为参考集或背景集，用 U 表示，$\bar{G}_i$ 是相对于 U 的 G_i 的补集，表示不属于 G_i 的基因的集合。

表 10-1　ORA 方法的列联表表示

	列表 L 中的基因	不属于列表 L 的基因	基因总数
G_i 中的基因	n_i'	$\|\|G_i\|\|-n_i'$	$\|\|G_i\|\|$
$\bar{G}_i$ 中的基因	$\|\|L\|\|-n_i'$	$n-\|\|G_i\|\|-(\|\|L\|\|-n_i')$	$n-\|\|G_i\|\|$
基因总数	$\|\|L\|\|$	$n-\|\|L\|\|$	n

每个单元格中的值表示满足行和列条件的基因数目。

在零假设下，即假设差异表达与 G_i 成员之间没有关联，可以假定 G_i 是从 U 中简单随机抽取的 $\|\|G_i\|\|$ 个基因的结果。使用超几何分布计算 G_i 中具有 n_i' 个差异表达基因的概率：

$$f\left(n_i'; n, \|G_i\|, \|L\|\right) = \frac{\binom{\|G_i\|}{n_i'} \times \binom{n-\|G_i\|}{\|L\|-n_i'}}{\binom{n_i'}{\|L\|}} \tag{10-17}$$

使用 Fisher 精确检验可以评估基因集 G_i 中基因与列表 L 中基因之间相关联的显著性：

$$p = \sum_{j=n_i'}^{G_i} f\left(j; n, \|G_i\|, \|L\|\right) = 1 - \sum_{j=0}^{n_i'-1} f\left(j; n, \|G_i\|, \|L\|\right) \tag{10-18}$$

对于较大的 n 值，超几何分布趋向于二项分布。因此，可以使用二项分布来估计 Fisher 精确检验的 p 值：

$$f_b\left(n'_i; \|L\|, \frac{\|G_i\|}{n'_i}\right) = \left(\frac{\|L\|}{n'_i}\right) \times \left(\frac{\|G_i\|}{n}\right)^{n'_i} \times \left(1 - \frac{\|G_i\|}{n}\right)^{\|L\|-n'_i} \quad (10\text{-}19)$$

$$p = 1 - \sum_{j=0}^{i-1} f_b\left(j; \|L\|, \frac{\|G_i\|}{n}\right) \quad (10\text{-}20)$$

其中，公式（10-19）和公式（10-20）中的 f_b 表示二项分布的密度函数。

由此可见，ORA 基于简单的、成熟的统计模型，且易于使用，数十种富集分析工具使用了该方法，如 Reactome 通路分析（Fabregat et al.，2017）、DAVID（Huang da et al.，2009）、PANTHER（Mi et al.，2017）、TopGO 等。但该方法的主要假设是基因在生物过程中为独立的，且具有相等的作用。然而，这些假设在生物学上并不成立，因为基因、蛋白质和其他生物分子通常是相互作用的。此外，ORA 只利用了差异表达的基因，而忽略了其他基因的定量测量（Maleki et al.，2020）。

（二）功能类别评分法

与 ORA 相比，功能类别评分法（FCS）的主要目标是利用表达矩阵中的所有信息来解决富集问题，而不依赖于上述生物学上无效的假设。FCS 方法分为单变量方法和多变量方法。在单变量方法中，通常使用表达矩阵的每一行计算每个基因的基因得分，随后利用这些基因得分计算每个基因集的基因集得分，最后评估基因集得分的显著性，并报告差异富集的基因集。在多变量方法中，跳过了计算基因得分的步骤，直接从表达矩阵中计算基因集得分（Maleki et al.，2020）。

基于 FCS 方法的富集分析工具如 GSEA（Subramanian et al.，2005）、GSA（Efron and Tibshirani，2017）、MGSEA（Tiong and Yeang，2019）、Globaltest（Goeman et al.，2004）等。

1. 单变量 FCS 方法

GSEA（Subramanian et al.，2005）是最常用的单变量 FCS 方法。在 GSEA 方法中，对于两个类别样本中的基因表达谱数据，首先使用合适的度量标准，根据基因的表达与类别的表型差异之间的相关性对基因列表 L 进行排序。常用的度量标准有基因的差异表达倍数、显著性 p 值等。随后将列表 L 与给定的基因集 G_i 进行比较，确定 G_i 中的成员在 L 中的分布，如随机分布在整个列表 L 中，或主要集中在列表 L 的顶部或底部。通常认为表现出后一种分布的基因集与两个类别的表型差异相关联。GSEA 方法通过以下四个关键要素评估 G_i 中的成员在 L 中的分布及其显著性。

1）计算基因得分

基因得分描述了在两个类别样本中基因的表达水平。GSEA 使用两个类别样本中基因表达测量之间的信噪比（SNR）差异来计算基因得分，并根据基因得分对所有基因进行排序。SNR 差异的计算方法如下：

$$\mathrm{SNR}(g_i) = \frac{\dfrac{\sum_{j=1}^{\|C\|} g_i^{(c_j)}}{\|C\|} - \dfrac{\sum_{j=1}^{\|T\|} g_i^{(t_j)}}{\|C\|}}{\sigma'_{c,i} + \sigma'_{t,i}} \tag{10-21}$$

$$\sigma'_{c,i} = \mathrm{Max}\left(\sigma\left(g_i^{(c_j)}, \cdots, g_i^{(c_{\|c\|})}\right), 0.2 \times \frac{\sum_{j=1}^{\|C\|} g_i^{(c_j)}}{\|C\|}\right) \tag{10-22}$$

其中，$g_i^{(c_j)}$ 是样本 $A^{(c_j)}$ 中基因 g_i 的表达水平；$\sigma'_{c,i}$ 是基因 g_i 在对照样本中的表达水平的标准差；$g_i^{(t_j)}$ 和 $\sigma'_{t,i}$ 分别是实验样本中 g_i 的表达水平及其标准差。

2）计算富集得分

基因集得分将基因集中基因的表达水平总结为一个统计量。为了衡量给定基因集 G_i 的成员与两个类别之间表型差异的关联，GSEA 使用加权 Kolmogorov-Smirnov 统计量计算基因集得分，也称为富集得分（enrichment score，ES）。ES 反映了集合 G_i 在列表 L 顶部或底部过度表示的程度。ES(G_i) 表示 G_i 的 ES 值，使用一个初始值为 0 的累加和计算。在排序列表 L 中遍历每一个基因，当基因属于 G_i 时，增加一个累积统计量；当基因不属于 G_i 时，减少相应的累积统计量。增量的大小取决于基因与表型之间的相关性。具体而言，通过一个值（$\dfrac{|r_t|^p}{\sum_{g_t \in G_i} |r_t|^p}$）来增加累加和，以增加基因得分绝对值（$|r_t|^p$）更高的基因的影响，即列表 L 顶部或底部的基因，并减少中间基因的影响。最终 ES 值为累加和的最大正偏差，即最大 ES 值（MES）[公式（10-23）]。

$$ES(G_i) = \max_{1 \leq k \leq n} \left(P_{\mathrm{hit}}(G_i, k) - P_{\mathrm{miss}}(G_i, k)\right) \tag{10-23}$$

$$P_{\mathrm{hit}}(G_i, k) = \sum_{\substack{g_t \in G_i \\ t \leq k}} \frac{|r_t|^p}{R(G_i)}, \quad \sum_{\substack{g_t \in G_i \\ t \leq k}} |r_t|^p; \quad P_{\mathrm{miss}}(G_i, k) = \sum_{\substack{g_t \in G_i \\ t \leq k}} \frac{1}{n - |(G_i)|} \tag{10-24}$$

其中，p 参数是一个正常数；r_t 是排序列表 L 中第 t 个基因的基因得分。

3）估计 ES 的显著性水平

GSEA 通常使用表型置换或基因抽样两种方法来评估 MES 值的显著性（P 值）。使用 $S(G_i)$ 表示实际基因表达谱中 G_i 的基因集得分。

表型置换检验方法需要大量样本。具体而言，将表型标签随机重新排列，合成大量表达谱，并重新计算合成表达谱的排列数据中基因集的 MES。该过程重复 1000 次，生成 MES 的零分布。随后，根据零分布计算实际数据 $S(G_i)$ 的显著性，即导致合成表达谱中 MES 高于实际 $S(G_i)$ 的置换比例。通俗地讲，如果实际表型的 MES 值比随机表型的 MES 值大，且具有显著性，则说明该基因集和表型显著相关。然而，由于伦理行为或预算限制，实际研究中通常无法获得大量样本。特别是对于罕见疾病而言。因此，在样本量较少的情况下，常使用基因抽样作为表型置换的替代方法（Subramanian et al.，2005）。

基因抽样是指从参考集 U（研究中的所有基因）中随机组装大量的含有$\|G_i\|$个基因的基因集，并分别计算基因集得分 MES。随后通过比较给定基因集 G_i 的 $S(G_i)$ 与随机基因集的 MES，评估 $S(G_i)$ 的显著性，即导致 MES 高于 $S(G_i)$ 的组装基因集的比例。基因抽样有两个主要的缺点：第一，它假设基因集中的基因之间是相互独立的，这可能导致较高的假阳性；第二，针对大量随机基因集重复计算基因集得分，对计算能力有很高的要求（Maleki et al., 2020）。

4）多重假设检验校正

数据库中包含许多个基因集，当评估整个基因集数据库时，需要使用多重假设检验对估计的显著性水平进行调整。首先根据该集合的大小，对每个基因集的 ES 进行归一化，得到归一化 ES（normalized enrichment score，NES）。随后，通过计算与每个 NES 相对应的错误发现率（FDR）来控制假阳性的比例。FDR 是指给定 NES 的基因集表示假阳性发现的估计概率，通过比较 NES 的观测分布和零分布的尾部来计算。这种方法的应用可以通过 GSEA-P 软件实现（Subramanian et al., 2005）。

GSEA 广泛用于评估发生表达变化的基因集在表型差异中的功能。例如，Mootha 等（2003）使用 GSEA 分析糖尿病患者肌肉活检中与健康对照组中的基因表达数据，在糖尿病患者中富集到一组发生轻微表达变化的基因，这些基因的表达水平平均只下降了 20%，却严重影响了糖尿病患者细胞内的氧化磷酸化过程。

2. 多变量 FCS 方法

为了解决基因集 G_i 中基因的全局表达模式是否与感兴趣的生物结果显著相关的问题，Goeman 等（2004）提出了基于广义线性模型的 Globaltest 方法。该方法的思想是：如果基因集 G_i 中的基因能够正确预测生物结果，那么 G_i 中的基因在不同结果下应该具有不同的表达模式。

在 Globaltest 中，矩阵 X 表示不同样本中基因集 G_i 中基因的表达谱，其中 $X_{k,j}$ 是第 k 个样本中 G_i 的第 j 个基因的表达值；$n\times1$ 维向量 Y 表示感兴趣的生物结果，其中 $Y_{k,l}$ 是第 k 个样本的结果。在表型的成对比较中，$Y_{k,l}$ 表示第 k 个样本表型的二进制值。为了对 X 和 Y 之间的关系建模，Globaltest 使用以下广义线性模型：

$$E(Y_i \mid \beta) = h^{-1}\left(\alpha + \sum_{i=1}^{m} \beta_j x_{i,j}\right) \quad (10\text{-}25)$$

其中，β_j（$1 \leqslant j \leqslant m$）是基因 g_j 的表达值的回归系数；α 是截距值；h 是连接函数。如果 h 是恒等函数，则得到线性回归模型；如果 h 是逻辑函数，得到逻辑回归模型。为了测试 G_i 中的基因是否能够预测生物结果，使用以下零假设，即回归系数都来自于均值为零、方差未知的相同分布 τ^2。

$$H_0 : \tau^2 = 0 \quad (10\text{-}26)$$

使用 Globaltest R 包可以实现该方法（Goeman et al., 2004），但它使用了对角协方差矩阵，意味着忽略了给定基因集中基因之间的相关性。此外，多变量统计检验的成功应用需要满足"数据的正态性、样本大小的充分性和方差的平等性"的要求。然而在测试每个基因集的差异富集时，几乎不可能同时满足这些条件，因此这类方法并没有被广泛使用。

基于拓扑结构的通路分析方法的特异性和灵敏度都较低，且没有被广泛使用，因此本节不再详细介绍。

第三节　蛋白质翻译后修饰的鉴定

翻译后修饰（post-translational modification，PTM）是通过向一个或多个氨基酸添加修饰基团来改变蛋白质性质的共价加工事件。蛋白质通过翻译后修饰完成其生物学过程和细胞功能。目前通过实验发现的 PTM 超过 400 种，主要包括蛋白质磷酸化、泛素化、糖基化、SUMO 化、乙酰化和甲基化等修饰。这些 PTM 在多种生物过程和细胞功能中起着重要作用，如信号转导、基因表达调控、基因激活、DNA 修复和细胞周期控制等（Ramazi and Zahiri，2021）。PTM 的异常与人类疾病和癌症高度相关，一些与 PTM 相关的调节酶可作为特异性药物靶点。因此，解析蛋白质中的 PTM 位点对基础研究和药物设计具有重要意义。目前用于检测 PTM 的实验技术主要包括质谱法、免疫沉淀法和 PLA 等，但大规模检测 PTM 非常昂贵且具有挑战性。近年来，针对不同 PTM 开发了一系列数据库及基于机器学习和统计方法的计算机算法，这些数据库和算法是对实验技术的补充，因其方便和快速的特性而被广泛应用。

本节将重点介绍目前常用的 PTM 数据库及其功能、PTM 位点预测器的开发原理，以及针对不同 PTM 类型的预测器及其特点。

一、蛋白质翻译后修饰数据库

由于用实验方法鉴定 PTM 的成本和困难相当大，近年来已经开发了许多计算方法。几乎所有这些方法都需要一组经过实验证实的 PTM 来构建预测模型。因此，构建有效的公共 PTM 数据库是实现这一目标的第一步（Ramazi and Zahiri，2021）。根据所涵盖的 PTM 的范围和多样性，这些数据库可以分为两大类：通用数据库和特定数据库。通用数据库包含不同类型的 PTM，不考虑目标氨基酸残基和物种，为各种 PTM 提供了广泛的信息。特定数据库是基于某些特定类型的 PTM、某类 PTM 的特定特征和特定目标氨基酸残基创建的。

（一）通用数据库

表 10-2 中列举了部分常用的 PTM 通用数据库，下面重点介绍其中 5 个重要的数据库。

表 10-2　常用的 PTM 通用数据库一览表

数据库	物种类型	PTM 种类	PTM 位点及蛋白数目	数据类型
dbPTM	>1000 种	130	S：~908 900；P：~557 700	Exp., Pred.
BioGRID	71 种	6	S：~700 000；P：~419 400	Exp.
PhosphoSitePlus	26 种	7	S：~483 700；P：~20 200	Exp.
PTMCode v2	19 种	69	S：~316 500；P：~45 300	Exp.

续表

数据库	物种类型	PTM 种类	PTM 位点及蛋白数目	数据类型
qPTM	人	10	S：~296 900；P：~19 600	Exp.
PLMD	176 种	20	S：~285 700；P：~53 500	Exp.
CPLM	122 种	12	S：~189 900；P：~45 700	Exp.
YAAM	酿酒酵母	19	S：~121 900；P：~680	Exp.
HPRD	人	9	S：~93 700；P：~30 000	Exp.
PHOSIDA	9 种	3	S：~80 000；P：~28 700	Exp.
PTM-SD	7 种模式生物	21	S：~10 600；P：~842	Exp.
WERAM	8 种	2	S：~900；P：~584	Exp.
UniProt	>1000 种	>100 种	—	Exp.，Pred.

注：PTM 位点及蛋白数目表示 PTM 位点数目和发生修饰的蛋白质数目，分别缩写为 S 和 P；数据类型包括实验验证的 PTM（Exp.）和（或）预测的 PTM（Pred.）。

1. dbPTM 数据库

dbPTM（Huang et al.，2019）是一个综合性数据库，旨在为 PTM 提供功能和结构分析。目前，该数据库收集了来自 30 个公共数据库和 92 648 篇已发表文献中经实验验证的 PTM 数据，包含了来自不同物种的约 908 000 个经实验证实的 PTM 位点，涵盖了 130 多种 PTM 类型。从记录的蛋白质数量和存储的 PTM 类型数量来看，该数据库是最大的 PTM 数据库。另外，dbPTM 基于非同义单核苷酸多态性（non-synonymous single nucleotide polymorphism，nsSNP）提供了 PTM 与疾病的关联性。从 nsSNP 所编码的氨基酸角度来看，它将在特定距离上的 PTM 底物位点与涉及的疾病相关联。此外，dbPTM 还引入了 PTM 串扰（cross-talk）信息，通过在指定窗口内对与其他 PTM 位点相邻的 PTM 位点进行基序分析和功能富集分析，探究了 PTM 串扰可能与蛋白质功能和活性调控相互作用的事实。

2. BioGRID 数据库

BioGRID（Oughtred et al.，2021）是一个综合的生物医学资源，所有内容都从生物医学文献的主要实验证据中收集而来，包括低通量研究和大规模高通量数据集。除了蛋白质和基因的相互作用外，该数据库从 4742 篇文献中收集了约 726 000 个磷酸化位点，涉及 71 个主要模式生物的约 72 000 个蛋白质。2021 年，BioGRID 开发了开放 CRISPR 筛选资源（open repository of CRISPR screen，ORCS）的功能，收集了发表的高通量全基因组 CRISPR/Cas9 筛选的单突变表型和遗传相互作用数据，包含了迄今为止在人类、小鼠和果蝇细胞系中进行的 1042 个 CRISPR 筛选的数据集。总之，BioGRID 数据库在生物医学研究，特别是与人类健康和疾病相关的研究中具有重要作用。

3. PhosphoSitePlus 数据库

PhosphoSitePlus（PSP）（Hornbeck et al.，2015）是一个专注于哺乳动物 PTM 的知识库，包含超过 598 976 个非冗余的 PTM，包括磷酸化、乙酰化、泛素化、SUMO 化和甲基化等 7 种修饰，其中超过 95%的位点来自于质谱实验。为了提高数据的可靠性，使用统一分析标准对早期的质谱数据进行了重新分析。PSP 提供了两个新的下载数据集。其中，"调控位点"数据集包含了有关调控下游细胞过程、分子功能和蛋白质相互作用修饰位点的信息。"PTMVar"从其他资源中收集了导致 2000 多种疾病或综合征和多种癌症相关的错义突变及多态性，通过与 PTM 进行交集，共鉴定到 25 203 个受变异影响的 PTM 位点。

4. UniProt 数据库

UniProt 是全面的、带有 PTM 注释的数据库之一，它提供了来自文献验证的 PTM 注释和使用机器学习方法自动注释的 PTM 信息。UniProt 的数据质量很高，于 2017 年被认定为 ELIXIR 核心数据资源，并在 2020 年获得了 CoreTrustSeal 认证。该数据库包含四个具有不同用途的部分，分别是 UniParc、UniProtKB、UniRef 和 UniMES。其中，UniProtKB 已成为蛋白质功能信息的入口，包含了约 2.27 亿个非冗余蛋白质序列。据统计，大多数 PTM 预测器都从 UniProtKB 中收集数据作为基准数据集（Ramazi and Zahiri，2021）。

5. PLMD 数据库

PLMD（Xu et al.，2017）是针对蛋白质赖氨酸 PTM 的综合数据资源。该数据库通过对 CPLA 和 CPLM 数据库进行手动整理，收录了 176 个真核生物和原核生物中的 20 种蛋白质赖氨酸修饰（protein lysine modification，PLM）类型。此外，它包含了 53 501 个蛋白质的 284 780 个修饰事件，其中包括 111 253 个乙酰化位点、121 742 个泛素化位点和其他 PTM 位点。这是目前可用的最大的蛋白质乙酰化数据库，同时也是最大的蛋白质泛素化数据库。此外，PLMD 数据库为每种 PLM 类型提供了特定基序分析，并鉴定了涉及 90 种 PLM 的 65 297 个 PLM 事件之间的串扰。

（二）特定数据库

根据对目前 PTM 数据库的统计发现，由于对磷酸化的广泛研究，特定数据库主要集中在磷酸化上，而糖基化是第二个最受关注的 PTM 类型。表 10-3 中列举了部分特定类型 PTM 数据库，包括磷酸化、糖基化、泛素化等。例如，Phospho.ELM（Dinkel et al.，2011）是最常用的蛋白质磷酸化数据库，主要包含从科学文献和磷酸化蛋白质组学分析中提取的体内和体外磷酸化数据。该数据库目前包括超过 42 900 个丝氨酸、苏氨酸和酪氨酸的非冗余磷酸化位点，并为每个磷酸化位点提供了结构的无序/有序信息、可及性信息和保守性评分等注释。据统计，大多数磷酸化修饰预测器都从该数据库中收集了磷酸化位点作为基准数据集（Ramazi and Zahiri，2021）。

表 10-3　常用的特定类型翻译后修饰数据库一览表

数据库	物种类型	PTM	PTM 位点及蛋白数目	数据类型
EPSD	68 种	磷酸化	S：～1 616 800；P：～209 300	Exp.
PhosphoNET	人	磷酸化	S：～950 000；P：～20 000	Exp.，Pred.
RegPhos	人、小鼠、大鼠	磷酸化	S：～111 700；P：～18 700	Exp.，Pred.

续表

数据库	物种类型	PTM	PTM位点及蛋白数目	数据类型
Phospho.ELM	模式生物	磷酸化	S：~42 900；P：~8600	Exp.
Phospho3D	模式生物	磷酸化	S：~42 500；P：~8700	Exp.
dbPSP	200种原核生物	磷酸化	S：~19 300；P：~8600	Exp.
LymPHOS	人	磷酸化	S：~15 500；P：~4900	Exp.，Pred.
P3DB	9种植物	磷酸化	S：~14 600；P：~6400	Exp.，Pred.
GlycoFly	果蝇	N-糖基化	S：~740；P：~477	Exp.，Pred.
GlycoFish	斑马鱼	N-糖基化	S：~269；P：~169	Exp.，Pred.
mUbiSiDa	7种模式生物	泛素化	S：~110 900；P：~35 400	Exp.
UbiNet	54种	泛素化	S：~3 332	Exp.
SwissPalm	17种	S-棕榈酰化	S：~1062；P：~664	Exp.，Pred.
dbSNO	18种	S-亚硝基化	S：~4200；P：~2200	Exp.

注：PTM位点及蛋白数目表示PTM位点数目和发生修饰的蛋白质数目，分别缩写为S和P。数据类型包括实验验证的PTM（Exp.）和（或）预测的PTM（Pred.）。PhosphoNET数据库尚未发表，可通过http://www.phosphonet.ca/访问。

二、蛋白质翻译后修饰预测器的开发

开发蛋白质PTM预测器主要包括以下4个步骤：①选择基准数据集；②提取和选择数据特征；③选择合适的机器学习或深度学习方法训练预测模型；④评估模型性能（图10-25）。为了方便用户使用，一些PTM预测器提供了相应的源代码，或开发了相应的网络服务器和适用于不同系统的独立应用程序，只需要输入特定的序列，就可以快速获取序列中的PTM位点及其相关信息（Zhao et al.，2023；Ramazi and Zahiri，2021；Xu et al.，2018）。

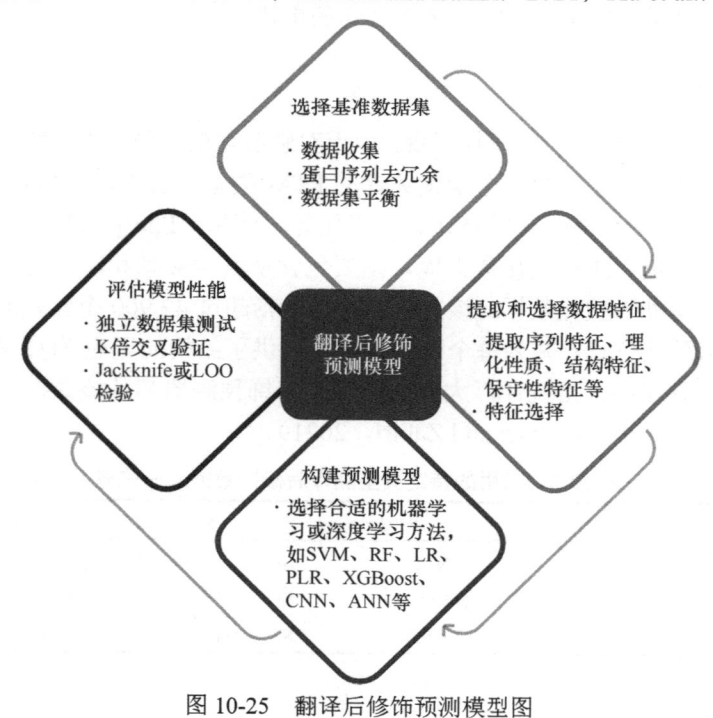

图10-25 翻译后修饰预测模型图

（一）选择基准数据集

PTM 数据集主要有两个来源：一是具有各种 PTM 类型数据的数据库；二是科学文献。一般而言，训练数据集中应包括阳性数据集和阴性数据集，这两种数据集都需要去除冗余的蛋白质序列，并经过数据集平衡步骤才能用于训练模型。

1. 数据收集

开发 PTM 预测器的第一步是收集感兴趣的 PTM 蛋白质组学数据，组装一个有效的数据集（图 10-25）。最终的数据集必须包括阳性样本和阴性样本。阳性样本是指具有 PTM 氨基酸残基的多肽序列，通常来源于具有各种 PTM 数据的数据库和科学文献数据；而阴性样本中的多肽序列只包含未受 PTM 影响或最不可能是 PTM 位点的氨基酸残基。选择阴性样本数据集是数据收集步骤中最具挑战性的部分，目前有三种主要策略可用于构建阴性样本数据集（Ramazi and Zahiri，2021）。第一种策略首先选择一个具有与阳性样本数量相等的随机蛋白质集合，然后将那些未经修饰的目标残基视为阴性样本。第二种策略与第一种类似，但只考虑使用那些没有任何目标残基发生特定 PTM（基于实验证据）的蛋白质来构建阴性样本数据集。第三种策略仅检查包含在阳性样本数据集中的蛋白质，在这种情况下，将那些未经过修饰的特定类型目标残基看成是阴性样本。

2. 蛋白序列去冗余

在构建初步的阳性样本和阴性样本数据集后，一个重要的步骤是去除冗余样本序列，以获得更可靠的数据集。在不同的研究中使用不同的去冗余方法，一般包括三种主要的策略：①去除相同的蛋白质；②在阳性样本和阴性样本数据集中去除相似的蛋白质；③在阳性样本和阴性样本数据集之间去除相似的蛋白质。CD-hit（Li and Godzik，2006）是检测相似样本（序列）的主要工具。在不同的研究中，用于判断一对序列是否相似或冗余的阈值各不相同，通常该阈值范围为 40%～100%（Xu et al.，2018）。

3. 数据集平衡

通常情况下，无论基于哪种策略选择阴性样本，经过筛选的数据集都是不平衡的，表现为阴性样本数据集比阳性样本数据集大得多。由于不平衡数据集在训练模型时可能会引入偏差，因此在提取特征和训练分类模型之前，需要先平衡数据集。平衡数据集常采用重采样技术（Wang and Zhang，2019）。具体而言，使用下采样或过采样方法从阴性数据集中选择具有更多信息的阴性样本，或扩大阳性样本。也有一些 PTM 预测器在平衡数据集时，只是简单地从阴性样本数据集中随机选择了一个与阳性样本数量相等的子样本集。

（二）提取和选择数据特征

在这一步骤中，根据不同的生物特性（数据特征），将阳性样本或阴性样本（蛋白质序列）编码为数值特征向量（图 10-25），用于训练预测模型（分类器）。对于这种编码，首先使用滑动窗口将所有蛋白质分割成长度为 W 的多肽（窗口为 W），使得目标残基位于多肽的中心，目标残基的左右两侧分别具有（$W-1$）/2 个残基。W 的长度没有统一的规定，在不同的研究中，W 的取值范围通常从 11～27 不等。一些研究通过试错的方法选择经过优化的 W 长度。最后，根据适当的生物数据特征将长度为 W 的每个多肽编码为多个数值特征向量。窗口长度为 W 的蛋白质或肽的共同特征结构用 P 表示[公式（10-27）]：

$$P = (\psi_1 \psi_2 \cdots \psi_u \cdots \psi_\Omega)^T \tag{10-27}$$

其中，Ω 和 ψ_u（$u=1, 2, \cdots, \Omega$）取决于如何从样本中提取所需的信息。

数据特征的质量直接影响预测模型的性能，构建数据特征是决定计算机预测模型能否成功最关键的步骤。通过分析蛋白质序列和结构上的特征进行特征编码，获取多维或高维特征向量。随后采用不同的特征选择技术从多（高）维特征向量中选择最具区分度的特征构成最佳特征集，用于构建最终的 PTM 预测器。目前，常用的生物数据特征可概括为四类，分别是基于序列的数据特征、基于理化性质的数据特征、基于结构的数据特征和基于保守性的数据特征。

1. 基于序列的数据特征

常用的基于序列的数据特征超过 10 种，它们根据氨基酸序列中的丰富信息对蛋白质序列进行编码。

1）氨基酸组成

氨基酸组成（amino acid composition，AAC）是给定序列中 20 种氨基酸的频率（Xiang et al.，2021），也称为氨基酸出现频率（amino acid occurrence frequency，AF）。首先计算给定序列中 20 种氨基酸的出现次数；然后将每种氨基酸的出现次数除以序列的总长度，得到每种氨基酸的频率；最后将这些频率值按照氨基酸的顺序排列，形成一个数值向量作为特征向量[公式（10-28）]。

$$\text{AAC} = (A_1, A_2, A_3, \cdots, A_{20}) \tag{10-28}$$

$$A_i = \frac{R_i}{L}(i=1,2,3,\cdots,20) \tag{10-29}$$

其中，R_i 表示蛋白质序列中第 i 种氨基酸出现的次数；L 表示蛋白质的长度。AAC 可产生出 20 个特征，每个特征表示一种氨基酸的相对频率，它们的和等于 1，表示总的氨基酸组成比例。

通过计算 AAC 特征，可以获得蛋白质序列中各种氨基酸的相对丰度信息，这对于区分不同类别的蛋白质序列具有重要意义。

2）二进制编码

二进制编码（binary encoding，BE）使用一个 20 维的二进制向量表示一个氨基酸（Xu et al.，2018），例如，丙氨酸（A）被编码为（10000000000000000000），半胱氨酸（C）被编码为（01000000000000000000），间隙或其他模棱两可的氨基酸被编码为（00000000000000000000），依此类推。

3）共轭三原组

将 20 种氨基酸聚类为如下 7 类，构建共轭三原组（CTriad）特征（Xiang et al., 2021）。
group1 = {Ala,Gly,Val}, group2 = {Ile,Leu,Phe,Pro}
group3 = {Tyr,Met,Thr,Ser}, group4 = {His,Asn,Gp}
group5 = {Arg,Lys}, group6 = {Asp,Glu}, group7 = {Cys}

具体而言，先将蛋白质序列根据上述 7 类氨基酸组进行编码，得到一个数值向量。然后将序列中的连续三个氨基酸作为一个单元，沿序列进行扫描，计算每种三原组类型的频率，从而得到三元组数值向量。例如，一个蛋白质序列 S 包含 L 个氨基酸残基，表示如下：

$$S = A_1A_2A_3A_4A_5 \cdots A_L \tag{10-30}$$

接着，使用一个滑动窗口，在连续的三个残基上进行扫描：

$$A_1A_2A_3, A_2A_3A_4, A_3A_4A_5, A_4A_5A_6, \cdots, A_{L-2}, A_{L-1}A_L$$

最后，蛋白质的 C 三原组特征被定义为该蛋白质中相应三原组类型的频率：

$$\text{Ctriad} = [f_1, f_2, f_3, f_4, \cdots, f_N]^\text{T}, \quad f_i = \frac{n_i}{L-2} \tag{10-31}$$

其中，f_i 表示第 i 个三原组类型的频率；n_i 表示第 i 个三原组类型在蛋白序列中的出现次数。

通过计算 Ctriad 特征，可以获得蛋白质序列中各种三原组类型的相对频率信息，这有助于描述蛋白质序列的局部顺序特征。

4）增强分组氨基酸组成

增强分组氨基酸组成（enhanced grouped amino acid composition，EGAAC）首次由 Chen 等（2018b）提出，是 GAAC 特征的改进版本。GAAC 根据氨基酸的物理化学性质将 20 种标准氨基酸分为 5 组，如下：

g1 = {GAVLMI}, g2 = {FYW}, g3 = {KRH}, g4 = {DE}, g5 = {STCPNQ}

因此，GAAC 可用以下公式进行计算（Lee et al., 2011b）：

$$f(g) = \frac{N(g)}{L}, \quad g \in \{g1, g2, g3, g4, g5\} \tag{10-32}$$

$$N(g_i) = \sum N_i, \quad i \in g \tag{10-33}$$

其中，L 为序列长度；$N(g)$ 为属于第 g 组的氨基酸数量；N_i 为第 i 种氨基酸类型的出现次数。

EGAAC 沿着序列进行扫描，并在一个固定大小的窗口中计算 GAAC 值[公式（10-34）]：

$$F(g) = \frac{N(g, win)}{N(win)}, \quad g \in \{g1, g2, g3, g4, g5\} \tag{10-34}$$

其中，$N(g,win)$ 为在固定窗口 win 内属于第 g 组的氨基酸的数量；$N(win)$ 为窗口大小。

EGAAC 通过考虑窗口内各个氨基酸组的相对数量来表征蛋白质序列的组成特征。它提供了更详细的氨基酸组成信息，有助于描述蛋白质的功能和结构特征。

5）k-最近邻

k-最近邻（k-nearest neighbor，KNN）算法（Dou et al.，2014）是另一种常用的无监督算法，通过计算样本之间的相似性或距离对其进行聚类。为了方便理解，以磷酸化修饰为例进行介绍。在磷酸化位点的局部序列中经常出现相似的模式，这种信息有助于磷酸化预测，尤其是激酶特异性磷酸化位点的预测。为了量化这种信息，引入了 KNN 得分。给定训练数据集 $D=\{v_1, v_2, \cdots, v_n\}$ 和测试样本 x，KNN 计算 x 与 D 中所有实例之间的距离，其中两个序列之间的距离与它们的序列相似性成比例。因此，查询样本将被分配给训练数据集中与其最近邻（最短距离）的相同类别（Chen et al.，2019b）。

6）伪氨基酸组成

在伪氨基酸组成（pseudo amino acid composition，PseAAC）中（Xu et al.，2018），蛋白质序列被表示为一个（$20+\mu$）维的向量。前 20 维是序列中 20 种氨基酸的出现频率，后面的 μ 维是与序列顺序效应相关的因子。PC-PseAAC 是将连续的局部序列顺序信息和全局序列顺序信息组合成蛋白质序列特征向量。SC-PseAAC 是 PC-PseAAC 的一种变体，将局部序列顺序信息和全局序列顺序信息结合到蛋白质序列特征向量中（Chien et al.，2020）。

7）位置特异性评分矩阵

位置特异性评分矩阵（position-specific scoring matrix，PSSM）特征（Xu et al.，2018）考虑了氨基酸对和位置特异性信息。氨基酸频率矩阵可从阳性数据集（POS）、阴性数据集（NEG）和一个背景数据集（BGD）中计算得到。背景数据集包括了所有已注释为相应类型的 PTM 位点的肽段。对于每个长度为 k 的序列基序（$4 \leqslant k \leqslant 12$），生成一个包含 21 行和 k 列的 PSSM，21 行分别是 20 个氨基酸以及间隙或模棱两可的（X）项，表示为 AA =（A, R, N, D, C, Q, E, G, H, I, L, K, M, F, P, S, T, W, Y, V, X）。PSSM 中的值 v 表示在所有肽段的多重比对中，氨基酸 $i\{i \in AA\}$ 在第 $j\{j=1, \cdots, k\}$ 个位置上的频率。每个翻译后修饰肽 p 的最终得分为 $S(p)$：

$$S(p) = \sum_{j}^{k} \frac{POS_{i,j} - NEG_{i,j}}{BGD_{i,j}} \quad (10\text{-}35)$$

其中，$POS_{i,j}$、$NEG_{i,j}$ 和 $BGD_{i,j}$ 分别代表 POS、NEG 和 BGD 矩阵中氨基酸 i 在位置 j 上的频率值。

8）位置权重氨基酸组成

位置权重氨基酸组成（position weight amino acid composition，PWAA）（Wuyun et al.，2016）用于描述特定位点周围的氨基酸残基的序列顺序信息。滑动窗口中氨基酸的位置信息可以通过以下公式计算：

$$C_i = \frac{1}{L(L+1)} \sum_{j=-L}^{k} x_{i,j} \left(j + \frac{|j|}{L} \right) \quad (10\text{-}36)$$

其中，L 表示滑动窗口中心位点上游或下游残基的数量；如果 a_i 是滑动窗口中的第 j 个残基，则 $x_{i,j}=1$，否则 $x_{i,j}=0$。

9）位置编码

在位置编码（location coding，LC）中，对位于序列的 N 端、C 端或中间位置的位点，使用 3 位二进制编码来表示末端信息，其中 N 端表示为（100），C 端表示为（001），中间位置表示为（010）（Wuyun et al.，2016）。

10）位置特异性二肽倾向

位置特异性二肽倾向（position-specific dipeptide propensity，PSDP）特征（Xu et al.，2018）用于表示以 k 个氨基酸分隔的氨基酸对的频率信息。

11）位置特异性氨基酸倾向

位置特异性氨基酸倾向（position-special amino acid propensity，PSAAP）特征（Xu et al.，2018）用于计算给定样本数据中 PTM 位点和未修饰位点在相同位置的频率差异。

12）k 间隔氨基酸对组成

k 间隔氨基酸对组成（composition of k-spaced amino acid pairs，CKSAAP）编码（Zhao et al.，2022b）反映了序列中由 k 个残基（$k=0, 1, 2, \cdots, 5$；k 的默认最大值为 5）分隔的氨基酸对的组成，并使用特征向量表示这些氨基酸对的组成。可以描述为：

$$(C_{aa}\ C_{ac}\ C_{ad}\ \cdots\ C_{oo})_{441}$$

每个特征的值表示片段中相应氨基酸对的组成。例如，如果一个 AD 对在片段中出现了 m 次，那么该向量中 AD 对的组成（即 c_{AD}）等于 m。

13）二肽组成和三肽组成

二肽组成（dipeptide composition，DPC）是由 20 种氨基酸产生的 400（20×20）个二肽中每种二肽的百分比，三肽组成（tripeptide composition，TPC）是由 20 种氨基酸产生的 8000 个（20×20×20）三肽中每种三肽的百分比。与 AAC 不同，DPC 和 TPC 是一对相邻的氨基酸，在蛋白质中具有额外的局部排列信息（Khalili et al.，2022）。DPC 和 TPC 可分别表示为：

$$\text{DPC}\{i\} = \frac{\text{Total number of deep}\{i\}}{\text{Total number of all possible dipeptides}} \times 100 \quad (10\text{-}37)$$

$$\text{TPC}\{i\} = \frac{\text{Total number of tep}\{i\}}{\text{Total number of all possible tripeptides}} \times 100 \quad (10\text{-}38)$$

其中，DPC$\{i\}$ 是 400 个二肽中的一个二肽 $\{i\}$；TPC$\{i\}$ 是 8000 个三肽中的一个三肽 $\{i\}$。

2. 基于理化性质的数据特征

1）平均累积疏水性

平均累积疏水性（average cumulative hydrophobicity，ACH）特征（Dou et al.，2014）是蛋白质中具有重要功能残基的重要属性之一，因为它量化了 PTM 位点氨基酸及其周围残基在溶剂中暴露的倾向性。通过计算候选子序列的中心氨基酸残基周围累积疏水性指数的平均值来量化 ACH 属性，滑动窗口的大小 k 通常设为 3，5，7，…，21。如果序列末端的一个残基位于滑动窗口的中央，则在窗口的一侧用零填充空白。因此，对于给定的候选子序列，使用 k 维特征向量来表示 ACH 得分。例如，根据 Sweet 和 Eisenberg（1983）提出的疏水性指数，20 个标准氨基酸（A，C，D，E，F，G，H，I，K，L，M，N，P，Q，R，S，T，V，W，Y）的 ACH 属性值分别为（0.62，0.29，−0.90，−0.74，1.19，0.48，−0.40，1.38，−1.50，1.06，0.64，−0.78，0.12，−0.85，−2.53，−0.18，−0.05，1.08，0.81，0.26）。

2）重叠特性

重叠特性（overlapping property，OP）通常是指 Taylor（1986）提出的 10 种重叠特性，分别是极性（polar）{NQSDECTKRHYW}、阳性（positive）{KHR}、阴性（negative）{DE}、带电性（charged）{KHRDE}、疏水性（hydrophobic）{AGCTIVLKHFYWM}、脂肪族性（aliphatic）{IVL}、芳香性（aromatic）{FYWH}、小型（small）{PNDTCAGSV}、微小型（tiny）{ASGC}和脯氨酸（proline）{P}。OP 特性用于衡量蛋白质序列中具有共同物理化学性质的氨基酸组。氨基酸残基通过一种 10 维向量进行编码，具有相应属性的维度设为 1，剩余位置设为 0。例如，丙氨酸（A）被编码为（0000100010），缬氨酸被编码为（0000110100），依此类推。

3）基于分组权重的编码

基于分组权重的编码（encoding based on grouped weight，EBGW）（Wuyun et al.，2016）是一种基于氨基酸残基的疏水性和带电性的氨基酸序列编码方案。首先，将 20 个氨基酸残基分为 4 个不同的类别：疏水性组 $C1$ = {A，F，G，I，L，M，P，V，W}，极性组 $C2$ = {C，N，Q，S，T，Y}，正带电组 $C3$ = {H，K，R}，负带电组 $C4$ = {D，E}。对于一个特定滑动窗口序列，使用 3 种二进制方式表示，如下：

$$H1(a_j) = \begin{cases} 1, & \text{if } a_j \in C1 \cup C2 \\ 0, & \text{if } a_j \in C3 \cup C4 \end{cases} \quad (10\text{-}39)$$

$$H2(a_j) = \begin{cases} 1, & \text{if } a_j \in C1 \cup C3 \\ 0, & \text{if } a_j \in C2 \cup C4 \end{cases} \quad (10\text{-}40)$$

$$H3(a_j) = \begin{cases} 1, & \text{if } a_j \in C1 \cup C4 \\ 0, & \text{if } a_j \in C2 \cup C3 \end{cases} \quad (10\text{-}41)$$

其中，a_j 表示滑动窗口序列中的第 j 个残基。

对于每个二进制编码序列，设置长度递增的 K 个子序列，并计算相应的 K 个特征值，如下：

$$X(k) = \frac{\text{sum}(k)}{\text{Int}\left(N \cdot \dfrac{k}{K}\right)}, \quad k = 1, 2, \cdots, K \quad (10\text{-}42)$$

其中，sum(k)函数表示第 k 个子序列中 1 的数量；Int($N \cdot k/K$)表示第 k 个子序列的长度；Int()函数将一个数字四舍五入为最接近的整数；N 是滑动窗口序列的长度。不同研究中的 K 值可能不同。

4）可及表面积

所有的磷酸化位点都位于底物蛋白质的表面，因此溶剂可及性增大也是氨基酸残基发生 PTM 的一个重要特征。可及表面积（accessible surface area，ASA）属性常通过蛋白质序列进行预测，因此在一些预测器的描述中，将其归类为基于序列的数据特征（Dou et al.，2014）。例如，RVP-net（Ahmad et al.，2003）可用于预测给定蛋白质序列中每个残基的相对溶剂可及表面积，并为每个氨基酸残基的 ASA 属性提供一个介于 0 到 1 之间的值。ASA 的预测分辨率不高，无法评估那些在蛋白质构象改变时转换为可及性的 PTM 位点，这是目前现有方法无法解决的。

5）Z-scale

Z-scale 由 Hellberg 等（1987）首次提出，通过对 20 个经典氨基酸的 29 个理化变量的矩阵进行主成分分析，得出三个用于描述氨基酸序列的主要性质，分别是 z1、z2 和 z3。随后，Sandberg 等（1998）通过分析 87 种氨基酸的 26 个性质添加了另外两个 Z-scale 值。Z-scale 特征用于描述氨基酸的物理化学性质，并对其进行量化。例如，它可以描述蛋白质序列的亲水性、溶解性、电荷分布等化学特征，这些特征对于理解蛋白质结构和功能非常有价值。

6）组成-过渡-分布

组成-过渡-分布（composition-transition-distribution，CTD）特征（Xiang et al.，2021）将 20 种氨基酸分为三组：疏水性、中性和极性。CTD 组成（CTD-C）负责计算给定序列中疏水性、中性和极性氨基酸组的组成值。CTD 过渡（CTD-T）用于表示一个特定性质的氨基酸之后跟随另一个性质的氨基酸的频率。CTD 分布（CTD-D）则用于表示给定序列中每个性质的分布。每个性质有 5 个分布描述符，即给定特定性质的整个序列中的第一个残基、25%的残基、50%的残基、75%的残基和 100%的残基。

7）理化性质

AAindex 数据库（Kawashima and Kanehisa，2000）包含了 20 种氨基酸的多种生物学和理化性质，每条记录对应一个特定的性质，并为每种氨基酸提供一个数值。根据这个数据库中的信息可以获得相应序列的数字矩阵。一些研究中直接使用"AAindex"表示蛋白序列的理化性质（physicochemical property，PCP）。

3. 基于结构的数据特征

这类特征使用蛋白质的二级结构和三级结构信息来编码蛋白质序列。由于已知的蛋白质结构信息较少，目前只有少数 PTM 预测器采用了基于实验验证的蛋白质结构信息，大多数预测器使用了基于蛋白质序列预测的结构信息。因此，在不同的研究中，可能会将预测得到的结构信息归为基于序列的数据特征。

1）二级结构

蛋白质的功能依赖于其结构，一些PTM如磷酸化位点富集于某些特定的二级结构中（Dou et al.，2014）。二级结构（secondary structure，SS）特征属性描述了一个PTM位点及其周围氨基酸残基的结构环境。获取二级结构信息最准确的方法应该是从蛋白质的三维结构中提取，对于没有已知三维结构的蛋白质序列，目前只能使用工具预测其二级结构。每个氨基酸残基的SS特征属性使用一个三维向量来分别表示PSIPRED（McGuffin et al.，2000）预测的三种二级结构类型的可能性得分，分别是α螺旋（H）、β折叠（E）和无规则卷曲（C）。

2）蛋白质无序性

蛋白质无序性（protein disorder，PD）特征（Dou et al.，2014）对于理解蛋白质功能非常重要，且蛋白质无序性信息有助于改善PTM位点和非PTM位点的区分能力。DISOPRED可用于预测蛋白质无序性，为每个氨基酸残基提供两个得分，每个得分介于0和1之间，分别对应结构化或无序状态（Ward et al.，2004）。

3）半球暴露

半球暴露（half sphere exposure，HSE）特征（Taherzadeh et al.，2018）反映了氨基酸在蛋白质中的溶剂暴露性质，即与周围氨基酸的联系程度。具体而言，它描述了在蛋白质结构中，沿Cα-Cβ向量的每个氨基酸上半球或下半球的方向依赖性接触数，对于理解氨基酸在蛋白质功能和折叠中的作用具有重要意义。SPIDER-HSE（Heffernan et al.，2016）可用于计算溶剂暴露信息，并为每个氨基酸残基提供三个值，分别是残基接触数、上半球中的接触数（HSE-up）和下半球中的接触数（HSE-down）。

4. 基于保守性的数据特征

这类特征使用多序列比对和进化信息编码蛋白质序列。

1）Shannon熵

Shannon熵（Shannon entropy，SE）得分（Capra and Singh，2007）是最常用的序列保守性度量之一，可用来量化PTM位点的保守性。Shannon熵通过PSI-BLAST（Altschul et al.，1997）提取的加权观察百分比（weighted observed percentage，WOP）进行计算。对于一个可能具有PTM位点的蛋白质序列，使用PSI-BLAST将其与NCBI BLAST非冗余蛋白质数据库进行比对，WOP向量则表示20个氨基酸的位置特异性分布情况。给定位置的SE得分定义为：

$$SE = -\sum_{i=1}^{20} p_i \log(p_i) \tag{10-43}$$

其中，$p_i = a_i/a_j$，a_j是给定位置WOP向量中的第j个值。如果一个位置具有完全保守性，SE得分为最小值0。

2）相对熵

相对熵（relative entropy，RE）（Johansson and Toh，2010）用于衡量氨基酸相比于背景分布的保守性，因为与背景分布的偏离对功能重要的氨基酸残基具有重要意义。计算 RE 也需要使用 PSI-BLAST 提取的 WOP 矩阵。一种氨基酸的 RE 得分计算方式如下：

$$\mathrm{RE} = \sum_{i=1}^{20} p_i \log\left(\frac{p_i}{p_0}\right) \quad (10\text{-}44)$$

其中，$p_i=a_i/a_j$，a_j 是给定位置 WOP 向量中第 j 个值；p_0 是蛋白质的 BLOSUM62 背景分布。

3）BLOSUM62 矩阵

BLOSUM62 矩阵（Wang and Zhang，2019）是一种常用于蛋白质序列比对和分析的替代矩阵。它可以用于比对蛋白质序列，评估两个氨基酸在进化中的相似性和替代频率，所有氨基酸替代分数的总和为序列相似性。通过对进化分散的蛋白质序列之间的比对进行评分，推测它们的保守性和功能相关性。在 BLOSUM62 矩阵中，比对的得分是通过对具有不超过 62% 相同率的序列进行比较来计算的。BLOSUM62 矩阵中的每个元素表示了两个氨基酸之间的替代分值。较高的分值表示这两个氨基酸在进化过程中替代的可能性较低，可能具有更密切的功能关联；较低的分值则表示替代的可能性较高，可能在功能上更为相似。BLOSUM62 矩阵在蛋白质序列比对中广泛应用，是许多比对算法（如 BLAST、PSI-BLAST）的默认替代矩阵。

5. 综合特征编码

大多预测模型基于综合特征编码方式，即使用不同的特征选择方法从大量的特征中选择最相关的特征，结合主成分分析、线性判别分析和局部线性嵌入等特征降维方法减少特征的维度，提高分类器的性能并减少计算复杂性，随后使用特征融合、特征堆叠和特征交叉等特征组合方法将多个特征组合成一个综合的特征向量，并通过标准化、归一化和正则化等特征表示方法将特征向量转换为适合机器学习算法的形式（Xu et al.，2018）。

6. 特征选择

使用所有特征进行计算可能导致高维度和计算效率低下的问题。因此，在特征提取之后，有必要选择和优化得到的特征向量，通过特征选择获得最佳特征集（Wang and Zhang，2019）。具体而言，通过特征选择将与分类目的有关的、具有高判别能力的特征结合起来以提升 PTM 预测的性能。常用的特征选择方法包括基于过滤器的特征选择法、基于包装器的特征选择法和嵌入法。基于过滤器方法的特征选择过程与预测结果无关，但忽略了特征之间的依赖关系。基于包装器方法的特征选择过程主要与所采用分类器的性能有关，它可以获得更好的区分性能，但其需要更多的计算资源，也可能导致过拟合的风险。除了这两种策略，嵌入方法在构建预测模型时可以根据预测结果选择最佳特征，如最小绝对收缩和选择算子（LASSO）方法。

1）基于过滤器的特征选择法

（1）信息熵（information entropy，IE）（Wang and Zhang，2019）。熵是衡量信息的不可预测性或纯度的潜在方法，可用于反映观察到某些特征后分类信息的不确定程度。随机变量 X 的熵和 X 相对于另一个特征 Y 的条件熵分别定义为：

$$H(X) = -\sum_{i=1}^{n} p(x_i) \log_2 p(x_i) \tag{10-45}$$

$$H(X|Y) = -\sum_{j} p(y_j) \log_2 p(x_i|y_j) \tag{10-46}$$

其中，$p(x_i)$ 是 $x_i \in X$ 的先验概率，$p(x_i|y_j)$ 是给定 Y 值为 y_j 时 X 的后验概率。$H(X)$ 可以描述对随机变量 X 的不确定性，而 $H(X|Y)$ 则衡量在给定 Y 的情况下 X 的剩余不确定性。

（2）互信息（mutual information，MI）（Wang and Zhang，2019）。互信息可以衡量两个特征之间或特征与类标签之间的依赖关系。为了提高计算效率，在 PTM 谱中采用了互信息[公式（10-47）]和条件互信息[公式（10-48）]进行特征选择。

$$I(X;Y) = \sum_{x \in X} \sum_{y \in Y} p(x,y) \log \frac{p(x,y)}{p(x)p(y)} \tag{10-47}$$

$$I(X;Y/Z) = H(Y/Z) - H\left(\frac{Y}{X}, Z\right) \tag{10-48}$$

对于训练数据集，可以计算 MI 分数来捕捉两个特征之间的相关信息。基于归一化条件互信息的特征选择（FSNCNMI），通过使用不同的起始点和互信息，得到多个特征子集。搜索特征子集的过程如下：

$$J'(f) = \arg\min_{f_s \in FS} \frac{I(f;c/f_s)}{H(f,c)} \tag{10-49}$$

其中，$I(f;c/f_s)$ 表示当已知一些特征 f_s 时，特征 f 与目标变量 c 之间的固有依赖关系，而 $H(f,c)$ 表示它们的联合熵。

（3）最大相关性和最小冗余性（max-relevance and min-redundancy，mRMR）（Wang and Zhang，2019）。mRMR 计算是一种基于互信息的方法，根据特征与目标变量的相关性对每个特征进行排序。排序过程中，通过计算最大相关性 $I(f_j;c)$ 和最小冗余性 $I(f_j;f_i)$，可同时考虑所选特征子集的冗余性。利用以下优化公式可以找到理想的特征 f_j：

$$\max_{f_s \in FS - S_{m-1}} \left[I(f_j;c) - \frac{1}{m-1} \sum_{f_s \in S_{m-1}} I(f_j;f_i) \right] \tag{10-50}$$

（4）简化特征选择算法（RELIEFF）（Yavuz and Sezerman，2014）。RELIEFF 是一种经典的特征选择算法，基于实例之间的距离和类别之间的关系来评估特征的重要性。RELIEFF 主要根据特定值在相邻实例之间的差异程度评估每个特征的贡献度，以此为每个特征分配一个权重并进行排序。特征的权重表示该特征与分类目标的相关程度，可以选择具有较高权重的特征作为最终的特征子集。

2）基于包装器的特征选择法

（1）遗传算法（genetic algorithm，GA）（Wang and Zhang，2019）。GA 是一种计算模型，模拟了生物进化过程，遵循自然选择规则和遗传机制。GA 被验证为一种有效的特征选择方法，它通过一系列的变异、交叉、倒转和选择操作，以及预定义的适应度函数来初始化一组解并不断改进它们，通过迭代的优化操作最终找到最佳的特征子集。

（2）增量特征选择（incremental feature selection，IFS）（Wang and Zhang，2019）。虽然一系列特征选择方法可以根据其区分能力对所有特征进行排序，但仍然不知道应该选择多少个核心特征来训练预测模型。为了确定最佳特征数量，IFS 模块通过顺序添加单个特征来选择特征子集，根据实验的准确性识别最优的特征集。

（三）构建预测模型

选择最具信息区分能力的数据特征用于训练分类器（图 10-25）。目前，国际上的分类器主要包括两类，分别是传统的机器学习方法和深度学习方法。在这一步骤中，根据不同分类器的性能及研究团队的背景知识，选择一个合适的分类器进行参数优化，随后对训练数据集进行训练（Ramazi and Zahiri，2021）。

大多数现有的 PTM 预测模型基于传统的机器学习方法，包括支持向量机（support vector machine，SVM）、随机森林（random forest，RF）、逻辑斯谛回归（Logistic regression，LR）、惩罚性逻辑斯谛回归（penalized Logistic regression，PLR）、朴素贝叶斯（naive Bayes，NB）、极限梯度增强（extreme gradient boosting，XGBoost）、自适应增强（adaptive boosting，AdaBoost）、梯度增强决策树（gradient boosting decision tree，GBDT）、轻量级梯度增强机（light gradient boosting machine，LGBM）和决策树（decision tree，DT）等。这些模型都采用相同的策略，主要包括：①从原始序列或其他领域知识中提取数据特征，这被称为机器学习中的"特征工程"；②选择机器学习算法，利用提取的数据特征进行训练和预测。然而，除了不同的机器学习算法，能否提取有效的数据特征进行蛋白质序列编码，在很大程度上决定了预测模型是否成功。例如，在一系列 GPS 方法（Zhao et al.，2014）中使用了氨基酸替代矩阵，在 Musite 方法（Gao et al.，2010）中使用了 KNN、OP 和 AAC 等。尽管使用这些特征开发的预测模型在 PTM 预测中取得了良好的性能，但特征工程需要人工设计的局限性可能导致特征不完整或存在偏差（Wang et al.，2017a）。

深度学习作为最先进的机器学习方法，允许计算机模型使用原始数据，并自动发现分类所学的复杂的 PTM 模式（如最具区分度的特征集），为改进 PTM 预测模型的性能提供了强大的支持。常用的深度学习方法包括卷积神经网络（convolutional neural network，CNN）、人工神经网络（artificial neural network，ANN）、深度神经网络（deep neural network，DNN）和循环神经网络（recurrent neural network，RNN）等，这些方法在生物序列分析中越来越受欢迎。例如，DeepBind（Alipanahi et al.，2015）基于 CNN 预测 DNA 和 RNA 结合蛋白的序列特异性，NetPhos（Blom et al.，1999）基于 ANN 训练模型预测蛋白质 O-磷酸化位点等。这些方法仅使用原始序列就取得了显著优于先前机器学习方法的性能。Wang 等认为，面对特定 PTM（如激酶特异性 PTM）样本量较小的问题，使用深度学习算法可以提高预测模型的准确性和效率。

（四）评估模型性能

构建的预测模型需要进行性能评估，并与当前最先进的方法进行比较。评估 PTM 预测模型性能的常见方法包括 K 倍（K-fold）交叉验证、独立数据集测试、Jackknife 或 LOO（Leave-One-Out）检验（图 10-7）。其中，LOO 是最客观的方法，K 倍交叉验证耗时最短，二者被广泛用于评估预测模型（Xu et al.，2018）。

1. K 倍交叉验证

K 倍交叉验证（Ramazi and Zahiri，2021）是一种用于评估给定预测器性能和确定最优参数的标准方法。在这个过程中，原始基准数据集被随机分成 k 个大小相等且不重叠的子集。每次验证时，选择 $k–1$ 个子集作为训练数据集用于训练模型，剩余一个子集作为测试集用于评估模型性能。这个过程重复 k 次，确保每个子集都被用作一次测试集。最终，将 k 次测试结果的平均值作为模型的性能评估指标。在 PTM 预测研究中，k 的常见取值为 5 和 10。较大的 k 值可能会导致对分类器泛化能力和测试误差率的估计不够准确。

K 倍交叉验证的优点在于充分利用了数据集中的每个样本，能够相对较好地评估模型的性能，并减少因数据集的划分方式而引入的偶然性。此外，K 倍交叉验证还有助于确定模型的参数选择，通过对不同参数组合进行交叉验证，最终选择性能最好的参数组合。

然而，K 倍交叉验证的性能比较中也存在一些可能导致偏差的缺陷。如上所述，在 K 倍交叉验证过程中，数据被随机分成 k 个不同的子集。如果两种方法的所有 k 个子集的训练数据和测试数据都是相同的，则这些方法的结果是可比较的。然而，许多研究在比较 K 倍交叉验证结果时并不满足这个条件，这是一个常见的缺陷。另一个常见的缺陷是在参数调整、特征选择和性能评估中使用相同的数据。在这种情况下，预测器的性能被高估，分类器在未被模型训练的样本中的表现会很差。

2. 独立数据集测试

在有足够的 PTM 数据的情况下可进行独立测试实验。在这个实验中，使用一个基准数据集或重新构建一组阳性样本和阴性样本数据集作为独立测试数据评估预测器的性能，要求这些数据在训练模型的任何步骤中都没有被使用过。通常，独立数据集测试的性能低于 K 倍交叉验证的性能，可以更好地估计预测器在实际运用中的性能。为了展示所提出的方法在真实生物问题中的优势，一些研究使用训练好的模型在一组最新被研究过的具有生物学重要意义的蛋白质上进行测试，以表明他们的方法可以有效地检测到新报道和经实验验证实的 PTM 位点（Ramazi and Zahiri，2021）。

3. 常用的评估指标

基于上述交叉验证方法，可以使用一系列指标对模型性能进行评估，包括灵敏度或召回率（sensitivity or recall，Sn）[公式（10-51）]、特异性（specificity，Sp）[公式（10-52）]、精确度（precision，Pre）[公式（10-53）]、准确度（accuracy，Acc）[公式（10-54）]、马修相关系数（Matthew correlation coefficient，MCC）[公式（10-55）]、F-评分受试者工作特征（F-score receiver operating characteristic，ROC）曲线[公式（10-56）]和ROC曲线下面积（area under ROC curve，AUC）。这些指标都可以根据混淆矩阵的四个基本元素进行计算（表10-4）。

表10-4 翻译后修饰预测工具的混淆矩阵

	翻译后修饰位点（实验验证）	非修饰位点（实验验证）
翻译后修饰位点（预测）	TP（真阳性），是指真正被预测为翻译后修饰位点的真实翻译后修饰位点的数量	FP（假阳性），是指被错误地预测为修饰位点的真实非翻译后修饰位点的数量
非修饰位点（预测）	FN（假阴性），是指被错误地预测为非翻译后修饰位点的真实翻译后修饰位点的数量	TN（真阴性），是指真正被预测为非翻译后修饰位点的实际非翻译后修饰位点的数量

$$\mathrm{Sn} = \frac{\mathrm{TP}}{\mathrm{TP+FN}} \quad (10\text{-}51)$$

$$\mathrm{Sp} = \frac{\mathrm{TN}}{\mathrm{TN+FP}} \quad (10\text{-}52)$$

$$\mathrm{Pre} = \frac{\mathrm{TP}}{\mathrm{TP+FP}} \quad (10\text{-}53)$$

$$\mathrm{Acc} = \frac{\mathrm{TP+TN}}{\mathrm{TP+TN+FP+FN}} \quad (10\text{-}54)$$

$$\mathrm{MCC} = \frac{(\mathrm{TP}\times\mathrm{TN})-(\mathrm{FP}\times\mathrm{FN})}{\sqrt{(\mathrm{TP+FP})(\mathrm{TP+FN})(\mathrm{TN+FP})(\mathrm{TN+FN})}} \quad (10\text{-}55)$$

$$\text{F-score} = \frac{2\times\mathrm{TP}}{2\mathrm{TP+FP+FN}} \quad (10\text{-}56)$$

其中，TP是真阳性；TN是真阴性；FP是假阳性；FN是假阴性。

灵敏度和特异度用于描述预测阳性位点和阴性位点的能力；F-score综合了精确度和召回率；MCC综合考虑了真阳性、真阴性、假阳性和假阴性的数量，为二分类问题的质量提供了更全面的评估。

（五）开发网络服务器和独立应用程序

为了方便科研人员的使用，许多PTM预测工具和数据库被开发出来，并以网络服务器或独立应用程序（基于Perl、Python、C、R、Java等计算机语言）的形式提供。例如，蛋白质磷酸化预测器KinasePhos（Wong et al.，2007），同时提供了源代码、网络服务器和独立应用程序供用户使用。这些网络服务器和应用程序只需要输入蛋白质序列，便可以预测PTM位点、分析PTM的影响和查询特定PTM的信息，为开展后续的功能及调控研究提供丰富和可靠的数据资源。

（六）PTM 预测器开发实例

本节以蛋白质磷酸化预测器 MusiteDeep（Wang et al.，2017a）为例，具体讲解在构建 PTM 预测器过程中四个关键步骤的具体实现过程。

2010 年，Gao 等基于 SVM，利用 KNN、PD、AAC 数据特征训练了 6 种生物的一般预测模型和 13 种激酶或激酶家族的激酶特异性预测模型，命名为 Musite。MusiteDeep 是 Musite 的更新版本，是第一个基于深度学习方法预测一般和特定激酶磷酸化位点的算法。它以原始序列数据作为输入，避免了特征工程，利用 CNN 方法对磷酸化位点进行分类。

1. 构建基准数据集和独立测试集

MusiteDeep 分别构建了一般磷酸化数据集、特定激酶磷酸化数据集和独立测试集。对于一般磷酸化位点数据集，Wang 等（2017a）从 UniProt/Swiss-Prot 中收集了人类的磷酸化数据。其中注释为丝氨酸、苏氨酸或酪氨酸的磷酸化位点作为阳性数据，而同一蛋白质中除去已注释为磷酸化位点的其他相同氨基酸作为阴性数据。对于特定激酶磷酸化位点数据集，从 UniProt/Swiss-Prot 中收集人类蛋白质序列，并从 RegPhos（Lee et al.，2011a）中提取人类激酶的注释信息，其中包含了来自 Phospho.ELM（Dinkel et al.，2011）、PhosphoSitePlus（Hornbeck et al.，2015；2012）、PHOSIDA（Gnad et al.，2011）、SysPTM（Li et al.，2014a）、HPRD（Keshava Prasad et al.，2009）和 UniProtKB/ Swiss-Prot 等 6 个磷酸化相关资源中的激酶特异性磷酸化位点信息。随后根据 RegPhos 中人类激酶的注释信息和分类，提取不同激酶家族的磷酸化位点数据。对每个激酶家族训练一个特定的预测模型，只使用特定激酶家族注释的位点作为阳性数据，将同一底物中未经修饰的其他相同类型的氨基酸作为相应的阴性数据。为了更真实地评估 MusiteDeep 的性能并与其他现有预测器进行比较，Wang 等构建了独立测试集。为了避免测试集与其他工具在任何过程中使用的数据发生重叠，Wang 等使用了 MusiteDeep 发表前最新创建的数据作为测试集。具体而言，以 2008 年之后创建的注释条目作为测试集，其余的注释条目作为训练集。分别去除训练集和测试集中的冗余序列后，使用 Blastp（2.2.25）工具去除训练集和测试集之间具有高相似性（50%）的蛋白质序列。

去冗余后的阳性数据集和阴性数据集存在严重的不平衡。为了平衡数据集，Wang 等采用了基于自举法（bootstrapping）的深度学习框架。具体而言，设 n 和 p 分别为不平衡训练数据集中阴性样本和阳性样本的数量，其中 $n \gg p$。对于每次自举法迭代，从阳性数据和阴性数据中选择相同数量（S_p）的样本，并在这个平衡数据集上训练一个模型。为了遍历所有的阴性数据，将 n 个阴性样本按照 S_p 的大小分成 N 份，因此 $N=\lfloor n/S_p \rfloor$，并通过 N 次自举法迭代生成一个分类器。这个过程会重复 m 次（默认为 $m=5$），从而生成 m 个分类器。在对目标位点预测时，采用 m 个分类器的平均输出作为最终预测结果。由于丝氨酸/苏氨酸特异性激酶通常可以磷酸化丝氨酸和苏氨酸残基，Wang 等将磷酸化丝氨酸和磷酸化苏氨酸位点合并在数据集中，并针对丝氨酸和苏氨酸位点训练一个模型。

2. One-of-K 编码

对于给定的蛋白质序列，一般磷酸化数据集可用于预测磷酸化丝氨酸/苏氨酸或磷酸化酪氨酸位点。它可以被定义为一个二分类问题，即将每个潜在的磷酸化位点分类为磷酸化位点或非磷酸化位点。与其他使用传统机器学习方法的预测器不同，MusiteDeep 是基于深度学习方法的预测器。正如第三节中的"构建预测模型"中所述，深度学习方法可自动从序列中提取最具区分度的数据特征，避免了特征工程导致的偏差。因此，MusiteDeep 仅需要原始蛋白质序列作为输入。

给定一个蛋白质序列，从潜在的磷酸化位点中提取一个以该位点为中心、长度为 33 的肽段（包括潜在磷酸化位点和两侧各 16 个氨基酸残基）。通过 One-of-K 方式对蛋白质片段进行编码，生成一个 K 维向量，即在蛋白质序列中对应氨基酸的索引处的值为 1，其他位置为 0。对于未知或非标准的氨基酸（X），所有位置都被赋值为 0.05。由于有 20 种常见的氨基酸，K 被设为 20。但是，当潜在磷酸化位点的左侧或右侧部分长度不足以达到窗口大小时，使用连字符（–）标记并将其视为额外的一个氨基酸。最终，得到一个 21 维编码向量（图 10-26）。

3. 选择多层 CNN 构建预测模型

对于一般磷酸化位点的预测，MusiteDeep 使用多层 CNN 作为特征提取器，并引入注意力机制使模型自动搜索重要位置，在输入和输出之间学习柔性转换，对数据进行适应性处理和调整（图 10-26）。首先将输入的蛋白质序列以 One-of-K 方式编码成一个固定的二维隐藏状态并复制两次，随后将隐藏状态 1 输入注意力-1 中，将隐藏状态 2 转置后输入注意力-2 中。建立在多层 CNN 之上的两个独立注意力机制旨在定量评估每个元素在序列和特征图谱维度上的贡献，并最终获得蛋白质序列的融合软加权特征，即将两个独立注意力机制的输出结果合并，并根据各自的权重分别对其进行加权处理，以综合利用二者的优势提高预测的准确性。两个注意力机制的输出被合并后输入到全连接神经网络层，最终层是一个包含 softmax 输出的单个神经网络层。以注意力-2 为例，隐藏状态的加权和可表示为 H'：

$$H' = \sum_{t=1}^{T} h_t \alpha_t \tag{10-57}$$

其中，h_t 是多层 CNN 的隐藏状态（如隐藏状态 2），$t=1, 2, \cdots, T$；α_t 是每个隐藏状态 h_t 的 softmax 权重（softmax weight），由以下公式计算：

$$\alpha_t = \frac{\exp(e_t)}{\sum_{k=1}^{T} e^k} \tag{10-58}$$

$$e_t = f(f(h_t W) U^T) \tag{10-59}$$

其中，e_t 通过一个前馈神经网络函数从隐藏状态 h_t 生成；W 是一个注意力隐藏矩阵；U 是一个注意力隐藏向量；f 表示线性激活函数。基于注意力的解码器将两个隐藏状态（h_t）合并为一个综合特征 H'，它被用作后续全连接神经网络层和 softmax 输出层的输入。

在确定每个模型的主要架构后，使用贝叶斯优化方法指导这些架构的超参数选择。具体而言，对于每个模型，贝叶斯优化使用小型训练数据子集来建立初始基于高斯过程

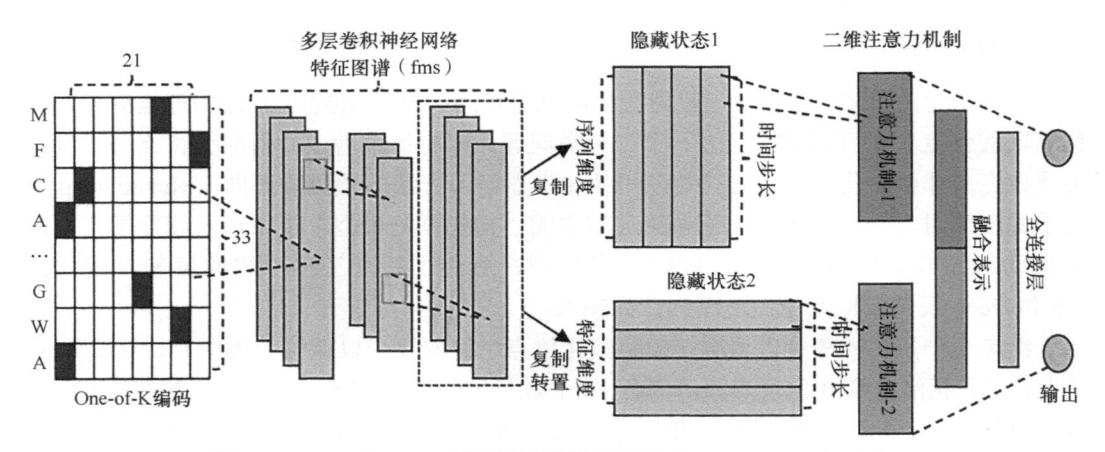

图10-26 MusiteDeep模型的深度学习框架（Wang et al.，2017a）

的后验概率模型，利用该模型来选择下一个可能具有较好性能的子集进行评估。通过不断迭代收集子集的信息，逐步缩小搜索空间，直至找到全局最优解或近似最优解，并使用获得最佳性能的最佳超参数来构建最终模型。

对于特定激酶磷酸化位点的预测，挑战在于如何使用少量数据来训练一个高度准确的广义模型。Wang等根据RegPhos数据库的数据，提取了CDK、PKA、CK2、MAPK和PKC激酶家族的100多个已知的磷酸化位点。为了缓解小型训练数据集易导致过拟合的问题，Wang等在一般磷酸化位点数据上训练了一个基础网络，然后将基础网络中除最后输出层以外的所有层作为特征提取层，传递到特定激酶模型中进行迁移学习，并使用特定激酶数据对整个模型进行微调，构建最终的特定激酶磷酸化预测模型。这种迁移学习方法已成功应用于许多图像分类问题，并通过使用小样本数据展现出良好的分类性能（Esteva et al.，2017）。

4. MusiteDeep性能评估

Wang等（2017）基于相同的独立测试集，评估了MusiteDeep模型的性能，并与其他预测器进行了比较。在5倍交叉验证下比较了AUC和精确率两个指标，MusiteDeep在一般磷酸化位点预测中的平均精确率获得超过50%的相对改善，在激酶特异性磷酸化预测中获得与其他预测器相媲美的结果（Wang et al.，2017a）。

三、常用的蛋白质翻译后修饰预测器

（一）蛋白质磷酸化预测器

蛋白质磷酸化修饰通常分为 O-磷酸化和 N-磷酸化。O-磷酸化是指磷酸基团主要连接在丝氨酸（Ser）、苏氨酸（Thr）和酪氨酸（Tyr）的羟基基团上，分别表示为 pSer、pThr 和 pTyr。而 N-磷酸化是指磷酸基团主要连接在组氨酸（His）、赖氨酸（Lys）和精氨酸（Arg）的氨基基团上，分别表示为 pHis、pLys 和 pArg。目前用于鉴定蛋白质磷酸化修饰位点的预测工具和数据库超过60种，且大多数用于预测蛋白质 O-磷酸化位点，

只有少数几个预测器可以预测蛋白质 N-磷酸化位点。下面列举了目前国际上常用的磷酸化位点预测工具,它们可分为一般预测器和特异性预测器,后者可进一步细分为激酶特异性、结构域特异性和物种特异性预测器。14-3-3-Pred(Madeira et al.,2015)是目前唯一一个结构域特异性磷酸化修饰预测模型,用于预测人类蛋白质组中与 14-3-3 结合的磷酸化肽。在选择预测器时,用户需要综合考虑预测器的指标,因为一些新开发的预测器尚未发表,但具有很高的实用价值,如 PhosphoNET(http://www.phosphonet.ca/)和 Nphos(http://bioinf.xmu.edu.cn/Nphos/)。

1. 激酶特异性磷酸化修饰预测器

表 10-5 中列举了目前国际上的激酶特异性磷酸化修饰预测器。下文将详细介绍 NetPhos、GSP 和 KinasePhos 三个系列磷酸化预测器。

表 10-5 激酶特异性磷酸化修饰预测器一览表

算法	类型	物种	激酶	数据特征	机器学习	靶标
DeepKinZero	SC	人	214	One-hot 编码、PCPs、ProtVec	Zero-shot	pSer,pThr,pTyr
ELECTRA	SC	人	5	One-hot 编码	DL	pSer,pThr
EMBER	SC	脊椎动物	134	One-hot 编码	CNN	pSer,pThr,pTyr
GSP 6.0	WP/SW/SC	184 个真核生物	46 402	—	PLR/DNN/LGMB	pSer,pThr,pTyr
KinasePhos	WP/SW/SC	11 个物种	771	BLOSUM62	SVM/XGBoost	pSer,pThr,pTyr,pHis
KSP-PUEL	SC	哺乳动物	2	PSSM	SVM	pSer,pThr,pTyr
Mtb-KSPP	SC	结核分枝杆菌	11	PD、AAPCM	SVM	pSer,pThr
Netphos	WP/SW	真核生物	17	—	ANN	pSer,pThr,pTyr
NetPhosPan	WP/SW	真核生物	120	BLOSUM50	CNN	pSer,pThr,pTyr
Pf-Phospho	WP/DB	疟原虫	5	CKSAAP、PD	RF	pSer,pThr,pTyr
PhosIDN	SC	人	10	One-hot 编码、PPI	DCCNN	pSer,pThr,pTyr
PhosphoNET	WP/DB	人	482	PSSM	PSSM	pSer,pThr,pTyr
PhosphoPICK	WP	人、小鼠和酵母	157	PPI	BN	pSer,pThr,pTyr
PhosPiR	SC(R)	人、小鼠和大鼠	—	Motif	PWM	—
PhosTransfer	SC	人	179	SS、PD、WOP	CNN	pSer,pThr,pTyr
PKSPS	SC	人	22	PPI	MWBM	pSer,pThr,pTyr

每种工具的类型:DB 为数据库,SC 为源代码,SW 为软件,WP 为网页服务器。AAPCM 表示氨基酸对兼容性矩阵。

NetPhos(Blom et al.,1999)是最早使用人工神经网络(ANN)训练的蛋白质 O-磷酸化预测器,NetPhosK(Blom et al.,2004)是同一个研究团队对通用 NetPhos 方法扩展后的激酶特异性磷酸化预测器。这两个预测器合并后成为现在的 NetPhos,可以为 17 个激酶预测激酶特异的磷酸化位点,分别是 ATM、CK I、CK II、CaM-II、DNAPK、EGFR、GSK3、INSR、PKA、PKB、PKC、PKG、RSK、SRC、cdc2、cdk5 和 p38MAPK。

该团队还开发了基于 CNN 的 NetPhosPan 方法（Fenoy et al.，2019）。该方法是第一个泛受体蛋白磷酸化预测器，以完全自动化的方式识别激酶结构域的共享模式，使泛受体模型能够预测具有已知蛋白质序列的受体蛋白家族的任何成员的配体结合特异性。简而言之，NetPhosPan 可以预测以蛋白质序列为特征的任何激酶结构域的磷酸化位点。

GSP 是基于基团的磷酸化预测平台，首个 GPS 预测器（Zhou et al.，2004）开发后经历了 5 次更新。第一次更新（Xue et al.，2005）提出了一个全面的蛋白激酶特异性磷酸化预测服务器，可以从 71 个不同蛋白激酶组（包含 216 个蛋白激酶）的蛋白质初级序列中预测激酶特异性磷酸化位点。第二次更新（Xue et al.，2008）实现了 Java 语言版本的 GPS 在线服务并构建了首个独立的磷酸化预测软件。它使用了一个完善的分类规则，将蛋白激酶分为群、族、亚族和单个蛋白激酶共 4 个层次，并涵盖了蛋白质-蛋白质相互作用信息，用于预测 408 个人类蛋白激酶的底物磷酸化位点。第三次更新（Xue et al.，2011）开发了一种新颖的基序长度选择（motif length selection，MLS）方法，以自动检测出具有最高 LOO 性能的磷酸化肽的最佳长度，从而提高预测系统的稳健性（灵敏度提高 15.62%）。第四次更新（Wang et al.，2020）提出了位置权重确定（position weight determination，PWD）和评分矩阵优化（scoring matrix optimization，SMO）两种新方法，显著提高了预测精度。除了丝氨酸/苏氨酸或酪氨酸激酶，GPS 5.0 还支持双特异性激酶特异性磷酸化位点的预测。此外，GPS 5.0 支持预测包括人类 479 个蛋白激酶在内的共 161 个物种的 44 795 个蛋白激酶的激酶特异性磷酸化位点，目前已更新到 GPS 6.0，除了在线服务器（http://gps.biocuckoo.cn/），它还提供了适用于 Windows、Unix/Linux 和 Mac OS 系统的独立应用程序。GPS 6.0 整合了来自 21 个公共资源的数据，用于注释预测结果，包括实验证据、物理相互作用、序列保守性（或基序）和序列与三维结构中的磷酸化位点等（Zhao et al.，2023）。

最初的 KinasePhos（Huang et al.，2005）是基于 HMM 和激酶特异性磷酸化位点的侧翼残基构建预测器。KinasePhos 2.0（Wong et al.，2007）是将 SVM 与蛋白质序列谱和蛋白质偶联模式结合起来构建的预测模型，用于预测 pSer、pThr、pTyr 和 pHis 位点。KinasePhos 3.0（Ma et al.，2023）使用 SVM 和 XGBoost 组合训练了 771 个激酶特异性的预测模型，其平均精确度为 87.2%。在构建该模型中，Ma 等（2023）采用 Shapley 加和解释（Shapley additive explanation，SHAP）方法评估了特征的重要性。KinasePhos 提供了适用于 Windows 的独立应用程序，目前其在线预测模块不可用。

此外，还有一些其他常用的激酶特异性磷酸化预测器。例如，PhosphoPICK（Patrick et al.，2016）是基于贝叶斯网络（BN）、蛋白质-蛋白质相互作用信息（PPI）、PSAAP、整个细胞周期的蛋白质丰度和激酶结合位点共发生氨基酸计数四个特征开发的磷酸化预测器。PhosphoPICK-SNP 模型（Patrick et al.，2017）通过基序分析和基于上下文的激酶靶点评估的集成系统来量化单核苷酸变异（single nucleotide variant，SNV）对蛋白质磷酸化的影响。PhosphoNET 预测了 478 种典型和 4 种非典型人类激酶中的 488 个不同的激酶催化结构域底物特异性基质，这些基质依赖于阳性和阴性决定因素来为单个磷酸化位点作为激酶底物的可能性进行打分，但它只提供了检索功能。Pf-phospho（Gupta et al.，2022）是首个也是唯一一个用于预测疟原虫的激酶特异性磷酸化预测器，包括 PfPKG、Plasmodium falciparum、PfPKA、PfPK7 和 PbCDPK。PhosPiR（Hong et al.，2022）是一个 R 语言中的自动化磷酸化蛋白质组学分析流程，提供了跨物种磷酸化位点注释和翻译、蛋白质组范围的激酶活性和底物定位，以及网络枢纽分析等多种功能。重要的是，PhosPiR 利用来自 PhosphoSitePlus 数据库中人类、小鼠和大鼠的最新激酶信息定制了激酶库。

2. 物种特异性磷酸化修饰预测器

目前可用的物种特异性磷酸化修饰预测器有 8 种（表 10-6），可服务于动物界、植物界、真菌界、原核生物界、原生生物界和非胞生物界中的不同物种。

表 10-6 物种特异性磷酸化修饰预测器一览表

算法	类型	物种	数据特征	机器学习	靶标
NetPhosBac	WP	细菌	BLOSUM62	ANN	pSer，pThr
NetPhosYeast	WP	酿酒酵母	BLOSUM62	ANN	pSer，pThr
PHOSIDA	WP/DB	5 个物种	蛋白序列信息	SVM	pSer，pThr
PhosTryp	WP	锥虫科物种	BE、PAM30、SS、PD	SVM	pSer，pThr
VPTMdb	WP/DB	病毒	AAC、CTriad、EGAAC	SVM，NB，RF	pSer，pThr，pTyr
PhosPhAt	WP/DB	拟南芥	Motif	SVM	pSer，pThr，pTyr
Rice_Phospho	WP	水稻	AF-CKSAAP	SVM	pSer，pThr，pTyr
Soybean	SC	大豆	AAC、PSSM、DPC、TPC、PCPs	TabNet	pSer，pThr，pTyr

每种工具的类型：DB 为数据库，SC 为源代码，WP 为网页服务器。

PhosPhAt（Heazlewood et al.，2008）以数据库形式发布，开发了 pSer 预测器且仅用于预测拟南芥的 pSer 位点。此后，随着大量磷酸化数据的产生，PhosPhAt 数据库经历了三次重大升级：第一次升级（Durek et al.，2010）增加了对 pThr 和 pTyr 的预测，并整合了 MAPMAN 本体论用于蛋白质功能注释；第二次升级（Zulawski et al.，2013）嵌入了描述激酶-靶标关系的新功能。目前 PhosPhAt 4.0（Xi et al.，2021）提供了基于质谱数据鉴定的拟南芥磷酸化位点信息，并结合了基于实验验证的拟南芥磷酸化基序的磷酸化位点预测。

VPTMdb（Xiang et al.，2021）是第一个使用全面的病毒 PTM 数据集来研究病毒 PTM 在病毒与人体相互作用中的功能的数据库。VPTMdb 中内置一种基于序列的 VPTMpre 模型，用于预测病毒蛋白质的磷酸化位点。VPTMpre 使用 VPTMdb 中经实验验证的病毒 pSer 位点作为阳性数据集，并基于 AAC、CTriad 和 EGAAC 三种特征分别训练 SVM、RF 和 NB 分类器。在最佳特征和最佳参数下，SVM、RF、NB 的 AUC 值分别为 0.71、0.74 和 0.70（10 倍交叉验证）。由于苏氨酸和酪氨酸数据较少，无法用于训练模型，因此 VPTMpre 仅限于预测 pSer 位点。

PHOSIDA 最初是基于 SVM 预测人类磷酸化修饰位点，更新后可以预测人类、小鼠、果蝇、秀丽隐杆线虫和酵母的 pSer 及 pThr 位点。该预测器具有两个明显的优点：一是集成了高分辨率的质谱数据作为训练数据集，仅基于蛋白序列信息就能获得很高的预测精度；二是关注到了物种特异性，避免了随着远亲物种的输入数据集而降低预测器的准确性（Gnad et al.，2011）。

NetPhosYeast（Ingrell et al.，2007）和 NetPhosBac（Miller et al.，2009）原理相似，是同一团队使用 BLOSUM62 评分矩阵对蛋白质序列进行编码，基于 ANN 训练的分类模型，分别用于预测酵母和细菌的磷酸化修饰位点。

3. 一般性磷酸化修饰预测器

一般性磷酸化修饰预测器用于预测可以被磷酸化的任何非特异性位点，表 10-7 列举了目前国际上可用的一般性预测器。

表 10-7　一般性磷酸化修饰预测器一览表

算法	类型	数据特征	机器学习	靶标
MusiteDeep	WP/SW/SC	One-of-K/One-hot 编码	CapsNet，CNN	—
DeepPPSite	SC	One-hot 编码、PSPM、EGBW、PCP、CKSAAP	LSTM	pSer，pThr，pTyr
DeepPSP	SC	One-hot 编码	SENet/Bi-LSTM	pSer/pThr，pTyr
Musite	SW/SC	KNN、PD、AAC	SVM	pSer，pThr，pTyr
PhosphoSVM	WP	SE、RE、SS、PD、ASA、OP、ACH 和 KNN	SVM	pSer，pThr，pTyr

每种工具的类型：SC 为源代码，SW 为软件，WP 为网页服务器。

在本章第三节的"PTM 预测器开发实例"中详细介绍了 Musite（Gao et al.，2010）和 MusiteDeep（Wang et al.，2017a）预测器，不再赘述。

PhosphoSVM（Dou et al.，2014）是在动物磷酸化数据集上训练 SVM 分类器的预测模型，它结合了 8 种不同的序列级得分函数，分别是 SE、RE、SS、PD、ASA、OP、ACH 和 KNN。为了保证 SS、PD 和 ASA 属性的准确性，Dou 等（2014）评估了 PSIPRED、DISOPRED 和 RVP-net 使用的训练蛋白序列与 PhosphoSVM 使用的蛋白序列的序列相似性，并指出这三个方法所使用的训练数据集与 PhosphoSVM 的训练数据集之间的重叠性非常小，它们对 PhosphoSVM 的预测结果的影响非常有限。虽然 PhosphoSVM 是基于动物数据集训练的模型，但其在基于植物的独立测试集验证中表现出一样优异的性能，且比 NetPhos（Blom et al.，1999）和 Musite（Gao et al.，2010）等预测器更优秀。

DeepPPSite（Ahmed et al.，2021）是一种使用堆叠长短期记忆循环网络构建的深度学习模型，可以自动学习蛋白磷酸化的特征，预测不同物种的蛋白质 O-磷酸化位点。

DeepPSP 模型（Guo et al.，2021）也基于深度学习方法，不同的是，它考虑了蛋白质的全局信息。它引入了两个并行模块用于提取蛋白质序列的局部和全局特征，每个模块包括两个压缩-激励块（SENet）和一个双向长短期记忆块（Bi-LSTM）。DeepPSP 可进行一般磷酸化位点预测和激酶特异性磷酸化位点预测，包括 CDK、MAPK、CAMK、AGC 和 CMGC 激酶，其预测性能比 MusiteDeep 提高 2.5%～20.6%。

4. N-磷酸化修饰预测器

目前可以使用的 N-磷酸化预测器包括 Nphos（http://bioinf.xmu.edu.cn/Nphos/）和 pHisPred（Zhao et al.，2022b）。

Nphos 是一个还未发表的 N-磷酸化预测器。它基于成千上万个实验证实的磷酸化位点，经过 AAC、BLOSUM62 和 AAIndex-HQI8 编码后，使用 GBDT 方法构建模型预测人类 pHis、pLys 和 pArg。Nphos 具有多个亮点：①构建人类 pHis 预测器的阳性样本量是其他 pHis 预测器的 3 倍以上，大大增加了预测的可靠性；②首次提出了 pLys 和 pArg 预测器，对 N-磷酸化的研究具有重要意义；③Nphos 利用 N-磷酸化位点的结构特征，通过设置相对溶剂可及性的阈值改进了构建阴性样本的方法（Zhao et al.，2023）。

pHisPred 模型（Zhao et al.，2022b）用于预测蛋白质中潜在的 pHis 位点。Zhao 等从真核生物和原核生物的 10 000 个特征中提取了 140～150 个特征，分别使用 SVM-RBF、LR、KNN、RF 和 MLP 五种分类器训练模型并测试其性能，最终选择 SVM-RBF 为最佳预测模型。pHisPred 只提供了源代码供用户使用。

（二）蛋白质糖基化预测器

蛋白质糖基化修饰预测大多针对 N-糖基化（N-gly）和 O-糖基化（O-gly），少数可用于预测 C-糖基化（C-gly）。N-糖基化是最常见的蛋白质糖基化类型，通常是指糖链连接到天冬氨酸-X-丝氨酸/苏氨酸（N-X-[S/T]）保守基序中天冬氨酸的氨基（NH_2）上，其中 X 是除脯氨酸以外的任何氨基酸。O-糖基化是指糖链连接到蛋白质的羟基上，通常发生在丝氨酸、苏氨酸、酪氨酸、羟赖氨酸或羟脯氨酸残基上。C-糖基化是指糖链连接在具有色氨酸-X-X-半胱氨酸/苯丙氨酸/色氨酸（W-X-X-[C/F/W]）保守基序的第一个色氨酸残基的碳上。

自第一个基于机器学习构建的蛋白质糖基化预测器 NetOGlyc（Hansen et al.，1998）面世以来，目前国际上用于预测蛋白质糖基化位点的预测器有数十种，它们大多基于蛋白质的序列信息或结构信息。根据预测器是否使用实验验证的蛋白质结构信息，可以分为基于序列的预测器和基于结构的预测器（表 10-8）。

表 10-8 糖基化修饰预测器一览表

预测器	糖基化类型	机器学习	数据特征	类型	物种
N-GlycoGo [a]	N-gly	RF、SVM、XGBoost	BE、PCPs、AAC、CKSAAP、Kmer、PC-PseAAC、SC-PseAAC、Motif、RSA/ASA、SS 和 SignalP	WP	人、小鼠
NetNGlyc [a]	N-gly	ANN	ASA 和序列特征	—	人
GPP [a]	N-gly/O-gly	RF	Motif	WP	真核生物
GlycoPP [a]	N-gly/O-gly	SVM	One-hot 编码、AAC、PSSM、SS 和 ASA	WP	原核生物
GlycoEP [a]	N-gly/O-gly/C-gly	SVM	BE（BPP）、AAC（CPP）、PSSM、SS 和 ASA	WP	真核生物
SPRINT-Gly [a]	N-gly/O-gly	DNN 和 SVM	BE、SS、PSSM、ASA 及 25 个理化特征	WP	人、小鼠
N-GlyDE [a]	N-gly	SVM	ASA、SS、GD	WP	人

续表

预测器	糖基化类型	机器学习	数据特征	类型	物种
NetNGlyc [a]	O-gly	ANN	序列特征	WP	人
GlycoMine [a]	N-gly/O-gly/C-gly	RF	PCPs、PSSM、PD、SS、BDA、功能特征及功能注释	WP	人
EnsembleGly [a]	N-gly/O-gly/C-gly	SVM 集成	PSSM、PCP 和 One-hot 编码	WP	人、小鼠、牛、大鼠、昆虫、蠕虫、马
DeepNGlyPred [a]	N-gly	DNN	GD、PSSM、扭曲角度 Φ 和 Ψ、SS、ASA、RSA 和 PD	SC	人
LMNglyPred [a]	N-gly	pLM 和 DNN	—	SC	人
NGlycPred [b]	N-gly	RF	CO、SC、ASA、SS、Motif 和模式属性	WP	真核生物
GlycoMine[struct] [b]	N-gly/O-gly	SVM 和 RF	PCPs、PSSM、ASA、SS、残基保守性评分、对数比值、深度指数和 B 因子	WP	人

每种预测器的类型：WP 为网页服务器，SC 为源代码。a 基于序列以及（或）基于序列预测的结构的预测器；b 基于实验验证结构的预测器。

1. 基于序列的预测器

基于序列信息的蛋白质糖基化预测器种类较多，通常仅基于序列特征，以及（或）基于序列预测的结构特征。早期的糖基化修饰预测器包括：用于预测 N-糖基化的 NetNGlyc（Gupta and Brunak，2002），用于预测 N-糖基化、O-糖基化和 C-糖基化的 EnsembleGly（Caragea et al.，2007），用于预测 O-糖基化的 GPP（Hamby and Hirst，2008）等。由于当时序列可用性有限，这些预测器使用了小型数据集训练模型，且这些数据集大多具有高度冗余性，这对预测器的性能影响较大。

随着蛋白质糖基化修饰的不断发展，后期的糖基化修饰预测器从 Swiss-Prot 等数据库中提取实验验证的糖基化位点作为阳性数据集，并注重使用 CD-hit 方法去除冗余的蛋白质序列。例如，GlycoEP（Chauhan et al.，2013）使用相似度小于 40%的非全长蛋白序列构建模型，在真核生物的 N-糖基化、O-糖基化和 C-糖基化预测中，准确率分别为 84.26%、86.87%和 91.43%（5 倍交叉验证）。GlycoMine（Li et al.，2015a）提取了蛋白质序列信息、结构信息和功能信息作为数据特征，并使用 mRMR 和信息增益（IG）两步特征选择策略选择了对三种不同类型糖基化预测最具贡献的特征集作为模型训练的最佳数据特征。SPRINT-Gly（Taherzadeh et al.，2019）和 GlycoPP（Chauhan et al.，2012）分别使用了当时真核生物和原核生物中最大可用数据集构建预测模型。SPRINT-Gly 首次采用了 HSE 结构特征，分别使用 DNN 和 SVM 训练蛋白质 N-糖基化和 O-糖基化预测模型，其 MCC 值比次优方法分别高出 18%和 50%（10 倍交叉验证和独立验证）。需要注意的是，SPRINT-Gly 对 N-糖基化的预测在物种内或跨物种数据集上表现同样良好，而对 O-糖基化的预测在跨物种测试中表现不佳，提示 O-糖基化机制存在物种差异。

上述预测器使用了 UniProt 中通过序列分析注释而未经实验验证的糖基化位点作为阳性数据集，且评估了蛋白质序列中的每个天冬氨酸（N）的性能，而不局限于 N-X-[S/T]

序列的天冬氨酸，这可能导致模型性能被错误地高估（Pitti et al., 2019）。因此，Pitti 等（2019）在严格的基准数据集上开发了 N-GlyDE 模型。它是一种两阶段预测方法，第一阶段基于蛋白质相似性投票算法预测蛋白质得分，第二阶段基于 GD、ASA 和 SS 特征训练 SVM 分类器，并根据第一阶段得分进行权重调整，判断每个 N-X-[S/T]基序是否为 N-糖基化。N-GlyDE 的 MCC 值比其他工具提高了 6.9%~38%。Chien 等（2020）慎重考虑了训练数据的不平衡现状，利用异构和综合策略预测开发了针对不平衡数据集的 N-GlycoGo。具体而言，利用集成学习从阴性样本中随机提取与阳性样本相似的子样本，提取 11 种数据特征分别训练 RF、SVM 和 XGBoost 分类器，通过结合具有不同特性的多个模型的预测结果形成集成预测器，极大地提升了预测性能。

虽然 NetNGlyc、N-GlyDE 和 N-GlycoGo 利用了 N-X-[S/T]保守序列是糖基化发生的必要不充分这一事实条件（Chien et al., 2020；Pitti et al., 2019；Gupta and Brunak, 2002），但 N-GlyDE 的预测性能不足以用于高通量的计算性糖基化位点筛选，而 N-GlycoGo 并未使用在 N-糖基化预测中最具有区分能力的全面的结构特征。Pakhrin 等（2021）基于 DNN 开发了 DeepNGlyPred 模型以弥补上述预测器的不足。DeepNGlyPred 的优点在于：①它基于细胞核和线粒体等亚细胞区域的蛋白质不会发生 N-糖基化的先验知识，使用来自细胞核和线粒体中的非糖蛋白质序列作为阴性样本；②它结合了 SS、ASA、相对表面面积（RSA）、扭曲角度 Φ 和 Ψ、PD 等预测的结构特征训练模型。在 N-GlyDE 独立测试集上，DeepNGlyPred 的性能优于其他方法。此外，LMNglyPred（Pakhrin et al., 2023）是一种新颖的、基于蛋白质语言模型（protein language model，pLM）和 DNN 的 N-糖基化预测器。它运用 pLM（如 ProtT5）学习多种蛋白质信息，捕捉蛋白序列的演化背景、接触矩阵、分类学、蛋白质结构、物理化学性质和功能等，以提高 N-糖基化的预测性能。

2. 基于结构的预测器

由于实验解析的蛋白质结构数量有限，所以基于结构的蛋白质糖基化预测器较少，包括 NGlycPred（Chuang et al., 2012）和 GlycoMine^{struct}（Li et al., 2016）。NGlycPred 是第一个基于实验结构信息训练的预测蛋白质 N-X-[T/S]片段中 N-糖基化的模型。它首次引入实验验证的局部接触顺序（CO）、表面组成（SC）、ASA 和 SS 等结构特征训练 RF 分类器。其中，CO 用于估计局部蛋白质的折叠程度。SC 是指围绕 N-X-[T/S]片段天冬氨酸侧链酰胺氮的残基的氨基酸组成。如果侧链中的任何原子与 ASN 侧链酰胺氮之间的距离小于一定距离 r，这些残基则被考虑在内。结构信息的引入提高了 N-X-[T/S]保守序列中糖基化位点的预测准确性。GlycoMine^{struct} 也是一个结合蛋白质序列特征和结构特征的预测模型，但其与 NGlycPred 有所不同：①GlycoMine^{struct} 可用于预测人类蛋白质 N-糖基化和 O-糖基化；②GlycoMine^{struct} 采用了两步特征策略，首先使用 SVM 去除了冗余特征和噪声特征，然后使用 IFS 选择最优特征集；③在独立测试中，GlycoMine^{struct} 性能优于 NGlycPred；④GlycoMine^{struct} 框架也适用于其他具有可用结构信息的蛋白质中的其他类型 PTM。

Li 等（2016）认为，随着蛋白质糖基化数据的不断完善和扩充，未来可以通过增加糖基化修饰的化学计量学和生物合成途径等特征来提高糖基化预测器的性能。预测 N-

糖基化的能力将有助于更好地理解蛋白质的整体结构及其生物过程，并且还可能有助于设计高度糖基化的免疫原。

（三）蛋白质泛素化预测器

近年来，已经开发了许多预测蛋白质泛素化位点的计算方法（表 10-9）。根据不同的原理，可将这些方法分为两类：基于机器学习的预测器和基于深度学习的预测器。

表 10-9 泛素化修饰预测器一览表

预测器	机器学习	数据特征	类型	物种
UbiPred	SVM	BE、PSSM 和 PCPs	WP	不限物种
UbPred	RF	AAC、PCPs、PSSM 和 PD	WP/SW	酿酒酵母
CKSAAP_UbSite	SVM	BE 和 CKSAAP	WP/SW	酿酒酵母
hCKSAAP_UbSite	SVM	BE、CKSAAP、PCPs 和 AAP	WP/SW	人
Cai 等的 mRMR 模型	NNA	PSSM、PD 和 PCPs	—	不限物种
UbiProber	SVM	AAC、PCPs 和 KNN	WP/SW	通用/物种特异性
UbiSite	SVM	AAC、AAPC、PWM、PSSM、ASA 和 Motif	WP	不限物种
UBIPredic	RF	序列保守性信息、蛋白质注释和亚细胞定位	SC	不限物种
ESA-UbiSite	SVM	PCPs	WP	人
DeepUbi	CNN	One-hot 编码、PCP、CKSAAP 和 PseAAC	SW	不限物种
Deep architecture	CNN 和 DNN	One-hot 编码、PCP 和 PSSM	SC	不限物种

每种预测器的类型：WP 为网页服务器，SC 为源代码，SW 为独立软件。"AAP"表示氨基酸属性，"AAPC"为氨基酸对组成。

1. 基于机器学习的预测器

早期基于机器学习的泛素化修饰预测器有 5 种。UbiPred（Tung and Ho，2008）是首个用于预测蛋白质泛素化修饰的计算机工具，它提出并使用信息理化性质挖掘算法（informative physicochemical property mining algorithm，IPMA）选择最佳特征集。UbPred（Radivojac et al.，2010）是针对寿命短暂的蛋白质开发的预测器，提供了适用于 Linux 和 Windows 系统的独立软件。CKSAAP_UbSite（Chen et al.，2011）和 hCKSAAP_UbSite（Chen et al.，2013）是分别用于酿酒酵母和人的蛋白质泛素化预测器，它们的亮点分别在于考虑了给定蛋白序列中每个赖氨酸周围的 CKSAAP 和 PCP。用户可以通过申请获取这两种预测器的独立软件。此外，Cai 等（2012）提出了一种基于最近邻算法（nearest neighbor algorithm，NNA）的泛素化位点预测器，该算法考虑了赖氨酸及其周围氨基酸的保守性在泛素化位点预测中的重要性。在独立测试中，该预测器的 MCC 值分别比 UbiPred 和 UbPred 提高了 2.96% 和 18.8%。

Chen 等（2013）率先讨论了不同物种之间的泛素化关系，并开发了 UbiProber 预测器。该预测器采用 IG 法选择了一些关键位置和关键氨基酸残基来优化每个特征集，以训练预测模型。它不仅提供了真核生物蛋白质组中泛素化修饰通用预测模型，也为人、小鼠和酿酒酵母提供了物种特异性预测模型,且允许用户自定义预测严格度。UbiSite（Huang et al.,2016）是基于大规模蛋白质组数据集,结合两层机器学习方法与底物基序构建的预测器。它采用 MDDLogo 识别泛素化底物的基序,并将其纳入到两层预测模型中训练 SVM 分类器。Wang 等（2017b）提出一种进化筛选算法（evolutionary screening algorithm,ESA）,从未经实验验证的位点中选择有效的阴性样本构建 ESA-UbiSite 模型。具体而言,它采用了一个两层进化过程。外层进化分别通过优化 SVM 模型和 ESA 算法选择 PCP 特征和有效的阴性样本进行进化,而内层进化使用可遗传的双目标组合遗传算法（IBCGA）确定 PCP 最佳特征集和完整的 SVM 参数。ESA 的应用提高了 ESA-UbiSite 的准确度（从 0.75 提高到 0.92）,显著优于上述预测器。如果可以预测一个蛋白质是否能够被泛素化,将有助于提高预测泛素化位点的准确性。Qiu 等（2019）基于此原理,开发了第一个不依赖泛素化位点预测的泛素化蛋白质预测方法,命名为 UBIPredic。该方法仅利用序列保守性、蛋白质注释和亚细胞定位等信息训练分类模型,而不依赖于蛋白质序列信息,因此可以非常高效地评估一批未知蛋白质的泛素化水平。Qiu 等指出,用户在进行泛素化位点预测或实验验证之前,可以先使用 UBIPredic 排除假阳性样本并选择潜在候选蛋白,这可能会提高泛素化位点预测时的敏感性。

2. 基于深度学习的预测器

He 等（2018）开发了首个基于深度学习方法预测泛素化位点的框架。该方法根据先验知识,使用 One-hot 编码、PCP 和 PSSM 对蛋白质序列进行编码,并分别输入 CNN、具有三个密集层的 DNN 和具有三个隐藏层的 CNN,将生成的特征向量转化为特征图,随后将三个子网络的输出状态合并成一个消除异质性的混合特征,以构建最终预测模型。该模型的准确率为 66.43%。DeepUbi（Fu et al.,2019）是基于 CNN 的预测器,它使用 One-hot 编码、PCP、CKSAAP 和 PseAAC 四种数据特征训练模型,准确率、敏感性和特异性均超过 85%。

（四）蛋白质乙酰化预测器

迄今为止,已经报道了数十种蛋白质赖氨酸乙酰化预测方法,但一些早期开发的方法已不再提供服务。根据是否可以预测特定乙酰转移酶的乙酰化位点,可以将这些方法分为两类：一般性预测器和基于特定乙酰转移酶的预测器（表 10-10）。

表 10-10 乙酰化修饰预测器一览表

预测器	机器学习	数据特征	类型	物种	特征选择
KA-predictor	SVM	LC、PWAA、EBGW、SS、PC-PseAAC、CKSAAP、KNN、ACC、PCP、PD、RSA、HSE、PSSM	SW	人、小鼠、大肠杆菌、鼠伤寒沙门菌	PCC
LA+FNT	FNT	PCP	—	—	—
PAPred	SVM	AAPC、AAC、ASA、EBGW、KNN、PWAA	WP	原核生物	IG/EN
Xiu 等提出	LSTM	AAP	—	人	—
ProAcePred	SVM	AAC、BE、PWAA、CKSAAP、ASA、EBGW、KNN	WP	原核生物	EN

续表

预测器	机器学习	数据特征	类型	物种	特征选择
GPS-PAIL	—	BLOSUM62	WP/SW	人	—
NetAcet	ANN	—	WP	酿酒酵母	
DeepAcet	MLP	One-hot 编码，IG，CKSAAP，BLOSUM62，PSSM，PCP	SW	人	F-Score
DNNAce	DNN	BE，PseAAC，AAindex，MMI，KNN，NMBroto，EBGW，BLOSUM62	SW	原核生物	LASSO
Ning 等提出	SVM	ASA，PCP，PSSM，SS，AAC，AC	—	人	mRMR/IFS

类型：WP 为网页服务器，SW 为独立软件。AAP 表示氨基酸属性，MMI 表示多元互信息。

1. 一般性预测器

KA-predictor（Wuyun et al.，2016）是基于 SVM 方法的物种特异性预测器。它第一个探索了更全面特征范围的乙酰化修饰研究，包括 14 种不同的特征编码方法，并应用皮尔逊相关系数（PCC）为每个物种选择了最佳特征集。LA+FNT（Bao et al.，2016）只采用了 PCP 一种特征来训练模型，特别之处在于，它是基于结合了机器学习和深度学习的灵活神经树（FNT）方法开发的预测方法。SSPKA（Li et al.，2014b）和 KA-predictor 为大肠杆菌和鼠伤寒沙门菌开发了两种原核生物特异性预测器，突出了物种特异性模型的重要性，但 SSPKA 已不再提供网络服务。ProAcePred（Chen et al.，2018a）是通过对古细菌、大肠杆菌、副溶血性弧菌、谷氨酸棒状杆菌、结核分枝杆菌、枯草芽孢杆菌、梨火疫病菌、鼠伤寒沙门菌和嗜热地芽孢杆菌 9 种原核生物的乙酰化数据进行训练构建的模型。PAPred（Chen et al.，2019a）与 ProAcePred 来自同一个团队，但二者有明显区别。①PAPred 使用的数据集较大，且仅采用了大肠杆菌、谷氨酸棒状杆菌、结核分枝杆菌、枯草芽孢杆菌、鼠伤寒沙门菌和嗜热地芽孢杆菌 6 种原核生物的乙酰化数据。②PAPred 增加了 AAPC 特征，并结合 IG 和弹性网络（EN）特征选择技术，确定了每个物种的最佳特征集。③在严格验证中，PAPred 的性能优于 ProAcePred 预测器。Ning 等（2019）基于 SVM 开发了一个级联分类器，用于预测人类赖氨酸乙酰化位点。该方法整合不同数据库中的乙酰化数据分别作为训练集和独立测试集，使用多种序列和结构特征编码蛋白序列，并采用 mRMR 和 IFS 两步特征选择策略选择最佳特征集。该方法的主要优势在于它包含了所有阴性样本数据，并通过级联分类器解决了阳性和阴性样本之间的不平衡问题，从而使其性能优于单个 SVM 分类器和其他预测方法；但它没有提供网络服务器或独立程序供用户使用，这是该方法的局限性。

深度学习方法也被引入到赖氨酸乙酰化位点的预测中。DeepAcet（Wu et al.，2019）是第一种基于深度学习方法构建的蛋白质乙酰化预测器。它使用了 6 种编码方式编码蛋白序列，并采用多层感知器（MLP）结合双重方法训练模型。具体而言，一种方法使用不同的编码方案，另一种方法整合了 6 种编码方案和 F-score。总之，DeepAcet 的性能显著优于同时期基于机器学习的预测器。Xiu 等（2019）利用 DeepAcet 数据集，并采用长短期记忆（LSTM）这种特殊类型的递归神经网络开发了新的方法。基于 LSTM 的预测方法在性能上优于 KNN 和 SVM 方法，但该方法的主要缺点是缺乏足够的氨基酸属性信息。DNNAce（Yu et al.，2020）是首个基于 DNN 构建的原核生物赖氨酸乙酰化预测器。它基于 ProAcePred 数据集，采用 8 种不同的特征编码方式编码蛋白序列，并使用 LASSO 方法分别为 9 种原核生物确定最佳特征集。与 ProAcePred 相比，DNNAce 的性能不稳定，在训练集和独立测试集之间的表现不一致。具体而言，在训练集中，除了鼠伤寒沙门菌外，DNNAce 在其他 8 个物种中的性能比 ProAcePred 低得多。然而，在独立验证中，DNNAce 在古细菌、枯草芽孢杆菌、谷氨酸棒状杆菌、嗜热地芽孢杆菌、结核分枝杆菌、鼠伤寒沙门菌和副溶血性弧菌 7 个物种中的性能优于 ProAcePred。

2. 基于特定乙酰转移酶的预测器

尽管已经通过实验和计算机方法鉴定了数万个乙酰化位点，但催化大部分乙酰化发生的上游特定乙酰转移酶尚不清楚。因此，乙酰转移酶特异性修饰位点的鉴定对于理解蛋白质乙酰化的调控机制至关重要。NetAcet（Kiemer et al.，2005）和 GPS-PAIL（Deng et al.，2016）是两个乙酰化酶特异性预测器。NetAcet 构建了一个酵母 N-乙酰转移酶 A（NatA）特异性乙酰化数据集，通过稀疏编码将氨基酸序列转化为特征向量输入 ANN 中，用于预测酿酒酵母中 NatA 特异性修饰位点。GPS-PAIL 是一个根据蛋白质序列预测赖氨酸乙酰转移酶（KAT）特异性修饰位点的方法，涵盖了 CREBBP、EP300、HAT1、KAT2A、KAT2B、KAT5 和 KAT8。

（五）蛋白质 SUMO 化预测器

1. 基于肽链相似性的预测器

基于肽链相似性的方法通过计算测试肽链与具有实验验证的赖氨酸 SUMO 化肽链之间的相似性预测 SUMO 化位点。这类方法常使用多种相似性度量方法，如 BLOSUM62 矩阵和位置频率矩阵（position frequency matrix，PFM）。早期的 SUMO 化预测器都基于肽链相似性，即基于 Ψ-K-X-E 或 Ψ-K-X-E/D（Ψ 是疏水性氨基酸，X 是任意氨基酸）保守基序。例如，SUMOsp（Xue et al.，2006）基于仅包含序列信息的 GPS 和 MotifX 方法构建模型，高度特异性地预测人类保守基序中的 SUMO 化位点；JASSA（Beauclair et al.，2015）基于 PFM 构建评分系统，分别预测符合 Ψ-K-X-E/D 基序的 SUMO 化位点、符合倒置 E/D-X-K-Ψ 基序的 SUMO 化位点和所有序列中的 SUMO 化位点。然而，随着实验数据积累，发现至少 23% 的真实 SUMO 化位点不包含该保守基序，因此这些方法会遗漏许多真阳性位点。此外，由于许多保守基序的位点不被 SUMO 化，这些基于该保守基序的方法往往会产生非常高的假阳性（Zhao et al.，2022c）。

2. 基于机器学习的预测器

对于大多数基于机器学习的方法，每个蛋白质序列或固定长度的序列片段都被转化为一个固定大小的特征向量，并且被标记为相应的 PTM 类型（包括非 PTM 情况）。近年来，开发了一系列基于机器学习或统计方法的蛋白质 SUMO 化预测方法，但只有部分预测方法提供了网络服务器或源代码供用户使用（表 10-11）。

表 10-11 SUMO 化修饰预测器一览表

预测器	机器学习	数据特征	类型	特征选择
SUMOhunt	RF	PCP、Lys 和 SUMO 之间的空间分布	—	—
SUMOsu	SVM	AAC、PD、ACH、氨基酸体积和构象灵活性	—	RELIEFF
SUMO_LDA	LDA	PCP、PSAAP 和 CKSAAP	—	F-score
HseSUMO	DT	HSE	—	—
SumSec	Bagging	SS（SSpre-occur 和 SSpre-bigram）	SC	—
SUMOgo	RF	BE、SS、PCP 和 PTM	WP	FSC
MUscADEL	BiLSTM	Motif	WP	—

类型：WP 为网页服务器，SC 为源代码。

Ijaz（2013）将赖氨酸和 SUMO 之间的空间分布与基于 WEKA 的 RF 相结合，开发了 SUMOhunt 方法。10 倍交叉验证中，该方法的 ACC 和 MCC 分别高达 97.56% 和 0.95。Yavuz 和 Sezerman（2014）首次将构象的灵活性和无序性纳入 SUMO 化位点的预测中。该方法基于 AAC、PD、ACH、氨基酸体积和构象灵活性等特征，使用 RELIEFF 算法选择最优特征集，构建了基于 SVM 的 SUMOsu 方法。SUMO_LDA（Xu et al.，2016）是基于线性判别分析（LDA）的 SUMO 化位点预测方法，它采用了 PCP、PSAAP 和 CKSAAP 三种特征构建方法，并使用 LDA 算法选择了 178 个最佳特征构建预测模型。Sharma 等（2019）探索了结构特征在 SUMO 化位点预测中的重要性，并基于四种不同的半球面暴露（HSE）特征和 DT 算法构建了 HseSUMO 预测模型。但这些方法并没有提供用户可用的源代码、网络服务器或独立应用程序，大大降低了其实用性。

有三种预测器分别提供了可用的源代码或网络服务器供用户使用。SumSec（Dehzangi et al.，2018）是首个基于蛋白质二级结构预测 SUMO 化位点的预测器。它从氨基酸序列中提取 SSpre-occur 和 SSpre-bigram 两组结构特征，并基于 Bagging 集成分类器构建预测模型。其中，SSpre-occur 特征集包含窗口中每个氨基酸的三种二级结构（α螺旋、β折叠和无规则卷曲），SSpre-bigram 特征集使用轮廓二元模型技术获取获得更多关于氨基酸局部相互作用的信息。Chang 等（2018）首次考虑了同一蛋白质中其他位点的 PTM 信息对 SUMO 化位点预测的影响，将 PTM 位点编码的功能特征与常见的序列特征、结构特征和蛋白质化学特征相结合，基于 RF、基序筛选模型和特征选择组合（FSC）机制构建了 SUMOgo 方法。Chen 等（2019b）结合蛋白质全局信息和局部信息开发了 MUscADEL 预测器。它包含两个基于双向长短期记忆递归神经网络（BiLSTM-RNN）的预测模型，分别为全序列模型和序列片段模型。前者将完整蛋白质序列作为输入，同时考虑了完整的序列和附近的赖氨酸翻译后修饰的基序贡献；而后者使用具有固定窗口大小且以赖氨酸残基为中心的基序作为输入，仅提取了位点附近的基序模式。MUscADEL 可同时预测人和小鼠中包括 SUMO 化位点在内的 8 种赖氨酸翻译后修饰。

（六）蛋白质翻译后修饰综合性预测器

细胞内的蛋白质翻译后修饰具有高度多样性，目前已发现一个氨基酸残基可发生多种类型的 PTM，且不同 PTM 之间通常存在相互依赖和紧密协调的关系，这被称为"翻译后修饰串扰（PTM crosstalk）"作用（Xu et al., 2018）。例如，蛋白质中的残基可发生乙酰化、琥珀酰化、甲基化等作用，因此，蛋白质 PTM 位点的预测也要求处理多标签学习问题。Xu 等指出，解决 PTM 串扰问题有两种主要方法：问题转化方法和算法适应方法。前者将多标签学习问题转化为多个单标签问题，并使用单标签分类算法解决；而后者直接处理多标签数据。

iPTM-mLys（Qiu et al., 2016）是首个多标签 PTM 预测器，通过问题转化方法预测蛋白质中的 PTM 位点。该预测器将序列耦合效应纳入到一般的 PseAAC 中，为每种 PTM 分别构建一个基本 RF 分类器，并将一系列基本 RF 分类器融合到一个集成系统中。它可用于预测赖氨酸的乙酰化、巴豆酰化、甲基化和琥珀酸化位点，准确率可达 68.37%，但它提供的网络服务器目前无法使用。即便如此，该方法在促进蛋白质中 PTM 串扰的预测方面仍发挥了重要作用。

RankSVM（Xu et al., 2018）是基于算法适应方法预测蛋白质 PTM 位点的预测器，用于预测蛋白质乙酰化和琥珀酰化位点。

随着未来实验数据的增加和算法的更新，将会有更多处理多标签 PTM 类型的预测器出现，以涵盖更多 PTM 类型，如生物素化、丁酰化、丙酰化和泛素化等。

参 考 文 献

Ahmad S, Gromiha M, Sarai A. 2003. RVP-net: Online prediction of real valued accessible surface area of proteins from single sequences. Bioinformatics, 19(14): 1849-1851.

Ahmed S, Kabir M, Arif M, et al. 2021. DeepPPSite: A deep learning-based model for analysis and prediction of phosphorylation sites using efficient sequence information. Anal Biochem, 612: 113955.

Alexa A, Rahnenfuhrer J. 2007. Gene set enrichment analysis with topGO. https://api.semanticscholar.org/CorpusID: 221206456(2023-12-01).

Alipanahi B, Delong A, Weirauch M T, et al. 2015. Predicting the sequence specificities of DNA- and RNA-binding proteins by deep learning. Nat Biotechnol, 33(8): 831-838.

Altschul S F, Madden T L, Schaffer A A, et al. 1997. Gapped BLAST and PSI-BLAST: A new generation of protein database search programs. Nucleic Acids Res, 25(17): 3389-3402.

Araki H, Knapp C, Tsai P, et al. 2012. GeneSetDB: A comprehensive meta-database, statistical and visualisation framework for gene set analysis. FEBS Open Bio, 2(1): 76-82.

Ashburner M, Ball C A, Blake J A, et al. 2000. Gene ontology: tool for the unification of biology. The Gene Ontology Consortium. Nat Genet, 25(1): 25-29.

Avery C, Patterson J, Grear T, et al. 2022. Protein function analysis through machine learning. Biomolecules, 12(9): 1246.

Bao W, Jiang Z, Han K, et al. 2016.Prediction of Lysine Acetylation Sites Based on Neural Network. Switzerland : Springer: 873-879.

Barbie D A, Tamayo P, Boehm J S, et al. 2009. Systematic RNA interference reveals that oncogenic KRAS-driven cancers require TBK1. Nature, 462(7269): 108-112.

Bateman A, Coin L, Durbin R, et al. 2004. The Pfam protein families database. Nucleic Acids Res, 32: D138-141.

Beauclair G, Bridier-Nahmias A, Zagury J F, et al. 2015. JASSA: A comprehensive tool for prediction of SUMOylation sites and SIMs. Bioinformatics, 31(21): 3483-3491.

Benjamini Y, Hochberg Y. 1995. Controlling the false discovery rate: A practical and powerful approach to multiple testing. Journal of the Royal Statistical Society Series B: Methodological, 57(1): 289-300.

Berman H M, Westbrook J, Feng Z, et al. 2000. The protein data bank. Nucleic Acids Res, 28(1): 235-242.

Blom N, Gammeltoft S, Brunak S. 1999. Sequence and structure-based prediction of eukaryotic protein phosphorylation sites. J Mol Biol, 294(5): 1351-1362.

Blom N, Sicheritz-Ponten T, Gupta R, et al. 2004. Prediction of post-translational glycosylation and phosphorylation of proteins from the amino acid sequence. Proteomics, 4(6): 1633-1649.

Bongirwar V, Mokhade A S. 2022. Different methods, techniques and their limitations in protein structure prediction: A review. Prog Biophys Mol Biol, 173: 72-82.

Cai Y, Huang T, Hu L, et al. 2012. Prediction of lysine ubiquitination with mRMR feature selection and analysis. Amino Acids, 42(4): 1387-1395.

Cai Y, Wang J, Deng L. 2020. SDN2GO: An integrated deep learning model for protein function prediction. Front Bioeng Biotechnol, 8: 391.

Cao R, Freitas C, Chan L, et al. 2017. ProLanGO: Protein function prediction using neural machine translation based on a recurrent neural network. Molecules, 22(10): 1732.

Capra J A, Singh M. 2007. Predicting functionally important residues from sequence conservation. Bioinformatics, 23(15): 1875-1882.

Caragea C, Sinapov J, Silvescu A, et al. 2007. Glycosylation site prediction using ensembles of support vector machine classifiers. BMC Bioinformatics, 8: 438.

Chang C C, Tung C H, Chen C W, et al. 2018. SUMOgo: Prediction of sumoylation sites on lysines by motif screening models and the effects of various post-translational modifications. Sci Rep, 8(1): 15512.

Chauhan J S, Bhat A H, Raghava G P, et al. 2012. GlycoPP: A webserver for prediction of N- and O-glycosites in prokaryotic protein sequences. PLoS One, 7(7): e40155.

Chauhan J S, Rao A, Raghava G P S. 2013. In silico platform for prediction of N-, O- and C-glycosites in Eukaryotic protein sequences. PLoS One, 8(6): e67008.

Chen G, Cao M, Luo K, et al. 2018a. ProAcePred: prokaryote lysine acetylation sites prediction based on elastic net feature optimization. Bioinformatics, 34(23): 3999-4006.

Chen G, Cao M, Yu J, et al. 2019a. Prediction and functional analysis of prokaryote lysine acetylation site by incorporating six types of features into Chou's general PseAAC. J Theor Biol, 461: 92-101.

Chen X, Qiu J D, Shi S P, et al. 2013a. Incorporating key position and amino acid residue features to identify general and species-specific Ubiquitin conjugation sites. Bioinformatics, 29(13): 1614-1622.

Chen Z, Chen Y Z, Wang X F, et al. 2011. Prediction of ubiquitination sites by using the composition of k-spaced amino acid pairs. PLoS One, 6(7): e22930.

Chen Z, Liu X, Li F, et al. 2019b. Large-scale comparative assessment of computational predictors for lysine post-translational modification sites. Brief Bioinform, 20(6): 2267-2290.

Chen Z, Zhao P, Li F, et al. 2018b. iFeature: A Python package and web server for features extraction and selection from protein and peptide sequences. Bioinformatics, 34(14): 2499-2502.

Chen Z, Zhou Y, Song J, et al. 2013b. hCKSAAP_UbSite: Improved prediction of human ubiquitination sites by exploiting amino acid pattern and properties. Biochim Biophys Acta, 1834(8): 1461-1467.

Cherkasov A, Muratov E N, Fourches D, et al. 2014. QSAR modeling: where have you been? Where are you going to? J Med Chem, 57(12): 4977-5010.

Chien C H, Chang C C, Lin S H, et al. 2020. N-GlycoGo: Predicting protein N-glycosylation sites on imbalanced data sets by using heterogeneous and comprehensive strategy. IEEE Access, 8: 165944-165950.

Chuang G Y, Boyington J C, Joyce M G, et al. 2012. Computational prediction of N-linked glycosylation incorporating structural properties and patterns. Bioinformatics, 28(17): 2249-2255.

Cruz L M, Trefflich S, Weiss V A, et al. 2017. Protein Function Prediction. Methods Mol Biol, 1654: 55-75.

Culhane A C, Schroder M S, Sultana R, et al. 2012. GeneSigDB: A manually curated database and resource for analysis of gene expression signatures. Nucleic Acids Res, 40(D1): D1060-1066.

Dawson N L, Sillitoe I, Lees J G, et al. 2017. CATH-Gene3D: Generation of the resource and its use in obtaining structural and functional annotations for protein sequences. Methods Mol Biol, 1558: 79-110.

Dehzangi A, Lopez Y, Taherzadeh G, et al. 2018. SumSec: Accurate prediction of sumoylation sites using predicted secondary structure. Molecules, 23(12): 3260.

Deng W, Wang C, Zhang Y, et al. 2016. GPS-PAIL: prediction of lysine acetyltransferase-specific modification sites from protein sequences. Sci Rep, 6: 39787.

Dill K A, Bromberg S, Yue K, et al. 1995. Principles of protein folding—a perspective from simple exact models. Protein Sci, 4(4): 561-602.

Dill K A. 1997. Additivity principles in biochemistry. J Biol Chem, 272(2): 701-704.

Dinkel H, Chica C, Via A, et al. 2011. Phospho.ELM: a database of phosphorylation sites—update 2011. Nucleic Acids Res, 39(suppl 1): D261-D267.

Dou Y, Yao B, Zhang C. 2014. PhosphoSVM: Prediction of phosphorylation sites by integrating various protein sequence attributes with a support vector machine. Amino Acids, 46(6): 1459-1469.

Du Z, He Y, Li J, et al. 2020. DeepAdd: Protein function prediction from k-mer embedding and additional features. Comput Biol Chem, 89: 107379.

Dunker A K, Lawson J D, Brown C J, et al. 2001. Intrinsically disordered protein. J Mol Graph Model, 19(1): 26-59.

Durek P, Schmidt R, Heazlewood J L, et al. 2010. PhosPhAt: The *Arabidopsis thaliana* phosphorylation site database. An update. Nucleic Acids Res, 38(suppl 1): D828-D834.

Eddy S R. 1998. Profile hidden Markov models. Bioinformatics, 14(9): 755-763.

Edgar R C. 2004. MUSCLE: a multiple sequence alignment method with reduced time and space complexity. BMC Bioinformatics, 5: 113.

Efron B, Tibshirani R. 2017. On testing the significance of sets of genes. The Annals of Applied Statistics, Ann Appl Stat, 1(1): 107-129.

Esteva A, Kuprel B, Novoa R A, et al. 2017. Dermatologist-level classification of skin cancer with deep neural networks. Nature, 542(7639): 115-118.

Ettayapuram Ramaprasad A S, Uddin S, Casas-Finet J, et al. 2017. Decomposing dynamical couplings in mutated scFv antibody fragments into stabilizing and destabilizing effects. J Am Chem Soc, 139(48): 17508-17517.

Fabregat A, Sidiropoulos K, Viteri G, et al. 2017. Reactome pathway analysis: A high-performance in-memory approach. BMC Bioinformatics, 18(1): 142.

Fan K, Guan Y, Zhang Y. 2020. Graph2GO: A multi-modal attributed network embedding method for inferring protein functions. Gigascience, 9(8): giaa081.

Feng G, Du P, Krett N L, et al. 2010. A collection of bioconductor methods to visualize gene-list annotations. BMC Res Notes, 3: 10.

Fenoy E, Izarzugaza J M G, Jurtz V, et al. 2019. A generic deep convolutional neural network framework for prediction of receptor-ligand interactions-NetPhosPan: Application to kinase phosphorylation prediction. Bioinformatics, 35(7): 1098-1107.

Fu H, Yang Y, Wang X, et al. 2019. DeepUbi: A deep learning framework for prediction of ubiquitination sites in proteins. BMC Bioinformatics, 20(1): 86.

Fu J, Zhang Y, Liu J, et al. 2021. Pharmacometabonomics: Data processing and statistical analysis. Brief Bioinform, 22(5): bbab138.

Fu T, Li F, Zhang Y, et al. 2022. VARIDT 2.0: Structural variability of drug transporter. Nucleic Acids Res, 50(D1): D1417-D1431.

Fu T, Zheng G, Tu G, et al. 2018. Exploring the binding mechanism of metabotropic glutamate receptor 5 negative allosteric modulators in clinical trials by molecular dynamics simulations. ACS Chem Neurosci, 9(6): 1492-1502.

Gao J, Thelen J J, Dunker A K, et al. 2010. Musite, a tool for global prediction of general and kinase-specific phosphorylation sites. Mol Cell Proteomics, 9(12): 2586-2600.

Ge S X, Jung D, Yao R. 2020. ShinyGO: A graphical gene-set enrichment tool for animals and plants. Bioinformatics, 36(8): 2628-2629.

Gillespie M, Jassal B, Stephan R, et al. 2022. The reactome pathway knowledgebase 2022. Nucleic Acids Res, 50(D1): D687-D692.

Gligorijevic V, Renfrew P D, Kosciolek T, et al. 2021. Structure-based protein function prediction using graph convolutional networks. Nat Commun, 12(1): 3168.

Gnad F, Gunawardena J, Mann M. 2011. PHOSIDA 2011: The posttranslational modification database. Nucleic Acids Res, 39(suppl 1): D253-D260.

Goeman J J, van de Geer S A, de Kort F, et al. 2004. A global test for groups of genes: Testing association with a clinical outcome. Bioinformatics, 20(1): 93-99.

Golub T R, Slonim D K, Tamayo P, et al. 1999. Molecular classification of cancer: Class discovery and class prediction by gene expression monitoring. Science, 286(5439): 531-537.

Griss J, Viteri G, Sidiropoulos K, et al. 2020. ReactomeGSA - efficient multi-omics comparative pathway analysis. Mol Cell Proteomics, 19(12): 2115-2125.

Guo L, Wang Y, Xu X, et al. 2021. DeepPSP: A global-local information-based deep neural network for the prediction of protein phosphorylation sites. J Proteome Res, 20(1): 346-356.

Gupta P, Venkadesan S, Mohanty D. 2022. Pf-Phospho: A machine learning-based phosphorylation sites prediction tool for *Plasmodium* proteins. Brief Bioinform, 23(4): bbac249.

Gupta R, Brunak S. 2002. Prediction of glycosylation across the human proteome and the correlation to protein function. Pac Symp Biocomput: 310-322.

Hakala K, Kaewphan S, Bjorne J, et al. 2022. Neural network and random forest models in protein function prediction. IEEE/ACM Trans Comput Biol Bioinform, 19(3): 1772-1781.

Hamby S E, Hirst J D. 2008. Prediction of glycosylation sites using random forests. BMC Bioinformatics, 9: 500.

Hamre R J 3rd, Klimov D K, McCoy M D, et al. 2021. Machine learning-based prediction of drug and ligand binding in BCL-2 variants through molecular dynamics. Comput Biol Med, 140: 105060.

Hansen J E, Lund O, Tolstrup N, et al. 1998. NetOglyc: Prediction of mucin type O-glycosylation sites based on sequence context and surface accessibility. Glycoconjugate Journal, 15(2): 115-130.

He F, Wang R, Li J, et al. 2018. Large-scale prediction of protein ubiquitination sites using a multimodal deep architecture. BMC Syst Biol, 12(Suppl 6): 109.

Heazlewood J L, Durek P, Hummel J, et al. 2008. PhosPhAt: A database of phosphorylation sites in *Arabidopsis thaliana* and a plant-specific phosphorylation site predictor. Nucleic Acids Res, 36(suppl 1): D1015-1021.

Heffernan R, Dehzangi A, Lyons J, et al. 2016. Highly accurate sequence-based prediction of half-sphere exposures of amino acid residues in proteins. Bioinformatics, 32(6): 843-849.

Hellberg S, Sjostrom M, Skagerberg B, et al. 1987. Peptide quantitative structure-activity relationships, a multivariate approach. J Med Chem, 30(7): 1126-1135.

Henikoff S, Henikoff J G. 1992. Amino acid substitution matrices from protein blocks. Proc Natl Acad Sci USA, 89(22): 10915-10919.

Hong J, Luo Y, Mou M, et al. 2020. Convolutional neural network-based annotation of bacterial type IV secretion system effectors with enhanced accuracy and reduced false discovery. Brief Bioinform, 21(5): 1825-1836.

Hong Y, Flinkman D, Suomi T, et al. 2022. PhosPiR: An automated phosphoproteomic pipeline in R. Brief Bioinform, 23(1): bbab510.

Hornbeck P V, Kornhauser J M, Tkachev S, et al. 2012. PhosphoSitePlus: A comprehensive resource for investigating the structure and function of experimentally determined post-translational modifications in man and mouse. Nucleic Acids Res, 40(D1): D261-D270.

Hornbeck P V, Zhang B, Murray B, et al. 2015. PhosphoSitePlus, 2014: mutations, PTMs and recalibrations. Nucleic Acids Res, 43(D1): D512-D520.

Huang C H, Su M G, Kao H J, et al. 2016. UbiSite: incorporating two-layered machine learning method with substrate motifs to predict ubiquitin-conjugation site on lysines. BMC Syst Biol, 10 Suppl 1(Suppl 1): 6.

Huang D W, Sherman B T, Lempicki R A. 2009. Systematic and integrative analysis of large gene lists using DAVID bioinformatics resources. Nat Protoc, 4(1): 44-57.

Huang H D, Lee T Y, Tzeng S W, et al. 2005. KinasePhos: A web tool for identifying protein kinase-specific phosphorylation sites. Nucleic Acids Res, 33(Suppl 2): W226-229.

Huang K Y, Lee T Y, Kao H J, et al. 2019. dbPTM in 2019: Exploring disease association and cross-talk of post-translational modifications. Nucleic Acids Res, 47(D1): D298-D308.

Ijaz A. 2013. SUMOhunt: Combining spatial staging between lysine and SUMO with random forests to predict SUMOylation. ISRN Bioinform, 2013: 671269.

Ingrell C R, Miller M L, Jensen O N, et al. 2007. NetPhosYeast: prediction of protein phosphorylation sites in yeast. Bioinformatics, 23(7): 895-897.

Jacobs D J, Wood G G. 2004. Understanding the alpha-helix to coil transition in polypeptides using network rigidity: Predicting heat and cold denaturation in mixed solvent conditions. Biopolymers, 75(1): 1-31.

Jiang Y, Oron T R, Clark W T, et al. 2016. An expanded evaluation of protein function prediction methods shows an improvement in accuracy. Genome Biol, 17(1): 184.

Johansson F, Toh H. 2010. A comparative study of conservation and variation scores. BMC Bioinformatics, 11: 388.

Kaleel M, Zheng Y, Chen J, et al. 2020. SCLpred-EMS: subcellular localization prediction of endomembrane system and secretory pathway proteins by Deep N-to-1 Convolutional Neural Networks. Bioinformatics, 36(11): 3343-3349.

Kanehisa M, Furumichi M, Sato Y, et al. 2021. KEGG: integrating viruses and cellular organisms. Nucleic Acids Res, 49(D1): D545-D551.

Kanehisa M, Furumichi M, Sato Y, et al. 2023. KEGG for taxonomy-based analysis of pathways and genomes. Nucleic Acids Res, 51(D1): D587-D592.

Kanehisa M, Sato Y, Kawashima M. 2022. KEGG mapping tools for uncovering hidden features in biological data. Protein Sci, 31(1): 47-53.

Katoh K, Standley D M. 2013. MAFFT multiple sequence alignment software version 7: improvements in performance and usability. Mol Biol Evol, 30(4): 772-780.

Kawashima S, Kanehisa M. 2000. AAindex: amino acid index database. Nucleic Acids Res, 28(1): 374.

Kelder T, van Iersel M P, Hanspers K, et al. 2012. WikiPathways: Building research communities on biological pathways. Nucleic Acids Res, 40(Database issue): D1301-D1307.

Keshava Prasad T S, Goel R, Kandasamy K, et al. 2009. Human protein reference database—2009 update. Nucleic Acids Res, 37(Database issue): D767-D772.

Khalili E, Ramazi S, Ghanati F, et al. 2022. Predicting protein phosphorylation sites in soybean using interpretable deep tabular learning network. Brief Bioinform, 23(2): bbac015.

Kiemer L, Bendtsen J D, Blom N. 2005. NetAcet: prediction of N-terminal acetylation sites. Bioinformatics, 21(7): 1269-1270.

Koivisto A P, Belvisi M G, Gaudet R, et al. 2022. Advances in TRP channel drug discovery: From target validation to clinical studies. Nat Rev Drug Discov, 21(1): 41-59.

Kuleshov M V, Jones M R, Rouillard A D, et al. 2016. Enrichr: A comprehensive gene set enrichment analysis web server 2016 update. Nucleic Acids Res, 44(W1): W90-W97.

Kulmanov M, Hoehndorf R. 2020. DeepGOPlus: Improved protein function prediction from sequence. Bioinformatics, 36(2): 422-429.

Kulmanov M, Khan M A, Hoehndorf R, et al. 2018. DeepGO: Predicting protein functions from sequence and interactions using a deep ontology-aware classifier. Bioinformatics, 34(4): 660-668.

Kulmanov M, Zhapa-Camacho F, Hoehndorf R. 2021. DeepGOWeb: Fast and accurate protein function prediction on the(Semantic)Web. Nucleic Acids Res, 49(W1): W140-W146.

Lai B, Xu J. 2022. Accurate protein function prediction via graph attention networks with predicted structure information. Brief Bioinform, 23(1): bbab502.

Lee T Y, Bo-Kai Hsu J, Chang W C, et al. 2011a. RegPhos: A system to explore the protein kinase-substrate phosphorylation network in humans. Nucleic Acids Res, 39(Suppl 1): D777-787.

Lee T Y, Lin Z Q, Hsieh S J, et al. 2011b. Exploiting maximal dependence decomposition to identify conserved motifs from a group of aligned signal sequences. Bioinformatics, 27(13): 1780-1787.

Li F, Li C, Revote J, et al. 2016. GlycoMine(struct): A new bioinformatics tool for highly accurate mapping of the human N-linked and O-linked glycoproteomes by incorporating structural features. Sci Rep, 6: 34595.

Li F, Li C, Wang M, et al. 2015a. GlycoMine: A machine learning-based approach for predicting N-, C- and

O-linked glycosylation in the human proteome. Bioinformatics, 31(9): 1411-1419.

Li F, Yin J, Lu M, et al. 2022. ConSIG: Consistent discovery of molecular signature from OMIC data. Brief Bioinform, 23(4): bbac253.

Li J, Jia J, Li H, et al. 2014a. SysPTM 2.0: An updated systematic resource for post-translational modification. Database, 2014: bau025.

Li T, Tracka M B, Uddin S, et al. 2015b. Rigidity emerges during antibody evolution in three distinct antibody systems: evidence from QSFR analysis of Fab fragments. PLoS Comput Biol, 11(7): e1004327.

Li W, Godzik A. 2006. Cd-hit: A fast program for clustering and comparing large sets of protein or nucleotide sequences. Bioinformatics, 22(13): 1658-1659.

Li Y, Wang M, Wang H, et al. 2014b. Accurate in silico identification of species-specific acetylation sites by integrating protein sequence-derived and functional features. Sci Rep, 4: 5765.

Liberles D A, Teichmann S A, Bahar I, et al. 2012. The interface of protein structure, protein biophysics, and molecular evolution. Protein Sci, 21(6): 769-785.

Liberzon A, Subramanian A, Pinchback R, et al. 2011. Molecular signatures database(MSigDB)3.0. Bioinformatics, 27(12): 1739-1740.

Liu S, Chen L, Zhang Y, et al. 2023. M6AREG: m6A-centered regulation of disease development and drug response. Nucleic Acids Res, 51(D1): D1333-D1344.

Liu Y W, Hsu T W, Chang C Y, et al. 2020. GODoc: high-throughput protein function prediction using novel k-nearest-neighbor and voting algorithms. BMC Bioinformatics, 21(Suppl 6): 276.

Livesay D R, Dallakyan S, Wood G G, et al. 2004. A flexible approach for understanding protein stability. FEBS Lett, 576(3): 468-476.

Livesay D R, Jacobs D J. 2006. Conserved quantitative stability/flexibility relationships(QSFR)in an orthologous RNase H pair. Proteins, 62(1): 130-143.

Ma R, Li S, Li W, et al. 2023. KinasePhos 3.0: Redesign and expansion of the prediction on kinase-specific phosphorylation sites. Genomics Proteomics Bioinformatics, 21(1): 228-241.

MacCarthy E A, Zhang C, Zhang Y, et al. 2022. GPU-I-TASSER: a GPU accelerated I-TASSER protein structure prediction tool. Bioinformatics, 38(6): 1754-1755.

Madeira F, Tinti M, Murugesan G, et al. 2015. 14-3-3-Pred: Improved methods to predict 14-3- 3-binding phosphopeptides. Bioinformatics, 31(14): 2276-2283.

Makrodimitris S, van Ham R, Reinders M J T. 2019. Improving protein function prediction using protein sequence and GO-term similarities. Bioinformatics, 35(7): 1116-1124.

Maleki F, Ovens K, Hogan D J, et al. 2020. Gene set analysis: Challenges, Opportunities, and Future Research. Front Genet, 11: 654.

Marchler-Bauer A, Bo Y, Han L, et al. 2017. CDD/SPARCLE: Functional classification of proteins via subfamily domain architectures. Nucleic Acids Res, 45(D1): D200-D203.

McGuffin L J, Bryson K, Jones D T. 2000. The PSIPRED protein structure prediction server. Bioinformatics, 16(4): 404-405.

Mi H, Huang X, Muruganujan A, et al. 2017. PANTHER version 11: Expanded annotation data from gene ontology and reactome pathways, and data analysis tool enhancements. Nucleic Acids Res, 45(D1): D183-D189.

Miller M L, Soufi B, Jers C, et al. 2009. NetPhosBac - a predictor for Ser/Thr phosphorylation sites in bacterial proteins. Proteomics, 9(1): 116-125.

Mistry J, Chuguransky S, Williams L, et al. 2021. Pfam: The protein families database in 2021. Nucleic Acids Res, 49(D1): D412-D419.

Mitchell A L, Attwood T K, Babbitt P C, et al. 2019. InterPro in 2019: Improving coverage, classification and access to protein sequence annotations. Nacleic Acids Res, 47(D1): D351-D360.

Mootha V K, Lindgren C M, Eriksson K F, et al. 2003. PGC-1alpha-responsive genes involved in oxidative phosphorylation are coordinately downregulated in human diabetes. Nat Genet, 34(3): 267-273.

Needleman S B, Wunsch C D. 1970. A general method applicable to the search for similarities in the amino acid sequence of two proteins. J Mol Biol, 48(3): 443-453.

Ning Q, Yu M, Ji J, et al. 2019. Analysis and prediction of human acetylation using a cascade classifier based on support vector machine. BMC Bioinformatics, 20(1): 346.

Orengo C A, Michie A D, Jones S, et al. 1997. CATH—a hierarchic classification of protein domain structures. Structure, 5(8): 1093-1108.

Oughtred R, Rust J, Chang C, et al. 2021. The BioGRID database: A comprehensive biomedical resource of curated protein, genetic, and chemical interactions. Protein Sci, 30(1): 187-200.

Pakhrin S C, Aoki-Kinoshita K F, Caragea D, et al. 2021. DeepNGlyPred: A deep neural network-based approach for human N-linked glycosylation site prediction. Molecules, 26(23): 7314.

Pakhrin S C, Pokharel S, Aoki-Kinoshita K F, et al. 2023. LMNglyPred: Prediction of human N-linked glycosylation sites using embeddings from a pre-trained protein language model. Glycobiology, 33(5): 411-422.

Patrick R, Horin C, Kobe B, et al. 2016. Prediction of kinase-specific phosphorylation sites through an integrative model of protein context and sequence. Biochim Biophys Acta, 1864(11): 1599-1608.

Patrick R, Kobe B, Le Cao K A, et al. 2017. PhosphoPICK-SNP: Quantifying the effect of amino acid variants on protein phosphorylation. Bioinformatics, 33(12): 1773-1781.

Pavelka N, Pelizzola M, Vizzardelli C, et al. 2004. A power law global error model for the identification of differentially expressed genes in microarray data. BMC Bioinformatics, 5: 203.

Pawson T, Nash P. 2003. Assembly of cell regulatory systems through protein interaction domains. Science, 300(5618): 445-452.

Piovesan D, Tosatto S C E. 2019. INGA 2.0: Improving protein function prediction for the dark proteome. Nucleic Acids Res, 47(W1): W373-W378.

Pitti T, Chen C T, Lin H N, et al. 2019. N-GlyDE: a two-stage N-linked glycosylation site prediction incorporating gapped dipeptides and pattern-based encoding. Sci Rep, 9(1): 15975.

Possenti A, Vendruscolo M, Camilloni C, et al. 2018. A method for partitioning the information contained in a protein sequence between its structure and function. Proteins, 86(9): 956-964.

Qiu W, Xu C, Xiao X, et al. 2019. Computational prediction of ubiquitination proteins using evolutionary profiles and functional domain annotation. Curr Genomics, 20(5): 389-399.

Qiu W R, Sun B Q, Xiao X, et al. 2016. iPTM-mLys: Identifying multiple lysine PTM sites and their different types. Bioinformatics, 32(20): 3116-3123.

Radivojac P, Vacic V, Haynes C, et al. 2010. Identification, analysis, and prediction of protein ubiquitination sites. Proteins, 78(2): 365-380.

Ramazi S, Zahiri J. 2021. Posttranslational modifications in proteins: Resources, tools and prediction methods.

Database, 2021: baab012.

Rifaioglu S A, Dogan T, Jesus Martin M, et al. 2019. DEEPred: Automated protein function prediction with multi-task feed-forward deep neural networks. Sci Rep, 9(1): 7344.

Ritchie M E, Phipson B, Wu D, et al. 2015. Limma powers differential expression analyses for RNA-sequencing and microarray studies. Nucleic Acids Res, 43(7): e47.

Rosmark O, Kadefors M, Dellgren G, et al. 2023. Alveolar epithelial cells are competent producers of interstitial extracellular matrix with disease relevant plasticity in a human in vitro 3D model. Sci Rep, 13(1): 8801.

Roy A, Srinivasan N, Gowri V S. 2009. Molecular and structural basis of drift in the functions of closely-related homologous enzyme domains: Implications for function annotation based on homology searches and structural genomics. In Silico Biol, 9(1-2): S41-55.

Sandberg M, Eriksson L, Jonsson J, et al. 1998. New chemical descriptors relevant for the design of biologically active peptides. A multivariate characterization of 87 amino acids. J Med Chem, 41(14): 2481-2491.

Saraboji K, Gromiha M M, Ponnuswamy M N. 2005. Relative importance of secondary structure and solvent accessibility to the stability of protein mutants. A case study with amino acid properties and energetics on T4 and human lysozymes. Comput Biol Chem, 29(1): 25-35.

Seo S, Oh M, Park Y, et al. 2018. DeepFam: Deep learning based alignment-free method for protein family modeling and prediction. Bioinformatics, 34(13): i254-i262.

Sharma A, Lysenko A, Lopez Y, et al. 2019. HseSUMO: Sumoylation site prediction using half-sphere exposures of amino acids residues. BMC Genomics, 19(Suppl 9): 982.

Sievers F, Higgins D G. 2014. Clustal Omega, accurate alignment of very large numbers of sequences. Methods Mol Biol, 1079: 105-116.

Sievers F, Wilm A, Dineen D, et al. 2011. Fast, scalable generation of high-quality protein multiple sequence alignments using Clustal Omega. Mol Syst Biol, 7: 539.

Skolnick J, Fetrow J S, Kolinski A. 2000. Structural genomics and its importance for gene function analysis. Nat Biotechnol, 18(3): 283-287.

Smaili F Z, Tian S, Roy A, et al. 2021. QAUST: Protein function prediction using structure similarity, protein Interaction, and functional motifs. Genomics Proteomics Bioinformatics, 19(6): 998-1011.

Smyth G K. 2004. Linear models and empirical bayes methods for assessing differential expression in microarray experiments. Stat Appl Genet Mol Biol, 3(3). doi:10.2202/1544-6115.1027.

Strope P K, Moriyama E N. 2007. Simple alignment-free methods for protein classification: A case study from G-protein-coupled receptors. Genomics, 89(5): 602-612.

Subramanian A, Tamayo P, Mootha V K, et al. 2005. Gene set enrichment analysis: A knowledge-based approach for interpreting genome-wide expression profiles. Proc Natl Acad Sci USA., 102(43): 15545-15550.

Suomi T, Elo L L. 2017. Enhanced differential expression statistics for data-independent acquisition proteomics. Sci Rep, 7(1): 5869.

Sweet R M, Eisenberg D. 1983. Correlation of sequence hydrophobicities measures similarity in three-dimensional protein structure. J Mol Biol, 171(4): 479-488.

Szalkai B, Grolmusz V. 2018. Near perfect protein multi-label classification with deep neural networks.

Methods, 132: 50-56.

Szklarczyk D, Gable A L, Nastou K C, et al. 2021. The STRING database in 2021: Customizable protein-protein networks, and functional characterization of user-uploaded gene/measurement sets. Nucleic Acids Res, 49(D1): D605-D612.

Taherzadeh G, Dehzangi A, Golchin M, et al. 2019. SPRINT-Gly: Predicting N- and O-linked glycosylation sites of human and mouse proteins by using sequence and predicted structural properties. Bioinformatics, 35(20): 4140-4146.

Taherzadeh G, Yang Y, Xu H, et al. 2018. Predicting lysine-malonylation sites of proteins using sequence and predicted structural features. J Comput Chem, 39(22): 1757-1763.

Takada S. 2019. Go model revisited. Biophys Physicobiol, 16: 248-255.

Tarca A L, Draghici S, Bhatti G, et al. 2012. Down-weighting overlapping genes improves gene set analysis. BMC Bioinformatics, 13: 136.

Taylor W R. 1986. The classification of amino acid conservation. J Theor Biol, 119(2): 205-218.

Thomas P D. 2017. The gene ontology and the meaning of biological function. Methods Mol Biol, 1446: 15-24.

Thomas P D, Hill D P, Mi H, et al. 2019. Gene ontology causal activity modeling(GO-CAM)moves beyond GO annotations to structured descriptions of biological functions and systems. Nat Genet, 51(10): 1429-1433.

Thompson J D, Gibson T J, Higgins D G. 2002. Multiple sequence alignment using ClustalW and ClustalX. Curr Protoc Bioinformatics, 2(2-3). doi:10.1002/0471250953.bi0203500.

Tiong K L, Yeang C H. 2019. MGSEA - a multivariate Gene set enrichment analysis. BMC Bioinformatics, 20(1): 145.

Toronen P, Holm L. 2022. PANNZER - A practical tool for protein function prediction. Protein Sci, 31(1): 118-128.

Tung C W, Ho S Y. 2008. Computational identification of ubiquitylation sites from protein sequences. BMC Bioinformatics, 9: 310.

UniProt C. 2023. UniProt: the Universal Protein Knowledgebase in 2023. Nucleic Acids Res, 51(D1): D523-D531.

Vinga S, Almeida J. 2003. Alignment-free sequence comparison-a review. Bioinformatics, 19(4): 513-523.

Wang C, Xu H, Lin S, et al. 2020. GPS 5.0: An update on the prediction of kinase-specific phosphorylation sites in proteins. Genomics Proteomics Bioinformatics, 18(1): 72-80.

Wang D, Zeng S, Xu C, et al. 2017a. MusiteDeep: a deep-learning framework for general and kinase-specific phosphorylation site prediction. Bioinformatics, 33(24): 3909-3916.

Wang J R, Huang W L, Tsai M J, et al. 2017b. ESA-UbiSite: Accurate prediction of human ubiquitination sites by identifying a set of effective negatives. Bioinformatics, 33(5): 661-668.

Wang L, Zhang R. 2019. Towards computational models of identifying protein ubiquitination sites. Curr Drug Targets, 20(5): 565-578.

Ward J J, Sodhi J S, McGuffin L J, et al. 2004. Prediction and functional analysis of native disorder in proteins from the three kingdoms of life. J Mol Biol, 337(3): 635-645.

Wolski W E, Nanni P, Grossmann J, et al. 2023. Prolfqua: A comprehensive R-Package for proteomics differential expression analysis. J Proteome Res, 22(4): 1092-1104.

Wong Y H, Lee T Y, Liang H K, et al. 2007. KinasePhos 2.0: a web server for identifying protein kinase-specific phosphorylation sites based on sequences and coupling patterns. Nucleic Acids Res,

35(Web Server issue): W588-594.

Wu M, Yang Y, Wang H, et al. 2019. A deep learning method to more accurately recall known lysine acetylation sites. BMC Bioinformatics, 20(1): 49.

Wu T, Hu E, Xu S, et al. 2021. clusterProfiler 4.0: A universal enrichment tool for interpreting omics data. Innovation(Camb), 2(3): 100141.

Wuyun Q, Zheng W, Zhang Y, et al. 2016. Improved species-specific lysine acetylation site prediction based on a large variety of features set. PLoS One, 11(5): e0155370.

Xi L, Zhang Z, Schulze W X. 2021. PhosPhAt 4.0: An updated *Arabidopsis* database for searching phosphorylation sites and kinase-target interactions. Methods Mol Biol, 2358: 189-202.

Xia W, Zheng L, Fang J, et al. 2022. PFmulDL: A novel strategy enabling multi-class and multi-label protein function annotation by integrating diverse deep learning methods. Comput Biol Med, 145: 105465.

Xiang Y, Zou Q, Zhao L. 2021. VPTMdb: A viral posttranslational modification database. Brief Bioinform, 22(4): bbaa251.

Xiu Q, Li D, Li H, et al. 2019.Prediction Method for Lysine Acetylation Sites Based on LSTM Network. Piscataway, NJ: IEEE: 179-182.

Xu H, Zhou J, Lin S, et al. 2017. PLMD: An updated data resource of protein lysine modifications. J Genet Genomics, 44(5): 243-250.

Xu Y, Ding Y X, Deng N Y, et al. 2016. Prediction of sumoylation sites in proteins using linear discriminant analysis. Gene, 576(1 Pt 1): 99-104.

Xu Y, Yang Y, Wang Z, et al. 2018. A systematic review on posttranslational modification in proteins: Feature construction, algorithm and webserver. Protein Pept Lett, 25(9): 807-814.

Xue W, Fu T, Deng S, et al. 2022. Molecular mechanism for the allosteric inhibition of the human serotonin transporter by antidepressant Escitalopram. ACS Chem Neurosci, 13(3): 340-351.

Xue W, Wang P, Tu G, et al. 2018. Computational identification of the binding mechanism of a triple reuptake inhibitor amitifadine for the treatment of major depressive disorder. Phys Chem Chem Phys, 20(9): 6606-6616.

Xue Y, Liu Z, Cao J, et al. 2011. GPS 2.1: enhanced prediction of kinase-specific phosphorylation sites with an algorithm of motif length selection. Protein Eng Des Sel, 24(3): 255-260.

Xue Y, Ren J, Gao X, et al. 2008. GPS 2.0, a tool to predict kinase-specific phosphorylation sites in hierarchy. Mol Cell Proteomics, 7(9): 1598-1608.

Xue Y, Zhou F, Fu C, et al. 2006. SUMOsp: A web server for sumoylation site prediction. Nucleic Acids Res, 34(Suppl 2): W254-257.

Xue Y, Zhou F, Zhu M, et al. 2005. GPS: A comprehensive www server for phosphorylation sites prediction. Nucleic Acids Res, 33(Suppl 2): W184-187.

Yan T C, Yue Z X, Xu H Q, et al. 2023. A systematic review of state-of-the-art strategies for machine learning-based protein function prediction. Comput Biol Med, 154: 106446.

Yavuz A S, Sezerman O U. 2014. Predicting sumoylation sites using support vector machines based on various sequence features, conformational flexibility and disorder. BMC Genomics, 15 Suppl 9(Suppl 9): S18.

You R, Yao S, Mamitsuka H, et al. 2021. DeepGraphGO: Graph neural network for large-scale, multispecies protein function prediction. Bioinformatics, 37(Suppl_1): i262-i271.

You R, Yao S, Xiong Y, et al. 2019. NetGO: improving large-scale protein function prediction with massive network information. Nucleic Acids Res, 47(W1): W379-W387.

You R, Zhang Z, Xiong Y, et al. 2018. GOLabeler: Improving sequence-based large-scale protein function prediction by learning to rank. Bioinformatics, 34(14): 2465-2473.

Yu B, Yu Z, Chen C, et al. 2020. DNNAce: Prediction of prokaryote lysine acetylation sites through deep neural networks with multi-information fusion. Chemometrics and Intelligent Laboratory Systems, 200: 103999.

Yu X, Wang Y, Niu R, et al. 2016. A combination of geographically weighted regression, particle swarm optimization and support vector machine for landslide susceptibility mapping: A case study at Wanzhou in the Three Gorges Area, China. Int J Environ Res Public Health, 13(5): 487.

Zhang C, Freddolino P L, Zhang Y. 2017. COFACTOR: Improved protein function prediction by combining structure, sequence and protein-protein interaction information. Nucleic Acids Res, 45(W1): W291-W299.

Zhang C, Zheng W, Freddolino P L, et al. 2018a. MetaGO: Predicting gene ontology of non-homologous proteins through low-resolution protein structure prediction and protein-protein network mapping. J Mol Biol, 430(15): 2256-2265.

Zhang S, Amahong K, Sun X, et al. 2021. The miRNA: a small but powerful RNA for COVID-19. Brief Bioinform, 22(2): 1137-1149.

Zhang X, Smits A H, van Tilburg G B, et al. 2018b. Proteome-wide identification of ubiquitin interactions using UbIA-MS. Nat Protoc, 13(3): 530-550.

Zhao C, Liu T, Wang Z. 2022a. PANDA2: Protein function prediction using graph neural networks. NAR Genom Bioinform, 4(1): lqac004.

Zhao J, Zhuang M, Liu J, et al. 2022b. pHisPred: a tool for the identification of histidine phosphorylation sites by integrating amino acid patterns and properties. BMC Bioinformatics, 23(Suppl 3): 399.

Zhao M X, Chen Q, Li F, et al. 2023. Protein phosphorylation database and prediction tools. Brief Bioinform, 24(2): bbad090.

Zhao Q, Xie Y, Zheng Y, et al. 2014. GPS-SUMO: A tool for the prediction of sumoylation sites and SUMO-interaction motifs. Nucleic Acids Res, 42(W1): W325-330.

Zhao Y W, Zhang S, Ding H. 2022c. Recent development of machine learning methods in sumoylation sites prediction. Curr Med Chem, 29(5): 894-907.

Zheng Q, Wang X J. 2008. GOEAST: A web-based software toolkit for gene ontology enrichment analysis. Nucleic Acids Res, 36(suppl_2): W358-363.

Zhou F F, Xue Y, Chen G L, et al. 2004. GPS: A novel group-based phosphorylation predicting and scoring method. Biochem Biophys Res Commun, 325(4): 1443-1448.

Zhou G, Wang J, Zhang X, et al. 2020. Predicting functions of maize proteins using graph convolutional network. BMC Bioinformatics, 21(Suppl 16): 420.

Zhou Y, Zhou B, Pache L, et al. 2019. Metascape provides a biologist-oriented resource for the analysis of systems-level datasets. Nat Commun, 10(1): 1523.

Zhu Y, Orre L M, Zhou Tran Y, et al. 2020. DEqMS: A method for accurate variance estimation in differential protein expression analysis. Mol Cell Proteomics, 19(6): 1047-1057.

Zlotnik A, Yoshie O. 2012. The chemokine superfamily revisited. Immunity, 36(5): 705-716.

Zulawski M, Braginets R, Schulze W X. 2013. PhosPhAt goes kinases—Searchable protein kinase target information in the plant phosphorylation site database PhosPhAt. Nucleic Acids Res, 41(D1): D1176-1184.

第十一章 蛋白质结构的研究方法

蛋白质研究的最终目的是阐明蛋白质结构与功能的关系，了解其在各种生物进程中发挥的作用。蛋白质的分子结构是其生物功能的基础，而高分辨率蛋白质结构的测定目前主要依赖三种手段：核磁共振（nuclear magnetic resonance，NMR）、晶体X射线衍射和冷冻电镜。但是，X射线吸收光谱（X-ray absorption spectroscopy，XAS）、电子顺磁共振（electron paramagnetic resonance，EPR）、圆二色谱（circular dichroism，CD）可以在蛋白质结构功能研究方面提供更多的信息（Ge and Sun，2009）。除了实验研究方法以外，阿尔法折叠（AlphaFold）预测和分子动力学模拟等计算方法也为结构研究提供了重要的辅助。本章将对上述研究方法进行详细阐述。

第一节 核磁共振谱

核磁共振是20世纪40年代发展起来的一种探测技术。1945年，美国哈佛大学Purcel和斯坦福大学 Bloch 几乎同时独立地观察到核磁共振吸收现象，他们二人因此获得了1952年诺贝尔物理学奖；1965年前后，瑞士科学家Ernst引入并发展了脉冲傅里叶变换核磁共振，同时随着超导技术的发展，出现了超导磁体谱仪，大大提高了核磁共振的分辨率和灵敏度；1971年，比利时科学家Jeener首次提出二维核磁共振谱的思想以及后来Ernst用密度算符从理论上对二维核磁共振原理进行了详尽描述，使得二维核磁共振技术得到了飞速发展，Ernst也因此获得了1992年诺贝尔化学奖；1979年，瑞士科学家Wüthrich首先将二维核磁共振技术应用于蛋白质溶液的构象研究，并于1982年发表了用二维核磁共振技术对蛋白质氢谱进行分析的系统方法，他也因此获得了2002年诺贝尔化学奖。

核磁共振是原子核在外加恒定磁场作用下产生能级分裂，从而对特定频率的电磁波产生共振吸收的现象。液相核磁共振技术通过原子核弛豫过程，可以在原子水平上对蛋白质多位点的动力学特性进行研究，具有其他研究手段不可比拟的优越性，是研究蛋白质分子"动态结构"的利器。由于NMR能提供分子的化学结构和分子动力学的信息，已成为分子结构解析及物质理化性质表征的常规技术手段，在物理、化学、生物、医药、食品等领域得到广泛的应用。20世纪90年代以来，随着三维、四维和异核核磁共振的发展，以及更高赫兹数（如 900MHz）超导核磁共振仪的出现，使得研究大分子质量的生物分子结构成为可能。现在核磁共振技术已经发展成为化合物结构鉴定、多肽甚至蛋白质溶液构象测定和动力学研究最重要的手段之一。此外，核磁共振仪也被用来研究蛋白质与配体的相互作用，如药物分子与靶蛋白的结合、抗原与抗体的结合，以及酶与底物的结合等等。利用多维（三维或四维）核磁共振技术测定蛋白质及其与配体复合物的溶液结构和动力学、研究蛋白质与药物分子的相互作用，从而建立和发展能够进行有效且快捷的设计、发现先导化合物的核磁共振技术平台。

核磁共振目前主要用于蛋白质立体结构的测定，以及蛋白质与其他分子相互作用的研究。与 X 射线衍射不同的是，核磁共振可以应用于溶液中的蛋白质，因此可以在更接近生理环境（pH、盐浓度、温度等）的状态下对蛋白质的三维结构进行研究。20 世纪末，常规的核磁共振研究实验可以对分子质量小于 25kDa 的蛋白质结构进行测定，近年来，随着蛋白质标记技术和核磁脉冲技术的出现，以及核磁共振谱仪硬件的不断发展，液相核磁共振技术已经突破 25kDa 的分子质量限制，成功对一些分子质量达到几万甚至几十万道尔顿的蛋白质或蛋白质复合物进行了结构研究（Fiaux et al., 2002）。核磁共振技术的局限主要是它固有的低灵敏度，这限制了在蛋白质研究中的应用。例如，对应自旋 1/2 核，整个系统的自旋在上下两个能级的数目差为：

$$\Delta N = \gamma h B_0 N (4\pi k T)^{-1} \tag{11-1}$$

其中，γ 为磁旋比（^{1}H 的 γ 为 $2.66752 \times 10^8 \mathrm{rad \cdot T^{-1} \cdot S^{-1}}$）；$h$ 为普朗克常数（$6.626 \times 10^{-34} \mathrm{J \cdot S}$）；$k$ 为 Boltzmann 常数（$1.381 \times 10^{-23} \mathrm{J \cdot K^{-1}}$）；$T$ 为体系的绝对温度；N 为体系中自旋总数。在常温及 600MHz（14.1T）的磁场中，氢核上下能级的数目差只有 $4.8 \times 10^{-5} N$。因为 NMR 的信噪比正比于磁场强度（B_0）的 3/2 次方，分辨率随 B_0 线性增加，这两个因素使谱仪不断向高场发展。随着使用的磁体材料从 NbTi 到 Nb$_3$Sn，900MHz（21T）谱仪已经用于大分子的研究，Nb$_3$Al 材料应用于 1GHz 及更高场的核磁共振谱仪已在研制中。

一、适用于核磁共振研究的蛋白质样品制备

目前，生物大分子核磁共振的主要实验对象是自旋为 1/2 的原子核，如 ^{1}H、^{13}C、^{15}N 和 ^{31}P；对于蛋白质结构的核磁共振研究，则为 ^{1}H、^{13}C 和 ^{15}N。对于分子质量较小的短肽和分子质量小于 10kDa 的蛋白质，可以使用未标记的样品，通过采集二维氢谱进行化学位移归属和结构解析；对于分子质量大于 10kDa 而小于 25kDa 的蛋白质，由于氢谱的谱峰重叠比较严重，需要同时使用 ^{13}C 和 ^{15}N 标记的样品，采集一系列的 ^{1}H、^{13}C 和 ^{15}N 三共振谱图进行化学位移归属和结构解析。同位素标记的主要方法是在大肠杆菌基本培养基中使用 ^{15}N 标记的氮源[如 ^{15}NH$_4$Cl、(^{15}NH$_4$)$_2$SO$_4$]及 ^{13}C 标记的碳源（如 ^{13}C-葡萄糖、^{13}C-甘油）作为唯一氮源和碳源（Hibler et al., 1989；Muchmore et al., 1989）。除了制备完全 ^{13}C/^{15}N 标记的样品以外，还可以制备具有某种特殊标记的样品，如某些特殊标记的氨基酸、侧链基团，或者特殊标记蛋白质肽链中的某一部分。对于大分子质量的蛋白质，则需要使用 D$_2$O 配制的培养基以获得氘代的蛋白质样品进行核磁共振，氘代后横向弛豫时间变长，使得核磁共振的分辨率及灵敏度提高。

1. 分步同位素标记

分步同位素标记就是在进行蛋白质表达时，将蛋白质分子分成几个片段在细菌中分别表达，并且在表达时只对一个片段进行标记，其他的部分不被标记，然后将各部分连接在一起形成完整的、只有某个特定片段标记的蛋白质。重复这一过程并且改变标记的片段，得到一系列不同片段标记的蛋白质。用 NMR 技术解析标记部分的结构，其他部分的结构以同样的方法解决，最后得到整个蛋白质的溶液结构。在蛋白质的分段和重新

组合的生物化学实验中采用了转移拼接（transsplicing）或化学接合的方法（Otomo et al.，1999；Xu et al.，1999）。

2. 全面性 ^{2}H/^{13}C/^{15}N-同位素标记

由于 ^{1}H-NMR 在应用于蛋白质等大分子时，光谱信号的重叠变得相当严重，即便是二维光谱如 2D NOESY，信号的重叠及复杂性导致光谱的分析困难且费时。因此，多维异核核磁共振技术对于蛋白质结构的研究具有举足轻重的作用。异核核磁共振所使用的样品必须是 1/2 的核，如 ^{13}C、^{15}N 等。在大肠杆菌中表达蛋白质时，通常在培养液中加入 ^{15}NH$_4$Cl，或以 ^{13}C-glucose 取代 ^{12}C-glucose，这样表达出来的蛋白质便会是 ^{15}N 或 ^{13}C 标记。

当蛋白质的分子质量比较大时，核磁共振的分辨率及灵敏度都会受到严重的影响，这主要是由于分子越大，其横向弛豫 T_2 时间越短，并造成谱宽变宽及核磁共振信号的减弱。如果以 ^{2}H 取代 ^{1}H，可使 T_2 时间变长，使得核磁共振技术可应用于更高分子质量的蛋白质。早期以 ^{2}H 取代 ^{1}H 的目的只是通过选择性观察少数质子化的残基，从而简化一维的氢谱，提高核磁共振谱图的解析效率。^{2}H 标记蛋白质可分为全面性标记与选择性标记两种。全面性标记主要用于增加三维共振实验的灵敏度，^{2}H 标记的比例越高，其灵敏度增加越多，在蛋白质肽链的判定上有很大的帮助；然而，过高比例的 ^{2}H 标记限制了侧链上的质子相关实验的应用，而这些实验对于侧链的判定、NOE 的测量及结构的确定有相当大的影响。

3. 选择性同位素标记

选择性标记常用于制备非极性残基质子化的蛋白质样品，这样的样品对蛋白质疏水性核的研究有很大的帮助。随着蛋白质分子质量的增大，NMR 光谱越来越复杂（Torchia et al.，1988）。对于光谱的分析，往往需要依赖各种不同的同位素标记技术来进行简化，进而提高光谱分析的效率和成功率。选择性同位素标记便是其中一种有用的技术。所谓选择性，指的是选择某一种氨基酸残基，将它的 ^{14}N 或 ^{12}C 改变为 ^{15}N 或 ^{13}C。当利用大肠杆菌表达蛋白质时，加入具有 ^{15}N 或 ^{13}C 的某种氨基酸于培养液中，便可选择性地将该种氨基酸以 ^{15}N 或 ^{13}C 标记。相对于全面性标记蛋白质的光谱，如 ^{1}H、^{15}N HSQC，氨基酸选择性标记的样品的光谱大大简化，仅出现该种氨基酸种类的信息。

4. 反标记

由于氢核之间的 NOE 信号是蛋白质结构约束的最重要来源，使用氘代样品减少了可观测的氢核数目，为结构的解析带来了新的问题。位于表面的酰胺基 D^N 在蛋白质的纯化过程中能够交换回 H^D，处于疏水核心的酰胺基 D^N 则可以通过变/复性或低浓度洗脱剂长时间处理等方法交换回 H^N，而与碳原子相连的 D 则不能交换回 H。这样能够观测到 NOE 信号就局限于酰基基团之间，而仅依靠这些 NOE 约束解析出的溶液结构分辨率较低。NMR 选择性地把蛋白质残基上的质子全部或部分用氘取代，从而减少了质子的数目，使 ^{1}H-NMR 谱的重叠概率降低，而且能够通过延长弛豫时间使得 ^{13}C 和 ^{15}N 的谱峰窄化，从而使分辨率得到相应的提高。因此，研究某些关键基团质子化，以及其他位置均高度氘代的蛋白质的表达或制备方法就显得尤为重要（Rosen et al.，1996）。最合适的质子化基团为 Val、Leu 和 Ile 的甲基，因为这些残基之间的长程疏水相互作用形成了蛋白质结构的疏水核心，它们的堆积是稳定整个分子折叠的重要因素；其次，即使分子质量很高的蛋白质，甲基的自由旋转也会使甲基上的 ^{13}C 和 ^{1}H 的线宽变窄，可以采集到更多重要的长程距离约束，有利于谱图解析，提高解析结构的质量；相对于谱图的其他部分，^{13}C-^{1}H 相关谱中的甲基区域较易分析。因此，甲基通常是特殊标记的目标基团，目前已经有了成本较低、容易普及的标记方法（Goto et al.，1999）。实验表明，综合利用 CH_3-CH_3、CH_3-NH 和 NH-NH 之间的 NOE 数据所得到的蛋白质结构的正确性及精度有明显提高（Tjandra and Bax，1997）。

5. 无细胞体系蛋白质的表达

在制备核磁共振样品时，传统上使用的蛋白质表达体系为细菌和酵母等，这些都是基于细胞的表达体系。为了满足核磁共振研究的高浓度要求，研究诸如转录、翻译、DNA复制等过程，特别是研究那些具有毒性的、易于水解的或者不稳定的基因产物，有必要使用无细胞体系。无细胞蛋白质表达体系就是含有蛋白质表达所需的所有成分（包括氨基酸、能量（ATP）、核糖体和 tRNA 等），在适当的条件下即可在活体外合成蛋白质。这种技术在氨基酸选择性稳定同位素标记（amino acid-selective stable isotope labeling，ASSIL）蛋白质的合成中有很大帮助，因为它可避免蛋白质在活体内表达时产生的同位素转移问题，而这个问题在选择性标记为 Asp 及 Ser 时尤为突出。对于蛋白质的核磁共振研究来说，无细胞体系能够满足蛋白质核磁共振研究，尤其是蛋白质组学研究的高通量要求。无细胞体系蛋白质合成主要分为流式（continuous flow system）和批式（batch system）两种。使用连续流动的无细胞体系，蛋白质合成的反应时间可达到 20~30h，产量可达 300mg/L 反应混合物（Baranov and Spirin，1993）。流式体系效率较高，但需要较多昂贵的、具有同位素标记的原料，在合成同位素标记蛋白质中并不适用；批式体系产率虽比流式体系低，蛋白质合成的反应时间长达 10h，但是所需要的原料较少，而且几经改进后产率亦可达 0.1mg/L 反应混合物。

近年来，Kainosho 等（2006）提出了一种新的标记方法，在无细胞蛋白质表达系统中使用立体异构标记的氨基酸来合成目的蛋白，使得目的蛋白中各种氨基酸残基侧链的甲基、亚甲基等基团中仅保留一个特定的氢原子，其他则以氘原子取代，这种方法被称为 SAIL（stereo array isotope labeling）。使用这种蛋白质表达体系在核磁共振结构解析中具有以下优点：①极大地降低了氢原子密度，延长了横向弛豫时间；②结构约束所必需的氢原子得以保留，能够提供足够的距离约束信息 NOE；③大部分的氢被氘取代，极大地简化了谱图，克服了谱峰重叠的障碍。但是目前该方法的缺点是成本昂贵，如果 SAIL 标记氨基酸的成本能够降低，在将来也许能够成为广泛适用的蛋白质标记技术。

二、用于蛋白质溶液三维结构测定的同核二维实验

二维核磁共振技术的发展为蛋白质解构带来了两个方面的益处：一方面，可以记录氢原子对之间以及官能基团上氢原子间的相互作用；另一方面，谱图上可以让信号散开，易于分辨各种原子单一的波峰。蛋白质研究中最常用的几种谱有同核（如 ^{1}H-^{1}H）或异核（如 ^{1}H-^{13}C）化学位移相关谱（heteronuclear chemical shift correlation，COSY）、全相关谱（total correlation spectroscopy，TOCSY）、二维 NOE 增强谱（two dimensional nuclear overhauser enhancement spectroscopy，NOESY）和旋转坐标系 NOE 谱（rotating frame nuclear overhauser enhancement spectroscopy，ROESY）。COSY（Aue et al.，1976）是二维核磁共振谱中最简单的，常被用来鉴定具有耦合关系的质子对；耦合信息用二维图形显示，能够提高分辨率；但是交叉峰（cross peak）与对角峰（diagonal peak）的相位差为 90°，如果交叉峰位吸收线形，对角峰就为色散线形，因此普通 COSY 只能以绝对值方式表示，谱分辨率大受影响，而且缺少精细结构，结构信息有所损失，灵敏度较差，在蛋白质结构功能研究中已经较少使用。为了克服上述缺点，采用量子滤波的双量子滤波相关谱（double-quantum filtered COSY，DQF-COSY）（Bax，1982）采用时间相位比例增量法记录图谱，通过特殊的相循环，能够检出两个或两个以上自旋间的耦合相关，滤去不参与耦合的信号（主要是对角峰），这样可以明显改善靠近对角线的交叉峰识别，其每一个交叉峰都由若干个正负相间的信号组成，这些信号构成的相敏精细结构包含有质子间复杂的主动和被动耦合关系及耦合常数等信息。如果没有信号的重叠，自旋体系从 DQF-COSY 上就可以容易识别，但实际上所有的蛋白质或多或少存在核磁共振信号重叠的问题，并且随着分子质量增加而越发严重。因此，必须借助其他二维核磁共振技术，如 TOCSY、NOESY 等，这些技术起到了相辅相成的作用。

TOCSY 谱可应用于自旋体系（残基类型）的识别，相关峰的所有分量都具有相同的相位，不会产生分量之间的自抵消，并且交叉峰和对角峰都具有吸收型线形，具有比 COSY 谱更高的灵敏度（Jeenen et al.，1979）。在 TOCSY 的脉冲序列中包含有自旋锁定的步骤，从而使得相耦合的自旋之间会产生交叉极化转移的现象。含有两个或两个以上自旋的体系，取决于各向同性混合的时间，磁化矢量可以沿耦合链传递，如果各向同性混合时间足够长，磁化矢量可以从一端传到另一端，从而将一个自旋体系的全部自旋相关联；在 TOCSY 中可以通过调节混合时间，观察到自旋体系中远程相关信息。NOESY（Kumar et al.，1980）用于鉴定质子在空间上的邻近关系，因为在空间上相互接近的质子之间会产生交叉弛豫现象，即 NOE 效应，NOESY 谱形态与 COSY 类似，但是谱中的交叉峰不是表示质子间化学键关系，而是质子间的距离。质子间距离在一定程度上决定了蛋白质的结构，是核磁共振测定蛋白质三维结构的重要参数。化学交换也会产生 NOE 效应，NOESY 的脉冲序列无法区分交叉弛豫和化学交换产生的磁化迁移，这需要借助 ROESY 实验。ROESY 采用类似 TOCSY 的自旋锁定的脉冲序列，但是交叉弛豫产生的 NOE 与对角峰相反，而化学交换产生与对角峰相同的交叉峰。

三、用于蛋白质溶液三维结构测定的异核多维实验

原子核周围局部化学环境的差别决定了蛋白质分子中每一个原子核都具有独特的化学位移。核磁共振谱图解析的第一步就是化学位移的归属（或指认），也就是获得蛋白质分子中能产生核磁共振信号的各个原子的化学位移值。化学位移的归属分为主链和侧链

两个部分，主要通过对一系列核磁共振谱图的解析来获得的。

随着生物化学的发展和核磁共振谱仪条件的改进，样品的同位素标记和三共振实验变得相对容易，通过异核多维谱完成蛋白质的序列识别已成为主导。用于主链化学位移指认、顺序识别及侧链归属的主要异核三维实验列于表 11-1。异核谱的优势在于：①异核耦合能力强，极化转移的时间（$1/2J$；J 是标量耦合常数，代表以共价键相连的原子之间的标量耦合作用的大小，J 耦合常数大小决定了极化转移效率高低）短、效率高，异核核磁共振实验的灵敏度高，从而使异核多维脉冲序列在蛋白质研究中的广泛应用成为可能。图 11-1 显示了肽链中有关核之间的耦合常数（Wüthrich，1986）。^{1}H-^{1}H 耦合常数一般只有几个赫兹，而 ^{1}H-^{13}C 和 ^{1}H-^{15}N 的耦合常数分别为 125～160Hz、90～110Hz。②异核谱图的化学位移拓展宽，也是比 ^{1}H 谱突出的优点，如 ^{1}H 谱中蛋白质的 α 质子一般在 4.0～5.5ppm 范围内，而 ^{13}C 谱中的 ^{13}C$^\alpha$ 在 40～70ppm 范围内；^{1}H^N 在 7.5～10.5ppm，而 ^{15}N 谱中的 ^{15}N 在 100～140ppm 范围内，因此异核谱的分辨率高。

表 11-1 主链化学位移指认、顺序识别及侧链归属的主要异核三维试验

试验名称	建立核自旋的相关
主链顺序归属及主链 ^{1}H、^{13}C$^\alpha$、^{13}CO 和 ^{15}N 化学位移指认	
HNCACB	^{13}C$^\beta_i/^{13}$C$^\alpha_i$-^{15}N$_i$-^{1}H^N_i
	^{13}C$^\beta_i/^{13}$C$^\alpha_i$-^{15}N$_{i+1}$-^{1}H$^N_{i+1}$
HN（CO）CACB	^{13}C$^\beta_i/^{13}$C$^\alpha_i$-^{15}N$_{i+1}$-^{1}H$^N_{i+1}$
HNCA	^{1}H^N_i-^{15}N$_i$-^{13}C$^\alpha_i$
	^{1}H^N_i-^{15}N$_i$-^{13}C$^\alpha_{i-1}$
HN（CO）CA	^{1}H^N_i-^{15}N$_i$-^{13}C$^\alpha_{i-1}$
HNCO	^{1}H^N_i-^{15}N$_i$-^{13}CO$_{i-1}$
侧链脂肪 ^{1}H、^{13}C 的归属	
HCCH-COSY	^{1}H$^\alpha$-^{13}C$^\alpha/^{13}$C$^\beta$-^{1}H$^\beta$
HCCH-TOCSY	^{1}H$^\alpha$-^{13}C$^\alpha/^{13}$C$^\beta/\cdots$-^{1}H$^\beta$

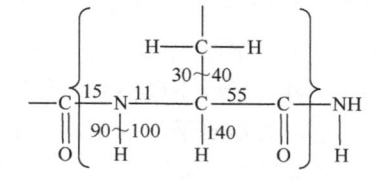

图 11-1 肽段主链上的耦合常数（Wüthrich，1986）
C 为 ^{13}C，N 为 ^{15}N，单位为 Hz

1. 主链的顺序归属试验

主链化学位移归属是指获得蛋白质肽链骨架上各原子，包括 ^{15}N、^{1}H^N、^{13}CO、^{13}C$^\alpha$ 和 ^{1}H$^\alpha$ 的化学位移，通过横向弛豫优化谱（transverse relaxation optimized spectroscopy，TROSY），以单键或双键的 J 耦合来传递磁矩，将第 i 个主链酰胺基 N 和 HN 的化学位移与第 i 或 $i-1$ 个 CO 或 C$^\alpha$/C$^\beta$ 的化学位移关联起来。TROSY 技术最早是针对 ^{15}N-^{1}H 自旋体系发展起来的，主要包括 HNCA、HN（CO）CA、HN（CO）CACB、HNCACB 和

HNCO。它的理论基础是：由于 J 耦合的作用，当不存在去耦的情况时，能在 ^{15}N-^{1}H 相关谱上观察到 4 个信号，它们具有不同的横向弛豫速率。其中，横向弛豫速率最小的信号，其偶极-偶极（dipole-dipole，DD）相互作用和化学位移各向异性（chemical shift anisotropy，CSA）效应是相互抵消的。当外磁场为一定强度时，CSA 和 DD 相互作用强度在一个数量级上，可以大部分或完全相互抵消。理论计算出在磁场强度约为 1.1 GHz 时，^{15}N-^{1}H 的 TROSY 效应最大，即信号衰减最慢。虽然目前磁体制造技术还未能达到这个理论场强，但是利用高场如 800MHz 或 900MHz 进行 TROSY 试验，也能实现 CSA-DD 的部分抵消，在很大程度上提高了谱图的质量。目前 TROSY 技术被整合进三共振以及 NOESY 等核磁实验中（Salzmann et al.，1998），特别是 Kay 研究组利用更为复杂的四自旋系统甲基基团发展了甲基 TROSY 脉冲技术（Tugarinov et al.，2003），使用氘代的蛋白质样品可以实现化学位移的归属和结构解析。

如图 11-2 所示，在三维 HNCA 试验中，可以得到的是前一残基以及同一残基内的 CA 与酰胺 N 和 H 的耦合相关；而从 HN（CO）CA 试验只得到酰胺 N 和 H 与前一残基 CA 的相关。因此，通过 HNCA 和 HN（CO）CA 两个试验，不仅能得到残基内的 H、N、CA 以及前一残基的 CA 的化学位移，而且可以得到残基间的连接信息（Cavanagh et al.，1996）。

图 11-2　三维 HNCA（左）和 HN（CO）CA（右）的磁化转移图

对应于 HNCA 和 HN（CO）CA 试验，HN（CO）CACB 和 HNCACB 也是相对应的一组试验。HN（CO）CACB 提供了前一个残基的 CB 和 CA 信息；HNCACB 则提供了自身和前一个残基的信息。这两个试验相结合可以找出前后残基的联系，确定 ^{13}C$^\beta$ 的化学位移，而且因为用 CB 和 CA 对应的两个谱峰作为参考，这一对试验比 HNCA 和 HN（CO）CA 更常用来对主链进行序列归属。在 HNCO 试验中，酰胺 ^{1}H^N 的磁化矢量传导 ^{15}N，并在 t_1 期间演化，接着经 ^{15}N、^{13}CO 的 ^{1}J 耦合，传递到羰基 ^{13}C 上，并在 t_2 期间发展，最后回传到 NH 基团的 ^{1}H 上。所以 HNCO 主要提供前一个残基的羰基碳的化学位移，而且由于羰基 ^{13}C 的化学位移分散在 170～186ppm 这样很宽的范围，因此这个试验通常被用来确认是否在其他谱中有重叠。

HN（CO）CACB、HNCACB、HNCO、HNCA 和 HN（CO）CA 五个试验基本上可以给出主链上的所有原子化学位移的信息。除此之外，H（CA）NH、HCACO 和 HCA（CO）N 试验可以给出一些顺序连接信息。^{1}H-^{15}N NOESY-HSQC 和 ^{1}H-^{15}N TOCSY-HSQC 试验通常用作 ^{15}N 全标记蛋白的主链 NH 分析。若 HSQC 谱中交叉峰重叠不严重，则 3D ^{15}N NOESY-HSQC 与 3D ^{15}N-TOCSY-HSQC 谱的联用可完成主链的顺序识别；否则，需借助三共振三维谱甚至四维谱来完成主链的顺序识别。

对于某些小分子质量的蛋白质，谱峰的重叠不是很严重，因此在研究中仅需克服横向弛豫的问题。对于这类情况，应用氘代、特殊标记和 TROSY 技术通常能够达到结构解析的目的。例如，大肠杆菌外膜蛋白 OmpX 一共含有 148 个氨基酸残基，当它与表面活性剂 DHPC 结合后，则形成分子质量大约为 60kDa 的胶束。Wüthrich 研究组制备了完全 ^{2}H、^{13}C、^{15}N-标记的蛋白质样品，在 30℃条件下进行了 TROSY 类型的 3D ^{15}N-NOESY-HSQC 以及其他核磁共振试验[HNCA、HNCACB、HNCO、HN（CO）CA 等]，从而得到了主链化学位移的完全归属。在此基础上利用 TROSY 类型的 ^{15}N-NOESY-HSQC 获得主链酰胺基团之间的中长程 NOE 约束，然后计算出蛋白质整体折叠状态信息（Fernandez et al., 2001）。该研究组进一步制备了整体 ^{2}H、^{13}C、^{15}N-标记背景下选择性氢代 Val-$\gamma^{1,2}$/Leu-$\delta^{1,2}$ 和 Ile-δ^1 甲基基团的 OmpX 蛋白质样品，它们将 TROSY 脉冲技术整合到传统的（H）CC（CO）NH-TOCSY 和 H（CC）(CO) NH-TOCSY 试验中，完成了对这几个特殊标记的甲基基团的化学位移归属（Hilty et al., 2002）；同时，应用部分 ^{13}C 标记的方法得到了 Val 和 Leu 两个末端甲基的立体异构归属（Hilty et al., 2003）；最后，从 ^{15}N-NOESY-HSQC 和 ^{13}C-NOESY-HSQC 谱图中得到了足够的酰胺-酰胺、甲基-甲基以及甲基-酰胺之间的 NOE 距离约束，并辅以二面角等其他约束，成功得到了高分辨率的三维结构（Fernandez et al., 2004）。

某些大分子质量蛋白质，或者蛋白质的二聚体、多聚体、蛋白质-核酸复合物，以及溶于表面活性剂中的膜蛋白等，含有的氨基酸数目多且无法进行分段标记，由于可观测信号的数目大大增多，仅依靠上述研究方法，则会因为谱峰的重叠而遇到障碍。在这种情况下，需要利用四维核磁共振试验来提高分辨率，以及实验特殊的脉冲技术。例如，Kay 研究组利用 TROSY 类型的四维核磁共振试验 TROSY-HNCACO 将 H^N（$_i$）、N（$_i$）、C$^\alpha$（i，i–1）和 CO（i，i–1）关联起来，TROSY-HNCOCA 将 H^N（$_i$）、N（$_i$）、C$^\alpha$（i–1）和 CO（i–1）关联起来，TROSY-HNCO$_{i-1}$CA$_i$ 则将 HN（$_i$）、N（$_i$）、C$^\alpha$（i）和 CO（i–1）关联起来（Konrat et al., 1999；Tugarinov et al., 2002），并辅之以 3D TROSY 类型的 HNCO、HN(CA)CO、HNCACB、HN(CO)CACB，以及基于 TROSY 的 4D ^{15}N, ^{15}N-NOESY 等试验，完成了具有 723 个氨基酸残基、单体分子质量达到 82kDa 的苹果酸合酶 G（malate synthase G, MSG）主链 HN、N、C$^\alpha$、CO 以及侧链 C$^\beta$ 95%以上化学位移的归属（Tugarinov et al., 2002），并解析得到了溶液结构（Tugarinov et al., 2005）。为了得到 Val、Leu 和 Ile 残基的甲基基团的归属，Kay 研究组采取了新的蛋白质标记技术和脉冲程序（Tugarinov et al., 2003），制备了整体 ^{2}H、^{13}C、^{15}N-标记背景下选择性氢代 Val、Leu 和 Ile-δ^1 甲基基团的蛋白质样品，从而保证磁矩在传递过程中不会分叉，提高了试验的灵敏度。在三维核磁共振试验 Ile, Leu-(HM) CM (CGCBCA) NH，Val-(HM) CM (CBCA) NH 的脉冲采取磁矩由甲基开始的方法，通过 COSY 传递到酰胺基进行观测，将甲基基团的 ^{13}C$_m$ 或 ^{1}H$_m$ 化学位移与主链的酰胺基关联起来；另外，三维核磁共振试验 HMCM[CG]CBCA，Ile, Leu-HMCM（CGCBCA）CO 和 Val-HMCM（CBCA）CO 的脉冲采取磁矩由甲基开始的方法，通过 COSY 传递至主链羰基基团，再传递回甲基进行观测，将甲基的 ^{13}C$_m$ 和 ^{1}H$_m$ 化学位移与主链的羰基关联起来。在四维 ^{13}C，^{13}C-NOESY 试验的辅助下，通过一系列试验对 MSG 蛋白中 Val、Leu 和 Ile 残基的甲基进行了接近完全的归属（Tugarinov et al., 2003），并且通过一系列基于 ^{1}H-^{15}N TROSY 和甲基 TROSY 的三维、四维 NOESY 试验，获得了 MSG 蛋白质结构解析所需的酰胺-酰胺、甲基-甲基、甲基-酰胺之间的 NOE 距离约束；此外，测量了可以在结构计算中用作长程取向约束的

415 对酰胺 ^{1}H-^{15}N 的残余偶极耦合（residual dipolar couplings，RDC）值，以及 300 个 ^{13}CO 基团在各向同性及各向异性溶液中的化学位移变化值（Tugarinov et al.，2003）。利用上面的结构约束条件、化学位移预测得到的二面角约束，以及 Val 残基 $^3J_{C^\gamma N}$ 和 $^3J_{C^\gamma CO}$ 三键耦合常数得出的 χ^1 角约束，计算出 MSG 蛋白质的整体溶液结构（Tugarinov et al.，2005）。

2. 侧链共振峰的归属试验（3D HCCH-COSY 和 HCCH-TOCSY）

侧链化学位移归属的目的在于获得各个氨基酸残基侧链-R 基团上能够产生核磁共振信号的原子的化学位移值。在用于主链信号归属的试验中，HNCACB、HN(CO)CACB 可以同时提供侧链 C^α 和 H^β 的化学位移值。常见的用于侧链信号归属的试验有：^{15}N-TOCSY-HSQC,（H)CC(CO)NH-TOCSY，H(CC)(CO)NH-TOCSY，H(C)CH-TOCSY，(H) CCH-TOCSY，H(C) CH-COSY 和 (H) CCH-COSY。^{15}N-TOCSY-HSQC 通过 ^{1}H 核之间的全相关磁矩混合将主链酰胺基 HN（i）与该氨基酸残基侧链上所有的 HC 关联起来；(H) CC (CO) NH-TOCSY 和 H (CC) (CO) NH-TOCSY 则是通过 ^{13}C 之间的 TOCSY 磁矩混合将主链酰胺基 HN（i）与第 i-1 个氨基酸残基侧链上所有的 ^{13}C 或 HC 关联起来。上面三个试验适用于分子质量较小的蛋白质，当分子质量接近或大于 20kDa 时，往往不能得到理想的结果。H(C)CH-TOCSY、(H) CCH-TOCSY、H(C)CH-COSY 和 (H) CCH-COSY 试验时，通过 ^{13}C 之间的 TOCSY 磁矩混合或 COSY 磁矩传递将侧链的 C—H 关联起来。对于 ^{15}N/^{13}C 或 ^{13}C 标记的蛋白质样品，在三维 HCCH-COSY 和 HCCH-TOCSY 试验中，磁化矢量由 α 质子开始传递，经过单键 ^{1}H—^{13}C 约 140Hz 的强耦合作用传递到 ^{13}C$^\alpha$，再经单键 ^{13}C—^{13}C 约 30~40Hz 的耦合作用沿侧链 C—C 传到 ^{13}C$^\beta$，然后经 ^{1}H—^{13}C 异核耦合传到 ^{1}H$^\beta$ 上。对于 ^{13}C，在 HCCH-COSY 试验中，磁化矢量只沿直接键连的 ^{13}C—^{13}C 传递；而在 HCCH-TOCSY 试验中，^{13}C 的磁化矢量可沿侧链基团的整个 ^{13}C—^{13}C 链传递下去，因此这两个试验结合起来能够对侧链共振峰进行归属。

3. 氨基酸自旋系统的识别

许多氨基酸具有独特的自旋体系，也具有独特的 COSY 和 TOCSY 谱图。在 20 种常见氨基酸残基中，有 15 个残基含有一个自旋体系。而甲硫氨酸（Met）残基因为具有一个硫原子，εCH$_2$ 与 αCH-βCH$_2$-γCH$_2$ 片段不相连，另外 4 种芳香族氨基酸，即色氨酸（Trp）、酪氨酸（Tyr）、组氨酸（His）和苯丙氨酸（Phe）芳香环上质子与 αCH-βCH$_2$ 片段不相连，因此它们包括两个自旋系统。丝氨酸（Ser）、半胱氨酸（Cys）、天冬氨酸（Asp）、天冬酰胺（Asn）、组氨酸、苯丙氨酸、酪氨酸和色氨酸同属于 AMX 自旋系统；谷氨酸（Glu）、谷酰胺（Gln）和甲硫氨酸同属于 AM（PT）X 自旋系统；脯氨酸（Pro）和精氨酸（Arg）属于 A2（T2）MPX；而甘氨酸（Gly）、丙氨酸（Ala）、缬氨酸（Val）、亮氨酸（Leu）、异亮氨酸（Ile）、苏氨酸（Thr）和赖氨酸（Lys）残基的自旋系统与其他残基不同。

自旋体系的识别一般是分别分析 D$_2$O 和 H$_2$O 中的 DQF-COSY 和 TOCSY 谱图，这样可以分别得到不活泼质子，以及活泼的酰胺和氨基酸残基中的其他质子自旋系统，以完成完全自旋体系的识别。①甘氨酸残基两个相同的 αH 之间的耦合常数很大（约 15Hz），因此在 H$_2$O 的 DQF-COSY 谱图高场部分质子间呈现很强的交叉峰，H$_2$O 中的 TOCSY

谱的指纹区成对出现NH与αH的相关峰。②丙氨酸和苏氨酸残基含有甲基信号，因为甲基信号较强、线宽（共振峰线宽于纵向弛豫时间t_2成反比；分子质量增加，共振峰线宽也增加）较宽，且耦合链短，特征较易辨认，苏氨酸的βH/γH交叉峰与丙氨酸的αH/βH交叉峰在DQF-COSY谱上位置相似，丙氨酸和苏氨酸残基可以根据耦合链长度通过TOCSY谱图辨别。③缬氨酸、异亮氨酸和亮氨酸残基也含有甲基，自旋耦合链比丙氨酸和苏氨酸长，较易分开，缬氨酸的βH/γCH$_3$、异亮氨酸的βH/γCH$_3$ βCH$_2$/γCH$_3$和亮氨酸的γH/δCH$_3$交叉峰在DQF-COSY谱中位置相似，但是缬氨酸和亮氨酸残基的侧链含有异丙基，在DQF-COSY谱高场区呈现一个CH与两个CH$_3$的交叉峰，而亮氨酸耦合链比缬氨酸长，在TOCSY谱上可观察到亮氨酸残基的βH及γH与两个δCH$_3$耦合，并且缬氨酸βH的化学位移（chemical shift）通常比亮氨酸的γH低高场区场一些。④AMX自旋体系的残基βH的化学位移通常在2.5ppm左右，在D$_2$O的DQF-COSY谱上有8个αH/βH交叉峰，αH与βH的耦合常数决定了交叉峰的精细结构，耦合常数大则峰比较强，反之则弱，有时甚至消失在噪声中；丝氨酸残基的两个βH都在低场（<4.0ppm），容易识别；天冬酰胺残基能观察到侧链的δNH$_2$与βH的NOE信号；几个芳香氨基酸有两个自旋体系，色氨酸、酪氨酸和苯丙氨酸残基至少有一个βH和芳香环质子间距离小于3Å，组氨酸的残基也在0.23~0.38Å范围内，可以通过NOE信号来识别；D$_2$O的DQF-COSY和TOCSY谱图可以识别芳香环自旋体系，其中在DQF-COSY的低场区组氨酸残基有很弱的C$_2$-H/C$_4$-H交叉峰，C$_2$-H化学位移低于C$_4$-H，色氨酸的C$_4$-H/C$_5$-H、C$_6$-H/C$_7$-H交叉峰比C$_5$-H/C$_6$-H交叉峰强，酪氨酸残基有很强的C（3,5）-H/C（2,6）-H交叉峰；而在TOCSY谱上，组氨酸与酪氨酸残基的交叉峰相对于DQF-COSY没有增强，色氨酸能观察到C$_4$-H到C$_7$-H的接力相关峰。⑤长链的甲硫氨酸、赖氨酸、精氨酸、谷酰胺、谷氨酸和脯氨酸残基的βH以及γCH$_2$耦合信号在同一区域，它们的βH化学位移在2.2ppm左右，其中甲硫氨酸、谷酰胺和谷氨酸残基的βH比γH高场，而赖氨酸、精氨酸和脯氨酸残基的βH与γH化学位移相若或者低场，并且后三种氨基酸通常位于蛋白质表面，在DQF-COSY谱上常能观察到两个较强的αH/βH交叉峰，在H$_2$O中的DQF-COSY谱上常能观察到精氨酸侧链NH/δH交叉峰、赖氨酸侧链NH/εH交叉峰。

4. 核磁共振信号的序列归属

上面所述残基自旋系统的识别只确定了质子自旋系统属于哪种氨基酸残基，进一步的工作是能够确定质子自旋系统属于一级结构中的哪个残基，也就是进行序列归属。早在1980年，Wüthrich及其合作者对一系列蛋白质的高分辨率晶体结构进行统计分析时，发现相邻残基的NH与αH、βH之间的距离至少有一个足够短，可以产生NOE效应（Wüthrich et al., 1984）。所以序列归属主要根据已有的蛋白质一级序列的信息，利用NOESY谱上的序列NOE信息，即残基i的αH与残基$i+1$的NH的dαN（$i, i+1$）相关、残基i与残基$i+1$的NH之间的dNN（$i, i+1$）相关，以及残基i的βH与残基$i+1$的HN的dβN（$i, i+1$）相关（Wagner and Wuthrich, 1982；Wüthrich et al., 1982；Wüthrich, 1986）。

1）序列归属法

在完成顺序识别和侧链共振峰归属的基础上，可根据短-中等范围^{1}H-^{1}H的NOE（图

11-3)、化学位移指数（chemical shift index，CSI）（Wishart et al.，1992）和酰胺质子的交换速率等几个因素确定二级结构单元。酰胺质子与溶剂的慢交换意味着酰胺质子形成了氢键，或处于分子内部，慢交换与确定的二级结构单元相结合可以推测氢键约束条件（Cavanagh et al.，1996）。正常试验条件下，如果观察的化学位移值大于或小于化学位移参考值±0.1ppm，则分别给予+1 或–1 的标示；在化学位移参考值±0.1ppm 范围内的，则给予 0 的标志。以 Hα 为例，区域密度大于 70%的任何 4 个或更多个不被+1 中断的–1 标记对应一个 α 螺旋单元；任何 3 个或更多个不被–1 中断的+1 标示对应一个 β 折叠片段，其他情况则对应无规卷曲。不同的二级结构单元有其特征的 ^{1}H-^{1}H 的短程相互作用，而这些短程作用足以在 NOESY 谱上出现 NOE 交叉峰，例如，在 α 螺旋中，第 i 个残基与第 i+3 个残基、第 i 个残基与第 i+4 个残基之间存在短程作用；而在 β 折叠中，因为肽链处于完全伸展状态，除顺序 dαN 外，还存在链间的 ^{1}H-^{1}H 的短程相互作用（Wüthrich，1986）。序列归属主要分析 NOESY 谱中 NH-NH、NH-αH、NH-βH 相关区域，首先比较 H$_2$O 与 D$_2$O 中的 NOESY 谱，把 D$_2$O 中出现的芳香环质子的信号从 H$_2$O 的谱上除掉；再与 TOCSY 和 COSY 谱比较，将残基内的 NOE 相关信号除掉；一些由于 NH 与残基内质子间过小的耦合常数或者过大线宽而不出现的信号可能会在 NOESY 谱中出来，这些信号也要剔除；剩下的 NOE 信号被应用于序列归属。在蛋白质肽链上，每个氨基酸上分别有 NH 和 α 质子，在第一个氨基酸残基内（NH$_1$ 与 αCH$_1$）的 NOE 及残基间（αCH$_1$ 与 NH$_2$）的 NOE；同样的，对第二对氨基酸残基中的 αCH$_2$ 而言，可以找到残基内（NH$_2$ 与 αCH$_2$）及残基间（αCH$_2$ 与 NH$_3$）的 NOE，依次类推。通过 NOE 的联结，先由 NH$_1$ 开始，通过 NOE 的作用，找到 CH$_1$，再由 CH$_1$ 接到下一个残基的 NH$_2$，依此类推，即 NH$_1$→CH$_1$→NH$_2$→CH$_2$→NH$_3$→CH$_3$→NH$_4$→CH$_4$ 等，这就是蛋白质肽链核磁共振谱的序列归属确定。理想状况下，序列 NOE 效应能从 N 端残基一直延伸到 C 端残基，但实际上往往会中断，主要是因为：若干残基的 NH 化学位移重叠或简并；NH 与 αH 耦合常数

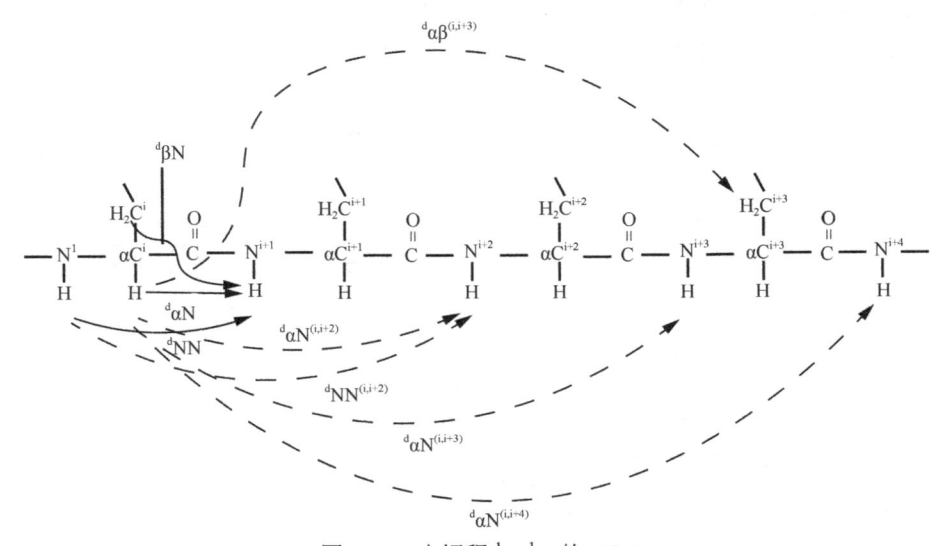

图 11-3 中短程 ^{1}H-^{1}H 的 NOE

过小或线宽过大,导致残基内 NH-αH 的相关峰消失;照射水峰引起信号消失;脯氨酸没有酰胺质子,序列 NOE 中断。因此,实际操作过程中通常需要结合不同 pH 和温度下的 NOESY 谱来进行序列归属,同时利用 H-D 交换速率的差异,将样品溶解在 D_2O 中测定 COSY、TOCSY 和 NOESY,交换慢的 NH 在谱上显示出来,交换快的 NH 就被氘化,这样可以减少谱峰重叠。

在序列归属过程中,可以从最容易辨认的氨基酸残基入手,如 Gly、Ala、Val、Leu、Ile、Tyr、Trp 和 His 等。如果蛋白质一级序列中含有不止一个残基,可先鉴定一个二肽,如果这个二肽在一级序列中是唯一的,就可以以该二肽为突破口,进行序列归属。

2)主链导向归属法

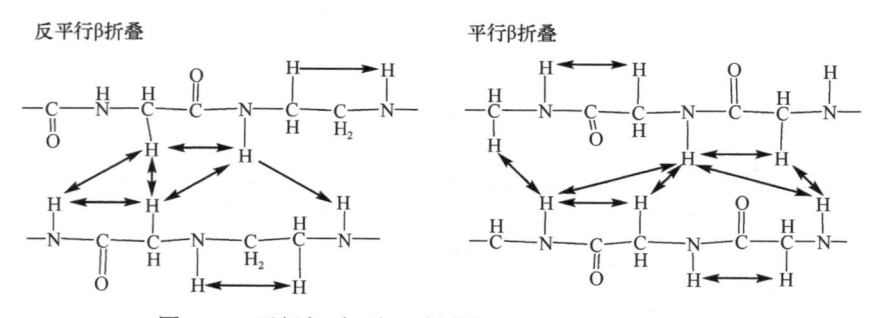

Englander 和 Wand(1987)发展的根据二级结构单元的特征环状 NOE 图来进行序列归属的主链导向归属法(main chain directed assignment,MCD)是另外一种序列归属方案。该方法的优点是可以不用事前对未知的自旋体系作具体的识别,只要分清是 AMX 系统还是长链氨基酸就可以对氨基酸的种类做出判断,并且能克服 NOE 交叉峰的多重归属问题,可以直接得到二级结构;缺点是分子内必须有规则二级结构存在,不适用于包含有大的弧形肽段或缺少规则二级结构的蛋白质。α 螺旋的主链导向归属法与序列归属法基本相同,其环状 NOE 图由 $d_{NN}(i, i+1)$、$d_{\beta N}(i, i+1)$ 和 $d_{\beta N}(i, i)$ 构成,这些 NOE 是与序列 NOE 相关的;对于平行和反平行的 β 折叠结构,主链导向归属法的环状 NOE 图明显不同于序列归属法,它们包括在序列上分开的、相邻链段之间的残基。对于反平行 β 折叠,其 MCD 图包括两圈 NOE,内圈包括 5 个 NOE,即 $d_{\alpha N}(i, i+1)$、$d_{\alpha N}(i, j+1)$、$d_{\alpha N}(j, j+1)$、$d_{\alpha N}(j, i+1)$ 和 $d_{\alpha \alpha}(i, j)$,其中 i 和 j 分别是相反二股链上的残基;其外圈也包括 5 个 NOE,即 $d_{\alpha N}(i, i)$、$d_{\alpha N}(i-1, i-1)$、$d_{\alpha N}(i-1, i)$、$d_{\alpha N}(i, j+1)$ 和 $d_{NN}(j+1, i-1)$。对于平行 β 折叠,MCD 包括 2 个 COSY 交叉峰和 4 个 NOE 交叉峰:$H^N(i)$-$H^\alpha(i)$、$H^N(i+1)$-$H^\alpha(i+1)$、$d_{\alpha N}(i, i+1)$、$d_{\alpha N}(i+1, j+1)$、$d_{\alpha N}(j, j+1)$ 和 $d_{\alpha N}(j, i)$(图 11-4)。

图 11-4 平行与反平行 β 折叠结构中的特征 NOE 图式

更进一步解析蛋白质的三维结构需要测定 NOE、J 耦合常数等参数来获取距离、二面角、氢键及残余偶极耦合等约束条件,然后根据距离几何(DG)及约束分子动力学(RMD)算法进行三维结构的计算。其中最重要的是 NOE,NOE 是指两个空间距离接近的原子通过空间进行磁矩传递,NOE 的强度与距离的 6 次方成正比。对于 ^1H 核来说,我们通常能观察到距离在 5Å 以内的 NOE 效应。获得 NOE 约束的方法是采集 NOESY 试验，如三维 ^{15}N-NOESY-HSQC 和 ^{13}C-NOESY-HSQC，甚至四维 ^{15}N, ^{13}C 或 ^{13}C, ^{13}C-NOESY（Kay，1995）。角度约束最常用的是蛋白质不同的二级结构区（α 螺旋和 β 折叠）的二面角 φ 和 ψ，二面角的不同引起化学位移与无规卷曲朝着不同的方向偏移。因此可以利用化学位移指数（Wishart et al.，1994）或者基于数据库搜索的 TALOS（Cornilescu et al.，1999a），通过主链 CO、C^α、C^β、H^α 等原子的化学位移来进行二面角预测；或者通过测定三键 J 耦合常数来获得，或者通过 HNHA 试验获得主链 φ 角约束，通过 HNHB 试验可以获得 χ^1 角约束等（Vuister and Bax，1993）。氢键的约束则需要依靠蛋白质在重水中主链酰胺基的氢-氘交换试验（Dempsey，2001）、NOE 交叉峰及初步的二级结构信息获得。此外，通过二维核磁共振实验 H（N）CO 可以直接探测到酰胺基团与 CO 原子之间通过氢键作用形成的 J 耦合，从而实现对氢键的直接观测（Cornilescu et al.，1999a，b）。测量残余偶极耦合是近年来应用较多的一个方法，它能够提供蛋白质分子内各个化学键的取向信息，并能够提供长程的结构信息，例如，不同结构域或二级结构区之间的相对空间取向是蛋白质溶液结构解析中常用的一种重要约束。在通常情况下，水溶液中的蛋白质分子运动是各向同性的，因此偶极耦合作用在空间上的净效应为零。测定残余偶极耦合的先决条件是通过一定的方法（Bax，2003；Prestegard et al.，2004），如具有顺磁特性的蛋白质能够自发在磁场中产生趋向性的排列，或者把蛋白质溶解于具有一定程度各向异性的溶剂中使之产生微弱的空间取向特异性，使得偶极相互作用不能完全抵消，从而产生较弱的"残余偶极耦合"。在瞬态蛋白质相互作用的研究中，可以使用顺磁弛豫增强（paramagnetic relaxation enhancement）技术，通过顺磁探针来获得长程结构约束（Clore et al.，2007）。

蛋白质的三维结构计算需要以主链和侧链的共振峰归属为基础，在只完成主链顺序识别的条件下，也可以对蛋白质与配体的结合或分子动力学性质等方面进行研究。核磁共振技术固有的缺陷是：①核自旋的塞曼裂分很小，使得核磁共振实验灵敏度非常低，为了提高信号灵敏度，需要的样品量很大，一般要求样品有毫摩尔量级的浓度；②分子运动相关时间也随分子质量增大而增大，从而导致谱线增宽，使谱图分辨困难，同时自旋扩散现象明显，破坏了 NOE 强度与距离的对应关系，给核磁共振方法的应用施加了一个分子质量的上限；③用异核多维谱虽然能提高分辨率，但是试验中的多步相关转移又会降低灵敏度；④核磁共振试验时间较长，要求蛋白质样品在长时间内具有较高的相对稳定性。所有这些问题制约着核磁共振在蛋白质研究中的应用，包括测定蛋白质的溶液结构、研究蛋白质-配体的相互作用，以及蛋白质在溶液中的分子动力学。人们围绕这些问题不断努力，在蛋白质核磁共振的研究领域取得新进展。

5. 溶液结构的计算

蛋白质溶液结构计算包括了初始结构的生成、NOE 信号归属、结构计算，以及结构精修。初始结构可以来源于同一个蛋白质的晶体结构，也可以通过同源建模得到结构，更困难的情况是目的蛋白的结构信息完全缺乏，需要在化学位移基础上通过 NOE 约束计算出一个相对粗糙的结构模型。目前有一些自动化 NOE 归属软件包可以代替人工来完成这一过程，常用的有 ARIA（Linge et al.，2003）及 CYANA 软件中的 CANDID 模块（Güntert et al.，1997），初始结构选择的正确性对于后续结构计算非常重要。在化学位移基础上得到的初始结构只能代表蛋白质整体的折叠状况，需要对 NOE 信号进行进一步的分析和归属，生成结构约束，再利用结构计算软件如 ANSO（Güntert et al.，1993）、SANE（Duggan et al.，2001）、Xplor-NIH（Schwieters et al.，2003）、CNS（Brunger et al.，1998）和 CYANA 等进行进一步的计算。各种结构计算软件采用 Cartesian 空间的分子动力学或扭转角动力学等算法，但它们都必须利用唯一的或模糊的 NOE 约束，以及其他约束进行结构计算。"NOE 信号归属-结构计算"过程需要循环进行，直到没有异常的 NOE 约束条件，并且最大化地利用观测到的 NOE 信号，这就需要在该过程中对谱图进行人工分析，对化学位移和 NOE 归属的错误进行纠正，因此是蛋白质溶液结构解析中最为重要而烦琐的一步。结构的精修主要利用分子动力学软件，如 CNS、Xplor-NIH、AMBER（Case et al.，2002）、INSIGHT II、CHARMN 等，在合适的力场及溶剂存在情况下进行模拟退火。CYANA、CNS、Xplor-NIH 和 AMBER 可以利用残余偶极耦合作为一种结构约束进行结构计算。

6. 蛋白质动力学

蛋白质的三维结构主要依靠氢键、盐键、范德华力、疏水相互作用所维系。蛋白质分子在不同的环境，如不同的温度和压力下具有柔性，且内部结构会略有不同，在蛋白质-蛋白质、蛋白质与配基相互作用过程中，不仅蛋白质结构会发生变化，同时其动力学性质也会变化。蛋白质的柔性及运动性与功能有密切关系，例如，酶不仅需要足够的整体刚性来识别特定的底物，同时需要足够的柔性及运动性来诱导底物的结合。由于蛋白质是一个残基间相互耦联的动力学系统，配基结合将会引起动力学信息在蛋白质内部传递，引起别构效应，是影响蛋白质折叠、分子识别、酶催化、结合和释放底物分子等生物过程的重要因素。核磁共振波谱技术特别适合研究蛋白质的动力学，通过自旋-晶格弛豫时间、自旋-自旋弛豫时间及异核 NOE 分析，能够在接近生理条件下提供溶液中蛋白质不同基团丰富的动力学信息。早在 20 世纪 60 年代，一维核磁共振技术就已经被用于研究酶的动力学；自 90 年代起，利用二维异核液相核磁共振对蛋白质进行多位点的动力学研究得到了极大地发展。目前，人们对于蛋白质动力学与其结构、功能的关系有了更深的认识，同时相应的脉冲技术也得到了发展。

蛋白质主链在快速时间尺度（皮秒）范围内的运动、慢速时间尺度（毫秒）范围内的运动与分子结合配体的特异性和亲和力大小密切相关，与蛋白质的生物功能密切相关。核磁共振的弛豫过程（即原子核自旋受到邻近环境磁场，如偶极-偶极相互作用、化学位移各向异性、核电四极矩与电场梯度的静电耦合作用等的涨落影响，引起原子核自旋的核磁信号的弛豫）与分子的微观运动相关联，并且包含了蛋白质分子的信息，可以作为探针来获得蛋白质分子的动力学特性。如果邻近磁场的涨落速率在皮秒和纳秒之间，就是快运动。通常用于蛋白质动力学研究的宏观可测弛豫参数包括纵向弛豫速率 R_1、横向弛豫速率 R_2 及异核稳态 NOE 效应。将这些宏观可测量参数与分子的微观运动相互联系起来的是谱密度函数 $J(w)$，用来描述相互作用 Hamiltonian 的无规运动的统计平均，也就是不断变化的局部磁场在频率为 w 处的幅度。

7. 用核磁共振研究蛋白质相互作用

蛋白质-蛋白质、蛋白质-核酸、蛋白质-配体相互作用对于蛋白质功能的研究是必不可少的组成部分。酵母双杂交、谷胱甘肽 S-转移酶融合蛋白沉降技术（GST-pull down）、免疫共沉淀、串联亲和纯化（tandem affinity purification，TAP）、表面等离子共振谱（surface plasma resonance，SPR）、等温滴定量热计（isothermal titration calorimetry，ITC）、噬菌体展示、动态光散射、电泳迁移和荧光去偏振等方法可以在离体情况下研究蛋白质相互作用；双杂交系统、荧光共振能量转移的显微镜和流式细胞仪分析、双分子荧光互补（bimolecular fluorescence complementation，BIFC）、激光共聚焦显微镜等方法可研究活细胞中的蛋白质共定位及相互作用；二维凝胶或二维液相色谱与同位素标记和质谱结合等蛋白质组学方法、生物信息学方法可研究和预测蛋白质相互作用等。但是，如果需要知道二者相互作用的界面及蛋白质相互作用涉及的氨基酸残基，并对药物设计和筛选提供指导性的信息，则结构的信息是必不可少的（Fu，2004）。

蛋白质的三维结构主要靠非共价相互作用，如氢键、盐键、范德瓦耳斯键、疏水相互作用所维系。蛋白质分子的结构具有一定的柔性，蛋白质-蛋白质、蛋白质与配基相互作用是动态的、弱的相互作用（解离常数 K_d 常常大于 10^{-4}mol/L），在作用过程中，不仅蛋白质结构会发生变化，而且其动力学性质也会变化。许多瞬时存在的复合物是非常不稳定的，因此很难得到能够用于结构研究的晶体。由于蛋白质是一个残基之间相互耦联的动力学系统，配基结合将会引起动力学信息在蛋白质内部传递，从而引起别构效应。核磁共振波谱技术特别适合研究瞬时存在的、不稳定的复合物。通过滴定试验，根据对 ^{1}H-^{15}N HSQC 化学位移的扰动，可以在接近生理条件下确定蛋白质相互作用界面。该方法十分灵敏，K_d 为 10mmol/L 的非常弱的蛋白质-蛋白质相互作用也能被检测（Takeuchi and Wagner，2006；Vaynberg and Qin，2006）。二维 NOE 效应转移谱（TRNOESY）是另一种研究蛋白质与蛋白质，特别是蛋白质与肽相互作用的方法。该方法的缺点是：为了实现 NOE 效应的有效转移，一般要求蛋白质的分子质量超过 50kDa。近年来采用融合蛋白的方法，如把麦芽糖结合蛋白（MBP，42kDa）与整合素的 β 亚基末端肽融合，用 TRNOESY 方法研究它与 α 亚基末端肽之间的弱相互作用。将蛋白质放在定向介质中，如噬菌体或者聚丙烯酰胺，蛋白质会部分定向。残存的偶极-偶极相互作用（RDC）可以提供生物大分子中某些矢量，如 H^N-H、C-H，相对于外磁场的取向，从而可确定复合物中 A、B 两个蛋白质的相对取向，为结构计算提供除 NOE 外的另一种约束。化学位移扰动试验、RDC 试验及定点突变试验，都可以与计算方法相结合以获得蛋白质复合物的信息。为了研究蛋白质的功能，人们希望获得蛋白质复合物的三维结构。然而，即便对 X 射线晶体衍射技术而言，想要获得弱相互作用的复合物晶体也是十分困难的。PDB 数据库中 K_d 大于 10^{-4}mol/L 的复合物十分有限；过去几年中，一些 K_d 为 10^{-4}～10^{-3}mol/L 的蛋白质复合物的结构陆续用核磁共振方法解出，采用的是半滤波的 NOE 效应谱（half-filtered NOESY）。在这些方法中，^{15}N 和 ^{13}C 标记的蛋白质 A 与未标记的蛋白质 B 混合，或做相反的标记。如果蛋白质的浓度足够高，且具有高灵敏度的核磁硬件条件（高场谱仪、低温探头），则可以检测到分子间的 NOE，从而得到复合物的结构。用上述方法，近年来测定了一批弱相互作用复合物的三维结构（Takeuchi and Wagner，2006）。

下面是一个利用核磁共振研究 SKIP（SKI, interacting protein）内大片段内源无结构肽段与 PPIL1 结合发生的无序-有序转变的例子（Xu et al.，2006）。前体 mRNA 剪切过程对于绝大多数的真核基因表达都是不可缺少的，前体 mRNA 的剪切在真核生物体内由剪切体复合物负责。已经证明 SKIP 在剪切体活化激活过程中加入 45S snRNP，参与了剪切体活化过程，在这一过程中 SKIP 募集 PPIL1，其中 PPIL1 是脯氨酸顺反异构酶超家族中 cyclophilin 家族的成员，它的三维结构已经利用多维核磁共振波谱技术测定（Xu et al.，2006）。利用 GST pull-down 和 Western blotting 证实 PPIL1 可以与剪切体蛋白 SKIP 的氮端（SKIPN）结合（结合常数为 10^{-7}mmol/L）。化学位移扰动试验证明了 PPIL1 与剪切体蛋白 SKIP 氮端（SKIPN）的结合界面是一个全新的界面。脯氨酸顺反异构酶抑制剂 Cyclosporine A 对于蛋白质的结合没有抑制作用，说明 PPIL1、SKIP 和 Cyclosporine A 可以形成三元复合物。SKIPN 进化高度保守，核磁共振谱、圆二色谱和差示扫描微量量热试验证明该区域具有很大的柔性。当 SKIPN 与 PPIL1 结合后，SKIPN 的前 21 个氨基酸（残基 59～79，PBF）构象发生很大的变化，由无序变为有序的结构。PPIL1-PBF 复合物的溶液结构已经利用核磁共振技术测定（Xu et al.，2006），PPIL1 中 PBF 可能的结合位点显示于图 11-5。在 PPIL1 中的 Ile-128 和 Tyr-28 发生了较大的化学位移，它们可能与 SKIPN（残基 59～129）发生了疏水作用，这是因为疏水性的 Ile-128 甲基基团和 Tyr-28 的方向环指向蛋白质的表面；Trp-29 的侧链也指向蛋白质结构的表面，可能与 SKIPN 发生一定的相互作用；在 PPIL1-PBF 复合物形成过程中，Leu-27 NH-O' Pro-12、Leu-98 NH-O' Gly-130 和 Phe-129 NH-O' Leu-98 三个氢键弱化，使得 β1 和 β2、β5 和 β7

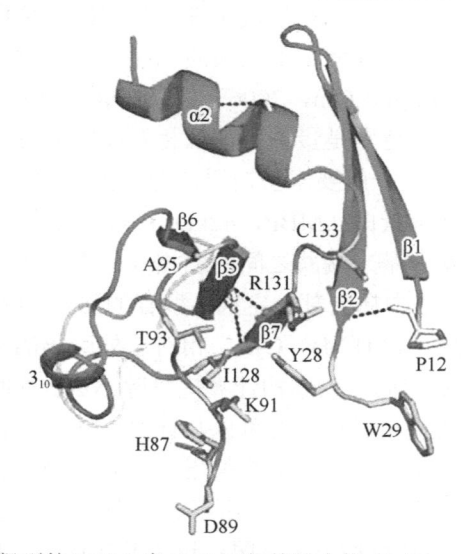

图 11-5　根据化学位移扰动得到的 PPIL1 中 PBF 可能的结合位点（Xu et al.，2006）（彩图另扫封底二维码）

PPIL1 中可能与 SKIP 结合的氨基酸残基侧链（除甘氨酸外）以黄色棍状模型标注；为了清晰，PPIL1 中部分二级结构（β1、β2、β5、β6、β7 和 α2）以绿色标示；在 PPIL1-PBF 复合物中弱化的三个氢键以蓝色标示；PPIL1-PBF 复合物中强化的一个氢键以红色标示

之间的分子内作用力减弱。这些结构上的变化使得 PPIL1 的部分残基能够与 PBF 发生相互作用。复合物的三维结构表明，复合物状态下和自由状态下 PPIL1 的结构类似，二级结构及其走向没有改变。PPIL1 上与 PBF 结合处的氨基酸在整体上有些移动。复合物状态的 PBF 通过静电相互作用及疏水相互作用与 PPIL1 结合，呈现有序的结构。PBF 可以分为 3 个片段（残基 59~67、68~73、74~79）。主链走向呈现一个"钩状"的结构，其中两个部分可以观测到 NOE。核磁共振滴定和突变试验证明 3 个片段之间的相互作用对于 PPIL1-PBF 复合物的形成是必需的。SKIPN 无序-有序的转化为剪切体中内源性无结构蛋白质可能发挥重要生物学功能提供了一个重要例证。

8. 用核磁共振研究金属离子与蛋白质相互作用

金属蛋白质功能的实现一般都与其金属格点的结构密切相关。金属蛋白质一般是利用金属的氧化还原性质和配位化学特性来实现其特定的生物学功能，正因为如此，金属蛋白质参与这些生化反应的同时，往往又伴随着金属离子周围微弱的结构变化。从结构和功能角度来讲，蛋白质内的金属格点可以定义为：蛋白质内的一个或多个金属离子，以及构成每个金属离子最近邻配位层的配位体。这些配位体有的是来自于蛋白质肽链（主链、侧链、N 端、C 端）的 N、O、S 等原子，称为内源配体，是蛋白质中金属离子的最主要配位体来源；有的则是来自于外部的 O、N 等原子，称为外源配体，如 H_2O、NO、O_2 等。同时，并不是所有的金属都能够结合在蛋白质中起到某种生物学功能，具有生物学意义的这类金属元素包括镁、钙、第一序列的过渡金属（但不包括钪、钛和铬），还有钼、钨、镉和汞等。金属-配体成键的强度很大程度上表明金属离子与配体中质子的电荷竞争能力，是由配体的 σ-供体和 π-供体主导的，其中中性的配体一般表现为 σ-供体。内源配体不会成为明显的 π-受体，但对于具有较低的有效核电荷数（Z_{eff}）的金属中心，它们的 d 轨道能量可能比较高，而且空间延展的比较大，因此可能与中性配体的未占据低能量价电子轨道发生 π 相互作用。咪唑环的 π*轨道和硫醚的 σ*轨道可能参与了反向的金属-配体成键（指金属离子成为电子密度的主要供体）。阴离子是强的 σ-和 π-供体。某些情形下，配体-金属供体的相互作用可能是高度共价的，这种共价会对金属的反应性产生非常大的影响。常见的外源配体就是水、氢氧化物、氧化物及硫化物，这些配体可能是缓冲液中与金属离子结合的组分，如乙酸根、磷酸根。金属离子可以包围在大环分子内，如卟啉（porphyrin）和咕啉（corrin），然后整个分子又通过共价作用或非共价作用（如疏水作用等）束缚于蛋白质中，在生物学上执行的功能包括电子传递、氧分子的结合及多种类型反应的催化作用。在这些大环分子中，金属离子的 d 轨道电子密度会强烈地非定域化到大环分子形成的大 π 键上，从而使得金属离子的性质与大环分子紧密联系在一起。最为典型的就是亚铁血红素中铁的电子特性和化学反应性都与处于其他环境中的铁有极大的不同。

金属离子与蛋白质结合会引起蛋白质上金属离子结合部位氨基酸残基周围的化学环境发生变化，从而引起这些残基化学位移的改变，因此抗磁金属离子与蛋白质的结合位点可通过化学位移扰动（chemical shift perturbation）方法测定（Pellecchia et al., 2000）。化学位移扰动方法采用抗磁金属离子滴定实验，逐步改变结合位点附近残基的谱学参数

(如化学位移、线宽等)。通过比较滴定过程中采集的 2D ^{1}H-^{15}N HSQC 谱中谱峰的差异，可确定结合位点。如果自由态和结合态的蛋白质构象化学交换速率慢于两种状态下化学位移的差异（$k_{ex} \leqslant \Delta\omega$），则可以分别观测到两组共振信号，分别对应自由态和结合态。在这种情况下，自由态和结合态蛋白的化学位移不随金属离子浓度的增加发生改变，但信号强度会相应地发生改变，由此可以测出金属离子结合蛋白的摩尔比例。当自由态和结合态的蛋白质构象化学交换速率快于两种状态下化学位移的差异时（$k_{ex} \geqslant \Delta\omega$），则只能观测到一组权重平均的化学位移信号，其化学位移数值与金属离子的浓度有关。通过拟合金属离子浓度与蛋白质化学位移的变化曲线，可以计算出金属离子与蛋白质相互作用的解离常数 K_d。若自由态和结合态的蛋白质构象化学交换速率与两种状态下化学位移的差异相当（$k_{ex} \approx \Delta\omega$），则蛋白质结合位点上的残基谱峰会变宽，通过分析谱峰线形，可以确定结合位点并估算亲和力。很多金属离子不能由核磁共振直接检测，因而化学位移扰动方法不能得到结合位点上这类金属离子的几何结构。但也有一些金属离子，如 $^{111/113}$Cd、^{199}Hg 或者 ^{109}Ag，能被核磁共振检测，在生物体系研究中非常有用（Oz et al., 1998）。例如，^{113}Cd 的化学位移对与它结合配体的种类、数目和几何排布都非常灵敏。

除了蛋白质三维结构的变化，金属离子与蛋白质的结合还会引起蛋白质动力学的变化，特别在金属离子结合位点附近蛋白质的柔性可能会明显改变。核磁共振弛豫测量方法能够在原子水平提供 ps 至 ns 时间尺度的分子内运动信息、μs～ms 时间尺度的构象化学交换信息（Ishima and Torchia, 2000），而这正是很多酶反应的特征时间尺度。分析蛋白质动力学的变化可以获取金属离子与蛋白质的结合位点信息，以加深对金属离子蛋白生物学功能的理解。蛋白质骨架动力学信息可以通过测量骨架酰胺基团的 R_1、R_2 弛豫速率以及异核 ^{1}H-^{15}N NOE 获得（Mandel et al., 1995）；侧链动力学可以通过测量甲基基团的 ^{13}C、^{1}H 和 ^{2}H 的弛豫速率获得（Kay, 2005）。一般来说，纵向弛豫速率 R_1 和异核 ^{1}H-^{15}N NOE 只对 ps～ns 时间尺度的分子内运动敏感，而横向弛豫速率 R_2 还对 μs～ms 时间尺度的构象化学交换运动敏感。异核 ^{1}H-^{15}N NOE 往往被用来定性描述 ps～ns 时间尺度的分子内运动。采用无模型（model-free）方法分析核磁共振弛豫实验数据，可以得到一些定量描述蛋白质动力学的物理参数（Lipari and Szabo, 1982a, b）。广义序参数 S_2 在 ps～ns 时间尺度描述化学键由于内运动带来的空间自由度，是内运动空间约束程度和内运动幅度的量度，S_{2s} 数值大，柔性小；内运动相关时间 τ_e，在 ps～ns 时间尺度描述化学键的内运动，决定内运动的速率；构象交换速率 R_{ex} 在 μs～ms 时间尺度描述构象化学交换过程。高柔性分子的弛豫数据往往不适合用无模型方法分析，但有可能用谱密度函数方法进行分析。

1) 朊病毒蛋白

朊病毒疾病，也称为传播性海绵状脑病，是哺乳动物致命的神经退行性疾病，由内源性细胞朊病毒蛋白（PrP^C）转化为一种具有感染性且富含 β 折叠的形式。在其成熟形式中，PrP^C 约为 209 个氨基酸，由一个球状 C 端结构域组成，具有三个 α 螺旋和一个短反平行 β 片层，以及一个选择性结合 Cu^{2+} 和 Zn^{2+} 的柔性 N 端结构域（Walter et al., 2007）。PrP^C 的生理学功能与不同浓度的二价金属离子 Cu^{2+} 和 Zn^{2+} 密切相关（Um et al., 2012）。

Evans 等（2016）使用选择性诱变将 PrP-Cu^{2+} 配位限制在其最高亲和力或结合模式，并使用 ^{1}H-^{15}N 异核单量子相干（heteronuclear single quantum coherence，HSQC）NMR 来绘制 Cu^{2+} 驱动的顺式表面相互作用。在 37℃、pH 6.1、存在和不存在 1mol 当量的 Cu^{2+} 情况下对全长 ^{15}N 标记的 MoPrP（H95Y/H110Y）（300μmol/L）进行 ^{1}H-^{15}N HSQC NMR，如图 11-6A 所示。在加入 1 摩尔当量的 Cu^{2+} 后，由 4 个 OR His 酰胺共振重叠产生的强烈交叉峰完全消失，说明这些残基直接促进 Cu^{2+} 配位。图 11-6B 显示了 MoPrP 残基 90～230（H95Y/H110Y）的计算强度比。受 Cu^{2+} 结合强烈影响的残基呈红色，主要局限于三个区域：β1-α1 环的 C 端延伸至螺旋 1 的起点、螺旋 2 的 N 端一半和螺旋 3 的 N 端一半。将这些残基映射到 MoPrP 球状结构域的结构上（Gossert et al.，2005），结果如图 11-6C 所示。如图 11-6D 所示，Cu^{2+} 介导的顺式相互作用发生在由螺旋 2 和 3 的暴露表面以及螺旋 1 的 N 端部分定义的球状结构域的特定区域。

2）铝-淀粉样 β 肽相互作用

阿尔茨海默病（Alzheimer disease，AD）是一种神经退行性疾病，其特征是认知功能逐渐衰退、记忆障碍和神经元损伤（Chopra et al.，2011）。神经毒性淀粉样斑块由 β 淀粉样蛋白（Aβ）聚集体组成。组织化学研究表明，金属离子可以直接与 Aβ 结合；Al^{3+}、Fe$^{2+/3+}$、Cu^{2+} 和 Zn^{2+} 的动态平衡失调可诱导老年斑积聚（Singh et al.，2013）。与 Fe^{3+}、Cu^{2+} 和 Zn^{2+} 相比，Al^{3+} 引起的 Aβ 聚集更大，Al^{3+} 存在下形成的 Aβ 聚集体神经毒性明显更强（Bolognin et al.，2011）。虽然 Al^{3+} 在 Aβ 聚集中的作用尚不清楚，但需要确定其与 Aβ 的相互作用，以便了解其在 AD 发展中的潜在作用。因此，下面的例子旨在通过质子核磁共振确定 Aβ 中 Al^{3+} 的配位位点，证明铝和 Aβ 的分子相互作用（Petersingham et al.，2022）。

为了确定 Al^{3+} 是否与 Aβ1-28 结合，首先用金属离子滴定肽，测定 Al^{3+} 与 Aβ1-28 相互作用的一维 ^{1}H NMR。图 11-7 显示了随着 Al^{3+} 量的增加而滴定的 Aβ1-28 的一维质子 NMR 谱。Al^{3+} 通过展宽或化学位移变化引起大量 NMR 共振的扰动。随着金属离子的加入，质子 ^{1}H 化学位移位置的变化或展宽表明了特定氨基酸残基中质子周围的电子环境或结构的变化，表明给定残基中特定原子与金属离子存在相互作用。图 11-7 中的光谱表明 Al^{3+} 通过表现出咪唑侧链 2H（图 11-7A）和 4H（图 11-7B）共振的前场移位，影响了所有三个组氨酸残基（His6、His13 和 His14）的信号。图 11-7C 中 Asp1 在 2.64ppm 和 2.77ppm 处的 αH 和两个非对映 βH 质子也受到添加 Al^{3+} 的干扰，而其他残基大多不受影响。NMR 分析进一步揭示了残基 Asp1、His6、His13 和 His14 参与 Al^{3+} 的配位。

为了获得 Aβ 中铝结合位点的更多细节，对 Aβ 与 1：1 等摩尔的 Al^{3+} 进行了二维 TOCSY 实验。如图 11-8 所示，残基特异性自旋系统受到金属离子的影响。Al^{3+} 的添加引起了 Aβ 1-28 交叉峰的扰动。如前所述，二维 NMR 中 ^{1}H 化学位移或交叉峰位置的显著变化表明质子电子环境的变化和（或）局部结构的变化。另外，Gly25 化学位移的变化表明 Gly25 和 Al^{3+} 的相互作用可能是通过其主链氧发生的，其中 Glu3、Phe4 和 Arg5 的主链羰基与 Al^{3+} 配位相关。化学位移变化表明，Arg5、Tyr10 和 Phe19 残基的配位较弱（图 11-8、图 11-9）。

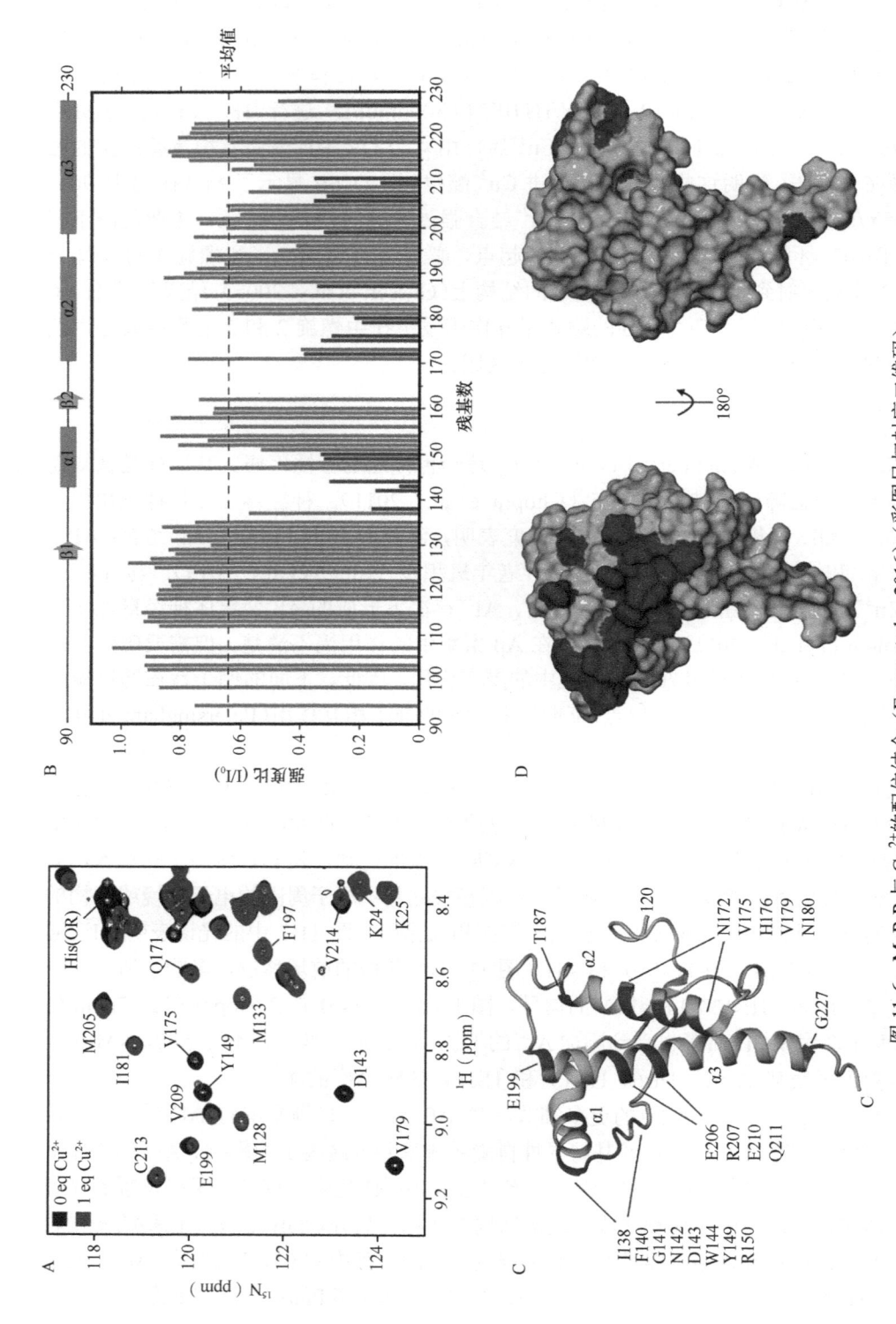

图 11-6 MoPrP 与 Cu²⁺ 的配位结合 (Evans et al., 2016) (彩图另封底二维码)

A. 在不存在金属 (黑色) 和存在 1 当量 Cu²⁺ (红色) 的情况下，MoPrP (H95Y/H110Y) 的 1H-15N HSQC 峰强度降低。B. MoPrP (H95Y/H110Y) 残基 90～230 的 Cu²⁺ 诱导的 1H-15N HSQC 峰强度降低。每种残基的强度比计算为存在 1 当量 Cu²⁺ 时的峰高与不存在金属时的峰高之比，显示强度降低大于 1 个标准偏差的残基用红色表示；C. 通过 Cu²⁺ 结合显著加宽的球状结构域残基被映射到 MoPrP (120～230, PDB: 1XYX) 的 NMR 结构上，并被着色为红色。D. MoPrP 球状结构域的表面图，受影响的 NMR 共振用红色表示

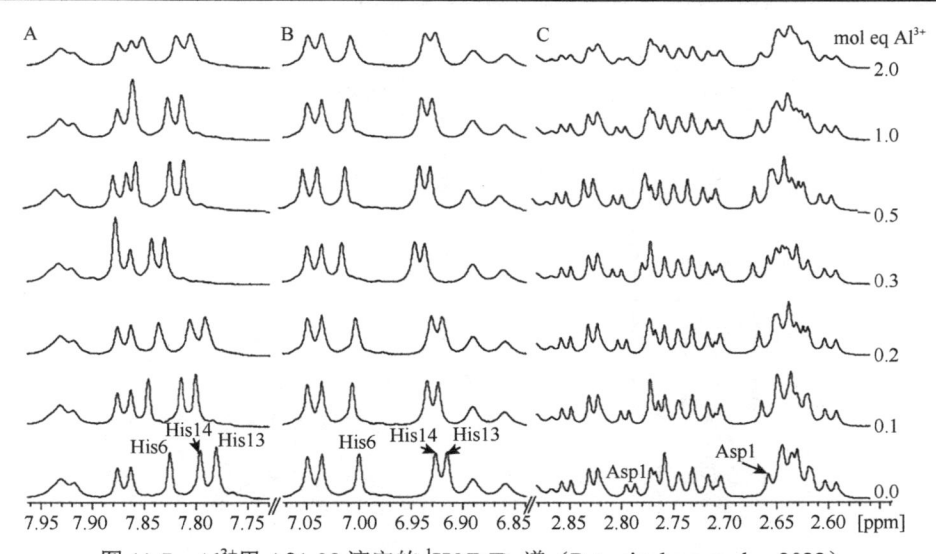

图 11-7　Al^{3+}用 Aβ1-28 滴定的 ^{1}H NMR 谱（Petersingham et al.，2022）

Aβ 1-28（1mmol/L）存在于 10% H$_2$O：90% D$_2$O、pH 7.4、289K 中。三个光谱部分 A~C 显示各自质子的扰动共振。
A. NH 区；B. 芳香区；C. βH 区

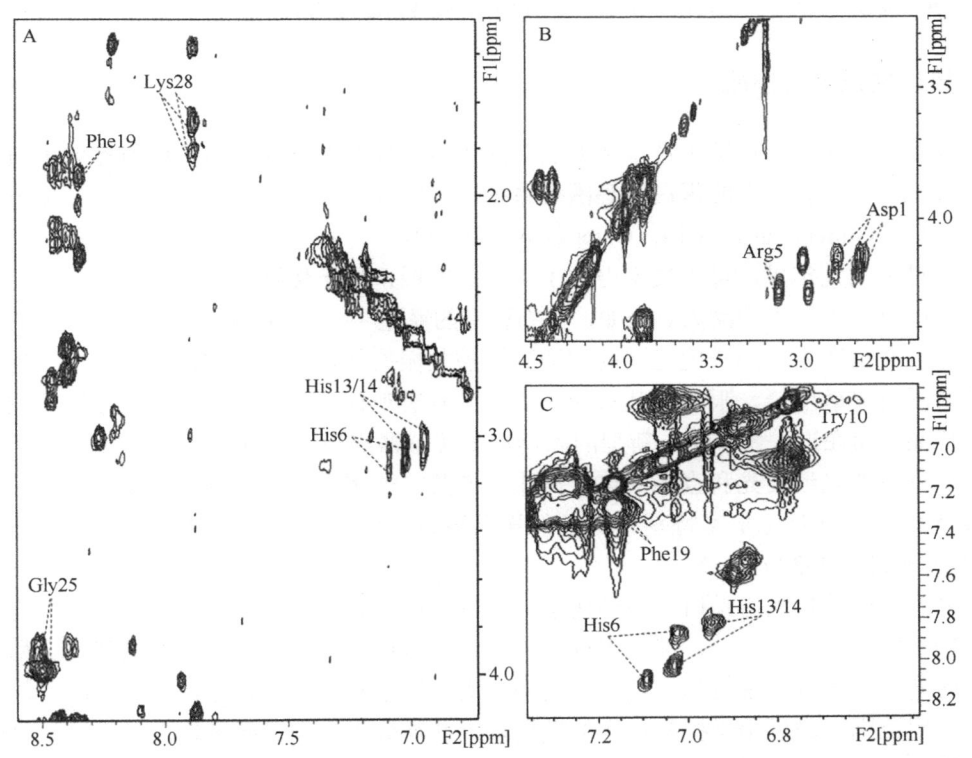

图 11-8　含或不含 Al^{3+}的 Aβ1-28 的 2D ^{1}H TOCSY NMR 谱（Petersingham et al.，2022）（彩图另扫封底二维码）

A. HN-αH 区域；B. βH-αH 区域；C. 芳香区。Aβ1-28 存在于 10% H$_2$O：90% D$_2$O、pH 7.4、298K 下，apo（黑色）和 1：1 等摩尔的 Al^{3+}（红色）

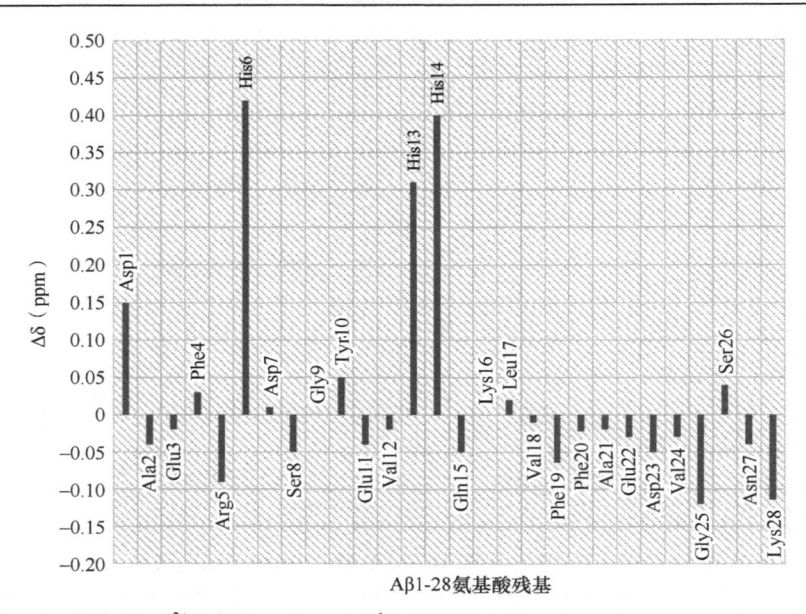

图 11-9　由 1∶1 等摩尔 Al^{3+} 引起的 Aβ1-28 的 ^1H 化学位移变化统计图（Petersingham et al.，2022）

Aβ1-28（1mmol/L）存在于 10% H_2O：90% D_2O，pH 7.4、298K 中。化学位移变化使用公式 $\Delta\delta = \delta\,holo - \delta\,apo$ 计算

四、核磁共振谱的挑战

核磁共振光谱学经历了技术和方法上的进步，现在能够对非常大或瞬态的蛋白复合物、纤维和嵌入基质中的蛋白质等困难系统进行定性（Andrałojć et al.，2017；Perilla et al.，2017；Gupta et al.，2019；Öster et al.，2019）。

在过去的几年里，量子技术得到了迅速的发展，量子传感器在化学和生物学的广泛应用方面显示出巨大的潜力。例如，金刚石中的氮空（NV）中心是一个原子大小的传感器，可以在前所未有的长度范围内探测到核磁共振信号，最低检测到一个质子。核磁共振光谱固有灵敏度低，限制了其只能在数百微升宏观样品量的检测，而不适用于纳米和微观样品。而在过去十年中，新型的磁场量子传感器出现了，氮空（NV）中心由于其自旋状态依赖的光致发光和直接的自旋操作，使其能够用作各种物理量（如温度、应变）的传感器，以及对化学家特别感兴趣的振荡磁场，这是核磁共振光谱中的决定性参数（Allert et al.，2022）。

固态核磁共振光谱是研究各种化学、生物、材料和医药系统的原子分辨率结构及动力学的最常用的技术之一，涉及多种形式，包括晶体、液晶、纤维和非晶状态。尽管固态核磁共振光谱具有独特的优点，但它的光谱分辨率和灵敏度较差，严重限制了这项技术的应用范围。最近由于探针技术的发展，为获得分辨率和灵敏度较高的固体的"溶液状"核磁共振谱开辟了许多途径，用于研究球状和膜相关蛋白、自组装蛋白聚集体等，如淀粉样纤维、RNA、病毒组合体、多态药物、金属有机骨架、骨材料和无机材料（Nishiyama et al.，2023）。

基于蛋白质样品的结构复杂性，单一的测定技术在很大程度上不足以全面揭示其结构特性及对功能的调控，因而越来越多的研究采用综合方法，并取得了成功的结果。传统的结构技术（X 射线晶体学和核磁共振）和新兴的结构测定技术（低温电子显微镜、小角度 X 射线散射），再加上分子动力学分析，能够很好地互补相互的优缺点（Cerofolini et al.，2019）。

第二节　X 射线晶体衍射

晶体 X 射线衍射是研究蛋白质立体结构，以及蛋白质与其他分子相互作用最有效的技术。这项技术可以测定蛋白质的二级、三级和四级结构，甚至复杂的蛋白质体系如核糖体也可以应用。在足够分辨率（<1Å）情况下，该技术可以鉴别氨基酸残基的侧链，因此可以确定蛋白质的一级结构；此外，可以分辨氢原子、一些氨基酸残基侧链的构象，以及它们可能出现的各向异性，从而可以阐明一些酶（如胆固醇氧化酶、β 内酰胺酶、丝氨酸蛋白酶、丙糖磷酸异构酶和内切葡聚糖酶）的催化机制。X 射线衍射技术的固有局限性包括：①要求样品必须是晶体，但是并非所有的样品都易于结晶，尤其是占蛋白质总数 30% 的膜蛋白难以结晶，且结晶状态并非生理状态；②尽管 X 射线衍射测得的温度因子可以反映分子柔性，但不能反映生物大分子动态变化的快慢。尽管有局限性，X 射线衍射仍然是阐明生物大分子空间结构最主要的技术，可以提供在原子分辨率下有关蛋白质和核酸片段空间结构最完整的信息，为结构生物学的发展做出了重大贡献。

一、晶体及晶体中的对称性

1. 晶体的基本概念

晶体是原子（或离子、分子）在空间上周期性排列构成的固体物质，具有三维周期性结构，其周期的大小与 X 射线波长相当，三维光栅使 X 射线产生衍射现象。固体物质中，除了晶体以外，还有玻璃体以及介于玻璃体与晶体之间的固体聚合物。玻璃体属于无定型体，对 X 射线并不能产生衍射效应，只能产生散射效应。

晶体的周期性可以用点阵描述，点阵是一种抽象的语言，是一组按一定的周期性在空间上规律排布的点，它具有以下基本性质：连接其中任意两点的矢量进行平移，均能使点阵复原，在此意义上，点阵应由无限数目的点构成。

空间点阵中位于一条直线上的结点均以相等距离重复出现，其重复出现的最小间距称为该方向的点阵周期或重复周期。空间点阵可以看成是一定形式的重复单元在空间上无限重复，这种重复单元称为单位晶胞，简称晶胞（unit cell）。通常选取一个平行六面体为重复单元，这包括两种情况：一种是所选取的平行六面体只含有一个结点，这种平行六面体称为原始晶胞，也叫简单晶胞，通常原始晶胞是由最短的平移矢量围成的，这种最短的平移矢量称为基本平移矢量，简称基矢；另一种情况是所选取的平行六面体中含有多个结点，这种晶胞称为复杂晶胞。简单晶胞和复杂晶胞都是单位晶胞。

对于已经选取的单位晶胞，规定某一结点为原点，晶胞棱方向为参考轴（x、y、z），a、b 和 c 表示三个晶棱方向的单位矢量，称为轴矢（当选取原始晶胞为单位晶胞时，轴矢即为基矢）。轴矢的长度 a、b、c 和它们之间的交角 α、β、γ 这六个量称为空间点阵的点阵参量，对于晶胞来说，即为晶胞参数。

晶体结构最基本的特点是它具有空间点阵式的结构。由于实际晶体有一定的大小和缺陷，点阵是实际晶体的理想化抽象模型和近似处理方法。点阵是按晶体结构的周期规律，将重复周期的内容抽象成一组几何上的点来表示。一个点阵实际上代表的是晶体结构的内容，我们称为结构单元。实际上，晶体结构可以这样表示：晶体结构 = 点阵+基元。点阵并没有涉及晶体结构的具体信息，只是反映基元的重复方式。点阵又称为晶格，阵点又称为格点。晶体学实际上就是要解决两个问题：一个是关于点阵的，即基元在空间中按照什么样的几何阵列来排布；另外一个是关于基元的，即基元中原子的相对位置。

2. 晶体的宏观对称性

在理想结晶多面体上所表现出来的最突出的规律首先是晶体外部形态的对称性，通常称为宏观对称性，因为这种对称性的对称操作都存在一个不动点，所以又称为点对称性。对称操作时必须借助一定的几何要素（点、线、面）来进行，这些几何要素称为对称要素。晶体宏观对称要素可以归纳为下列四种，即对称中心、对称面、旋转对称轴（旋转轴）和旋转反演轴（反演轴），相应的对称操作就是反演、反映、旋转和旋转反演。其中，一次反演轴等效于对称中心；二次反演轴等效于对称面。所以，宏观对称要素可以概括为两类，即旋转轴和反演轴，下面分别进行描述。

（1）对称中心。物体或图形中存在一个定点，做通过该点的任意直线，则在直线上距该定点等距离的两侧可以找到对应点。这样的定点就是对称中心，相应的对称操作就是反演。对称中心的符号记为 C。

（2）对称面。物体或图形中存在一个平面，如果做垂直于该平面的任意直线，则在直线上距离该平面等距离的两侧可以找到对应点，这个面如同镜面一样把图形分为互成镜像反映的两个平等部分，这样的平面就是对称面。以对称面做的对称操作称为反映。对称面的习惯符号为 P。

（3）旋转对称轴。物体或图形中存在一条直线，当图形围绕它旋转一定角度后，可以使图形相同部分重叠，此直线即为旋转对称轴。在旋转过程中，能使图形相同部分重复的最小转角称为基转角，以 α 表示。由于任何图形在旋转一周后必然自相重复，因此基转角必须能够整除360°，在围绕旋转轴旋转一周的过程中图形相同部分重复的次数称为旋转轴的轴次，记为 n。由于晶体具有点阵结构，其对称元素受空间点阵的限制，因此不会存在五重和高于六重的对称轴，这是由宏观测量得到的，也可以利用晶体结构的平移性概念证明。旋转轴的习惯符号为 L^n。

（4）旋转反演轴，当图形围绕直线旋转一定角度后，再继续对该定点进行反演，其最后结果可使图形相同部分重复。对应的对称操作作为围绕此直线的旋转和对该定点的反演操作的联合。与旋转轴一样，旋转反演轴也只有一次、二次、三次、四次、六次共5种。旋转反演轴的习惯符合为 L_i^n，其中 i 表示反演，n 为轴次。一次旋转反演轴相应的对称操作为旋转360°后再反演，由于360°的旋转使图形回复到起始位置，结果与单纯的反演相同，所有一次旋转反演轴等效于对称中心；二次旋转反演轴相应的对称操作为旋转180°后再反演,可以代之以垂直于二次旋转反演轴的对称面反映而直接重复,因此二次旋转反演轴等效于垂直它的对称面。

晶体可能只含有一个对称轴,也可能含有多个对称轴。当一个对称轴与另外一个对称轴以一定角度配置时,它们一定是可以互相做对称操作的。欧拉定理表明,通过任意两个相交旋转轴的交点,必定可以找到第三个新轴,它的作用等于前两者之积,这个轴的轴次和位置由原始旋转轴的轴次及它们之间的交角决定。在有限大小的物体上,所有对称要素必须相交于物体的几何中心,把相交于一点的宏观对称要素组合称为点群。晶体上存在的宏观对称要素必须可以在点阵上操作,因此宏观对称要素的组合只有 32 种,称为晶体学 32 点群。

3. 晶体的微观对称性

晶体内部结构原子排列的对称性称为微观对称性,晶体的微观对称性区别于宏观对称性的两个特点为:宏观对称性的点群中对称要素必须交于一点,而晶体结构的微观对称性中,对称要素不须交于一点,且在三维空间内无限分布;对称要素在宏观对称的点群中只有方向的概念,而在微观对称的晶体结构中还有引入位置的概念,也就是要考虑距离问题。微观对称元素除了选择轴和反演轴,还包括平移轴。平移变换与旋转或反映的联合操作产生了新的复合对称要素——螺旋轴和滑移面,下面分别介绍。①平移轴,晶体结构具有空间点阵表征的周期性,这种周期性是平移对称操作的基础。平移轴是一个方向,相应的对称操作是沿此方向的平移,也就是当图形沿此方向移动一定距离后,可使图形相同部分重复。②滑移面,对称要素为平面,相应的对称操作作为对于此平面的反映,以及沿平行于此平面的某一方向平移的联合操作,即当图形经过平面反映后再接着以沿平行于平面的某一方向平移一定距离后可使图形相同部分重复。滑移面的平移方向既可以是平行于晶胞棱,平移量为晶胞棱长度一半的轴滑移,也可以是平行于晶胞的面对角线或体对角线,平移量为对角线长度一半的对角滑移。还有一种特殊的滑移,平移量是面对角线或体对角线的 1/4,这种滑移称为金刚石滑移。③螺旋轴,对称要素为直线,相应的对称操作为绕此直线旋转及沿此直线方向平移的联合操作,即绕直线旋转一定角度后再接着沿此直线方向平移一定距离,结果可使图形相同部分重复。

根据晶体结构所具有的对称性及晶胞的几何关系,可以将晶体分为 7 个晶系。晶系是按晶体的对称性将晶体进行分类,而不是按晶胞形状分类。将晶体划分晶胞时,通常按照每个晶系规定的晶胞参数的限制条件,划出符合条件的晶胞形状(表 11-2)。选取轴矢时,应尽可能选取高次轴方向为轴矢方向,轴矢和轴间角尽可能相等或使轴间角为直角,使得单位晶胞能充分反映晶体的对称性,独立晶格参数数目最少、晶胞体积尽可能小。

表 11-2　晶系对称元素及其晶胞参数的几何限制

晶系	特征对称元素	几何关系
三斜	无	$a \neq b \neq c$, $\alpha \neq \beta \neq \gamma \neq 90°$
单斜	一个二次轴(或对称面)	$a \neq b \neq c$, $\alpha = \beta = 90° \neq \gamma$

续表

晶系	特征对称元素	几何关系
正交	3 个相互垂直的二次轴，或 2 个相互垂直的对称面	$a \neq b \neq c$, $\alpha = \beta = \gamma = 90°$
四方	在一个方向上有四次轴	$a = b \neq c$, $\alpha = \beta = \gamma = 90°$
六方	在一个方向上有六次轴	$a = b \neq c$, $\alpha = \beta = 90°$, $\gamma = 120°$
立方	4 个按立方体对角线排列的方向上有三次轴	$a = b = c$, $\alpha = \beta = \gamma = 90°$
三方	在一个方向上有三次轴	$a = b = c$, $\alpha = \beta = 90°$, $\gamma = 120°$

单斜、正交、四方和立方晶系中还可能有如下的点阵，其阵点不仅位于晶胞的角上，而且还位于面心或者体心上，这样的点阵被称为带心点阵。带心点阵加上简单点阵边组成了 14 种空间点阵形式，即 14 种布拉维（Bravais）点阵。把 14 种布拉维点阵和 32 个点群的对称要素相结合，再加上平移的对称操作，可以推导出 230 种空间群。实际操作时将布拉维点阵中每个点阵点的对称性，用相应的点群对称元素表示，然后将其宏观对称元素用微观对称元素代替，即将点群的旋转轴用相应的选择轴或螺旋轴代替，镜面用平行的镜面或滑移面代替；再将这些对称元素与点阵对应的平移操作结合，即得到该空间群的对称元素。空间群有两种表示方法：一为对称元素方式，即用对称元素在晶胞中排布图像来表示；二为等效点系方式，即用一个一般位置上的点经过该空间群全部对称操作后形成的点系来表示。这些通过对称操作相联系的点的集合称为等效点系。在《国际 X 射线晶体学表》卷 A 中，对 230 种空间群的对称元素、等效点系、系统消光及其他有关情况都给予系统描述。由于蛋白质晶体中不存在能够引起手性变换的对称变换，如旋转轴和螺旋轴，所有蛋白质晶体中可能具有的空间群总计只有 65 种。

4. X 射线衍射方向

1）Bragg 方程

1912 年，Max von Laue 证明 X 射线可以对晶体发生衍射，Lawrence Bragg 在 William Bragg 关于 X 射线下晶体附近照相盘斑点模式的工作基础上，阐明了晶体结构与其衍射模式之间的联系，认为如果 X 射线被系列原子剖面反射，就会产生"聚焦效应"，现在被称为"Bragg 法则"。从这一法则建立开始，所有结晶学都以一个基本阵列为中心，该阵列是位于检测器附近的晶体被 X 射线源照射所产生的，目前的检测方法常用电荷耦合器件（CCD），再通过同步辐射（一种 X 射线的强来源）加强。

晶体的空间点阵可按不同方向划分为一族族平行且等间距的平面点阵，不同族的点阵面用点阵面指标或晶面指标（hkl）表示。当 X 射线照射到晶体上，对于一族平面中的一个点阵面，若要求面上各点的散射线同向且互相加强，则要求入射角 θ 和衍射角 θ' 相等，入射线、衍射线和平面法线在同一平面内，才能保证光程一样，对于相邻两个平面的间距 d_{hkl}，有 Bragg 方程：

$$2d_{hkl} \sin\theta_n = n\lambda \quad (11\text{-}2)$$

对于点阵面间距为 d_{hkl} 的 n 级衍射，衍射面间距为

$$d_{nh\,nk\,nl} = d_{hkl}/n \quad (11\text{-}3)$$

Bragg 方程即可转化为
$$2d_{hkl}\cdot\sin\theta_{hkl} = \lambda \tag{11-4}$$

2）倒易点阵

在 X 射线晶体学中，倒易点阵的应用非常广泛，是研究晶体衍射性质的重要概念和数学工具。各种衍射现象的几何学、衍射公式的推导、现代衍射仪器的设计和应用、衍射数据的处理，以及用衍射数据测定晶体结构的许多环节，都离不开倒易点阵。

晶体点阵由从晶体的周期性结构直接推引出的 3 个不共面的单位矢量 a、b、c 规定。该晶体的倒易点阵单位矢量 a^*、b^*、c^* 则由下面数学表达式定义：

$$a\cdot a^* = 1;\ a\cdot b^* = 0;\ a\cdot c^* = 0$$
$$b\cdot a^* = 0;\ b\cdot b^* = 1;\ b\cdot c^* = 0$$
$$c\cdot a^* = 0;\ c\cdot b^* = 0;\ c\cdot c^* = 1 \tag{11-5}$$

或者定义为：
$$a^* = b\cdot c/V;\ a^* = c\cdot a/V;\ a^* = a\cdot b/V \tag{11-6}$$

其中，V 是晶胞的体积：
$$V = c\cdot(a\cdot b) \tag{11-7}$$

由晶体电子 L 推引得到相应的倒易点阵 L^*，它符合点阵定义，是具有点阵性质的，其中每一倒易点阵点 hkl 和晶体点阵中的一组衍射面相应。倒易点阵和晶体点阵有共同的原点及相同的对称性。倒易点阵和正点阵之间有如下主要关系：①正点阵单位矢量与倒易点阵单位矢量满足 $a^* = b\cdot c/V$、$a^* = c\cdot a/V$ 和 $a^* = a\cdot b/V$ 的关系，正点阵单位矢量完全是对称的，因此可以得到下一个重要关系；②倒易点阵中从原点到某一倒易结点的矢量方向与正点阵中同指数的晶面正交，矢量长度等于该晶面族面间距的倒数；③倒易点阵的倒易是正点阵，即正点阵与倒易点阵互为倒易关系；④倒易晶胞体积与正晶胞体积互为倒易，即 $V\cdot V^* = 1$。

3）Ewald 球

利用倒易点阵和反射球的概念可以为衍射反向描绘出一幅简明的图像：按照晶体点阵的所处方位，画出相应的倒易点阵，沿入射 X 射线的方向并通过倒易点阵的原点画一条直线，在此直线上选一点做圆心（S），以 $1/\lambda$ 为半径，做一个反射球（Ewald 球），使得球面和倒易点阵原点 O 相切。在晶体转动过程中，当一个倒易点阵点 hkl 和反射球面相遇时，从球心到该点的射线即是衍射指标为 hkl 的衍射方向。

将 Bragg 方程改写为：
$$\sin\theta = (1/d_{hkl})/(2/\lambda) \tag{11-8}$$

在 Ewald 球中，$1/\lambda$ 为反射球半径；AO 为直径，它等于 $2/\lambda$；P 为圆周上任意点；圆周角 APO 恒等于 $90°$，若 OP 长度等于 $1/d_{hkl}$，矢量 OP 即为倒易点阵矢量 H_{hkl}，则以 H 表示为：

$$\sin\theta = \text{OP}/(\text{AO}) = (1/d_{hkl})/(2/\lambda),\ \text{OP} = H_{hkl}|H_{hkl}| = 1/d_{hkl} \tag{11-9}$$

在满足 Bragg 方程的情况下，球心 S 到 P 点的连线和入射 X 射线的夹角为 2θ，2θ

为衍射角，SP 的方向为衍射方向。各种收集衍射数据的方法都是根据反射球和倒易点阵的关系设计的，不同的方法利用不同的条件使倒易点阵点和反射球相遇，从而符合衍射条件，并在连接反射球心到球面上该倒易点阵点的衍射方向记录衍射角度。衍射的方向反映了产生该衍射的晶面间距离的信息。

5. 晶体结构测定

1）相角问题

相角 α_{hkl} 的物理意义是指某一晶体在 X 射线照射下，晶胞中全部产生衍射 hkl 的光束周相与处在晶胞原点的电子在该方向上散射光的周相之间的差值。选择晶胞原点的位置不同，相角的数值一般也不相同，相对的相角值是和已选定的原点相对应的。如果能够计算出所有衍射线的强度，再代入相应的相角，就可以得到电子密度函数 $\rho(xyz)$。由于收集的衍射强度数据，经过校正、统一和还原推出的只是结构振幅$|F_{hkl}|$，而得不到相角 α_{hkl}，这就是晶体结构测定中的"相角问题"，它是研究晶体结构分析方法的关键问题。

2）晶体结构测定方法

晶体结构的测定实际上也就是测定相角。晶体学家发展了很多方法用以获得初始衍射相角：同晶置换法（isomorphous replacement）、反常散射法（anomalous scattering）、Patterson 函数法、分子置换法（molecular replacement）及直接法（direct method）。上述这些方法常常相互配合，共同解决相角问题。得到初始模型后，可以用差分 Fourier 法来修正模型，得到最终结构。当解析一个晶体的结构时，如果完全无法利用已经测定的晶体衍射相角，可以用同晶置换法、反常散射法和直接法；如果可以利用已知晶体的衍射相角，可采用差分 Fourier 法和分子置换法。下面简略描述各种解决相角问题的方法。

（1）同晶置换法

同晶置换法是最早的直接测定相角的方法。同晶置换法是指两种或两种以上的晶体，它们具有相同的对称性、相同的空间群、相似的晶胞大小和形状、绝大多数原子的种类及其在晶胞中的位置相同，只是个别原子用不同的原子置换。

一般来说，小分子晶体进行理想的同晶置换数目不多，因为置换原子的大小差异常常会引起配位数及晶胞参数的改变，偏离了同晶型性。而蛋白质晶体中包含有 30%~50% 的水，晶体中的蛋白质分子规则地固定排列，空隙中充满位置不固定（指处于半流动状态）的水分子或母液中的其他溶剂分子。若将蛋白质晶体浸泡在含重金属离子或含重原子组成的小分子溶剂中，重原子通过空隙通道进入蛋白质晶体内部，置换晶胞中某些位置的溶剂分子，形成同晶置换晶体。这些重原子对 X 射线产生较大的衍射，对衍射点的强度有明显的差异，根据这些差异可以定出重原子的位置，进而推算出蛋白质晶体衍射光的相角。理论上，若是只获得一组单一同质取代数据（single isomorphous replacement），经过计算后的解并不唯一，因此通常会结合数个不同的重原子衍生物，以求得到更精确的相角。

（2）反常散射法

较重的原子会吸收特定波长的 X 射线，因此，使用接近重原子吸收边的 X 射线进行衍射实验时，会产生不寻常的 X 射线散射或吸收现象，称为反常散射，此现象可以导致衍射振幅及相角的改变。经由一个或数个不同波长的 X 射线照射，记录产生的不同衍射结果，可依次计算出相角。若使用单个波长，称为单波长反常散射法；若使用数个不同 X 射线波长，称为多波长反常散射法。反常散射实验需要利用可变波长的同步辐射光源来完成。通常使用硒代甲硫氨酸来取代甲硫氨酸，培养出的蛋白质晶体在硒的吸收边进行衍射实验，用反常散射的方法计算出蛋白质晶体的衍射相角。

（3）分子置换法

分子置换法主要应用于蛋白质晶体学中。若一个未知的蛋白质与另一个已经解出结构的蛋白质在氨基酸序列上具有 30%以上的一致性，表示这两个蛋白质结构可能类似，可以利用分子置换法来计算未知蛋白质的相角。将已知结构的模型晶胞中的分子置于未知晶体中，通过旋转和平移操作使得它与目标分子达到最大重叠，进而根据这一初始结构模型计算未知晶体衍射点的相角。随着已测定的蛋白质结构的增加，可以发现类似的蛋白质具有相同的折叠方式，而出现新的折叠的概率相对降低，所以只要在蛋白质数据库中找到与未知的蛋白质序列上具有同源性的已知结构，即可在取得晶体衍射数据后快速地运用分子置换法来解决相角问题。

（4）直接法

直接从衍射的结构振幅数据所包含的信息中推引出相角的方法称为直接法。虽然 X 射线衍射实验中通常只能获得结构振幅的数值而失去相角的信息，但是衍射强度分布的统计规律却能反映出晶体是否具有对称中心对称性的特征。直接法以电子密度分布的特性作为处理问题的出发点：①晶胞中电子密度恒大于或等于零；②每个原子的电子集中分布在原子核附件 100 pm 的半径范围内；③电子密度不互相重叠。

（5）Patterson 函数法

Patterson 函数是由 Patterson 于 1934 年提出，用结构振幅的数值作为 Fourier 级数的系数。Patterson 函数法给出晶胞中每一对原子间向量端点的峰，峰的位置表示每一对原子在空间的相对位置，峰的高度与这两个原子所包含电子数目的乘积成比例。如果晶胞中有 N 个原子，相应的，在矢量空间有 N^2 个原子间矢量峰，实际出现峰的数目会由于重叠而少得多。实际应用时常用重原子法，因为重原子含有的电子多、散射能力强，产生的 Patterson 峰特别显著，再配合其他信息，很容易确定出重原子在晶胞中的位置。

6. 反常散射

X 射线反常散射本质上是在 X 射线与原子的相互作用过程中，由于吸收而产生的衍射强度的变化。这种相互作用主要涉及束缚电子的跃迁过程，所有反常散射既能反映衍射的长程有序效应，又能反映吸收的短程有序效应。同步辐射光源的出现，使得反常散射的实际应用成为可能。

自从 20 世纪 40 年代以来，Bijovoet 首先注意到了反常散射效应会影响晶体的衍射强度，进而有助于解决相位问题，在晶体学中起到了越来越重要的作用。反常散射在蛋白质晶体学中的应用包括重原子的位置确定、绝对构型的确定及相位因子的确定，其中相位因子的确定最为重要。反常散射在蛋白质晶体相位测定中主要有三个方面的应用：单波长反常散射、多波长反常散射，以及单对同晶置换与单波长反常散射的联合运用。多波长反常散射需要收集数套衍射数据，这对晶体的寿命有很大的要求；此外，多波长反常散射数据收集方式是在一个回摆角度区间连续改变波长，这对光源的稳定性和单色器的性能要求很高。而多对同晶置换法也有不易获得同晶衍生物的问题。所以，人们一直在研究能否从单波长反常散射数据中获得相位结构。

7. X射线衍射技术在研究蛋白质结构功能中的应用

1）尿素/鸡蛋清溶菌酶复合物时间依赖性的结构变化

超过20种人类退行性疾病（Dobson，2003；Aguzzi and O'Connor，2010）是由错误折叠的蛋白质聚集成淀粉样原纤维引起的。因此，利用可溶性野生型鸡蛋清溶菌酶（HEWL）了解蛋白质解折叠的途径可能有助于开发此类退行性疾病的治疗方法。将HEWL晶体分别在pH 3.5的9mol/L尿素溶液中浸泡0、2h、4h、7h和10h。使用X射线衍射检测尿素/溶菌酶复合物的单晶，分辨率约为1.6Å。随着浸泡时间的增加，越来越多的第一壳水分子被尿素取代。尿素通过取代水溶剂化疏水残基和缩短第一壳层水内氢键，改变了水-水氢键网络（Raskar et al.，2016）。

尿素首先取代第一个溶剂壳中的水。全长HEWL包含129个氨基酸残基，排列在两个结构域中：一个α结构域，包含4个α螺旋（A、B、C和D）和2个310螺旋；一个β结构域，包含一个三链β折叠的β结构域[链1（残基43-46）、链2（残基51-54）和链3（残基58-60）]和一个长环区（图11-10A）。所有尿素分子都结合在蛋白质表面，其中大部分结合到α结构域。两个分子结合在两个结构域之间的活性位点间隙中。在2h和4h内都有7个尿素分子结合，但有1个尿素分子的位置不同。大约71%的尿素分子与蛋白质原子形成直接氢键，其中41.6%~47.6%的尿素分子与蛋白质原子形成多个直接氢键。

在天然结构中，6个水分子在疏水残基Phe 34和Trp 123周围形成一个四面体氢键笼。在尿素浸泡的结构中，所有这些水分子都被位于较新位置的1个水分子和2个尿素分子的组合所取代，分子直接与Thr 118 OG、Arg 114 NH和Trp 123 NE1形成氢键，如图11-10B所示。

2）细菌视紫红质

细菌视紫红质（bR）是一种光驱动质子泵，存在于嗜盐古菌盐杆菌的质膜中（Oesterhelt and Stoeckenius，1973）。bR是研究最广泛的膜蛋白之一，其结构首次通过电子衍射法揭示（Grigorieff et al.，1996）。bR分子形成三角形的二维晶格，称为紫膜（PM）。七个跨膜螺旋（A~G）围绕着一个视网膜分子，该分子通过席夫碱（SB）连接，与螺旋G中的Lys216侧链共价结合。在初步结构表征之后，通过电子或X射线衍射方法增加分辨率来确定bR及其同系物的多种结构（Subramaniam，1999）。Luecke

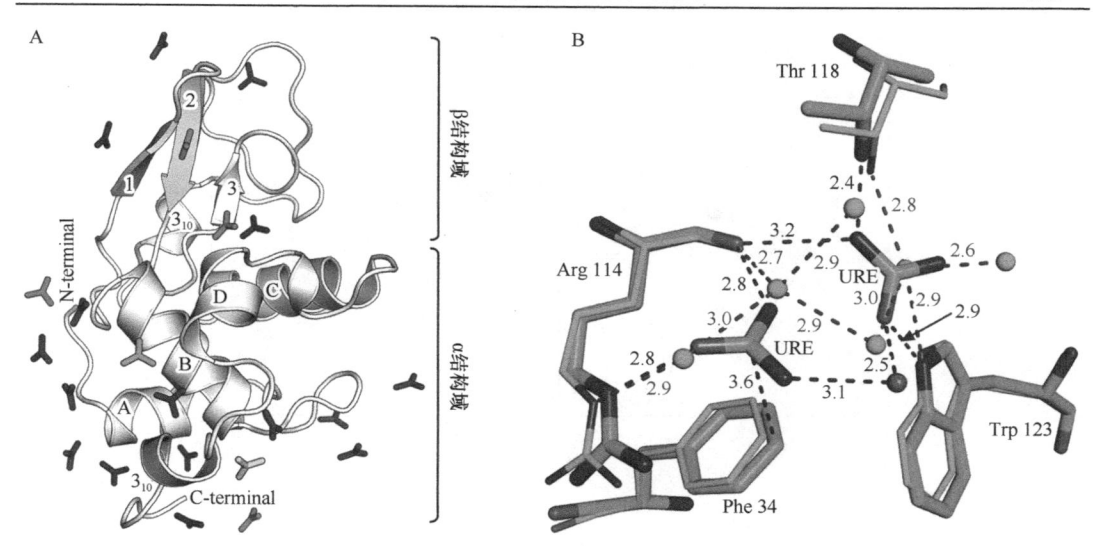

图 11-10 尿素分子与溶菌酶结合示意图（Raskar et al., 2016）（彩图另扫封底二维码）
A. 尿素分子结合在溶菌酶表面的特定口袋中。尿素分子以棒状表示，而蛋白质以卡通形式表示。二级结构元素被标记。所有尿素分子都有颜色编码：蓝色（在 2h、4h、7h 和 10h 出现）、黄色（仅在 4h 出现）、青色（在 2h、7h 和 10h 出现，但在 4h 内不存在）、绿色（在 7h 和 10h 出现）和红色（在 10h 出现）。B. 在尿素络合物（绿色）中，尿素通过取代 5 个四面体氢键水分子（青色）溶剂化疏水残基 Phe 34 和 Trp 123

（1999）通过使用脂质立方相（LCP）方法生长的微小 3D 晶体，实现了基态 bR 的最高分辨率，为 1.55Å。然而，它并未考虑辐射损伤（Nango et al., 2016）。此外，在强烈的 X 射线照射下，会发生明显的原子运动。因此，这些方法不足以阐明对颜色调谐和离子泵浦特性至关重要的精细结构特征。Hasegawa 等（2018）为了阐明视网膜发色团及质子路径形成残基先前被掩盖的特征，对基态的 bR 进行了高分辨率 X 射线晶体学分析，通过在 15K 的低照射剂量下收集数据，抑制了 X 射线的影响。因此，可以在电子密度图中以优于 1.3Å 的分辨率单独观察单个原子。

首先进行了 X 射线损伤评估：向宿主脂质中添加角鲨烷和去污剂，通过脂质立方相方法，以高重现性获得尺寸为 $300 \times 300 \times 40 \mu m^3$ 至 $400 \times 400 \times 50 \mu m^3$ 的大晶体。晶体经光适应后冷冻，以显示全反式视网膜的基态结构。为了比较 X 射线在 15K 和 100K 下的影响，在每个温度下从单个 bR 晶体中连续收集了一系列衍射数据集。在 100K 时，差分傅里叶图显示出许多正峰值和负峰值（图 11-11A）。在 15K 时，还观察到差异峰，并且位于 SB、Asp85 和 Wat402 处（图 11-11B）。根据不同剂量下受损结构比例的变化，15K 时的损伤比 100K 时的损伤受到更多抑制（图 11-11C），表明 15K 时 0.15MGy 的剂量累积了不到 5%的受损分数，而 100K 时 0.08MGy 的剂量累积了 5%的受损分数。

为了阐明 bR 的内在结构特征，收集了更高分辨率的数据集，在 15K 时使用了约 0.1MGy 的 X 射线剂量。从单晶获得分辨率为 1.29Å 的数据集。此外，利用多元同构晶体的数据组成了另外两个数据集，其 0.1MGy 优于 1.3Å。结果获得了高质量的电子密度图，其中单独观察到单个原子（图 11-12）。这些结构几乎彼此相同，所有 Cα 原子叠加的均方根偏差（rmsd）约为 0.1Å。

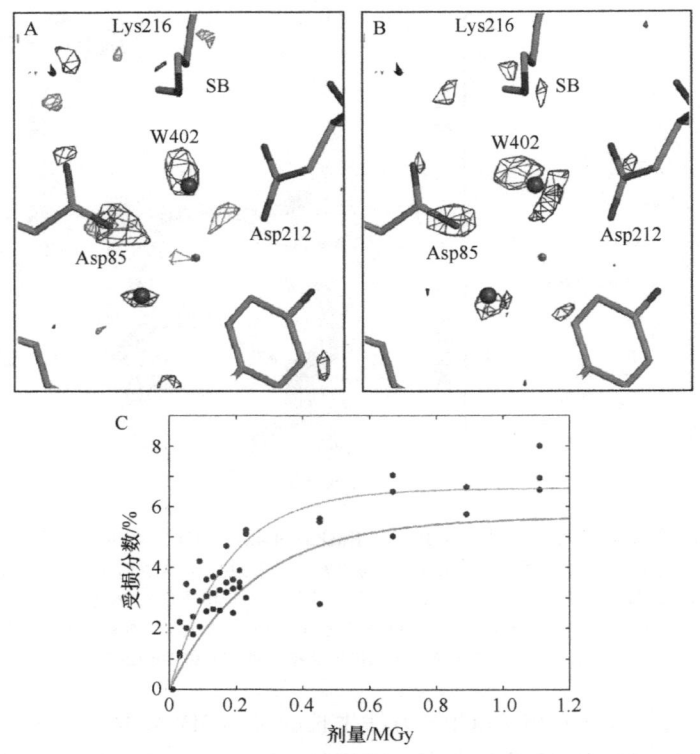

图 11-11　bR 的 X 射线损伤评估（Hasegawa et al., 2018）（彩图另扫封底二维码）

A. 100 K 时第一个（0.01 MGy）和受损（0.45 MGy）数据集之间的差异傅里叶图。正（+4σ）和负（−4σ）密度分别表示为绿色和红色网格。B. 15 K 时第一个（0.01 MGy）和受损（0.45 MGy）数据集之间的差异傅里叶图。正（+4σ）和负（−4σ）密度分别表示为蓝色和粉色网格。C. 100 K（红色）和 15 K（蓝色）下损伤率随剂量的变化。适合占用率的单指数函数用实线表示

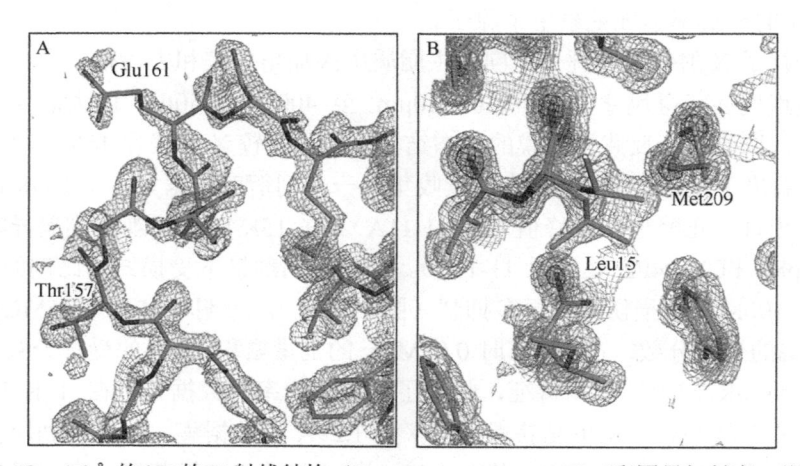

图 11-12　1.3Å 的 bR 的 X 射线结构（Hasegawa et al., 2018）（彩图另扫封底二维码）

A. EF 环周围的 2 Fobs−Fcalc 电子密度图显示在 1.0σ（浅灰色）、3.0σ（灰色）和 5.0σ（深灰色）等高线水平处。B. 双构象残基（Leu15 和 Met209）周围的图谱

第三节 X射线吸收光谱

蛋白质结晶学和核磁共振谱学是蛋白质功能结构研究的主要手段，都可以给出蛋白质整体三维结构，但是对于占蛋白质总数40%左右的金属蛋白中金属位点局域结构的研究，两种方法都存在明显的不足。金属蛋白是利用金属的氧化还原性质和配位化学特性来实现其特定的生物学功能，它们参与一些基础的生化反应。金属蛋白参与这些生化反应的同时往往伴随着金属离子周围微弱的结构变化，而了解这种微弱的结构变化是研究金属蛋白活性机理的前提，但这种结构变化很小，以至于具有原子分辨甚至亚原子分辨水平的结构数据才能够区分这些变化。晶体学数据的分辨率一般在2Å左右甚至更低，具有原子分辨水平的晶体结构数据（蛋白质晶体学的原子分辨率水平定位1.2Å，可以确认C-C键）在整个PDB库中的数量还是很小的一部分。X射线吸收光谱所测得的金属蛋白的金属中心结构精确度和准确度可以与小分子晶体结构数据相媲美，优于大多数用X射线衍射得到的蛋白质晶体结构数据（分辨率大多在1.5～3Å），这是因为一般来说，蛋白质晶体对X射线的衍射能力有限，并且在数据采集过程中蛋白质发生光致还原和辐射损伤，蛋白质样品一般存在微观不一致性。核磁共振结构的分辨水平往往比晶体学数据还要低。更重要的是，有些金属离子（如锌离子）因为没有核磁共振信号，不能使用这种方法判定其是否存在或者处于什么位置，也就无从给出这种金属离子的局域结构信息。X射线吸收光谱能克服上述两种方法的局限性，提供亚原子分辨率的金属局部环境信息，而金属活性位点信息与金属蛋白质功能一般具有高度的关联性，从而可以与蛋白质晶体学研究协同使用并互相补充，以得到蛋白质构效关系。

一、X射线吸收谱方法原理

任何物质的X射线吸收谱都是以入射X射线光子特定能量上吸收系数的突然增长为特征，特定的吸收能量和特定的吸收元素是相对应的。这种吸收系数的突然增长称为吸收边，其能量对应于将吸收原子中的芯电子激发到连续态（continuum state）产生一个光电子（photoelectron）所需的能量。X射线吸收光谱的原理是：X射线照射到样品中某元素的原子时，其内层电子1s（K吸收边）或2s、2p（L吸收边）的电子吸收能量后被逐出，X射线强度则因吸收有所衰减，对能量更高的X光子激发出连续光谱。当X射线透过厚度为d的样品时，其透射强度I与入射强度I_0的关系满足$I = I_0 \cdot e^{-\mu d}$，其中μd为样品的总吸收系数，反映了该物质吸收X射线的能力，不同元素的吸收系数相对于入射波长的曲线在特定波长处会出现跳变（元素的吸收边）。吸收边高能量侧曲线的起伏震荡现象被称为X射线吸收精细结构（XAFS）（Gao et al.，2007）。大多数的X射线吸收实验都在高于5keV的能量下进行。在这样的实验条件下，原子数高于22的原子发生K边吸收；较低的能量下实验比较困难，在特殊的条件下才能进行（Congiu-Castellano et al.，1997）。相邻原子通过背散射对X射线吸收能量谱的调制，吸收系数在吸收边高能量一侧30～1000eV范围内的精细结构被称为广延X射线吸收精细结构（extended X-ray absorption fine structure，EXAFS），吸收边附近约 50eV 范围内的精细结构被称为 X 射线吸收近边结构（X-ray absorption near edge structure，XANES）。EXAFS 和 XANES 现象只决定于短程有序的作用，震荡结构反映了吸收原子周围环境的结构信息，通过调节入射 X 射线的能量，可得到吸收原子及近邻配位原子的种类、距离、配位数和无序度因子等结构信息，是一个研究金属蛋白质中金属结合位点区域结构的成熟技术（Ascone et al., 2005）。

在吸收边前出现的一些小的、分立的结构特征对应的是吸收原子中的芯电子从芯能级到能级较高的未占据态的跃迁。在这个区域中，X 射线光子的能量较低，不足以将光电子激发至连续态。较高能级的未占据态一般是吸收原子与配位原子的原子轨道杂化得到的分子轨道。芯电子获得 X 射线光子的能量后，向这些未占据轨道跃迁，因此 XANES 谱的边前结构是由吸收原子的电子结构决定的。随着 X 射线光子能量的增加，光电子获得足够的能量被激发至连续态。在 XANES 区域，光电子获得的动能较小，出射的光电子波与近邻原子的原子势相互左右，主要发生多重散射（multiple scattering）过程，即光电子被近邻原子多次散射后回到中心原子；随着光电子动能的增加，进入 EXAFS 区域，单次散射过程成为主导，光电子经过近邻原子的一次散射就回到了中心原子。被近邻原子散射回到中心原子的光电子波函数能够与出射的光电子波函数发生相互作用，这种作用随着 X 射线光子能量的变化（导致光电子动能变化）而变化，从而改变了出射波的强度，反映为吸收原子的吸收系数随着入射 X 射线光子能量的增加而发生震荡。

当光电子的能量改变时，其波长亦随之改变。在特定的能量 E1 时，出射波和背散射波具有的相位差令它们发生干涉，因此增加了入射 X 射线被吸收的概率，也就是吸收系数增加；在另一个能量 E2 上，出射波和背散射波的相位差令它们发生相消干涉，因此吸收系数减小。这种来自于近邻原子的背散射波对出射光电子波的调制就是 XAS 信号产生的真正机制。EXAFS 谱能告诉我们吸收原子周围配位原子的数目、类型和距离，也就是吸收原子周围近邻原子的情况；对 XANES 谱进行定性分析可知吸收原子的氧化态和局域结构的对称性等电子结构及立体结构信息，而对 XANES 进行定量分析会涉及复杂的多重散射理论和计算，但可以得到吸收原子周围区域精确的立体空间结构。

二、X 射线吸收谱方法的优势和局限

下面以对金属蛋白中金属位点的局域结构研究为例，说明 XAS 方法研究的优势和局限性。

首先，XAS 方法具有很高的空间分辨率，通过 EXAFS 方法得到的键长数据可以精确到 0.02Å，从而能够很好地确定金属离子因为发生氧化-还原反应或配位变化而导致的局域结构变化。如前所述，金属蛋白对基础生化反应的参与是与金属原子周围微弱的结构变化同时产生的，了解金属离子中心的高分辨率结构是研究这类蛋白质活性机制的前提。

其次，X 射线吸收谱对所要研究的元素具有选择性，因此可以独立研究一种元素，而不会和样品中存在的其他元素相互干扰。对于含有不止一种金属原子的蛋白质，如细胞色素氧化酶（cytochrome oxidase）或固氮酶（nitrogenase），可以选择性地研究每种金

属原子的局域结构。对于细胞色素氧化酶，就是进行了 Fe 和 Cu 的 XAS 研究，这些研究结果可以综合起来，用以研究含有多种金属离子的原子团簇的结构。在金属蛋白中，如果两种不同的金属原子的距离很接近（<6Å），它们就可以发生互相的背散射，此时将两种原子的吸收谱结合起来进行结构分析往往是非常有利的。X 射线吸收谱的元素特定性令其适合研究含有几个多肽、脂类分子、色素分子和其他金属原子的生物体系。光系统Ⅱ中的 Mn 复合物的 XAS 研究就是这样的一个例子。为了保持 Mn 复合物的氧制备活性，其只能被纯化到一种特定的结构单元，此单元除了含有几个嵌在一个脂类双分子层的多肽分子外，还含有一个细胞色素 b559 和一个铁-醌受体。

XAS 技术的另一个很重要的优势是金属原子不会对 XAS 谱"沉默"。样品可能对电子顺磁共振、核磁共振等谱学手段不响应，但总是对 XAS 手段响应的。例如，含锌的金属蛋白的研究就是这样的情形，因为锌离子没有未成对电子，是反磁性的，无论是 EPR 还是核磁共振，都得不到锌离子的信号。

XAS 技术还有一个非常重要的优点，就是不受样品的物理状态的限制，而只对金属位点的局域结构敏感。样品可以是粉末、溶液，或者就是生物样品最经常使用的冷冻溶液状态。这使得样品不必再制成单晶来检测金属离子的局域结构。这种对样品状态的宽容性使得我们可以通过加入抑制剂或酶的底物来俘获酶循环过程中的中间状态或修改某些位点，或是产生其他的化学改变。反应的中间态可以通过这种方法得到，样品可以制成冷冻溶液，直接进行测试，而不必设法结晶中间产物（其实那往往也是不可能的）。这种样品制备和俘获中间产物的技术已经在研究几个生物体系的反应机制上发挥了重要作用，例如，光系统Ⅱ中的 Mn 复合物并没有被结晶出来，而是在它的原生态进行了研究，由此得到了这个生物学上重要反应的关于结构和机理的一些非常有价值的信息。

X 射线吸收谱方法也有它的局限性，其中，X 射线对生物样品的损伤是生物样品进行 XAS 试验的一个很大的问题。然而，通过一些恰当的防范措施，还是可以在基本不损伤样品的前提下完成试验。最严重的损伤来自于样品同 X 射线照射样品时产生的自由基及水合电子（hydrated electron）的反应。可以使用低温的方法降低自由基和水合电子的扩散能力。极其重要的是，在任何可能的情况下，都要在 X 射线照射样品的前后使用其他方法检验样品的完整性。利用液氦低温保护器使样品处于氦气中，可以极大地降低样品被 X 射线损害的概率，但仍然要确保生化样品在试验过程中的完整性。

认识到 EXAFS 具有本质上的局限性，而不仅仅是纯实验上的限制，这也是很重要的。一个最常见的问题就是它很难区分原子序数差别非常小的背散射原子（C、N、O；S、Cl；Mn、Fe），因此在从具有不同原子序数的原子间确定原子种类时必须非常小心。因为即使是使用原子序数差别很大的不同背散射原子拟合 EXAFS 谱，也可能得到同样好的拟合结果（如 Mn 或 Cl），但它们到吸收原子的距离是不同的。当处理较大距离的傅里叶峰时，这个问题更容易发生。另外，在桥连的多核中心（multinuclear center），3Å 以上的傅里叶峰并不总是可以确定其归属。3Å 以上的峰可能来自于第二或第三配位层的散射，如组织氨基酸的咪唑环或是亚铁血红素的吡咯环，还可能来自于成桥金属原子的散射。这是一种内禀的局限，因此在我们进行 XAS 实验和数据处理时必须非常小心。

三、生物体系 X 射线吸收谱方法研究现状

XAS 方法和生物学的结合始于 20 世纪 70 年代，一方面是由于 X 射线吸收理论解释上的突破，使得 XAS 用于研究多种不同的非晶物质（如玻璃和金属蛋白质）的局域结构成为可能；另一方面，高强度的同步辐射 X 射线光源的发展，使得极低浓度样品的测量得以进行，而恰恰绝大多数的生物样品都属于这种情形。因此，在 20 世纪 70 年代，XAS 技术开始应用于生物分子结构的研究。XAS 在生物学上的应用集中于金属蛋白质和金属酶中金属位点的结构，这与两个因素有关：一是生物学的发展使得金属蛋白中金属位点的结构与功能关系的重要性日益凸显出来；二是在金属的 K 边（Ca 到 Mo）X 射线能区上测试时，因为没有蛋白质基体、水和空气对 X 射线的吸收对测试结果造成干扰，而金属蛋白质中包含的金属的 K 边恰好在这个能区上，非常适合利用 XAS 手段进行研究。这样的工作从 20 世纪 70 年代就开始了，当时主要是利用 EXAFS 方法对几种重要的金属酶的金属位点进行了结构上的分析，后来从 XANES 谱定性得到吸收原子的电子结构信息。

1. EXAFS

EXAFS 用于分析金属蛋白质中金属位点的结构是比较早的，可以追溯到 20 世纪 70 年代末至 80 年代初，如对固氮酶中 Fe-Mo 辅因子结构的研究（Wolff et al., 1979）、对铁-硫蛋白位点结构的研究（Teo and Shulman, 1982）等，那时无论是 EXAFS 理论还是基于同步辐射光源的实验条件都已经成熟。因为 EXFAS 有着成熟的理论和谱的分析方法，同时对于金属离子周围配位体配位距离的测定又非常精确（可以达到 0.02Å），因此用于金属蛋白活性位点研究的例子是很多的。

EXAFS 能够给出定量的结构信息，但是有两个很大的缺点：一是只能给出配位的平均距离，而且不能考察配体在空间的相对位置，即立体结构的信息；二是对于极低浓度的蛋白质样品，EXAFS 谱的质量往往不好，信噪比低，一般吸收边后 200eV 以上的部分谱的质量就很差了。蛋白质样品的 EXAFS 谱质量不好，首先是因为 EXAFS 信号的强度随着波矢 k 的增加衰减得非常快，这是由吸收谱的物理机制决定的；其次，蛋白质中与金属离子配位的一般都是轻元素，背散射能力很弱，谱的信号强度本身就低；同时，蛋白质溶液的浓度一般都非常低，导致吸收谱要测量的金属离子浓度更低。尽管现在荧光信号探测技术的发展可以部分弥补这方面的不足，但实际情形中 EXAFS 的使用还是受到很大的限制。

2. XANES

对 XANES 谱的定量分析为量子力学的多体问题，涉及复杂的多重散射计算，因此一般对 XANES 谱的分析都是定性的比较，即定性比较同一样品不同状态的结构特性，对其电子结构或几何结构的变化加以推测，或是与结构已知的模型化合物进行比较，得到结构方面的信息。利用 X 射线吸收光谱测定了钼铁固氮酶分离体，以及与铁蛋白形成的稳定复合体中铁钼辅因子的金属局部结构（Corbett et al., 2005），在两者中钼的局域

结构没有明显不同，高质量的钼 K 边和 L 边 XANES 数据为研究固氮酶循环中的其他中间态提供了基础；用偏振单晶 X 射线吸收光谱还可研究铁钼辅因子的其他状态，为晶体衍射技术尚无法探明的铁钼辅因子中心补充结构细节。Ascone 等（2008）利用 XANES 研究了牛血清白蛋白（bovine serum albumin，BSA）与含钌金属药物 NAMI-A 的结合环境。NAMI-A 相对于其他含钌抗癌药物具有较高的还原电位，因此在谷胱甘肽或者维生素 C 作用下，由三价还原成二价。但是，钌 K 边和 L_3 边 XANES 数据清晰地表明，与牛血清白蛋白结合后，钌中心保持为 3 价。硫 K 边 XANES 谱保持不变，而氯 K 边 XANES 发生了变化。这是因为在 NAMI-A 结合到牛血清白蛋白后，两个氯离子被两个水分子顺序取代（Messori et al.，2000）。

XANES 谱不但包含丰富的电子结构信息，而且与金属位点周围的立体几何结构直接相关，因此人们一直尝试克服理论计算的复杂性，直接从 XANES 谱计算吸收原子周围的结构。1986 年，Benfatto 等给出了第一个基于完全多重散射计算的 XANES 谱计算方法——CONTINUUM（Benfatto et al.，1986）；1998 年，美国华盛顿大学开发了一个从头计算（*ab initio*）XAS 谱的软件包 FEFF 8.0（Ankudinov et al.，1998），该软件包使用自洽 muffin-tin 势和完全多重散射方法同时计算 XANES、局域电子态度、费米能和电荷转移，整个计算基于一个有效单电子相对论自洽实空间 Green 函数和含有芯空穴的终态势的全多重散射理论，对所计算的体系没有任何结构对称或周期调节限制，可适用于复杂和无序体系。原则上，可以使用 CONTINUUM 或 FEFF 8.0 计算已知结构的理论谱，并与实验 XANES 谱进行半定量的比较，从而得到一定的结构信息。对于无机化合物的结构研究，这方面的工作比较多，它们都是利用 CONTINUUM 来计算 XANES 谱。对于金属蛋白中金属位点的研究，这方面的工作很少，最近的工作是由 Mijovilovich 等人完成的（Mijovilovich and Meyer-Klaucke，2003），它们使用 FEFF 8.0 软件包计算了人体酪氨酸羟化酶（tyrosine hydroxylase）中 2-组氨酸-1-羧酸酯模块（motif）中 Fe（II）位点，以及 β-内酰胺酶（β-lactamase）中双锌位点的理论 XANES 谱，以此考察了第一和第二配位层原子对吸收谱的影响，并在此基础上讨论了两种酶的催化机制。

使用 XANES 谱获得定量的吸收原子周围局域结构的第一个工作于 2001 年发表（Della Longa et al.，2001），作者使用一个新开发的、能够通过对 XANES 谱进行拟合得到吸收原子局域结构的程序 MXAN，研究了肌红蛋白的活性中心与 CO 结合时及 CO 脱除过程的中间态几何构型。随后的几篇文章比较详细地介绍了 MXAN 的理论基础和计算方法。MXAN 对所要拟合的结构没有对称性的要求，通常用于无机和有机体系，尤其适合于金属蛋白中心的金属位点局域结构研究。它通过特定的搜索方式寻找恰当的局域结构，使基于完全多重散射计算的理论谱和实验谱尽可能达到一致。MXAN 方法是目前唯一能够使用金属蛋白的 XANES 谱定量给出吸收原子周围局域结构的手段，但远没有得到广泛使用。可能是这种方法出现的时间还很短，仍处于不断的完善过程中，因此仅仅在很小的范围内使用。另外，这种方法涉及的理论和计算过程都比较复杂，为生物学家们使用这种方法带来了一定的障碍。

MXAN 计算要从一个给定的初始结构开始，程序首先计算初始结构的理论谱，然后和实验谱进行比对，再根据一定的策略不断对初始结构进行调整，直到理论谱与实验谱吻合，而且对结构的调整也达到收敛（即任何调整都不再改善拟合程度），则认为得到的结构代表了真实的吸收原子配位环境。为适应生物体系的拟合，MXAN 程序可以使用球坐标系进行计算，这样可以很方便地仅对配位原子到吸收原子的径向距离进行拟合，或是在保证径向距离不变的前提下对配位原子的位置进行优化。同时，在拟合输入的初始结构文件中，可以按照具体的生物学要求，将某些原子间形成的稳定结构固定为一个刚体，从而在拟合过程中保证这些结构的稳定性，这与实际的生物学结构是相符的。

  X 射线吸收截面采用多重散射方法计算，其中势函数的计算采用 Muffin-Tin 近似，Muffin-Tin 半径根据 Norman 规则选取。交换关联势根据激发光电子自有能量的局域密度近似来确定，使用的是一个复数形式的光学势。MXAN 既可以用与能量有关的 X_α 势，也可以用与能量无关的 Hedin-Lundqvist 势。由此计算出来的理论谱要与一个具有固定宽度的洛伦兹函数卷积，这样可以模拟空穴寿命和实验分辨率导致的谱的宽化。洛伦兹宽度必须在输入中赋值，但程序会在拟合过程中进行调整。对于分子体系的拟合，Hedin-Lundqvist 势的复数部分会导致主通道跃迁振幅的过度损失，而主通道包含有所有的结构信息。因此，MXAN 使用势函数计算出的吸收截面，再与具有 $\Gamma = \Gamma_c + \Gamma(E)$ 形式的洛伦兹加宽函数进行卷积，以此来描述非弹性过程带来的影响。上面的洛伦兹加宽函数中的常数项包含了空穴寿命和实验分辨率带来的影响，而与能量相关的部分用来描述所有的内禀和外部非弹性过程带来的影响。和能量相关的部分在费米能级以下是零，这与光电子平均自由程的一般形式一样，在对应等离子激发的能量位置上，又会有一个跃迁在拟合的输入文件中，这个跃迁的能量位置和幅度必须给定，但 MXAN 会在拟合过程中进行调整。Natoli 等人的多通道多重散射理论是这种方法合理性的基础。

  MXAN 包含的主要内容都是由意大利 Frascati 研究组开发的，其中最重要的是 Muffin-Tin 势的计算程序 VGEN 和多重散射吸收截面的计算程序 CONTINUUM。参数空间中的最小化过程由来自于 CERN 程序库的 MINUIT 完成。MXAN 需要三个输入文件，分别包含实验谱、初始的拟合结构，以及拟合的参数和策略的控制等信息。XANES 谱的定量分析过程中，势函数的数值化近似会引入系统误差。其中最主要的两个近似就是势函数形状的 Muffin-Tin 近似和以平均方式描述多体过程的光学势的使用，第二种近似主要与谱的低能部分相关。这种效应有很强的系统关联性，但对于任何一种系统，也没有任何结论性数据以表明这种效应的影响，唯一可以确定的就是开放系统和小分子体系受这种系统误差的影响更大些。

四、X 射线吸收谱在金属蛋白研究中的应用

  阿尔茨海默病（AD）是一种神经退行性疾病，伴有 β-淀粉样蛋白（Aβ，含有 42 个氨基酸）沉积。Aβ 通常是以可溶的形式出现在生物液体中，它的结构从自然状态过渡到 β 片层聚集形态，并伴随增加神经毒素的功能。越来越多的证据表明在 AD 影响的大脑中，过渡金属如铜、铁参与了淀粉样蛋白沉淀，铜在 Aβ 中准确的结合位点可能是 AD 病因的关键（Strozyk and Bush, 2006）。目前，XAS 对 Aβ（1–40）–Cu^{2+}的研究发现蛋白质与金属离子之间是以 1∶1 的比率结合，说明 Cu^{2+} 可能与三个组氨酸（His6、His13、

His14）上三个氮键合（键长 0.185～0.194nm），以及与两个氧原子（一个键长 0.200nm，来自 Tyr10；另一个键长 0.191nm，属于一个水分子或是另一个氨基酸）相连（Stellato et al.，2006）。

为了了解金属插入的过程，簇合物的形成以及在不同生长阶段金属蛋白的表达调控，可以采用高通量的 XAS 技术（Chance et al.，2004；Scott et al.，2005；Shi et al.，2005）。迄今为止，这一领域所有已公布的工作都与结构基因组学有关，其目的是确定一个蛋白功能家族中至少一个蛋白质 3D 结构，从而为家族的其他蛋白质提供一个模板。迄今，结构基因组中心从纯化蛋白到最后 3D 结构的确定，成功的比率仅为 10%～15%（Bonanno et al.，2005）。Scott 和同事设计了一个 30.48cm 宽的聚碳酸酯材质的样品固定装置，具有 25 个孔，每孔直径 1.5mm，放入 XAS 液氮低温器。在最初的研究计划中，焦酚火球菌 2200 个可读框（ORF）中的大部分通过高通量技术被克隆纯化，并用 X 射线结晶或核磁共振的方法对其结构进行检测。每次操作可以对 25 个可读框检测样本同时进行，样品量只需要 3μL。通过 X 射线荧光检测金属离子 Co、Ni、Cu、Zn 的分布，继而通过 XANES 和 EXAFS 进一步分析，得到关于金属结合位点的结构，可用以构建一个金属结合位点序列的数据库（Scott et al.，2005）。

第四节 电子顺磁共振谱

电子顺磁共振（electron paramagnetic resonance，EPR）亦称电子自旋共振（electron spin resonance，ESR），其研究对象为具有未耦合电子的顺磁性物质，包括具有奇数电子的原子或分子、内电子层未被充满的离子、总角动量不为零的分子、反应过程或其他过程产生的自由基及固体晶格缺陷。对物质电子顺磁共振谱的研究，可以获得有关分子的状态及周围环境的信息。自 1945 年 Zavoisky 在顺磁盐中观察到电子顺磁共振现象以来，电子顺磁共振谱在理论和实验技术上均有很大的发展。由于其独特的优越性（测量灵敏度高，可达 10^{-18}mol；样品不受破换和对化学反应无干扰），电子顺磁共振谱技术是目前检测未成对电子等顺磁性物质的一种最直接、最灵敏的方法，在物理、化学、生物、医学等许多领域中得到越来越广泛的应用（Swartz et al.，1972）。

一、电子顺磁共振基本原理

顺磁共振基本原理是分子中未成对电子在外加磁场作用下会趋于定向，其磁场与外加磁场平行或反平行；在外加磁场足够强时，从一种状态跃迁至另一种状态，同时伴有电磁辐射的吸收，由此可以分析物质中未成对电子及其与环境的相互作用，从而得到有关的物质结构和动态信息。设磁偶极矩为 μ，在外加静磁场 H_0 的作用下，其相互作用的能量表达式为：

$$E = -\mu \cdot H_0 \quad (11\text{-}10)$$

其中，$\mu = g\beta\hat{S}$，$\hat{S}$ 为自旋算符，β 为波尔磁子。

g 是无量纲的因子，称为 g 因子。对于自由电子，$g = g_e = 2.0023$，它反映了电子的自旋角动量和轨道角动量对本征磁矩的贡献，也反映了自旋运动和轨道运动之间的相互关系，是电子顺磁共振谱的一个极其重要的参数。关于顺磁物质的 g 因子，大体上可以分为如下三种情形：①对无轨道角动量的电子，其 g 因子刚好等于 g_e，如自由基电子；②自由原子，即原子不受任何分子场和晶体场作用，如氢、氧等其气体原子。此时，对于非重原子，电子的总自旋角动量 S 和总轨道角动量 L 通过"L-S 耦合"成为总角动量 J = L + S，而伴随总角动量 J 就有相应的合成磁矩 $\mu_J = -g_J\beta\hat{S}$（g_J 为 Lande g 因子）；③对于处在分子场和晶体场的原子核离子来说，它们 g 因子的理论并不是这样简单，而是具有各向异性的特征，因为这时将有很强的电场作用于原子上，就不像在原子光谱理论中描述的把不成对电子束缚在单一原子中，这些内电场作用于原子的轨道态上，使能级发生变动，所有从电子共振谱线所观察到的 g 值也产生改变。实践证明，不少固体的谱线明显依赖于晶体样品在磁场中的取向。

各向异性表现在谐振磁场的数值与磁场相对应晶体（或分子）轴的取向有关，我们把这种取向的依赖关系归因于 g 因子的变更。习惯上，在 g 的右下角标注场的取向。如果分子的主轴用 x, y, z 做标记，那么 g_{xx} 就是表明磁场 H 沿分子的 x 轴方向的 g 因子，即

$$g_{xx} = h\nu/\beta H_x \quad (11-11)$$

g 因子的各向异性通常写成二级张量的形式。

如果分子含有立方体、四面体或八面体对称，则 x, y, z 轴的 g 值均相同，因此 $g_{xx} = g_{yy} = g_{zz}$。在这种情况下，g 因子为各向同性，可用一个值来表示。若顺磁物质是在低黏滞性的溶液中，则由于分子无规则运动，g 因子各向异性都被平均掉，g 因子表现上是各向同性的，这时 g 因子可以认为是对所有取向取平均的有效值。

如果分子含有一个 n 重对称轴，而且 n≥3，则称之为轴对称分子。在这种情况下，如果对称轴为 z，则 x 轴与 y 轴的 g 值相同，即 $g_{xx} = g_{yy} \neq g_{zz}$；通常用 $g_{//}$ 代表平行与对称轴 z 的 g 因子；用 $g_\perp$ 代表垂直于此轴的 g 因子，即 $g_{//} = g_{xx} = g_{yy}$，$g_\perp = g_{zz}$。

晶体在磁场中某一给定方向的 g 因子为 $g^2 = g_{xx}^2\cos^2\theta_x + g_{yy}^2\cos^2\theta_y + g_{zz}^2\cos^2\theta_z$；其中，$\theta_x$ 为 x 轴与磁场 H 间的夹角，其余依次类推，在轴对称的条件下，$g^2 = g_{//}^2\cos^2\theta_z + g_\perp^2(\cos^2\theta_y + \cos^2\theta_x)$；三个方向余弦存在下述关系式：$\cos^2\theta_x + \cos^2\theta_y + \cos^2\theta_z = 1$，因此

$$g^2 = g_{//}^2\cos^2\theta_z + g_\perp^2\sin^2\theta_z \quad (11-12)$$

在低黏滞性的溶液中，g 因子表现为各向同性，因此宏观上是求得 g 的平均值。如果在垂直于恒磁场 H_0 的方向上施加一频率为 ν 的电磁波，且满足条件 $h\nu = g\beta H_0$，则处于不同能级的电子将发生受激跃迁，即处于低能态的电子吸收能量 $h\nu$ 跃迁至高能态，发生共振吸收现象；而位于高能态的电子释放能量 $h\nu$ 跃迁到低能态，发生共振发射现象。共振吸收或共振发射现象称为电子顺磁共振。

二、电子顺磁共振自旋标记

自 1945 年发现电子顺磁共振波谱技术以来，其很快被应用到化学和生命科学的研究中，特别是近年在生物体内各种蛋白酶如铜锌超氧化物歧化酶的活性中心金属离子

（Lieberman et al.，1982），或者含 Cu（Ⅱ）、Co（Ⅱ）、Fe（Ⅱ）、Fe（Ⅲ）、Mn（Ⅱ）、Mn（Ⅲ）、Mo（Ⅴ）、金属原子簇的蛋白质的金属离子所处化学环境的研究中得到了广泛应用。这一方法非常灵敏，可以检测浓度低至 μmol/L 级的高自旋铁离子。1965 年，McConnell 通过自旋标记技术使含有自由基的化合物与蛋白质偶联结合，进而通过自旋标记物的顺磁共振研究，了解蛋白质中被自旋标记的氨基酸残基局部环境的物理、化学性质。这些顺磁的报告基团或分子就是所谓的自旋标记（spin label）或自旋探针（spin probe）。目前常用的标记物主要是氮氧自由基[如胆固醇氧化亚氮、脂肪酸氧化亚氮、doxyl-硬脂酸（DSA）、3,2-碘醋酸-丙谷胺（IPSL）、顺丁烯二酰亚胺（MSL）、1-烃氧基-2,2,5,5-四甲基-D3-吡咯啉-3-甲基磺酸酯（MTSSL）及 2,2,6,6-四甲基哌啶-1-烃氧基-4-氨基-4-羧酸（TOAC）等]，其结构形式如图 11-13 所示，结构式中的 R 是根据不同需要选择的烷烃、芳香基或其他有机取代基。自旋标记 EPR 波谱可以提供酶和蛋白质结构及功能等许多信息，包括酶的催化速率、变性机制、基团间的距离、蛋白质的对称性及活性部位的几何构象等，这使得 EPR 波谱技术在生物医学研究中得到了更广泛的应用（Stone et al.，1965；Fu et al.，2003；Jacobsen et al.，2005）。近年来顺磁共振方法得到相应的发展，建立了位置定向的自旋标记（site-directed spin labeling，SDSL），也就是对半胱氨酸残基具有特异性的甲硫代磺酸自旋标记（MTSL）和双半胱氨酸自旋标记方法，可以实现在溶液中对大分子蛋白质甚至膜蛋白等的检测，并且能够进行蛋白质折叠的实时检测，这种方法从常规 X 波段 EPR 发展到高频、停流（stopped-flow）及时间分辨（time-resolved，TR）的 EPR 技术（Shin et al.，1993；Mollaaghababa et al.，2000），逐渐成为研究酶及蛋白质二级和三级结构、确定活性中心空间构象及其变化不可替代的重要方法。

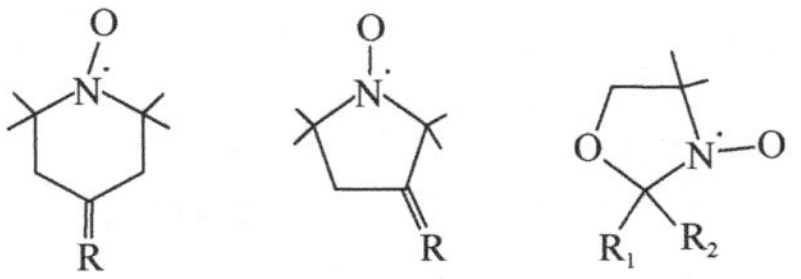

图 11-13　几种氮氧自由基

氮氧自由基的未成对电子占有一个由氮和氧的 $p_π$ 轨道组成的分子轨道，大部分未成对电子密度定域在氮原子上，由于 ^{14}N 的核自旋 $I=1$，以及氮氧自由基的结构特点，马来酰亚胺自旋标记可以与半胱氨酸残基形成稳定的共价硫醚键。SDSL-EPR 研究中采用氮氧自由基与蛋白质中巯基反应得到的顺磁性侧链加入蛋白质（MTSSL 与半胱氨酸残基反应过程如图 11-14 所示）（Hubbell et al.，1998），其中，蛋白质中的巯基可为蛋白质本身半胱氨酸残基，或者通过定点突变技术加入半胱氨酸残基。

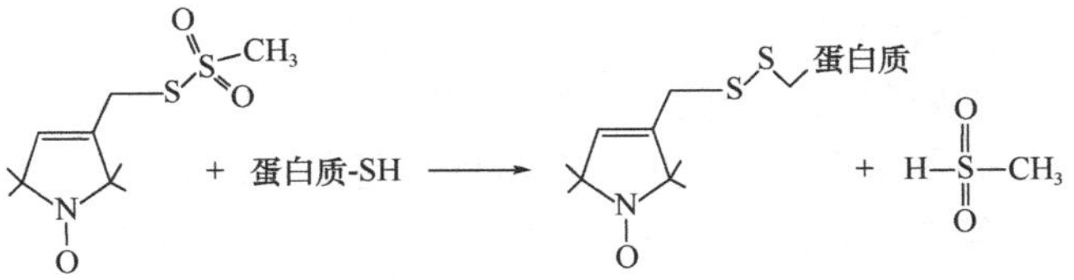

图 11-14　氮氧自由基与蛋白质的反应过程（Hubbell et al.，1998）

SDSL-EPR 在蛋白质折叠过程的拓扑学研究中有重要作用，是检测蛋白质结构变化的有力工具，并可应用于伴侣分子调节作用下的系统（Hubbell et al., 2000）。位置定向的蛋白质自旋标记在技术得到快速的发展，一些新的策略已经应用到蛋白质位形图、静电势、蛋白质在膜表面上的定位定向、蛋白质内部残基之间的距离等，并且被应用到蛋白质 β 折叠的研究、利用标记-标记相互作用的结构构建、可溶解蛋白质结构域的运动，以及可溶性蛋白与膜间作用的广泛结构分析。SDSL-EPR 可以在微秒范围内检测分子行使功能过程中的结构变化，并且对于蛋白质分子质量大小没有限制，灵敏度非常高，50～100pmol 蛋白质就可以检测到。

三、氮氧自由基侧链易趋性在蛋白质研究中的应用

通过类似"氮氧自由基扫描"的方法，也就是利用顺磁性的氮氧自由基逐个取代蛋白质序列中的某个氨基酸，可以检测蛋白质侧链的易趋性（accessbility）。氮氧自由基侧链易趋性是通过分析溶液中的氮氧自由基与其他顺磁性粒子（如氧和金属离子的复合物）的碰撞频率得到的，通过这些参数可以确定蛋白质某些区域的二级结构，以及氮氧自由基标记区域在蛋白质的位置倾向（Gouldson et al., 2004; Subczynski et al., 2005）。应用带有电荷的顺磁性粒子与暴露于溶液中的氮氧自由基侧链的碰撞频率进行分析，可检测附近静电势。

Koteiche 等（2005）利用冷冻电子显微镜（cryo-EM）和 SDSL-EPR 对热休克蛋白 Hsp16.5 进行研究，通过氮氧自由基易趋性研究了 Hsp16.5 的 N 端结构域特征，并且建立了相应的原子模型。Altenbach 等（2005）利用连续波功率饱和的 EPR 技术研究 T4 溶菌酶 14 个部位氮氧自由基侧链的易趋性，得到绝对海森堡交换率参数 Pi，溶液中的顺磁性来自 Ni-EDDA，通过与晶体衍射技术数据比较可以了解 T4 溶菌酶在结晶和溶液状态的结构差别；Nelson 等（2005）利用定向突变和 SDSL-EPR 研究磷酸化引起的平滑肌肌球蛋白的结构变化，发现肌球蛋白 N 端（前 24 个氨基酸）在磷酸化后运动性发生了显著变化，其中前 17 个氨基酸的旋转幅度显著增加。

四、氮氧自由基侧链动力学在蛋白质研究中的应用

EPR 谱图含有氮氧自由基的运动特征，主要包括运动速率、运动的各向异性及幅度等（Columbus and Hubbell, 2004），可以提供蛋白质折叠和蛋白质动态特性的指纹图谱。通过研究圆二色谱、酶活性及热效应下的蛋白质折叠情况，结果表明氮氧自由基本身的震动对于蛋白质的影响很小，因此在蛋白质内部或者有接触的位点，氮氧自由基在热稳定的条件下可以产生显著的变化，但不会导致圆二色谱特征的改变，位于蛋白质内部的氮氧自由基由于结构的限制表现为受限制的运动特征，在蛋白质环状部位，氮氧自由基的运动较为自由，反映了蛋白质主链的波动特性，而在三级结构的接触部位，由于受到周围结构的影响，氮氧自由基的运动相对不是很自由。由主链波动性产生的氮氧自由基侧链动力学特征，为溶液中蛋白质结构的研究提供了很有用的手段。Altenbach 等（2005）

采用定点突变和 SDSL-EPR 研究 T4 溶菌酶的运动性,他们把 T4 溶菌酶的 30 个氨基酸突变为巯基反应的活性部位,研究了蛋白质主链运动对氮氧自由基侧链扰动的影响,以及这些运动与结构之间的关系。

五、残基间距离的研究

氮氧自由基自旋标记、易趋性及运动性的分析已成为研究蛋白质序列特异二级结构的有力手段,残基间距离的测定有利于分析蛋白质的空间构象(Jeschke,2002;Chiang et al.,2005)。氮氧自由基-氮氧自由基双标记和金属离子-氮氧自由基双极性相互作用两种 SDSL-EPR 方法,可用于残基间距离的测定。在冷冻溶液中,对于内部标记矢量的完全慢运动,残基间的距离可通过定点突变形成的两个氮氧自由基之间的双极性相互作用而得到(Rabenstein et al.,1995)。在内部标记矢量完全快速运动的情况下,如在分子质量小于 15kDa 的水溶性蛋白质分子中,自旋-自旋弛豫现象比较明显,同样,自旋标记间的距离也可以得到检测(McHaourab et al.,1997)。分子间的距离可以通过检测活性部位展开时链弯曲度以及分子结晶状态活性部位闭合时分子结构状态来实现。金属蛋白中分子内距离的测定,可以利用金属离子-氮氧自由基相互作用在室温下实现,并适用于不同大小的分子,在单一金属离子的蛋白质分子中,可进行多位点自旋标记以检测分子内距离(Voss et al.,1995)。

利用多频、脉冲及连续波 EPR 技术可以检测蛋白质分子之间的距离(检测范围为 5~80Å),为蛋白质相互作用及蛋白质折叠过程的研究提供依据,可用于底物跨膜转运、膜通道的开闭、基因调控及信号转导的研究(Voss et al.,1995;Steinhoff,2004)。其中,脉冲傅里叶变换顺磁共振(PET-EPR)通过对弛豫时间[横向和纵向弛豫时间 T_1、T_2 反映自旋-晶格或自旋-自旋之间的能量交换,与分子运动特性密切相关,在分子动力学研究中有重要应用(Karplus,1959)]的检测,以及偶极-偶极、自旋标记间以及自旋标记与过渡金属离子的相互作用,对未知结构蛋白质氨基酸间的距离检测实现了 SDSL-EPR 标记蛋白质样品结构的解析(Rink et al.,1997)。

六、结构改变的时间分辨分析

方向定位自旋标记的另一个重要应用是通过对氮氧自由基运动性的检测,进行时间分辨的结构改变分析,这种蛋白质三级结构的折叠现象可以在毫秒或纳秒范围内检测到,目前已经实现了对细菌视紫红质(bacteriorhodopsin)环体的刚性运动及膜上改变的分析(Rink et al.,1997)。Farahbakhsh 等(1993)在研究 MTSL 选择性标记的视紫红质胞质终端的 C 和 G 单环过程中,首先选择性标记 Cys140(4,4'-二硫吡啶封闭活泼的 Cys316)或 Cys316(4,4'-二硫吡啶保护活泼的 Cys316,再用 N-乙基马来酰亚胺封闭 Cys140,接着用二硫苏糖醇解除 Cys316 保护)两个半胱氨酸残基,然后以 MTSL 对 Cys 进行化学修饰。在普通 X 波段 EPR 出现 α 和 β 强弱定量的两个波谱成分,光激活后,只有标记的 Cys140 的两种波谱成分的相对数量有明显的变化,说明 Cys140 是光活性位置。

七、电子顺磁共振研究金属离子与蛋白质的相互作用

在顺磁共振波谱的研究中，g 因子和超精细耦合常数（A）是最重要的、最基本的波谱参数，因为它们能反映出顺磁粒子所处局部磁场的性质，提供有关分子结构的信息。其中，g 因子在本质上反映分子内部磁场的特征，这种局部磁场主要来自于电子的轨道磁矩，此外还有复杂的分子场或晶格场的作用。g 因子在某种意义上与核磁共振中的化学位移具有相同的意义。对于典型的轴对称配合物的顺磁共振波谱，在高场会有一较强的共振峰（g⊥），而在低场区的共振峰则较弱（g∥）。低场区获得的参数 g∥和 A∥与 Cu（Ⅱ）配合物周围环境的变化密切相关，通常可以用来研究 Cu（Ⅱ）的不同的配位类型。

图 11-15 是低温下测得的不同 pH 条件下（分别是 pH 4.0、5.2、6.9 和 8.0）Cu（Ⅱ）-再生素蛋白配合物固体膜样品的 EPR 谱图。由图可以看出，Cu（Ⅱ）-再生素蛋白的 EPR 谱图具有各向异性，呈现典型的轴对称特征，且有着比较明显的 pH 依赖性，随着 pH 由 4.0 增加到 8.0，低场区域的四重分裂超精细结构（平行峰）向高场移动。通常 Cu（Ⅱ）化合物原子配体种类与 $g_{\parallel}$ 和 $A_{\parallel}$ 之间存在着一定的规律：当 $A_{\parallel} > 1.6 \times 10^{-2} \mathrm{cm}^{-1}$、$g_{\parallel} < 2.3$ 时，主要是氮元素参与配位；当 $A_{\parallel} < 1.8 \times 10^{-2} \mathrm{cm}^{-1}$、$g_{\parallel} > 2.3$ 时，主要是氧元素参与配位；如果是硫元素参与配位，则 $A_{\parallel}$ 非常小（Swartz et al.，1972）。同时，$g_{\parallel}/A_{\parallel}$ 值可用于含 Cu（Ⅱ）化合物平面四方配合物畸变程度的估量，通常 $g_{\parallel}/A_{\parallel} = 135 \sim 250 \mathrm{cm}$ 时，配合物具有畸变四面体构型；当 $g_{\parallel}/A_{\parallel} = 105 \sim 135 \mathrm{cm}$ 时，配合物为平面四方构型（Gersmann and Swalen，1962）。Cu（Ⅱ）-再生素蛋白配合物在各个 pH 条件的 $g_{\parallel}/A_{\parallel}$ 值均在 105～135cm 范围内，表明 Cu（Ⅱ）-再生素蛋白配合物主要是平面四配位结构，这种结构来自畸变八面体，即 Cu（Ⅱ）与肽键及其侧链中的 N、O 元素或者水分子中的 O 元素形成变性八面体，其中 Cu（Ⅱ）与四个配位原子组成平面四配位结构，另外两个配位原子垂直于该平面，且作用力非常弱，通常可以忽略（Peisach et al.，1974），故形成平面四配位结构。随着 pH 增大，平行峰向高场移动，$g_{\parallel}$ 逐渐减小，垂直峰位置几乎不变，其 g⊥保持

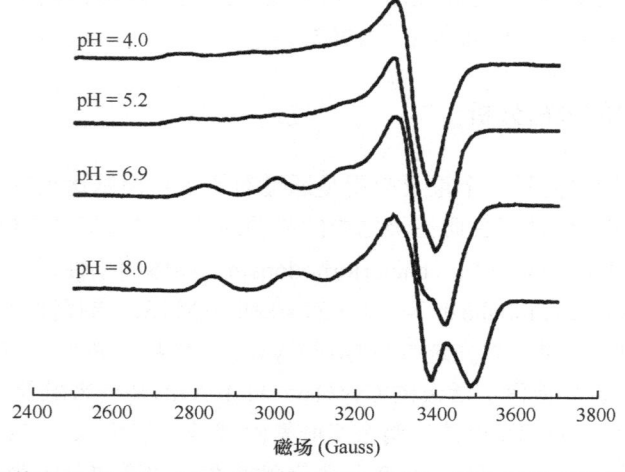

图 11-15　不同 pH 条件下（pH 4.0、5.2、6.9 和 8.0）Cu（Ⅱ）-再生素蛋白配合物固体膜样品的低温 EPR 谱图（Zong et al.，2004）

在 2.05 左右；此外，Cu（Ⅱ）-再生素蛋白的配位体系中的配位原子发生了变化，随着 pH 增加，从 3N1O（铜离子与三氮二氧配位）到 4N（铜的四氮配位），这个发现可以解释为随着 pH 的增加，有更多的 N 裸露出来，从而有利于 Cu（Ⅱ）与 N 的配位。

第五节　冷冻电子显微镜

2017 年，诺贝尔化学奖授予了三位生理学家，分别是 Jacques Dubochet、Joachim Frank 和 Richard Henderson，以表彰他们研发冷冻电子显微镜（cryo-electron microscopy，cryo-EM）用于测定溶液中生物大分子高分辨率结构（Bai et al.，2015）。1931 年，Max Knoll 和他的学生 Ernst Ruska 发明了第一台透射电子显微镜，并在 1933 年首次突破了光学显微镜的极限，使看到更小的粒子成为可能。电子显微镜成像需要在高真空下进行，并且电子对生物样品的辐射损伤非常大。1974 年，Taylor 和 Glaeser 提出使用冷冻电镜，以减少由高能电子产生的辐射损伤。1975 年，Richard Henderson 首次提出电子晶体学方法，用其获得了细菌视紫红质 7Å 的结构，随后还首次证明了利用冷冻电镜技术可以获得原子级的分辨率。

自 1980 年以后，cryo-EM 一直是直接可视化包括病毒和核糖体在内的大型生物分子装配体的重要工具。但与传统的高分辨率结构确定方法（如 X 射线晶体学或 NMR）相比，cryo-EM 可实现的分辨率相对较低。1981 年，Jacques Dubochet 和 Alasdair McDowall 在电子显微镜技术上取得了突破，他们介绍了快速冷冻的方法，可以使单层玻璃态水中的分子迅速冻结，这就解决了上述两个高真空和辐射损伤的问题，玻璃化过程不仅可以使样品保持自然状态，还可以有效地防止样品脱水。但是，实现原子拆分仍然存在许多挑战，如电子显微镜图像中的对比度和信噪比很低。Joachim Frank 等率先使用了计算机图像处理技术来计算和分析生物大分子的多个图像副本，以提高信噪比；获得不同角度的 2D 图像后，再通过计算机软件进行 3D 重建，用来分析生物分子的 3D 结构。2012 年，随着直接电子探测器的发展，分辨率壁垒开始逐渐被打破，直接电子探测器是一种高灵敏度、快速的相机，可在成像过程中保留原子分辨率的信息。除了改进的检测器外，在样品制备方法、显微镜技术以及图像处理算法以生成 3D 结构等方面的进步使得解析的高分辨率冷冻 EM 结构突然增加，包括那些具有挑战性的、难以结晶的结构异质复合物。2013 年后，电子显微镜分析的结构数量开始迅速提高，并且分辨率也提高到接近原子级别。在过去的几年中，冷冻电镜在计算图像处理方面取得了巨大进展，如开发用户友好软件和直接适用电子探测器等；到 2020 年，cryo-EM 成功解析了铁蛋白的 3D 结构，分辨率甚至达到 1.25Å（Nogales and Scheres，2015）。如今，cryo-EM 已经成为能够与 X 射线晶体学技术互补的重要蛋白质结构解析技术。

一、冷冻电镜的原理

冷冻电镜技术是将生物大分子在毫秒时间尺度内快速冷冻在玻璃态的冰中，应用低温透射电子显微镜收集生物大分子的二维投影，并利用三维重构的方法得到生物大分子三维精细结构的生物物理学技术。其解析生物大分子及细胞结构的核心是透射电镜成像，其基本过程包括样品制备、透射电镜成像、图像处理及结构解析等基本步骤。在透射电镜成像中，电子枪产生的电子在高压电场中被加速至亚光速并在高真空的显微镜内部运动，根据高速运动的电子在磁场中发生偏转的原理，透射电镜中的一系列电磁透镜对电子进行汇聚，并对穿透样品过程中与样品发生相互作用的电子进行聚焦成像，之后在记录介质上形成样品放大几千倍至几十万倍的图像，利用计算机对这些放大的图像进行处理分析即可获得样品的精细结构（王宏伟，2014）。

二、样品制备及电镜成像

下面以单颗粒冷冻电子显微镜的样品制备为例进行介绍。

1. 蛋白质染色及处理

首先使用生化方法全面评估蛋白质组成和同质性，通过 SDS-PAGE 和凝胶过滤色谱所进行的生化分析不足以评估样品是否适合 EM 分析，因为看起来完整的复合物可能是成分不同的亚复合物的混合物，甚至成分均一的复合物也可能采用许多不同的成分构象。判断蛋白质样品质量最有效的方法是负染色。使用负染色电子显微镜对其进行评估时，蛋白质被包埋在一层重金属盐（如铀、钼或钨）中，由于污渍的密度大约比蛋白质高 3 倍，在显微镜上具有出色的对比度。负染色速度很快，可使样品成像和凝胶同时进行，可用于快速评估各种制备中的参数，如 pH、盐和缓冲液条件及色谱运行中不同的馏分。负染色电子显微镜图像可以提供有关样品的大量信息，例如，污染物或聚集体的存在，目标蛋白质或复合物的大小、形状和寡聚状态，复合物解离的趋势、成分异质性及潜在的构象变异性（Benjin and Ling，2020）。

在对生物样品进行成像前，必须对其进行处理，如负染色和玻璃化等，使其能够在电子显微镜的真空下保存下来，否则样品会脱水或暴露于电子中，从而导致辐射损伤（能量通过非弹性散射沉积在样品上，导致化学键断裂，使得结构破坏）（Passmore and Russo，2016）。

2. 冷冻样品

水在快速冷冻的条件下可以形成无定形的玻璃态，这种状态的冰不会影响生物大分子的三维结构，并且可以提高样品对辐照损伤的耐受。在冷冻样品制备过程中，首先将样品装载到网格上以形成薄水膜，然后快速冷冻，需要样品以极快的速度凝结成为非晶态冰。通常样品的快速冷冻是在液态乙烷中进行的，待玻璃态冰形成后转移至液氮中进行保存或观察。其优点是样品可以接近"自然"状态，尤其像酶催化的快速的生化反应。另外还有命名为快速混合/喷射的微流体芯片可以获得反应的中间状态的结构信息，将两种分子系统在毫秒内混合，然后快速冷冻以便捕获生化反应的中间步骤。此方法可以实现数十毫秒时间内的分辨率，非常适合研究短期生物事件，如核糖体回收翻译起始和其他过程（钟晟，2018）。

3. 数据收集

单粒子冷冻电镜的结构测定,特别是在接近原子分辨率的情况下,需要获得高质量的图像,即具有高对比度和足够分辨率的图像,以回答所提出的生物学问题。此外,对于高分辨率项目,应该能够在合理的时间内收集大量的显微照片。因此,可能需要实现关键步骤的自动化。虽然现代电子显微镜能够提供高于 2Å 的分辨率,但收集玻璃化标本的高对比度、高分辨率图像仍然具有挑战性。因此,不仅要非常小心地对准电子显微镜,而且要选择合适的成像条件,这一点至关重要。可调设置包括但不限于聚光镜孔径和光斑尺寸的选择,以便减少成像像差。

三、电镜图像的计算机三维重构

重构算法的基础是中央截面定理:一个三维物体的二维投影的傅里叶变换是该物体的三维傅里叶变换中垂直于投影方向的一个中央截面。获得该物体在全空间中不同方向的投影,然后对每张投影进行傅里叶变换,并按投影方向填充到三维傅里叶空间对应的中央截面,如果投影的空间取向足够多且均匀分布,那么其数据点就可以布满该三维物体的整个三维傅里叶空间。对于三维傅里叶空间的空隙部分,可以通过插值计算得到。对该三维物体的傅里叶空间进行三维反傅里叶变换,就可以得到物体实空间的三维结构。

1. 电子晶体学

利用电子显微镜对生物大分子在一维、二维及三维空间形成的高度有序重复排列的结构(晶体)成像或者收集衍射图样,进而解析这些生物大分子的结构,这种方法称为电子晶体学。综合三维密度图和傅里叶变换数学理论获得结构规则的二维晶体的高分辨率电子密度图,从而解析出原子水平结构。螺旋对称样品或二十面体对称的病毒可用此方法获得高分辨率结构。到目前为止,电子晶体学对二维晶体样品结构的研究仍只能达到原子或接近原子的分辨率水平,要利用电子显微学方法测定蛋白质的结构,首先必须得到在二维方向上高度有序且足够大的蛋白质二维晶体。二维晶体的三维傅里叶变换在倒易空间中表现为一系列的衍射点,晶体的结构信息就存在于这些衍射点中。晶体结构因子的振幅可直接从电子衍射谱测出,而相位可以从电子显微像的傅里叶变换得到,将两者整合并进行逆傅里叶变换就获得了晶体相应投影方向的结构密度图。其三维重构则是通过倾转样品,拍摄不同转角下的电子衍射谱和电子显微像,获得不同转角下的振幅和相位信息,最后将这些信息在三维倒易空间中拟合,并加入相应的晶体学对称,通过逆傅里叶变换得到实空间的晶体结构。其适合的样品分子质量范围为 10~500kDa,最高分辨率约为 1.9Å。该方法与 X 射线晶体学的类似之处在于均需获得高度均一的生物大分子的周期性排列;不同之处是,利用电子显微镜除了可以获得晶体的电子衍射外,还可以通过获得晶体的图像来进行结构解析。

2. 单颗粒冷冻电镜

冷冻电镜单颗粒技术利用大量二维投影图像的数据,结合蛋白复合物在不同方向上的相同副本，对结构进行三维重建。和大多数其他低温电子显微镜应用一样，单粒子成像的第一步是将可溶复合物扩散到碳膜的孔上；然后，标本被柱塞冷冻，形成一层薄薄的玻璃态冰，理想情况下，这层冰中含有不同方向的复合物的相同副本。冰层的厚度可能从几百埃到几千埃不等，受粒子的尺寸和缓冲区的组成影响。从含有许多分子复合物的场的图像开始，通过人工或自动算法选择单个粒子，一旦选择统计方法，如主成分分析、多变量分析或协方差分析，可用于根据图像结构特征的变化对其进行排序。从分子复合体的二维电子显微镜投影视图生成三维重建依赖于所有粒子的相对方向，同时利用了中心投影定理，对于一个三维对象，每个二维投影的傅里叶变换是通过该对象的三维傅里叶变换得到的一个中心切片。因此，通过获得数量足够大、包含相对于电子束各种各样的方向的分子图像，可以建立 3D 图像来显示 2D 图像不同取向的数据以获得其三维结构。

3. 低温断层扫描技术

电子断层成像通过获取同一区域多个角度的投影图来反向重构所研究对象的三维结构，适合于在纳米级尺度上研究不具有结构均一性的蛋白质、病毒、细胞器，以及它们之间组成的复合体的三维结构。它结合了 3D 成像技术和样品制备方法，以维持完整的细胞结构，从而达到在更真实的状态下研究大分子 3D 结构的目的，非常适合在纳米尺度上研究具有异质结构的病毒、蛋白质和细胞器的 3D 结构。Cryo-ET 不仅可以绘制大分子在整个细胞环境中的位置和相互作用，还可以揭示它们的原位高分辨率结构。虽然目前电子断层成像所获得结构的分辨率（约 4～10nm）还不够高，但其在研究非定形、不对称和不具全同性的生物样品的三维结构及功能中有着不可替代的重要作用，有效地填补了通过 X 射线晶体学、核磁共振及冷冻电镜单颗粒分析等方法得到的高精度结构与通过光学显微镜技术得到的低分辨率细胞整体图像之间的空白。Cryo-ET 的 3D 重建通常包括四个步骤：①收集具有不同角度的 2D 电子投影图像数据；②配准一系列倾斜的投影图像；③通过反向投影对断层图像进行 3D 重建；④对重建结构进行降噪和区分（钟晟，2018）。

四、应用实例

1. 膜蛋白

G 蛋白偶联受体（G protein-coupled receptor，GPCR）是广泛分布于细胞表面的七次跨膜蛋白，它由胞外区（extracellular domain，ECD）、跨膜区（transmembrane domain，TMD）和胞内区组成。其中，ECD 主要和配体的识别与结合相关，配体与受体结合后可引起第 6 个跨膜螺旋等的扭转和外移，从而为下游 G 蛋白提供结合空间。B 类 GPCR 是体内多种激素的受体，相比于其他 GPCR 家族，B 类受体有一个较大的胞外区，这一特点使得 B 类 GPCR 较难表达纯化，因此加大了该家族受体结构解析的难度。作为重要的药物靶点，B 类 GPCR 可以调控包括糖尿病、肥胖、骨质疏松和心血管疾病在内的多种疾病。作为治疗疾病的主要靶点，了解 GPCR 结构及其与功能的关系，对于开发它的治疗潜力至关重要。B 类 GPCR 的跨膜结构域很难结晶，仅限于两个非活性状态结构，在过去的 3 年（2020～2022 年）中，已经确定了比前 20 年更多的 GPCR 结构，主要是足够大的 GPCR 复合物，可以通过单粒子冷冻-EM 进行结构确定（图 11-16）（Gusach et al.，2023）。

通过单粒子冷冻EM确定的所有主要GPCR状态

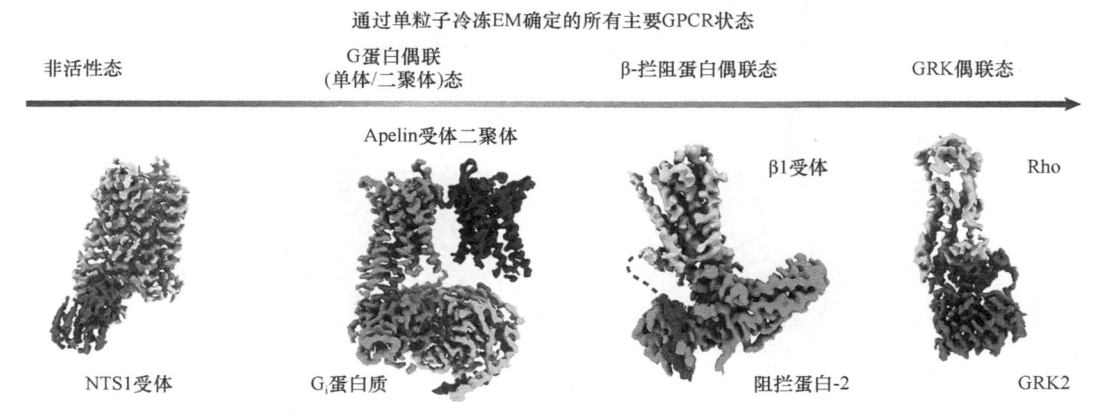

非活性态　　G蛋白偶联（单体/二聚体）态　　β-拦阻蛋白偶联态　　GRK偶联态

Apelin受体二聚体　　β1受体　　Rho

NTS1受体　　G_i蛋白质　　阻挡蛋白-2　　GRK2

图 11-16　单颗粒冷冻电镜解析的主要 GPCR 状态（Gusach et al.，2023）

2. 基因表达和调控相关复合物

Cryo-EM 可用于确定生物大分子和大分子超复合物的结构。最典型的例子是剪接体和染色体，RNA 剪接是由剪接体（一种超蛋白酶复合体）执行的，异常剪接会导致许多遗传疾病。清华大学施一公团队报道了酵母和人剪接体在不同催化状态下的高分辨率冷冻电镜结构，揭示了剪接体催化 mRNA 的加工机制，为高等生物 RNA 剪接过程提供了重要依据。Song 等（2014）成功建立了染色质的体外重建和结构分析平台，并率先使用 cryo-EM 分析了 30nm 染色质的高清 3D 结构，为理解生物的表观遗传调控机制提供了结构基础（图 11-17）。

3. 抗体和疫苗的开发

病毒感染的基石都是宿主细胞受体对病毒成分（通常是糖蛋白）的识别，了解病毒糖蛋白的行为对于理解感染方式和设计抗病毒疫苗来说至关重要。SARS-CoV-2 的刺突糖蛋白（S 蛋白）是同型三聚体 I 类融合蛋白，可介导受体识别和病毒进入细胞，是感染期间体液免疫反应的主要目标，一旦与宿主细胞受体结合，它就会从病毒表面形成较大的突起，并进行结构重排，使病毒膜与宿主细胞膜融合。Xu 等（2021）通过 cryo-EM 确定了 SARS-CoV-2 三聚体刺突蛋白的 3.5Å 分辨率结构（图 11-18），通过生物物理分析还发现该蛋白质与其常见宿主细胞受体的结合比 SARS-CoV-2 的相应 S 蛋白至少紧密 10 倍。由于 S 蛋白对于病毒侵袭有着举足轻重的地位，它代表了抗体介导的中和作用，S 蛋白结构的表征提供了原子水平的信息，可以用于指导新冠疫苗的设计和开发。

·634·　功能蛋白质研究

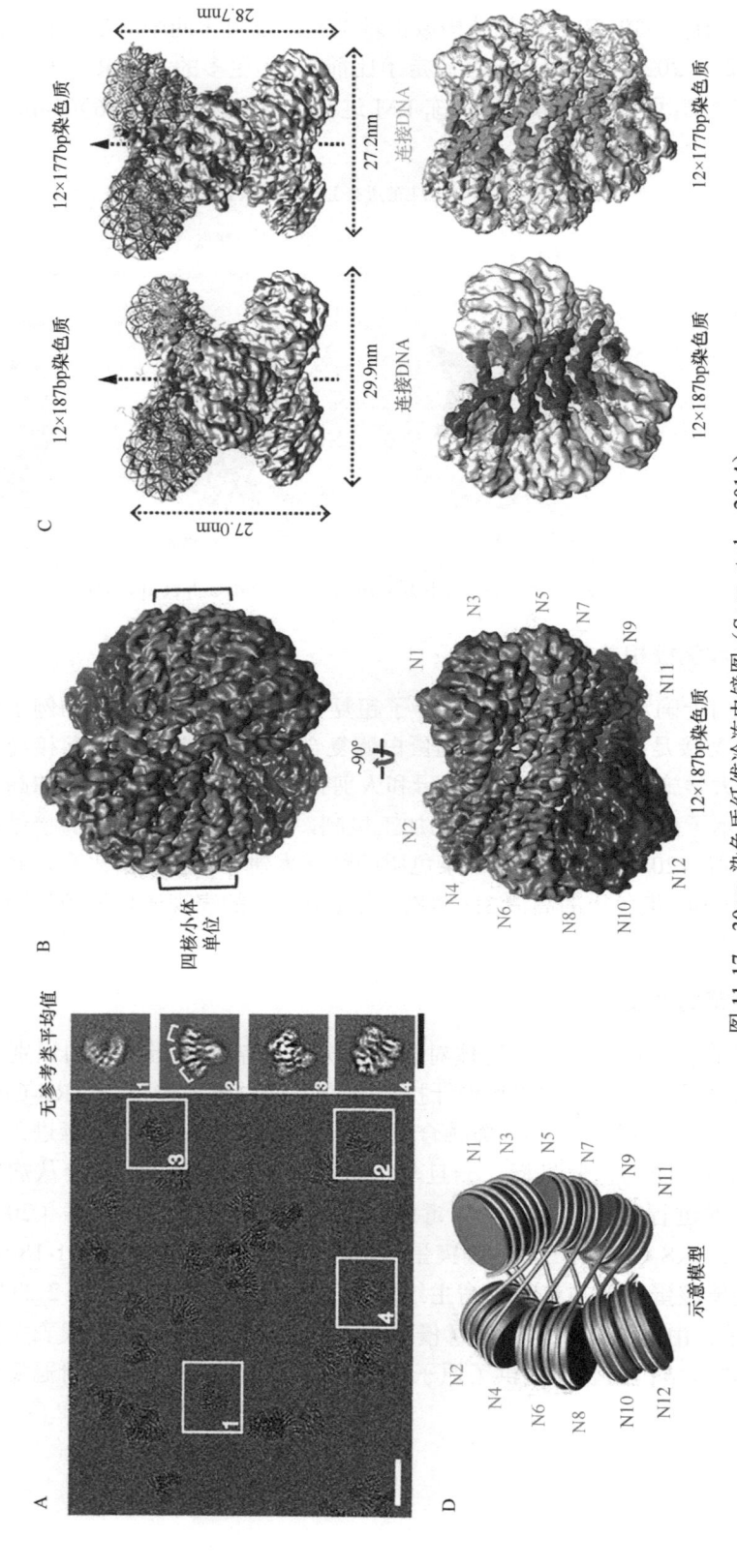

图 11-17　30nm 染色质纤维冷冻电镜图（Song et al., 2014）

A. 30nm 染色质纤维的冷冻电镜代表照片；B. 整体 Cro-EM 3D 图；C. 整体结构的比较；D. 整体结构的局部代表，并从两个角度观察

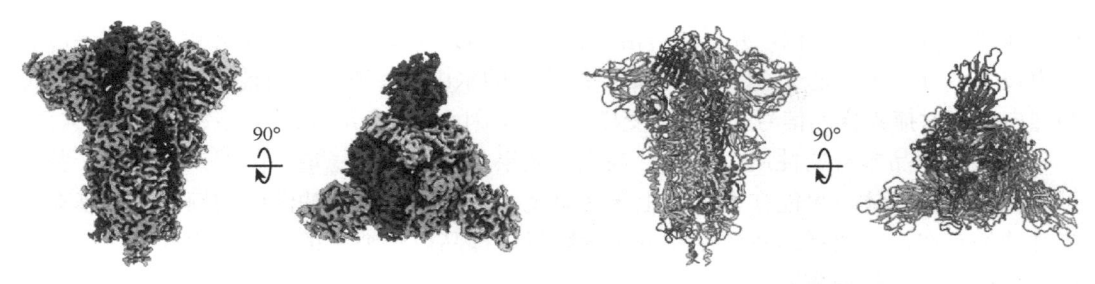

图 11-18　紧密封闭状态下的 SARS-CoV-2 三聚体的 cryo-EM 模型（Xu et al., 2021）

五、冷冻电镜技术的优势

1. 样品需求量少且不需结晶

与其他结构生物学研究方法相比，冷冻电镜对样品的需求量非常少。以单颗粒重构技术为例，对于生化性质及构象均一性很好的样品，只要几万至十几万分子的图像，即有可能获得近原子分辨率的三维结构（Liao et al., 2013）。X 射线晶体学方法提供了蛋白质数据库（PDB）中蛋白质的大部分原子坐标，但实际上，对于某些种类的生物大分子而言，获得高质量的晶体是十分困难的，例如，结晶完成的膜蛋白或大型复合物等（Cheng, 2018）。对于这些蛋白质的结构解析，冷冻电镜具有显著的优势。

2. 可以对不均一样品进行研究

冷冻电镜直接获取放大几万倍至几十万倍的样品微观图像，并通过对多个分子图像的统计学分析获得结构信息，这种统计学分析的过程可以将样品中可能存在的多种分子结构进行分类，从而将组成不同、构象不同的分子区分开来。目前，在实践中使用的多种针对分子结构进行二维和三维分类的算法已经相对比较成熟，从而使得对均一性较差样品的高分辨率解析变得可能。更重要的是，对大量单分子结构的分类使我们除了获得这些不同类别的分子结构外，还获得了这些不同分子结构在样品中的统计分布，对不同温度、不同溶液和不同生化反应时间点的这种结构异质性的统计分析，将使我们获得与结构信息相关联的生物大分子复合体热力学及动力学的重要信息，从而更深入地揭示其分子机制（Fischer et al., 2010; Liu et al., 2014）。

六、冷冻电镜技术的不足之处

Cryo-EM 已经成为一种强大的结构研究技术，它最丰富的分支是单颗粒分析（SPA），全世界越来越多的实验室正在使用这种方法来确定高分辨率的蛋白质结构。尽管 cryo-EM 取得了如此广泛的成功，但仍有许多方面可以改进。

七、存在的问题

1. 制样

在生物细胞中，含水量可达 80%～90%。不同于脱水获得样品的步骤，冷冻电镜制样能够保持细胞原有的结构，并保留可溶性物质，有助于做细胞质的元素分析，这就是冷冻电镜技术本身的优势之一。但是制样时，细胞中的水由于冷冻低温可能会形成冰晶，产生强烈电子衍射掩盖样品信号，甚至改变样品结构，因此，避免形成冰晶是冷冻制样的关键。

另外，样品本身的性质也可能影响成像效果，如样品不稳定、降解或聚集；一些分子质量较小的配体，可能在密度图上无法呈现；有机物质如缓冲液中的糖、二甲基亚砜或甘油的存在，导致样品对比度和分辨率降低；样品可能纯度很好但同质性很差，这会在很大程度上降低分辨率。

2. 分辨率

提高电镜的分辨率对于科学研究来说意义重大，超高分辨率有利于解析分子中的电势，更好地探究生物大分子的化学本质和量子本质。虽然冷冻电镜和过去相比在分辨率方面有了很大提升，但目前还是徘徊在 2Å 左右，而更进一步的提高分辨率，难度几乎是几何倍增。限制冷冻电镜分辨率的因素可能包括仪器、软件和样品的制备。由此可见，冷冻电镜分辨率的提高需要多方位改进。

3. 三维重构

作为冷冻电镜重要的三维重构技术，目前在颗粒图像识别算法和计算上仍存在着不足。首先，需要开发更自动、快速、准确的颗粒图像识别算法。得到一个样品的结构需要数十万张原始颗粒图像数据，手工挑选是非常困难的办法，必须设计出自动筛选的算法来解决问题。其次，在获得图像后，需要更高性能的计算来确定投影方向，计算能力不足则会导致数据无法进行处理，从而影响到整个实验的进展。

八、冷冻电镜技术的发展趋势

基于上述 Cryo-EM 的不足之处，未来该技术的发展也主要围绕这些方面进行优化。首先，开发新的算法和设备。算法和设备的更新换代是冷冻电镜领域发展的主旋律，系统的方法和先进的仪器能够为实验的成功进行打下基础，可以在有限的实践内获得理想的结果。

除了算法和设备以外，优化样品制备方法也至关重要。如今制备样品常用的方法有两种：一种是通过冷冻使样品处于玻璃态，保持组织的原始状态结构；另一种方法是把喷雾冷冻装置和底物混合冰冻技术结合起来，快速冷冻，将两种溶液保持在某种反应的中间状态，可以对某一时刻的变化进行研究。未来还可以进一步在冷冻技术与方法上进行改良，去探索更符合实验要求的冷冻方法。

目前单颗粒三维重构技术是冷冻电镜中的热门。自冷冻电镜技术由 Taylor 和 Glaseser 创建后，几十年来的发展使其成为解析生物大分子结构的有效方法，在三维重构技术上的进步必定能够为研究者解析多种复杂的结构，开发更行之有效的工具，化繁为简、化难为易，探索物质结构背后更深层次的含义。未来 Cryo-EM 技术将不断解决分子质量小、均一性差的蛋白质样品的结构解析问题。

冷冻电镜技术是解析蛋白质复合物结构的利器，其运用离不开大型的实验室，因此需建设高端冷冻电镜平台，配套齐全的装置，配备技术全面的工程技术人员，发挥高超的操作技术水平，提供高质量的冷冻电镜分析数据与结果，使冷冻电镜在科学研究领域的应用得到技术保障。未来需要建立更多这样的技术平台，使其应用于更广泛的研究领域。

第六节　圆二色光谱

从 20 世纪 80 年代以来，结构生物化学得到了迅速发展，蛋白质等生物大分子结构的测定逐渐成为生命科学领域研究的热门课题（Greenfield，1996）。蛋白质的结构对其生物功能有重要影响。如前文所述，目前蛋白质结构测定最准确的方法是 X 射线晶体衍射，这种方法要求蛋白质以晶体形式存在，然而对于结构复杂、柔性的蛋白质来说，得到晶体结构是比较困难的。此外，二维、多维核磁共振技术能测出溶液状态下分子质量较小的蛋白质结构，但对分子质量较大的蛋白质来说数据处理相当复杂。冷冻电镜技术在样本制备方面限制了其对一些植物细胞蛋白结构的检测，其分辨率也需要进一步提高。相比之下，圆二色谱（circular dichroism，CD）是研究稀溶液中蛋白质结构的一种快速、简单、准确的方法，并且所需样品量较少，可以研究蛋白质在溶液状态下或者膜结构环境下的动态变化，作为其他生物物理或者化学及计算研究方法的有效补充。同时，CD 也是制药工业领域评估蛋白质折叠、监测蛋白质与配体结合后的结构变化，以及蛋白质在不同 pH 及温度条件下的结构稳定性的有力工具。自 Greenfield 和 Fasman（1969）用圆二色光谱数据估计了蛋白质二级结构后，CD 光谱研究蛋白结构近年来发展迅速（Miles et al.，2021）。近些年，圆二色性已经在同步加速器光源处开发出束线，利用它们的高光通量从少量蛋白质中收集数据，由于波长较短，在这些高强度光源下可以获得有用的信息。

按照圆二色产生的机理，可将其分为以下几种：①由电子跃迁引起的圆二色为 ECD（electrostatic CD）；②分子振动引起的圆二色为 VCD（vibrational CD）；③荧光 CD；④拉曼旋光。本节主要介绍电子跃迁引起的圆二色及紫外 CD 光谱技术，以及一些基于 CD 发展的实验技术。

一、蛋白质的圆二色性

蛋白质是由氨基酸通过肽键连接而成的、具有特定结构的生物大分子，主要的光学活性生色基团是肽链骨架中的肽键、芳香族氨基酸残基及二硫键。另外，有些蛋白质辅基对蛋白质的圆二色性也有影响。即使蛋白质具有完全相同的氨基酸序列，其折叠结构不同也可以引起其光学活性生色基团光学活性的差异，从而导致其圆二色性也有较大差异。因此，蛋白质的活性生色基团及折叠结构共同决定了其圆二色性。CD 光谱是一种利用这种发色团对左圆偏振光和右圆偏振光的差分吸收的光谱方法，可以用来获得有关蛋白质构象的结构信息。

根据电子跃迁的能级大小，蛋白质的 CD 光谱可分为三个波长范围（Sreerama and

Woody，2004）：①250nm 以下的远紫外区，圆二色性主要由肽键 n→π*电子跃迁引起；②250～300nm 的近紫外区，主要由侧链芳香基团的 π→π*电子跃迁引起；③300～700nm 的紫外-可见光光谱区，主要由蛋白质辅基等外在生色基团引起。造成这些跃迁的生色基团是由于内部不对称，或者更常见的是由于蛋白质相互作用产生的不对称。远紫外 CD 主要应用于蛋白质二级结构的解析，近紫外 CD 主要解释三级结构信息，紫外-可见光 CD 主要用于辅基的耦合分析。由于蛋白质中螺旋或者片层结构的规律重复产生了 CD 信号，这些 CD 信号反映了蛋白质的折叠结构，经实验证实可以估算一个未知结构蛋白的螺旋、片层和转角的比例，具有很高的精确度。CD 是在功能蛋白研究中有力的工具，它已被广泛用于研究蛋白质的局部三级结构变化，作为其物理或化学环境、氨基酸组成（即突变）、分子间相互作用的应答。

二、远紫外 CD 预测蛋白质二级结构方法

（一）基本原理

远紫外区 CD 光谱主要涉及 160～250nm 波长范围内的光谱区域，这个范围主要反映蛋白质主链肽键的单线态电子跃迁发生在 190nm 和 220nm（酰胺发色团）蛋白质氨基酸间肽键的圆二色性。在蛋白质规则二级结构中，肽键是高度有序排列的，其排列方向性决定了肽键能级跃迁的分裂情况。CD 谱带的位置和吸收的强弱都由蛋白质的二级结构所决定。在 220nm 处的跃迁是从氧上的孤对到 π*反键轨道（nπ*跃迁），而在 190nm 处的跃迁是从非键 π 轨道到 π*轨道（$\pi_{nb}\pi^*$跃迁）。这两种过渡在蛋白质的手性环境中混合，并导致蛋白质中存在的每个二级结构元素产生不同光谱。从 CD 谱图上看，$\pi_{nb}\pi^*$跃迁的激子裂变在 α 螺旋的 CD 光谱中产生了 190 nm 处的正峰和 208 nm 处的负峰，同时 nπ* 跃迁在 220 nm 处产生了负峰。其他二级结构基序的特征 CD 光谱：β折叠在 195nm 附近有正峰，在 215nm 附近有负峰，而没有显性二级结构的蛋白质（无规则卷曲）在 200nm 附近有负峰（图 11-19）（Adler et al.，1973）。

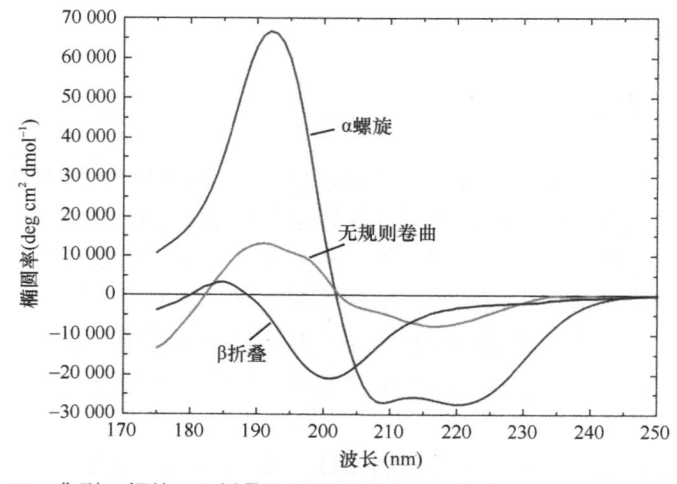

图 11-19 典型 α 螺旋、β 折叠和无规则卷曲 CD 光谱（Rogers et al.，2019）

单一波长法常用于测定蛋白质由于动力学或热力学引起的二级结构的变化。例如，α 螺旋结构在 208nm 及 222nm 有特征吸收峰，可以利用这两处的摩尔椭圆度$[\theta]_{208}$ 和 $[\theta]_{222}$ 来简单估计 α 螺旋的含量。这种方法能够快速获取这两点的实验数据，在动力学和热力学研究中可以反映瞬时信息，可作为光谱探针对 α 螺旋的变化进行简单推导。这种方法在应用中也存在一定的问题，如未将蛋白质中其他二级结构及芳香基团对[θ]的贡献考虑在内，分析结果具有一定的误差。对于非 α 螺旋结构为主的二级结构估算，难以得到理想的数值。

在一定波长范围的蛋白质远紫外 CD 谱能够提供可靠的二级结构信息。CD 数据拟合计算蛋白质二级结构的基本原理是：假设蛋白质在波长 λ 处的 CD 信号 θ(λ)是蛋白质中各种二级结构组分及由芳香基团引起的噪声的线性加和，$\theta(\lambda)=\Sigma f_i\theta(\lambda)_i+noise$。$\theta(\lambda)_i$ 是第 i 个二级结构成分的 CD 信号值，f_i 为第 i 个二级结构成分的含量分数，Σf_i 规定值为 1；通过已知蛋白（或称参考蛋白）二级结构的圆二色数据库，曲线拟合未知蛋白或多肽的圆二色数据，估算未知蛋白或多肽的二级结构。

（二）蛋白质二级结构的算法

早期研究中蛋白质二级结构拟合计算方法中，主要采用多聚氨基酸为参考多肽，参照这些多肽的信息对蛋白质结构的含量进行计算。Greenfield 等采用多聚 L-lys 作为参考多肽，建立 α 螺旋、β 折叠及无规卷曲等二级结构参考 CD 光谱曲线，采用单一波长法（208nm）计算出 α 螺旋含量后，假设不同的 β 折叠含量（X^β）值，并假设 CD 值是 α 螺旋含量（X^H）、β 折叠含量（X^β）、无规卷曲（X^R）三者贡献值的加和，即

$$X^H+X^\beta+X^R=1$$

通过计算不同波长的 θ(λ)，得出计算曲线。假设一些不同的 X^β 值，分别求出它们相应的计算曲线，找出与实验曲线最接近的曲线，相应于该最接近曲线的 X^β 及 X^R，即认为是该蛋白质的相应结构含量。这种方法简单易行，目前仍然应用于粗略比较蛋白质或多肽的二级结构变化比较中。但是，这种方法的问题是参考蛋白体系过于简单，计算后不能较全面、真实地反映二级结构信息。(Hennessey and Johnson, 1981; Sreerama et al., 2000a, b)。研究者在此基础上增加了参考蛋白，并假设各个波长的[θ]值是三种构象[θ]值的代数和，即

$$[\theta]_{\lambda,i}=X^H[\theta]_{H,\lambda,i}+X^\beta[\theta]_{\beta,\lambda,i}+X^R[\theta]_{R,\lambda,i} \quad (11\text{-}13)$$

利用已知参考蛋白（肌红蛋白、溶菌酶、乳酸脱氢酶、木瓜酶及核糖核酸酶）的二级结构（已知 X^H、X^β 及 X^R），最小二乘法曲线计算拟合待测蛋白质的二级结构。近些年，由于圆二色谱技术的不断完善，将更多的已知蛋白质作为测定未知蛋白质或多肽二级结构的参考蛋白，并且在计算算法上也有了进一步的改进。现代的蛋白质 CD 拟合二级结构的算法主要采用最小二乘法、单值分解及神经网络方法等算法，以待测蛋白质代替参考蛋白体系中结构相似的某一蛋白质，反复计算取代后的收敛性，计算拟合未知待测蛋白质二级结构，生物信息学资源使 CD 数据现在广泛用于开发用于新型分析软件。这样的方法包括多种二级结构分析软件，例如，DichroWeb 在原始 CDPro 包上通过新的生物信息学定义的参考数据集（SP175 用于可溶性蛋白，SMP180 用于膜蛋白及浓度校正）、BeStSel（其中

包括 β 片层蛋白的新分析）和 Capito（针对多重数据集）。所有这些方法都利用已知结构的蛋白质作为参考数据库。此外，DichroCalc 网络服务器可以从头计算分子动力学和矩阵计算生成 CD 光谱。DichroMatch 可以识别相关结构（即使是没有任何显著序列的异质性），采用类似类型的二级和三级结构，因此也可用于折叠识别，以及鉴定具有潜在功能关系的蛋白质。PDB2CD 可用于预测具有已知晶体或者核磁结构蛋白质的光谱，然后可以用于相关蛋白质结构组成研究及分子动力学分析。

（三）参考蛋白及应用程序

拟合未知蛋白质远紫外 CD 二级结构需要参考蛋白作为标准，因此参考蛋白选取的合适与否将直接影响 CD 拟合结果准确性。目前文献报道的参考蛋白共有 48 种，它们的圆二色波长均在远紫外区，过去的研究已经通过 X 射线衍射或者核磁共振技术测定其精确结构。当计算未知蛋白二级结构时，将这些参考蛋白组合，将待测蛋白远紫外 CD 数据拟合蛋白质二级结构的计算方法，拟合计算 α 螺旋、平行 β 折叠、反平行 β 折叠、β 转角、P2 构象及无规卷曲等二级结构。当然，利用这样的方法拟合蛋白的二级结构存在着明显的缺点，主要是由于参考蛋白库的有限性难以反映生物界中种类丰富、功能多样的蛋白质二级结构。尽管如此，近些年 CD 拟合蛋白质二级结构的方法一直被沿用并得到发展。

目前已经报道的利用 CD 谱计算蛋白二级结构的计算方法和拟合程序较多，按出现时间先后排列如下：多元性回归（multilinear regression），拟合程序为 G&F、LINCOMB、MLR（Chen and Yang，1971；Saxena and Wetlaufe，1971；Brahms and Brahms，1980）；岭回归（ridge regression），拟合程序为 CONTIN（Provencher and Glockner，1981）；单值分解（singular value decomposition），拟合程序为 SVD（Manavalan and Johnson，1987）；凸面限制方法（convex constraint analysis），拟合程序为 CCA（Perczel et al.，1991；Perczel et al.，1992a，1992b）；神经网络（neural network，拟合程序为 K2D（Böhm et al.，1992；Sreerama and Woody，1994a，1994b）；自洽方法（self-consistent method），拟合程序为 SELCON（Sreerama and Woody，1993；1994）；一种联用方法，拟合程序为 CDSSTR（Johnson，1999）等。下面将简单介绍几种比较准确且现在常用的计算拟合方法。

SELCON 是对一些旧算法进行不断改进而产生的新算法（Sreerama and Woody，1993；1994b；Abeysinghe et al.，2001），目前其新的计算程序为 SELCON3，CDpro 软件包中已有该程序。该程序的计算方法采用了自洽算法，它的简单步骤是首先假设待测蛋白的二级结构与某种参考蛋白质相同，然后用待测蛋白测量的 CD 谱取代参考蛋白的 CD 谱，用单值分解算法（SVD）和多种局部线性化模型，反复计算取代后的收敛性。正确的拟合结果需要同时满足 4 个要求（Sreerama et al.，2000b）：①总数规则，拟合后各二级结构分量之和应为 0.95～1.05；②分数规则，每种二级结构的分量应大于-0.025；③光谱规则，实验和计算光谱之间的均方根应小于 $0.25\Delta\varepsilon$；④螺旋规则，α 螺旋结构的分量由参考蛋白来决定。最后的拟合结果是能满足以上 4 个规则所有结果的平均值。SELCON3 不但运算的速度快，而且能较好地估计球蛋白中 α 螺旋、β 折叠和 β 转角结构的分量。对计算程序补充后，还可计算左手螺旋 P2 的分量，但对高 β 折叠结构的估计尚不令人满意。

CONTIN 目前最新的拟合程序是 CONTIN/LL。该算法通过采用峰回归（ridge regression）算法，计算中假定待测未知蛋白质的 CD 光谱（C_λ^{obs}）是 N 个已知空间构象的参考蛋白 CD 光谱的线性组合，从而进行拟合计算，同时要使下面函数的值最小。

$$\sum_{\lambda 1}^{n}\left(C_\lambda^{calc} - C_\lambda^{obs}\right)^2 + \alpha^2 \sum_{j=1}^{n}\left(V_j - N^{-1}\right)^2 \qquad (11\text{-}14)$$

其中，C_λ 是波长 λ 处的 CD 光谱，α 是调节因子；V_j 是用第 j 个参考蛋白质线性拟合得出的计算光谱 $C^{calc}\lambda$ 的拟合系数。计算结构的制约条件是：每种二级结构的分量≥0，且各种二级结构的分量之和为 1。通过调节因子 α 可以对拟合范围进行调整。与 SECLON 相比较，CONTIN/LL 对 β 转角的估算准确度较好。参考蛋白的选择直接决定了 CONTIN 算法的拟合结果，因此适当地增补不同类型的参考蛋白，可提高该方法拟合的准确性。

CDSSTR 算法是在综合过去几种方法特点的基础上发展起来的一种新的计算拟合方法。它的显著优点是只需要最少量的参考蛋白，就能得到较准确的拟合结果。CDSSTR 拟合计算时，先从已知精确构象的蛋白质中任意挑选组合作为参考蛋白。每次组合结果应满足 3 个基本条件：①各二级结构分量之和应为 0.95~1.05；②各二级结构的分量应大于–0.03；③实验光谱与计算光谱间的均方根应小于 $0.25\Delta\varepsilon$。这种计算拟合方法最后的拟合结果是能满足以上 3 个规则所有结果的平均值。实际应用中的研究表明，对 CD 数据进行拟合时，将 SELCON、CONTIN 和 CDSSTR 联合使用，可以提高预测蛋白质二级结构的准确性。目前，计算蛋白质二级结构的软件 CDPro 中已经包含了以上三个算法。

K2D（Andrade et al.，1993；Sreerama and Woody，1994b）采用的是神经网络算法。在 K2D 的神经网络中有 3 种单元：①输入单元从外部接受 CD 光谱信号，并将信息输送到其他单元；②输出单元负责接受其他单元传入的信号，并输出拟合蛋白质二级结构的结果；③隐藏单元能接受其他单元的信号，并能发出信号到其他单元。K2D 算法中，输入层包含有 83 个单元，对应 178~260nm 范围中 83 个波长数据；在隐藏层中有 45 个神经元。输出层有 5 个神经元，分别是 α 螺旋、平行和反平行 β 折叠、β 转角及其他二级结构的分量。该方法对蛋白结构中 α 螺旋和反平行 β 折叠拟合结果好。有研究表明，用两个隐藏层进行计算可以得到更好的结果，不过需要的计算时间比较长。有科学家采用不同类型的 CD 数据（包括不同波长、不同数量和种类的参考蛋白质）及不同的计算拟合方法，经过对结果的比较分析，将 CD 数据计算得出的二级结构与 X 射线晶体衍射的结果进行对比，其相关系数和平均方差都较好，尤其是 α 螺旋、β 折叠的计算结果准确性很高，这说明利用远紫外 CD 数据来计算蛋白质的二级结构具有较好的准确性。

（四）实例

Ge 等（2006）利用远紫外 CD 光谱研究了多种金属蛋白结构与功能的关系，结果表明，幽门螺杆菌中的镍存储蛋白 Hpn 在 20mmol/L Tris-HCl 中的远紫外 CD 谱图中，不含金属的 Hpn 在 217nm 处有一个负吸收峰，在 197nm 处有一个正吸收峰，说明在该蛋白质中存在 α 螺旋、β 折叠、β 转角和无序形式。当滴加硫酸镍时，217nm 的负吸收峰逐渐增加，说明金属引发了蛋白质构象的变化。通过 CDPro 计算发现，当 5 个摩尔当量的镍离子加入时，α 螺旋从 20%减少到 10%，而 β 折叠从 22%增加到 37%。

（五）远紫外 CD 预测蛋白二级结构的问题

虽然远紫外 CD 预测蛋白二级结构已经被广泛使用，但这种方法目前仍存在一定的问题。近年来，由于膜蛋白处于与外界环境相接触面且具有重要功能，使其成为功能蛋白的研究热点。膜蛋白具有晶体类似结构，镶嵌于细胞膜上，但是迄今为止，仅有少数的膜蛋白结构得到解析。研究表明，周围环境介电常数直接影响膜蛋白紫外电子光谱跃迁，其原因可能是由于溶剂改变了电子由基态跃迁到激发态（$n \rightarrow \pi^*$，$\pi \rightarrow \pi^*$）的跃迁能量。与其他胞质可溶性溶液状态的蛋白质不同，膜蛋白镶嵌于疏水的脂质环境中，因此膜蛋白 CD 光谱可能与溶液状态下的 CD 信号有所区别。研究表明，用目前现有的参考蛋白体系（未包括膜蛋白），采用 SELCON3、CONTIN 及 CDSSTR 等拟合运算程序拟合计算富含 α 螺旋及 β 折叠的膜蛋白，结果表明膜蛋白的 CD 光谱与溶液的 CD 光谱有差别，特别是在 190nm 后差异尤为明显；此外，溶液状态的 CD 光谱拟合蛋白结构与由 DSSP 方法计算的膜蛋白晶体二级结构有差别。所以，现在所有的溶液参考蛋白体系不适用于 CD 拟合预测膜蛋白二级结构，必须建立新的含有膜蛋白的参考蛋白体系。

蛋白质的功能非常广泛，它们的结构丰富多样且具有多变性，现在 CD 光谱法仅将蛋白质分为 4~5 个二级结构元件，不能充分体现蛋白结构的多样性特点。螺旋的长度对[θ]值有一定的影响，利用不同螺旋长度的蛋白质数据拟合结果具有很大的误差，β 折叠的[θ]与其链长及链的数目有关，并且受环境影响较大。此外，在侧链基团 CD 吸收影响方面，由于二硫键及芳香氨基酸在远紫外 CD 光谱区也有不同强度的 CD 峰，远紫外 CD 光谱包括肽键、芳香氨基酸及二硫键在内的[θ]值贡献的加和，对以肽键电子跃迁产生 CD 光谱为主要依据的远紫外 CD 光谱拟合预测蛋白产生干扰，甚至可能产生错误的结果，给后续的试验造成误导。因此，利用 CD 数据预测未知蛋白时，应该多收集未知蛋白包括其他谱学在内的相关信息，尽量采用相似结构的参考蛋白拟合预测其二级结构。

三、近紫外 CD 光谱

构成蛋白质的芳香族氨基酸残基（如色氨酸、酪氨酸、苯丙氨酸）及二硫键处于不对称微环境时，在近紫外区（250~320nm）具有 CD 信号。过去的研究发现，不同芳香族氨基酸的特征 CD 峰的位置也各不相同：色氨酸在 290nm 及 305nm 处有精细的特征 CD 峰，酪氨酸在 275nm 及 282nm 处有 CD 峰；苯丙氨酸在 255nm、260nm 及 270nm 处有相对较弱但是尖锐的峰；另外，芳香族氨基酸残基在远紫外区也有 CD 信号；二硫键的变化信息反映在整个近紫外 CD 谱上。近紫外 CD 光谱形状与大小由以下几个因素决定：①蛋白质中芳香族氨基酸的种类；②环境因素，包括氢键、极性基团及极化率等；③空间位置结构。

近紫外 CD 光谱可作为一种灵敏的光谱探针，反映芳香族氨基酸 Trp、Tyr 和 Phe 及二硫键所处微环境的变化，这种探针能应用于研究蛋白质三级结构的精细变化。Carter

（2000）等用近紫外 CD 光谱探针解释了人血清白蛋白（HSA）在不同 pH 条件下所处的微环境发生的改变，同时具体研究了其三个结构域中的芳香族氨基酸残基及二硫键的微环境的变化。近紫外 CD 光谱的测量与远紫外光谱相似，但是需要的蛋白质溶液的浓度一般比远紫外 CD 测量的高 1~2 数量级，可在光径 1cm 的方形石英池中进行。

迄今为止，仍没有系统的理论解释蛋白质近紫外 CD 光谱与其三级结构之间的关系，但是科研工作者在这方面已经做了一些探索。Freskgard 等（1994）通过直接位点移除突变的办法，研究了芳香基侧链对人碳酸酐酶蛋白近紫外光谱的影响，它的近紫外光谱非常复杂，伴随着棉线效应，这种图谱的复杂性起因于分子中的非对称芳香簇，特别是色氨酸。Woody 和 Woody（2003）用同样的方法，考察了芳基侧链对牛核糖核酸酶的 CD 光谱的影响。近紫外 CD 光谱可以作为反映蛋白质三级结构变化的很有价值的指纹图谱。Krell 等（1996）研究了来自 *Streptomyces coelicolor* 的野生型与突变型脱氢奎尼酸酶的远紫外和近紫外 CD 光谱，图谱显示野生型和突变型的远紫外几乎没有变化，即二级结构相似，但是近紫外 CD 光谱却明显不同，说明突变引起了三级结构的明显变化。

四、CD 在功能蛋白质研究中的应用

1. 比较蛋白质构象

很多蛋白执行一定的功能时，其结构发生一定的修饰，如化学修饰或者特定蛋白的遗传修饰。CD 光谱可以比较天然的和发生修饰的蛋白质结构（Protasevich et al.，1997；Tafreshi et al.，2007）。Tafreshi 等（2007）利用 CD 光谱发现了萤光素酶 356 位置的精氨酸发生突变后，引起蛋白质的重折叠并且未发生聚集。

2. 热稳定性研究

CD 光谱可以检测蛋白质随着温度升高的热稳定性变化。研究可以连续地跟踪在一系列温度下蛋白质远紫外和近紫外 CD 区的变化，或者选择检测特定波长处的光谱特征。CD 光谱可以检测样品在一定的 pH、缓冲溶液，或者糖、盐或氨基酸改变时的热稳定性。很多蛋白质去折叠后会迅速地发生聚集或沉淀，造成不可逆的去折叠。可以通过冷却样品然后再升温来检测去折叠反应是否可以重复，从而确定去折叠过程的可逆性。对样品的长期稳定性来说，溶剂环境要比溶解温度更重要，它可使去折叠过程可逆。如果溶解过程是可逆的，那么蛋白质折叠的热动力学过程可以从 CD 数据中获得。去折叠反应的协同性表明蛋白质处于紧密且完好折叠的结构状态，而缓慢的非协同溶解过程显示了蛋白质处于非常灵活的状态，尤其是那些去折叠蛋白。例如，在链球菌的锌离子转运蛋白 AdcA 的结构和功能研究中，我们发现锌离子的结合可以显著提升蛋白的 T_m 值近 10℃，说明蛋白质的热稳定性显著提高（图 11-20）。

跟踪整个远紫外 CD 区域可以确定蛋白质在高温下是否失去部分二级结构，或者伴随有简单的构象变化。虽然有些时候蛋白质去折叠的形式是确定的，但与自然状态的二级结构完全不同。跟踪近紫外 CD 光谱，可以确定蛋白三级结构的变化。这样的研究可以揭示蛋白质的溶解过程是单步的（二级和三级结构同时丢失）还是两步的反应。

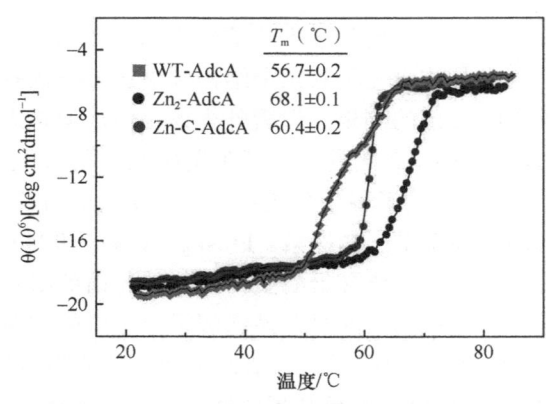

图 11-20　AdcA 蛋白的热稳定性研究（彩图另扫封底二维码）

蛋白质复合物的形成对复合物中单个蛋白质的热稳定性的影响也可以通过 CD 光谱确定。如果单个的蛋白质有 CD 光谱且各个蛋白质之间不同，则可以监测对应某个蛋白质的特定波长的变化。这样可以确定蛋白复合物的形成是否增加其中一个或者两个蛋白质热稳定性的变化。

3. 蛋白质的熔球结构检测

熔球结构是稳定的，特别是那些在温和变性条件（如 pH、温和变性剂或者高温）下的折叠蛋白。熔球状的破坏过程，基本上可以通过远或近的 CD 光谱检测到天然二级结构的动态变化来监测。这个过程与特定蛋白折叠的瞬时中间态，尤其是球蛋白发生疏水破碎时，蛋白质折叠和去折叠时熔球状体的组装是基本相似的（Shokri et al., 2006）。各种球蛋白折叠的中间态的实验表明，熔球态是蛋白质折叠过程的中间产物。熔球态的结构特征是各种蛋白质明显的和共有的特点，表明这种状态是天然的、完全去折叠状态的蛋白质的结构性中间产物（Moosavi-Movahedi et al., 2003）。比较蛋白质近紫外和远紫外区域的 CD 谱图可以知道哪种修饰影响了蛋白质的结构。例如，熔球态的产生往往伴随着三级结构的变化，但二级结构仍保留（Borén et al., 1999；Hosseinkhani et al., 2004）。这一点可以从近紫外区的 CD 谱带消失和远紫外 CD 谱带无变化得到解释。

五、CD 测量样品的准备与条件选择

CD 是一种灵敏定量的光谱技术，其分析计算蛋白质构象的准确性与样品的准备和测量条件的选择直接相关，特别是当蛋白质 CD 信号出现在低于 195nm 的真空紫外区时，实验对试剂和缓冲体系的要求比较高。测试用的蛋白质样品中不能含有具光吸收特性的杂质，实验中用到的缓冲剂和溶剂在配制前最好单独检查，透明性极好的磷酸盐和 TRIS 盐酸可作为缓冲体系。蛋白质样品最佳浓度的选择和测定直接决定了 CD 数据计算二级结构的准确性。测定 CD 光谱时，在对蛋白质含量要求相对低（0.01~0.2g/L）的稀溶液中进行。虽然稀溶液可降低蛋白质分子发生聚集的概率，但是如果太稀，则导致蛋白质过多地吸附在容器壁上，无法保证实验的准确性。确定蛋白质的精确浓度是计算样品二级结构的关键，一般蛋白质在 280nm 附近的消光系数可用来计算浓度，但此处吸收信号

与蛋白质的构象有关,这种方法的误差率达 5%。比较精确的方法有:定量氨基酸分析;用双缩脲方法测量多肽骨架浓度或氮元素的浓度;在完全变性条件下测定芳香氨基酸残基的吸收,从而确定蛋白质的准确浓度。

六、基于 CD 的实验技术

(一)磁圆二色性光谱

1. 磁圆二色性

磁圆二色性(magnetic circular dichroism,MCD)是与磁场相关的圆二色性,取决于外界磁场的方向与分子内部电荷的方向,而与电荷的分布无关。磁圆二色性不要求测定的样品一定具有手性分子结构。介质对沿磁场方向传播的一定频率的左圆和右圆偏振光吸收率不同,如果入射光是平面偏振光,则磁圆二色性将使它在传播过程中变为椭圆偏振光,在空间任一位点,它的电矢量末端沿椭圆形轨迹运动。椭圆的长轴相对于入射光的偏振面旋转一定角度,即磁致旋光现象。椭圆的短轴与长轴之比称为椭圆率。通常,介质对左圆和右圆偏振光吸收率的差别相对于吸收率本身来说是很小的,但现代仪器设备仍能精确测定它。磁圆二色性和磁致旋光同样来源于塞曼效应。蛋白质中的色氨酸特别容易被磁 CD 检测,在近紫外区 293nm 处的正吸收峰就是色氨酸的贡献,而 275nm 处的负吸收峰主要是酪氨酸的贡献。

磁圆二色性可以用对左圆和右圆偏振光的消光度之差($\Delta A=A_L-A_R$)或吸收系数之差($\Delta k = k_- - k_+ = \lambda\Delta A/4\pi l \lg e$)来量度,其中,$\lambda$ 是光波波长,l 是光在介质中的路程;也可以用摩尔椭圆率$[\theta]$表示。磁场导致了磁圆二色性的 ΔA 正比于磁场强度 B:

$$\Delta A=\Delta\varepsilon \text{ M}clB \tag{11-15}$$

其中,$\Delta\varepsilon$ M 是每特斯拉磁场的摩尔吸收率,类似于摩尔吸收率 ε。与通常的圆二色性一样,ΔA 有正值也有负值。而 A 仅是一个与波长相关的正值,相比 ΔA 提供了一个新的维度。

蛋白质磁圆二色性由 A、B、C 三个方面共同决定。A 项来自基态和(或)激发态的塞曼分裂,其频率变化的吸收曲线与频率之间呈微熵关系。如果基态和激发态都不是简并的,那么 A 项的贡献为零。B 项来自外加磁场引起的基态和(或)激发态与其他一些能态的混合。由于这种混合作用是普遍存在的,这导致磁致旋光和磁圆二色性成为一种对任何蛋白质都广泛存在的效应。混合作用与被混合态之间的能级之差呈反比关系,所以如果基态和激发态的近邻都没有可被混合的能态,则 B 项的贡献会比较小。C 项是加上磁场以后产生的基态能级分裂及其集居数的变化,集居数的变化与温度有关,C 项与温度是函数关系。通常当基态非简并时,则 C 项的贡献为零。B 或 C 项随频率的变化与吸收曲线类似。由于磁圆二色性是消光度的差值,测量的灵敏度很高,用普通吸收方法不能分辨的塞曼分裂,可以用磁圆二色性谱来研究。

在磁场较弱的情况下,A、B、C 项可用 A_1、B_0 和 C_0 来表示,通过对磁圆二色性曲线的适当数学处理得到这些参数的数据。参数的数值和正负符号所提供的信息,对于分子光谱的和分子电子结构（特别是前线分子轨道的性质）的识别具有重要意义。例如，$A_1 \neq 0$，表明基态或激发态是简并的；$C_0 \neq 0$，表明基态是简并的；$A_1 = C_0$，表明只有基态是简并的；$A_1 \neq 0$，$C_0 = 0$，则可以肯定激发态是简并的；B_0 较大，表示在基态或激发态的近邻有可被混合的能级。A 项和 C 项的符号还可用来区别不同的跃迁。若基态是非简并的，或者它的磁矩是已知的，则从 A_1 可求出激发态的磁矩。根据电子结构特征还可间接得到分子几何构型的信息。

磁圆二色性源于 20 世纪 30 年代，当时对磁旋光现象及磁圆二色性现象的理论解释是由一些区域吸收的不规则散射光造成的；到 60 年代，磁圆二色性测量技术才得到真正的发展；1969 年，人们发现 ΔA 增添了一个新的维度，开始对这项技术重视起来，MCD 技术从此得到了系统的研究，并广泛应用于各种状态的物质，包括稳定的分子溶液，以及各向同性的固体、气体和不稳定分子溶液，近几年也用于研究磁性固体样品。

2. 磁圆二色性 CD 原理

磁圆二色性光谱的测量与普通圆二色谱仪不同的是，需要在一个高敏感度的圆二色测量仪基础上加一个强磁场，其中添加的磁场的方向与光传播的方向平行。也就是说，磁场强度矢量 B 的方向沿着+z 轴方向，即光的传播方向。一些课题组搭建的磁圆二色谱测量仪器，可以测量磁圆二色性光谱、圆二色性光谱和样品的吸收谱。MCD 光谱只需要一路光源，但是需要结合光弹调制器和锁相放大器，没有改变方向的那束偏振光，经过光弹调制器（类似于透明的 1/4 波片），被变成圆偏振光。

3. 磁圆二色谱的用途及发展

MCD 目前更多用于金属蛋白和无机物的电子及磁特性研究，现在已经研究的包括铁-硫蛋白、卟啉、血红素蛋白、非血红素铁生物无机体系和非血红素亚铁酶。MCD 可以提供激发态和基态的信息，以及作为配位几何体和金属发色团结构的探针。Perera 等（2003）利用 MCD 等方法研究了中性的胱氨酸在金属蛋白中的作用，显示了二硫醚和二硫醇与肌红蛋白复合物的 MCD 谱图结果，伴随着六配位低自旋亚铁血红素的典型特征，在 SORET 区有弱吸收峰，在 510～535nm 处有三个特别的小峰，同时在 555nm 处由一个比较强的谱带。

MCD 已经被用于观察在红外区的振动、旋转激发和 X 射线区的化合吸收边界的磁核。实验条件的设置必须适合特定的范围，设备的选择取决于用于测定的波长。X 射线磁圆二色性（X-ray magnetic circular dichroism，XMCD）要用强的 X 射线光源，它意味着接近同步加速器实验室。近些年磁振动圆二色谱（magnetic vibrational circular dichroism，MVCD）已经逐步发展起来，它适用于研究密实状态的高对称性分子的振动。最近 MVCD 的仪器方法有了改进，明显提高了仪器的分辨率。有课题组用 MVCD 研究了旋转震荡的气态小分子的 Zeeman 效应。红外测定必须用适合红外区域的光源和检测器。

（二）荧光检测 CD

荧光检测 CD（fluorescence detected circular dichroism，fDCD）测定被左旋圆极化和

右旋圆极化辐射激发的不同发射波长的光。荧光 CD 是一种用于蛋白质结构研究的技术，它结合了 CD 光谱结构灵敏性和手性特异性的优点及增强荧光光谱检测的灵敏性，因此与传统的 CD 相比，荧光检测有以下几个方面的优势。第一，它为 CD 的构象鉴别增加了荧光的特异性和敏感性。第二，FDCD 不仅可以提供平均光学活性，还可以提供分子中沿一个方向的 CD。因为 FDCD 可以选择性地测量特定荧光发色团的 CD，所以它特别适用于研究具有多个发色团的蛋白质。

（三）同步辐射 CD

近年来仪器仪表的发展提高了 CD 的检测能力，在这些发展中最引人瞩目的是同步辐射 CD（synchrotron radiation circular dichroism，SRCD）。同步辐射光源产生的是紫外线和真空紫外波长辐射，而不是传统 CD 中使用的氙弧灯，这种高亮度的同步加速器光源对 CD 的许多应用至关重要，包括研究新的蛋白质样品类型和新的样品物理特性。

SRCD 光束线与传统的 CD 仪器相比具有许多优点。首先，同步加速器的高通量使其具有高穿透性，可以检测更高信噪比的光谱，并在吸收成分（包括含高盐浓度的样品、脂质、变性剂等）存在的情况下进行测定。同步加速器高穿透性的光使得 CD 能够对样品进行光谱测量，例如，膜、薄膜和拥挤条件下的蛋白质这些更类似于在体内环境下的蛋白质，对蛋白结晶的条件也比较兼容。因为 SRCD 的信噪比高于传统 CD 光谱仪，可以对极低浓度的蛋白样品进行检测。

此外，光束的较高光通量可以进行较低波长下的测量（水溶液中有效波段为 170nm，脱水样品为 130nm），尤其是那些含有聚脯氨酸 II 样结构或内在无序蛋白质的样品，其中主要特征峰出现在波长低于 188nm 的区段，低于传统 CD 光谱仪的检出限。因为较低的波长包括关于肽键的附加信息，获得它们可以识别更多不同类型的二级结构，在某些情况下，提供有关蛋白质折叠基序的信息。高灵敏度的 SRCD 还可以检测蛋白质-蛋白质、蛋白质-配体复合物的精细结构变化。例如，研究者利用 SRCD 研究钠离子通道的 C 端结构域（Powl et al.，2010），并与 SAXS 联合研究了作为分子标尺的卷曲螺旋蛋白结构域的性质（Hagelueken et al.，2015）。

第七节 AlphaFold 预测蛋白结构

一、AlphaFold 及 AlphaFold 2 预测蛋白结构原理及工作流程

蛋白质的结构在很大程度上决定了其功能，可基于蛋白质的氨基酸序列来确定蛋白质的三维形状。然而，由于蛋白质的复杂性质，蛋白质结构很难通过实验来确定。利用遗传信息，通过分析同源序列中的协变可以推断出哪些氨基酸残基相互接触，这对于蛋白质结构的预测非常有帮助。英国 DeepMind 公司 Andrew W. Senior 等利用深度学习实现了对蛋白质结构预测的提高。该研究于 2020 年 1 月 15 日在线发表于 *Nature* 杂志，证明了他们可以通过训练神经网络对蛋白质氨基酸残基对之间的距离做出准确的预测，这与接触预测相比，可以传达有关结构的更多信息（图 11-21）。利用这些信息，研究人员

构造出平均力势，无需复杂的采样程序，只用通过简单的梯度下降算法来生成蛋白的结构，就可以准确地描述蛋白质的形状，研究人员将这一系统命名为 AlphaFold（Senior et al.，2020）。即使对于具有较少同源序列的蛋白质序列，也可以实现高精度的结构计算与预测。在最近的蛋白质结构预测关键评估（CASP13）（领域的盲目评估）中，AlphaFold 为 43 个自由建模结构域中的 24 个创建了高精度结构[模板建模（TM）得分为 0.7 或更高]。而使用采样和联系信息的次佳方法，仅在 43 个结构域的 14 个中实现了这样的精度。AlphaFold 代表了蛋白质结构预测方面的重大进步。研究人员希望这种算法可以提高准确性，从而能够深入了解蛋白质的正常功能和异常功能，特别是在尚未通过实验确定同源蛋白质结构的情况下，这种预测会给科研工作者提供更多有用的信息。

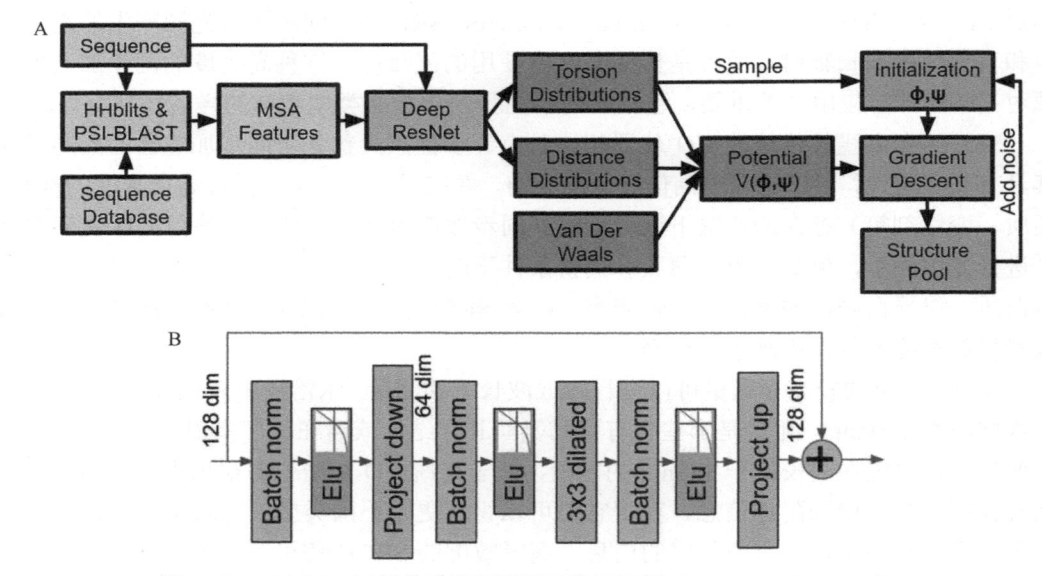

图 11-21　AlphaFold 折叠系统和神经网络示意图（Senior et al.，2020）

A. 折叠系统流程。特征提取阶段（使用序列数据库搜索构建 MSA 并计算基于 MSA 的特征）以黄色显示；结构预测神经网络以绿色显示；潜在的构架以红色显示；实现的结构以蓝色显示。B. 在深度残差卷积网络的一个模块中使用的层。扩张卷积用于激活降维。输出的模块添加到上一层中表示。残差网络的旁路连接使梯度在不减小的情况下通过网络返回，从而允许训练深层网络

AlphaFold 工作原理主要是通过预测蛋白质中每对氨基酸之间的距离分布，以及连接它们的化学键之间的角度，将所有氨基酸对的测量结果汇总成 2D 的距离直方图，然后让卷积神经网络对这些结果进行深度学习，从而构建出蛋白质的 3D 结构。工作过程如图 11-22 所示。

AlphaFold 2 是一种更为新颖的机器学习方法，它利用多序列比对，将蛋白质的结构和生物学信息融入深度学习的算法设计中。AlphaFold 是从局部开始进行预测的方式，很有可能会忽略蛋白质结构信息的长距离依赖性，而 AlphaFold 2 利用 Attention 机制构建出一个特殊的"三重自注意力机制（triangular self-attention）"，它是一种模仿人类注意力的网络架构，可以同时聚焦多个细节部分，来处理计算氨基酸之间的关系图，这一点刚好可以弥补 AlphaFold 的缺陷，使得 AlphaFold 2 能够以原子精度预测蛋白质结构，

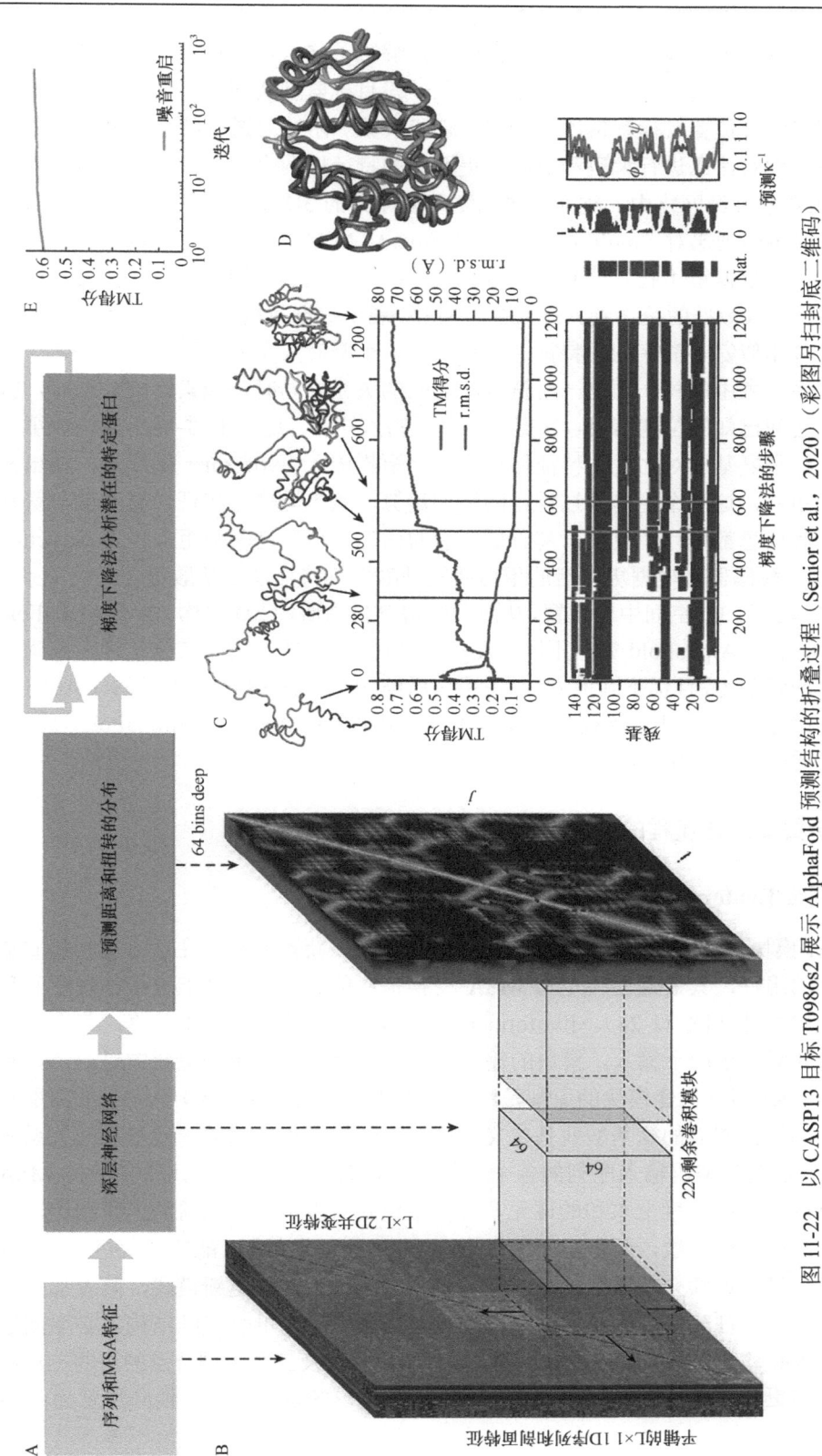

第十一章 蛋白质结构的研究方法

图 11-22 以 CASP13 目标 T0986s2 展示 AlphaFold 预测结构的折叠过程（Senior et al., 2020）（彩图另扫封底二维码）

CASP 目标 T0986s2，L=155，PDB：6N9V。A. 结构预测的步骤。B. 神经网络基于 MSA 特征预测整个 L×L 分布图，累积 64×64 个残差区域的单独预测。C. 梯度下降的一次迭代（1200 步），其中 TM 得分和均方根偏差（r.m.s.d.）相对于具有 5 个结构快照的步数绘制。二级结构（SST33）（蓝色为螺旋，红色为链）以及天然二级结构，神经网络预测的二级结构预测概率和扭转角预测的不确定性（作为拟合 φ 和 ψ 预测的 von Mises 分布的 κ[−1]）。梯度下降的每一步都会降低潜力，但会产生巨大的全局构象变化，从而形成一个填充良好的链。D. 最终的第一次提交覆盖在原生结构上（灰色）。E. 最低电位结构相对于每个目标梯度下降重复次数的平均（整个测试集，n=377）TM 得分（对数标度）

在大多数情况下以接近实验的精度预测蛋白质结,解决了 50 年来存在的一个难题。图 11-23 是 AlphaFold 2 模型的整体流程:首先输入一段目标氨基酸序列,输出的是每个氨基酸在三维空间中的位置。模型依次分为三个阶段:第一阶段是进行特征部分的提取,第二、三阶段分别对信息进行编码和解码。提取后的特征以两个矩阵的形式封装并填补到编码器-解码器的神经网络中,进而预测出氨基酸序列的 3D 空间构象。在特征提取的部分,数据使用多序列比对(multi sequence alignment,MSA)的方式:先输入一段目标氨基酸序列,作为数据第 1 行,同时,用这个氨基酸序列搜索基因数据库,匹配与该序列相似的片段,列入数据的第 2 到 n 行,这个 MSA 展示数据就构成了第一个数据矩阵,体现的是各物种相似氨基酸序列的特征。然后,用一个配对关系的矩阵来表示每两个氨基酸之间的关系,表中的每一项是一对氨基酸之间的关系。同时,搜索结构数据库,得到一些氨基酸之间已知的位置信息,获得一些模板写入矩阵,这个配对-展示就构成第二个矩阵,体现的是氨基酸对之间的特征信息。两个矩阵传入 Evoformer 编码器,输出两个同样形状的矩阵,这两个矩阵经过神经网络的运算,氨基酸序列特征、氨基酸与氨基酸之间的关系等信息都进行了更新。基于更新后的信息,再把这两个矩阵传入 Structure module 解码器,解码器会根据更新后的蛋白质氨基酸序列特征及氨基酸对之间的关系,输出每一个氨基酸在 3D 空间中的位置,从而预测得到蛋白质的 3D 结构。由于 AlphaFold 2 使用的模型框架与 AlphaFold 完全不同,AlphaFold 2 预测的结构与实验结构在准确性方面具有很好的竞争力,且优于其他方法。在蛋白质结构预测第 14 次关键评估(CASP14)中,AlphaFold 2 就将准确性直接提高到 92.4/100,相比在 CASP13 中 AlphaFold 预测的准确性,有了质的飞跃(Jumper et al.,2021)。

二、阿尔法折叠 2 工作流程的两大模块

1. 神经网络 Evoformer 模块

Evoformer 模块是 AlphaFold 2 网络的主干,包含许多新颖的基于注意力机制和非基于注意力机制的组件,其关键创新是与 MSA 交换信息的新机制,并能直接推理空间和进化关系的配对表征(图 11-24)。Evoformer 包含 48 个模块,权重不共享,每个模块用 MSA 表示和对表示两个输入,模块的输出是更新的 MSA 表示和更新的对表示。具体来讲,Evoformer 网络构建模块的原理是将蛋白质结构的预测视为 3D 空间中的图推理问题,其中图的边由邻近的氨基酸残基定义,成对表示的元素编码关于残基之间关系的信息。MSA 表示的列编码输入序列的各个残基,而行表示这些残基出现的序列。MSA 表示通过在 MSA 序列维度上求和的逐元素外积来更新对表示。与之前的工作相比,该操作不是在网络中应用一次,而是应用于每个 Evoformer 模块内,能够从演进的 MSA 表示到配对表示进行连续叠加通信。在对表示中,有两种不同的更新模式,两者都受到了配对一致性的必要性启发。为了将氨基酸的成对描述表示为单个三维结构,必须满足许多约束,包括距离上的三角形不等式。基于这种直觉,涉及三个不同节点的边的三角形来安排对表示的更新操作,这里的直觉是强制执行三角形等价方差。在轴向注意力中添

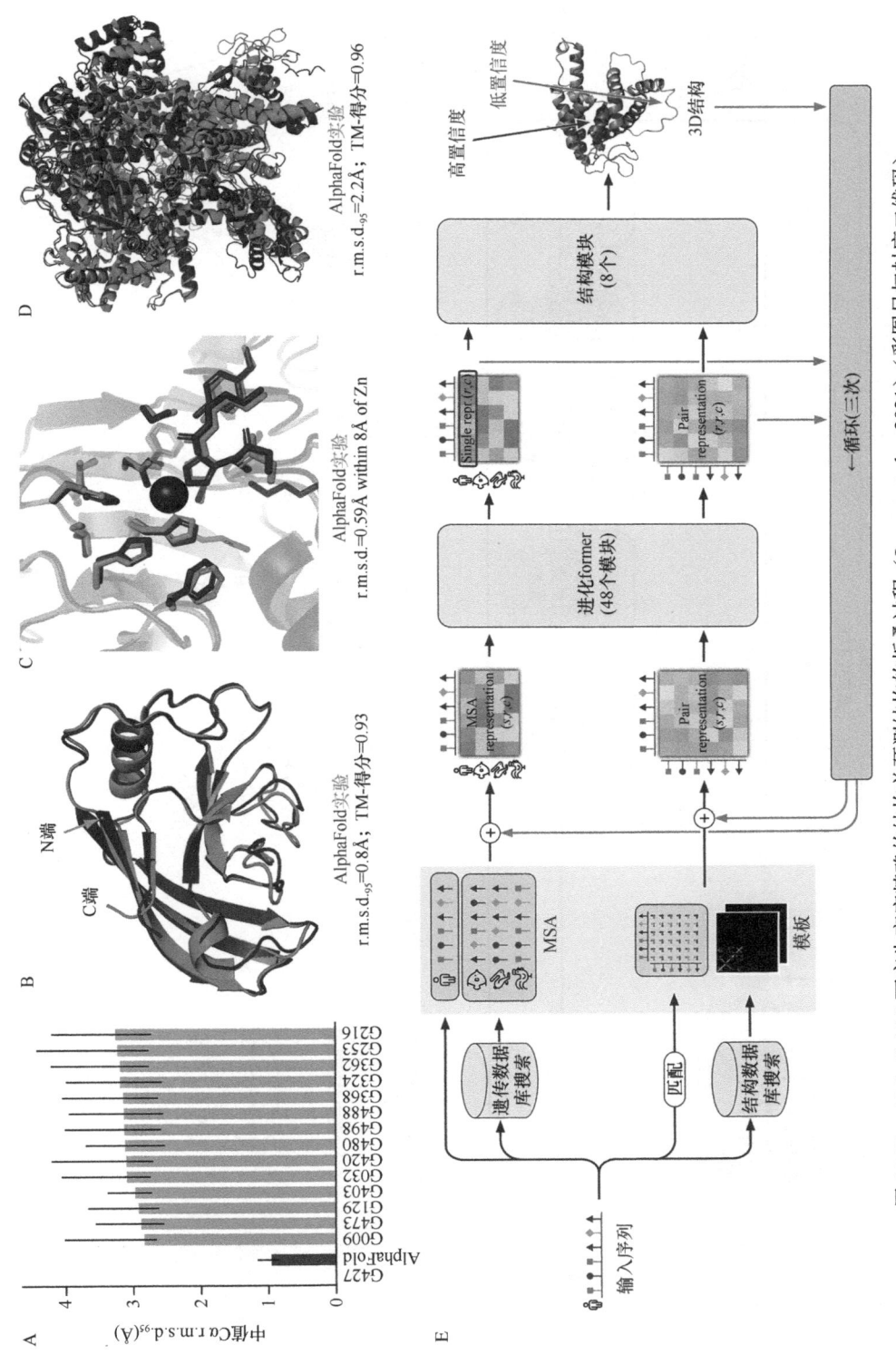

第十一章 蛋白质结构的研究方法

图 11-23 AlphaFold 2 可产生高度精确的结构并预测结构的折叠过程（Jumper et al., 2021）（彩图另扫封底二维码）
A. AlphaFold 在 CASP14 数据集（n=87 个蛋白质结构域）上相对于前 15 个条目（146 个条目中）的性能，组号对应于 CASP 分配给条目的编号。数据是中位数的 95% 置信区间，根据 10 000 个自举样本估计。B. 对 CASP14 目标 T1049（PDB 6Y4F，蓝色）结构（实验）与真实（AlphaFold，绿色）的比较。晶体结构的 C 端的 4 个残基是 B 因子异常值，并且没有被描述。C. CASP14 目标 T1056（PDB 6Y1L）。一个预测较精确结合位点的例子（AlphaFold 预测出了准确的侧链，尽管它没有明确预测到锌离子在结构中的存在）。D. CASP14 目标 T1044（PDB 6VR4），用 2180 个残基的单链（该预测是没有干预的情况下使用 AlphaFold 完成的）。E. 模型架构。箭头显示了各种组件之间的信息流。s，序列数（Nseq）；r，残基数（正文中的 Nres）；c，频道数量

· 652 ·　功能蛋白质研究

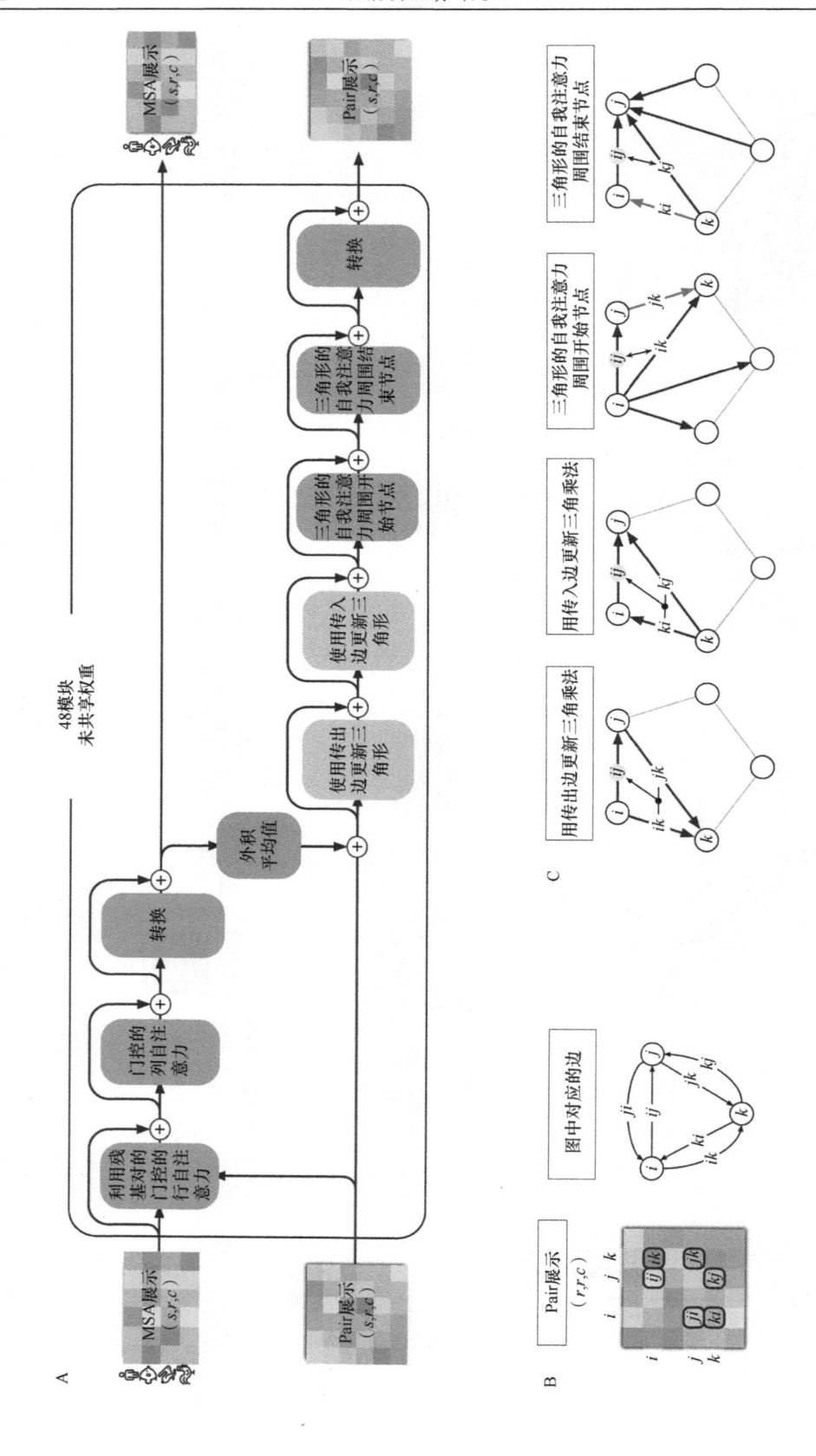

图 11-24 架构细节 (Jumper et al., 2021) (彩图另见扫码二维码)

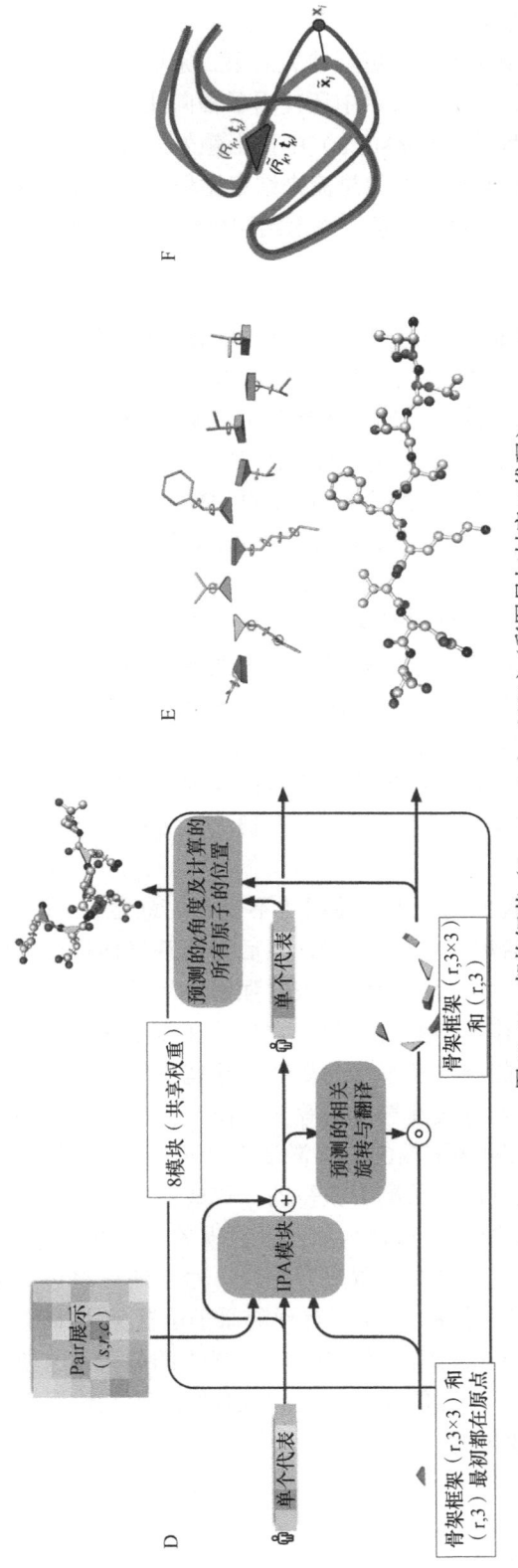

A. Evoformer 模块。B. 对表示。C. 三角乘法更新和三角自注意力。圆圈代表残基。对表示中的条目被表示为有向边,并且在每个图中,被更新的边是 ij。D. 结构模块包括不变点注意 (IPA) 模块。单个表示是 MSA 表示的第一行的副本。E. 残基气体:每个残基表示为一个自由漂浮的刚体 (蓝色三角形),侧链被表示为 χ 角 (绿色圆圈)。相应的原子结构如下所示。F. 帧对齐点错误 (FAPE)。绿色,预测结构;灰色,真实结构;(R_k, t_k),帧;x_i,原子位置

加一个额外的 logit 偏差，以包括三角形的"缺失边"，并定义一个非注意力更新操作"三角形乘法更新"，该操作使用两条边来更新缺失的第三条边，即在一个三角形中，任何两条边都可以影响第三条边。在 MSA 表示中还使用了轴向注意力的变体。在 MSA 中的每个序列注意力期间，从成对堆栈（pair stack）中投影额外的 logits，以偏置 MSA 注意力。这通过提供从对表示返回 MSA 表示的信息流来结束循环，确保整个 Evoformer 模块能够完全混合对表示和 MSA 表示之间的信息，并为结构模块内的结构生成做好准备。

2. 结构模块

端到端的结构模块是 AlphaFold2 架构的第二部分，它充当解码器，主要工作是将 EvoFormer 得到的信息转换为蛋白质的 3D 结构。它实现了从蛋白质结构的抽象表示到目标蛋白质的 3D 原子坐标的过渡。结构模块将每个残基作为一个单独的对象，并预测放置它所需的旋转和平移。其工作原理如图 11-24D 所示：结构模块使用来自主干的 MSA 表示的对表示和原始序列行（单个表示）对具体的 3D 主干结构进行操作。3D 骨架结构表示为 Nres 独立的旋转和平移，每个旋转和平移都相对于全局框架。这些代表 N-Cα-C 原子几何结构的旋转和平移优先考虑了蛋白质骨架的方向，因此每个残基的侧链位置在该框架内受到高度限制。相反，肽键几何形状是完全不受约束的，并且观察到网络在应用结构模块期间经常违反链约束，因为打破该约束使得能够在不解决复杂闭环问题的情况下对链的所有部分进行局部细化。在通过违反损失项进行微调期间，鼓励肽键几何形状的满足。只有在 Amber 力场中的梯度下降结构的预测后松弛，才能实现肽键几何形状的精确执行。从经验上讲，这种最终松弛并没有提高模型的准确性，如通过全局距离测试（GDT）33 或 iDDT- Cα 34 测量，但确实在不损失准确性的情况下消除了分散注意力的立体化学限制。

首先，在不改变 3D 位置的情况下，使用"不变点注意力"（IPA）的几何感知注意力操作来更新 Nres 神经激活集（单一表示），然后对残基气体执行使用更新的激活等操作。IPA 用每个残基的局部帧中产生的 3D 点来增强每个常见的注意力查询、关键点和值，使得最终值对全局旋转和平移是不变的（图 11-25）。在每个注意力操作和元素转换块之后，模块计算对每个主干帧的旋转和平移的更新。这些更新在每个残基的局部帧内的应用使得整体关注和更新块成为对残基气体的等变操作。侧链 χ 角的预测及结构的最终每个残基精度（pLDDT）是在网络末端的最终激活上使用小的每个残基网络计算的。TM 得分（pTM）的估计是从成对误差预测中获得的，该成对误差预测被计算为来自最终成对表示的线性投影。最终损失[我们称之为帧对准点误差（FAPE）（图 11-24F）]将预测的原子位置与许多不同对准下的真实位置进行比较。对于通过将预测帧（Rk，tk）与相应的真实帧对齐而定义的每次对齐，计算所有预测原子位置 xi 与真实原子位置之间的距离，由此产生的 Nframes×Natoms 距离受到钳制 L1 损失的惩罚。这使原子相对于每个残基的局部框架的正确性产生了强烈的偏差，因此就其侧链相互作用而言是正确的，并为 AlphaFold 提供了手性的主要来源。

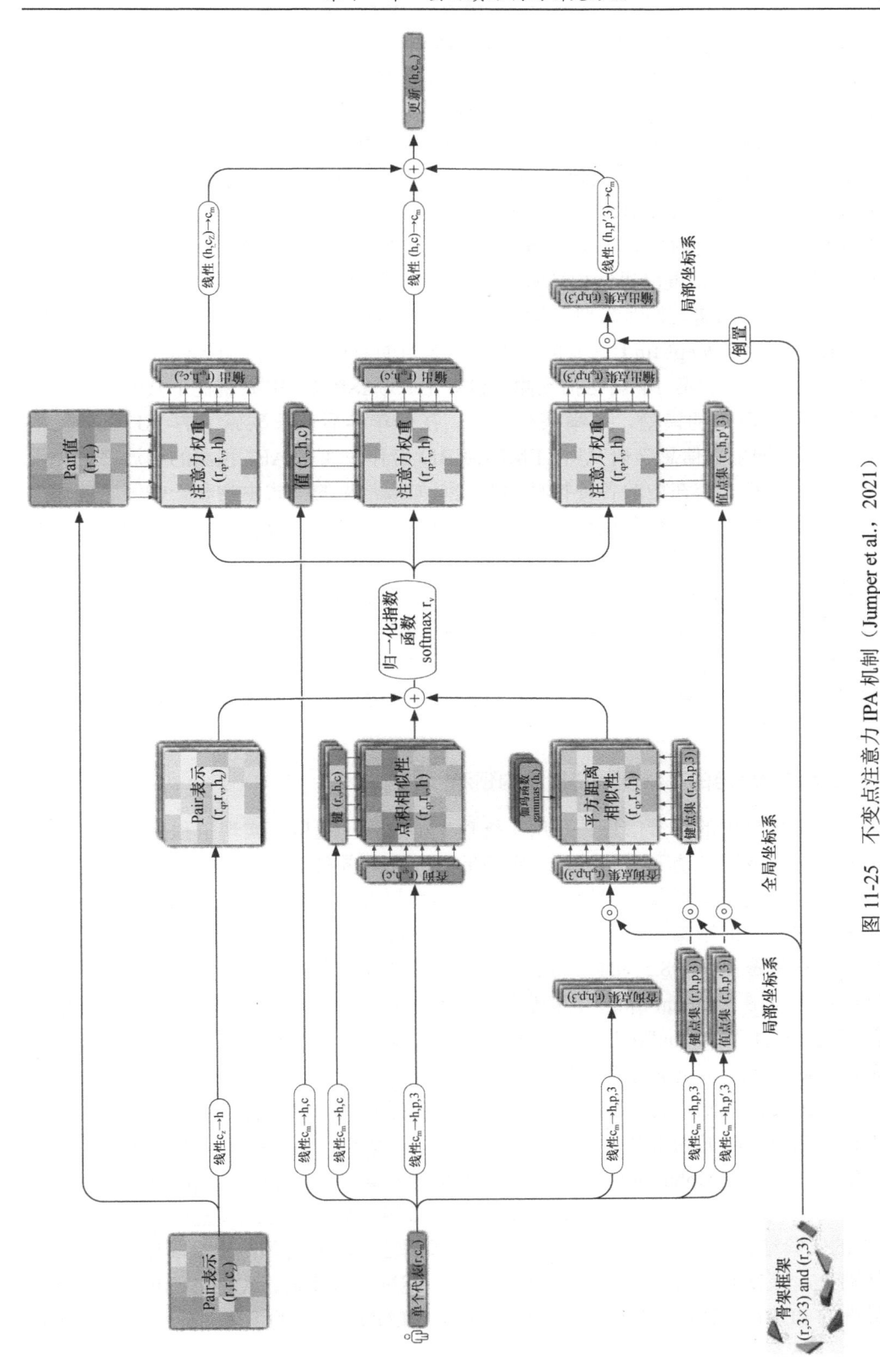

图 11-25 不变点注意力 IPA 机制（Jumper et al., 2021）

IPA 是一种用于一组帧（参数化为欧几里得变换 T）的注意力形式，并且在所述帧上的全局注意力逻辑 Tglobal 下是不变的。IPA 内的所有坐标以纳米为单位表示；单位的选择影响注意力方差和度的点分量的缩放。为了定义不同项的初始权重，假设所有查询和关键字都来自单位正态分布 N (0, 1)，并计算注意力逻辑方差对 q，k 贡献量对 q，k 贡献 Var[qk]=1。每个点对 (~q, ~k) 贡献 Var[0.5~q2~~q>~~k]=9/2。加权因子 wL 和 wC 被计算为使得所有三项的贡献相等，并且结果方差为 1。每个人头的重量 γh∈R 是可学习标量的软加

三、阿尔法折叠预测在生物学及医学领域的应用

蛋白质是细胞的关键分子，参与所有细胞过程。蛋白质的三维（3D）形状提供了关键信息，这些信息可以用于研究蛋白质的相互作用、功能和错义变异的影响。尽管在确定蛋白质结构的实验方法方面取得了巨大进展，例如，X 射线晶体衍射学、核磁共振（NMR）、冷冻电镜（cryo-EM）目前都已被很好地运用来解决蛋白质结构，但遗憾的是，这些方法耗时耗力，目前仅确定了约 200 000 个蛋白质的结构，覆盖不到全部蛋白质数量的 0.1%。几十年来，蛋白质结构预测一直是生物信息学中的一个基本挑战，准确地预测蛋白质结构可以加速人们对蛋白质结构-功能关系的理解，对生命研究产生巨大影响。2020 年 12 月，由 DeepMind 开发的基于机器学习的蛋白质结构预测模型 AlphaFold 2（AF2）在两年一度的第 14 届结构预测关键评估（CASP14）中显著优于其他方法，产生质量接近实验测定的模型，一举获得冠军。在一年半后，谷歌旗下的 AI 研究机构 DeepMind 和欧洲生物信息学研究所（EMBL-EBI）合作发布了 AF2 预测的超过 2 亿种蛋白质的结构，包括人类在内的各种物种的源代码如最常见的模式生物和一些著名的病原体（婴儿利什曼原虫、结核分枝杆菌、恶性疟原虫和克鲁斯锥虫等）已经公开，这一蛋白质结构宝库几乎涵盖了地球上所有已知的蛋白质。AF2 代表了蛋白质结构预测的里程碑式进展，被认为是目前人工智能对科学领域的最大贡献，也是 21 世纪人类取得的最重要的科学突破之一。AF2 可应用于生物学和医学的许多领域，包括人类蛋白质组的高精度蛋白质结构预测、全长蛋白链的预测、新型药物发现与关键靶点预测、结构生物学、药物发现与靶点预测、病原体中的药物靶点、蛋白质-蛋白质复合物及相互作用、蛋白质功能预测等。

1. 人类蛋白质组的高精度蛋白质结构预测

蛋白质结构提供的宝贵信息，既用于推理生物过程，也用于实现干预措施，如基于结构的药物开发或靶向诱变。经过几十年的努力，人类蛋白质序列中有 17% 的总氨基酸残基被实验确定的结构覆盖。应用最先进的机器学习方法 AlphaFold2，预测了 UniProt 人类参考蛋白质组的结构（每个基因一个代表性序列），其长度上限为 2700 个氨基酸残基，最终数据集覆盖了 98.5% 的人类蛋白质组，并进行了全链预测，大大扩大了蛋白质组的结构覆盖范围。AlphaFold2 所得到的数据集覆盖了 58% 的氨基酸残基，预测结果具有高置信度。使用在 AlphaFold2 模型基础上开发的新指标来解释数据集，能够识别出强大的多域预测及可能混乱无序的区域。

为了使最终的预测具有实践意义，它们必须具有经过良好校准和序列分辨的置信度。后一点在预测全链时尤为重要，因为预计域的置信度很高，而连接体和非结构化区域的置信度较低。为此，AlphaFold2 产生了一个称为预测局部距离差检验（pLDDT）的每残差置信度度量，其范围为 0～100。pLDDT 估计了预测与基于局部距离差检验 Cα（lDDT-Cα）35 的实验结构的一致性。除了良好的主链预测之外，侧链预测也是高度准确性的。在此基础上，pLDDT＞90 被视为高精度截止值，超过该截止值，AlphaFoldχ1 旋转异构体对最近的 PDBtest 数据集的预测正确率为 80%。pLDDT＞70 的下限对应于通常正确的

主干预测。

在人类蛋白质组中，35.7%的总残基属于最高准确度带，这是实验结构覆盖的残留物数量的两倍。总的来说，58.0%的残基被可靠地预测（pLDDT＞70），这为 PDB 中没有良好模板的序列（序列同源性低于 30%）增加了实质性的覆盖。43.8%的蛋白质对其至少 3/4 的序列有可靠的预测，在没有良好的模板的条件下，1290 种蛋白质含有 pLDDT≥70 的实质性区域（超过 200 个残基）（Tunyasuvunakool et al., 2021）。

该数据集为广泛的基因本体添加了高质量的结构模型，包括药物相关类别如酶和膜蛋白。特别是膜蛋白，其在历史上一直是具有挑战性的实验靶点，在 PDB 中通常代表性不足。这表明，即使对于训练集中不丰富的蛋白质类，AlphaFold 也能够做出较为可信的预测。

2. 全长蛋白链的预测

以前许多的大规模结构预测工作都集中在序列中独立折叠的结构域区域。将预测限制在预先识别的领域可能会错过尚未注释的结构化区域，还会丢弃序列其余部分的上下文信息，而这些信息在两个或多个域实质性交互的情况下可能很有用。在这里，利用全链方法尝试域间填充预测。

在 CASP14 中评估域间准确性方面，AlphaFold2 显著优于其他方法。然而，评估是基于一个小的目标集。为了进一步评估 AlphaFold2 在长多结构域蛋白质上的作用，研究人员汇编一个不在模型训练集中的最近 PDB 链的测试数据集，它仅包括具有超过 800 个解析残基的链，并应用模板过滤器方法，使用模板建模得分（TM-score42）评估该集的性能，该得分应更好地反映全局的准确性，结果显示 70%的预测 TM 得分＞0.7。

AlphaFold2 在主模型的基础上构建各种有用的预测因子，用于预测可能被实验解析的残基，并使用它们来产生预测的 TM 得分（pTM），其中每个残基的贡献通过其被解析的概率来加权。加权的动机是下调预测的非结构化部分，产生一个更好地反映模型对存在的结构化域的填充置信度的度量。在最近相同的 PDB 测试数据集上，pTM 与实际 TM 得分良好相关（Pearson 相关性分析的 $r=0.84$）。在这项研究中，科研工作者对人类蛋白质组进行了全面的、最先进的结构预测。由此产生的数据集对蛋白质组的结构覆盖做出了巨大贡献。

人类蛋白质组中仍然没有可靠预测的部分代表了未来研究的方向。其中有一部分将是真正的障碍，即存在固定结构，但当前版本的 AlphaFold 无法预测它。在许多其他情况下，序列是孤立的、非结构化的，可以说这个问题不在单链结构预测的范围内。开发新的方法来解决这些区域的生物学问题至关重要，例如，预测复杂的结构或预测细胞环境中可能状态的分布。

人类蛋白质组对医学的重要性导致人们从结构角度对其进行了深入研究。从蛋白质组层面来看，UniProt 数据库包含数亿种蛋白质，迄今为止，这些蛋白质主要通过基于序列相似性的方法来处理，较为容易得到这些蛋白质的结构，为这些蛋白质开辟了全新的研究途径。通过提供高精度的可扩展结构预测，AlphaFold2 可以实现向结构生物信息学的巨大转变，为蛋白质的研究提供了更广阔的空间。

3. 新型药物发现与关键靶点预测

大多数小分子药物的设计都得益于蛋白质结构信息。目前，基于结构的药物发现的蛋白质结构主要来自 RCSB 蛋白质数据库（Protein Data Bank，PDB）。然而，PDB 数据库中的蛋白质结构数量相当有限，远远不能满足当前药物发现的需求。无论是针对小分子、生物制品、生物仿制药，还是蛋白水解靶向嵌合体疗法，在没有实验结构的情况下使用 AF2 预测的结构模型可以显著促进基于结构的药物发现。此外，靶蛋白与类似蛋白的 AlphaFold 模型比较分析可以用于产生更特异的药物，如具有潜在较少毒副作用的药物。研究来自不同物种的 AlphaFold 数据，可以选择最适合测试针对人类的潜在药物的动物模型。

研究人员成功地将 AlphaFold 应用于端到端人工智能药物发现引擎，包括生物计算平台 PandaOmics 和生成化学平台 Chemistry42，以节约成本和时间有效的方式，从靶标选择到靶标识别，鉴定了一种针对没有实验结构的新型靶标的新型命中分子。PandaOmics 为治疗肝细胞癌（HCC）提供了靶标蛋白质，Chemistry42 基于 AlphaFold 预测的结构生成分子并合成选定的分子，在生物测定中进行了测试。通过这种方法，研究人员在靶点选择后 30 天内，仅合成了 7 个化合物就鉴定出了一种细胞周期蛋白依赖性激酶 20（CDK20）的小分子化合物，其结合常数 K_d 值为（9.2±0.5）$\mu mol/L$（$n=3$）。根据现有数据，研究人员又进行了第二轮人工智能驱动的化合物生成，通过这一过程发现了一种更有效的分子 ISM042-2-048，其平均 K_d 值为（566.7±256.2）nmol/L（$n=3$）。化合物 ISM042-2-048 也显示出良好的 CDK20 抑制活性，IC_{50} 值为（33.4±22.6）nmol/L（$n=3$）。此外，与反筛选细胞系 HEK293[IC_{50}=（1706.7±670.0）nmol/L]相比，ISM042-2-048 在 CDK20 过表达的 HCC 细胞系 Huh7 中显示出选择性抗增殖活性，IC_{50} 为（208.7±3.3）nmol/L。这项工作是首次将 AlphaFold 应用于药物发现中的命中识别过程，人工智能的应用将为药物发现和开发带来革命性变革（Ren et al., 2023）。

此外，有效识别药物作用机制仍然是一个挑战。计算对接方法已被广泛用于预测药物结合靶标；然而，这种方法依赖于现有的蛋白质结构，并且直到最近才从 AlphaFold2 获得准确的结构预测。研究人员将 AlphaFold2 与分子对接模拟相结合，预测了大肠杆菌基本蛋白质组中 296 种蛋白质与 218 种活性抗菌化合物和 100 种非活性化合物之间的蛋白质-配体相互作用，指出了广泛的化合物和蛋白质混杂（Wong et al., 2022）。通过测量用每种抗菌化合物处理的 12 种必需蛋白质的酶活性来对模型性能进行基准测试，虽然证实了广泛的混杂性，但结果发现接收器工作特性曲线（auROC）下的平均面积为 0.48，表明模型性能较弱。使用基于机器学习的方法对分子对接进行重新定位可以提高模型性能，导致平均 AUROC 高达 0.63，并且重新定位函数的集合可以提高预测精度和真阳性率与假阳性率的比率。这项工作提示需要在蛋白质-配体相互作用建模方面取得进展，特别是使用基于机器学习的方法，以更好地利用 AlphaFold2 进行药物发现。展望未来，进一步将机器学习应用于分子对接的研究和蛋白质结构预测，以改进用于抗生素药物发现的蛋白质-配体相互作用的预测。类似的方法可能适用于鉴定各种的蛋白质-配体药物相互作用，包括抗肿瘤和抗病毒化合物，通过对此类蛋白质与化合物库的分子大规模对接可能会提高药物筛选的命中率，从而开发靶向目标蛋白质的药物。

4. 针对病原体中的药物靶点

PDB 中病原体的结构覆盖率通常远低于模式生物，随着 2021 年 AF2 更大规模数据发布，许多新生物体的预测结构已经可用。来自病毒、细菌和真菌等病原体的蛋白质结构可用于评估药物的可药用性，以及与人类蛋白质的可能交叉反应，并有助于设计针对多种病原体的药物。识别传染源中的药物靶点可能会在短期内带来最容易获得的成果。

一项研究用 AlphaFold 2 模拟了来自 14 种农业上重要的真菌植物病原体、6 种非致病真菌和 1 种卵菌的 26 653 种分泌蛋白的结构（Seong and Krasileva，2023）。利用 18 000 个成功预测的褶皱，对效应器进化的两个方面进行了结构引导的比较分析：独特扩展的序列无关结构相似（SUSS）效应器家族；真菌物种中存在的常见褶皱。谱系特异性 SUSS 效应器家族的极端扩展仅在几种专性生物群中发现，即禾谷布鲁菌和禾谷柄锈菌。高度扩展的效应家族是保守序列基序的来源，如 Y/F/WxC 基序。现已鉴定了新的 SUSS 效应器家族，包括已知的毒力因子，如 AvrSr35、AvrSr50 和 Tin2。结构比较表明，扩展的结构褶皱通过域重复和无序伸展的融合进一步多样化。假定亚功能化和新功能化的 SUSS 效应子可以调节重新聚集，从而扩大病原体感染周期中效应子的功能库。研究还发现了许多效应器家族可能起源于真菌中保存的祖先褶皱的证据。研究强调了不同的效应器进化机制，并支持差异进化作为驱动 SUSS 效应器从祖先蛋白质进化的主要力量。

5. 蛋白质复合物功能解析及新型蛋白质的设计

大型蛋白质复合物控制许多细胞过程，执行复杂的生物学任务。通过结合来自许多共纯化实验的蛋白质相互作用信息，人类蛋白质复合物图谱 hu.map 2.04 提供了一组 4779 个具有两个以上链的复合物，但是这些复合物中只有 83 种存在于 PDB 中。在 CORUM5 的 3130 个真核核心蛋白复合物中，只有 800 个具有覆盖 PDB 中所有链的同源结构，在具有 10~30 个链的 PDB 数据中，只有 265 个异质和同质、非冗余的复合物，这表明我们对蛋白质复合物的结构认知仍存在差距。尽管目前还不知道可能存在多少大的复合物，但根据 hu.MAP 中已知的人类复合物与这些复合物的结构覆盖率之间的关系，可以推断出不同物种之间存在的结构的覆盖率。

目前至少有三种方法用于对蛋白质复合物的结构进行建模，即基于模板的建模、形状互补对接和综合建模。此外，很少有对接程序处理两条以上的蛋白质链，即这些方法不适合构建与已知复合物没有密切同源性的大型复合物。目前也没有两个以上链的复合物的可用对接基准。

唯一主要用于预测两条以上蛋白质链空间结构的深度学习方法是 AlphaFold-multimer。这种方法已经在多达 9 个链或 1536 个氨基酸残基的蛋白质上进行了训练，并且可以预测多达几千个残基组成的复合物。在这些复合物中，记忆限制发挥了作用。然而，具有两条以上链的蛋白质的性能也会迅速下降。在少数情况下，可以从二聚体手动组装大型复合物。另外，在体内，因为存在同源蛋白链和潜在的界面，在添加后续链之前需要掩埋这些界面，大蛋白复合物的所有成分不是同时组装的，而是逐步组装。所以，直接从序列信息预测大型复合物的结构目前是一个困难的挑战。

科研人员探索了 AlphaFold 在预测具有 10~30 个链的蛋白质复合物方面的局限性，

并创建了一种排除重叠相互作用的图遍历算法，使得以逐步方式组装大型蛋白质复合物成为可能（Bryant et al., 2022），如图 11-26 所示。该方法表明可以从子组件的预测开始，进而预测更大的复合体结构。使用从天然二聚体、天然三聚体和所有可能的三聚体相互作用预测的子组分，TM 得分中值分别为 0.77、0.80 和 0.50（175 个复合物中有 15 个、58 个和 91 个完整的结构）。评分函数 mpDockQ 可以区分组件是否完整，并预测其准确性，使所有三聚体的盲法预测具有可行性。基于 AlphaFold（AF）的 FoldDock 在预测三聚体亚组分方面优于 AFM，而且速度更快，AF 也没有经过蛋白质组装的训练，这为该方法的稳健性提供了支持。这表明，只要其子成分预测准确，就有可能组装复合体。

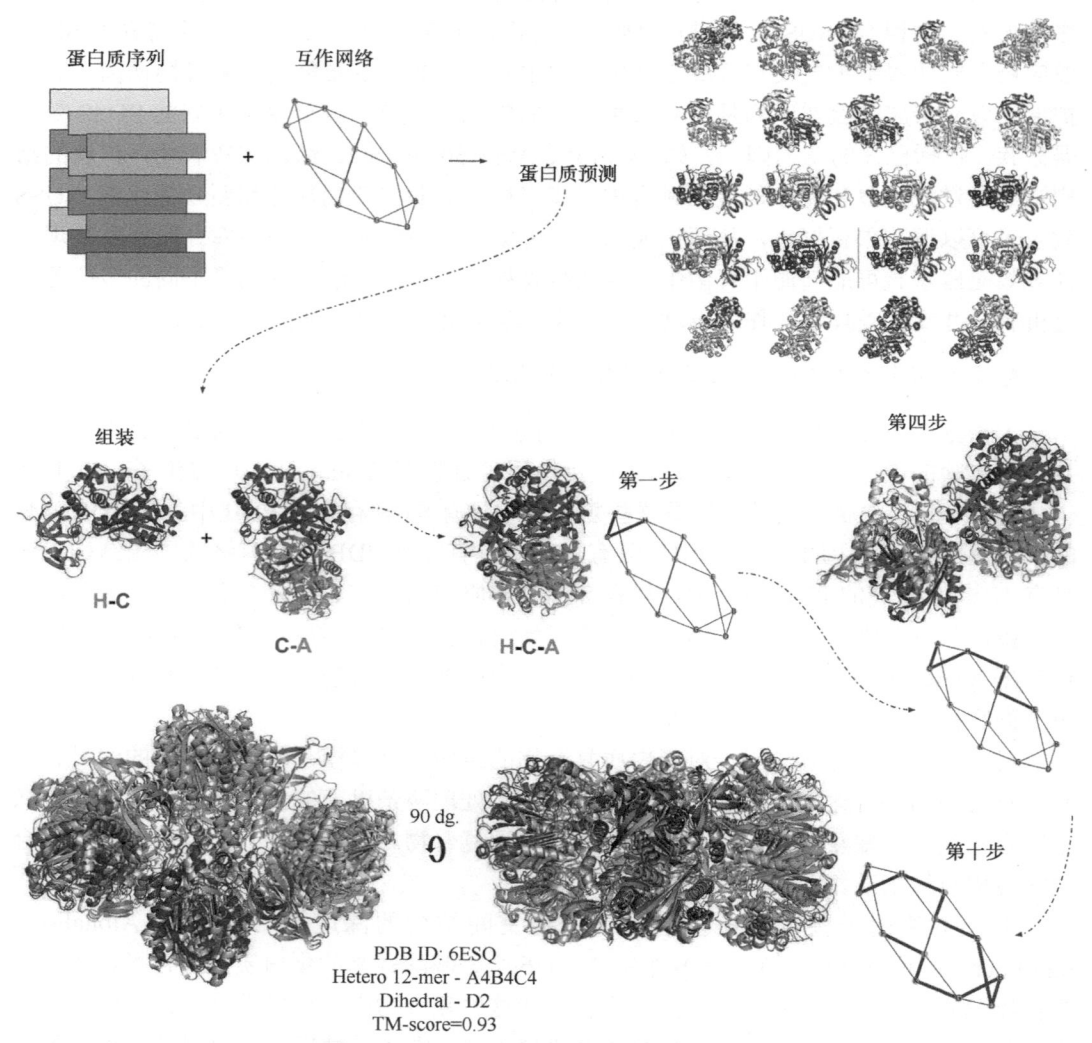

图 11-26　相互作用链的结构由每条链的蛋白质序列和相互作用网络预测（Bryant et al., 2022）（彩图另扫封底二维码）

根据这些预测，以预测为指导构建装配路径。在每个步骤中，通过网络边缘添加一个新链，从而形成复合体的顺序构建。采用的路径用红色勾勒。完整的程序集显示为与本机复合重叠（灰色）。使用来自 AFM（显示）的子部件得到的 TM 得分为 0.93，使用 FoldDock（未显示）得到的 TM 分数为 0.92

上述策略仅使用蛋白质序列信息和化学计量就可以组装具有不同对称性的大型复合物。对大型复合体进行建模并组装,将预测大型复合物的问题转化为对其子组件的预测,这也预示着整个细胞中所有蛋白质复合物的模型都可以被建模。当然,由于预测蛋白质复合物的一个局限性是化学计量,通常不知道一个给定的复合物中有多少个蛋白质拷贝,后续研究中一旦通过复合物的计算或实验研究克服这一限制,就有可能组装许多不同的蛋白质复合物。

蛋白质从头设计是一项极其复杂而富有挑战性的任务,也是合成生物学中的一个重要目标。蛋白质从头设计会增强我们对蛋白质折叠和相互作用原理的理解,并有可能通过新蛋白质功能的工程改造生物技术。随着 AF2 预测的问世,从氨基酸序列可靠预测蛋白质的 3D 结构和进行蛋白质设计的新时代已经到来。例如,Generate Biomedicines 公司的科学家利用现有的关于严重急性呼吸系统综合征状病毒 2 型刺突蛋白及其与受体蛋白 ACE2 相互作用的知识,设计了一种合成蛋白,可以持续阻断病毒进入不同变体中(Eisenstein,2023)。该公司联合创始人兼首席技术官 Gevorg Grigoryan 表示"在内部测试中,这种分子对我们迄今为止看到的所有变体都具有相当的耐药性"。Jendrusch 等人开发了一种将 AF2 作为预言符嵌入到可优化的设计过程,利用进化算法通过序列优化进行从头蛋白质设计的适应性计算框架。通过标准从头算折叠、蛋白质结构分析方法和严格的全原子分子动力学模拟来验证并确认预测结构的完整性。这项研究中,从头设计应用在蛋白质单体、二聚体、低聚物、靶蛋白质,以及在复合物形成时改变构象的蛋白质等方面。另外,Casper 等试图通过反转 AF2 网络来回答 AF2 是否已经充分了解了蛋白质折叠的原理这个问题,使用预测权重集和损失函数来偏置生成的序列以实现目标折叠(Goverde et al.,2023)。最初的从头设计试验与天然蛋白质家族相比,蛋白质表面疏水残基的比例过高,需要额外的表面优化。设计的计算机验证显示,蛋白质结构具有正确的折叠、亲水表面和密集的疏水核心。体外验证表明,39 个设计中有 7 个是折叠的,并且在高熔融温度的溶液中稳定。总之,仅基于 AF2 的设计工作流程似乎没有完全捕捉到从头蛋白质设计的基本原理,正如在蛋白质表面的疏水性与亲水性图案中观察到的那样。然而,在设计后干预最小的情况下,AF2 的管道产生了可行的序列,作为评估的实验特征。因此,AF2 的管道显示出有助于解决蛋白质从头设计中突出挑战的潜力。

6. 结构生物学的应用

自 AF2 问世以来,结构生物学是受其影响最大的领域。首先,AF2 预测的结构可以替代传统的硒代甲硫氨酸定相,为 X 射线晶体结构的求解提供分子替换的模板。其次,AF2 预测的结构也可能有助于通过冷冻电镜确定大蛋白组装体的结构。再次,可以用 AF2 结构代替 NMR 从头确定结构域或蛋白质的结构这一耗时耗力的过程,为 NMR 解决蛋白质结构提供便利。例如,Hu(2022)等利用 X 射线晶体学和 AF2 预测确定 B 组轮状病毒中作为刺突蛋白的 VP4 的 VP8*结构域(VP8*B)的结构。在解决蛋白质的 3D 结构过程中,没有使用传统的硒代甲硫氨酸定相方法,而是使用 AF2 生成了一个合适的分子替换搜索模型。结果表明,AF2 预测的结构与衍射密度几乎完全匹配。此外,AF2 还高精度成功地预测了与实验结果非常接近的侧链方位,并发现了一种在同源蛋白中从未报道过的新的折叠模式（Yang et al.，2023）。最后，通过模型蛋白质组的 AlphaFold2 预测增加了结构覆盖率。AF2 数据库已经发布了 21 个模式物种的典型蛋白质亚型的预测，几乎涵盖了 365 198 种蛋白质中的每一个残基。通过比较 SMR 和 AF2 数据库中包含的 11 个模式物种的结构，这些物种的 AF2 平均额外覆盖了 44%的残基，通过更严格的截止值（pLDDT>90），AF2 以非常高的置信度预测平均 25%的残基。另外，AF2 数据库中可能包含了在实验结构中没有广泛被看到的特殊的结构元素，如在研究结核分枝杆菌的实例中确定串联重复的有趣结构，具有 6~10 个残基重复单元的串联重复蛋白主要具有 β 螺线管结构。分析 AF2 结果，研究人员发现了一种新的 β 螺线管结构，该结构预测了一大家族的五肽重复序列（Akdel et al.，2022）。

四、阿尔法折叠的应用前景及局限性

AF2 的发明是结构生物学中一个里程碑式事件。它利用序列信息以原子级的精度快速模拟蛋白质折叠，从而改革了蛋白质结构预测领域。然而，AlphaFold 数据在应用于治疗方法设计上仍存在很多限制。特别是，大的多结构域和柔性蛋白质仍然没有被很好地建模，并且这些模型缺乏任何配体（小分子、DNA、辅因子、金属和其他蛋白质），因此没有提供任何相互作用数据，而这些数据与阐明功能特别相关。另外，目前的 AF2 是根据蛋白质数据库中的蛋白质结构训练的，其中 X 射线晶体学结构占主导地位。因此，它被认为是蛋白质可能结晶的实验条件下结构状态的预测因子，而不是生理条件下最低自由能状态的预测函数，这将限制 AF2 预测在许多方面的应用。

1. 动态蛋白质构象

蛋白质在生理或病理环境中是动态的，具有多种状态，在不同的微环境中经常通过构象的改变对其功能进行精巧的调控。另外，很多蛋白质与细胞内外的各种其他蛋白质或辅因子结合，也会呈现出不断变化的空间时态构型，所以蛋白质动力学一直是一个非常重要的研究领域。然而，在这一点上，AF2 预测的蛋白质结构是单一静态的，很难涵盖蛋白质的构象多样性。Tadeo（2022）使用精心策划的 apo-holo 构象对集合发现 AlphaFold2 在约 70%的情况下预测了蛋白质的完整形式，但无法再现观察到的构象多样性，两种构象的误差相同。更重要的是，AlphaFold2 的性能随着所研究蛋白质构象多样性的增加而恶化。这种损伤与所研究的蛋白质同源家族的不同成员之间发现的构象多样性程度的异质性有关。Apo-holo 构象对相关的主链柔性与预测的局部模型质量分数 plDDT 呈负相关，表明单个 3D 模型中的 plDDT 值可用于推断与配体结合转变相关的局部构象变化（Saldaño et al.，2022）。虽然 Del Alamo（2022）等最近提出了一种驱动 AF2 的方法，用于对拓扑多样的转运蛋白以及 AF2 的训练数据集中不存在的 G 蛋白偶联受体的替代构象进行采样。然而，探索动态的构象空间仍然是 AF2 需要进一步设计新的深度学习方法来预测生物物理相关状态的集合。

2. 折叠转换蛋白和无序区域

折叠转换蛋白的显著结构重排调节生物过程，并与许多疾病相关，包括新型冠状病毒感染、癌症、阿尔茨海默病、疟疾等。因此，预测折叠转换蛋白是一个重要问题。AlphaFold2 是蛋白质结构预测的一个重大进展，特别是对于单折叠蛋白质。然而，它的深度学习模型是基于蛋白质序列和实验确定的蛋白质结构进行训练的，更多地基于模式识别，而不是生物物理原理，这两种模型都没有揭示折叠机制。如果没有关于蛋白质结构的其他基本信息，如热力学参数（什么样的力平衡有利于折叠状态）和动力学参数（蛋白质在未折叠状态和折叠状态之间通过什么途径），AlphaFold2 只能揭示实验确定的蛋白质结构的明显性质（Chakravarty and Porter，2022）。另外，在可用于比对的序列较少的情况下，以及天然未折叠或无序的区域，AF2 也不能很好地预测蛋白质的结构，例如，环结构在晶体中相对稳定，但在溶液中非常灵活。尽管已经尝试了许多方法，但现有方法很难预测溶液中蛋白质无序区域的形态、动力学和相互作用。所以未来 AlphaFold2 仍有许多工作要做，以确定折叠转换蛋白的特征。

3. 与小分子或其他蛋白质复合的蛋白质结构

众所周知，小分子配体或蛋白质可以诱导蛋白质发生构象变化，大多数蛋白质具有离子和共因子（如 FAD 和 NADPH），然而，AlphaFold 2 还没有经过机器学习与训练，将这些因素考虑在内，在一定数量的情况下，不可能添加或对接它们。例如，小分子或肽变构调节剂与酶蛋白的不同在于其内源性配体结合位点结合以引起构象变化，从而改变酶的活性。然而，AF2 并不是为了确定存在其他相互作用的配体或蛋白质的情况下蛋白质如何改变其形状而设计的，所以它无法预测与小分子或其他蛋白质复合的蛋白质结构（Hekkelman et al.，2023）。

4. 错义突变的蛋白质结构

错义突变经常与人类疾病有关，而单个氨基酸突变会导致蛋白质聚集、错误折叠和功能障碍。预测感兴趣的突变对蛋白质 3D 结构的影响，将有助于结构生物学家和非结构生物学家对其致病机制做出明智的假设。而 AlphaFold2 的预测主要基于 WT 或同源序列，因为不存在破坏结构突变的数据库这个潜在的限制，致使 AlphaFold2 对输入序列中破坏结构的突变不敏感。例如，BRCA1 的 BRCT 重复序列中的突变破坏了其抑癌活性并导致早发性乳腺癌症，错义突变 A1708E 与乳腺癌发病相关，并在蛋白水解分析中发现不稳定 BRCA1 C 端重复序列。A1708 堆积在两个 BRCT 重复序列之间的小疏水口袋中，用体积更大且带电荷的谷氨酸残基取代预计会破坏它们的相互作用。AlphaFold2 预测 WT 和 A1708E BRCT 的结构相似，平均 Cα r.m.s.d.仅为 0.6Å。对于 A1708E BRCT，两个重复序列的螺旋之间有稍大的空间，残基 1708 和 1786 的 α-碳之间的距离为 5.4Å（WT）和 6.6Å（A1708E 突变体）。这种容纳较长谷氨酸侧链的距离增加不足以防止 E1708 的酸性氧堆积在疏水性 L1786 侧链上。因为 WT 和 A1708E 的 BRCT 值分别为 95 和 94，带电原子在结构的疏水区内的这种不利位置没有反映在 pLDDT 评分中（Buel and Walters，2022）。

5. 孤儿蛋白和快速进化的蛋白质

尽管孤儿蛋白可能看起来很罕见，但它们在大规模基因组测序产生的庞大且不断扩大的蛋白质库中很常见。大约20%的宏基因组蛋白质序列和11%的真核及病毒蛋白序列是孤儿蛋白。AlphaFold2 在孤儿蛋白预测方面的能力较差，它依赖于多序列比对，因为多序列比对中位置之间的氨基酸共出现的相关性是这些位置在折叠蛋白质的三维空间中彼此接近的有力指标。Chowdhury 与 Mohammed AlQuraishi 等人开发的新 RGN2 算法完全放弃了多重序列比对，该算法使用蛋白质语言模型（AminoBERT）从未对齐的蛋白质中学习潜在的结构信息，相较于 MSA 具有理论和实践优势，在孤儿蛋白和设计蛋白类别上的表现优于 AlphaFold2 和 RoseTTAFold（Michaud et al.，2022）。另外，AF2 不具备处理没有可靠实验模板的结构（发散结构域或研究不足的蛋白质结构）的能力。例如，CLCL1_HUMAN（Q8IZS7）编码一种快速进化的免疫受体凝集素，该凝集素具有在大多数其他哺乳动物中发现的直向同源物；然而，由于其出乎意料的高氨基酸交换率，AF2 未能较好地计算出其初始片段作为信号锚（TM 片段）。这表明，在发散序列的情况下，AF2 在寻找快速进化蛋白 TM 螺旋方面也可能不可靠（Dobson et al.，2023）。

AlphaFold 算法被称为结构生物学领域的"游戏规则改变者"，并证明了深度学习算法在生物医学中的众多应用。然而，AlphaFold 并没有完全解决"蛋白质折叠问题"，仍然存在许多挑战，例如，预测链内结构域的相对位置、结构域如何响应刺激而改变其相对构象，以及结构域如何从无序过渡到有序等。

第八节　分子对接和动力学模拟

确定蛋白质分子的空间结构，对于揭示其生物学功能具有重要意义。在过去的几十年里，随着 X 射线晶体学、核磁共振、冷冻电镜和 AlphaFold 预测等结构研究的不断发展，许多蛋白质复合物的结构已被确定（Jumper et al.，2021），这些结构为理解蛋白质分子的工作机制及相应的药物开发提供了非常必要的数据。然而，这些实验方法虽然可以获取丰富的蛋白质静态结构信息，但是对蛋白质动态结构信息的获取则非常有限。因此，理论上迫切需要通过计算机分子模拟的方法，进一步探索蛋白质复合物之间的相互作用及识别过程（Huang，2014）。

计算生物学（computational biology）是生物学的一个重要分支，结合了计算机科学和生物学。近年来，计算生物学得到了快速发展，已逐步成为现代生命科学研究的核心学科和方法之一。相较于传统的生物学研究，计算生物学的优势在于其借助计算机处理大量的数据，使得我们能够更全面、更深入地了解生物系统，更好地揭示生命运作的基本规律。从基于蛋白质序列预测蛋白质三维结构以及动力学特征，到研究生物大分子结构与功能的关系、生物大分子之间以及生物大分子与配体之间的相互作用，计算生物学促进了蛋白质工程、蛋白质设计和计算机辅助药物设计的发展。

分子对接（molecular docking）和分子动力学（molecular dynamics simulation）技术是计算生物学的重要组成部分，在生物学研究中不断发挥着重要的作用。分子对接与分子动力学模拟可以深入地阐述分子间的相互作用，并可以形象地解释相互作用的机理，特别是在药物开发领域有着重要的应用，目前已经成为阐述生物学机理的重要研究方法。

一、分子对接

分子对接是基于集成生物信息学分析的生物分子模拟方法，指通过计算机模拟将小分子（配体）放置于生物大分子（受体）的结合区域，并通过计算机编程在分子或原子水平上预测两者的亲和力（结合亲和性）和结合模式（构象），进而找到配体与受体在其活性区域相结合时能量最低构象的方法（Singh et al., 2022）。分子对接已作为理论模拟策略广泛应用于药物发现研究，以及致力于寻找新型活性生物分子（如生物活性肽）的虚拟筛选研究。

（一）分子对接基础原理

1. 锁钥模型

分子对接的基本原理源于1894年Emil Fischer提出的锁钥模型（lock-and-key model），也被称为费舍尔理论，是最早用来阐述酶与底物专一性的模型之一（Fischer, 1894）。该模型认为酶的活性位点和底物在空间形态上要相互匹配、严格互补，结合后可引起相对最小的构象变化，就像一把钥匙打开一把锁，只有大小和形状正确的钥匙（底物）才能装入锁（酶）的钥匙孔（活性位点）。当然，分子间相互作用比锁钥模型复杂得多，虽然锁钥模型解释了酶的高度特异性，但是不能解释酶如何实现过渡态的稳定化。

2. 诱导契合模型

与锁钥模型相反，Koshland于1958年提出的诱导契合模型（induced-fit model）解释了结合过程中发生的构象变化，以及未结合状态下具有不同程度形状互补性的蛋白质之间的相互作用（Koshland et al., 1958）。诱导契合模型表明，酶与配体结合时会改变其构象，就像手滑入手套时会改变形状一样，通过物理相互作用对相交界面进行优化，从而形成最终的复杂结构。弱的初始复合体形成后，中间体逐渐重新排列以产生新的相互作用，直至达到最终的高亲和力状态。然而，诱导契合模型无法解释某些构象变化，如结构域重排、骨架集体运动和高柔性蛋白质的无序到有序转变等。

3. 构象选择-诱导模型

Ma等（1999）提出构象选择-诱导模型（conformation-selection and induction model），该模型解释了蛋白质与配体结合过程中的构象变化和相互作用，如图11-27所示。在构象选择-诱导模型中，假设配体和蛋白质存在多个可能的构象。在配体与蛋白质结合之前，蛋白质可以处于不同的构象状态。配体的结合会选择性地引发蛋白质的构象变化，使其适应和优化与配体的相互作用。这种构象变化可以涉及蛋白质的某些区域（如结合口袋）的扭曲、调整和移动。构象选择-诱导模型认为，在接近平衡的条件下，蛋白质会通过与配体的结合来选择性地触发特定的构象状态。这意味着配体与特定构象更有利的相互作用，而其他构象则被抑制或不利于配体的结合。因此，在结合的过程中，蛋白质构象会发生调整和调节，以适应和优化配体的结合。构象选择-诱导模型在解释典型的蛋白质-配体相互作用中起到重要的作用，为理解分子间相互作用的动态和结构关系提供了一个框架。

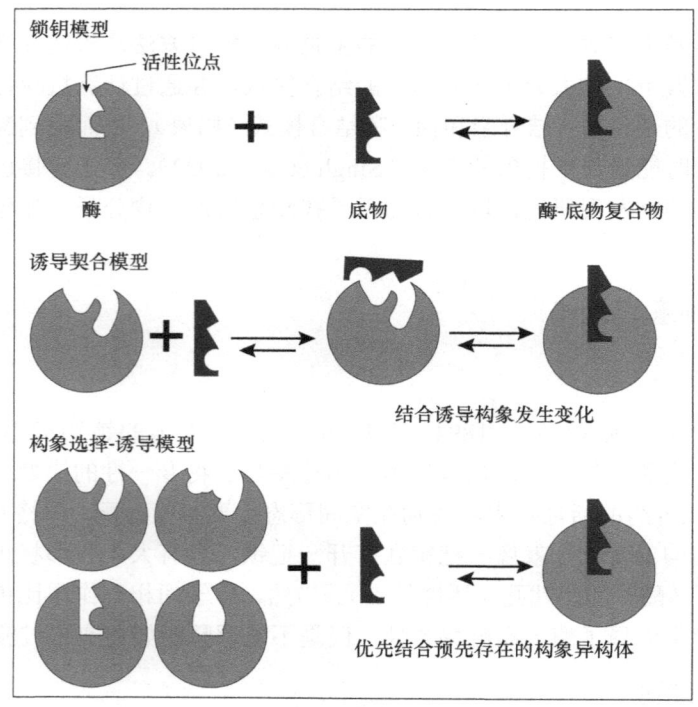

图 11-27　几种分子对接原理图例（Ma et al.，1999）

（二）分子对接类别

根据对接分子构象变化与否可将分子对接分为三类（Meng et al.，2011；Chen，2015）：刚性对接、半柔性对接和柔性对接。

（1）刚性对接：这种方法假设小分子和目标蛋白之间的构象是刚性的，即不考虑构象的自由度。它主要基于分子的几何形状和相互作用位点的静态特征进行计算；适合研究比较大的体系，如蛋白质与蛋白质之间、蛋白质与核酸之间的对接，其计算简单，主要考虑受体与配体之间的契合程度。

（2）半柔性对接：这种对接方法允许研究体系尤其是配体（小分子）的构象在一定的范围内发生改变；常用于大分子和小分子间的对接，在对接过程中，大分子是刚性的，但小分子的构象一般是可以变化的。半柔性对接可以在一定程度上考察柔性的影响，同时也保持较高的计算效率。目前几乎所有的对接程序都采用了这种方法，如 AutoDock（Morris et al.，1998）、FlexX（Rarey et al.，1996）。

（3）柔性对接：与刚性对接相反，柔性对接方法考虑了小分子和目标蛋白的构象的自由度。这种方法允许小分子在与蛋白质相互作用时发生结构上的改变，以更好地适应目标蛋白的结构。对接过程中，受体和配体都是柔性的，研究体系的构象可以自由变化。由于计算过程中体系的构象可以变化，计算量相对也最大，对计算机系统的要求也较高，因此，柔性对接一般用于精确计算分子间的识别情况。

上述几种方法对接的结果可以获得分子对应与初始态的优势构象,实际上这样的构象可以有很多种,一般认为自由能最小的构象存在的概率高。所以,对接的结果中会输出多种构象,而此时选择保存和分析自由能最小的那一个构象即可。

(三)分子对接基本流程

本质上,分子对接的目的是使用计算方法预测配体-受体复合物结构。对接可以通过两个相互关联的步骤来实现:首先对蛋白质活性位点的配体构象进行采样;然后通过评分函数对这些构象进行排名。分子对接的一般流程如下。

(1)蛋白质和小分子准备:在进行分子对接之前,首先需要准备好蛋白质和小分子的结构。对于蛋白质,可以使用实验方法如 X 射线晶体学、核磁共振等获得其三维结构,或者通过计算模型如 AlphaFold(Jumper et al.,2021)来预测。小分子药物通常可以从数据库中获取,或者通过化学信息学工具生成。

(2)搜索空间定义:分子对接需要定义一个搜索空间,即在蛋白质中可能发生结合的位点和方向。一般来说,搜索空间可通过活性位点的位置、结构和特征来定义;也可以使用引导对接的方法,通过已知的蛋白质-小分子复合物来定义搜索空间。

(3)空间格网生成:为了有效地研究搜索空间,通常会生成一个空间格网。这个格网可以覆盖整个搜索空间,并且能够对位点进行采样。

(4)初步对接:使用分子对接算法,在空间格网的每个格点上进行对接。对接算法会尝试预测蛋白质和小分子复合物的最优位置及形式。

(5)评分和优化:通过评分函数来评估每个复合物的质量,评分函数一般需要考虑结合能和相互作用特征。根据评分结果,可以对候选复合物进行排序和筛选;也可以使用优化算法进一步优化复合物的构象和结合模式。

(6)结果分析和可视化:对对接结果进行分析和解释。可以通过可视化工具将复合物的结构可视化,以便进行进一步的结构分析和优化。可以使用着色等技术来突出显示重要的相互作用和结合模式。

需要注意的是,分子对接是一个非常复杂的问题,涉及许多因素,如柔性配体对接、溶剂考虑、靶点灵敏度等。因此,在实际应用中,可能会使用不同的算法和策略,并且需要结合实验结果来验证预测结果的准确性。

(四)常用分子对接软件

分子对接软件是用于预测分子之间相互作用和结合模式的工具,目前常用的分子对接软件包括 Autodock/Vina、Dock、MOE、HADDOCK 和 BioDock 等(Kamal and Chakrabarti,2023)。这些软件具有不同的算法、方法和功能,可用于研究不同的对接问题和应用领域。选择合适的分子对接软件,应该根据研究目的、数据类型和计算资源等因素进行考虑。

1. Autodock 软件

Autodock 是一种著名的分子对接软件,它使用基于能量的对接算法来模拟小分子与蛋白质之间的结合位点。该软件包括两个主要组件：Autodock（用于寻找小分子的合适构象）和 Autodock Vina（用于高效的快速对接）。Autodock 允许用户输入蛋白质和小分子的分子结构，然后通过计算能量和刚性对接来预测最佳结合构象。该软件还提供了灵活对接和分子动力学模拟等功能，用于研究蛋白质和小分子之间的动态相互作用。

2. Dock

Dock（drug design and optimization by computational kernel）广泛应用于药物发现和药物设计领域。Dock 能够预测两个分子之间的相互作用，以确定物质的结合方式和亲和性。通过模拟分子间的相互作用，Dock 可以确定潜在药物分子与靶标蛋白之间的结合位点，并评估它们之间的相互作用力。这对于药物研发过程中的候选药物筛选和优化至关重要。Dock 软件基于分子动力学的原理和算法，采用了一种名为格点方法的技术，将分子的三维空间离散化为一个二维的网格。通过计算分子间的相互作用能，并在不同位点上搜索最佳结合位置，Dock 能够产生一组潜在的结合模型。这些模型可以用于进一步研究和分析，以评估候选药物的有效性和选择最佳的结合位点。此外，Dock 还提供了丰富的功能和工具，包括分子库设计、蛋白质/配体对接、分子动力学模拟和虚拟筛选等。用户可以通过简单的命令行接口或图形用户界面来操作和运行Dock。此外，Dock 还提供了多种输出格式和图形化展示功能，方便用户对结果进行分析和可视化。

3. 化合物分析工具

MOE（molecular operating environment）是一款功能强大的计算化学和分子建模软件，广泛用于药物设计和分子对接。MOE 提供了多种对接方法和算法，如 Dock、Rdock、Gold 和 Glide 等，可用于研究分子之间的相互作用。MOE 还提供了丰富的分子编辑、构建和优化工具，用于处理蛋白质和小分子的分子结构。此外，MOE 还能够用于药物动力学和药效预测，并提供了多种可视化和分析工具，方便用户对对接结果进行解释和分析。

（五）对接结果评价

分子对接结果的评价是确定预测的蛋白质-小分子复合物是否具有生物活性和可靠性的重要步骤。常见的分子对接结果评价方法包括以下几个方面。

（1）评分函数：评分函数用于计算蛋白质-小分子复合物的相互作用能或结合自由能，根据能量值高低进行排序。较低的能量值通常意味着更稳定的结合。常用的评分函数包括 AutoDock/Vina 的能量评估、GOLD 的 ChemScore 等。需要注意的是，评分函数是一个估算模型，可能存在局限性和误差。

（2）结合模式：分子对接会产生多种可能的结合模式。评价结合模式时，需要考虑蛋白质和小分子的结合位点、氢键、疏水作用、离子作用等关键相互作用。对于同一个小分子，评价不同的结合模式，选择最合理和稳定的作为最终结果。

（3）结合位点：分子对接结果应检查预测的结合位点是否与实验结果一致，并且是否处于蛋白质的活性位点附近。一个良好的分子对接结果应能够准确预测出蛋白质的活性位点和重要残基。

（4）实验验证：最可靠的分子对接结果验证方式是进行实验验证。验证方法包括生物活性实验、核磁共振波谱等。实验验证可以提供分子对接结果的可靠性和准确性。需要注意的是，由于实验条件和系统的复杂性，实验验证可能受到许多因素的影响，因此，在实验验证之前应谨慎进行结构解读。

实际评价分子对接结果时，通常会综合考虑多个因素。可以使用多个评价指标和方法来进行定量及定性评估，以更准确地评估预测结果的可靠性。此外，还可以在分子对接之前使用实验数据预测蛋白质的结合位点，从而提高分子对接结果的准确性和可解释性。

（六）对接实例

本节以孙雪松团队研究的蛋白 PyrG（受体）与小分子化合物 crizotinib（克唑替尼，配体）进行分子对接示例（Zheng et al., 2022）。该研究发现一种重新利用的药物克唑替尼通过抑制 ATP 产生和嘧啶代谢，在体内和体外对耐药金黄色葡萄球菌表现出优异的抗菌活性。研究发现，克唑替尼通过靶向 CTP 合酶 PyrG 来干扰嘧啶代谢，从而减少 DNA 合成。为了进一步确定克唑替尼和 PyrG 的结合模式，使用 UCSF Dock 6.9 进行分子对接。

首先使用 SWISS-MODEL（https://swissmodel.expasy.org/）对 PyrG 的蛋白质结构进行同源建模，使用 Chimera 进行能量最小化以优化结构，通过 MolProbity（http://molprobity.biochem.duke.edu）进行质量评估；再利用 UCSF Dock 6.9 中的工具生成蛋白质的计算网格文件。对配体分子，进行预处理和参数化，添加氢原子、设置电荷状态、优化分子结构。完成参数设置后，运行 UCSF Dock 6.9 进行分子对接。它会通过在蛋白质表面上进行采样和搜索来探索最佳的配体结合位点及形式。通过 UCSF Dock 6.9 生成的结果文件可评估不同配体形式的得分和评分函数分析。选择得分最高的进行 PyrG-crizotinib 相互作用分析。使用 Protein-Ligand Interaction Profiler 和 PyMol（https://pymol.org/edu/）进行 PyrG-crizotinib 相互作用分析并绘制对接姿势的图像。

分子对接结果表明，克唑替尼的氢原子通过与 PyrG 的 Gly18、Lys39、Glu141 和 Asp305 的氢键相互作用，直接与 PyrG 的氨基和羧基结合（图 11-28A）。为了进一步验证这四个残基在 PyrG 与克唑替尼结合中的重要性，将所有这些残基同时突变为丙氨酸，以消除 PyrG 与克唑替尼之间的氢键。随后的 BLI 测定表明 PyrG 突变体 G18A、K39A、E141A 和 D305A 不与克唑替尼相互作用（图 11-28B）。这表明 Gly18、Lys39、Glu141 和 Asp305 对于 PyrG 与克唑替尼的结合很重要。后续的分子动力学模拟（具体内容同本章第一节所述）结果表明：PyrG 的大多数残基显示出比 PyrG-crizotinib 复合物更高的均方根波动（RMSF）值（图 11-28C），表明克唑替尼结合导致 PyrG 的结构紧凑。有趣的是，PyrG-克唑替尼复合物中 ATP 结合袋两侧的氨基酸距离明显小于 PyrG 中的氨基酸距离，包括 Ala242 和 Lys17 或 Asp243 和 Gly18（图 11-28D 和 E）。在 PyrG 结构中，有一个较小的溶剂可及表面来结合 ATP，进一步通过 PyMOL 可视化疏水表面分析发现，PyrG-crizotinib 复合物中的 ATP 结合袋几乎完全封闭，而在 PyrG 中仍然可接近（图

11-28F、G）。该结果表明克唑替尼结合可能导致 PyrG 的 ATP 结合能力降低。随后的荧光滴定表明，PyrG-crizotinib 与 ATP 结合能力明显低于 PyrG（图 11-28H 和 I）。该结果与分子对接分析的观察结果一致，表明克唑替尼结合导致 ATP 结合袋消失。由于 ATP 是嘧啶代谢中 PyrG 产生 CTP 的必要底物，这些结果可能表明克唑替尼与 PyrG 结合可能导致嘧啶代谢无法发挥作用，从而导致 CTP 产量减少。

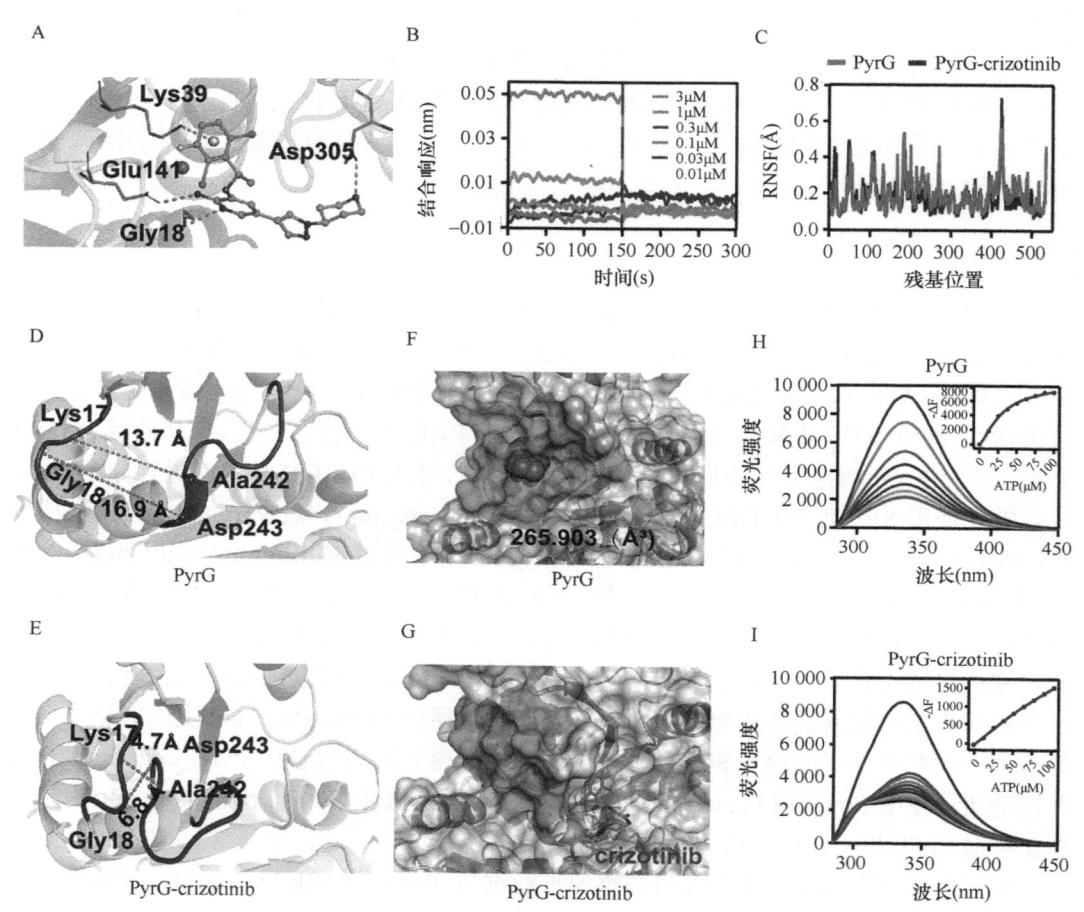

图 11-28 crizotinib 结合诱导 PyrG 的构象发生变化（Zheng et al.，2022）（彩图另扫封底二维码）
A. UCSF Dock 分析 PyrG 和 crizotinib 之间相互作用的示意图。Asp305、Gly18、Glu141 和 Lys39 位于结合位点。B. Crizotinib 和 PyrG 突变体 G18A、K39A、E141A、D305A 之间结合的 BLI 测定。C. 在 100ns 轨迹上计算的 PyrG-crizotinib 和 PyrG 蛋白所有残基的 RMSF 值。D、E. 通过 PyMOL 测量的 PyrG（海军蓝）和 PyrG-crizotinib 复合物（红色）中 ATP 结合残基之间的距离。F、G. 克唑替尼结合诱导 PyrG 中 ATP 结合袋关闭。PyrG 和 PyrG-crizotinib 复合物中 ATP 结合口袋的残基以蓝色显示。在分子动力学模拟过程中，结构在 90 ns 时可视化；H、I. 荧光滴定显示 ATP 和 PyrG-crizotinib 复合物或 PyrG 之间的相互作用

二、分子动力学模拟

虽然计算机工具（如分子对接）已经被广泛应用于研究蛋白质等生物大分子的相互作用和结合亲和力，然而，配体和受体构象的有限采样以及近似评分函数的使用可能会产生与实际实验结合亲和力不相关的结果。分子动力学模拟可以为破译蛋白质/肽和其他

生物分子的功能机制提供有价值的信息,克服对接分析中严格的采样限制(Wu et al.,2022)。分子动力学模拟是利用计算机软件,根据牛顿力学基本原理,模拟大分子(如核酸、蛋白质等生物大分子)的相互作用和运动变化规律的一种方法。随着计算机运算能力的快速增长和计算生物学的不断发展,分子动力学模拟已经成为精确计算生物大分子与生物大分子相互作用的重要技术(Hollingsworth and Dror,2018)。

(一)分子动力学模拟基础理论

蛋白质原子级的结构非常有用,通常可以帮助我们深入了解其功能。然而,蛋白质中原子是在不断运动着的,分子功能和分子间相互作用都取决于所涉及分子的动力学。人们不仅想要一张静态快照,还想要能够观察这些生物分子的活动,在原子水平上扰动它们,并观察它们如何反应。不幸的是,观察单个原子的运动并以所需的方式扰动它们是很困难的。一个有效的替代方案是对相关生物分子进行原子级计算机模拟,"绘制"分子"动画"。

1. 经典分子动力学模拟的基本原理

分子动力学模拟利用牛顿力学来描述体系中原子随时间的运动变化,体系内的所有粒子的运动都遵循牛顿第二定律,即牛顿运动方程(Padhi et al.,2022):

$$\frac{d\gamma_i}{dt^2} = \frac{F_i}{m_i} \tag{11-16}$$

其中,γ_i、F_i 和 m_i 分别代表原子 i 的空间位置矢量、作用于原子 i 上的力以及原子 i 的质量,此外,F_i 可以用 N 个原子的位能函数 $V(\gamma)$ 的负梯度来表示:

$$-\frac{\partial V(\gamma)}{\partial \gamma_i} = m_i \frac{\partial^2 \gamma_i}{\partial t_i^2} \tag{11-17}$$

体系中微观原子的空间位置和速度随时间的变化而变化,因此,通过求解上述两个公式可以得到体系中微观原子的运动轨迹,包括每个原子的速度、加速度、瞬时坐标,以及整个体系各种宏观性质的时间平均。对于复杂的多自由度体系,以上方程没有解析解,因此,只能通过数值的积分方法来进行求解。

2. 主要算法介绍

分子动力学模拟是一种重要的计算方法,用于模拟和研究分子在时间尺度上的动态行为。为了更准确地模拟复杂的生物分子系统,研究者们开发了多种集成算法,通过这些集成算法,能够更准确地模拟和理解分子系统的动力学行为。具体包括以下几种常用的方法。

(1)Verlet 算法:是最常用的分子动力学模拟算法之一。它基于牛顿力学的运动方程,通过离散化的时间步长来迭代计算分子的运动。Verlet 算法使用位置和速度的信息来更新下一个时间步的位置。它是一个时间反演对称的算法,计算效率高,精度较高,并且能够保持系统的能量守恒。在分子动力学中,Verlet 算法因其简洁的计算和存储要求成为运动方程求解最广泛使用的算法。

(2) Velocity Verlet 算法：是 Verlet 算法的改进版本。除了位置的更新，它还使用速度信息来更新速度。这种算法可以更好地处理系统中原子的速度随时间变化的情况，提高了模拟的稳定性和精度。

(3) Leapfrog 算法：是一种基于 Verlet 算法的改进算法，通过将时间步长均匀分配到位置、速度和加速度的更新中，以提高模拟的数值稳定性。它将位置和加速度的更新分离在时间步长的中间和边缘，从而减小了时间微分误差，并且在计算可观测量时具有较好的数值稳定性。

(4) Langevin 动力学算法：是模拟在复杂的热力学环境中的分子动力学行为的重要算法。它引入了随机力和摩擦力，模拟了分子与周围溶剂和环境之间的相互作用。Langevin 算法可以模拟实验条件下的温度效应，更精确地描绘系统的动力学行为。

(5) Monte Carlo 模拟算法：是一种基于概率统计的模拟方法。它通过随机采样来模拟原子和分子的运动，并通过经验势函数计算能量和相互作用。Monte Carlo 算法可以用于模拟系统的平衡态和非平衡态，尤其在研究结构转变、相变和均衡性质等方面具有广泛应用。

(6) Replica Exchange 模拟算法：也称为并行温度模拟或温度重常数模拟，是一种基于温度调整的并行化模拟方法。它通过在不同的温度下模拟多个复制体系，并定期交换它们的状态，以加速系统从低能量状态到高能量状态的转换。这种算法可用于模拟高温下的稳定状态或克服能量障碍。

以上介绍的集成算法只是分子动力学模拟中的几种常见方法，具体选择哪种算法取决于模拟能量、系统的性质以及模拟的目标等因素。

3. 常用的分子力场

分子动力学模拟主要建立在分子力学的基础上，通过牛顿力学来模拟分子系统中的运动行为。在分子动力学模拟中，分子被看成是一组带电原子，通过化学键连接在一起。为了描述分子体系中的键长、键角、扭转角等参数随时间的演化，以及原子间的非键范德瓦耳斯力和静电相互作用，人们通常使用力场来描述这些相互作用。通过参数化这些相互作用的能量项的公式和常数，力场将分子中的相互作用转化为数学函数的形式，从而使得分子的运动能够通过牛顿力学的方程进行模拟。因此，分子力场中的每个相互作用项都是通过势能函数和参数进行描述的，势能函数包括化学键相互作用和非键相互作用部分。在不同的相互作用项中，所采用的函数形式和参数也不同。分子体系的总势能可以看成是键能、非键能以及交叉项能的总和（Jorgensen and Tirado-Rives，1988；González，2011），即

$$E_{\text{total}} = E_{\text{valence}} + E_{\text{nonbond}} + E_{\text{cross}} \tag{11-18}$$

1）键能项

键能（E_{valence}）包括键伸缩能（E_{bond}）、键角弯曲能（E_{angle}）和二面角扭转能（E_{torsion}），即

$$E_{\text{valence}} = E_{\text{bond}} + E_{\text{angle}} + E_{\text{torsion}} \tag{11-19}$$

另外，

$$E_{\text{bond}} = \sum_{\text{bonds}} \frac{1}{2} K_r (r - r_{\text{eq}})^2 \tag{11-20}$$

$$E_{\text{angle}} = \sum_{\text{angles}} \frac{1}{2} K_\theta (\theta - \theta_{\text{eq}})^2 \tag{11-21}$$

$$E_{\text{torsion}} = \sum_{\text{dihedrals}} \frac{V_n}{2} (1 + \cos[n\omega - \gamma]) \tag{11-22}$$

其中，r 代表实际键长；r_{eq} 代表平衡键长；K_r 代表伸缩力常数，决定键长度；θ 代表键角；θ_{eq} 代表平衡键角；K_θ 代表弯曲力常数；ω 代表实际二面角；γ 代表初始二面角；V_n 代表势垒的高度；n 代表二面角的周期。

2）非键能项

非键相互作用能一般包括范德瓦耳斯项（Van der Waals，E_{van}）和静电项（E_{ele}），即

$$E_{\text{nonbond}} = E_{\text{van}} + E_{\text{ele}} \tag{11-23}$$

范德瓦耳斯项通常采用 Lennard-Jones（LJ）函数：

$$E_{\text{van}} = \sum_{i=1}^{N-1} \sum_{j=i+1}^{N} \left(\frac{A_{ij}}{r_{ij}^{12}} - \frac{B_{ij}}{r_{ij}^{6}} \right) \tag{11-24}$$

其中，r_{ij} 代表 i 和 j 原子之间的距离。

静电项表征体系任意两个带电原子间的静电相互作用，即库伦力：

$$E_{\text{ele}} = \sum_{i=1}^{N-1} \sum_{j=i+1}^{N} \frac{q_i q_j}{\varepsilon r_{ij}} \tag{11-25}$$

其中，ε 代表介电常数；q_i 和 q_j 分别代表原子 i 和原子 j 的电荷；r_{ij} 代表原子 i 和 j 之间的距离。

3）交叉项

交叉项 E_{cross} 指成键作用之间耦合所引起的能量变化，包括键伸缩-键伸缩耦合、键伸缩-键弯曲耦合、键伸缩-键扭转耦合等。一般情况下，交叉项对体系整体势能的影响较小，所以通常在分子力场中并不将交叉项计算入内，只有在较高要求时才计算交叉项。

以上，键长项、键角项、二面角项统称为成键相互作用，范德瓦耳斯项和静电项统称为非键相互作用。将此五项相加可得 AMBER 力场的一般形式，即

$$E_{\text{amber}} = E_{\text{total}} + E_{\text{nonbond}} \tag{11-26}$$

分子力场主要应用于分子模拟、结构预测、配体-受体相互作用研究、溶剂效应计算、反应动力学等。通过在计算机上进行数值模拟和大规模计算，分子力场可以预测和研究分子的几何构型、能量表面、热力学性质等，为理论化学研究和药物开发等领域提供重要工具与指导。值得注意的是，分子力场是一种经验性的方法，依赖于对分子体系的实验观察和数据输入，且在某些情况下可能存在误差。因此，在选择和应用分子力场时，我们需要对模型的适用性和局限性有一定的认识，并经常与实验结果进行验证和比较，以确保计算结果的可靠性和准确性。AMBER、GROMOS 和 OPLS 是

分子动力学模拟中常用的力场，这些力场定义了计算系统中原子之间相互作用所需的势能函数。

（1）AMBER（assisted model building with energy refinement）（Perez et al.，2007）：AMBER 分子力场是一种广泛应用于生物分子和有机化合物的力场模型。AMBER 力场主要适用于描述蛋白质、核酸和碳水化合物等大分子系统。它利用对分子内部元素的化学键、键角、扭转角和非键相互作用进行参数化，以模拟和计算分子的结构、动力学和热力学性质。AMBER 力场的参数化过程基于实验数据和量化计算结果，并经过了长期的优化和验证。AMBER 力场的特点是可以模拟多种溶剂环境、生物分子的各种构象，以及用于研究蛋白质折叠、配体-蛋白质相互作用、药物开发等领域。AMBER 力场中的分子参数和文件格式也被广泛支持及应用于许多计算化学软件和模拟工具。

（2）GROMOS（groningen molecular simulation）（Van Der Spoel et al.，2005；Nester et al.，2019）：GROMOS 分子力场是由荷兰格罗宁根大学开发的一个经验性力场模型。GROMOS 力场主要适用于溶液、液体和生物分子系统的模拟。它通过参数化分子内部的共价键、键角、扭转角和非键相互作用，以及描述溶剂环境的静电和范德瓦耳斯相互作用，来模拟和计算分子的结构和动力学性质。GROMOS 力场的独特之处在于其用于描述溶液性质和溶解过程的扩展参数集，使其成为研究溶液中溶质溶剂作用的强大工具。GROMOS 力场的模拟参数和文件格式也被广泛用于不同的计算化学软件及模拟工具。

（3）OPLS（optimized potentials for liquid simulation）（Roos et al.，2019）：OPLS 分子力场是另一个常用的分子力场模型，它由美国华盛顿大学的 Jorgensen 教授团队开发。OPLS 力场广泛应用于有机分子和生物分子的模拟研究。它通过优化分子内部的键长、键角、扭转角和非键相互作用，以及描述溶剂环境的静电和范德瓦耳斯相互作用，来模拟和计算分子的结构、动力学和热力学性质。OPLS 力场的特点是将力场参数的优化与量子化学计算相结合，通过拟合量子计算结果和实验数据来获得更精确的分子参数。OPLS 力场在有机小分子和蛋白质等领域的研究中被广泛应用，尤其在药物设计和化合物筛选方面取得了显著的成果。

4. 分子动力学模拟中的重要概念

在分子动力学模拟中，有许多重要的概念需要了解。理解这些概念对于进行有效的模拟研究至关重要。

（1）力场：力场是描述原子间相互作用的数学函数或势能函数。这些相互作用包括键长、键角、二面角和非键相互作用（诸如静电相互作用和范德瓦耳斯相互作用）。力场是分子动力学模拟的核心，它决定了分子在模拟中的行为。

（2）动力学方程：分子动力学方程描述了分子中原子的运动。通常，我们使用牛顿经典力学的基本原理，即"力等于质量乘以加速度"（$F = ma$）。通过解动力学方程，可以预测分子在不同条件下的运动轨迹。

（3）初始构型：初始构型是描述分子系统原子位置和速度的设定值。在分子动力学模拟中，我们需要设定分子的初始构型来开始模拟。常见的初始构型包括理想构型、随机构型或基于实验数据的构型。

（4）时间步长：时间步长是指模拟中的每个时间步所对应的物理时间。在每个时间步中，先计算分子中所有原子的受力，然后使用这些受力来更新每个原子的位置和速度。时间步长的选择需要考虑到模型的稳定性和计算效率。

（5）温度：模拟系统中的温度是指原子的平均动能。在分子动力学模拟中，通常使用维吉尔温度定义温度，即系统的平均动能与系统自由度的个数成正比。通过控制系统的温度，可以模拟不同温度下的分子行为。

（6）边界条件：边界条件是模拟系统的边界对分子运动的影响。常见的边界条件包括周期性边界条件、固定边界条件和自由边界条件。周期性边界条件可以防止分子离开模拟盒子，使得模拟系统更加真实。

（二）分子动力学模拟基本流程

分子动力学模拟是一种重要的计算化学方法，能够提供有关分子间相互作用、构象变化、能量传递和动力学行为等方面的重要信息，可以用于研究和模拟分子系统的时间演化以及它们在不同环境中的行为，以增进我们对分子世界的理解。分子动力学模拟的基本流程如下。

（1）系统构建：准备分子体系的初态，这包括准确的分子结构和拓扑信息，以及所需的初始坐标和速度。通常，这些信息可以从实验数据、其他计算方法或先前的模拟结果中获得。

（2）势能函数和参数化：在进行分子动力学模拟之前，需要选择适当的势能函数。常用的势能函数包括力场参数集（如 AMBER、CHARMM、OPLS 等）和量子力学力场（如 DFT）。此外，还需要为分子系统中的原子、键和非键相互作用分配参数值。

（3）步长和时间步：在模拟过程中，时间被离散化为一系列步长。常见的步长从几飞秒到几皮秒。步长的大小需要根据所模拟的系统和物理过程进行选择。时间步的选择影响着模拟的时长和精度。

（4）运动方程及积分算法：分子动力学模拟通过求解牛顿运动方程来模拟分子的运动。常用的积分算法有 leap-frog 算法、Verlet 算法和 Velocity Verlet 算法等。这些算法根据分子的位置、速度和力来更新它们的值。

（5）结构优化和热平衡：在模拟开始之前，通常需要对分子体系进行结构优化和热平衡。结构优化通过调整分子的位置来使能量最小化。热平衡过程使体系达到所需的温度，并使体系的能量分布趋于平衡。

（6）动力学模拟：在完成结构优化和热平衡之后，可以开始正式的分子动力学模拟。通过数值解牛顿运动方程，模拟系统在时间上的演化。模拟过程中，可以记录和分析体系的各种性质和动力学行为。

（7）数据分析和解释：完成模拟后，需要对模拟结果进行分析和解释。这包括计算物理量的平均值、自相关函数、径向分布函数等，并与实验结果或理论模型进行比较。这些分析能帮助我们理解分子系统的动态行为和性质。

（三）分子动力学模拟分析

以下是对分子动力学模拟结果进行分析的一些常见方法。

（1）轨迹可视化：将分子的运动轨迹可视化是分子动力学模拟结果分析的重要步骤。可以使用可视化软件（如 VMD、PyMOL 等）来加载模拟输出的轨迹文件，并可视化分子的结构和运动。这样可以帮助观察分子的构象变化、动态行为和相互作用等。

（2）结构参数分析：分析分子动力学模拟中体系的结构参数可以提供有关分子产品特征的信息。常见的结构参数包括键长、键角、二面角等。可以使用分子模拟软件提供的分析工具或编写程序来计算和分析这些参数的时间演化、概率分布等。

（3）物理性质计算：在分子动力学模拟中，可以计算一些物理性质来了解模拟体系的热力学和动力学性质。常见的物理性质计算包括能量、温度、压力、自由能差、扩散系数等。可以使用模拟软件提供的工具或编写程序来计算这些性质。

（4）辐射性能分析：辐射性能分析用于研究分子在模拟中的辐射行为。可以通过分析模拟过程中的电子云分布、电子能级等信息来了解分子在光激发下的响应。常见的辐射性能分析方法包括光谱计算、荧光寿命计算和激发态分析等。

（5）相关性分析：分子动力学模拟中的系统通常具有许多自由度。通过分析不同性质之间的相关性，可以揭示系统的内在关联。常见的相关性分析方法包括相关函数、自相关函数和互相关函数等。

（6）聚类和构象分析：在动力学模拟中，分子可能存在不同的构象或状态。聚类和构象分析可以帮助我们识别与分类不同的构象。常见的方法包括聚类分析、最大似然聚类和密度峰聚类等。

（7）自由能计算：自由能计算可以评估分子的稳定性和系统的平衡性。可以使用模拟软件提供的工具或借助其他计算方法（如 Metadynamics、Umbrella Sampling 等）来计算分子的自由能表面。

（四）分子动力学模拟软件

目前，用于计算分子动力学模拟的主流软件包括 GROMACS、OPLS、AMBER、MARTINI、CHARMM 等。其中，最常使用的是 GROMACS（Groningen machine for chemical simulations）。GROMACS 由荷兰格罗宁根大学开发，并于 1991 年发布最初版本（Berendsen et al., 1995）。GROMACS 提供了一套全面的功能，用于模拟复杂的生物和化学系统。它可以模拟包括蛋白质、核酸、膜、脂质体等各种生物分子，以及溶剂、离子和小分子。GROMACS 支持各种类型的分子动力学模拟，包括能量最小化、平衡模拟、动力学模拟和元动力学模拟。以下是其主要特点介绍。

（1）动力学模拟引擎：GROMACS 使用高效的模块化计算引擎来执行动力学模拟。引擎利用现代的并行计算技术，可以在多个处理器或计算机集群上高效运行。GROMACS 充分利用硬件加速器（如 GPU）的计算能力，可实现大规模粒子模拟。

（2）力场：GROMACS 支持多种力场，包括经典力场和量子力场。它提供了一系列常见的经典力场，如 AMBER、CHARMM 和 OPLS，并且可以与自定义的力场进行集成。此外，GROMACS 还支持计算量子力场参数的模块。

（3）输入文件：GROMACS 使用简单的文本文件格式作为输入。这些文件包括拓扑文件（描述分子的拓扑结构和参数）、坐标文件（初始构型）、仿真参数文件（控制模拟的参数）等。GROMACS 还提供了可视化工具和命令行工具，用于创建和编辑输入文件。

（4）程序界面：GROMACS 提供了灵活的命令行界面，可以通过命令行来执行模拟任务。此外，它还提供了 Python 和 MATLAB 接口，使得用户可以通过编程来定制和自动化模拟过程。

（5）可视化和分析工具：GROMACS 提供了一系列可视化和分析工具，用于可视化分子的运动轨迹、计算属性（如能量、温度和压力）以及生成分析报告。这些工具包括 VMD、PyMOL、Xmgrace 和自带的 GROMACS Analysis Tools。

（6）社区和支持：GROMACS 是一个开源项目，有一个活跃的用户社区，提供丰富的文档和在线资源，以及用户论坛和邮件列表。除此之外，GROMACS 开发团队也提供专业的支持和咨询服务。

（五）分子动力学模拟的应用实例

本文以孙雪松团队研究的 CpxR 蛋白进行分子动力学模拟示例（Lei et al.，2023）。CpxR 是位于大肠杆菌细胞质中的转录调控蛋白，Lys219 对其功能有重要影响。为了从蛋白质构象变化上分析 Lys219 对 CpxR 的功能影响，研究人员利用分子动力学模拟的方法探究 CpxR-WT 和 CpxR-K219A 在平衡状态下的构象差异。AlphaFold 蛋白结构数据库预测显示，CpxR 结构包含一个 N 端的接收域（接受磷酸化基团）和 C 端的效应域（负责与下游靶基因的 DNA 结合），中间由一段柔软可变的氨基酸链连接（图 11-29A）。由于全长 CpxR 不利于结晶（Mechaly et al.，2018），而 Lys219 主要位于 CpxR 的 C 端，所以主要对 C 端的输出域进行了分子动力学模拟。该研究使用 Gromacs 2021.4 软件包进行分子动力学模拟。首先利用 PyMol 软件将 CpxR-WT 晶体结构文件（PDB code：4uht）的 219 位的赖氨酸突变成为丙氨酸，并将突变后的 CpxR-219A 晶体结构文件以及原始晶体结构文件分别作为分子动力学模拟的起始构象，再利用 gmx pdb2gmx 命令对蛋白质结构进行拓扑文件转换。选择 Charmm36m 力场作为本次模拟的力场，其中水分子选择 tip3p 模型。对转化后的蛋白拓扑结构定义周期性立方体边界，其中蛋白质到立方体边界的最短距离为 1.0nm。将定义周期性立方体边界的蛋白拓扑结构中填充水溶剂后用钠离子或氯离子对体系进行电荷中和。对能量最小化后的体系进行等温平衡，对等压平衡后的体系进行 100ns 的成品模拟。

分子动力学模拟结果显示，K219A 突变体蛋白的回转半径（R_g）值大于野生型（WT）CpxR，表明 Lys-219 突变为 Ala 会导致整个蛋白更加不稳定（图 11-29B）。此外，K219A 蛋白显示比 WT 蛋白更高的 RMSF 值，说明 K219A 突变使得蛋白质结构更加灵活（图 11-29C）。突变前后各氨基酸的 RMSF 值统计结果表明化，变化主要集中在 Leu221 到 Arg224 以及 His195 到 Asp198 之间（图 11-29D），这些氨基酸主要位于 β9 和 α8 区域。从图 11-29E 可以明显观察到，K219A 突变导致整个蛋白质结构与 WT 产生错位，使得二级结构之间的距离变得更远，尤其是 α8 螺旋与 β9 折叠区域，突变后二者之间的距离显著增加。进一步测定 β9 折叠中 Leu221 与 α8 螺旋中 His195 和 Asp198 之间的距离显示：相较于 WT，K219A 导致 Leu221 与 His195 之间的距离增加了 3.7Å，Leu221 与 Asp198 之间的距离增加了 1.9Å（图 11-29F、G）。以上结果表明，Lys219 突变后，CpxR 蛋白的结构更加松散不稳定，并且二级结构之间的缝隙变大。这些 Lys219 突变引起的构象变化影响了 CpxR 蛋白的稳定性，可能也是其与 DNA 结合受影响的原因。后续的 CpxR 与 DNA 结合的过程表明，Lys219 位突变后，CpxR 蛋白的 α8 螺旋与 β 发夹结构之间的距离增加（图 11-29H），导致 CpxR 不能与 DNA 正常结合。

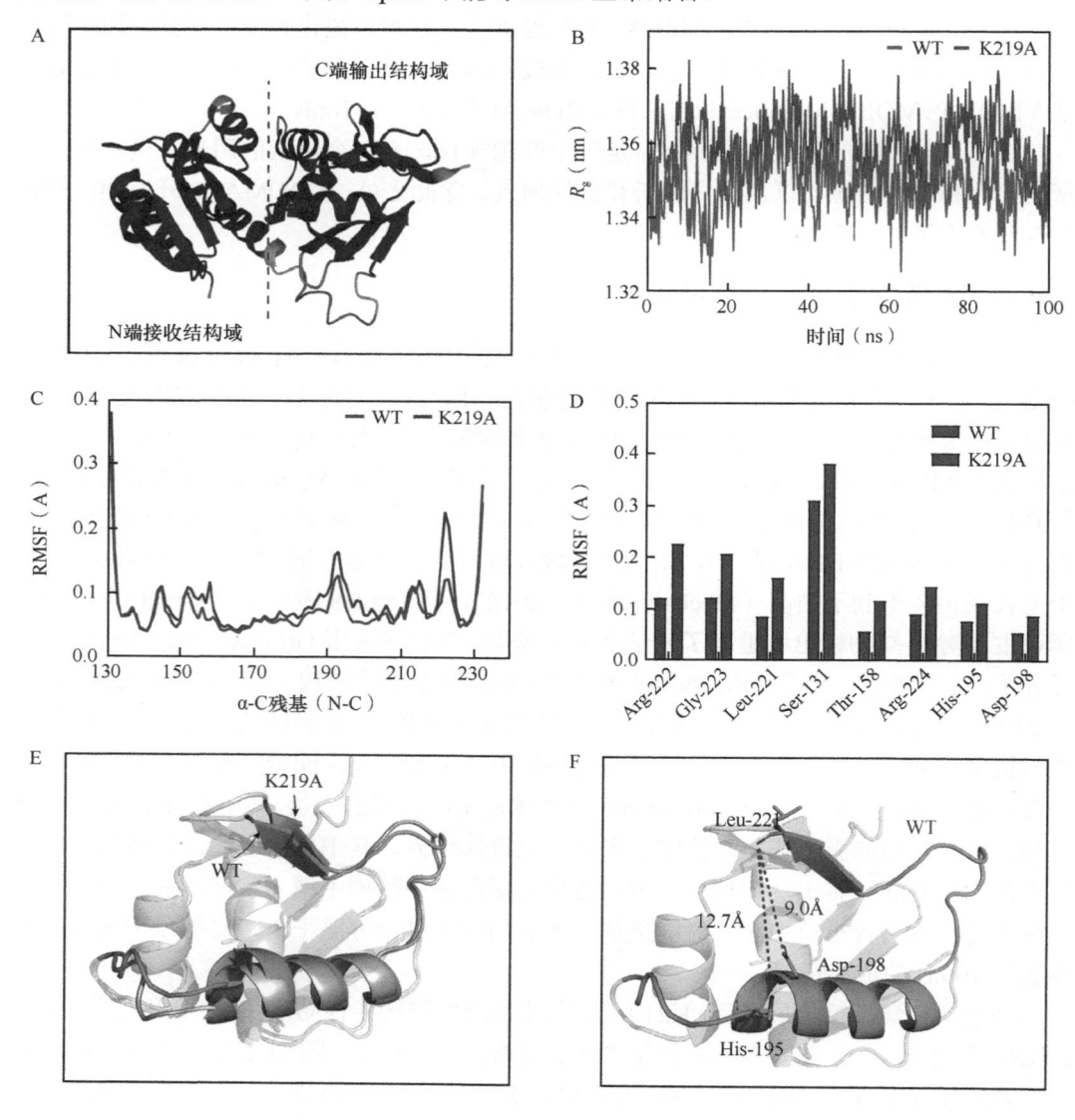

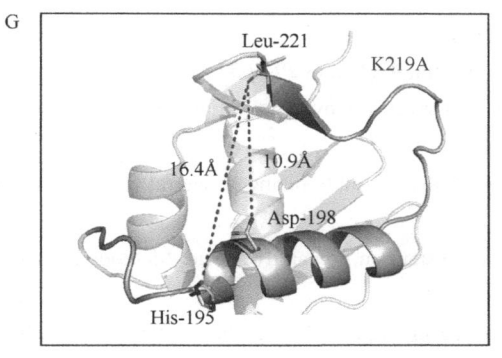

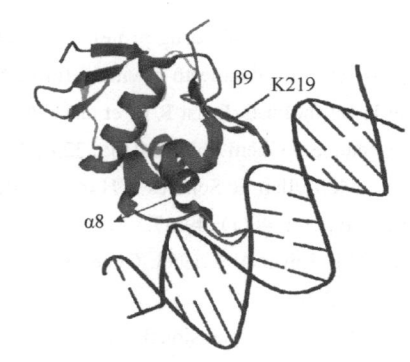

图 11-29　子动力学模拟分析 Lys219 突变使 CpxR 构象不稳定（Lei et al., 2023）

A. CpxR 蛋白的结构示意图（数据来源为 AlphaFold 数据库预测的结构图）；B. K219A 和 WT 的 R_g 值的 C-alpha 随时间变化；C. K219A 和 WT 的 C 端 DNA 结和域所有残基的 C-alpha 的 RMSF 值；D. K219A 和 WT 中 RMSF 值变化较大的氨基酸；E～G. 比较 K219A 和 WT 的构象的差异，测定 Leu221 与 His195 或者 Asp198 残基间的距离；H. 模拟 CpxR 的 C 端输出域与 DNA 相互作用的模型，其中 CpxR 结构来自于 PDBe 数据库，PMID：30086390

参 考 文 献

王宏伟. 2014. 冷冻电子显微学在结构生物学研究中的现状与展望. 中国科学：生命科学, 44(10): 1020-1028.

钟晟. 2018. 利用冷冻电子显微镜图像对生物大分子进行三维重构的研究. 成都：电子科技大学硕士学位论文.

Abeysinghe R D, Greene B T, Haynes R, et al. 2001. p53-Independent apoptosis mediated by tachpyridine, an anti-cancer iron chelator. Carcinogenesis, 22(10): 1607-1614.

Adler A J, Greenfield N J, Fasman G D. 1973. Circular dichroism and optical rotatory dispersion of proteins and polypeptides. Methods Enzymol, 27: 675-735.

Aguzzi A, O'Connor T. 2010. Protein aggregation diseases: Pathogenicity and therapeutic perspectives. Nat Rev Drug Discov, 9(3): 237-248.

Akdel M, Pires D E V, Pardo E P, et al. 2022. A structural biology community assessment of AlphaFold2 applications. Nat Struct Mol Biol, 29(11): 1056-1067.

Allert, R D, Briegel K D, Bucher D B. 2022. Advances in nano- and microscale NMR spectroscopy using diamond quantum sensors. Chem Commun(Camb), 58(59): 8165-8181.

Altenbach C, Fronciz W, Hemker R, et al. 2005. Accessibility of nitroxide side chains: Absolute Heisenberg exchange rates from power saturation EPR. Biophys J, 89(3): 2103-2112.

Andrade M A, Chacón P, Merelo J J, et al. 1993. Evaluation of secondary structure of proteins from UV circular dichroism spectra using an unsupervised learning neural network. Protein Eng, 6(4): 383-390.

Andrałojć W, Hiruma Y, Liu W M, et al. 2017. Identification of productive and futile encounters in an electron transfer protein complex. Proc Natl Acad Sci USA, 114(10): E1840-E1847.

Ankudinov A L, Ravel B, Rehr J J, et al. 1998. Real-space multiple-scattering calculation and interpretation of X-ray-absorption near-edge structure. Phys Rev, B58: 7565-7576.

Ascone I, Fourme R, Hasnain S, et al. 2005. Metallogenomics and biological X-ray absorption spectroscopy. J Synchrotron Radiat, 12(1): 1-3.

Ascone I, Messori L, Casini A, et al. 2008. Exploiting soft and hard X-ray absorption spectroscopy to characterize metallodrug/protein interactions: the binding of [trans-RuCl4(Im) (dimethylsulfoxide)][ImH](Im=imidazole)to bovine serum albumin. Inorg Chem, 47(19): 8629-8634.

Aue W P, Bartholdi E, Ernst R R, et al.1976. Two-dimensional spectroscopy. Application to nuclear magnetic resonance. J Chem Phys, 64(5): 2229-2246.

Bai X C, McMullan G, Scheres S H, et al. 2015. How cryo-EM is revolutionizing structural biology. Trends Biochem Sci, 40(1): 49-57.

Baranov V I, Spirin A S. 1993. Gene expression in cell-free system on preparative scale. Methods Enzymol, 217: 123-142.

Bax A. 1982. Two-dimensional Nuclear Magnetic Resonance in Liquids. Dordrecht: D. Reidel Publishing Company.

Bax A. 2003. Weak alignment offers new NMR opportunities to study protein structure and dynamics. Protein Sci, 12(1): 1-16.

Benfatto M, Natoli C R, Bianconi A, et al. 1986. Multiple-scattering regime and higher-order correlations in X-ray-absorption spectra of liquid solutions. Phys Rev B Condens Matter, 34(8): 5774-5781.

Benjin X, Ling L. 2020. Developments, applications, and prospects of cryo-electron microscopy. Protein Sci, 29(4): 872-882.

Berendsen H J C, van der Spoel D, van Drunen R, et al. 1995. GROMACS: A message-passing parallel molecular dynamics implementation. Computer Physics Communications, 91(1): 43-56.

Böhm G, Muhr R, Jaenicke R. 1992. Quantitative analysis of protein far UV circular dichroism spectra by neural networks. Protein Eng, 5(3): 191-195.

Bolognin S, Messori L, Drago D, et al. 2011. Aluminum, copper, iron and zinc differentially alter amyloid-A beta$_{1-42}$ aggregation and toxicity. Int J Biochem Cell Biol, 43(6): 877-885.

Bonanno J B, Almo S C, Bresnick A, et al. 2005. New York-structural genomix research consortium (NYSGXRC): A large scale center for the protein structure initiative. J Struct Funct Genomics, 6(2-3): 225-232.

Borén K, Andersson P, Larsson M, et al. 1999. Characterization of a molten globule state of bovine carbonic anhydrase III: Loss of asymmetrical environment of the aromatic residues has a profound effect on both the near- and far-UV CD spectrum. Biochim Biophys Acta, 1430(1): 111-118.

Brahms S, Brahms J. 1980. Determination of protein secondary structure in solution by vacuum ultraviolet circular dichroism. J Mol Biol, 138(2): 149-178.

Brunger A T, Adams P D, Clore G M, et al. 1998. Crystallography & NMR system: A new software suite for macromolecular structure determination. Acta Crystallogr D Biol Crystallogr, 54(Pt 5): 905-921.

Bryant P, Pozzati G, Zhu W, et al. 2022. Predicting the structure of large protein complexes using AlphaFold, and Monte Carlo tree search. Nat Commun, 13(1): 6028.

Buel G R, Walters K J. 2022. Can AlphaFold2 predict the impact of missense mutations on structure? Nat Struct Mol Biol, 29(1): 1-2.

Case D A, Pearlman D A, Caldwell J W, et al. 2002. Amber 7 Program. San Francisco: University of California.

Cavanagh J, Fairbrother W J, Palmer III A G, et al. 1996. Protein NMR spectroscopy: Principle and practice. Salt Lake City: Academic Press.

Cerofolini L, Fragai M, Ravera E, et al. 2019. Integrative approaches in structural biology: A more complete picture from the combination of individual techniques. Biomolecules, 9(8): 370.

Chakravarty D, Porter L L. 2022. AlphaFold2 fails to predict protein fold switching. Protein Sci, 31(6): e4353.

Chance M R, Fiser A, Sali A, et al. 2004. High-throughput computational and experimental techniques in structural genomics. Genome Res, 14(10B): 2145-2154.

Chen Y C. 2015. Beware of docking! Trends Pharmacol Sci, 36(2): 78-95.

Chen Y H, Yang J T. 1971. A new approach to the calculation of secondary structures of globular proteins by optical rotatory dispersion and circular dichroism. Biochem Biophys Res Commun, 44(6): 1285-1291.

Cheng Y 2018. Single-particle cryo-EM-How did it get here and where will it go. Science, 361(6405): 876-880.

Chiang Y W, Borbat P P, Freed J H. 2005. The determination of pair distance distributions by pulsed ESR using Tikhonov regularization. J Magn Reson, 172(2): 279-295.

Chopra K, Misra S, Kuhad A. 2011. Neurobiological aspects of Alzheimer's disease. Expert Opin Ther Targets, 15(5): 535-555.

Clore G M, Tang C, Iwahara J. 2007. Elucidating transient macromolecular interactions using paramagnetic relaxation enhancement. Curr Opin Struct Biol, 17(5): 603-616.

Columbus L, Hubbell W L. 2004. Mapping backbone dynamics in solution with site-directed spin labeling: GCN4-58 bZip free and bound to DNA. Biochemistry, 43(23): 7273-7287.

Congiu-Castellano A, Boffi F, Della Longa S, et al. 1997. Aluminum site structure in serum transferrin and lactoferrin revealed by synchrotron radiation X-ray spectroscopy. BioMetals, 10(4): 363-367.

Corbett M C, Tezcan F A, Einsle O, et al. 2005. Mo K- and L-edge X-ray absorption spectroscopic study of the ADP.AlF4--stabilized nitrogenase complex: Comparison with MoFe protein in solution and single crystal. J Synchrotron Radiat, 12(Pt 1): 28-34.

Cornilescu G, Delaglio F, Bax A. 1999a. Protein backbone angle restraints from searching a database for chemical shift and sequence homology. J Biomol NMR, 13(3): 289-302.

Cornilescu G, Hu J-S, Bax A. 1999b. Identification of the hydrogen bonding network in a protein by scalar couplings. J Am Chem Soc, 121(12): 2949-2950.

Della Longa S, Arcovito A, Girasole M, et al. 2001. Quantitative analysis of X-ray absorption near edge structure data by a full multiple scattering procedure: the Fe-CO geometry in photolyzed carbonmonoxy-myoglobin single crystal. Phys Rev Lett, 87(15): 155501.

Dempsey C E. 2001. Hydrogen exchange in peptides and proteins using NMR spectroscopy. Prog Nucl Mag Res Sp, 39(2): 135-170.

Dobson C M. 2003. Protein folding and misfolding. Nature, 426(6968): 884-890.

Dobson L, Szekeres L I, Gerdán C, et al. 2023. TmAlphaFold database: Membrane localization and evaluation of AlphaFold2 predicted alpha-helical transmembrane protein structures. Nucleic Acids Res, 51(D1): D517-D522.

Duggan B M, Legge G B, Dyson H J, et al. 2001. SANE(Structure Assisted NOE Evaluation): An automated model-based approach for NOE assignment. J Biomol NMR, 19(4): 321-329.

Eisenstein M. 2023. AI-enhanced protein design makes proteins that have never existed. Nat Biotechnol, 41(3): 303-305.

Englander S W, Wand A J. 1987. Main-chain-directed strategy for the assignment of ^{1}H NMR spectra of proteins. Biochemistry, 26(19): 5953-5958.

Evans E G, Pushie M J, Markham K A, et al. 2016. Interaction between prion protein's copper-bound octarepeat domain and a charged C-terminal pocket suggests a mechanism for n-terminal regulation. Structure, 24(7): 1057-1067.

Farahbakhsh Z T, Hideg K, Hubbell W L. 1993. Photoactivated conformational changes in rhodopsin: a time-resolved spin label study. Science, 262(5138): 1416-1419.

Fernandez C, Adeishvili K, Wüthrich K. 2001. Transverse relaxation-optimized NMR spectroscopy with the outer membrane protein OmpX in dihexanoyl phosphatidylcholine micelles. Proc Natl Acad Sci USA, 98(5): 2358-2363.

Fernandez C, Hilty C, Wider G, et al. 2004. NMR structure of the integral membrane protein OmpX. J Mol Biol, 336(5): 1211-1221.

Fiaux J, Bertelsen E B, Horwich A L, et al. 2002. NMR analysis of a 900K GroEL-GroES complex. Nature, 418(6894): 207-211.

Fischer E. 1894. Einfluss der configuration auf die wirkung der enzyme. II. Berichte der Deutschen Chemischen Gesellschaft, 27(3): 3479-3483.

Fischer N, Konevega A L, Wintermeyer W, et al. 2010. Ribosome dynamics and tRNA movement by time-resolved electron cryomicroscopy. Nature, 466(7304): 329-333.

Freskgard P O, Martensson L G, Jonasson P, et al. 1994. Assignment of the contribution of the tryptophan residues to the circular dichroism spectrum of human carbonic anhydrase II. Biochemistry, 33(47): 14281-14288.

Fu H. 2004. Protein-protein Interactions: Methods and Applications. Totowa: Humana Press.

Fu Z, Aronoff-Spencer E, Backer J M, et al. 2003. The structure of the inter-SH2 domain of class IA phosphoinositide 3-kinase determined by site-directed spin labeling EPR and homology modeling. Proc Natl Acad Sci USA, 100(6): 3275-3280.

Gao Y, Chen C, Chai Z. 2007. Advanced nuclear analytical techniques for metalloproteomics. J Anal At Spectrom, 22(8): 856-866.

Ge R, Sun H. 2009. Metallomics: An integrated biometal science. Sci China Ser B-Chem, 52(12): 2055-2070.

Ge R, Watt R M, Sun X, et al. 2006. Expression and characterization of a histidine-rich protein, Hpn: potential for Ni^{2+} storage in *Helicobacter pylori*. Biochem J, 393(Pt 1): 285-293.

Gersmann H R, Swalen J D. 1962. Electron paramagnetic resonance spectra of copper complexes. J Chem Phys, 36(12): 3221-3233.

González M. 2011. Force fields and molecular dynamics simulations. École thématique de la Société Française de la Neutronique, 12: 169-200.

Gossert A D, Bonjour S, Lysek D A, et al. 2005. Prion protein NMR structures of elk and of mouse/elk hybrids. Proc Natl Acad Sci USA, 102(3): 646-650.

Goto N K, Gardner K H, Mueller G A, et al. 1999. A robust and cost-effective method for the production of Val, Leu, Ile(δ^1)methyl-protonated ^{15}N-, ^{13}C-, ^{2}H-labeled proteins. J Biomol NMR, 13(4): 369-374.

Gouldson P R, Kidley N J, Bywater R P, et al. 2004. Toward the active conformations of rhodopsin and the beta2-adrenergic receptor. Proteins, 56(1): 67-84.

Goverde C A, Wolf B, Khakzad H, et al. 2023. De novo protein design by inversion of the AlphaFold structure prediction network. Protein Sci, 32(6): e4653.

Greenfield N Fasman G D. 1969. Computed circular dichroism spectra for the evaluation of protein conformation. Biochemistry, 8(10): 4108-4116.

Greenfield N J, 1996. Methods to estimate the conformation of proteins and polypeptides from circular dichroism data. Anal Biochem, 235(1): 1-10.

Grigorieff N, Ceska T A, Downing K H, et al. 1996. Electron-crystallographic refinement of the structure of bacteriorhodopsin. J Mol Biol, 259(3): 393-421.

Güntert P, Berndt K D, Wüthrich K. 1993. The program ANSO for computer-supported collection of NOE upper distance constraints as input for protein structure determination. J Biomol NMR, 3(5): 601-606.

Güntert P, Mumenthaler C, Wüthrich K. 1997. Torsion angle dynamics for NMR strcuture calculation with the new program DYANA. J Mol Biol, 273(1): 283-298.

Gupta R, Zhang H, Lu M, et al. 2019. Dynamic nuclear polarization magic-angle spinning nuclear magnetic resonance combined with molecular dynamics simulations permits detection of order and disorder in viral assemblies. J Phys Chem B, 123(24): 5048-5058.

Gusach A, García-Nafría J, Tate C G. 2023. New insights into GPCR coupling and dimerisation from cryo-EM structures. Curr Opin Struct Biol, 80: 102574.

Hagelueken G, Clarke B R, Huang H, et al. 2015. A coiled-coil domain acts as a molecular ruler to regulate O-antigen chain length in lipopolysaccharide. Nat Struct Mol Biol, 22(1): 50-56.

Hasegawa N, Jonotsuka H, Miki K, et al. 2018. X-ray structure analysis of bacteriorhodopsin at 1.3 Å resolution. Sci Rep, 8(1): 13123.

Hekkelman M L, de Vries I, Joosten R P, et al. 2023. AlphaFill: Enriching AlphaFold models with ligands and cofactors. Nat Methods, 20(2): 205-213.

Hennessey J P Jr, Johnson W C Jr. 1981. Information content in the circular dichroism of proteins. Biochemistry, 20(5): 1085-1094.

Hibler D W, Harpold L, Dell'Acqua M, et al. 1989. Isotopic labeling with hydrogen-2 and carbon-13 to compare conformations of proteins and mutants generated by site-directed mutagenesis, I. Methods Enzymol, 177: 74-86.

Hilty C, Fernández C, Wider G, et al. 2002. Side chain NMR assignments in the membrane protein OmpX reconstituted in DHPC micelles. J Biomol NMR, 23(4): 289-301.

Hilty C, Fernández C, Wider G, et al. 2003. Stereospecific assignments of the isopropyl methyl groups of the membrane protein OmpX in DHPC micelles. J Biomol NMR, 27(4): 377-382.

Hollingsworth S A, Dror R O. 2018. Molecular Dynamics Simulation for All. Neuron, 99(6): 1129-1143.

Hosseinkhani S, Ranjbar B, Naderi-Manesh H, et al. 2004. Chemical modification of glucose oxidase: Possible formation of molten globule-like intermediate structure. FEBS Lett, 561(1-3): 213-216.

Huang S Y. 2014. Search strategies and evaluation in protein-protein docking: Principles, advances and challenges. Drug Discov Today, 19(8): 1081-1096.

Hubbell W L, Cafiso D S, Altenbach C. 2000. Identifying conformational changes with site-directed spin labeling. Nat Struct Biol, 7(9): 735-739.

Hubbell W L, Gross A, Langen R, et al. 1998. Recent advances in site-directed spin labeling of proteins. Curr Opin Struct Biol, 8(5): 649-656.

Ishima R, Torchia D A. 2000. Protein dynamics from NMR. Nat Struct Biol, 7(9): 740-743.

Jacobsen K, Oga S, Hubbell W L, et al. 2005. Determination of the orientation of T4 lysozyme vectorially bound to a planar-supported lipid bilayer using site-directed spin labeling. Biophys J, 88(6): 4351-4365.

Jeenen J, Bachmann P, Ernst R R. 1979. Investigation of exchange processes by two-dimensional NMR spectroscopy. J Chem Phys, 71(11): 4546-4553.

Jeschke G. 2002. Distance measurements in the nanometer range by pulse EPR. Chemphyschem, 3(11): 927-932.

Johnson W C. 1999. Analyzing protein circular dichroism spectra for accurate secondary structures. Proteins, 35(3): 307-312.

Jorgensen W L, Tirado-Rives J. 1988. The OPLS [optimized potentials for liquid simulations] potential functions for proteins, energy minimizations for crystals of cyclic peptides and crambin. Journal of the American Chemical Society, 110(6): 1657-1666.

Jumper J, Evans R, Pritzel A, et al. 2021. Highly accurate protein structure prediction with AlphaFold. Nature, 596(7873): 583-589.

Kainosho M, Torizawa T, Iwashita Y, et al. 2006. Optimal isotope labelling for NMR protein structure determinations. Nature, 440(7080): 52-57.

Kamal I M, Chakrabarti S. 2023. MetaDOCK: A combinatorial molecular docking approach. ACS Omega, 8(6): 5850-5860.

Karplus M. 1959. Contact electron-spin coupling of nuclear magnetic momentss. J Chem Phys, 30(1): 11-15.

Kay L E. 1995. Pulsed field gradient multi-dimensional NMR methods for the study of protein structure and dynamics in solution. Prog Biophys Mol Biol, 63(3): 277-299.

Kay L E. 2005. NMR studies of protein structure and dynamics. J Magn Reson, 173(2): 193-207.

Kigawa T, Muto Y, Yokoyama S. 1995. Cell-free synthesis and amino acid-selective stable isotope labeling of proteins for NMR analysis. J Biomol NMR, 6(2): 129-134.

Konrat R, Yang D, Kay L E. 1999. A 4D TROSY-based pulse scheme for correlating ^{1}HNi, ^{15}Ni, ^{13}Calphai, ^{13}C'i-1 chemical shifts in high molecular weight, ^{15}N, ^{13}C, ^{2}H labeled proteins. J Biomol NMR, 15(4): 309-313.

Koshland D E Jr, Ray W J Jr, Erwin M J. et al. 1958. Protein structure and enzyme action. Fed Proc, 17(4): 1145-1150.

Koteiche H A, Chiu S, Majdoch R L, et al. 2005. Atomic models by cryo-EM and site-directed spin labeling: application to the N-terminal region of Hsp16.5. Structure, 13(8): 1165-1171.

Krell T, Horsburgh M J, Cooper A, et al. 1996. Localization of the active site of type II dehydroquinases. Identification of a common arginine-containing motif in the two classes of dehydroquinases. J Biol Chem, 271(40): 24492-24497.

Kumar A, Ernst R R, Wüthrich K. 1980. A two-dimensional nuclear Overhauser enhancement(2D NOE)experiment for the elucidation of complete proton-proton cross-relaxation networks in biological macromolecules. Biochem Biophys Res Commun, 95(1): 1-6.

Lei D, Cao L, Zhong T, et al. 2023. Residue Lys219 of CpxR is critical in the regulation of the antibiotic resistance of *Escherichia coli*. Journal of Antimicrobial Chemotherapy, 78(8): 1859-1870.

Liao M, Cao E, Julius D, et al. 2013. Structure of the TRPV1 ion channel determined by electron cryo-microscopy. Nature, 504(7478): 107-112.

Lieberman R A, Sands R H, Fee J A. 1982. A study of the electron paramagnetic resonance properties of single monoclinic crystals of bovine superoxide dismutase. J Biol Chem, 257(1): 336-344.

Linge J P, Habeck M, Rieping W, et al. 2003. ARIA: Automated NOE assignment and NMR structure calculation. Bioinformatics, 19(2): 315-316.

Lipari G, Szabo A. 1982a. Model-free approach to the interpretation of nuclear magnetic resonance relaxation in macromolecules. 1. theory and range of validity. J Am Chem Soc, 104(17): 4546-4559.

Lipari G, Szabo A. 1982b. Model-free approach to the interpretation of nuclear magnetic resonance relaxation in macromolecules. 2. analysis of experimental results. J Am Chem Soc, 104(17): 4559-4570.

Liu J J, Bratkowski M A, Liu X, et al.2014. Visualization of distinct substrate-recruitment pathways in the yeast exosome by EM. Nat Struct Mol Biol, 21(1): 95-102.

Luecke H, Schobert B, Richter H T, et al. 1999. Structure of bacteriorhodopsin at 1.55 A resolution. J Mol Biol, 291(4): 899-911.

Ma B, Kumar S, Tsai C J, et al. 1999. Folding funnels and binding mechanisms. Protein Eng, 12(9): 713-720.

Manavalan P, Johnson W C Jr. 1987. Variable selection method improves the prediction of protein secondary structure from circular dichroism spectra. Anal Biochem, 167(1): 76-85.

Mandel A M, Akke M, Palmer A G 3rd. 1995. Backbone dynamics of *Escherichia coli* ribonuclease HI: correlations with structure and function in an active enzyme. J Mol Biol, 246(1): 144-163.

Mason W R. 2007. A Practical Guide to Magnetic Circular Dichroism Spectroscopy. New York: John Wiley & Sons.

McHaourab H S, Oh K J, Fang C J, et al. 1997. Conformation of T4 lysozyme in solution. Hinge-bending motion and the substrate-induced conformational transition studied by site-directed spin labeling. Biochemistry, 36(2): 307-316.

Mechaly A E, Haouz A, Sassoon N, et al. 2018. Conformational plasticity of the response regulator CpxR, a key player in Gammaproteobacteria virulence and drug-resistance. J Struct Biol, 204(2): 165-171.

Meng X Y, Zhang H X, Mezei M, et al. 2011. Molecular docking: A powerful approach for structure-based drug discovery. Curr Comput Aided Drug Des, 7(2): 146-157.

Messori L, Orioli P, Vullo D, et al. 2000. A spectroscopic study of the reaction of NAMI, a novel ruthenium(III)anti-neoplastic complex, with bovine serum albumin. Eur J Biochem, 267(4): 1206-1213.

Michaud J M, Madani A, Fraser S, et al. 2022. A language model beats alphafold2 on orphans. Nat Biotechnol, 40(11): 1576-1577.

Mijovilovich A, Meyer-Klaucke W. 2003. Simulating the XANES of metalloenzymes - A case study. J Synchrotron Radiat, 10(Pt 1): 64-68.

Miles A J, Janes R W, Wallace B A. 2021. Tools and methods for circular dichroism spectroscopy of proteins: A tutorial review. Chem Soc Rev, 50(15): 8400-8413.

Mollaaghababa R, Steinhoff H J, Hubbell W L, et al. 2000. Time-resolved site-directed spin-labeling studies of bacteriorhodopsin: loop-specific conformational changes in M. Biochemistry, 39(5): 1120-1127.

Moosavi-Movahedi A A, Chamani J, Goto Y, et al. 2003. Formation of the molten globule-like state of cytochrome c induced by n-alkyl sulfates at low concentrations. J Biochem, 133(1): 93-102.

Morris G M, Goodsell D S, Halliday R S, et al. 1998. Automated docking using a Lamarckian genetic algorithm and an empirical binding free energy function. Journal of Computational Chemistry, 19(14): 1639-1662.

Muchmore D C, McIntosh L P, Russell C B, et al. 1989. Expression and nitrogen-15 labeling of proteins for proton and nitrogen-15 nuclear magnetic resonance. Methods Enzymol, 177: 44-73.

Nango E, Royant A, Kubo M, et al. 2016. A three-dimensional movie of structural changes in bacteriorhodopsin. Science, 354(6319): 1552-1557.

Nelson W D, Blakely S E, Nesmelov Y E, et al. 2005. Site-directed spin labeling reveals a conformational switch in the phosphorylation domain of smooth muscle myosin. Proc Natl Acad Sci USA, 102(11): 4000-4005.

Nester K, Gaweda K, Plazinski W. 2019. A GROMOS force field for furanose-based carbohydrates. J Chem Theory Comput, 15(2): 1168-1186.

Nishiyama Y, Hou G, Agarwal V, et al. 2023. Ultrafast magic angle spinning solid-state NMR spectroscopy: Advances in methodology and applications. Chem Rev, 123(3): 918-988.

Nogales E, Scheres S H. 2015. Cryo-EM: A unique tool for the visualization of macromolecular complexity. Mol Cell, 58(4): 677-689.

Oesterhelt D, Stoeckenius W. 1973. Functions of a new photoreceptor membrane. Proc Natl Acad Sci USA, 70(10): 2853-2857.

Öster C, Kosol S, Lewandowski J R. 2019. Quantifying microsecond exchange in large protein complexes with accelerated relaxation dispersion experiments in the solid state. Sci Rep, 9(1): 11082.

Otomo T, Teruya K, Uegaki K, et al. 1999. Improved segmental isotope labeling of proteins and application to a larger protein. J Biomol NMR, 14(2): 105-114.

Oz G, Pountney D L, Armitage I M. 1998. NMR spectroscopic studies of I = 1/2 metal ions in biological systems. Biochem Cell Biol, 76(2-3): 223-234.

Padhi A K, Janežič M, Zhang K Y J. 2022. Chapter 26 - Molecular dynamics simulations: Principles, methods, and applications in protein conformational dynamics// Tripathi T, Dubey V K. Advances in Protein Molecular and Structural Biology Methods. USA: Academic Press: 439-454.

Passmore L A, Russo C J. 2016. Specimen preparation for high-resolution Cryo-EM. Methods Enzymol, 579: 51-86.

Peisach J, Blumberg W E. 1974. Structural implications derived from the analysis of electron paramagnetic resonance spectra of natural and artificial copper proteins. Arch Biochem Biophys, 165(2): 691-708.

Pellecchia M, Montgomery D L, Stevens S Y, et al. 2000. Structural insights into substrate binding by the molecular chaperone DnaK. Nat Struct Biol, 7(4): 298-303.

Perczel A, Hollosi M, Tusnády G, et al. 1991. Convex constraint analysis: A natural deconvolution of circular dichroism curves of proteins. Protein Eng, 4(6): 669-679.

Perczel A, Park K, Fasman G D. 1992a. Analysis of the circular dichroism spectrum of proteins using the convex constraint algorithm: A practical guide. Anal Biochem, 203(1): 83-93.

Perczel A, Park K, Fasman G D. 1992b. Deconvolution of the circular dichroism spectra of proteins: The circular dichroism spectra of the antiparallel beta-sheet in proteins. Proteins, 13(1): 57-69.

Perera R, Sono M, Sigman J A, et al. 2003. Neutral thiol as a proximal ligand to ferrous heme iron: Implications for heme proteins that lose cysteine thiolate ligation on reduction. Proc Natl Acad Sci USA, 100(7): 3641-3646.

Pérez A, Marchan I, Svozil D, et al. 2007. Refinement of the AMBER force field for nucleic acids: Improving the description of alpha/gamma conformers. Biophys J, 92(11): 3817-3829.

Perilla J R, Zhao G, Lu M, et al. 2017. CryoEM structure refinement by integrating NMR chemical shifts with molecular dynamics simulations. J Phys Chem B, 121(15): 3853-3863.

Petersingham G, Zaman M S, Johnson A J, et al. 2022. Molecular details of aluminium-amyloid beta peptide interaction by nuclear magnetic resonance. Biometals, 35(4): 759-769.

Powl A M, O'Reilly A O, Powl A M, et al. 2010. Synchrotron radiation circular dichroism spectroscopy-defined structure of the C-terminal domain of NaChBac and its role in channel assembly. Proc Natl Acad Sci USA, 107(32): 14064-14069.

Prestegard J H, Bougault C M, Kishore A I. 2004. Residual dipolar couplings in structure determination of biomolecules. Chemical Reviews, 104(8): 3519-3540.

Protasevich I, Ranjbar B, Lobachov V, et al. 1997. Conformation and thermal denaturation of apocalmodulin: Role of electrostatic mutations. Biochemistry, 36(8): 2017-2024.

Provencher S W, Glockner J. 1981. Estimation of globular protein secondary structure from circular dichroism. Biochemistry, 20(1): 33-37.

Rabenstein M D, Shin Y K. 1995. Determination of the distance between two spin labels attached to a macromolecule. Proc Natl Acad Sci USA, 92(18): 8239-8243.

Rarey M, Kramer B, Lengauer T, et al. 1996. A fast flexible docking method using an incremental construction algorithm. Journal of molecular biology, 261(3): 470-489.

Raskar T, Khavnekar S, Hosur M. 2016. Time-dependent X-ray diffraction studies on urea/hen egg white lysozyme complexes reveal structural changes that indicate onset of denaturation. Sci Rep, 6: 32277.

Ren F, Ding X, Zheng M, et al. 2023. AlphaFold accelerates artificial intelligence powered drug discovery: Efficient discovery of a novel CDK20 small molecule inhibitor. Chem Sci, 14(6): 1443-1452.

Rink T, Riesle J, Oesterhelt D, et al. 1997. Spin-labeling studies of the conformational changes in the vicinity of D36, D38, T46, and E161 of bacteriorhodopsin during the photocycle. Biophys J, 73(2): 983-993.

Rogers D M, Jasim S B, Dyer N T, et al. 2019. Electronic circular dichroism spectroscopy of proteins. Chem, 5(11): 2751-2774.

Roos K, Wu C, Damm W, et al. 2019. OPLS3e: Extending force field coverage for drug-like small molecules. J Chem Theory Comput, 15(3): 1863-1874.

Rosen M K, Gardner K H, Willis R C, et al. 1996. Selective methyl group protonation of perdeuterated proteins. J Mol Biol, 263(5): 627-636.

Saldaño T, Escobedo N, Marchetti J, et al. 2022. Impact of protein conformational diversity on AlphaFold predictions. Bioinformatics, 38(10): 2742-2748.

Salzmann M, Pervushin K, Wider G, et al. 1998. TROSY in triple-resonance experiments: New perspectives for sequential NMR assignment of large proteins. Proc Natl Acad Sci USA, 95(23): 13585-13590.

Saxena V P, Wetlaufer D B. 1971. A new basis for interpreting the circular dichroic spectra of proteins. Proc Natl Acad Sci USA, 68(5): 969-972.

Schwieters C D, Kuszewski J J, Tjandra N, et al. 2003. The Xplor-NIH NMR molecular structure determination package. J Magn Reson, 160(1): 65-73.

Scott R A, Shokes J E, Cosper N J, et al. 2005. Bottlenecks and roadblocks in high-throughput XAS for structural genomics. J Synchrotron Radiat, 12(1): 19-22.

Senior A W, Evans R, Jumper J, et al. 2020. Improved protein structure prediction using potentials from deep learning. Nature, 577(7792): 706-710.

Seong K, Krasileva K V. 2023. Prediction of effector protein structures from fungal phytopathogens enables evolutionary analyses. Nat Microbiol, 8(1): 174-187.

Shi W, Zhan C, Ignatov A, et al. 2005. Metalloproteomics: High-throughput structural and functional annotation of proteins in structural genomics. Structure, 13(10): 1473-1486.

Shin Y K, Levinthal C, Levinthal F, et al. 1993. Colicin E1 binding to membranes: Time-resolved studies of spin-labeled mutants. Science, 259(5097): 960-963.

Shokri M M, Khajeh K, Alikhajeh J, et al. 2006. Comparison of the molten globule states of thermophilic and mesophilic alpha-amylases. Biophys Chem, 122(1): 58-65.

Singh I, Sagare A P, Coma M, et al. 2013. Low levels of copper disrupt brain amyloid-β homeostasis by altering its production and clearance. Proc Natl Acad Sci USA, 110(36): 14771-14776.

Singh S, Baker Q B, Singh D B. 2022. Chapter 18 - molecular docking and molecular dynamics simulation// Singh D B, Pathak R K. Bioinformatics. US: Academic Press: 291-304.

Song F, Chen P, Sun D, et al. 2014. Cryo-EM study of the chromatin fiber reveals a double helix twisted by tetranucleosomal units. Science, 344(6182): 376-380.

Sreerama N, Venyaminov S Y, Woody R W. 2000. Estimation of protein secondary structure from circular dichroism spectra: Inclusion of denatured proteins with native proteins in the analysis. Anal Biochem, 287(2): 243-251.

Sreerama N, Woody R W. 1993. A self-consistent method for the analysis of protein secondary structure from circular dichroism. Anal Biochem, 209(1): 32-44.

Sreerama N, Woody R W. 1994a. Poly(pro) II helices in globular proteins: Identification and circular dichroic analysis. Biochemistry, 33(33): 10022-10025.

Sreerama N, Woody R W. 1994b. Protein secondary structure from circular dichroism spectroscopy. Combining variable selection principle and cluster analysis with neural network, ridge regression and self-consistent methods. J Mol Biol, 242(4): 497-507.

Sreerama N, Woody R W. 2000. Estimation of protein secondary structure from circular dichroism spectra: Comparison of CONTIN, SELCON, and CDSSTR methods with an expanded reference set. Anal Biochem, 287(2): 252-260.

Sreerama N, Woody R W. 2004. Computation and analysis of protein circular dichroism spectra. Methods Enzymol, 383: 318-351.

Steinhoff H J. 2004. Inter- and intra-molecular distances determined by EPR spectroscopy and site-directed spin labeling reveal protein-protein and protein-oligonucleotide interaction. Biol Chem, 385(10): 913-920.

Stellato F, Menestrina G, Serra M D, et al. 2006.Metal binding in amyloid beta-peptides shows intra- and inter-peptide coordination modes. Eur Biophys J, 35(4): 340-351.

Stone T J, Buckman T, Nordio P L, et al. 1965. Spin-labeled biomolecules. Proc Natl Acad Sci USA, 54(4): 1010-1017.

Strozyk D, Bush A I. 2006. The role of metal ions in neurology. An introduction// Sigel A, Sigel H, Sigel R K O. Metal Ions In Life Sciences. New York: Wiley: 1-7.

Subczynski W K, Felix C C, Klug A, et al. 2005. Concentration by centrifugation for gas exchange EPR oximetry measurements with loop-gap resonators. J Magn Reson, 176(2): 244-248.

Subramaniam S. 1999. The structure of bacteriorhodopsin: an emerging consensus. Curr Opin Struct Biol, 9(4): 462-468.

Swartz H M, Bolton J R, Borg D C. 1972. Biological Applications of Electron Spin Resonance. New York: Wiley-Interscience.

Tafreshi N K, Hosseinkhani S, Sadeghizadeh M, et al. 2007. The influence of insertion of a critical residue(Arg356)in structure and bioluminescence spectra of firefly luciferase. J Biol Chem, 282(12): 8641-8647.

Takeuchi K, Wagner G. 2006. NMR studies of protein interactions. Curr Opin Struct Biol, 16(1): 109-117.

Teo B-K, Shulman R G. 1982. X-ray absorption studies of iron-sulfur proteins and related compounds.// Spiro T G. Iron-Sulfur Proteins. New York: Wiley: 343-366.

Tjandra N, Bax A. 1997. Direct measurement of distances and angles in biomolecules by NMR in a dilute liquid crystalline medium. Science, 278(5340): 1111-1114.

Torchia D A, Sparks S W, Bax A. 1988. NMR signal assignments of amide protons in the alpha-helical domains of staphylococcal nuclease. Biochemistry, 27(14): 5135-5141.

Tugarinov V, Choy W Y, Orekhov V Y, et al. 2005. Solution NMR-derived global fold of a monomeric 82-kDa enzyme. Proc Natl Acad Sci USA, 102(3): 622-627.

Tugarinov V, Hwang P M, Ollerenshaw J E, et al. 2003. Cross-correlated relaxation enhanced ^{1}H-^{13}C NMR spectroscopy of methyl groups in very high molecular weight proteins and protein complexes. J Am Chem Soc, 125(34): 10420-10428.

Tugarinov V, Kay L E. 2003. Ile, Leu, and Val methyl assignments of the 723-residue malate synthase G using a new labeling strategy and novel NMR methods. J Am Chem Soc, 125(45): 13868-13878.

Tugarinov V, Kay L E. 2003. Quantitative NMR studies of high molecular weight proteins: Application to domain orientation and ligand binding in the 723 residue enzyme malate synthase G. J Mol Biol, 327(5): 1121-1133.

Tugarinov V, Muhandiram R, Ayed A, et al. 2002. Four-dimensional NMR spectroscopy of a 723-residue protein: Chemical shift assignments and secondary structureof malate synthase G. J Am Chem Soc, 124(34): 10025-10035.

Tunyasuvunakool K, Adler J, Wu Z, et al. 2021. Highly accurate protein structure prediction for the human proteome. Nature, 596(7873): 590-596.

Um J W, Nygaard H B, Heiss J K, et al. 2012. Alzheimer amyloid-beta oligomer bound to postsynaptic prion protein activates Fyn to impair neurons. Nat Neurosci, 15(9): 1227-1235.

Van Der Spoel D, Lindahl E, Hess B, et al. 2005. GROMACS: fast, flexible, and free. J Comput Chem, 26(16): 1701-1718.

Vaynberg J, Qin J. 2006. Weak protein-protein interactions as probed by NMR spectroscopy. Trends Biotechnol, 24(1): 22-27.

Voss J, Salwiński L, Kaback H R, et al. 1995. A method for distance determination in proteins using a designed metal ion binding site and site-directed spin labeling: evaluation with T4 lysozyme. Proc Natl Acad Sci USA, 92(26): 12295-12299.

Vuister G W, Bax A. 1993. Quantitative J correcllation: a new approach for measuring homonuclear three-bond $J(H^NH^\alpha)$coupling constants in ^{15}N-enriched proteins. J Am Chem Soc, 115(17): 7772-7777.

Wagner G, Wuthrich K. 1982. Sequential resonance assignments in protein ^{1}H nuclear magnetic resonance spectra. Basic pancreatic trypsin inhibitor. J Mol Biol, 155(3): 347-366.

Walter E D, Stevens D J, Visconte M P, et al. 2007. The prion protein is a combined zinc and copper binding protein: Zn^{2+} alters the distribution of Cu^{2+} coordination modes. J Am Chem Soc, 129(50): 15440-15441.

Wishart D S, Sykes B D, Richards F M. 1992. The chemical shift index: a fast and simple method for the assignment of protein secondary structure through NMR spectroscopy. Biochemistry, 31(6): 1647-1651.

Wishart D S, Sykes B D. 1994. The ^{13}C chemical-shift index: a simple method for the identification of protein secondary structure using ^{13}C chemical-shift data. J Biomol NMR, 4(2): 171-180.

Wolff T E, Berg J M, Warrick C, et al. 1979. The molybdenum-iron-sulfur cluster complex $[Mo_2Fe_6S_9(SC_2H_5)_8]^{3-}$, a synthetic approach to the molybdenum site in nitrogenase. J Am Chem Soc, 101(16): 4630-4632.

Wong F, Krishnan A, Zheng E J, et al. 2022. Benchmarking alphaFold-enabled molecular docking predictions for antibiotic discovery. Mol Syst Biol, 18(9): e11081.

Woody A Y, Woody R W. 2003. Individual tyrosine side-chain contributions to circular dichroism of ribonuclease. Biopolymers, 72(6): 500-513.

Wu X, Xu L Y, Dong G. 2022. Application of molecular dynamics simulation in biomedicine. Chem Biol Drug Des, 99(5): 789-800.

Wüthrich K, Billeter M, Braun W. 1984. Polypeptide secondary structure determination by nuclear magnetic resonance observation of short proton-proton distances. J Mol Biol, 180(3): 715-740.

Wüthrich K, Wider G, Wagner G, et al. 1982. Sequential resonance assignments as a basis for determination of spatial protein structures by high resolution proton nuclear magnetic resonance. J Mol Biol, 155(3): 311-319.

Wüthrich K. 1986. NMR of proteins and nucleic acids. New York: Wiley.

Xu C, Wang Y, Liu C, et al. 2021. Conformational dynamics of SARS-CoV-2 trimeric spike glycoprotein in complex with receptor ACE2 revealed by cryo-EM. Sci Adv, 7(1): eabe5575.

Xu C, Zhang J, Huang X, et al. 2006. Solution structure of human peptidyl prolyl isomerase-like protein 1 and insights into its interaction with SKIP. J Biol Chem, 281(23): 15900-15908.

Xu R, Ayers B, Cowburn D, et al. 1999. Chemical ligation of folded recombinant proteins: segmental isotopic labeling of domains for NMR studies. Proc Natl Acad Sci USA, 96(2): 388-393.

Yang Z, Zeng X, Zhao Y, et al. 2023. AlphaFold2 and its applications in the fields of biology and medicine. Signal Transduct Target Ther, 8(1): 115.

Zhang L, Zhao Y, Gao R, et al. 2020. Cryo-EM snapshots of mycobacterial arabinosyltransferase complex EmbB2-AcpM2. Protein Cell, 11(7): 505-517.

Zheng Y D, Zhong T, Wu H, et al. 2022. Crizotinib shows antibacterial activity against gram-positive bacteria by reducing ATP production and targeting the CTP synthase PyrG. Microbiol Spectr, 10(3): e0088422.

Zong X H, Zhou P, Shao Z Z, et al. 2004. Effect of pH and copper(II) on the conformation transitions of silk fibroin based on EPR, NMR, and Raman spectroscopy. Biochemistry, 43(38): 11932-11941.

第十二章　功能蛋白质研究技术在生物医药研究中的应用实例

蛋白质功能的研究一直是生命科学的核心课题之一。近年来，随着多项革命性技术的出现，功能蛋白质研究方兴未艾，为生物医药研究带来了巨大进步。本章将从多个方面阐述新技术在蛋白质功能解析中的应用，并呈现具有代表性的研究实例。以全基因组 siRNA 筛选为手段，可系统鉴定肺癌抑癌基因并揭示其发挥抑癌功能的机制，为开发肺癌新靶向治疗策略提供依据。利用蛋白质组学方法，比较了卵巢癌关键基因 *TP53* 不同突变体的蛋白质互作组，发现其与野生型 *TP53* 在结合蛋白组成上存在显著差异，为开发靶向 *TP53* 突变体的新型抗肿瘤药物奠定了基础。最后，本章综述了基于蛋白组学的药物靶标筛选策略，并以 TRAIL 耐药肿瘤为例，详细阐述了整合多种技术发现 TRAIL 敏化剂莪术醇的靶标蛋白 NQO2 的过程，展示了这些技术在药物作用机制解析中的强大实力。综上所述，本章系统介绍的一系列前沿技术，为理解蛋白质结构功能关系、发掘新的生物标志物及药物靶点提供了有力工具。我们期待这些技术的应用将极大地推动生命过程的理解及相关疾病的治疗。相信随着技术的不断进步，蛋白质组学、基因编辑等前沿技术必将取得更多令人振奋的突破。

第一节　全基因组规模筛选鉴定肺癌抑癌蛋白质

新生或获得性耐药极大地限制了癌症治疗的临床效果。越来越多的证据表明，肿瘤抑癌基因（tumor suppressor gene，TSG）功能障碍严重影响癌细胞对化疗（Lai et al.，2012）、靶向治疗（Huang et al.，2011）和免疫治疗（Skoulidis et al.，2018）的反应，仍然迫切需要为这些耐药癌症患者开发有效的疗法。

肺癌是所有癌症类型中死亡人数最多的，截至 2018 年，全球估计有 210 万新病例和 170 万人死亡（Bray et al.，2018）。驱动基因的功能获得性突变是肺癌肿瘤发生的主要原因，并且已经得到相对更好的表征，针对这些癌蛋白的抑制剂已被批准用于临床治疗。针对致癌突变体 EGFR、ROS1、C-MET 和 EML4-ALK 5 的靶向治疗取得了令人惊喜的临床效果。不幸的是，最初对这些疗法有反应的患者不可避免地会复发。此外，一部分患者对这些疗法表现出新的耐药性。由于这些困难，肺癌患者的总体 5 年生存率仍低于 20%（Ferlay et al.，2015；Senan et al.，2016）。

报告显示，TSG 失活是当前肺癌治疗中耐药性的重要原因（Baldi et al.，2011；Huang et al.，2011；Skoulidis et al.，2018）。特定 TSG 的功能丧失突变深刻改变了信号网络，进而改变了癌细胞的生理行为。为了治疗成功，肺癌的 TSG 仍有待系统鉴定和表征。

一、系统鉴定肺癌抑癌蛋白的必要性

细胞需要积累一定数量遗传和表观遗传的改变，导致细胞产生功能获得性的癌基因和功能丧失性的抑癌基因的表达改变，最终导致肺上皮细胞癌变并形成肿瘤。在肺癌中，癌基因的研究已经比较系统，例如，较为经典的 *EGFR* 突变、*KRAS* 突变及 *EML4-ALK* 融合基因产生，针对这些突变蛋白的药物目前已成为肺癌患者的临床一线用药。但对肺癌具有重要功能的抑癌基因尚未系统研究。抑癌基因的功能状态不仅对细胞癌变产生重要影响，而且还影响癌细胞对药物的响应。因此，鉴定肺癌中强效的抑癌基因具有重要的理论意义和潜在的临床应用前景。鉴于此，我们有必要在全基因组范围内鉴定新型、强效的肺癌抑癌基因。

转录因子在细胞中起着重要的作用，控制着细胞的命运。因此，鉴定具有肺癌抑癌基因功能的转录因子具有重要意义。我们利用全基因组 siRNA 文库或者 sgRNA 文库等处理肺癌细胞，研究处理后是否能促进肺癌细胞的分裂、增殖。对能明显促进肺癌细胞生长的 siRNA 或者 sgRNA 所考察的基因，结合 TCGA 数据库，考察该基因是否在肿瘤中表达下调而癌旁相对高表达。符合上述两个标准的基因，我们还要进一步考察。我们建立了利用 shRNA 或者过表达目标基因构建敲低的稳转肺癌细胞系或者过量表达细胞系，考察敲低或者过量表达这些基因后是否导致肺癌细胞恶性变化（肺癌细胞在软琼脂培养体系中形成克隆的能力的变化）。经过上述三个逐步筛选、鉴定后，我们将对候选分子进行细致的研究。

二、靶向过度活跃的 TGFBR2 治疗 MYOCD 缺陷型肺癌

（一）MYOCD 是肺癌中重要的 TSG

2001 年，Myocardin（心肌素，MYOCD）被证实对于大多数平滑肌细胞（SMC）的发育和分化是必要且充分的（Wang et al., 2001）。MYOCD 在成年期的收缩血管、胃肠道和泌尿生殖系统平滑肌、心肌组织及胚胎发育过程的相应祖细胞中特异性表达。MYOCD 的结构具有多个功能不同的结构域，包括氨基（N）端、碱性结构域、类似亮氨酸拉链的两亲性 α 螺旋、一段富含谷氨酰胺（Q）的区域和 SAP 结构域（Callis et al., 2005）。MYOCD 是一种有效的共转录激活剂，调节心肌细胞和 SMC 谱系的发育与分化（Wang et al., 2001）。然而，最近的研究揭示了一些与肌肉发育无关的功能，包括促进胚胎血管和出生后发育（Huang et al., 2015）、抑制血管炎症、抑制 VSMC 去分化和增殖以及调节脂质代谢（Ackers-Johnson et al., 2015；Sward et al., 2016）。

我们之前的体内筛选表明，MYOCD 的体细胞敲除（KO）往往会促进 Kras G12D 驱动的肺癌的进展（Wu et al., 2018）。为了确认 MYOCD 是否为临床相关的 TSG，我们在 TCGA 数据库中分析了其在肺癌组织和癌旁组织中的 mRNA 水平。有趣的是，我们的数据表明，肺腺癌和鳞癌样本中 MYOCD 的 mRNA 表达显著低于配对的正常组织。我们还从 Oncomine 网站（https://www.oncomine.org）下载了基因表达数据，并比较了肺癌和肿瘤旁组织中的 MYOCD 表达水平，结果表明肺癌样本中 MYOCD mRNA 水平的

表达显著降低。我们进一步分析 TCGA 数据，发现 MYOCD 的表达与肺癌患者的总生存期呈正相关。值得注意的是，我们在 I 期肺癌患者中也看到了相同的趋势，表明 MYOCD 是肺癌中临床相关的 TSG（图 12-1A～C）。

为了进一步研究 MYOCD 在肺癌中的功能，我们着手构建可诱导过度表达或敲低 MYOCD 的肺癌细胞系。我们首先通过在线数据库（http://xenobase.crownbio.com）检查了各种肺癌细胞系中 MYOCD 的表达，结果发现 A549 具有相对较高的 MYOCD mRNA 水平，而 H460 和 HOP62 表达水平较低，这也通过 qRT-PCR 分析得到了证实。然后，我们构建了用于阿霉素（DOX）诱导表达 MYOCD 的 Hop62 和 H460 细胞系（分

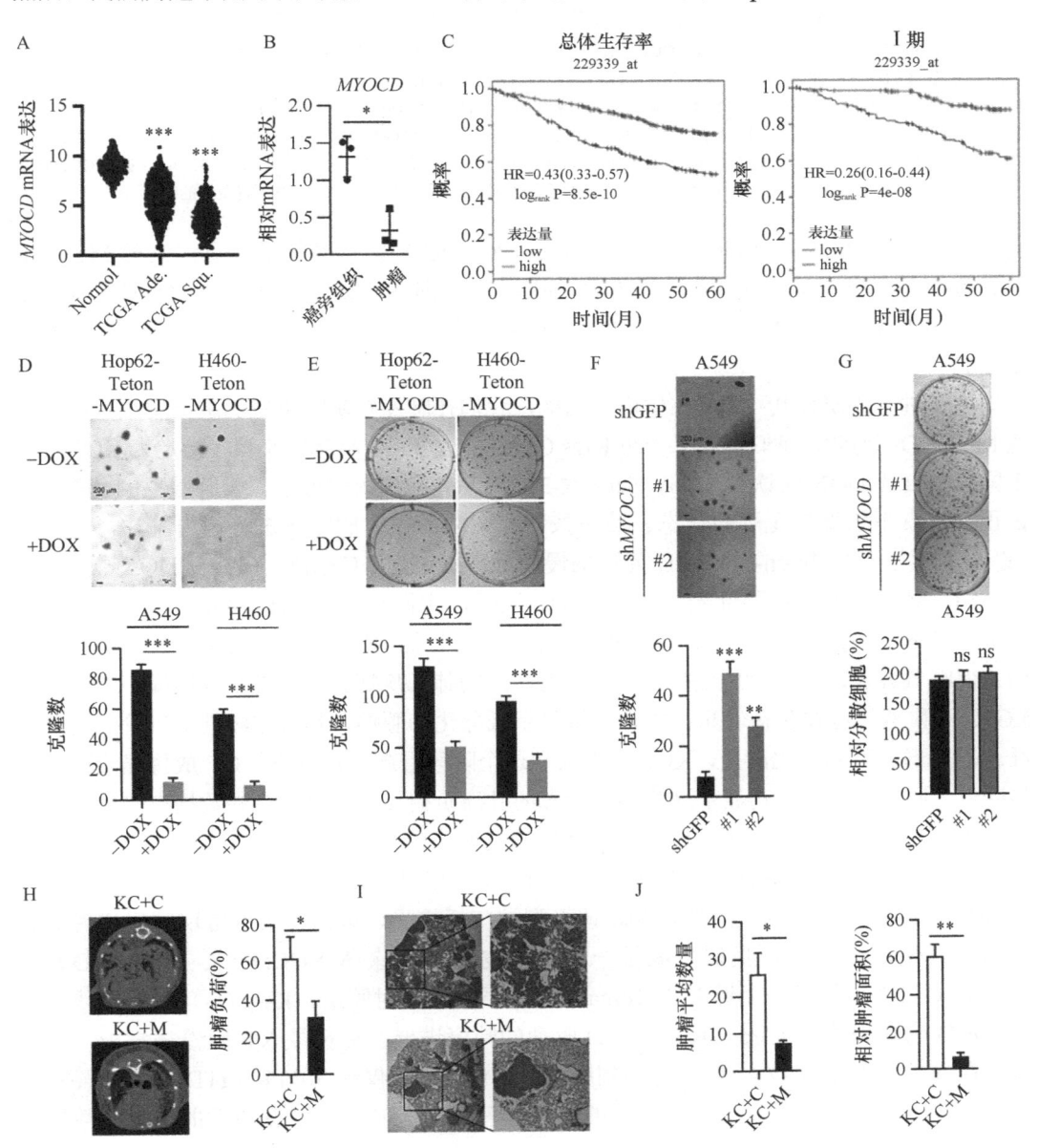

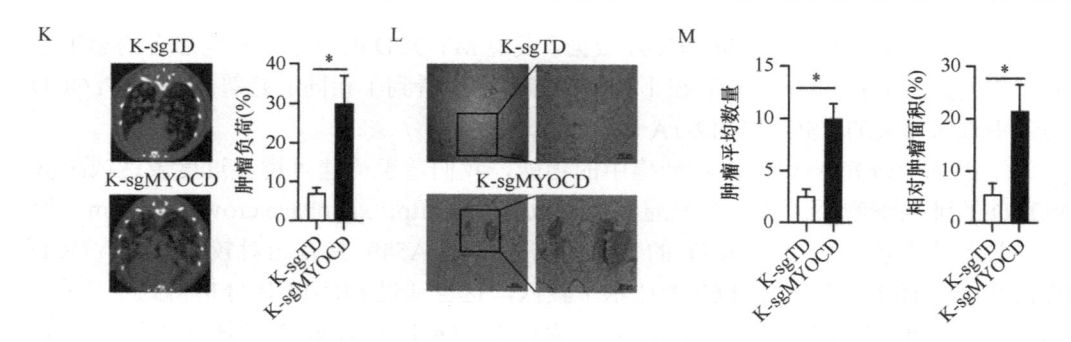

图 12-1 MYOCD 是肺癌中重要的 TSG（Zhou et al.，2021）
A. TCGA 肺癌组织和 GTEx 肺组织中 MYOCD mRNA 的表达。B. 来自 Oncomine 数据库的肺组织和肺癌中的 MYOCD mRNA 表达。C. NSCLC 患者的 K-M 生存分析。D、E. MYOCD 抑制 Hop62 和 H460 细胞的集落形成。F. MYOCD 敲低促进 A549 细胞的集落形成能力。G. MYOCD 敲低对 A549 细胞的 2-D 集落形成能力的影响。H. MYOCD 的过度表达减缓了 KC 小鼠模型中肺部肿瘤的发生。I. 从 KC+C 和 KC+M 小鼠获得的肺组织 H&E 染色的代表性图像。J. 肿瘤平均数量（左）和相对肿瘤面积（右）的统计。K. MYOCD 敲除促进 lsl-KrasG12D 小鼠肺部肿瘤的发生。L. K-sgTD 和 K-sgMYOCD 肺组织的 H&E 染色的代表性图像。M. 肿瘤平均数量（左图）和相对肿瘤面积（右图）的量化

别称为 Hop62-Teton-MYOCD 和 H460-Teton-MYOCD）。有趣的是，我们发现 MYOCD 的异位表达显著抑制了 Hop62 和 H460 细胞在软琼脂和 2D 平板培养物中形成集落。相反，用 shRNA 敲低 MYOCD 显著增强了 A549 细胞在软琼脂中形成集落的能力（图 12-1 D~G）。

为了进一步研究其 TSG 在体内的功能，我们在肺癌转基因小鼠的肺上皮细胞中过表达 MYOCD。为此，我们生成了一组 Kras G12D/CC10rtTA 转基因小鼠（指定为 KC）。KC 小鼠在喂食含 DOX 的饮食（Dox-diet）约 3 个月后，会患上类似于人类肺腺癌的肺癌，但在正常饮食下仍保持无肿瘤状态。然后按照我们之前报道的方案进行鼻内滴注，使这些 KC 小鼠感染含有 Teton-MYOCD 元件的慢病毒（指定为 KC+M）。在喂食 DOX 饮食 48h 后，KC+M 小鼠开始在肺部表达 MYOCD。同时，我们用空的 Teton-Puro 载体包装的慢病毒感染 KC 小鼠作为对照组（KC+C）。经过 3 个月的 DOX 饮食治疗后，KC+C 小鼠开始急促喘气并表现出驼背的姿势，表明患有严重的肺部疾病。计算机断层扫描（CT）显示 KC+C 小鼠双肺肿瘤负荷较重；病理分析显示低分化肺腺癌，具有弥漫性支气管腺癌的特征。与此形成鲜明对比的是，KC+M 小鼠在这个阶段看起来很正常，CT 成像显示肺癌明显降低；同时，病理检查显示这些小鼠肺部的肿瘤负荷显著减轻。这些数据有力地证明了 MYOCD 的过度表达抑制了体内原发性肺癌的发展（图 12-1 H~J）。

为了模拟肺癌中 MYOCD 缺失的临床环境，我们使用 lsl-KrasG12D 转基因小鼠测试了 MYOCD 敲除对肺癌发展的影响，该模型被广泛接受，可以真实地重现肺癌患者的临床病程。使用该方案，我们生成了一组肺上皮细胞敲除 MYOCD（K-sgMYOCD）的 lsl-Kras G12D 小鼠和一个针对 TdTomato 的对照队列（对照组，K-sgTD）。CT 成像显示 MYOCD 的缺失显著促进了 Kras G12D 驱动的肺癌进展。经鼻吸入重组慢病毒 16 周后，我们在 60% sgMYOCD 小鼠中检测到肺部肿瘤结节，而仅约 30% K-sgTD 小鼠出现肺部肿瘤结节。病理检查显示，MYOCD 的缺失显著增加了 Kras G12D 驱动的肺肿瘤数量和面积（图 12-1 K~M）。以上数据表明 MYOCD 是肺癌中有效且具有临床相关性的 TSG。

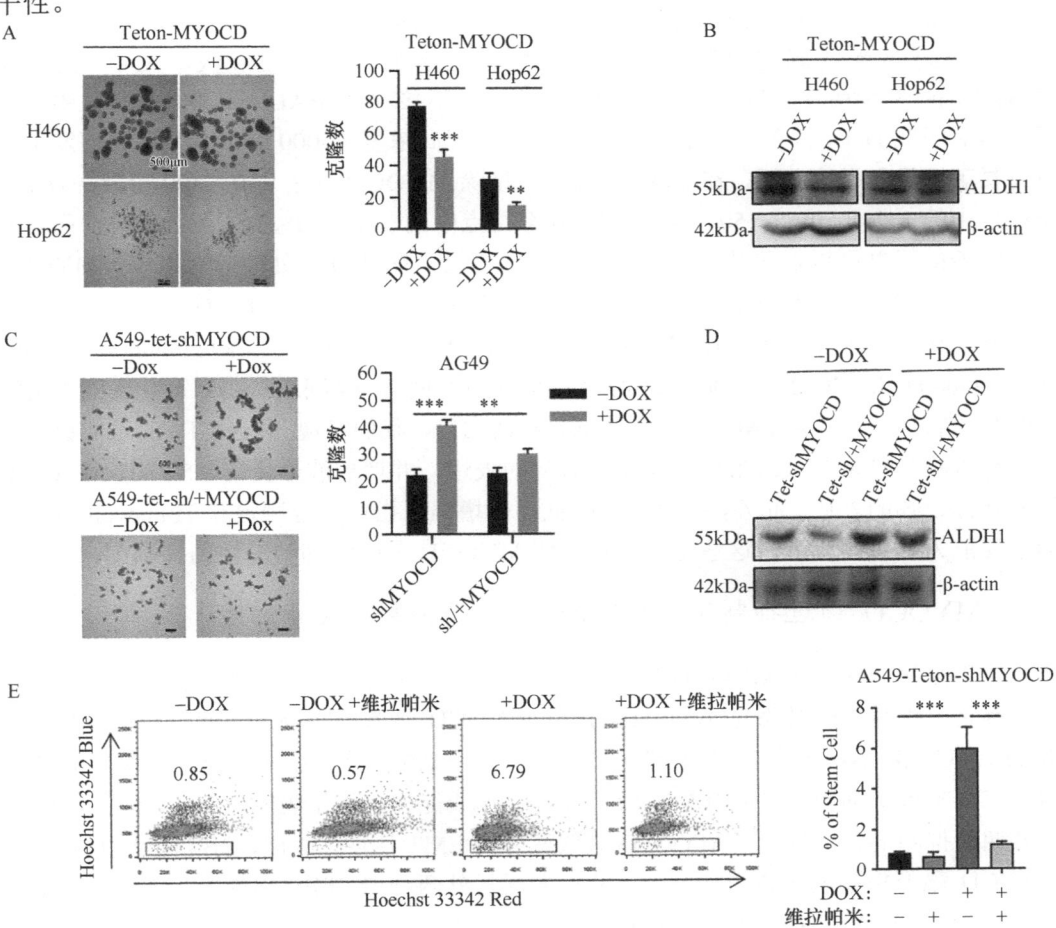

（二）MYOCD 抑制肺癌细胞的干性

癌症干细胞（CSC）在肿瘤发生、复发和转移中发挥着关键作用。研究表明，CSC 的干性受到一些 TSG 的负面调节（Gao and Jin，2014；Luongo et al.，2019）。为了弄清楚 MYOCD 是否起到肺癌细胞干性抑制剂的作用，我们进行了球体形成实验（SFA）来评估 CSC 的体外自我更新潜力，结果表明，MYOCD 的过度表达降低了 H460 和 Hop62 的球体形成能力。同样，我们发现 MYOCD 的异位表达抑制了 H460 和 Hop62 细胞中 ALDH1 的表达，ALDH1 是实体瘤中的一种 CSC 标记物和功能因子（Vassalli，2019）。相反，DOX 诱导的 MYOCD 敲低显著促进 A549 细胞形成球体。与此相一致的是，MYOCD 的敲低促进了 ALDH1 的表达，而补充 MYOCD 则抑制了这种效果。Hoechst 33342 是一种 DNA 结合染料，可以通过 ABCG2 泵出，作为侧群（SP）测定的基础来识别某些类型癌症中的 CSC30。FACS 分析显示，MYOCD 敲低显著增加了 A549 细胞中 SP 的百分比（图 12-2 A～E）。总的来说，我们的结果表明 MYOCD 抑制肺 CSC 的干性。

细胞数量	+DOX	−DOX
50	2/6	0/6
500	3/6	1/6
5000	6/6	6/6

A549-Tet-shMYOCD 肿瘤发生率

细胞数量	+DOX	−DOX
50	1/6	4/6
500	3/6	5/6
5000	6/6	6/6

H460-Tet-MYOCD 肿瘤发生率

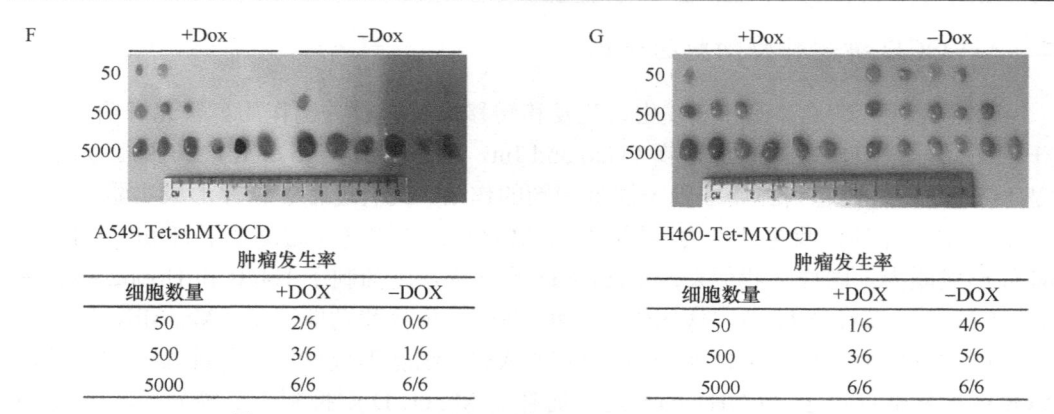

图 12-2 MYOCD 抑制肺癌细胞的干性（Zhou et al., 2021）

A. MYOCD 抑制 H460 和 Hop62 细胞的球体形成能力。B. MYOCD 降低 H460 和 Hop62 细胞中 ALDH1 的表达。C.MYOCD 敲低促进了 A549 细胞的球体形成能力。D. MYOCD 失活增加了 ALDH1 表达。E.MYOCD 失活增加了 A549 细胞中侧群细胞的频率。F～G. 通过极限稀释测定（LDA）测量肿瘤发生率

我们继续通过体内有限稀释测定测试 MYOCD 抑制 SCID 小鼠肺癌干性的能力，这是一种广泛接受的确定已建立细胞系中肿瘤起始细胞频率的方法。A549-Teton-sh MYOCD 的 3 种稀释液将细胞（50～5000 个）皮下接种到 BALB/c 裸鼠复制组中，然后饲喂对照或 DOX 饮食。治疗 21 天后，我们发现高浓度（5000 个细胞）下肿瘤发生率没有显著差异。相比之下，在 DOX 治疗组（敲除 MYOCD 表达）中，500 个接种物的 6 个位点中的 3 个（50%）、50 个接种物的 6 个位点中的 2 个（33%）发展为肿瘤，而对照饮食喂养的组群则以显著的速度发展为肿瘤。相反，在 DOX 处理的裸鼠中，MYOCD 过表达显著抑制 H460-Teton-MYOCD 细胞的肿瘤发生率（图 12-2 F～G）。

研究揭示了上皮间质转化（EMT）与癌细胞干性之间的相关性（Singh and Settleman, 2010；Guo et al., 2012）。我们注意到 MYOCD 敲低使 A549 细胞从鹅卵石状转变为更细长的纺锤状形状，这是 EMT 的形态特征。与此相符，我们发现 MYOCD 的敲低会降低上皮标志物钙黏蛋白（cadherin 1，CDH1）的表达，并增加波形蛋白、SNAIL 和 SLUG 等间质标记物的表达。此外，MYOCD 敲低显著增强了伤口愈合测定和 Transwell 测定中的迁移能力。总而言之，这些结果一致表明 MYOCD 是肺癌细胞干性的抑制剂。

（三）MYOCD 通过抑制 TGFBR 信号转导而抑制肺癌干细胞

接下来我们探讨了 MYOCD 抑制癌症干细胞作用的分子机制。我们首先系统地测定了抑制与干性有关的通路对 A549-Teton-sh MYOCD 细胞的影响。为此，我们添加针对 WNT、TGF-β、Notch 和 YAP 通路的抑制剂，并仔细测定了 A549-Teton-sh MYOCD 细胞中二维平板上细胞克隆的 EMT 特征和球体形成能力。结果表明，SB431542（TGF-β 信号通路抑制剂）显著抑制 MYOCD 敲低诱导的 EMT 活性；同样，SB431542 显著抑制 MYOCD 敲低增强的球体形成能力。我们发现另外两种 TGFBR 抑制剂（SB525334 和 LY2109761）在 A549-Teton-sh MYOCD 上以相似程度抑制 EMT。更重要的是，TGFBR2 敲低抑制 A549-Teton-sh MYOCD 的干性，其程度与 LY2109761 在体外 SFA 中和在体内肿瘤形成测定实验中的作用相似。我们还注意到，MYOCD 剂量依赖性地抑制 A549 细

胞中 TGF-β 途径萤光素酶报告基因，表明 TGF-β 途径活性受到抑制（图 12-3 A～F）。总的来说，研究结果表明 MYOCD 表达通过抑制 TGFBR 信号通路下调肺 CSC 的干性。

TGF-β 信号转导调节多种生物过程，包括细胞凋亡、分化、EMT 和增殖（Roberts and Sporn，1993；Sun et al.，1998；Martinez-Alvarez et al.，2000）。当 TGF-β 配体与 TGFBR2 结合时，就会发生典型的 TGF-β 信号转导，然后 TGFBR2 募集并磷酸化 TGFBR1 以激活下游 SMAD2 和 SMAD3。然后，磷酸化的 SMAD2/3 与 SMAD4 形成复合物，并转位至细胞核，调节 TGF-β 靶基因的转录（Martinez-Alvarez et al.，2000）。

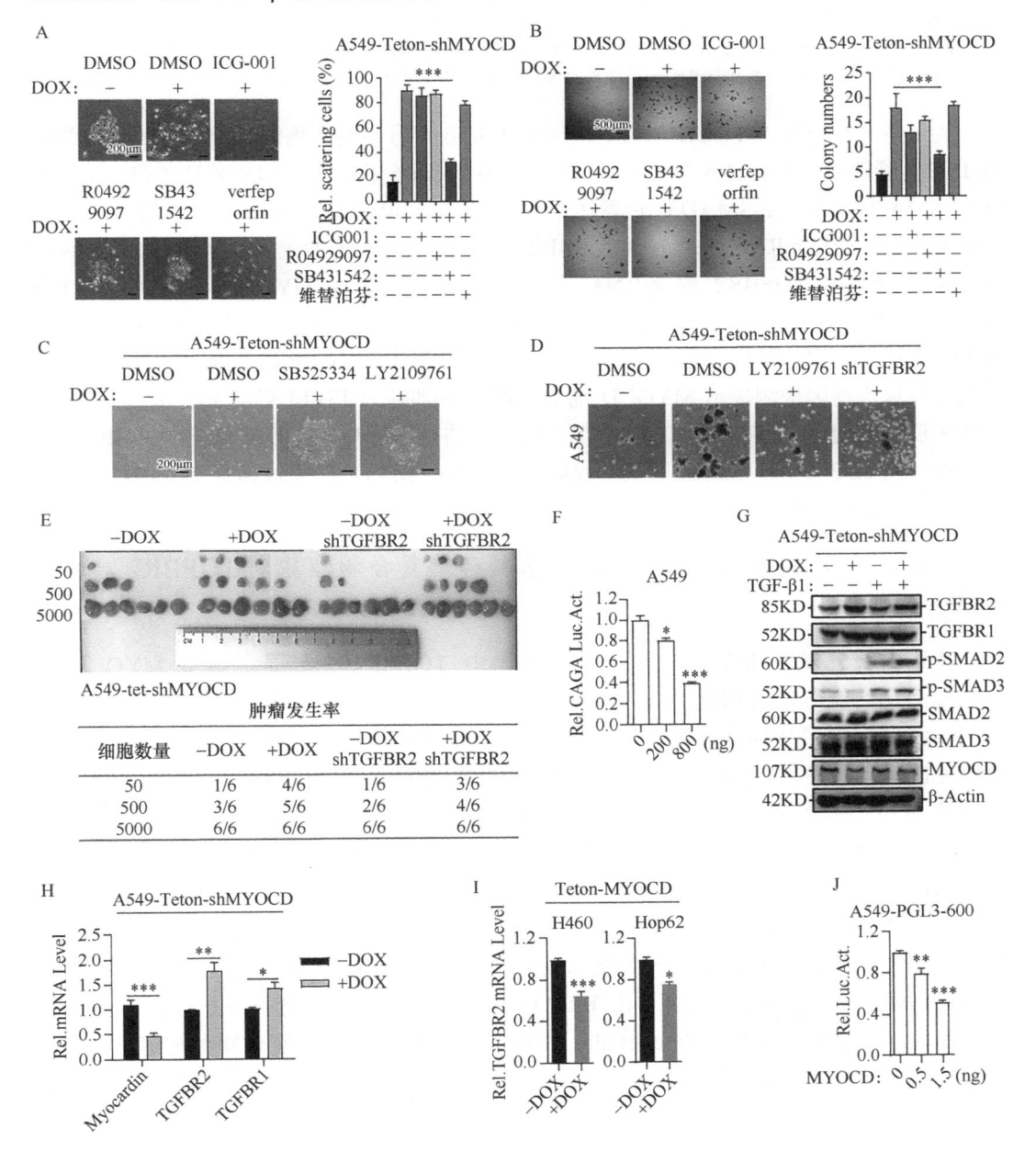

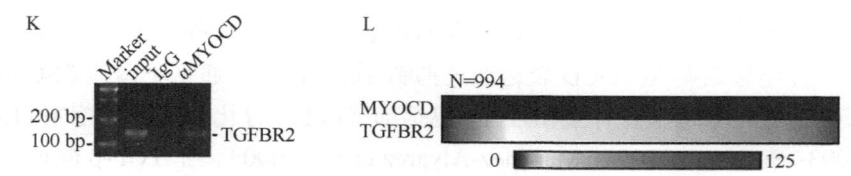

图 12-3　MYOCD 通过抑制 TGFBR 信号转导来抑制肺癌干细胞（Zhou et al.，2021）

A、B. SB431542 显著抑制 MYOCD 敲低诱导的 EMT 活性和球体形成能力。C. 导致肺癌细胞分散的 MYOCD 敲低被 TGF-β 信号抑制剂抑制。D. LY2109761 和 TGFBR2 shRNA 抑制 MYOCD 失活介导的球体形成。E.通过 LDA 测量肿瘤发生率。F. MYOCD 以剂量依赖性方式抑制 A549 细胞中的 SMAD2/3 萤光素酶活性。G. MYOCD 的敲低促进了磷酸-SMAD2、磷酸-SMAD3 表达并增加了 TGFBR2 表达。H. MYOCD 失活促进了肺癌细胞中 TGFBR2 转录。I. MYOCD 抑制肺癌细胞中的 TGFBR2 转录。J. MYOCD 降低 A549 细胞中 TGFBR2 萤光素酶活性。K. MYOCD 位于 TGFBR2 启动子区域。L. 从 Proteinatlas（https://www.Proteinatlas.org/）下载的临床肺癌样本中，MYOCD 和 TGFBR2 表达水平之间呈负相关

为了进一步研究 MYOCD 如何负向调节 TGF-β 信号通路，我们检查了 MYOCD 敲低对 TGF-β 通路中信号元件磷酸化状态的影响。Western 分析表明，MYOCD 的敲低会促进磷酸-SMAD2 和磷酸-SMAD3 的表达。有趣的是，qRT-PCR 和蛋白质印迹分析表明 MYOCD 敲低通过 mRNA 转录上调 TGFBR2 表达；相反，MYOCD 的异位表达抑制了 Hop62 和 H460 细胞中 TGFBR2 的 mRNA 水平。这些结果表明，MYOCD 在转录水平下调 TGFBR2。值得注意的是，我们还观察到 MYOCD 敲低略微增加了 TGFBR1，但并不像 TGFBR2 那样剧烈。因此，我们将进一步的实验工作集中在 TGFBR2 的调控上。进一步的萤光素酶报告基因检测显示 MYOCD 剂量依赖性地抑制 TGFBR2 启动子活性。此外，染色质免疫沉淀随后进行 PCR（ChIP-PCR）分析，结果显示 MYOCD 定位于 TGFBR2 启动子区域（图 12-3 F～L）。综上所述，我们的数据表明 MYOCD 通过抑制 TGFBR2 转录来抑制肺癌细胞的干性。

（四）MYOCD 将 PRMT5/MEP50 甲基转移酶复合物招募到 TGFBR2 启动子区域

我们的研究发现 MYOCD 抑制肺癌细胞中 TGFBR2 的转录，这与 MYOCD 是转录激活剂的流行发现相反（van Tuyn et al.，2005）。为了阐明其转录抑制活性的分子机制，我们检查了从异位过度表达 FLAG 标记的 MYOCD 的 293T 细胞中免疫沉淀的 MYOCD 结合伴侣。与 IgG 的对照相比，SDS-PAGE 凝胶的银染色清楚地显示了 MYOCD 沉降样品中不同的蛋白质种类。对富含 MYOCD 的蛋白质样品进行液相色谱-质谱（LC-MS）分析，鉴定出 71 种特定蛋白质，在结合伴侣中，PRMT5 和 MEP50 引起了我们的注意（图 12-4 A～D）。组蛋白甲基化是一种表观遗传标记，在细胞功能中发挥着至关重要的作用。PRMT5 对精氨酸（Bedford and Richard，2005）进行单甲基化和对称二甲基化，其重要性在多种细胞过程中凸显，包括转录调控、生殖细胞发育及多种疾病。研究表明，Grg4 复合体由 PRMT5 和 MEP50 组成，对于 PRMT5 和 MEP50 介导的转录抑制至关重要（Patel et al.，2012）。PRMT5/MEP50 复合物参与组蛋白精氨酸残基的对称甲基化以调节基因表达。最近，PRMT5/MEP50 复合物的晶体结构已被解析（Antonysamy et al.，2012）。

我们假设 MYOCD 将 PRMT5/MEP50 复合物募集到 TGFBR2 启动子以修饰该区域的组蛋白，从而使 A549 细胞中 TGFBR2 转录沉默。当 PRMT5 或 MEP50 分别与 HEK293 细胞中的 MYOCD 共过表达时，MYOCD 有效下拉 PRMT5 或 MEP50。为了查明这三种蛋白质是否在 NSCLC 细胞中形成复合物，我们还对 A549 细胞裂解液进行了 co-IP 实验。在这个实验中，我们发现针对任何一种蛋白质的抗体都会免疫沉淀另外两种蛋白质（图 12-4 E~F）。总而言之，这些数据有力地证明了 MYOCD、PRMT5 和 MEP50 在 NSCLC 细胞中作为蛋白质复合物发挥作用。

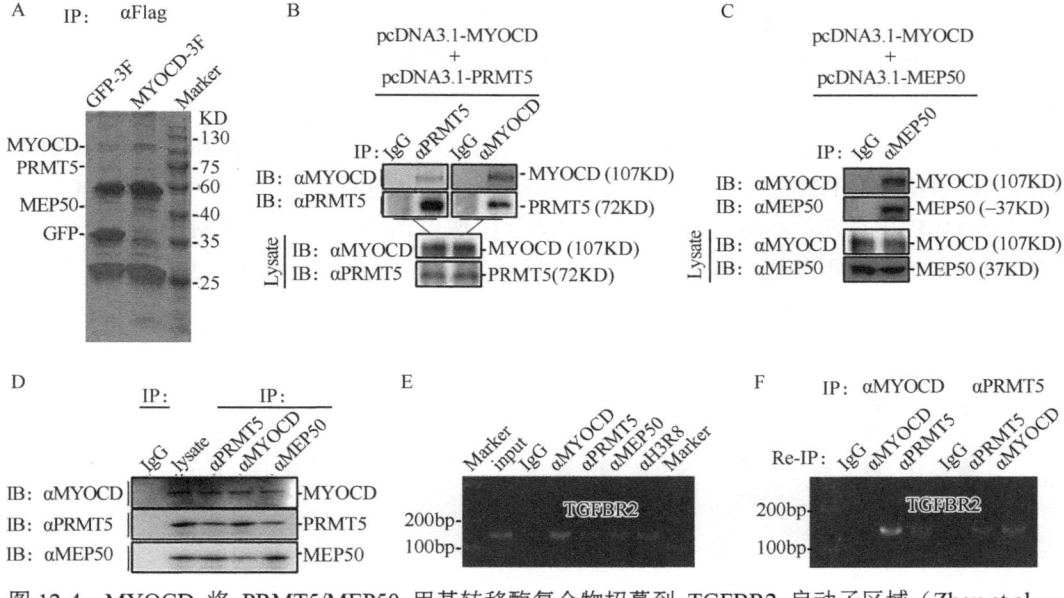

图 12-4　MYOCD 将 PRMT5/MEP50 甲基转移酶复合物招募到 TGFBR2 启动子区域（Zhou et al., 2021）

A. 对来自 293T-GFP 3×FLAG 和 293T-MYOCD 3×FLAG 细胞的 Flag 抗体进行免疫沉淀，SDS-PAGE 分离蛋白质样品并进行银染色。B、C. MYOCD 与 PRMT5 和 WDR77 相关。D. 内源性 MYOCD 与 A549 细胞中的 PRMT5 和 WDR77 相关。E、F. MYOCD、PRMT5、WDR77 和 H3R8mes 位于 TGFBR2 启动子区域。E. 使用 A549 细胞中的指定抗体对 TGFBR2 启动子进行 ChIP-PCR 分析。F. 使用针对 A549 细胞中所示抗体的抗体对 TGFBR2 启动子进行 Re-ChIP 分析

PRMT5 和 MEP50 形成蛋白质甲基转移酶复合物，对称地二甲基化 H2AR3、H3R2、H4R3 和 H3R8 34，其可以依赖性方式激活或抑制基因转录；然后我们检查 PRMT5/MEP50 是否与 MYOCD 结合相同的 TGFBR2 启动子区域。ChIP-PCR 检测显示 MYOCD、PRMT5 和 MEP50 共同占据 TGFBR2 启动子区域。更重要的是，在同一区域可检测到 H3R8mes。为了证明 MYOCD 招募 PRMT5/MEP50 复合物来调节 TGFBR2 转录的观点，我们进行了 ChIP-Re-ChIP 实验。在这些实验中，首先用抗 MYOCD 或 PRMT5 的抗体对片段化染色质进行免疫沉淀，然后将免疫沉淀物与抗 PRMT5 或抗 MYOCD 相互再免疫沉淀，并从二次免疫沉淀物中提取 DNA 用于定量 TGFBR2 启动子区域的量。我们的 ChIP-Re-ChIP 结果确实表明 MYOCD、PRMT5 和 MEP50 共同占据相同的 TGFBR2 启动子区域（图 12-4 E~F）。

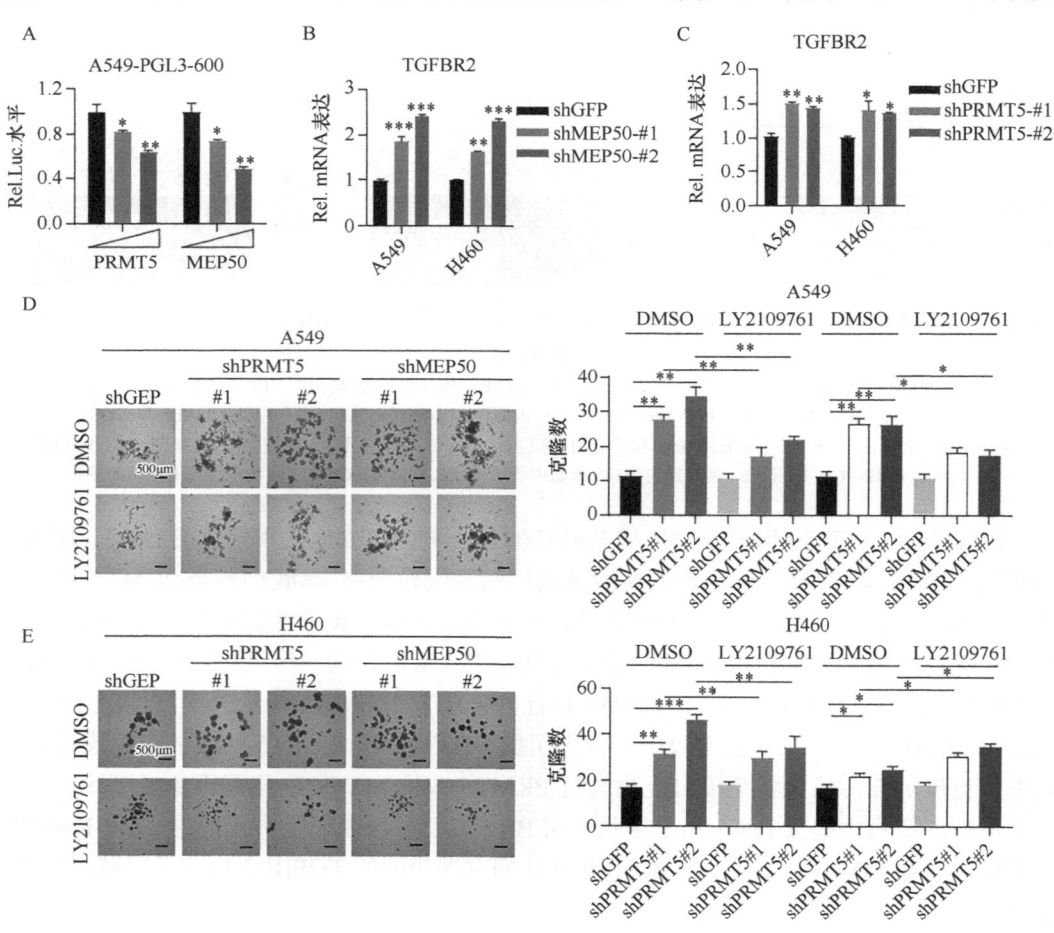

（五）MYOCD 招募 PRMT5/MEP50 甲基转移酶复合物来表观遗传沉默 TGFBR2 转录

MYOCD 是否能够招募 PRMT5/MEP50 复合物来表观遗传沉默 TGFBR2 转录？实验结果显示：A549 肺癌细胞中 PRMT5 或 MEP50 的异位表达，剂量依赖性地抑制 TGFBR2 启动子报告基因活性；相反，敲低 PRMT5 或 WDR77 会增加 TGFBR2 mRNA 表达。我们还发现 PRMT5 或 WDR77 的敲低增强了 A549 和 H460 细胞的球体形成能力，而这种能力被 TGFBR 抑制剂 LY2109761 抑制（图 12-5 A～E）。此外，ChIP 实验表明，在 MYOCD 敲低的 A549 细胞中，PRMT5 和 MEP50 不再占据 TGFBR2 启动子区域（图 12-5 F）。这些结果表明 PRMT5/MEP50 复合物和 MYOCD 作为抑制 TGFBR2 转录的功能复合物发挥作用。

我们还发现过表达的 PRMT5 和 MEP50 未能进一步降低 DOX 处理的 A549-Teton-sh MYOCD 细胞中 TGFBR2 mRNA 的表达水平，与我们的结论一致，即 MYOCD 将 PRMT5/MEP50 复合物招募到 TGFBR2 启动子区域以调节其转录。PRMT5/MEP50 复合物使 H3R8 对称二甲基化，从而激活或抑制基因转录。据报道，缺失（360～372 个氨基

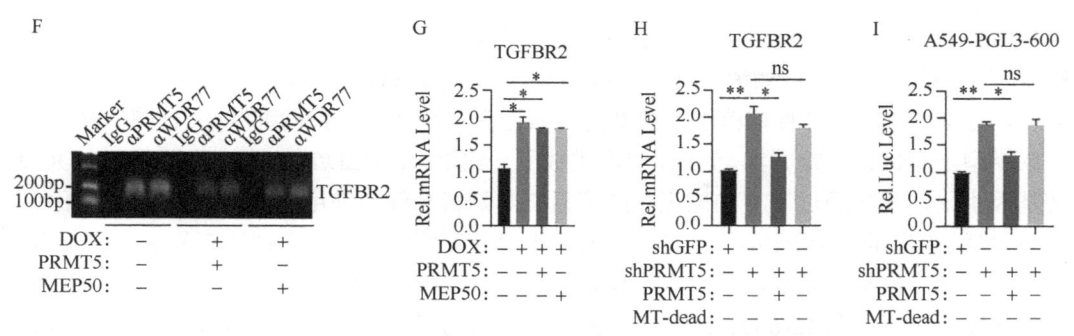

图 12-5　MYOCD 招募 PRMT5/MEP50 甲基转移酶复合物以表观遗传沉默 TGFBR2 转录（Zhou et al., 2021）

A. PRMT5 和 WDR77 以剂量依赖性方式降低 A549 细胞中的 TGFBR2 萤光素酶活性。B、C. PRMT5 和 WDR77 失活促进 A549 和 H460 细胞中 TGFBR2 转录。D、E. PRMT5 和 WDR77 敲低促进了球体形成能力，而这种能力在 A549（D）和 H460（E）细胞中被 LY2109761 抑制。F. PRMT5/WDR77 与 TGFBR2 的关联依赖于 MYOCD。G. PRMT5/WDR77 未能抑制 A549 MYOCD 失活细胞中的 TGFBR2 转录。H. PRMT5 甲基转移酶活性对于 MYOCD 介导的 TGFBR2 转录抑制很重要。I. PRMT5 甲基转移酶突变未能激活 TGFBR2 报告基因活性

酸）突变体可消除 PRMT5 的甲基转移酶活性（称为 MT-dead）。然后我们分别在 A549-shPRMT5 细胞中重新表达 MT-dead 突变体或野生型 PRMT5，发现野生型 PRMT5 而不是 MT-dead 突变体抑制 TGFBR2 转录（图 12-5 G~I）。总的来说，我们的数据有力地表明，MYOCD 招募了 PRMT5/MEP50 甲基转移酶复合物和表观遗传修饰的 TGFBR2 启动子区域来沉默其在肺癌细胞中的转录。

（六）靶向 TGFBR 和癌细胞干性与现有药物协同治疗 MYOCD 陷型肺癌

上述数据表明，MYOCD 的失活导致 TGFBR2 过度激活并增强肺癌细胞的干性。然后，我们研究了干性抑制剂或 TGFBR 抑制剂是否可以与目前治疗 MYOCD 缺陷型肺癌的疗法产生协同作用。另外，*Kras* 突变阳性肺癌在临床上缺乏有效的治疗方案。我们的工作是否可以转化为针对这种肺癌亚型的治疗方法？值得注意的是，我们发现大约 32% 的 *Kras* 突变阳性肺癌患者同时具有 MYOCD 低表达（指定为 K$^+$/M$^-$ 患者）。由于 A549 含有突变体 *Kras*，因此我们选择 DOX 处理的 A549-Teton-sh MYOCD 细胞来模拟这部分患者，并测试对该细胞系的治疗方法。

早些时候，我们报道 MEK1/2 抑制剂治疗导致 *Kras* 突变驱动的肺癌部分消退（Ji et al., 2007）。我们还鉴定了一种 CSC 靶向试剂 WYC209（Chen et al., 2018）。然后，我们开始联合使用 MEK1/2、TGFBR2 和 CSC 干细胞抑制剂来治疗 K$^+$/M$^-$ 肺癌。然而，已知 MEK 抑制剂和 TGFBR 抑制剂均具有毒性，这限制了它们在临床中高浓度的应用（Herbertz et al., 2015；Welsh and Corrie, 2015）。我们首先治疗 A549-Teton-sh MYOCD 使用相对较低浓度的 SB525334、WYC209 和 Trametinib（FDA 批准的 MEK1/2 抑制剂）对细胞进行实验。有趣的是，我们发现虽然单药处理可以一定程度上降低球体形成能力，但两种处理的组合部分抑制了球体形成能力。引人注目的是，所有 3 种抑制剂的组合最有效地抑制了球体形成能力（图 12-6A）。重要的是，我们在携带 A549-Teton-sh MYOCD 衍生异种移植肿瘤的小鼠中观察到类似的治疗效果。值得注意的是，小鼠在治疗期间体重恒定，表明这三种药

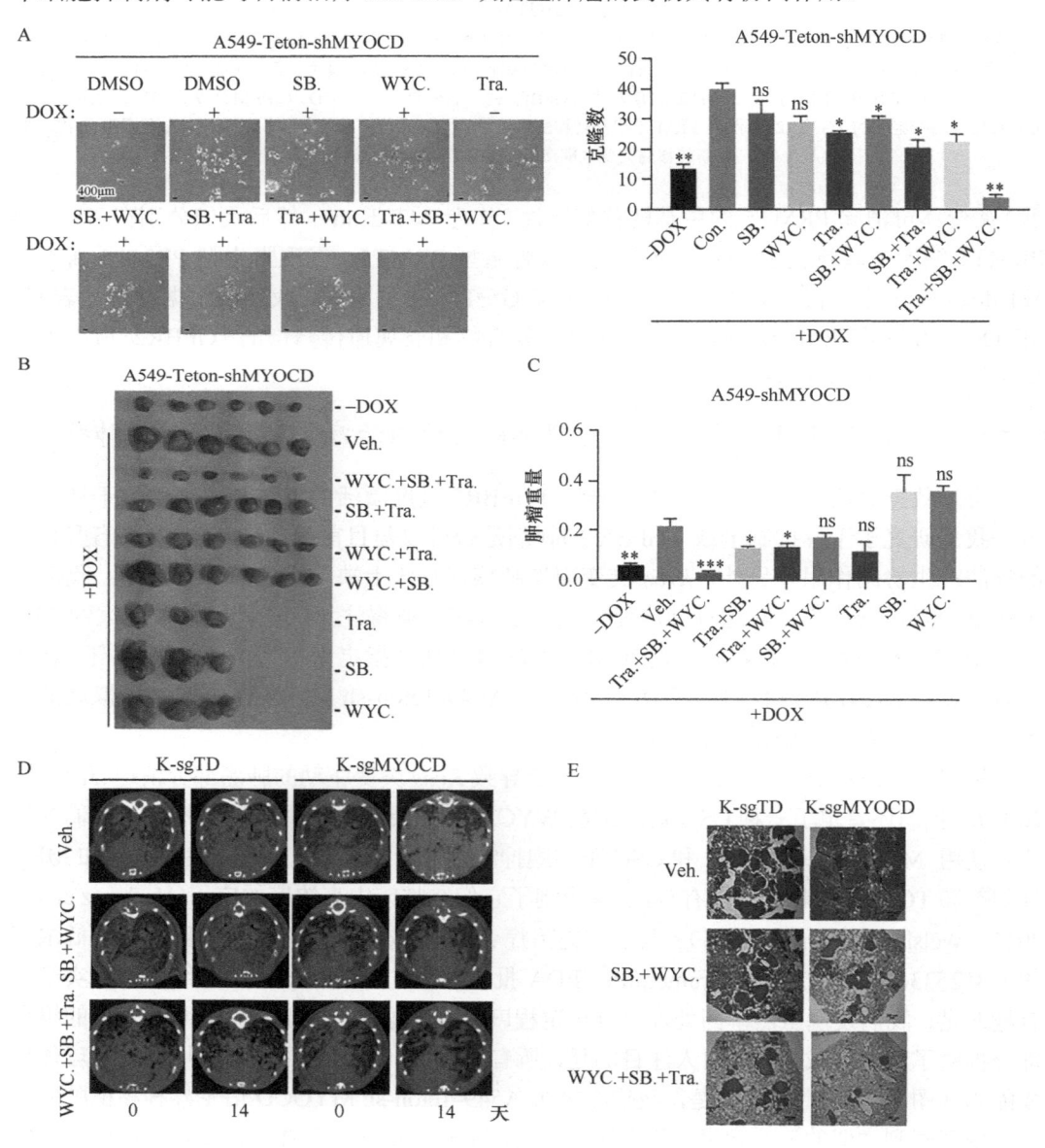

物的组合具有良好的耐受性。总的来说，这些结果表明 SB525334 和 WYC209 的组合使 K⁺/M⁻肺癌对曲美替尼更加敏感（图 12-6B、C）。在证实了 SB525334、WYC209 和 Trametinib 联合治疗 K⁺/M⁻肺癌异种移植小鼠模型的有效性和安全性后，我们继续在自体肺癌转基因小鼠模型上测试该治疗方案。为此，我们生成了一组 Kras G12D/MYOCD$^{-/-}$（K-sgMYOCD）转基因小鼠，并在通过 CT 扫描记录肺癌后将其随机分配，使用上述组合方案进行治疗。CT 扫描结果显示，接受该组合治疗 14 天的小鼠肿瘤明显缩小。病理检查显示，联合治疗小鼠中肺部肿瘤结节减少，且残留的肿瘤结节伴有明显的肺泡壁增厚和纤维化，表明肺组织在向愈合进展（图 12-6 D、E）。综上所述，我们的研究结果表明 TGFBR 抑制剂和 CSC 干细胞抑制剂可能与目前治疗 MYOCD 缺陷型肺癌的药物具有协同作用。

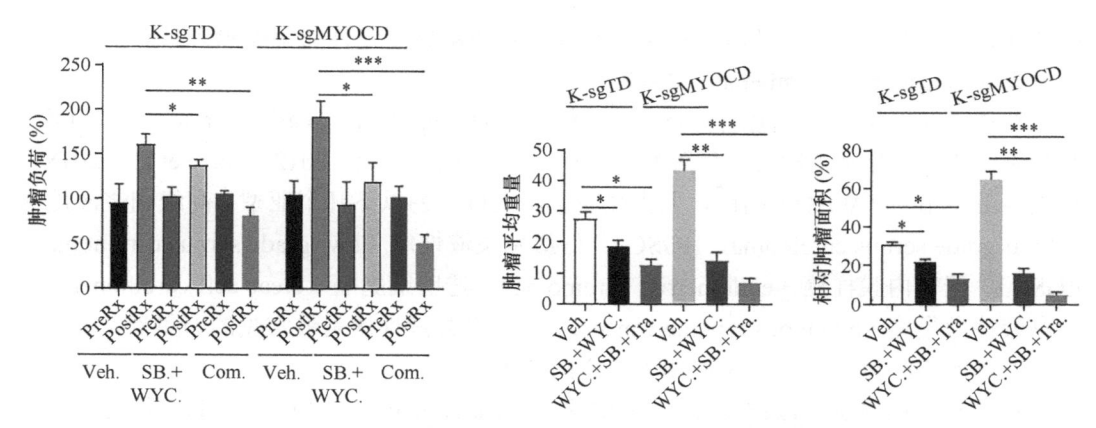

图 12-6 靶向 TGFBR 和干性与现有药物协同治疗 MYOCD 缺陷型肺癌（Zhou et al.，2021）

A. SB525334、WYC209 或 Trametinib 单独或组合治疗对 MYOCD 灭活 A549 细胞的影响。B、C. 用指定药物治疗的异种移植小鼠模型中的肿瘤重量。D、E. SB525334[1mg/（kg·d）]、WYC209[1mg/（kg·d）]与曲美替尼[1mg/（kg·d）]协同作用，缩小 KRASG12D/MYOCD-/-小鼠的肺肿瘤。其中，D 图为对照组（Veh.）或联合治疗（SB.+ WYC.；WYC. + SB. + Tra.）治疗的 K-sgTD 和 K-sgMYOCD 小鼠的肺部 MRI 图像（上图）和定量 MRI 图像的肿瘤负荷（下图）。E 从 Veh 和联合治疗组获得的肺组织 H&E 染色的代表性图像

目前，靶向治疗是 NSCLC 患者的一线治疗方法。然而，新发耐药性和获得性耐药性严重限制了这些原本有效的疗法的成功。我们目前的工作表明，TSG 功能的丧失会重新连接肿瘤细胞的信号转导，就 MYOCD 而言，这一重要 TSG 功能的丧失会导致 TGFBR 过度激活。我们已经证明，TGFBR 抑制剂对导致 MYOCD 功能丧失的 NSCLC 细胞表现出精细的细胞毒性，可用于肺癌治疗。因此，陈良教授团队提出了一种针对 MYOCD 缺陷合并 *Kras* 突变肺癌的精准治疗策略——SB525334（TGFBR 抑制剂）、WYC209（肿瘤干细胞抑制剂）和曲美替尼（MEK1/2 抑制剂）联合治疗，该法有显著的肿瘤抑制效果。鉴于 *Kras* 突变肺癌的难治性，以及 MYOCD 在肺癌患者中的高频率缺失，该项工作将会对肺癌的临床治疗有重要指导意义。

第二节 基于新型邻近标记技术的卵巢癌突变 TP53 蛋白质相互作用组学研究

卵巢癌（ovarian cancer，OC）是导致女性癌症死亡的第二大常见妇科恶性肿瘤（Lheureux et al.，2019），2020 年全球约有 31 万的卵巢癌新发病例和逾 21 万例因卵巢癌而死亡的患者，分别占所有新发癌症病例的大约 1.6%和所有癌症死亡人数的大约 2.1%，这在一定程度上是由于卵巢癌的确诊相对较晚，且其肿瘤生长迅速，缺乏有效的治疗手段。卵巢癌是女性因癌症死亡的第八大原因（Sung et al.，2021），中国女性卵巢癌确诊后的 5 年生存率仅为 40%。目前，卵巢癌的一线临床治疗也多采用手术、铂类药物化疗、靶向药物及免疫治疗的联合治疗方法，经过初次减灭术后，主要采用铂类+紫杉醇、铂类+多西紫杉醇以及铂类+脂质体阿霉素等的基础化疗方案，中间再加用贝伐珠单抗或奥拉帕利与贝伐珠单抗联用，但近几十年其对一线标准化治疗的铂类药物的耐药性时常发生。尽管靶向药物也取得了快速进展，如美国食品药品监督管理局（FDA）批准

的PARP抑制剂，但也只对具有BRCA突变的铂类敏感复发性卵巢癌患者具有明显的治疗效果（Balasubramaniam et al.，2017）。

卵巢癌在组织病理学上主要分为上皮性卵巢癌（epithelial ovarian carcinoma，EOC）和生殖细胞癌，分别占卵巢恶性肿瘤的90%和5%以上（Prat，2012；Torre et al.，2018）。据世界卫生组织（WHO）指南，上皮性卵巢癌又可分为以下几个亚型：高级别浆液性癌（high-grade serous carcinoma，HGSC）、低级别浆液性癌（low-grade serous carcinoma，LGSC）、子宫内膜样癌（endometrial carcinoma）、透明细胞癌（clear cell carcinoma）以及黏液性卵巢癌（mucinous ovarian cancer）。高级别浆液性癌是最常见的卵巢癌，占上皮性卵巢癌的70%以上，占卵巢癌相关死亡的70%。

超过90%高级别浆液性癌存在 TP53 突变（Kandoth et al.，2013）。TP53最初被归类为癌基因，在随后的研究中确证TP53能够抑制癌症的发生和发展（Finlay et al.，1989），且在许多类型的癌症中发现TP53突变与患者预后不良有关（Olivier et al.，2010）。抑癌基因 p53 突变失活是肿瘤发生、进展和耐药的重要内在驱动因素。TP53还在抑制肿瘤血管生成和维持基因组稳定等方面起到非常重要的作用。基因突变是癌症发生发展的重要原因。

我们利用cBioportal数据库检索了目前已分类的所有癌种中基因突变的情况，无论是外国人群还是中国人群，基因 TP53 突变频率都稳居第一，在外国人群泛癌基因组中TP53 的突变频率达到了33.6%，在中国人群泛癌基因组中 TP53 突变频率则达到了57.3%。在外国人群中，卵巢癌 TP53 突变频率位列第一（图12-7A），同时卵巢癌中所有突变基因的突变频率也是 TP53 位居首位（图12-7B）。对中国人群来说，卵巢癌中 TP53 突变频率则位列第三（图12-7C），然而高级别浆液性癌中 TP53 突变频率均高达90%以上，其主要的突变类型为错义突变，可发生在所有编码外显子中，但主要聚集在DNA结合结构域的4~9号外显子中，且相对集中在R175、R248、R273和Y220这几个位点上（图12-7D），从而获得某些功能性增益。这些突变主要是错义突变，且主要发生在DNA结合结构域上，这就直接降低了其结合DNA的能力，同时，转录、翻译后形成的p53蛋白突变体与蛋白质结合并形成异常蛋白复合物，是 TP53 突变体获得新功能的方式（Freed-Pastor and Prives，2012）。探究卵巢癌中TP53野生型和突变体的蛋白质相互作用组，对于卵巢癌的临床治疗具有重大临床价值。

科学家们不断开发出新的技术用于寻找靶标特异性相互作用蛋白，并不断优化技术，包括酵母双杂交、蛋白质免疫共沉淀、生物素邻近标记（BirA、BioID、TurboID、miniTurbo等）。随着测序和质谱技术的发展，组学研究为突变蛋白功能研究创造了新的平台，突变TP53蛋白特异性相互作用组的质谱分析为靶向突变TP53蛋白提供了更多可能的研究策略。通过MiniTurbo在肺癌细胞系H1299中捕获了TP53WT、TP53R175H及TP53R175P的蛋白质相互作用组（Hu et al.，2022），发现突变体与遗传信息处理途径中的蛋白质互作能力大多增强。胰腺癌细胞中突变TP53蛋白的相互作用组学数据提示TP53R273H而非TP53R175H特异性结合蛋白SQSTM1/p62，促进肿瘤生长（Mukherjee et al.，2022）。由此可见，TP53突变体与野生型TP53具有不同的蛋白质相互作用组，可以通过不同的途径影响细胞的生物学功能，然而，关于突变TP53蛋白在卵巢癌细胞中的相互作用组

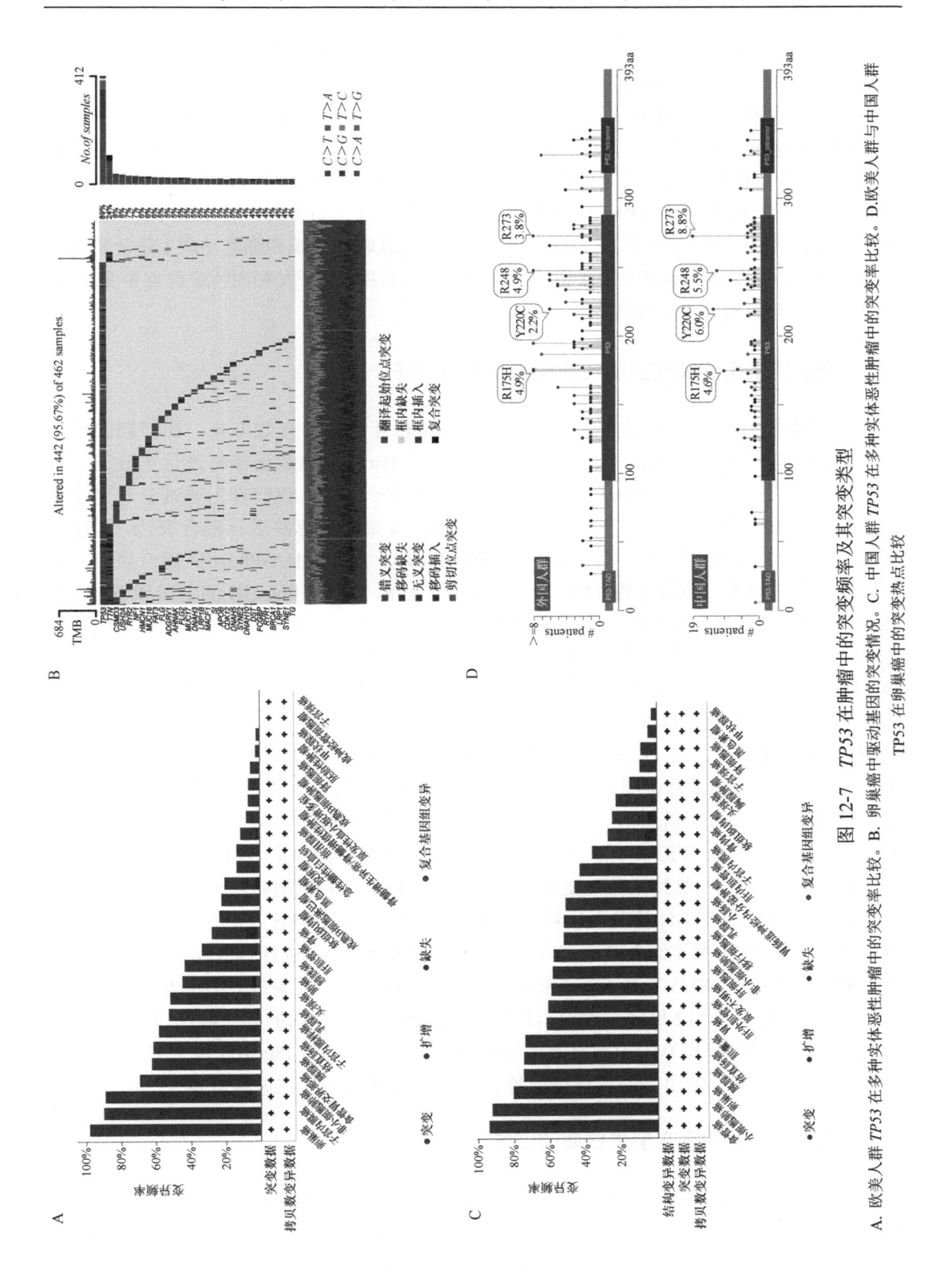

图 12-7 *TP53* 在肿瘤中的突变频率及其突变类型

A. 欧美人群 *TP53* 在多种实体恶性肿瘤中的突变比较。B. 卵巢癌中驱动基因的突变情况。C. 中国人群 *TP53* 在多种实体恶性肿瘤中的突变率比较。D. 欧美人群与中国人群 *TP53* 在卵巢癌中的突变热点比较

学未见报道。因此，探索卵巢癌中野生型 TP53 和突变型 TP53 相互作用蛋白质组，可以帮助我们了解功能差异背后的机制，并为卵巢癌治疗找到新的潜在靶点。

本研究选取了在卵巢癌患者中突变频率排名靠前的 6 种 TP53 热点突变（R175H、R273H、R248W、R248Q、Y220C、R273C），与野生型 TP53 对比，采用 PhaseID 邻近标记技术，联合质谱和生物信息学分析突变 TP53 蛋白的相互作用蛋白质组的共性和差异性，筛选野生型 TP53 和突变 TP53 蛋白共有的或特异性相互作用蛋白，进行蛋白质互作网络分析，描绘突变 TP53 蛋白的相互作用组学图谱，并在临床组织和细胞功能上进行验证，为阐述 TP53 突变在卵巢癌中的作用机制提供系统性数据，为开发靶向特定位点突变 TP53 蛋白的抗癌策略提供科学依据。

一、TP53 野生型和突变型质粒的构建及体内验证

生物素邻近标记技术是研究蛋白质与蛋白质相互作用的有效方式。在前期的研究中，我们将源自大肠杆菌的、由 *BirA* 基因编码的 BirA 生物素连接酶进行了改造，从而得到标记效率更高的 PhastID 生物素连接酶。在本研究中，我们首先通过分子克隆的方式将 PhastID 的基因序列分别与 C 端 HA 标签、N 端 HA 标签进行融合表达，构建到慢病毒表达载体 pLVX 上，得到 pLVX-PhastID-HA、pLVX-HA-PhastID 融合质粒。随后，我们利用同源重组技术将 TP53 分子克隆到上述融合质粒 PhastID 的上游和下游，产生了 pLVX-TP53-PhastID-HA（TP53^{WT}-PID）和 pLVX-HA-PhastID-TP53（PID-TP53^{WT}）两种 N 端和 C 端质粒重组体（图 12-8A）。其次，根据 TP53 在卵巢癌中的高频突变位点，我们将 TP53 蛋白的第 248 位精氨酸突变成色氨酸（PID-TP53^{R248W}，TP53^{R248W}-PID），第 248 位精氨酸突变成谷氨酰胺（PID-TP53^{R248Q}，TP53^{R248Q}-PID），第 273 位精氨酸突变成组氨酸（PID-TP53^{R273H}，TP53^{R273H}-PID），第 175 位精氨酸突变成组氨酸（PID-TP53^{R175H}，TP53^{R175H}-PID），第 220 位酪氨酸突变成半胱氨酸（PID-TP53^{Y220C}，TP53^{Y220C}-PID），第 273 位精氨酸突变成半胱氨酸（PID-TP53^{R273C}，TP53^{R273C}-PID），共构建了 12 种 PhastID 位于 N 端和 C 端的 TP53 高频突变重组体。另外，我们还构建了不带 PhastID 的 pLVX-TP53-HA（TP53^{WT}）及其 6 种突变体的重组质粒。随后，各重组质粒与空载 pLVX 稀释后，通过琼脂糖凝胶电泳检验各质粒条带的相对位置（图 12-8B）并进行测序验证。接着，上述构建的 21 种重组质粒在工具细胞 293T 和 SKOV3 中进行体内验证，结果显示，各质粒在 293T 和 SKOV3 中都能正常编码蛋白质，且能在预设条带大小位置处被 HA 标签抗体所检测到（图 12-8C）。但我们注意到，PhastID 位于 C 端的各质粒在 293T 中均检测到两条带，但在 SKOV3 中则只能检测到一条带，我们认为 PhastID 位于 C 端的质粒可能是由于 PhastID 的引入而存在细胞特异性，而 N 端则不存在这种差异。

二、TP53 野生型和突变型蛋白质的细胞定位

蛋白质在细胞内的空间定位与其在生命活动中执行的功能有着十分紧密的联系，不同的空间定位导致互作蛋白的改变。我们通过在 SKOV3 中转染各野生型和突变型 TP53 重组质粒，借助免疫荧光实验来可视化蛋白质在 SKOV3 中的亚细胞定位。与 TP53^{WT}-PID

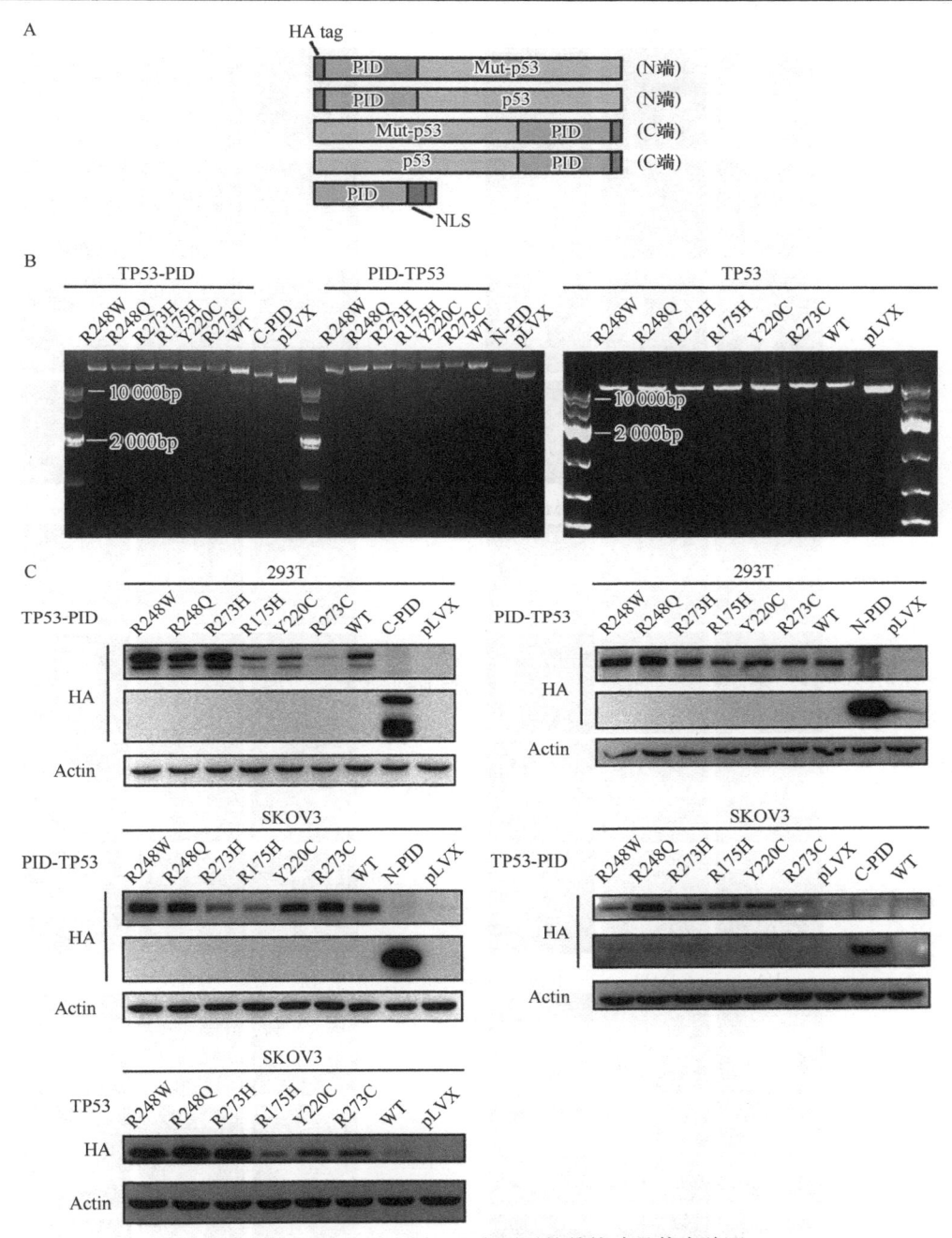

图 12-8　TP53 野生型和突变型质粒的构建及体内验证

A. PhastID 与 TP53 融合表达质粒构建示意图。B. 各融合表达质粒与 PhastID 单体质粒及 pLVX 空载在琼脂糖凝胶中的相对位置验证。C. 各质粒在 293T 和 SKOV3 中的 WB 验证

定位一致，TP53^{R248W}-PID、TP53^{R248Q}-PID、TP53^{R273H}-PID、TP53^{R273C}-PID 等突变体蛋白定位在细胞核，而 TP53^{R175H}-PID 和 TP53^{Y220C}-PID 突变体蛋白则呈现核质均匀分布（图 12-9A）；同时，PhastID 位于 N 端的系列重组体与 PhastID 位于 C 端的结果一致，PID-TP53^{WT}、

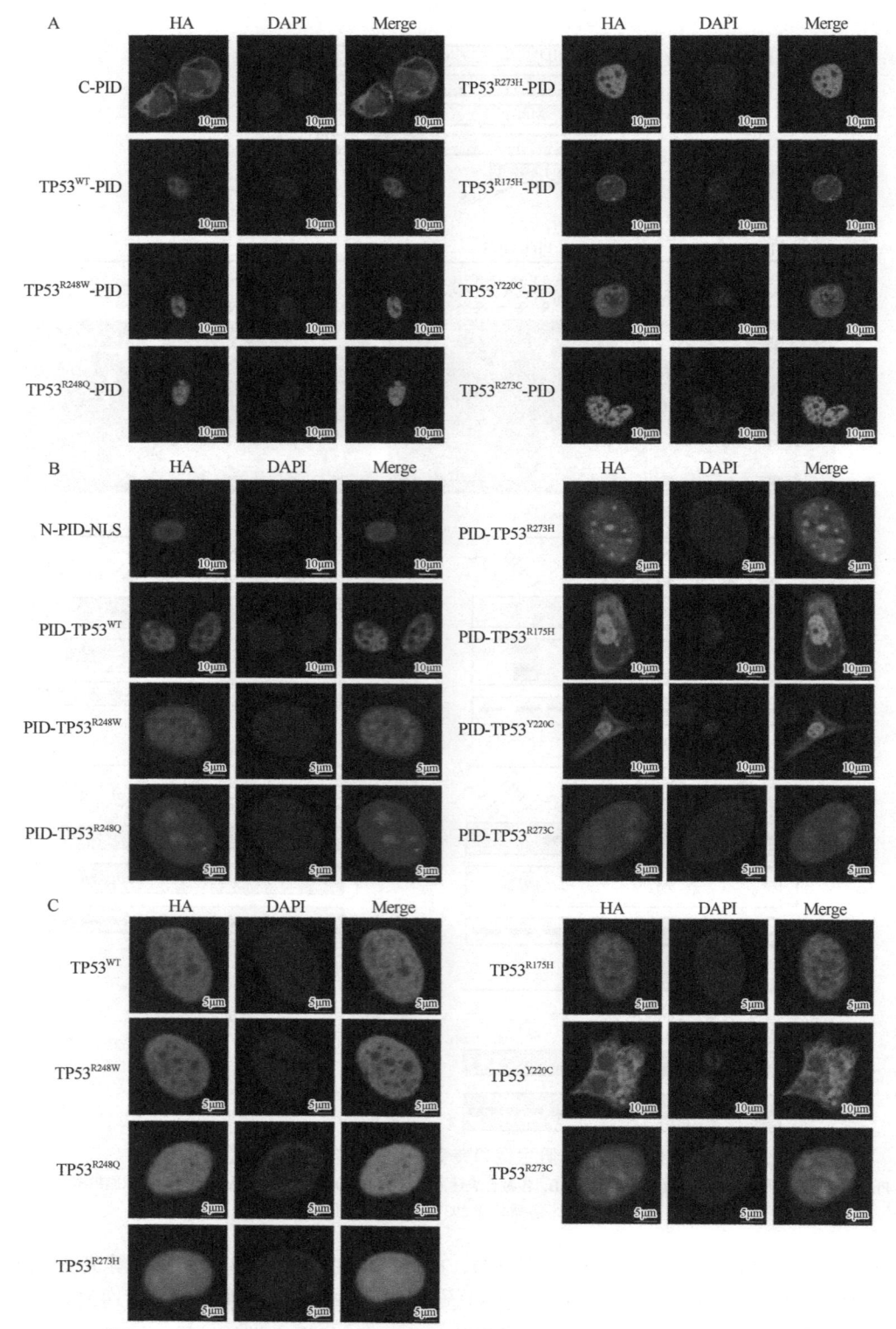

图 12-9　TP53 野生型和突变型蛋白质的细胞定位（彩图另扫封底二维码）
A. TP53WT-PID 及其突变体的空间定位。B. PID-TP53WT 及其突变体的空间定位。C. TP53WT 及其突变体的空间定位

PID-TP53^{R248W}、PID-TP53^{R248Q}、PID-TP53^{R273H}、PID-TP53^{R273C}等突变体蛋白定位在细胞核，PID-TP53^{R175H}、PID-TP53^{Y220C}等突变体蛋白则呈现核质均匀分布（图 12-9B）。另外，我们验证了不带 PhastID 的 pLVX-TP53-HA（TP53^{WT}）及其 6 种突变体的亚定位信息，结果显示，TP53^{WT}、TP53^{R248W}、TP53^{R248Q}、TP53^{R273H}、TP53^{R273C}、TP53^{R175H}等突变体蛋白定位在细胞核，TP53^{Y220C}等突变体蛋白则主要呈现核质均匀分布（图 12-9C）。从以上结果我们可以得出，PhastID 影响了 TP53^{R175H}的蛋白质定位，而不改变野生型及其他突变型 TP53 的蛋白质定位。

三、蛋白质组学探究 TP53 蛋白质相互作用组

由于我们比较关注定位在细胞核的突变体，因而选取了 PID-TP53^{WT}、PID-TP53^{R248Q}、PID-TP53^{R273H}及 PID-TP53^{R273C}进行相关实验分析，使用上述探究的生物素标记浓度和时间、蛋白质表达相对稳定时间、质粒转染质量为前提实验条件，将 PID-TP53^{WT}、PID-TP53^{R248Q}、PID-TP53^{R273H}、PID-TP53^{R273C}表达载体瞬转进 SKOV3 细胞内，外源生物素标记后使用链霉亲和素磁珠富集生物素化蛋白质，利用质谱进行蛋白组学分析，采集质谱数据进行生物信息学分析，从而鉴定蛋白质相互作用组。

为了去除 PhastID 生物素化效应引入的背景蛋白，将各组质谱数据进行初步筛选处理后得到的蛋白质与 PID-NLS（nuclear localization signal，NLS）组得到的蛋白质取交集，其中 PID-TP53^{WT}/PID-NLS、PID-TP53^{R248Q}/PID-NLS、PID-TP53^{R273H}/PID-NLS、PID-TP53^{R273C}/PID-NLS 各自鉴定到的共有蛋白数量分别为 444、393、438、401，对各组共有蛋白进行 FOT$_{PID-TP53/PID-NLS}$计算，如 FOT$_{PID-TP53/PID-NLS}$≥3（Zhou et al.，2017；Branon et al.，2018），则将该部分蛋白质鉴定为阳性蛋白，数量分别为 79、64、69、77；仅在实验组中鉴定到的蛋白质全部鉴定为阳性蛋白，数量分别为 670、406、599、366（图 12-10）；PID-TP53^{WT}、PID-TP53^{R248Q}、PID-TP53^{R273H}、PID-TP53^{R273C}鉴定到的阳性蛋白数量分别为 749、470、668、443（表 12-2）。

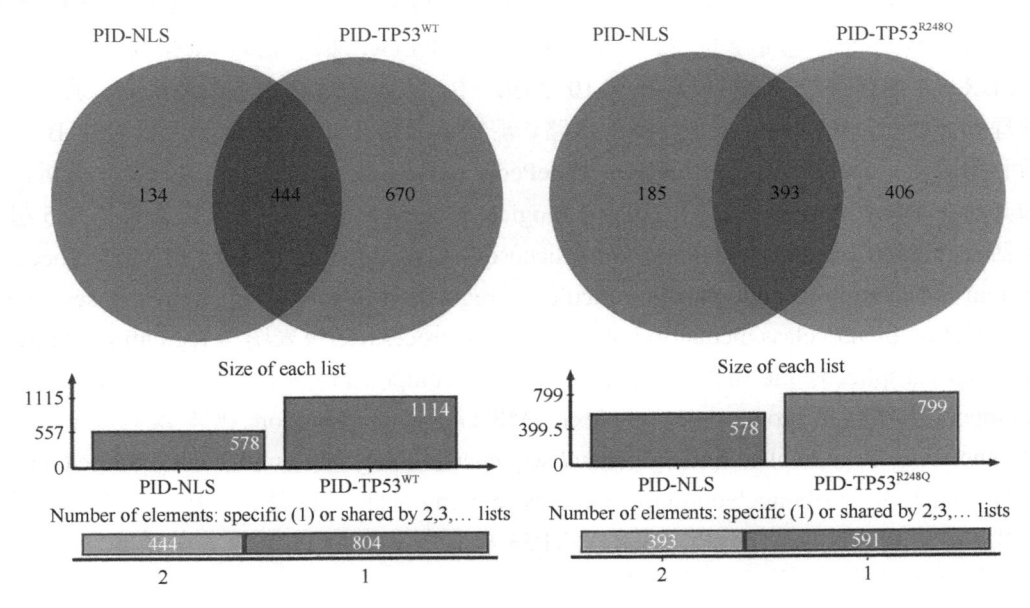

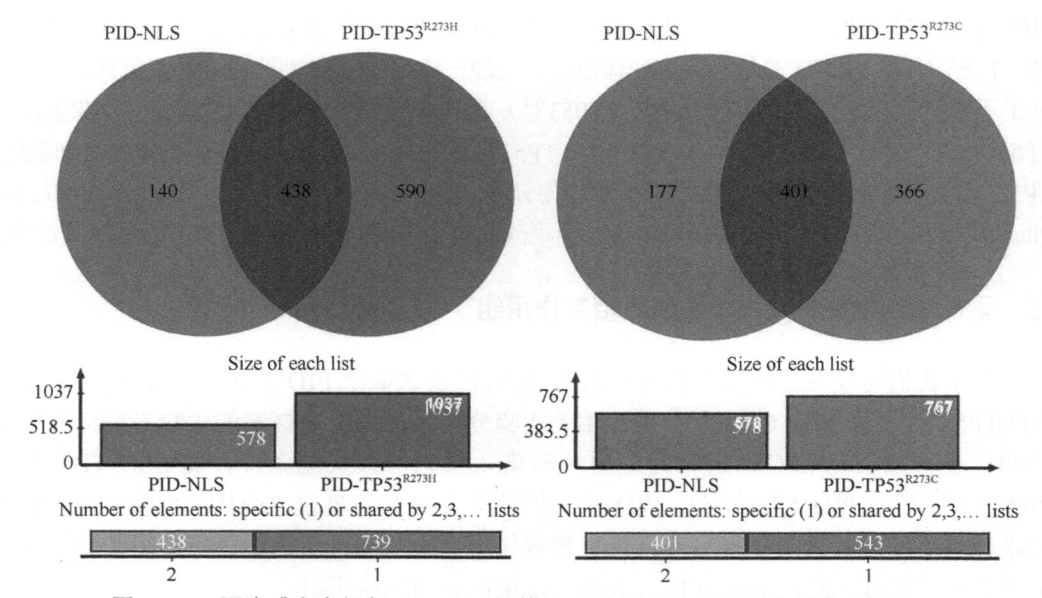

图 12-10 野生或突变组与 PID-NLS 组的 Venn 图分析（彩图另扫封底二维码）

Veen 图下方与之颜色相对应的直方图右上角的数字代表该组鉴定到的蛋白质总数。直方图下方的线状图中的数字含义：左边，两组共同鉴定到的蛋白质数量；右边，两组鉴定到的差异蛋白的总和

表 12-2 各组阳性蛋白数量

PID-TP53^{WT}	PID-TP53^{R248Q}	PID-TP53^{R273H}	PID-TP53^{R273C}
749	470	668	443

为了获取 TP53 不同突变体蛋白质相互作用组的差异，我们对各突变组与野生组的蛋白质进行了分析比较。通过比较 PID-TP53^{WT} 和 PID-TP53^{R248Q}，总共鉴定了 388 个共有蛋白，在 PID-TP53^{R248Q} 组中有 361 个丢失蛋白和 82 个增加蛋白（图 12-11A）。对仅在 PID-TP53^{R248Q} 中鉴定到的 82 个增加蛋白进行 KEGG 通路分析，根据校正后的 P 值（FDR）对通路进行排名，发现在前 10 个通路中，涉及的通路大多数是代谢、遗传信息处理和蛋白质降解通路，如蛋白酶体通路、剪接体通路及 RNA 运输等（图 12-11B）；随后利用 Cytoscape 软件中的 ClueGO+ CluePedia 插件对 82 个增加蛋白进行富集分析，获知其潜在功能，分析结果表明，BP（biological process）将这 82 个蛋白质聚类为 5 组，包括 regulation of mRNA splicing via spliceosome、modulation by host of viral process、protein localization to endoplasmic reticulum、regulation of DNA damage response, signal transduction by p53 class mediator、polyol catabolic process，结果表明与 regulation of mRNA splicing, via spliceosome 相关性最大；CC（cellular component）则主要聚类为 endopeptidase complex，其中包括 proteasome complex； MF（molecular function）则聚类为 3 组，包括 ribonucleoprotein complex binding、signal sequence binding、intramolecular oxidoreductase，并且结果表明与 ribonucleoprotein complex binding 的相关性最大（图 12-11C）；同时 STRING 的 PPI 网络互作分析也展示了 TP53 与这些蛋白质已知的互作关系网络，以及与潜在相互作用蛋白的关系（图 12-11D）。

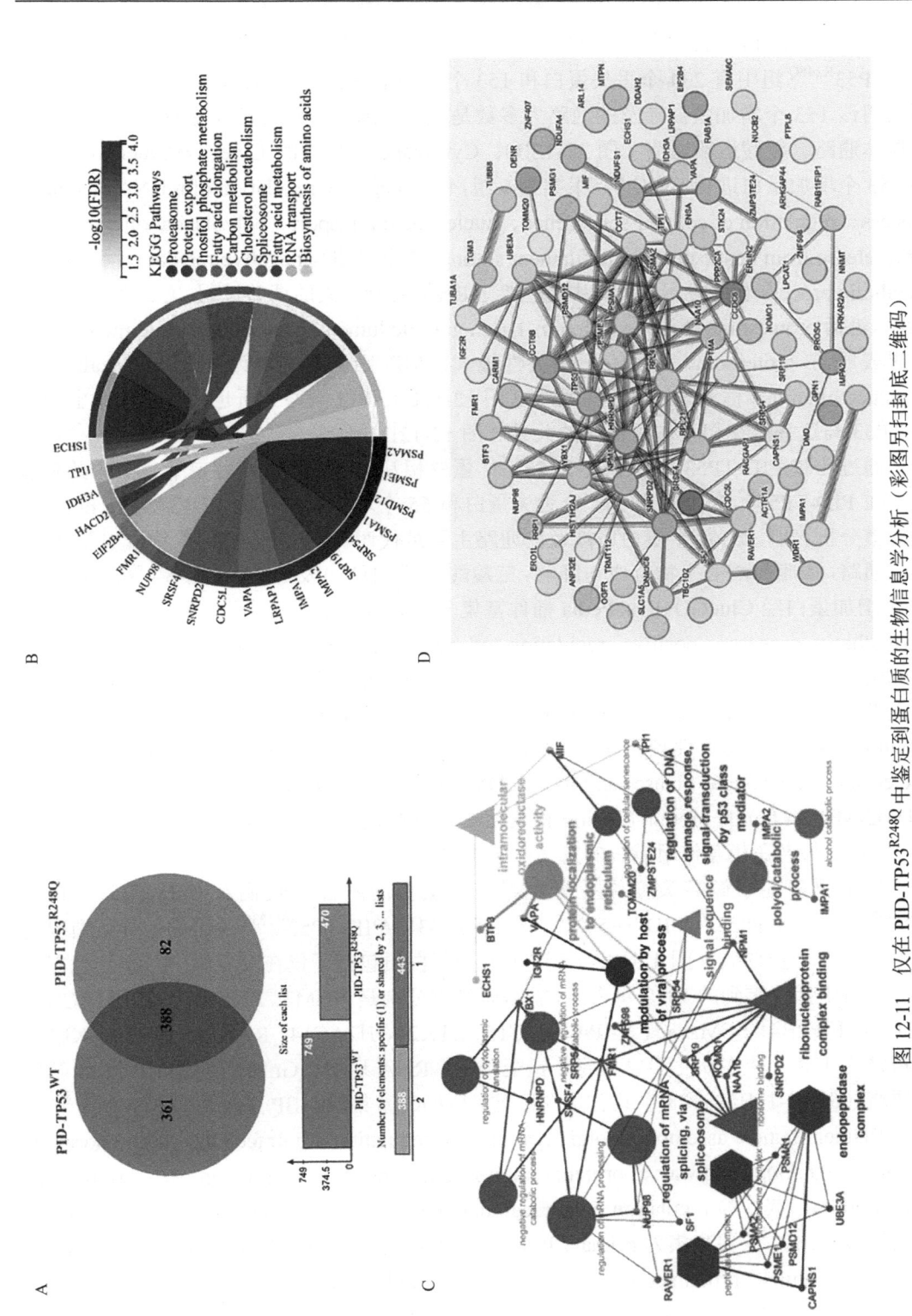

图 12-11 仅在 PID-TP53^{R248Q} 中鉴定到蛋白质的生物信息学分析（彩图另扫封底二维码）

A. PID-TP53^{WT} 与 PID-TP53^{R248Q} 组 Venn 图分析。B. 仅在 PID-TP53^{R248Q} 中鉴定到的蛋白质的 KEGG 通路富集分析，FDR < 0.01。C. GO 富集分析，ClueGO 从 BP、CC、MF 三个过程进行富集分析，相关基因也显示在相关富集通路中，圆形代表 BP 过程，六边形代表 CC 过程，三角形代表 MF 过程，不同颜色代表不同 GO 注释条目，P < 0.05。D. TP53 与该 82 个蛋白质的 STRING 蛋白互作网络图

通过比较 PID-TP53^{WT} 和 PID-TP53^{R273H}，总共鉴定了 515 个共有蛋白，在 PID-TP53^{R248Q} 组中有 234 个丢失蛋白和 153 个增加蛋白（图 12-12A）。KEGG 通路分析则表明该 153 个增加蛋白涉及的通路大多数是代谢、遗传信息处理和胞吞作用通路，如剪接体通路、核酸运输通路（图 12-12B）；Cytoscape 软件中的 ClueGO+CluePedia 插件将 153 个增加蛋白进行 BP 分析，聚类为 6 组，包括 negative regulation of mRNA metabolic process、regulation of cellular senescence、nucleic acid transport、polyol catabolic process、viral release from host cell、muscle filament sliding，结果表明与 negative regulation of mRNA metabolic process 相关性最大，其中也包括 mRNA 剪接相关的调节过程；CC 主要聚类为 3 组，包括 proteasome complex、ficolin-1-rich granule lumen、azurophil granule membrane，结果表明与 proteasome complex 相关性最大；MF 则主要聚类为 nuclear localization sequence binding，估计与核酸运输相关（图 12-12C）。PPI 网络分析也在一定程度上印证了 TP53 与这些潜在相互作用蛋白的关系（图 12-12D）。

通过比较 PID-TP53^{WT} 和 PID-TP53^{R273C} 蛋白相互作用组，总共鉴定了 378 个共有蛋白，在 PID-TP53^{R273C} 组中有 371 个丢失蛋白和 65 个增加蛋白（图 12-13A）。KEGG 通路富集分析表明，该 65 个蛋白质涉及的通路主要是代谢、生物大分子的生物合成及 RNA 转运通路，如脂肪酸的生物合成与降解、三羧酸循环（TCA）及 RNA 运输等（图 12-13B）；65 个增加蛋白经 ClueGO+CluePedia 插件富集分析后，BP 主要富集为 3 组，包括 thioester biosynthetic process、positive regulation of actin filament polymerization、nucleoside diphosphate biosynthetic process，结果表明 thioester biosynthetic process 相关性最大；CC 则主要富集为 protein serine/threonine phosphatase complex、cytosolic small ribosomal subunit，其中前者相关性较为显著；MF 则富集为 3 组，包括 oxidoreductase activity、nucleoside diphosphate kinase activity、MDM2/MDM4 family protein binding，结果表明 MDM2/MDM4 family protein binding 相关性最大（图 12-13C）；STRING 网络互作分析展示了 TP53 与潜在相互作用蛋白的关系（图 12-13D）。

为了更好地了解各突变组及野生组差异蛋白的共性，我们对 PID-TP53^{WT}/PID-TP53^{R248Q}、PID-TP53^{WT}/PID-TP53^{R273H}、PID-TP53^{WT}/PID-TP53^{R273C} 三组的差异蛋白取交集得到 178 个蛋白质（图 12-14A），这 178 个蛋白质包括了仅在突变组中鉴定到且在三组突变组中都鉴定到的 13 个蛋白质，其编码基因分别是 NNMT、ZNF407、SF1、HACD2、ARL14、EIF2B4、SEMA6C、VAPA、H3C15、STK24、H2AC14、RAB1A、YBX1。KEGG 通路将这 178 个蛋白质主要富集到了错配修复、RNA 运输、GnRH 及 cGMP-PKG 等信号通路（图 12-14B）；178 个共有蛋白经过 ClueGO 富集后，BP 主要聚类为 5 组，包括 actin filament bundle assembly、Golgi organization、regulation of intracellular steroid hormone receptor signaling pathway、protein stabilization、positive regulation of chromosome condensation，其中与 regulation of intracellular steroid hormone receptor signaling pathway 相关性最大；CC 主要富集为 primary lysosome；MF 主要聚类为 3 组，包括 damaged DNA binding、ribonucleoprotein complex binding、cadherin binding（图 12-14C）；PPI 分析展示了 TP53 与之互作关系及潜在互作关系（图 12-14D）。

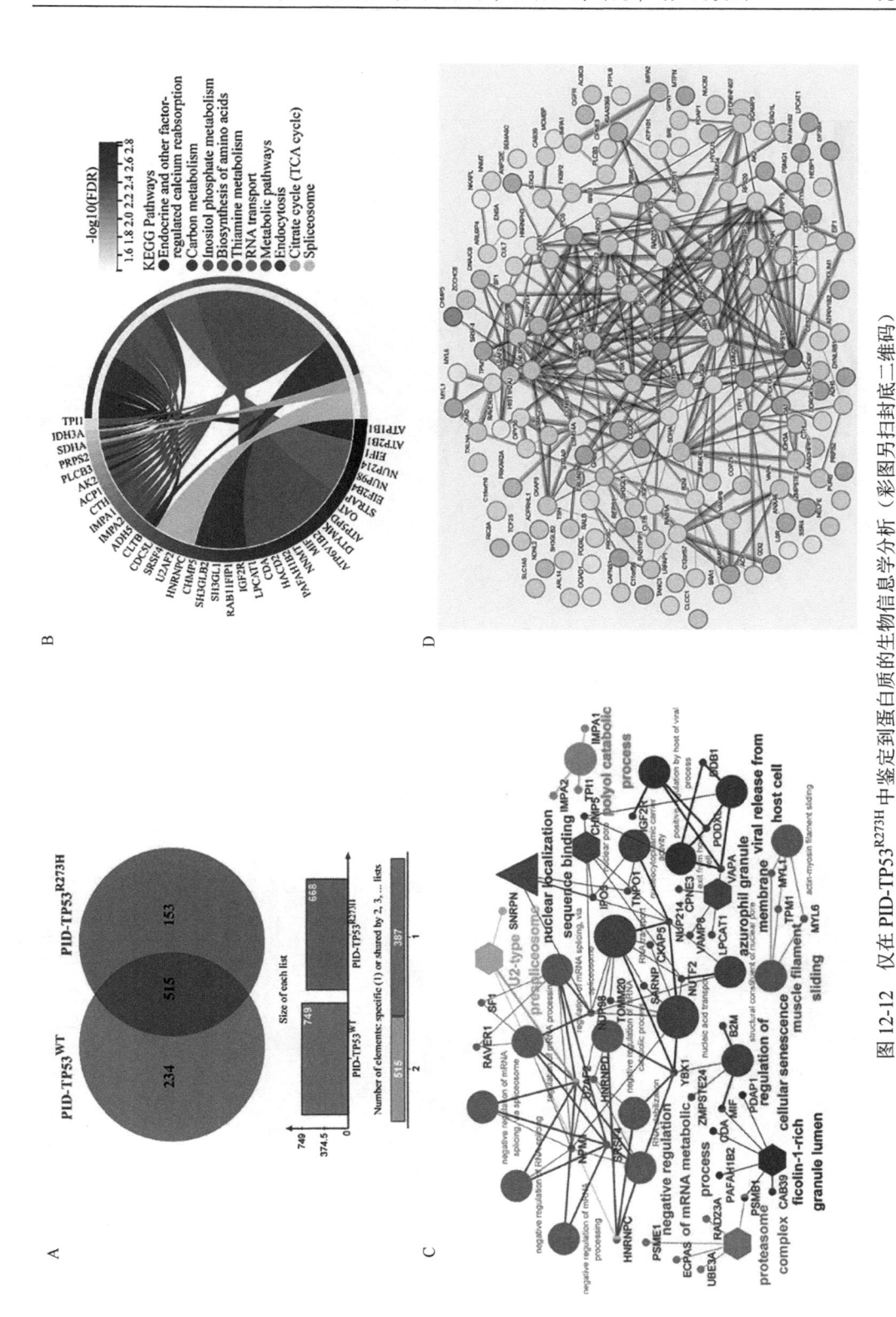

第十二章 功能蛋白质研究技术在生物医药研究中的应用实例 ·713·

图 12-12 仅在 PID-TP53^R273H 中鉴定到蛋白质的生物信息学分析（彩图另见封底二维码）

A. PID-TP53^WT 与 PID-TP53^R273H 组 Veen 图分析。B. 仅在 PID-TP53^R273H 中鉴定到蛋白质的 KEGG 通路富集分析，FDR<0.01。C. GO 富集分析，ClueGO 从 BP、CC、MF 三个过程进行富集分析，相关基因也显示在相关富集通路中，圆形代表 BP 过程，六边形代表 CC 过程，三角形代表 MF 过程，不同颜色代表不同 GO 注释条目，$P<0.05$。D. TP53 与该 153 个蛋白质的 STRING 蛋白互作网络图

· 714 ·　　　　　　　　　　　　　功能蛋白质研究

图 12-13　仅在 PID-TP53^{R273C} 中鉴定到蛋白质的生物信息学分析（彩图另见封底二维码）

A. PID-TP53^{WT} 与 PID-TP53^{R273C} 组 Veen 图分析。B. 仅在 PID-TP53^{R273C} 中鉴定到蛋白质的 KEGG 通路富集分析，FDR<0.01。C. GO 富集分析，ClueGO 从 BP、CC、MF 三个过程进行富集分析，相关基因也显示在相关富集通路中，圆形代表 BP 过程，六边形代表 CC 过程，三角形代表 MF 过程，不同颜色代表不同 GO 注释条目，$P<0.05$。D. TP53 与该 65 个蛋白质的 STRING 蛋白互作网络图

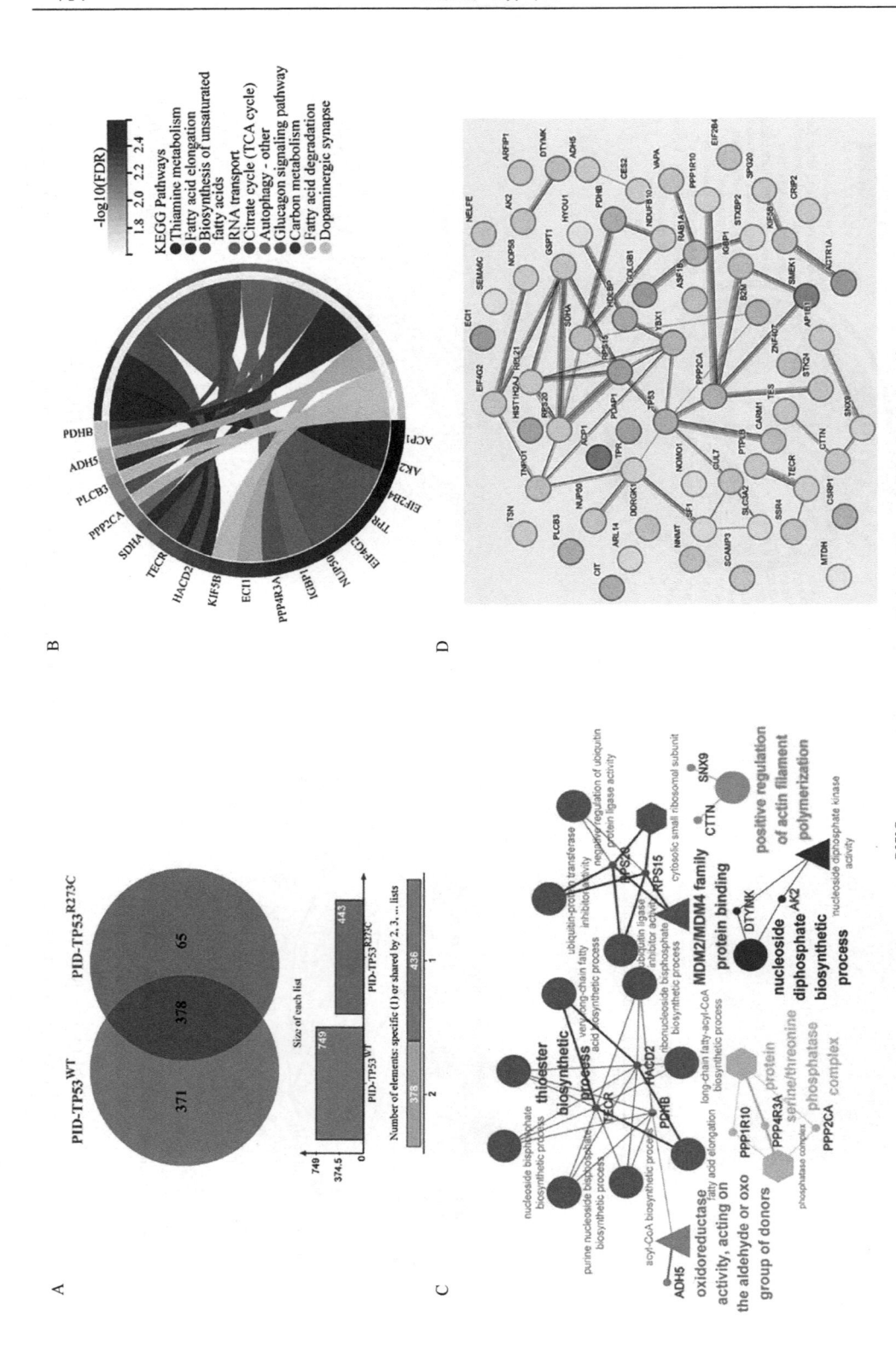

为了更好地了解PID-TP53^{WT}组特有蛋白与PID-TP53^{mut}组特有蛋白分子功能上的差异和相似性，我们对PID-TP53^{mut}组特有蛋白分子主要富集到的蛋白酶体及剪接体生物过程在PID-TP53^{WT}组特有蛋白中进行了比较分析，结果表明：在蛋白酶体生物过程中，PID-TP53^{WT}和PID-TP53^{mut}富集到的都是蛋白酶体20S核心复合物组成亚基或19S/11S调节性亚基；除此之外，二者富集到的都是泛素或类泛素化E3酶及其相关分子，例如，PID-TP53^{WT}富集到了TRIP12、TRIM33等E3泛素连接酶和PIAS2、UFL1等类泛素E3连接酶；PID-TP53^{mut}则富集到了UBE3A、ZNF598等E3泛素连接酶（图12-15A），PID-TP53^{WT}组包含的E3酶及相关分子的数量是PID-TP53^{mut}组的两倍（表12-3），这表明突变TP53蛋白很可能通过减少泛素或类泛素化途径增强自身稳定性从而进一步发挥促癌功能。我们在SKOV3-TP53^{R248W}、SKOV3-TP53^{R248Q}、SKOV3-TP53^{R273H}、SKOV3-TP53^{R175H}等稳定细胞株中开展半衰期验证实验，结果表明，TP53^{R248W}蛋白的半衰期为1.4h左右，TP53^{R248Q}蛋白的半衰期为1h左右，TP53^{R273H}蛋白的半衰期为2.7h左右，TP53^{R175H}蛋白的半衰期为3.9h左右（图12-15B），这远超出了TP53^{WT}蛋白的半衰期（15～30min）（Yu et al., 2021; Shi and Liu, 2022），进一步说明突变TP53蛋白比野生型TP53蛋白更加稳定。此外，我们验证了E3泛素连接酶TRIM33与TP53^{WT}蛋白及突变体TP53^{R248Q}、TP53^{R273H}

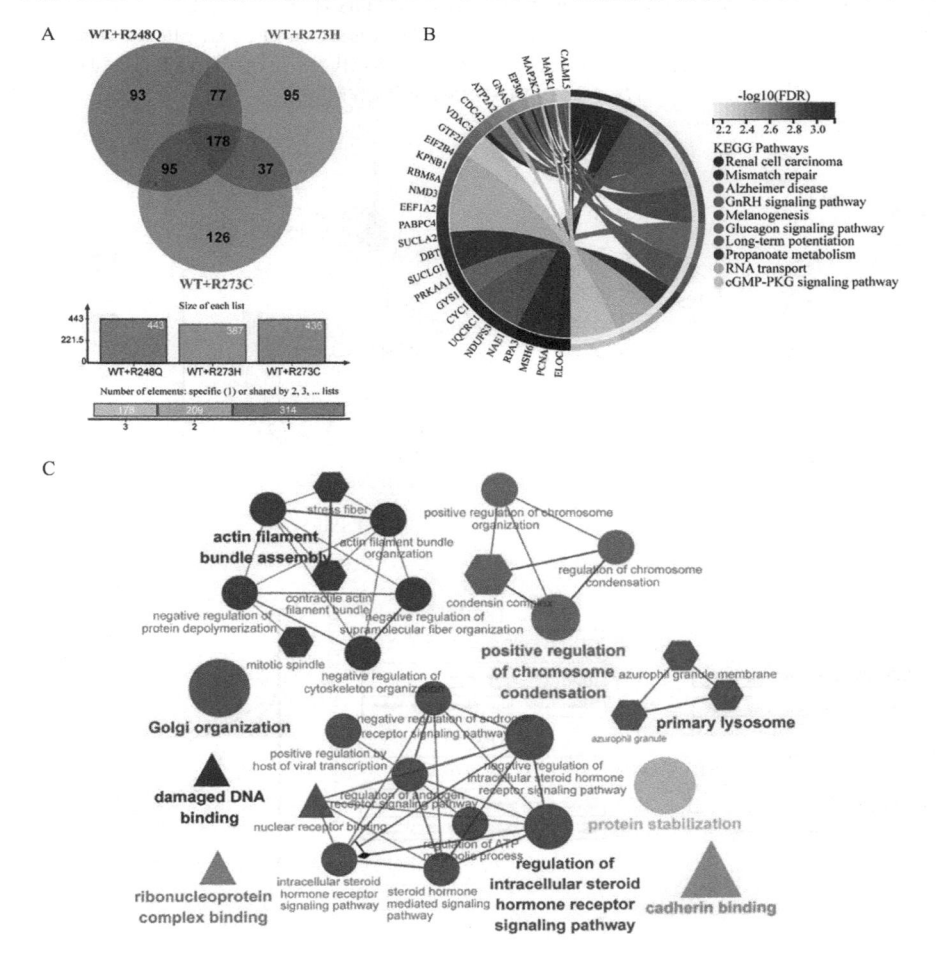

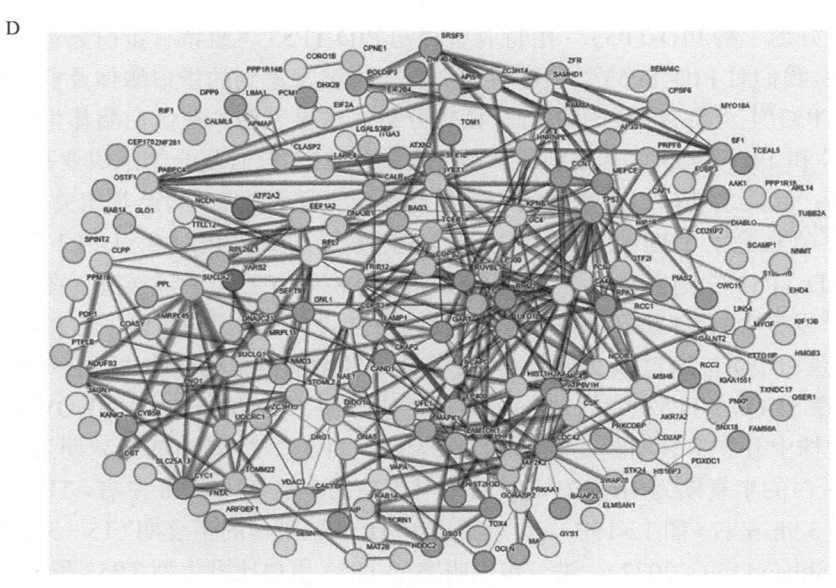

图 12-14 突变组与野生组差异蛋白的生信分析（彩图另扫封底二维码）

A. PID-TP53^{WT}/PID-TP53^{R248Q}、PID-TP53^{WT}/PID-TP53^{R273H}、PID-TP53^{WT}/PID-TP53^{R273C} 各自差异蛋白的 Veen 图分析。B. 在 A 中交集蛋白的 KEGG 通路富集分析，FDR<0.01。C. GO 富集分析，ClueGO 从 BP、CC、MF 三个过程进行富集分析，圆形代表 BP 过程，六边形代表 CC 过程，三角形代表 MF 过程，不同颜色代表不同 GO 注释条目，$P<0.05$。D. TP53 与该 178 个蛋白质的 STRING 蛋白互作网络图

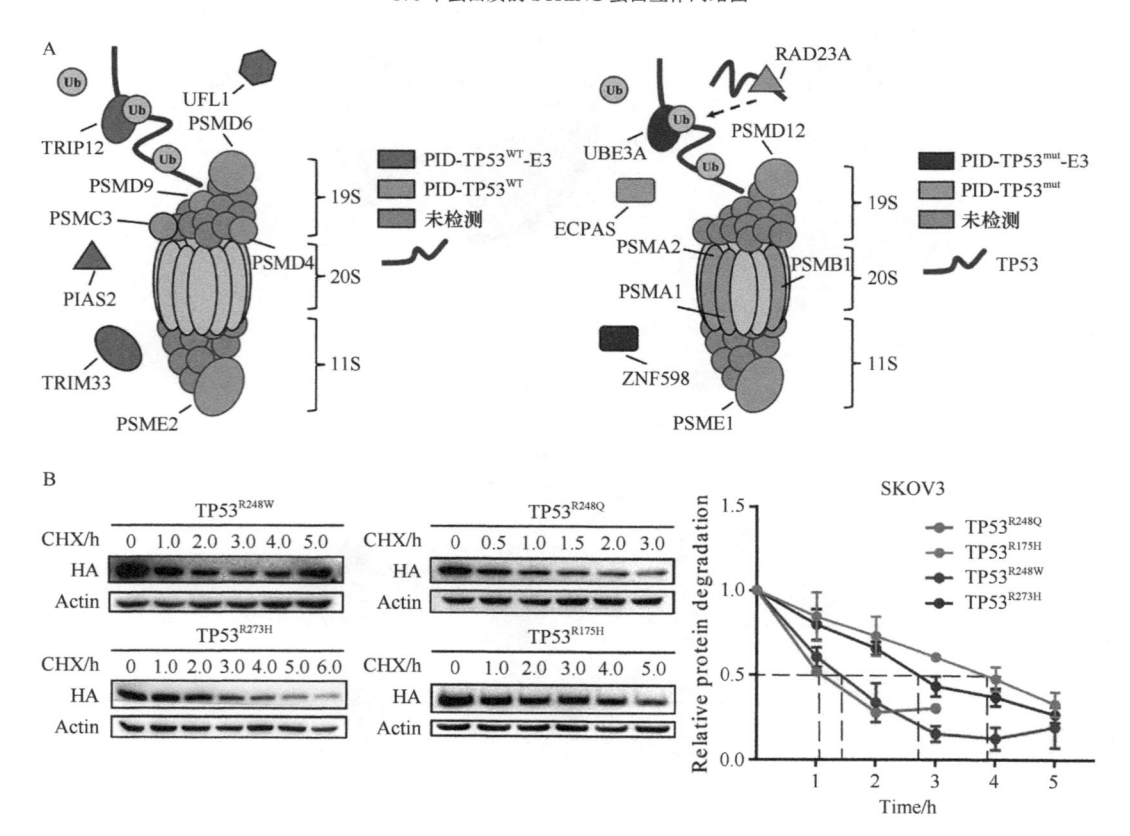

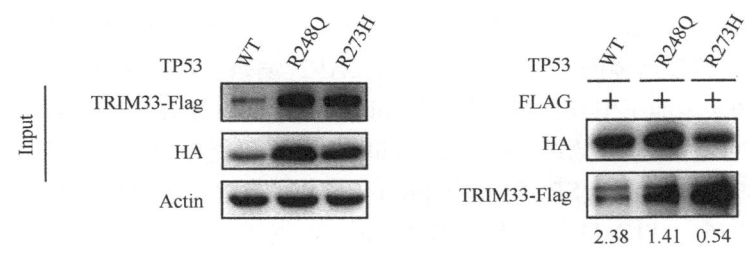

图 12-15　鉴定蛋白酶体途径的 TP53 蛋白相互作用组（彩图另扫封底二维码）

A. 左边：PID-TP53^{WT}组蛋白酶体相关 TP53 蛋白相互作用组，绿色和棕色都代表阳性蛋白，棕色代表鉴定到的 E3 酶；右边：PID-TP53^{mut}组蛋白酶体相关 TP53 蛋白相互作用组，绿色和红色都代表阳性蛋白，红色代表鉴定到的 E3 酶；其中的棕色和红色在数量上构成 2:1 比例关系，具体见表 12-3。B. 突变体 TP53^{R248W}、TP53^{R248Q}、TP53^{R273H}、TP53^{R175H}蛋白的半衰期验证，折线图为对应突变 TP53 蛋白条带灰度值扫描统计。C. 左图为 Input 阳性对照；右图为 IP 实验组，使用 Flag 抗体富集目的蛋白，通过 HA 抗体显影野生型 TP53^{WT}蛋白及突变体 TP53^{R248Q}、TP53^{R273H}蛋白；条带下方数字表示对应的 HA 条带灰度值与 TRIM33-Flag 条带灰度值之比

表 12-3　PID-TP53^{WT} 和 PID-TP53^{mut} 各自鉴定到的 E3 酶

PID-TP53^{WT}				PID-TP53^{mut}		
TRIM24	PIAS2	UFL1	EGFR	PSMA1	PSMA2	ZNF598
PCNA	PSMC3	RRM2	COPS2	CCNB1	PSMB1	RPS15
NAE1	PCM1	ELOC	CAND1	DDRGK1	NSMCE3	CUL7
TSG101	CACYBP	DIABLO	COPS3	PSME1	H2AC14	SPART
SAMHD1	SEC31A	SUMO1	UBE2V1	SNX9	PSMD12	SCAMP3
CCDC50	PSME2	SEC16A	CASC3	DDB1	UBE3A	RPS20
HINT1	CDK9	PSMD4	SUMO2			
UBXN1	PAK2	MAVS	PSMD9			
DBT	SNX18	PSMD6	RELA			
TRIP12	TRIM33	ISG15				

蛋白的相互作用关系，从 HA/TRIM33-Flag 的条带灰度比值可知，野生型 TP53^{WT}蛋白与 TRIM33 蛋白的相互作用强度显著高于突变体 TP53^{R248Q}、TP53^{R273H}蛋白与 TRIM33 蛋白的相互作用强度（图 12-15C）。

PID-TP53^{WT} 和 PID-TP53^{mut} 富集到的都是剪接因子或剪接体组成部分。PID-TP53^{WT} 富集到了 SNRNP70、SRSF1、SF3A3、SNRAP1、PRPF6 等分子，其中 SNRNP70 是剪接体 U1 snRNP 的组成部分，这对于识别前 mRNA 5′剪接位点和随后的剪接体组装至关重要（Pomeranz Krummel et al., 2009）；SRSF1 能通过 RS 结构域与其他剪接体组件相互作用，在 5′-和 3′-剪接位点结合 U1 snRNP 和 U2AF，形成桥梁；SF3A3 作为剪接因子 SF3A 复合物的组成部分参与前 mRNA 剪接，该复合物有助于 17S U2 snRNP 的组装（Chiara et al., 1994）；SNRAP1 与 snRNP U2 相关，它有助于 U2 snRNA 的茎环 IV 的结合（Price et al., 1998）；PRPF6 作为 U4/U6-U5 snRNP 复合物的组成部分参与前 mRNA 剪接，是剪接体的构建模块之一（Bertram et al., 2017）。PID-TP53^{mut} 则富集到了 SF1、SNRPN、U2AF2、HNRNPC、SRSF4 等分子，其中 SF1 的蛋白产物 SF01 在 ATP 依赖性的剪接体组装的第一步是必需的，与 pre-mRNA 的内含子分支点序列（BPS）

5′-UACUAAC-3′结合（Arning et al., 1996; Wang et al., 1999）; SNRPN 蛋白产物是 U2 型及其他一些类型剪接前体的重要组成部分; U2AF2 编码剪接因子 U2AF 亚基，可在 pre-mRNA 剪接和 3′端加工中发挥作用（Millevoi et al., 2006）; HNRNPC 能结合 pre-mRNA 并促进 40 S hnRNP 颗粒的成核组装（Huang et al., 1994），可能在剪接体组装和 pre-mRNA 剪接的早期过程中发挥作用; SRSF4 能在 pre-mRNA 剪接过程中的替代剪接位点选择中发挥作用（图 12-16）。PID-TP53^{WT} 和 PID-TP53^{mut} 富集到的剪接体相关分子数量大体相近（表 12-4），但二者可能通过不同的作用方式实现剪接过程。

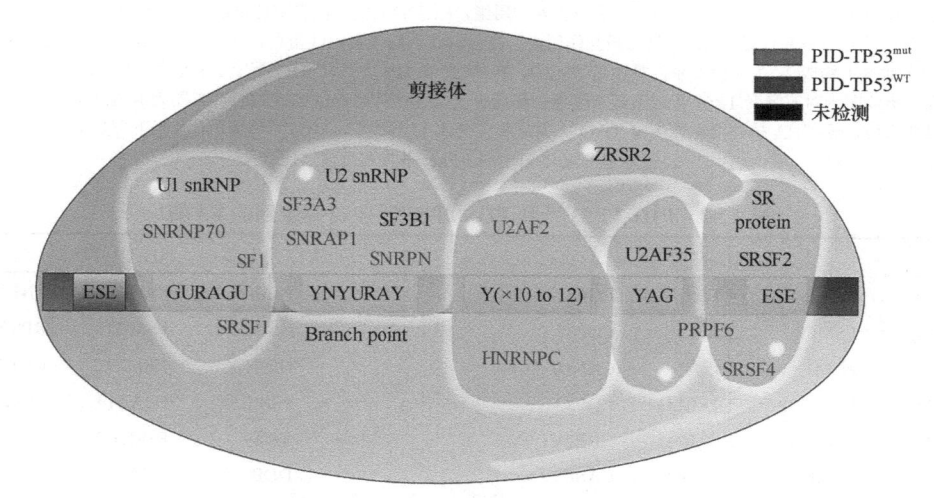

图 12-16　鉴定剪接体途径的 TP53 蛋白相互作用组（彩图另扫封底二维码）
蓝色代表 PID-TP53^{mut} 组剪接体相关相关 TP53 蛋白相互作用组; 红色代表 PID-TP53^{WT} 组剪接体相关 TP53 蛋白相互作用组，具体见表 12-4

表 12-4　PID-TP53^{WT} 和 PID-TP53^{mut} 各自鉴定到的相关剪接体组分

PID-TP53^{WT}				PID-TP53^{mut}		
ALYREF	CD2BP2	SF3A3	DDX1	HNRNPC	RAVER1	SNRPN
CASC3	PUF60	PRPF6	HNRNPL	SRSF4	U2AF2	HNRNPH3
MFAP1	CWC15	UBL5	RBM3	ARL6IP4	CDC5L	YBX1
SRSF1	SRSF5	SNRNP70	SNRPA1	NPM1	FMR1	PPP2CA
TIA1	DDX39B	FXR1	ESS2	ZCCHC8	SF1	NUP98
RBM8A				STRAP	SNRPD2	

　　以上足以说明，TP53 蛋白突变显著改变了其蛋白质相互作用组，并造成了一定的分子效应。

　　卵巢癌是全球女性因癌症死亡的第八大原因，其中上皮性卵巢癌约占卵巢癌的 90%，其具有极大的分子和组织学多样性，是一种异质性疾病，上皮性卵巢癌中的高级别浆液性癌是最常见和致命的亚型。由于卵巢癌在早期缺乏特定的临床症状，因此 75% 以上的卵巢癌患者在晚期才被确诊，现行卵巢癌的标准治疗包括初级减容手术后化疗、新辅助化疗后间隔减容手术及术后额外化疗，但这种治疗方法仅对少数患者有效，卵巢癌的预后仍然很差，患者 5 年生存率不到 50%，因此，迫切需要改进卵巢癌的生物标志物用于研究和临床实践。随着测序和生物技术方法学的发展，多种组学技术，包括基因组/转录组测序和蛋白质组/代谢组学质谱，已被广泛用于分析来自卵巢癌患者的组织和液体来源样品及细胞水平试验，多组学数据的整合增加了我们对疾病的了解，并确定了一些有价值的卵巢癌生物标志物。

我们通过网络数据分析发现卵巢癌中基因突变频率排名第一的是 *TP53*，而高级别浆液性癌中 *TP53* 突变频率更是超过了 90%，这预示着 *TP53* 突变可能是导致高级别浆液性癌发展的罪魁祸首，而突变往往意味着蛋白结构或构象的改变从而影响蛋白相互作用组，导致肿瘤抑制功能的丧失或促癌功能的获得。因此，分析鉴定 *TP53* 不同突变体蛋白相互作用组的差异貌似成为一个不错的研究方向，这使我们能获得潜在的促进卵巢癌发生发展的蛋白质，并通过人工干预阻断相应肿瘤信号传播途径。与此同时，我们需要思考的问题是，TP53 是否能作为治疗靶点？我们从已报道的文献研究中发现答案是肯定的，这似乎在一定程度上能解决肿瘤治疗异质性的问题。TP53 靶向疗法包括以下两个方面：一是鉴定能够恢复/重新激活野生型 TP53 功能或消除 TP53 突变体蛋白功能的化合物或因子；二是诱导 TP53 突变体蛋白耗竭。据报道，MDM2 是 TP53 蛋白的主要负调控因子，可阻止 TP53 蛋白进入细胞核，抑制其与 DNA 结合，促进其蛋白酶体降解（Leng et al.，1995；Freedman et al.，1999）。Oliner 等（2016）发现 MDM2 过表达涉及 TP53 蛋白，因此，通过抑制 MDM 来恢复野生型 TP53 的功能是一个有效策略，现已发现一种顺式咪唑啉类似物——坚果素，其能抑制 TP53 蛋白与 MDM2 的结合，自此，MDM2 抑制剂被广泛研究用于野生型 TP53 患者的靶向治疗（Vassilev et al.，2004；Marine et al.，2006）。此外，Yao 等（2013）在含有 TP53^{R273H} 突变的 PC 细胞中过表达肿瘤抑制因子 Pfn1 导致 TP53^{R273H} 的表达和激活增加，同时 Pfn1 在细胞中转位到线粒体的细胞质中，结果显示，Pfn1 与 TP53^{R273H} 蛋白相互作用，从而消除了其与 DNA 结合的能力，但仍允许其介导 STS 诱导的 PC 细胞凋亡；另外，从诱发 TP53 突变体蛋白耗竭出发，组蛋白去乙酰化酶抑制剂（HDACi）能破坏 HDAC6/Hsp90/mut p53 伴侣复合物，使 TP53 突变体蛋白失稳并促进其降解（Li et al.，2011）；Hsp90 抑制剂还可以诱导 TP53 缺陷的癌细胞凋亡（Lin et al.，2008）。加之前述的基于病毒和非病毒策略的野生型 TP53 递送系统，TP53 作为癌症治疗靶点具有巨大潜力。

由于卵巢癌在临床治疗中存在的诸多问题，寻找新的治疗靶点迫在眉睫。基于高级别浆液性癌中 TP53 突变率极高且 TP53 作为转录因子研究得相对成熟这一现状，我们从蛋白质组学层面着手探究卵巢癌中野生型 TP53 及其突变体的相互作用组。我们首先选取了 R248Q、R273H、R273C 等 TP53 热点突变，通过在野生型 TP53 及上述 3 种突变体蛋白的 N 端融合表达生物素连接酶 PhastID，构建了融合表达质粒，以及只表达 PhastID 或 TP53/TP53 突变体的质粒载体，在 TP53 缺陷的 SKOV3 卵巢癌细胞系中转染野生及突变重组体模拟高级别浆液性癌中 TP53 的高频突变情况，通过探究实验条件确定了外源生物素标记浓度为 50μmol/L，蛋白质表达相对稳定的时间为 32～36h，生物素标记时间为 3.0～3.5h，质粒转染质量为 1.0～2.0μg，以生物素邻近标记系统与质谱分析联用，获取质谱数据源文件后通过 Maxquant 软件进行搜库分析，剔除 target-decoy 搜库策略检索下不满足筛选临界值的匹配蛋白及潜在污染蛋白，通过计算 iBAQ 值、FOT 值以及各组

FOT 值相对 PhastID FOT 值的变化倍数，从而扣除背景蛋白，鉴定 TP53-mut 及 TP53-WT 的蛋白质相互作用组。将各突变组分别与野生组进行 Venn 图分析，对仅在突变组中鉴定到的蛋白质进行 GO、KEGG 富集分析和 PPI 网络分析，同时对各突变组和野生组的差异蛋白的交集蛋白进行 GO、KEGG 富集分析和 PPI 网络分析，结果表明，仅在 PID-TP53^{R248Q} 或 PID-TP53^{R273H} 中鉴定到的蛋白质主要涉及的通路为蛋白酶体和剪接体等蛋白稳态及遗传信息处理通路，这提示突变发生后这两种通路异常活跃；此外，PID-TP53^{R248Q} 还关注到了由 TP53 蛋白介导的 DNA 损伤反应的调节，而仅在 PID-TP53^{R273C} 中鉴定到的蛋白质主要涉及核苷酸的生物合成途径及丝氨酸/苏氨酸激酶复合体活性调节，这也提示了该种突变下"功能获得"的可能途径。对各个突变组及野生组差异蛋白的交集蛋白进行分析，GO 注释显示这 178 个蛋白质参与囊泡组织、蛋白质稳定、细胞内类固醇激素调节及染色体调节等生物学过程，而这 178 个蛋白质绝大多数是在突变组中丢失相互作用的蛋白质，提示突变后上述过程可能发生了紊乱。此外，对 PID-TP53^{WT} 组与 PID-TP53^{mut} 组在蛋白酶体生物过程进行进一步分析，发现 TP53 蛋白突变导致其泛素化或类泛素化过程减缓，半衰期实验结果表明突变 TP53 蛋白稳定性增强；蛋白质免疫共沉淀实验也表明，与 TP53^{R248Q}、TP53^{R273H} 蛋白相比，TP53^{WT} 蛋白更易与 E3 泛素连接酶 TRIM33 结合。同时，PID-TP53^{WT} 组与 PID-TP53^{mut} 组的剪接体生物过程分析表明突变 TP53 蛋白可能以不同的作用方式执行剪接功能。

综上所述，基于 PhastID 的生物素邻近标记系统是鉴定相互作用蛋白的宝贵工具，通过生物素邻近标记系统联用 LC-MS，对 PID-TP53^{WT} 和 PID-TP53^{R248Q}、PID-TP53^{R273H}、PID-TP53^{R273C} 组的相互作用蛋白进行了鉴定，并对潜在的互作蛋白进行了生物信息学分析，结果显示 TP53 的突变显著改变了 TP53 蛋白的相互作用组，这为从 TP53 着手对卵巢癌进行治疗提供了新的思路和策略。

第三节　基于蛋白质组学的抗肿瘤药物靶标发现

蛋白质是大多数药物的主要靶点，药物的疗效通常是药物分子通过作用于人体内靶标分子，并调控其生物学功能来实现的。药物作用靶点的鉴定不仅可以建立药物活性与细胞表型之间的联系、阐明药物的作用机理，还可以发现药物的脱靶效应和耐药机制，并在药物发现的早期阶段预测潜在的副作用和毒性，从而降低药物研发失败的风险（Santos et al.，2017）。因此，寻找药物作用的新靶点已成为当前创新药研发激烈竞争的焦点。高通量质谱在药物靶点的鉴定和识别中的应用，为药物靶标研究领域增添了一系列有效方法（图 12-17）（Chang et al.，2016；Castaldi et al.，2020）。

一、基于蛋白质组学的靶标鉴定

（一）基于修饰药物分子的靶标发现方法

大部分情况下，小分子药物与其靶蛋白之间的相互作用是短暂且可逆的。为了识别

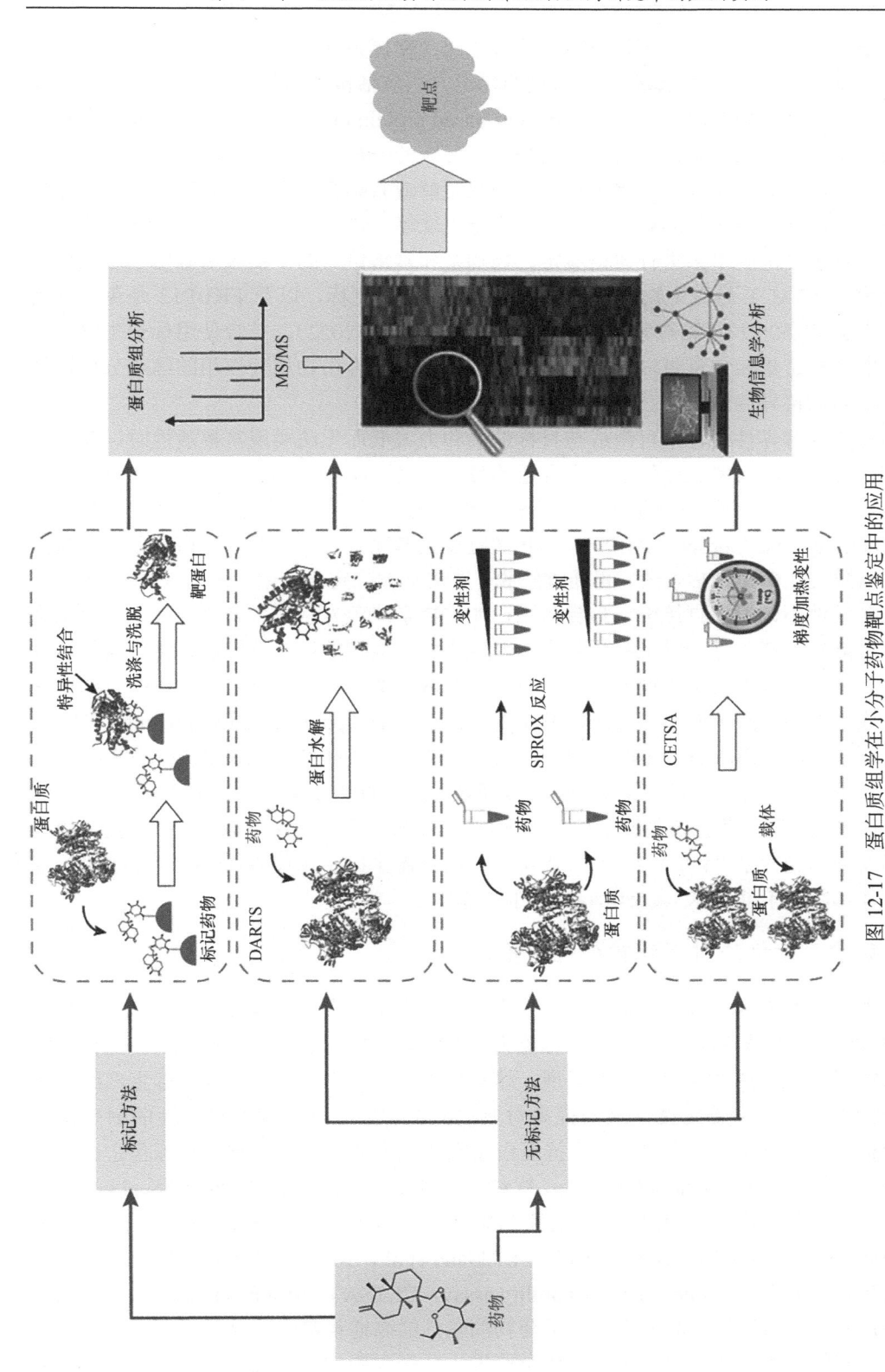

第十二章 功能蛋白质研究技术在生物医药研究中的应用实例 ·721·

图12-17 蛋白质组学在小分子药物靶点鉴定中的应用

基于亲和标记的方法,将配体固定在载体上,使其与蛋白质相互作用,与细胞裂解液解育,结合蛋白被洗脱后进行酶解与质谱分析。无标记方法包括DARTS、SPROX、CETSA等,该类方法是基于药物分子与靶标蛋白结合后,会增强蛋白质结构的稳定性,从而提高对蛋白酶水解、化学变性和热变性的耐受程度,去除变性蛋白后,可溶性蛋白可通过质谱进行检测

这些靶蛋白，需要将小分子药物与额外的官能团（靶标识别探针）结合起来，以便分离和富集靶蛋白，用于后续质谱鉴定。常见的标记方法包括传统的基于亲和力的沉降方法，以及基于亲和性的蛋白质分析方法（affinity-based protein profiling，ABPP）。基于亲和性的沉降富集靶标蛋白与蛋白质质谱联用是最为传统的一种方法，该方法是通过对小分子的活性成分结构进行修饰，引入生物素与细胞裂解液共孵育，当药物与其靶标蛋白形成稳定结合后，利用特定的固载方式（如琼脂糖磁珠等）进行富集，最后通过变性或竞争实验将结合蛋白洗脱下来进行质谱鉴定。药物亲和富集策略的早期应用鉴定了组蛋白去乙酰化酶（HDAC）是微生物衍生的环四肽曲霉毒素的靶标，以及 FKBP12 是免疫抑制剂大环内酯 FK506 和雷帕霉素的受体（Meissner et al., 2022）。结合使用标记生物活性小分子的亲和富集和定量蛋白质组学，为细胞蛋白质组内药物相互作用的综合分析提供了一个敏感和特异性的工具。

当化合物特异性探针不可用或与目标的亲和力太低而无法实现富集活性时，基于活性的探针分析方法 ABPP 提供了一个合适的替代方案（Deng et al., 2020）。该方法的核心是设计一个可以在蛋白质组水平与蛋白活性中心共价或非共价反应的"活性分子探针"（activity-based probe，ABP）。ABP 通过反应基团共价标记靶标蛋白，并通过其报告基团富集纯化靶蛋白后，之后再通过洗脱、质谱检测确定靶蛋白。传统 ABP 分子通常是通过在活性小分子上直接引入报告基团，如生物素或荧光素等，来特异性地钓取细胞裂解液中能够与该小分子发生共价作用的靶标蛋白。最初的探针仅针对各种酶类的活性位点，促进了许多疾病中失调的酶活抑制剂的发现。随着技术的发展，ABPP 方法中探针的合成也不再局限于原来的方法，特别是光亲和方法（photo affinity labeling，PAL）和点击化学方法（click-chemistry，CC）的引入，是对原先传统的 ABPP 方法的补充，化学探针使用更加广泛，可以与特定的活性氨基酸反应，直接在蛋白质组范围内发现靶标。ABPP 非常适合发现药物的脱靶效应，例如，Federspiel 等（2016）通过 CC 与蛋白质组学联用发现细胞色素 P450 27A1（CYP24A1）和谷胱甘肽-S-转移酶 omega（GSTO1）为蛋白酶体抑制剂卡非佐米（Carfilzomib）的新靶标。

（二）基于非标记法对药物靶标进行鉴定

虽然基于上述探针富集的方法功能强大，但是需要对小分子进行化学修饰，耗时耗力，且可能会影响配体与蛋白质的结合能力，并不兼容所有的配体。近年来，无化学修饰的药物靶标鉴定技术得到了快速发展，这些技术都是基于药物分子与靶标蛋白结合后会增强蛋白质结构的稳定性，从而提高对蛋白酶水解、化学变性和热变性的耐受程度（Chang et al., 2016）。例如，基于抗蛋白质水解能力的药物亲和响应靶标稳定性分析（drug affinity responsive target stability，DARTS）（Lomenick et al., 2009；Chevalier et al., 2017）、基于氧化速率的蛋白质稳定性测定方法（stability of proteins from rates of oxidation，SPROX）（West et al., 2010；Strickland et al., 2013）、基于蛋白质热稳定变化的细胞热转变分析（cellular thermal stability assay，CETSA）（Molina et al., 2013；Dai et al., 2019）均可与质谱串联使用，用于药物的靶标的高通量筛选。这些无标记的靶标识别方法具有明显的优势，因为不需要化学修饰小分子来确定与其直接结合的蛋白质，因而适用范围更加广泛。

DARTS 技术主要利用药物结合时靶标蛋白对蛋白酶降解的敏感性降低这一特性,不需要对药物结构进行修饰且不依赖药物的活性,依赖于药物分子与其蛋白质靶点之间的亲和性,因此能够精确地找到药物的直接结合靶点。具体来说,目的蛋白的结构稳定性可通过其与相应配体的结合而改变,而该稳定性的变化可以借助液相色谱-质谱(LC-MS/MS)技术,通过分析 SDS-PAGE 中受保护(非蛋白水解)条带在暴露于不同蛋白酶时蛋白水解模式的改变来精准检测。为了揭示豆根苏林碱(daurisoline)抑制肺癌的潜在机制,Huang 等(2020)通过定量蛋白质组学方法,识别了与 daurisoline 结合后对蛋白酶 K 水解敏感性降低的蛋白质,结果发现 daurisoline 可以直接靶向 HSP90。机制上,daurisoline 破坏 HSP90 与 β-catenin 的相互作用,从而增加泛素介导的蛋白酶体对 β-catenin 的降解。Hu 等(2021)将数据非依赖型(DIA)质谱与 DARTS 技术联用,鉴定到小分子药物氮卓斯汀(azelastine)的新靶标蛋白 ADP 核糖基化因子 1(ARF1),并且揭示了 azelastine 通过直接靶向 ARF1 抑制 IQGAP1-ERK-DRP1 介导的线粒体裂变来抑制结直肠肿瘤的发生发展。DARTS 的局限性在于鉴定低丰度蛋白,以及会被细胞内部蛋白酶水解的蛋白质(Chin et al.,2014;Gao et al.,2015)。

SPROX 用于测定结合药物后不容易被化学变性剂诱导发生变性的靶标蛋白,即在化学变性剂(如盐酸胍)的存在下,利用氧化剂(如过氧化氢)氧化被目标药物或对照溶剂孵育过的细胞裂解液中的蛋白质的甲硫氨酸,采用 LC-MS/MS 技术来量化鉴定未发生变性的蛋白质。SPROX 不需要纯化蛋白,且可以与串联质谱标签(tandem mass tag,TMT)、细胞培养条件下稳定同位素标记氨基酸技术(stable isotope labeling by amino acids in cell culture,SILAC)相结合,通过标记蛋白质氨基来确定肽的相对含量,以此扩大 SPROX 在全蛋白质组上的覆盖率。运用 SPROX 技术,研究人员找到了 resveratrol 的 6 个新靶标,以及 1 个 resveratrol 的已知靶标 ALDH1(aldehyde dehydrogenase 1)(Dearmond et al.,2011)。SPROX 的局限性在于需通过含有甲硫氨酸的多肽进行定量,且标准曲线的绘制也需大量的样品。

CETSA 可用于测定结合小分子药物后,蛋白质热稳定性发生变化的药物靶标。活细胞或细胞裂解液与待测化合物孵育后,用不同的温度加热,除去热变性的蛋白质后,溶解的蛋白质用基于质谱的定量蛋白质组学技术测定,就可以得到那些因药物处理而使热稳定性发生改变的蛋白质(Molina et al.,2013;Dai et al.,2019)。该方法的大致流程为:将与小分子孵育后的细胞裂解液进行等分,然后加热至不同温度进行热变性;冷却后,将样品离心,从沉淀蛋白质中分离可溶性组分;通过 Western blotting 法对可溶性部分的目的蛋白进行定量,或基于质谱方法高通量鉴定小分子的靶标蛋白。近期,为了提高靶标蛋白的鉴定效率,暨南大学何庆瑜课题组开发了一项全新的定量靶蛋白鉴定策略,即蛋白质热稳定测量结合双向稳定同位素标记蛋白质组学筛选药物靶标的方法(专利号:ZL 201910043053.4)。在这项技术中,我们基于 CETSA 技术,针对能够与药物小分子特异结合的候选靶标蛋白(Jafari et al.,2014),利用双向 SILAC 定量质谱来保证在对靶标蛋白进行高通量鉴定的同时实现减少假阳性鉴定结果的目的(Lu et al.,2021;Wang et al.,2021)。利用该方法,该课题组成功找到莪术醇的靶标蛋白 NQO2,即与莪术醇结合后热稳定性升高的蛋白质（Zhang et al., 2020）。CETSA 的局限性在于不适用于结合小分子后热稳定性并不会发生变化的蛋白质。

总之，基于探针的化学蛋白质组学能够特异性富集低丰度靶标或靶标类别，这可能在全局分析中被遗漏或未被观察到。然而，由于反应基团的化学性质，以及为实现亲和富集而引入的修饰的化学和空间效应，其在获取细胞蛋白质组时也引入了固有的偏见。相反，基于生物物理或生化原理的直接靶标分析，可以在广泛的亲和力范围内检测小分子靶标相互作用，不需要耗时的探针设计，并且由于蛋白质组覆盖的灵敏度和深度的增加及更快的周转，该技术正逐渐变得更具吸引力。然而，DARTS、SPROX 及 CETSA 与高通量质谱联用鉴定靶标等相关方法仍然受到假阴性和蛋白质组覆盖不完整的限制。基于质谱方法鉴定到的靶标蛋白仍需通过体内外实验进行进一步验证。

二、抗肿瘤药物靶标发现与机制解析实例

TRAIL 是肿瘤坏死因子超家族（TNFSF）成员，它与目前临床上使用的敌我不分的化疗药物相比，能够选择性杀伤绝大多数肿瘤细胞而对人体正常细胞无明显细胞毒性，是细胞凋亡领域抗肿瘤药物的研究热点。然而，许多肿瘤细胞包括非小细胞肺癌（NSCLC）细胞对 TRAIL 产生耐受，进而限制了其临床应用。有研究表明，肿瘤细胞表面 TRAIL 受体（如 DR5）的丢失，是导致肿瘤对 TRAIL 钝化的重要原因，因此，重塑肿瘤表面受体是提高 TRAIL 治疗效果的关键。

寻找无毒副作用的辅助药物来提高肿瘤细胞对 TRAIL 的敏感性，是当前解决 TRAIL 耐受问题的关键挑战。为了寻找无毒性的 TRIAL 增敏剂，Zhang 等从 429 个天然产物库中筛选发现，莪术提取物莪术醇可以显著敏化 NSCLC 细胞，促进 TRAIL 诱导肿瘤细胞凋亡，而单独处理则无细胞毒性（图 12-18）。

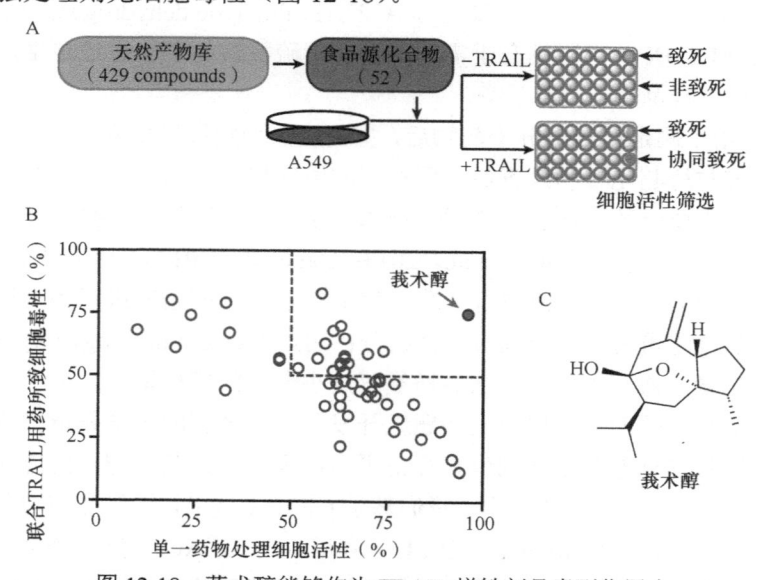

图 12-18 莪术醇能够作为 TRAIL 增敏剂且毒副作用小

A. 筛选 TRAL 敏化剂的流程图；B. 横坐标为 WST-1 实验检测 52 个食品来源的小分子化合物单独用药对 A549 细胞活性影响，纵坐标为小分子药物联合 TRAIL 对 A549 细胞增殖抑制效果；C. 莪术醇的分子式

该研究为了解析莪术醇敏化 TRAIL 的工作机制，联合应用蛋白质热稳定技术与稳定同位素标记质谱技术，对莪术醇的靶标蛋白进行深度挖掘。通过质谱鉴定及生物信息学分析发现，NQO2 蛋白为莪术醇的候选靶标蛋白（图 12-19）。随后，经过一系列分子动力学、分子生物学、分子模拟等实验（图 12-20），研究人员发现莪术醇通过靶向 NQO2 蛋白，激发肿瘤细胞内部的内质网应激，激活 CHOP-DR5 通路，进而大幅度提高肿瘤细胞表面 TRAIL 受体 DR5 的表达，从而提高肿瘤对 TRAIL 的敏感性。此外，该研究利用分子模拟技术，预测莪术醇与 NQO2 上的结合位点。通过点突变技术突变预测的结合位点，并结合荧光滴定实验、生物分子相互作用分析（SPR）等实验验证进，而发现 F178 位点为莪术醇与 NQO2 结合的关键位点。

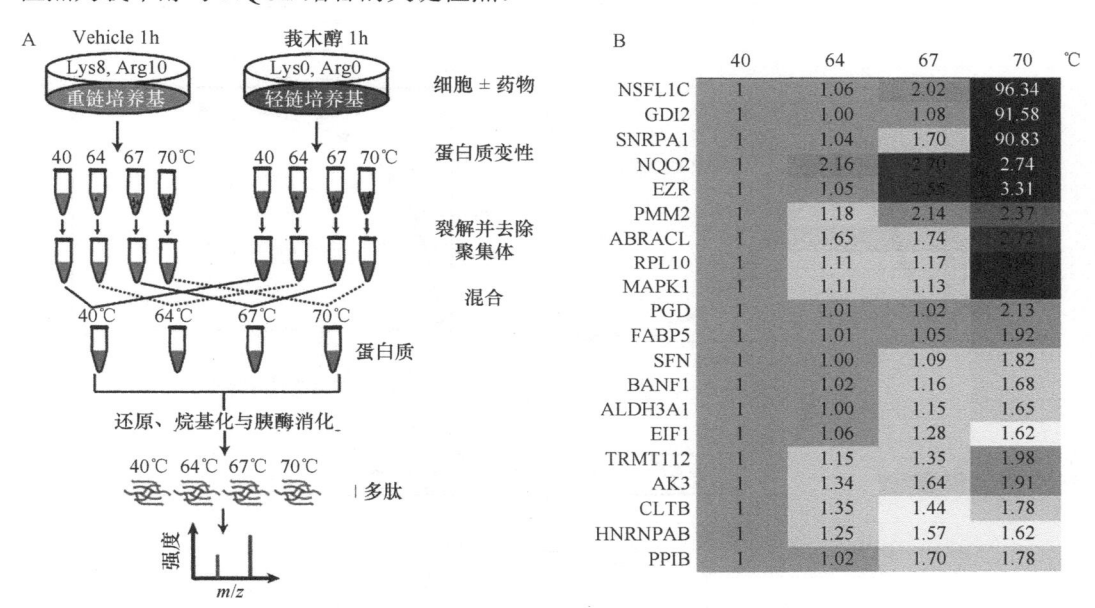

图 12-19 热稳定定量质谱技术鉴定 NQO2 为莪术醇的潜在靶标蛋白

由于 NQO2 蛋白为醌氧化还原酶，研究人员通过酶活性分析实验进一步检测莪术醇对 NQO2 酶活性的影响情况，结果发现，莪术醇能够抑制其 NQO2 酶活性。此外，研究人员构建了稳定敲除 NQO2 以及恢复过表达 NQO2 的稳定转染细胞株，在莪术醇处理下对照组及恢复过表达 NQO2 的 LAC 细胞内 ROS 水平显著上调，而敲除 NQO2 细胞内的 ROS 水平在加莪术醇前后并没有显著变化。值得注意的是，与对照组相比，敲除 NQO2

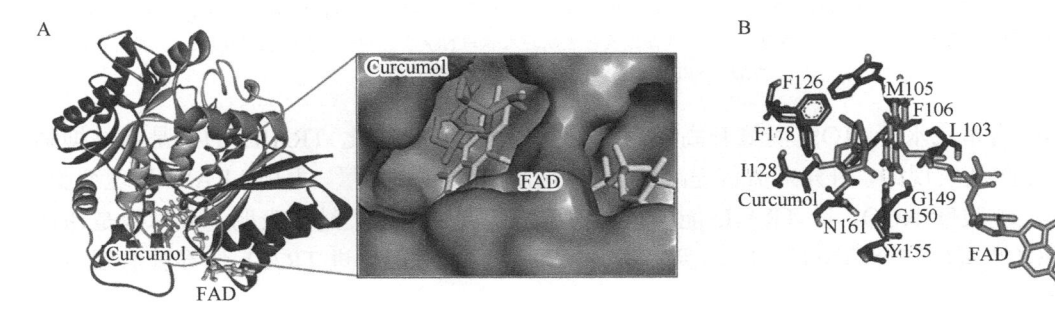

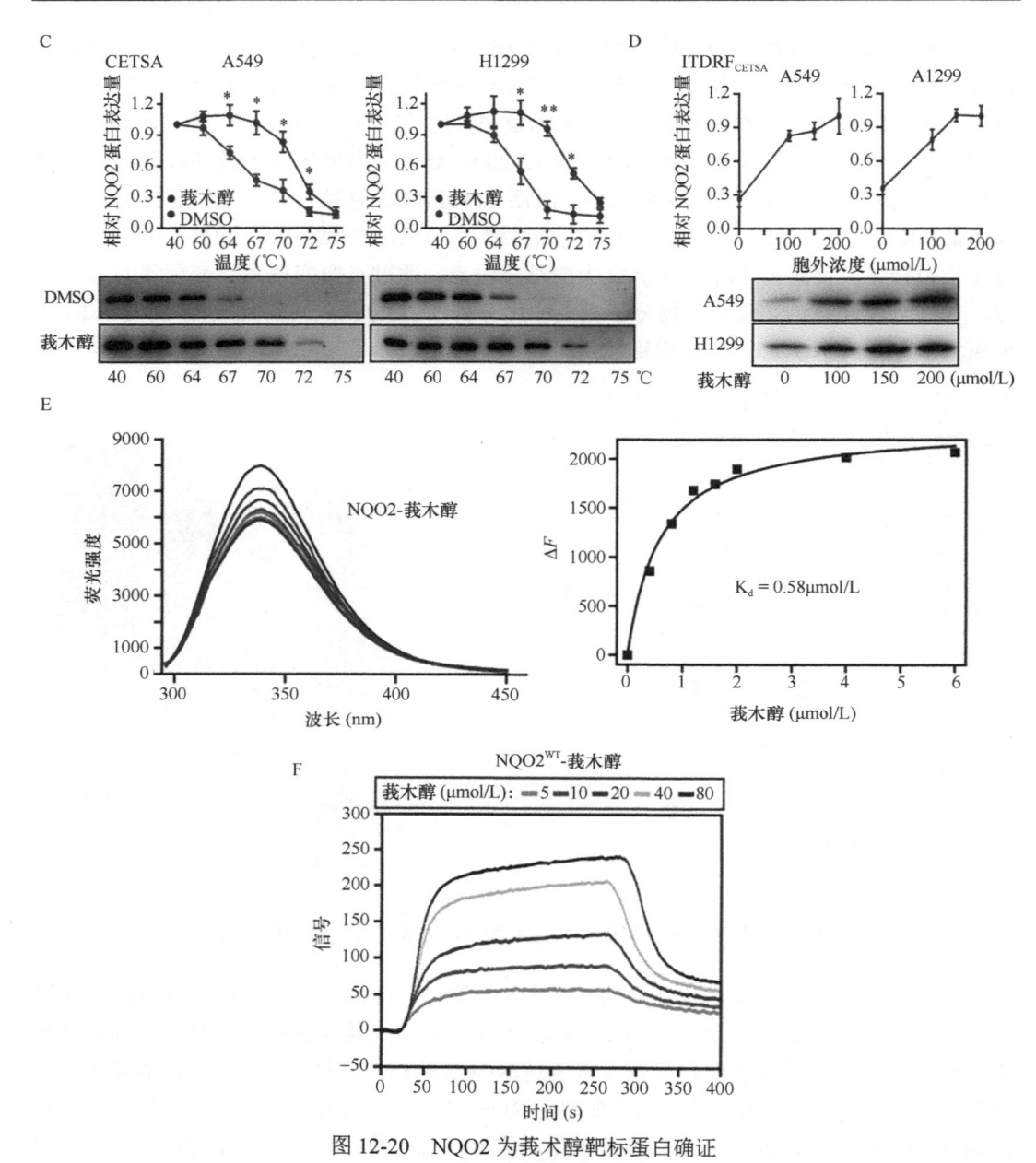

图 12-20　NQO2 为莪术醇靶标蛋白确证

A. 分子对接模拟莪术醇与 NQO2 结合模式； B. 莪术醇与 NQO2 结合位点预测； C、D. Western blotting 验证 NQO2 蛋白在莪术醇处理下蛋白热稳定性变化情况； E. 荧光滴定实验表明莪术醇与 NQO2 之间存在直接相互作用；F. 表面等离子共振法（SPR）测定莪术醇与 NQO2 的结合情况

后细胞内本底水平 ROS 明显升高。为了明确莪术醇可以敏化 TRAIL 的确是通过抑制 NQO2 酶活实现的，研究人员首先敲低 LAC 细胞内 NQO2 含量，再用 TRAIL 处理细胞，结果发现敲低 NQO2 后 TRAIL 能够明显促进细胞凋亡。以上结果表明，莪术醇是通过与 NQO2 蛋白结合抑制其还原酶活性敏化 LAC 细胞，进而促进 TRAIL 诱导肿瘤细胞发生凋亡。

该研究延续肿瘤细胞"受体重建"策略，发现了莪术醇在无明显毒副作用的浓度下，能够显著敏化非小细胞肺癌（NSCLC）细胞，促进 TRAIL 最大限度地杀伤肿瘤细胞。此外，本研究利用蛋白质热稳定靶标鉴定质谱技术发现了 TRAIL 受体 DR5 "重建"的关键分子 NQO2，阐明了该蛋白质在 TRAIL 耐受中的作用，详细解析了莪术醇通过靶向 NQO2 敏化 TRAIL 耐受的肿瘤细胞的具体分子机制（图 12-21）。由于临床上肺腺癌对 TRAIL 普遍存在耐药现象，NQO2 在临床肿瘤中的表达量将为莪术醇与 TRAIL 联用的临床获益及有效性提供重要参考。

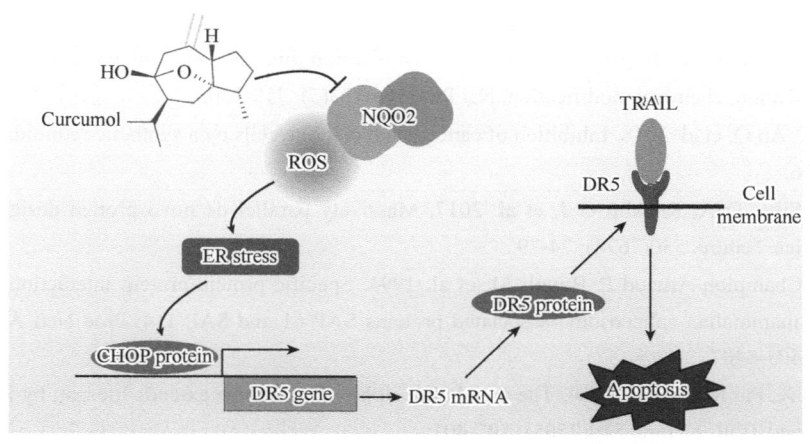

图 12-21 莪术醇通过靶向 NQO2 敏化耐受 TRAIL 的肿瘤细胞来促进 TRAIL 诱导肿瘤细胞发生凋亡的机制

参 考 文 献

李兰, 危万虎, 魏静, 等. 2004. 武汉市空气污染状况及其与气象条件的关系. 湖北气象, 3: 18-22.

梁德雄, 蒙光国, 唐娟. 2011. 重症、危重症甲型 H1N1 流感临床指标的相关性分析. 广西医学, 33(4): 423-426.

Ackers-Johnson M, Talasila A, Sage A P, et al. 2015. Myocardin regulates vascular smooth muscle cell inflammatory activation and disease. Arterioscler Thromb Vasc Bio, l 35(4): 817-828.

Antonysamy S, Bonday Z, Campbell R M, et al. 2012. Crystal structure of the human PRMT5: MEP50 complex. Proc Natl Acad Sci USA, 109(44): 17960-17965.

Arning S, Grüter P, Bilbe G, et al. 1996. Mammalian splicing factor SF1 is encoded by variant cDNAs and binds to RNA. RNA, 2(8): 794-810.

Balasubramaniam S, Beaver J A, Horton S, et al. 2017. FDA approval summary: Rucaparib for the treatment of patients with deleterious BRCA mutation-associated advanced ovarian cancer. Clin Cancer Res, 23(23): 7165-7170.

Baldi A, De Luca A, Esposito V, et al. 2011. Tumor suppressors and cell-cycle proteins in lung cancer. Patholog Res Int, 2011: 605042.

Bedford M T, Richard S. 2005. Arginine methylation an emerging regulator of protein function. Mol Cell, 18(3): 263-272.

Bertram K, Agafonov D E, Dybkov O, et al. 2017. Cryo-EM structure of a pre-catalytic human spliceosome primed for activation. Cell, 170(4): 701-713.e11.

Branon T C, Bosch J A, Sanchez A D, et al. 2018. Efficient proximity labeling in living cells and organisms with TurboID. Nat Biotechnol, 36(9): 880-887.

Bray F, Ferlay J, Soerjomataram I, et al. 2018. Global cancer statistics 2018: GLOBOCAN estimates of incidence and mortality worldwide for 36 cancers in 185 countries. CA Cancer J Clin, 68(6): 394-424.

Callis T E, Cao D, Wang D Z. 2005. Bone morphogenetic protein signaling modulates myocardin transactivation of cardiac genes. Circ Res, 97(10): 992-1000.

Castaldi M P, Hendricks J A, Zhang A X. 2020. Design, synthesis, and strategic use of small chemical probes toward identification of novel targets for drug development. Curr Opin Chem Biol, 56: 91-97.

Chang J, Kim Y, Kwon H J. 2016. Advances in identification and validation of protein targets of natural products without chemical modification. Nat Prod Rep, 33(5): 719-730.

Chen J, Cao X, An Q, et al. 2018. Inhibition of cancer stem cell like cells by a synthetic retinoid. Nat Commun, 9(1): 1406.

Chevalier A, Silva D A, Rocklin G J, et al. 2017. Massively parallel de novo protein design for targeted therapeutics. Nature, 550(7674): 74-79.

Chiara M D, Champion-Arnaud P, Buvoli M, et al. 1994. Specific protein-protein interactions between the essential mammalian spliceosome-associated proteins SAP 61 and SAP 114. Proc Natl Acad Sci USA, 91(14): 6403-6407.

Chin R M, Fu X, Pai M Y, et al. 2014. The metabolite alpha-ketoglutarate extends lifespan by inhibiting ATP synthase and TOR. Nature, 510(7505): 397-401.

Ciancanelli M J, Abel L, Zhang S Y, et al. 2016. Host genetics of severe influenza: From mouse Mx1 to human IRF7. Current Opinion in Immunology, 38: 109-120.

Dai L, Prabhu N, Yu L Y, et al. 2019. Horizontal cell biology: Monitoring global changes of protein interaction states with the proteome-wide cellular thermal shift assay(CETSA). Annu Rev Biochem, 88: 383-408.

Dearmond P D, Xu Y, Strickland E C, et al. 2011. Thermodynamic analysis of protein-ligand interactions in complex biological mixtures using a shotgun proteomics approach. J Proteome Res, 10(11): 4948-4958.

Deng H, Lei Q, Wu Y, et al. 2020. Activity-based protein profiling: Recent advances in medicinal chemistry. Eur J Med Chem, 191: 112151.

Federspiel J D, Codreanu S G, Goyal S, et al. 2016. Specificity of protein covalent modification by the electrophilic proteasome inhibitor carfilzomib in human cells. Molecular & Cellular Proteomics, 15(10): 3233-3242.

Ferguson J F, Meyer N J, Qu L M, et al. 2015. Integrative genomics identifies 7p11.2 as a novel locus for fever and clinical stress response in humans. Human Molecular Genetics, 24(6): 1801-1812.

Ferlay J, Soerjomataram I, Dikshit R, et al. 2015. Cancer incidence and mortality worldwide: Sources, methods and major patterns in GLOBOCAN 2012. Int J Cancer, 136(5): E359-386.

Finlay C A, Hinds P W, Levine A J. 1989. The p53 proto-oncogene can act as a suppressor of transformation. Cell, 57(7): 1083-1093.

Franco L M, Bucasas K L, Wells J M, et al. 2013. Integrative genomic analysis of the human immune response to influenza vaccination. eLife, 2: e00299.

Freedman D A, Wu L, Levine A J. 1999. Functions of the MDM2 oncoprotein. Cell Mol Life Sci, 55(1): 96-107.

Freed-Pastor W A, Prives C. 2012. Mutant p53: one name, many proteins. Genes Dev, 26(12): 1268-1286.

Gao L, Hu Y, Tian Y, et al. 2019. Lung cancer deficient in the tumor suppressor GATA4 is sensitive to TGFBR1 inhibition. Nat Commun, 10(1): 1665.

Gao W, Kim J Y, Anderson J R, et al. 2015. The cyclic peptide ecumicin targeting ClpC1 is active against *Mycobacterium tuberculosis in vivo*. Antimicrob Agents Chemother, 59(2): 880-889.

Gao X, Jin W. 2014. The emerging role of tumor-suppressive microRNA-218 in targeting glioblastoma stemness. Cancer Lett, 353(1): 25-31.

Guan W J, Ni Z Y, Hu Y, et al. 2020. Clinical characteristics of 2019 novel coronavirus infection in China. MedRxiv. https://www.medrxiv.org/content/10.1101/2020.02.06.20020974v1.

Guo W, Keckesova Z, Donaher J L, et al. 2012. Slug and Sox9 cooperatively determine the mammary stem cell state. Cell, 148(5): 1015-1028.

Herbertz S, Sawyer J S, Stauber A J, et al. 2015. Clinical development of galunisertib(LY2157299 monohydrate), a small molecule inhibitor of transforming growth factor-beta signaling pathway. Drug Des Devel Ther, 9: 4479-4499.

Hu H F, Xu W W, Li Y J, et al. 2021. Anti-allergic drug azelastine suppresses colon tumorigenesis by directly targeting ARF1 to inhibit IQGAP1-ERK-Drp1-mediated mitochondrial fission. Theranostics, 11(4): 1828-1844.

Hu S, Ouyang J, Zheng G, et al. 2022. Identification of mutant p53-specific proteins interaction network using TurboID-based proximity labeling. Biochem Biophys Res Commun, 615: 163-171.

Huang J, Wang T, Wright A C, et al. 2015. Myocardin is required for maintenance of vascular and visceral smooth muscle homeostasis during postnatal development. Proc Natl Acad Sci USA, 112(14): 4447-4452.

Huang M, Rech J E, Northington S J, et al. 1994. The C-protein tetramer binds 230 to 240 nucleotides of pre-mRNA and nucleates the assembly of 40S heterogeneous nuclear ribonucleoprotein particles. Mol Cell Biol, 14(1): 518-533.

Huang S, Benavente S, Armstrong E A, et al. 2011. p53 modulates acquired resistance to EGFR inhibitors and radiation. Cancer Res, 71(22): 7071-7079.

Huang X H, Yan X, Zhang Q H, et al. 2020. Direct targeting of HSP90 with daurisoline destabilizes beta-catenin to suppress lung cancer tumorigenesis. Cancer Lett, 489: 66-78.

Jafari R, Almqvist H, Axelsson H, et al. 2014. The cellular thermal shift assay for evaluating drug target interactions in cells. Nat Protoc, 9(9): 2100-2122.

Ji H, Wang Z, Perera S A, et al. 2007. Mutations in BRAF and KRAS converge on activation of the mitogen-activated protein kinase pathway in lung cancer mouse models. Cancer Res, 67(10): 4933-4939.

Kandoth C, McLellan M D, Vandin F, et al. 2013. Mutational landscape and significance across 12 major cancer types. Nature, 502(7471): 333-339.

Lai D, Visser-Grieve S, Yang X. 2012. Tumour suppressor genes in chemotherapeutic drug response. Biosci Rep, 32(4): 361-374.

Leng P, Brown D R, Shivakumar C V, et al. 1995. N-terminal 130 amino acids of MDM2 are sufficient to inhibit p53-mediated transcriptional activation. Oncogene, 10(7): 1275-1282.

Lheureux S, Braunstein M, Oza A M. 2019. Epithelial ovarian cancer: Evolution of management in the era of precision medicine. CA Cancer J Clin, 69(4): 280-304.

Li D, Marchenko N D, Moll U M. 2011. SAHA shows preferential cytotoxicity in mutant p53 cancer cells by destabilizing mutant p53 through inhibition of the HDAC6-Hsp90 chaperone axis. Cell Death Differ, 18(12): 1904-1913.

Li L, Liu Y N, Wu P, et al. 2019. Influenza-associated excess respiratory mortality in China, 2010-15: a population-based study. Lancet Public Health, 4(9): E473-E481.

Lin K, Rockliffe N, Johnson G G, et al. 2008. Hsp90 inhibition has opposing effects on wild-type and mutant p53 and induces p21 expression and cytotoxicity irrespective of p53/ATM status in chronic lymphocytic leukaemia cells. Oncogene, 27(17): 2445-2455.

Lomenick B, Hao R, Jonai N, et al. 2009. Target identification using drug affinity responsive target stability(DARTS). Proc Natl Acad Sci USA, 106(51): 21984-21989.

Lu J, Liu S Y, Zhang J, et al. 2021. Inhibition of BAG3 enhances the anticancer effect of shikonin in hepatocellular carcinoma. Am J Cancer Res, 11(7): 3575-3593.

Luongo F, Colonna F, Calapa F, et al. 2019. PTEN Tumor-Suppressor: The dam of stemness in cancer. Cancers(Basel), 11(8): 1076.

Marine J C, Francoz S, Maetens M, et al. 2006. Keeping p53 in check: Essential and synergistic functions of Mdm2 and Mdm4. Cell Death Differ, 13(6): 927-934.

Martinez-Alvarez C, Tudela C, Perez-Miguelsanz J, et al. 2000. Medial edge epithelial cell fate during palatal fusion. Dev Biol, 220(2): 343-357.

Meissner F, Geddes-McAlister J, Mann M, et al. 2022. The emerging role of mass spectrometry-based proteomics in drug discovery. Nature Reviews Drug Discovery, 21(9): 637-654.

Millevoi S, Loulergue C, Dettwiler S, et al. 2006. An interaction between U2AF 65 and CF I(m)links the splicing and 3' end processing machineries. Embo J, 25(20): 4854-4864.

Molina D M, Jafari R, Ignatushchenko M, et al. 2013. Monitoring drug target engagement in cells and tissues using the cellular thermal shift assay. Science, 341(6141): 84-87.

Mukherjee S, Maddalena M, Lü Y, et al. 2022. Cross-talk between mutant p53 and p62/SQSTM1 augments cancer cell migration by promoting the degradation of cell adhesion proteins. Proc Natl Acad Sci USA, 119(17): e2119644119.

Oliner J D, Saiki A Y, Caenepeel S. 2016. The role of MDM2 amplification and overexpression in tumorigenesis. Cold Spring Harb Perspect Med, 6(6): a026336.

Olivier M, Hollstein M, Hainaut P. 2010. TP53 mutations in human cancers: origins, consequences, and clinical use. Cold Spring Harbor Perspectives In Biology, 2(1): a001008.

Patel S R, Bhumbra S S, Paknikar R S, et al. 2012. Epigenetic mechanisms of Groucho/Grg/TLE mediated transcriptional repression. Mol Cell, 45(2): 185-195.

Pomeranz Krummel D A, Oubridge C, Leung A K, et al. 2009. Crystal structure of human spliceosomal U1 snRNP at 5.5 A resolution. Nature, 458(7237): 475-480.

Prat J. 2012. Ovarian carcinomas: five distinct diseases with different origins, genetic alterations, and clinicopathological features. Virchows Archiv, 460(3): 237-249.

Price S R, Evans P R, Nagai K. 1998. Crystal structure of the spliceosomal U2B″-U2A' protein complex bound to a fragment of U2 small nuclear RNA. Nature, 394(6694): 645-650.

Roberts A B, Sporn M B. 1993. Physiological actions and clinical applications of transforming growth factor-beta(TGF-beta). Growth Factors, 8(1): 1-9.

Santos R, Ursu O, Gaulton A, et al. 2017. A comprehensive map of molecular drug targets. Nat Rev Drug Discov, 16(1): 19-34.

Senan S, Brade A, Wang L H, et al. 2016. PROCLAIM: Randomized phase III trial of pemetrexed-cisplatin or etoposide-cisplatin plus thoracic radiation therapy followed by consolidation chemotherapy in locally advanced nonsquamous non-small-cell lung cancer. J Clin Oncol, 34(9): 953-962.

Shi R, Liu Z. 2022. RPL15 promotes hepatocellular carcinoma progression via regulation of RPs-MDM2-p53 signaling pathway. Cancer Cell Int, 22(1): 150.

Singh A, Settleman J. 2010. EMT, cancer stem cells and drug resistance: An emerging axis of evil in the war on cancer. Oncogene, 29(34): 4741-4751.

Skoulidis F, Goldberg M E, Greenawalt D M, et al. 2018. STK11/LKB1 mutations and PD-1 inhibitor resistance in KRAS-mutant lung adenocarcinoma. Cancer Discov, 8(7): 822-835.

Strickland E C, Geer M A, Tran D T, et al. 2013. Thermodynamic analysis of protein-ligand binding interactions in complex biological mixtures using the stability of proteins from rates of oxidation. Nat Protoc, 8(1): 148-161.

Sun D, Vanderburg C R, Odierna G S, et al. 1998. TGFbeta3 promotes transformation of chicken palate medial edge epithelium to mesenchyme *in vitro*. Development, 125(1): 95-105.

Sung H, Ferlay J, Siegel R L, et al. 2021. Global cancer statistics 2020: GLOBOCAN estimates of incidence and mortality worldwide for 36 cancers in 185 countries. CA Cancer J Clin, 71(3): 209-249.

Sward K, Stenkula K G, Rippe C, et al. 2016. Emerging roles of the myocardin family of proteins in lipid and glucose metabolism. J Physiol, 594(17): 4741-4752.

Tharakan S, Nomoto K, Miyashita S, et al. 2020. Body temperature correlates with mortality in COVID-19 patients. Critical Care, 24(1): 298.

Torre L A, Trabert B, DeSantis C E, et al. 2018. Ovarian cancer statistics, 2018. CA Cancer J Clin, 68(4): 284-296.

van Tuyn J, Knaan-Shanzer S, van de Watering M J, et al. 2005. Activation of cardiac and smooth muscle-specific genes in primary human cells after forced expression of human myocardin. Cardiovasc Res, 67(2): 245-255.

Vassalli G. 2019. Aldehyde dehydrogenases: Not just markers, but functional regulators of stem cells. Stem Cells Int, 2019(1): 1-15.

Vassilev L T, Vu B T, Graves B, et al. 2004. *In vivo* activation of the p53 pathway by small-molecule antagonists of MDM2. Science, 303(5659): 844-848.

Wang D, Chang P S, Wang Z, et al. 2001. Activation of cardiac gene expression by myocardin, a transcriptional cofactor for serum response factor. Cell, 105(7): 851-862.

Wang X, Bruderer S, Rafi Z, et al. 1999. Phosphorylation of splicing factor SF1 on Ser20 by cGMP-dependent protein kinase regulates spliceosome assembly. Embo J, 18(16): 4549-4559.

Wang Y, Zhang J, Li Y J, et al. 2021. MEST promotes lung cancer invasion and metastasis by interacting with VCP to activate NF-kappaB signaling. J Exp Clin Cancer Res, 40(1): 301.

Welsh S J, Corrie P G. 2015. Management of BRAF and MEK inhibitor toxicities in patients with metastatic melanoma. Ther Adv Med Oncol, 7(2): 122-136.

West G M, Tucker C L, Xu T, et al. 2010. Quantitative proteomics approach for identifying protein-drug interactions in complex mixtures using protein stability measurements. Proc Natl Acad Sci USA, 107(20):

9078-9082.

Wu Q, Tian Y, Zhang J, et al. 2018. In vivo CRISPR screening unveils histone demethylase UTX as an important epigenetic regulator in lung tumorigenesis. Proc Natl Acad Sci USA, 115(17): E3978-E3986.

Yao W, Cai X, Liu C, et al. 2013. Profilin 1 potentiates apoptosis induced by staurosporine in cancer cells. Curr Mol Med, 13(3): 417-428.

Yu K, Lu H, Chen Y, et al. 2021. 80MAP17 promotes the tumorigenesis of papillary thyroid carcinoma by reducing the stability of p53. Front Biosci(Landmark Ed), 26(10): 777-788.

Zhang J, Zhou Y, Li N, et al. 2020. Curcumol overcomes TRAIL resistance of non-small cell lung cancer by targeting NRH: guinone oxidoreductase 2(NQO2). Adv Sci(Weinh), 7(22): 2002306.

Zhou Q, Liu M, Xia X, et al. 2017. A mouse tissue transcription factor atlas. Nat Commun, 8: 15089.

Zhou Z H, Yang Z Y, Ou J X, et al. 2021. Temperature dependence of the SARS-CoV-2 affinity to human ACE2 determines COVID-19 progression and clinical outcome. Computational and Structural Biotechnology Journal, 19: 161-167.

Zou L R, Ruan F, Huang M X, et al. 2020. SARS-CoV-2 viral load in upper respiratory specimens of infected patients. New England Journal of Medicine, 382(12): 1177-1179.